2022中国水利学术大会论文集

第三分册

中国水利学会 编

U0226381

黄河水利出版社

内 容 提 要

本书是以"科技助力新阶段水利高质量发展"为主题的 2022 中国水利学术大会（中国水利学会 2022 学术年会）论文合辑，积极围绕当年水利工作热点、难点、焦点和水利科技前沿问题，重点聚焦水资源短缺、水生态损害、水环境污染和洪涝灾害频繁等新老水问题，主要分为国家水网、水生态、水文等板块，对促进我国水问题解决、推动水利科技创新、展示水利科技工作者才华和成果有重要意义。

本书可供广大水利科技工作者和大专院校师生交流学习和参考。

图书在版编目（CIP）数据

2022 中国水利学术大会论文集：全七册/中国水利
学会编 . —郑州：黄河水利出版社，2022.12
ISBN 978-7-5509-3480-1

Ⅰ.①2…　Ⅱ.①中…　Ⅲ.①水利建设-学术会议-
文集　Ⅳ.①TV-53

中国版本图书馆 CIP 数据核字（2022）第 246440 号

策划编辑：杨雯惠　电话：0371-66020903　E-mail：yangwenhui923@163.com

出 版 社：黄河水利出版社　　　　　　　　　　　　网址：www.yrcp.com
　　　　　地址：河南省郑州市顺河路黄委会综合楼 14 层　邮政编码：450003
发行单位：黄河水利出版社
　　　　　发行部电话：0371-66026940、66020550、66028024、66022620（传真）
　　　　　E-mail：hhslcbs@126.com
承印单位：广东虎彩云印刷有限公司
开本：889 mm×1 194 mm　1/16
印张：261（总）
字数：8 268 千字（总）
版次：2022 年 12 月第 1 版　　　　　　　印次：2022 年 12 月第 1 次印刷

定价：1 200.00 元（全七册）

《2022 中国水利学术大会论文集》

编 委 会

前言 Preface

学术交流是学会立会之本。作为我国历史上第一个全国性水利学术团体，90多年来，中国水利学会始终秉持"联络水利工程同志、研究水利学术、促进水利建设"的初心，团结广大水利科技工作者砥砺奋进、勇攀高峰，为我国治水事业发展提供了重要科技支撑。自2000年创立年会制度以来，中国水利学会20余年如一日，始终认真贯彻党中央、国务院方针政策，落实水利部和中国科协决策部署，紧密围绕水利中心工作，针对当年水利工作热点、难点、焦点和水利科技前沿问题、工程技术难题，邀请院士、专家、代表和科技工作者展开深层次的交流研讨。中国水利学术年会已成为促进我国水问题解决、推动水利科技创新、展示水利科技工作者才华和成果的良好交流平台，为服务水利科技工作者、服务学会会员、推动水利学科建设与发展做出了积极贡献。

2022中国水利学术大会（中国水利学会2022学术年会）以习近平新时代中国特色社会主义思想为指导，认真贯彻落实党的二十大精神，紧紧围绕"节水优先、空间均衡、系统治理、两手发力"的治水思路，以"科技助力新阶段水利高质量发展"为主题，聚焦国家水网、水灾害防御、智慧水利、地下水超采治理等问题，设置1个主会场和水灾害、国家水网、重大引调水工程、智慧水利·数字孪生等20个分会场。

2022中国水利学术大会论文征集通知发出后，受到了广大会员和水利科技工作者的广泛关注，共收到来自有关政府部门、科研院所、大专院校、水利设计、施工、管理等单位科技工作者的论文共1000余篇。为保证本次大会入选论文的质量，大会积极组织相关领域的专家对稿件进行了评审，共评选出669篇主题相符、水平较高的论文入选论文集。按照大会各分会场主题，本论文集共分7册予以出版。

本论文集的汇总工作由中国水利学会秘书处牵头，各分会场协助完成。论文集的编辑出版也得到了黄河水利出版社的大力支持和帮助，参与评审、编辑的专家和工作人员克服了时间紧、任务重等困难，付出了辛苦和汗水，在此一并表示感谢！同时，对所有应征投稿的科技工作者表示诚挚的谢意！

由于编辑出版论文集的工作量大、时间紧，且编者水平有限，不足之处，欢迎广大作者和读者批评指正。

中国水利学会

2022 年 12 月 12 日

目录 Contents

地下水环境与地下水资源

水利政策

重大引调水工程

南水北调西黑山进口闸金属结构安全检测与评价

涂从刚　　毋新房　　曹世豪

（水利部水工金属结构质量检验测试中心，河南郑州　450044）

摘　要：西黑山进口闸是南水北调中线工程通往天津干渠唯一的调节性闸门，已建成投入运行多年，按照相关要求需进行闸门和启闭机安全检测，为工程管理和安全运行提供依据。在进行现场检测和复核计算后，各项检测成果和复核计算结果均满足现行规范要求，依据《水工钢闸门和启闭机安全检测技术规程》（SL 101—2014）要求安全等级评定为"安全"，但仍需加强后续的设备维护保养工作，以确保水闸的持续安全运行。同时，也对水工金属结构安全检测提出更多思考与展望。

关键词：南水北调；金属结构；安全检测；安全评价

1　工程概况

西黑山枢纽是南水北调中线工程京津分水的"咽喉"，南水北调的长江水从这里一分为二前往北京、天津等地，对沿线的生态补给修复发挥了重要作用，西黑山枢纽承担着北京、天津以及雄安新区供水的艰巨任务，具有不可替代的经济效益、社会效益和生态效益。

西黑山进口闸作为枢纽的重要闸站，是天津干渠唯一的调节性闸门。设计流量 50 m^3/s，加大流量 60 m^3/s，建筑物的抗震烈度为Ⅵ度。进口闸共 3 孔，单孔净宽 2.5 m，闸室布置工作闸门和检修闸门，工作闸门为弧形钢闸门，尺寸为 2.5 m×5.0 m（宽×高）。启闭设备为液压启闭机，工作闸门前、后各设一扇检修闸门，为叠梁式平面滑动钢闸门。

西黑山进口闸开工日期为 2011 年 10 月 18 日，完工日期为 2013 年 8 月 25 日，是南水北调中线一期工程的重要组成部分，肩负着向天津市、雄安新区以及河北保定、廊坊部分地区供水的任务。2014 年 12 月 12 日，中线工程全线通水以来，工程一直接近或达到设计流量运行。

2　金属结构维护与保养情况

南水北调中线干线工程金属结构设备维护依据《南水北调中线干线工程建设管理局企业标准》开展，分为静态巡查、动态巡查与维护、定期全面维护、单项固定周期维护以及故障与缺陷处理 5 种方式。由南水北调中线信息科技有限公司专门负责设备的维护和保养。

按照维护的内容及频次要求开展设备维护，其中静态巡查，每月一次；动态巡查与维护，每两个月一次；定期全面维护，每年 10 月工作闸门系统开展一次；单项固定周期维护是对设备部件进行的单项检查、维护、更换配件等工作；故障与缺陷处理，针对金结机电设备存在的缺陷和故障进行处理。

3　现场检测

西黑山进口闸的闸门和启闭机等金属结构安全检测的目的是通过对设备的安全评估为工程管理和

水利部修购项目：水利工程水下金属结构可视化安全诊断设备购置（项目代码 1262163180000190003）。

作者简介：涂从刚（1983—），男，高级工程师，主要从事水利水电工程金属结构检测技术与研究工作。

通信作者：毋新房（1971—），男，教授级高级工程师，总工程师，主要从事水利水电工程金属结构检测技术与研究工作。

安全运行提供依据，按照《水工钢闸门和启闭机安全检测技术规程》（SL 101—2014）和《水工金属结构制造安装质量检验通则》（SL 582—2012）的规定和检测要求，现场检测包括巡视检查、闸门外观检测、启闭机现状检测、启闭机电气设备和保护装置现状检测、闸门腐蚀检测、无损检测、应力检测、振动检测及启闭力检测。检测成果如下：

（1）巡视检查中闸门泄水时水流状态正常，闸门和启闭机均能正常运行，闸墩、牛腿均未见异常，启闭机室及控制系统正常，闸门及启闭机的附属设施备用电源等均正常。

（2）闸门外观检测中，闸门结构完整，门体、支臂、支承结构、止水结构、起吊装置、闸门埋件等构件和部件均无变形、损伤。

（3）启闭机现状检测中，启闭机结构完整，机架与基础的固定牢固可靠，液压启闭机的机架、缸体、活塞杆、泵站、液压管路等主要零部件均未见损伤、变形等影响启闭机安全运行的缺陷，各种仪表指示准确可靠。

（4）启闭机电气设备和保护装置现状检测中，供电线路未见异常，电流保护和极限保护装置正常动作，电气设备及开度控制装置均正常，绝缘和接地电阻均满足安全要求。

（5）闸门防腐涂层基本完整，局部有小面积表层油漆脱落现象，腐蚀程度评定为 A 级（轻微腐蚀），闸门的面板、主梁、边梁、纵梁、支臂、吊耳等构件的蚀余厚度基本接近设计值。

（6）闸门面板、主梁、边梁、支臂等重要构件的一类和二类焊缝经超声波无损检测抽检的结果未发现超标缺陷，均满足规范要求。

（7）应力测试中，闸门实测运行工况下最大静应力和最大动应力满足规范要求，且闸门实测应力值与同工况下的计算应力值基本一致，符合设计要求。

（8）闸门运行平稳，启闭无卡阻，无明显振动现象，动力特性测试和振动响应测试均未见异常。

（9）闸门实际运行工况下最大启闭力满足规范要求，且实测闸门启闭力与同工况下的计算启闭力基本一致，符合设计要求。

4 复核计算

4.1 闸门强度复核

西黑山进口闸弧形工作闸门为钢板焊接结构，上下支腿通过螺栓同门叶连接，支腿之间通过型钢螺栓连接。闸门门叶及支腿主要结构材料为 Q235B 钢，Q235B 钢复核计算采用如下物理参数，弹性模量 $E = 206\,000$ MPa，剪切模量 $G = 79\,000$ MPa，并根据材料力学中弹性模量与剪切模量的换算公式，计算出泊松比 $\mu = 0.30$，其他计算参数取设计规范标准值：钢材的质量密度 $\rho = 7.85 \times 10^{-6}$ kg/mm^3，计算环境重力加速度 $g = 9\,806$ mm/s^2。闸门主要性能技术参数如表 1 所示。

表 1　闸门主要性能技术参数

序号	名称	技术特性	序号	名称	技术特性
1	孔口尺寸（宽×高）	2.5 m×5 m	8	闸门形式	露顶式弧形闸门
2	孔口数量	3 孔	9	启闭机形式	液压启闭机
3	闸门数量	3 扇	10	启闭机容量	1×400 kN
4	设计水头	4.52 m	11	启闭机数量	3 套
5	操作方式	动水启闭	12	支承形式	直支臂圆柱铰链
6	闸门自重	9 000 kg	13	止水方式	单侧止水
7	总水压力	343 kN	14	最大提升行程	4.5 m

闸门应力分布状况十分复杂，本次对闸门复核计算按第四强度理论进行强度校核，第四强度理论计算公式为：

$$\sqrt{\frac{1}{2}\left[(\sigma_1-\sigma_2)^2+(\sigma_2-\sigma_3)^2+(\sigma_3-\sigma_1)^2\right]}\leqslant[\sigma] \tag{1}$$

式中：σ_1、σ_2、σ_3分别为三个主应力；$[\sigma]$为许用应力。

ANSYS Workbench 后处理等效应力云图中的 Von Mises 应力与第四强度理论一致，因此闸门有限元静力学分析中采用 Von Mises 应力对闸门强度进行校核。

根据《水利水电工程钢闸门设计规范》（SL 74—2019）规定：

（1）大中型工程的工作闸门及重要的事故闸门调整系数为 0.90~0.95。

（2）在较高水头下经常局部开启的大型闸门调整系数为 0.85~0.90。

（3）规模巨大且在高水头下操作而工作条件又特别复杂的工作闸门调整系数为 0.80~0.85；上述系数不应连乘，特殊情况应另行考虑。

按照《水工钢闸门和启闭机安全检测技术规程》（SL 101—2014）其容许应力还应该考虑运行时间的影响，时间系数按照下列方式确定：

（1）运行时间不足 10 年的闸门、启闭机，时间系数为 1.00。

（2）中型工程的闸门和启闭机运行 10~20 年、大型工程的闸门和启闭机运行 10~30 年，时间系数为 1.00~0.95。

（3）中型工程的闸门和启闭机运行 20 年以上、大型工程的闸门和启闭机运行 30 年以上时，时间系数为 0.95~0.90。

西黑山进口闸弧形工作闸门运行时间为 6 年，时间系数取 1.0，闸门调整系数取 0.95，所以综合许用应力调整系数取为 1 × 0.95 = 0.95。因此，闸门调整容许应力如表 2 所示。

表 2　闸门调整容许应力

材料	分类	钢材厚度或直径/mm	抗拉、抗压和抗弯容许应力/MPa	抗剪容许应力/MPa	局部承压最大应力/MPa	屈服强度/MPa
Q235B	规范值	≤16	160	95	240	235
	调整值		152	90.3	240	223.3
	规范值	>16~40	150	90	225	225
	调整值		142.5	85.5	225	213.8

注：1. 局部承压应力不乘调整系数。

2. 局部承压是指构件腹板的小部分表面受局部荷载的挤压或端面承压（磨平顶紧）等情况。

3. 局部紧接承压是指可动性小的铰在接触面上的投影平面上的压应力。

设置好载荷及工况条件后建立有限元模型，然后进行闸门整体结构的有限元计算，再分别对面板、支腿、主横梁、纵梁、次横梁及支座等部件进行有限元分析。

复核计算结果表明，西黑山进口闸弧形工作闸门正常挡水工况下，闸门整体结构等效应力绝大部分区域在 73.99 MPa 以下，最大值为 83.24 MPa，出现在纵梁腹板与下主梁连接处，范围较小，属于应力集中现象。闸门面板结构等效应力绝大部分区域在 30.86 MPa 以下，最大值为 34.71 MPa，出现在下主梁与面板连接处。闸门支臂结构等效应力绝大部分区域在 20.05 MPa 以下，最大值为 22.55 MPa，出现在纵梁翼缘板与支臂中部连接板连接处。闸门纵梁结构等效应力绝大部分区域在 53.83 MPa 以下，最大值为 60.56 MPa，出现在上部主梁与纵梁腹板接触部位，范围非常小，属于应力集中现象。闸门次梁结构最大等效应力值为 83.24 MPa，出现在底横梁加劲肋板与纵梁连接处。闸门主梁结构绝大部分区域应力值小于 44.04 MPa，最大等效应力值为 49.528 MPa，出现在下主梁腹板与翼缘板连接的位置。各应力值均小于 Q235B 许用屈服强度 223.3 MPa。闸门支座结构最大等效应力值为 11.15 MPa，其值小于局部紧接承压许用应力 135 MPa。因此，闸门整体结构强度及各主要构件强度均满足规范要求。

西黑山进口闸弧形工作闸门正常工作工况下正应力、剪应力及等效应力如表 3 所示。

表 3　闸门正常工作工况各结构应力

部件	极值	分项应力/MPa						总 Von Mises 应力/MPa
		σ_x	σ_y	σ_z	τ_{xy}	τ_{yz}	τ_{xz}	
整体	max	33.67	43.94	24.49	10.34	42.80	19.92	83.24
	min	-29.97	-72.05	-33.62	-12.53	-19.37	-19.40	
面板	max	33.67	16.12	17.75	7.84	10.25	6.67	34.71
	min	-29.97	-26.43	-23.61	-7.87	-19.37	-6.71	
支臂	max	9.141	12.12	11.49	10.65	7.34	5.65	22.56
	min	-19.93	-14.31	-13.44	-7.18	-6.02	-7.46	
纵梁	max	8.23	21.42	10.08	7.95	9.90	5.09	60.56
	min	-12.02	-72.05	-25.98	-7.49	-17.69	-5.28	
次梁	max	20.22	43.94	24.49	9.94	42.80	19.92	83.24
	min	-27.31	-56.12	-24.11	-12.31	-14.07	-19.40	
支座	max	2.53	4.36	3.57	2.05	4.22	4.19	11.15
	min	-2.83	-5.93	-7.40	-2.79	-1.69	-2.29	
主梁	max	15.45	18.33	7.06	10.34	7.61	8.63	49.52
	min	-25.01	-60.15	-33.62	-12.53	-13.54	-6.66	

注：1. σ_x 垂直水流向正应力，σ_y 竖直向正应力，σ_z 水流反向正应力。

　　2. τ_{xy} 横水流平面剪应力，τ_{xz} 水平面剪应力，τ_{yz} 顺水流平面剪应力。

　　3. 应力正值为受拉，应力负值为受压，剪应力顺时针为正。

4.2　闸门刚度复核

根据《水利水电工程钢闸门设计规范》（SL 74—2019）规定，受弯构件的最大挠度与计算跨度之比，不应超过下列数值：

（1）潜孔式工作闸门和事故闸门的主梁，$L/750$；

（2）露顶式工作闸门和事故闸门的主梁，$L/600$；

（3）检修闸门和拦污栅的主梁，$L/500$；

（4）次梁，$L/250$。

西黑山进口闸弧形工作闸门为露顶式弧形闸门，闸门主横梁计算跨度为 1 950 mm，闸门次横梁最大计算跨度 2 088 mm，闸门纵梁跨度 6 020 mm。因此，闸门主横梁的最大挠度应不超过 $[f] = \dfrac{L}{600} = \dfrac{1\,950}{600} = 3.25$（mm），纵梁的最大挠度应不超过 $[f] = \dfrac{L}{250} = \dfrac{6\,020}{250} = 24.08$（mm），次横梁的最大挠度应不超过 $[f] = \dfrac{L}{250} = \dfrac{2\,088}{250} = 8.35$（mm）。

根据刚度复核计算结果，闸门各构件最大的变形量是 1.21 mm，因此闸门结构刚度满足规范要求。闸门整体变形量如图 1 所示。

5　安全评价

根据现场检测结果，西黑山进口闸的闸门和启闭机巡视检查各项内容均符合要求；闸门的外观检

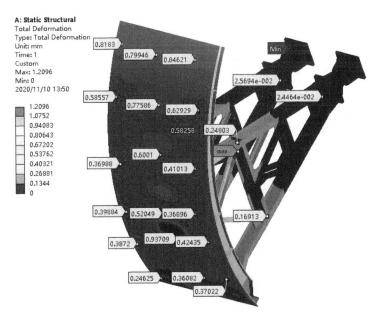

图 1 整体变形量云图

测、启闭机现状检测的各项内容均未见异常；腐蚀程度为 A 级；一类焊缝和二类焊缝符合规范要求，无超标缺陷；设计工况的最大实测应力值和最大计算应力值均小于容许应力值；闸门运行平稳，启闭无卡阻，无明显振动现象；设计工况的最大启闭力小于启闭机的额定容量，因此根据《水工钢闸门和启闭机安全检测技术规程》（SL 101—2014），西黑山进口闸弧形工作闸门及配套液压启闭机安全等级评定为"安全"。

6　结论与展望

通过对西黑山进口闸的闸门和启闭机的现场检测、强度和刚度的复核计算，依据标准安全等级评定为"安全"，但在今后仍需加强设备的日常维护保养工作，特别是液压启闭机活塞杆的水渍应及时清理，以免破坏液压启闭机油缸的密封系统。同时为安全起见，建议增设闸门检修爬梯。

闸门的强度和刚度满足要求，是整个闸门结构安全的重要保障，但闸门在实际运行过程中受多种不确定性因素的影响，如闸槽的变形、起吊装置的同步偏差、闸墩的变形与沉降等都会导致闸门的理论运行状态发生变化，闸门的门体与埋件的空间位置关系与运行姿态也是影响闸门安全运行的重要因素；实际工程上闸门工况复杂，应力分布状况也十分复杂，闸门的应力集中也会给闸门运行带来不安全因素。

因此，后续还需进一步研究实际运行工况下各主要构件应力与复核计算应力的分布吻合情况，通过应力测试和复核计算结果进行综合对比分析，可以为应力测试方案优化提供更好的参考价值，也可以对复核计算起到指导作用。

另外，现行的复核计算一般是基于有限元计算，但是有限元计算在网格划分、边界处理、组合面界限划分等方面存在不唯一性，都会影响复核计算结果的准确性，这也需要进一步深入研究。

参考文献

［1］吴瑶，张恺跃，张泽颖，等．长河闸安全检测与安全复核计算［J］．设计与案例，2022（5）：88-91.

［2］周菊英．南冲水闸工程安全检测与评估［J］．水利科学与寒区工程，2022，5（5）：81-83.

［3］李志竑，孙庆宇，关炜．南水北调工程运行安全检测技术研究［J］．中国水利，2022（2）：56-58.

［4］关炜．南水北调工程关键技术研究进展综述［C］//中国水利学会2021学术年会论文集．郑州：黄河水利出版

社，2021：204-215.

［5］中华人民共和国水利部．水工钢闸门和启闭机安全检测技术规程：SL 101—2014［S］．北京：中国水利水电出版社，2014.

［6］中华人民共和国水利部．水工金属结构制造安装质量检验通则：SL 582—2012［S］．北京：中国水利水电出版社，2012.

［7］中华人民共和国水利部．水利水电工程钢闸门设计规范：SL 74—2019［S］．北京：中国水利水电出版社，2019.

［8］毛艳．独流减河防潮闸的安全评价研究［D］．天津：天津工业大学，2019.

［9］王进东，许共武，周永刚．三河闸工程闸室稳定复核计算及分析［J］．水利建设与管理，2010，30（8）：45-47.

［10］王志成．希尼尔水库放水闸安全检测［J］．云南水力发电，2017，33（5）：157-159.

［11］郑琼丹．海塘水闸安全检测措施分析［J］．水利科技与经济，2013，19（5）：93-94.

深圳城市深埋隧洞地质风险与防范措施

孙云志 王 锐

（长江岩土工程有限公司，湖北武汉 430010）

摘 要：深圳出露的地层时代全、岩性种类多、地质构造复杂，城市深埋隧洞存在地质风险。以罗田水库—铁岗水库城市深埋输水隧洞为例，研究风化深槽、突水涌泥、蚀变岩体、超硬岩、围岩稳定等地质风险，分析地质风险对深圳城市深埋隧洞建设的影响，提出防范措施，指导深埋隧洞的建设和运营。

关键词：城市深埋隧洞；地质风险；防范措施

1 引言

随着城市建设的发展，人类对地下空间的需求日益增加，如大量建设的人防工程、输水隧洞工程、地下交通工程、地下综合体工程等。由于城市地下空间地质条件的复杂性，如软土地基（上海）[1]、活动断层与地震（成都、深圳）[2-4]、地裂缝（西安）[5]、复杂多元地质结构（武汉）[6]、卵砾石开挖（广州、北京）[7-8]、上软下硬地层开挖与扰动（深圳）[9]、岩溶（武汉、桂林）[10-11]等，在城市地下空间工程建设和运营中存在围岩稳定、软岩变形、涌水突泥、岩爆、岩溶塌陷等地质风险，经常造成设备损失、工期延误、工程失效及人员伤亡等灾害。因此，城市地下空间的地质风险已经成为人们关注的重点[12-15]。

深圳出露的地层时代全、岩性种类多、地质构造复杂。如全市出露震旦系、上泥盆系、石炭系、三叠系、侏罗系、白垩系、古近系以及第四系地层；同时分布有加里东期、燕山期多序次的花岗岩侵入岩[3]等，地下空间围岩涉及沉积岩、变质岩和侵入岩。另外，北西向、北东向和东西向断裂均有分布，受断裂切割，导致地层岩性破碎，分布十分复杂，由此引发的地质问题和地质风险多[3]。

已有的工程实践表明，深圳深埋隧洞地质风险主要有断裂破碎带[4,16]、风化深槽[16]、围岩稳定[16-17]、突水涌泥[16,18-19]、超硬岩[16]、蚀变岩体[16,20]、岩溶塌陷[21]等。上述地质风险，对深埋隧洞的建设与运营安全有着重要的影响。

本文以罗田水库—铁岗水库城市深埋输水隧洞工程为例，通过对风化深槽、强透水带、蚀变岩体、超硬岩和围岩稳定等地质问题的分析，揭示深圳城市深埋隧洞建设存在的地质风险，为深埋隧洞的勘察、设计、施工提出防范措施。

2 罗田水库—铁岗水库输水隧洞工程

2.1 工程概述

罗田水库—铁岗水库输水隧洞工程全长约 21.6 km，隧洞埋深 50~190 m，设计规模 260 万 m^3/d，开挖洞径 6.8 m，为城市深埋隧洞（注：业内一般认为，埋深大于 30 m 的城市隧洞，视为城市深埋隧洞）。主干线拟采用 TBM 施工，分为 4 个 TBM 施工段，设 2 号、3 号和 5 号 3 个工作井、2 个地下阀室、2 条施工隧洞。

作者简介：孙云志（1964—），男，正高级工程师，主要从事水利水电工程地质勘察研究工作。

通信作者：王锐（1990—），男，高级工程师，主要从事水利水电工程地质勘察研究工作。

2.2 工程围岩地质条件简述

罗田水库—铁岗水库输水隧洞沿线第四系分布广泛，厚度不均，一般厚 8~20 m。城区段表层多为人工填土，其下为淤泥质土、黏土、砂及砂砾石等。丘陵段地表主要为残坡积砂质黏土、黏土。第四系总体分布厚度不大。

罗田水库—铁岗水库输水隧洞沿线自北向南分布变质岩、沉积岩、岩浆岩三大类。变质岩主要为震旦系黄婆山组（Zh）片麻岩；沉积岩为侏罗系塘厦组（$J_{1-2}t$）、桥源组（J_1q）、金鸡组（J_1j）以及三叠系小坪组（T_3x）粉砂岩、泥岩、石英砂岩、砂砾岩等。岩浆岩为白垩纪燕山四期（$\eta\gamma^5K_1$、$\gamma\beta^3K_1$）和奥陶纪加里东期（$\eta\gamma O_1$）花岗岩（见图1）。

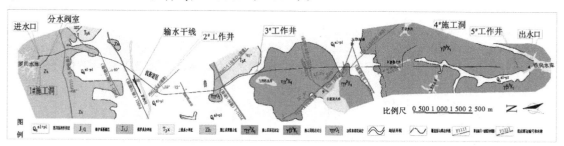

图 1　罗田水库—铁岗水库输水隧洞工程地质平面简图[20]

3 罗田水库—铁岗水库输水隧洞工程地质风险

3.1 风化深槽

输水隧洞沿线发育有"松岗河风化深槽"和"东方大道风化深槽"。

"松岗河风化深槽"长约 160 m，隧洞段位于全风化—强风化岩体中，围岩碎裂结构—散体结构，洞室围岩不稳定；强风化岩体具中等透水性，为富水岩体，隧洞存在涌水突泥风险。

"东方大道风化深槽"长约 140 m（见图2），洞身位于全风化岩体中，围岩散体结构，全风化岩体具中等透水性，为富水岩体，中等—强富水性，存在涌水、突泥（沙）问题，围岩不稳定，隧洞存在坍塌风险。

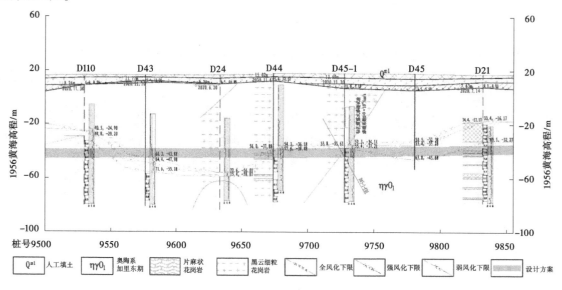

图 2　东方大道风化深槽剖面示意图

3.2 强透水带

输水隧洞沿线地下水位埋藏浅，全洞段均存在涌水风险。根据地形地貌、地层岩性、断层发育等地质条件，可以划分为 4 个水文地质单元、66 个水文地质体（见图3）。以水文地质体为计算单元，分别采用佐藤邦明非稳定流式、古德曼经验式计算最大涌水量；分别采用佐藤邦明经验式、柯斯嘉科夫法计算隧道正常涌水量。最终采用佐藤邦明非稳定流式计算结果为断层带最大涌水量预测值，为82 903.99 m^3/d；佐藤邦明经验式计算结果为隧道正常涌水量预测值，为113 109.32 m^3/d[18]。

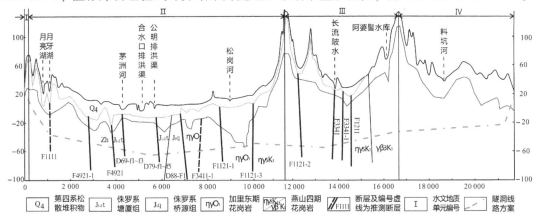

图 3 输水隧洞水文地质单元分区剖面示意图[18]

3.3 蚀变岩体

在加里东期（$\eta\gamma O_1$）侵入岩与燕山期（$\eta\gamma^5 K_1$）侵入岩界线部位，花岗岩有蚀变现象。蚀变花岗岩在空气中暴露 0.5~5 h 后，开始呈现散体状、碎屑状，手捏成砂。蚀变成因主要是热液变质和构造动力变质作用。蚀变花岗岩主要矿物为钾长石、钠长石，矿物蚀变类型主要为高岭土化、伊利石化。依据蚀变岩体矿物化学特征、物理力学性质参数及其工程性状，可将其分为强蚀变花岗岩和弱蚀变花岗岩两类。强蚀变花岗岩工程性状极差，饱和抗压强度仅 3 MPa，为原岩的 4%，V 类围岩；弱蚀变花岗岩工程性状与软岩相近，饱和抗压强度、变形模量、弹性模量约为原岩的 32.4%、31%、41.7%，为Ⅳ类围岩。蚀变花岗岩强度低，工程性状差，围岩极不稳定，洞室存在坍塌风险[20]。

3.4 超硬岩

饱和抗压强度大于 150 MPa 的围岩称为超硬岩。

输水隧洞超硬岩集中分布在桩号 K14+120~K15+280 隧洞段；零星分布于桩号 K10+255~K10+695、K13+765~K14+115 段。超硬岩饱和抗压强度最大达 184~211 MPa，围岩强度应力比 $S>4$，TBM 施工适宜性差，存在施工不适宜地质风险。

3.5 软弱围岩稳定

"松岗河风化深槽" "东方大道风化深槽" 洞段围岩为全风化—强风化岩体，属 V 类围岩；隧洞穿越断裂带，围岩类别以 V 类为主；输水隧洞围岩中的泥岩属极软岩，具失水快速崩解特征，应力集中部位可能发生轻微—中等挤出变形破坏；蚀变花岗岩多为Ⅳ~V 类围岩。上述岩石属软弱围岩，强度低、性状差，围岩极不稳定，存在坍塌风险。

4 罗田水库—铁岗水库输水隧洞工程地质风险防范措施建议

4.1 避让措施

针对深圳城市深埋隧洞存在的地质风险，在前期规划阶段，应加强工程地质勘察，选择避让措施，规避地质风险，保证工程建设与运行安全。

4.2 工程措施

在施工建设阶段，应加强施工期超前地质预报，做好工程防范措施，如在风化深槽洞段，选择合适的隧洞掘进方式及设备，加强超前地质预报，进行预支护；在强透水洞段，进行灌浆预处理，加强超前地质预报，做好突水预案；在蚀变花岗岩分布洞段，加强超前地质预报，做好快挖快撑；在超硬岩洞段，选择合适的 TBM 设备（刀具）等。

5 结论

深圳地质构造复杂，出露的地层时代全、岩性种类多，城市深埋隧洞存在风化深槽、强透水带、蚀变岩体、超硬岩和软弱围岩失稳等地质风险。在前期规划阶段，应加强工程地质勘察，选择避让措施，规避地质风险。在施工建设阶段，应加强施工期超前地质预报，做好工程防范措施，如在风化深槽洞段，选择合适的隧洞掘进方式及设备，加强超前地质预报，进行预支护；在强透水洞段，进行灌浆预处理，加强超前地质预报，做好突水预案；在蚀变花岗岩分布洞段，加强超前地质预报，做好快挖快撑；在超硬岩洞段，选择合适的 TRM 设备（刀具）等。

参考文献

[1] SHEN S L, WU H N, CUI Y J, et al. Long-term settlement behavior of metro tunnels in the soft deposits of Shanghai [J]. Tunnelling and Underground Space Technology, 2014, 40: 309-323.

[2] 苏培东, 廖宸宇, 黎俊麟, 等. 成都市城市地下空间开发中的环境工程地质问题 [J]. 山地学报, 2020, 38 (6): 861-872.

[3] 《深圳地质》编写组. 深圳地质 [M]. 北京: 地质出版社, 2009.

[4] 谭成轩, 王瑞江, 孙叶. 深圳断裂带现今构造活动性及其对深圳市输水隧洞工程地壳稳定性影响 [J]. 地球科学, 2000, 25 (1): 51-56.

[5] 王卫东. 西安地裂缝形成的区域稳定动力学背景研究 [D]. 西安: 长安大学, 2009.

[6] 宁国民, 陈国金, 徐绍宇, 等. 武汉城市地下空间工程地质研究 [J]. 水文地质工程地质, 2006 (6): 29-35.

[7] 曹洪, 骆冠勇, 廖建三, 等. 广州城区地下空间开发对地下水环境的影响研究 [J]. 岩石力学与工程学报, 2006, 25 (S2): 3347-3356.

[8] 郭彩霞, 张顶立, 王梦恕. 无水漂卵砾石地层土压平衡盾构施工关键技术 [J]. 现代隧道技术, 2014, 51 (6): 148-153.

[9] 吴双武, 李辉, 许烨霜, 等. 深圳上软下硬地层中超深基坑的性状分析 [J]. 地下空间与工程学报, 2016, 12 (2): 330-335.

[10] 肖明贵. 桂林市岩溶塌陷形成机制与危险性预测 [D]. 长春: 吉林大学, 2005.

[11] 屈若枫. 武汉地铁穿越区岩溶地面塌陷过程及其对隧道影响特征研究 [D]. 武汉: 中国地质大学, 2017.

[12] 钱七虎. 地下工程建设安全面临的挑战与对策 [J]. 岩石力学与工程学报, 2012, 31 (10): 1945-1956.

[13] 程光华, 王睿, 赵牧华, 等. 国内城市地下空间开发利用现状与发展趋势 [J]. 地学前缘, 2019, 26 (3): 39-47.

[14] 黄强兵, 彭建兵, 王飞永, 等. 特殊地质城市地下空间开发利用面临的问题与挑战 [J]. 地学前缘, 2019, 26 (3): 85-94.

[15] 朱合华, 丁文其, 乔亚飞, 等. 简析我国城市地下空间开发利用的问题与挑战 [J]. 地学前缘, 2019, 26 (3): 22-31.

[16] 孙云志, 胡坤生, 李爱国, 等. 罗田水库—铁岗水库输水隧洞工程初步设计报告 第三篇: 工程地质 [R]. 武汉: 长江勘测规划设计有限责任公司, 2021.

[17] 张磊. 深圳抽水蓄能电站地下厂房围岩稳定性研究 [D]. 成都: 成都理工大学, 2015.

[18] 刘润方, 王锐, 高健. 罗田—铁岗水库输水隧涌水量预测 [J]. 人民长江, 2021, 52 (S2): 95-98.

[19] 李铮. 矿山法城市隧道渗流场演变及防排水问题研究 [D]. 成都: 西南交通大学, 2016.

[20] 王锐, 胡坤生, 张延仓, 等. 罗田—铁岗水库输水隧洞围岩蚀变花岗岩特性 [J]. 人民长江, 2021, 52 (S2): 79-82, 98.

[21] 徐正宣. 深圳地铁 3 号线工程岩溶洞穴勘察及病害处理技术研究 [D]. 成都: 西南交通大学, 2008.

黄河古贤水利枢纽工程砂岩人工骨料试验研究

杨　林　马伟毅　刘海锋

（江河工程检验检测有限公司，河南郑州　450000）

摘　要：以黄河古贤水利枢纽工程近坝区砂岩作为人工骨料原岩进行了混凝土骨料试验研究，包括原岩物理力学性质试验、人工骨料轧制试验及混凝土性能试验。结果表明，近坝区砂岩存在强度偏低、吸水率大、密度小等问题；采用颚式破碎机粗碎、圆锥破碎机中碎和立式冲击破碎机细碎的三级轧制方案比较合适，但存在细碎制砂石粉含量大，成品骨料密度、吸水率与小粒径骨料软弱颗粒含量不合格等问题；混凝土试验表明此砂岩人工骨料可满足配制 C40W8F200 及以下等级混凝土的要求。

关键词：砂岩；人工骨料；强度；轧制；混凝土；变形

1　引言

黄河古贤水利枢纽工程是一座以防洪减淤为主，兼顾发电、供水、灌溉等综合利用的大型工程，其碾压混凝土重力坝方案的混凝土工程量巨大，需对混凝土骨料进行专题研究。工程近坝区缺乏天然砂砾石料，但砂岩储量丰富，砂岩岩性为长石砂岩。由相关文献[1-3]，砂岩作为混凝土骨料原岩已有先例。与灰岩、花岗岩等常规骨料原岩相比，砂岩的吸水率偏大，强度偏低，对成品骨料品质和混凝土性能具有不利影响。本文对采用近坝区砂岩作为人工骨料原岩课题进行了初步试验研究工作，包括原岩物理力学性质试验、人工骨料轧制试验、成品骨料物理性能试验及混凝土性能试验，对采用近坝区砂岩作为混凝土骨料的可行性进行了初步分析。

2　原岩试验

近坝区砂岩料场共进行了 51 组岩石物理力学性质试验，均为钻孔岩石样，其中弱风化岩 7 组，微-新鲜岩 44 组，试验成果见表 1。为便于对比分析，表 1 中还列出了另一水利枢纽工程采用的白云质灰岩的岩石物理性能试验结果。

岩石物理力学性质试验结果表明，近坝区砂岩的饱和抗压强度、干密度、冻融质量损失率指标的平均值满足《水利水电工程天然建筑材料勘察规程》（SL 251—2015）[4] 中对块石料质量指标要求。弱风化砂岩、微-新鲜砂岩的软化系数平均值分别为 0.57 和 0.65，为易软化岩，抗水性较差。与白云质灰岩相比，近坝区弱风化砂岩的吸水率、饱水率均达到白云质灰岩的 20 倍以上，近坝区微-新鲜砂岩的吸水率、饱水率分别为白云质灰岩的 18 倍和 17 倍，充分反映出砂岩吸水率大的特点；在块体密度指标上，与白云质灰岩相比，近坝区弱风化砂岩的自然、干燥和饱和块体密度分别为 240 kg/m³、260 kg/m³ 和 210 kg/m³，近坝区微-新鲜砂岩的自然、干燥和饱和块体密度分别为 200 kg/m³、240 kg/m³ 和 190 kg/m³，反映出砂岩密度小的特点。综上，近坝区砂岩块石料具有吸水率大、密度小、抗水性弱等特点，采用此种砂岩轧制的人工骨料将同样具有类似特点，可能对混凝土的性能产生不利影响。

作者简介：杨林（1987—），男，高级工程师，主要从事水工混凝土新材料与新技术研发和应用工作。

表 1　岩石物理力学性质试验成果

岩石类别	风化程度	指标类别	吸水率/%	饱水率/%	饱水系数	块体密度/（g/cm³） 自然	干	饱和	抗压强度/MPa 干	饱和	冻融后	软化系数	冻融质量损失率/%	冻融系数
砂岩	弱	组数	7	7	7	7	7	7	7	7	6	7	6	6
		最小值	2.19	2.33	0.75	2.42	2.37	2.46	66.8	38.8	34.9	0.43	0.01	0.62
		最大值	3.20	4.25	0.94	2.52	2.49	2.54	114.0	62.0	51.3	0.65	0.16	0.98
		平均值	2.47	2.90	0.87	2.45	2.43	2.49	94.5	52.9	44.4	0.57	0.05	0.84
	微-新鲜	组数	44	44	44	44	44	44	44	44	43	44	43	43
		最小值	1.60	1.66	0.83	2.42	2.38	2.46	65.0	42.9	40.2	0.45	0.00	0.66
		最大值	2.67	3.09	1.00	2.55	2.53	2.59	136.0	85.3	84.4	0.99	0.21	0.99
		平均值	2.20	2.37	0.93	2.49	2.45	2.51	90.3	58.2	53.7	0.65	0.06	0.93
灰岩	—	组数	6	6	6	6	6	6	6	6	6	6	6	6
		最小值	0.11	0.13	0.79	2.68	2.68	2.69	89.3	71.2	68.3	0.72	0.02	0.63
		最大值	0.14	0.16	0.88	2.70	2.70	2.70	129.0	109.0	88.7	0.97	0.04	0.98
		平均值	0.12	0.14	0.85	2.69	2.69	2.70	110.2	89.8	77.4	0.82	0.03	0.88

3　人工骨料轧制试验

3.1　轧制设备与工艺

轧制试验选择粗碎、中碎、细碎的三级破碎的方案。根据以往经验，与灰岩、花岗岩等岩石相比，由于砂岩为沉积岩，强度低，在破碎过程中容易过粉碎，造成制砂石粉含量高。因此，选择破碎设备时应优先采用产粉量低的设备。本次轧制试验选用颚式破碎机作为粗碎设备，圆锥破碎机作为中碎设备，立式冲击破碎机作为细碎（整形与制砂）设备。

轧制试验原料粒径在 200~300 mm 范围内，质量约 60 t。物料经颚式破碎机破碎后，全部进入圆锥破碎机，圆锥破碎机出料经人工筛分，分选出粒径 5~20 mm 和 20~40 mm 骨料，分别送入冲击破碎机进行破碎试验。成品料由冲击破碎机产生，成品料为人工砂、粒径 5~20 mm 和 20~40 mm 粗骨料。破碎试验采用分段进行、分段取样的方式，对粗碎出料、中碎进料与出料、细碎进料的颗粒级配与针片状含量进行试验分析，对细碎出料的针片状含量和成品料的品质进行试验分析。

3.2　粗碎试验

颚式破碎机型号为 PE350×750，排料口可调节范围为 70~120 mm，进料最大粒径为 290 mm。由于粗碎后续试验所需骨料粒度均在 80 mm 以下，且中碎液压圆锥破碎机最大进料尺寸为 150 mm，在兼顾不使一次破碎的破碎比过大的原则下，将颚式破碎机排矿口调整至 80 mm 对物料进行粗碎。给料方式为人工往给料仓送料。在破碎过程中，待颚式破碎机出料皮带机上达到均匀出料状态时，停机，人工在运料皮带机上取样，进行颗粒级配和针片状含量试验，试验成果见表 2。

表 2　颚式破碎机出料试验成果

尺寸/mm	>150	80~150	40~80	20~40	10~20	5~10	<5
级配/%	0.0	18.8	51.5	12.1	5.0	4.0	8.6
针片状含量/%	—	—	7	19	17		—

由表 2 可见，当原料尺寸在 200~300 mm 范围内，颚式破碎机排料口为 80 mm 时，出料尺寸以 40~80 mm 为主，占到 51.5%，150 mm 以上的含量为零，80~150 mm 含量为 18.8%。此外，粗碎还产生了 8.6% 的人工砂。目前的生产工艺多将这部分砂与粗骨料一起送入下道破碎工序，将增大成品砂的石粉含量。工业生产时，可选择大型的颚式破碎机并将排料口放大，一方面可提高生产效率；另一方面可降低粗碎阶段的产砂量，有利于最终降低人工砂的石粉含量。粗碎后各级骨料的针片状含量

偏高，尤其是 20~40 mm 粒级，原因除与颚式破碎机的固有工作特点相关外，还与以下因素有关：人工给料不能均匀连续、形不成料层挤压粉碎，物料在开放破碎腔内破碎；受设备型号所限，粗碎排料口偏小，破碎比偏大。

3.3 中碎试验

液压圆锥破碎机型号为 GP158，排料口可调节范围为 15~40 mm，进料最大粒径为 150 mm。本次轧制试验排料口设定为 22 mm。待圆锥破碎机出料皮带机达到均匀出料状态时，停机。人工在皮带机上取样，进行级配和针片状含量试验，试验成果见表 3。

表 3 圆锥破碎机出料试验成果

尺寸/mm	>150	80~150	40~80	20~40	10~20	5~10	<5
级配/%	0.0	0.0	3.9	34.8	18.7	20.3	22.3
针片状含量/%	—	—	18	13	13		—
整形后针片状含量/%	—	—	—	5	2		

由表 3 可见，当圆锥破碎机排料口设定为 22 mm 时，出料以粒径 5~20 mm 和 20~40 mm 为主，其中 5~20 mm 占 39.0%，20~40 mm 占 34.8%，两者基本相当。粒径大于 40 mm 和粒径小于 5 mm 的分别占 3.9% 和 22.3%，人工砂含量偏高。从整体看，圆锥破碎机排料口设定为 22 mm 是基本合适的。人工砂含量高将造成粗骨料成品率偏低，洗砂（湿式）或收尘（干式）量加大。此外，中碎采用圆锥破碎机存在的突出问题是出料的针片状含量偏大，粒径 5~20 mm 为 13%，粒径 40~80 mm 达到了 18%，超出规范《水利水电工程天然建筑材料勘察规程》（SL 251—2015）[4] 中 15% 的要求，粗骨料必须进行整形。针片状含量超标的基本原因为排料口偏小，再加上圆锥破碎机是以剪切力为主、挤压力为辅的破碎机制所致。

对圆锥破碎机产生的人工砂进行颗粒级配分析和石粉含量试验，5 mm 和 2.5 mm 筛余颗粒典型形态见图 1。人工砂细度模数为 2.61，属中砂，平均粒径 0.36 mm，石粉含量为 20.7%。中碎阶段产生的人工砂石粉含量已经达到 20% 以上，反映了砂岩的易碎性。考虑到控制人工砂石粉含量的要求，中碎阶段产生的人工砂不宜再进行细碎。从图 1 可见，圆锥破碎机产生的人工砂多为片状颗粒，不宜直接用于混凝土中，因此考虑将其与冲击破制砂进行掺配。

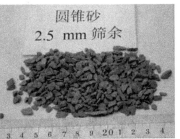

图 1 圆锥破碎机人工砂典型形态图

3.4 细碎试验

立式冲击破碎机型号为 PL-400，进料粒径 <40 mm。细碎采用两种进料方案，即 5~20 mm 和 20~40 mm，对比分析细碎对骨料的整形效果，并对 20~40 mm 方案出料进行颗粒级配试验。粒径 5~20 mm 和 20~40 mm 细碎前后的针片状颗粒含量见表 3，采用 20~40 mm 方案出料的颗粒级配试验结果见表 4。由表 3 可见，经过细碎整形后，粒径 5~20 mm 和 20~40 mm 骨料粒型均得到了明显改善，其中 5~20 mm 粒级针片状颗粒含量由 13% 降至 2%，改善效果尤为明显。由表 4 可见，当细碎进料为 20~40 mm 时，出料以 20~40 mm 为主，占 71.9%，说明立式冲击破碎对骨料主要起到整形作用，破碎作用不明显。

表4 20~40 mm 方案出料级配成果

尺寸/mm	>150	80~150	40~80	20~40	10~20	5~10	<5
级配/%	0.0	0.0	4.6	71.9	7.4	3.2	12.9

对立式冲击破碎机产生的人工砂进行颗粒级配分析和石粉含量试验，颗粒级配曲线见图2，5 mm 和2.5 mm 筛余颗粒典型形态见图3。人工砂细度模数为1.56，属细砂，平均粒径0.29 mm，石粉含量为34.8%。从图3可见，该人工砂2.5 mm 以下颗粒含量偏多，级配较差，需采取筛分或水洗措施调整级配。立式冲击破碎机具有"石打石"和"石打铁"两种破碎腔，石打铁产粉率高于石打石腔型。本次细碎试验采用的是石打铁破碎腔，在一定程度上增加了成品砂石粉含量。实际生产时应采用石打石破碎腔，并将立式冲击破碎机的转子速度调至较低水平，以降低石粉含量，提高成品率。

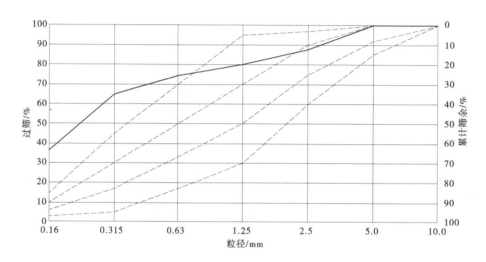

图2 立式冲击破碎机人工砂级配曲线图

图3 立式冲击破碎机人工砂典型形态图

3.5 成品骨料性能试验

成品粗骨料性能试验结果见表5。从表5可以看出，粗骨料表观密度较小，吸水率偏大，这与原岩的特性相同，说明砂岩内部结构存在较多空隙，这可能导致混凝土容重偏低，并对混凝土的抗冻耐久性产生不利影响；5~10 mm 软弱颗粒含量超标，压碎指标偏大，说明砂岩骨料的强度偏低，这是原岩本身的强度偏低造成的。

由于轧制的细骨料石粉含量大，细度模数小，对细骨料采取了水洗工艺处理。水洗后成品细骨料性能试验结果见表6。由表6可见，水洗后人工砂石粉含量偏低，细度模数基本满足要求，剩余指标满足规范要求。与水洗前相比，石粉含量降低了30%以上，人工砂损失较多。实际生产时应比较不同的水洗或筛分工艺，在使人工砂石粉和细度模数满足要求的前提下，降低损失率，提高成品率。

表 5 成品粗骨料性能试验成果

粒径范围/mm	表观密度/(kg/m³)	软弱颗粒含量/%	针片状含量/%	泥块含量/%	以干料为基准的吸水率/%	以饱和面干为基准的吸水率/%	压碎指标/%	堆积密度/(kg/m³)	紧密密度/(kg/m³)	坚固性/%
5~20	2 600	19丨5	2	0	2.91	2.83	11.4	1 340	1 520	1丨2
20~40	2 580	2	6	0	2.60	2.53	11.4	1 280	1 480	2丨2
40~80	2 590	—	5	0	2.35	2.30		1 320	1 500	0
标准1	>2 600	<5	<15	不允许	≤2.5(无抗冻);≤1.5(有抗冻)		≤20	>1 600	—	≤12.0(无抗冻要求),≤5.0(有抗冻要求)
标准2	≥2 550	≤5(≥30 MPa和有抗冻);≤10(<30 MPa)	≤15(≥30 MPa和有抗冻);≤25(<30 MPa)	不允许			≤10(≥30 MPa);≤16(<30 MPa)			≤5

注:1. 标准1为《水利水电工程天然建筑材料勘察规程》(SL 251—2015)[4],标准2为《水工混凝土施工规范》(SL 677—2014)[5]。
2. 软弱颗粒含量和坚固性栏中,"丨"左边为5~10 mm粒径,"丨"右边为10~20 mm粒径。

表 6 水洗后成品细骨料性能试验成果

粒径/mm	5	2.5	1.25	0.63	0.315	0.16	筛底	细度模数	平均粒径	石粉含量/%	泥块含量/%	干砂表观密度/(g/m³)	堆积密度/(kg/m³)	云母含量/%
累计筛余百分率/%	10.5	33.0	50.4	65.3	78.6	95.3	100.0	3.02	0.38	4.8	0.0	2 600	1 460	0.2
标准1	细度模数:2.5~3.5为宜									6~18为宜	不允许	>2 550	>1 500	<2
标准2	细度模数:2.4~2.8为宜									6~18	不允许	≥2 500	—	≤2

注:标准1为《水利水电工程天然建筑材料勘察规程》(SL 251—2015)[4],标准2为《水工混凝土施工规范》(SL 677—2014)[5]。

4　混凝土性能试验

为研究采用砂岩骨料可配制出的混凝土的强度范围，配制了二级配 4 个水胶比分别为 0.30、0.35、0.40、0.45 的常态混凝土，分别测定 28 d 抗压强度，并对水胶比 0.40、0.45 混凝土的耐久性（抗渗性能 W8、抗冻性能 F200）、弹性模量及极限拉伸值进行研究。配合比参数和试验结果见表 7。

表 7　混凝土配合比参数和试验结果

编号	水胶比	砂率/%	材料用量/（kg/m³）						坍落度/mm	实测容重/（kg/m³）	含气量/%	抗压强度/MPa		抗渗	抗冻	弹性模量/10⁴ MPa		极限拉伸/10⁻⁴	
			水	水泥	砂	石	减水剂	引气剂				7 d	28 d	28 d	28 d	7 d	28 d	7 d	28 d
1	0.30	35	150	500	585	1 086	4.00	0.060	68	2 340	3.3	46.8	55.3	—	—	—	—	—	—
2	0.35	36	145	414	634	1 127	3.31	0.050	70	2 330	3.5	42.4	49.7	—	—	—	—	—	—
3	0.40	37	142	355	675	1 148	2.84	0.043	70	2 320	3.8	39.6	45.4	≥W8	≥F200	1.05	1.33	1.75	2.08
4	0.45	38	141	313	709	1 157	2.51	0.038	70	2 320	4.1	33.9	39.5	≥W8	≥F200	0.99	1.15	1.7	1.84

试验结果表明，采用近坝区砂岩轧制的粗骨料、细骨料配制的混凝土，28 d 性能指标可满足 C40 及以下强度等级、抗渗等级为 W8、抗冻等级为 F200 混凝土要求。但混凝土的弹性模量偏低，在一定范围内，混凝土具有较大的变形能力，对抗裂有利，但过大的变形有可能导致混凝土应力过大，建议通过坝体应力和变形计算进一步论证近坝区砂岩人工骨料的可行性。

5　结论

（1）近坝区砂岩具有强度低、密度低、吸水率大的特点，轧制出的人工骨料具有类似特性。

（2）对近坝区砂岩，采用颚式破碎机粗碎、圆锥破碎机中碎和立式冲击破碎机细碎的三级轧制方案比较合适。

（3）近坝区砂岩人工骨料可满足配制 C40W8F200 及以下等级混凝土的要求。

参考文献

［1］张绍明，罗蓉，朱建雄．软弱长石石英砂岩骨料混凝土性能试验研究［J］．四川水利，2000，21（4），51-53.

［2］王益，毛天鹏．习水铜灌口水库砂岩骨料品质对混凝土性能的影响［J］．河南水利与南水北调，2014，10：68-69.

［3］文宁，康智明，陈洪德．供果桥水电站砂岩制砂生产性试验研究［J］．西北水电，2009（2）：73-76.

［4］中华人民共和国水利部．水利水电工程天然建筑材料勘察规程：SL 251—2015［S］．北京：中国水利水电出版社，2015.

［5］中华人民共和国水利部．水工混凝土施工规范：SL 677—2014［S］．北京：中国水利水电出版社，2014.

基于 AHP-模糊综合评判法的引调水工程
自然灾害应急管理能力评价

王志旺[1,2,3]   陈纯静[4]

(1. 长江水利委员会长江科学院，湖北武汉　430010；
2. 水利部水工程安全与病害防治工程技术研究中心，湖北武汉　430010；
3. 国家大坝安全工程技术研究中心，湖北武汉　430010；
4. 长江工程监理咨询有限公司（湖北），湖北武汉　430010）

摘　要：针对引调水工程建设期与运行期自然灾害应急管理的特点，建立了引调水工程建设期与运行期自然灾害应急管理体系及应急管理流程，建立了引调水工程建设期与运行期自然灾害应急管理能力评价指标体系。利用层次分析法确定各项指标权重，采用模糊评价方法对多因素进行定量评价，将层次分析法和模糊数学方法结合起来，形成模糊层次综合评估方法。工程实例表明，采用模糊层次分析法能够较好地开展引调水工程建设期与运行期自然灾害应急管理能力评价，可为应急管理能力建设提供参考。

关键词：引调水工程；自然灾害应急管理能力评价；层次分析法；模糊综合评判

1　引言

长距离引调水工程是实现国家水资源优化配置的重大战略举措。我国在大型引调水工程建设方面已取得了举世瞩目的成就，万家寨引黄入晋、大伙房输水工程、南水北调东线工程及中线工程等一大批引调水工程已经建成运行，滇中引水、引江济淮、珠三角水资源配置工程、环北部湾水资源配置工程等正在规划和建设过程中。长距离引调水工程是一项综合性的水利工程，工程往往涉及长达几百甚至上千千米的地域范围，由于其线路长、工程穿越区域广，不可避免地需要面临各种复杂的地形地貌、地质结构和运行条件，工程在施工期和运行期都面临着安全风险。因此，为了保证工程在施工期和运行期的安全，必须加强引调水工程灾害应急管理能力建设和应急管理能力评价工作。

2003年"非典"之后，我国在各行各业逐步建立了以"一案三制"（预案、体制、机制、法制）为主体的应急管理体系，并围绕应急管理体系加强了应急管理能力建设[1-2]。近20年来，国内外研究者围绕应急管理体系、应急管理能力建设以及应急管理能力评价开展了许多研究，取得了一系列研究成果[3-9]，而在引调水工程灾害应急管理体系及应急管理能力评价方法方面的研究工作还比较薄弱。

2　引调水工程灾害应急管理体系

2.1　应急管理体系

针对复杂引调水工程建设期与运行期灾害应急管理的特点，其应急管理体系应该体现以下原则和理念。

（1）预防为主理念。预防为主、防抗救结合的理念是当前我国应急管理和救援的重要模式，只

基金项目：国家重点研发计划（2016YFC0401800）。
作者简介：王志旺（1971—），男，正高级工程师，主要从事工程安全监测与安全评价工作。

有将灾害事故控制在恶化前，进而才能够有效降低损失，同时降低自身后续应急救援的工作难度。在应急管理体系和能力建设中，首先应该树立预防为主的基本理念，在引调水工程建设和运行过程中，尽量将潜在的灾害事故控制在萌芽阶段，避免酿成较为严重的损失。基于此，在应急管理体系和能力建设中，应该重点关注灾害的发生风险，切实提升风险防范和风险识别能力，将风险防控作为工作重点，强化预防意识。

（2）全周期理念。应急管理体系和能力建设还需要体现全周期理念，要求应急管理工作能够关注引调水工程建设期和运行期全生命周期的灾害应急响应全过程。基于该理念，在应急管理体系和能力建设中，首先应该关注前期灾害的预防工作，要求尽量全面分析查明所有风险源，进而予以针对性防控；在灾害发生后，也需要及时启动响应预案，力求形成较为高效可靠的应对效果，实时跟进灾害影响状况，避免产生较大损失；在灾害得到有效控制后，还需要切实做好事后修复以及灾后重建工作。

（3）以人为本。在引调水工程突发自然灾害应急处置中，应该以人的生命健康为本，人的生命高于一切，坚持救人第一，最大程度地减少人员伤亡。同时，既要保护好人民群众，也要依靠群众，尤其要充分发挥专家队伍和专业人员的作用，提高应对突发事件的能力。

（4）协同应对。引调水工程突发灾害应急处置需要协调各方面的资源和力量。首先需要分级负责、先行处置，建立健全分类管理、分级负责的应急管理体制，做到责任明确，处置及时。其次，需要快速反应、协同应对应急管理机制。此外，需要按照属地为主、依法处置的原则。在处理突发事件过程中，充分发挥地方政府的主导作用，协助政府职能部门依法处置，禁止越权处置或替代有关部门的执法职能。

根据上述原则和理念，本文建立了涵盖事前、事发、事中和事后各个阶段的引调水工程建设期与运行期灾害应急管理体系，主要概括为 19 个工作机制（见图 1）。应急管理 19 项机制共同构成应急管理机制不可或缺的重要组成部分。其中：①预防与应急准备是应急管理的基础，体现了预防与应急并重、常态与非常态相结合的原则；②监测与预警是预防和减少灾害的发生及其危害的重要保障；③应急处置与救援是建立有效的应急管理体制；④事后恢复与重建旨在减轻损失和影响，恢复正常秩序，妥善解决应急处置过程中引发的矛盾和纠纷。

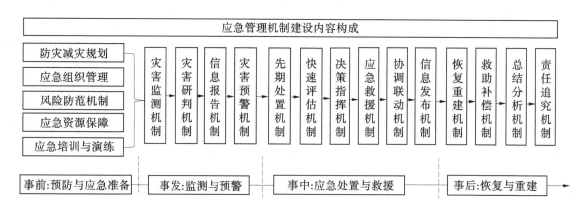

图 1　引调水工程灾害应急管理机制建设总体架构图

2.2　应急管理的工作流程与机制

根据上述应急管理机制，建立了引调水工程建设期与运行期灾害应急管理流程，如图 2 所示。

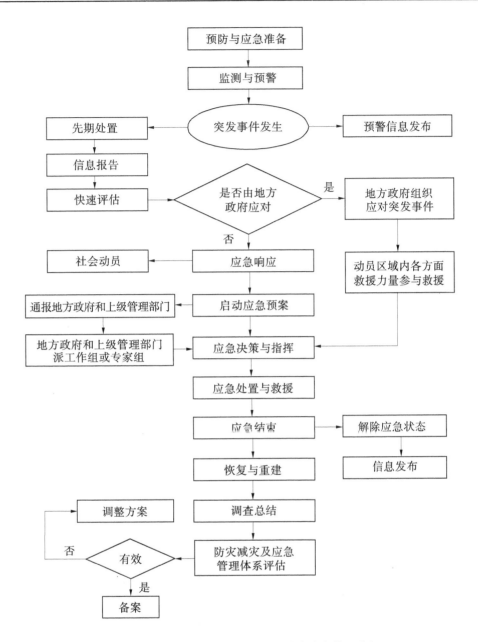

图2 引调水工程建设期与运行期灾害应急管理流程

3 应急管理能力评价指标体系

3.1 评价指标体系建立的原则

引调水工程建设期与运行期灾害应急管理能力评价指标体系，是根据复杂引调水工程建设期与运行期自然灾害应急管理能力评价的内容而设置的，为了全面反映应急管理能力，并使指标体系便于操作运算，建立评价指标体系时应遵循系统性原则、完备性和相关性原则、可评价性和适用性原则以及定量指标与定性指标相结合的原则。

3.2 评价指标体系的建立

应急管理能力主要涉及灾害预防与应急准备能力、灾害监测与预警能力、事中应急处置与救援能力及事后恢复总结能力四个方面。因此，根据前述应急管理机制和评价指标体系建立的原则，建立了自然灾害应急管理评价指标体系（见表1）。

表 1　引调水工程建设期与运行期灾害应急管理评价指标体系

目标层	准则层 1	准则层 2	指标层
引调水工程灾害应急管理能力评价	灾害预防与应急准备能力 C1	防灾减灾规划 C11	综合减灾规划与管理 C111
			运行安全研究与评价 C112
			灾害防治措施与投入 C113
		组织管理 C12	应急机构 C121
			应急预案 C122
			规章制度 C123
		风险防范机制 C13	风险识别与隐患排查 C131
			安全检查 C132
			安全监控 C133
			警示措施 C134
		应急资源保障 C14	技术储备 C141
			应急装备 C142
			应急队伍 C143
			物质储备 C144
			通信保障 C145
		应急培训与演练 C15	宣传教育 C151
			人员培训 C152
			应急演练 C153
	灾害监测与预警能力 C2	灾害研判机制 C21	安全监控 C211
			风险辨识 C212
			损失评估 C213
		信息报告机制 C22	社会舆情汇总和研判机制 C221
			纵向信息报告 C222
			横向信息通报 C223
		灾害预警机制 C23	预警级别 C231
			预警发布 C232
			预警措施 C233
	事中应急处置与救援能力 C3	先期处置机制 C31	临时应急控制 C311
			事态进展情况报告 C312
		快速评估机制 C32	受灾范围估计 C321
			灾害损失和影响评估 C322
		决策指挥机制 C33	应急决策 C331
			应急指挥 C332
			资源配置 C333
			沟通协调 C334

续表 1

目标层	准则层 1	准则层 2	指标层
引调水工程灾害应急管理能力评价	事中应急处置与救援能力 C3	应急救援能力 C34	应急队伍 C341
			技术支持 C342
			应急装备 C343
			后勤保障 C344
			社会救援 C345
		协调联动机制 C35	不同管理部门之间的交流与合作 C351
			管理部门与政府部门之间的交流与合作 C352
			军地协调联动 C353
		信息发布机制 C36	新闻发布 C361
			现场沟通 C362
			舆情管理 C363
	事后恢复总结能力 C4	恢复重建 C41	秩序恢复 C411
			设施重建 C412
			恢复运营 C413
		救助补偿 C42	补偿赔偿 C421
			灾后安置 C422
			心理救助 C423
		总结分析 C43	调查总结 C431
			责任追究 C432
			应急预案更新 C433
			应急管理体系改善 C434

4 应急管理能力评价方法

4.1 评价指标权重的确定

指标的权重是指标评价过程中其相对重要程度的一种客观度量的反映。层次分析法（AHP）可以较好地处理定性信息，把定性分析和定量分析有机结合起来，常用于那些多准则、多目标、有定性指标的复杂问题，可取得比较满意的结果。利用层次分析法确定权重，可以较好地克服完全由专家打分带来的主观片面性。

4.2 模糊综合评价

模糊综合评价方法可以通过将模糊信息定量化，实现对常规方法难以定量分析的复杂问题进行定量评价。将层次分析法和模糊数学方法结合起来，可形成模糊层次综合评估方法，能使评估结论更趋合理。

5 引调水工程灾害应急管理能力评价

以某引调水工程为例，开展引调水工程建设期与运行期灾害应急管理能力评价研究。

5.1 一级模糊综合评价

邀请 15 位引调水工程建设期与运行期自然灾害应急管理方面的专家对某引调水工程建设期与运

行期灾害应急管理能力进行综合评价，将专家组填写的评语进行数学处理，得到该引调水工程建设期与运行期灾害应急管理能力综合评价隶属度。一级模糊综合评价计算结果如下：

防灾减灾规划 B11 =（0.36，0.25，0.20，0.10，0.04）

组织管理 B12 =（0.31，0.33，0.20，0.11，0.07）

风险防范机制 B13 =（0.36，0.29，0.18，0.10，0.08）

应急资源保障 B14 =（0.27，0.35，0.19，0.11，0.09）

应急培训与演练 B15 =（0.29，0.36，0.18，0.09，0.09）

灾害研判机制 B21 =（0.36，0.38，0.16，0.07，0.04）

信息报告机制 B22 =（0.40，0.35，0.19，0.07，0.00）

灾害预警机制 B23 =（0.38，0.42，0.13，0.05，0.02）

先期处置机制 B31 =（0.32，0.29，0.19，0.08，0.04）

快速评估机制 B32 =（0.33，0.30，0.20，0.10，0.07）

决策指挥机制 B33 =（0.34，0.33，0.18，0.10，0.08）

应急救援能力 B34 =（0.27，0.24，0.15，0.08，0.07）

协调联动机制 B35 =（0.36，0.26，0.20，0.09，0.09）

信息发布机制 B36 =（0.46，0.53，0.19，0.13，0.10）

恢复重建 B41 =（0.47，0.36，0.11，0.07，0.00）

救助补偿 B42 =（0.40，0.35，0.13，0.07，0.05）

总结分析 B43 =（0.39，0.35，0.14，0.07，0.05）

根据最大隶属度原则，能够判断该引调水工程建设期与运行期自然灾害应急管理能力在防灾减灾规划、风险防范机制、信息报告机制、先期处置机制、快速评估机制、决策指挥机制、应急救援能力、协调联动机制、恢复重建、救助补偿、总结分析等方面的评价为优，在组织管理、应急资源保障、应急培训与演练、灾害预警机制、灾害研判机制、信息发布机制等方面评价为良。

5.2 二级模糊综合评价

根据二级模糊综合评价结果，总起来用矩阵表示如下：

$$\underset{\sim}{R} = \begin{bmatrix} B_1 \\ B_2 \\ B_3 \\ B_4 \end{bmatrix} = \begin{bmatrix} 0.32, & 0.31, & 0.19, & 0.10, & 0.07 \\ 0.37, & 0.38, & 0.16, & 0.06, & 0.02 \\ 0.34, & 0.31, & 0.18, & 0.09, & 0.07 \\ 0.42, & 0.36, & 0.13, & 0.07, & 0.03 \end{bmatrix} \tag{1}$$

$$W = [0.26, \ 0.29, \ 0.29, \ 0.16] \tag{2}$$

$$\underset{\sim}{B} = W \cdot \underset{\sim}{R} = [0.36, \ 0.34, \ 0.17, \ 0.08, \ 0.05] \tag{3}$$

最后得出该引调水工程建设期与运行期自然灾害应急管理能力总体模糊评价为：优占36%，良好占34%，中占17%，差占8%，劣占5%，根据最大隶属度原则，可以判断该引调水工程建设期与运行期灾害应急管理能力总体评价为：优。

5.3 三级模糊综合评价

模糊评价方法可以通过将模糊信息定量化，实现对常规方法难以定量分析的复杂问题进行定量评价。将层次分析法和模糊数学方法结合起来，可形成模糊层次综合评估方法，能使评估结论更趋合理。

6 结语

建立了引调水工程建设期与运行期灾害应急管理能力评价指标体系，利用层次分析法确定各项指标权重，采用模糊评价方法对多因素进行定量评价。研究表明，采用模糊层次分析法能够较好地开展引调水工程建设期与运行期灾害应急管理能力评价，可为应急管理能力建设提供参考。

参考文献

[1] 闪淳昌，沈华，方曼，等. 中国应急管理机制研究 [C] //2011 国际（上海）城市公共安全高层论坛暨 TIEMS 中国委员会第二届年会论文集. 2011：109-116.

[2] 闪淳昌，周玲，钟开斌. 对我国应急管理机制建设的总体思考 [J]. 国家行政学院学报，2011，1：8-12，21.

[3] 秦波，田卉. 城市洪涝灾害应急管理体系建设研究 [J]. 现代城市研究，2012，1：29-33.

[4] 田立群. 中小城镇突发事件下道路交通应急管理体系研究 [D]. 唐山：华北理工大学，2019.

[5] 黄典剑. 城市地铁重大突发事件应急能力评价方法研究 [D]. 北京：北京科技大学，2006.

[6] 刘建. 城市重大事故应急能力评估方法研究 [D]. 北京：北京科技大学，2007.

[7] 龙京，张彦春，王孟钧，等. 铁路局应急管理能力评价体系及其应用 [J]. 科技进步与对策，2011，28（4）：129-132.

[8] 莫靖龙，夏卫生，李景保，等. 湖南长株潭城市群灾害应急管理能力评价 [J]. 灾害学，2009，24（3）：137-140.

[9] 尹辉，李景保，周和平. 湖南省城市应急管理能力评价 [J]. 环境资源与发展，2009（3）：1-7.

小型水库雨水情测报和大坝
安全监测系统建设

胡春杰[1]   嵇海祥[2]   杨　溯[2]   周大鹏[3]

(1. 江苏南水科技有限公司，江苏南京　210012；
2. 水利部南京水利水文自动化研究所，江苏南京　210012；
3. 辽宁省水利水电科学研究院有限责任公司，辽宁沈阳　110003)

摘　要： 某市共有小型水库29座，其中小（1）型水库12座、小（2）型水库17座。由于技术经济条件有限，大量小型水库工程先天不足、后天管理跟不上，特别是现有雨水情测报和大坝安全监测设施建设监测设施薄弱、手段落后、标准不统一，自动化水平尚低，导致不能及时发现水库存在的安全隐患。本文分析某市小型水库雨水情测报和大坝安全监测的现状，提出了相关建设原则、建设目标和建设内容，为某市开展该项目建设工作提供技术指导。

关键词： 小型水库；雨水情测报；安全监测

1　引言

水库是保障防洪安全、供水安全、粮食安全的重要基础设施，在防洪减灾、供水保障、农业灌溉等方面发挥了重要作用。某市共有小型水库29座，其中小（1）型水库12座、小（2）型水库17座。小型水库坝体类型多为土石坝结构，大多数建于20世纪50—70年代，由于技术经济条件有限，大量小型水库工程先天不足、后天管理跟不上。近年来，某市已开展了一批小型水库的除险加固工程，工程形象面貌有所改观，大坝安全状况相应提高，但总体来看运行管理条件和能力仍相对薄弱，特别是小型水库雨水情测报和大坝安全监测严重缺失[1-2]，自动化水平尚低，导致不能及时发现水库存在的安全隐患，后期运行管护跟不上，可用设施设备保有率相对较低。因此，某市小型水库监测预警能力弱，应急能力低，对水库下游人民群众生命财产安全构成严重威胁。

2　某市小型水库现状

（1）雨水情测报。部分县市区依托山洪灾害防治项目建设了一些水库雨水情测报站点，目前这些水库雨水情测报站点已接近设计使用年限，部分设备老化和故障率逐年增加，每年需要投入大量维修资金，已不能适应新发展阶段水库运行管理的需求[3]。

（2）大坝安全监测。由于资金投入不足，在小型水库除险加固初步设计阶段基本没有考虑大坝安全监测设施建设。某市小型水库尚未安装有信息化的大坝安全监测设施，只有少数水库设置有沉降、位移、渗漏等人工观测设施，由于管护人员专业技术欠缺，安全隐患难以及时发现。

（3）视频监控系统。部分县市区借助河长制、水库移民等资金建设了少量视频监控点，但存在建设标准相对较低、设备型号种类五花八门、供电保障率低、防雷接地效果差等实际问题。

作者简介： 胡春杰（1990—），男，工程师，主要从事物联网测控、水利信息化相关工作。

3 系统建设

3.1 总体架构

某市小型水库雨水情测报和大坝安全监测系统建设，利用当前先进的信息技术手段，实现小型水库的在线监管，即通过建设水库雨水情监测、视频监控系统、大坝安全监测，借助水利云平台，以满足水库大坝安全运行与管理、水旱灾害防御应急管理等技术需求，为防洪安全提供更精准的数据服务，总体框架如图1所示。

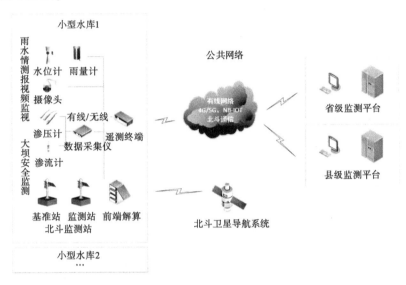

图 1　总体框架

3.2 建设目标

随着物联网、5G、云计算、北斗卫星导航系统等新技术的涌现，相应的设备需进行技术升级，雨水情测报和大坝安全监测也迎来了新的挑战和要求。通过对水库实施雨水情测报和安全监测的标准化建设，构建雨水情测报和大坝监测监管平台系统，提供水文测报、大坝监测、风险隐患、运行监管等多种功能，同时实现在线可视化、智能化监管，实现水库运行管理的标准化、规范化、信息化、现代化，为水库防汛决策和安全运行提供支撑[4-5]。结合小型水库的实际，因地制宜，切实提高小水库防汛预警和安全监测能力，监测、预报和预警成果，形成构建小型水库雨水情测报和大坝安全监测平台，进一步提升某市小型水库监测预报预警水平，推进小型水库防御体系和治理能力现代化，建设专业监测预警与快速响应有机结合的管理体系，增强某市小型水库防御洪水的能力。具体建设目标如下：

（1）基本实现某市小型水库雨水情测报设施全覆盖，小（1）型水库和重要小（2）型水库安全监测设施全覆盖的建设。

（2）小型水库监测对象涵盖降雨量、库水位、渗流量、渗流压力、变形以及视频图像等要素，要全面实现小型水库雨水情测报、大坝安全监测和工程视频监视设施设备应设尽设、自动化报送，通过监测平台实现雨水情测报、大坝安全监测和工程视频监视的数据汇集应用，为相关业务系统提供信息共享。

（3）雨水情测报系统实现对库水位变化、降雨过程等进行实时、动态、连续的监测，确保测得到、报得出、报得准，为水库主管单位和各级防汛部门提供科学的调度决策依据，为防汛抗旱、应急抢险、生态保护等提供科学保障。

（4）视频监控系统实现对水库重点部位和水尺设施等进行全天候 24 h 监控，可远程实时查看其运行情况，随时调用存储期内的影像信息，同时对固定区域设置进行设防，通过声光报警措施进行管理,保障水库安全防范措施给力。

（5）大坝安全监测系统实现对大坝关键部位进行连续、准确、完整的监测,配套自动化数据采集和数据传输,可以实现对工程安全运行状态的实时动态全过程监测,及时发现工程安全隐患,为灾害应急处置提供科技支撑,进而提高工程的现代化管理水平。

（6）构建省级小型水库雨水情测报和大坝安全监测平台建设（省级统一建设）,显著改善小型水库监测运行条件,切实提升小型水库监测预警能力。采用省级部署、多级应用的建设模式,实现省、市、县水行政主管部门和水库管理单位统一使用,用于汇集、应用监测信息,能够与水利相关业务系统实现信息共享。

3.3 建设内容

项目建设内容分为雨水情测报、大坝安全监测、视频监控系统以及监测平台[6]。

3.3.1 雨水情测报

雨水情测报主要由遥测终端机、通信模块、翻斗式雨量计、水位计、野外不锈钢防护箱、太阳能供电系统等设备构成,系统架构图如图2所示。根据站网规划进行站点布设,设备供电采用太阳能浮充蓄电池供电,每日采集数据定时通过通信模块进行数据传输,集中汇至小型水库雨水情测报数据采集平台中[7]。

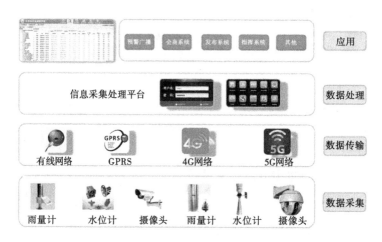

图 2 雨水情测报系统架构图

3.3.2 大坝安全监测

大坝安全监测分为渗压渗流监测站和变形监测站。渗流量监测站主要由数据采集单元、通信模块、渗压计、量水堰仪计、避雷器、太阳能供电系统等构成,系统结构图如图3所示。根据大坝结构形式布设测压孔;同时根据水库大坝不同部位的渗漏情况,设置集水汇集建筑,选择不同堰型的量水设施,进行自动监测。

变形观测站主要由 GNSS 接收机、天线、太阳能板、蓄电池、充电保护器、通信模块等设备构成,根据大坝坝长、坝高等结构,布设工作基点和位移测点。变形观测站系统结构见图4。

变形观测主要运用高精度卫星定位系统 GNSS 监测坝体的表面位移和沉降情况,监测数据通过4G/5G 网络传输至水库大坝安全综合监管云服务平台,最终实现各类监测数据的统一管理、展示及分析。用户可通过服务平台网站随时随地查看不同时间段的成果数据,为水库安全运行管理提供科学的、系统的监测技术和服务解决方案。

3.3.3 视频监控系统

视频监控站主要由网络摄像机、存储卡、避雷器、野外防护箱、太阳能供电系统等设备构成。摄像机具有夜视功能,视频采集图像和图片通过专线或 4G/5G 传输方式进行传输,实现省级统一管理,集中汇至小型水库视频监控采集平台中,是集硬件、软件、网络于一体的监控系统,实现多级实时监控的功能,在监控中心对终端系统集中监控、统一管理,市县分权限访问及使用。视频监控系统拓扑

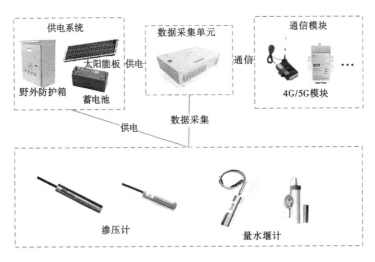

图 3　渗压渗流监测站系统结构图

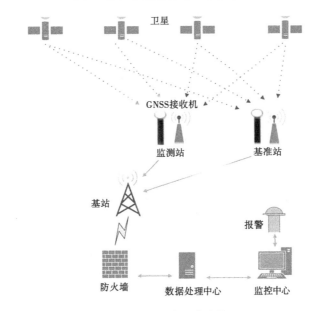

图 4　变形观测站系统结构图

图见图 5。

3.3.4　监测平台

以全省小型水库全链条业务为核心，打造全省小型水库安全运行智慧监控云平台。监测平台建设由水利厅统一规划、分级落实，实现数据采集管理、分析应用和信息共享功能。采用"统一部署，多级应用"的建设模式，创建以省、市、县多级行政区域水库联网统一运维为特征的水库综合管理服务模式，监测平台数据库用于存储管理降水量、库水位、渗流量、渗流压力、视频图像等监测数据，数据库表结构与标识符采用国家标准[8]。各县建设县级监测平台，具备数据接收和基本查询功能。接收数据采集终端一站双发上传的数据，经处理后上传自治监测平台。为水库的运行维护提供全方位解决方案。融合感知、巡检、维养、防洪、安防、运维、政务等各项业务于一体，提供系统的、完整的、管家式服务。可协助水库主管部门、"三个责任人"及库管员对水库进行有效监管，补齐小型水库监测手段落后的短板，强化小型水库监管力度，保障水库安全稳定运行。

4　结语

某市小型水库雨水情测报和安全监测设施薄弱，自动化水平低，已不能满足工程实际需求，迫切

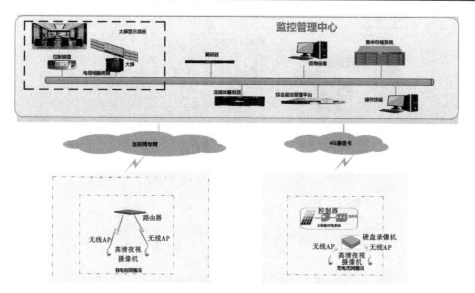

图 5　视频监控系统拓扑图

需要开展雨水情测报和大坝安全监测系统建设。全面建设小型水库雨水情测报和大坝安全监测设施，配套完善小型水库监测设施体系，实现小型水库雨水情测报和大坝安全监测设施"应设尽设"，构建省级监测平台实现数据信息互联互通，为各级水管部门提供监测数据信息汇集应用与共享服务目标，大力提升水库监测自动化水平，显著增强水库监测预警能力，健全常态化管护机制，确保水库安全运行，保障人民生命财产的安全。

参考文献

[1] 王洪伟，马丽，刘智. 营口市小型水库病险分析及加固措施 [J]. 水利规划与设计，2014 (7)：88-89，82.

[2] 孟丽丽，曹泰彰. 营口市水库工程建设与管理探讨 [J]. 江淮水利科技，2015 (1)：27-29.

[3] 吕树龙. 营口市山洪灾害信息共享系统构建 [J]. 东北水利水电，2018，36 (9)：62-64.

[4] 周翔南，张海涛，谢新民，等. 辽宁省水利保障能力评价模型研究 [J]. 水利水电技术，2015，46 (3)：12-16.

[5] 李禄，李忱庚. 辽宁省小型水库安全度汛信息管理系统研究与实现 [J]. 水利信息化，2022 (1)：88-92.

[6] 陈璞. 安徽铜陵市小型水库雨水情自动测报系统建设研究 [J]. 水利科技与经济，2021，27 (12)：46-50.

[7] 章丽娟，庞红，何淇. 小型水库安全信息感知及预警技术 [J]. 东北水利水电，2021，39 (2)：65-67.

[8] 肖珍宝，梁学文，班华珍，等. 广西小型水库雨水情测报和大坝安全监测系统建设 [J]. 广西水利水电，2022 (1)：105-107.

长距离引调水工程大体量地形处理技术研究

傅志浩　　吕　彬

（中水珠江规划勘测设计有限公司，广东广州　510610）

摘　要：长距离引调水工程等高线地形体量大，受制于软件底层图形引擎和计算机存储的限制，设计中易导致软件出现卡顿、响应慢、程序崩溃等现象。本文提出一种等高线地形图预处理及提取方案，通过二次开发方式进行功能实现。预处理借鉴遥感影像瓦片化思路对原始地形等高线进行分块，将分块索引、分块矩形框控制点坐标及各分块内的等高线控制点坐标以 .xml 格式文件存放在本地。等高线提取时通过判断给定设计轴线及轴线侧范围与分块矩形框的关系提取设计地形或外围地形，可进行等高线抽稀、生成三维地形模型。实际项目应用显示，处理后地形体量缩减明显，满足设计软件对地形的要求，可提高设计效率。

关键词：长距离引调水工程；大体量地形图；二次开发；分块处理；设计地形提取

1　引言

中国水资源呈现出时空分布不均的现象，长距离引调水工程是以优化水资源配置格局为主要目的的重大战略性基础设施，国家相继修建了珠三角水资源配置工程、引汉济渭、滇中引水、引江济淮等多项长距离引调水工程[1-2]。长距离引调水工程设计具有点多、线长、面广，设计要素体量大的特点。近年来，针对长距离引调水工程进行的研究成果较多，文献［3］通过研究引调水工程 BIM 标准化关键技术，建立存储各类模型及其信息的数据库，解决了标准件的快速建模、算量及出图的问题；文献［4］、文献［5］重点研究了长距离引调水工程建设期及运维期的质量及安全管控问题；文献［6］、文献［7］重点研究了长距离引调水工程突发事件应急处理的问题；文献［8］重点研究了工程地质问题。众多研究中针对长距离引调水工程地形处理的研究较少。

地形体量大是长距离线性工程最显著的特点之一，目前工程设计使用较多的软件如纬地、鸿业、Bentley Openroads、Civil3d、ZDM 等[9-11]，受当前这些设计软件底层图形引擎和计算机存储的限制，在加载大地形后导致软件出现卡顿、响应慢，以致实际生产效率低下、体验感差。即便现在这些软件有了平纵横的联动能力，对于小范围的线路工程设计有一定的优势，但对于大地形来说，对地形的预处理是一个瓶颈问题。针对上述问题各软件暂无较好的解决方案，普遍做法是：分文件、分段进行设计，该方法不利于方案比选及设计工作。

本文借鉴遥感影像瓦片化的思路[12-15]对长距离引调水工程等高线地形图进行预处理，等高线提取时可根据不同应用场景选择不同的提取方式，如：提取设计地形、提取外围地形、创建三维地形模型及等高线抽稀、加密等。各应用场景提取的等高线体量均较原文件缩减明显，可在设计软件中流畅运行。针对这一问题的研究与解决具有现实意义和参考借鉴的价值。

基金项目：中水珠江规划勘测设计有限公司科研项目（2022KY08-3）。

作者简介：傅志浩（1980—），男，高级工程师，主要从事水利水电工程设计与研究、工程数字技术研究与应用工作。

2 地形处理关键技术

2.1 处理思路

2.1.1 地形分块

地形分块是对等高线地形图的预处理，单个 .dwg 文件称为一个区域，区域的数量与整个工程涉及的等高线地形图 .dwg 文件数量一致。采用给定边长的矩形框分割各个区域，各区域相接位置的矩形框不重叠，如图 1 所示，共计 4 个区域，分别采用边长为 b 的矩形进行分割，图中阴影部分表示位于不同矩形分割区内的等高线。

2.1.2 设计地形提取

在给定设计轴线情况下提取轴线两侧一定范围内的等高线。基本思路如下：先判断轴线和轴线两侧范围边线与所有分区矩形框的关系，与矩形框相交或位于两条边线范围内的矩形框，提取其内部等高线，与矩形框不相交或位于两条边线外侧的矩形框不提取等高线。如图 2 所示，提取等高线的矩形框如图 2 中阴影部分所示，其余矩形框不提取等高线。

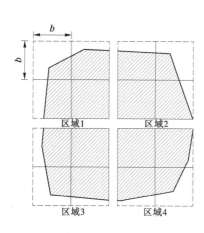

图 1　地形分块

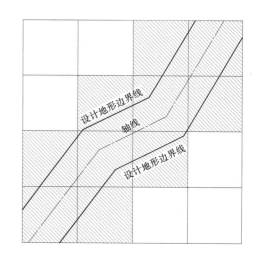

图 2　设计地形提取

2.2 技术实现

功能基于 Bentley Microstation 平台采用二次开发的方式实现，该平台提供的二次开发方式有：基于 C/C++语言的 MDL（MicroStation Development Language/Library，MDL）、基于 VB 语言的 MVBA（MicroStation Visual Basic for Application，MVBA）及基于 C#语言或其他 .Net 开发语言的 Addins 等。本文涉及的地形预处理及地形提取功能选择基于 C#语言的 Addins 方式进行开发，对需要调用的 MDL C++函数，通过 C++/CLI 的方式进行封装，用 C#语言调用[16-17]。

2.2.1 地形分块

地形分块的主要目的是提取等高线地形图的数据信息，包括各区域分区矩形控制点坐标及各分区矩形内部等高线控制点坐标。数据采用 .xml 文件存储于本地。Tile.xml 文件用于存储矩形分割区域的索引名及对应的区域内等高线数据，Index.xml 文件存储矩形分割区域的索引及矩形的四个角点控制点坐标。地形分块采用的是 Bentley Microstation 软件 Fence 的功能，程序实现核心函数如下：

```
//创建 Fence
FenceManager. DefineByElement（clipTools，Session. GetActiveViewport（））；
FenceParameters fenceParams =new FenceParameters（modelRef，DTransform3d. Identity）；
FenceManager. InitFromActiveFence（fenceParams，true，true，FenceClipMode. Original）；
//等高线数据提取
```

```
ElementAgenda insideElems = new ElementAgenda ();
ElementAgenda outsideElems =new ElementAgenda ();
FenceManager. ClipElement (fenceParams, insideElems, outsideElems, eleTag, fenceClipFlags);
```

2.2.2 地形等高线提取

地形等高线提取包含设计地形提取和外围地形提取,提取过程中可根据给定的等高距对原始等高线进行抽稀。一般设计地形可用原始等高距等高线,外围等高线可进行适当抽稀,从而降低地形图文件体量。具体实现方式如下:

在给定轴线及轴线侧范围参数的情况下,先用轴线侧范围线遍历 Index. xml 文件,提取与轴线侧范围线相交或位于两条范围线之间的矩形框索引,记录在 SelectIndex-1 数组中;提取与轴侧范围线不相交或位于两条范围线外侧的矩形框索引,记录在 SelectIndex-2 数组中。

地形提取工具界面详见图 3。等高线提取时,可在工具界面上进行提取选项的勾选,如仅提取设计地形或同时提取设计地形及外围地形,并给定需要提取等高线的等高距,通过记录在 SelectIndex - 1、SelectIndex-2 的索引提取 Tile. xml 文件中对应索引矩形框内的等高线,并按给定的等高距对设计地形及外围地形进行抽稀后加载到设计文件。

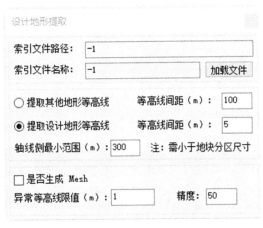

图 3 地形提取工具界面

2.2.3 三维地形模型创建

地形提取时提供了将提取后的等高线直接转换成三维地形模型的功能,该功能的实现分三步:第一步等高线提取,思路及方法同上述地形提取方法,不同点是提取后的等高线不加载到当前设计文件,仅存在内存中;第二步遍历第一步筛选出的等高线并提取各等高线上的控制点坐标存放在 Point 数组中;第三步将第二步提取得到的 Point 数组作为参数,利用 Bentley Microstation 软件 SDK 提供的通过点创建三维地形模型接口,生成三维地形模型并加载到当前设计文件。三维地形模型创建的关键函数如下:

```
PolyfaceHeader meshDate = PolyfaceHeader. CreateXYTriangulation (pointList);
DgnNetElements. MeshHeaderElement mesh = new DgnNetElements. MeshHeaderElement (model, null, meshDate);
```

3　工程案例

环北部湾广东水资源配置工程作为广东迄今为止引水流量最大、输水线路最长、建设条件最复杂、总投资最多的重大水利工程,供水范围包括粤西地区的湛江、茂名、阳江、云浮 4 市,覆盖人口约 1 800 万人。该工程由西江水源工程、输水干线工程和分干线工程组成。西江水源工程泵站设计取水流量 110 m^3/s。输水干线长 201.9 km,输水分干线共 3 条总长 298.0 km。

项目设计过程中应用本文研究成果对 201.9 km 输水干线进行了原始地形预处理及设计地形等高线提取等工作。测绘提供的 .dwg 格式等高线地形图共 9 个 CAD 文件,文件总大小为 7.8 GB,应用本文研究成果将 CAD 地形图文件进行地形分块预处理,分块矩形尺寸为 300 m×300 m,共计分块数量 45 714 个。

设计过程中根据不同应用场景,采用本文研究成果进行等高线提取和三维地形模型创建。因项目线路较长,限于文章篇幅,以下各应用场景仅截取线路局部 2 km 范围用以展示本文研究成果的实际项目应用效果。

3.1　方案比选

项目方案设计阶段通常会进行多方比选从而选出推荐方案,长距离引调水工程由于线路较长,在原始大体量地形图上进行多方案设计存在一定的困难。利用本文研究成果可仅提取设计轴线两侧一定范围内满足设计需求的等高线加载至设计软件，从而降低参与设计的等高线地形图文件的体量，避免常规设计软件出现卡顿、响应慢，以致实际生产效率低下、体验感差等问题。图 4 展示了两个方案轴线侧 300 m 范围内的设计地形等高线提取，等高线文件大小为 136 MB，实际应用显示处理后的地形可在各类软件中正常进行线路的平、纵、横相关设计工作。

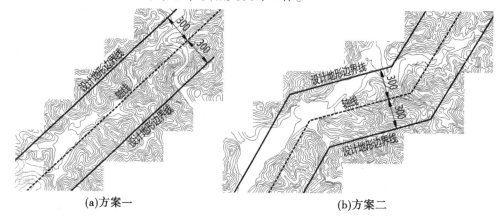

(a)方案一　　　　　　　　　　　　　　(b)方案二

图 4　方案比选等高线地形提取（局部 2 km 范围）

长距离引调水工程方案比选设计阶段重点关注的是平面线路走向的设计，因此提取地形时可根据项目实际情况对提取的等高线进行一定的抽稀，从而降低多个方案参与比选情况下等高线地形图文件的体量；在完成平面线路初步选定后，可针对各比选方案单独提取不抽稀的设计地形等高线进行详细的平、纵、横设计。

3.2　设计地形提取

方案比选环节初步完成各方案的平面设计后，针对各比选方案进行详细的平、纵、横断面设计时，可根据轴线及横断面对轴线两侧地形范围的要求进行设计地形的提取，提取时针对局部线路需要单侧或双侧加宽地形（如线路沿线布置的施工附属场地、施工堆渣场等）时，可进行单独提取。图 5 展示了设计地形等高线提取，图 5（a）轴线两侧范围均为 300 m，图 5（b）轴线左侧范围为 600 m 右侧范围为 300 m，等高线文件大小为 76 MB。

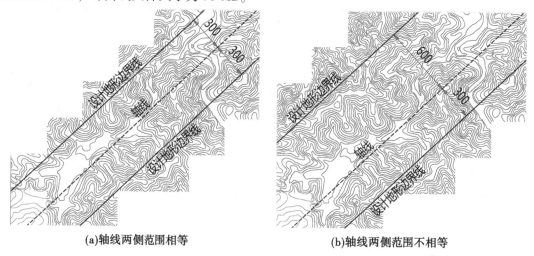

(a)轴线两侧范围相等　　　　　　　　　　(b)轴线两侧范围不相等

图 5　设计地形等高线提取（局部 2 km 范围）

3.3　外围地形等高线提取

在方案设计完成后的成图阶段，为较好地反映平面布置图上设计轴线两侧的山形地势，可利用本文研究成果提取外围地形等高线对设计地形等高线进行补充，外围等高线提取时通常进行一定程度的抽稀。图6展示了设计地形和补充的外围等高线地形,图6(a)外围等高线间距15 m,图6(b)外围等高线间距30 m。

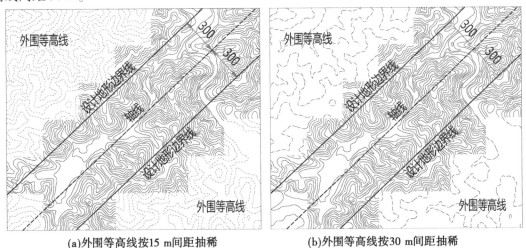

(a)外围等高线按15 m间距抽稀   (b)外围等高线按30 m间距抽稀

图6 设计地形和外围地形等高线提取(局部2 km范围)

3.4 三维地形模型创建

项目效果图及工程视频制作时,可根据设计轴线利用本文研究成果提取轴线两侧一定范围内的等高线创建三维地形模型,再对地形模型进行高清贴图后作为效果图及工程视频的底图。等高线提取时可进行一定的抽稀,采用"低模高清贴图"的思路,即低精度地形模型配高精度贴图。三维地形模型生成时针对地势较平坦情况,可对模型进行 Z 方向的拉伸以凸显山形地势、提高展示效果。图7展示了三维地形模型生成,图7(a)地形模型 Z 方向拉伸比例为1.0,图7(b)地形模型 Z 方向拉伸比例为2.0。

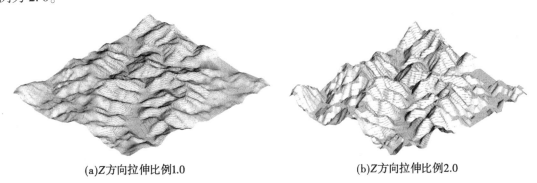

(a)Z方向拉伸比例1.0   (b)Z方向拉伸比例2.0

图7 三维地形模型创建(局部2 km范围)

4 结论

(1)借鉴遥感影像瓦片化思路提出了一种大体量等高线地形图预处理方法,将原始等高线按给定的分块范围进行分区,将分区索引、分区矩形框控制点坐标及分区索引、分区内等高线控制点坐标分别以 Index. xml、Tile. xml 文件存放在本地,可一次处理多次使用。通过判断给定设计轴线及轴线侧范围与分区矩形框的关系提取对应区域的地形图,提高了地形图处理的效率。

(2)通过二次开发的方式对地形图预处理及提取功能进行实现,地形提取时可根据不同应用场景进行设计地形提取、外围地形提取、等高线抽稀及三维地形模型创建,提高长距离引调水工程设计工作效率。

(3)实际工程应用显示,环北部湾广东水资源配置工程201.9 km主干线采用本文研究成果处理后的等高线地形图,在各应用场景下均不超过200 MB,较原7.8 GB的体量缩减明显,在一定程度上解决了设计软件底层图形引擎和计算机存储能力对大体量地形图的限制，在加载大地形后导致软件出现卡顿、响应慢，以致实际生产效率低下、体验感差等问题。

（4）地形图中对体量影响最大的是等高线，本文重点研究了地形图中等高线的预处理及提取方法，对于地形图上地类、地物等其他类型元素，可通过 Bentley Microstation 软件的参考引用功能参考至设计文件使用。

（5）本文提出的大体量地形图预处理及提取思路，不仅适用于长距离引调水工程，对水利水电工程其他类型项目涉及大体量地形处理场景同样具有参考和借鉴意义。

参考文献

［1］高媛媛，姚建文，陈桂芳，等．我国调水工程的现状与展望［J］．中国水利，2018（4）：49-51.

［2］韩占峰，周曰农，安静泊．我国调水工程概况及管理趋势浅析［J］．中国水利，2020（21）：5-7.

［3］张社荣，刘婷，朱国金，等．基于 BIM 的长距离引调水工程三维参数化智能设计研究及应用［J］．水资源与水工程学报，2019，30（3）：139-145.

［4］杨启贵，张传健，颜天佑，等．长距离调水工程建设与安全运行集成研究及应用［J］．岩土工程学报，2022，44（7）：1188-1210.

［5］周利全，蒋乐英，杨选波，等．西部长距离引调水工程质量管理与对策研究［J］．中国农村水利水电，2021（2）：148-151.

［6］王雷，王葳，吴斌平，等．考虑群体极化的长距离调水工程突发险情应急决策模型研究［J］．水利水电技术，2020，51（9）：168-172.

［7］袁晨晖．基于模糊 KNN 案例推理的长距离调水工程突发事件应急处置研究［D］．郑州：华北水利水电大学，2021.

［8］王志强，李广诚．中国长距离调水工程地质问题综述［J］．工程地质学报，2020，28（2）：412-420.

［9］万宁，王鹏．Civil 3D 输水管线设计在水利工程中的应用［J］．黑龙江水利科技，2018，46（9）：158-161.

［10］刘晓彬，于敬舟．基于 OpenRoads Designer 的堤防三维设计应用［J］．人民长江，2021，52（S1）：151-154.

［11］万利台．ZDM 软件在引水工程中的应用［J］．广东水利水电，2018（6）：38-42.

［12］汤求毅．顾及时空与主题特征的分布式遥感影像瓦片缓存方法［D］．杭州：浙江大学，2021.

［13］王尊．地理信息应急服务中矢量瓦片技术研究与实现［D］．天津：天津师范大学，2020.

［14］胡玮．顾及制图表达和要素完整性的双层结构矢量瓦片要素模型［D］．武汉：武汉大学，2019.

［15］朱秀丽，周治武，李静，等．网络矢量地图瓦片技术研究［J］．测绘通报，2016（11）：106-109，117.

［16］吕彬，傅志浩．基于 Microstation 平台的水利水电工程三维开挖设计软件开发与应用［J］．人民珠江，2021，42（11）：16-23，52.

［17］傅志浩，吕彬．基于 ABD 平台的水工结构 VBA 二次开发研究［J］．人民珠江，2018，39（2）：55-59.

基于模糊综合评判的南水北调中线
冰期综合指数构建研究

李景刚[1]　陈　宁[1]　任亚鹏[1]　陈晓楠[1]　黄小军[2]　李小虎[2]

（1. 中国南水北调集团中线有限公司，北京　100038；
2. 北京华可实工程技术有限公司，北京　100025）

摘　要：针对当前中线冬季冰期输水模式造成供水量减少所带来的水量供需矛盾，根据数据资料，基于水温、气温和冰情状况三类指标，采用模糊综合评判的方法，创新性地提出冰情对冬季冰期运行影响严重程度的单一值判别指数——中线冰期综合指数，并通过北拒马河暗渠节制闸实例运用验证了其可行性，进而可以指导动态调度，在保障冰期输水安全的基础上，充分发挥渠道的输水能力，提升整个冬季渠道的输水量。

关键词：南水北调中线；冰期综合指数；模糊综合评判；动态调度

1　引言

南水北调中线干线工程是缓解我国华北地区水资源短缺、实现我国水资源整体优化配置、改善生态环境的重大战略性基础设施工程。该工程自丹江口水库陶岔渠首闸引水，穿越长江、淮河、黄河、海河 4 个流域，沿途向河南省、河北省、北京市、天津市供水，终点分别为北京团城湖和天津外环河，线路全长 1 432 km，多年平均调水量 95 亿 m³[1]。南水北调中线自 2014 年 12 月 12 日正式通水以来，截至 2022 年 7 月下旬，累计向北方调水超过 500 亿 m³，受益人口超过 8 500 万，并向沿线受水区累计生态补水超过 89 亿 m³，工程的社会效益、经济效益、生态效益日益凸显。

南水北调中线总干渠跨越北纬 33°~40°，气候从暖温带向中温带过渡，总体处于寒冷地区[2]。其中安阳河以北段，具体为汤河节制闸（不含）至北京惠南庄泵站一般为可能出现冰情的渠段[3]。为保障冰期输水的安全运行，中线工程制订了冰期输水调度方案，进入冬季（12 月 1 日）后，在形成冰盖前，提高渠道水位，通过控制流量、流速，让水面形成稳定的冰盖，然后采取冰盖下输水；在冰盖输水期间保证输水稳定，防止冰盖破坏；当气温回升时，控制水位、流量，确保冰盖就地消融不产生流冰，以避免产生冰塞的条件[4]。为了更好地掌握中线冰情发展规律及最佳冰期输水调度方式，多家单位先后开展相关研究，包括冬季冰期输水期间的冰情原型观测；采用物理模型开展试验，研究冰期输水能力、冰情发展规律、研发拦冰、控冰和排冰技术；通过研究历史冰害，提出冰期输水期间适宜的水力条件等[5-10]。

当前，南水北调中线工程已逐渐成为沿线受水地区的重要水源。然而在冬季输水期间，目前采用的冰期输水模式导致供水量的减少，使得冬季水量供需矛盾正日益显现。为此，本文则充分利用历史数据和已有研究成果，将影响渠道冰情发展的重要参数进行量化，以冰情演化为依据，实现冰情对冬季冰期运行影响严重程度的单一值判别，进而指导动态调度，在保障冰期输水安全的基础上，充分发挥渠道的输水能力。

作者简介：李景刚（1978—），男，正高级工程师，主要从事长距离输水调度生产业务管理和技术研究工作。

2 研究方法

2.1 冰期综合指数概化模型

冰情发展的影响因素众多，形成机制复杂。当前中线冬季冰期输水期间，渠道流量及水位等均较为稳定，同时综合考虑各影响因素用于预测预报的可操作性，本文根据数据资料，基于水温、气温和冰情状况三类指标，采用模糊综合评判的方法，创新性地提出冰情对冬季冰期运行影响严重程度的单一值判别指数——中线冰期综合指数（见图1）[11]。具体过程中，采用模糊综合评判方法，首先构建中线冰期综合指数评判体系，同时结合水温、气温和冰情状况等实测信息，探讨了评判因素的确定、评判等级的划分、不同性质指标的隶属度计算和权重计算等方法，进而建立了较为符合实际情况的中线冰期综合指数评判方法。

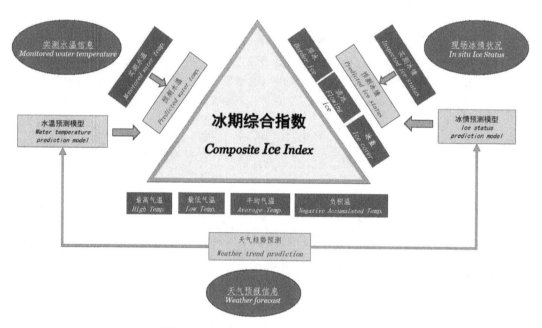

图 1 南水北调中线冰期综合指数概念图

2.2 模糊综合评判方法

本研究中，对冰期综合指数的安全评判采用多层次评判体系[12]。在评判实际冰情状态时，根据现有资料，选取了水温、气温和冰情状况这三类指标。从冰情发展的角度来说，上述三类指标是决定冰期安全程度的重要因素，对冰期综合指数有良好反映。

2.2.1 评判指标体系构建

构建多级评判指标体系：构建评判框架的目的是实现冰期综合指数评价，目标层最上层为中线冰期综合指数，水温、气温和冰情状况对应构成一级指标；对气温指标来说，平均气温和负积温对应构成其下一级指标。具体评判框架体系如图2所示。

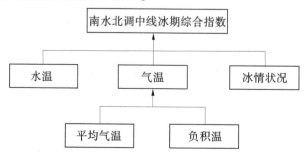

图 2 模糊综合评判框架体系图

2.2.2 评判等级的划分

常见评判等级的划分主要有三级划分法、四级划分法和五级划分法几种，本文中则结合冰情实际，采用四级划分法来划分评判指标等级，具体如下式所示：

$$V = \{V_1, V_2, V_3, V_4\} = \{无冰情, 冰情偏轻, 冰情偏重, 冰情严重\} \tag{1}$$

2.2.3 指标权重的确定

冰期综合指数计算及评判过程中，采用层次分析法确定各指标权重，判断矩阵为：

$$C = \begin{bmatrix} C_{11} & C_{12} & \cdots & C_{1n} \\ C_{21} & C_{22} & \cdots & C_{2n} \\ \vdots & \vdots & & \vdots \\ C_{n1} & C_{n2} & \cdots & C_{nn} \end{bmatrix} \tag{2}$$

其中，$C_{ii} = 1$，$C_{ij} \cdot C_{ji} = 1$。

判断矩阵标度含义见表1。

表1　层次分析法判断矩阵标度含义

因素 u_i 与 u_j 比较	C_{ij}	C_{ji}
u_i 与 u_j 同等重要	1	1
u_i 比 u_j 稍微重要	3	1/3
u_i 比 u_j 明显重要	5	1/5
u_i 比 u_j 十分重要	7	1/7
u_i 比 u_j 极其重要	9	1/9
u_i 比 u_j 处于两个相邻判断间	2　4　6　8	1/2　1/4　1/6　1/8

根据判断矩阵，计算本层次中与上一层次元素有联系元素的重要次序的权重值，采用方根法计算权值。按矩阵的行，求元素的几何均值：

$$\overline{\omega_i} = \sqrt[n]{\prod_{j=1}^{n} C_{ij}} = \sqrt[n]{c_{i1} \cdot c_{i2} \cdot \cdots \cdot c_{in}} \tag{3}$$

对结果规范化：

$$\overline{\omega_i} = \overline{\omega_i} / \sum_{i=1}^{n} \overline{\omega_i} \tag{4}$$

判断相容性：定义不相容度 $N(C)$

$$N(C) = \frac{\lambda_{max} - n}{n - 1} \tag{5}$$

当 $|N(C)| \leq 0.1$ 时，认为判断矩阵 C 的相容性好，层次分析权值法有效，不需要调整判断矩阵，否则需要调整判断矩阵重新进行计算直至判断矩阵的不相容度能够满足要求为止。

2.2.4 隶属度函数

对于水温、气温及负积温指标采用适合的正态分布隶属度函数，具体如下所示：

一级（单侧正态分布函数）

$$r_{i1} = \begin{cases} 1 & X > a_1 \\ e^{-\left(\frac{x_1 - a_1}{\sigma}\right)^2} & X \leq a_1 \end{cases} \tag{6}$$

二级（双侧正态分布函数）

$$r_{i2} = e^{-\left(\frac{x_2-a_2}{\sigma}\right)^2} \tag{7}$$

三级（双侧正态分布函数）

$$r_{i3} = e^{-\left(\frac{x_3-a_3}{\sigma}\right)^2} \tag{8}$$

四级（单侧正态分布函数）

$$r_{i4} = \begin{cases} e^{-\left(\frac{x_4-a_4}{\sigma}\right)^2} & X > a_4 \\ 1 & X \leq a_4 \end{cases} \tag{9}$$

式中：X_i 为评判指标的第 i 个监测值；σ 为评判指标均方差；r_{ij}（$j=1$，2，3，4）为评判指标的第 i 个监测值 X_i 对于安全等级 V_j（$j=1$，2，3，4）的隶属度，a_j（$j=1$，2，3，4）为对应评判集 V_j 在该区域的中间值。

采用置信水平方法划分区间，对指标评判等级作如下划分：其中，表2为水温或平均气温指标评判等级划分，表3为负积温评判等级。

表 2 水温（平均气温）指标评判等级

等级	水温（平均气温）
一级	$\mu + k_1\sigma \leq X_i < +\infty$
二级	$\mu \leq X_i < \mu + k_1\sigma$
三级	$\mu - k_1\sigma \leq X_i < \mu$
四级	$-\infty \leq X_i < \mu - k_1\sigma$

表 3 负积温指标评判等级

等级	负积温
一级	$-5 \leq X_i < +\infty$
二级	$-10 < X_i < -5$
三级	$-20 < X_i \leq -10$
四级	$-\infty < X_i \leq -20$

依据冰情状况曲线以及等级划分情况，采用适合冰情状况指标的隶属度函数：

一级（单侧正态分布函数）：

$$r_{i1} = \begin{cases} 1 & X < a_1 \\ e^{-\left(\frac{x_1-a_1}{\sigma}\right)^2} & X \geq a_1 \end{cases} \tag{10}$$

二级（双侧正态分布函数）：

$$r_{i2} = e^{-\left(\frac{x_2-a_2}{\sigma}\right)^2} \tag{11}$$

三级（双侧正态分布函数）：

$$r_{i3} = e^{-\left(\frac{x_3-a_3}{\sigma}\right)^2} \tag{12}$$

四级（单侧正态分布函数）：

$$r_{i4} = \begin{cases} e^{-\left(\frac{x_4-a_4}{\sigma}\right)^2} & X < a_4 \\ 1 & X \geq a_4 \end{cases} \tag{13}$$

式中：各参数含义同式（6）～式（9）。

冰情状况指标评判等级划分见表4。其中，一级为无冰，二级为岸冰，三级为流冰，四级为冰盖。

表4 冰情状况指标评判等级

等级	冰情
一级	$0 \leqslant X_i < 0.25$
二级	$0.25 \leqslant X_i < 0.50$
三级	$0.50 \leqslant X_i < 0.75$
四级	$0.75 \leqslant X_i \leqslant 1.00$

2.2.5 评判原则

在模糊综合评判法中，常用的评判原则是最大隶属度原则。最大隶属度原则是指对于 n 个实际模型，可以表示为论域 X 上的 n 个模糊子集 b_1，b_2，$\cdots$，b_n，$x_0 \in X$ 为一具体识别对象，如果有 $i_0 \leqslant n$，使 $b_{i0}(x_0) = \max(b_1(x_0), b_2(x_0), \cdots, b_n(x_0))$，则称 x_0 相对隶属于 b_{i0}。

本文依据冰期综合指数的实际应用提出综合单一指数，采用加权平均原则，即以等级 $a = (a_1, a_2, \cdots, a_n)$ 作为变量，以综合评判结果 $b = (b_1, b_2, \cdots, b_n)$ 作为权数，按下式计算，得到综合单一指数（k 为待定系数）。

$$A = \frac{\sum\limits_{j=1}^{n} a_j b_j^k}{\sum\limits_{j=1}^{n} b_j^k} \tag{14}$$

此外，鉴于评价级别数存在不同，可能导致综合单一指数无法进行直接比较，故进一步定义冰情综合指数值为：

$$B = \frac{A - 1}{n - 1} \tag{15}$$

式中：A 为综合单一指数；n 为划分的评价级别数，$n = 4$。显然 $0 \leqslant B \leqslant 1$，且符合从无冰情 $B = 0$ 到冰情严重 $B = 1$ 的规律。

3 实例应用

南水北调中线自2014年12月正式通水以来，2015—2016年度冰情最为严重，冰盖范围为七里河倒虹吸至北拒马河暗渠节制闸，全长360 km，流冰前沿到达安阳河倒虹吸，而2020—2021年度冬季冰情仅次于2015—2016年度。故本文选取南水北调中线干线明渠最北端北拒马河暗渠节制闸2015—2016年度和2020—2021年度冬季全时段为实例，具体阐述冰期综合指数的评判过程。

3.1 因子判别分析

依据实测数据首先对水温、气温、负积温进行因子判别分析，即分别选取年度冰期日平均、前3天平均、前5天平均和前7天平均水温、气温和负积温，采用马氏距离判别法将其与冰情状况序列进行对比，取其马氏距离值最小的时间序列作为评判序列。其中，前3天平均水温时间序列、前5天平均气温时间序列和前3天负积温时间序列分别作为评判序列。

3.2 冰期综合指数计算

利用监测数据资料分别求出计算各指标所需的 a 值、均值和均方差，进而求出2015—2016年度和2020—2021年度的各评判指标的隶属度值。

实际冰情状况是能直观反映冰情状态的一个指标；而水温指标和气温指标，对冰情状态是间接反映的。为此，根据层次分析法，将判断矩阵设为：

$$C = \begin{bmatrix} 1 & 1 & 1/2 \\ 1 & 1 & 1/2 \\ 2 & 2 & 1 \end{bmatrix} \tag{16}$$

计算可得，权重向量为：

$$W = \begin{bmatrix} 0.25 & 0.25 & 0.50 \end{bmatrix} \tag{17}$$

同时，得到其最大特征值 $\lambda_{max} = 3$，$|N(C)| = \dfrac{\lambda_{max} - n}{n - 1} = 0 < 0.1$，故权重满足相容性要求。

根据各指标隶属度计算结果、权重设置以及评判原则，可得冰期综合指数值（见图3、图4）。

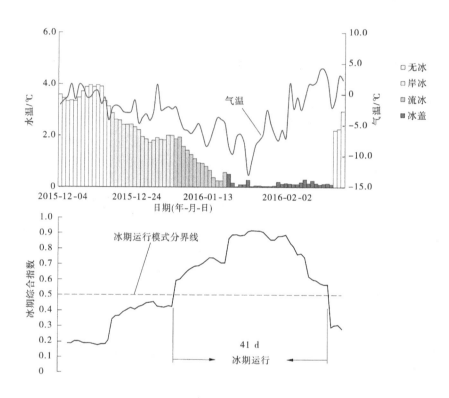

图3 北拒马河暗渠节制闸冰期综合指数趋势图（2015—2016 年度）

从图3中可以看出，若以0.5作为进入冰期冬季运行模式的冰期综合指数临界，大于0.5的时段采取冰期运行模式，以 2015—2016 年度和 2020—2021 年度为例，冰期综合指数发展曲线和典型指标的变化过程较为一致，冰期综合指数大于0.5的时段完全涵盖了冬季流冰和冰盖的发生时段及冰情状况为岸冰且水温较低的时段。另外，根据历史数据分析得知，当水温较低时，尤其是水温下降阶段，一次较大幅度的降温过程很可能引起冰情加剧，这一时期渠道尽管只有岸冰，但是随时会产生流冰、冰盖等冰情，仍然需要重点关注，如 2021 年 1 月 1—4 日，冰期综合指数均高于0.5，说明该时段渠道冰情的整体情况通过冰期综合指数评判体系得到了反映，这一计算结果与实际情况相符合，达到了保障冰期输水安全的要求。

若以此为指导开展冰期输水动态调度，则 2015—2016 年度北拒马河暗渠节制闸冰期运行时长为41 d，实际冰期运行时长以90 d（12 月 1 日至 2 月 28 日）计，那么冰期运行时长可缩短54%；2020—2021 年度冰期运行时长为21 d，与实际相比，可缩短77%，进而从时间上增加了冬季正常运行的时长，加大了渠道冬季输水量，提高了冬季输水能力。

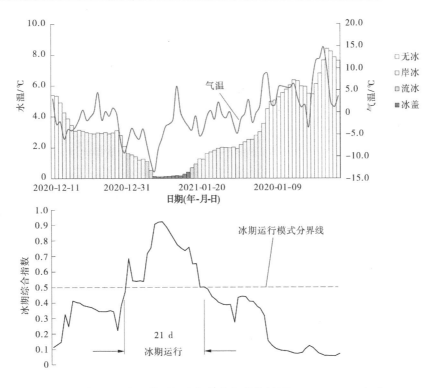

图4　北拒马河暗渠节制闸冰期综合指数趋势图（2020—2021年度）

4　结论和展望

针对当前中线冬季冰期输水模式造成供水量减少所带来的水量供需矛盾，本文基于模糊综合评判的方法，充分利用历史数据和已有研究成果，将影响渠道冰情发展的重要参数进行量化，以冰情演化为依据，实现冰情对冬季冰期运行影响严重程度的单一值判别，创新性地提出中线冰期综合指数，并通过北拒马河暗渠节制闸实例运用验证了其可行性。

另外，基于冰期综合指数，可借助国家气象局的气温预报数据、闸站的实时水温及渠道的冰情进行综合分析，进而建立冰期动态调度系统，及时预报影响渠道运行的冰情严重程度，提出渠道冰期运行调度方案建议，实施动态调度，科学地指导渠道冬季调度运行，在保障冰期输水安全基础上，充分发挥渠道的输水能力，最大程度地满足下游受水区用水需求。

参考文献

［1］李景刚，乔雨，陈晓楠，等．南水北调中线干线节制闸过流公式率定及曲线绘制［J］．人民长江，2019，50（8）：224-227．

［2］张学寰，陈晓楠，刘爽．南水北调中线干线冰期输水调度探析［C］//李琼，任燕．调水工程关键技术与水资源管理——中国水利学会调水专业委员会第二届青年论坛论文集．郑州：黄河水利出版社，2020：111-118．

［3］中国南水北调集团中线有限公司．南水北调中线干线工程输水调度暂行规定（试行）［R］．2018．

［4］中国水利水电科学研究院．南水北调中线总干渠冰期输水调度方案［R］．2016．

［5］温世亿，杨金波，段文刚，等．南水北调中线2014~2015年度冬季冰情原型观测［J］．人民长江，2015，46（22）：99-102．

［6］韦耀国，温世亿，杨金波．南水北调中线工程典型冷冬年冰情分析及防控措施［J］．中国水利，2019（10）：33-35．

［7］郭新蕾，杨开林，付辉，等．南水北调中线工程冬季输水冰情的数值模拟［J］．水利学报，2011，42（11）：1268-1276．

［8］练继建，赵新. 南水北调中线工程典型渠段和建筑物冰期输水物理模型试验研究［D］. 天津：天津大学，2015.

［9］穆祥鹏，陈文学，崔巍，等. 南水北调中线干线冰期输水能力研究［J］. 南水北调与水利科技，2009，7（6）：118-122.

［10］李程喜，段文刚，卢明龙，等. 南水北调中线冰情演变水温与气温阈值研究［J］. 水利科学与寒区工程，2022，5（2）：4-8.

［11］中国南水北调集团中线有限公司，北京华可实工程技术有限公司. 南水北调中线冬季冰期调度优化方案研究［R］. 2021.

［12］郭江雁，臧必鹏，梁晖，等. 基于模糊综合评判的电网应灾能力量化评估［J］. 中国安全生产科学技术，2021，17（3）：117-123.

基于 Maxent 模型的菜子湖越冬期食鱼型水鸟生境适宜性评价

朱秀迪　成　波　陈荣友　李红清　江　波

（长江水资源保护科学研究所，湖北武汉　430051）

摘　要： 引江济淮工程正式运行后，作为引江通道的菜子湖水位在水鸟越冬期较现状水位有一定抬升。为评估食鱼型菜子湖水鸟适宜生境在水位抬升前后的变化特征，及时提供切实可行的湿地生态保护修复策略，本研究基于高分辨率多源异构遥感数据以及实测的食鱼型水鸟物种分布数据，采用Maxent 模型对菜子湖食鱼型水鸟生境适宜性及其主要影响因子进行了评价。研究结果表明，菜子湖食鱼型水鸟分布概率植被覆盖度为 0~0.4，距离泥滩、草本沼泽、水域较近时最大。随着水位上升，菜子湖食鱼型水鸟生境适宜性总体呈现非常适宜、非常不适生境面积增大，适宜生境、较不适宜生境面积降低的总体趋势。

关键词： 生境；适宜性评价；食鱼型水鸟；湿地

1　引言

水鸟是指依赖湿地生态环境，在形态和行为上适应湿地生态特征的鸟类。水鸟的全部或部分生活史只能在湿地中完成[1]。越冬期是水鸟生活史上的关键时期。越冬水鸟的栖息地质量也影响着水鸟的种群结构和个体生存。水鸟栖息地适宜性评价是指通过分析某一区域水鸟栖息地需求与环境的匹配情况。因而准确评估水鸟分布的适宜性，探索水鸟适宜的生态位环境是维持湿地生物多样性和保护濒危物种的重要基础任务与科学问题[2-3]。

目前，评估水鸟生境适宜性评价最常用的评价模型总体上按类型可以分为两大类。一类为栖息地适宜性指数（HSI）模型，该模型主要通过耦合土地覆盖类型、植被覆盖度和与人类干扰的距离等影响水鸟栖息觅食生境的特征因子来综合评估水鸟生境适宜性[4-5]。尽管该模型应用广泛，但该模型在进行栖息地特征描述时，每个特征的权重都是主观确定的。另一类为经验物种分布模型（SDMs），其主要原理为通过建立物种发生与其周围栖息地特征之间的量化模型来预测物种栖息地分布的关键技术[6-8]。最大熵模型（Maxent）是众多物种分布模型中的一种应用较为广泛的模型。其优势在于当评估时，物种分布数据样本容量较小或原始影响因子数据集有限时，该模型仍然可以输出较为稳健且精度较高的物种潜在分布预测结果[9-10]。且因其在模型预测时物种分布数据仅需要提供物种实际分布点，无须提供物种"非出现点"数据，进一步降低了模型输入数据的获取难度[11]。基于上述优点，Maxent 模型已经较为广泛地被应用于物种生态位和概率分布预测、珍稀濒危保护动植物潜在空间分布预测[11-13]、外来入侵物种风险防范管理[14] 等领域。

菜子湖是长江中下游区域典型的浅水通江湖泊湿地，是白头鹤、东方白鹳、小天鹅等珍稀濒危水鸟的越冬栖息地，对保护生态系统和生物多样性具有重要意义。菜子湖是引江济淮工程双线引江布局的主力线路。在工程正式运行后，菜子湖的水位在候鸟越冬期较现状水位有一定抬升，可能对越冬候

基金项目： 安徽省引江济淮工程有限责任公司科技项目资助（YJJH-ZT-ZX-20180404062）。

作者简介： 朱秀迪（1992—），女，工程师，博士，主要从事湿地生态保护与修复、生态遥感相关领域的研究工作。

鸟适宜的栖息觅食生境造成一定不利影响[15]。此外，食鱼型水鸟是水鸟中重要的顶级捕食者，也是菜子湖区数量较多，分布较为广泛的水鸟。因而，评估不同时期差异性水位条件下菜子湖越冬期食鱼型水鸟生境适宜性差异，确定影响食鱼型水鸟生境适宜性变化主导因子及其响应关系可为菜子湖提出针对性生态保护与修复建议奠定坚实的理论与实践基础。基于此，本研究采用 Maxent 模型，融合食鱼型水鸟实测数据及"生境—水源—食性—人类活动"等多影响要素构建食鱼型水鸟生境适宜性模型，开展不同水位情景下食鱼型水鸟生境适宜性评估，探究影响食鱼型水鸟生境适宜性变化的重要因子，量化食鱼型水鸟生境适宜度对影响因子的响应关系。

2 研究数据与方法

2.1 研究数据

2.1.1 物种分布数据

以菜子湖地理最北端为初始点，自北向南设置 1 km 间隔的越冬水鸟监测点。以经纬网格单位和湿地景观单位为辅助，借助 8 倍双筒望远镜和 20~60 倍单筒望远镜，在目标湖泊范围内开展湖泊湿地越冬期水鸟监测。采用人为观察的方式进行监测，监测内容包括监测点经纬度、水鸟种类、种群数量、栖息环境等基本信息，监测时间为 2018—2019 研究年度和 2019—2020 研究年度 11 月至次年 1 月逐月的水鸟监测数据。从监测数据中，根据水鸟的觅食特性筛选出食鱼型水鸟，具体包括小䴙䴘、凤头䴙䴘、普通鸬鹚、苍鹭、大白鹭、牛背鹭、白鹭、夜鹭、东方白鹳、班头秋沙鸭、中华秋沙鸭、普通秋沙鸭、银鸥、红嘴鸥等。

2.1.2 水鸟生境需求数据

通过实地调查和参考已有研究的结果，将影响越冬水鸟栖息地选择的影响因子划分为环境因子、水源因子、食性因子和人类活动因子。以栖息地的植被覆盖度（NDVI）、海拔（DEM）、土地利用类型（LUCC）表示水鸟栖息的环境因子。以水鸟栖息地水深（WL）及距离水源的距离（water_ eudistance）来表示水源条件。通常来讲，水鸟主要的觅食场所主要是草本沼泽、泥滩和水稻田，故将水鸟栖息地与其附近草本沼泽（grass_ eudistance）、泥滩（mud_ eudistance）、水域和农田（cropland_ eudistance）的最近距离作为食性因子。道路是水鸟的主要干扰源，道路上车辆的噪声、人类活动扰动均会直接影响水鸟选择停歇地或者觅食场所。圩堤在菜子湖湖区内广泛分布，会间接影响水鸟栖息觅食生境。故选择距离道路（road_ eudistance）以及圩堤（WD）的距离作为人类活动因子。

2.2 研究方法

2.2.1 评估模型选择

菜子湖湿地生态结构和功能的变化直接导致栖息水鸟的觅食生境变化，进而导致水鸟生境适宜性发生改变。生境适宜性模型通过选取物种生存所需的生境因子作为主要参数来进行构建，定量评价生境质量，并对物种的生境质量进行等级划分，为水鸟生境保护以及水鸟种群保护提供科学的依据。本研究选择最大熵模型，利用水鸟的湿地监测数据以及影响水鸟生境适宜性变化的 10 个影响因子，模拟水鸟的潜在适宜生境分布，分析影响水鸟生境适宜性的主要因子。

2.2.2 精度验证

刀切法（jackknife）在样本统计上是逐一去除单因子元素后重新计算得出剩下元素的估算结果汇总统计，是一类偏差估计方法，可用于评估各个影响因子的影响贡献率。本研究采用刀切法对环境因子进行权重分析，利用 ROC（Receiver Operating Characteristic curve，受试者工作特征曲线）曲线的 AUC（Area Under Curve，曲线下面积）值来评价模型预测的准确度。ROC 曲线的横坐标是 false positive rate（FPR），纵坐标是 true positive rate（TPR）。TPR 代表在所有实际为水鸟的样本中，被正确地判断为水鸟之比率。FPR 代表在所有实际为非水鸟的样本中，被错误地判断为水鸟之比率。由于菜子湖空间范围相对较小，水鸟监测点相对有限，故在建模过程中随机选取 90% 的水鸟监测点用于建立模型，将剩余 10% 的水鸟监测点用于模型验证。AUC 值为 ROC 曲线所覆盖的区域面积，AUC 越大，分类器分类效果越好。AUC 的范围为 0~1，越接近 1 模型预估效果越优。ROC 曲线下的面积值为 AUC，用来评价模型的预测精度。一般来说，当 AUC 在 0.5~0.7 时，表示模型仿真能力较差；当 AUC0.7~0.9 时，表示模型仿真能力良好；当 AUC 大于 0.9 时，表明模型仿真能力优秀。

2.2.3 生境适宜性等级划分

参照大量文献对生境适宜性评估分类标准，对菜子湖生境适宜性进行等级划分，0~0.25 为非常不适宜生境，0.25~0.5 为较不适宜生境，0.5~0.75 为适宜生境，0.75~1 为非常适宜生境。

3 结果与讨论

3.1 模型精度评价

2018—2020 研究年度 Maxent 模型评估效果见图 1。根据分析结果，Maxent 的训练集与验证集的 AUC 值均远大于随机预测的 AUC 值（0.5）。Maxent 模型的训练集的 AUC 值为 0.908~0.970，验证集的平均 AUC 值也均大于 0.79。上述结果表明，Maxent 模型能够较好地刻画菜子湖区食鱼型水鸟生境适宜性时空分布情况。

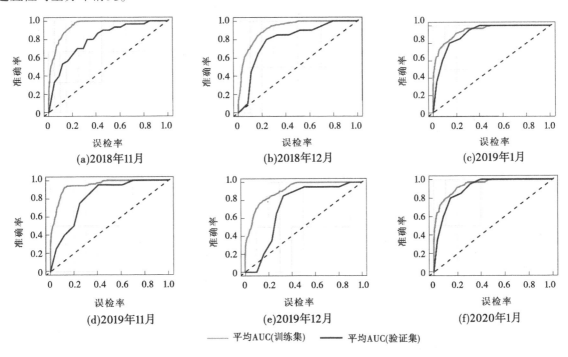

图 1 2018—2020 研究年度 Maxent 模型评估效果

3.2 适应性水位下食鱼型水鸟生境适宜性变化

2018 年 11 月、2018 年 12 月、2019 年 1 月食鱼型水鸟非常不适宜区、较不适宜区、适宜区、非常适宜区的面积分别为 14 291.02 hm²、5 677.00 hm²、3 458.82 hm²、1 002.86 hm²、1 3736.61 hm²、5 357.42 hm²、4 085.21 hm²、1 250.46 hm²、11 005.89 hm²、6 244.11 hm²、5 751.82 hm²、1 427.88 hm²，分别占评价范围总面积的 58.50%、23.24%、14.16%、4.11%，56.23%、21.93%、16.72%、5.12%，45.05%、25.56%、23.54%、5.84%。

2019 年 11 月、2019 年 12 月、2020 年 1 月食鱼型水鸟非常不适宜区、较不适宜区、适宜区、非常适宜区的面积分别为 16 542.23 hm²、3 915.67 hm²、2 820.34 hm²、1 151.47 hm²、13 267.96 hm²、5 066.01 hm²、4 114.57 hm²、1 981.17 hm²、15 236.16 hm²、4 528.70 hm²、3 152.01 hm²、1 512.83 hm²，分别占评价范围总面积的 67.71%、16.03%、11.54%、4.71%，54.31%、20.74%、16.84%、8.11%，62.37%、18.54%、12.90%、6.19%。

2019—2020 研究年度的 11 月、12 月、次年 1 月较 2018—2019 研究年度的非常不适宜区、较不适宜区、适宜区、非常适宜区的面积变化比率分别为 9.22%、−7.21%、−2.61%、0.61%，−1.92%、−1.19%、0.12%、2.99%，17.32%、−7.02%、−10.64%、0.35%。水位的波动变化与湖泊湿地区域内水鸟群落栖息地、食物资源、隐蔽条件具有密切关系，进而会对水鸟的种群结构和数量产生较大的影响。越冬时期的食鱼型水鸟最适宜生境随水位增高而面积增大，这可能是由于水位升高后，菜子湖水域面积扩大，鱼类数量随之增加，致使食鱼类水鸟有更多的食物来源，从而使食鱼型水鸟最适宜生境范围逐步增加。同时也由于大部分非适宜区及适宜区的水深进一步增大，导致上述区域转化为非常不适宜生境。食鱼型水鸟生境适宜性比例变化见图 2。基于 Maxent 模型的食鱼性水鸟生境适宜性评价结果见图 3。

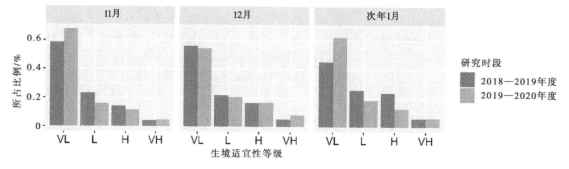

图 2　食鱼型水鸟生境适宜性比例变化

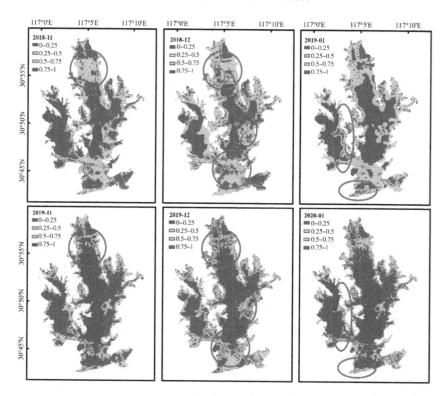

图 3　基于 Maxent 模型的食鱼型水鸟生境适宜性评价结果

3.3　食鱼型水鸟生境因子重要性分析

2018—2019 研究年度和 2019—2020 研究年度食鱼型水鸟生境因子重要性评估见图 4。利用 Jackknif 法中的 AUC 评价指标，对各个环境因子对食鱼型水鸟生境适宜性的重要性分别进行检测。2018—2019 研究年度，对食鱼型水鸟生境适宜性最重要的环境因子分别为距离草滩的距离及距离泥滩的距离。总体来看，距离泥滩的距离、距离草滩的距离、植被覆盖度等影响因子对食鱼型水鸟生境适宜性具有较为显著的影响。而距离农田的距离、水深等对食鱼型水鸟生境适宜性的影响较小。

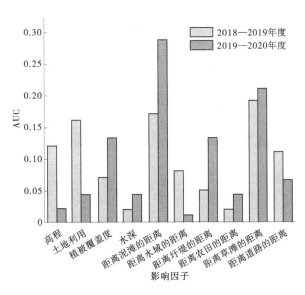

图 4　2018—2019 研究年度和 2019—2020 研究年度食鱼型水鸟生境因子重要性评估

3.4　食鱼型水鸟出现概率对生境因子的响应曲线

Maxent 平均反馈曲线（Response curve）反映出各主要环境因子对菜子湖食鱼型水鸟出现概率的影响，也能反映食鱼型水鸟生境适宜性随各影响因子数值变动的响应趋势。由食鱼型水鸟生境因子重要性分析结果可知，不同影响因子对食鱼型水鸟生境适宜性的影响重要性不同。而当影响因子的重要性越弱，其反馈曲线愈发不准确。因此，本次分析响应曲线时，仅保留对食鱼型水鸟生境适宜性重要性排名前三的影响因子，以降低由于模型不确定性导致的结果不确定性。2018—2020 年食鱼型水鸟生境适宜概率随各影响因子变化曲线见图 5。菜子湖食鱼型水鸟的出现概率先随着植被覆盖度的增加而不断增加，在植被覆盖度为 0~0.4 时达到局部最高值，然后随着植被覆盖度增加不断下降；食鱼型水鸟的出现概率在距离泥滩最近时分布概率最高。在距离泥滩 0~400 m 时，水鸟出现概率随距离泥滩的距离的增加而急速降低，当距离泥滩大于 400 m 时，食鱼型水鸟的出现概率几乎接近于 0。在距离草本沼泽 0~400 m 时，食鱼型水鸟的出现概率较高（在 0.15 以上），且随着距离增大缓慢降低。当随距离草本沼泽的距离在 400~500 m 时，食鱼型水鸟的出现概率随着距离增加而急速降低，当距离大于 500 m 时，食鱼型水鸟的出现概率几乎接近于 0。综上所述，食鱼型水鸟分布概率在植被覆盖度在 0~0.4，距离泥滩、草本沼泽最大。

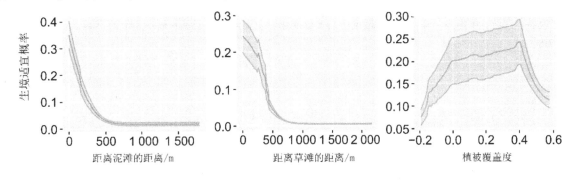

图 5　食鱼型水鸟生境适宜概率随各影响因子变化曲线

4　结论

植被覆盖度、距离泥滩的距离、距离草滩的距离对菜子湖食鱼型水鸟生境适宜性具有较为显著的影响。而距离农田的距离对食鱼型水鸟生境适宜性的影响较小。菜子湖水鸟分布概率在植被覆盖度在

0~0.4，距离泥滩、草本沼泽、水源较近时生境适宜性最高。水位上升后，受水位抬升影响，食鱼型水鸟生境适宜性呈现食鱼型水鸟非常不适宜生境及非常适宜生境面积增加，较不适宜生境及适宜生境面积降低的总体趋势。

参考文献

［1］宫蕾．安徽沿江湖泊越冬白头鹤觅食生态的研究［D］．合肥：安徽大学，2013.

［2］罗康．滇池湖滨区湿地鸟类群落及其栖息地选择影响因素研究［D］．昆明：云南大学，2014.

［3］田波，周云轩，张利权，等．遥感与 GIS 支持下的崇明东滩迁徙鸟类栖息地适宜性分析［J］．生态学报，2008，28（7）：3049-3058.

［4］土志强，陈志超，郝成元．基于 HSI 模型的扎龙国家级自然保护区丹顶鹤繁殖生境适宜性评价［J］．湿地科学，2009，7（3）：197-201.

［5］江红星，刘春悦，钱法文，等．基于 3S 技术的扎龙湿地丹顶鹤巢址选择模型［J］．林业科学，2009，45（7）：76-83.

［6］Guisan A, Thuiller W. Predicting species distribution: offering more than simple habitat models［J］. Ecol. Lett, 2005, 8（9），993-1009.

［7］Elith J H, Graham C P, Anderson R, et al. Novel methods improve prediction of species' distributions from occurrence data［J］. Ecography, 2006, 29（2）：129-151.

［8］Elith J, Leathwick J R. Species distribution models: ecological explanation and prediction across space and time［J］. Annual review of ecology, evolution, and systematics, 2009, 40：677-697.

［9］Ji W, Han K, Lu Y, et al. Predicting the potential distribution of the vine mealybug, Planococcus ficus under climate change by MaxEnt［M］. Crop protection, 2020, 137：105268.

［10］Li Z, Liu Y, Zeng H. Application of the MaxEnt model in improving the accuracy of ecological red line identification: A case study of Zhanjiang, China［J］. Ecological Indicators, 2022, 137：108767.

［11］罗绮琪，胡慧建，徐正春，等．基于 Maxent 模型的粤港澳大湾区水鸟多样性热点研究［J］．生态学报，2021，41（19）：7589-7598.

［12］朱满乐，韦宝婧，胡希军，等．基于 MaxEnt 模型的濒危植物丹霞梧桐潜在适生区预测［J］．生态科学，2022，41（5）：55-62.

［13］Zhang K, Yao L, Meng J, et al. Maxent modeling for predicting the potential geographical distribution of two peony species under climate change［J］. Science of the Total Environment, 2018, 634：1326-1334.

［14］赵彩云，柳晓燕，李飞飞，等．我国国家级自然保护区主要外来入侵植物分布格局及成因［J］．生态学报，2022，42（7）：2532-2541.

［15］王晓媛，江波，田志福，等．冬季安徽菜子湖水位变化对主要湿地类型及冬候鸟生境的影响［J］．湖泊科学，2018，30（6）：1636-1645.

深部工程硬岩各向异性长期蠕变变形研究

赵 骏

（东北大学深部金属矿山安全开采教育部重点实验室，辽宁沈阳 110819）

摘 要：本文介绍了由东北大学自主研发的硬岩高压真三轴时效破裂过程装置，该装置可以进行恒定真三轴应力和应变下的蠕变及松弛试验，试验过程中可以实时监测岩石声发射信息。通过对取自白鹤滩水电站地下厂房的玄武岩和锦屏地下实验室二期工程的锦屏大理岩分别进行真三轴蠕变和松弛试验，证明了装置的可靠性。通过该装置研究了真三轴应力下锦屏大理岩各向异性蠕变变形特征，研究结果表明，锦屏大理岩三个主应力方向的蠕变变形受三维应力影响，似乎不受时间影响。

关键词：真三轴应力；硬岩；蠕变；各向异性变形

1 引言

深部工程硬岩也存在"强时效"特性[1]，在工程开挖后数月甚至数年仍然可能发生时滞型岩爆、时滞型塌方和时滞型片帮等影响工程施工及运营的灾害[2-4]。因此，有必要研究深部工程硬岩长期蠕变特性，为深部工程长期稳定性研究提供理论支撑。

现有关于硬岩长期变形及破裂过程研究使用的试验方法主要包括：单轴、双轴及常规三轴压缩蠕变及松弛试验[5]。然而，深部工程硬岩受自重应力和构造应力影响，处于三向不等应力（$\sigma_1 > \sigma_2 > \sigma_3$）状态，真三向应力使得深部工程岩石变形及破裂过程展现出各向异性特征。因此，研究真三轴应力下深部工程硬岩变形及破裂各向异性演化规律将有助于揭示深部工程时滞型灾害孕育机制。

本文介绍了一种新型高压真三轴时效破裂过程测试装置，该装置可以进行真三轴蠕变及松弛试验，试验过程可以对岩石变形及破裂信息长时间精确采集。最后，通过获得的锦屏地下实验室二期工程锦屏大理岩试验数据，分析了锦屏大理岩各向异性蠕变变形的受控因素。

2 高压硬岩真三轴时效破裂过程测试装置

由东北大学设计并研发的硬岩高压真三轴时效破裂过程测试装置（见图1），主要用于研究真三轴应力状态下深部硬岩的时效破裂及变形行为。硬岩高压真三轴时效破裂过程测试装置为"两刚一柔"式试验机，最大主应力 σ_1 和中间主应力 σ_2 方向通过4个刚性活塞加载，最小主应力 σ_3 方向通过液压油进行加载。系统主要性能参数见表1。

表1 设备性能参数

类别	指标	类别	指标
装置刚度	15 MN/mm	温度范围	0~100 ℃
水平加载力 σ_1	0~3 000 kN	试样尺寸	50 mm×50 mm×100 mm
竖直加载力 σ_2	0~6 000 kN	最大保载时长	6 月
围压 σ_3	0~100 MPa	应力波动度	<0.1%

试验装置采用"框架-压力室"一体化结构设计理念，最大限度增加装置刚度，降低框架内部储

作者简介：赵骏（1991—），男，博士后，主要从事深部工程长期稳定性研究工作。

能突然释放引起的应力波动；采用长时"主从随动"加载控制方法，从动端作动器以主动端作动器前进位移量作为目标进行跟随加载，使岩样加载使偏心度始终小于 2 μm；通过对设备管线做屏蔽处理和对采集的声发射信号利用神经网络智能滤波的方法，解决流变装置采用伺服电机作为动力源造成的强电磁噪声干扰，使岩石长时流变过程破裂信息"测得到"。通过上述技术，该装置可以进行硬岩高压真三轴蠕变试验和松弛试验[7-8]。

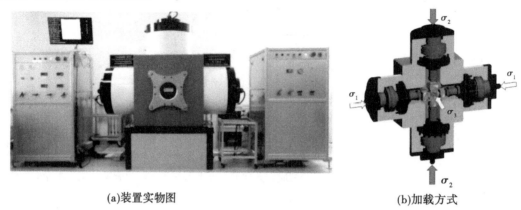

(a)装置实物图　　　　　　　　　　(b)加载方式

图 1　硬岩高压真三轴时效破裂过程测试装置[6]

2.1 真三轴压缩下硬岩典型蠕变试验结果

以白鹤滩玄武岩真三轴多级蠕变加载试验（$\sigma_3 = 5$ MPa，$\sigma_2 = 17.5$ MPa，$\sigma_1 = 170$ MPa→200 MPa→230 MPa→260 MPa）为例。真三轴压缩下硬岩蠕变试验路径［见图 2（a）］如下：

（1）以 0.1 MPa/s 恒定的应力加载速率，通过液压油向压力室内增压至 σ_3 设定的目标值 5 MPa。在这个过程中，三个主应力方向应力始终以静水压力（$\sigma_3 = \sigma_2 = \sigma_1$）的形式增长。

（2）保持 σ_3 不变，以 0.1 MPa/s 恒定加载速率增加 σ_1 和 σ_2 至 σ_2 设定的目标值 17.5 MPa，在这个过程中，σ_1 和 σ_2 始终保持相等。

（3）保持 σ_2 与 σ_3 不变，增加 σ_1 至设定初始应力值 170 MPa，然后分级增加 σ_1（200 MPa→230 MPa→260 MPa）直至岩样发生破坏。

图 2（b）为通过上述试验方法获得的白鹤滩玄武岩典型真三轴（$\sigma_3 = 5$ MPa，$\sigma_2 = 17.5$ MPa）蠕变试验结果。真三轴应力下，最小主应力方向时效变形并不能与中间主应力方向时效变形重合。与此同时，岩样最终破坏模式均是破坏面近平行于 σ_2 方向，并沿着 σ_3 方向张开。

2.2 真三轴压缩下硬岩典型松弛试验结果

以锦屏大理岩真三轴多级松弛加载试验（$\sigma_3 = 20$ MPa，$\sigma_2 = 80$ MPa，$\varepsilon_1 = 4‰$→4.6‰→5.2‰→6.4‰→7.6‰）为例。真三轴压缩下硬岩松弛试验路径［见图 3（a）］如下：

（1）以 0.1 MPa/s 恒定的应力加载速率，通过液压油向压力室内增压至 σ_3 设定的目标值 20 MPa。在这个过程中，三个主应力方向应力始终以静水压力（$\sigma_3 = \sigma_2 = \sigma_1$）的形式增长。

（2）保持 σ_3 不变，以 0.1 MPa/s 恒定加载速率增加 σ_1 和 σ_2 至 σ_2 设定的目标值 80 MPa，在这个过程中，σ_1 和 σ_2 始终保持相等。

（3）保持 σ_2 与 σ_3 不变，以 0.000 3 mm/s 的恒定轴向变形速率增加 σ_1 至设定的初始轴向应变值 4‰，然后分级控制应力加载至每级设定的轴向应变值（$\varepsilon_1 = 4.6‰$→5.2‰→6.4‰→7.6‰），直至岩样发生破坏。

图 3（b）为通过上述试验方法获得的锦屏大理岩典型真三轴（$\sigma_3 = 20$ MPa，$\sigma_2 = 80$ MPa）松弛试验结果。真三轴应力下，锦屏大理岩应力松弛过程侧向变形也展现出显著差异性。其中，试验的前两级为峰值强度前松弛过程，轴向应力松弛曲线随时间增加缓慢下降，侧向变形均表现出膨胀的特征；从第三级松弛过程至第五级松弛过程为峰值强度后松弛过程，由于岩石产生局部断裂，松弛曲线

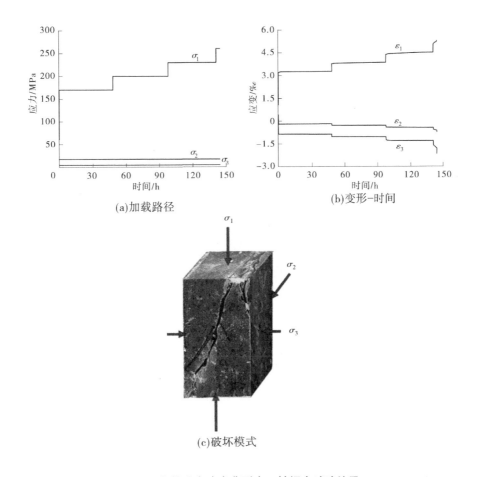

(a)加载路径

(b)变形-时间

(c)破坏模式

图2 白鹤滩玄武岩典型真三轴蠕变试验结果

存在多个应力降，而且由于突然的应力降，使得应力被释放出来，所以在应力松弛后期，应力和变形量几乎没有多大变化。另外，与真三轴蠕变试验获得的岩样破坏模式一样，真三轴松弛试验的岩样最终破坏模式均是破坏面近平行于σ_2方向，并沿着σ_3方向张开。

3 真三向应力诱导硬岩各向异性变形规律

Zhao 等[9] 研究了真三轴应力下锦屏大理岩侧向时效变形差异性。研究发现锦屏大理岩侧向差异性时效变形不受σ_1和时间影响，主要与σ_2、σ_3相关。σ_2增加，并不影响σ_3方向时效变形增量与σ_1方向时效变形增量比值变化，那么同样可以假设σ_3方向时效变形与σ_1方向时效变形差异性只受σ_1、σ_3影响。图4分别只考虑σ_1、σ_2、σ_3对时效变形增量影响获得的拟合结果。统计数据的变形增量时间间隔为50 h。其可以通过如下指数函数公式（1）和公式（2）很好地描述。图4中结果说明，真三轴应力下锦屏大理岩的各项异性蠕变变形主要受三维应力影响，时间效应对锦屏大理岩各项异性蠕变变形没有影响。

$$\frac{\Delta\varepsilon_3^{\mathrm{vp}}}{\Delta\varepsilon_1^{\mathrm{vp}}} = -27\exp\left(\frac{-50\sigma_3}{\sigma_1-\sigma_3}\right) - 0.8 \qquad R^2 = 0.94 \tag{1}$$

$$\frac{\Delta\varepsilon_3^{\mathrm{vp}}-\Delta\varepsilon_2^{\mathrm{vp}}}{\Delta\varepsilon_3^{\mathrm{vp}}} = 0.9\left\{1-\exp\left[\frac{-6(\sigma_2-\sigma_3)}{\sigma_{\mathrm{ucs}}}\right]\right\} \qquad R^2 = 0.95 \tag{2}$$

式中：$\Delta\varepsilon_1^{\mathrm{vp}}$，$\Delta\varepsilon_2^{\mathrm{vp}}$和$\Delta\varepsilon_3^{\mathrm{vp}}$分别为$\sigma_1$、$\sigma_2$和$\sigma_3$方向蠕变变形增量；$\sigma_{\mathrm{ucs}}$为单轴抗压强度，所用锦屏大理岩单轴抗压强度为180 MPa。

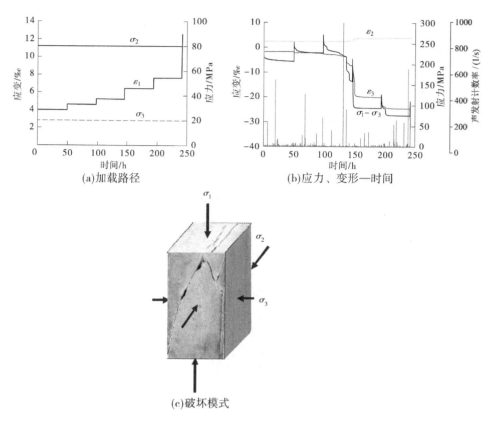

图 3 锦屏大理岩典型真三轴松弛试验结果

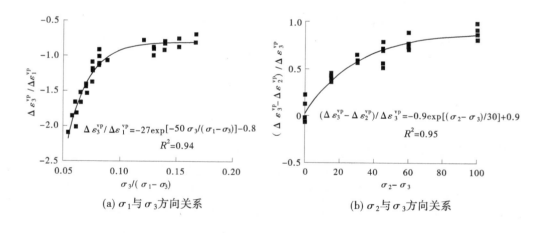

图 4 真三轴应力下锦屏大理岩蠕变变形增量与三维应力关系

4 结语

本文介绍了一种高压条件下硬岩真三轴蠕变及松弛试验装置，该装置首次实现了硬岩长时间应力和应变恒定保载时的失稳破坏过程测试。通过对锦屏大理岩的测试，发现了真三轴应力引起的蠕变变形各向异性，而且三个主应力方向蠕变变形各向异性受三维应力影响，与时间关系不大。

参考文献

［1］谢和平．深部岩体力学与开采理论［C］//2018 年中国地球科学联合学术年会论文集（四十二）——专题 91：地

球科学社会责任，专题92：深地资源勘查开采年度进展．2018.

［2］Li SJ, Feng XT, Li ZH, et al. In situ experiments on width and evolution characteristics of excavation damaged zone in deeply buried tunnels［J］. Science China, 2011, 54（1）：167-174.

［3］陈炳瑞，冯夏庭，明华军，等．深埋隧洞岩爆孕育规律与机制：时滞型岩爆［J］．岩石力学与工程学报，2012，31（3）：561-569.

［4］Zhang S, Ma T, Tang C, et al. Microseismic Monitoring and Experimental Study on Mechanism of Delayed Rockburst in Deep-Buried Tunnels［J］. Rock Mechanics and Rock Engineering, 2020, 53（16）：2771-2788.

［5］Aydan Ö, Takashi Ito, Ugur Özbay, et al. ISRM Suggested Methods for Determining the Creep Characteristics of Rock［J］. Rock Mechanics and Rock Engineering, 2014, 47（1）：275-290.

［6］Feng XT, Zhao J, Zhang XW, et al. A Novel True Triaxial Apparatus for Studying the Time-Dependent Behaviour of Hard Rocks Under High Stress［J］. Rock Mechanics and Rock Engineering, 2018, 51（9）：2653-2667.

［7］Zhao J, Feng XT, Yang CX, et al. Study on time-dependent fracturing behaviour for three different hard rock under high true triaxial stress［J］. Rock Mechanics and Rock Engineering, 2021, 54：1239-1255.

［8］Zhao J, Feng X T, Yang C X, et al. Relaxation behaviour of Jinping marble under high true-triaxial stresses［J］. International Journal of Rock Mechanics and Mining Sciences.

［9］Zhao J, Feng XT, Yang CX, et al. Differential time-dependent fracturing and deformation characteristics of Jinping marble under true triaxial stress［J］. International Journal of Rock Mechanics and Mining Sciences. 2021, 138：104651.

渡槽结构缝防渗处理技术在南水北调中线工程中的应用

向德林

（中国南水北调集团中线有限公司渠首分公司，河南南阳　473000）

摘　要： 南水北调中线工程自 2014 年正式通水运行以来，工程发挥了极大的工程效益、社会效益和生态效益。由于工程沿线部分输水渡槽橡胶止水带发生老化，导致渡槽渗水，给工程运行带来安全隐患。本文以中线工程南阳段十二里河渡槽为例，提出可行的结构缝防渗处理技术，用以指导工程施工。经实践证明，重新处理后的结构缝止水效果显著，可为类似水利工程防渗处理技术提供借鉴。

关键词： 渡槽；渗水处理；南水北调中线工程

1　工程概况

南水北调中线干线工程总干渠起自陶岔渠首，经江淮分水岭的方城垭口进入淮河流域，于郑州西北的孤柏嘴穿越黄河，以后沿太行山东麓北上，直达北京。天津干渠自河北省徐水县西黑山的总干渠分水，向东至天津。渠线总长 1 432 km。

南阳管理处所辖十二里河渡槽槽身段设计起点桩号为 97+077.12，终点桩号为 97+137.12，槽身段全长 60 m，跨径布置为 2×30 m，槽体采用简支预应力开口箱梁截面形式，单槽净宽 13.0 m，两槽间内壁间距 5.0 m，两槽之间加盖人行道板。

2　项目主要内容

本项目对十二里河渡槽伸缩缝可更换止水更换、涂刷防渗涂料，施工缝灌浆等渗漏处理项目。止水结构为可更换压板式橡胶止水，修复的主要内容包括：渡槽抽排水、原止水结构拆除、止水槽清理、止水带粘贴及固定、止水结构封闭等内容。

项目主要工程量统计如表 1 所示。

表 1　主要工程量统计

序号	项目名称	项目特征描述	单位	工程量
1	十二里河渡槽			
1.1	渡槽抽排水	采用渡槽排空阀结合水泵将槽体内水抽排至出水通道及相邻渡槽内	m^3	11 000
1.2	结构缝渗漏修复	包括旧止水带拆除、基面处理、更换螺栓、填充密封胶、止水带安装、涂刷防渗涂料等为完成伸缩缝渗水处理所做的一切工作。结构缝渗漏共 6 条，单条长度 33 m	m	198

作者简介： 向德林（1972—），男，高级工程师，主要从事水利工程建设管理研究工作。

3 本项目实施难点及对策

3.1 项目特性及难点分析

南水北调工程的安全运行事关国计民生，渡槽投入运行后要求长期通水，要求采用优良的施工材料和精细的施工质量，保证工程的长期安全运行；止水结构形式复杂，拆除原止水带过程中需要注意对基面螺栓的保护，对施工细节要求高；抽排水量大，且占用直线工期；修补工程与一般施工相比，对工人的技术熟练程度要求更高。

3.2 对策分析

针对以上项目难点，采用经过工程检验的优质修补材料，施工材料必须绿色环保，配合精细化的施工管理及工艺，保证加固效果；加强基面烘干处理，精心施工；拆除前对每条止水进行仔细检查，制订拆除保护措施，采用熟练有经验的技术工人进行施工；合理安排施工进度计划，加大人员、设备投入，渡槽安排专业技术负责人进行现场施工组织；提前安排抽水事宜，选择合适抽排水设备，为主体施工提供进度保证。

4 主要施工方法

4.1 修复原则

对存在结构缝渗漏的渡槽，排空后形成干场作业环境，渗漏的结构缝进行防渗处理后，恢复止水效果。

4.2 渡槽止水结构设计形式

十二里河渡槽为双线双槽矩形结构，渡槽结构缝止水主要采用可更换压板式橡胶止水和埋入式紫铜止水。渡槽止水结构及止水大样图如图1、图2所示。

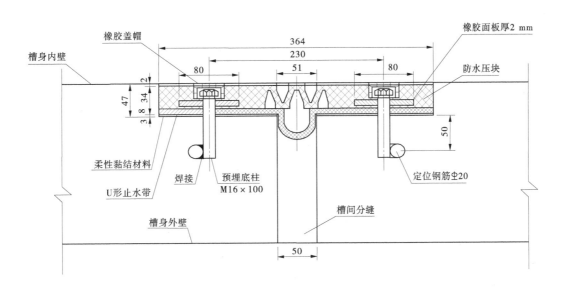

图1 十二里河渡槽压板式橡胶止水结构大样图 （单位：cm）

4.3 施工方案

4.3.1 渡槽水体排空

施工准备工作完成后，向业主管理单位申请检修指令，由管理单位按有关操作关闭要修复的渡槽上下游闸门，先行关闭工作闸门，再关闭检修闸门。采用渡槽排空阀配合水泵的方式将槽内水体抽排至出水通道及相邻渡槽内。为减小单槽排空对结构的不利影响，在满足过流流量的情况下尽可能降低运行水位。槽内水体排空后，对局部积水进行清理，若上、下游闸门存在渗漏情况，则考虑封堵或搭设围堰抽排水处理，尽可能形成干地施工作业条件。

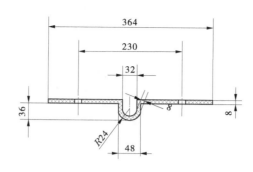

图2　十二里河渡槽止水带大样图　（单位：cm）

进场后，及时了解工程现场情况，渡槽排空阀进行水体排空前，对下方出水通道进行规划。

在渡槽排空、凿除填料、止水带拆除后应分别对存在渗水的结构缝进行详细检查并留取照片等影像资料，并分析渗漏原因，然后才能开展下步工作。处理完成后亦逐条留存照片等影像资料，建立台账，随验收资料一并提交发包人。

4.3.2　渡槽结构缝修复

十二里河渡槽橡胶止水修复原则上按照原设计结构恢复，采用更换止水，重新安装的方式进行修复处理，并对结构缝两侧进行封闭处理。

（1）拆除原槽身可更换止水结构。

根据设计图纸结合现场实际情况，先将表层的橡胶面板拆除（严禁暴力拆除，使用静力设备，若有二期砂浆层的，一并凿除），然后找到螺母橡胶盖帽的位置，拆除修补部位所有的螺母橡胶盖帽、螺母，并将完好的螺母放好备用。

螺母橡胶盖帽、螺母拆除之后，将止水压块（角钢）拆除，止水压块（角钢）拆除之后，将止水压块下方的U形止水带拆除，在拆除止水带的过程中注意避免破坏原结构缝内的填充物。

采用角磨机对原粘贴基面进行打磨，彻底清除原粘贴面上的粘贴物及其他附属材料（打磨过程中要做好对原有螺栓的保护，可采用钢套管或塑料套管），直至露出新的混凝土面。

（2）开槽。

扩挖止水槽，底部每侧各扩宽5.8 cm，槽边坡1∶1，止水槽上口宽共41 cm，下口宽共32 cm。

（3）更换及新植入不锈钢螺栓。

更换原不锈钢螺栓。为了保证止水效果，必要时可在螺栓孔外侧再各植入一排螺栓，新增螺栓中心线距原螺栓中心线5 cm，钻孔直径根据现场试验确定，孔深不小于120 mm，用植筋型结构胶将不锈钢螺栓植入。

（4）聚氨酯耐霉菌性密封胶。

用压缩空气对打磨后的基础面和伸缩缝内表面进行吹净处理，并用丙酮（或酒精）擦净基面，涂界面剂，然后在伸缩缝处填充聚氨酯耐霉菌性密封胶，宽4 cm，厚2 cm。

（5）基础面找平处理。

对止水槽基面采用聚合物复合韧型环氧砂浆进行找平处理，折角部位加强厚度形成弧状，聚合物复合韧型环氧砂浆找平厚度根据现场平整度控制。

（6）U形橡胶止水带安装。

采用U形橡胶止水带，厚8 mm，宽度280 mm，沿伸缩缝通长铺设。事先在U形止水带上打孔，孔的大小和间距与止水槽内螺栓的尺寸及间距相符。在止水槽基面刷环氧结构胶，胶层厚不小于3 mm，要求涂抹均匀且平整，待基面刷完环氧结构胶后铺设U形止水带，并逐段压实，止水带两侧应有胶体溢出。

（7）止水带压板制作及安装。

止水带压板采用不等边角钢，规格为110 mm×30 mm×6 mm（宽×高×厚），加工前先在角钢长边翼缘一侧钻孔,孔距及孔大小与螺栓尺寸及间距相符。遇到圆弧位置应将短边翼缘侧切开后将角钢按建筑物表面弧度预弯。

在 U 形止水带上表面刷环氧结构胶,将不锈钢压板黏接在止水带上,在拐角部位,对压板适当加工切角,使压板贴合紧密。在螺帽和压板之间设置弹簧垫圈,调整定位后拧紧。螺帽以上紧为准,原则上紧固力为 3 kg,一般不宜超过 5 kg,但不应小于 2.5 kg。螺栓外露部分采用塑料套保护。

(8)填充闭孔泡沫板、丙乳砂浆、密封胶。

安装完 U 形止水带后,鼻子上部填充闭孔泡沫板,然后采用丙乳砂浆将止水槽封填,然后在伸缩缝处同样用丙酮(或酒精)擦净基面,涂界面剂,填充聚氨酯耐霉菌性密封胶,宽 4 cm,厚 2 cm。

(9)伸缩缝处涂防渗涂料。

止水带施工完毕后,在混凝土基面附加网格布一层,并涂刷聚脲涂料进行伸缩缝混凝土后浇带防渗处理,处理范围为后浇带至两侧各 1.0 m,总宽 3.1 m,厚 2 mm。

聚脲防护涂层可大大提高渡槽混凝土的防渗性及耐候性,同时减小渡槽的糙率,提高渡槽的过流能力。渡槽内涂刷聚脲涂层后,一是表面比较光滑,二是聚脲材料是憎水性材料,渡槽内壁采用聚脲涂层后糙率降低,可在不增大渡槽断面的情况下,提高其通水能力。聚脲涂层涂刷时需对基层混凝土表面进行打磨处理,打磨后涂刷 2 mm 的聚脲涂层对渡槽断面尺寸的影响极小,该项因素对渡槽输水能力的影响可忽略不计。刮涂聚脲材料施工方便,其与基层混凝土的黏结强度更高、耐老化的性能更高,质量易保证,与伸缩缝处理材料一致。

施工工序:混凝土表面清理打磨→清洗→涂刷底涂→涂刷 SK 刮涂聚脲材料→养护。

具体施工工艺如下:

(1)底材处理:用角磨机对混凝土表面进行打磨,用高压水枪冲洗表面的灰尘、浮渣,待水分完全挥发后,对混凝土表面局部孔洞用高强找平腻子填补,腻子要不流淌,并且与混凝土黏结良好,待腻子固化后,要求混凝土表明平整、坚固、无孔洞。

(2)涂刷界面剂:聚脲涂层与底材的黏结面采用潮湿型专用界面剂,底面处理后,在混凝土表面涂刷专用潮湿型界面剂,涂刷厚度要求薄而均匀,无漏涂现象。

(3)刮涂聚脲:刮涂聚脲厚度为 2 mm,首先待界面剂表干(沾手不拉丝)时涂刷第一遍刮涂聚脲,聚脲刮涂遍数为 6~8 遍,厚度应大于设计厚度 2 mm。聚脲涂层厚度要均匀,刮涂聚脲各层之间的黏结很好。

(4)刮涂聚脲养护:在刮涂聚脲施工过程中,如果遭遇到大风和下雨,必须立刻停止施工,用帆布等防护材料对聚脲涂层进行遮盖保护,待雨停后,擦干净聚脲涂层上的附着物。聚脲涂刷完工后,12 h 内不要有水浸泡,常温养护至少 3 d 方可通水运行。刮涂聚脲宜采用刮涂、涂刷或辊涂的方法施工,刮涂聚脲施工应在基层界面剂允许的时段内进行,斜面或立面宜采用多遍涂刷,一次涂刷厚度不宜大于 1 mm,后续涂刷应在前一道涂刷表干后进行,直至厚度达到设计要求。聚脲涂料施工前应在现场进行 2 组拉拔试验进行验证,施工完成后每条缝应进行不少于 1 组拉拔试验。要求黏结力不小于 2 MPa 或混凝土断裂。

5 结语

本文通过对十二里河渡槽结构缝防渗修复处理方案进行合理设计,经过精心组织施工,严把过程控制质量,防渗效果十分显著。目前该渡槽防渗修复处理施工项目已完工,通过日常观察和监测,均未发现有渗漏现象。有效解决了因止水带老化等原因给渡槽通水运行带来的安全隐患,确保了渡槽输水安全平稳运行。

参考文献

[1] 陈晓东 . 渡槽槽身渗漏 PTN 接缝防渗材料处理技术 [J] . 施工技术,2018,47(3):101-105.

［2］侯彩云，武守猛，袁丰武．谈引黄调水大刘家渡槽伸缩缝防渗施工［J］．山东水利，2022（5）：43-45.

［3］陈莉．SK 手刮聚脲在东江水源工程渡槽伸缩缝防渗处理中的应用［J］．黑龙江水利科技，2019，47（4）：183-184，224.

［4］陈锋．混凝土渡槽伸缩缝止水防渗技术浅析［J］．水利科技，2011（4）：61-63，69.

［5］陶东，马文波，郭振莉，等．宁夏固海灌区长山头渡槽伸缩缝防渗处理新技术［J］．中国建筑防水，2020（2）：45-49.

［6］孔庆慧．某大型输水渡槽止水渗漏处理施工技术［J］．水科学与工程技术，2019（2）：16-18.

引调水工程输水线路下穿高速铁路桥梁设计案例研究

杨 健 张 勇

（中水珠江规划勘测设计有限公司，广东广州 510610）

摘 要： 随着国家水网构建进入快车道，引调水工程与高速铁路交叉情况日益增多，本文分析了输水建筑物下穿既有高速铁路主要形式和适用条件下，以某大型引调水工程输水线路下穿既有高速铁路桥梁客运专线方案设计为例，探讨了下穿高铁方案的基本原则及方案选择过程，采用 FLAC3D 有限差分软件数值模拟不同施工阶段对高速铁路桥墩的扰动性进行计算分析。计算结果表明，钢筋混凝土框架结构下穿既有高铁桥墩位移值满足规范要求，方案安全可行，为类似工程项目提供参考。

关键词： 输水建筑物；高铁桥梁；数值模拟；扰动性

伴随经济社会高速发展，我国部分地区存在水资源过度开发，挤压河道、湖泊生态环境用水与农业灌溉用水，超采地下水、局部水污染等问题，造成资源性、工程性和水质性缺水，长距离跨流域引调水工程是缓解缺水地区水资源供需矛盾、支撑缺水地区可持续发展的有效途径[1-2]。随着国家水网加快构建，大批引调水工程开工建设。截至 2021 年底，全国范围内铁路运营里程 14.6 万 km，其中高速铁路占 3.8 万 km[3]，是世界上高铁里程最长、运输密度最高、成网运营场景最复杂的国家，最鲜明的特点是"以桥代路"。引调水工程与铁路交叉跨越的情况日益增多，高速铁路对结构安全和运营安全要求高，对南方地区部分大中型引调水工程穿高速铁路方式进行统计，除滇中引水工程无压隧洞下穿泸昆高铁路基外，其他调水工程输水建筑物采用下穿高铁桥梁通过，表明输水建筑物采用隧洞、顶管、框架结构等形式下穿既有高速铁路桥梁设计是相对安全可靠、对运营影响较小的方法和工艺。

本文在此背景下，结合某引调水工程大直径高内压输水管道下穿既有高速铁路桥梁客运专线方案设计为例，对输水建筑物下穿高铁工程项目在规划设计阶段进行分析研究，供同类项目参考。南方地区部分大中型引调水工程穿高速铁路统计见表 1。

表 1 南方地区部分大中型引调水工程穿高速铁路统计

调水工程	桩号	交叉建筑物名称	基础形式	覆土厚度/与输水管道净距/m	穿越方式
珠江三角洲水资源配置工程	高新沙水库—沙溪高位水池段 GS8+629	广深港高铁（已建）	高架/桩基	42.4	盾构圆形有压隧洞（ϕ8.3 m）
	深圳分干线 GM10+833	赣深高铁（规划）	高架/桩基	24.5	盾构圆形有压隧洞（ϕ6.0 m）

作者简介：杨健（1984—），男，高级工程师，主要从事水利水电工程水工设计工作。

续表1

调水工程	桩号	交叉建筑物名称	基础形式	覆土厚度/与输水管道净距/m	穿越方式
滇中引水工程	昆呈 2#隧洞 KM80+289.61	泸昆高铁（已建）	路基	104	钻爆马蹄形无压隧洞（6.4 m×6.97 m）
韩江榕江练江水系连通后续优化工程	古巷分水口至关埠取水口段 GX17+926	梅汕高铁（已建）	高架/桩基	14.8	盾构圆形有压隧洞（φ6.7 m）
	潮阳分干线 CYB5+635	厦深高铁（已建）	高架/桩基	6.8	SP 顶管（φ2.872 m）
环北部湾广东水资源配置工程	西高干线 XG5+974.7	南广高铁（已建）	高架/桩基	0	顶框架箱涵、内铺钢管（9.2 m×9.25 m）

1 下穿高铁桥梁的主要形式及适用条件

引调水工程穿越高速铁路无特定规程规范，参考《公路与市政工程下穿高速铁路技术规程》（TB 10182—2017）[4] 和《高速铁路设计规范》（TB 10621—2014）[5] 等进行设计，考虑输水建筑物功能特性宜采用下穿运营高速铁路桥梁方式通过。结合引调水工程特点，考虑高速铁路桥梁下穿工程地质条件、结构安全等多方面因素影响，主要有以下 3 种形式下穿：①高速铁路桥下净空满足设置渡槽条件时，可采用渡槽下穿；②当高速铁路桥下净空不满足通行高度时，宜采用框架或 U 形落地槽结构下穿；③隧洞或顶管下穿，线路平面宜设计为直线，当条件受限时，宜采用较大的曲线半径。

2 案例分析

2.1 工程概况

（1）下穿工程：该工程从西江引水，系统解决粤西地区，特别是雷州半岛水资源短缺问题的重大水利工程，是国家水网建设的重要组成部分[6]。多年平均供水量为 20.79 亿 m³，设计引水流量 110 m³/s，大（1）型 I 等工程，输水线路大致呈南北走向，总长 499.9 km，泵站 5 座，总装机容量 402 MW。输水线路起始段从西江地心泵站提水后采用有压隧洞下穿低矮山体、有压管道下穿宝珠镇南广高铁桥梁。管道设计内水压力 1.31 MPa，采用内径 7.0 m 的压力钢管，壁厚 32 mm，加劲环高 200 mm，厚 24 mm，间距 3 m，管材为 Q345R。

（2）南广高速铁路：西起南宁站、东至广州南站，全长 577.1 km，是一条区际快速铁路、国家 I 级客货干线铁路。线路大致呈东西走向，为中国华南地区铁路通道的主干部分之一，也是中国"八纵八横"高速铁路广昆通道的组成部分。于 2008 年 11 月 9 日动工建设，2014 年 12 月 26 日通车运营，设计和列车运营速度 250 km/h，客运量巨大。

2.2 下穿节点交叉情况及水文地质条件

根据输水线路布置，结合南广高铁现状桥孔布置，本项目采用钢筋混凝土框架护涵结构从南广高铁宝珠河特大桥 10#墩和 11#墩中间垂直下穿，大直径高内压输水管道置于护涵内。

宝珠河特大桥为 23 孔 18~32.6 m+5~24.6 m 简支箱梁，10#~11#墩为 24.6 m 的短跨，现状地面高程约 32.5 m，与桥梁底净空约 15.3 m，桥址范围内自上而下分布的岩土层有人工填土，冲洪积粉质黏土、粗圆砾土、粉土，残坡积粉质黏土，全—强风化砂岩和强—弱风化灰岩。地下水位标高为

31.35 m，位于现状地面下约 1.15 m。

2.3 下穿节点方案和铁路路基变形控制标准

（1）设计原则。①输水线路设计应保证与铁路桥墩的安全距离，框架结构与桥梁承台边净距不宜小于 3 m，钻孔设备边缘与桥墩的安全净距不得小于 2 m，减少施工对现状高铁桥墩的影响。②在保证输水建筑物线形的基础上，尽量降低开挖深度，主动减少对既有桥墩的卸载或堆载作用。③结构设计应考虑节能环保的同时，需紧密结合施工与运营铁路的相互影响，尽可能采用对运营铁路影响小的结构设计方案。④结构设计年限需综合考虑高速铁路设计年限，主体结构安全等级为一级。⑤加强铁路设施范围内排水设计，与现状铁路排水系统相统筹，减少因水利工程施工后对铁路的影响等。

（2）下穿方案设计。本工程线路起始段设计水位为 158.9~152.7 m，宝珠镇盆地高程 30~36 m，不宜采用渡槽无压输水。线路起点紧邻西江，作为运维检修期重要排水通道，其建筑物中心线高程 17.45 m，起始有压段沿线设计为逆坡，保证绝大部分存水自流排入西江，宝珠镇段为明挖埋管、浅埋隧洞或顶管形式。结合输水建筑物下穿高铁桥梁的主要形式及适用条件分析，浅埋隧洞或顶管开挖直径 9.3 m，下穿宝珠河特大桥 24.6 m 的短跨，无法满足与高铁桥梁桩基最小净距不宜小于 1 倍隧洞（或顶管）宽度的要求，若采取隔离柱防护措施则投资大不经济。因此，在该节点拟采用框架结构下穿方案，框架净尺寸 8 m×8 m（宽×高），边墙和顶板厚 0.6 m，底板厚 0.65 m，C40 钢筋混凝土结构，内部放置内径 7.0 m 压力钢管。框架与钢管采用分开受力设计，即框架结构承担外部荷载，钢管承担内水压力。采用明挖法施工，框架基坑开挖深度为 9.25 m，框架的围护结构采用防护桩 100 cm，桩长 16 m，C30 钢筋混凝土，防护桩上端由厚 1 m 的冠梁连接。钢筋混凝土框架结构平、剖面布置图见图 1。

（3）铁路桥梁变形控制标准。南广高铁为高速有砟轨道，参照《公路与市政工程下穿高速铁路技术规程》（TB 10182—2017）和《邻近铁路营业线施工安全监测技术规程》（TB 10314—2021）[7]有砟轨道高速铁路管理，本工程输水管道下穿宝珠河特大桥墩台竖向位移、横线路和顺线路水平位移控制值按照 ±3 mm 控制。

2.4 数值模拟分析

采用工程实际与有限差分法结合的方法，通过 Abaqus 有限元软件建立大直径输水管道下穿既有铁路工程 3D 数值模拟模型，划分网格后导入大型岩土专业有限差分软件 FLAC3D 中计算。为消除应力边界影响，左、右边界取至约 3 倍基坑开挖宽度，下边界取至约 1 倍桥墩桩长。根据铁路地质资料和框架护涵与南广高铁宝珠河特大桥位置关系，选取 9#~12# 桥墩进行不同施工阶段基坑开挖和超载所造成的墩台顶部位移影响的安全稳定性分析（见图 2）。

（1）不同施工阶段数值模拟。①钢筋混凝土框架护涵的防护桩施工和冠梁施工。②钢筋混凝土框架护涵基坑开挖（在 FLAC3D 中通过将土体的本构模型赋予 Null 模型实现）。③钢筋混凝土框架护涵顶进施工（通过将 Null 模型转变为 Elastic 本构模型实现）。④混凝土护涵底座的施作，输水管道的敷设以及框架回填土的模拟。⑤输水管道运营的数值模拟。

（2）下穿施工位移计算分析。数值模拟计算成果见表 2 和图 3~图 5。根据计算分析，在不同的施工阶段中，南广高速铁路宝珠河特大桥不同工况最大位移均发生在 10# 或 11# 墩台。墩台最大隆起位移发生在 10# 桥墩的框架护涵基坑开挖阶段，最大隆起值为 0.203 mm。墩台横、顺铁路方向水平位移发生在 11# 桥墩的框架护涵运营阶段，墩台顶部横、顺铁路方向最大水平位移分别为 0.168 mm、0.133 mm。上述变形均小于 3 mm，满足高速铁路桥梁变形控制标准相关规定。表明大直径高内压输水管道采用钢筋混凝土框架护涵结构对高铁桥墩变形影响甚小，下穿高铁桥梁方案安全可行。

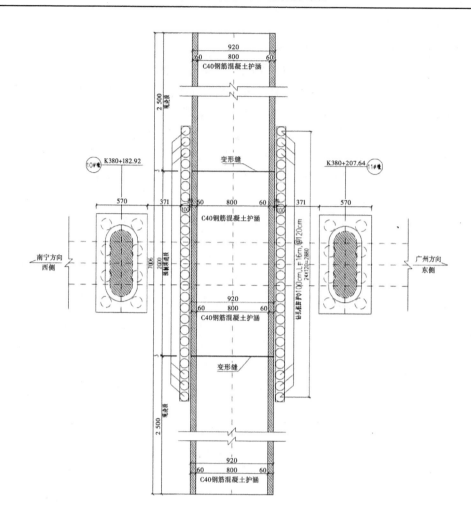

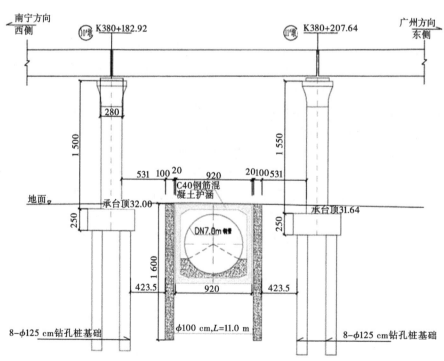

图 1　钢筋混凝土框架结构平、剖面布置图

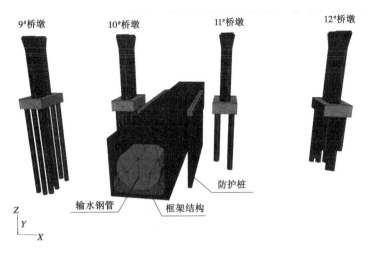

图 2　输水线路下穿高铁桥梁 3D 数值模型示意图

表 2　下穿施工位移计算成果　　　　　　　　　　　单位：mm

不同工况	竖向位移				横铁路方向水平位移				顺铁路方向水平位移			
	基坑围护结构		铁路桥墩		基坑围护结构		铁路桥墩		基坑围护结构		铁路桥墩	
	左侧	右侧	10#	11#	左侧	右侧	10#	11#	左侧	右侧	10#	11#
护涵基坑开挖阶段	0.076	0.040	0.203	0.165	0.011	−0.012	−0.053	−0.108	9.738	−9.736	0.107	0.120
护涵顶进施工阶段	−0.183	−0.165	0.113	0.106	0.042	−0.012	−0.067	−0.114	10.357	−8.719	0.103	−0.111
护涵运营阶段	−0.477	−0.408	0.063	0.059	0.005	−0.014	−0.135	−0.168	11.216	−9.532	0.125	−0.133

注：竖向位移的正值表示隆起，竖向位移的负值表示沉降。

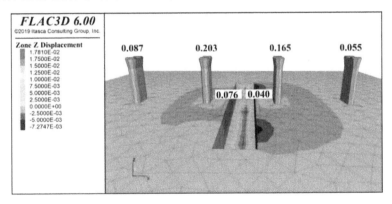

图 3　护涵基坑开挖阶段竖向位移

3　结语

本文在研究了输水建筑物下穿既有高速铁路主要形式和适用条件下，依托于某大型引调水工程输水线路下穿既有高速铁路桥梁客运专线方案设计，探讨了输水线路下穿高铁方案的基本原则及方案选择过程，并采用 FLAC3D 有限差分软件对输水管道下穿既有高铁桥梁的不同施工阶段，选取受钢筋混凝土框架护涵下穿施工影响程度不同的 9# ～ 12# 桥墩进行竖向位移、横铁路方向水平位移和顺铁路方向水平位移的数值模拟影响性分析，位移变形量均满足高速铁路桥梁变形控制标准的相关规定，方案安全可行，可为类似工程项目提供参考。

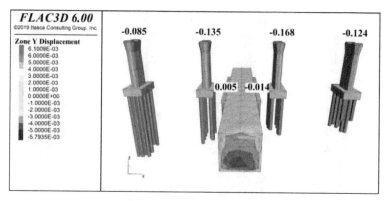

图 4　护涵运营阶段横铁路方向水平位移

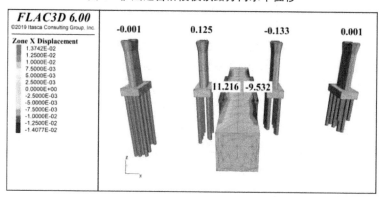

图 5　护涵运营阶段顺铁路方向水平位移

参考文献

［1］唐景云，杨晴. 浅谈调水工程对实现区域水资源优化配置的必要性［J］. 中国水利，2015（16）：13-15.

［2］王忠静，王学凤. 南水北调工程重大意义及技术关键［C］//第十三届全国结构工程学术会议. 2004.

［3］杨申，尹春燕，郑辉，等. 新建高速铁路下穿既有公路桥梁防护方案研究［J］. 铁路标准设计，2021（11）：93-99.

［4］国家铁路局. 公路与市政工程下穿高速铁路技术规程：TB 10182—2017［S］. 北京：中国铁道出版社，2018.

［5］国家铁路局. 高速铁路设计规范：TB 10621—2014［S］. 北京：中国铁道出版社，2014.

［6］中水珠江规划勘测设计有限公司. 环北部湾广东水资源配置工程可行性研究报告［Z］. 2021.

［7］国家铁路局. 邻近铁路营业线施工安全监测技术规程：TB 10314—2021［S］. 北京：中国铁道出版社，2021.

犬木塘水库强岩溶区隧洞超前地质预报应用研究

易　凯[1]　王少博[2]

(1. 湖南省水利发展投资有限公司，湖南长沙　410000；

2. 长江地球物理探测（武汉）有限公司，湖北武汉　430014)

摘　要：犬木塘水库工程主干渠灌区隧洞设计洞轴线多穿越可溶岩区域，且区域地质情况复杂，岩溶、地下水发育，为施工带来了极大的风险。如何针对岩溶的地球物理特征，选择适用的地质预报物探方法，对于提高预报成果的准确度非常必要。本文以犬木塘水库工程隧道为例，详细论述了隧道施工过程中采用的 TGP 地震波法、地质雷达和瞬变电磁三种超前地质预报方法的选择与实施过程。通过现场试验研究，验证并总结了几种主要物探方法的适用性和成果准确度。

关键词：超前地质预报；岩溶发育区；隧洞；地球物理

1　引言

在我国境内分布着大片碳酸盐岩地层，由于地面水和地下水的溶蚀作用，发育着各种类型的岩溶地貌和岩溶形态，给工程建设带来一定的复杂性[1]。

近年来，一大批大型水利水电工程正在或即将投入建设，这些工程中存在大量长大隧道和特大型地下厂房（硐室群）。这些修建在强岩溶地区的水工隧道不可避免地穿越可溶岩径流区。在岩溶地区隧道施工中 80% 遇到水害，隧道突水、突泥已成为施工过程中最常遇到并具极大危害性的地质灾害[2]，这些岩溶地质灾害引发的工程事故屡见不鲜[3]。

由于山高洞长、地形地质条件复杂以及地表勘察技术手段有限，在施工前期难以对工程区域的工程地质情况有全面准确的掌握，加之断层、溶洞、破碎岩体等不良地质体具有较强的隐蔽性，很难做到对隧道沿线不良地质情况的准确揭示。为了更加有效地掌握隧道施工期间掌子面前方的地质情况，从 20 世纪 70 年代，人们开始注重隧道施工过程中超前地质探测理论、技术研究及工程实践工作。超前导洞、超前钻探方法最先被用来勘探掌子面前方的地质情况，由于其经济和时间成本都很高，人们逐步研发了无损地球物理超前探测技术，包括地震反射类、电磁类、直流电法类等，并大量应用于工程实践[4]。

犬木塘水库工程是解决"衡邵干旱走廊"水资源短缺问题的骨干水利工程，涉及邵阳市、永州市、衡阳市、娄底市 4 市 8 县（市、区）；灌区隧洞沿线地层岩性绝大部分为碳酸盐岩，岩溶较发育—极发育，给工程建设带来一定的复杂性及安全隐患。因此，提出一套适用于工程灌区强岩溶区隧洞的超前地质预报体系十分必要。

2　超前预报方法与工程适用性研究

2.1　超前预报物探方法

目前，隧道超前地质预报就是在由地质分析进行风险等级划分的基础上，在不同等级地段，结合地质情况合理采用不同的物探手段对工作面前方地质情况进行预报。地质分析法是隧道超前地质预报

资助项目：犬木塘水库工程科技创新项目（编号：W-2022-72）。

作者简介：易凯（1992—），男，工程师，主要从事水利工程建设管理工作。

通信作者：王少博（1991—），男，工程师，主要从事工程地球物理勘探方面研究工作。

最基本的方法，包括工程地质分析法、超前导洞法和超前水平钻探法，其他预报方法的解释应用都是在地质资料分析判断的基础上进行的。地质分析法由于受其预测精度的影响，只能定性预测局部岩溶涌水灾害，但是在构造比较复杂地区和深埋隧道的情况下，准确性难以保证。超前钻探是最直接的预报方法，但往往因为"一孔之见"的问题导致不良地质体的漏报漏探。因此，目前研究岩溶隧道施工超前地质预报仍主要依靠隧道地球物理探测方法。下面介绍几种主流的地球物理超前地质预报方法。

超前地质预报物探方法主要包括：①地震反射类，如隧道负视速度法、隧道地震预报（tunnel seismic prediction，TSP）、隧道反射成像（tunnel reflection tomography，TRT）、极小偏移距地震波法等；②电磁类，如地质雷达、隧道瞬变电磁等；③直流电法类，如激发极化法、电阻率法等；④其他方法，如核磁共振法、红外探水法、温度探测法等。由于每类探测方法是以地质介质的某一性质（如弹性性质、导电性质、导热性质等）差异为物理基础的，每类技术有各自的适用范围、敏感特性和优缺点（见表1）。

表1　常用的超前预报物探方法的特点

预报方法	预报距离/m	参数	特点
地震反射类	150	纵横波速	优点：定量反映岩体参数，对工作面前方遇到与隧道轴线近垂直的不连续体的界面确定，结果比较可靠。 缺点：对水预报精度较差
地质雷达	10~25	介电常数	优点：能预报掌子面前方地层岩性的变化，对于断裂带特别是含水带、破碎带有较高的识别能力。 缺点：雷达记录易受电磁干扰
瞬变电磁法	50	视电阻率	优点：能够探查掌子面前方的预测断层、溶洞和富水带的位置和规模。 缺点：易受电磁干扰
激发极化法	30~50	视极化率	优点：能够探查掌子面前方的预测断层、溶洞和富水带的位置和规模。 缺点：应用不成熟，易受干扰

以上各种方法都有优缺点，但在岩溶隧道超前地质预报中，由于岩溶发育空间分布的复杂性和岩溶含水介质充填物的多样性，单一的超前地质预报方法都具有局限性。如何针对岩溶的地球物理特征，选择适用的地质预报物探方法，对于提高预报成果的准确度具有重要的工程意义[4]。

2.2　强岩溶区超前地质预报物探方法选择

因岩溶类型、空间分布和含水介质充填物的多样性，岩体、土层、破碎带、岩溶洞穴、岩溶裂隙和岩溶充填物等不同介质体的地球物理特征参数存在明显的差异。常见岩溶介质体地球物理特征参数见表2。

表2　常见岩溶介质体地球物理特征参数

介质	纵波速度	电阻率	相对介电常数
空气		∞	1
水	1.4~1.6	<100	81
土层	0.3~2.4	$n \sim 1.5 \times 10^2$	3~20
破碎带	2.0~2.5	$1.5 \times 10^2 \sim 2.5 \times 10^2$	10~40
灰岩	2.5~6.1	$2.5 \times 10^2 \sim 1 \times 10^3$	7~9
砂岩	2.4~4.2	$1 \times 10^2 \sim 1 \times 10^3$	4~10

岩溶区隧洞工程超前地质预报的重点内容是查明准确的岩溶或破碎带空间分布、溶洞充填物以及岩

溶水或断层构造裂隙水情况。如表2所示，灰岩与砂岩电阻率差异不大，而波速有显著的差异，地震类方法适合探测长距离岩性分层界面。水的介电常数远高于其他介质，地质雷达适用于短距离的含水体探测。土层、破碎带波速、电阻率和介电常数差异不显著，单一地球物理参数无法将其有效区分。真实地质情况可能是多种介质混合的地质体，因此岩溶填充特性的精准预报是一个关键技术难题[5]。

鉴于此，本工程采用长、中短距离预报相结合的方法进行，对计划超前地质预报的地段首先采用地震波法进行长距离超前地质预报，并结合掌子面素描、地质平面测绘以及前期地质资料进行综合分析。对于采用长距离超前地质预报方法后预测隧洞存在异常且岩溶填充物为含水、含泥的地段，采取地质雷达、瞬变电磁等中短距离的物探探测方法再次复核确认。

3 超前地质预报工程实例

3.1 TGP 法预报含水断层

TGP 法在隧道的左边墙或右边墙上布置一定数量的炮孔，通过小药量激发产生地震波，地震波在岩石中以球面波形式传播，地震波遇到岩石界面（波阻抗差异界面，例如裂隙带、断层或岩层变化等），有一部分信号会发生反射，反射信号将被高灵敏度的三分量地震检波器所接收并记录下来，图1为 TGP 法探测原理图[6-7]。

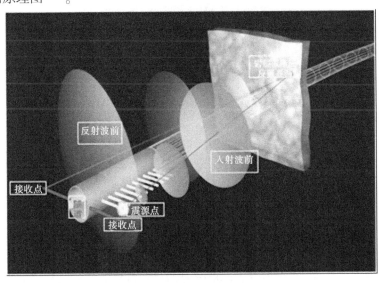

图1 TGP 法探测原理示意图

针对前期勘察中已知的岩溶强发育及地质情况复杂的洞段进行 TGP 法预报工作，旨在查明可能出现在洞轴线上的含水断层、软弱夹层、破碎带低速区的分布规律。

在本次 TGP 预报工作中使用北京市水电物探研究所生产的 TGP 206G 型超前地质预报系统进行预报工作。从掌子面向后方 10.6 m 处，在左侧边墙上共布置 24 个炮孔，距 1 号炮孔 20.8 m 处在左右边墙上各布置一个检波器，共 2 个检波器，检波器距掌子面共 62 m。成果解译中，结合纵波速度、横波速度、泊松比等参数对地质现象进行解译。预报成果显示该隧洞桩号 0+555~0+563 附近，存在多处连续反射界面，地震波的纵横波波速减小，V_p/V_s 增加，泊松比也突然增大，如图2所示。最终推断该段存在含水断层，含水、含泥量增大。

最终开挖过程中，桩号 0+558 处出现涌水，现场照片见图3。后证实施工切断含水断层，并导致地面塌陷，表明 TGP 法对断层探测的敏感性。

3.2 地质雷达法预报充填溶洞

本区位于祁阳山字形构造的前弧外带复合部位，区域性断层密布，沿断层岩溶发育。因为长距离预报方法中地震波球面扩散原理影响，长距离预报所确定区域未必在洞轴线上，也可能在与其等半径的圆弧上，于是采用地质雷达法对岩溶进行精细探测。地质雷达法以电磁波反射为原理，对小范围夹

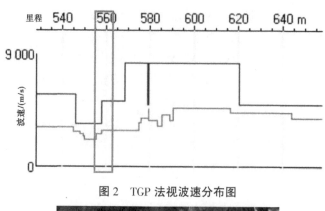

图 2　TGP 法视波速分布图

图 3　预报异常位置隧洞现场照片

泥溶洞、含水空腔等不良地质体有更好的探测效果。

地质雷达（简称 GPR）也称作探地雷达，是一种电磁探测技术，它利用发射天线将高频短脉冲电磁波定向送入掌子面前方，电磁波在传播过程中遇到存在电性差异的地层或目标体就会发生反射和透射，对所采集的数据进行相应的处理后，通过分析其旅行时间、幅度和波形，判断地下目标体的空间位置、结构及其分布[8-10]。图 4 为地质雷达法探测原理图。

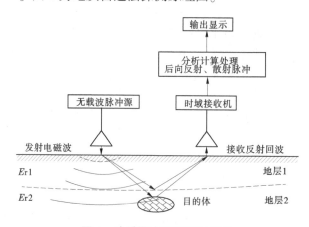

图 4　地质雷达法探测原理图

地质雷达法用于预报隧洞前方 0~30 m 范围内及周围邻近区域地质状况，预测掌子面前方围岩分布特征；主要用于中小型岩溶探测，亦可用于断层破碎带、软弱夹层等不均匀地质体的探测。

在本次地质雷达预报工作中使用美国 GSSI 公司生产的 SIR4000 型地质雷达，配 100 MHz 主频的屏蔽天线，在掌子面平行布置 3 条测线，测线长度约 6.0 m，测线 1 与测线 2 间距约 1.2 m；测线 3 距拱顶约 1.2 m。预报成果显示该隧洞桩号 0+675.3~0+678.3 附近，隧洞底部可能发育软弱夹层或节理裂隙密集带，泥质含量可能增大。0+686~0+689 附近反射波信号变强、振幅增大且同相轴呈抛物线状，如图 5 所示，最终推断该段发育溶洞。开挖验证桩号 0+687 处出现溶洞，泥质充填（见图 6）。

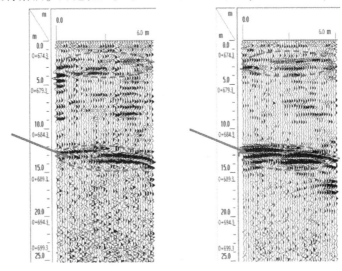

图 5　地质雷达法探测成果图

图 6　预报异常位置隧洞开挖现场照片

3.3　瞬变电磁法预报岩溶裂隙水

本区隧道水文地质条件复杂，地下水发育，并局部可能发育有地下暗河管道，岩溶裂隙水高压。鉴于地质情况分析，本次预报采用瞬变电磁法对岩溶裂隙水、含水断层、溶蚀带等进行精细探测。

瞬变电磁法（transient electromagnetic method，TEM）是利用不接地回线或电极向掌子面后方发送脉冲式一次电磁场，用线圈或接地电极观测由该脉冲电磁场感应的掌子面后方涡流产生的二次电磁场的空间和时间分布，来解决有关地质问题的时间域电磁法。

任一时刻掌子面后方涡旋电流在掌子面产生的磁场可以等效为一个水平环状线电流的磁场。在发射电流刚关断时，该环状线电流紧接发射回线，与发射回线具有相同的形状。随着时间推移，该电流环向下、向外扩散，并逐渐变形为圆形，等效电流环很像从发射回线中"吹"出来的一系列"烟圈"（见图 7），因此人们将地下涡旋电流向下、向外扩散的过程形象地称为"烟圈效应"。

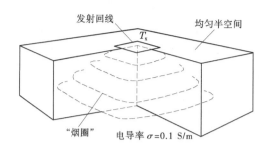

图 7　瞬变电磁场烟圈效应

从"烟圈效应"的观点看，早期瞬变电磁场是由线框附近介质的感应电流产生的，反映浅部电性信息；晚期瞬变电磁场主要是由深部介质的感应电流产生的，反映深部的电性信息。因此，通过观测和研究瞬变电磁场随时间的变化规律，可以了解不同深度介质的电性分布特征[11]。

本次瞬变电磁法超前地质预报采用的仪器为：国产的 DKTEM-18 瞬变电磁仪。从掌子面向后方 0.5 m 处，布置测线 5 条，分别为顶板 30°、顶板 15°、顺层、底板 15° 和底板 30° 测线，每条测线 9 个物理点，角度分别为 30°、45°、60°、75°、90°、105°、120°、135°、150° 共计 45 个测点。水平方向预报成果显示该隧洞桩号 0+488～0+511 附近隧洞轴线方向存在大范围低阻异常区，可能存在充水层（见图 8），考虑到隧道内的地质情况，推测在这 2 个范围内可能存在数个充水裂隙。最终推断该段岩溶裂隙水发育引起的大幅电阻率下降。最终开挖过程中，桩号 0+497 处出现大量涌水，现场照片见图 9。

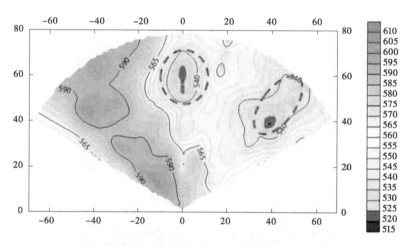

图 8　水平方向瞬变电磁法探测成果图

图 9　预报异常位置隧洞现场照片

4 结论

针对目前对强岩溶隧洞超前地质预报方法缺乏系统的适应性研究的问题，本文开展了多种超前地质预报应用研究工作。长距离方法中瞬变电磁法对水体探测效果较好，可以定性判断测线前方是否赋水，但也存在异常定位不准的问题；地震波法探测范围广，针对断层、低速带有良好的探测效果，但由于地下全空间中震源激发的波为球面波，异常位置未必经过洞轴线，也不会对施工安全造成严重影响，洞轴线上地质异常需要用其他方法进一步查明。地质雷达探测针对性较强，探测区域为工作面前方隧洞轴线区域，且对大范围水体、溶洞探测效果良好，但是需要现场有平整的工作面，无法探测到未布置测线区域。通过地震波法、地质雷达法、瞬变电磁法三种物探方法的应用，成果预报了含水断层、充填岩溶、岩溶裂隙水三种典型高岩溶地区隧道不良地质体，为岩溶隧道施工提供可靠的超前预报成果，确保施工安全。

随着科学技术的发展，超前地质预报物探方法将单一方法向综合超前地质预报发展。通过综合超前地质预报能发挥各种技术的优势并相互印证，大幅提高超前地质预报在引水隧道应用中的精度，为后期施工提供参考和依据，并提供安全保障。

参考文献

［1］叶英. 岩溶隧道施工超前地质预报方法研究［D］. 北京：北京交通大学，2006.

［2］李术才，薛翊国，张庆松，等. 高风险岩溶地区隧道施工地质灾害综合预报预警关键技术研究［J］. 岩石力学与工程学报，2008（7）：1297-1307.

［3］商天新. 岩溶地区隧道超前预报的精细化探测应用研究［D］. 西安：长安大学，2021.

［4］李术才，刘斌，孙怀凤，等. 隧道施工超前地质预报研究现状及发展趋势［J］. 岩石力学与工程学报，2014，33（6）：1090-1113.

［5］晏军. 岩溶隧道超前地质预报几种主要物探方法的选择与实践［J］. 隧道建设（中英文），2020（S1）：10.

［6］关爱军，张红艳，陈建平. TGP 在大坪山隧道地质预报中的应用效果分析［J］. 安全与环境工程，2013，20（4）：142-147.

［7］张红纲，李俊杰，朱红雷，等. TSP 在隧洞含水破碎带超前短预报中的应用［J］. 水力发电，2018，44（9）：32-37.

［8］唐亚辉. 地质雷达和TSP法在隧道超前地质预报中的应用［J］. 人民长江，2015，46（S1）：100-102.

［9］毛星. 地质雷达在隧道超前地质预报中的应用［J］. 铁道标准设计，2014，58（S1）：192-194.

［10］范占锋，李天斌，孟陆波. 探地雷达在公路隧道超前地质预报中的应用［J］. 物探与化探，2010，34（1）：119-122.

［11］曲放，翁爱华. 瞬变电磁法及其应用研究［J］. 光机电信息，2011，28（12）：82-88.

顶管穿越施工对天津干线地下输水箱涵的影响分析

刘　佳[1]　王玲玲[2]

(1. 中水东北勘测设计研究有限责任公司，吉林长春　130061；

2. 中国南水北调集团中线有限公司天津分公司，天津　300000)

摘　要： 本文以北京燃气天津南港 LNG 应急储备项目外输管道穿越南水北调天津干线工程为例，介绍了顶管施工工艺，结合实际安全监测成果，分析研究了施工过程对地下输水箱涵的影响。得出结论：当前地下输水箱涵运行安全，TRD 帷幕施工方法可克服竖井排水引起区域沉降的缺陷，合理控制抽排水速率是减小沉降的有效途径。研究成果可为类似工程提供借鉴。

关键词： 天津干线；顶管穿越；地下输水箱涵；安全监测

1　引言

顶管施工技术是指利用少开挖或者不开挖的方法对地下管道进行铺设的一门施工技术，可以有效地减少地下管线施工对地面设施造成的影响，在穿越输水工程中得到了广泛的应用[1-2]。两端竖井排水及顶管施工过程，将破坏地下水平衡状态，引起土体扰动和土层损失，特别是软弱土层，从而导致地面沉降[3-4]。周丰年、魏纲等[5-6]对软弱地基中由顶管施工所引起的地表或路堤沉降等进行了观测分析，进而对工程做出安全评价。

本文以北京燃气天津南港 LNG 应急储备项目外输管道穿越南水北调天津干线工程为例，通过对安全监测成果的整编分析，从渗流、沉降、应力应变等方面对输水箱涵进行安全评价，根据地下水位降低和顶管施工引起的沉降规律，提出穿越施工过程中建筑物稳定控制的方法和建议，为同类工程施工及研究提供借鉴。

2　工程概况

南水北调天津干线是南水北调中线干线主体工程的重要组成部分，是保证沿线地区供水、经济、生态可持续发展的重要战略工程。设计流量 50 m³/s，加大流量 60 m³/s。工程全长约 155 km，以现浇钢筋混凝土箱涵为主，箱涵断面主形式为 3 孔 4.4 m×4.4 m×4.4 m[7]。

北京燃气天津南港 LNG 应急储备项目外输管道工程起于北燃南港 LNG 接收站首站，终于北京市大兴区礼贤镇城南末站，管道全长 215 km。工程采用顶管方式穿越南水北调天津干线箱涵，交叉角度为 90°，顶进穿越区域地下水位高且地层为黏土，南岸始发井竖井深 30 m，北岸接收井竖井深为 29.5 m，穿越水平长度为 207.4 m，穿越工程等级为大型，穿越段规格为 D1219×27.5 mm，采用 X80 直缝埋弧焊钢管，常温 3LPE 加强级防腐。穿越位置对应箱涵桩号 XW135 km+966.5 m，始发井外边缘距离箱涵边缘 63 m，接收井外边缘距离箱涵边缘 60 m，混凝土管顶距离南水北调暗渠底部 15.72 m。南水北调天津干线穿越位置示意图见图 1。

作者简介： 刘佳（1992—），男，工程师，监测专员，主要从事安全监测设计、分析研究工作。

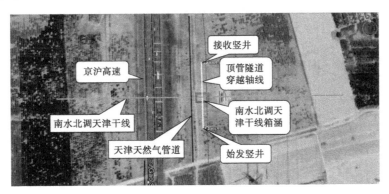

图 1 南水北调天津干线穿越位置示意图

3 施工工艺

3.1 竖井施工

止水帷幕：为减少沉井排水对周边环境特别是南水北调箱涵的影响，本工程在沉井外侧设置 850 mm 厚 TRD 等厚度水泥土搅拌墙，以隔断坑内外承压水的水力联系。

始发竖井、接收竖井均采用圆形沉井法，竖井内径 10 m。初沉阶段，即下沉深度 2.0 m 内，速率控制在 0.3~0.5 m/d；中沉阶段，即距设计标高 2.0 m 前，速率可适当加快；终沉阶段，即距设计标高 2.0 m 内，此时减慢下沉速率，当竖井下沉至距离设计标高剩余 1 m 时，做止沉措施；沉井到位，即当竖井下沉至设计标高时，同时在 8 h 内的下沉量≤10 mm 时，进行水下混凝土封底。

沉井到位后进行素混凝土（厚度 3.7 m，C25 素混凝土）封底及钢筋混凝土底板浇筑（厚度 1 m，C30 混凝土）。竖井施工缝接头止水采用 300 mm×3 mm 止水钢环，并在止水钢环外侧设置一圈 30 mm×20 mm 遇水膨胀橡胶条，在浇筑混凝土前，将接缝位置处混凝土凿毛处理，将止水带表面清理干净，保证止水带表面无杂物。

3.2 顶管施工

顶进用钢筋混凝土套管，采用公称内径为 1 800 mm、壁厚 180 mm、单节长度 3 000 mm 的 III 级标准钢筋混凝土预制套管，采用柔性接头 C 型钢承口管接口。本次顶管施工采用泥水平衡顶管机进行施工。

3.3 管道安装

隧道内管安装：用 25 t 吊车进行管子吊装下井，使用山地综合车自带的卷扬机（15 t）进行管子拖曳，使用手工+自动焊外焊的施工工艺进行焊接。竖井内管安装：用两台 100 t 吊车进行管子吊装下井，与隧道平巷段管道进行焊接，同时将上部管道进行固定。管道安装就位后，对管道进行防腐补口、阴极保护、清管处理，并进行强度试压和严密性试压。

3.4 回填

整个隧道内压注泡沫混凝土进行固化，竖井内弯管部分利用水夯法细砂回填，弯管以上采用原状土回填。

4 监测设施布置

穿越部位箱涵监测项目设有变形监测、渗流监测、应力应变监测等，布置情况如图 2、图 3 所示，以变形和渗流监测为重点。

（1）变形监测。穿越部位箱涵上下游接缝两侧布置 8 个静力水准测点（C03~C06、C13~C16），用来监测表面沉降变形，采用自动观测；该节箱涵中间断面左右两侧底板垫层下埋设 2 支沉降计（T1B-M-1~T1B-M-2），用来监测基础沉降变形，采用自动观测。

（2）渗流监测。该节箱涵中间断面左右两侧底板垫层下埋设 2 支渗压计（T1B-P-1~ T1B-P-

2)，用来监测外水压力，左孔边墙内布置 1 支内水压力计（T1B-PI-1），监测箱涵内水压力，均采用自动观测。

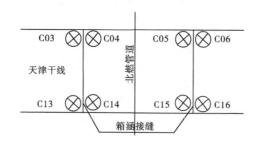

图 2　监测平面布置图

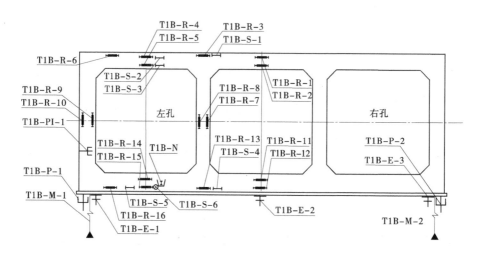

图 3　监测断面图

（3）应力应变监测。该节箱涵中间断面结构内部布置了 16 支钢筋计（T1B-R-1～T1B-R-16）、6 支应变计（T1B-S-1～T1B-S-6）和 1 支无应力计（T1B-N），左右两侧底板垫层下埋设 2 支土压力计（T1B-E-1～T1B-E-2），均采用自动观测。

5　安全监测分析

5.1　渗流监测

5.1.1　外水压力

2021 年 9 月 23—29 日间，受竖井施工抽排水影响，地下水位短期内快速下降，箱涵底板下外水压力降幅约 20 kPa，相应水位下降约 2 m，2021 年 9 月 30 日开始采取补水措施，外水压力测值逐渐增大，补水后外水压力于 2021 年 10 月 11 日达到峰值 78.24 kPa，水位高于抽排水前约 1.5 m，之后随着降雨量的减少，地下水位整体呈逐渐减小的趋势，截至 2022 年 6 月中旬，地下水位较补水后峰值下降约 1.8 m。2022 年 6 月 19 日顶管过程中，洞门处 2 道止水胶圈侧翻，现场采取降水修复，外水压力测值日降幅为 10.46 kPa，相应水位下降约 1 m，2022 年 6 月 20 日修复完成后进行补水处理，外水压力随即恢复。外水压力测值能够有效反映地下水位的变化情况。

5.1.2　内水压力

对比图 4、图 5 可以看出，箱涵内水压力与箱涵底板下外水压力测值变化无明显的相关性，说明穿越管道施工期间，箱涵未发生内水外渗。

5.2　变形监测

5.2.1　表面沉降变形

2021 年 9 月 23—29 日间，受竖井施工抽排水影响，地下水位短期内快速下降，造成土体发生固

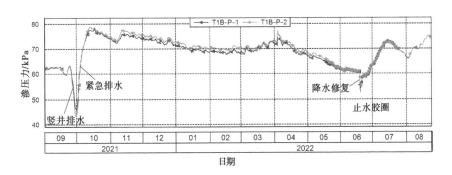

图 4　箱涵底板下外水压力测值过程线

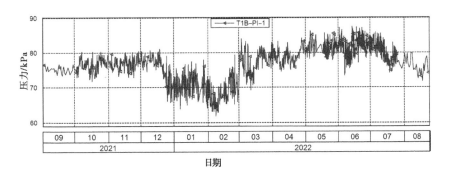

图 5　箱涵内水压力测值过程线

结沉降，沉降变化范围 8.30~15.57 mm，接缝两侧箱涵沉降差范围 0.09~1.58 mm；2021 年 9 月 30日紧急补水后，沉降小幅回弹，逐渐趋于稳定；2022 年 1 月中旬，开始采用 TRD 止水帷幕继续井内排水开挖下沉，土体未发生异常沉降，说明 TRD 止水帷幕有效隔断了坑内外水的联系；2022 年 6 月19 日，降水修复水胶圈，地下水下降约 1 m，沉降变化 1.64~2.97 mm，补水后逐渐回弹。箱涵内水压力测值过程线见图 6。

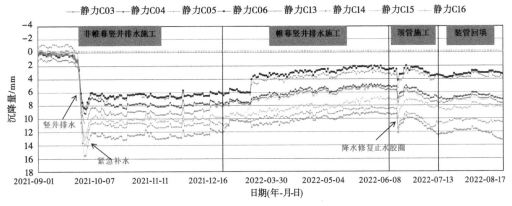

图 6　箱涵表面沉降测值过程线

5.2.2　基础沉降变形

受竖井施工抽排水影响，箱涵左右两侧基础沉降分别为 0.16 mm、1.14 mm，紧急补水后，沉降小幅回弹，逐渐趋于稳定，变化规律与表面沉降监测结果一致，但变化量值较小，说明沉降主要发生在地表至箱涵基础之间的土层中。箱涵基础沉降测值过程线见图 7。

5.3　应力应变监测

穿越工程施工过程中，箱涵混凝土内钢筋基本呈受压状态，钢筋应力测值为 -43.21~2.44 MPa，与温度呈明显的负相关，与历史变化规律一致，未出现异常的突变情况；混凝土呈受压状态，应变测

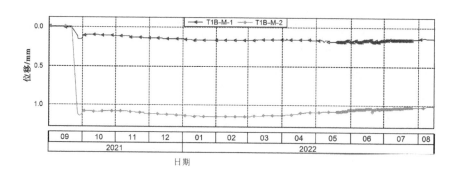

图 7 箱涵基础沉降测值过程线

值为−339.1～−144.56 με，与温度呈明显的正相关，与历史变化规律一致，未出现异常突变情况；箱涵基础垫层下土压力测值为 73.34～275.53 kPa，与温度呈明显的正相关，未出现异常突变情况。综上所述，箱涵受力整体呈稳定状态，施工过程对箱涵受力状态影响较小。钢筋应力、混凝土应变、土压力、温度典型测值过程线见图 8。

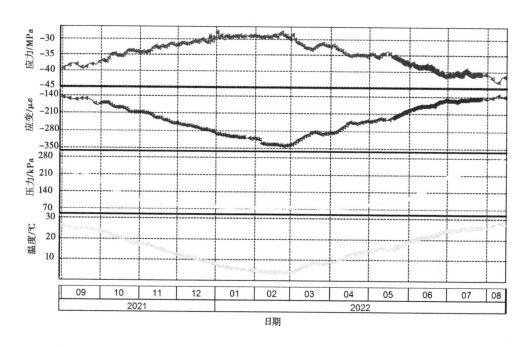

图 8 钢筋应力、混凝土应变、土压力、温度典型测值过程线

6 结论

综上所述，可得主要结论如下：

（1）穿越工程施工中，沉降主要发生在非 TRD 帷幕条件下竖井排水下沉阶段，最大沉降量为 15.57 mm，接缝两侧箱涵最大沉降量差为 1.58 mm。

（2）箱涵受力状态稳定，未发生渗漏，工程运行安全。

（3）TRD 帷幕施工方法可克服竖井排水下沉引起区域沉降的缺陷。

（4）地下水位短期内快速下降是引起沉降的主要原因，合理控制抽排水速率是减小沉降量的有效途径。

参考文献

［1］王小焕．顶管施工技术在水利水电工程中的应用［J］．珠江水运，2019，491（19）：87-88.

［2］王斌，陈帅，陶柏峰，等．顶管穿越路堤实测地基变形和扰动程度分析［J］．岩石力学与工程学报，2010，29（S1）：223-230.

［3］屠毓敏．长距离顶管穿越海堤时的堤面沉降分析［J］．地下空间，2001（3）：45-48，80.

［4］王芳．软土地基顶管施工的关键问题［J］．施工技术，2006（S2）：34-35.

［5］周丰年，刘传杰，张美富．顶管施工对长江大堤影响的实测研究［J］．人民长江，2007，375（2）：23-25，29.

［6］魏纲，徐日庆，肖俊．顶管施工引起的地面变形分析［J］．中国市政工程，2002（4）：27-29.

［7］梅占敏，刘建斌，王建智．南水北调中线工程天津干线简介［J］．河北水利水电技术，2003（6）：21-22.

南水北调中线工程左排建筑物中渗井排水技术应用浅析

李　巍　张红强

（中国南水北调集团中线有限公司河北分公司，河北定州　730010）

摘　要：为有效解决南水北调工程左排建筑物汇流而对下游村庄农田造成的不利影响，在现有的设计排水系统基础上，分析对比先进成熟的经验，结合自身特殊的环境及设计，对传统渗井结构进行优化设计，并将其充分应用于南水北调工程左排建筑物中。在满足渗水条件和排水量要求的基础上，针对不同的水文地质条件设计出不同渗井排水方案，并从目前现状、方案的选择对比、施工工艺等方面着重阐述了渗井排水在南水北调工程中的应用，不仅减轻水流对下游村庄农田的不利影响，同时利用雨水回灌，补充地下水，有良好的社会经济效益及可持续发展的理念。

关键词：左排建筑物；渗井排水；方案对比；雨水回灌

1　引言

南水北调中线干线工程由南向北调水，其左侧（西侧）为山脉，地势较高，洪水由西向东穿跨渠道，为顺利排放洪水，防止洪水进入渠道，在渠道沿线适当位置设置左岸排水建筑物。排水建筑物的主要形式有涵洞、渡槽、倒虹吸。其中，南水北调中线京石段应急供水工程（石家庄—北拒马河段）位于保定市、石家庄市境内，是南水北调中线干线工程首期开工项目和重要组成部分，该渠道在太行山前穿越大清河、子牙河流域的众多河流，共设置105座左岸排水建筑物和22座大型河道交叉建筑物。

相比于南水北调中线工程建设前，左岸排水建筑物的形成，对于河沟合并、坡水区的上游部分堤段形成壅水位，加大上游村庄的淹没影响范围；而对建筑物的下游侧，汇流面积集中，流速增大，对下游河势稳定和附近村庄安全产生不利影响。特别是在防洪影响工程实施后，左岸排水建筑经常性过水，对左排建筑物下游耕地及村庄形成安全隐患。

本文主要以南水北调中线京石段某管理处管辖范围内左排建筑物为例，详细论述通过渗井排水系统，将汇集于左岸排水建筑的雨水通过沉砂池、盲沟、排水管等将雨水汇集于渗井，然后通过小渗井排渗到地下透水层，从而起到降排水作用，减轻水流对下游耕地及村庄的不利影响。

2　区域水文、地质概况

2.1　水文气象

管辖区域属暖温带大陆性季风气候，春季干燥少雨，夏季温湿多雨，秋季秋高气爽，冬季寒冷干燥，降雨量较少；多年平均气温在12.2 ℃左右，7月温度最高，1月温度最低；年日照时数为2 590~2 881 h，多年平均蒸发量为1 755~2 230 mm；全年无霜期一般为185~193 d；封冻期一般在12月，解冻期一般在2月，最大冻土深度6 778 cm；多年平均降水量540.7 mm，降水量年内及年际

作者简介：李巍（1978—），男，高级工程师，主要从事南水北调运行管理工作。

通信作者：张红强（1985—），男，工程师，主要从事南水北调运行管理工作。

分配不均，丰枯悬殊，年内降水量主要集中于汛期，多以暴雨形式出现，暴雨主要发生在 7 月下旬、8 月上旬。

左排建筑物所处区域地势大多相对平缓，略有起伏，由于北方雨水相对较少，故水系分布较稀，自然沟渠较少，当雨季来临时，地表并不能及时下渗，而是随地势漫流，汇聚于左排建筑物通道。左排建筑汇水面积及不同重现期水位洪峰流量见表 1。

表 1 左排建筑汇水面积及不同重现期水位洪峰流量

序号	河流（沟）名称	汇水面积/km²	不同重现期水位洪峰流量									
			0.50%		1%		2%		5%		10%	
			水位/m	流量/(m³/s)	水位/m	流量/(m³/s)	水位/m	流量/(m³/s)	水位/m	流量/(m³/s)	水位/m	流量/(m³/s)
1	A1 坡水区	21.9	73.64	63	73.04	29	73.10	31	72.79	20	72.73	20
2	A2 坡水区	10.95	73.79	95	73.37	85	72.62	58	72.11	48	71.80	31
3	A3 坡水区	6.48	73.91	78	73.50	66	72.93	46	72.66	35	72.43	35
4	A6 坡水区	8.6	75.28	47.3	74.69	35	73.95	19	73.45	16	73.83	14
5	A7 坡水区	8.5	75.80	16	75.78	15	75.76	15	75.26	12	75.62	11

2.2 工程地质

南水北调中线京石段工程沿线主要为平原地貌，在目前已知勘探深度范围内，揭露的地层均为第四系松散堆积物，主要为全新统冲洪积（Q_4^{al+pl}）黏土、壤土、粉砂、中砂；上更新统冲洪积（Q_3^{al+pl}）黏土、壤土、砂壤土、粉细砂、中粗砂和砾砂。地震动峰值加速度为 0.10g，相应地震基本烈度为Ⅶ度。

华北平原，由于长期超采地下水，超采区地下水位持续下降，形成大面积漏斗区，深层地下水位埋深下降严重。

3 现状分析及处理方案

3.1 目前现状及不利影响

南水北调中线干线工程由南向北输水，总干渠线路位于山区与平原过渡地带，其左侧（西侧）为山脉，地势较高。左岸排水建筑物的形成，压缩了行洪面，致使上游河道产生一定壅水影响，下游因水流集中对附近村庄安全和河势稳定产生不利影响。

当左排内积水无法及时排出时，极易造成安全隐患，尤其是进入汛期，尽管已采取了多种相应的安全措施，如增设防护网，但事故仍时有发生。

3.2 一般处治方案

3.2.1 有出水通道的左排建筑物

对于有出水通道的左排建筑物，保证排水通道的畅通，及时清理淤泥及杂物，汇入河流，特别是汛期内保证排水通道无杂物阻挡排水。

3.2.2 无出水通道的左排建筑物

对于无出水通道的左排建筑物，主要根据汇水量的大小并结合自然排水系统来统筹考虑：

（1）自然蒸发。

对于汇水量较小区域，当无法达到过流条件时，主要通过左排建筑物沉砂池、倒虹吸管身、进出口平台等部位储存，待其自然蒸发。

（2）过水漫流。

当汇水量过大，建筑物本身无法储存时，水流经排水建筑出口自然漫流，漫流至下游农田及村庄。或通过出口两侧截流沟流入当地灌溉排水系统。

4 渗井技术在南水北调排水系统的应用

前面所述的排水方案均存在严重的弊端，当左排内积水无法及时排出时，极易造成安全隐患，尤其是进入汛期，尽管已采取了多种相应的安全措施，如增设防护网，但事故仍时有发生；当出水自然漫流，左排建筑物的汇流会对下游河势稳定和附近村庄、农田安全产生不利影响。

渗井排水系统技术在南水北调的应用，是为有效解决左排建筑物积水及过流的问题提出的，不仅满足防洪度汛的需求，降低安全隐患，减少对下游农田和村庄的不利影响。同时可充分利用雨水回灌，补充地下水，减缓地面沉降。

4.1 渗井排水系统组成

渗井排水系统主要由集水设施、净化设施和渗透设施组成，考虑到南水北调工程环境多样性、复杂性和建筑物结构的特殊性，本文对相关设施进行了优化，使其更加经济适用，满足实际需求。集水设施主要利用现有的左岸截流沟、右岸构造沟、建筑物进出口沉砂池，减少工程量，降低成本。净化设施主要由拦截网、沉淀池、盲沟、过滤层组成，经过一系列净化过滤，确保排水的水质达标，满足《城市污水再生利用 地下水回灌水质》（GB/T 19772—2005）中的地下水回灌标准。渗透设施主要由渗透井和小渗透井组成，将渗透井中经净化处理后的雨水利用渗透作用渗入地下渗水层，汇入地下水。若地下水位较深，需要在渗透池底部增设小直径渗透井，形成深层渗水井，此工艺不仅减少工程开挖量，同时降低工程造价。左排建筑物进出口渗井平面布置如图1所示。

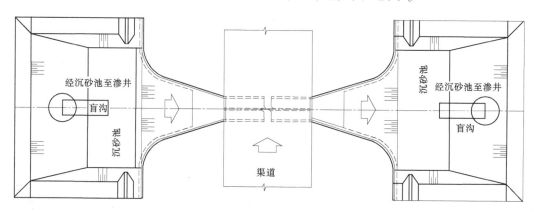

图1 左排建筑物进出口渗井平面布置图

4.2 渗井排水系统方案设计

根据每个左排建筑物汇水量大小、地质情况、设计水位、地下水位、渗透性土层埋深的不同，并且参考目前已经相对成熟的经验，特别是渗井排水系统在高速公路路基上已经成功应用的实例，结合现场实际情况，本文主要从以下两个方案进行渗井排水方案的设计。

4.2.1 方案一：底部不封闭

此方案主要适用于左排建筑物上游汇水量较小，且地下水位较深，建筑物进出口沉砂池基础底部地质条件较好，存在良好的浅层透水层的情况。可将渗透井直接设计于浅层透水层上，并在渗透井底部依次铺设碎石、石英砂和蛭石等过滤层，且对基础做不封底处理，保障雨水经过层层净化过滤直接渗入地下透水层，确保水质满足相关回灌标准。方案一如图2所示。

4.2.2 方案二：底部封闭+小渗井

此方案主要适用于左排建筑物上游汇水量较大，且地下水位较浅，左排建筑物进出口沉砂池基础底部为岩石层并且透水层埋深较深的情况。

当渗透井基础底部低于其所在位置浅层地下水最高水位时，渗透井底部必须做封底处理，防止地下水倒渗。

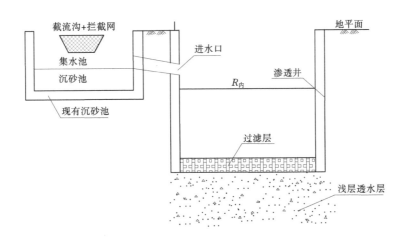

图2 底部不封闭

同时，小直径渗透井应设置在渗透井的底部中央，井口高出池底 1 m，高出部分用抗光老化的土工布做反滤层，并且在井壁上布孔。小直径渗透井的底部穿过隔水层进入深层透水层中，隔水层以下部分同样需要在井壁上布孔，并且小孔砂网进行过滤。方案二如图 3 所示。

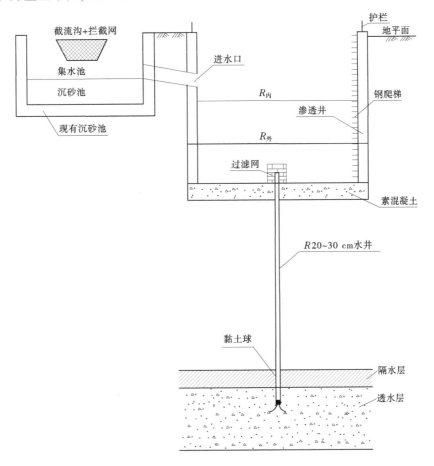

图3 底部封闭

4.3 渗井排水系统需满足的基本条件和技术参数

4.3.1 渗井系统基本条件

渗井排水系统中渗透井的有效容积应大于或等于沿线历年有记录以来的排水设计重现期 3 日最大降雨量，同时日渗透排水量应不小于当地多年平均降水量的 1/60。设计重现期标准要符合《公路排水设计规范》（JTG/T D33—2012）中不同等级道路排水设计规范的要求。

4.3.2 渗透池设计深度技术指标

渗透井设计深度范围一般在 8~20 m，具体深度尺寸的确定要以工程所在地水文地质条件为依据，设计渗透池内径一般不要超出 6~12 m；若汇水范围的汇水量超过了单个渗透池的有效容量，可增设渗透池、沉淀池的数量，以满足拟设位置汇水量的要求。同时，渗透池的底部、小直径渗透井的底部进入透水层内不宜小于 1.5 m。

依据上述所述，可以初步确定渗透井深度，以及小直径渗透井的深度，然后依据相关设计汇水量就可以计算渗透井和小直径渗透井的内径。

方案一中，渗透井的内径 R 按式（1）计算：

$$Q = \frac{1}{K}\left[\pi R^2 (h_1 - d_1) + \pi R^2 v \right] \tag{1}$$

式中：Q 为设计汇水量，m^3/s；K 为安全系数，取 1.1；R 为渗透池内径，m；h_1 为渗透池有效深度，即横向排水管出口到渗透池池底的高度，m；d_1 为过滤层厚度，取 1.3 m；v 为渗透速度，m/s，根据达西定律 $v = ki$ 确定，其中，渗透系数 k 由常水头或变水头渗透试验确定。

方案二中，渗透井的内径 R 和小直径渗透井的内径按式（2）计算：

$$Q = \frac{1}{K}\left[\pi R^2 (h_1 - d_2) + \pi r^2 h_2 - \pi (r + d_1)^2 (1 - d_1) + h_3 Q_s \right] \tag{2}$$

式中：d_2 为渗透井底部混凝土厚度，m；r 为小直径渗透井内径，m；h_2 为小直径渗透井的长度，m；h_3 为穿过隔水层进入透水层内的小直径渗透井的长度，m；Q_s 为位于含水层内的单位长度渗井的流量，m^3/s，Q_s 的计算方法参考《公路排水设计规范》（JTG/T D33—2012）。

4.3.3 小渗井《公路排水设计规范》（JTG/T D33—2012）深度的确定

应根据水文地质试验成果确定，并穿过渗透池底部隔水层；井管内径不宜小于 0.2 m，且不宜大于 0.5 m。小渗井结构设计要符合《管井技术规范》（GB 50296—2014）中相应的规定。

4.3.4 小渗井管材的确定

小直径渗透井的内径较小，宜采用玻璃钢管作为管材。玻璃钢管质量轻、强度高、运输方便，抗老化、抗冻性能良好，并且使用寿命长、维护成本低。相对于钢波纹管其内壁光滑，摩擦阻力小，输送能力强，耐腐蚀性能优异。

4.4 小渗井的施工工艺与质量控制

4.4.1 施工工艺流程

施工准备→测量定位→钻机成孔→更换泥浆→井内下管→井外填砾→黏土球止水→人工洗井→注水试验。

4.4.2 质量控制要点

（1）施工准备、测量定位。

采用全站仪测量定井位，埋设护筒，护孔管直径 200~500 mm，长度为 1 200 mm 左右，护孔管周围用黏土填充夯实，防止塌孔，确保孔口稳定。

（2）钻机成井。

采用 GFZ-180 和 GFZ-150 型回转钻机，泥浆正循环钻进一次成孔，成孔直径 200~500 mm，钻进时始终保持钻机底盘水平和稳固，采用适宜的钻压、钻速和泥浆比重，确保了成孔质量。钻孔达到设计孔深后，及时采用稀浆置换孔内浓浆，控制泥浆比重在 1.01~1.04 g/cm^3。

（3）井内下管。

换浆后立即进行井管安装，小渗井管材宜采用玻璃钢管材质，花管按规范和设计要求制作过滤器。下管采用提吊下管法，先下沉淀管，再根据测井确定的花管和白管位置依次下入。

（4）井外填砾。

依据钻孔资料确定滤料的粒径，在均质砂层中以含水层颗粒粒径 $D50 \sim 60$ 的 $8 \sim 10$ 倍作为填料规格。填砾时应沿井管四周均匀连续填入，随填随测。到预定止水位置时，填入黏土球止水，应选用优质黏土球，大小为 $20 \sim 30$ mm，并在半干状态下缓慢填入。应该在确定的止水位置以上全部用黏土球止水。

（5）洗井。

洗井的目的是要彻底清除井内泥浆，破坏井壁泥皮，抽出渗入含水层中的泥浆和细小颗粒，使过滤器周围形成一个良好的人工过滤层，以增加井孔涌水量。为了防止泥皮硬化，在下管填料后应立即采用潜水泵洗井，直至出水清净为止。

（6）注水试验检查。

应选用稳定水源进行注水，并连续进行不能中断，如因故中断应重新进行试验。采用流量计记录注水量，水位计记录动水位。管路应密封不能漏水。试验全程记录静水位、动水位。

5 渗井技术在南水北调工程中应用的意义

我国南涝北旱，水资源分布不均，南水北调工程通过跨流域的水资源合理配置，大大缓解我国北方水资源严重短缺问题，特别是华北平原地区由于缺水严重，地下水连年开采超过标准深度，已造成地面沉降，通过南水北调生态补水，地下水位明显提升，效果显著。

5.1 环保成果

华北平原地区由于缺水严重，地下水连年开采超过标准深度，已造成地面沉降，渗井可以蓄积雨水，并通过过滤材料使得雨水达到可回灌地下水的标准，补充地下水，减缓地面沉降。由于渗井技术中含有对污水的处理设置，减少了区域排水直接渗漏的地表径流污染。

5.2 运行成果

渗井的应用大大减少了左排建筑物内淤泥和雨水的沉积。左排建筑物大部分为下穿建筑物，以倒虹吸的形式居多，管身内淤泥和杂物的沉积严重影响过流，甚至造成堵塞，而倒虹吸管身内清淤又是一项复杂及困难的工作。渗井的应用可以有效减少左排建筑物内淤泥和雨水的沉积，从而减少清淤工作，同时方便工程的巡查工作，达到节约资源，便于养护设计新思路。

5.3 社会成果

渗井排水技术在南水北调的应用，降低了河沟合并以及坡水区布置排水建筑物的上游部分堤段的壅水水位，减少了上游村庄的淹没影响范围。同时减轻汇流对下游附近村庄和农田的不利影响，保证了沿线农民的正常生活以及农作物的经济收入。

6 结论与展望

渗井排水技术在南水北调工程的应用，既解决了洪水顺利排放，防止洪水进入渠道，也形成了南水北调工程自己的一套综合排水系统，及时排水，处理污水，蓄存雨水，回灌地下水。既减轻汇流对下游河势稳定和附近村庄、农田安全产生不利影响，又保证了工程安全，降低了运行成本，达到了双赢的效果，符合和谐社会的理念。

本文主要提出渗井排水技术在南水北调工程中应用的一种新思路，目前南水北调工程暂时没有类似工程试验用以验证，相比而言，此项技术已在高速公路中得到充分的应用。本文设计的渗井排水系统，其适用范围和相关设置参数尚需通过工程试验研究进行确定。

参考文献

［1］刘全坤，王继德，吴帅. 双力加固渗井技术［J］. 水务世界，2012（1）：53.

［2］王云，吴万平，阮艳彬，等. 调蓄式渗井非饱和渗透排水影响因素分析［J］. 公路，2013（2）：20.

［3］雷耀军，秦建平. 基于渗井技术的平原区高速公路路堤设计［J］. 公路，2008（6）：111.

［4］刘学霸，杨春勃，梁文雨，等. 严寒地区隧道洞口渗井排水技术探讨［J］. 隧洞建设，2019（3）：3.

［5］秦仁杰，刘朝晖，张宝静. 低路堤高速公路集水净化渗滤系统排水方式研究［J］. 中国公路学报，2009，22（3）：31.

［6］陶建利，刘庆成，俞永华. 平原区高等级公路下挖通道集水净化渗滤技术［J］. 公路，2012（5）：42.

［7］中华人民共和国交通运输部. 公路排水设计规范：JTG/T D33—2012［S］. 北京：人民交通出版社，2012.

［8］秦仁杰，张宝静，刘朝晖. 高速公路通道集水净化渗透系统及其水质分析［J］，环境工程，2009，27（3）：29.

［9］马秀君. 大广高速公路衡大段渗透井技术研究［J］. 交通标准化，2012（15）：148.

［10］廖晓航. 渗井技术在衡大高速公路的应用效果［J］. 道路交通与安全，2014（6）：1.

南水北调中线干线涞涿段冰期输水调度影响因素及应对措施

郭佳宝

（中国南水北调集团中线有限公司北京分公司，北京　100038）

摘　要： 南水北调中线干线涞涿段自 2008 年南水北调中线京石段工程通水以来，十余年来冰期运行正常。通过强化输水调度措施，控制闸前水位的变幅，采取总干渠冰盖形成后高水位、低流速调度输水模式。启用闸门门槽加热设备，闸门水泵射流扰动设备，扰动水流，防止附近水体结冰。在现场采取配备人工捞冰和破冰机械设备等多种措施，确保冰期下稳定输水。本文通过历年来冰期数据分析，结合 2020—2021 年极寒天气下冰情变化情况，探讨如何通过科学手段，采取技防措施，保证中线工程冰期输水调度安全。

关键词： 南水北调中线；冰期输水；影响因素；措施

1　引言

涞涿段位于河北省保定市涞水县、涿州市境内，渠道长 25.78 km。包括河渠交叉建筑物 4 座、左排建筑物 12 座、隧洞 1 座、渠渠交叉建筑物 11 座、分水口 2 座、节制闸 1 座、退水闸 1 座。

冰期输水是南水北调中线调水的重要时间阶段，伴随着每年冬季气温的变化，当输水流量达到或接近设计值时，冰期输水运行难度逐渐加大。特别是在倒虹吸、隧洞、闸门、渡槽等输水建筑物，以及曲率半径较小的弯道、山区开挖、高填方等渠段，极易发生冰塞、冰坝等险情，影响输水安全。

2　涞涿段气象条件

涞涿段位于河北省中部偏西，太行山东麓北端，横跨保定市涞水县和涿州市。涿州市地处华北平原西北部，北京西南部。涿州市年平均温度 11.6 ℃。7 月温度最高，月平均温度为 26.1 ℃。6 月极高温度 41.9 ℃。1 月气温最低，月平均温度零下 5.4 ℃。涞水县属温带大陆性气候，该区每年 11 月进入冬季，次年 3 月结束，冬季多晴天，气候干燥寒冷少雪。

3　涞涿段 2020—2021 年冰期冰情演变过程

总干渠冰情演变过程分为初封期、稳冰期和融冰期。其中，初封期以岸冰、流冰花和冰花团，以及表面流冰层为主；稳封期以冰盖为主；融冰期以冰盖融冰为主。

2020—2021 年冰期时间节点：

2020 年 12 月 16 日，辖区内开始有岸冰；

2021 年 1 月 5 日，辖区内有岸冰和少量浮冰；

2021 年 1 月 7 日，辖区内形成冰盖；

2021 年 1 月 15 日，冰盖开始融化；

2021 年 1 月 18 日，冰盖全部融化；

作者简介：郭佳宝（1994—），女，助理工程师，主要从事南水北调中线工程运行管理工作。

2021 年 1 月 20 日，辖区内无流冰；

2021 年 1 月 23 日，辖区岸冰开始融化变少；

2021 年 2 月 19 日，辖区岸冰全部融化。

2020 年 11 月 19 日开始，涞涿段坟庄河节制闸站点最低气温开始低于 0 ℃。2021 年 1 月上旬出现了大范围降温，1 月 7 日北拒马河南支倒虹吸进口站点为-23 ℃，1 月平均最低气温-11 ℃。2 月 22 日最低气温开始高于 0 ℃。

2020—2021 年冰期水温：1 月 8 日开始，涞涿段坟庄河节制闸站点最低水温 0 ℃，1 月 14 日坟庄河节制闸水温开始高于 0 ℃。

2020—2021 年干渠结冰情况：

涞涿管理处辖区总长 25.78 km，2020—2021 年冰期岸冰总长达 19.22 km，冰盖总长 4.146 km。其中，冰盖长度占辖区工程总长 16%。

3.1 初封期

2020 年 12 月 16 日（温度 1~-11 ℃），涞涿段在 3.32 ℃（水温）、-10 ℃（气温）开始出现岸冰，长约 820 m，宽 1~2 cm，厚约 0.5 cm；岸冰持续形成，1 月 19 日（气温 4~-19 ℃），岸冰总长达 19.22 km，宽 2~160 cm，厚 3~15 cm。岸冰形成见图 1。

图 1　岸冰形成

2021 年 1 月 5 日（气温 1~-11 ℃），在 0.96 ℃（水温）开始出现流冰，面积 3 000 m²，如图 2 所示。当日岸冰长约 11.94 km，宽 1~40 cm，厚 0.2~6 cm，总面积约 1 040.1 m²。

图 2　出现流冰

3.2 稳封期

2022年1月7日（气温-6~-21℃），在0.09℃（水温）、-23℃（气温）开始出现冰盖，长约4.146 km，厚1~20 cm，面积约8.292万 m²，如图3所示。

图3 形成冰盖

1月12日（温度2~-9℃），冰盖段数达到最多，为16段，分别在0℃（水温）、-9℃（气温），长约11.601 km，厚5~20 cm。总计长约11.601 km，面积约2.320 20万 m²。

3.3 融冰期

2021年1月15日，辖区气温3~-10℃，伴随着温度的逐步回升，水温持续上升，冰盖开始消融，长度逐步减少，如图4所示。1月18日（气温4~-11℃）冰盖全面消融。2月19日（气温17~-3℃）岸冰全部融化。

图4 岸冰消融

4 冰期输水气温、水温分析

4.1 冬季最低气温过程线对比图

2015—2016年（第一次形成大面积冰盖）、2018—2019年（温度较低）、2019—2020年（暖冬）、2020—2021年（第二次形成大面积冰盖），相应最低气温变化过程曲线如图5所示。

经数据分析，气温一般在12月1日左右低于0℃并逐渐下降，12月下旬至1月中旬气温达到最低，渠道开始形成岸冰、流冰及气温最低点形成冰盖。1月下旬气温逐渐回升开始进入融冰期，2月中旬冰盖基本消失。

4.2 冬季重点断面水温过程曲线

2015—2021年坟庄河倒虹吸出口冬季水温变化图见图6。

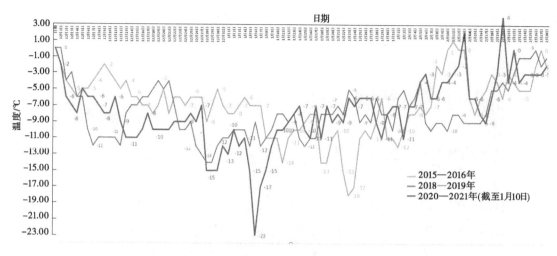

图 5 最低气温变化示意图

经过数据分析，水温在进入 12 月开始逐渐降低，进入次年 1 月水温随着气温逐渐下降，水温逐渐趋于 0 ℃左右。2 月上旬开始随气温逐渐回升水温逐渐上升，开始进入融冰期。

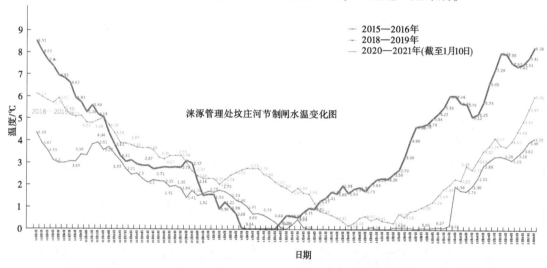

图 6 2015—2021 年坟庄河倒虹吸出口冬季水温变化图

5 冰期输水调度的应对措施

5.1 前期准备工作

（1）入冬前完成全部防冰冻设备设施的检查、维护和试运行工作，将所有设备安装到位。

（2）检查输水建筑物闸室门、窗、锁、玻璃是否完好，确保关闭严密。

（3）完善闸站室内外测温点，采集冰期气温、水温数据，提供决策依据。

5.2 冰期输水工作

（1）密切关注天气情况和调度数据，寒冷天气预警机制。工程巡查人员密切关注天气，每日上报沿线结冰情况。

（2）中控室值班人员加强对调度数据的监控力度，实时监控坟庄河节制闸的流量、流速、水位计水温变化情况，并进行比对分析，发现异常按照流程进行处置上报。

（3）做好防冰冻设施巡视检，闸站值守人员负责每天对节制闸各防冰冻设施进行全面巡视。机电管理人员每月对防冰冻设施进行检查，遇极端天气启动应急预案。

（4）水泵射流扰冰设施、电热融冰装置等，按照冬季输水工作要求以及天气情况进行投运。

（5）当总干渠涞涿段北拒马河南支进口闸拦污栅前出现大块流冰或者浮冰淤积时，启用清污机进行捞冰作业。

6　结语

冰期输水是南水北调中线工程输水调度的重要时间段，经历 2020—2021 年度极寒天气下输水考验后，我们积累了更多经验。冰期输水前应做好各方面准备工作，在冰盖形成初期加强现场监控，及时关注气温变化。在遇极寒气温时加密观测建筑物进出口部位的冰情，确保冰盖稳定形成。在 1 月下旬 2 月上旬气温上升冰盖融化阶段，加强监控重点部位冰盖融化情况。科学调水，技术保障，确保一渠清水永续北上。

参考文献

［1］金思凡 . 南水北调中线京石段冬季调度策略［J］. 南水北调与水利科技，2021（2）：365-377.

［2］韦耀国 . 南水北调中线工程典型冷冬年冰情分析及防控措施［J］. 中国水利，2019（10）：33-35.

［3］程德虎 . 南水北调中线典型冰情特征及提升冬季输水能力思路研究［C］//中国水利学会 2019 学术年会论文集：第五分册 . 北京：中国水利水电出版社，2019.

QC 活动在黄河水闸基础处理中的应用研究

江姣姣[1] 贾传岭[2]

(1. 中原大河水利水电工程有限公司，河南濮阳 457000；
2. 濮阳黄河河务局台前黄河河务局，河南濮阳 457000)

摘 要：本文基于范县彭楼灌区改扩建工程中 PHC 管桩施工进度开展 QC 小组活动，施工初期单根管桩施工时间不满足公司要求，为了提高其施工效率，通过 QC 活动，探索出切实可行的实施方案，实现了单根 PHC 管桩现场施工时间由 17 min 缩短至为 14.8 min 的小组目标。

关键词：QC 小组活动；PHC 管桩；施工进度

1 引言

本项目工程临近黄河，地下水位较高，静压桩机自重 400 t，如果开挖至桩顶高程处进行施工，地面无法承载施工设备，故回填较小含水率土方，回填厚度 6 m，桩机施工过程中空桩长度较长，影响施工时间。为了缩短管桩施工时间，保证后续工序按计划进行，经项目部研究决定，成立了"彭楼引黄闸基础处理 QC 小组"，积极开展 QC 活动，有效地解决了 PHC 管桩施工的质量和进度问题[1]。

2 基本情况

2.1 工程概况

范县彭楼灌区改扩建工程设计灌溉面积 233.54 万亩（1 亩 = 1/15 hm²，全书同），根据《防洪标准》（GB 50201—2014）11.1.2 条，该工程等别为 Ⅰ 等，工程规模为大（1）型。渠首段工程主要建设内容：渠首闸、穿堤闸、渠首引渠、老闸拆除回填、老渠道回填。工程区在勘察深度范围内（最大钻探深度 45.0 m）地层为第四系全新统人工堆积物、冲积物和上更新统冲积物，岩性主要为粉质壤土、粉质黏土、砂壤土和砂。

预应力高强度混凝土管桩（PHC 管桩）外径 0.5 m，内径 0.3 m，壁厚 0.1 m，桩长 11 m 的管桩数量为 816 根，桩长 8 m 的管桩为 406 根，PHC 管桩约 12 300 延米。

2.2 研究意义

本工程中 PHC 管桩施工工程量大，质量要求高，工期要求紧且经济效益大。针对 PHC 管桩施工质控技术开展 QC 技术攻关活动，使职工在活动中学技术、学管理[2]，群策群力分析问题、解决问题[3]，从而严格控制施工的质量和进度，从中获取经济效益[4]。

3 实施过程

3.1 现状调查

QC 小组对前期单根 PHC 管桩现场施工打桩情况进行了现场调查，统计 102 根 PHC 管桩施工完成情况，PHC 管桩施工工序为：桩机就位、桩点定位、吊运 PHC 管桩、吊装、静压、送桩、桩顶高程检测。必不可少、且不可压缩的工序为主要工序[5-6]。

QC 小组通过对已经完成的所有 PHC 管桩各主要工序消耗时间进行了跟踪监控，统计得出的数据

作者简介：江姣姣（1990—），女，工程师，主要从事水利工程施工技术研究工作。

见表 1。

表 1 各工序消耗时间调查表

序号	施工工序	平均使用时间/min
1	送桩	7.3
2	桩点定位	2.8
3	静压	2.6
4	吊运 PHC 管桩	1.5
5	桩机就位	1.2
6	吊装	1.1
7	桩顶高程检测	0.5
	合计	17

QC 小组对既往打桩记录进行调查，统计 102 根 PHC 管桩打桩时间，其中超过 15 min 的占 36 根（见表 2），总结找出了影响管桩施工的问题。

表 2 影响管桩施工时间的问题统计表

序号	项目	频数/次	频率/%	累计频率/%
1	送桩速度慢	16	44.44	44.44
2	桩点定位慢	13	36.11	80.55
3	静压效率低	3	8.33	88.88
4	桩机就位时间长	2	5.56	94.44
5	其他	2	5.56	100.00
	合计	36	100	—

结论：由表 2 可以看出送桩速度慢、桩点定位慢是影响单根 PHC 管桩现场施工效率的问题症结所在。

3.2 设定目标

（1）公司要求。公司要求单根 PHC 管桩现场施工时间为 15 min。

（2）组织曾经达到最好水平。公司其他项目部在类似单根 PHC 管桩现场施工中，单根 PHC 管桩施工时间为 15.2 min。

（3）测算分析。根据公司其他项目部在类似单根 PHC 管桩现场施工统计数据，送桩、桩点定位两道工序消耗时间都有下浮空间，如果在本工程项目中这两道工序的综合施工效率提高 25%，它们的施工时间会由原来的 17 min 减少到 14.5 min，则单根 PHC 管桩现场施工时间为：$7.3 \times 0.75 + 2.8 \times 0.75 + 2.6 + 1.5 + 1.2 + 1.1 + 0.5 = 14.5$（min）。

综合以上 3 个方面分析，小组确定课题目标为：缩短单根 PHC 管桩现场施工时间至 14.8 min 以内。

3.3 要因确认

3.3.1 末端原因确认

小组成员探究讨论，针对送桩速度慢和桩点定位慢两项问题症结，运用头脑风暴法进行原因分析[7]，绘制关联图（见图 1）。

最终确定了 7 个末端原因是：送桩器选用不当、常规定位方法耗时长、夜间施工影响、仪器未计量检定、培训不到位、PHC 管桩内径误差大、管桩堆放距桩机较远。

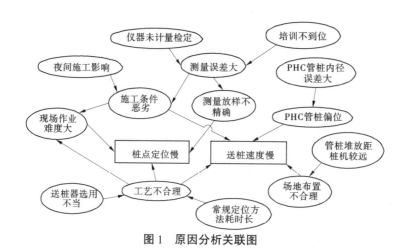

图 1　原因分析关联图

3.3.2　要因验证

（1）送桩器选用不当。

为落实送桩方法问题，小组成员咨询厂家技术人员、桩机操作人员及相关专业人士，根据现场地质实际情况，检查送桩方法的合理性及科学性，来确认送桩方法选用是否能达到预期的效果。2020 年 9 月 4 日小组成员就 10 根管桩使用钢管送桩器和管桩送桩器施工时间进行了统计（见表 3）。

表 3　使用两种送桩器使用时间调查

管桩号	1	2	3	4	5	6	7	8	9	10
钢管送桩器使用时间/min	7.4	7.4	7.2	7.4	7.4	7.3	7.2	7.2	7.3	7.2
管桩送桩器使用时间/min	5.4	5.5	5.3	5.3	5.4	5.5	5.3	5.6	5.3	5.4
两者差值	2	1.9	1.9	2.1	2	1.8	1.9	1.6	2	1.8

经过调查及现场实际试验，使用管桩作为送桩器，减少取放特制送桩器这一道工序，大大缩减单根管桩施工时间。通过分析优化单根 PHC 管桩施工工序，对问题症结"送桩速度慢"的影响程度较大。

结论：该末端原因确认为要因。

（2）常规定位方法耗时长。

2020 年 9 月 8 日，小组成员集中讨论，利用"头脑风暴法"对桩点定位方法进行讨论，并最终确定使用简易工具——圆环板进行桩点定位，扩大桩点位置为一个圆环，便于管桩放置时的方便对位，减少管桩对中放置时间，有效减少该工序占用时间。小组就测量+简易工具（圆环板）的桩点定位方法和常规方法测得的桩点定位时间进行了统计，平均消耗时间分别为 2.8 min 和 2.1 min，可知常规测量方法耗时长，经分析对问题症结"桩点定位慢"的影响程度较大。

结论：该末端原因确认为要因。

（3）夜间施工影响。

经过调查，本工程夜间施工照明充足，因此夜间施工照明不足对问题症结"单根 PHC 管桩现场施工时间"的影响程度小。

结论：该末端原因确认为非要因。

（4）仪器未计量检定。

小组成员对本工程使用的各种类测量仪器，如水准仪、全站仪等，以及试验设备等进行了检查，测量仪器均在有效周期内且检定合格，保养完好，在使用过程中随时发现掌握可能出现的偏差，以保证计量设备的准确。通过分析确认，对问题症结"单根 PHC 管桩现场施工时间"的影响程度小。

结论：该末端原因确认为非要因。

（5）培训不到位。

2020 年 9 月 18 日，小组成员查看培训交底记录，发现现场受培训施工人员为 100%。并于 2020 年 9 月 19—20 日，小组成员对作业人员专业水平进行考核（理论知识和实际操作），参加过培训的人员成绩均在 90 以上，成绩优秀，所以培训不到位导致的"单根 PHC 管桩现场施工时间"的影响程度小。

结论：该末端原因确认为非要因。

（6）PHC 管桩内径误差大。

2020 年 9 月 23 日小组成员查看施工记录，所有到场管桩都有接收记录，接收时技术人员已经进行外观质量检查，并核对出厂合格证等相关质量文件，PHC 管桩内径符合要求，对"单根 PHC 管桩现场施工时间"影响不大。

结论：该末端原因确认为非要因。

（7）管桩堆放距桩机较远。

2020 年 9 月 29 日，通过对管桩堆放位置、桩机施工位置、测量放线位置、辅助设备停放位置等现场布置情况的查看确认，管桩堆放在桩机工作范围内，桩机吊取过程所需时间相差无几，其他设备及材料位置对桩机工作的影响不大，对"单根 PHC 管桩现场施工时间"影响不大。

结论：该末端原因确认为非要因。

综合上述确认，确认了 2 个主要原因：送桩器选用不当、常规定位方法耗时长。

3.4 制订对策

针对两个主要原因，小组成员采用"5W1H"方法制订实施对策表（见表 4）。

表 4 对策表

序号	主要原因	对策	目标	措施	地点	负责人	时间
1	送桩器选用不当	送桩方法改进	送桩时间缩短 30% 的达标率 95% 以上	1. 通过咨询厂家技术人员、桩机操作人员及相关专家，改进送桩方案，送桩和取桩工序二合为一。 2. 加强操作人员和地面人员的默契配合	会议室、施工现场	江姣姣	2020-10-25
2	常规定位方法耗时长	桩点定位方法改进	桩点定位时间缩短 20% 的达标率 95% 以上	1. 小组成员采用"头脑风暴法"共同讨论，采用圆环定位代替中心点定位。 2. 组织教育培训，确保熟练运用圆环定位方法	施工现场	贾传岭	2020-11-17

3.5 对策实施

3.5.1 对策实施一

（1）措施一。

2020 年 10 月 22 日，小组成员咨询厂家技术人员、桩机操作人员及相关专家，集思广益，改进送桩方案，将送桩工序和取桩工序合二为一，节约送桩时间；同时加强操作人员和地面人员的默契配合，减少由于二者配合不合拍耽误的时间。

（2）措施二。

2020 年 10 月 23 日组织在会议室内进行管桩施工技术交底，明确施工各工艺环节质量目标、技术要求等相关内容，交底完成后在现场直接进行技术考核。

（3）对策实施—效果验证。

实施完成后，小组成员统计送桩方法改进的实施效果，发现送新桩方法实施率达到了100%，经过现场的实际考核，通过率为98.48%，实现对策目标，实施有效。

3.5.2 对策实施二

（1）措施一。

制作辅助工具，明确桩点定位方法。

QC小组成员结合现场管桩施工特点及现场实际情况，制作新的辅助工具——圆环板，圆环板外径和管桩外径一致，中心挖空，方便对应管桩中心点，使用测量仪器测放管桩中心点后，把圆环板放置于该中心点，并使圆环板圆心和该中心点重合，沿圆环板外边缘撒灰线；管桩对位时，管桩外边缘只要和撒布的灰线重合，管桩就是放置到设定位置。

（2）措施二。

11月10日小组成员对现场施工人员进行教育培训，确保熟练运用圆环板定位方法。

（3）实施二效果验证。

实施完成后，小组成员于2020年11月13日对桩点定位新方法使用情况进行了抽样调查，共计调查PHC管桩132根，新桩点定位方法使用时间控制在合理期间的为129根，桩点定位时间缩短20%的达标率129/132＝97.7%，达到对策目标，实施有效，且单根PHC管桩现场施工时间明显缩短。

4 效果检查

4.1 目标检查

通过QC小组成员的共同努力，小组对单根PHC管桩现场施工时间再次进行了检查，收集数据200个，全部管桩施工时间满足要求，单根PHC管桩现场施工时间缩短为14.6 min（见表5），实现了单根PHC管桩现场施工时间为14.8 min的小组目标。

表5 各工序消耗时间调查对比

序号	施工工序	活动前平均消耗时间/min	活动后平均消耗时间/min
1	送桩	7.3	5.4
2	桩点定位	2.8	2.1
3	静压	2.6	2.6
4	吊运PHC管桩	1.5	1.6
5	桩机就位	1.2	1.3
6	吊装	1.1	1.1
7	桩顶高程检测	0.5	0.5
	合计	17	14.6

4.2 经济效益

改造完成后，单根PHC管桩现场施工时间明显缩短，节约人工费6万元，机械使用费18.6万元，管理费7.3万元，桩帽材料费用5.5万元，共计节约6+18.6+7.3+5.5＝37.4（万元）。

4.3 社会效益

通过QC活动，PHC管桩现场施工时间明显缩短，整个建设周期进一步压缩，施工工艺得到进一步固化，生产力得到很大的解放，得到了监理及业主单位的好评，提升了公司社会形象，取得良好的社会效益。

5 总结

通过此次 QC 活动，小组成员对 PHC 管桩施工工艺有了进一步的认识，对送桩方法、桩点定位等方面都有进一步提高，从技术方案的制订、到后期对策实施以及效果检查方面，均积累了宝贵的施工经验。小组活动前后各项专业技术均有了明显提升[8]。在质量意识、个人能力、团队精神、改进意识和攻关能力均得到了新的领悟。

参考文献

[1] 陈鹏，肖冉，杜春呈. 滨海港 PHC 管桩施工质量控制探讨［J］. 中国水运，2015，15（5）：242-243.
[2] 覃颖. 浅谈 QC 小组活动在企业质量管理过程中的开展和成效［J］. 大众科技，2021，23（5）：156-158.
[3] 邰巍，薛卫新，QC 小组活动开展经验探讨［J］. 电力勘测设计，2021（S1）：96-99.
[4] 吴国贤，何美静，洪昌. QC 小组活动在施工管理中的应用［J］. 建筑工人，2022，43（1）：23-24.
[5] 叶坤兴. 软基地质条件下 PHC 管桩施工技术要点研究［J］. 四川水泥，2021（11）：183-184.
[6] 张启，王天宝，胡海江. PHC 管桩在天津淤泥质软土中的应用［J］. 土工基础，2021，35（4）：421-424.
[7] 罗莲英. QC 小组活动原因分析要点［J］. 氯碱工业，2020，56（3）：37-39.
[8] 田佳平，黄炜. 通过 QC 活动减少软土地基水泥土搅拌桩成桩故障率［J］. 水电与新能源，2019，33（2）：9-13.

滇中引水工程西北区域地应力场特征及其活动构造相关性

张新辉　艾　凯　尹健民　董志宏　付　平

（长江科学院水利部岩土力学与工程重点实验室，湖北武汉　430010）

摘　要：滇中引水工程跨越多个构造单元，应力场分布十分复杂。为了解该工程应力场分布特征，对引水线路西北区域地应力测试结果统计分析，揭示了水平主应力量值随地层埋深增加的变化规律和最大水平主应力方向所呈现出的分区特征。结合震源机制解、GPS 运动场和地质资料对最大水平主应力方向分区的形成原因展开研究，结果表明区域主要活动断裂的空间分布与活动性质、块体的运动特征对地壳浅部应力的大小及方向具有明显的控制作用。研究成果对了解川滇地区应力场的宏观分布规律具有重要价值。

关键词：滇中引水；水平主应力侧压力系数；应力方向分区；活动断裂；块体运动

1　研究背景

滇中引水工程所处川滇地块是欧亚板块和印度板块相互作用的地带，也是中国大陆显著的强震活动区，应力场分布非常复杂。该地区的构造环境和区域构造应力场一直备受关注，徐锡伟等[1] 基于"活动块体"的基本概念，综合历史地表破裂型地震的空间分布、主干活动断裂和次级活动断裂的展布特征等对川滇地区的活动块体进行了详细划分，根据主要活动断裂的最新运动特征论述了川滇地区构造活动的动力来源。崔效锋等[2]、骆佳骥等[3]综合利用震源机制解确定应力分区，并结合地应力测量结果和断层滑动反演资料，对川滇地区应力分区进行了较为详细的厘定。上述研究主要针对川滇地区地壳深部应力场特征，对浅部地层的应力场研究成果依然缺少，而了解浅部地层应力场规律对地下工程建设具有更重要的实用价值。

本文主要针对滇中引水初选线路奔子栏至楚雄区间应力场特征进行研究，统计筛选区间 26 个钻孔的地应力实测数据，回归分析了水平主应力量值随埋深的变化规律，着重研究了最大水平主应力方向的分区特征，并结合区域活动断裂与构造运动特征对应力方向分区的形成条件进行了深入研究。

2　实测地应力统计分析

地应力资料主要来自于长江科学院多年在滇中引水工程的地应力测试成果。为研究引水线路西北区域的实测应力场特征，本文选取的实测数据，测点分布广泛，且埋深多位于峡谷和边坡之下，很大程度上削弱了地形因素对应力场的影响。

2.1　水平主应力随埋深的分布规律

在研究地应力场的变化规律时，习惯采用侧压系数来描述某点的应力状态。T. Brown 和 E·Hoek[4]、赵德安等[5] 在统计分析地应力实测数据时，均以平均水平主应力侧压系数来研究水平

基金项目：云南省重大科技专项计划项目（202002AF080003）；中央级公益性科研院所基本科研业务费项目（CKSF2021462/YT）；云南省重大科技专项计划项目（202102AF080001）。

作者简介：张新辉（1988—），男，工程师，主要从事岩石力学与现场试验方面的研究工作。

应力的分布规律，其虽具有一定的指导意义，但鉴于最大水平主应力和最小水平主应力大小有较大的差异，在工程应用中分开研究水平主应力侧压系数随埋深的变化规律更具有意义。本文参照 T. R. Stacey 和 J. Wesseloo[6] 统计南非地应力的形式，散点左侧包络线采用直线方式，散点右侧包络线及趋势线采用 $k=a/H+b$（a，b 为待定常数）的函数形式进行回归。最大水平主应力和最小水平主应力侧压系数的趋势线和包络线如图 1 所示。

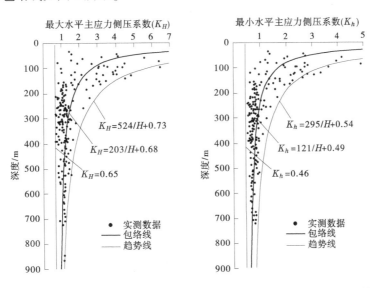

图 1　最大水平主应力和最小水平主应力侧压系数随深度的变化规律

本文统计的深度范围为 40~850 m，处于地壳浅表地层，也是地下工程建设的主要埋深区间。通过三个深度区间侧压力系数的统计分析，总体上埋深小于 200 m，离散性较大，K_H 集中在 1.0~3.0，K_h 集中在 1.0~2.0；埋深 200~500 m，K_H 集中在 1.0~1.5，K_h 集中在 0.5~1.0；埋深大于 500 m，K_H 集中在 1.0~1.3，K_h 集中在 0.7~1.0。对比赵德安等[5]、景峰等[7] 关于全国范围沉积岩的平均水平应力侧压系数统计结果，平均水平应力侧压系数回归公式分别为 $K=104/H+0.9$ 和 $K=140/H+0.78$，可以看出研究区水平主应力侧压系数明显偏小，这与隧洞沿线众多的走滑活动断裂分布密切相关，由于断裂错动过程中能量释放和破碎带的形成，使其影响范围内地应力明显低于原岩应力，工程区断裂非常发育，并且这些断裂规模大、距离近，因此断裂影响区的相互叠加，形成工程区地壳浅部相对较低的应力环境。

2.2　最大水平主应力方向分区特征

统计滇中引水工程西北区域每个测孔的最大水平主应力的优势方向，把每个测孔优势方向按照测孔坐标绘制到构造地质图内，最大水平主应力方向分布特征如图 2 所示，图中圆点代表测试钻孔所在的平面位置，箭头代表测孔最大水平主应力优势方向。上文指出，0~200 m 埋深最大水平主应力受地形因素影响程度较大，因此最大水平主应力方向的统计数据均来自于埋深大于 200 m 的测点，尽可能减小了地形因素对应力方向的影响。

从图 2 中可以看出，引水线路西北区域最大水平主应力方向呈现明显的分区特征，奔子栏至石鼓区间最大水平主应力优势方向为 NW 向，石鼓至祥云区间最大水平主应力优势方向为 NNE 向，祥云至楚雄区间最大水平主应力优势方向为 NNW 向。奔子栏至石鼓区间与祥云至楚雄区间最大水平主应力优势方向接近，趋于滇中块体构造主压应力方向（NNW 向），而中间石鼓至祥云区间最大水平主应力优势方向与其前后段线路应力方向有较大差异，后文将对该差异性应力分区的形成条件展开研究。

3　应力方向分区的形成条件分析

区域应力场分布主要受构造活动的影响，尤其是活动断裂的分布与块体的运动特征对应力场的形

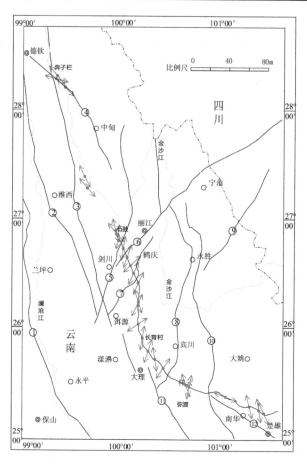

1—澜沧江断裂；2—维西—巍山断裂；3—金沙江断裂；4—德钦—中甸断裂；5—中甸—龙蟠—乔后断裂；6—丽江—小金河断裂；
7—鹤庆—洱源断裂；8—程海—宾川断裂；9—菁河—程海断裂；10—渔泡江断裂；11—红河断裂；12—楚雄—南华断裂。

图 2　引水线路活动断裂及最大水平主应力方向分布图

成起到重要作用。

依据云南和四川两省区域地震台网提取的地震震源机制解，编制了研究地区地震主压应力方位分布见图 3。奔子栏至石鼓区间以及祥云至楚雄区间引水线路活动断裂分布较少，断裂走向主要为 NNW—NW 向，表现为压性断裂，震源机制解 P 轴的优势方向（构造主压应力方向）为 NNW 向，且所在块体趋于 SSE 向运动。因此，地壳浅部实测最大水平主应力方向受控于以上条件表现为 NNW—NW 向。石鼓至祥云区间震源机制解 P 轴方向分布比较复杂，以北北东—北东东向为主，结合崔效峰等[2] 的研究可知，香炉山隧洞位于构造应力分区的边界地带，此处发生了构造应力方向从 NNW 向到 NNE 向的转向。

基于关于川滇地块 GPS 速度场的研究成果[8-9]，活动块体具有以活动断裂带为边界的水平差异运动特点，受青藏高原的挤压作用，总体上川滇地块以 SSE 方向锲入华南地块，如图 4 所示。奔子栏至石鼓区间位于川西北块体，随川滇地块向 SSE 方向运动；石鼓至祥云区间位于川滇地块与印支地块的边缘地带，自东向西，区域块体运动方向由 SSE 向扭转为 SSW—SW 向；祥云至楚雄区间位于滇中块体，远离印支地块，使得运动块体依照 SSE 方向锲入华南地块，川滇地块相对印支地块呈明显的顺时针旋转运动。

石鼓至祥云区间引水线路区域性活动断裂主要有龙蟠—乔后断裂、丽江—小金河断裂、鹤庆—洱源断裂和程海—宾川断裂，较以上两个区间构造活动与块体运动特征均有所差异。首先表现在断裂走向上，该区间断裂走向集中在 NNE—NE 向。其次，断裂多表现为走滑张拉特性，断陷盆地发育，其中龙蟠—乔后断裂控制了小中甸、剑川等一系列第四纪盆地的发育；丽江—小金河断裂控制了丽江、吉子、南溪、干地坝等盆地的发育，沿断裂发育断层陡崖、断层槽谷、断错水系、断错山脊、断层陡

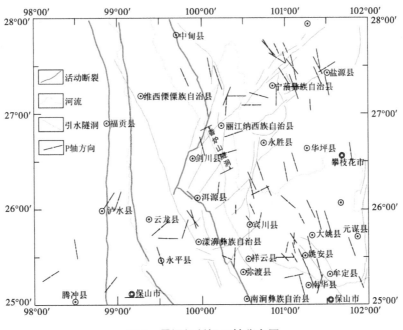

图 3 震源机制解 P 轴分布图

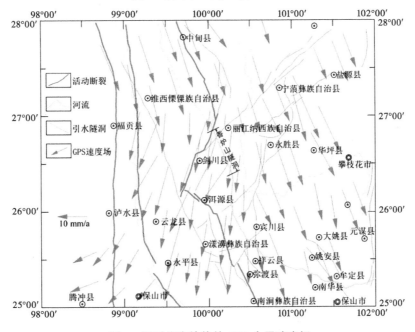

图 4 相对华南块体的 GPS 水平速度场

坎等一系列断层地貌现象;鹤庆—洱源断裂控制了鹤庆盆地和洱源盆地的发育,沿断裂发育水系、山脊、冲沟等地貌特征;程海—宾川断裂从第三纪到第四纪,经历了由挤压到拉张的转变过程,产生了一系列串珠状断陷盆地,程海—宾川,由两条张性断裂构成一大型南北向地堑构造,其中又被一系列北东向断裂切割,共同形成了一些菱形拉分盆地。

基于 Anderson 断层模式,正断层的形成条件为 σ_1 垂直,σ_2 和 σ_3 水平且 σ_2 平行于断层走向,此处 σ_2 即等效为最大水平主应力,因此石鼓—祥云区间一系列正断性质断裂形成了趋向于断裂走向(NNE—NE)的最大水平主应力。根据统计结果,地壳浅部地应力实测数据最大水平主应力优势方向为 NNE—NE 向,与该区间活动断裂走向一致。从块体的运动特征来看,石鼓至祥云段所在地块为由北部龙蟠—乔后断裂、丽江—小金河断裂,东部程海—宾川断裂,西部红河断裂北段组成的楔形块体,结合川滇地块 GPS 速度场的研究成果,该楔形块体有向 SW 方向运动的趋势,而地应力实测数据最大水平主应力优势方向与块体运动方向一致，再次验证了该区域地壳浅部的最大水平主应力方向受控于活动断裂的分布与块体运动的方向。

4　结语

通过调查研究川滇地区的构造环境及区域应力场特征、统计分析滇中引水线路奔子栏至楚雄区间实测地应力数据，得到以下结论：

通过统计实测地应力数据，水平主应力量值在 0~200 m 埋深分布离散，超过 200 m 埋深水平主应力与埋深表现出较好的线性关系；当地层埋深小于 800 m 时，应力场以水平应力为主；当埋深大于 800 m 时，应力场以垂直应力为主。对比全国范围沉积岩的平均水平应力侧压系数统计成果，研究区水平主应力侧压系数明显偏小，主要是因为工程区断裂非常发育，受断裂影响区的相互叠加的影响，形成工程区地壳浅部相对较低的应力环境。

奔子栏—楚雄区间最大水平主应力方向呈现明显的分区现象，活动断裂的分布与块体的运动特征对地壳浅部应力场的形成起到控制作用。奔子栏至石鼓以及祥云—楚雄区间实测最大水平主应力优势方向与块体运动方向以及构造主压应力方向一致，呈现出 NNW 向；石鼓—祥云区间活动断裂表现为张拉性质正断层，形成了一系列 NNE 向断陷盆地，且所在楔形块体有向 SW 方向运动的趋势，因此地壳浅部受控于活动断裂和所在块体的运动特征，最大水平主应力优势方向呈现为 NNE 向。

参考文献

[1] 徐锡伟，闻学泽，郑荣章，等．川滇地区活动块体最新构造变动样式及其动力来源 [J]．中国科学 (D 辑)，2003，33 (增刊)：151-162.

[2] 崔效锋，谢富仁，张红艳．川滇地区现代构造应力场分区及动力学意义 [J]．地震学报，2006，28 (5)：451-461.

[3] 骆佳骥，崔效锋，胡幸平，等．川滇地区活动块体划分与现代构造应力场分区研究综述 [J]．地震研究，2012，35 (3)：309-317.

[4] BROWN E T, HOEK E. Technical note trends in relationships between measured in-situ stress and depth [J]. Int. J. Rock Mech. Min. Sci. and Geomech. Abstr. , 1978, 15 (4): 211-215.

[5] 赵德安，陈志敏，蔡小林，等．我国地应力场分布规律统计分析 [J]．岩石力学与工程学报，2007，26 (6)：1265-1271.

[6] STACEY T R, WESSELOO J. The in-situ stress regime in Southern Africa [C] //VOUILLE G, BEREST P ed. Proc. 9th International Congress on Rock Mechanics. Rotterdam: A. A. Balkema, 1999: 1189-1192.

[7] 景锋，盛谦，张勇慧，等．中国大陆浅层地壳实测地应力分布规律研究 [J]．岩石力学与工程学报，2007，26 (10)：2056-2062.

[8] 乔学军，王琪，杜瑞林．川滇地区活动地块现今地壳形变特征 [J]．地球物理学报，2004，47 (5)：805-811.

[9] 丁开华，许才军，邹蓉，等．利用 GPS 分析川滇地区活动地块运动与应变模型 [J]．武汉大学学报 (信息科学版)，2013，38 (7)：822-827.

潴龙河渠道倒虹吸工程安全监测应用与成果分析

白振江　王英花

（中国南水北调集团中线有限公司河北分公司，河北石家庄　050031）

摘　要： 潴龙河渠道倒虹吸工程地处石家庄市元氏县境内，是南水北调中线干线工程沿线一座大型跨河输水建筑物。在调水运行过程中，通过安装渗压计、钢筋计、应变计等监测仪器，对进出口渐变段、闸室、管身的渗透压力及建筑物变形等数据进行收集分析，实时监测工程安全状态。通过监测结果分析，监测指标能够及时反映状态变化，工程运行平稳。

关键词： 南水北调中线工程；安全监测；潴龙河倒虹吸工程

1　引言

南水北调中线工程沿途地质环境复杂多变，建筑物类型多样，在输水运行过程中安全风险因素较多，诸如结构破坏、渗漏破坏、管道爆裂、冰害损坏等[1]。为保证工程安全平稳运行，必须及时掌握水工建筑物的工作性态，对异常情况进行实时预警。安全监测是保障水工建筑物安全运行的重要措施[2]，通过在总干渠和各类重要建筑物特殊断面埋设监测仪器，可以获得巡视检查无法得到的数据，特别是工程内部、基础等隐蔽部位的信息。

南水北调中线工程安全监测作业项目较多，为了处理在工作开展过程中产生的海量监测数据，设计了安全监测自动化系统。系统自投入使用以来，为安全监测工作提供了强大支撑，可实现工程安全快速分析，大幅降低了管理成本，提高了工作效率[3]。随着系统的改造升级，现有版本功能更加完善，运行更加稳定，性能更加可靠，操作界面友好，兼容性强，可以实现实时监控、多维展示[4]。

本文以南水北调中线干线工程潴龙河渠道倒虹吸工程安全监测仪器布置、监测成果分析为例，介绍安全监测开展工作，及时评价工程运行状态，高效进行工程运行管理决策。

2　工程概况

潴龙河渠道倒虹吸工程的起始桩号为196+069，终点桩号为196+419，全长350 m，由进口渐变段、进口闸室段、管身段、出口闸室段和出口渐变段组成，为1级建筑物。其中管身段长176 m，由斜坡段和水平段两部分组成，采用3孔一联的钢筋混凝土箱形结构[5]。进、出口渐变段地基为壤土和砾砂，天然地基土承载力较低，翼墙地基处理采用振冲碎石桩施工[6]。

3　安全监测点的布置、数据采集及分析

3.1　安全监测点的布置

南水北调中线工程应用的主要是钢弦式传感器，其优势是设计简单准确，使用方便，零点稳定[7]。潴龙河倒虹吸工程的安全监测工作主要包括进、出口渐变段和闸室的渗透压力、表面垂直位移观测，以及5#管身渗透压力、结构应力（钢筋应力、混凝土应力）和表面垂直位移的观测。安全监测点的布设部位和数量情况见表1。

作者简介： 白振江（1980—），男，高级工程师，副处长，主要从事水利工程运行管理工作。

通信作者： 王英花（1995—），女，助理工程师，主要从事水利工程运行管理工作。

表 1　安全监测点布设情况

工程部位	监测仪器种类和数量					
	渗压计/个	钢筋计/个	应变计/个	无应力计/个	垂直位移测点/个	工作基点/个
出口渐变段	2				2	
进口渐变段	2				2	
出口闸	4				4	
进口闸	2				4	2
5#管身	2	8	8	2		
合计	12	8	8	2	12	2

3.1.1　渗透压力

通过在出口渐变段、进口渐变段、出口闸、进口闸和 5#管身布设渗压计来对工程的渗透压力进行监测，共计 12 个测点。其中，出口渐变段基础底部共计 2 个测点，仪器型号 BGK4500AL，编号 P1-CJ、P2-CJ；进口渐变段基础底部共计 2 个测点，仪器型号 BGK4500AL，编号 P1-JJ、P2-JJ；出口闸室共计 4 个测点，仪器型号 BGK4500AL，编号 P1-CZ 和 P2-CZ 布置在出口闸室基础底部，编号 PL-CZ 和 PR-CZ 分别布置在进口闸室左右两侧；进口闸室左右两侧共计 2 个测点，仪器型号 BGK4500AL，编号 PL-JZ、PR-JZ；5#管节基础底部共计 2 个测点，仪器型号为 BGK4500S，编号 P1-GS、P2-GS。进口渐变段 196+091.5 断面渗压计布置情况见图 1。

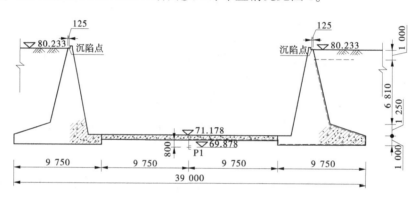

图 1　进口渐变段渗压计布置图（196+091.5 断面）　（单位：高程，m；尺寸，mm）

3.1.2　钢筋应力

通过在 5#管身布设钢筋计来对钢筋应力进行监测，共计 8 个测点，仪器型号为 BGK4911A-28，编号 R1~R8。其中，R1~R4 安装在 5#洞身混凝土底板，R5~R8 安装在 5#洞身混凝土顶板。

3.1.3　混凝土应力应变

通过在 5#管身布设应变计和无应力计来对混凝土应力进行检测，共计 10 个测点。其中，应变计 8 个测点，型号 BGK4200，编号 S1~S8，出厂厂家为基康仪器（北京）公司，S1~S4 安装在 5#洞身混凝土底板，S55~S8 安装在 5#洞身混凝土顶板；无应力计 2 个测点，型号 BGK4200，编号 N1~N2，N1 安装在 5#洞身混凝土底板，N2 安装在 5#洞身混凝土顶板。5#管身 196+227 断面应变计、无应力计布置情况见图 2。

3.1.4　表面垂直位移

通过在出口渐变段、进口渐变段、出口闸和进口闸布设垂直位移测点来对建筑物的表面垂直位移进行监测，共计 12 个测点，仪器型号为 B-2。其中，出口渐变段共计 2 个测点，编号 CJ1、CJ2；进口渐变段共计 2 个测点，编号 JJ1、JJ2；出口闸室共计 4 个测点，编号 CZ1、CZ2、CZ3 和 CZ4；进口闸室共计 2 个测点，编号 CJ1、CJ2、CJ3 和 CJ4。

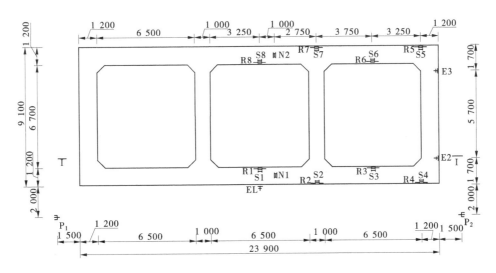

图 2　5#管身应变计、无应力计布置图（196+227 断面）　　（单位：mm）

3.2　数据采集频次及分析方法

3.2.1　采集频次

内观数据人工采集由管理处安全监测人员承担。已接入自动化采集系统的仪器采集频次为 1 次/d；接入自动化采集系统内观仪器的人工观测频次为 1 次/年，同时与自动化采集数据进行比对，比对不合格的仪器数据采集改为人工采集，频次为 1 次/周。外观数据采集由信息科技公司石家庄事业部承担，输水建筑物的采集频次为 1 次/2 月。

3.2.2　数据分析方法

在安全监测工作开展过程中，管理人员综合运用比较法、作图法和特征值统计法对安全监测自动化系统收集的数据进行统计分析，同时结合工程巡查结果来判断某个工程部位的运行情况。

4　安全监测结果分析

南水北调中线一期工程于 2014 年 12 月 12 日正式通水，因此本文主要选取潴龙河倒虹吸工程从 2014 年 4 季度至今的安全监测成果进行成果分析。

4.1　渗透压力分析

外水渗流会增大工程的渗透压力，从而影响南水北调工程的稳定性和强度，尤其需要关注汛期工程的渗透压力。渗压计监测成果表明，从 2014 年 4 季度通水至 2021 年 2 季度进出口渐变段、进出口闸室和 5#管身等部位的渗压力主要随着季节呈现周期性变化，均为正常波动。

从 2021 年 9 月至今，5#管身的渗透压力出现了较大幅度的波动，如图 3 所示。原因是汛期降雨量较大，河道一直局部过流，导致渗压计监测数据增大，但渗压力并未超过警戒值，结合工程巡查结果判断该部位工程性态正常。闸室和进出口渐变段渗压数据变化不大，并且变化趋势与渠道水位不相关，说明建筑物防渗效果较好，监测数据能够及时反映外部环境变化。

4.2　钢筋应力分析

通过钢筋计可以监测钢筋受力大小，从而判断混凝土的开裂情况。图 4 为 5#管身钢筋计应力测值过程线，钢筋计监测成果表明，5#管身内部钢筋应力均在合理范围内波动，波动幅度较小，均未超过设计值或警戒值。5#管身混凝土底板钢筋计 R3，2022 年 7 月最值为 −36.26 MPa，历史最值为 −34.44 MPa，超历史最值 1.82 MPa，结合工程巡查结果、同部位其他监测仪器成果综合判断该部位工程性态正常。5#管身混凝土底板钢筋计 R1，2022 年 8 月最值为 −38.48 MPa，历史最值为 −36.26 MPa，超历史最值 2.22 MPa，结合工程巡查结果、同部位其他监测仪器成果综合判断该部位工程性

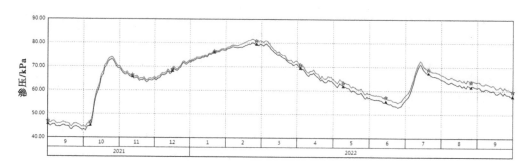

图 3　潴龙河渠道倒虹吸渗压测值过程线（2021 年 9 月至 2022 年 9 月）

态正常。

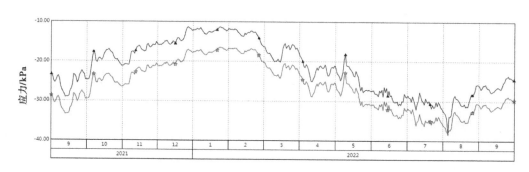

图 4　5#管身钢筋计应力测值过程线

4.3　混凝土应力应变分析

通过应力应变测值可了解建筑物整体性能以及混凝土是否可能产生裂缝，对于倒虹吸等箱型结构体进行监测，特别是监测通水期间混凝土应力应变的变化对安全控制很重要。图 5 为 5#管身应变计应变测值过程线，图 5 为 5#管身无应力计应变测值过程线，应变计和无应力计监测成果表明，5#管身内部混凝土大部分呈受压状态，实测应变与温度相关性良好，均未超过设计值或警戒值，5#管身工程性态正常。

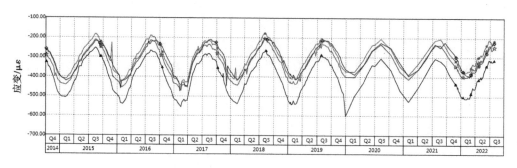

图 5　5#管身应变计应变测值过程线

4.4　表面垂直位移分析

通过垂直位移可以了解整体垂直变形以及不均匀沉降情况，用来判断建筑物或相应部位的运行安全。表面垂直位移监测成果表明，历年来表面垂直位移变形趋势基本一致，未出现明显不均匀沉降，累积位移最大值为−5～15 mm，均在正常范围内。图 7 为出口渐变段垂直位移测点 CZ1、CJ2 累积位移测值过程线，监测成果表明，在 2022 年 3 月垂直位移测点 CJ2 累计沉降量为 10.52 mm，本期沉降

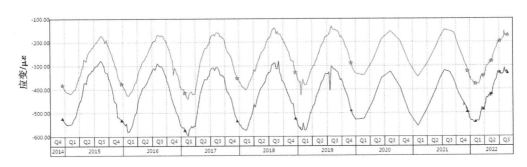

图 6 5#管身无应力计应变测值过程线

量为 1.05 mm；垂直位移测点 CZ1 累计沉降量为 14.29 mm，本期沉降量为 0.99 mm，以上测值均低于警戒值，结合工程巡查结果判断倒虹吸工作性态正常。

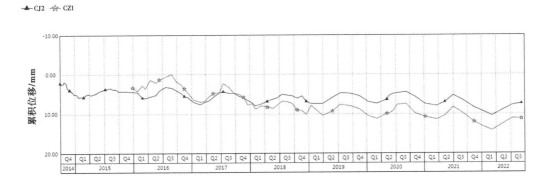

图 7 潴龙河渠道倒虹吸累积位移测值过程线

5 结论与展望

5.1 结论

本文对潴龙河倒虹吸工程自正式通水至今的监测数据进行了初步分析，主要阐述了进出口闸室、进出口渐变段、管身等重点部位数据的变化范围和规律，研究结论如下：

（1）潴龙河倒虹吸工程现有正常运行的监测仪器共 44 个，完好率为 95.65%，满足相关的技术规范，仪器布设位置合理，监测项目齐全，数据采集频率适宜，因此监测结果可以很好地反映工程的实际运行状况，及时为管理人员提供可靠准确、可靠的信息。

（2）本文主要从渗透压力、钢筋应力、混凝土应力应变和表面垂直位移四个方面对潴龙河倒虹吸工程进行了监测结果分析。监测数据显示，各项监测指标均在合理范围内波动，仅 5#管身的渗透压力在汛期出现了较大幅度的波动，原因是汛期降雨量较大，河道一直局部过流，导致渗压计监测数据增大，但渗压力并未超过警戒值，同时结合工程巡查结果，可以判断潴龙河倒虹吸工程自 2014 年中线工程正式通水以来工程性态正常。

（3）潴龙河倒虹吸工程安全监测仪器的布设情况、监测项目等可以为同类型工程提供一定的参考和借鉴。

5.2 展望

安全监测工作对保障南水北调中线干线工程安全和人民群众生命财产安全至关重要，必须给予高度重视。但目前在工程实际操作中，仍然存在部分仪器人工采集等自动化程度低、重点监测断面需进一步完善、缺少专业安全监测技术人员等方面的问题[8]。为了真正发挥安全监测对南水北调工程安全运行的支撑作用，必须从制度建设、人才培养、管理模式等方面进行创新，以制度为引领，提升人员素质，建立专业化监测团队，增设重点断面监测，更新仪器提高自动化监测程度，降低人工作业成本，实现实时监测工程运行状态，保障南水北调工程安全。

参考文献

［1］孙武安，符鹏．浅谈南水北调中线工程安全运行风险预防措施［J］．水利发展研究，2021，21（12）：3.

［2］高大伟，王子寒，翟栋，等．团城湖调节池安全监测成果分析［J］．水利科技与经济，2022，28（2）：6.

［3］管世珍．南水北调中线安全监测自动化系统设计及应用［J］．水利建设与管理，2021（12）：5-9，487.

［4］何军，马啸．南水北调中线安全监测应用系统提升改造实践［J］．中国水利，2021（8）：2.

［5］刘荣素．浅谈南水北调潴龙河倒虹吸涵管混凝土冬季施工温控措施［J］．水利科技与经济，2011，17（7）：2.

［6］刘荣素．振冲碎石桩在南水北调潴龙河软地基中的研究与应用［J］．工程质量，2011（S1）：3.

［7］张超季．南水北调中线工程某段安全监测的设计与研究［D］．大庆：黑龙江八一农垦大学，2016.

［8］李福超，李君，李宝．水利工程安全监测常见问题及对策［J］．山东水利，2021（1）：42-43.

西霞院工程水下建筑物淘刷悬空缺陷
修复施工关键技术研究实践

谢宝丰　卢渊博　刘焕虎

（黄河水利水电开发集团有限公司，河南济源　454681）

摘　要： 水电站上游引水渠水下建筑物基础淘刷是水工常见病害之一。针对西霞院水电站上游引水渠右导墙基础长期受到"大流量、高含沙"水流淘刷情况，分析基础遭淘刷原因和对水电站的安全影响，研究制订修复处理方案。提出在搭设水上施工平台和浇筑水下不分散混凝土的新施工工艺和浇筑回填方案，解决基础淘刷悬空的重大问题，同时对淘刷部位采取摆放钢筋石笼进行预防护，改善引渠水流流态，有效排除水下建筑物基础淘刷带来的结构安全隐患。经实施和一个汛期的运用考验，证明水下修复效果良好。

关键词： 水下建筑物；水上施工平台；水下不分散混凝土；钢筋石笼护脚

1　工程概况

西霞院工程是黄河小浪底水利枢纽（简称小浪底工程）的配套工程[1]，位于黄河干流中游河南省洛阳市孟津区，上距小浪底工程 16 km。西霞院工程是一座以反调节为主，结合发电，兼顾灌溉、供水等综合利用的大型水利工程。水库总库容 1.62 亿 m³，电站装机容量 140 MW，灌溉农田面积 113.8 万亩。工程规模为大（2）型，属Ⅱ等工程[2]，坝轴线全长 3 122.0 m，主要建筑物包括土石坝、河床式电站厂房、排沙洞及排沙底孔、7 孔胸墙式泄洪闸、14 孔开敞式泄洪闸、王庄灌溉引水闸等。西霞院工程的泄水、排沙、发电建筑物集中布置在右岸滩地，混凝土坝段长 513 m；其两侧布置复合土工膜斜墙砂砾石坝，总长 2 609 m。电站排沙建筑物由电站两侧的排沙洞和机组段的排沙底孔组成[3]。

2　现状问题

西霞院工程经历了多次调水调沙运用，特别是 2019 年和 2020 年的"低水位、大流量、高含沙、长历时"泄洪运用。2020 年 11 月 2 日至 12 月 4 日，运行管理单位对西霞院工程混凝土坝段水下建筑物进行了全面检查，发现混凝土坝段 6 号排沙洞上游右挡墙修复部位 EL.112 至 EL.114 层钢筋笼底部存在淘刷悬空。根据汛后水下检查和修复工程施工前复检的对比，目前 EL.112～EL.114 层钢筋笼挡墙基础部位的淘刷范围、淘刷深度和影响范围均朝着破坏深度更深、破坏范围更大的增长趋势。2021 年汛前修复前进行了详细复查，淘刷范围宽度约 40 m，垂直深度最大 3.4 m，纵向深度超过 7 m，预计总淘空方量超 500 m³（见图 1）。为确保西霞院水利枢纽安全稳定运行和 2021 年安全平稳度汛，需尽快研究制定西霞院工程水下建筑物水下修复技术措施，并开展淘空破坏缺陷修复工作。

作者简介： 谢宝丰（1982—），男，高级工程师，主要从事水工建筑物运行维护实施工作。

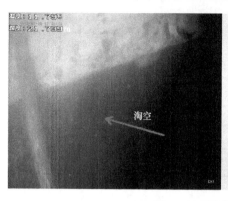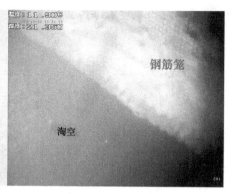

图 1　钢筋石笼底部淘刷悬空

3　原因分析

3.1　推移质冲击

电站厂房坝段上游引渠原设计高程 EL. 120 m，采用无人船+多波束测深仪对厂房坝段上游漏斗区导墙内（重点在水下修复区）进行水下地形测量，根据测量结果确定上游漏斗区地形被冲刷深度约 10 m。右排沙洞出口消力池下游在 2018 年汛后并未发现大面积块石淤积，但 2019 年汛后出现块石组成的滩地，主要集中在右排沙洞出水口左侧，且在泄洪过流过程中，在工作门闸室能清晰听见石块冲击闸门的声音。

3.2　流态影响

上游引水渠水流进入泄洪排沙流道存在一定倾角，不均匀流态影响可能造成右排沙洞相较左排沙洞冲磨更为严重，流道内右侧底板比左侧底板冲磨更为严重。

总之，电站水下建筑物淘刷悬空破坏不仅受高含沙水流流态不均影响，还受推移质冲、砸、磨影响破坏。

4　修复方案研究

4.1　水上施工平台搭建

水上施工平台搭设设备由水上施工趸船平台、吊车和机动驳船组成，平台吊装设备采用一台 50 t 汽车吊固定在 12 m×30 m 的趸船平台上。坝顶到趸船间的大型设备及材料运输由 50 t 驳船完成，泵送平台及通道由两艘平板趸船和一艘观光船组成[4-5]。水上施工平台布置平面图见图 2。

平底船采用四角定位法固定，在平底船左岸上游 100 m 处沉放一个四面体，作为船锚，右岸上游侧采用未打捞出的船锚，使用前对钢丝绳进行检查。下游侧在坝顶交通桥泄水孔处设置锚点，栓缆钢丝绳固定船只。80 m 趸船一端安放在 6 号排沙洞闸墩上，一端向大船靠近，趸船之间用角铁固定，形成整体。在趸船前端向左岸约 50 m 处，安放一个四面体，用于栓缆趸船。靠闸墩一端顶支在闸墩上，两侧用倒链牵引相邻闸墩上的预埋件，趸船尾部用旧轮胎支垫。趸船中部两侧 45°向合适的闸墩上牵引缆绳，用倒链连接在闸墩预埋件上。趸船和平底船用缆绳栓缆，确保趸船锚固安全。

4.2　钢筋笼和钢模板支护

在 EL. 114 层基础淘空上游布设钢筋笼混凝土挡墙，挡墙自冲刷坑底至 EL. 112 高程，钢筋笼采用六面体形式，长、宽均为 2.0 m，高度根据实际冲坑深度加工，约比坑深高出 50 cm，局部衔接位置钢筋笼的形状、尺寸可根据挡墙实际位置的布置进行适当调整，钢筋笼水下焊接；内衬钢丝网，密目网间距不大于 10 mm，结合现场施工工艺，根据实际情况保留或取消部分单侧网面，便于预埋注浆管和混凝土浇注施工，零星钢筋笼基础淘空处理，采用钢结构模板立模浇筑水下混凝土，钢模板不拆除，当作防护工程的一部分，钢筋笼和钢模板支护位置如图 3 所示。

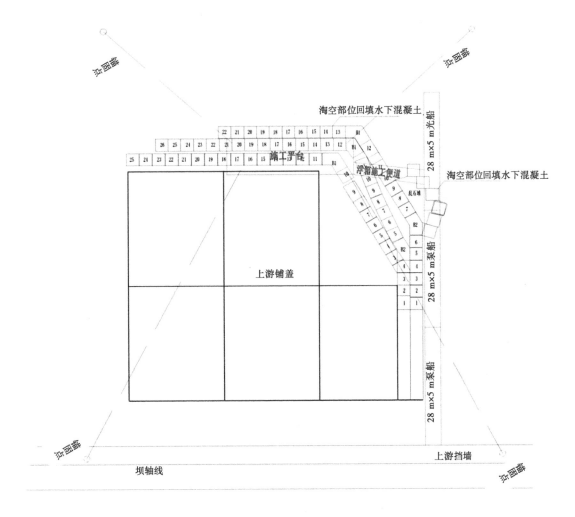

图2　水上施工平台布置平面图

4.3　插筋和预埋灌浆管

相邻钢筋笼之间利用插筋或卡扣连接，钢筋笼临水下回填混凝土面利用锚筋与回填混凝土连接，钢筋笼之间采用短插筋、连接筋或焊接。锚筋在钢筋笼安装到位后进行水下安装，钢筋采用 HRB400 热轧钢筋，钢筋直径 22 mm，长度由冲坑纵向实际深度确定，水平间距 0.5 m，上下两层错开布置。锚筋伸入钢筋笼内有效锚固长度（≥800 mm），采取与钢筋笼焊接的方式进行有效搭接。钢筋笼如采用插筋连接，插筋应在钢筋笼安装到位后进行水下安装，插筋采用 HRB400 热轧钢筋，钢筋直径 22 mm，长度 1.5 m，间排距 0.5 m，梅花形布置，插筋伸入相邻两钢筋笼各 0.75 m。插筋安装到位后，应采取有效的固定措施，以防止混凝土浇筑时移位或脱落。淘空部位纵向深度方向的插筋根据潜水员操作能力，尽量长，并可在浇筑完挡墙部分后，增加向淘空部位的斜插筋作为补充。

由于基础淘空部位纵向深度较深，不能有效保证基础内部充填密实。根据水下检查地形情况，并结合淘空深度，在回填混凝土的淘空区域布置 4 根直径 48 mm 的钢质灌浆管，用于浇筑后灌浆作业[6]。

4.4　浇筑水下不分散混凝土

水下不分散混凝土具有自密实的特性，对于挡墙基础淘空回填选用水下不分散混凝土[7-8]。根据实际需求混凝土强度等级不低于 C25F100，且水下混凝土配置强度宜提高 10%～20%；其胶凝材料用量不宜少于 360 kg/m³；絮凝剂的使用每方约 12.5 kg。

为了防止混凝土离析，混凝土在水中有自由落差时，胶凝材料用量不宜低于 400 kg/m³，且水下不分散混凝土的粗骨料最大粒径不宜超过 20 mm，选用一级配混凝土。

浇筑施工方法为利用施工平台和通道架设泵送管道、竖向混凝土导管，使用汽车混凝土地泵，泵送混凝土，水下潜水员配合，将混凝土浇筑至指定部位。浇筑作业共分两次进行，第一次浇筑钢筋笼挡墙和钢模板支护部分，浇筑完成并具有一定强度，然后再进行下阶段钢筋笼挡墙内侧淘空区域水下混凝土回填施工。

4.5 回填注浆

基础混凝土回填完成后，通过预留注浆管，对基础浇筑不密实部位进行注浆。控制灌浆压力 1 MPa，对 4 根直径 48 mm 的钢质灌浆管，分别灌注普通硅酸盐 425 水泥[9]。灌浆的水灰比按照前期 3∶1，后期 1∶1，终孔 0.6∶1 进行控制。

4.6 布置钢筋石笼预防护

钢筋笼混凝土挡墙 EL. 112～EL. 114 上游采用钢筋石笼防护，钢筋石笼布置摆放呈前低后高形式，摆放高度不超过钢筋笼混凝土挡墙，周边块和前后排直接采用锰钢链和 D 形扣连接形成饼状。石笼尺寸采用 2.0 m×1.0 m×1.0 m（长×宽×高），间距 150 mm，钢筋为直径为 16 mm 的 HBR300 热轧钢筋，前缘边块和衔接块部位的形状和尺寸根据实际摆放加工；钢筋石笼直接采用不锈钢卡扣连接，为保证连接效果，卡扣形式根据现场吊装试验确定；石笼一般顺水流方向放置，前缘边块和衔接块部位可根据设计边界形状适当调整方向，抛填时应尽量错缝摆放。钢筋石笼内所填石料应是坚固密实、耐风化、遇水不易分解破碎的大块石料，粒径应大于网孔孔径[10]，局部冲坑较深位置可适当增加抛置数量，具体抛投数量可根据实际地形调整，钢筋石笼布置如图 3 所示。

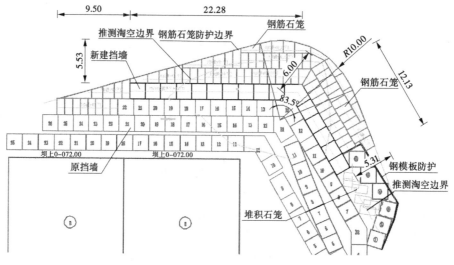

图 3 淘刷悬空区修复平面图

5 实施效果与结论

2021 年 3—5 月，完成西霞院工程坝前水下混凝土缺陷修复施工，共回填浇筑 C30 水下不分散混凝土 568 m³，回填灌浆 0.8 t，钢筋石笼挡墙 16 个，布置防护钢筋石笼 112 个。通过 2021 年汛后水下检查，6 号排沙洞上游右挡墙修复部位未再出现冲刷淘空现象，水下修复效果良好，证明搭设水上施工作业平台和浇筑水下不分散混凝土的施工工艺和方案，适合用于西霞院工程上游铺盖混凝土冲刷淘空的修复工作，为其他水电站今后水下建筑物混凝土淘空悬空缺陷修复提供借鉴和指导。

参考文献

［1］中华人民共和国国家经济贸易委员会. 水电枢纽工程等级划分及设计安全标准：DL 5180—2003［S］. 北京：中国电力出版社，2003.

［2］宋莉萱，吴国英，武彩萍. 西霞院反调节水库泄水建筑物组合运用分析［C］//水库大坝高质量建设与绿色发

展——中国大坝工程学会 2018 学术年会论文集. 2018：705-711.

［3］未山山. 浅谈水下混凝土施工工艺及注意事项［J］. 四川水利，2021，42（2）：104-106.

［4］刘其森，于洋. 苗尾水电站导流洞出口洞内水下混凝土围堰技术［J］. 人民黄河，2020，42（S2）：183-184，186.

［5］周德文. 水下不分散自密实混凝土在沙坪二级水电站的应用［J］. 中国建材科技，2014（S2）：108.

［6］王国鹏. 低温施工水下不分散混凝土和自密实混凝土配制技术研究［J］. 绿色环保建材，2019（3）：126-128.

［7］丁泓力，黄晖. 早强型水泥基灌浆料的试验研究［J］. 新型建筑材料，2019，46（11）：136-139.

［8］郭红民，张田甜，胡海松，等. 钢筋石笼的空隙率对其稳定特性的影响［J］. 长江科学院院报，2017，34（5）：36-39，43.

［9］许小东. 紫兰坝水电站下游消能区水下建筑物基础淘刷原因分析及修复技术研究［J］. 大坝与安全，2020（10）：51-58.

基于锚力和变形监测的调水工程膨胀土
高边坡稳定性分析

任佳丽　熊　勇　胡胜刚　程永辉　张　楠

（长江水利委员会长江科学院，湖北武汉　430010）

摘　要： 本文以鄂北地区水资源配置工程25 m高的膨胀土临时渠道边坡为研究对象，通过已滑渠坡段的现场探槽试验，发现该渠道左右岸在高程140~142 m赋存长大裂隙，为裂隙强度控制下的边坡失稳；针对典型的滑裂面位置和形态，选取有代表性的渠段作为试验段，进行了左右岸加固方案设计；通过锚力和变形监测，分析试验段左右岸渠坡在开挖、加固及降雨等过程中的稳定状态，判断渠坡加固方案的合理性，并提出了基于锚力监测的膨胀土高边坡稳定状态判别标准。

关键词： 膨胀土边坡；锚力监测；变形监测；边坡稳定状态；判别标准

1　引言

膨胀土边坡素有"逢嵌必崩，无堤不塌"之说。膨胀土因具有胀缩性、超固结性和裂隙性，其工程性质明显区别于一般黏性土，因此膨胀土边坡的稳定性分析和处理措施往往区别于黏性土边坡[1]。国内外众多学者对膨胀土边坡问题进行了大量研究，但一直存在破坏机制不明，强度取值方法缺乏科学性以及处理技术缺乏理论指导等问题，也导致工程建设和运行中大量膨胀土滑坡发生。

本文以鄂北地区水资源配置工程膨胀土临时渠道边坡为研究对象，通过现场探槽试验，探明已滑渠道的滑坡发生原因和滑裂面位置；针对典型滑裂面的位置和形态，选取具有代表性的渠坡进行加固方案试验段研究，通过锚力和变形监测边坡在开挖、加固及降雨条件下的稳定状态，并判断加固方案的合理性。

2　工程概况

2.1　滑坡概况

鄂北地区水资源配置工程干线总长269.67 km，经过膨胀土分布区总长124.16 km；其中，弱膨胀土段长度为114.55 km，占92.25%；中膨胀土段长度为9.61 km，占7.75%。其中，某段渠道形式为暗涵，长度7.0 km左右，施工过程中临时开挖膨胀土边坡高25 m，坡比1：1.5，分段开挖，施工期为3~4个月。在该段渠道第一分段渠坡开挖至渠底以上2 m（高程142.0 m）时，在左、右岸均发生滑坡，严重影响了施工进度及安全。

2.2　滑坡原因分析及滑裂面确定

为了探求滑坡发生的原因及滑裂面的形态，在垂直滑坡方向进行了左右岸探槽试验，现场探槽图片见图1。根据探槽结果，该段渠道在高程140~142 m存在着两组长大裂隙发育的地层，裂隙面强度低，长大裂隙的存在导致了左右岸均出现失稳，因此该膨胀土边坡失稳可以判定为裂隙强度控制下的边坡失稳。根据探槽揭示绘制的左右岸滑坡滑裂面位置和形态见图2。

该渠道左右岸边坡在高程140~142 m均赋存长大裂隙；裂隙面以较平直光滑为主，其次为起伏

作者简介：任佳丽（1983—），女，高级工程师，主要从事岩土工程边坡支护与地基处理相关的科学研究工作。

(a)左岸开挖　　　　　(b)右岸开挖

图 1　现场探槽图片

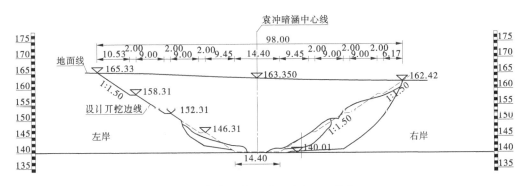

图 2　左右岸滑坡滑裂面形态　（单位：m）

光滑和平直光滑的裂隙面。左岸探槽揭露了灰绿色黏土填充裂隙面，右岸探槽揭露了无填充蜡状光滑裂隙面和灰绿色黏土填充裂隙面，见图 3。裂隙灰绿色黏土土质细腻，黏粒含量高，天然含水率高于两侧土体，充填厚度一般为 1~5 mm，局部厚度可达 10~15 mm，这类裂隙通常在地层中是闭合的，一旦渠坡的应力状态发生改变（如开挖卸荷等），土体便会沿裂隙面发生破坏[2]，具体见图 4。

(a)左岸　　　　　(b)右岸

图 3　探槽揭露滑裂面形态

2.3　试验段加固方案设计

根据探槽揭露的左右岸滑坡的滑裂面形态和位置，经参数反分析，得出滑裂面处的内摩擦角为 9°，黏聚力为 10 kPa。依此为基础，选取有代表性的 90 m 渠段作为试验段进行渠坡加固方案设计和

图4　探槽内沿灰绿色裂隙面形成的滑动面

加固效果分析。针对裂隙性控制膨胀土边坡的特点，以及工期紧、开挖裸露时间短等因素，采用预应力锚进行边坡加固是可行的方法[3]。

本渠坡拟采用具有可回收功能的预应力伞型锚进行加固。根据有限元计算结果，在右岸边坡布置3排伞型锚，左岸边坡布置1排伞型锚，边坡的稳定性能够达到1.05，即基本稳定状态，伞型锚加固断面见图5。其中，右岸伞型锚分别布置在二级马道以上0.5 m、一级马道以上0.5 m以及一级边坡以下3 m处，锚固深度分别为22 m、15 m和13 m；左岸布置在一级马道以下3 m处，锚固深度为13 m；伞型锚水平间距均为2.0 m，施工深度原则上应在滑裂面以下5.0 m。伞型锚抗拔承载力设计值取120 kN，张拉锁定荷载取80 kN。

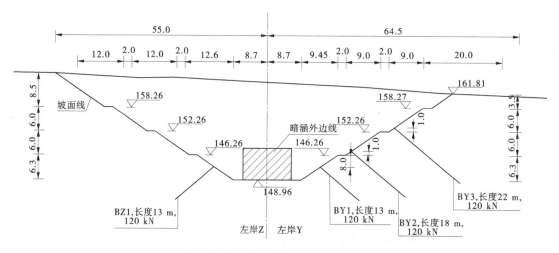

图5　伞型锚加固断面图　（单位：m）

3　安全监测

3.1　监测内容

土质滑坡的发生主要受地质特性、地形地貌、地下水、降雨、地震及开挖等因素的影响，结合本渠段滑坡发生的原因及滑裂面特征，在试验段共布置了以下几种监测项目：

（1）表面变形监测。采用全站仪视距法技术监测渠坡两侧水平位移，全面掌控渠坡整体变形情况。

（2）深层水平位移监测。主要采用测斜仪监测渠坡潜在滑动面、裂隙密集区的深层水平位移，判断深层滑动面位置和深度，为判断滑动面提供依据。测斜仪要求性能稳定，系统精度不低于0.25 mm/m，分辨率不宜低于0.02 mm/500 mm。

（3）锚拉力监测。主要采用锚杆拉力计，监控锚固力在加固和开挖过程的变化情况，以此掌握渠坡潜在滑体下滑力变化情况，对比其总抗滑力，便于了解其安全余度。锚杆拉力计要求最大拉力量程不小于 180 kN。

（4）地下水位观测。采用水位计主要监测渠坡两侧地下水位的变化情况，及时掌控周边地下水环境的变化。

（5）降雨监测。监测每天的降雨过程及降雨量的变化情况。

3.2 测点布置情况

根据试验段的地质特征和开挖高度，在渠道左右岸分别布置了 3 个完整监测断面，其中左岸每个监测断面布置了表面位移标 3 个、测斜 3 根和锚杆拉力计 2 个；右岸每个监测断面布置了表面位移标 3 个、测斜 3 根和锚拉力计 3 个。完整监测断面测点布置图见图 6。加固施工期监测频率为 1～3 次/d，开挖及暴雨天气监测频率为 1 次/d，遇到变形过大或破坏时，进行 24 h 跟踪监测。

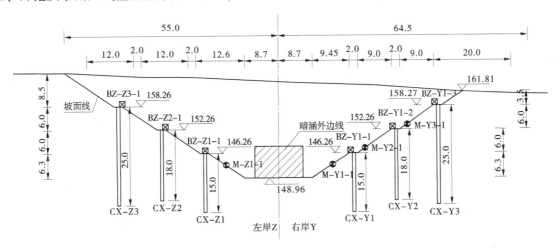

图 6　完整监测断面测点布置图　（单位：m）

3.3 监测成果分析

截至 2016 年 10 月 30 日，共监测 80 d。监测期间现场施工及天气情况见表 1，典型监测断面的表面水平位移监测成果见图 7，深层水平位移（以左右岸第三条马道为例）监测成果见图 8，右岸边坡的锚力监测成果见图 9，左岸边坡的锚力监测成果见图 10。

表 1　监测期间现场施工及天气情况表

观测时间 （年-月-日）	天数/d	施工、天气情况
2016-08-14～2016-08-25	14	右岸第 3 排和第 2 排锚施工
2016-08-25～2016-09-07	13	左岸第 1 排和右岸第 1 排锚施工
2016-09-07～2016-09-24	17	高程 143～140 m 坡脚开挖
2016-09-24～2016-09-28	4	暴雨
2016-09-28～2016-10-07	9	左岸变形速率增大
2016-10-07～2016-10-17	10	左岸变形未收敛
2016-10-17～2016-10-20	3	暴雨、左岸变形未收敛
2016-10-20～2016-10-30	10	连续降雨、左岸发生滑坡

监测成果分析如下：

（1）由表 1 和图 7 可知：右岸一级马道、二级马道及三级马道的表面水平位移均较小，截至 10 月 30 日，最大位移量为 34 mm，变形趋于稳定；左岸一级马道、二级马道及三级马道在 9 月 7 日前的开挖和伞型锚施工期间表面水平位移较小，在 9 月和 10 月经历暴雨和连续降雨后，水平位移呈增

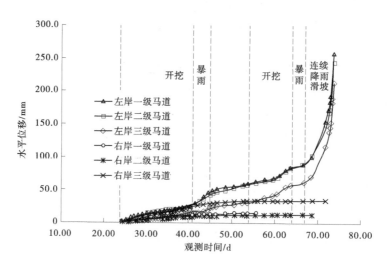

图 7　表面水平位移时程曲线

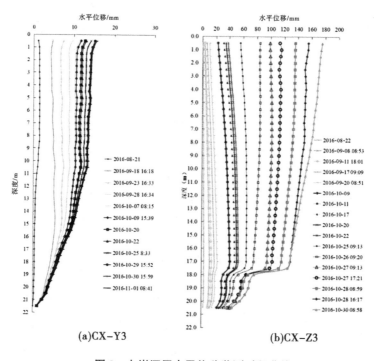

(a)CX-Y3　　　　　　　(b)CX-Z3

图 8　左岸深层水平位移监测时程曲线

大趋势，在 10 月 26 日水平位移突然剧增，其中，第一级马道的变形量为 194 mm，变形速率为 40 mm/d，左岸发生较大滑移，10 月 30 日，在对左岸边坡进行坡顶卸载和伞型锚补打后，边坡变形基本趋于稳定。

（2）根据表 1 和图 8 可知：截至 10 月 30 日，右岸深层水平位移变形较小，三级马道最大变形值为 18 mm，渠坡处于稳定状态；左岸深层水平位移明显大于右岸，三级马道最大变形值为 185 mm，且一级马道处深部位置水平变形明显大于上部水平位移，表明左岸渠坡变形存在滑移翻转。

（3）根据表 1 和图 8、图 9 可知：右岸锚力在 9 月 7—28 日的土方开挖及暴雨过程中有小幅上升，增加幅度 16.0%～26.7%，随后锚力保持平稳，说明右岸边坡采用三排锚加固的方案是合理，加固后边坡是稳定的；左岸边坡在该断面布置了 2 根监测锚，在 10 月 14 日之前，锚力基本保持不变，10 月 14—25 日，锚力增加幅度为 0.73～1.04 kN/d，10 月 25—29 日，锚力增加幅度为 5.00～5.27 kN/d，边坡发生较大滑移，说明左岸的加固方案不合理的。根据右岸三排锚的锚力值，可知越靠近

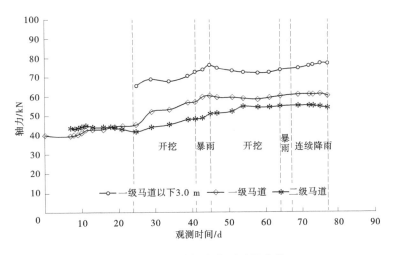

图 9　右岸边坡锚力监测时程曲线

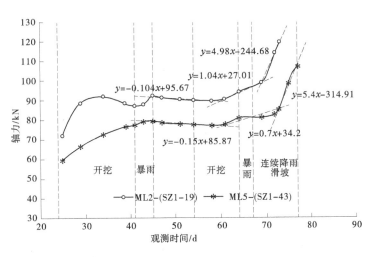

图 10　左岸边坡锚力监测时程曲线

坡脚处的锚力值越大,因此大面积施工时应尽量将锚力施加在坡脚处。

(4) 从监测成果可知:影响边坡稳定性的主要外在因素是开挖和降雨,其中降雨影响程度最大,雨量越大、雨期越长,边坡变形量越大,降雨造成的影响有 4~5 h 的滞后性。

(5) 从图 7 表面水平位移时程曲线可知:左岸表面变形曲线可分为两段,在变形速率发生剧增后,边坡直接由进入不稳定或欠稳定状态,可供应急抢险的时间很短。与表面变形监测曲线相比,锚力监测曲线可分为稳定、基本稳定和欠稳定三个阶段,预警模式和标准也更加明确[4]。

4　基于锚力监测的边坡稳定状态判别

《建筑边坡工程技术规范》(GB 50330—2013) 规定,稳定安全状态分为稳定、基本稳定、欠稳定及不稳定四种,边坡稳定性状态划分如表 2 所示。锚力监测可以较好地预测边坡的稳定状态,如图 10 中 ML2 锚,在 10 月 14 日之前,监测锚力基本保持不变或呈小幅度衰减状态,说明边坡处于稳定状态。10 月 14—25 日,锚力呈 1.04 kN/d 的幅度增加,表明边坡内部力系在调整,锚固抗滑力在增加,边坡处于基本稳定状态,此时应注意锚力的变化情况,若锚力变化幅度呈持续增大趋势,则边坡将进入欠稳定状态,若不及时采取处理措施,边坡将会进入不稳定状态,发生滑坡。该测点 10 月 25—29 日,锚力增加幅度为 5.00 kN/d,锚力增加幅度是基本稳定状态的 5 倍左右,因此可将锚力增加幅度为前期 5 倍作为边坡稳定状态的预警标准。

表2　边坡稳定性状态划分

边坡稳定性系数 F_s	$F_s<1.00$	$1.00≤F_s<1.05$	$1.05≤F_s<F_{st}$	$F_s≥F_{st}$
边坡稳定状态	不稳定	欠稳定	基本稳定	稳定

5　小结

本文以已滑渠坡为基础，通过现场开槽试验探明了该膨胀土滑坡发生原因和滑裂面位置；选取具有代表性的渠段为试验段进行加固方案研究；通过锚力和变形监测，判断加固边坡的稳定性以及加固方案的合理性。主要得出以下结论：

（1）根据探槽结果：该渠道左右岸边坡在高程140～142 m赋存长大裂隙，裂隙面呈无填充蜡状光滑状和灰绿色黏土填充状，滑裂面正好处于裂隙带，因此，滑坡原因可判定为裂隙强度控制下的边坡失稳。

（2）监测数据成果表明：截至10月30日，左岸边坡在后期持续降雨条件下处于整体滑移状态，说明左岸采取的单排伞型锚加固方案，不足以抵抗整体滑动的失稳，在坡顶减载和坡脚锚固等应急处理措施后变形收敛达到稳定，因此在渠段大面积施工时，应在坡脚增加锚的布置，以保证边坡在施工期间的临时稳定。右岸边坡总体是稳定的，未出现贯通的潜在滑面，说明右岸边坡采取三排伞型锚加固后，抑制了深层整体滑动失稳，所采用的方案是合理的。

（3）与测斜管和地面标相比，锚力监测更能及时、准确地反映边坡的稳定状态，当锚力增大幅度为前期5倍时，边坡将由基本稳定状态进入欠稳定状态，该结论可作为膨胀渠坡土稳定性预警标准。

参考文献

[1] 卫军，谢海洋，等. 膨胀土边坡的稳定性分析 [J]. 岩石力学与工程学报，2004，23（17）：2865-2869.
[2] 龚壁卫，程展林，胡波. 膨胀土裂隙的工程特性研究 [J]. 岩土力学，2014（7）：1825-1830.
[3] 吴顺川，潘旦光. 膨胀土边坡自平衡预应力锚固方法研究 [J]. 岩土工程学报，2008，30（4）：492-497.
[4] 袁培，进吴铭. 长江三峡永久船闸高边坡预应力锚索监测 [J]. 岩土力学，2003（10）：198-202.

基于数字孪生技术的南水北调中线工程
运行管理体系构建

管世珍　　谢广东

（中国南水北调集团中线有限公司河南分公司，河南郑州　450000）

摘　要： 南水北调中线工程是国民经济发展的重要基础设施，保障工程运行安全是我们必须要重视的任务。随着信息化在工程运行管理的作用日益凸显，推进数字孪生南水北调工程建设，对提高工程运行管理水平，实现物理世界和虚拟世界数据实时交互、融合，探索数字孪生技术的工程运行管理架构，实现全线监控、水量统一调度、防汛应急管理等方面应用的理论体系，充分发挥工程最大效益。本文结合中线工程运行管理的特殊性、复杂性、多变性问题，实现工程运行管理过程全生命周期的监管和控制，确保南水北调工程安全、供水安全、水质安全。

关键词： 数字孪生；南水北调中线工程；运行管理；探索

1　概况

南水北调中线工程 1 432 km，惠及沿线 20 余座大中城市，通水近 8 年来，发挥了难以估量的经济效益、生态效益、民生效益和安全效益。为充分发挥长距离引调水工程作用，以数字化场景、智慧化模拟、精准化决策为路径，完善信息化基础设施，构建南水北调中线工程数字孪生水利工程，合理利用水资源，提升运行效率、降低运行成本、适应工程市场运营要求，利用先进的信息技术，实现工程水量调配、工程安全管理、工程运维管理等信息化应用。

南水北调中线工程运行管理中涉及安全监测、工程监管、应急预警、输水调度、设备设施维护等众多业务环节，有很强的系统性和综合性，信息科技的运用势在必行。信息化建设要求主要水利业务范围的主体信息资源采集、处理、传输、利用的全面规划，在这个过程中需要建立水利数据模型，实现水利数据全生命周期的采集、存储、交换、更新、共享，分析物联网、大数据、5G、数字孪生等技术的发展和无人机等技术与运行管理实际，持续推进中线工程运行管理的数字化、智能化水平建设，探索以数字孪生为桥梁，构建物理世界和虚拟世界数据实时交互、融合的运行管理体系。

2022 年 3 月水利部下发了《数字孪生流域建设技术大纲（试行）》《数字孪生水利工程建设技术导则（试行）》《水利业务"四预"基本技术要求（试行）》《数字孪生流域共建共享管理办法（试行）》，为南水北调数字孪生建设提供了技术支撑。通过数字孪生和南水北调中线工程运行管理进行理论融合分析，构建工程运行管理数字孪生体系，增强工程运行管理的信息全面感知能力、深度分析能力、科学决策能力和精准执行能力，大幅提高工程的智能化运行管理水平。

2　数字孪生技术运用的必要性

数字孪生是充分利用物理模型、传感器更新、运行历史数据等数字化的方式，描述物理对象的全要素，通过建立模型、仿真技术、模拟技术等技术手段，构建智慧水利工程运行管理孪生模型，对运行管理中物理对象全业务流程、全要素和全生命周期进行数据融合，实现数字化表达及可视化

作者简介： 管世珍（1982—），男，工程师，主要从事引调水工程运行管理工作。

操控[1]。

2.1 工程运行管理的需求

南水北调中线工程通水以来，持续扩大了信息化运用范围，不断完善信息化在输水调度、防洪度汛、设备设施维护等相关业务中的应用，显著提升了信息化、智能化水平。当前信息化建设仍存在短板，一是工程基础数据自动化采集设施不够完善，部分基础数据的采集还需要依赖人工作业。二是各业务相关部门还存在数据资源不对等现象，对大数据、人工智能等技术运用覆盖不全等，需要进行数据整合、分析和优化、辅助决策。

2.2 数字孪生技术的优势

南水北调中线工程线长、点多，运行维护难度大，可借助数字孪生捕获不同风险因素、操作场景和框架配置的数据的重建模型来预测工程存在风险及设备设施存在的故障。有助于节省开支，提高工程运行的可靠性、减少故障时长，并延长设备设施使用寿命。还可以模拟现实中的突发危险情况，帮助现地管理机构更早地预知风险，提前培训员工，规避风险。运用数字孪生，能够对整个流程的规划设计、执行过程进行模拟仿真、评估、优化、分析、决策和预测，可以直接在实验室中进行模拟，以了解新程序的危害和优势，提出问题不断修正，实现流程处置的闭环化和管理记录的电子化，从而产生最优化的处理方案，将成果直接运用到工程管理中[2]。

3 数字孪生与引调水工程运行管理融合理论分析

3.1 数字孪生

数字孪生思想由密歇根大学的 Michael Grieves 命名为"信息镜像模型"（information mirroring model），而后演变为"数字孪生"的术语，将各种传感器部署到物理实体上，通过感知物理世界的运行状态，在信息空间构建和物理实体相互映射、实时交互、高效协同的虚拟模型。最早应用在空间飞行器进行仿真分析、检测和预测，辅助地面管控人员进行决策[3]。近年来，数字孪生以数字化的形式在制造业产品的生产制造中得到了广泛应用，覆盖了产品全生命周期，实现了全过程的动态仿真，在质量分析、寿命预测、数据优化、流程工业、离散工业、数字工厂等方面得到了广泛应用，在智能制造的发展方向上具有很大的推动作用[4]。

3.2 数字孪生与中线工程运行管理融合分析

利用数字孪生理论，基于 GIS+BIM 技术，在信息空间中对工程物理实体进行刻画，构建相应的工程虚拟模型，虚拟模型与物理实体在空间位置、几何、物理、行为、规划等方面有准确的映射关系；并且虚拟模型和物理实体通过服务可以实现数据的实时交互，从而实现运行管理过程的可视化全景监视。建立输水调度信息平台，实现水量调度方案及实时调度过程相关要素的仿真模拟，有效提高水量调度决策的科学化、精细化水平。运用数字孪生技术构建引调水工程数字孪生系统，促成了多源异构数据的集成、交换和共享，能够实现引调水工程物理空间和信息空间的实时交互、迭代优化，在全线增强工程信息全面感知能力、深度分析能力、科学决策能力和精准执行能力[5]。

数字孪生技术是以各行业中日益增长的数据库存为基础，结合行业的数字手段，构建物理实体在虚拟空间中的孪生体模型，并基于模型结合虚拟空间技术对物理空间发展做出指导性预测[6]。中线工程运行管理涉及工程监测、运行监管、应急预警、输水调度、工程维护等多项业务，南水北调信息化建设包括主体信息资源采集、处理、传输、运用的全面规划，并且建立了数据模型，实现了水利数据全生命周期的采集、存储、交换、更新、共享等。而数字孪生技术和水利信息化建设存在技术上的共同点，而数字孪生技术借助历史数据、实时数据、大数据分析、算法模型等，实现预报、预警、预演、预案功能，提高水资源的管理和利用水平。数字孪生的思想和实现中线工程信息化之间有着众多的共同点，数字孪生为精细化运行管理提供许多理论上和技术上的支持[7]。

4 运行管理数字孪生体系构建

南水北调中线工程基于运行管理需要，从构建目标、构建原则、主要功能、实现方式几个方面系统阐述了数字孪生体系构建的全过程。

4.1 构建目标

根据南水北调中线工程运行管理的现状，运行管理数字孪生体系建设实现以下目标：

（1）虚拟与工程实体相互结合。

南水北调中线工程信息化发展以输水调度、防洪度汛为中心工作，整合各专业信息化资源，优化资源配置，对信息资源再开发和再利用，强化信息技术与运行管理业务深度融合。基于南水北调中线工程运行管理所面临的环境、状态、行为、特性的不确定性和不稳定性，要求物理空间与信息空间中人、机、物、环境、信息等要素保持高度一致，构建相互映射、适时交互、高效协同的复杂系统，实现按需响应、快速迭代、动态优化的目标。

（2）实现全要素、全流程、全业务集成融合。

一是通过物联网、互联网等技术，将工程中的各生产要素在信息空间进行全要素重建及数字化映射，在统一空间进行统一用户管理、统一数据交换，实现运行管理全要素集成与融合。二是通过工程数字孪生体对水利工程运行管理过程环节进行实时的监测，依据实时的仿真数据、实时运行数据和历史数据对运行管理进行评估、修正、预测等，运行管理全流程的集成与融合。三是通过业务和应用全线的各专业基础数据，以及对象空间和业务关系等数据，进行整合，实现跨专业数据共享，运行管理全业务的集成与融合。

4.2 构建原则

一是对物理对象真实反映，由于工程运行环境的复杂性和多变性，物理实体要有实时感知和互联能力，能够对人、机、物、环境这四大要素进行全面的感知和融合，确保对物理对象真实可靠的实时采集和传输。二是虚拟模型构建的真实性和可靠性，通过建立的模型能够对输水调度、数据监测、工程巡查、工程养修维护、安全管理等进行模拟仿真、评估、优化、预测和决策，实现实时监测、预测和管控。三是确保孪生数据全面性、集成性和动态性。孪生数据是推动数字孪生与工程运行管理相结合的核心，通过动态实时的交互将物理实体、虚拟模型和服务系统连接成一个有机的整体，孪生数据不断地迭代优化，能够真实、实时反映工程现状。四是能够提供智能运行、精准管控和可靠运维服务，实现资源的合理配置，提高水利工程运行管理的效率[8]。

4.3 主要功能

（1）工程管理的过程控制。

工程运行管理数字孪生体系主要作用是模拟、评估、优化、分析、监控和预测工程实体的过程。通过数字孪生体可以对物理实体进行可视化监控，能够对水利设施设备进行故障诊断、故障定位和健康管理。建立预测模型，利用监测的实时数据、历史数据、经验库、知识库等，通过聚类分析、数据挖掘等数据处理分析技术来对运行管理中各个业务未来运行情况进行预测，从而能够提前做好预防保障和维护措施。

（2）运行管理全生命周期数据整合与共享。

运用数字孪生技术，将运行管理各业务板块在工程数字孪生体中实时映射，以数字孪生体为主要数据来源，对管理过程中的状态、行为、物理参数等进行监测，实现运行管理全生命周期的高效协同。数字孪生体对水利业务范围的主体信息资源采集、处理、传输和利用进行全面规划，最终通过统一的资源管理服务平台实现数据共享。

4.4 实现方式

数字孪生体系构建分为四个阶段：一是运行管理数字孪生应用方案设计，该阶段明确各个数字孪生体系所要实现的功能以及相应的处理流程。二是虚拟模型构建，将人、机、物、环境等要素全面接入信息空间，构建几何、物理、行为、规则等多维度的虚拟模型，对各要素进行真实刻画和描述建模。通过信息技术手段对虚拟模型进行不断优化，保证模型精确真实。三是信息物理融合，建立要素模型，分析研究各个模型间的关系，根据全要素、全流程、全业务的相关数据，进行数据技术处理，实现信息物理融合。四是数据驱动的服务生成，通过虚拟模型对数据进行集成和共享，在运行管理过程中提供动态智能决策功能，对全要素数据进行智能分析与决策，实时控制管理过程。

4.5　数字孪生体系组成及应用

4.5.1　组成

依据南水北调中线工程运行管理数字孪生体系的特征，构建了工程运行管理数字孪生体系。一是数字孪生平台：数据底板、模型库、知识库和孪生引擎等；二是信息基础设施：监测感知体系、通信网络、运行环境、应用支撑平台和计算与存储系统等；三是业务应用系统：三维综合决策可视化平台、水量智慧调度管理系统、工程运行管理系统和工程安全管理系统等；四是系统集成：业务应用集成、通信系统集成、计算机网络系统集成和信息采集系统集成等。

4.5.2　应用

结合数字孪生技术在南水北调中线工程上的应用，最为典型的就是防汛应急与输水调度业务数字孪生技术的应用。南水北调中线工程已建成全线数字场景，完成中线"一张图"，监测感知体系覆盖全线，防汛、调度基本实现自动化、智慧化、可视化。

5　结语

数字孪生作为一种新兴的科学技术，处于快速发展阶段，并在多个领域得到了运用。南水北调工程是我国的重大战略性基础设施，本文创新性地提出数字孪生技术在南水北调中线工程运行管理中的运用，在工程信息化建设的基础上，构建了基于数字孪生技术的运行管理体系，实现南水北调中线工程输水调度、应急管理、设备设施维护等过程全生命周期的监测与管理。研究成果已经在输水统一调度、应急管理等业务领域得到应用，增强了长距离调水工程运行管理的科学性和前瞻性。

参考文献

[1] 佟林杰，牛朝文. 基于数字孪生的智慧城市建设研究 [J]. 四川行政学院学报，2021 (5)：9.

[2] 张敏. 水利工程管理中信息技术的实践应用 [J]. 民营科技，2018 (10)：181.

[3] 朱冰. 分析水利工程运行管理方式改革 [J]. 农家参谋，2018 (23)：231，281.

[4] 吴雁，王晓军，何勇，等. 数字孪生在制造业中的关键技术及应用研究综述 [J]. 现代制造工程，2021 (9)：137-145.

[5] 霍建伟，李永胜，张军珲，等. 数字孪生技术在引调水工程运行管理中的应用 [J]. 小水电，2021 (5)：15-17.

[6] 龙玉江，李洵，舒彧，等. 数字孪生技术的应用及进展 [J]. 上海电力大学学报，2022，38 (4)：409-414.

[7] 申振，姜爽，聂麟童. 数字孪生技术在水利工程运行管理中的分析与探索 [J]. 东北水利水电，2022，40 (8)：62-65.

[8] 干慧瑛. 基于数字孪生技术的水利工程运行管理体系构建措施 [J]. 大众标准化，2022 (15)：27-29.

自动雨量站在南水北调中线西黑山枢纽的实践应用及问题建议

（中国南水北调集团中线有限公司天津分公司，天津　300393）

摘　要：自动雨量站作为南水北调中线工程防洪信息管理系统的一部分，投运以来经历了 6 个汛期的实践应用。通过分析雨量站采集的降雨数据，为防汛会商研判、预警备防、调度优化等工作提供了基础支撑，在保证工程安全度汛方面发挥了较大作用。南水北调中线为线性工程，设置在节制闸场区的雨量站，其数据能否完全代表某一辖区实际应深入研究。本文以西黑山枢纽为例，分析研究自动雨量站的实践应用以及存在的问题，提出部分合理化建议。

关键词：自动雨量站；南水北调；实践应用；问题建议

1　引言

温湿一体自动雨量站是"南水北调中线干线自动化调度与运行管理决策支持系统"中工程防洪信息管理系统的硬件设施之一，主要作用是采集雨量站所在节制闸场区的降雨数据，通过数据处理模块上传至防洪信息管理系统电脑终端，为管理层分析和研判雨水情及其可能造成的影响提供基础数据，提高会商和决策的精准度，确保防汛工作有效、有序开展，保证工程安全平稳运行。

南水北调中线干线工程共设置 63 座温湿一体自动雨量站，位置均安装在参与全线输水调度的节制闸所在场区，作为汛期中线工程沿线实时监测和会商研判的重点监测站。雨量站分布情况为：按所属分公司划分，渠首 11 座、河南 26 座、河北 20 座、天津 2 座、北京 4 座；按所在管理处划分，除天津分公司徐水、容雄、霸州 3 处所辖范围均为箱涵且无节制闸外，其他 41 个均有设置。因参与输水调度的节制闸在全线分布不一，雨量站站点间距没有明显规律，一般为 9~30 km（天津分公司除外）[1]。

2　实践应用

2.1　建设情况

西黑山枢纽温湿一体自动雨量站（简称"节制闸雨量站"）初步设计位置位于西黑山节制闸上游、排冰闸右侧，坐标东经 115°23′46″、北纬 39°04′46″，总干渠桩号 1 121+500 处，于 2016 年基本建成。按照《关于防洪信息管理系统使用有关事宜的通知》（中线局信机〔2016〕74 号）"为尽快检验系统功能，发挥工程防洪信息管理系统效益，在全线全面开启试用"有关要求，2016 年汛期西黑山枢纽节制闸雨量站开始投入使用。

2018 年初，国务院南水北调办公室"飞检"大队检查过程中提出，雨量站现地位置与周边障碍物距离超出规定最小值，不满足"观测场不能完全避开建筑物、树木等障碍物的影响时，雨量计至障碍物边缘的距离应大于障碍物顶部与承雨器口高差的 2 倍"的要求[2]。经研究，将其迁移至节制闸下游右侧，距原址直线距离约 100 m。西黑山枢纽所辖范围桩号 1 113+777~1 127+928，全长

作者简介：张君荣（1981—），男，高级工程师，副处长，主要从事南水北调工程运行管理相关工作。

14. 15 km[3]，迁移前后均基本位于辖区中间。

2.2 工作原理

节制闸雨量站由场站设施（围栏、基础、接地系统等）、数字雨量计、温湿度传感器、数据采集终端、通信模块、供电系统（太阳能电池板、蓄电池、太阳能充电控制器）、信号线避雷器等组成。主体设备为翻斗式数值雨量计，通过数据处理模块将采集到的实时数据，按设定频次上传至防洪信息管理系统电脑终端。雨量站工作原理见图1。

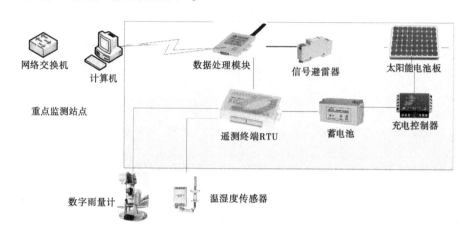

图 1 节制闸雨量站工作原理图

2.3 运行维护

2.3.1 前期维护

建成初期，主要按照《防洪信息管理系统协调会议纪要》（中线局纪要〔2017〕65 号）明确的内容进行维护，包括对雨量计进行清洗，避免因尘土、杂物等影响测量精度；检查周边环境，及时清除遮蔽障碍；检查雨量计筒身是否变形或损坏，有则及时更换；对雨量计进行注水试验，确保最大误差满足要求。运行维护频次每月开展一次。

2.3.2 标准维护

正式投用后，为更好地规范运行维护工作，保证防洪系统正常运行，原南水北调中线建管局编制了工程防洪系统维护标准。新的维护标准对节制闸雨量站硬件设施从观测站场、雨量计、温湿度传感器、数据采集终端、通信模块、电源系统设备、信号线避雷器、避雷接地设施等 8 个方面，在汛前（4—5 月）、汛中（6—9 月）、汛后（10—11 月）、冰期（12 月至次年 2 月）等不同时段，明确了 10 项、24 条、30 款具体检查与维护的内容、标准、要求、频次[4]，运行维护工作进入标准化规范化阶段。

2.4 应用实践

2.4.1 数据采集

工程防洪信息管理系统试运行期间，考虑蓄电池使用寿命等因素，暂定采集及上传数据的频次设置为每 1 h 一次，但对实际降雨过程、降雨强度等重要信息反馈不全面，经研究讨论，确定将频次调整为每 3 min 一次，满足《降水量观测规范》（SL 21—2015）中"记录时间间隔宜设置为 5 min，需要时可设置 1 min"的规定。

2.4.2 实况监测

根据初步设计意图，结合西黑山枢纽参与输水调度的节制闸设置情况，节制闸雨量站降雨实况即可认为是辖区实际降雨情况。因此，可以通过电脑终端反馈的降雨量数值，随时掌握辖区实时雨情，结合阶段或时段降雨过程，经会商研判对防汛工作采取预警、备防、响应以及利用闸门调节控制运行水位等相应的防范措施。

2.4.3 数据上报

为全面、准确、快速地掌握中线工程沿线雨水情，便于统筹安排公司防汛工作，自通水以来即实行了汛期防汛日报制度，内容涵盖了天气状况等。2016 年，进一步明确了天气情况描述及上报时限规定，要求现地管理处每天 7：30 之前上报所属分局[5]。防洪信息管理系统投运前，天气情况来源为属地天气预报。投入试用后，降雨量数值及等级开始采用节制闸雨量站过去 24 h 降雨量进行上报，与天气预报相比，精准度增强，更加切合实际情况。

2.4.4 拓展应用

（1）暴雨预警。

暴雨预警信号分四级，以蓝、黄、橙和红表示。预警标准分别是：12 h 内降雨量将达 50 mm 以上，或者已达 50 mm 以上且降雨可能持续为蓝色；6 h 内降雨量将达 50 mm 以上，或者已达 50 mm 以上且降雨可能持续为黄色；3 h 内降雨量将达 50 mm 以上，或者已达 50 mm 以上且降雨可能持续为橙色；3 h 内降雨量将达 100 mm 以上，或者已达 100 mm 以上且降雨可能持续为红色。由此可依据 12 h、6 h、3 h 降雨量数值，结合暴雨防御指南和本单位应急预案，开展检查、盯防、清淤、排水、覆盖、抢险等应对工作。

（2）雨中巡查。

为加强防汛风险监控，保障工程度汛安全，需对风险项目开展雨中、雨后巡查。巡查要求为：大雨及以上降雨持续 1~2 h，雨后立即巡查；大雨及以上降雨持续 2 h 以上，安排雨中巡查，每遍间隔时间不大于 4 h[6]。降雨等级的确定，主要以节制闸雨量站实时数值综合判断，为及时开展雨中巡查提供了遵循。

（3）涉险转移。

根据历年雨情及土壤墒情，一般进入 7 月土壤已趋于饱和，如遇较大降雨或短时间强降雨，造成灾害的可能性将明显增大。地方防指明确提出南水北调总干渠区域降雨达到 100 mm 或小时雨强达到 30 mm 时，立即组织涉险群众准备转移；降雨量达到 150 mm 或小时雨强达到 50 mm 时，立即安全转移[7]。节制闸雨量站实时数据的采集与反馈，为沿线涉险群众转移提供了及时、准确的预警条件。

2.4.5 规律总结

本文以 2016—2020 年连续 5 个汛期数据为例，节制闸雨量站降雨等级中雨及以上天数 53 d，按年度顺序分别为 7 d、10 d、11 d、12 d、13 d；暴雨及以上天数 8 d，分别为 1 d、2 d、1 d、2 d、2 d；暴雨及以上出现在 7 月 20—29 日的天数 5 d、8 月 12 日 1 d，占主汛期暴雨天数的 75%。由此可见，近年来辖区汛期降雨天数总体呈增长趋势；暴雨及以上降雨基本集中发生在"七下八上"主汛期；降雨天数 6 月和 9 月分别约占 10%，7 月约占 50%，8 月约占 30%。2016—2020 年汛期降雨统计情况见表 1。

表 1 西黑山枢纽 2016—2020 年汛期降雨统计

年份	降雨日期（月-日）	地方雨量站			节制闸雨量站		差值	倍数	备注
		降雨量数值/mm	降雨量等级	站点名称	降雨量数值/mm	降雨量等级	地方－节制闸	地方/节制闸	
2016 年	06-06—06-07	15.9	中雨	义联庄站	10.6	中雨	5.3	1.5	
	06-13—06-14	18.6	中雨	曲水站	14.5	中雨	4.1	1.3	
	06-27—06-28	10.9	中雨	义联庄站	8.6	小雨	2.3	1.3	
	07-12—07-13	19.7	中雨	白堡站	7.4	小雨	12.3	2.7	
	07-20—07-21	107.2	大暴雨	曲水站	187.5	大暴雨	−80.3	0.6	西黑山 0
	07-24—07-25	62.2	暴雨	下子口站	16	中雨	46.2	3.9	
	07-30—07-31	24.5	中雨	南陈庄站	14.3	中雨	10.2	1.7	
	08-12—08-13	35.5	大雨	南陈庄站	11.6	中雨	23.9	3.1	
	08-13—08-14	19.3	中雨	曲水站	4.9	小雨	14.4	3.9	
	09-11—09-12	12.9	中雨	曲水站	17.8	中雨	−4.9	0.7	

续表 1

年份	降雨日期（月-日）	地方雨量站			节制闸雨量站		差值	倍数	备注
		降雨量数值/mm	降雨量等级	站点名称	降雨量数值/mm	降雨量等级	地方-节制闸	地方/节制闸	
2017 年	06-21—06-22	19.5	中雨	南陈庄站	15.3	中雨	4.2	1.3	
	06-25—06-26	32.4	大雨	下子口站	13	中雨	19.4	2.5	
	07-05—07-06	15	中雨	曲水站	12.6	中雨	2.4	1.2	
	07-06—07-07	55.2	暴雨	曲水站	49.8	大雨	5.4	1.1	
	07-14—07-15	102.2	大暴雨	白堡站	20.9	中雨	81.3	4.9	
	07-20—07-21	130.7	大暴雨	义联庄站	55.9	暴雨	74.8	2.3	
	07-24—07-25	13.9	中雨	曲水站	11.9	中雨	2	1.2	
	08-12—08-13	21.4	中雨	白堡站	4.2	小雨	17.2	5.1	
	08-19—08-20	11.9	中雨	曲水站	14.5	中雨	-2.6	0.8	
	08-22—08-23	110.8	大暴雨	白堡站	67.6	暴雨	43.2	1.6	
	08-27—08-28	30	大雨	义联庄站	24.7	中雨	5.3	1.2	
2018 年	06-09—06-10	12.5	中雨	南陈庄站	5.7	小雨	6.8	2.2	
	07-07—07-08	25.6	大雨	义联庄站	17.9	中雨	7.7	1.4	
	07-09—07-10	41.3	大雨	曲水站	32.2	大雨	9.1	1.3	
	07-11—07-12	60.2	暴雨	义联庄站	32.4	大雨	27.8	1.9	
	07-15—07-16	97	暴雨	南陈庄站	20.9	中雨	76.1	4.6	
	07-16—07-17	47.5	大雨	下子口站	40.3	大雨	7.2	1.2	
	07-17—07-18	43.3	大雨	曲水站	32.3	大雨	11	1.3	
	07-18—07-19	27.5	大雨	义联庄站	11.4	中雨	16.1	2.4	
	07-23—07-24	16.4	中雨	义联庄站	9.2	小雨	7.2	1.8	
	07-24—07-25	69.3	暴雨	义联庄站	26.3	大雨	43	2.6	
	08-05—08-06	185.5	大暴雨	白堡站	0.1	小雨	185.4	1855	节制闸雨量站故障
	08-11—08-12	43.3	大雨	义联庄站	20.2	中雨	23.1	2.1	
	08-12—08-13	35.3	大雨	曲水站	28.4	大雨	6.9	1.2	
	09-01—09-02	14.5	中雨	义联庄站	12.1	中雨	2.4	1.2	
2019 年	06-06—06-07	23	中雨	白堡站	0.1	小雨	22.9	230	节制闸雨量站无降雨
	07-02—07-03	12.5	中雨	白堡站	0.1	小雨	12.4	125	节制闸雨量站无降雨
	07-05—07-06	17	中雨	南陈庄站	0.1	小雨	16.9	170	节制闸雨量站无降雨
	07-10—07-11	20.5	中雨	义联庄站	0.1	小雨	20.4	205	节制闸雨量站无降雨
	07-16—07-17	16.3	中雨	曲水站	17.3	中雨	-1	0.9	

续表1

年份	降雨日期（月-日）	地方雨量站			节制闸雨量站		差值	倍数	备注
		降雨量数值/mm	降雨量等级	站点名称	降雨量数值/mm	降雨量等级	地方-节制闸	地方/节制闸	
2019年	07-17—07-18	54.5	大雨	南陈庄站	16.6	中雨	37.9	3.3	
	07-19—07-20	13	中雨	白堡站	0.1	小雨	12.9	130	
	07-22—07-23	73.1	暴雨	曲水站	76.3	暴雨	-3.2	1.0	
	07-27—07-28	15.5	中雨	西黑山站	10.5	中雨	5	1.5	
	07-28—07-29	92.3	暴雨	曲水站	73.7	暴雨	18.6	1.3	
	07-29—07-30	41.5	大雨	白堡站	17.1	中雨	24.4	2.4	
	08-04—08-05	26.3	大雨	曲水站	21.5	中雨	4.8	1.2	
	08-05—08-06	57.5	暴雨	白堡站	9.4	小雨	48.1	6.1	
	08-06—08-07	31.5	大雨	下子口站	15.1	中雨	16.4	2.1	
	08-15—08-16	20.3	中雨	白堡站	13.3	中雨	7	1.5	
	09-09—09-10	29	大雨	南陈庄站	27	大雨	2	1.1	
	09-10—09-11	15	中雨	南陈庄站	13.7	中雨	1.3	1.1	
	09-12—09-13	16.5	中雨	曲水站	13.5	中雨	3	1.2	
2020年	06-01—06-02	10.4	中雨	义联庄站	8.3	小雨	2.1	1.3	
	06-24—06-25	20	中雨	西黑山站	12.5	中雨	7.5	1.6	
	07-02—07-03	20	中雨	义联庄站	15.3	中雨	4.7	1.3	
	07-08—07-09	15	中雨	白堡站	12	中雨	3	1.3	
	07-12—07-13	47.5	大雨	南陈庄站	31.5	大雨	16	1.5	
	07-26—07-27	56.5	暴雨	曲水站	49.3	大雨	7.2	1.1	
	08-01—08-02	50	暴雨	下子口站	44.9	大雨	5.1	1.1	
	08-05—08-06	30.5	大雨	下子口站	17.1	中雨	13.4	1.8	
	08-06—08-07	16.5	中雨	西黑山站	14.8	中雨	1.7	1.1	
	08-09—08-10	29	大雨	下子口站	7.9	小雨	21.1	3.7	
	08-12—08-13	88.5	暴雨	南陈庄站	81.3	暴雨	7.2	1.1	
	08-23—08-24	82.1	暴雨	曲水站	1.5	小雨	80.6	54.7	节制闸雨量站故障
	08-31—09-01	30	大雨	南陈庄站	23.8	中雨	6.2	1.3	
	09-22—09-23	50	暴雨	南陈庄站	43	大雨	7	1.2	
	09-28—09-29	22	中雨	白堡站	24.3	中雨	-2.3	0.9	

3 存在的主要问题

3.1 数据新规

南水北调中线为线性工程，各管理处辖区节制闸个数不同、间距不一，所辖长度相差较大，单个雨量站数据不能完全代表辖区全线实际降雨情况。2017 年 7 月，对防汛日报中的降雨量提出最新规定，要求通过冀汛通、工程防洪信息管理系统等途径查询，取总干渠两侧附近和交叉河流左岸上游流域范围内最大值进行上报。

3.2 站点选取

通过查询冀汛通系统 2015—2017 年连续三年有降雨量数据的所有站点，筛选出总干渠左右岸最近的 8 个地方雨量站点。站点类型、相对位置、行政区划、垂直距离等具体见表 2。之后，防汛日报中降雨量以节制闸雨量站与地方站点相比较的最大值作为上报数据。

表 2　总干渠两侧地方水文气象站点分布

序号	站点名称	站点类型	站点编号	相对位置（总干渠）	相对位置（节制闸）	距渠道垂直距离/km	所在区县	备注
1	白堡	水文	30856855	左	上游	1.9	满城	
2	下子口	水文	30856870	右	上游	3.2	满城	
3	义联庄	气象	B1744	左	上游	1.2	徐水	
4	西黑山	水文	30856908	右	上游	0.3	徐水	
5	节制闸	—	—	—	—	—	徐水	
6	南陈庄	水文	30856905	左	下游	1.2	徐水	
7	曲水	气象	B1912	右	下游	1.9	徐水	
8	曲水	水文	30809750	右	下游	2.9	徐水	
9	釜山	水文	30842710	右	下游	1.2	徐水	

3.3 对比分析

本文仍以 2016—2020 年 5 个汛期降雨量数据为例，以二者中雨及以上级别降雨量最大值作为上报数据进行分析对比，地方雨量站称前者，节制闸雨量站称后者。

3.3.1 2016 年对比结果

10 次中雨及以上级别降雨，8 次前者大于后者，且 5 次降雨级别不同。8 次地方站点中上游 4 次、下游 4 次，左岸 5 次、右岸 3 次。

3 次大雨及以上级别降雨，2 次前者大于，2 次降雨级别不同。2 次地方站点中，上游 1 次、下游 1 次，左岸 1 次、右岸 1 次。

降雨量差值最大为 46 mm，降雨量等级差 2 级，降雨量数值比约 4 倍。详见表 3。

表 3　2016 年降雨情况对比

项目		总次数/次	地方站/次	节制闸站/次	降雨级别不同次数/次	相对位置（上游）	相对位置（下游）	相对位置（左岸）	相对位置（右岸）	最大降雨量数值差/mm	最大降雨量比值	最大降雨级别差
2016 年	中雨及以上	10	8	2	5	4	4	5	3	46	4	2
	大雨及以上	3	2	1	2	1	1	1	1			

3.3.2 2017 年对比结果

11 次中雨及以上级别降雨，10 次前者大于后者，且 7 次降雨级别不同。10 次地方站点中上游 6 次、下游 4 次，左岸 6 次、右岸 4 次。

6 次大雨及以上级别降雨，前者均大于后者，且 6 次降雨量级别均不同。相对位置上游 5 次、下游 1 次，左岸 4 次、右岸 2 次。

降雨量差值最大为 81 mm，降雨量等级差 2 级，降雨量数值比约 5 倍。详见表 4。

表 4　2017 年降雨情况对比

项目		总次数/次	地方站/次	节制闸站/次	降雨级别不同次数/次	相对位置（上游）	相对位置（下游）	相对位置（左岸）	相对位置（右岸）	最大降雨量数值差/mm	最大降雨量比值	最大降雨级别差
2017年	中雨及以上	11	10	1	7	6	4	6	4	81	5	2
	大雨及以上	6	6	0	6	5	1	4	2			

3.3.3　2018 年对比结果

14 次中雨及以上级别降雨量，均为前者，且 8 次降雨级别不同。14 次地方站点中上游 9 次、下游 5 次，左岸 10 次、右岸 4 次。

11 次大雨及以上级别降雨量，均为前者，且 6 次降雨级别不同。11 次地方站点中上游 7 次、下游 4 次，左岸 7 次、右岸 4 次。

降雨量差值最大为 76 mm，降雨量等级差 2 级，降雨量数值比约 5 倍。详见表 5。

表 5　2018 年降雨情况对比

项目		上报次数/次	地方站/次	节制闸站/次	降雨级别不同次数/次	相对位置（上游）	相对位置（下游）	相对位置（左岸）	相对位置（右岸）	最大降雨量数值差/mm	最大降雨量比值	最大降雨级别差
2018年	中雨及以上	14	14	0	8	9	5	10	4	76	5	2
	大雨及以上	11	11	0	6	7	4	7	4			

3.3.4　2019 年对比结果

18 次中雨及以上级别降雨量，16 次前者大于后者，且 10 次降雨级别不同。16 次地方站点中上游 9 次、下游 7 次，左岸 11 次、右岸 5 次。

8 次大雨及以上级别降雨量，7 次前者大于后者，且 5 次降雨级别不同。7 次地方站点中上游 3 次、下游 4 次，左岸 5 次、右岸 2 次。

降雨量差值最大为 48.1 mm，降雨量等级差 3 级，降雨量数值比约 6 倍。详见表 6。

表 6　2019 年降雨情况对比

项目		上报次数/次	地方站/次	节制闸站/次	降雨级别不同次数/次	相对位置（上游）	相对位置（下游）	相对位置（左岸）	相对位置（右岸）	最大降雨量数值差/mm	最大降雨量比值	最大降雨级别差
2019年	中雨及以上	18	16	2	10	9	7	11	5	48.1	6.1	3
	大雨及以上	8	7	1	5	3	4	5	2			

3.3.5　2020 年对比结果

15 次中雨及以上级别降雨量，14 次前者大于后者，且 7 次降雨级别不同。14 次地方站点中上游 8 次、下游 6 次，左岸 7 次、右岸 7 次。

9 次大雨及以上级别降雨量，均为前者，且 6 次降雨级别不同。9 次地方站点中，上游 3 次、下游 6 次，左岸 4 次、右岸 5 次。

降雨量差值最大为 17.4 mm，降雨量等级差 2 级，降雨量数值比约 4 倍。详见表 7。

表 7 2020 年降雨情况对比

项目		上报次数/次	地方站/次	节制闸站/次	降雨级别不同次数/次	相对位置（上游）	相对位置（下游）	相对位置（左岸）	相对位置（右岸）	最大降雨量数值差/mm	最大降雨量比值	最大降雨级别差
2020 年	中雨及以上	15	14	1	7	8	6	7	7	17.4	3.7	2
	大雨及以上	9	9	0	6	3	6	4	5			

3.4 综合结论

3.4.1 量值差距

总干渠两侧地方雨量站数值大于节制闸雨量站数值的次数占 91.2%（中雨及以上）、94.6%（大雨及以上），最大降雨量差值 21~81 mm，最大降雨量比值 4~6 倍。

3.4.2 级别差距

总干渠两侧地方雨量站降雨级别大于节制闸雨量站降雨级别的次数占 54.4%（中雨及以上）、67.6%（大雨及以上），最大降雨级别差 3 级。

3.4.3 站点分析

总干渠两侧地方雨量站最大值分布为：中雨及以上，上游 58%、下游 42%、左岸 63%、右岸 37%；大雨及以上，上游 54%、下游 46%、左岸 60%、右岸 40%；总干渠上游左侧义联庄站统计数据占 30%，降雨量数值及降雨级别与其所对应的左排过水情况相符；总干渠下游左侧南陈庄站统计数据占 19%，但与其所对应的左排过水情况不符。

3.5 主要问题

经过上述数据对比分析，存在的主要问题为：节制闸雨量站数值不能代表所辖区域实际降雨情况；总干渠两侧地方站点最大值与节制闸雨量站数值相差较大，一方面不能确定是否在控制流域范围之内，另一方面年度降雨量分别汇总结果明显偏差；总干渠两侧地方站点降雨数值不稳定，受其测试、维护因素影响准确度。

4 下一步工作建议

节制闸雨量站建成运行以来，为防洪度汛工作提供了最基础、最前沿的数据支撑，保证了工程安全运行。针对前述问题，提出以下几条建议：一是总干渠上游左岸义联庄站判定为控制流域范围内，可作为辖区降雨参考；总干渠右侧西黑山站紧邻渠道可作为参考，其他站点舍弃。二是在辖区上下游适当位置各增设一处自动雨量站，纳入现有防洪信息管理系统一并维护、使用。三是严格按照有关标准开展雨量站日常维护，加强汛期设备设施检查，确保数据精准无误。

参考文献

[1] 北京市电信规划设计院有限公司，黄河勘测规划设计研究院有限公司．工程防洪信息管理系统初步设计报告 [R]

[2] 中华人民共和国水利部．降水量观测规范：SL 21—2015 [S]．北京：中国水利水电出版社，2015.

[3] 天津分公司防汛应急预案：QNSBDZX（TJ）409.10—2022 [S]．2002.

[4] 工程防洪信息管理系统维护标准：Q/NSBDZX 111.01—2019 [S]．2019.

[5] 南水北调中线干线工程防汛值班工作制度 [R].

[6] 防汛风险项目雨中雨后巡查工作标准 [R].

[7] 汛期涉险群众转移降雨量标准 [R].

液控缓闭阀在雁栖泵站的应用

郑 班[1] 吴良宇[2]

(1. 北京市南水北调团城湖管理处，北京 100195；
2. 江苏省骆运水利工程管理处，江苏宿迁 223800)

摘 要：缓闭阀是管道输水系统中的重要水力部件，在水泵停运过程中消除、抑制水锤的发生和控制水泵倒转具有重要作用。典型泵站缓闭阀的开启和关闭是与水泵联锁进行的，关阀时应根据水泵的特性确定泵阀联锁动作顺序，通过分析液控缓闭阀在雁栖泵站的应用，选择两段式关阀时对水锤防护效果明显，为同类型泵站提供借鉴。

关键词：泵站；缓闭阀；两段式关阀；蓄能器；水锤防护

1 引言

蝶形缓闭止回阀（简称缓闭阀）是指靠介质正向压力（或液压操作）推动蝶板开启，关阀时靠蝶板及介质反向压力（或液压操作）推动蝶板，利用缓冲装置阻尼作用关闭行程，防止破坏性水锤发生并参与控制水泵反向转速的阀门[1]。缓闭阀是管道输水系统中设置在水泵出口的一种常用的水力部件，在水泵停运过程中消除、抑制水锤的发生和控制水泵倒转具有重要作用。熊治国[2] 简述了微阻缓闭阀的适用场合及特点，同时对微阻缓闭阀工作环境进行了研究分析。根据缓闭阀操作机构形式，董前君[3] 介绍了靠介质压力工作的缓闭阀结构，胡俊凡等[4] 简要介绍了重锤型液控缓闭阀，苏荆攀等[5] 介绍了旋转液压旋启式缓闭阀的结构特点和工作原理。笔者主要介绍蓄能罐式液控缓闭阀在雁栖泵站的应用，介绍其工作原理、液压式工作机构和两段式关阀对水锤的防护效果。

2 工程概况

雁栖泵站是密云水库调蓄工程的第 8 梯级提升泵站，泵站安装 1200×1000 DV-CH-55.8 型卧式单级双吸离心泵 3 台（2 用 1 备），单泵设计流量 5 m³/s，输水流量 10 m³/s，设计扬程 55.8 m，叶轮直径 1 400 mm，转速 498 r/min，配套卧式异步电动机，额定电压 10 kV，额定功率 4 000 kW，泵站总装机容量 12 000 kW，于 2015 年 9 月 21 日投入运行。

雁栖泵站 3 台机组出水管管径均为 DN1 600，三泵一管形式汇成 1 条 DN2 600 主管，接入 DN2 600 预应力钢筒混凝土管（PCCP）干管，长度约 22 km，干管出口入 9 站调节池。在 1# 机组北侧设置 2 条 DN1 400 反向自流输水管（称调流管），设计流量 5.5 m³/s。雁栖泵站水泵、阀门及管路示意图见图 1，管路阀门配置情况见表 1。

3 缓闭阀应用

3.1 选择缓闭阀的缘由

（1）水锤防护需要。由于雁栖泵站属于长管道（22 km）、高扬程泵站（55.8 m），再加上大口径管道（DN2 600），应特别重视水锤防护问题[6]。经计算 PCCP 管道满管水量约为 11.7×10⁴ m³，后续

作者简介：郑班（1983—），男，水利工程师，主要从事南水北调水利工程提水泵站的运行和管理工作。
通信作者：吴良宇（1972—），男，高级工程师，主要从事泵站运行和管理工作。

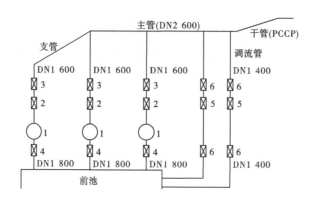

1—水泵；2—液控缓闭阀；3（4，6）—电动检修阀；5—电动调流阀。

图 1 雁栖泵站水泵、阀门及管路示意图

表 1 管路阀门配置

序号	位置	型号	管径	公称压力/MPa	操作形式	功能
1	水泵出口	Dx7pk41X-10Q	DN1 600		液压	工作阀
		Ddw941X-10Q	DN1 600		电动	检修阀
2	水泵进口	Ddw941X-10Q	DN1 800	1.0	电动	检修阀
3	调流管	Lnw941X-10Q	DN1 400		电动	工作阀
		Ddw941X-10Q	DN1 400		电动	检修阀

　　还有 9 站调节池水量补充，会形成很大的水锤冲击力。水泵本体不应承受水泵出口水推力和停机时的水重力及水锤冲击力，否则会损坏水泵结构、阀门和管道。缓闭阀兼有阀门和止回阀的功能，能有效减轻水锤效应。雁栖泵站采用大功率离心泵机组与缓闭阀形成联动，通过预设的开阀和关阀程序可以对管道水流有很好的断流作用。

　　（2）停泵需要。长距离输水工程正常停泵或事故停泵时，水泵及管路系统的水锤瞬态参数应满足泵站设计规范规定[7]：离心泵最高反转速度不应超过额定转速的 1.2 倍，超过额定转速的持续时间不应超过 2 min；最高压力不应超过水泵出口额定压力的 1.3~1.5 倍。缓闭阀可以预防泵站机组在停机过程中断流后发生水锤现象以及避免水泵发生飞逸。

3.2 缓闭阀的特点

　　雁栖泵站选用 Dx7pk41X-10Q 蓄能罐式液控缓闭止回蝶阀，它具有如下主要特点：

　　（1）阀体、蝶板材料均采用 QT450-10 铸造，阀轴、过流表面的紧固件均采用不锈钢制作。

　　（2）主密封形式为不锈钢-橡胶，采用双偏心结构，其密封性能可靠，橡胶密封圈磨损后可通过蝶板上的调节螺钉进行密封补偿调节；轴端密封采用双重补偿性运动密封结构，密封效果好，抗泥沙效果优异。

　　（3）阀体及蝶板具有足够的强度和刚度，蝶板造形采用流线形设计，流阻系数小。缓闭阀各开度下的阻力系数曲线见图 2，阀门全开时阻力系数 $\xi = 0.137$。

3.3 缓闭阀的结构

　　缓闭阀主要由阀体、阀板、阀轴、液压油缸、传动机构、密封等组成，结构示意图见图 3。其操作是通过液压站进行的。

　　公称压力 1.0 MPa，密封试验压力 1.1 MPa，强度试验压力 1.5 MPa，蝶板与阀轴应能承受介质作用在蝶板上的最大压差的 1.5 倍的负荷[1]。

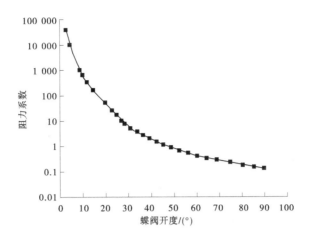

图 2　缓闭阀各开度下的阻力系数曲线

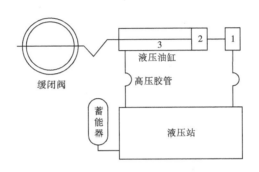

1—阀组；2—无杆腔；3—有杆腔。

图 3　缓闭阀结构示意图

3.4　缓闭阀的工作原理

3.4.1　开阀

当液压油缸无杆腔进油时，有杆腔出油，缓闭阀执行开阀操作。阀门的开阀操作采用 PLC 控制，是与水泵联锁进行的，当水泵进水口压力与出水口压力平衡或者水泵转速达到额定转速时，阀门立即执行开阀操作，120 s 匀速由 0° 开至 90°。

3.4.2　关阀

当液压油缸有杆腔进油时，无杆腔出油，缓闭阀执行关阀操作。

线性关阀是指阀门在设定时间内匀速由 90° 关至 0°。机组在这种关闭方式下转速在 150 s 左右开始由 0 进入反向旋转阶段。无论线性关闭时间长短，系统正压普遍增大 1.5~2.0 倍，远远超出安全允许范围[8]，这种情况下负压值非常小，并且变化不大。线性关闭方式不能满足雁栖泵站机组停机安全运行要求。

两段式关阀分快关和慢关两阶段进行操作。机组在各种停机组合工况下，经过计算过渡过程系统压力和机组转速变化情况，缓闭阀先 180 s 由 90° 匀速快关至 10°，接着 180 s 匀速慢关至 0°。具体计算结果见表 2。

表 2 雁栖泵站停机缓闭阀关闭规律计算结果

序号	工况	蝶阀关闭规律	最大压力/m	最小压力/m	最大反向转速/（r/min）
1	正常停机	一阶段 180 s 关至 10°，二阶段 180 s 关至 0°	79.6	−1.7	0
2	2 台同时事故停机	一阶段 180 s 关至 10°，二阶段 180 s 关至 0°	61.7	−3.1	146
3	1 台事故停机，1 台正常运行	一阶段 180 s 关至 10°，二阶段 180 s 关至 0°	64.2	−2.4	469

从表 2 中也可以看出：在 1 台事故停机，1 台正常运行时，最大反向转速为 469 r/min，接近额定转速，这一工况下的水锤效应不容忽视。

在 2017 年 10 月 17 日，雁栖泵站 10 kV Ⅱ 段母线突然停电，3# 机组发生事故停机，直接导致机组倒转，机组最大反向转速 563 r/min，达到额定转速的 1.13 倍，最大出水口压力 0.816 MPa，超过 0.8 MPa 的工作压力设计值，产生水锤效应，这也进一步验证了上述判断。

为进一步减小水锤造成的危害，将 2 根调流管也纳入机组停机流程，即在停机之前把调流管的流量调节阀开度打开 11%（约 10°），让一部分反向水流通过调流管流入前池。经过优化后的停机过程如下：①调流管上的流量调节阀开度打开至 11%；②缓闭阀 180 s 由 90°快速关至 10°；③缓闭阀进入 180 s 慢关程序，当关至 8°时发出停机指令，机组进入停运程序；④缓闭阀关至 0°；⑤关闭调流管上的流量调节阀。在事故停机时，调流管的流量调节阀开阀操作和缓闭阀关阀操作同步进行。

图 4、图 5 是经过流程优化后 1# 机组停机时采集到的缓闭阀出口压力曲线和机组转速曲线，从中可以看出 1# 泵缓闭阀出口压力最大值为 0.535 MPa，最大反转转速为 270 r/min，压力值和机组最大反转转速均满足设计要求，其他机组工况也与 1# 机组相似。说明将调流管上的流量调节阀与缓闭阀配合起来防止水锤作用还是很明显的。

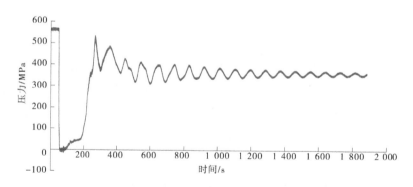

图 4 停机时 1# 泵液压阀出口压力变化曲线

从图 4 中也可以看出，在机组停机时，当缓闭阀快关至 10°时，机组转速在 170 s 时从零开始进入反转阶段，压力也很小，最大反转速和最大压力值均出现在慢关阶段。说明快关时间对机组最大反转速、阀后最大压力上升值影响相对较小；慢关时间对机组最大反转速、阀后最大压力上升值影响较大[8]。

合理地设置缓闭阀两阶段关闭时间和角度可以明显改善水锤效应，也可以优化系统最大压力及水泵反向转速等参数，对于机组停机时的安全起着至关重要的作用。

3.4.3 防拒动

模拟事故停机情况下，缓闭阀故障不动作，计算出系统最大水锤压力为设计压力的 1.12 倍，最小压力水头为−4.0 m，机组最大反向转速 469 r/min，约为额定转速的 0.94，而且水泵倒转持续时间

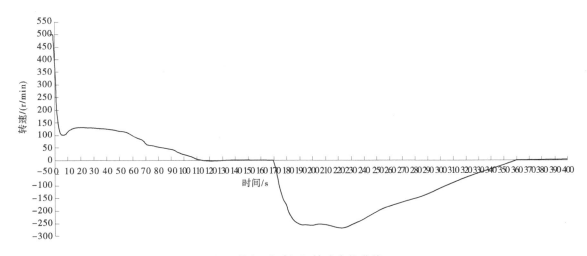

图5 停机时1#机组转速变化曲线

约650 s。这种工况下水泵会出现长时间的倒转现象，产生的水锤效应会危害系统的安全运行，因此必须采取措施避免阀门拒动。

通过液压站上设置的2只蓄能器，可以将系统中的能量转变为压缩能储存起来，若液压系统工作需要液压油，则蓄能器将液压油压出，又将压缩能转变为液压能而释放出来，重新补供给系统，保证操作可靠进行。当系统压力突然变化时，蓄能器可以消除变化的这部分能量，以保证整个液压系统压力稳定。

将缓闭阀液压站操作电源改造为不间断电源，保证操作电源稳定可靠，消除了阀门拒动风险。

4 结论及建议

由于雁栖泵站属于长输水管道、高扬程泵站，应特别重视水锤防护问题，在水泵出口装设蓄能罐式液控缓闭阀作为断流装置，并分两阶段关闭，可以对停泵水锤起到很好的防护作用。并对液压站操作电源进行改造，采用不间断电源作为操作电源，提高供电可靠性。

建议进一步采集和分析运行数据，合理地为液压控制系统设置自检测试功能，有效提高设备运行状态和故障的检测诊断能力[9]。加强对缓闭阀的日常维护和保养，确保其处于良好状态，并强化停机流程的演练，提高职工事故处理能力。

参考文献

[1] 中华人民共和国住房和城乡建设部. 蝶形缓闭止回阀：CJ/T 282—2016 [S]. 北京：中国标准出版社，2016.
[2] 熊治国. 微阻缓闭止回阀在排水管路上的应用 [J]. 机械管理开发，2022（1）：179-180.
[3] 董前君. 止回阀缓闭装置结构的设计 [J]. 阀门，2013（2）：7，23.
[4] 胡俊凡，黄强. 液控缓闭止回阀的种类和使用要点 [J]. 通用机械，2019（5）：56-57.
[5] 苏荆攀，王忠渊，王成东，等. 旋转液压缓闭旋启式止回阀 [J]. 阀门，2018（3）：12-13.
[6] 中国工程建设标准化协会. 城镇供水长距离输水管（渠）道工程技术规程：CECS193：2005 [S]. 北京：中国计划出版社，2005.
[7] 中华人民共和国住房和城乡建设部，中华人民共和国国家质量检验检疫总局. 泵站设计规范：GB 50265—2010 [S]. 北京：中国计划出版社，2011.
[8] 邱象玉，王浩，孙庆宇. 缓闭蝶阀关闭规律对事故停泵水锤的影响 [J]. 人民黄河，2019（1）：101-105.
[9] 侯治，陈岩. 液控缓闭止回阀内置自检测试系统在冬奥会延庆赛区造雪引水工程的应用 [J]. 水利水电技术，2021（S1）：243-247.

溪翁庄泵站电机烧瓦原因探析及处理

郑　班[1]　吴良宇[2]

（1. 北京市南水北调团城湖管理处，北京　100195；
2. 江苏省骆运水利工程管理处，江苏宿迁　223800）

摘　要： 滑动轴承是泵站主机组的重要支撑部件，通过分析某泵站烧瓦原因，得出电机低速启动时间过长是导致烧瓦的主要原因，通过更换新轴承并将电机变频启动时长由 24 s 调整为 10 s，再未发生烧瓦现象。

关键词： 泵站；滑动轴承；烧瓦；分析处理

1　引言

水泵是泵站的核心设备，配套电机为水泵提供动力。电机的主要部件有定子、转子、轴承和冷却器等。

滑动轴承是电机轴承部件的一种形式，也是转子的重要支撑部件，按其结构可分为轴瓦、轴套、止推片和关节轴承等；按其润滑和油膜形成方式可分为无油润滑轴承、自润滑轴承、静压轴承和动压轴承等。它具有结构紧凑、承载能力大、极限转速高、运转精度高且平稳、维护保养方便等特点[1]，对保证机组的正常、安全和高效运转起着重要的作用。

巴氏合金是最早发现并应用于滑动轴承的材料之一，具有较好的减磨特性、顺应性和可嵌性。但是巴氏合金最大的缺陷便在于蠕变行为，而其温度敏感性又与蠕变行为有密切关系，导致巴氏合金在很多性能方面（如强度、硬度等）都会随着温度的升高而降低[2]，严重的会导致瓦温升高瓦面熔化，也就是"烧瓦"。

造成"烧瓦"的主要原因：轴瓦加工工艺、安装检修质量、润滑油油质和油量、冷却水中断及低速时间过长等。马昌盛等[3]介绍了安装质量问题导致的烧瓦事故，刘浩[4]介绍了长时间运行累积的最大摆度数值超标导致烧瓦事故，侯兴仁[5]介绍厂用电中断和张方庆[6]介绍PLC故障导致断油引起烧瓦事故，还有田华[7]介绍的责任心不强和巡视不力造成的烧瓦事故。

2　工程概况

溪翁庄泵站是密云水库调蓄工程梯级泵站中的第 9 级泵站，将 8 级泵站提升后的来水再次提升输送至密云水库。泵站位于密云区溪翁庄镇，密云水库白河主坝南侧约 350 m，泵站设计流量为 10 m³/s，设计总扬程 55.60 m，属高扬程泵站[8]。

泵站安装 3 台 1200×1000DV-CH-55.5 卧式单级双吸离心泵，2 用 1 备，单泵流量 5 m³/s，配套 YBPKS900-12 异步电机，功率 4 000 kW，额定电压 6 kV，变频调速启动。电机轴伸端和非轴伸端均使用座式滑动轴承，巴氏合金瓦面，强迫油循环冷却方式。泵站主要设备及布置见图 1，图中稀油站是轴瓦强迫油循环的动力设备。

作者简介： 郑班（1983—），水利工程师，主要从事南水北调水利工程提水泵站的运行和管理工作。

通信作者： 吴良宇（1972—），男，高级工程师，主要从事泵站运行和管理工作。

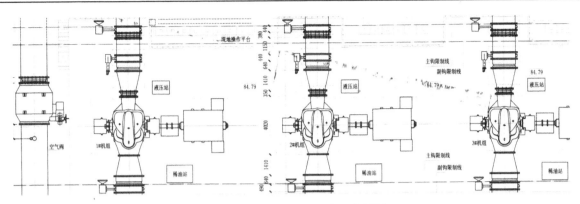

图 1　溪翁庄泵站主要设备及布置图

3　烧瓦及原因分析

运行值班人员在水泵运行中发现并报告 3# 电机轴伸端瓦温出现短时自动化超温报警，值班领导高度重视，立即启动应急预案进行停机检查处理，组织人员打开电机两端座式滑动轴承进行察看，发现 2 块轴瓦均有烧瓦现象（见图 2），瓦面大面积熔化并在冷却后有堆积现象。

(a)

(b)

图 2　溪翁庄泵站烧瓦后的照片

鉴于 3# 电机严重烧瓦现象，决定扩大检查面，对 3 台水泵两侧轴承箱内轴瓦、2# 电机和 1# 电机两侧轴瓦也进行检查，结果发现 1# 电机两端轴承和 2# 电机轴伸端轴承也出现烧瓦现象，累计有 5 块瓦出现烧瓦，水泵轴瓦状况良好。

从以下几方面来分析可能造成烧瓦的原因。

3.1　安装情况

由于电机和水泵是整体到工，现场用联轴器进行组装，所以电机和水泵的相关数据均是出厂数据。现场组装时测量数据见表 1，结果全部满足质量标准。

3.2　试运行情况

溪翁庄泵站从 2015 年 9 月 7—11 日进行联合试运行正常，并立即进入梯级泵站联合运行，9 月 17 日顺利完成 1#～3# 机组远程开关机试验。泵站试运行和联合运行阶段，机组在启停和持续运行时各部位工作正常，电气参数、振动、温度、压力和噪声等各项检测数据满足设计和规范要求，技术供排水和供油系统无异常现象，泵站自动化监控系统和安全监测系统均工作正常。

表 1　主机组同心度测量记录表

机组号	项目	检测结果/mm	质量标准/mm
1#	径向同轴度	上下 0.03、南北 0.02	0~0.1
	轴向同轴度	上下 0.03、南北 0.07	0~0.08
2#	径向同轴度	上下 0.05、南北 0.03	0~0.1
	轴向同轴度	上下 0.00、南北 0.02	0~0.08
3#	径向同轴度	上下 0.06、南北 0.05	0~0.1
	轴向同轴度	上下 0.05、南北 0.07	0~0.08

3.3　油质及油量

机组使用 46#L–TSA 汽轮机油，稀油站工作正常，通过记录的油压、油位均满足要求，通过观察孔观察甩油环工作正常，油色正常无变质现象。

3.4　绝缘及轴电流分析

用欧姆表检查，轴承绝缘电阻无穷大，应表明无短路情况，查看轴承表面也没有由于轴电流引起的凹点，也排除了轴承座绝缘不够和转子磁通量轴向分布不均等原因[9]。

3.5　低速启动情况

根据现场电机实际使用的状况及烧瓦的程度，经过电机、轴承等有关方面的设计与工艺人员现场进行了解及分析，确认现场烧瓦的主要原因是电机低速启动时间过长，根据轴承设计人员的分析，该类轴承在 150 r/min 以下旋转时，由于电机启动低速转矩大，作用在轴瓦上的作用力及油膜形成方面的矛盾，使轴瓦发生了磨损。油膜长时间未形成或形成不充分，轴与轴瓦干磨，最终导致烧瓦。低速爬行而引起的过度发热和应力将急剧地缩短定子绕组或转子的寿命，必须立即进行处理。

4　故障处理

拧开轴承室底部的塞子，放尽油室储油，对油室进行清理去除杂质和碎屑，并用清洁的油品冲洗油室，加注新油。甩油环经过检查，侧面处无刻痕或刮痕，内径满足要求，可以正常使用。更换所有损坏的轴承。更换新瓦的电机经过约 3 h 运转，然后放去轴承室内的油，冲洗轴承和油室，并重新加注新油，这一过程保证清除掉轴承室内的任何金属微粒。彻底清除所有密封件的灰尘、油脂、旧的密封剂及密封材料。检查所有的密封零件是否有刻痕、毛刺、擦伤、裂缝或其他损伤。用细砂纸擦去刻痕及毛刺，更换损坏的或磨损过度的零件。原变频器启动时间 24 s 左右，机组转速从 0 至 150 r/min，按轴承设计人员要求，将变频器启动时间控制在 10 s 以内，最终将时间定为 10 s。

5　结论及建议

溪翁庄泵站电机轴瓦由于低速启动时间过长导致烧瓦故障产生，该故障是瞬间产生的，运行人员和自动化控制系统只记录到一次，处理及时和果断，没有造成更严重的后果。经过近几年的运行和检查，没有再发现烧瓦情况。

在机组运行和维护保养中建议做好以下几点：

（1）经常观察轴承室上油观察窗处的油位、油质和甩油环工作情况。定期对油品进行检测，也可判断油质和轴瓦工作情况。

（2）定期检查轴承和轴颈，确保轴承内无外物存在。典型的情况下，轴承下半瓦面上所擦出痕迹应是一个等宽的带子，表面无凹点和毛糙。

（3）如发现轴承温度上升且读数高于以前的数值，必须迅速分析原因，如果是气温变化且离报警温度还有余量的情况，可以继续运行，否则应在停机的情况下确定其原因。遇到轴承温度突然升高的情况，就要立刻停机，检查轴承并可能要换润滑油。

（4）必须保持轴承良好的绝缘性能，在安装外部管路、仪表、元件时切勿使绝缘部分短路。

（5）长时间未运行的电机，每月要将转轴旋转 180°。

（6）可能的情况下在轴承内表面涂敷纳米复合涂层，可以大幅度提高轴承的耐磨性、疲劳抗力和自润性[2]。

参考文献

［1］黄刚，丁宝平．滑动轴承标准体系现状分析［J］．机械工业标准化与质量，2010（8）：16-18.

［2］黄卓．滑动轴承当前的改进方向［J］．机械工程与自动化，2017（3）：211-213，215.

［3］马昌盛，何剑坤．某电厂汽轮机启动时轴承烧瓦的原因分析［J］．机械工程师，2016（7）：227-228.

［4］刘浩．白石电厂水导烧瓦现象及故障处理［C］//辽宁省水利学会 2019 年学术年会论文集．2019：207-209.

［5］侯兴仁．厂用电中断引起烧瓦事故的分析［J］．陕西水力发电，1995（6）：39-40.

［6］张方庆．潇湘水电站 4 号机组 PLC 故障导致断油烧瓦事故的原因及教训［J］．水电站机电技术，2017（6）：38-40，46.

［7］田华．浅谈某水电厂推力轴瓦烧瓦事件［J］．水电站机电技术，2021（8）：36-37，96.

［8］许光卓．密云水库调蓄工程溪翁庄泵站布置研究［J］．水利规划与设计，2018（3）：166-169.

［9］许清波．大型电机滑动轴承烧瓦分析及处理方法［J］．设备管理与维修，2012（1）：65.

南水北调中线工程禹州采矿区施工期监测

李立平　秦人和

（长江水利委员会长江科学院，湖北武汉　430000）

摘　要：本文介绍了在禹州采矿区渠道施工期监测项目工作中，监测仪器安装埋设与渠道土建施工均同步进行，取得的施工期和运行初期监测成果反映，采矿区渠道不同深度的测点和地面沉降测点变形不大，深层和外表变形变化趋势相同，深部测斜孔监测水平变形微小，渠道渗压值正常，地表巡视也未发现局部沉降现象，采矿区渠道工作运行正常。

关键词：南水北调中线工程；采矿区；施工期监测；深部位移

1　引言

南水北调中线一期工程从丹江口水库东岸河南省淅川县境内工程渠首开挖干渠，经长江流域与淮河流域的分水岭方城垭口，沿华北平原中西部边缘开挖渠道，通过隧道穿过黄河，沿京广铁路西侧北上，输水干渠地跨河南、河北、北京、天津 4 个省（直辖市）。渠道以明渠自流为主，施工过程中碰到诸多不利渠道成型的大量多年冻土，似岩非岩、似土非土的膨胀岩（土），特别是渠道沿线穿越焦作煤矿和禹州煤矿采矿区[1]，本文在讨论禹州煤矿采矿区渠段施工监测过程中，结合了渠道采空区上覆土体开挖卸载、对穿越过采空区范围封闭以及对渠底下伏灌注等措施，并取得了施工期和通水初期的采空区渠道深部变形、外部变形、渠道渗水等的系列性监测成果。

2　工程概况

2010 年 8 月，长江水利委员会长江科学院通过公开招标方式取得南水北调中线工程禹州和长葛段设计单元的施工期监测项目。禹州和长葛段位于河南省禹州和长葛段渠道起点，位于冀村西约 500 m 处，即河南省宝丰至郏县段设计单元的终点兰河涵洞渡槽出口 100 m 处，渠道桩号 SH（3）61+648.7，大地坐标 $X = 3\,769\,431.394$、$Y = 529\,016.029$；东接渠道终点，为河南省长葛市与新郑市交界长葛后河镇娄庄村西约 300 m 处，即总干渠新郑南段设计单元起点，设计终点桩号 SH（3）115+348.7，大地坐标 $X = 3\,794\,944.210$、$Y = 469\,551.920$，全长 53.70 km[2]，如图 1 所示。施工期除渠道和倒虹吸建筑物监测外，重点对渠道 4 个煤矿采空区进行监测工作，渠道经过充水试验工况后，2014 年 12 月 12 日正式通水，2015 年 12 月底圆满完成施工期监测工作。

3　采空区工程地质

禹州和长葛段渠线以东为广阔的黄（河）淮（河）冲积平原，渠线以西属嵩箕山脉。山脉大体呈东西向，向东逐渐与黄（河）淮（河）冲积平原相接。地势总体呈西高东低、南高北低的特点，大渠穿越地貌单元有山前丘陵、岗地与平原等三类及其四个亚类，地貌形态多样。禹州段渠道底板下伏为多年停止开采煤矿采空区，采空区地表局部下陷深度不一，多处呈凹凸状，渠道施工开挖为黄土状土均一结构，渠底板主要位于黄土状中粉质壤土（dlplQ₃），渠坡由黄土状重、中粉质壤土构成，

作者简介：李立平（1994—），男，助理工程师，主要从事大坝安全监测研究工作。

通信作者：秦人和（1993—），男，助理工程师，主要从事大坝安全监测研究工作。

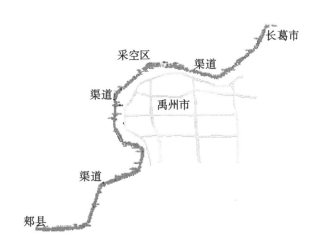

图 1 南水北调中线总干渠禹州（含采矿区）长葛段工程平面图

局部为重粉质壤土（dlplQ2）。黄土状重粉质壤土（dlplQ3）厚度5~8 m，具中等湿陷性，局部强湿陷性，湿陷深度2~5.5 m；黄土状中粉质壤土（dlplQ3）厚度9~15 m，在桩号SH（3）75+880附近上部具中等湿陷性；重粉质壤土（dlplQ2）厚度一般较大，具弱膨胀潜势。穿过的新峰矿务局的二矿采空区，停采时间在40年以上，沉陷基本稳定；在采空区挖方段，挖方深度11~20 m。渠底板位于黄土状中粉质壤土和重粉质壤土中，渠坡主要由黄土状土和重粉质壤土构成。黄土状中粉质壤土（dlplQ3）厚度1~2 m，具中等湿陷性；黄土状重粉质壤土（dlplQ3）厚度5~19 m；重粉质壤土（dlplQ2）厚19 m左右，具弱膨胀潜势。黄土状土的湿陷性和膨胀土的胀缩性不利于渠坡和地基稳定，较高边坡采用二级边坡。该段有梁北工贸公司煤矿采空区、福利煤矿采空区，停采时间5~10年以上，对煤矿采空区宏观判识见表1。

表 1 煤矿采空区性态宏观判识

煤矿名称	停采年限	地面地貌描述	地质宏观评价	工程措施	备注
新峰矿务局二矿	停采40年以上	多处局部下沉	沉陷基本稳定	对采空区灌注	
梁北镇郭村煤矿	停采20年以上	凹凸状下沉	沉陷基本稳定	对采空区灌注	
梁北镇工贸公司煤矿	停采5~10以上	局部性下沉	沉陷基本稳定	对采空区灌注	
福利煤矿	停采5~10以上	多处局部下沉	沉陷基本稳定	对采空区灌注	

4 施工期监测

对煤矿区地层和渠道施工开挖揭露物质现状，煤矿区采用深层位移和外部变形监测相结合、不同深层水平位移和不同深层垂直位移相结合、仪器监测和人工巡视检查相结合的方法进行施工期监测工作[3]。采矿区采取的监测方案有：①多点位移计监测不同深度垂直位移。仪器埋设前先钻孔，并取岩芯，对岩芯进行柱状图描述，在孔内埋设6点式32套多点位移计仪器，多点位移计单支锚头均埋设钻孔内不同高程，最深锚头埋设在基岩内，也是计算绝对位移测点的基点。②测斜孔监测不同深度水平位移。在钻孔φ100 mm内安装测斜管，测斜管深均在50.0~60.0 m范围，测斜管并与孔壁结合密实，读数时将活动式测斜仪探头放在孔底，为监测渠道水流向和垂直渠坡向的两个方向的位移矢量，观测时从孔底以每0.5 m次朝孔口方向进行读数，读数经过换算成为测孔不同深度变形的物理量。③渗压（漏）监测。为了解渠道底板和渠坡渗漏情况，在渠道混凝土衬砌底板下部开槽30 cm×30 cm×30 cm（长×宽×高），埋设3个断面渗压计仪器，采空区渠道典型监测断面如图2所示。④地表沉降监测。在渠道左右岸渠顶表面埋设外部监测沉降测点50个，监测采矿区渠道表面沉降变形。⑤人工巡视检查。在渠道通水初期或加大流量阶段，注重对渠道进行人工巡视检查，检查重点是渠道衬砌板、渠道外坡和排水沟等部位。

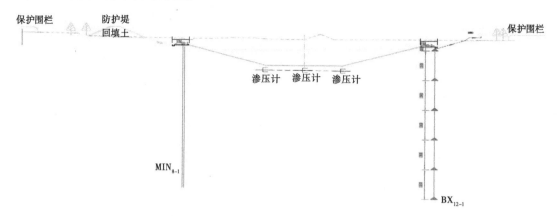

图 2　采矿区渠道典型监测断面布置示意图

5　监测资料与分析

2014 年 9 月 21 日渠道充水试验水头进入禹州段渠道，2014 年 11 月上旬为渠道初期通水运行阶段，2015 年 10 月底，渠道水位高程在 6.3 m，流量 Q 为 50~90 m^3/s 运行。

5.1　垂直变形

5.1.1　深部垂直变形

煤矿采空区渠道经过施工期、充水期和渠道运行初期监测全过程。采空区深部钻孔内埋设多点位移计监测仪器，锚头埋设在地面下 2.0 m、16.0 m、29.0 m、43.0 m 和 56.0 m 高程，传感器安装在孔口位置，经传感器观测读数换算为物理量。采空区深部位移计监测成果统计如表 2 所示。由表 2 可知，2014 年 9 月 2 日施工期垂直位移在-0.30~2.66 mm，2015 年 9 月 24 日渠道 Q 为 86 m^3/s 运行时，垂直位移在-0.32~14.57 mm 变化，通水初期较施工期相对变化-0.22~13.17 mm。分析认为，不同深度垂直位移规律是，基岩上部覆盖层的监测点位移大，基岩内测点位移要小，比如 BX8-1 和 BX12-1 两个多点位移计仪器在渠道运行初期孔口绝对位移为 13.73 mm 和 14.57 mm，在孔口下 29.0 m 测得垂直位移为 5.6 mm 和 6.66 mm。结合钻孔地质柱状图结构分析认为，在采空区范围内覆盖层范围基本在 18.0~25.0 m 高程内，覆盖层的物质大多是黏土夹碎石，中间还有 1.5~3.0 厚的流砂层，钻孔时难以成孔，套管跟进效果不佳的情况下，采取多次水泥砂浆封孔扫孔，达到仪器埋设安装条件，25.0 m 以下基本是基岩地层，所以在覆盖层内测点垂直位移大，在基岩内测点位移要小。

表 2　采空区渠道不同深度垂直位移变化量

仪器编号	桩号	测点深度/m	位移值/mm			备注
			2014-09-02 施工期	2015-09-24 通水初期	变化量/mm	
BX2-1	SH（3）75+752	孔口	1.16	1.28	0.12	
		2.0	0.57	0.93	0.36	
		16.0	0.28	0.06	-0.22	
		29.0	0.17	0.23	0.06	
		43.0	0.23	0.11	-0.12	
		56.0	-0.30	-0.32	-0.02	

续表2

仪器 编号	桩号	测点 深度/m	位移值/mm			备注
			2014-09-02 施工期	2015-09-24 通水初期	变化量/ mm	
BX4-1	SH（3）75+852	孔口	1.72	2.19	0.47	
		2.0	1.38	1.23	-0.15	
		16.0	1.63	2.04	0.41	
		29.0	1.33	1.79	0.46	
		43.0	1.11	1.36	0.25	
		56.0	0.91	1.24	0.33	
BX7-2	SH（3）76+342	孔口	1.44	2.21	0.77	
		2.0	0.47	1.77	1.30	
		16.0	0.58	1.27	0.69	
		29.0	0.51	1.71	1.20	
		43.0	-0.39	1.64	2.03	
		56.0	0.07	0.83	0.76	
BX8-1	SH（3）77+300.0	孔口	0.64	13.73	13.09	
		2.0	0.06	12.94	12.88	
		16.0	-0.10	11.75	11.85	
		29.0	1.28	5.60	4.32	
		43.0	0.01	0.98	0.97	
		56.0	-0.03	0.35	0.38	
BX10-1	SH（3）77+552.2	孔口	2.37	7.52	5.15	
		2.0	1.77	6.28	4.51	
		16.0	1.33	6.16	4.83	
		29.0	0.61	0.91	0.3	
		43.0	-0.08	4.50	4.58	
		56.0	0.29	0.48	0.19	
BX12-1	SH（3）77+916	孔口	1.40	14.57	13.17	
		2.0	0.95	13.08	12.13	
		16.0	0.58	8.72	8.14	
		29.0	0.85	6.66	9.81	
		43.0	0.77	0.63	-0.14	
		56.0	0.55	2.33	1.78	

续表 2

仪器编号	桩号	测点深度/m	位移值/mm			备注
			2014-09-02 施工期	2015-09-24 通水初期	变化量/mm	
BX15-1	SH (3) 78+452	孔口	2.66	3.56	0.90	
		2.0	2.15	2.11	-0.04	
		16.0	1.70	2.01	0.31	
		29.0	0.18	2.30	2.12	
		43.0	0.09	0.27	0.18	
		56.0	0.06	0.23	0.17	

5.1.2 外部沉降

采空区渠道上埋设外部沉降测点 50 个，2014 年 11 月 21 日渠道施工充水测得累积沉降量为 3.86~9.29 mm，2015 年 10 月 21 日通水初期累积沉降量为 6.75~23.00 mm，通水较施工期沉降增量为 13.71 mm，但实测沉降量小于设计预警值 50.0 mm。

5.2 深部水平位移

深部水平位移是利用钻孔测斜仪进行观测，在钻孔内埋设测斜管，钻孔取芯绘制柱状图，测斜孔一般埋设在渠道的左右岸一级或二级平台上，测管埋深为 50.0~69.9 m。经监测成果反映，在渠道运行初期采矿区大多测孔顺渠坡向不同深度的相对水平位移在 6.5 mm 以内，顺水流向相对水平位移小于顺坡向，但个别测孔在上部覆盖层段测值也有跳动大，观测读数不稳定，去掉这些测孔和观测读数系统误差外，测值基本围绕孔轴线左右变化，并且变化幅度很小，典型测斜孔 MIN9-1 和 MIN9-2 顺渠坡（A 向）相对水平位移与深度关系曲线见图 3。

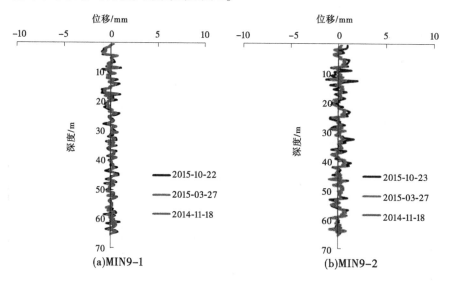

图 3　MIN9-1 和 MIN9-2 孔 A 向相对水平位移与深度关系曲线

5.3 渗流监测

禹州煤矿采空区大多为挖方渠道，为掌握渠道的渗流及渗漏情况，在采矿区渠道埋设 4 个渗流监测断面，SH (3) 79+458 桩号埋设 7 支渗压计仪器，2014 年 9 月 3 日施工期测渗压值为 0~14.51 kPa；2015 年 9 月 20 日在渠道水位在 126.1 m 时，测得渠道底板渗透压力为 2.1~22.43 kPa、渠坡渗压力为 1.6~21.2 kPa，渠道渗压变化与渠内水位呈一定的相关性，由典型渗压与时间过程线见

图4、图5。分析认为，2013年10月已完成渠道底板和渠坡混凝土衬砌，渠道底板和衬砌渠坡等物质近一年阳光暴晒，风吹雨淋等温差大作用下，底板、渠坡混凝土及下伏土层干缩变形大，在渠道过水后混凝土和土层湿度快速渗入，导致渠底板渗压明显增大，底板混凝土及下伏土层达到饱和后，渗压测值趋于呈减弱变化，通过渗透压力监测成果，可以说明，采矿区渠道没有渗漏情况。

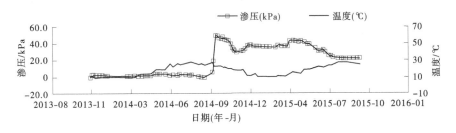

图4 渠道工程P12-3渗压与温度历时曲线

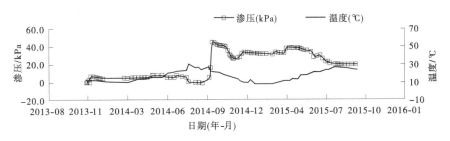

图5 渠道工程P12-5渗压与温度历时曲线

6 结论

采矿区渠道工程深部水平位移和不同高程垂直位移变化很小，表面变形也不大，实测的变形量基本在设计预警值范围内变化，渠底渗压值是伴随渠道水位上升而增大，当渠道混凝土及土层物质达到饱和后，渗压值也逐步趋于稳定。由监测资料与成果分析认为，禹州采矿区渠道运行初期不可能存在整体或局部下沉现象，也不可能出现不同形式的漏斗式变形，采矿区渠道没有渗漏现象，采矿区渠道运行初期工作性态正常。

参考文献

[1] 申黎平，王志刚，胡伟伟. 南水北调中线工程禹州煤矿采空区保护设计[J]. 河南水利与南水北调，2011（9）：54-56.

[2] 南水北调中线一期工程总干渠沙河南～黄河南（委托建管项目）禹州和长葛段安全监测工程投标文件[R]. 长江水利委员会长江科学院，2010.

[3] 邹双朝，张保军. 南水北调中线一期工程总干渠沙河南～黄河南（委托建管项目）禹州和长葛段安全监测工程（项目完成）监测成果报告[R]. 武汉：长江水利委员会长江科学院，2015。

深部隧洞岩石强蠕变本构模型

颜文珠　　杨姗姗

（中国水利学会，北京　100053）

摘　要：对于隧洞等水利水电深部地下工程，坚硬岩石将表现出显著的蠕变特性，且以加速蠕变为主要变形特征。基于传统西原模型，将连接各流变元件的刚性体（Eu 体）置换为黏滞性体（N 体），将宾汉体即弹黏塑模型中的线性牛顿体置换为非线性黏滞阻尼器（D 体），并将黏塑黏性体扩展为 n 个，构建了具有显著流变性，且加速蠕变阶段明显的"强流变体"模型。该模型能够同时反映出低应力水平的稳定蠕变和高应力水平下的加速蠕变特性，对于明确深部岩石力学特性并支持工程措施的科学设计具有重要的现实意义。

关键词：深部；坚硬岩石；蠕变；西原模型；加速蠕变

1　引言

岩石的力学行为与其所处环境密切相关，已有的研究发现，即使是低围压条件下表现为脆性的岩石，在较高围压下同样会表现出显著的延性，即流变性能增加[1]。

大渡河流域大岗山电站埋深 880 m，地下厂房洞室围岩为灰白色、微红色中粒黑云二长花岗岩（γ24-1），属坚硬的脆性岩石，单轴抗压强度约为 160 MPa，经地应力反演回归得到的最大主应力为 22 MPa 左右。在较高的地应力水平下，蠕变将成为其力学行为中最重要的一个方面，典型的蠕变过程可包括衰减蠕变阶段、稳定蠕变阶段、加速蠕变阶段，三个阶段的显著程度与其应力水平密切相关，而对于具备较高应力水平的深部，其加速蠕变阶段更为显著。根据已有成果，进行流变力学试验，其蠕变曲线如图1所示。

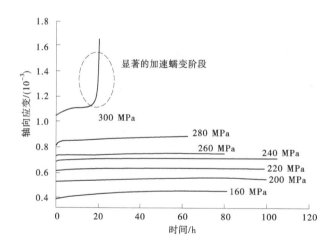

图1　围压为 30 MPa 时不同应力水平下的蠕变曲线

由图1中可以看出，在不同的围压条件下，当轴向应力水平较低（<300 MPa）时，岩石表现出较为显著的稳定蠕变，其应变值在经历一定时间长度后均达到了稳定状态；而当轴向应力达到 300 MPa 水平时，

作者简介：颜文珠（1986—），女，工程师，主要从事水利水电工程、水利科技成果评价等工作。

岩石由较稳定的变形状态迅速发展至加速蠕变阶段，达到了破坏。由此可知，当介质处于较大的应力水平时，其将会较快地进入加速蠕变阶段从而导致介质发生破坏，且由于蠕变过程中形变量越大，其内部累积的弹性能总量也将会越多，因此发生破坏时所释放的弹性能总量将会增加，从而带来更大的危害。

综合上述分析可知，岩石在较低应力水平条件下，其蠕变最终状态将达到稳定状态，而较高应力水平下的蠕变则以显著的加速蠕变为主要特征。为进一步在理论和数值模拟方面应用该规律，需要构建深部岩石流变力学本构方程，该本构方程要求能够同时反映出上述两种应力水平下的力学行为。

2　流变模型

2.1　传统西原体模型

西原体模型是有广义开尔文体和一个黏塑性体串联而成[2-4]的，H-(H || N)-(N || St. V)，如图 2 所示，由西原正夫于 1962 年首次采用研究，它能完整地描述衰减蠕变和稳定蠕变与不稳定蠕变几种蠕变模型，是目前比较完善、流行的流变模型，但并不能很好地反映加速蠕变阶段，因此需要在其基础上进行改进，传统西原模型蠕变方程如下：

$$\begin{cases} \varepsilon = \dfrac{\sigma_0}{E_1} + \dfrac{\sigma_0}{E_2}\left[1 - \exp\left(-\dfrac{E_2}{\eta_2}t\right)\right] & (\sigma < \sigma_y) \\[4mm] \varepsilon = \dfrac{\sigma_0}{E_1} + \dfrac{\sigma_0}{E_2}\left[1 - \exp\left(-\dfrac{E_2}{\eta_2}t\right)\right] + \left(\dfrac{\sigma_0 - \sigma_y}{\eta_3}\right)t & (\sigma = \sigma_y) \end{cases} \tag{1}$$

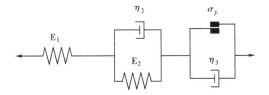

图 2　传统西原体模型

2.2　改进的"强流变体"模型

为适应深部岩体蠕变失稳快、时间效应明显的特征，将原有模型中的刚性体（Eu 体）置换为黏滞性体（N 体），并将黏塑性体扩展为 n 个，从而使得模型表现出更强的流变性。另外，为了更好地表现加速蠕变，将宾汉体即弹黏塑模型中的线性牛顿体置换为非线性黏滞阻尼器（D 体），其本构方程为 $\sigma = \eta\ddot{\varepsilon}$ [5-7]。改进后的"强流变体"模型为：H-(D || St. V)-N-(N || St. V)...-N-(N || St. V)-H-(H || N)，如图 3 所示。

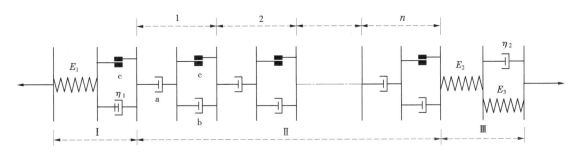

图 3　"强流变体"结构

将整个模型划分为三大部分：

对于I，由弹性体和黏塑性体串联而成，其中黏壶为非线性黏滞阻尼器（D 体），其本构方程为：

$$\begin{cases} \ddot{\varepsilon}_1 = \dfrac{\ddot{\sigma}}{E} & (\sigma_p < \sigma_y) \\[3mm] \ddot{\varepsilon}_1 = \dfrac{\sigma - \sigma_y}{\eta_1} + \dfrac{\ddot{\sigma}}{E} & (\sigma_p \geqslant \sigma_y) \end{cases} \tag{2}$$

将 $\sigma = \sigma_0$，$t = 0$，$\varepsilon = \dfrac{\sigma_0}{E_1}$ 代入式（2），利用初始条件 $\begin{cases} t = 0,\ \varepsilon = \dfrac{\sigma_0}{E_1} \\[2mm] t = 0,\ \dot{\varepsilon} = 0 \end{cases}$，可得其蠕变方程为：

$$\begin{cases} \varepsilon_1 = \dfrac{\sigma_0}{E_1} & (\sigma_p < \sigma_y) \\[3mm] \varepsilon_1 = \dfrac{\sigma_0 - \sigma_y}{2\eta_1}t^2 + \dfrac{\sigma_0}{E_1} & (\sigma_p \geqslant \sigma_y) \end{cases} \tag{3}$$

式中：ε_1 为第一部分总应变；σ_0 为常应力；σ_y 为 St. V 体塑性应力极限；σ_p 为 St. V 体所受应力。当 $\sigma_p < \sigma_y$ 时，黏塑性体不会产生应变，当 $\sigma_p \geqslant \sigma_y$ 时产生塑性应变。

对于 Ⅱ，为黏性体串联黏塑性体，共计 n 个子单元，对于整体有：

$$\sigma = \sigma_1 = \sigma_2 = \cdots = \sigma_n \tag{4}$$
$$\varepsilon = \varepsilon_1 = \varepsilon_2 = \cdots = \varepsilon_n \tag{5}$$

对于每个单元有：

$$\begin{cases} \dot{\varepsilon}_i = \dfrac{\sigma}{\eta_{ia}} & (\sigma_{ic} < \sigma_{iy}) \\[3mm] \dot{\varepsilon}_i = \dfrac{\sigma}{\eta_{ia}} + \dfrac{\sigma - \sigma_{iy}}{\eta_{ib}} & (\sigma_{ic} \geqslant \sigma_{iy}) \end{cases} \tag{6}$$

对于整体 n 个单元有：

$$\begin{cases} \dot{\varepsilon}_{\mathrm{II}} = \sigma \sum_1^n \dfrac{1}{\eta_{ia}} & (\sigma_{ic} < \sigma_{iy}) \\[3mm] \dot{\varepsilon}_{\mathrm{II}} = \sigma \sum_1^n (\dfrac{1}{\eta_{ia}} + \dfrac{1}{\eta_{ib}}) - \sum_1^n \dfrac{\sigma_{iy}}{\eta_{ib}} & (\sigma_{ic} \geqslant \sigma_{iy}) \end{cases} \tag{7}$$

令 $A_1 = \sum_1^n (\dfrac{1}{\eta_{ia}} + \dfrac{1}{\eta_{ib}})$，$A_2 = \sum_1^n \dfrac{\sigma_{iy}}{\eta_{ib}}$

式中：η_{ia} 为置换刚性体的黏壶的黏滞系数；η_{ib} 为黏塑性体中黏壶的黏滞系数；σ_{iy} 为黏塑性体中 St. V 体的塑性应力极限。

则式（7）可简化为：

$$\begin{cases} \dot{\varepsilon}_{\mathrm{II}} = \sigma \sum_1^n \dfrac{1}{\eta_{ia}} & (\sigma_{ic} < \sigma_{iy}) \\[3mm] \dot{\varepsilon}_{\mathrm{II}} = A_1 \sigma - A_2 & (\sigma_{ic} \geqslant \sigma_{iy}) \end{cases} \tag{8}$$

代入蠕变条件 $\sigma = \sigma_0$，$t = 0$，$\varepsilon = 0$，其蠕变方程为：

$$\begin{cases} \varepsilon_{\mathrm{II}} = \sigma_0 \sum_1^n \dfrac{1}{\eta_{ia}}t & (\sigma_{ic} < \sigma_{iy}) \\[3mm] \varepsilon_{\mathrm{II}} = (A_1 \sigma_0 - A_2)t & (\sigma_{ic} \geqslant \sigma_{iy}) \end{cases} \tag{9}$$

式中：$\varepsilon_{\mathrm{II}}$ 为第二部分总应变；σ_0 为常应力；σ_{iy} 为每个子单元中 St. V 体的塑性应力极限；σ_{ic} 为 St. V 体所受应力。当 $\sigma_{ic} < \sigma_{iy}$ 时不会产生应变，当 $\sigma_{ic} \geqslant \sigma_{iy}$ 时产生塑性应变，A_1、A_2 为简化计算而定义的常数。

对于 Ⅲ，由两部分组成，弹性体和开尔文体。弹性体的本构方程为：

$$\varepsilon_{e2} = \frac{\sigma}{E_2} \tag{10}$$

其蠕变方程为：

$$\varepsilon_{e2} = \frac{\sigma_0}{E_2} \tag{11}$$

式中：ε_{e2} 为第三部分中左侧弹性元件的应变；σ_0 为常应力；E_2 为左侧弹性元件的弹性模量。

开尔文体的本构方程为：

$$\sigma = \varepsilon_{e3} E_3 + \dot{\varepsilon}_{e3} \eta_2 \tag{12}$$

代入 $\sigma = \sigma_0$，$t = 0$，$\varepsilon = 0$，则其蠕变方程为：

$$\varepsilon_K = \varepsilon_{e3} = \frac{\sigma_0}{E_3} \left[1 - \exp\left(-\frac{E_3}{\eta_2} t \right) \right] \tag{13}$$

式中：ε_K 为开尔文体应变；ε_{e3} 为开尔文体中弹性元件的应变，$\varepsilon_K = \varepsilon_{e3}$；$\sigma_0$ 为常应力；E_3 为开尔文体中弹性元件的弹性模量；η_2 为开尔文体黏壶的黏滞系数。

故对于该部分，其蠕变方程为：

$$\varepsilon_{\text{III}} = \varepsilon_K + \varepsilon_{e2} = \frac{\sigma_0}{E_2} + \frac{\sigma_0}{E_3} \left[1 - \exp\left(-\frac{E_3}{\eta_2} t \right) \right] \tag{14}$$

式中：ε_{III} 为第三部分总应变。

对于整体，利用叠加原理，其蠕变方程：

$$\varepsilon = \varepsilon_{\text{I}} + \varepsilon_{\text{II}} + \varepsilon_{\text{III}} = \begin{cases} \dfrac{\sigma_0}{E_1} + \sigma_0 \sum_1^n \dfrac{1}{\eta_{ia}} t + \dfrac{\sigma_0}{E_2} + \dfrac{\sigma_0}{E_3} \left[1 - \exp\left(-\dfrac{E_3}{\eta_2} t \right) \right] & (\sigma_p < \sigma_y,\ \sigma_{ic} < \sigma_{iy}) \\[4mm] \dfrac{\sigma_0 - \sigma_y}{2\eta_1} t^2 + \dfrac{\sigma_0}{E_1} + (A_1 \sigma_0 - A_2) t + \dfrac{\sigma_0}{E_2} + \dfrac{\sigma_0}{E_3} \left[1 - \exp\left(-\dfrac{E_3}{\eta_2} t \right) \right] & (\sigma_p \geqslant \sigma_y,\ \sigma_{ic} \geqslant \sigma_{iy}) \end{cases}$$

$$\tag{15}$$

从得出的蠕变方程中可以看出该模型描述的变形分为三部分：①弹性体引起的瞬时弹性变形 $\dfrac{\sigma_0}{E_1} + \dfrac{\sigma_0}{E_2}$，该部分变形在卸载时将瞬间恢复；②由黏性体或黏塑黏性体引起的非线性蠕变，其变形量随时间增长，当 $\sigma_p < \sigma_y$，$\sigma_{ic} < \sigma_{iy}$，其变形量为 $\sigma_0 \sum_1^n \dfrac{1}{\eta_{ia}} t$，当 $\sigma_p \geqslant \sigma_y$，$\sigma_{ic} \geqslant \sigma_{iy}$ 其变形量为 $\dfrac{\sigma_0 - \sigma_y}{2\eta_1} t^2 + (A_1 \sigma_0 - A_2) t$，该部分变形为永久变形；③由开尔文体引起的趋稳蠕变，该部分变形量经一定时间后最终达到 $\dfrac{\sigma_0}{E_3}$，在卸载后变形将逐渐恢复。"强流变体"模型的蠕变曲线如图 4 所示。

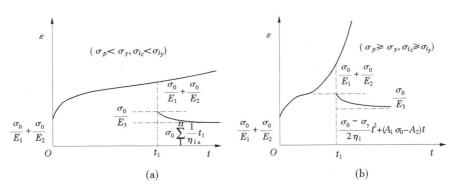

(a)　　　　　　　　　　(b)

图 4　"强流变体"蠕变曲线

从图 4 中可以看出，当应力值达不到塑性应力极限条件时，变形经过减速蠕变阶段之后就会以较为稳定的应变率持续发展，直至破坏为止。该曲线可以解释深部巷道在开挖卸载后，围岩应力值较低的情况下，断面塌缩常年不止的现象，能较好地反映出深部岩体在高地温、高地应力条件下，流变性增强的特性；当应力值较高，开始产生塑性应变时，得到的蠕变曲线表现出了明显的加速蠕变阶段，减速蠕变和稳定蠕变时间较短，岩体很快经加速蠕变阶段失稳，这一点较好地描述深部围岩经蠕变到失稳产生新破裂区时间较短的特性。

3 结论

（1）非线性黏滞阻尼器（D 体）的加入使得模型可以较好地描述深部岩体在高应力环境下表现出的加速蠕变阶段明显的特性，从而完善了模型的力学特性。因此，流变模型应根据研究的需要进行合理的组合创建，不应拘泥于已有的模型。

（2）当岩体所受的应力较大（ $\sigma_{p} \geq \sigma_{y}$，$\sigma_{ic} \geq \sigma_{iy}$ ）时，岩体将同时产生弹性变形、滞后的黏弹性变形、非线性黏塑性变形。因此，该流变模型可用于研究具有上述 3 种变形特性的岩体。

（3）当失稳卸载后，在围岩应力较低的情况下，"强流变体"模型表现出了较强的流变特性，合理解释了深部巷道开挖后巷道断面长期变形不止的特性。此外，该模型能较为明显地表现加速蠕变阶段，较好地反映了深部岩体蠕变失稳时间较短的特性，对于研究深部岩石的流变力学行为具有较好的适用性。

参考文献

[1] 钱七虎，李树忱. 深部岩体工程围岩分区破裂化现象研究综述 [J]. 岩石力学与工程学报，2008，27（6）：1278-1284.

[2] 谢和平，陈忠辉. 岩石力学 [M]. 北京：高等教育出版社，2004.

[3] 刘振，杨圣奇，柏正林，等. 循环加卸载下闪长玢岩蠕变特性及损伤本构模型 [J]. 工程科学学报，2022，44（1）：143-151.

[4] 李云，贺海松，朱飞，等. 基于改进 Harris 函数的岩石蠕变损伤模型及二次开发 [J]. 水电能源科学，2020，38（4）：112-116.

[5] 田佳. 深埋软岩供水隧洞蠕变特性研究进展 [J]. 水利与建筑工程学报，2017，15（4）：182-189.

[6] 何志磊，朱珍德，朱明礼，等. 基于分数阶导数的非定常蠕变本构模型研究 [J]. 岩土力学，2016，37（3）：737-744，775.

[7] 占清华，王世梅. 基于等效时间的蠕变本构模型推导 [J]. 人民黄河，2014，36（4）：123-125.

牛栏江-滇池补水工程实施效果现状及对策研究

王　燕[1]　韩凌杰[2]

(1. 云南大学，云南昆明　675600；2. 水利部综合事业局，北京　100000)

摘　要： 牛栏江-滇池补水工程对于滇池水环境治理做出了巨大贡献，产生了良好的社会效益、经济效益和生态效益。工程同时也存在水源区水质不稳定、沿线水环境污染、水量调度管理功能不显著等客观问题，为此建议在加强流域水质监测、提升水污染防治能力、优化科学调度和监督管理、强化生态文明建设意识等方面做出改进。

关键词： 水资源；水环境；生态文明建设；牛栏江-滇池补水工程

牛栏江-滇池补水工程是国务院确定的 172 项重大供水节水水利工程之一，是滇池流域水环境综合治理六大工程措施的关键性工程。工程由水源工程德泽水库、提水工程干河泵站和长距离输水线路工程组成。工程总投资 84.48 亿元，调水距离长达 115.85 km，每年可以向滇池补水约 6 亿 m³。工程竣工后可以有效增加滇池水资源总量、提高水环境容量、加快湖泊水体循环和交换，对于治理滇池水污染、改善滇池水环境具有重要作用。

1　补水工程实施效果

牛栏江-滇池补水工程以"补充滇池生态水量、改善滇池水环境"为主要任务，在昆明市发生供水危机时，担起"备用水源"的角色，为昆明市提供城市生活及工业用水。工程的远期目标是为曲靖市提供生产用水和生活用水，与金沙江调水工程共同向滇池补水。工程自建成实施以来，充分发挥了生态补水、应急供水、兴利防洪服务、提升城市景观品质等功能，综合效益显著。

1.1　补水工程的社会效益

工程自 2013 年 12 月 28 日投入运行以来，在水环境改善、防汛抢险、兴利调节等多方面发挥了显著的社会效益。在水环境改善方面，工程通水后有效改善了盘龙江、大观河等河道断流状况，工程退水区螳螂川流域水资源短缺形势也得到缓解。截至 2021 年 10 月，牛栏江-滇池补水工程向滇池补水近 40 亿 m³，理论上已经将滇池水体置换了三次，这对于昆明市的市容改善和生态环境建设意义重大。在防汛抢险工作方面，2014 年德泽水库通过错峰削峰调洪应急调度，为鲁甸地震形成的堰塞湖排险处置工作赢得宝贵时间。在兴利调节作用方面，2020 年工程适时调减德泽水库最小下泄流量，既减轻了长江中下游防汛压力，又拦蓄了宝贵而有限的水量，提高了昆明市备用水源保障能力。此外，工程本身还可利用下泄生态水量进行发电，实现一水多用的综合效益。

1.2　补水工程的经济效益

昆明市多年平均水资源总量 62.02 亿 m³，人均水资源量不足 200 m³，为全国人均水资源量的 10%。受降雨量年际变化和地形影响，昆明市存在水旱灾害频繁发生，水资源时空分布不均，季节性缺水，供需矛盾突出等问题。据统计，2021 年 11 月至 2022 年 6 月，在保障牛栏江流域用水和生态安全的前提下，德泽水库通过干河泵站累计向昆明市供水约 2.6 亿 m³（其中城市应急供水 0.59 亿 m³、滇池生态补水 2.01 亿 m³），圆满完成了应急供水调度任务，有效保障了昆明市 600 万人民群众的生活生产用水安全。牛栏江-滇池补水工程提供了可靠的应急备用水源，极大地缓解了城市供水压力，

作者简介：王燕（1996—），女，硕士研究生，研究方向为水生态修复。

促使昆明经济社会发展，"瓶颈"制约得到有效缓解。

1.3 补水工程的生态效益

有学者利用 2009—2015 年滇池水质监测资料，结合 ArcGIS 空间插值方法，分析评价牛栏江-滇池补水工程对滇池水环境的改善效果。结果表明：牛栏江-滇池补水工程运行后，滇池外海的氨氮、总氮、高锰酸盐指数和总磷平均浓度分别下降 47.9%、28.3%、22.0% 和 48.2%，水质明显好转[1]。根据生态环境部门监测数据，2013 年滇池外海和草海水质均为劣Ⅴ类，牛栏江-滇池补水工程正式通水后，与昆明市已经实施的环湖截污、入湖河道整治等多项治理措施协同作用，滇池水质稳步改善。2016 年滇池外海水质有 1 个月达到Ⅳ类，草海水质有 3 个月达到Ⅳ类；2020 年滇池外海水质有 4 个月达到Ⅳ类，草海有 2 个月达到Ⅲ类。滇池污染指标明显下降，水体透明度上升，水环境得到明显改善，生态补水效益显著。

2 补水工程存在问题

尽管牛栏江-滇池补水工程对滇池的水环境改善、流域水资源补给、水生态修复等方面发挥了重要作用，但是滇池水资源管理保护和水生态环境整治工作依然面临诸多困难，存在一些问题亟须解决。

2.1 工程水源区水质不稳定

根据调水要求，生态补水的取水水源须满足地表水Ⅲ类标准及以上。尽管监测数据表明，牛栏江德泽取水口水质 10 年来一直稳定在Ⅲ类水质标准，但整体形势依然很严峻，其中嵩明段水质长期处于Ⅴ类或劣于Ⅴ类，污染问题十分突出[2]。2017 年和 2018 年，工程水源区上游总磷突增，加重了各汇入支流的污染程度，严重影响了水源地的水质，也为取水口水质长期达标造成隐患[3]。

2.2 工程沿线水环境污染

工程沿线的水环境污染严重制约了补水成效。长期以来，补水工程沿线的工业污染、农业面源污染和生活污染等多种因素，导致牛栏江水质恶化。根据水质现状分析，调水水源区牛栏江水质在Ⅲ类至劣Ⅴ类之间波动，年际变化较大且污染特征明显。水质长期遭受总磷、氨氮、化学需氧量和氟化物的污染。引水水质的好坏将直接决定牛栏江-滇池补水工程的成败，进而影响到滇池治理工作的成效。

2.3 工程水量调度管理功能不显著

为确保持续稳定发挥补水工程综合效益，在现有联合调度管理机制的基础上，开展水资源区域统一管理、优化水量调度，构建以流域协商决策和议事机制统筹取水与水生态保护、地方政府引导公众参与水资源高效利用、科学的水资源总体配置方案为技术支撑、现代精准化调度为管理手段的水资源配置体系尤显迫切[4]。从管理效能来看，目前滇池与牛栏江-滇池补水工程联合调度管理较为单一，尚未形成省级层面统一长效的协调监管机制，在联合调度管理过程中，尚不能很好地兼顾相关部门以及人民群众的用水利益。

3 对策建议

3.1 加强流域水质监测

对相关部门监测数据进行统筹整合，将牛栏江-滇池补水工程沿线每月出入水水质、水量数据整合统计，进一步扩大补水工程水质分析的数据基础，提高水质变化分析的准确性。对水质指标波动明显的河道，进行深入现场调查，对沿线各类排污口、污染源进行分类整理，进一步摸清水质变化的根本原因，将发现的问题及时整理汇总形成调研报告，有针对性地提出治理措施建议。

3.2 提升水污染防治能力

补水工程沿线水污染防治工作不仅涉及工业废水治理、农业面源污染、生活污水处理，还涉及垃圾处置基础设施建设、产业结构调整等多个方面。需要加强对水源区内工业园区的监管力度，按照水污染防治法律法规要求，全部取缔不符合国家产业政策的小型造纸、制革、印染、染料、炼焦、炼硫、炼砷、炼油、电镀、农药等严重污染水环境的生产项目。在控制农业面源污染方面，不断优化种植业结构和布局，推广低毒、低残留农药使用补助试点经验，开展农作物病虫害绿色防控和统防统治。实行测土配方施肥，推广精准施肥技术和机具。完善高标准农田建设、土地开发整理等标准规范，明确环保要求。同时加快城镇污水处理设施建设与改造，切实控制入河污染物总量，以控制调水水源区及上游区域的水污染，改善水环境质量。

3.3 优化科学调度和监督管理

控制用水总量、提高用水效率，抓好工业节水、农业节水、城镇节水。实施最严格水资源管理，健全取用水总量控制指标体系，逐步建立健全补水工程水量统一管理和调配工作机制，保障流域内生活、生产和生态用水以及昆明市应急供水安全。

3.4 强化生态文明建设意识

加强宣传教育，面向社会普及水资源、水环境保护和水情知识，提高公众对经济社会发展和环境保护客观规律的认识。将补水工程沿线的环境保护宣传教育列为长期的重要工作，不断提高宣传效果，为广泛地动员全社会参与生态文明建设，推动形成人人关心、支持、参与生态环境保护的社会氛围奠定良好的基础。

4 结语

习近平总书记在全国生态环境保护大会上的讲话中再次强调，山水林田湖草是生命共同体，要统筹兼顾、整体施策、多措并举，全方位、全地域、全过程开展生态文明建设。这些论断充分表现了"人与自然是生命共同体"思想的产生和发展过程，这是对中国传统"和合"文化和马克思主义关于人与自然关系思想的继承和发展，为实现中华民族伟大复兴的中国梦提供了新动力，为从生态领域构建人类命运共同体提供了新的方案。水资源生态保护应贯彻"预防为主，保护优先，生态发展并重"的指导思想，坚持生态保护与生态建设并举，坚持经济发展与生态保护相协调，坚持"统筹兼顾、综合决策、合理开发"的原则，全面促进云南社会、经济和环境的可持续发展。

参考文献

[1] 蔡文静，汪涛. 基于 ArcGIS 的牛栏江–滇池补水工程对滇池水环境改善效果分析 [J]. 环境科学导刊，2017，36（3）：59-62.

[2] 谢永红，孙燕利. 牛栏江流域水资源保护现状及治理措施探讨 [J]. 人民长江，2014，45（18）：40-43.

[3] 王东旭，晏欣. 牛栏江–滇池补水工程水源区水资源保护现状及对策 [J]. 水利水电快报，2020，41（10）：67-69，79.

[4] 代艳芳，吴琨，胡清顺. 调水工程管理适应水资源区域配置实践与探索——以牛栏江–滇池补水工程为例 [J]. 中国水利，2018，（14）：41-44.

云南省滇中引水工程调出区和受水区底栖动物群落结构与水质生物学评价

李　坚[1]　郭亚欣[1]　张俊华[2]　冯赵云[3]

（1. 云南省滇中引水工程有限公司，云南昆明　650000；
2. 武汉中科瑞华生态科技股份有限公司，湖北武汉　430080；
3. 云南省滇中引水工程建设管理局，云南昆明　650000）

摘　要： 利用底栖动物作为指示物种，对滇中引水工程调出区和退水区河流水污染状况进行评价，以期为退水河流的水环境管理策略的制订与实践提供理论基础和科学依据。调查发现滇中引水工程调出区和退水区有底栖动物4门8纲45科106种，其中水生昆虫占明显优势。Shannon-Wienner多样性指数水质评价结果及BMWP记分水质评价结果表明调出区和受水区河流中污染至重污染的比例超过70%，水环境现状不容乐观。

关键词： 滇中引水工程；受水区；底栖动物；群落结构；水质生物学评价

1　工程概况

滇中引水工程是一项以城镇生活与工业供水为主，兼顾农业和生态用水的大型引水工程，由水源工程金沙江石鼓提水泵站和输水总干渠两部分组成。工程多年平均引水量34.03亿 m^3，渠首设计流量135 m^3/s。石鼓水源工程于2020年8月1日开工，合同工期2 243日历天，计划完工日期为2026年9月20日。

滇中引水工程调出区为旭龙至梨园水电站库尾的干流河段及其区间的主要支流冲江河、硕多岗河等。退水区为云南省内的丽江、大理、楚雄、昆明、玉溪、红河6个州市的35个县，退水区面积3.69万 km^2，涉及金沙江、澜沧江、红河和南盘江等流域。对工程调出区和退水区河流的水环境进行有效保护是一项时间跨度长、涉及面广、不确定因素多的系统工程。

大型底栖无脊椎动物主要由水生昆虫、甲壳动物、软体动物及环节动物组成，由于他们体形较大，分布广泛，生活周期较长，易于识别，对污染敏感且缺乏强有力的回避能力，故常被用来作为评价水质的指示生物。为摸清滇中引水工程退水区水生态环境状况，本研究利用底栖动物作为指示物种，对滇中引水工程调出区和退水区河流水污染状况进行评价，以期为水环境管理策略的制订与实践提供理论基础和科学依据。

2　材料与方法

2.1　采样时间及地点

分别于2021年5月及9月对滇中引水工程调出区及退水区河流大型底栖动物进行采样，采样点包括金沙江、澜沧江、红河、南盘江等水系支流。共设置采样点12个，具体信息见表1和图1。

作者简介：李坚（1982—），男，高级工程师，主要从事水利水电工程建设管理工作。

表 1 监测点设置信息

分区	序号	监测断面	地理位置	水系
调出区	4	冲江河	N26°51′14.60″，E99°56′01.41″	金沙江支流
	5	硕多岗河	N 27°12′25.88″，E 100°02′17.51″	金沙江支流
退水区	6	龙川江	N 25°13′36.5″，E 101°40′0.4″	金沙江支流
	7	紫甸河	N 25°16′22.49″，E 101°22′20.52″	金沙江支流
	8	螳螂川—普渡河	N 25°20′29.9″，E 102°29′52.8″	金沙江支流
	9	达旦河	N 26°06′43.1″，E 100°33′54.4″	金沙江支流
	10	渔泡江	N 25°49′20.03″，E 100°57′46.05″	金沙江支流
	11	黑惠江	N24°58′51.75″，E100°01′02.40″	澜沧江支流
	12	礼社江	N 25°01′40.24″，E 100°48′47.49″	红河支流
	13	绿汁江	N 24°22′25.5″，E 101°39′16.9″	红河支流
	14	曲江	N24°21′29.8″，E102°26′06.0″	南盘江支流
	15	泸江	N 23°39′58.9″，E 102°56′05.9″	南盘江支流

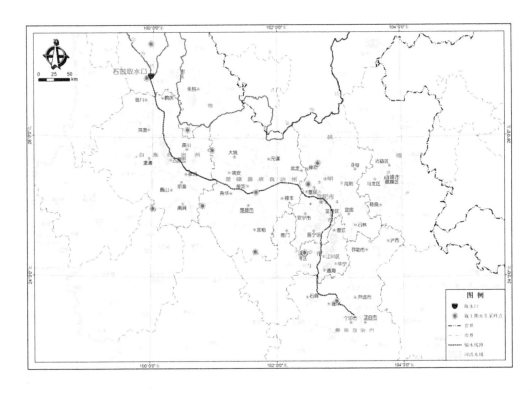

图 1 监测断面示意

2.2 样品采集及处理

2.2.1 样品采集

调查区水体均为河流，因此定量样品用索伯网进行采集，一般采集 3~5 个重复样。将索伯网置于河床上，搅动框内的底质，使底栖动物顺着水流进入网内，并用手将附着在石块上的底栖动物拂入网内，将索伯网内的底栖动物和其他杂质一同装入已编号的样品瓶中。定性样品采用手抄网采集，粗略筛洗后将留在网中的滤出物全部装入编号的塑料自封袋中。

2.2.2 样品处理和保存

（1）洗涤和分拣。泥样倒入塑料盆中，对底泥中的砾石，要仔细刷下附着底栖动物，经 40 目分样筛筛选后拣出大型动物，剩余杂物全部装入塑料袋中，加少许清水带回室内，在白色解剖盘中用细吸管、尖嘴镊、解剖针分拣。

（2）保存。软体动物用 5%甲醛或 75%乙醇溶液；水生昆虫用 5%甲醛固定数小时后再用 75%乙醇保存；寡毛类先放入加清水的培养皿中，并缓缓滴数滴 75%乙醇麻醉，待其身体完全舒展后再用 5%甲醛固定，75%乙醇保存。

（3）计量和鉴定。

①计量。按种类计数（损坏标本一般只统计头部），再换算成"个/m²"。软体动物用电子称称重，水生昆虫和寡毛类用扭力天平称重，再换算成"mg/m²"。

②鉴定。软体动物鉴定到种，水生昆虫（除摇蚊幼虫）至少到科；寡毛类和摇蚊幼虫至少到属。

2.3 数据分析

2.3.1 优势度

优势度（Y）采用以下公式计算：

$$Y = (n_i/N) f_i \tag{1}$$

式中：n_i 为第 i 种的丰度；f_i 为该种的出现率；N 为总丰度。把优势度 $Y>0.02$ 的种类定为优势种。

2.3.2 多样性指数

底栖动物物种多样性采用 Shannon-Wienner 指数（H'）、Pielou 均匀度指数（J）分析计算，公式如下：

$$H' = -\sum_{i=1}^{S} P_i \ln P_i \tag{2}$$

$$J = H'/H'_{max} \tag{3}$$

式中：S 为样品中生物的种类总数；P_i 为物种 i 的个体数占群落内总个体数的比例，$i=1, 2, \cdots, S$。

H 大于 3.0 为清洁，3.0~2.0 为轻度污染，2.0~1.0 为中污染，0~1.0 为重污染，0 为严重污染。

2.3.3 BMWP 记分系统

BMWP 记分系统以大型底栖动物为指示生物，其原理是基于不同的大型底栖动物对有机污染（如富营养化）有不同的敏感性/耐受性，按照各个类群的耐受程度给予分值。按照分值分布范围，对监测位点水体质量状况进行评价。BMWP 分值越大表明水体质量越好。

BMWP 将大型底栖动物以科为单位划分，每个科对应一个分值，采样点 BMWP 分值为样品各科对应分值之和。将样点分值按照评价标准表（见表 2）划分等级，即为样点等级。

表 2　BMWP 分值评价标准

BMWP 记分值	等级	说明
>100	优	未受污染
70~100	良	轻微污染
41~70	中	中度污染
11~40	差	污染
0~10	劣	重度污染

3 结果

3.1 底栖动物群落结构

3.1.1 种类组成

2021年5月及9月两次调查，共记录底栖动物4门8纲45科106种。其中，5月出现4门8纲20目37科79种，9月出现4门6纲14目27科53种，两次调查均出现的物种为27种。

在所记录的底栖动物中，扁形动物门2科2种，占底栖动物物种数的1.89%；环节动物门3科8种，占总数的7.55%；节肢动物门32科81种，占总数的76.42%；软体动物门9科15种，占总数的14.15%。节肢动物门中水生昆虫有29科77种，占总数的72.64%，占明显优势。

3.1.2 优势种

水源区及调出区两次调查底栖动物优势种见表3。

表3 水源区及调出区两次调查底栖动物优势种

物种名称	拉丁名	相对丰度	
		5月	9月
四节蜉	*Baetis* sp.	32.56%	42.53%
环足摇蚊	*Cricotopus* sp.	15.11%	1.47%
霍甫水丝蚓	*Limnodrilus hoffmeisteri*	11.12%	22.45%
钩虾	*Ga mmarus* sp.	9.00%	2.10%
侧枝纹石蛾	*Ceratopsyche* sp.	6.77%	1.63%
新蜉属一种	*Neoephemera* sp.	6.42%	0
短脉纹石蛾	*Cheumatopsyche* sp.	6.02%	0.89%
Macronychus 属一种	*Macronychus* sp.	5.46%	2.23%
野小石蛾	*Agraylea* sp.	5.26%	0
弓石蛾	*Arctopsyche* sp.	2.64%	5.60%
蚋	*Simulium* sp.	2.03%	5.98%
米虾	*Caridian* sp.	1.85%	7.00%
长角石蛾	*Macrostemum* sp.	0.66%	6.80%
凹铗隐摇蚊	*Cryptochironomus defectus*	0	6.25%
特维摇蚊	*Tvetenia* sp.	0	5.68%

两次调查中，5月和9月的底栖动物优势种种类差异不大。5月相对丰度大于5%的物种有四节蜉 *Baetis* sp.（32.56%）、环足摇蚊 *Cricotopus* sp.（15.11%）、霍甫水丝蚓 *Limnodrilus hoffmeisteri*（11.12%）、钩虾 *Ga mmarus* sp.（9.00%）、侧枝纹石蛾 *Ceratopsyche* sp.（6.77%）、新蜉属一种 *Neoephemera* sp.（6.42%）短脉纹石蛾 *Cheumatopsyche* sp.（6.02%）、*Macronychus* sp.（5.46%）和野小石蛾 *Agraylea* sp.（5.26%）。

9月相对丰度大于5%的物种有四节蜉 *Baetis* sp.（42.53%）、霍甫水丝蚓 *Limnodrilus hoffmeisteri*（22.45%）、米虾 *Caridian* sp.（7.0%）、长角石蛾 *Macrostemum* sp.（6.80%）、凹铗隐摇蚊 *Cryptochironomus defectus*（6.25%）、蚋 *Simulium* sp.（5.98%）、特维摇蚊 *Tvetenia* sp.（5.68%）和弓石蛾 *Arctopsyche* sp.（5.60%）。

3.1.3 密度和生物量

在5月和9月两次调查中大部分河流的底栖动物密度都处于较高水平，且大部分样点5月的密度普遍大于 9 月的密度。5 月各样点的密度为 244.4~8 177.8 ind./m²，平均密度为 2 396.9 ind./m²。9 月各样点的密度为 111.1~3 811.1 ind./m²，平均密度为 1 087.8 ind./m²。

与密度的结果相似，底栖动物的生物量在 5 月和 9 月两次调查中大部分都处于较高水平，但同时也出现了大部分样点的 5 月生物量普遍大于 9 月生物量的现象。5 月各样点的生物量为 0.129~187.472 g/m²，平均生物量为 51.868 g/m²。9 月各样点的生物量为 0~27.115 g/m²，平均生物量为 7.603 g/m²。

3.1.4 多样性及均匀度

两次调查发现，部分样点的底栖动物的生物多样性处于较高的水平。5 月不同采样点的 Shannon 多样性指数为 0~0.33。其中，泸江、龙川江、渔泡江及紫甸河的 Shannon 多样性指数较高，分别为 2.339、2.26、2.21 和 2.05；9 月不同采样点的 Shannon 多样性指数为 0~2.62。除样品中未发现底栖动物的礼社江和绿汁江两样点外，退水区各样点中黑惠江和紫甸河的 Shannon 多样性指数较高，分别为 2.620 和 2.39。

底栖动物的 Pielou 均匀度，除了礼社江和绿汁江没采集到底栖动物外，大部分样点的两个月之间的数值差距不大。5 月不同采样点的 Pielou 均匀度指数为 0.15~0.93，龙川江和泸江的 Pielou 均匀度指数较高，分别为 0.93 和 0.88；曲江最低，为 0.15。9 月不同采样点的 Pielou 均匀度指数为 0.20~0.94。除了均匀度为 0 的两个点，渔泡江、达旦河、紫甸河和黑惠江的 Pielou 均匀度指数较高，分别为 0.94、0.94、0.88 和 0.81；泸江和曲江的 Pielou 均匀度指数较低，分别为 0.20 和 0.33。

3.2 水质生物学评价

Shannon-Wienner 多样性指数水质评价结果表明：滇中引水工程调出区和受水区河流全部处于污染状态，仅有龙川江（5 月）、达旦河（5 月、9 月）、渔泡江（9 月）、黑惠江（5 月）、泸江（5 月）为轻度污染状态，占比仅仅 25.0%，其他均为中污染或严重污染。中污染点位 9 个，占比 37.50%；重污染点位 6 个，占比 25.0%；严重污染点位 34 个，占比 12.50%。

BMWP 记分水质评价结果表明：滇中引水工程调出区和受水区多数河流处于污染状态，未受污染点位仅 2 个，占比 8.33%；轻微污染状态的点位 4 个，占比 16.67%，中度污染点位 2 个，占比 8.33%；污染点位 12 个，占比 50.0%；重度污染点位 4 个，占比 16.67%。

调查河流生物指数和水质评价见表 4。

表 4　调查河流生物指数和水质评价

点位		Shannon 多样性指数 H'		BMWP 记分	
		H'	水质等级	BMWP	水质等级
S4 冲江河	5 月	1.93	中污染	31	污染
	9 月	1.21	中污染	25	污染
S5 硕多岗河	5 月	1.22	中污染	34	污染
	9 月	0.91	重污染	20	污染
S6 龙川江	5 月	2.26	轻度污染	85	轻微污染
	9 月	1.41	中污染	34	污染
S7 紫甸河	5 月	2.05	轻度污染	76	轻微污染
	9 月	2.39	轻度污染	78	轻度污染
S8 螳螂川	5 月	0.97	重污染	25	污染
	9 月	1.60	中污染	40	污染

续表4

点位		Shannon 多样性指数 H'		BMWP 记分	
		H'	水质等级	BMWP	水质等级
S9 达旦河	5月	0	严重污染	0	污染
	9月	0.93	重污染	10	重度污染
S10 渔泡江	5月	2.21	轻度污染	86	轻微污染
	9月	1.52	中污染	22	污染
S11 黑惠江	5月	1.61	中污染	122	未受污染
	9月	2.62	轻度污染	150	未受污染
S12 礼社江	5月	1.95	中污染	65	中度污染
	9月	0	严重污染	0	重度污染
S13 绿汁江	5月	1.31	中污染	30	污染
	9月	0	严重污染	0	重度污染
S14 曲江	5月	0.26	重污染	23.5	污染
	9月	0.33	重污染	14.5	污染
S15 泸江	5月	2.33	轻度污染	59	中度污染
	9月	0.69	重污染	28	污染

4 讨论

滇中引水工程涉及面较广，Shannon-Wienner 多样性指数水质评价结果及 BMWP 记分水质评价结果表明调出区和受水区河流中污染至重污染的比例超过 70%，水环境现状不容乐观。

工程的实施需要各级人民政府加强组织协调，综合运用经济、法律和必要的行政手段，有效推进流域水污染防治工程建设。根据我国现行的水环境保护与水资源利用法规及政策，结合国家和云南省水污染防治行动计划与受退水区水污染防治规划，基于受水区及退水河流的环境保护状况分析和受水区规划目标年存量退水与增量退水对退水河流的影响预测结果，制订受水区与退水河流水环境保护综合防控方案。

方案制订以退水河流水环境容量为底线，以控制断面水质达标为目标；严格贯彻落实"三条红线"和"三先三后"原则要求；立足于宏观性和指导性，突出重点。防控方案为受水区退水河流污染防治规划及其他相关规划的制定与实施提供依据，为预防引水工程受水区退水可能带来的不良环境影响及推进引水工程的顺利实施创造条件。

参考文献

[1] 张觉民，何志辉，等. 内陆水域渔业自然资源调查手册 [M]. 北京：中国农业出版社，1991.
[2] 陈浒，林陶，秦樊鑫，等. 乌江流域大型底栖动物群落结构及其水质生物评价 [J]. 生态学杂志，2010.
[3] 冷龙龙，张海萍，张敏，等. 大型底栖动物快速评价指数 BMWP 在太子河流域的应用 [J]. 长江流域资源与环境，2016.

关于陆生动物监测方法在大型引调水工程中的适用性分析

李　坚[1]　郭亚欣[1]　冯赵云[2]

（1. 云南省滇中引水工程有限公司，云南昆明　650000；
2. 云南省滇中引水工程建设管理局，云南昆明　650000）

摘　要： 陆生动物监测是了解监测区域陆生生态现状的途径之一，也是陆生生态保护措施开展的基础。本文参考《生物多样性观测技术导则》（HJ 710.1~11—2014），通过探究常用陆生动物监测方法的技术特点，分析大型引调水工程特征，选取了适用于开展大型引调水工程陆生动物监测的监测方法。样线法和样方法适用于各类群动物的现场监测，其他方法由于局限性，需根据动物类群的生态学习性和工程特性进行选择。

关键词： 引调水工程；陆生动物；监测方法

1　引言

20世纪末，我国开始开展生态监测工作，监测环境变化对生物及生物群落的影响。2007年，深圳市率先建设生态监测网络监测站点，系统监测植物、动物和其他环境因子的状况。2014年，我国陆续在13个省建立了生态监测站。到目前为止，我国在各省全面铺开了生态监测的工作，但还没有形成明确的导则与规范，仅发布《生物多样性观测技术导则》（HJ 710.1~11—2014），规范生物多样性观测工作。

引调水工程是为满足水资源贫瘠地区居民供水、农业灌溉、生态用水等需求，在水资源较为丰富的地区兴建取水枢纽，通过隧洞、倒虹吸等输水建筑物，实现水资源跨水系、跨地域优化分配的项目工程。新中国成立以来，南水北调工程、引滦入津工程、引汉济渭工程等一大批引调水工程，有效地解决了引水途经地区水资源和土地资源等空间分布不均匀的问题，其经济效益、社会效益引起了人们极大的关注，但日益突出的生态问题却不容忽视。例如，引滦入津调水工程之后的几年内，滦河入海水量大幅度减少，引发地下水位的下降，造成三角洲地区土地盐碱化，动物栖息地减少等生态环境问题。为了了解工程对生态环境的实际影响，并为生态环境的管理、政策制定及问题的治理提供理论依据，大型引调水工程需定期开展生态监测工作。

陆生动物监测是生态监测工作的重要组成部分，是了解监测区域陆生生态现状的途径之一，也是陆生生态保护措施开展的基础。本文从陆生动物常用监测方法的优点及局限性角度出发，以大型引调水工程项目工程特点和其对陆生动物的影响方式为切入点，选择出适用于大型引调水工程的陆生动物监测方法，也为今后引调水工程生态监测工作的开展提供参考。

2　常用监测方法及技术特点

陆生动物监测包括两栖类、爬行类、鸟类和兽类四类动物的物种、生态习性及生境状况监测，常

作者简介：李坚（1982—），男，高级工程师，主要从事水利水电工程建设管理工作。
通信作者：郭亚欣（1982—），女，工程师，主要从事水利水电工程建设管理工作。

使用样线法、样方法等多种方法。

2.1　各动物类群特点

两栖类：两栖动物幼体生活在水中，成体水陆两栖。它们大多昼伏夜出，白天多隐蔽于石块或灌丛下。

爬行类：爬行动物身体表面覆有鳞片或角质板，运动时采用典型的爬行方式，它们可以通过晒太阳、躲入洞穴等方式调节自己的体温，经常在石头、木头等遮蔽物下躲避天敌。

鸟类：活动能力强，根据生活习性和形态特征可分为游禽、鸣禽等7种生态类型，大多在白天活动觅食。

兽类：善于行走奔跑，对周围环境有着高度的适应性，部分种类在白天活动觅食，部分种类在夜间活动更为频繁。

2.2　陆生动物监测方法

2.2.1　样线法

根据动物分布状态与生境因素变化的关系，如海拔梯度、植被类型和水域状态等，遵循具有代表性、随机性和可操作性的原则确定样线。监测人员沿着样线或样带记录一定距离内所观察到的物种和数量，行进速度应保持在2 km/h。

2.2.2　样方法

在调查区域内以理论样线为基准，在实际行走路线上布设10 m×10 m或50 m×50 m样方。发现动物实体或其痕迹时，记录动物名称、动物数量、痕迹种类及距离中线距离、地理位置等信息。

2.2.3　样点法

以调查人员所在地为样点中心，观察并记录四周发现的动物名称、数量、距离样点中心距离等信息。

2.2.4　抓捕法

根据不同的监测地的生境特点，选用不同的方法进行抓捕。但相对于同一监测地，抓捕方法一旦确定则不再更改，以便进行种群数量的对比与分析。

（1）栅栏陷阱法。

使用塑料篷布、塑料板和铁皮等材料搭建栅栏，并在栅栏的内外侧，沿栅栏边缘挖埋若干陷阱捕获器，捕获器口与地面平齐。

（2）人工庇护所法。

常使用竹筒或PVC筒作为庇护所，在10 m×10 m样地内挑选25棵树，每棵树捆绑固定4个竹筒或PVC筒，并错落捆绑在树上，筒内加入适量的水。

（3）人工覆盖物法。

根据部分动物昼伏夜出的特点，在其栖息地按照一定方式布设瓦片或木板等人工覆盖物，吸引动物在白天匿居于瓦片或木板下方。

（4）铗日法。

在每种生境放置100个鼠铗，采用铗距5 m，行距50 m的布放方法，鼠铗内放置相同的诱饵，第二天根据捕获效果统计监测区域内的小型兽类种群数量。

（5）网捕法。

网捕法是使用雾网捕捉动物，记录监测区域内活动动物的种类和数量的方法。

2.2.5　红外相机自动拍摄法

将相机安置在动物经常出没的通道上或其活动痕迹密集处，可采用分层抽样法或系统抽样法设置监测样点。记录各样点拍摄的动物物种与数量、年龄、性别等信息。

2.2.6　标记重捕法

在一个边界明确的区域内，捕捉一定数量的动物个体进行标记，标记完后及时放回，经过一个适当时期后，再进行重捕并计算其种群数量的方法。

2.2.7 卫星定位追踪技术

卫星定位追踪由安装在哺乳动物身上的卫星发射器、安装在卫星上的传感器、地面接收站三部分组成。通过接收卫星信号，收集监测对象所在地点的经纬度、海拔等数据。

2.3 陆生动物监测方法技术特点

各种陆生动物监测方法各自有其技术特点，根据其特点分析，将陆生动物监测方法的优点和局限性进行剖析，如表1所示。结果发现，所有监测方法都存在局限性，大部分监测方法针对不同的动物类群，因此需要根据实际监测情况判断其适用性。

表1 陆生动物监测方法技术特点分析表

监测方法		优点	局限
样线法		监测覆盖范围较广，极大地提高了工作效率	易受监测区域地形地势影响，例如高山峡谷等险峻区域，可行走性较差，较难开展工作；植被覆盖度较高的林地，由于植被遮掩视线，影响监测样线行进速度，从而影响监测结果；不适用于昼伏夜出习性的动物调查
样方法		样方法适用于山体切割剧烈、地形复杂、难于连续行走的特殊地区	对不断移动位置的动物直接计数较为困难
样点法		易于实施，适合地形复杂区域；监测随机性更强，利于增强结果可信度；适合于斑块化生境监测	监测覆盖范围小，且仅适用于活动能力较强的动物监测，例如鸟类和部分兽类
抓捕法	栅栏陷阱法	延长监测时长，可以监测到喜爱昼伏夜出、白天较少出没的动物	仅适用于两栖爬行类等活动能力较差的动物
	人工庇护所法		仅适用于树栖的雨蛙类和树蛙类
	人工覆盖物法		不适用于鸟类和大型兽类监测
	铗日法		仅适用于啮齿目、食虫目小型兽类的监测
	网捕法		操作复杂，仅适用于鸟类监测；为防止被捕鸟类受伤，需高频率检查雾网
红外相机自动拍摄法		工作隐蔽，可日夜持续监测动物活动情况	红外相机容易丢失；受制于红外相机本身，两栖爬行类和部分夜间活动的动物等难以鉴别
标记重捕法		样本来源快，可以对活动能力强、活动范围较大的动物种群进行粗略的估算，不用费心费力地跟踪调查	受标记的动物有时变得更不容易重捕，影响监测结果；标记物易于丢失；多次捕捉会给动物带来较高的死亡率；操作耗时较长，不适用于陆生动物普查
卫星定位追踪技术		唯一一种可以更准确了解动物活动轨迹及范围的方法	成本较高，不适用于陆生动物普查，且设备易脱落

3 监测方法适用性分析

3.1 引调水工程特点

引调水工程为长距离线性工程，需要将水资源从较为丰富的地区转移到贫瘠地区，实现再分配。它具有以下特点：①线路较长，跨越多个气候区。②地形地貌复杂。长距离的引水线路地理跨度较大，存在截然不同的地形地貌。③工程占地呈零星、线性分布。工程拥有隧洞、倒虹吸等永久建筑物，弃渣场、石料厂等临时占地区，均分布在引水线路周围。

3.2 适用性分析

3.2.1 样线法

样线法一般用来比较物种与环境因子之间的梯度变化关系，与其他方法相比，其适用于各类群动物即两栖类、爬行类、鸟类和兽类的监测，优势在于操作简单，适用范围广，监测覆盖范围较广。引调水工程线路较长，影响范围广，样线法可以较为全面地调查监测范围内工程对陆生动物的影响。

3.2.2 样方法

样方法可以较为全面地记录样方内的动物物种，并对密度、多样性进行定量分析，与样线法类似，适用于各类群动物的监测。周靖杰等分析了道路工程对不同类别或种类动物的影响，详细阐释了如何利用样方法研究道路建设对陆生动物的影响。在引调水工程中，可以通过对比工程影响区和原始区域样方数据结果，从定量角度分析引调水工程建设对陆生动物的影响程度，再通过对比固定样方内动物监测数据随工程建设的变化趋势，分析工程对陆生动物的影响趋势，最终得出应对措施。

3.2.3 样点法

样点法适用于斑块化生境的现场监测，更详细地监测该生境中活动能力较强的物种，可作为鸟类和部分兽类的辅助监测方法。例如，探究某输变电工程穿越自然保护区对陆生动物产生的影响，由于植被茂密，道路难以行走，通过样点法配合样线法对陆生动物开展监测工作，结果发现，在这种生境条件下，样点法记录的动物密度及种类高于样线法。引调水工程地形地貌复杂，在某些生境条件下，使用样点法配合样线法可以增强监测结果的科学性和准确性。

3.2.4 抓捕法

由于两栖爬行类动物和部分小型哺乳动物昼伏夜出的习性特点，不易通过样线法、样方法和样点法观察，抓捕法可作为较好的补充监测方法，优势在于可以在夜间持续开展监测工作，增加监测时长。但针对动物种类不同，抓捕法的操作方法也不同，需要根据监测的动物类群，选择适用的抓捕法。

栅栏陷阱法通过两栖爬行类动物活动能力较差的特点对其进行抓捕，进而通过多样性指数的变化，评估工程对两栖爬行动物的影响；人工庇护所法通过部分两栖类动物树栖的习性特点，探究监测区树栖型两栖类动物种类及种群大小；人工覆盖物法通过部分小型动物昼伏夜出，白天隐匿于石块、倒木下的特点，监测草地、灌丛和弃耕地等自然覆盖物较少的生境中两栖爬行类动物的分布情况；铗日法通过部分小型哺乳类夜晚觅食的特点对其进行抓捕；网捕法通过雾网对飞行中的鸟类进行抓捕。与网捕法相比，其他几种抓捕法易于布设陷阱，瓦片、竹筒、鼠铗等工具价格低廉，且间隔一到两天查看抓捕结果，人力及物力成本较低。因此，引调水工程选择栅栏陷阱法、人工庇护所法、人工覆盖物法、铗日法作为补充监测方法。

3.2.5 红外相机自动拍摄法

红外相机自动拍摄法可以监测到夜间活动、较为稀少或活动隐蔽的地面活动鸟类、兽类等，可作为鸟类和兽类的辅助监测，但由于相机本身的局限性，不适用于两栖爬行类的辅助监测。2015年1月至2016年12月，何刚等在引汉济渭工程某作业区设置4个监测点，利用红外相机技术对兽类种群变化进行了监测研究，发现随着施工活动的进行，物种数量和遇见频次均呈减少的趋势，工程的建设对监测区内栖息的野生动物产生不利的影响，建议加强动物种群变化监测，减少工程和人为干扰，做好植被恢复措施。因此，红外相机自动拍摄法适用于引调水工程的陆生动物监测。

3.2.6 标记重捕法

标记重捕法研究小型哺乳动物的种群动态，更适用于某一特定动物种群的监测研究，不适用于大范围的动物监测工作。例如，闫士华为了探究填海造陆工程及工厂建设对中华白海豚的影响，于2010年7月使用标记重捕法估算三娘湾海域的中华白海豚种群大小，建立了三娘湾中华白海豚种群数据库。引调水工程监测区域动物种类多样，不适用此方法。

3.2.7 卫星定位追踪技术

卫星定位追踪技术的优势在于可以用于研究某一物种的日常活动规律和生活习性，但操作较为复杂，且卫星定位装置和传感器等成本高昂。因此，卫星定位追踪技术仅适用于某一物种的专项研究调查。2021年某水电站利用卫星定位追踪技术对小爪水獭开展保护研究，探究其活动轨迹，研究水电站蓄水是否会对其生存产生影响。引调水工程监测区域动物种类多样，不适用此方法。

因此，根据引调水工程特点，应主要采用样线法和样方法开展陆生动物监测工作，且针对不同动物类群，选取其他监测方法作为辅助监测手段（见表2）。

表2 大型引调水工程陆生动物监测方法一览表

监测方法		监测动物类群			
		两栖类	爬行类	鸟类	兽类
样线法		√	√	√	√
样方法		√	√	√	√
样点法				√	
抓捕法	栅栏陷阱法	√	√		
	人工庇护所法	√			
	人工覆盖物法	√	√		
	铗日法				√
红外相机自动拍摄法				√	√

4 结论与展望

综上所述，不同的动物类群具有不同的生活习性，栖息环境与活动规律等存在较大差异。通过适用性分析发现，在大型引调水工程中，样线法和样方法适用于各类群动物的现场监测，其他方法由于局限性，需根据动物类群的生态学习性和工程特性进行选择。

目前，我国开展生态监测工作的时间还较为短暂，监测方法和技术还处于探讨阶段。随着生态环保理念日益深入人心，生态监测工作的重要性将进一步提升。我们应不断改进监测方法，拓展其适用性，将现代化技术简单、廉价地应用于现场监测工作中，不断推进我国生态监测工作的发展。

参考文献

［1］中华人民共和国水利部. 调水工程设计导则：SL 430—2008［S］. 北京：中国水利水电出版社，2008.

［2］环境保护部. 生态环境状况评价技术规范：HJ 192—2015［S］. 北京：中国环境科学出版社，2015.

［4］环境保护部. 生物多样性观测技术导则 陆生哺乳动物：HJ 710.3—2014［S］. 北京：中国环境科学出版社，2014.

［5］环境保护部. 生物多样性观测技术导则 鸟类：HJ 710.4—2014［S］. 北京：中国环境科学出版社，2014.

［6］环境保护部. 生物多样性观测技术导则 爬行动物：HJ 710.5—2014［S］. 北京：中国环境科学出版社，2014.

［7］环境保护部. 生物多样性观测技术导则 两栖动物：HJ 710.6—2014［S］. 北京：中国环境科学出版社，2014.

［8］陆海明，邹鹰，丰华丽. 国内外典型引调水工程生态环境影响分析及启示［J］. 水利规划与设计，2018（12）：88-92，166.

［9］吴军，高逖，徐海根，等. 两栖动物监测方法和国外监测计划研究［J］. 生态与农村环境学报，2013，29（6）：784-788.

［10］赖伟东. 浅论生态环境监测及其在我国的发展［J］. 科技创新与应用，2013（16）：146.

［11］蔡音亭，干晓静，马志军. 鸟类调查的样线法和样点法比较：以崇明东滩春季盐沼鸟类调查为例［J］. 生物多样性，2010，18（1）：44-49.

［12］武晓东. 用标记重捕法对布氏田鼠的分居、种群组成和生态寿命的研究［J］. 内蒙古农牧学院学报，1988（1）：98-106.

AutoCAD Civil 3D 在涵闸工程基坑开挖设计中的应用

李 凯[1] 张庆杰[1] 赵丽微[2]

（1. 河南黄河勘测规划设计研究院有限公司，河南郑州 450003；
2. 河南黄河空间信息工程院有限公司，河南郑州 450003）

摘 要：依赖 CAD 二维设计与手工计算结合的传统基坑开挖设计方式，工作量大、效率和成果精度较低。为了提高设计效率和设计质量，可以将 AutoCAD Civil 3D 应用于基坑开挖设计，通过 AutoCAD Civil 3D，创建地形曲面，设置放坡组，创建开挖曲面，并计算工程量，实现基坑开挖设计参数化、可视化、动态化、精确化。以黄河下游某引黄涵闸基坑开挖设计为例，介绍 AutoCAD Civil 3D 的应用思路及建模过程。

关键词：Civil 3D；涵闸工程；基坑开挖

AutoCAD Civil 3D（简称 Civil 3D）是 Autodesk 公司推出的一款面向基础设施设计行业的 BIM 解决方案，具有强大的合计、分析及文档编制功能，可应用于勘察测绘、岩土工程、交通运输、水利水电、市政给水排水、城市规划等众多领域，它的出现对于传统的土木工程设计来说不啻为一场颠覆性的变革[1]。依赖 CAD 二维设计与手工计算结合的设计方式计算开挖量，工作量大、效率和成果精度较低。可以使用 Civil 3D 创建三维地形，设置放坡组，创建开挖曲面，并计算工程量，极大地提高设计效率和设计质量。本文以黄河下游某引黄涵闸基坑开挖设计为例，介绍 Civil 3D 计算开挖工程量的应用思路及建模过程。

1 工程概况

某引黄涵闸位于黄河大堤北岸堤防，为 1 孔涵洞式水闸，堤身下设涵洞穿越堤防及淤备区，涵洞出口设消力池、海漫与下游引黄渠道相连。因黄河河道下切，同流量水位降低造成该闸引水流量不足，为恢复过流能力需要拆除重建并降低底板高程。

2 应用思路及建模过程

传统的土方工程量计算无外乎采用分段求和法，由若干断面的现状地形线和设计线组成闭合图形，计算断面面积和断面间距求得开挖量。利用 Civil 3D 求解开挖工程量的思路有所不同。应用三维思想，可以将现状地形视为一个基准面，按一定规则进行开挖形成的面为开挖面，两个面的交线是一条空间曲线，将两个面进行布尔运算求差，即可获得开挖工程量。开挖面生成后，还可沿工程轴线设置路线，生成一条"道路"，对基准面和开挖面进行采样，按一定距离设置多个断面，提取各断面获得开挖断面图。

使用 Civil 3D 进行涵闸基坑开挖设计的步骤如下：①由测量的地形图生成地形曲面；②将工程基底面放置在测量图中，按照开挖原则设置放坡组；③由放坡组生成开挖面；④计算开挖工程量。

2.1 创建地形曲面

Civil 3D 有多种方法创建地形曲面，本项目利用已有测绘地形图创建地形曲面。打开原地形图，采用原测绘图形中的高程点通过"创建曲面—定义—图形对象"命令添加高程点，即可生成地形曲

作者简介：李凯（1989—），男，工程师，主要从事水利工程规划设计工作。

面。可在原地形图中只保留高程点和等高线，将其他图层关闭，以避免错选其他对象。生成后的地形曲面，可以通过对象查看器进行三维观察，若某些高程点明显错误，则可通过曲面特性及时调整[2]。最后将此地形曲面命名为"工作场地"。

2.2 确定基坑轮廓线

根据涵闸工程布置，主要建筑物包括上游挡土墙、闸室、涵洞、消力池及下游挡土墙。将主要建筑物轮廓线首尾相接成闭合线路，为了方便施工，基坑轮廓线应沿着建筑物轮廓线向外扩展一定距离，结合场地布置与施工机械尺寸，将距离定为 2 m。将此轮廓线设置为多段线，为了简化模型，赋予多段线高程为底板底面高程。此条多段线将作为后续创建放坡的基准线。

2.3 设置放坡组

根据施工布置，基坑采用分级开挖，4 m 高程为一级，开挖边坡为 1:2，马道宽度为 2 m，向上放坡直到与现状地形相交。按照 Civil 3D 的放坡原则，可以有以下几种放坡目标：①放坡到曲面；②放坡到绝对高程；③放坡到相对高程；④放坡到距离。Civil 3D 支持预先设置放坡标准和标准集，在实际放坡中可以直接调用相应放坡标准。选择"放坡创建工具"，单击设定放坡组按钮，依次选择放坡场地为"工作场地"，放坡标准集为"相对高程—坡度"，选择基坑轮廓线，按照提示单击向外放坡，指定相对高程为 4 m，坡度为 1:2，这样就完成了第一级放坡。然后创建马道，因马道为水平，选择"距离—坡度"，指定距离为 2 m，坡度为 0，第一级马道也创建完成。随后重复以上过程，直到第三级放坡时，将放坡目标改为曲面，使得整个放坡与地形曲面发生关联。注意，到这一步放坡工作并没有结束，如果在三维中细心观察放坡对象，会发现基底轮廓线内是一个开放的空域，需要对其进行填充。在"放坡创建工具"中选择"创建填充"，至此完成放坡工作。可以在模型空间中观察放坡，如图 1 所示。

图 1 涵闸基坑开挖模型图

2.4 生成开挖面并计算开挖工程量

放坡组能够自动创建放坡曲面，对于大范围的放坡，为在创建时获得最佳性能，建议不要选择自动创建。此时可以从放坡组创建拆离的曲面，该曲面不再与放坡关联，并且在编辑放坡时也不会更新。

在 Civil 3D 中，常用的体积计算有两种：曲面体积计算和放坡体积计算。这两种方式计算原理相同，但操作和适用范围有所不同。采用曲面体积计算时，通过创建新体积曲面，选择基准曲面和对照曲面后会给出计算结果。如果曲面发生更新，只需点击重新计算体积，计算结果就会自动变化。使用放坡体积工具也可以计算放坡组体积。涵闸基坑开挖体积计算结果见图 2。注意：此时计算的放坡体积是整个放坡组中所有放坡的体积，如果需要单独计算某一放坡，就需要单独将这一放坡成组。

为了使计算结果更贴近实际，在曲面体积计算中提供了松散系数和压实系数修正计算结果。而当某些项目需要考虑挖填平衡时，可采用放坡体积工具自动平衡体积[3]。因不考虑挖填平衡，我们采用第一种方法计算开挖体积即可。

3 结语

本文以黄河下游某引黄涵闸基坑开挖为例，分析了 Civil 3D 在土方开挖设计中的应用思路，使用 Civil 3D 创建三维地形，设置放坡组，创建开挖曲面，并计算工程量，极大地提高了设计效率和设计质量，实现基坑开挖设计参数化、可视化、动态化、精确化。

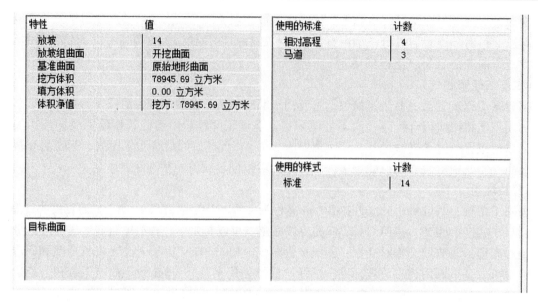

图 2　涵闸基坑开挖体积计算结果

参考文献

［1］任耀，戴飞灵，黄伟，等 . AutoCAD Civil 3D 2013 应用宝典［M］. 上海：同济大学出版社，2013.

［2］易平，骆秀萍 . 土石坝设计中 AutoCAD Civil 3D 技术的应用［J］. 甘肃水利水电技术，2013，49（11）：39-41.

［3］任耀，秦军，马宇，等 . AutoCAD Civil 3D 2008 实战教程［M］. 北京：人民交通出版社，2008：54.

走马湖水系综合治理工程软土地基
工后沉降预测方法探讨与应用

田为海[1] 郭鹏杰[2] 陈 航[2]

(1. 湖北国际物流机场有限公司，湖北鄂州 436000；
2. 长江水利委员会长江科学院，湖北武汉 430010)

摘 要：对于软土地基，准确预测其工后沉降可提高后期上覆结构物稳定性并缩短工期，具有十分重要的社会效益和经济效益。由于现场施工情况复杂、计算参数不易准确获取且沉降理论自身具有局限性，基于土体固结理论的预测结果往往与实测值有较大差异，工程中常用基于实测资料的曲线回归预测方法对施工进行指导。本文总结了工程中常用的双曲线法、指数曲线法、Asaoka 法的原理及实操步骤，选取了沉降预测精确性判定指标，量化分析了三种预测方法的优缺点，选定了双曲线法作为走马湖水系综合治理工程沉降预测方法。

关键词：软土地基；沉降；预测方法；判定指标；精确性

1 引言

近年来我国基础建设飞速发展，软土地基的工后沉降及工后差异沉降直接影响施工工期及上覆建筑物的稳定性。准确预测地基沉降规律对提高工程质量、节省工期都有十分重要的意义。软土地基沉降预测分析有较为普遍接受的理论方法，但考虑软土地基成因、物理化学成分、区域范围分布、地形及气候条件的复杂性，不同工程需要根据实际情况比选出最优方法。

软土地基沉降的预测方法分为两类：一类是基于土体固结压缩理论的计算方法（简称理论计算法），根据计算手段不同又可分为简化公式法和数值方法；另一类是基于实测沉降资料的沉降预测方法，目前常用的有双曲线法[1-2]、指数曲线法[3]、沉降速率法[4]、星野法[5]、Asaoka 法[6]、三点法[7]等。理论计算法实现需要获得较为准确的土工参数，并且依赖于固结理论模型的准确性。在实际操作中由于取样、运输过程中土体很容易受到扰动，而土体在空间上性质存在一定差异，很难获得较为准确且能反映整个场区情况的土工参数；且目前固结理论仍有待进一步完善，理论计算与实际测量往往有较大的差别，其精度无法满足工程建设的要求。当观测周期足够长时，实测沉降数据相对比较稳定，基于实测资料的预测方法可较为准确地反映土体的真实沉降规律，工程中常用该方法推算工后沉降及工后差异沉降以指导施工。但对于相同实测数据样本，不同的预测方法以及不同的操作者预测结果可能差别较大，缺乏普遍接受的易操作的判定指标对预测方法进行量化分析从而减少人为因素的影响。

本文总结了双曲线法、指数曲线法和 Asaoka 法的基本原理及实际操作过程，基于统计规律和工程实践选取了判定预测结果精确性的指标，并基于走马湖水系综合治理工程软土地基实测资料，利用三种预测方法对其地基沉降进行了分析预测，采用精确性判定指标对预测结果进行了综合分析，分析过程及推荐方法可为类似的工程提供参考依据。

作者简介：田为海（1968—），男，高级工程师，主要从事高速公路建设与管理工作。
通信作者：郭鹏杰（1987—），男，工程师，主要从事地基处理及边坡加固方面的研究工作。

2 工程概况

2.1 鄂州航空都市区水系治理规划概况

为保障航空都市区及未来鄂州机场防洪安全，鄂州市在花马湖水系、走马湖水系兴建了系列水利工程，包括大型泵站、水系连通工程、退垸还湖工程、河道治理工程、灌溉整治工程、二级排涝泵站更新改造工程等。其中走马湖水系综合治理工程是最为重要的组成部分之一，为后续民航机场的基础工程。

2.2 走马湖水系综合治理工程地质概况

走马湖水系综合治理工程场区内软土以新近湖塘积层为主，软土层厚度分布为 0~15 m，软土层自上而下主要有淤泥（Q_4^l）（地层代号②-1，压缩模量为 1.2 MPa）、淤泥（Q_4^l）（地层代号②-2，压缩模量为 1.7 MPa）、淤泥质黏土（Q_4^l）（地层代号②-3，压缩模量为 3.6 MPa）、粉质黏土（Q_4^{l+al}）（地层代号②-4，压缩模量为 6.5 MPa）、淤泥质黏土（Q_4^l）（地层代号②-5，压缩模量为 3.8 MPa）等。典型地质剖面图如图 1 所示。

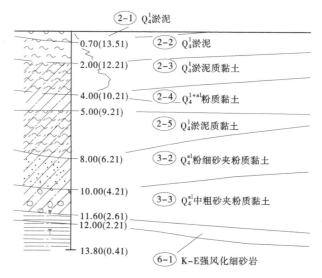

图 1　典型地质剖面图

2.3 地基处理方法及沉降测点布置

软土厚度大于 3 m 的区域多采用塑料板排水板堆载预压法。布设了近 400 个沉降板以监测原地基的沉降情况。部分区域施工较早，监测数据较完整，以实测数据为样本选取典型数据进行预测分析，以选取合适的沉降预测方法，为后期卸载工作提供基础资料。

3 几种基于实测资料沉降预测方法总结分析

3.1 基本步骤

上部有填土施工的软土地基沉降观测可以分为施工和填筑完成之后两个阶段。曲线回归法是利用填筑完成阶段监测数据来预测软土地基工后沉降，其基本步骤为：①选取合适的实测数据段作为源数据区间，如图 2 所示；②采用选定的方法进行拟合分析；③判定拟合结果的精确性；④计算外延时间段内某一时间节点的沉降量。拟合分析的源数据区间不应小于 3 个月[8]。

3.2 双曲线法

双曲线法是由尼奇坡·罗维奇提出的，大量资料表明实测沉降曲线形态与双曲线形态较为相似，可利用实测数据拟合出沉降曲线公式，进而推得曲线外延某时间节点的沉降量或最终沉降量，此方法在工程中应用较为广泛。

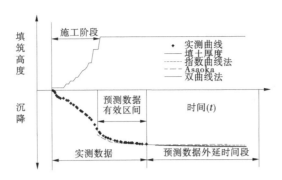

图 2　曲线回归法预测地基沉降示意图

其基本公式为：

$$S_t = S_0 + t/(a + bt) \tag{1}$$

$$S_\infty = S_0 + 1/b \tag{2}$$

式中：S_t 为时间 t 的沉降量；S_∞ 为最终沉降量；S_0 为初期沉降量（$t=0$），根据实际情况选取；a、b 为通过对实测数据进行线性回归所得出的参数。

沉降计算的具体顺序如下：

（1）确定拟合起点时间（$t=0$），取填筑完成日期为 $t=0$。

（2）绘制 t 与 $t/(S_t-S_0)$ 的关系图，用最小二乘法确定参数 a、b。

（3）通过双曲线关系计算得出沉降曲线。

3.3　指数曲线法

指数曲线法是假定在上部荷载的作用下地基沉降平均增长速率以指数曲线形式减少的一种经验推导法。其基本公式为：

$$S_t = S_\infty - (S_\infty - S_0) e^{(t_0-t)/\mu} \tag{3}$$

式中：μ 为待定参数。

对式（3）求导得：

$$\frac{\mathrm{d}S}{\mathrm{d}t} = \frac{(S_\infty - S_0)}{\mu} e^{(t_0-t)/\mu} \tag{4}$$

将 $\dfrac{\mathrm{d}S}{\mathrm{d}t}$ 以 $\dfrac{\Delta S}{\Delta t}$ 近似代替，令 $a = -\dfrac{1}{\mu}$，$b = -\dfrac{S_\infty}{\mu}$，可得：

$$\frac{\Delta S}{\Delta t} = aS + b \tag{5}$$

取 $\dfrac{\Delta S}{\Delta t} = \dfrac{S_i - S_{i-1}}{t_i - t_{i-1}}$，$S = \dfrac{S_i + S_{i-1}}{2}$，对于 $n+1$ 次观测数据，得出 a、b 为参数的方程，使上述公式变化成为：

$$Y = aX + b \tag{6}$$

通过最小二乘法进行线性回归，可得 a、b 的值，进而推得 S_t、S_∞。

3.4　Asaoka 法

Asaoka 法（浅岗法）是以一维固结条件为前提，以体积应变方法推导的，固结微分方程如下：

$$\frac{\partial \varepsilon(t, z)}{\partial t} = C_v \frac{\partial^2 \varepsilon(t, z)}{\partial z^2} \tag{7}$$

式中：$\varepsilon(t, z)$ 为竖向应变；t 为时间；z 为距地基顶面的深度；C_v 为固结系数。

级数形式的微分方程表示如下：

$$S + a_1 \frac{\mathrm{d}S}{\mathrm{d}t} + a_2 \frac{\mathrm{d}^2 S}{\mathrm{d}t^2} + \cdots + a_n \frac{\mathrm{d}^n S}{\mathrm{d}t^n} = b \tag{8}$$

式中：S 为土体的固结沉降量；a_1、a_2、a_3、$\cdots$、a_n、b 为常数，其值与固结系数及边界条件有关。根据工程实践研究一阶表达式（$n=1$）的预测精度已满足工程要求，因此式（8）可以简化为式（9）：

$$S + a_1 \frac{\mathrm{d}S}{\mathrm{d}t} = b \tag{9}$$

转化为差分形式：

$$S_j = \beta_0 + \beta_1 S_{j-1} \tag{10}$$

沉降量 S 即为所求的未知量，由式（10）可以看出该式为常规一阶非齐次线性微分方程，通解为

$$S_t = S_\infty - (S_\infty - S_0)^{-a_1 t} \tag{11}$$

当 j 趋于无穷大时，有 $S_\infty = S_j = S_{j-1}$，代入式（10）可得本级荷载下的最终沉降为：

$$S_\infty = \frac{\beta_0}{1 - \beta_1} \tag{12}$$

利用图解法可较为方便地进行预测分析，步骤如下：

先将沉降观测数据进行等时距间隔处理，设等时距间隔为 Δt，通过插值的方法计算出 t_1、t_2、$\cdots$ 时刻的沉降值 S_1、S_2、$\cdots$，以点 S_{j-1} 为横轴，以 S_j 为纵轴，画出（S_j，S_{j-1}）关系曲线；通过对点（S_j，S_{j-1}）进行线性回归，画出直线，该直线与坐标轴 45° 直线交点所对应的值即为该土体的最终沉降量。

4 精确性判定指标

为消除人为因素对预测分析结果的影响，需选定合适的量化指标，本文结合预测曲线的数学特征及走马湖水系综合治理工程对地基沉降的设计要求，采用判定系数 R^2、绝对误差、相对误差、有效区间及 30 年工后沉降（道面设计使用年限）作为判定指标，对三种预测方法的精确性进行综合分析。

（1）判定系数 R^2。表征线性回归中 2 个因子之间的相关关系的系数，其值为 0~1，R^2 越接近于 1，线性回归中拟合曲线的两个值相关性越强。

（2）绝对误差 ΔS。拟合数据与实测数据的差值，在本文中，选取了有效区间的内绝对误差的平均值。

（3）相对误差 δ。实测值与绝对误差之差与实测值的比值，其值为 $\delta = (S - \Delta S) / S \times 100\%$。

（4）有效数据的阈值。拟合曲线的沉降量应在实测曲线沉降量附近一定范围内，即绝对误差 ΔS 有一个阈值。可根据经验，或者选取代表性测点进行拟合，根据拟合数据与实测数据的离散程度来确定。

（5）有效区间。若消除畸点后拟合曲线上某个区间内的数据均为有效数据，则这个区间为有效区间（见图 3）。有效区间长度越大，说明拟合曲线的走势与实测曲线走势更为一致，预测沉降数据则更为精确。

（6）30 年工后沉降。拟合曲线外延 30 年时间节点的沉降量与当前实测沉降量之差。

5 预测结果与精确性分析

首先对同一典型测点监测数据，采用上述三种方法对其进行分析预测。介绍了三种预测方法的实现过程，分析了三种方法的优缺点及实现过程的关键环节，并利用提出的精确性判定指标对不同预测方法的精确性进行分析。进一步选取了不同软土层厚度的 10 个测点作为样本进行综合分析，选取适

合本工程的最优预测方法。

5.1 沉降预测实现过程及拟合方法分析

5.1.1 三种预测方法实现过程及拟合结果

（1）双曲线法。对源数据的畸点进行处理后，选取合适的拟合初始点，以 $t-t_0$ 为横轴，$(t-t_0)/(S_t-S_0)$ 为纵轴建立相关关系如图 3 所示，并以线性回归的方法求得拟合曲线式（1）中的 a 值、b 值，进而作出拟合曲线。典型测点的拟合曲线与实测曲线的对比分析如图 4 所示。

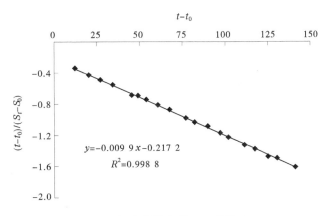

图 3　拟合曲线参数（双曲线法）

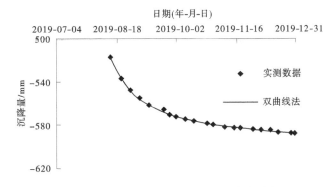

图 4　双曲线法拟合曲线与实测曲线对比

双曲线法拟合公式为纯经验公式，操作过程是单纯的数学变换，不能反映软土地基固结过程相关土力学指标。但该方法实现过程相对简单，确定有效区间后预测结果就较为稳定，受操作者的主观影响因素较小。

（2）指数曲线法。对源数据畸点进行处理后，以 $(S_i-S_{i-1})/2$ 为横轴，以 $(S_i-S_{i-1})/(t_i-t_{i-1})$ 为纵轴建立相关关系，并以线性回归的方法求得拟合曲线的斜率［式（5）中的 a 值］、截距［式（5）中的 b 值］及判定系数 R^2（见图 5），a、b 值求得后可计算出最终沉降量及任意外延时刻的沉降量 S_t，进而分析拟合沉降数据与实测沉降数据的精确性，预测拟合曲线与实测曲线如图 6 所示。

指数曲线法同样为纯经验公式，操作过程是单纯的数学变换，不能反映软土地基固结过程中的相关土力学指标。指数曲线法实现过程中关键步骤在于选取合适的源数据区间，选取不同的实测数据段，预测的成果有一定的差别，预测成果在一定程度上受操作者的经验影响。

（3）Asaoka 法。首先对实测数据的畸点进行处理，选取合适的时间间隔，采用线性内插法算出每个时间间隔节点的沉降量 S_i。以 S_{i-1} 为横轴、S_i 为纵轴建立相关关系并对其进行线性回归（见图 7），得到的斜率即为式（10）中的 β_1，截距为式（10）中的 β_0。式（10）得出的曲线与直线 $y=x$ 的交点的值即为 Asaoka 法的预测最终沉降量（详见图 7），亦可求得源数据区间及任意外延区间的时间节点的沉降量，拟合曲线与实测曲线如图 8 所示。

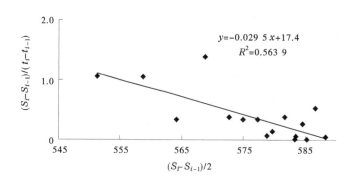

图 5　拟合曲线参数（指数曲线法）

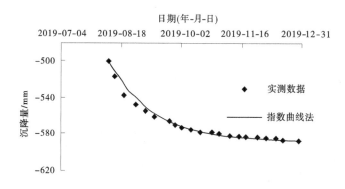

图 6　指数曲线法拟合曲线与实测曲线对比

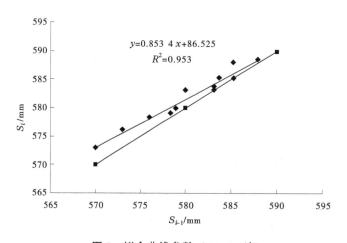

图 7　拟合曲线参数（Asaoka 法）

Asaoka 法基于固结方程推导出来，有较为明确的土力学意义。在实现过程中要对数据进行等时段处理，时段间隔的大小及拟合选用的实测数据区间对预测的成果均有一定影响，可能需要反复调整试算才能得到较为理想的成果，该方法受人为因素影响较大。

5.1.2　预测方法对比分析

三种预测方法得到的拟合曲线与实测曲线一致性均较好。利用第 3 部分选定的精确性判定指标对三种预测方法进行量化分析，计算结果如表 1 所示。三种预测方法阈值接近、绝对误差和相对误差值平均值均较小。指数曲线法和 Asaoka 法预测的工后沉降相当，且均小；双曲线法预测的工后沉降较大。

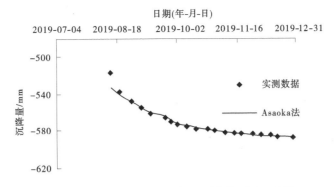

图 8 Asaoka 法拟合曲线与实测曲线对比示意图

表 1 拟合沉降曲线结果评判指标

评判指标	双曲线法	指数曲线法	Asaoka 法
阈值/mm	±5	±5	±5
R^2	0.998 8	0.569 5	0.953 0
有效区间/d	141	99	132
平均绝对误差/mm	−0.27	−0.72	0.52
平均相对误差/%	0.05	0.12	−0.09
实测沉降量/mm	588	588	588
预测沉降量/mm	601.8	590	590
预测沉降结束时间/d	长期	120	150
30 年工后沉降/mm	13.1	1.5	1.5

5.2 3 种预测方法在本工程中的适用性分析

选取 10 个测点作为分析样本，用三种方法进行对比分析，采用第 3 部分提出的判定指标进行分析。根据软土厚度及填土厚度的不同，将典型测点分为 2 组：第 1 组测点编号为 P1-1~P1-5，软土层厚度为 6.2~7.2 m，填土厚度为 11.9~13.6 m；第 2 组测点编号为 P2-1~P2-5，软土层厚度为10.1~13.7 m，填土厚度为 11.3~12.5 m。该样本典型地质剖面如图 1 所示，地质特性、填土厚度及施工工法相似。三种预测方法精确性判定指标如表 2 所示。

表 2 三种预测方法各精确性判定指标平均值

精确性判定指标	P1-1~P1-5 样本预测数据			P2-1~P2-5 样本预测数据		
	双曲线法	指数曲线法	Asaoka 法	双曲线法	指数曲线法	Asaoka 法
平均阈值/mm	±5	±5	±5	±5	±5	±5
平均相关性 R^2	0.983 3~0.999 0	0.528 7~0.985 4	0.909 8~0.999 4	0.987 9~0.998 9	0.555 7~0.965 3	0.953 0~0.997 6
平均有效区间/d	95~99	86~99	93~99	69~140	69~139	62~139
平均绝对误差/mm	−0.96~0.89	−1.0~1.2	−2.2~0.0	−0.73~0.5	−1.90~0.01	−2.20~0.52
平均相对误差/%	−0.09~0.15	−0.20~0.10	−0.30~0.60	−0.09~0.15	−0.01~0.30	−0.09~0.40
沉降稳定时间	长期	3~9（月）	2~24（月）	长期	2~9（月）	3~12（月）
实测沉降量/mm	373.2~793.0	373.2~793.0	373.2~793.0	476.0~851.2	476.0~851.2	476.0~851.2
30 年工后沉降/mm	13.1~110.0	2.8~22.0	−4.0~−4.8	13.1~108.3	1.5~21.0	−1.5~19.3

双曲线法拟合成果平均误差及相对平均误差均较小，指数曲线法和 Asaoka 法略大，而 Asaoka 法成果绝对误差及相对误差波动较大。说明在有效区间内，双曲线法拟合曲线相对于指数曲线法及 Asaoka 法更贴近实测曲线。

样本算例中，指数曲线法在外延时间 3~9 个月沉降已趋于收敛；Asaoka 法沉降收敛的时间节点在外延时间 1~24 月。而软土地基次固结沉降可能需要几十年的时间才完成，双曲线法与其渐近线有无限接近但不相交的特点，从这个角度看其拟合曲线更符合软土地基沉降规律。

从 30 年工后沉降来看，指数曲线法和 Asaoka 法得出的结果相差不大且均较小，双曲线法得到的工后沉降相对较大。根据相关工程经验双曲线法预测的沉降值一般偏大，在工程上偏安全。

从判定系数 R^2 来看，双曲线法和 Asaoka 法判定系数 R^2 均超过 0.95；指数曲线法判定系数 R^2 相对较小。从其他判定指标看，指数曲线法与 Asaoka 法预测结果精确性差别不大，判定系数 R^2 值仅反映拟合分析中线性回归步骤两个中间因子的相关程度，与预测成果的精确性关系不大。

综合分析各判定因子，双曲线法预测地基沉降所得拟合曲线变化规律更适合软土地基，有效区间较大，绝对误差及相对误差均较小，判定系数 R^2 较大，且预测成果是偏安全的，选取双曲线方法作为民航机场软土地基沉降预测方法。

6　总结

本文总结了双曲线法、指数曲线法及 Asaoka 法预测地基沉降的数学原理及实现过程，并基于走马湖水系综合治理工程软土地基实测资料对工后沉降进行了分析预测和对比，得到了以下几点结论：

（1）基于统计规律和工程实践选取了量化预测分析精确性的判定指标，量化分析了三种方法的长处与不足，较为实用。虽然判定指标与预测分析结果的相关性的内在规律未揭示，可进一步深入研究。

（2）基于本文中鄂州机场软土地基实测资料，指数曲线法和 Asaoka 法预测的工后沉降量较为接近，均较小，沉降收敛的时间也较短，在本工程中不适用。双曲线法得到的沉降曲线与软土地基沉降规律较为一致，操作方便，受操作人员影响较小，预测结果更客观，有利于工程决策。且双曲线方法预测沉降量往往偏大，在工程上是偏安全的，建议软土地基沉降预测优先使用双曲线法，其他方法可以作为参考。

参考文献

［1］Sridharam A, Mutthy N S, Prskask . Recetangula Hyperbola Method of Consolidation Analysis ［J］. Geotechnique, 1987, 37（3）：355-368.

［2］Tan T, S, noue, T, Lee S L. Hyperbolic Method for Consolidation Analysis ［J］. ASCE, JGED, 1991, 117（11）：1723-1737.

［3］李镜培，何长根. 地基沉降的预测方法 ［J］. 上海公路，2001（3）：2-6.

［4］王铁儒. 利用实测沉降控制地基稳定性的探讨 ［C］//软土地基技术报告文集选编，1986：225-233.

［5］王立忠. 岩土工程现场监测技术及其应用 ［M］. 杭州：浙江大学出版社，2000.

［6］Asaoka, A. Observational Procedure of Settlement Prediction ［J］. Solis and Foundations, 1978, 18（4）：87-101.

［7］曾国熙，杨锡令. 砂井地基沉陷分析 ［J］. 浙江大学学报，1959（3）：34-72.

［8］赵俊岭. 客运专线路基工程沉降观测实施技术 ［J］. 铁道建筑，2008（7）：67-69.

［9］王广德，韩黎明，柴震林，等. 上海浦东机场一跑道地基沉降规律 ［J］. 工程地质学报，2012（7）：131-137.

某水源工程堆石料力学特性试验研究

王俊鹏[1,2]　　潘家军[1,2]　　左永振[1,2]　　孙向军[1,2]　　韩　冰[1,2]

（1. 长江水利委员会长江科学院，湖北武汉　430010；
2. 水利部岩土力学与工程重点实验室，湖北武汉　430010）

摘　要：混凝土面板堆石坝常作为重要水源工程的挡水建筑物，以堆石体为主要支承结构，坝体堆石料的选取至关重要。以某面板堆石坝下游堆石区筑坝料为试验对象，开展系列大型击实试验与大型三轴试验，对比分析了料源、孔隙率和级配对堆石料强度变形特性的影响。试验结果表明：平均级配曲线下的泥灰岩料压实性能较为良好，与微新砂岩料接近；在调整设计孔隙率后，泥灰岩料风干样的力学强度不弱于微新砂岩料，将泥灰岩料填筑在下游堆石干燥区内具有可行性。

关键词：引调水工程；堆石料；设计孔隙率；大型三轴试验

1　引言

我国水资源时空分布不均，许多地区面临严重的水资源短缺问题[1]。为了满足缺水地区的水资源需求，我国建设了许多重大引调水工程，如把长江水引到黄河以北补充河南、河北、北京、天津用水的南水北调工程；将河北省境内的滦河水跨流域引入天津以解决天津用水问题的引滦入津工程；将汉江水引入渭河以补充西安、宝鸡、咸阳等城市用水的引汉济渭工程。通过实施跨流域引调水工程，可以解决我国西北及部分沿海地区日益紧张的供需水矛盾，实现水能资源的合理配置及充分利用[2]。建设长距离、跨流域调水工程是解决中国水资源分布与社会经济发展需求不匹配，提升国家重大战略水资源保障能力的重要措施[3]。在实现水能资源的合理配置及充分利用，同时协同发挥防洪、抗旱和航运等方面综合效应的过程中，水库大坝的建设应运而生。

在重大引调水工程中，水库大坝是最为重要的水源工程。在当代坝工建设实践中，采用分层填筑、薄层振动碾压的堆石（或砂砾石）作为大坝主体的混凝土面板堆石坝以其优越的安全性、经济性，以及对复杂地形、地质条件的良好适应性，在坝型比选中表现出很强的竞争力，在我国得到了蓬勃的发展[4]。中国面板堆石坝筑坝技术稳步、快速发展，走出了一条"引进、发展、创新、超越"之路[5]。目前我国已建成的水布垭面板堆石坝最大坝高为 233 m，是世界上已建成的最高的面板堆石坝。

混凝土面板堆石坝坝体变形控制的核心是堆石料的变形控制，因此堆石料选择至关重要。在面板堆石坝设计、施工过程中应优先选择低压缩性、力学性能良好的筑坝堆石料，以减小坝体变形量，进而满足坝体各区的变形协调[6]。料场中力学性能较差的堆石料，在确保工程安全的前提下，经过论证，可通过优化设计断面、改进施工技术、调整堆石料级配、密度与含水率组合，在下游次堆石区利用开挖料场中力学性能较差的堆石料及建筑物开挖料，以满足经济性与生态环保性的要求[7]。

本文以某面板堆石坝为例，对料场开采的微新砂岩和泥灰岩，开展了系列大型击实试验、大型三轴试验，研究通过改变设计孔隙率，将泥灰岩料填筑在下游堆石干燥区内的可行性，以便降低工程造价，加快建设，而且也免于处理废料，开辟料场，具有较大的经济效益和社会效益。

作者简介：王俊鹏（1996—），男，硕士研究生，主要研究方向为堆石料的力学特性。

2 工程概况

某引调水工程是一座以城乡供水和农业灌溉为主，结合防洪，兼顾发电，并为区域扶贫开发创造条件的水利工程。工程由水源工程、输水工程两部分组成，水源工程包括混凝土面板堆石坝、溢洪道、引水兼放空进水口、引水隧洞、坝后式地面厂房等。大坝坝顶高程为 459 m，坝顶宽度 10 m，最大坝高 130 m，坝顶长度 490 m。大坝上游坡比为 1：1.4，下游综合坡比为 1：1.7，典型剖面如图 1 所示。各填筑分区拟采用坝料如下：垫层料（2A）与过渡料（3A）选用微新砂岩加工料；主堆石料（3B）选用料场开采的微新砂岩料；下游堆石料（3C）拟定料源为微新砂岩料和溢洪道开挖泥灰岩料。

3 试验材料及试验设备

3.1 试验材料

试验用料取自开采爆破后的规划料场，现场取料如图 2 所示，现场开采料最大粒径为 800～600 mm，鉴于试验试样直径为 300 mm，根据《土工试验方法标准》（GB/T 50123—2019）[8] 的要求，需对设计级配进行级配缩尺，以满足试验土料颗粒直径小于 1/5 的试样直径的要求。根据原级配特征，采用混合法对原级配曲线进行缩尺。具体缩尺方法如下：先采用相似级配法缩尺（$n=6$），再采用等量替代法缩尺，用 5～60 mm 粒组等量替代 >60 mm 粒组。上包线、平均级配线、下包线分别用 S、P、X 表示。缩尺后混合料的最大粒径均为 60 mm。缩尺前后下游堆石料级配曲线如图 3 所示，各粒组试验级配含量如表 1 所示。

表 1 下游堆石料试验级配

级配编号	小于某粒径颗粒质量百分数/%									
	60 mm	40 mm	20 mm	10 mm	5 mm	2 mm	1 mm	0.5 mm	0.25 mm	0.075 mm
试验级配-S	100	88.4	70.5	53.7	40.5	28.0	21.5	16.5	13.0	9.0
试验级配-P	100	81.7	57.8	38.8	24.0	15.0	11.0	7.5	5.5	4.0
试验级配-X	100	76.1	46.6	23.6	8.0	1.0				

3.2 试验密度

下游堆石区设计要求孔隙率 20%，经计算微新砂岩料（$G_s=2.64$）对应的试验干密度为 2.11 g/cm³，泥灰岩料（$G_s=2.63$）对应的试验干密度为 2.10 g/cm³。试验表明：设计孔隙率为 20% 的泥灰岩料强度变形指标较差，本次试验过程中增加了泥灰岩料平均级配曲线孔隙率为 19% 的三轴试验，对应的试验干密度为 2.13 g/cm³，大于 20% 设计孔隙率的各料源。

3.3 试验设备

大型击实试验采用表面振动击实法，试样筒尺寸为 $\phi300×285$ mm，试样分 3 次铺装，每层振击 6.5 min（对应重型击实标准，单位体积击实功 2 684.9 kJ/m³）。

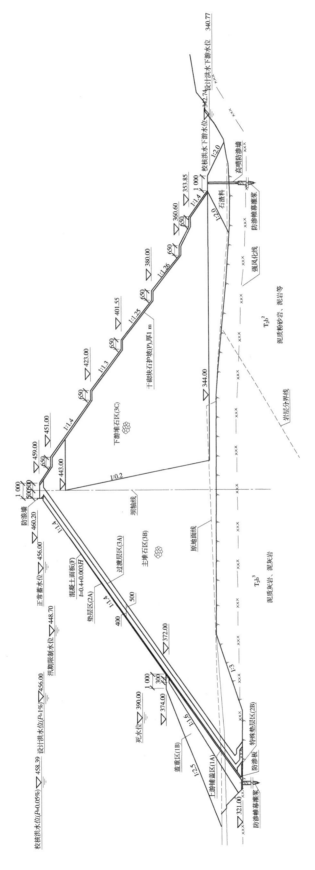

图1 混凝土面板堆石坝典型断面图 （单位：高程，m；尺寸，cm）

(a)微新砂岩料　　　　　　　　　　　　(b)泥灰岩料

图 2　下游堆石料取样图

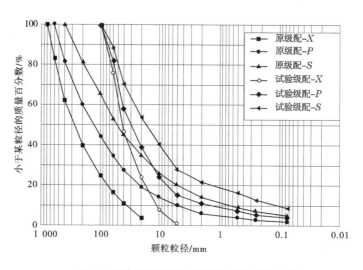

图 3　下游堆石料原始级配和试验级配曲线

三轴试验采用大型三轴压缩试验仪,仪器图如图 4 所示,试样尺寸 $\phi300\times H600$ mm。最大围压 3.0 MPa,最大轴向应力 21 MPa,最大轴向行程 300 mm。根据表 1 中试验级配,按 60~40 mm、40~20 mm、20~10 mm、10~5 mm、<5 mm 五种粒径范围进行试样称取,制样时采用分 5 层填装击实,以保持试样的均匀性和减少颗粒离析。试验周围压力为 0.3 MPa、0.6 MPa、0.9 MPa、1.5 MPa,加载速率为 0.40 mm/min,试样剪切至轴向应变的 15%停止试验。

4　试验结果分析

4.1　击实试验

针对下游堆石料的 2 种料源,根据表 1 中所示三种级配共进行了 6 组大型击实试验,获得了不同料源、不同级配下的最大干密度和最优含水率,如表 2 所示。微新砂岩料与泥灰岩料击实试验曲线如图 5 所示。

表 2　击实试验结果

材料及级配	微新砂岩料			泥灰岩		
	上包线	平均线	下包线	上包线	平均线	下包线
最优含水率	6.6	6.5	6.5	6.5	6.4	6.2
最大干密度	2.25	2.27	2.23	2.22	2.26	2.17

图 4　大型高压三轴压缩试验仪

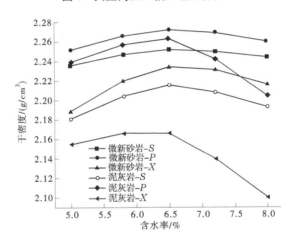

图 5　击实试验曲线

由表 2 和图 5 可知，两种料源最大干密度均呈现平均级配线>上包线>下包线的趋势，平均级配曲线的压实性能要优于上下级配包线。料源和级配对最优含水率的影响均较小，最优含水率均在 6.5%附近波动；微新砂岩料的最优含水率仅比泥灰岩料高 0.1%~0.3%，但在各级配下，微新砂岩料的最大干密度均大于泥灰岩料。此外，微新砂岩料与泥灰岩料的击实试验曲线形态有所差异，在达到最优含水率后，继续增大含水率，微新砂岩的最大干密度呈平稳下降的趋势，降低幅度较小；但在泥灰岩的平均级配线和下包线的试验中，最大干密度呈现急剧下降的趋势，而上包线的试验则是平稳下降，平均级配曲线的最大干密度有接近上包线的趋势。分析认为最大干密度的急剧下降与泥灰岩粗颗粒的颗粒破碎有关。已有研究表明粗粒含量和含水率是影响颗粒破碎率的两个重要因素[9]。含水率增大后，粗颗粒棱角被浸润，在击实功作用下，颗粒间有效接触压力增大，导致颗粒破碎显著，从而导致干密度急剧下降。颗粒破碎导致试验级配变化，细粒含量增大，因此平均级配的最大干密度有接近上包线的趋势。

综合分析可得：泥灰岩料压实性能整体较微新砂岩料要差。平均级配曲线下的泥灰岩压实性能较为良好，与微新砂岩料接近，若填筑在下游堆石干燥区内，须严格控制碾压时泥灰岩料的含水率，防止颗粒破碎影响泥灰岩料的压实性能。

4.2　三轴试验

本次试验对设计孔隙率20%的下游堆石料的2种料源、3种级配共进行了6组CD试验，同时补充了溢洪道开挖泥灰岩料饱和与风干工况下设计孔隙率19%的两组大型三轴试验，试验级配为平均级配曲线，风干试验制样含水率为最优含水率。

典型的三轴试验成果如图6~图9所示。图6与图7是平均级配曲线下，不同孔隙率饱和泥灰岩料的应力-应变关系曲线与体变-应变关系曲线的对比。图8与图9是平均级配曲线下，19%孔隙率风干泥灰岩料与20%孔隙率饱和微新砂岩料的应力-应变关系曲线与体变-应变关系曲线的对比。

本次试验的8组大型三轴试验抗剪强度指标与邓肯张模型参数如表3、表4所示，表中标注风干的为风干试样试验成果，其余均为饱和试样试验成果。

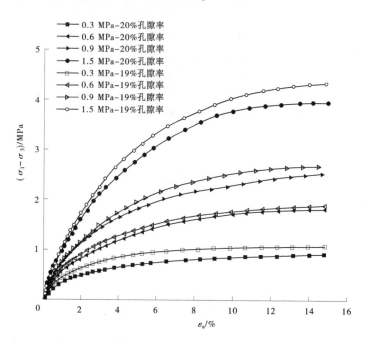

图6　不同孔隙率泥灰岩料应力-应变关系曲线对比

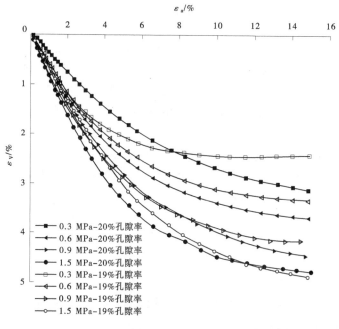

图7　不同孔隙率泥灰岩料体变-应变关系曲线对比

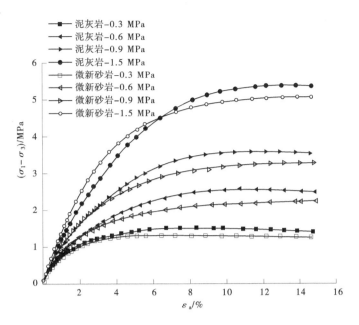

图 8　泥灰岩料与微新砂岩料应力-应变关系曲线对比

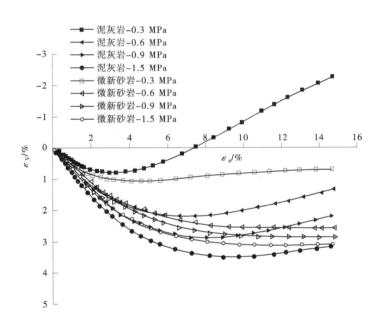

图 9　泥灰岩料与微新砂岩料体变-应变关系曲线对比

4.2.1　孔隙率变化对泥灰岩力学特性影响

图 6、图 7 给出了饱和泥灰岩料采用平均线 2 级配,设计孔隙率为 20%（$\rho = 2.10\ \mathrm{g/cm^3}$）和 19%（$\rho = 2.13\ \mathrm{g/cm^3}$）下饱和样的应力-应变曲线和体变-应变曲线。由图 6、图 7 可知:设计孔隙率虽然只降低了 1%,但泥灰岩料的峰值应力显著增大;最大体变则有显著的减小,尤其是低围压条件下,体积在开始急剧减小后略有回胀。由表 3 可知,泥灰岩在设计孔隙率 20% 时的凝聚力在 100 kPa 范围内,内摩擦角为 35.4°;改变设计孔隙率至 19% 时,平均线级配饱和样的抗凝聚力为 110 kPa,摩擦角为 36.3°,抗剪强度指标结果有明显提高。由表 4 可知:泥灰岩料设计孔隙率 20% 调整到 19%,对应的邓肯 E-μ 模型参数 K 从 767 增大至 834,n 为 0.26 未发生变化。

表 3 三轴试验抗剪强度试验结果

料源	级配	试验干密度/(g/cm^3)	C_d/kPa	$\Phi_d/$(°)	$\Phi_0/$(°)	$\Delta\varphi/$(°)
微新砂岩料	上包线	2.11	88	37.8	45.7	5.8
	平均线	2.11	96	38.0	46.5	6.4
	下包线	2.11	118	39.0	50.0	8.6
泥岩料	上包线	2.10	79	35.0	42.7	5.7
	平均线	2.10	100	35.4	43.9	5.9
		2.13	110	36.3	46.3	7.4
		2.13(风干)	150	38.0	49.6	8.3
	下包线	2.10	107	35.5	45.0	6.9

表 4 $E-\mu$(B)模型参数

料源	级配	密度	$E-\mu$(B)模型参数							
			K	n	R_f	G	F	D	K_b	m
微新砂岩料	上包线	2.11	852	0.29	0.83	0.42	0.18	2.97	328	0.26
	平均线	2.11	956	0.30	0.83	0.43	0.22	4.21	408	0.26
	下包线	2.11	1 125	0.40	0.79	0.48	0.23	4.47	501	0.35
泥灰岩料	上包线	2.10	698	0.26	0.84	0.49	0.29	2.93	279	0.22
	平均线	2.10	767	0.26	0.82	0.47	0.31	3.48	326	0.24
		2.13	834	0.26	0.82	0.31	0.12	3.72	339	0.23
		2.13(风干)	944	0.27	0.77	0.35	0.19	5.38	353	0.29
	下包线	2.10	830	0.26	0.89	0.33	0.18	3.94	354	0.23

综合分析可得：降低泥灰岩料孔隙率（增大干密度），初始弹性模量随之增大，初始切线泊松比随之减小，堆石料抗剪强度指标明显提高。原因可解释为初始孔隙率越低，干密度越大，颗粒排列得越致密，初始剪切时，摩擦及接触面积越大，颗粒间的摩擦作用越强，故能承受较大的竖向荷载，发生较小的侧向变形。弹性模量越大，泊松比越小，变形就越小，降低粗粒料初始孔隙率（控制土石坝的填筑质量）对提高泥灰岩力学特性影响具有重要作用。

4.2.2 干湿状态与料源对下游堆石料力学特性影响

堆石料的力学性质随其含水量影响变化较大，风干及饱和状态是其两个极限状态，面板堆石坝下游堆石料浸润线以下常处于饱和状态，浸润线以上常处于风干状态[10]。已有研究表明，在相同的孔隙比下，砂土风干样的摩擦角一般比饱和样测得的高 2°左右，饱和样的初始模量较风干态有所下降，风干态的变形量较饱和态小，两者的应力-应变曲线具有相同的变化趋势，但风干态土体的极值强度要高于饱和态[11-12]。泥灰岩料填筑于坝体下游浸润线以上干燥区域，微新砂岩料填筑于坝体下游浸润线以下饱和区域，因此对风干泥灰岩料与饱和微新砂岩料的力学性能进行了对比。

图 8 与图 9 给出了平均级配曲线下，19%孔隙率风干泥灰岩料与 20%孔隙率饱和微新砂岩料的应力–应变关系曲线与体变–应变关系曲线的对比。由图 8、图 9 可知：19%孔隙率风干泥灰岩料峰值应力增大高于 20%孔隙率饱和微新砂岩料的峰值应力，且应力–应变曲线位于微新砂岩料的应力–应变曲线上方，表明 19%孔隙率风干泥灰岩料的力学性能较为良好。

由表 3 可知，风干样的泥灰砂岩抗剪强度参数均较好，凝聚力为 150 kPa，远高于饱和微新砂岩料的 96 kPa；内摩擦角为 38°与饱和微新砂岩料内摩擦角一致。对于表 4 中 19%孔隙率风干泥灰岩料与 20%孔隙率饱和微新砂岩料的邓肯-张模型参数 K、m、n、G、F、D，两者的参数也较为接近，说明两种堆石料的初始弹性模量与初始切线泊松比也较为接近。

综合分析可得：平均级配曲线下，19%孔隙率风干泥灰岩料力学特性不弱于 20%孔隙率饱和微新砂岩料。

5 结论

本文对某引调水工程中混凝土面板堆石坝下游堆石区的两种料源分别进行了大型击实试验和大型三轴试验，对试验结果进行了分析，主要得出如下结论：

（1）料源和级配对最优含水率的影响较小，对最大干密度影响显著，平均级配曲线的压实性能要优于上下级配包线。若将泥灰岩料填筑在下游堆石干燥区内，须严格控制碾压时泥灰岩料的含水率，防止颗粒破碎影响泥灰岩料的压实性能。

（2）孔隙率改变对应力–应变关系曲线形态影响不大，设计孔隙率由 20%调整至 19%，峰值应力显著增大，最大体变显著减小，初始弹性模量增大，初始切线泊松比减小。降低粗粒料初始孔隙率（控制土石坝的填筑质量）对提高泥灰岩力学特性影响具有重要作用。

（3）泥灰岩料在改变设计孔隙率后力学性能较好，平均级配曲线孔隙率 19%的泥灰岩料风干样的力学强度性能不弱于砂岩料。

本文针对力学特性不同的两种堆石料进行的试验研究，可为同类工程提供参考经验。本文只开展了大型击实试验与静力三轴试验，鉴于堆石料力学特性的复杂性，具有一定的局限性，后续需对泥灰岩料填筑在下游堆石干燥区的工程安全问题进行进一步的研究论证。

参考文献

［1］张利平，夏军，胡志芳．中国水资源状况与水资源安全问题分析［J］．长江流域资源与环境，2009，18（2）：116-120．

［2］俞海，任勇．流域生态补偿机制的关键问题分析——以南水北调中线水源涵养区为例［J］．资源科学，2007（2）：28-33．

［3］杨启贵，张传健，颜天佑，等．长距离调水工程建设与安全运行集成研究及应用［J］．岩土工程学报，2022，44（7）：1188-1210．

［4］徐泽平．混凝土面板堆石坝关键技术与研究进展［J］．水利学报，2019，50（1）：62-74．

［5］杨泽艳，周建平，王富强，等．中国混凝土面板堆石坝发展 30 年［J］．水电与抽水蓄能，2017，3（1）：1-5，12．

［6］郦能惠．高混凝土面板堆石坝设计理念探讨［J］．岩土工程学报，2007（8）：1143-1150．

［7］马洪琪，曹克明．超高面板坝的关键技术问题［J］．中国工程科学，2007（11）：4-10．

［8］中华人民共和国住房和城乡建设部．土工试验方法标准：GB/T 50123—2019：［S］．北京：中国计划出版社，2019．

［9］杜俊，侯克鹏，梁维，等．粗粒土压实特性及颗粒破碎分形特征试验研究［J］．岩土力学，2013，34（S1）：155-161.

［10］陈鸽，朱俊高，袁荣宏，等．风干与饱和堆石料强度与变形特性试验研究［J］．西安建筑科技大学学报（自然科学版）．2019，51（6）：853-858.

［11］卢廷浩．土力学［M］．2版．南京：河海大学出版社，2005.

［12］左永振，姜景山，程展林，等．粗粒料湿化变形后的抗剪强度分析［J］．岩土力学，2008，29（S1）：559-562.

抗滑桩加固膨胀土渠道边坡措施研究

孙 慧 邱金伟

(长江水利委员会长江科学院水利部岩土力学与工程重点实验室，湖北武汉 430010)

摘 要： 膨胀土是一种多裂隙且具有胀缩性的特殊土，膨胀土的分布极其广泛，对工程建设和安全运行危害很大。在膨胀土地区，裂隙是边坡失稳的重要因素。结合调水工程中线膨胀土典型渠道边坡的裂隙分布情况，利用极限平衡法计算膨胀土渠道边坡的稳定性，得出膨胀土渠道边坡的最不利工况。采用有限差分法对抗滑桩加固最不利工况下渠坡的稳定性进行了数值分析。计算结果表明：当渠坡安全系数为 1.3 时，抗滑桩承受的最大弯矩为 811 kN·m。

关键词： 膨胀土；裂隙性；调水工程；加固；抗滑桩

1 引言

膨胀土主要由强亲水性黏土矿物组成，是具有膨胀结构、多裂隙性、强胀缩性和强度衰减性的高塑性黏土。膨胀土的分布极其广泛，对工程建设和安全运行危害很大。膨胀土给工程建筑物带来的危害，既表现在地表建筑物上，也反映在地下工程中。不仅包括铁路、公路、渠道的所有边坡、路面和基床，也包括房屋基础、地下洞室及其衬砌等，甚至包括这些工程中所采取的加固措施，如护坡挡土墙和抗滑桩等。膨胀土因其具有特殊的工程特性和力学特性[1]，易造成渠道边坡失稳，是调水中线工程的主要技术问题之一。"十一五"期间，长江水利委员会长江科学院[2-9]对中线工程总干渠南阳和新乡段进行了两个现场试验研究，利用高精度 CT 扫描三轴仪等[5]对中线膨胀土进行了剪切强度试验研究，得出了裂隙性膨胀土的抗剪强度，对膨胀土渠坡的破坏机制、力学特性、稳定分析等方面进行了深入研究，认为膨胀土渠坡破坏主受裂隙强度控制，另外，裂隙长度、倾角及贯通率等对膨胀土边坡稳定也具有重要的影响。

目前，国内一些学者从黏性土力学特性、裂隙性的分布等方面对膨胀土边坡的稳定性等做了很多有意义的工作[10-15]。本文结合调水工程中线膨胀土渠道边坡的最不稳定裂隙分布情况，以极限平衡理论为基础，采用数值计算分析软件 GEO-SLOPE 对渠坡进行了稳定性分析，依据计算的成果，以有限差分法采用 FLAC 软件对抗滑桩加固渠坡的措施进行分析计算。研究成果可以指导裂隙性膨胀土边坡的加固设计。

2 计算模型和强度参数

膨胀土存在不同性质的裂隙，膨胀土强度特性比普通黏性土要复杂得多。从工程应用出发，膨胀土强度可区分为土块强度、裂隙强度和土体强度。冯玉勇等[15]通过对南阳膨胀土的结构特性进行研究，指出南阳天然膨胀土边坡坡顶处的裂隙为次生裂隙，主要是受大气影响由膨胀土的胀缩变形产生的裂隙。随着深度的增加，不受大气影响后，膨胀土的原生裂隙发育较明显，裂隙较长、具有一定的方向性。根据该地区膨胀土渠道边坡的典型地质剖面，考虑现场实际原生裂隙产状情况，选取了几种

基金项目： 安徽省引江济淮集团有限公司科技项目资助（合同号：YJJH-ZT-ZX-20191031216）；国家自然科学基金青年基金（52208329）。

作者简介： 孙慧（1980—），女，高级工程师，主要从事环境岩土工程的研究工作。

典型裂隙分布进行分析，概化成膨胀土边坡的计算分析断面如图 1 所示。图 1 为膨胀土半挖半填渠道边坡，坡高 10 m（挖 7 m、填 3 m），坡比为 1：2.5，裂隙厚度为 5 mm。陡倾角裂隙为裂隙沿纵轴逆时针旋转 30°得到；缓倾角裂隙是指裂隙与横轴夹角为 0°的裂隙，在渠底以下 3 m、渠底以上 3 m 及 6 m 处分布着横向贯通 0°的裂隙。膨胀土渠道边坡的计算参数如表 1 所示。计算中所用强度参数是由三轴试验实测[5]的结果整理得出的，计算分析时裂隙区域取裂隙强度，土块区域取土块强度。

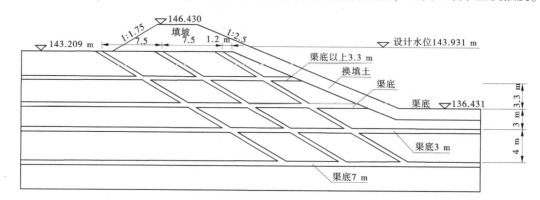

图 1 0°缓倾角和 30°陡倾角组合裂隙膨胀土边坡计算模型图

表 1 计算参数

名称	干密度/ （g/cm³）	饱和密度/ （g/cm³）	试验含水率/%	摩擦角 φ' / （°）	黏聚力 c' /kPa
裂隙面强度	1.62	2.04	21.0	10.0	9.0
膨胀土块强度	1.65	2.04	23.0	21.0	18.0
换填黏性土	1.68	2.06	21.1	21.2	34.2

3 计算结果及分析

采用以上给出的考虑裂隙产状的极限平衡分析方法对调水工程中线膨胀土典型渠道边坡进行了数值分析计算。分别考虑了裂隙的不同位置或埋深（正号为渠底高程以上若干米，负号为渠底高程以下若干米），不同裂隙倾角（0°缓倾角和 30°陡倾角），不同工期有地下水和无地下水等工况对膨胀土边坡稳定性的影响。计算结果如表 2 所示。

表 2 30°陡倾角裂隙位置不变，0°缓倾角裂隙不同工况安全系数

裂隙埋深	工期	无地下水、有陡倾角裂隙	有地下水、有陡倾角裂隙
渠底以下 7 m 处	施工期	1.97	1.34
	完建期	1.60	1.18
	运行期	3.11	2.49
渠底以下 3 m 处	施工期	1.43	1.12
	完建期	1.24	1.09
	运行期	2.43	2.14
渠底处	施工期	1.23	1.11
	完建期	1.26	1.16
	运行期	2.16	1.95

计算结果表明：在相同工期情况下，0°缓倾角裂隙位于三个不同位置时，相应土体的抗滑阻力和

下滑力比值不同；在施工期和运行期条件下，0°缓倾角裂隙随着埋深的增长，安全系数逐渐增大，说明重力提供的下滑力逐渐减小，相应滑体的抗滑力与滑动力的比值逐渐增大，渠坡稳定性增高；完建期时，由于坡高 10 m 的边坡在完建期会有顶部填土的荷载作用，使得完建期安全系数稍小于施工期，且随着 0°缓倾角裂隙随着埋深的增长，安全系数呈现出先减后增的趋势，当 0°缓倾角裂隙位于渠底以下 3 m 时，计算得出的渠坡安全系数最小；运行期时，由于渠道水位的反压作用，安全系数增加较大，在当前的计算参数取值条件下，运行期各工况安全系数均达到了 1.50 以上。

4 抗滑桩加固分析

由表 2 可知，坡高 10 m 的膨胀土渠道边坡在完建期时有地下水，且存在 0°缓倾角和 30°陡倾角裂隙为最不利工况，利用极限平衡法计算得到的滑弧位置示意图及安全系数，如图 2 所示。图 2 中渠道边坡的安全系数为 1.09，不满足设计要求的安全系数 1.3，因此需要对完建期的渠道边坡进行加固处理，经过分析比较最终选定采用抗滑桩加固渠道边坡。为了更好地保证坡体安全，最大限度地发挥土体的抗剪切能力，采用有限差分法计算抗滑桩受力情况时假定土体达到了极限平衡状态。

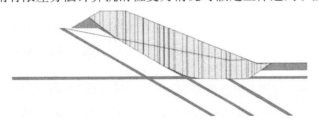

完建期渠底 3 m 处有 0°缓倾角、30°陡倾角安全系数为 1.09。

图 2　坡高 10 m（挖 7 m、填 3 m）渠坡滑弧位置图

结合现场情况，在有限差分法数值计算中，土体采用 Mohr-Coulomb 屈服准则的弹塑性模型；利用流固耦合分析计算孔隙水压力场；抗滑桩采用 PILE 单元进行模拟，将桩土之间的相互作用简化为耦合弹簧。膨胀土和裂隙的计算力学参数如表 3 所示。PILE 单元的主要设置参数如表 4 所示。在最不利工况条件下，根据图 2 建立有限差分网格示意图如图 3 所示。图 3 中抗滑桩布设在渠底以上 4 m 处，且抗滑桩伸入滑带以下土体的长度为滑带以上土体的 0.7~0.8，渠底及渠底以下 3 m 存在 0°缓倾角裂隙。计算结果表明：当滑面强度参数折减为 1.3 倍时，依据强度折减法边坡稳定分析方法，即渠坡安全系数为 1.3 时，抗滑桩承受的最大弯矩为 811 kN·m。该计算结果可为膨胀土渠道边坡加固措施提供依据。

表 3　膨胀土和裂隙的计算力学参数

项目土性	饱和密度/（kg/m³）	弹性模量/MPa	泊松比	有效内聚力/kPa	有效摩擦角/（°）
膨胀土	$2.04×10^3$	30	0.3	18.1	21.1
裂隙	$2.04×10^3$	30	0.3	9	10

表 4　桩单元计算参数

混凝土等级	混凝土弹模/MPa	泊松比	密度/（kg/m³）	法向刚度/（kN/m³）	切向刚度/（kN/m³）
C30	$2.04×10^4$	0.167	$2.5×10^3$	30 000	13 500

5 结论

通过对含有充填物裂隙半挖半填渠道边坡坡高 10 m 的膨胀土渠道边坡在不同裂隙产状和工况条

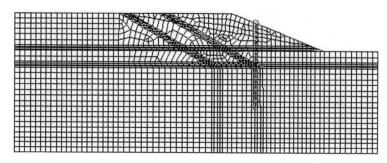

图3 坡高7 m、渠底3 m有0°缓倾角裂隙有限差分网格及抗滑桩位置示意图（间距3 m）

件下的稳定性进行分析研究，得出膨胀土渠道边坡最不利工况，并利用有限差分法对抗滑桩加固处理膨胀土渠道边坡的受力情况进行了分析计算。计算结果对调水工程中线膨胀土渠道边坡的施工设计和加固具有重要意义。主要可得出以下结论：

（1）在施工期和运行期条件下，0°缓倾角裂隙随着埋深的增长，安全系数逐渐增大，渠坡稳定性越高。

（2）完建期时，由于坡高10 m的边坡在完建期有顶部填土的荷载作用，使得完建期安全系数稍小于施工期。

（3）在最不利工况下，利用有限差分法计算抗滑桩的受力情况时，当滑面强度参数折减为1.3倍时，即渠坡安全系数为1.3时（参考强度折减法），抗滑桩承受的最大弯矩为811 kN·m。

参考文献

[1] 刘特洪. 工程建设中的膨胀土问题［M］. 北京：中国建筑工业出版社，1997.

[2] 程展林，李青云，郭熙灵，等. 膨胀土边坡稳定性研究［J］. 长江科学院院报，2011，28（10）：102-111.

[3] 龚壁卫，程展林，郭熙灵，等. 南水北调中线膨胀土工程问题研究与进展［J］. 长江科学院院报，2011，28（10）：134-140.

[4] 龚壁卫，程展林，胡波，等. 膨胀土裂隙的工程特性研究［J］. 岩土力学，2014，35（7）：1825-1830.

[5] Hu Bo, Sun Hui. Shear Strength Characteristic of Fissure Plane in Expansive Soil［J］. Geotechnical Special Publication, 2013（232）：324-333.

[6] 龚壁卫，C. W. W. NG，包承纲，等. 膨胀土渠坡降雨入渗现场试验研究［J］. 长江科学院院报，2002，19（增刊）：94-97.

[7] 包承纲. 非饱和土的性状及膨胀土边坡稳定问题［J］. 岩土工程学报，2004，26（1）：1-15.

[8] 孙慧，徐晗，胡波. 裂隙产状对膨胀土边坡稳定性的影响研究［J］. 人民长江，2012，43（21）：49-51.

[9] Sun Hui, Hu Bo, Zhang Guoqiang. Analysis of Fissured Expansive Soil Slope Stability and Its Reinforcement with Anti-Slippery Piles［J］. APPlied Mechanics and Materials, 2013, 239：1489-1492.

[10] 胡卸文，李群丰，赵泽三，等. 裂隙性粘土的力学特性［J］. 岩土工程学报，1994，16（4）：81-88.

[11] 陈善雄，戴张俊，陆定杰，等. 考虑裂隙分布及强度的膨胀土边坡稳定性分析［J］. 水利学报，2014，45（12）：1442-1449.

[12] 林育梁，陈晓亮，杨扬. 膨胀土边坡稳定性非连续变形分析新方法［J］. 岩土力学，2007，28（增刊）：254-258.

[13] 姚海林，郑少河，葛修润. 裂隙膨胀土边坡稳定性评价［J］. 岩石力学与工程学报，2002，21（增2）：2331-2335.

[14] 孟黔灵. 膨胀土的裂隙性对边坡稳定性的影响［J］. 公路，2001（10）：137-140.

[15] 冯玉勇、曲永新，徐卫亚. 南阳膨胀土的宏观结构与路堑边坡病害治理［J］. 工程地质学报，2005，13（2）：169-173.

N_u - M_u 相关曲线在榆林黄河东线马镇引水工程拱式支承体系的应用研究

梁春雨　　侯咏梅　　张艺莹

（黄河勘测规划设计研究院有限公司，河南郑州　450002）

摘　要：针对偏心受压构件，经常发生大小偏心误判。依据偏心受压构件是在不同的 N 与 M 组合下发生破坏的机制，提出了新的设计思路，解决了大小偏心误判的问题。本文推导出简便实用的 N_u - M_u 相关曲线解析式，总结出利用 N_u - M_u 相关曲线进行偏心受压构件截面设计与承载力复核的方法步骤，结合拱式渡槽算例，验证了该方法的有效性。

关键词：偏心受压构件；N_u - M_u 相关曲线；截面设计；承载力复核

1　引言

钢筋混凝土偏心受压构件是水利工程中广泛应用的基本构件之一，如电站厂房吊车梁、渡槽的支承钢架、闸墩、桥墩、箱型涵洞以及拱式渡槽的支承拱圈等。偏心受压构件截面设计时，首先要判别大小偏心受压，才能进一步完成构件设计。《水工混凝土结构设计规范》（SL 191—2008）中6.3.2条规定：当 $\xi \leqslant \xi_b$ 时为大偏心受压构件，当 $\xi > \xi_b$ 时为小偏心受压构件[1]。偏心受压构件截面设计时，对于大小偏心受压判别的问题上，存在分歧。目前，大小偏心受压判别方法主要有3种：① $e > 0.3 h_0$，大偏心；$e \leqslant 0.3 h_0$，小偏心。② $e > 0.3 h_0$ 且 $N \leqslant N_b$，大偏心；$e \leqslant 0.3 h_0$ 或 $e > 0.3 h_0$ 且 $N > N_b$，小偏心。③ $N \leqslant N_b$，大偏心；$N > N_b$，小偏心[2-3]。在榆林黄河东线马镇引水工程中渡槽总长 1 010 m，拱式渡槽共计7座，跨度为 66 m、56 m 和 46 m 三种形式，拱式渡槽拱结构设计实践中，用上述3种方法，会得到两个完全相反的结论，存在误判。本文提出了一种获得 N_u - M_u 曲线的新方法，利用 N_u-M_u 曲线作为截面各工况设计内力组合的外包络线，找到控制内力组合，快速实现截面设计和承载力复核。本文根据承载能力极限状态功能函数 $K_s \leqslant R$ 判定结构安全与否，从而成功避开上述大小偏心判别方法存在的误判，实现构件设计的目标。

2　N_u-M_u 截面相关曲线

对于给定截面、配筋及材料强度的偏心受压构件，达到正截面承载力极限状态时，其轴力和弯矩是关联的，图1为偏心受压构件 N_u-M_u 相关曲线。从图1可看出以下三点规律：

（1）曲线 ABC 表示偏心受压构件在给定材料、截面和配筋下所能承受的 N_u 和 M_u 关系的规律[4]。若外荷载产生的截面内力设计值的坐标位于曲线 ABC 的内侧，就表示构件未达到承载力极限状态，是安全的；若外荷载产生的截面内力设计值的坐标位于曲线 ABC 的外侧，就表示构件承载力不足。图1中3个控制点，其中 A 点为构件承受纯弯曲时的承载力 M_0，B 点为构件发生大小偏心的分界，C 点为构件承受轴心受压时的承载力 N_0。

（2）图中任一点 P 代表一组内力（M，N），PO 与 N 轴夹角 θ，则 $\tan\theta$ 代表偏心距 $e_0 = \dfrac{M}{N}$，P'

作者简介：梁春雨（1978—），男，高级工程师，主要从事水工结构研究工作。

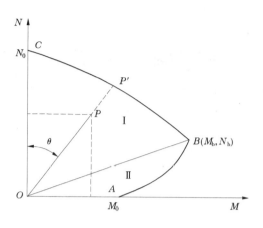

图 1 $N_u - M_u$ 相关曲线

点为 P 点的映射点，两者具有相同的偏心距。OB 线把图形分为两个区域，Ⅰ区表示小偏心受压区域，Ⅱ区表示大偏心受压区域。

（3）同一构件，在配筋率增大时，$N_u - M_u$ 相关曲线沿 $+M$ 向外扩充，曲线轮廓形状相似，所有曲线 B 点的连线为一条水平线[4-5]。

3 $N_u - M_u$ 截面强度曲线解析式推导

目前，偏心受压构件正截面承载力 $N_u - M_u$（见图 2）相关曲线以下三种方法：方法 1 按大小偏心，分别给出函数 $M_u = f(N_u)$ [6]；方法 2 以初始偏心距 e_0 为变量（图 1 中 $e_0 = \tan(\theta)$），推求函数 $N_u = g(e_0)$、$M_u = N_u e_0$ [7]；方法 3 引入物理学中无量纲分析法，得到无量纲参数方程[8]。以上三种方法存在问题如下：方法 1 在小偏心时，表达式非常烦琐，且自变量取值区间模糊不清；方法 2 将荷载效应与截面抗力掺和，易发生误导，没有揭露出强度曲线的本质内涵；方法 3 用无量纲参数方程，中间变量过多，回代过程烦琐。本文从大小偏心受压构件破坏的机制出发，在规范基本假定的基础上，应用工程力学平面任意力系平衡基本原理及参数方程，推导出简洁实用的解析式，见式（1）、式（2）和式（3）。不再强调大小偏心的概念，根据混凝土构件基本理论和基础试验，截面强度屈服时，总会同时出现受压区高度、屈服强度，因此可以利用将受压区高度或受压区相对高度作为变量，进行截面强度的推求。应用时，将截面受压区高度划分为三个区间［见式（3）］，对应的截面承载力极限强度值（M_u，N_u）用式（1）和式（2）求解。

$$N_u = f_c bx + f'_y A'_s - \sigma_s A_s \tag{1}$$

$$M_u = f_c bx \left(\frac{h}{2} - \frac{x}{2} \right) + f'_y A'_s \left(\frac{h}{2} - a' \right) + \sigma_s A_s \left(\frac{h}{2} - a \right) \tag{2}$$

受拉侧钢筋应力 σ_s 取值为分段函数，见式（3），用图形表示见图 3。

$$\sigma_s = \begin{cases} f_y & \xi \in \left[\frac{2a'}{h_0}, \xi_b \right) \\ f_y \dfrac{0.8 - \xi}{0.8 - \xi_b} & \xi \in \left[\xi_b, 1.6 - \xi_b \right] \\ -f'_y & \xi \in \left(1.6 - \xi_b, \dfrac{h}{h_0} \right] \end{cases} \tag{3}$$

上述推求过程，还有如下结论：

（1）构件截面承载力仅与截面尺寸、配筋量、材料强度等因素有关，与外荷载无关。

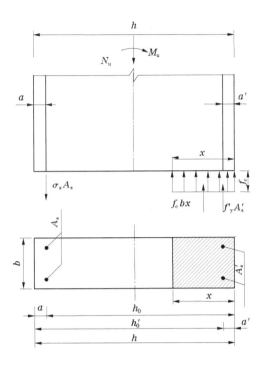

图 2　矩形截面偏心受压构件正截面承载力计算图

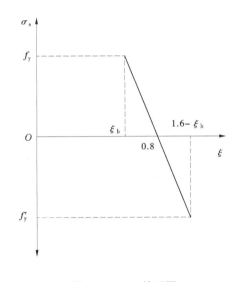

图 3　$\sigma_s - \xi$ 关系图

（2）对于对称配筋偏心受压构件，逆向计算应用时，令式（1）、式（2）分别等于给定的设计内力，即 $M_d = M_u$，$N_d = N_u$，很容易求得配筋面积的精确解 A_s 和受压区计算高度 x。

4　设计内力与 N_u-M_u 相关曲线的映射关系

根据功能函数 $K_S \leqslant R$，设计内力（KN，KM）对应于 S 项，点（N_u，M_u）对应于 R 项，在设计过程中，为了求解方程方便，常令两者相等，直接得出未知项，这时给人一种两者相关的假象，从内外因角度出发，本质上 N_u-M_u 相关曲线属于构件抗力，是内因独立项，其形状大小与外荷载没有关系。两者唯一的联系是一组外力，会有一组相应的抗力与之对应，其实质就是一种映射关系，表现形式如图 1 中 P 与 P' 所示,本文提出的 N_u-M_u 相关曲线解析式中各因子包含截面尺寸、配筋、受压区高度,均与外荷载无关,表明本文解析式更契合功能函数的本质。为了融会贯通截面设计(简称正向设计)与承载力复核(简称逆向设计),下面从二阶效应的偏心距增大系数出发,分析两者间的联系。规范[1] 定义的偏心距增大系数如式(4)所示。

$$\eta = 1 + \frac{1}{1\ 400\ \frac{e_0}{h_0}} \left(\frac{l_0}{h}\right)^2 \zeta_1 \zeta_2 \qquad (4)$$

$$\zeta_1 = \frac{0.5f_c}{KN} \qquad (5)$$

规范规定:截面应变对截面曲率的影响系数 ζ_1 在大偏心受压和其值大于 1.0 时,均令 $\zeta_1 = 1.0$,其他情况下其值按式(5)取值,这样就分两种情况:

(1)情况 1:$\zeta_1 = 1.0$ 时,截面增大系数 η 是 e_0 的函数,即与截面初始内力 M/N 相关,表面偏心距相同时,各组内力对应于同一组极限承载力值。

(2)情况 2:$\zeta_1 < 1.0$ 时,截面增大系数 η 是 e_0 和 N 的函数,与截面初始内力 M/N 和 N 相关。这与情况 1 是有区别的,反映在设计内力与 N_u-M_u 相关曲线的映射关系[9],表面偏心距相同时,各组内力对应于不同组的极限承载力值,主要原因是二阶弯矩的影响,表现在图 1 中的 OP' 发生弯曲。

5 基于 N_u-M_u 相关曲线的强度设计

对于偏心受压构件,完整的设计包括截面设计和承载力复核两项内容,两项内容核心均为大小偏心的判别,然而大小偏心判别准则不成熟,在某些特定条件下,会出现误判,给设计工作带来干扰。由于偏心受压构件承载力满足的充要条件为:设计内力包含于强度曲线内。本节基于此,提出下面设计方法,该方法包含截面设计和承载力复核,不用进行大小偏心判别。该方法应用步骤如下:

(1)设定配筋率 $\rho = 0.2\%$,得 $A_s = A_s'$。

(2)计算构件纯压承载力和纯弯承载力,求得图 1 中的 A 点与 C 点的坐标。

(3)由式(1)、式(2)及式(3)求得 N_u-M_u 曲线其他控制点。

(4)将各荷载工况下,截面设计内力与 N_u-M_u 曲线绘制于一张图上。

(5)筛选出设计内力控制点(全部设计内力相对于 N_u-M_u,处于外轮廓线附近的点)。

(6)由设计内力控制点,求配筋的精确解,得计算配筋 $A_s = A_s'$。

6 实例验算

某抽水站钢筋混凝土铰接排架柱[6],对称配筋,截面尺寸 $b \times h = 400\ mm \times 500\ mm$,$a = a' = 40$ mm,计算长度 $l_0 = 7\ 600\ mm$,采用 C25 混凝土和 HRB335 钢筋,承载力安全系数 $K = 1.2$,使用期间截面内力设计值有下列两组 $M = 275\ kN \cdot m$,$N = 556\ kN$、$M = 220\ kN \cdot m$,$N = 1\ 359\ kN$。试配置该柱钢筋。

基于本文提出的 N_u-M_u 相关曲线强度设计实现方法,很方便地得到图 4。配筋率为 1.124%,配筋面积为 2 069 mm^2,受控于第一组内力;正向计算结果为第一组内力按大偏心受压计算,计算配筋面积 2 069 mm^2;第二组内力按小偏心受压计算,计算配筋面积 2 033 mm^2,因此按本文提出的方法所得结论与传统的正向计算方法是一致的,省去了判断大小偏心的环节,同时完成了截面设计与截面强度复核。在应用时要注意在荷载效应组合内力中考虑二阶弯矩的影响,用截面真实的荷载效应与截面抗力进行设计。$\rho = 0.2\%$、1.1% 两种配筋条件下排架柱截面承载力见表 1。

表1 $\rho=0.2\%$、1.1%两种配筋条件下排架柱截面承载力

类型	x/mm	$M_u/$（kN·m）	N_u/kN	$M_u/$（kN·m）	N_u/kN
纯弯	—	50.4	0	260.694	0
大偏心	80	130.37	380.8	340.66	380.8
	100	145.6	476	358.71	495.04
	140.3	170.51	667.83	374.02	609.28
	160	179.87	761.6	386.59	723.52
	180	187.49	856.8	396.41	837.76
	200	193.2	952	403.49	952
	238.28	198.82	1 134.21	409.12	1 134.21
小偏心	250	199.81	1 186.87	350.22	1 681.68
	300	182.9	1 477.04	321.84	1 884.83
	350	154.09	1 767.22	275.7	2 189.55
	400	113.39	2 057.39	189.28	2 697.42
	450	60.78	2 347.57	90.95	3 205.29
	483	19.54	2 539.08	19.54	3 540.48
	490	10.13	2 579.7	3.73	3 611.58
轴压	—	0	2 620	0	3 621.4

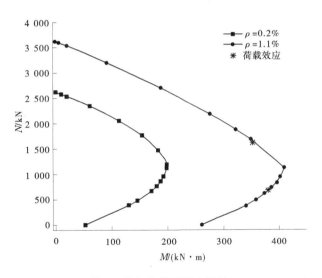

图4 排架柱截面强度设计

7 主拱圈结构设计

在拱式渡槽设计中，一个最重要的环节就是主拱圈强度验算，按照规范[10]的相关规定，需要计算空槽、满槽、加大水深、设计水深、地震等多种工况组合，同时需要考虑拱脚、$1/8L$、$1/4L$、$3/8L$和顶拱5个控制截面。拱结构受力特点显示：弯矩图存在多个反弯点，轴力与弯矩存在多种组合，控制组合难以辨识。应用本文提出的方法可以快速解决这些问题。首先，将各组截面内力和$\rho=0.2\%$的强度曲线绘制于同一张图上，图5图例中的荷载效应对应于各工况组合下截面内力，$\rho=0.2\%$为强

度曲线，大多数工况组合下的截面内力包含在 $\rho = 0.2\%$ 的强度曲线内，找出最外包线控制点，求得配筋率为 0.4%，如图5所示。

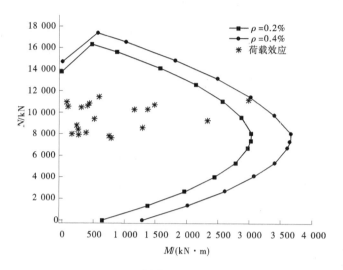

图5 拱截面强度设计

8 结论

（1）本文基于承载能力极限状态功能函数，以强度曲线作为桥梁，将截面设计和承载力复核两个互逆过程联系起来，提出并验证用强度曲线实现截面设计和承载力复核是可行的。

（2）本文用截面受压区高度作为参数变量，引入参数方程，推导了强度曲线的解析表达式，本文方法较其他方法，具有力学概念清晰，表达式简洁，实践性强，适合工程设计的优势。

（3）通过理论公式分析论证，得到 $N - M$ 曲线上的点与截面破坏时所承担的 $N_u - M_u$ 上的点存在映射相关性。

（4）总结了利用强度曲线设计的方法步骤，并在拱式渡槽支撑结构设计时，得以应用，该方法具有偏心受压构件设计的普遍适用性。

参考文献

［1］中华人民共和国水利部．水工混凝土结构设计规范：SL 191—2008［S］．北京：中国水利水电出版社，2009.

［2］高丽，何明胜，曾晓云．对称配筋偏心受压构件大小偏心受压判别的研究［J］．结构工程师，2014：52-55.

［3］常柱刚，曾宙希．对规范中钢筋混凝土偏心受压构件大小偏心判别方法的探讨［J］．中外公路，2014：174-179.

［4］叶见曙．结构设计原理［M］．2版．北京：人民交通出版社，2007.

［5］沈蒲生，梁兴文．混凝土结构原理［M］．4版．北京：高等教育出版社，2012.

［6］河海大学，武汉大学，大连理工大学，等．水工钢筋混凝土结构学［M］．4版．北京：中国水利水电出版社，2009.

［7］张文．水工钢筋混凝土构件设计步骤例题及程序［M］．北京：中国水利水电出版社，2009.

［8］常柱刚，蒋友宝，曾宙希，基于 $M-N$ 关系图的 RC 偏压构件强度设计方法［J］．铁道科学与工程学报，2017：2621-2629.

［9］高丽，何明胜，曾晓云．偏心受压构件轴力—弯矩相关曲线探讨［J］．低温建筑技术，2014，36（9）：55-57.

［10］中华人民共和国住房和城乡建设部．灌溉与排水工程设计标准：GB 50288—2018［S］．北京：中国计划出版社，2018.

温度效应对大跨度埋地输水钢管
及支承结构安全性影响研究

卢一为　　潘家军　　孙向军　　徐　晗

（长江科学院水利部岩土力学与工程重点实验室，湖北武汉　430010）

摘　要：近年来极端天气频发，温度变化对输水建筑物结构安全性影响问题值得关注。基于某大跨度埋地式输水钢管跨越已建南水北调倒虹吸管工程，开展不同温度条件下数值分析研究，结果表明：与恒温条件相比，环境温度升高导致输水钢管的最大压应力和最大剪应力显著增大，最大拉应力略微减小，钢管跨中位置最大竖向位移减小，最大挠度值减小；环境温度降低则导致最大拉应力和最大剪切力显著增大，最大压应力略微增大，跨中位置最大竖向位移增大，钢管最大挠度值增大；环境温度变化会导致钢管跨中位置下部地基土体的竖向应力减小，研究成果可为大跨度埋地输水钢管结构设计提供参考。

关键词：大跨度；埋地输水钢管；交叉建筑物；温度效应；应力变形

1　引言

我国水资源在时间和空间上分布极不均匀，人均水资源紧缺，水资源供需矛盾尖锐。为改善我国水资源配置，解决地区水资源严重短缺问题，近年来一批跨流域引调水工程陆续开工建设[1]。在长距离输水工程中需兴建交叉输水建筑物，新建输水管线自身结构安全性及对已建的渡槽、混凝土涵管等的影响问题值得关注[2]。

近年来，极端高温（如2022年夏）或低温（如2021年冬）天气频发，我国大量输水建筑物面临严峻的安全挑战。与混凝土结构相比，输水钢管结构无法设置通过温度缝来减小环境温度变化的影响[3]，因此温度效应对大跨度输水钢管结构的安全性影响研究显得尤为重要。

部分学者针对大型引调水工程中埋地输水钢管的结构安全性问题开展了相关研究。郑杰[4] 针对雅玛渡水电站埋地钢管安装过程中的钢管变形问题，提出了相关工程控制措施；王小兵[5] 详细介绍了老挝南梦3水电站埋地钢管设计及施工相关技术；伍鹤皋等[6-7] 对比国内外相关埋地钢管的设计规范，提出了适合水利水电行业的埋地钢管设计建议，研究了大直径埋地钢管在不同工况下的管土相互作用特性，研究结果表明大直径钢管中的水重对管土相互作用影响很大，同时相较于小直径钢管，管顶土压力若直接采用棱柱荷载其安全系数会降低；陈万波等[8] 则基于蒙特卡洛法对钢管变形进行可靠度分析。针对温度效应对结构安全性影响问题，董福品[9] 通过有限元计算分析，揭示了溢流坝闸墩后压力管道混凝土结构的温度变化和温度徐变应力状况；冯兴中[10] 针对黄河李家峡水电站坝后背管，计算分析了运行期管壁内外温降、温升作用下的温度场和温度应力以及温度场和内水压力叠加产生的应力状况。

基金项目：国家自然科学基金青年基金项目（52008032）；中央级公益性科研院所基本科研业务费专项资金资助项目（CKSF2021459/YT，CKSF2021484/YT）。

作者简介：卢一为（1990—），男，高级工程师，主要从事土的工程特性及数值模拟相关研究工作。

通信作者：潘家军（1980—），男，正高级工程师，主要从事水工土力学相关研究工作。

综上所述，引调水工程中交叉输水建筑物周围环境、工况复杂，风险系数较大。目前温度效应对大跨度埋地式交叉输水钢管结构的影响规律尚不清楚，因此有必要开展温度对大跨度输水钢管及支承结构的安全性影响相关研究。

2 工程概况及有限元计算模型

2.1 工程概况

基于河南省某灌区新建输水工程，工程采用大跨度自承式埋地钢管正交跨越已建南水北调倒虹吸管工程。新建自承式钢管结构长度为 56.8 m，预留保护层距南水北调管道仅为 0.62 m。管身横向采用三孔钢管，管径为 2.8 m，壁厚为 0.032 m，钢管中间主跨段和两侧副跨段长度分别为 36.8 m 和 10 m，横向布置全宽 11.06 m。为保证结构的抗浮稳定，将管道通过管箍固定于盖梁上，盖梁下部为灌注桩基础，内外侧桩间距为 3.7 m。

2.2 有限元计算模型

基于工程设计方案建立三维有限元计算模型（见图 1），模型平面尺寸为 356.8 m×357 m，深度取 2 倍的灌注桩桩长，为 80 m。输水钢管、盖梁、灌注桩等的尺寸位置与原型保持一致。

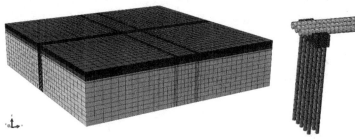

(a)三维有限元模型整体网格　　(b)钢管及灌注桩细化网格

图 1　三维有限元计算模型网格示意图

按照地勘资料进行模型土层单元划分，土层材料参数基于力学测试及类似工程经验选取，各土层厚度及应力变形计算参数见表 1。支座及灌注桩计算参数为：$\gamma = 25$ kN/m^3，$E = 30$ GPa，$\mu = 0.167$；钢管材料的计算参数为：$\rho = 78.5$ kN/m^3，$E = 206$ GPa，$\mu = 0.3$。

表 1　土层厚度及应力变形计算参数

编号	土层名称	厚度/m	天然重度 γ/（kN/m^3）	弹性模量 E/MPa	黏聚力 c/kPa	内摩擦角 φ/（°）
1	砂壤土	1	16.9	17.9	10	16
2	粉细砂	13	19.0	17.0	2	24
3	粉质黏土	2	18.3	5.0	22	6
4	砂壤土	1	17.2	10.7	10	16
5	中细砂	63	19.0	28.0	2	25

灌注桩与周围土体、支座与周围土层、支座与输水钢管、输水钢管与周围土体之间设置接触面以模拟不同材料间相互作用，本次计算中灌注桩与土层、支座与周围土层接触面上摩擦系数取 0.26，灌注桩与 5 土层摩擦系数取 0.4，支座与输水钢管接触面上的摩擦系数取 0.3。

计算中自承式钢管结构承担的荷载主要为满管水重、管道自重、外水重、覆土重等。满管水重为 61.58 kN/m 的均布荷载，分布于钢管全段。输水钢管材料的线膨胀系数取 1.2×10^{-5}/℃。

3 温度对输水钢管安全性影响分析

3.1 温度恒定条件下输水钢管应力变形分析

如图 2 所示为恒温条件下中心输水钢管应力变形分布云图。可以看出，中心输水钢管跨中、支座、接头位置处最大压应力分别为9.35 MPa、11.2 MPa、2.55 MPa，钢管最大压应力位于支座与钢管接触位置下部；最大拉应力分别为10.7 MPa、16.8 MPa、1.76 MPa，钢管最大拉应力位于支座与钢管接触位置上部；最大剪应力分别为0.44 MPa、12.0 MPa、0.33 MPa，钢管最大剪应力位于钢管与支座接触部位。中心输水钢管的压应力、拉应力和剪应力均小于《钢结构设计标准（GB 50017—2017）》[11] 规定的强度允许值。

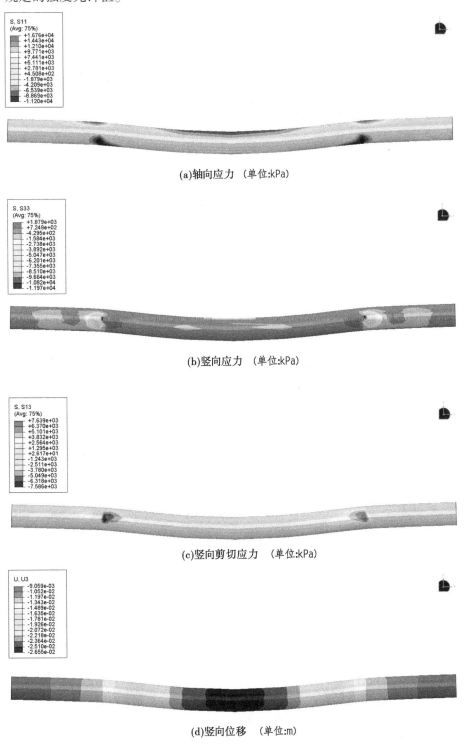

(a)轴向应力 （单位:kPa）

(b)竖向应力 （单位:kPa）

(c)竖向剪切应力 （单位:kPa）

(d)竖向位移 （单位:m）

图2 中心输水钢管的应力变形分布云图

中心输水钢管跨中、支座、接头位置处最大竖向位移分别为 26.6 mm、11.7 mm、9.12 mm，最大竖向变形发生于跨中位置，最大竖向变形量占钢管与输水倒虹吸管预留保护层厚度的 4.3%，对输水倒虹吸管影响有限。中心输水钢管的最大挠度为 14.9 mm，最大挠跨比为 1/2 470，小于规范允许值。

如图 3 所示为恒温条件下两侧输水钢管应力变形分布云图。从图 3 中可以看出，两侧输水钢管应力变形分布规律与中心输水钢管类似，跨中、支座、接头处最大压应力分别为 6.91 MPa、12.8 MPa、2.46 MPa，最大拉应力分别为 8.96 MPa、15.4 MPa、1.74 MPa，最大剪应力分别为 0.38 MPa、13.8 MPa 和 0.36 MPa，最大压应力、最大拉应力、最大剪应力发生位置与中心输水钢管基本相同。两侧输水钢管压应力、拉应力和剪应力均满足强度要求。跨中、支座和接头处最大竖向位移分别为 25.3 mm、11.6 mm 和 9.09 mm，最大竖向变形发生于跨中位置，竖向最大挠度为 13.7 mm，最大挠跨比 1/2 686，略小于中心输水钢管，小于规范允许值。

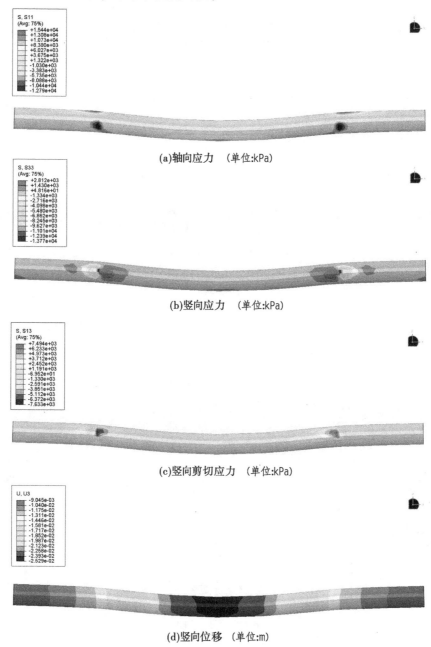

(a)轴向应力　　(单位:kPa)

(b)竖向应力　　(单位:kPa)

(c)竖向剪切应力　　(单位:kPa)

(d)竖向位移　　(单位:m)

图 3　两侧输水钢管的应力变形分布云图

3.2 温度变化条件下输水钢管应力变形分析

环境温度变化会导致钢管膨胀收缩，在支座约束作用下，钢管、支承结构和周围土体之间发生复杂的应力变形调节作用。如图 4 所示，当环境温度升高 30 ℃时，中心输水钢管的最大压应力为 84.2 MPa，远大于恒温条件下的最大压应力 11.2 MPa，位于支座与钢管接触位置下部；最大拉应力为 14.4 MPa，略小于恒温条件的最大拉应力 16.8 MPa，位于在支座与钢管接触位置上部；最大剪应力为 66.3 MPa，大于恒温条件的最大剪应力 12.0 MPa，位置位于在钢管与支座接触部位，中心输水钢管压应力、拉应力和剪应力均满足强度要求。跨中、支座和接头处最大竖向位移分别为 25.0 mm、11.6 mm 和 13.9 mm。相较于恒温条件下，钢管跨中位置处的最大竖向位移减小，接头位置处最大竖向位移增大。中心输水钢管的最大挠度为 13.4 mm，小于恒温条件下的最大挠度值，最大挠跨比 1/2 746，小于规范允许值。

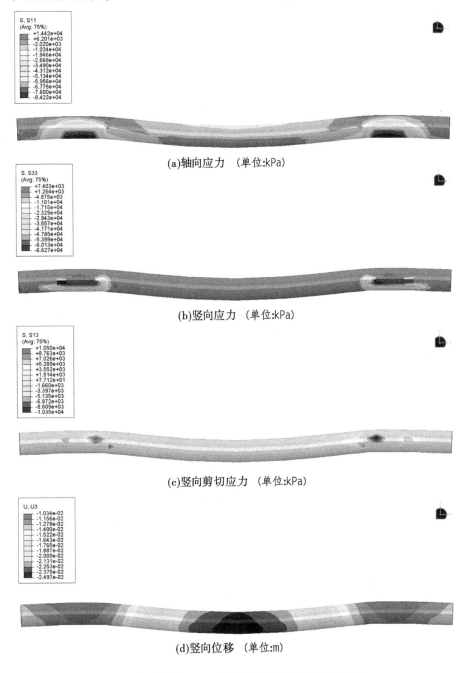

(a)轴向应力 （单位:kPa）

(b)竖向应力 （单位:kPa）

(c)竖向剪切应力 （单位:kPa）

(d)竖向位移 （单位:m）

图 4 温度升高 30 ℃后中心钢管应力变形分布云图

如图 5 所示，当环境温度降低 30 ℃时，中心输水钢管的最大压应力为 17.8 MPa，略大于恒温条件下的最大压应力 11.2 MPa，位于支座与钢管接触位置；最大拉应力为 82.1 MPa，远大于恒温条件下的最大拉应力 14.4 MPa，位于支座与钢管接触位置下部；最大剪应力为 62.1 MPa，位于钢管与支座接触部位，两侧输水钢管压应力、拉应力和剪应力均满足强度要求。跨中、支座和接头处最大竖向位移分别为 28.9 mm、11.8 mm 和 4.38 mm。相较于恒温条件下，钢管跨中位置处的最大竖向位移增大，接头位置处最大竖向位移减小。中心输水钢管的最大挠度为 17.1 mm，大于恒温条件下的最大挠度值，最大挠跨比 1/2 152，小于规范允许值。

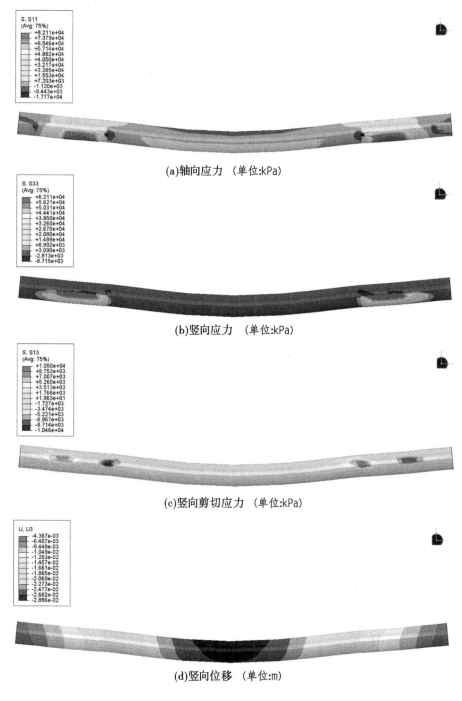

(a)轴向应力 （单位:kPa）

(b)竖向应力 （单位:kPa）

(c)竖向剪切应力 （单位:kPa）

(d)竖向位移 （单位:m）

图 5　温度降低 30 ℃后中心钢管应力变形分布云图

4 温度对支撑基础应力变形影响分析

4.1 温度对桩基应力变形影响分析

如图6所示为不同温度条件下支座下部桩基础的竖向位移云图。当环境温度恒定时，内、外侧灌注桩的桩底竖向位移分别为11.5 mm和10.7 mm。当环境温度升高30 ℃时，内、外侧灌注桩的桩底竖向位移分别为10.9 mm和11.1 mm，较恒温条件下分别减小5.2%和增大3.7%。当环境温度降低30 ℃时，内、外侧灌注桩的桩底竖向位移分别为11.9 mm和9.76 mm，较恒温条件下分别增大3.5%和减小8.8%。

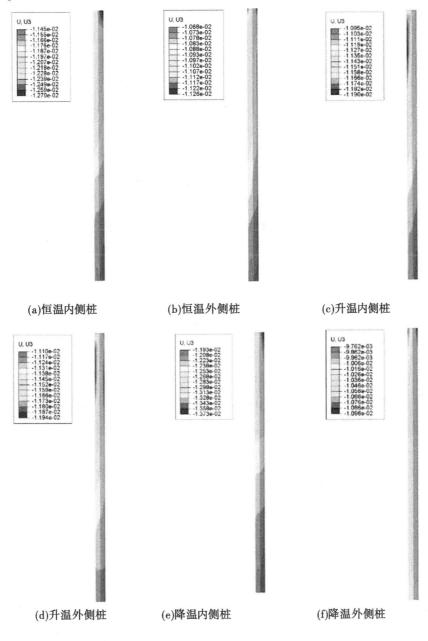

(a)恒温内侧桩   (b)恒温外侧桩   (c)升温内侧桩

(d)升温外侧桩   (e)降温内侧桩   (f)降温外侧桩

图6　不同温度条件下灌注桩基础的竖向位移　（单位：m）

4.2 温度对地基应力变形影响分析

如图7~图9所示为不同温度条件下中心钢管轴线所在地基竖向剖面的竖向应力变形分布云图。从图中可以看出，由于钢管与桩周土体之间的变形协调及两侧灌注桩的侧限作用，钢管以下地基土的竖向变形从上往下逐渐从中间大、两边小发展为中间小、两边大的分布形态，即地基相同高程位置竖向位移分布曲线从"凹"形发展为"凸"形。钢管以下土体的竖向应力分布曲线则较为平缓。在恒温条件下，与钢管跨中位置下部接触处的地基土的竖向应力大小为76.1 kPa。当温度升高30 ℃和降低30 ℃后，与钢管跨中位置下部接触处的地基土的竖向应力大小分别为73.7 kPa和74.6 kPa，较恒温条件分别减小3.2%和2.0%。

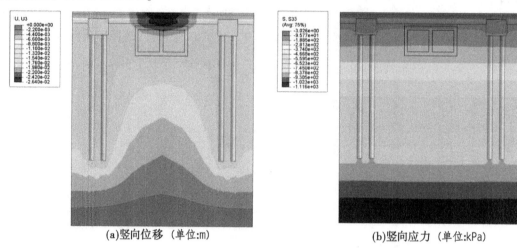

(a)竖向位移 （单位:m）　　　　　　　　　　(b)竖向应力 （单位:kPa）

图7　恒温条件下中心钢管轴线所在地基竖向剖面的竖向应力变形云图

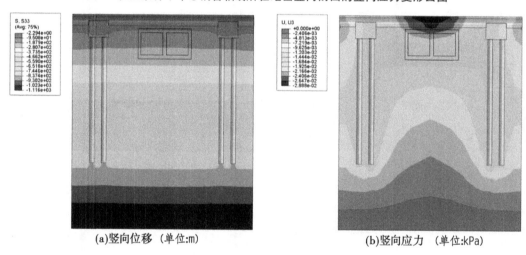

(a)竖向位移 （单位:m）　　　　　　　　　　(b)竖向应力 （单位:kPa）

图8　温度升高30 ℃后中心钢管轴线所在地基竖向剖面的竖向应力变形云图

5　结论

基于某灌区新建大跨度埋地输水钢管正交跨越已建南水北调倒虹吸管工程，开展温度效应对输水钢管及支承结构安全性影响的三维数值分析研究，主要结论如下：

（1）在环境温度恒定的情况下，输水钢管的最大压应力、拉应力、剪应力主要发生于钢管与支座接触部位，最大压应力、拉应力和剪应力均满足强度要求。输水钢管最大竖向变形发生于跨中位置，最大挠度为14.9 mm，最大挠跨比小于规范允许值。

（2）与恒温条件下相比，环境温度升高导致输水钢管的最大压应力和最大剪应力显著增大，最大拉应力略微减小，而环境温度降低会导致最大拉应力和最大剪切力显著增大，最大压应力略微增大。

（3）与恒温条件下相比，当环境温度升高时，钢管跨中位置处的最大竖向位移减小，钢管最大挠度值减小；当环境温度降低时，钢管跨中位置处的最大竖向位移增大，钢管最大挠度值增大。

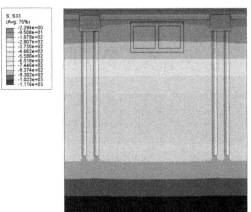
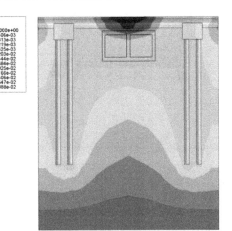

(a)竖向位移（单位:m）　　　　　　　　　(b)竖向应力（单位:kPa）

图9　温度降低30 ℃后中心钢管轴线所在地基竖向剖面的竖向应力变形云图

（4）当环境温度升高时，内、外侧灌注桩的桩底竖向位移较恒温条件下分别减小和增大。当环境温度降低时，内、外侧灌注桩的桩底竖向位移变化规律相反。温度变化均会导致钢管跨中位置下部地基土体的竖向应力减小。

（5）建议对大跨度埋地式输水钢管结构采取管道周围包裹柔性、隔热材料等措施，以减小钢管结构对已有构筑物的影响。

参考文献

［1］关志诚，陈雷．引调水工程建设与应用技术［J］．中国水利，2010（20）：32-35.

［2］刘恒，宋轩，耿雷华，等．南水北调中线交叉建筑物洪水风险估算模型研究［J］．人民长江，2010，41（8）：74-77.

［3］刘红波．弦支穹顶结构施工控制理论与温度效应研究［D］．天津：天津大学，2011.

［4］郑杰．雅玛渡水电站压力钢管安装过程中的钢管变形控制［J］．黑龙江水利科技，2012（11）：41-42.

［5］王小兵．老挝南梦3水电站压力管道的设计与施工［J］．水利水电技术，2014（8）：47-51.

［6］伍鹤皋，于金弘，石长征，等．水利水电行业回填钢管设计若干问题探讨［J］．人民长江，2020，51（8）：141-146.

［7］伍鹤皋，于金弘，石长征，等．大直径回填钢管管土相互作用研究［J］．天津大学学报（自然科学与工程技术版），2020，53（10）：1053-1061.

［8］陈万波，张智敏，于金弘．输水工程埋地钢管变形影响因素及可靠度研究［J］．水电与新能源，2020.34（12）：8-11.

［9］董福品．水电站溢流坝闸墩后压力管道温度应力分析［C］//中国土木工程学会计算机应用分会第七届年会土木工程计算机应用文集，1999.

［10］冯兴中．坝后背管运行期温度应力分析［J］．西北水电，2003（4）：11-13.

［11］中华人民共和国住房和城乡建设部，中华人民共和国国家质量监督检验检疫总局．钢结构设计标准：GB 50017—2017［S］．北京：中国建筑工业出版社，2017.

浅谈长龄期大坝混凝土性能研究进展

石　妍[1]　陈　俊[1,2]　蒋文广[1]　陈程琦[1,2]

(1. 长江水利委员会长江科学院，湖北武汉　430010；
2. 河海大学，江苏南京　211100)

摘　要： 已建工程的长期维护与加固将成为水利水电行业今后的工作重点，因此长龄期大坝混凝土的性能跟踪与研究极为重要。针对服役时间长、服役环境复杂的混凝土坝，为准确了解大坝混凝土的性能变化，可直接进行坝体钻芯取样测试，也可在实验室采取多因素耦合的加速模拟试验进行研究。随着技术的进步与模型的优化，计算机模拟有着独特的技术优势，逐渐成为研究的热点。本文综述了三种方法用于大坝混凝土长龄期性能的研究进展，分析目前存在的问题及未来的发展趋势。

关键词： 长龄期；大坝混凝土；性能；研究方法

1　引言

我国水坝建设数量自新中国成立以后，进入井喷式发展，在 1970 年超越美国成为世界建坝数量最多的国家。随着建坝技术的提升，完成了如丹江口、葛洲坝、长江三峡等令世界瞩目的水利水电工程，我国将逐步进入"后坝工时代"，已建工程的长期维护与加固成为水利水电行业今后的工作重点。

我国大多数混凝土大坝建设时长已过几十年，受到服役环境多样性的影响，不可避免地发生了性能的劣化，严重时甚至丧失部分原有设定功能，是人民安全、生态环境以及社会安定的巨大隐患。例如我国的丰满水电站[1]位于严寒干燥的吉林省，于 1937 年始建，1953 年完工。受早期技术影响与混凝土老化的因素共同作用，大坝整体安全可靠性差，纵缝开裂现象时常发生，混凝土强度、抗渗性能等大幅下降，从而导致坝体渗漏。经过多次的除险加固，但依旧无法消除隐患，对下游居民生命安全与财产造成严重的威胁，最终只能耗资数百亿将其拆除。

因此，对长龄期大坝混凝土性能进行研究，提升混凝土性能及修补的技术手段已成为当务之急。但大坝混凝土的劣化及损害受多种因素的影响，是各种物理、化学过程的结果。由于影响因素的复杂性，对长龄期大坝混凝土性能变化很难得到系统性的结论。目前，大多数学者的研究都是对实际芯样某一方面性能进行研究探讨，或者是针对某一影响因素或多种因素耦合影响进行模拟性试验。本文基于近年来学者们对于长龄期大坝混凝土的试验研究，分析目前三种常见的研究方法，通过现有的技术水平与宏微观手段，综述相关试验结果与发展规律。

2　研究进展

2.1　钻芯取样法

钻芯取样法是长龄期大坝混凝土质量评估通常采用的方法，它是使用钻机对测区进行取样测试，是了解已服役混凝土目前所处状态、性能变化情况最为直观的方式。可以对芯样进行抗压强度、抗

基金项目： 国家自然科学基金项目（52179122、U2040222）。

作者简介： 石妍（1979—），女，正高级工程师，主要从事水工建筑材料方面的研究工作。

渗、抗冻等级等测试以及微观层次的试验，从而掌握实际运行环境下水工混凝土的各项性能与发展状况。

2.1.1 宏观性能研究

钻芯取样后，可以直接观察芯样的外观，凭借外观分析结合力学、变形、耐久等性能测试结果，可较为准确地掌握大坝混凝土性能的发展或劣化情况。同时，随着目前技术的进步，使用压水、超声波及弹性波等测试手段，可以更好地判断混凝土内部损伤的分布情况。

目前，对长龄期大坝混凝土芯样力学性能的研究较多，随着龄期的增加，力学性能相比于设计指标，基本按照一定规律增长。李光伟等[2] 将 9 年、10 年、12 年龄期的沙牌水电站混凝土芯样进行力学性能测试，与设计龄期相比，其抗压强度分别增加了 28%、47% 和 58%，其余相关力学性能也呈一定趋势增长。牛志国、袁群等[3-4] 分别对近 30 年龄期的坝体混凝土芯样与白沙水库近 50 年的水工混凝土芯样进行力学性能测试，均发现抗压强度对比设计强度增长率在 30%~70% 附近，符合对数曲线增长规律。

由于水工混凝土服役环境的复杂性，耐久性能易受各种因素制约，因此在建设前会根据服役环境实际情况设计特定的耐久性指标与解决方案，利用芯样进行耐久性测试正是检测方案可效性的重要手段。阮燕等[5] 将龄期 9 年的岩滩水电站碾压混凝土芯样胶凝材料进行长达一年多的浸泡与渗透试验，发现浸泡液的 pH 值一直在 10 以内，而渗透液的 pH 值也仍处于 11 以上，得出结论即使碾压混凝土处于长龄期服役中，也依旧拥有较强的抗溶蚀能力。董芸等[6] 利用已运行 10 年的锦屏一级坝芯样进行 SEM、岩相分析并加速养护，结果未发生碱-骨料反应且在未来也难以发生膨胀性破坏，这也证实了抑制措施对长龄期大坝混凝土的长期有效性。

2.1.2 微观结构研究

随着芯样长龄期宏观性能试验研究的发展，大坝混凝土在微观结构的研究也在不断的探索进步。但取样的代表性或测试方法可能影响研究结果，有研究表明[7]，某工程 20 世纪 80 年代仅调整了 20 世纪 70 年代所涉及混凝土细骨料的配合比，发现 20 世纪 70 年代混凝土试样出现了水泥水化产物的自裂痕，而 20 世纪 80 年代的试样结晶有序，与骨料连接牢固，水化结构并未遭受破坏。

微孔结构的变化直接影响宏观力学及耐久性能。牛志国等[3,8] 通过对两座运行 30 年左右的大坝混凝土芯样进行性能演变规律探究，发现采用混凝土的孔结构表征坝体混凝土的长龄期抗压强度是可行的，且混凝土坝的材料性能演变具有明显的时空相关性。李惠霞、元成方等[9-10] 对近 50 年龄期的水工混凝土芯样进行 SEM 与 MIP 试验，探究长龄期混凝土抗渗性能与微观结构的关系，结果表明芯样中碳化层孔径大于未碳化层孔径，总孔隙率变大，致使混凝土碳化层强度较低，这与常规混凝土试样不同，且整体结构不密实、界面区孔隙较多，因此芯样抗渗能力较低。

大多数学者对于芯样内部微观层次的研究，基本是用于佐证宏观性能方面的变化。也可以结合细观角度的研究，如 CT 断层持荷扫描技术的引入，通过对芯样的扫描能得到其内部结构以及裂纹分布、演化过程，使得对混凝土整体状况的评判更为具体。可见，大坝钻芯取样能获得较为准确的试验结果，但过多的钻孔取芯，容易破坏坝体整体性，这也是芯样法的不足之处。

2.2 室内模拟加速试验法

混凝土坝服役环境复杂多样，长期受天然环境中各种因素的影响。为更好地表征混凝土在时间维度上的劣化过程，因此试验人员常于实验室进行模拟加速试验。将养护到规定龄期的试件放入冻融循环、干湿循环以及离子侵蚀等装置中进行模拟试验，按一定次数或侵蚀时间将试样取出进行测试，可以较好地掌握混凝土在某些因素影响下性能的劣化规律。

2.2.1 宏观性能研究

模拟法研究能在短时间内将试件加速至所需的条件，方便了试验的进展，但可能与工程实际情况存在差异。如杨富亮等[11] 模拟标准养护与自然养护对 10 年龄期大坝混凝土耐久性的影响，结果发现标准养护对混凝土耐久性均有一定程度的提升，同时也发现在标准养护下，碳化现象并不会出现，而在自然养护中，碳化现象随龄期增长而严重，试验很好地说明了自然养护与实验室养护的区别。即便如此，模拟法依旧是如今研究单因素乃至多因素耦合影响下混凝土劣化规律最常见的方法。

相对于研究单因素对混凝土性能的影响，耦合因素的影响规律是目前的热点。Sahmaran 等[12] 对单硫酸盐侵蚀及干湿循环–硫酸盐侵蚀耦合作用下混凝土长期性能展开了试验研究。结果发现相对于单因素，耦合侵蚀共同作用下混凝土的力学性能劣化速率显著增大。有研究[13] 对不同影响因素下的试件进行质量测试，发现碳化、硫酸盐侵蚀、干湿循环三重耦合作用影响下，质量下降速率较硫酸盐单一侵蚀与双因素耦合作用更快，后期作用更为明显。相比于单因素影响的劣化机制，多因素耦合影响的劣化机制更加复杂，现有试验室的加速试验不仅可以作用于单因素的劣化机制，而且能够模拟多种因素耦合的环境试验箱也在不断应用，使得多种因素影响同步进行，可以避免单独试验带来的误差。

2.2.2 微观结构研究

相比于芯样法较多的研究宏观性能，模拟法凭借其在时间维度上研究的优势，也有较多测试分析集中在微观结构方面。如汪在芹等[14] 使用 SEM、MIP 等微观手段，发现混凝土在冻融过程中水化产物的形态从密实堆积逐渐变为疏松，结构中也出现了微裂缝，孔径 25~75 nm 之间的孔隙所占的比例呈增大趋势。为揭示了碳化对于掺和料混凝土物质成分变化的影响，有学者[15] 将酚酞试剂、pH 值测试、热重分析相结合，发现试件中 $CaCO_3$ 与 $Ca(OH)_2$ 含量会逐渐趋于一个定值。孙迎召等[16] 使用 XRD、SEM 微观手段探究了在干湿循环下硫酸盐侵蚀的微结构影响。结果表明在耦合作用下，混凝土的结构不断受到破坏，水化产物也在不断流失，硫酸盐对骨料结构的腐蚀加深。裂隙规模不断扩大，导致混凝土的结构完整性和力学特性出现衰变现象。田威等[17] 则发现了冻融与侵蚀耦合对混凝土性能影响是冻融主导前期硫酸盐侵蚀主导后期的规律，并通过 CT 技术与 SEM 进一步阐明这种规律：在前期硫酸盐能降低冻融循环对混凝土的劣化，在后期硫酸盐侵蚀产物膨胀力、结晶盐产生的结晶压力和冻融产生的冻胀力共同作用使混凝土加速劣化。

加速模拟试验能在短时间内掌握混凝土长期受到的破坏过程，但如何更真实地模拟工程现场自然环境与结构受力等因素，以提高试验结果的准确度与相似度，是今后进一步研究发展的方向。

2.3 数值理论模拟法

随着数值仿真技术的进步，越来越多的学者们将目光投入在数值理论模拟领域。在细观力学方面涌现了许多成熟的数值理论模型，创建了[18-19] 力学性能的空间分布的混凝土随机力学模型与三相混凝土细观模型，为长龄期混凝土力学性能的预测提供了有效的数值方法。在微观方面，学者[20] 通过利用 FICK 定律和反应动力学理论，建立混凝土内硫酸根离子扩散–反应模型，发现劣化是滞后于离子扩散等行为。对于水泥基材料水化过程的研究也出现了许多模型，比较著名的有 CEMHYD3D 模型与 THAMES 模型[21]，前者通过简单的操作即可得到水化过程中相应信息，后者可以成功地模拟出水化过程中物相的变化过程。

对混凝土材料性能进行数值模拟的研究正是近年来的热门所在，它拥有一个庞大的并不断完善的数据库。随着技术的进步，现如今在微观方面也能得到很好的模拟。但由于多因素耦合机制的不明确，在相关方面的计算模拟只能针对特定问题进行。

3 结论与展望

鉴于对已建工程大坝混凝土长龄期的性能跟踪与研究，分析了目前钻芯取样、室内加速试验与数值仿真等方法的研究现状。坝体钻芯取样是掌握大坝混凝土性能最直观准确的方式，但会破坏大坝的整体性。实验室加速模拟试验能在短时间内对特定条件下的混凝土变化规律进行研究，数值模拟技术已从混凝土宏观方面的研究发展到纳微观结构的分析，但与工程实际情况仍有一定差异。三种研究方法的相互结合，能更准确科学地评价大坝混凝土长龄期性能的演变规律。

参考文献

[1] 路振刚，苏加林，汪在芹. 丰满水电站老坝混凝土质量后评价 [J]. 水力发电，2020，46（3）：99-103.

[2] 李光伟，詹侯全，刘宇欣，等. 沙牌水电站高拱坝碾压混凝土芯样长龄期性能试验研究 [J]. 水电站设计，2017，33（4）：70-73.

[3] 牛志国，游日. 坝体混凝土宏观性能演化规律研究 [J]. 大坝与安全，2019（3）：45-49.

[4] 袁群，李宗坤，李杉. 现场运行近50年水工混凝土性能的试验研究 [J]. 混凝土，2007（1）：4-7，10，13.

[5] 阮燕，方坤河. 水工碾压混凝土耐久性及使用寿命的探讨 [J]. 水利水电技术，2003（7）：41-43.

[6] 董芸，周泽聪，李鹏翔，等. 锦屏一级大坝混凝土骨料碱活性抑制措施的长期有效性研究 [J]. 长江科学院院报，2022，39（5）：140-144，152.

[7] 孟书灵，古龙龙，陈岳敏，等. 新疆地区机场跑道混凝土超长龄期性能分析研究 [J]. 新型建筑材料，2020，47（12）：5-9.

[8] 牛志国，游日，吴金涛. 坝体混凝土材料性能演化与孔结构的关系研究 [J]. 水利水电技术，2016，47（11）：25-28，35.

[9] 李惠霞，管巧艳，张明恩，等. 长龄期水工混凝土抗渗性试验研究 [J]. 人民黄河，2009，31（8）：88-89.

[10] 元成方，牛荻涛，陈娜，等. 碳化对混凝土微观结构的影响 [J]. 硅酸盐通报，2013，32（4）：687-691，707.

[11] 杨富亮，熊祖云，黄寿良. 三峡工程大坝混凝土长龄期耐久性能试验研究 [J]. 中国水利水电科学研究院学报，2016，14（4）：285-290.

[12] M Sahmaran, T K Erdem, I O Yaman. Sulfate resistance of plain and blended cements exposed to wetting-drying and heating-cooling environments [J]. Construction and Building Materials, 2006, 21（8）.

[13] 谢利云. 水工混凝土在多因素耦合作用下的性能劣化规律研究 [D]. 郑州：华北水利水电大学，2015.

[14] 汪在芹，李家正，周世华，等. 冻融循环过程中混凝土内部微观结构的演变 [J]. 混凝土，2012（1）：13-14.

[15] 胡晓鹏，孙广帅，张成中，等. 混凝土早期碳化性能的试验研究 [J]. 西安建筑科技大学学报（自然科学版），2017，49（4）：492-496.

[16] 孙迎召，牛荻涛，姜磊，等. 干湿循环条件下混凝土硫酸盐侵蚀损伤分析 [J]. 硅酸盐通报，2013，32（7）：1405-1409.

[17] 田威，李小山，王峰. 冻融循环与硫酸盐溶液耦合作用下混凝土劣化机理试验研究 [J]. 硅酸盐通报，2019，38（3）：702-710.

[18] Tang Xinwei, Zhou Yuande, Zhang Chuhan, et al. Study on the heterogeneity of concrete and its failure behavior using the equivalent probabilistic model [J]. Journal of Materials in Civil Engineering, 2011, 23（4）：541-570.

[19] 陈凌霄，程勇刚，周伟，等. 基于格构模型的长龄期混凝土力学性能研究 [J]. 武汉大学学报（工学版），2022，55（3）：238-246.

[20] 郎宇杰，殷光吉，温小栋，等. 硫酸盐侵蚀下混凝土劣化过程数值模拟 [J]. 武汉理工大学学报，2021，43（8）：62-69.

[21] Pan Feng, Edward J. Garboczi, Changwen Miao, et al. Microstructural origins of cement paste degradation by external sulfate attack [J]. Construction and Building Materials, 2015, 96.

长距离引调水工程原材料新困境与解决建议

王卫光[1,2]　张来新[1,2]

（1. 珠江水利委员会珠江水利科学研究院，广东广州　510611；
2. 水利部珠江河口海岸工程技术研究中心，广东广州　510611）

摘　要： 随着南水北调、引滦入津等大型长距离引调水工程的实施，引调水工程与传统小区域水利工程的不同也逐渐凸显，特别是在原材料选择、采购和使用、评定上也出现了许多新情况，使建设工作更加复杂，向建设各方提出新的挑战。顺利解决这些新情况、新问题是使工程顺利开展和保证工程"千年大计"顺利实现的基础，十分重要。本文针对长距离引调水工程特点，对出现的材料新情况提出了作者的思考，并给出了自己的解决建议，对引调水工程在原材料选择、使用和评价等方面具有重要的参考价值。

关键词： 引调水；工程；原材料；管理；方案

1　背景

随着南水北调、引滦入津等长距离大型引调水工程的实施，其与常规水利工程的差异也逐渐显现，特别对大型长距离引调水工程，这种差异更加明显。常规水利工程主要为水坝、水利枢纽，其建设占地范围小、施工距离短、施工区域相对固定，建设用原材料品种少，来源相对单一，甚至就地取材；长距离引调水工程则工程距离长、施工区域分散，建设用材料在不同地区性能差异大，难于集中采购，多行业交叉涉及材料等远多于常规意义上的水利工程。由于长距离引调水工程的这些不同使得建设中需要解决的问题和工作更加复杂，使工程建设也面临更多的挑战和难题。

不仅如此，随着我国承诺的 2030 年前碳达峰及碳中和目标的实施和各项工作的开展，新的能源结构正在布局和出现，对自然资源和矿产资源的保护也提升到了新的高度。用于生产水泥的石灰质原料、黏土质原料，以及石膏等少量校正原料等资源开发收紧，材料的高效使用将越来越引起各方重视，而大规模基础设施完善建设又需要大量的基础性原材料投入，两者的这种大规模投入与高效集约利用的矛盾也会加剧工程本身的挑战性。同样，粉煤灰材料也面临同样的难题，一方面是燃烧煤的火电的限制性生产和转型加快使粉煤灰收集生产面临原材料短缺；另一方面则是大规模基建对粉煤灰需求量越来越多，这种矛盾必然使原材料的采购难度加大、运输成本增加及需求者间的竞争加剧。如何解决将是摆在建设各方的不可回避的问题。

2　面临的新困境

所谓"引（水）调水工程"，其含义是"把水从水资源丰富的地区引流、调剂、补充到缺水地区，沿途所修建的水渠、涵洞、提灌站等一系列水利工程"[1]。作为引调水与传统水利工程，一致的是其原材料一样离不开水泥、胶接掺和料（如粉煤灰）、骨料（粗、细骨料含）、拌和水、外加剂等五种主要原材料。原材料问题是检验检测"人、机、料、法、环、测"要求中"料"的主要控制管理内容。在现有新条件下，这几类主材料都面临不同的困境。

作者简介： 王卫光（1977—），男，高级经济师，主要从事水利水电技术及管理工作。

通信作者： 张来新（1973—），男，正高级工程师，主要从事水利水电工程技术、检测与量测技术工作。

2.1 骨料问题

在长距离调水工程中，由于工程战线长，受各地方原材料供应市场影响，工程建设所需的骨料供需往往与当地的基础设施建设规模相互影响。对基础设施建设体量大的，由于材料的需求规模大，形成了卖方市场主导，因此在原材料品质和价格同等条件比较时，如果市场供应材料的质量与规格与设计或行业要求不一致，在采购中往往难以达到行业标准的要求，甚至在适当提价条件下也难以采购到所需规格和品质的原材料。这种情况增加了检验检测单位对原材料质量的检测和评价难度，也会导致成品的质量难以控制和保证，在外观上影响其美观和一致性。例如：引江济淮工程需碎石 1 292 万 m³、滇中引水工程仅昆明段就需 338.14 万 m³，在工程采购粗骨料时，受当地城市建设和交通工程建设的影响，市场上供应骨料基本均为按《建筑用卵石、碎石》（GB 14685—2011）或交通行业标准生产的 5（4.75）~31.5 mm 骨料，且多分为 5（4.75）~16.0 mm 和 16.0~31.5 mm 二级，需要时进行掺配使用。而在《水工混凝土施工规范》（SL 677—2014）中所推荐骨料粒径则为 5~20 mm 和 20~40 mm、40~80 mm 骨料，标准之间存在明显差异。这些差异给工程实际检测工作带来很多不必要的干扰，使得原材料在集中采购和检验检测上都面临许多新问题[2]。

2.2 粉煤灰问题

粉煤灰在混凝土中使用已有几十年的历史，并取得了很多成功的经验，水工混凝土中掺入粉煤灰，可以显著改善混凝土拌和物性能，降低水化热温升，十分有利于温控和防裂。前些年，由于粉煤灰品质的不断提升，特别是Ⅰ级粉煤灰的大量生产，使得粉煤灰也由过去一般掺和料变为混凝土的功能性材料使用。粉煤灰颗粒呈微珠形，其等级越高，颗粒就越细，微珠含量就越高，对混凝土性能改善就越明显。如三峡工程第二阶段大坝混凝土配合比试验就选用安徽平圩、重庆珞璜、山西神头和江苏南京四个电厂的Ⅰ级粉煤灰做了粉煤灰掺量对混凝土用水量及强度影响的试验，结果见表 1[3]。从表 1 中不难看出粉煤灰的功能性作用。2020 年，随着七十五届联合国大会一般性辩论会上我国宣布 2030 年前二氧化碳排放达到峰值，2060 年前实现碳中和。国家对能源新结构及布局开始实施，使粉煤灰的生产发生变化。众所周知，粉煤灰是火力发电厂的尾矿，经回收处理后得以利用形成新的产品。根据数据分析，我国主要耗煤行业是电力、钢铁、建材、化工等，其中电力行业主要集中在火力发电；钢铁行业主要集中在粗钢、钢材等产品；建材行业主要集中在水泥制造行业；化工行业主要集中在化肥等领域。2020 年，电力、水泥、钢铁和化工行业的耗煤量占全国的 93.0%，其中，电力行业占比达 59.1%，是煤炭应用的主要行业之一。从 2001 年至 2021 年，我国发电量从 1.5 万亿 kW·h 增加至 8.1 万亿 kW·h，增长了 5 倍有余。火电占比基本稳定在 70%~80%，见图 1[4]。从图 1 中看出电量在逐年增加，但其占比却存在缓慢下降趋势。由此可以看出，能源结构正在逐步调整，煤炭的利用方式也在发生变化。而建设对粉煤灰的需求却在逐年提高，两者变化方向不一致，必然造成市场供需矛盾，大大增加市场采购的难度和影响对质量的控制。

表 1 不同厂家Ⅰ级粉煤灰掺量对混凝土用水量及强度的影响（水胶比 0.50）

序号	粉煤灰掺量/%	供应厂家	用水量/（kg/m³）	坍落度/cm	含气量/%	抗压强度/MPa	
						28 d	90 d
1	20	平圩电厂	82	4.4	5.5	29.0	39.6
2		珞璜电厂	89	5.4	5.4	27.2	37.6
3		南京电厂	88	3.9	4.6	30.4	37.2
4		神头电厂	83	3.6	5.4	27.3	42.1
5	30	平圩电厂	78	4.5	5.4	26.6	44.7
6		珞璜电厂	84	4.3	5.6	25.2	37.5
7		南京电厂	86	4.3	4.7	24.5	39.5
8		神头电厂	79	3.4	5.1	24.6	38.4

续表 1

序号	粉煤灰掺量/%	供应厂家	用水量/(kg/m³)	坍落度/cm	含气量/%	抗压强度/MPa	
						28 d	90 d
9	40	平圩电厂	75	2.6	4.8	24.1	42.7
10		珞璜电厂	71	5.1	4.9	20.7	34.3
11		南京电厂	75	4.7	5.6	23.5	37.7
12		神头电厂	76	3.7	5.5	20.7	33.0

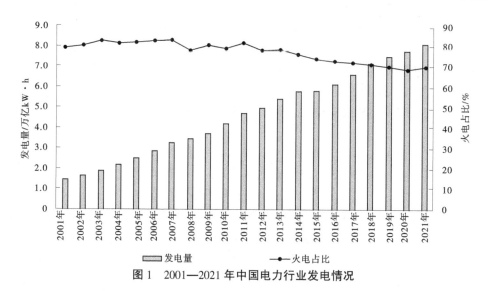

图 1　2001—2021 年中国电力行业发电情况

同样，粉煤灰的使用也在朝发挥其最佳性能的方向不断发展。如在《水工混凝土掺用粉煤灰技术规程》（DL/T 5055—2007）中明确：第一，掺粉煤灰混凝土的设计龄期要充分利用粉煤灰的后期性能，在保证设计要求的条件下，宜尽可能采用较长设计龄期，以获得较好的经济技术效果。第二，由于粉煤灰相对用料较大，为保证粉煤灰供应和质量的稳定，工程一般选择 2～3 家粉煤灰供应厂家，由于供应量问题，易出现混凝土质量和外观颜色的波动或不一致。第三，由于粉煤灰对含气量具有较强的吸附作用，要新拌混凝土获得与不掺粉煤灰混凝土相同的含气量，引气剂的掺量需要随粉煤灰掺量的增大而增加，即粉煤灰掺量每增加 10%，引气剂剂量约增加 0.01%。而对引调水工程来说，工期及结构与传统水利工程不同，其一般均采用了建设工程或桥隧结构的 28 d 短龄期作为设计标准，以便于后续结构的建设和安装。引气剂的引入也增加了对质量控制的水平要求。更为明显的是，近些年对粉煤灰材料获取难、运距长、成本高、材料稳定性差等新问题更加明显，质量波动更胜以往，给施工和检验检测工作带来更大困难。

2.3　标准问题

中共中央、国务院 2021 年 10 月 10 日印发的《国家标准化发展纲要》指出：标准是经济活动和社会发展的技术支撑，是国家基础性制度的重要方面。对引调水工程而言，其所执行标准也是管理工作中"人、机、料、法、环、测"要求中"法"的重要环节，起着举足轻重的作用。一般对常规水利项目，由于其行业特性明显，工程基本遵照执行本行业单一行业标准即可。而对长距离调水工程，由于施工内容往往涉及行业种类多、建（构）筑物门类多，和存在同类型建筑物设计单位不一致，设计时所依据的标准也不一致等情况，在实际中往往发现同类或相似建（构）筑物所给定的实施标准不一致、合格标准要求也不一致的情况，更甚至形成标准的误用或混用情况。由于各行业标准针对的主要内容和关注重点不一致，对具体的细节要求上存在差异，因此往往造成对同类型建筑物质量要求不一致，使建筑物在最终质量上存在差异。如引江济淮工程涉水利、水运、交通、市政等多个行业，且各行业间又存在搭接或交叉情况，在橡胶止水带的设计及实施上，就存在《水利工程质量检测技术规程》（SL 734—2016）、《水利工程质量检测规程》（DB 34/T 2290—2015）、《高分子防水材料　第 2 部分：止水带》（GB 18173.2—2014）、《水工建筑物止水带技术规范》（DL/T 5215—2005）中究竟使用哪个标准的探讨。

在标准问题上，还有一类问题较为突出，即工程执行标准究竟由谁来给定，是设计单位、监理单位，还是建设单位或检验检测单位，大多数认为需要检验检测单位或委托方给定，也有些认为需要由建设单位给定。究竟由谁给定在对法规、规范等要求上难以查找到相关的具体要求，也形成了"公说公有理，婆说婆有理"的情况。对标准使用还存在一种情况，即在新标准尚未实施，旧标准又宣布作废的标准过渡期内，究竟用哪个标准来对质量进行控制。由于近些年，标准的更新进入快速道，大量标准在进行更新，因此出现了上述情况，给工程的质量控制带来问题。

3　解决建议

对原材料的骨料问题，建议初设期开始就做好总体规划和布局。即初设阶段开始根据工程所处不同地域和工程类型、工程性质，做好分区域统筹，由建设单位或全过程咨询单位牵头，联合当地材料加工企业，根据不同地域建立工程自身的原材料加工场，也可以与大型企业进行战略合作，建立长期合作或协作，甚至可以探讨入股模式，建立起能确保检验检测合格的原材料供应新模式。同时，提前针对可能存在的碱-骨料反应等情况，布局和安排各类针对性技术研究课题，使问题提前得到控制，进一步减少各方在骨料采购和使用上的问题，使质量得到提升和管控。

对于粉煤灰问题，建议提前做好调查研究，了解不同区域内供应粉煤灰的厂家数量、品质情况、可稳定供货数量、费用及运费等。再根据工程设计和结构所处位置、作用、环境特点等分门别类，对重点的关键建（构）筑物选用相应等级的粉煤灰，使粉煤灰发挥其良好功能性，真正做到物尽其用。对相对非重点部位，可根据其特点少用或不用粉煤灰，以减少采购和经济压力，也简化了相应混凝土生产环节，同时对混凝土质量提升大有益处。实际中，我们也应当看到由于货源供应问题，粉煤灰市场也出现较多以次充好、以假乱真等情况，使得粉煤灰的利用更加复杂，有些工程往往因有些规范规定须掺用粉煤灰，而不得不从几百千米外采购粉煤灰，其折算价格甚至超出了水泥价格，这就违背了粉煤灰利用的初衷。在需要混凝土短龄期强度的建（构）筑物中，在粉煤灰缺少地区，不建议以粉煤灰作为功能性材料来使用。有些专家针对粉煤灰越来越难供应的现状，已经建议寻求替代品的研究，故对长距离引调水工程建议不要过度依赖粉煤灰做功能性材料使用。

对于标准问题，建议提前谋篇布局。即授权的工程申报主管单位在规划阶段提前考虑该工程可能涉及的行业有哪些，不同行业的要求是什么，在工程的划分上，提前以各行业的特点进行总体划分，在不同的行业区划中规划使用不同的行业标准，避免不同行业标准间的冲突和搭接，并突出自身行业的特点。同时，建设单位在初设或施工图设计阶段，积极协调各设计单位，在设计中对同行业统一设计要求和标准，避免对同类型建筑物要求不同。质量检测单位在中标后，应配合管理单位积极复核设计单位或管理单位、监理单位提出的检验检测标准是否适宜，对不适宜的尽快提出建议并联系确认。同时，建议水利主管部门对引调水工程能建立自己的相关标准序列，或在检验检测、验收、评定标准中增加引调水工程的相关内容，使检验检测资料更符合引调水工程的特点和对质量的检测、验收等要求；另一方面，在没有出台正式引调水相关标准前，建议建设单位会同设计、监理等单位编制适合自身工程特点的资料管理体系，对检验检测工作和表格等进行规范化和专项管理，同时报监督部门备案。

最后，在管理上建议抓好过程管控。对长距离调水工程而言，施工单位、监理单位的数量远超过常规水利工程的参建单位数量，因此提前建立管理体系，针对性地设立管理奖罚措施并积极落实是一种不错的方式。针对同类型建（构）筑物制订相同或相类似的管理措施，无论何单位，只要施工该类型建筑物，就必须执行该管理措施，就要遵从该措施的质量管理工作各项要求，不得随意更改。对不同资质单位，合理适度组织各单位间的互查互学，以提高工程所有单位的质量管理水平。

4 结语

由于长距离调水工程距离长、涉及行业多、施工区域相对分散及建设用材料在不同地区性能差异大等的特点，在原材料选择、采购和使用、评定上出现了许多新情况，使建设工作更加复杂，向建设各方提出新的挑战。顺利解决这些新情况、新问题是使工程顺利开展和保证工程"千年大计"顺利实现的基础，十分重要。针对长距离引调水工程特点，对出现的材料新情况提出了提前做好规划、因地选材，提前谋篇布局等建议。对引调水工程在原材料选择、使用和评价等方面具有重要的参考价值，同时提出了对引调水工程提前谋篇布局和抓好过程控制等管理措施，为正在建设和计划建设的长距离调水工程做借鉴。

参考文献

［1］黄国兵，苏利军，段文刚，等. 中小型引调水工程简明技术指南［M］. 北京：中国水利水电出版社，2013.

［2］张来新. 长距离引调水工程对检验检测的挑战及对策·探讨［C］//中国水利学会. 中国水利学会 2021 学术年会论文集：第三分册. 郑州：黄河水利出版社，2021：469-476.

［3］田育功. 大坝与水工混凝土新技术［M］. 北京：中国水利水电出版社，2018.

［4］前瞻产业研究院. 2022 年中国煤炭产业领域应用市场现状及发展前景分析 未来火电耗煤量或保持 20 亿吨水平［R/OL］. 2022.08.31 2022.09.23. 国家统计局 前瞻产业研究院 风口·洞察 前瞻趋势.

锦屏一级水电站地下厂房洞室群围岩变形控制技术

郑　江[1]　黄书岭[2]

(1. 雅砻江流域水电开发有限公司，四川成都　610021；
2. 长江科学院水利部岩土力学与工程重点实验室，湖北武汉　430010)

摘　要：锦屏一级水电站地下厂房洞室群具有洞室群规模大、地质条件复杂、高地应力、中等岩石强度、极低强度应力比等工程特点，这些对地下厂房洞室群的稳定性提出了严峻挑战。工程建设过程中，参建各方根据工程特点，在现有理论和工程经验的基础上，结合监测资料及反馈研究成果，探索形成了围岩变形控制技术。本文研究了围岩卸荷变形长时效的响应机制及其演化规律，开展了地下厂房布置优化；研究和提出了洞室围岩松动圈精细控制灌浆补强技术等新技术，有效地保障了高地应力极低强度应力比条件下围岩稳定。

关键词：锦屏一级水电站；地下洞室群；高地应力；极低强度应力比；响应机制；变形控制

1　引言

西南和西北等高山峡谷地区是我国的水电能源基地，受地形地质条件、枢纽布置等因素限制，大部分电站采用地下厂房的布置形式，而这些地区经常面临高地应力和复杂地质条件的挑战。锦屏一级水电站引水发电系统布置于枢纽区右岸，厂内安装 6 台 600 MW 机组。地下厂区洞室群主要由引水洞、地下厂房、母线洞、主变室、尾水调压室和尾水洞等组成，三大洞室平行布置。厂房全长 276.99 m，吊车梁以下开挖跨度 25.60 m，以上开挖跨度 28.90 m，开挖高度 68.80 m；主变室长 197.10 m，宽 19.30 m，高 32.70 m，厂房和主变室之间的岩柱厚度为 45 m；尾水调压室采用"三机一室一洞"的布置形式，设置两个圆形尾水调压室，直径 41.00 m、高 80.50 m，是我国已建开挖高度和直径最大的圆筒形阻抗式尾水调压室。

与同类工程相比：①锦屏一级地下厂区构造应力与高自重应力叠加造成天然状态下地应力量值高，实测最大主应力达 35.7 MPa，方向与厂房轴线在水平面上呈小角度相交；σ_2 量值 10~20 MPa，与厂房轴线夹角较大，中等倾角倾向上游，对厂房、主变室等洞室围岩稳定影响较大。②厂房区域地层岩性为大理岩，单轴饱和抗压强度为 60~75 MPa，属于中硬强度，厂房洞室群多数岩石强度应力比（R_b/σ_m）1.5~3（80%以上围岩强度应力比小于 2.0），处于极低强度应力比环境中[1-2]，国内外没有先例（高地应力区已建水电站地下厂房（大型）的强度应力比对比情况见图 1。③地质条件复杂，f13、f14、f18 三大断层及煌斑岩脉横跨地下厂房三大洞室。地下厂房沿机组中心线地质纵剖面见图 2。

由于锦屏一级地下厂房洞室群地质条件的复杂性，在厂房开挖过程中出现了诸多超出国内外工程界与学术界已有认知水平和经验认识[3]：围岩变形量大（最大变形达 245 mm）、围岩变形具长时效（变形收敛时间达 2 年以上）、锚索应力大量超限等。

基金项目：中央级公益性科研院所基本科研业务费项目（CKSF2021715/YT）。
作者简介：郑江（1986—），男，硕士，工程师，主要从事水电科研及建设管理工作。
通信作者：黄书岭（1978—），男，教授级高级工程师，主要从事水工岩体灾变预测与防控技术研究。

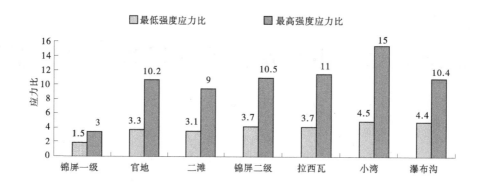

图 1　高地应力区已建水电站地下厂房（大型）的强度应力比对比图

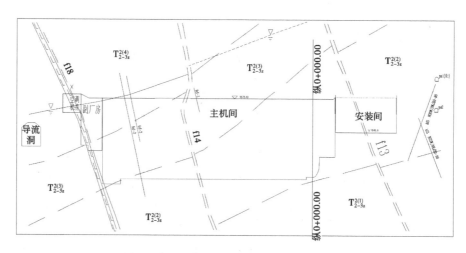

图 2　地下厂房沿机组中心线地质纵剖面图

2　围岩卸荷变形长时效的响应机制及其演化规律

为了给地下厂房结构布置和洞室支护设计提供可靠的岩体特性及力学参数等基础资料和依据，针对锦屏一级地下厂房围岩长效性和大变形的特点，需研究围岩卸荷大变形长时效的响应机制及其演化规律。地下工程围岩的卸荷分区、渐进破裂现象是一个与空间和时间效应密切相关的科学现象。本文基于硬岩变形破裂理论[4]，通过发展集现场围岩变形监测、声波测试、精细钻孔摄像于一体的高地应力区地下厂房围岩变形破裂演化全过程综合测试方法，同时借助于室内不同应力路径和卸荷速率下层状大理岩的变形破坏全过程力学试验，以及地下洞室群开挖施工全过程大规模精细数值模拟等手段和方法，揭示了极低强度应力比条件下（强度应力比低于 2.0）地下厂房洞室群开挖过程中围岩卸荷大变形响应机制及其演化过程与规律。基于室内试验、现场测试及数值模拟的围岩大变形机制研究过程见图 3。在此基础上，结合地下厂房开挖过程中的物探测试成果，提出考虑地质强度指标、Hoek-Brown 准则和实测波速的岩体力学参数估计方法（根据对地下厂房围岩不同部位、不同高程声波测试结果的分析，划分围岩各卸荷分区：强松弛区、弱松弛区及未松弛区。围岩强松弛区岩体波速为 2 000~4 500 m/s，弱松弛区岩体波速为 5 000~6 000 m/s，未松弛区岩体波速为 5 800~6 200 m/s），确定了考虑围岩卸荷程度分区的岩体力学参数，锦屏一级地下厂房各围岩分区对应的岩体力学参数采用值见表 1。

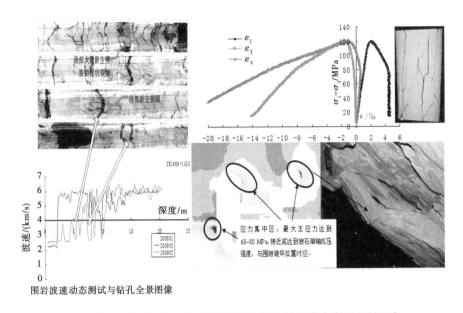

围岩波速动态测试与钻孔全景图像

图3　基于室内试验、现场测试及数值模拟的围岩大变形机制研究

表1　锦屏一级地下厂房各围岩分区对应的岩体力学参数采用值

围岩分区 （Ⅲ类）	变形模量/GPa		泊松比	抗剪强度		抗拉强度
	卸荷方向	非卸荷方向		f	c/MPa	R_t/MPa
未松弛区	15～25	16～30	0.2～0.3	1.0～2.3	3～5	0.8～2.0
弱松弛区	8～15	9～18	0.2～0.35	0.9～1.2	1.5～2.0	0.3～1.0
强松弛区	3～6	6～10	0.2～0.35	0.8～1.2	0.8～1.2	0.2～0.4

3　地下厂房洞室群位置优化

合理的布置设计是保证大型地下洞室群围岩稳定和安全的先决条件，高地应力环境下确定地下厂房位置时，应避开岸坡应力松弛带和应力集中区，并超过应力分布极不稳定的应力过渡区边缘，在最大主应力场与河谷走向相互垂直时，应尽量增加厂房距岸坡的水平距离[5]。

在综合考虑了地质条件、枢纽布置、水力条件、施工条件、机组运行和工程投资等因素，优化了锦屏一级地下厂房洞室群位置的布置。总体来看，主厂房和主变室左端侧距河岸坡120 m左右，右端侧距河岸坡大于350 m，其地应力分布较为稳定。同时也考虑了尽量减小f13断层对地下厂房洞室的影响，使f13断层不在主机间出露。对于锦屏一级地下厂房系统，若向上游移动，则f13断层将横跨主机间，并减小至拱坝建基面的距离；厂房系统若往山外移动，则导流洞需移至左岸，厂房埋深减小，同时对压力管道的布置不利；厂房系统若往下游移动，虽可减小f13断层的影响，但Ⅲ₂类岩体增多，且将增加压力管道的长度。

4　洞室群围岩变形调控对策

利用考虑洞室围岩分区分级松动区的岩体力学参数多目标反演模型，动态反演获得岩体示意图力学参数，对洞室群开挖进行弹塑性数值分析及稳定性预测，锦屏一级地下厂房松动区分区分级情况见图4。由于地质条件复杂，施工期出现了诸如高地应力引起的片帮剥落、主厂房和主变室下游拱部的严重开裂、围岩变形量值大、锚杆和锚索超限、围岩卸荷松弛深度大等问题。地下厂房洞室群在开挖支护设计和施工过程中，自始自终坚持了"动态设计"理念，及时开展支护设计调整。针对主厂房下游拱部出现的规模性变形开裂，按不同区位、分三时序进行支护处理。

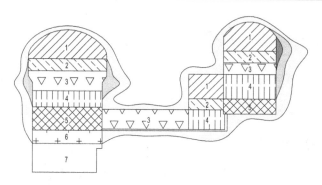

图 4 锦屏一级地下厂房松动区分区分级示意图

4.1 洞室围岩变形控制原理、原则和分层耦合控制方法

针对锦屏一级地下厂房围岩变形特点，采用了"稳住上部—增强中部—加固下部"的洞室群高边墙稳定控制原则以及"置换加固、灌浆加固、喷层—普通锚杆—预应力锚杆—预应力锚索适时支护"等表层—浅层—深层三层联动耦合的地下厂房洞室围岩变形控制方法。

具体措施为：①为了保证顶拱稳定，在下游拱座增加了三排锚索，补加挂钢筋网喷混凝土后，采用浓浆精细监控灌注。②为了抑制岩壁吊车梁和母线洞部位松弛圈的发展，在主厂房与主变室之间增加了对穿锚索，在母线洞之间靠厂房侧设置两排对穿锚索，尽快浇筑母线洞衬砌混凝土，并进行固结灌浆。③对断层 f14 和 f18 等变形较大的部位，加大支护强度，并采用固结灌浆。④母线洞底板和尾水连接管之间采用系统锚索支护。⑤将靠近主厂房尾水连接洞之间布置的两排锚索调整为四排。⑥机坑间岩墙开挖质量对保证厂房边墙稳定意义重大，立面用对穿锚索加固，顶部先下挖 80 cm、浇筑钢筋混凝土板后用锚索进行加固。⑦尾水调压室下部的三条尾水管之间，在 2 倍洞径范围内设对穿锚索；为保证尾水调压室围岩稳定，应合理安排开挖、支护程序，在尾水支管完成混凝土衬砌后再贯通尾水调压室。⑧为确保厂房安全，实施"增强中部"措施，放缓第Ⅷ层开挖。

4.2 预应力锚索分序分区分级控制初始锁定吨位方法

由于高地应力环境地下厂房洞室围岩的变形会或多或少地表现出一定的时效变形特征，洞室开挖完成后仍有持续变形，在低岩石强度应力比条件和结构面发育部位，围岩的时效变形就会更为明显；洞室各部位的变形规律也有所不同，并受到岩体结构等因素影响。因此，在高地应力区大型地下厂房洞室群中，系统锚索预应力初始锁定吨位的控制，对后期锚索结构安全起到非常重要的作用。鉴于此，对于高地应力区大型地下厂房洞室群预应力锚索支护，提出了预应力锚索分序分区分级控制初始锁定吨位设计方法。这种方法根据地应力量级、围岩条件、强度应力比、洞室边墙不同位置等具体情况以及洞室围岩稳定的监测反馈分析和对后期开挖乃至开挖完成后锚索张力的预测，在不同支护时机（滞后Ⅰ层、Ⅱ层或者Ⅲ层）下，分时序对预应力锚索进行分区分级控制初始锁定吨位，能够有效解决高地应力区大型地下厂房洞室群系统锚索超限和支护结构长期安全的问题。

锦屏一级水电站，同时具高地应力、低岩石强度应力比、厂区有三大断层和煌斑岩脉通过等不利条件。根据地下厂房洞室群地应力量级、围岩条件、锚索所处位置等具体情况以及反馈分析和对后期开挖乃至开挖完成后锚索张力的预测结果，采用预应力锚索分序分区分级控制初始锁定吨位设计方法后，确定了锦屏一级地下厂房洞室群预应力锚索支护时机以及围岩分区初始锁定吨位，锚索一般滞后Ⅰ层进行张拉锁定初始段位，其中厂房边墙上部初始锁定吨位为设计值的 60% ~ 70%，中部为 65% ~ 75%，下部为 80% ~ 85%。而数值计算和现场监测均表明不会引起洞周围岩位移显著增加，而锚索后期超限现象有明显降低。

4.3 洞室围岩松动圈精细控制灌浆补强技术

在松动圈范围达 4 ~ 6 m 甚至更深的情况下，以及时效变形占总变形量较大比例时，如何使松动圈有效地向承载圈转化，增强松动圈的整体性和自身的承载能力，以便能够发挥岩体承载圈的作用是需要解决的技术难题。在地下厂房开挖施工中对松动圈进行固结灌浆可促使松动圈向稳定的承载圈转化，但无先例可循。锦屏一级地下厂房开挖过程中提出并实践了高地应力区地下厂房洞室松动圈围岩精细控制灌浆补强技术，包括灌浆前围岩松动圈岩体破裂探测、灌浆过程中压力和围岩变形实时等实时监控、灌浆后岩体补强效果检测等全过程的精细控制。其中，灌浆前围岩松动圈岩体破裂探测主要工作为根据钻孔摄像观测、声波测试以及反馈分析等综合确定卸荷破损严重的松动圈范围和深度，作为围岩针对性的灌浆范围和深度；灌浆过程中压力和围岩变形实时监控主要工作为灌浆压力控制以及围岩变形和喷层实时监控，防止混凝土喷层起鼓，动态控制围岩变形和灌浆压力；灌浆后岩体补强效果检测主要工作包括采用压水试验和岩体波速测试或取芯开展室内岩石强度试验检测围岩补强效果。

地下厂房下游侧边墙 1 651~1 654 m 高程（纵 0+31.7 m~纵 0+185.1 m）岩体固结灌浆进行了灌前、灌后声波检测，灌浆前后下游边墙岩体声波波速的对比情况见图 5。灌后声波测试波速特点如下：①松弛孔段岩体灌后平均声波波速比灌前提高了 5.8%。②松弛以里孔段岩体灌后平均声波波速比灌前提高了 2.4%，松动圈精细控制灌浆补强技术有效地提高了松动圈的承载能力，保障了支护措施的长久性。

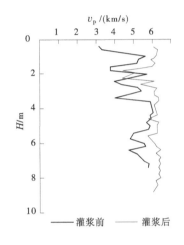

图 5　灌浆前后声波变化

5　实施效果

锦屏一级水电站自 2007 年 1 月开始施工，2010 年 3—6 月主厂房和主变室全部开挖完成，2011年 3 月尾水调压室开挖完成，2013 年 8 月实现首批 2 台机组投产发电。建设过程中没有发生工程和施工安全事故。目前，引水发电系统工程布置的多点位移计、锚杆应力计、锚索测力计、石墨杆收敛计、测缝计等监测成果均全部收敛或稳定，洞室整体处于稳定状态，主变室 0+126.8 m 下游边墙EL.1 668 m 大变形历时曲线见图 6，变形已经收敛。

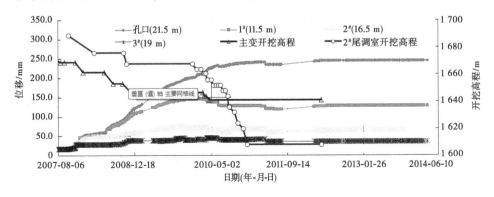

图 6　主变室 0+126.8 m 下游边墙 EL.1 668 m 大变形历时曲线

6　结语

本文研究了锦屏一级水电站地下厂房洞室群围岩卸荷变形长时效的响应机制及其演化规律，通过优化地下厂房布置，研究和运用预应力锚索分序分区分级控制初始锁定吨位方法、洞室围岩松动圈精细控制灌浆补强技术等新技术，形成了极低强度应力比条件下锦屏一级地下厂房洞室群围岩变形控制技术。截至 2015 年 3 月底，锦屏一级水电站地下厂房洞室群全部完工并投入运行，工程各项监测指标正常，研究成果实践效果良好，为水电工程后续项目实施提供了良好的借鉴。

参考文献

［1］中华人民共和国水利部．水利水电工程地质勘察规范：GB 50487—2008［S］．北京：中国计划出版社，2005.

［2］中华人民共和国水利部．工程岩体分级标准：GB 50218—2014［S］．北京：中国计划出版社，2015.

［3］李仲奎，周钟，汤雪峰，等．锦屏一级水电站地下厂房洞室群稳定性分析与思考［J］．岩石力学与工程学报，2009，28（11）：2167-2175.

［4］黄书岭，王继敏，丁秀丽，等．基于层状岩体卸荷演化的锦屏Ⅰ级地下厂房洞室群稳定性与调控［J］．岩石力学与工程学报，2011，30（11）：2203-2216.

［5］周钟，唐忠敏．锦屏一级水电站枢纽总布置［J］．人民长江，2009，40（18）：18-20.

引江济淮悬臂式双排抗滑桩离心模型试验

李 波[1] 杨海浪[2] 胡 波[1] 刘 军[1]

(1. 长江科学院水利部岩土力学与工程重点实验室，湖北武汉 430010；
2. 安徽省引江济淮集团有限公司，安徽合肥 230000)

摘 要： 基于引江济淮工程某悬臂式双排抗滑桩为原型，采用离心模型试验研究渠道开挖、降雨和渠道内水位升降等复杂工况条件下抗滑桩加固机制。分析表明，当渠道边坡开挖至渠道底部时，后排桩（桩长 11.5 m）和前排桩（桩长 8 m）的桩顶最大水平位移分别为 17.6 mm 和 24 mm，降雨引起坡面中膨胀土产生膨胀变形，桩顶位移增大至 28.8 mm 和 27.2 mm，水位升降工况条件下桩顶位移基本无变化；桩身弯矩自桩顶至桩底，后排桩、前排桩的弯矩均先增大后减小，模拟开挖后两排桩的弯矩均显著增大，分别增大至 45 kN·m 和 48 kN·m，当模拟降雨后最大弯矩分别为 56 kN·m 和 67 kN·m；土压力随着开挖工况和降雨工况均增大，对于后排桩桩前土压力值可近似为梯形分布，桩后土压力呈三角形分布，开挖模拟引起土压力增大，桩前和桩后最大土压力分别为 91 kPa 和 79 kPa，降雨模拟后桩前和桩后最大土压力分别为 101 kPa 和 88 kPa。试验结果为渠道悬臂式双排抗滑桩的设计和研究提供试验依据。

关键词： 渠道工程；引江济淮；抗滑桩；离心试验；水平位移

1 引言

悬臂式抗滑桩具有抗滑能力强、节约用地、施工便捷等优点，已被广泛应用于开挖深度不大的基坑或渠道边坡支护。

目前，国内外学者主要采用理论研究、模型试验和数值模拟等多种手段开展研究。苏爱军等[1]通过分析抗滑桩受荷段和嵌固段接触面非水平面、受荷段底面与嵌固段顶面不在同一平面的情况，创造性地提出抗滑桩内力计算"三段法"，推导了抗滑桩内力计算通用计算公式，并论证了现行"两段法"只是其特解。林斌等[2]假定桩后土拱和桩侧土拱充分发挥阻滑能力，简化土拱极限剪切面和桩侧面上的摩阻力，根据桩间土体静力平衡条件及 Mohr-Coulomb 强度准则得到桩间距计算公式。邓涛等[3]基于深厚软土的滑移性状，对既有悬臂桩法计算存在的问题进行修正，假定滑动面上部桩身受荷为等腰三角形分布，滑动面下部桩身锚固段上侧桩周软土为理想弹塑性，下侧为弹性状态，通过位移叠加原理对求解产生滑动面不连续进行修正。陈云生等[4]建立悬臂式圆形抗滑桩的三维数值模型，改变悬臂段岩土的内摩擦角、黏聚力、嵌固段岩土强度、嵌固段长度、桩间距、桩径等主要影响因素，模拟出内摩擦角与黏聚力、嵌固段岩土强度与嵌固段长度及桩径与桩间距两两组合下对应的桩顶位移。蒋建平等[5]采用三维有限元模型研究黏土层中悬臂式抗滑桩土拱效应，揭示了三维土拱机制，悬臂段推力在滑体土体有一定胶结具有凝聚力的情况下，为上小下大的分布。黄达等[6]采用有限元数值模拟方法，对悬臂桩土拱效应的三维空间形态及其影响因素进行研究，通过对土体不同位置水平方向土压力突变峰值点位置的统计，拟合获得了土拱轴线方程，初步探讨了在土拱区域布置微桩群提高桩间土稳定的有效性。叶金铋等[7]借鉴变刚度调平设计原理，通过改变前后排桩间距实现前

基金项目： 国家自然科学基金项目（51308067）；中央级公益性科研院所基本科研业务费（SKSF2017012/YT）；安徽省引江济淮集团有限公司科技项目资助（YJJH-ZT-ZX-20191031216）。

作者简介： 李波（1982—），男，正高级工程师，副主任，主要从事岩土工程和离心模型试验技术方面的研究工作。

后排桩刚度的调整，设计了变刚度悬臂式双排抗滑桩支护形式，并进行了室内水平推桩模型试验，得到桩顶及坡顶位移、桩身弯矩以及滑体内土压力分布。

当单排悬臂桩无法抗滑稳定时，可进一步采用双排悬臂桩[8]，且已成功应用于引江济淮工程某渠道边坡加固。但边坡对前后排抗滑桩的推力计算还没有成熟的分析方法。本文依托引江济淮双排悬臂桩加固渠道边坡原型，采用大型离心模型试验，揭示渠道开挖、降雨和水位升降等多种工况条件下悬臂桩的加固机制。

2 试验概况

2.1 试验方案

引江济淮工程某段渠道采用两排悬臂桩进行边坡加固[8]，渠道顶部高程 14 m，渠底高程为 -1.3 m，深度为 15.3 m。抗滑桩采用管桩，桩型为 PRC I 800（130）-C 型，采用 C80 混凝土，桩间距 1.2 m，前排桩长 8 m，后排桩长 11.5 m，前后两排桩间距为 5 m。地层上部厚度 9.5 m 的重粉质壤土，自由膨胀率为 20.0%~93.5%，平均值为 61.5%，一般具有弱—中等膨胀潜势。

依据该两排悬臂桩加固渠道边坡的原型条件建立离心模型，地层简化为一层重粉质壤土。模拟 3 种试验工况，试验方案如表 1 所示，模拟布置如图 1 所示。其中，YJT-1 模拟渠道边坡开挖卸荷过程；YJT-2 模拟降雨条件；YJT-3 模拟渠道内水位的上升和下降。本次离心模型试验的模型比尺选为 1∶80，即试验加速度为 80g。

表 1 悬臂式双排抗滑桩离心模型试验方案

序号	工况	说明
YJT-1	开挖模拟	初始地应力地基模型制作，80g 运转至沉降稳定后停机；渠道开挖，并且布设双排桩
YJT-2	降雨	模拟中等降雨强度，历时 3 周
YJT-3	渠道内水位变化	模拟设计输水位 4.2 m，设计排涝水位 5.8 m

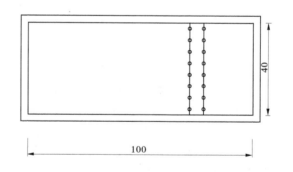

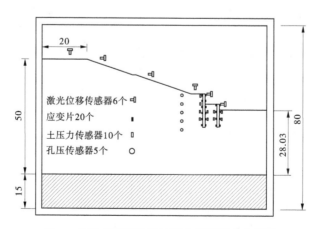

图 1 悬臂式双排抗滑桩离心模型试验布置图

2.2 设备和量测仪器

本试验在长江科学院大型土工离心机 CKY-200 上进行，离心机最大容量 $200g \cdot t$（其中，g 为重力加速度，t 为质量单位），最大离心加速度为 $200g$，有效半径 3.75 m，模型箱采用 100 cm×40 cm×80 cm（二维模型箱）[9]。

2.3 模型材料

本次试验共涉及地层和模型桩 2 种材料，具体材料选择和相关参数如下：

（1）模型土采用现场取样的中膨胀土。自由膨胀率 65%，含水率 27%，干密度 1.52 g/cm³，固结快剪得到的强度指标黏聚力 c 为 21 kPa，内摩擦角 φ 为 15°，压缩模量 9 MPa，泊松比 0.35，渗透系数 $3×10^{-5}$ cm/s。

（2）双排抗滑桩，模型桩采用铝合金管，前排和后排各用 8 根，采用抗弯刚度相似，外径 10 mm，壁厚 0.2 mm，桩长分别为 10 cm（前排桩）和 14.4 cm（后排桩）。

2.4 模型监测及传感器布置

如图 1 和图 2 所示，主要监测项目包括边坡表面变形、断面位移场、桩身弯矩、土压力和孔压等。其中，采用激光位移传感器 6 个，4 个测量水平位移，2 个测量沉降；桩身弯矩采用应变片测量，共用 20 只，选择上排桩 1 根（应变片 12 只），下排桩 1 根（应变片 8 只）；土压力传感器 10 个，选择上排桩 1 根（土压力传感器 6 个），下排桩各 1 根（土压力传感器 4 个），如图 3 所示；孔压传感器 5 个，设置在边坡坡脚附近。

图 4 为降雨[10] 和水位升降[11] 模拟装置。其中，降雨工况采用高压雾化喷淋装置，储水箱的水进入增加泵形成高压水，高压水通过雾化喷头形成小雨滴，通过电磁阀控制进水方便模拟降雨时间。水位升降工况通过储水箱、电磁阀和集水箱模拟，水位上升时，将连接储水箱的电磁阀打开逐渐提高水位高度，水位降低时，将连接模型箱底部集水箱的电磁阀打开，两个电磁阀分别控制水位的上升和下降，渠道底部的孔压传感器可实时监测并反算得到水位高度。

图 2　模型内传感器和降雨喷头布置

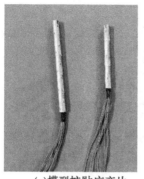 

(a)模型桩贴应变片　　　(b)模型桩埋置于渠道模型中

图 3　模型桩布置图

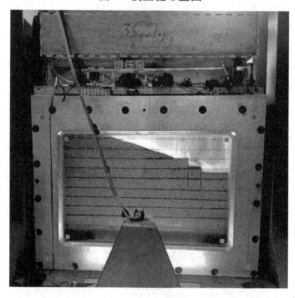

图 4　离心场中降雨和水位变动控制装置

3　试验结果及分析

3.1　桩顶和坡面位移

图 5（a）～（c）为桩顶和坡面位移变化曲线。图 5（a）为坡面沉降-时间变化曲线，分析表明随着离心机加速度的逐渐提高，坡面沉降 LDS1 和 LDS4 逐渐增大，加速度 80g 运行至变形基本稳定时分别为 9.81 mm 和 11.37 mm；模拟开挖时，坡面的沉降均逐渐增大，但靠近坡脚附近的 LDS4 变形量相对较大，变形量约为 3.05 mm，而坡顶沉降 LDS1 的变形为 2.03 mm；模拟降雨时，坡面的沉降均逐渐增大，但靠近坡脚附近的 LDS4 沉降量相对较小，变形量约为 0.79 mm，而坡顶沉降 LDS1的沉降量为 3.41 mm。

图 5（b）为坡面水平位移-时间变化曲线，分析表明随着离心机加速度的逐渐提高，水平位移LDS2 和 LDS3 逐渐增大，加速度 80g 运行至变形基本稳定时为 5.73 mm 和 9.35 mm；模拟开挖时，坡面的水平位移均逐渐增大，但一级坡上的 LDS3 变形量相对较大，变形量约为 1.8 mm，而二级坡上的水平位移 LDS2 的变形量为 0.82 mm；模拟降雨时，坡面的水平位移均逐渐增大，但一级坡上的LDS3 变形量相对较小，变形量约为 1.19 mm，而二级坡上的水平位移 LDS2 的变形量为 1.88 mm。

图 5（c）为桩顶水平位移-时间变化曲线，分析表明随着离心机加速度的逐渐提高，桩顶水平位移 LDS5 和 LDS6 逐渐增大，加速度 80g 运行至变形基本稳定时为 0.90 mm 和 0.56 mm，显著比坡面变形量小；模拟开挖时，桩顶的水平位移均逐渐增大，但前排桩的水平位移 LDS6 相对较大，变形量

约为 0.30 mm（转化为原型为 24 mm），而后排桩的水平位移 LDS5 的变形量为 0.22 mm（转化为原型为 17.6 mm）；模拟降雨时，桩顶的水平位移均逐渐增大，但前排桩的水平位移 LDS6 相对较小，变形量约为 0.04 mm（转化为原型为 3.2 mm），而后排桩的水平位移 LDS5 的变形量为 0.14 mm（转化为原型为 11.2 mm）。

3.2 桩身弯矩

图 6（a）为试验桩身应变片布置图，图 6（b）、（c）分别为后排桩和前排桩的弯矩。分析表明，加速度逐渐增大至 80g 运行至变形稳定后，由于边坡变形产生的滑动作用使得两排桩均产生了弯矩，均呈现自桩顶至桩底，弯矩先增大后减小的规律，后排桩、前排桩最大值分别为 29 kN·m 和 18 kN·m；当模拟开挖后，两排桩的弯矩均显著增大，分别增大至 45 kN·m 和 48 kN·m；当模拟降雨后，两排桩的弯矩均继续增大，最大值分别为 56 kN·m 和 67 kN·m。

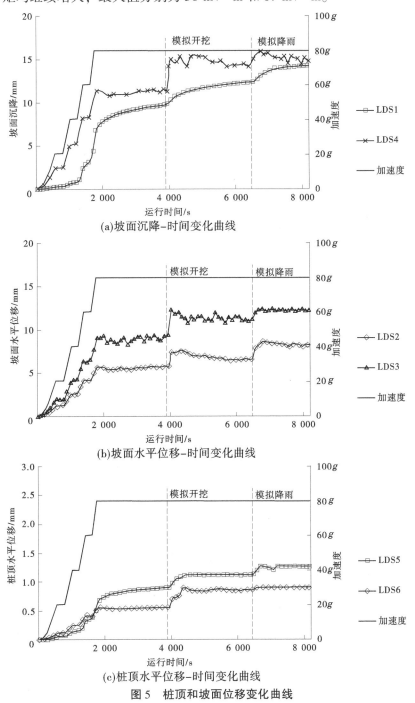

(a)坡面沉降-时间变化曲线

(b)坡面水平位移-时间变化曲线

(c)桩顶水平位移-时间变化曲线

图 5 桩顶和坡面位移变化曲线

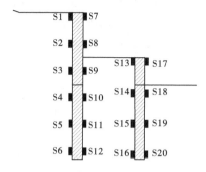

(a)试验桩身应变片布置图

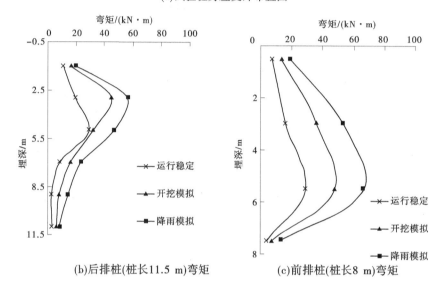

(b)后排桩(桩长11.5 m)弯矩　　(c)前排桩(桩长8 m)弯矩

图6　桩身弯矩分布图

3.3　土压和孔压监测结果及分析

图 7（a）为土压力传感器布置图，图 7（b）为后排桩（桩长 11.5 m）土压力，图 7（c）为前排桩（桩长 8 m）土压力。分析表明，11.5 m 桩前土压力值可近似为梯形分布，桩后土压力呈三角形分布，开挖模拟引起土压力增大，桩前和桩后最大土压力值分别为 91 kPa 和 79 kPa，降雨模拟后桩前和桩后最大土压力分别为 101 kPa 和 88 kPa。前排桩 8 m 的桩前和桩后土压力值，开挖模拟和降雨模拟均使土压力增大，开挖模拟时桩前和桩后土压力值分别为 108 kPa 和 91 kPa，降雨模拟时桩前和桩后土压力值分别为 116 kPa 和 100 kPa。

图 8 为 T1 孔压监测结果。分析表明，孔压与埋深基本呈现线性关系，埋深越大，孔压越大，离心机稳定运行时，最大孔压约为 125 kPa；当模拟开挖工况时，由于地下水位有所下降，孔压值减小；当模拟降雨工况时，地下水位上升，孔压增大，最大值约为 140 kPa。

3.4　不同工况下边坡断面位移场

图 9 为开挖模拟和降雨模拟引起的断面位移。分析表明，开挖模拟时桩后土体尤其是边坡坡面附近产生显著变形，而坡脚附近土体产生较大的水平位移；降雨模拟时，坡面产生较大变形，而坡脚由于桩基支撑作用而变形较小。

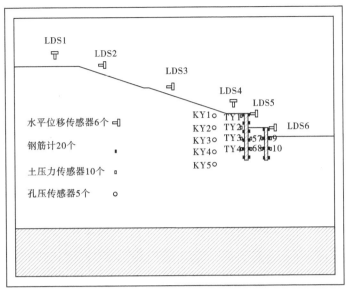

(a)土压力传感器布置图

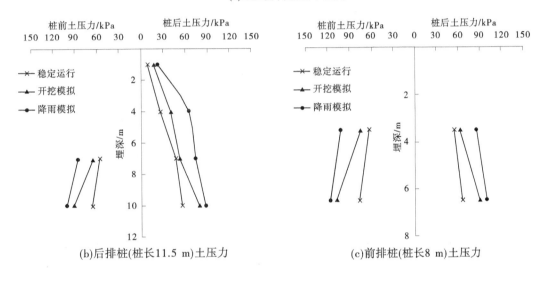

(b)后排桩(桩长11.5 m)土压力　　　　　(c)前排桩(桩长8 m)土压力

图7　土压力监测结果

4　结论

依托引江济淮双排悬臂桩加固渠道边坡,采用大型离心模型试验,揭示渠道开挖、降雨和水位升降等多种工况条件下悬臂桩的加固机制。试验结果表明:①开挖条件下桩顶产生水平位移,最大水平位移为17.6 mm(桩长11.5 m)和24 mm(桩长8 m);当表层膨胀土因降雨而产生膨胀变形时,桩顶水平位移进一步增大,最大水平位移约为28.8 mm(桩长11.5m)和27.2 mm(桩长8 m);当渠道内水位变化时,桩身变形较小。②桩身弯矩,自桩顶至桩底,后排桩、前排桩的弯矩均先增大后减小,当模拟开挖后,两排桩的弯矩均显著增大,分别增大至45 kN·m和48 kN·m,当模拟降雨后,两排桩的弯矩均继续增大,最大值分别为56 kN·m和

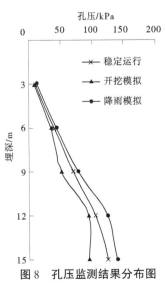

图8　孔压监测结果分布图

67 kN·m。③开挖模拟和降雨模拟均使土压力增大，对于后排桩（桩长11.5 m）桩前土压力值可近似为梯形分布，桩后土压力呈三角形分布，开挖模拟引起土压力增大，桩前和桩后最大土压力值分别为91 kPa和79 kPa，降雨模拟后桩前和桩后最大土压力值分别为101 kPa和88 kPa。前排桩（桩长8 m）的桩前和桩后土压力值，开挖模拟和降雨模拟均使土压力增大，开挖模拟时桩前和桩后土压力值分别为108 kPa和91 kPa，降雨模拟时桩前和桩后土压力值分别为116 kPa和100 kPa。

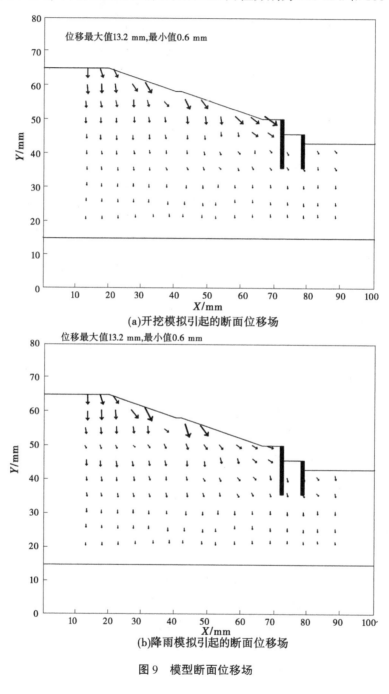

(a)开挖模拟引起的断面位移场

(b)降雨模拟引起的断面位移场

图9 模型断面位移场

参考文献

[1] 苏爱军, 霍欣, 王杰涛, 等. 悬臂式抗滑桩内力计算的"三段法"[J]. 岩土工程学报, 2018, 40 (3): 512-519.

[2] 林斌, 李怀鑫, 范登政, 等. 悬臂式抗滑桩受力特性分析及桩间距计算[J]. 人民长江, 2021, 52 (4): 177-181.

［3］邓涛，许杰，郑嘉勇，等．深厚软土中抗滑桩的修正悬臂桩计算方法［J］．岩土力学，2022，43（5）：1299-1305，1316.

［4］陈云生，孟繁贺．悬臂式圆形抗滑桩桩顶变形及其影响因素研究［J］．中外公路，2021，41（6）：55-59.

［5］蒋建平，姚均东．滑体为黏土层的悬臂式抗滑桩三维土拱效应研究［J］．应用基础与工程科学学报，2017，25（5）：1011-1025.

［6］黄达，冯开，宋宜祥．悬臂式抗滑桩三维土拱效应及桩间微桩加固作用机制研究［J］．河北工业大学学报，2021，50（5）：79-88.

［7］叶金铋，俞缙，林植超，等．变刚度悬臂式双排抗滑桩水平推桩模型试验研究［J］．土木工程学报，2019，52（S1）：193-201.

［8］杨海浪，李波，胡波，等．开挖条件下渠道边坡双排板桩墙现场试验和数值模拟［J］．地基处理，2022，4（S1）：92-98.

［9］李波，肖先波，徐唐锦，等．泥皮存在时防渗墙与复合土工膜联接型式模型试验［J］．岩土力学，2018，39（5）：1761-1766.

［10］田海，孔令伟，李波．降雨条件下松散堆积体边坡稳定性离心模型试验研究［J］．岩土力学，2015，36（11）：3180-3186.

［11］苗发盛，吴益平，谢媛华，等．水位升降条件下牵引式滑坡离心模型试验［J］．岩土力学，2018，39（2）：605-613.

复杂岩体结构面桥基稳定性离散元分析

庞正江　范　雷

（长江科学院，湖北武汉　430010）

摘　要：高陡边坡、复杂岩体结构面桥基区域地质条件呈明显的非连续性，桥基破坏多呈点状或面状破坏。离散元软件 UDEC 以离散的角度对待岩体介质，将岩体结构面滑移的复杂接触力学行为进行精确的描述和分析。通过无人机航测可以较精确地获得高陡边坡桥基的宏观结构分布，为边坡的稳定性分析预判提供基础。通过计算分析，顺坡向复杂岩体结构面对边坡稳定性影响显著，超载时的破坏以侧向挤出变形为主，降雨时的破坏以侧向滑移变形为主。对顺向边坡而言，暴雨的破坏性远大于超载的破坏性。

关键词：无人机航测；离散元；顺坡向；复杂岩体结构面

1　引言

目前，桥梁的建设如火如荼，桥梁所在区域的地质条件呈越来越复杂的态势，桥梁跨度呈越来越长的趋势。高陡边坡、复杂岩体结构面、长跨度的桥基稳定性是当前桥梁建设的重大工程地质问题。

高陡边坡、复杂岩体结构面桥基区域地质条件呈明显的非连续性，桥基破坏也多呈点状或面状破坏，表现出明显的非连续性，因此用非连续性介质单元模拟高陡边坡、复杂岩体结构面桥基的变形或稳定更接近实际工况[1]。

对工程岩体数值分析之前，正确认识问题的基本性质是合理选择计算程序和确定计算方法的重要前提。对地表边坡工程而言，地应力相对较低，沿结构面的块体滑动将是起主导作用的潜在破坏形式，因此建立在连续介质力学理论基础上的分析方法不适合于这类工程问题的相关研究[2-3]。由于岩体结构面是可以张开和滑动的，本身可以产生法向和切向变形，而离散元软件 UDEC 允许岩体介质有限位移和离散体的转动及脱离，且在计算过程中可以自动判别块体之间可能出现的新的接触关系，能够较方便地判断地质边坡工程在受力状态下的稳定性和破坏模式。

离散元软件 UDEC 以离散的角度对待岩体介质，分别描述岩体内的连续性单元和非连续性单元，将岩体中的岩块和结构面分别以连续力学定律和接触定律加以描述，将岩体介质运动的复杂接触力学行为进行精确的描述和分析。许多作者用 UDEC 模拟了简单岩体结构面的边坡稳定性[4-11]，也有作者分析了桥基桩的受力状态[12-13]，本文用 UDEC 分析复杂岩体结构面桥基的受力状态，研究复杂岩体结构面桥基边坡的变形与稳定。

2　工程地质模型

2.1　地质概况

某黄河大桥两岸桥位场区为低山沟谷地貌，河谷呈"U"字形展布，谷底宽 290.0 m 左右，地形总体陡倾；桥梁斜跨黄河峡谷，相对高差 160.2 m。桥位场区内地层覆盖层由第四系全新统、更新统的砂土及碎石土组成，下伏基岩为古生界奥陶系灰岩和寒武系白云岩。

作者简介：庞正江（1973—），男，高级工程师，主要从事岩土力学参数研究及边坡稳定性分析工作。

通信作者：范雷（1982—），男，教授级高级工程师，主要从事岩土体稳定性评价及治理研究方面的工作。

大桥两岸边坡基岩裸露，呈切向边坡结构，卸荷、溶蚀裂隙发育，边坡岩体易发生崩解滑塌。大桥北岸斜坡属基岩出露溶蚀剥蚀低山区，北高南低，地形陡峭，桥梁墩台地段地形坡角 20°~70°；南岸桥梁主墩地段位于一小平台上，平台宽约 5 m，长约 15 m，海拔高程 410 m，三面临崖。其中南岸桥基岩性以中风化含硅质白云岩为主，中—厚层状构造，厚度约 5 m，节理裂隙很发育；边坡风化卸荷作用强，卸荷深度大，裂隙面受风化溶蚀影响，局部形成溶蚀孔隙，厚度 20~22 m。

2.2 模型设计

2.2.1 无人机航测地质结构

采用无人机对某黄河特大桥南岸桥址区进行全角度、全覆盖航测，精确获取了岸坡的表面三维形态（见图 1），建立三维点阵模型，并进行岩体结构面的读取，获得 84 条结构面产状。根据航测图，岩层走向较稳定，产状为 94°∠7°。通过对岩体结构面进行识别，采用赤平投影等方法进行统计分析，结构面走向主要为 2 组：第 1 组裂隙产状 168.8°∠82.2°，第 2 组裂隙产状 277.0°∠78.8°。

图 1   边坡三维航测模型

2.2.2 计算模型概化

岩层产状为 94°∠7°，桥轴线走向 22.1°，则层面在桥轴线方向倾角−2.2°。选取 2 组具代表性裂隙进行计算分析：第 1 组裂隙产状 168.8°∠82.2°，在桥轴线方向倾角 80.7°；第 2 组裂隙产状 277.0°∠78.8°，在桥轴线方向倾角 52.8°。由于 UDEC 对不规则岩体结构面的网格划分能力较差，因此设所有裂隙延伸长均为 8 m。由于第四系表层厚度一般不大于 1 m，对计算结果影响有限，所以不予考虑。

参考三维航测图，岩体结构面的发育按均匀分布进行适当简化。岩层走向较稳定且延伸长，因此认为其无限延伸，间距约 16 m。为较真实地模拟岩体内节理裂隙的分布状态，所有节理裂隙的分布按均匀分布计算统计概率，其中倾角偏差±5°，延伸长偏差±1 m，水平方向间隙约 1 m，垂直方向间隔约 2 m。

下部 50 m 范围内节理裂隙对变形影响很小，为减少计算单元及工作量，仅分布少量节理裂隙。计算模型见图 2，共划分块体 1 410 个，单元 21 788 个。

2.3 桥墩载荷分布

南桥主塔桥墩最大荷载（成桥+汽车）：轴力 434 225.5 kN，纵桥弯矩 517 008.7 kN·m。铅直载荷在桥墩顶部施加（见图 2），均匀分布，受力约 6.785 MPa；桥墩受到的弯矩通过水平方向的载荷施加，水平力在出露的桥墩中均匀分布（见图 2），受力约 0.352 MPa。

2.4 岩体及结构面物理力学参数

离散元软件 UDEC 可以较好地模拟岩体结构面的发展变化，而岩体结构面是控制桥基边坡破坏的主要因素，岩体结构面刚度控制变形，摩擦系数、黏聚力及抗拉强度控制破坏，因此岩体结构面参数的准确性显得尤其重要。

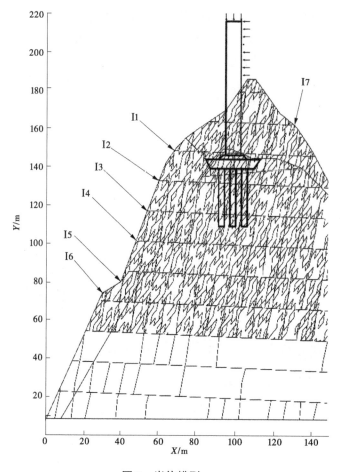

图 2　岩体模型

对二维模拟结构面软件，岩体结构面在纵向上相当于无限延伸，而实际中结构面不可能无限延伸，否则顺坡向边坡必定不稳定，因此结构面的抗拉强度不能为 0。当岩体结构面均质分布时，结构面的抗拉强度为岩桥长度占结构面总长度的之比与组成结构面岩体的抗拉强度之积。当结构面为断层或其他延伸很长的软弱结构面时，其抗拉强度为 0。

根据现场试验及室内物理力学试验，并经初步估算，某黄河特大桥南岸边坡岩体及节理裂隙物理力学参数见表 1。由于层面延伸长（几百米至几千米），连续性好，因此层面的抗拉强度为 0。

表 1　桥址区岩体物理力学参数

岩组	容重/（g/cm³）		变形模量/GPa		泊松比		C/MPa		f		抗拉强度/ MPa	
	自然	饱和	自然	饱和	自然	饱和	自然	饱和	自然	饱和	自然	饱和
强卸荷含硅质白云岩	26.0	26.5	3.0	2.5	0.33	0.35	0.55	0.45	0.70	0.65	0.8	0.2
溶蚀含硅质白云岩	26.5	26.8	4.0	3.5	0.28	0.30	0.65	0.55	0.84	0.75	1.0	0.3
含硅质白云岩	27.0	27.2	7.5	6.0	0.25	0.28	1.00	0.80	1.00	0.85	1.2	0.6
层面	—	—	—	—	—	—	0.06	0.04	0.65	0.58	0.0	0.0
裂隙	—	—	—	—	—	—	0.05	0.03	0.55	0.48	0.08	0.02

3　超载对边坡稳定影响

在自然状态下某黄河特大桥南岸边坡桥基保持稳定，当超载 5 倍时，南岸边坡桥基仍能保持稳定，当超载 10 倍时，南岸边坡桥基有不稳定迹象。

从超载 10 倍时的速度矢量图（见图 3）可看出，混凝土桥墩基座向下的速度矢量变化最大，达到 0.012 cm/s，边坡左肩向外的变形速度矢量次之。

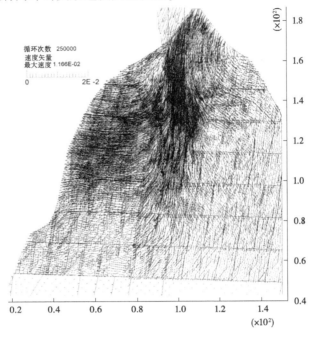

图 3　超载 10 倍的速度矢量图

从超载 10 倍时的监测点位移矢量图（见图 4）可看出，混凝土桥墩基座向下的位移图 I2 变形最大，达到 0.012 m，其中 I1、I2 和 I3 的变形曲线呈直线变化，说明边坡左肩处的变形加速变大，可能破坏。

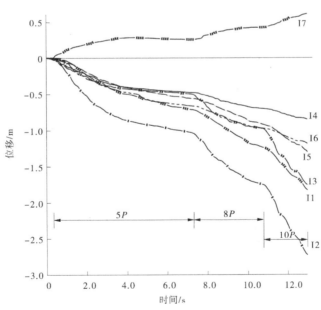

图 4　超载状态下监测点位移矢量图

从超载 10 倍时的塑性图（见图 5）可看出，左肩处存在拉裂缝，向上延伸，左肩有可能总体沿图 5 中虚线滑动破坏。

通过超载分析，说明某黄河特大桥南岸边坡桥基的变形以向下的压缩变形为主，其次为边坡向左肩的滑移挤出变形。其中超载系数最小为 10 倍。

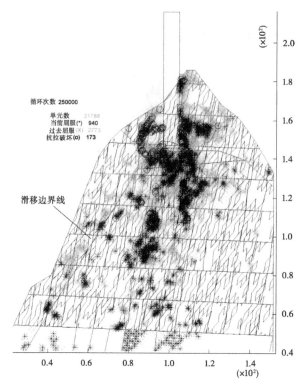

图 5　超载 10 倍的塑性图

4　降雨对边坡稳定影响

在暴雨状态下，岩体及岩体结构面强度参数降低，一般按下述强度折减系数公式进行降雨参数模拟。

$$C' = C/F$$

$$\varphi' = \arctan^{-1}(\tan\varphi/F)$$

式中：F 为安全系数；C'、C 为黏聚力，MPa；φ'、φ 为摩擦角。

当 F 为 1.125 时，某黄河特大桥南岸边坡桥基失稳（见图 6）。从图 6 可以看出，边坡速度矢量明显偏大，且滑移方向大致平行于第 1 组裂隙，说明在降雨时边坡将沿岩体结构面滑移破坏。

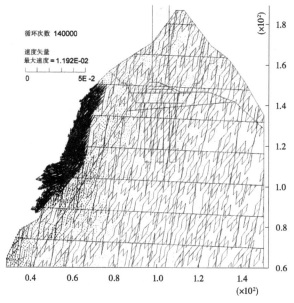

图 6　降雨速度矢量图（$F = 1.125$）

从监测点位移矢量图（见图7）可看出，当 F 小于 1.12 时，边坡位移曲线变化基本渐渐处于水平状态，说明变形处于塑性流动状态，但当 F 为 1.125 时，边坡位移曲线急剧变大，说明边坡处于不稳定状态。

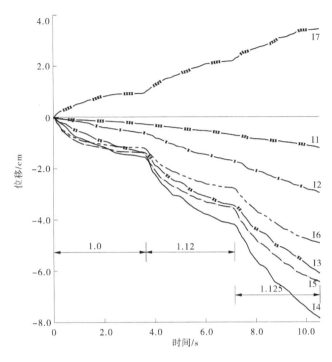

图7　降雨状态下监测点位移矢量图

按《建筑边坡工程技术规范》（GB 50330—2013）[14] 中边坡稳定性安全系数规范，一级边坡的临时工况（暴雨）安全系数为 1.25。由于当前安全系数为 1.125，因此某黄河特大桥南岸边坡可能需要加固处理，防止桥基边坡在暴雨时失稳。

5　结论

高陡边坡、复杂岩体结构面、长跨度的桥基多呈点状或面状破坏，具有明显的非连续性，因此用非连续性方法分析其稳定性具有直观、可控的优势。通过 UDEC 研究复杂岩体结构面的桥基稳定性，取得的主要研究成果如下：

（1）岩体结构面的精确分布对模拟计算分析具有相当重要的意义，也是准确预判桥基破坏及出露位置的充分条件。用无人机航测是构造边坡宏观结构的基本方法，也是对人无法到达的边坡进行测量的必要手段。

（2）结构面二维模拟软件，结构面在纵向上相当于无限延伸，而实际中结构面不可能无限延伸，否则，顺坡向边坡必定不稳定，因此结构面的抗拉强度不能为 0。当岩体结构面均质分布时，结构面的抗拉强度为岩桥长度占结构面总长度之比与组成结构面岩体的抗拉强度之积。

（3）由于某黄河特大桥南岸边坡桥基结构面分布主要为顺坡向，因此结构面分布对边坡稳定性影响显著。在暴雨状态下，边坡的安全系数仅有 1.125，因此某黄河特大桥南岸边坡需要加固处理，否则在暴雨状态下桥基有可能失稳。

（4）顺向复杂岩体结构面桥基在超载和降雨工况下的破坏模式各不相同：超载时的破坏以侧向挤出变形为主，降雨时的破坏以侧向滑移变形为主。一般降雨的破坏性远大于超载的破坏性。

（5）UDEC 对不规则岩体结构面的模拟能力较差，对结构面的出露部位较为敏感，因此精确描述结构面的分布位置对桥基滑移路径的预判尤为重要。

参考文献

［1］王泳嘉，邢纪波．离散单元法及其在岩石力学中的应用［M］．沈阳：东北工学院出版社，1991.

［2］朱焕春，Bru mmer Richard，Andrieux Patrik. 节理岩体数值计算方法及其应用（一）：方法与讨论［J］．岩石力学与工程学报，2004，20：3444–3449.

［3］朱焕春，Andrieux Patrik，钟辉亚．节理岩体数值计算方法及其应用（二）：工程应用［J］．岩石力学与工程学报，2005，24（1）：89-96.

［4］景锋，冷先伦，朱泽奇．层状岩坡变形破坏及其治理的离散元分析［J］．水利与建筑工程学报，2010，8（4）：61-64.

［5］工水林，李春光，雷远见，等．顺层岩质边坡稳定分析与渗流影响研究［C］//第九届全国岩石力学与工程学术大会论文集．2006，481-486.

［6］蒋明镜，江华利，廖优斌，等．不同形式节理的岩质边坡失稳演化离散元分析［J］．同济大学学报（自然科学版），2019，47（2）：167-174.

［7］王贺，高永涛，金爱兵，等．节理岩体刚度参数选取与三维离散元模拟［J］．岩石力学与工程学报，2014，33（1）：2894-2900.

［8］周先齐，徐卫亚，钮新强，等．离散单元法研究进展及应用综述［J］．岩土力学，2007，28（增）：408-416.

［9］王卫华，李夕兵．离散元法及其在岩土工程中的应用综述［J］．岩土工程技术，2005，19（4）：177-181.

［10］胡其志，周辉，肖本林，等．水力作用下顺层岩质边坡稳定性分析［J］．岩土力学，2010，31（11）：3594-3598.

［11］Hoek E，Bray J W. Rock slope engineering［M］．London：Revised Second Edition，1977.

［12］罗卫华，刘建华，曹文贵，等．岩质边坡桩柱式桥墩的受力分析研究［J］．公路工程，2008，33（1）：1-6.

［13］赵明华．轴向和横向荷载同时作用下的桩基计算［J］．湖南大学学报，1987（2）：66-81.

［14］重庆市城乡建设委员会．建筑边坡工程技术规范：GB 50330—2013［S］．北京：中国建筑工业出版社，2013.

长距离引调水导流施工预警装备与关键技术

廖茂权　李　银　孟运庭

（中国水利水电第七工程局有限公司，四川成都　610213）

摘　要： 随着极端天气频发，在建工程受到洪水破坏时有发生。本文结合长距离引调水导流施工特点，研发相关水雨情设备及软件，通过对引江济淮工程（安徽段）引江济巢段菜巢线 C003-1（河渠）标段施工导流区域的水雨情数据采集，基于随机森林法进行上下游水位、降雨量数据分析并预测施工导流区水位，为深入研究施工导流区雨水情预警提供基础。

关键词： 降雨量；水位；导流渠；随机森林法

1　引言

在当前全球气候变化大背景下，极端天气事件明显增多，降水更是呈现出向极端化发展的趋势，由极端降水引发的自然灾害给人类健康和社会经济等带来巨大的负面影响，已成为人类发展面临的最为严峻的挑战之一[1]。2020 年 6 月 12 日，庐江县境内出现大面积连续超强降雨天气，导致渠内严重积水、施工相应结构物和现场存放的钢筋半成品、模板及电箱等全部泡水，当地部分农田被淹。同年 8 月 18 日，受嘉陵江上游降雨影响，嘉陵江蓬安段一在建工程临时钢栈桥被洪水冲垮，严重影响通航安全。

目前，强降雨引发的洪涝灾害时有发生，施工区域突发极端暴雨天气引发的洪涝灾害可能影响人员和施工安全，给工程带来损失。因此，施工期间应密切关注水情、雨期变化，减少或避免工程受损。

引江济淮工程（安徽段）引江济巢段菜巢线 C003-1（河渠）标，为孔城河老河道扩挖段，现状河渠无拦蓄水建筑物，设计河底宽 45 m，平均挖深 5~12 m，渠底无护砌。为防止受到暴雨、洪水等自然因素的影响，实际施工时采用堤内外导流明渠导流，主河道采用土石围堰封堵形成封闭基坑，导致施工导流渠受降雨、上下游水位影响变大，因此针对枯水期施工导流渠开展水雨情监测，分析水雨情规律，研发导流预警移动端实现智能化预警，有利于工程的顺利实施。

2　水雨情监测设备

2.1　水位测量设备

在水利科学和计算机科学取得长足发展的进程中，水位测量的方法被逐渐分化出两种不同的方式。一种是直接架装水尺（见图 1），进行人工目测估读；另一种是先通过各种传感器自动采集表征水位的模拟量（见图 2），然后利用转换器换成水位数据[2]。直接架装水尺采用人工读数方式受观测方式影响，测量频率低，极端天气下读数困难。传感器（水位计）需安装在水中并布设电缆，易受施工破坏。因此，以上两种测量方式不适合长距离引调水导流施工水位监测。

作者简介：廖茂权（1975—），男，高级工程师，主要从事水利水电工程及市政工程施工与管理工作。

图1　水尺水位测量

图2　水位计水位测量

　　针对长距离引调水导流施工复杂环境，研发了一种一体化水位监测预警设备，该设备采用雷达水位计以实现无接触的测量方式，能够减轻恶劣环境对测量的干扰，并提高耐用性，减少维护工作，保证测量结果的可靠性和准确性，且一体化设备安装便捷，可安装在施工便桥两侧，内置电池设计可以摆脱市电供电限制。同时，当水位超过阈值时，该设备能够采用短信形式对相关管理人员进行通知。该设备适用于长距离引调水导流施工等防汛监测预警领域。

　　该一体化水位监测预警设备，包括箱体、控制板、雷达水位计、供电电池和外置天线，所述控制板、雷达水位计和供电电池均设置在箱体的内部，外置天线设置在箱体外部。控制板上设有单片机和无线传输模块，雷达水位计、供电电池和无线传输模块分别与单片机相连。箱体底部设有开口，雷达水位计设置在箱体内部下侧，雷达面板朝下对准箱体底部开口，且与箱体底部同一平面。无线传输模块上还设有 SIM 卡插槽，通过 4G 网络进行数据传输。

2.2　降雨量监测设备

　　目前我国降雨量自动监测设备应用最广泛的雨量计是翻斗式雨量计[3]，其特点是结构简单、稳定性好，但在出现特大暴雨，降雨强度超过 4 mm/min 时，存在由于翻斗反应速度不够快造成所测得的降雨量比实际的明显偏小的情况。而声波式遥测雨量计通过进水控制阀和出水控制阀控制进水与出水，往复循环，可解决暴雨翻斗翻转不及时的问题[4]。针对工程所在地区汛期易出现强降雨特点，选择采用声波式遥测雨量计观测施工区域降雨量，雨量计安装于施工区附近楼顶，雨水进入承雨器内，在其锥形底部汇集后经过进水控制阀不锈钢漏斗流入集水器。传感器通过发射一定波长的声波，并接收水面反射回来的声波计算出流入集雨器内的雨量。当雨量在集雨器内达到一定高度时，传感器会控制进水控制阀锁紧禁止雨量流入集雨器，此时出水控制阀进行放水，出水达到一定值后控制阀恢复，重新开始测量循环。

3　水雨情监测预警软件

　　目前，实时水雨情监测系统已比较成熟，重要断面或水文、水库站的洪水预报作业比较成熟，但基于降雨预报的水文水动力耦合的洪水预报技术在长距离引调水导流施工作业区的应用研究相对较少，施工区域缺乏集监测、分析、预报、预警于一体化的信息综合防灾平台。

　　针对长距离引调水导流施工作业线长、人员分散等特性，为了使施工区人员能及时获取预警信息，基于云平台技术开发了导流预警移动端服务。同时，施工区防汛及安全管理人员可通过手机随时随地方便地查看洪水信息，包括雨情、水情、预警指标等，为导流施工区域洪灾防御科学决策、指挥调度及避险转移、抗灾救灾提供技术支持，实现从灾害监测到预警发布的防洪减灾流程管理。

导流预警移动端包括雨情、水情、广播发布、台风路径与卫星云图5个功能模块，如图3所示。

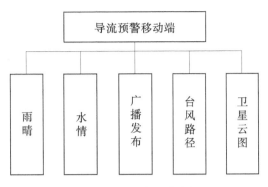

图3 导流预警移动端功能框架图

雨情模块功能可以获取当前降雨量信息并对降雨过程线进行展示，水情模块功能通过获取当前水情信息图并对水位过程线进行展示（见图4）。广播发布是在发生超指标的水情和雨情时，利用网络给相关负责人发送信息，为导流施工区域洪灾防御科学决策、指挥调度及避险转移、抗灾救灾提供技术支持，实现从灾害监测到预警发布的防洪减灾流程管理（见图5）。

图4 水位降雨过程线

图5 广播发布

4 导流渠水雨规律分析

导流渠施工中对施工区域的降雨量以及导流渠中的水位进行监测，导流渠水位监测部位分别为团二K40+500、高桥河K46+500钢便桥、尹河K54+000钢便桥，水流方向为尹河K54+000流向团二K40+500，2021年10月1日至2022年1月22日监测数据如图6所示。

导流渠高桥河K46+500钢便桥水位监测点位于团二K40+500和尹河K54+000钢便桥水位监测点之间。通过图6 2021年10月1日至2022年1月22日水雨情监测数据，发现导流渠高桥河K46+500钢便桥水位与上游（尹河K54+000钢便桥）、下游（团二K40+500）水位趋势一直，降雨量增加时水位增加。基于高桥河K46+500水位与上下游水位、降雨量之间的相关性，通过数学模型拟合并预测高桥河K46+500钢便桥的水位。

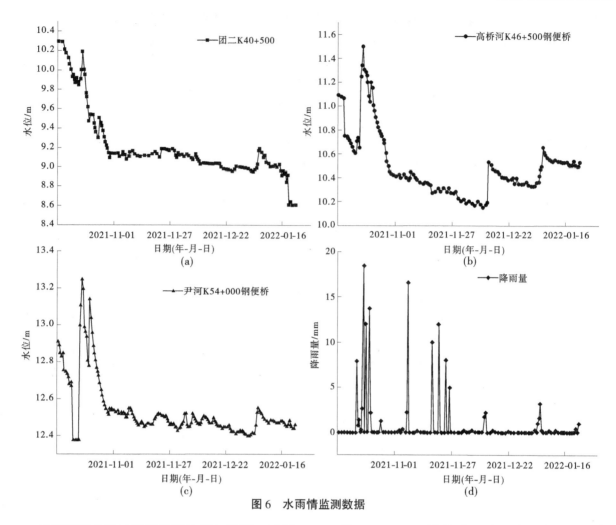

图6　水雨情监测数据

基于随机森林法进行数据分析与预测，采用 Python 的 Scikit-learn 模块建立随机森林模型。具体的模型建立过程（见图7）可以描述为[5]：

（1）通过袋装采样法从原始数据中抽样出 n 个新的训练集；

（2）对每一个新的训练集建立对应的回归树模型，并生成预测值；

（3）在 n 个回归树模型建立完成后，模型最终预测值即为所有回归树输出的平均值。

建立预测模型并确定最佳模型性能的流程。所提出的用于预测施工区导流明渠水位智能模型的实施步骤如下[7]。

步骤1：收集分析数据，建立输入变量上下游水位、降雨量与目标值预测点的水位之间的潜在关系；

步骤2：使用3倍标准偏差（3δ）方法检测离群值、缺失值或非数值数据；

步骤3：将处理后的数据随机分成两部分：80%用于训练，20%用于测试；

步骤4：对于训练集，分别采用4种优化算法对 RF 模型进行超参数优化，在训练过程中，将训练数据随机分割，采用5-重交叉验证方法，以平均均方根误差（RMSE）作为控制函数，寻找超参数的最优组合；

步骤5：将测试集导入步骤4中输出的各最优预测模型，并横向比较生成的预测结果；

步骤6：对最佳模型进行敏感性分析，求解各输入变量的相对重要性，并将结果与步骤1中发现的潜在关系进行比较。

模型所采用的数据集来自现场实时监测的数据。该数据集由团二 K40+500、高桥河 K46+500 钢

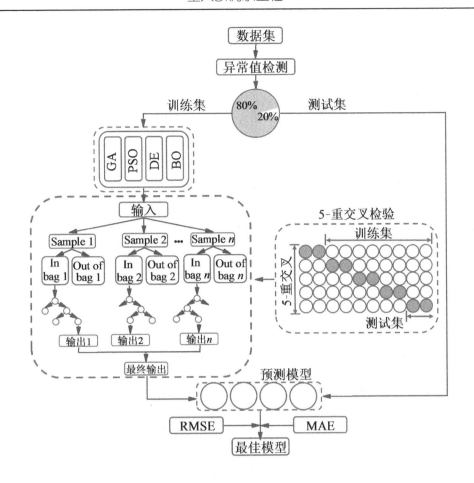

图7 预测模型流程[6]

便桥、尹河 K54+000 钢便桥不同地点的水位数据及施工区域的降雨量样本组成，包含了水位、降雨量等在内的 2 个特征分量。

将团二 K40+500、尹河 K54+000 钢便桥的水位和施工区降雨量作为输入变量，将高桥河 K46+500 钢便桥水位作为输出目标建立相关模型。粒子种群数为 30，最大迭代次数为 100，学习因子 c_1 和 c_2 均为 0.5，惯性权重 w 为 1，树数目 es 取值为 [0，50]，树深 d_p 取值为 [0，50] 其余参数采用默认值。

以一体化水位监测预警设备所测高桥河 K46+500 钢便桥水位作为实际值，随机森林法计算值作为预估值，分别对高桥河 K46+500 钢便桥处水位测试集的实际值与预估值绘制散点图，如图 8 所示。对高桥河 K46+500 钢便桥处水位预估模型的训练集拟合效果分析，预估值与实际值接近，模型拟合效果较好。如图 9 所示，高桥河 K46+500 钢便桥处水位预估模型的测试集均显示预估值与实际值分布在对角线附近，随机森林的相关系数 R 为 0.89，其评价值与实测值呈强相关关系，说明模型预估效果较好。

5 结语

（1）通过对水雨情监测设备改进研发、监测预警软件开发、导流渠雨水规律分析，将水雨情预警成果应用于长距离引调水导流施工，并取得较好效果。

（2）水雨情监测设备改进研发更加适用于施工环境。监测预警软件开发使项目管理人员、施工人员能及时获取预警信息。在极端天气下施工区域水位计遭损坏时，通过导流渠雨水规律分析研究，结合上下游水位及降雨量能及时预测导流施工渠道水位，为紧急情况下长距离引调水导流施工水位预

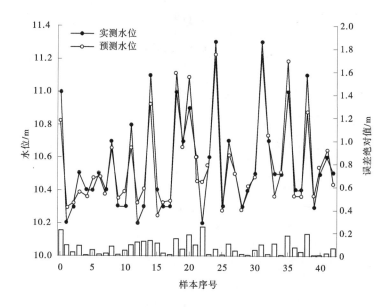

图 8　模型对测试集的预测结果

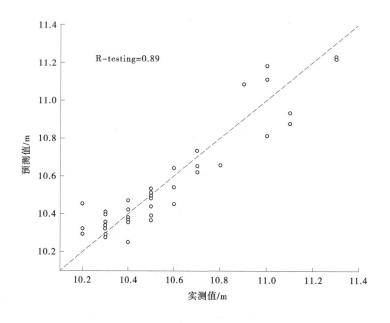

图 9　预估模型预估值与实测值对比

警提供保障。

（3）通过随机森林模型对高桥河 K46+500 钢便桥水位进行预测，最大相对误差为 12.03%，最小误差 2.27%，平均误差 5.91%，精度可以满足工程要求。

参考文献

［1］王志，雍定冰. 近 50a 合肥夏季极端降水变化特征及环流异常分析［J］. 产业与科技论坛，2021（20）：17.

［2］聂会冲，刘克浩，欧祖贤. 水位测量方法及设备研究综述［J］. 南方农机，2020，51（23）：48-49.

［3］姚永熙，陈敏. 国外水文仪器及其引进应用［J］. 中国水利，2007（11）：66.

［4］代春兰，孙文平，汤文化. 一体化声波式水位雨量遥测站在小型水库中的应用［J］. 水电与新能源，2016（8）：51-53.

［5］李月玉，崔东文，高增稳. 基于多组群教学优化的随机森林预测模型及应用［J］. 人民长江，2019，50（7）：83-86.

［6］仇文岗，唐理斌，陈福勇，等. 基于4种超参数优化算法及随机森林模型预测TBM掘进速度［J］. 应用基础与工程科学学报，2021，29（5）：1186-1200.

［7］张金喜，郭旺达，宋波，等. 基于随机森林的沥青路面性能预测［J］. 北京工业大学学报，2021，47（11）：1256-1263.

缓倾角结构面密集带对地下泵站围岩稳定性
影响及支护措施对比分析

张　练　黄书岭　丁秀丽　张雨霆

（长江科学院水利部岩土力学与工程重点实验室，湖北武汉　430010）

摘　要： 滇中引水工程地下泵站洞室群规模大，地质条件复杂。施工开挖过程中，在地下泵房主安装场顶拱及端墙处发现分布有多组缓倾角结构面密集带，对主安装场顶拱围岩稳定产生不利影响。建立地下泵站洞室群整体三维模型，进行不同支护措施下的围岩稳定性分析，评价缓倾角结构面密集带对主安装场顶拱围岩稳定的影响，对比分析不同支护方案对围岩稳定的影响，优化支护措施。研究结果表明，施加预应力锚索对降低缓倾角结构面密集带局部变形、抑制围岩卸荷松弛区向深部的扩展以及降低围岩塑性屈服程度起到了较为明显的作用，提高了地下泵站主安装场顶拱部位岩体的整体稳定性。

关键词： 滇中引水地下泵站；缓倾角结构面；围岩稳定；支护措施

1　引言

滇中引水工程水源为石鼓无坝取水，采用提水泵站取金沙江水。泵站地下厂房近东西向分布于冲江河右岸山体中，共安装 12 台离心式水泵机组，总装机容量 492 MW。主泵房开挖尺寸为 220 m×24.6 m×45.65 m（长×宽×高），埋深为 276～330 m。施工开挖过程中，在泵房主安装场顶拱及端墙处发现分布有缓倾角结构面密集带。目前发现的缓倾角结构面密集带共 9 组，其中主安装场顶拱处分布有 6 组，端墙处分布有 3 组。

缓倾角结构面密集带的广泛分布对大跨度地下泵站顶拱围岩稳定造成了不利影响，结构面密集带的存在造成岩体的非连续性和各向异性成为围岩稳定分析的关键因素。近年来，我国学者针对缓倾角岩体（结构面）对地下洞室围岩变形特征和稳定性的影响采取多种分析方法进行了深入研究[1-5]。

2　工程概况

工程区基岩主要为泥盆系中统穷错组第一段（D_{2q}^1）灰岩、大理岩夹片岩类，斜坡外侧分布有冉家湾组第四段（D_{1r}^4）片岩类夹灰岩。穷错组第一段（D_{2q}^1）中片岩夹层主要为绢云微晶片岩、绢云石英片岩及绿泥片岩，厚度一般为 1.7～13 m；主泵房、主变洞靠右侧端墙部位分布有冉家湾组第四段（D_{1r}^{4-2}）石英角闪黑云母片岩等片岩类及灰岩，左侧端墙靠顶拱局部段穷错组（D_{2q}^1）片岩分布较密集，岩层产状一般为 78°～110°∠22°～75°。主泵房区发育有多条断层，走向总体呈 NNE 向，陡倾角为主，顺层、切层均有发育，其中 fp₃ 规模相对较大，带宽 0.2～0.5 m，构造岩主要为断层泥夹碎裂灰岩，性状差，其余裂隙性断层规模相对较小，带宽一般为 0.05～0.3 m，构造岩以角砾岩、碎粉岩及碎屑夹泥为主。地下泵站工程地质剖面如图 1 所示。

基金项目： 云南省重大科技专项计划课题（202102AF080001-2）；中央级公益性科研院所基本科研业务费项目（CKSF2021715/YT）。

作者简介： 张练（1979—），男，高级工程师，主要从事岩体稳定性分析与安全性评价方面的研究工作。

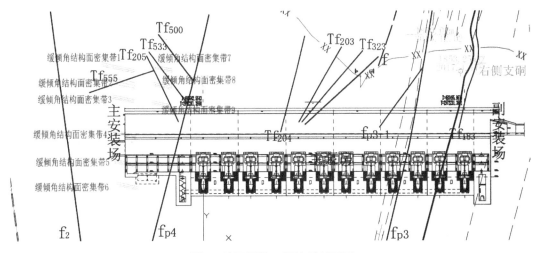

图 1 地下泵站工程地质剖面图

站址区采用水压致裂法进行了地应力测试，最大水平主应力方向为 8°~42°，最大水平主应力量值 7.8~13.9 MPa，侧压系数 1.0~1.3，以水平应力为主，最小水平主应力量值 5.1~7.6 MPa，最大水平主应力方向与主泵房长轴向呈 29°~63° 中等至较大角度相交[6]。

3 计算分析条件

地下泵站数值分析模型所取范围如图 2 所示，计算模型包括主泵房、主变洞、出水阀室、进水阀室、母线洞等主要洞室；模型中考虑了 f_2、f_{p3}、f_{p4} 断层，缓倾角结构面密集带，多种岩层分布与围岩类别。各岩层均采用实体单元模拟。本构模型采用的是以带拉伸截止线的 Mohr-Coulomb 强度准则为屈服函数的理想弹塑性模型。对于缓倾角结构面密集带的岩体采用遍布节理弹塑性层面模型（ubiquitous-joint plasticity），该本构模型可以模拟沿层面及岩体的剪切破坏和拉破坏，考虑了岩体在平行和垂直层面两个方向强度的各向异性。计算时，岩体和结构面所采用的物理力学参数建议值见表 1，计算参数取表中的中值。

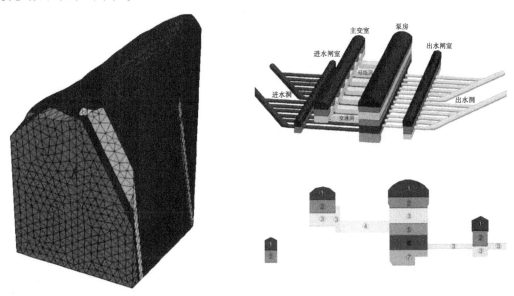

图 2 地下泵站洞室群三维模型及开挖步序

表1　岩体物理力学参数

围岩类别	代表性岩性	块体重度/（kN/m³）	岩体抗剪断强度		变形模量/GPa	泊松比 μ
			f	c'/MPa		
Ⅱ	灰岩类	26.5	1~1.2	1.2~1.4	13~20	0.24~0.25
Ⅲ	灰岩类	25.5	0.9~0.95	0.9~0.95	8~10	0.25~0.26
	绢云石英片岩	25.5	0.85~0.9	0.85~0.9	7~8	0.26~0.27
Ⅳ	灰岩类	23.5	0.7~0.8	0.6~0.7	3~5	0.27~0.28
	绢云石英片岩	23.5	0.65~0.7	0.4~0.6	2.1~3.0	0.28~0.29
	绢云微晶片岩	23.5	0.55~0.65	0.3~0.4	1.5~2.1	0.29~0.30
Ⅴ	灰岩类	22	0.5~0.55	0.2~0.3	0.7~1.5	0.30~0.31
	绢云石英片岩	22	0.45~0.5	0.1~0.2	0.2~0.7	0.31~0.32
	绢云微晶片岩	22	0.3~0.45	0.05~0.1	0.1~0.2	0.32~0.34
	岩块岩屑型	22	0.45~0.55	0.08~0.1	0.1~0.2	0.32~0.35
缓倾角结构面密集带			0.6~0.7	0.1~0.12		

对地下泵站洞室群进行分层开挖计算，对比研究不同支护方案下围岩位移场、应力场、塑性区等分布特征以及支护体系受力特征，优化支护方案。采用如下两种方案进行对比分析：

支护方案①：系统锚杆+预应力锚索方案下的分层分期开挖计算；

支护方案②：在支护方案①的基础上，不模拟泵房主安装场顶拱缓倾角结构面密集带部位预应力锚索。

地下泵站开挖支护参数见表2。

表2　地下泵站开挖支护参数

顶拱		边墙	
Ⅲ类及以上围岩	Ⅳ、Ⅴ类围岩（含缓倾岩层部位）	Ⅲ类及以上围岩	Ⅳ、Ⅴ类围岩
锚杆：1.5 m×1.5 m，ϕ28/ϕ32，L=6.0 m/9.0 m，拱座锁口锚杆，ϕ32，L=9.0 m	锚杆：1.5 m×1.5 m，ϕ28/ϕ32，L=6.0 m/9.0 m，拱座锁口锚杆，ϕ32，L=9.0 m	锚杆：1.5×1.5 m，ϕ28/ϕ32，L=6.0 m/9.0 m	锚杆：1.5×1.5 m，ϕ28/ϕ32，L=6.0 m/9.0 m
	锚索：2 000 kN，间排距4.5 m×4.5 m，L=22 m	锚索：2 000 kN，间排距4.5 m×6.0 m，L=25 m	

4　计算结果与分析

4.1　围岩位移场

地下泵站洞室群开挖完成后，洞室群效应表现明显，洞周围岩变形表现为向临空面发展的特点。总体上看，位移的量值与分布受地应力方向和量值、岩性和岩层产状等影响明显，这种影响主要体现在洞周最大位移所在位置的差异以及位移分布形态的不同。

计算结果表明，主安装场顶拱缓倾角结构面密集带部位，支护方案①位移值一般为20~24 mm，最大值为26.4 mm；支护方案②位移值一般为22~28 mm，最大值为29.6 mm。主安装场洞周位移场等值线见图3。

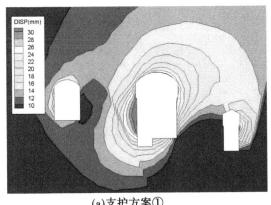 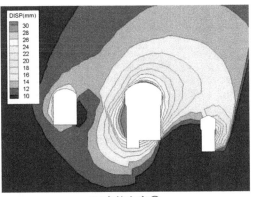

(a)支护方案①　　　　　　　　　　(b)支护方案②

图3　主安装场洞周位移场等值线图

4.2　围岩应力场

从支护方案①到支护方案②，洞室第一主应力基本量值范围为-2.0~-17.9 MPa，相应方案下的第三主应力基本量值范围为-4.0~0.56 MPa，主应力极值主要出现在洞室形状突变处，为局部应力集中。洞室应力集中区主要分布在洞室拱座、底板区域以及边墙与出水洞交叉区域。应力松弛区主要分布在上、下游边墙和底板部位。对于两种不同支护方案，应力分布差别不大，如图4、图5所示。

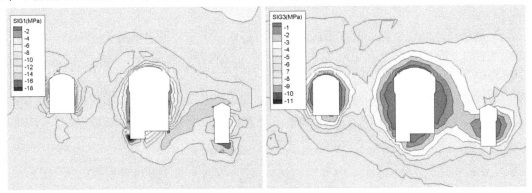

图4　支护方案①主安装场剖面洞周主应力分布图

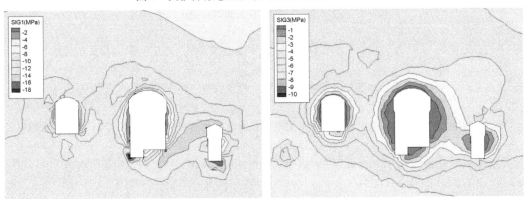

图5　支护方案②主安装场剖面洞周主应力分布图

4.3　围岩塑性区

开挖完成后，主安装场顶拱缓倾角结构面密集带部位，支护方案①塑性区深度为2.0~9.0 m；支护方案②最大塑性区深度较支护方案①增大1 m。支护方案①岩体等效塑性应变量值一般为1‰~3.5‰，支护方案②岩体等效塑性应变量值一般为1‰~3.8‰；深度一般为1~2 m。

对于主安装场顶拱缓倾角结构面密集带部位，采用预应力锚索支护后，顶拱部位塑性区可减小1 m，塑性应变指数减小0.3‰，表明预应力锚索对抑制围岩卸荷松弛区向深部的扩展和转移起到一定作用。主安装场洞周岩体塑性应变分布见图6。

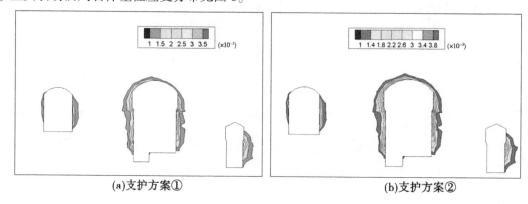

      (a)支护方案①   (b)支护方案②

图6　主安装场洞周岩体塑性应变分布图

4.4　支护系统受力

对于主安装场顶拱缓倾角结构面密集带采取预应力锚索支护后，锚杆应力平均值略有降低；洞室周边锚索整体受力降低约30 kN，大部分锚索受力位于2 200 kN以内，量值较大的锚索所在的部位与变形和卸荷松弛较大部位相对应。

5　结论

对主安装场顶拱缓倾角结构面密集带施加预应力锚索，主安装场顶拱最大变形值、塑性区最大深度以及等效塑性应变值降低幅度在10%左右。对缓倾角结构面密集带采取预应力锚索支护后，主泵房预应力锚索整体受力可降低约30 kN。

可见，施加预应力锚索对降低缓倾角结构面密集带局部变形、抑制围岩卸荷松弛区向深部的扩展以及降低围岩塑性屈服程度起到了较为明显的作用，提高了地下泵站主安装场顶拱部位岩体的整体稳定性。

参考文献

[1] 苏超，茆晓静，赵业彬，等．复杂地质条件下大型地下洞室群围岩稳定性研究［J］．水力发电，2018，44（3）：19-22，28.

[2] 邵兵，方丹，万祥兵，等．缓倾层间错动带对大跨度地下洞室顶拱围岩稳定的影响及支护对策［J］．水电能源科学，2019，37（12）：53-57.

[3] 樊启祥，王义锋．向家坝水电站地下厂房缓倾角层状围岩稳定分析［J］．岩石力学与工程学报，2010，29（7）：1307-1313.

[4] 潘兵，周勇，蔡波，等．杨房沟水电站地下洞室关键岩石力学问题及工程对策研究［J］．水利水电技术，2020，51（3）：53-60.

[5] 卢波，丁秀丽，邬爱清，等．高应力硬岩地区岩体结构对地下洞室围岩稳定的控制效应研究［J］．岩石力学与工程学报，2012，31（2）：3831-3846.

[6] 长江勘测规划设计研究有限责任公司．滇中引水石鼓水源工程泵站站址及引水线路比选专题报告［R］．武汉：长江勘测规划设计研究有限责任公司，2016.

浅谈复合定向钻轨迹控制技术在
水利水电勘察行业中的应用

项 洋 左勇哲 周治刚 颜慧明 邓争荣 王茂智

（长江岩土工程有限公司，湖北武汉 430000）

摘 要： 定向钻技术在石油天然气开采等领域基本不要求取芯，与水利水电工程勘察的目的存在矛盾。目前，该技术在水利水电工程勘察中应用极少。本文依托引江补汉工程勘察阶段复合定向钻孔，研究复合定向钻技术在水利水电勘察中完成钻孔取芯的情况下，控制钻孔轨迹的技术。在取芯和定向钻进无法同时进行的技术条件下，提出"取芯钻进+定向钻进"交替进行的工法，来保证复合定向钻孔沿设计轨迹进行。

关键词： 复合定向钻；水利水电勘察；钻孔取芯；钻孔轨迹

1 引言

定向钻技术在石油与天然气、煤矿及其他固体矿产勘探等领域的应用已经非常成熟[1-2]，但在这些领域一般不采取岩芯，这与水利水电工程勘察目的存在矛盾。水利水电勘察钻孔一般要求全孔取芯，并要求在孔内进行各项测试工作，难度很大。因此，目前该项技术在水利水电勘察行业应用极少。

引江补汉工程是南水北调中线工程的后续水源，从长江三峡库区引水入汉江，提高汉江流域的水资源调配能力，增加南水北调中线工程北调水量，提升中线工程供水保障能力，并为引汉济渭工程达到远期调水规模、向工程输水线路沿线地区城乡生活和工业补水创造条件。引江补汉工程输水隧洞埋深大、洞线长、沿线地质条件、岩溶水文地质条件复杂，隧洞穿越断层并叠加可溶岩洞段，突涌水等水害风险高。通过复合定向钻技术，更详细、更高效、更精准地查明地质条件，分析隧道穿越时可能的风险并达到预防的效果，保障隧道施工期的安全。

2 定向钻与复合定向钻

2.1 定向钻

定向钻是通过造斜、测斜、导向、纠偏、稳斜等手段，使钻孔在钻进时沿预定的钻孔轨迹达到目标点的新钻进技术，该技术结合了电子技术、钻探设备以及钻探工艺的创新[3]。定向钻技术具有强大的变轨定向能力，能快速精确地到达靶点，钻孔作业效率很高。同时，定向钻技术还可以通过调整轨迹实现一孔多支，丰富钻探工作成果[4]。定向钻孔示意见图1。

区别于传统的水利水电隧道勘察中的垂直孔或斜孔，定向钻技术具有以下优势：

（1）勘探目标由"点"变为"线"，大幅提升勘探成果质量与工作效率。

基金项目： 长江岩土工程有限公司自主创新项目（水利水电工程超深复合定向钻孔关键技术研究及应用，项目编号：CJ2022Z03）。

作者简介： 项洋（1990—），男，工程师，主要从事水利水电工程勘探及水利水电施工建设管理工作。

通信作者： 左勇哲（1997—），男，助理工程师，主要从事地质勘察及钻探方面的研究工作。

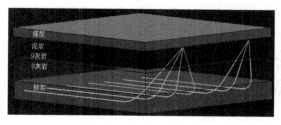

图 1   定向钻孔示意图

（2）可选择较好的施工场地，有效克服工程勘探场地及环境制约。

（3）可以有效规避与隧道施工的交互影响，是地质条件复杂洞段长距离超前地质预报最直接的手段。

（4）可在地表对地下工程地质条件复杂洞段进行超前预处理。

2.2　复合定向钻

复合定向钻是基于定向钻技术的基本理念并结合实际工程经验提出的新理念。复合定向钻孔是指钻孔轨迹在合理设计基础上呈现水平、上下起伏、左右偏斜等多种形态相结合的钻探技术，该技术还包括在孔内进行全断面取芯、综合测井、孔内电视成像、弹性模量测试等相关测试技术。复合定向钻孔具有钻孔轨迹可控制、钻孔轨迹精确测量、钻进距离长、可精确命中靶点等优点，对勘探沿线工程地质重大问题直接勘察做到不遗漏，可精确并快速地对目标构筑物设计轴线围岩的岩性变化、断裂破碎带等构造、水文地质条件等状况进行判别，达到一孔多用的目的。

在大型水利水电项目特别是超长深埋引调水工程中，地质条件往往复杂多变，尤其是地层岩性多样、地质构造复杂、岩溶发育地区，为查明工程地质条件，前期地质勘察资料的精确获取至关重要。常规钻探方法（平硐、垂直孔、斜孔等）在深埋隧洞的勘察和超前地质预报中存在勘探精度不高、勘探能力不足及安全风险高等不利因素，因此存在着很大的局限性，对地质结构复杂的地层无法做到全面的探查，难以收集到完备的地质资料。因此，复合定向钻技术在超长深埋隧洞勘察与超前地质预报等领域有很大的应用前景。

3　工程实例

3.1　工程概况

引江补汉工程输水隧洞穿越南河地段（位于青峰断裂带内），洞段埋深约 70 m 且为裸露型可溶岩，岩层面呈陡倾状，并分布有郭峪断层、黄家垭断层，施工期因断层或其他长大结构面导通库水而发生突涌水灾害风险极高。在该地段布设常规钻孔的工程量很大，同时存在钻孔容易顺层倾斜而无法真实揭露地层情况的问题。南河地段山路崎岖，施工场地条件极差，需要架设索道对钻探设备进行搬运，勘探成本高。

综合考虑，在南河地段布设一个复合定向钻孔，设计合理的钻孔轨迹，在有利施工的场地进行钻孔，可以有效地降低勘探成本、提高勘探效率。勘探目标处在著名的青峰断裂带内，距其北边界（城口—房县断裂）约 500 m，钻孔设计轨迹依次反复穿越奥陶系（O）、寒武系（∈）及多条断层，并下穿汉江一级支流的南河。通过布设复合定向钻孔，实现钻孔轨迹控制以及连续高保真取芯的有机结合，并实现一个钻孔查明隧洞围岩地层岩性及地质结构、岩溶现象和发育程度、岩体透水性，查明发育断层带规模及工程地质特性，查明结构面发育程度及规模、与水库水体水力联系特征。引江补汉工程南河地段复合定向钻孔地质剖面见图 2。

3.2　钻孔轨迹的测量与控制

引江补汉工程复合定向钻孔设计轨迹线路总长 627 m，投影长度 600.2 m，总共分为 5 段：①AB 直线段：倾角 -25°，段长 219 m；②BC 变轨段：变轨曲率 1°/3 m，弧段长 75 m；③CD 水平直线段：

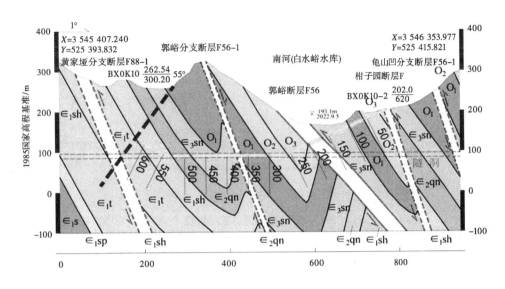

图2 引江补汉工程南河地段复合定向钻孔地质剖面图

段长 228 m，深度与隧道埋深相同；④DE 变轨段：变轨曲率 1°/3 m，弧段长 90 m；⑤EF 收尾直线段：倾角 30°，段长 15 m。复合定向钻轨迹线路三维示意见图 3。

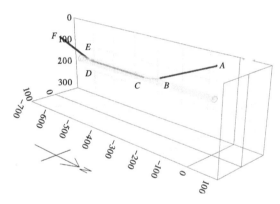

图3 复合定向钻孔轨迹线路三维示意图

复合定向钻孔的造斜、测斜仪器主要包括定向螺杆马达钻具、无磁钻杆、螺旋槽通缆钻杆以及 YSX18 型随钻测量系统。定向钻设备及随钻测量系统见图 4。

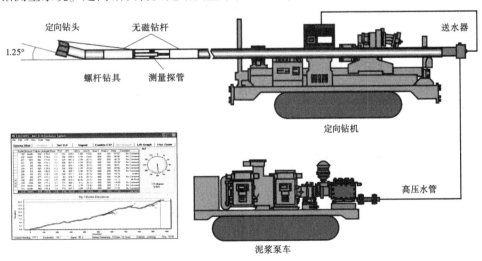

图4 定向钻设备及随钻测量系统

定向螺杆马达本身具有 1.25° 的弯曲角度，可以通过高压泥浆驱动螺杆马达带动钻头，同时钻机动力头带动钻具回转并向孔内施加钻压，实现"滑动造斜"和"回转稳斜"两种钻进模式的结合，通过调节工具面角，达到使钻孔沿设计轨迹钻进的目的[5]。定向钻钻进工艺见图 5。YSX18 型随钻测量系统（见图 6）可随钻测量钻孔倾角、方位角、工具面向角等主要参数，实现钻孔参数和轨迹的实时显示，便于司钻人员随时了解钻孔轨迹并调整弯头方向和工艺参数，实现精准钻进[6]。

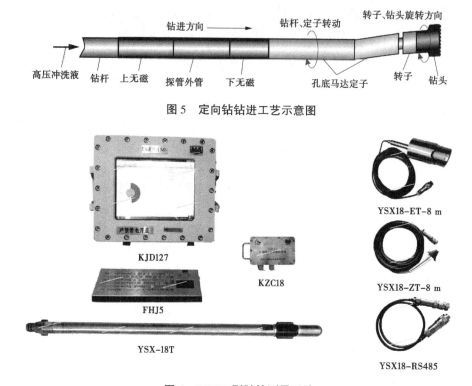

图 5　定向钻钻进工艺示意图

图 6　YSX18 型随钻测量系统

引江补汉工程复合定向钻孔对取芯要求较高，期望实现全孔取芯，在实际钻进过程中对于钻孔轨迹的控制遇到较多困难。目前，复合定向钻技术还不能实现取芯和定向钻进同时进行：定向钻进时，钻杆前端依次连接无磁钻杆、定向螺杆马达以及钻头，经探管信号电缆将数据传输到地面测量系统上，对钻孔轨迹进行测量和调整；取芯时，钻具前端更换为岩芯管，无法随钻测量并及时调整钻孔轨迹。

该复合定向钻孔总共经历了三次钻孔轨迹控制及调整，钻进至隧道洞身范围内的水平段，并完成水平段连续取芯。引江补汉工程复合定向钻孔轨迹剖面图见图 7。

3.2.1　第一次钻孔轨迹控制

引江补汉工程复合定向钻孔沿设计倾角开孔后，先经历 219 m 直线段取芯钻进。由于该复合定向钻孔设计开孔倾角为 -25°，接近于水平，随着钻孔深度的增加，钻具的总重量逐渐增加。在重力的作用下，钻具整体呈现向下偏斜的趋势，逐渐接近钻孔下壁，使得钻孔轨迹也逐渐向下产生偏斜。随着钻孔深度的增加，偏斜量累计增大，最终出现明显的钻孔轨迹偏差、倾角变大。由于取芯钻进过程中，无法进行钻孔轨迹的测量，钻孔轨迹发生偏移后无法进行及时调整。

到达变轨段后，采用间断取芯的方法，即采取一段岩芯并更换钻具进行一次定向钻进，保证钻孔沿设计轨迹进行变轨。该变轨段突破性地实现了国内业界首次定向钻孔变轨段岩芯采取。变轨段由于进行间断取芯，无法一直保持定向钻进，实际钻孔轨迹变轨段曲率变小，钻孔达到水平段时已超出隧道底板高程以下。经过钻孔轨迹的理论计算及预测，依照现有钻孔通过定向钻进返回隧道洞身高程以内，与设计轨迹相比水平段缺少的岩芯采取长度过大，无法达到勘察目的。

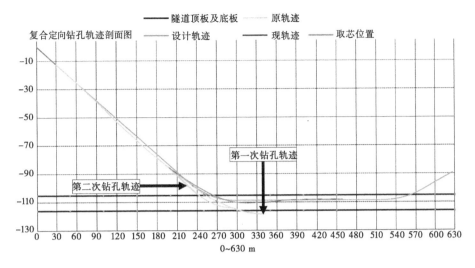

图7　引江补汉工程复合定向钻孔轨迹剖面图

3.2.2　第二次钻孔轨迹控制

第二次钻孔改进钻进方式，缩短每次取芯钻进的钻孔长度，增加测斜和造斜的距离及次数，使钻孔轨迹尽可能以合适的曲率进行变轨并进入水平段。

依照第一次取芯的经验，专门定制了长度更短的1.5 m φ 110 mm单动双管取芯钻具，使得岩芯管能更好地通过变轨段不发生卡钻，同时更为精准地控制钻孔轨迹。经过钻进工艺的调整，第二次钻孔比设计轨迹更早进入到隧道埋深内的水平段。但由于第一次钻孔孔径为95 mm，第二次钻孔达到水平段后，需对钻孔进行扩孔来配合使用1.5 m φ 110 mm单动双管取芯钻具。扩孔过程中，孔内经过破碎带的部分垮塌，经扫孔尝试失败后，决定通过灌浆的手段对孔内破碎地层进行治理，治理完毕后再进行新一次的钻孔。

3.2.3　第三次钻孔轨迹控制

待灌浆材料固结完毕后，从AB直线段孔深180 m处再次定向钻进完成变轨。为克服钻具整体重力导致钻孔有向下偏斜的趋势，本次变轨段定向钻进采用曲率更大的钻孔轨迹，在孔深更浅的位置进入隧道洞身内水平段，为后续调整钻孔轨迹留出空间。

钻进至水平段后，现场总结经验，采取"取芯钻进+定向钻进"交替进行的方式进行钻进，取芯钻进4个回次（每个回次1.5 m，总共钻进6 m）后，进行钻孔轨迹的测量并通过改变工具面角调整钻孔轨迹。实际钻进过程中，在完成4个回次的取芯钻进后，通过测量发现钻孔轨迹有轻微向上偏斜的趋势。经分析，钻具在钻孔内由于岩层倾角产生了轻微的顺层偏斜，导致钻孔轨迹向隧道顶板方向偏斜大约3°。为保证钻孔轨迹接近水平，通过定向钻具调整工具面角至向下，向前钻进6~12 m（2~4根钻杆的距离）来进行钻孔轨迹的调整，使钻孔轨迹回到水平，再进行下一次取芯钻进，后续钻孔重复该交替过程达到既保证取芯又保证钻孔轨迹的效果。

3.3　复合定向钻孔轨迹控制

经过三次钻孔轨迹的调整与控制，引江补汉工程复合定向钻孔的实际轨迹按设计要求步入正轨，并完成了变轨段取芯的突破。通过总结经验，分析复合定向钻在取芯情况下控制钻孔轨迹的方法：

（1）采用较短的岩芯管，通过短进尺多次取芯，使得对钻孔轨迹（尤其是变轨段）的控制更加精确。

（2）取芯过程采用"取芯钻进+定向钻进"交替的方法，根据勘探目的及实际地层情况设计合适的取芯距离，在取芯后更换定向钻具测量钻孔轨迹，如果钻孔轨迹未出现明显偏斜，可继续进行几个回次的岩芯采取；如果钻孔轨迹出现偏斜，则通过定向钻进纠偏，再更换岩芯管进行取芯钻进。

4　结语

目前，复合定向钻技术在水利水电勘察行业中的应用较少，未来还有很大的发展空间。通过引江补汉工程复合定向钻孔的工程经验，总结出采用短岩芯管取芯以及"取芯钻进+定向钻进"交替的钻进工法，实现钻孔轨迹控制以及取芯的有机结合。

该技术现阶段还存在取芯与轨迹控制不能同时进行、取芯施工效率较低的问题，未来期望通过研发将绳索取芯工艺应用到该技术中，以提高取芯效率、突破取芯与轨迹控制冲突的壁障。通过后续研究与应用实践，实现全孔高效、高保真取芯以及钻孔三维轨迹精确控制，并充分利用定向钻孔强大的变轨定向、高效造孔、一孔多支等优势，形成勘察、超前处理（堵漏、加固、疏排水）一体化技术，实现定向钻技术在复杂地质条件下随诊随治的能力。

参考文献

[1] 向军文. 定向钻探技术应用现状及发展趋势 [J]. 矿床地质，2012，31（S1）：1097-1098.

[2] 薛凤龙. 定向钻探技术应用现状分析及发展趋势 [J]. 技术与市场，2016，23（5）：158-159.

[3] 胡永鹏，张森，路伟. 水平定向钻在地质勘察中的应用 [J]. 科技创新与应用，2022，12（19）：183-187.

[4] 向军文，陈晓林，胡汉月. 定向造斜及水平钻进连续取心技术 [J]. 探矿工程（岩土钻掘工程），2007（9）：33-36.

[5] 吴纪修，尹浩，张恒春，等. 水平定向勘察技术在长大隧道勘察中的应用现状与展望 [J]. 钻探工程，2021，48（5）：1-8.

[6] 李蓬勃. 高位定向长钻孔抽采技术在上隅角瓦斯治理中的应用 [J]. 煤矿现代化，2021，30（2）：91-94.

两种 GNSS 高程拟合方法在水利工程中的应用

王建成　　古共平　　翁映标

（中水珠江规划勘测设计有限公司，广东广州　510610）

摘　要：水利工程在规划设计阶段需要高精度的地形图，而地形图测量往往要以高精度的平面和高程控制点为基础，随着科技的发展，GNSS 方法在水利工程控制测量中普遍应用。本文通过水利工程具体实测数据，根据拟合计算原理，分别利用 GNSS 高程直接拟合方法和基于重力场模型的 GNSS 高程拟合方法，建立了数学函数方程，拟合计算得出了计算成果，进而对计算成果精度进行统计分析，得出了更具实用性的方法。

关键词：GNSS 高程拟合；重力场模型；"移去-拟合-恢复"法

1　概况

重大引调水工程是国家水网的主骨架和大动脉，是经济社会高质量发展、生态环境保护和实现中华民族伟大复兴中国梦的重要举措。近年来，国家已规划和实施了一批重大引调水工程，其中就包括环北部湾广东水资源配置工程。

环北部湾广东水资源配置工程位于广东省西南部，工程设计引水流量 110 m³/s，工程等别为 I 等，工程规模为大（1）型。工程由水源工程、输水干线工程、输水分干线工程等组成，包括取水泵站 1 座，加压泵站 4 座，输水线路总长度 499.9 km，扩建连通渠 1 条。工程涉及粤西地区湛江、茂名、阳江和云浮 4 个地级市，任务以城乡生活和工业供水为主，兼顾农业灌溉，为改善水生态环境创造条件。

本工程线路长、涉及范围广，测区以山地为主，交通不便，沿线均匀布置了测量控制点，为了保证地形图测量精度，开展了平面控制测量和高程控制测量，其中高程控制测量沿山区道路采用水准测量方法施测，联测了部分平面控制点，其余分布在高山中间、交通不便的控制点采用 GNSS 高程拟合的方法测量。常用的 GNSS 高程拟合方法有直接拟合方法和基于重力场模型的拟合方法，两种方法各有优缺点，直接拟合方法计算简便，和实际生产结合紧密，使用较多；基于重力场模型的拟合方法计算复杂，且计算需要的数据多。现选取某一区域进行计算，比较分析两种方法计算精度及其在本次水利工程中的实用性。

测区面积约 400 km²，主要为山地，共分布 40 个控制点，其中 27 个控制点联测了水准，现选取 8 个控制点作为拟合计算点，其余 19 个点作为检查点，具体点位分布图如图 1 所示。

2　拟合计算原理

众所周知，大地高 H、正常高 H_γ、高程异常 ζ、正高 H_g 和大地水准面差距 h_g 相互之间存在计算关系为：

$$H = h_g + H_g = \zeta + H_\gamma \tag{1}$$

各高程系统与大地高的关系如图 2 所示。

基金项目：中水珠江规划勘测设计有限公司科研项目（2022KY06）；中水珠江勘测信息系统开发。

作者简介：王建成（1981—），男，高级工程师，副总工程师，主要从事水利水电工程测绘新技术的研究和应用工作。

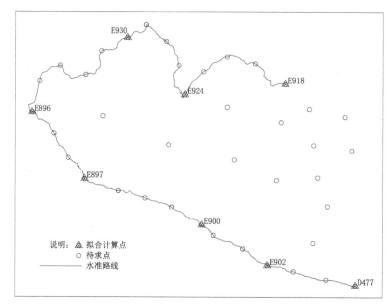

图 1 点位分布示意图

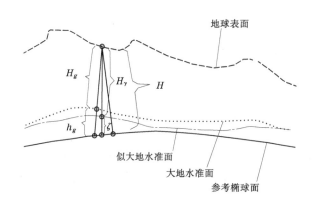

图 2 参考椭球面、大地水准面和似大地水准面之间的关系图

由式（1）可知，只要知道大地高和高程异常，即可求出未知点的正常高，高程异常可通过拟合计算获取，多项式函数拟合法指的是将待求数值（该数值可以是高程异常值或高程异常残差值）表示为平面坐标 (x, y) 的多项式曲面函数，构造的函数能够充分地反映数值的变化情况，根据建立的函数求出任意坐标点的数值，其数学模型为：

$$\zeta = f(x, y) + \varepsilon \tag{2}$$

式中：$f(x, y)$ 是拟合曲面；ε 是拟合误差。

$$f(x, y) = a_0 + a_1 x + a_2 y + a_3 x^2 + a_4 xy + a_5 y^2 + \cdots \tag{3}$$

式中：a_0，a_1，a_2，a_3，a_4，$a_5 \cdots$ 为拟合待定参数；x，y 为计算点的平面坐标。当系数取 a_0，a_1，a_2 3 个参数时函数为平面函数方程，当系数取 a_0，a_1，a_2，a_3，a_4，a_5 6 个参数时函数为二次曲面函数方程，二次曲面函数方程为：

$$f(x, y) = a_0 + a_1 x + a_2 y + a_3 x^2 + a_4 xy + a_5 y^2 \tag{4}$$

即得二次曲面拟合模型：

$$\zeta = [a_0 \quad a_1 \quad a_2 \quad a_3 \quad a_4 \quad a_5][1 \quad x \quad y \quad x^2 \quad x \quad y \quad y^2]^{\mathrm{T}} + \varepsilon \tag{5}$$

参与计算的每一个拟合点都可以组成一个上式，如果存在 m 个这样的拟合点，那么可列出 m 个方程，从而组成误差方程[1]：

$$V = -BX + L \tag{6}$$

式（6）中，

$$\boldsymbol{B} = \begin{bmatrix} 1 & x_1 & y_1 & x^2_1 & y^2_1 & x_1y_1 \\ 1 & x_2 & y_2 & x^2_2 & y^2_2 & x_2y_2 \\ \vdots & \vdots & \vdots & \vdots & \vdots & \vdots \\ 1 & x_m & y_m & x^2_m & y^2_m & x_my_m \end{bmatrix} \tag{7}$$

$$\boldsymbol{X} = \begin{bmatrix} a_0 & a_1 & a_2 & a_3 & a_4 & a_5 \end{bmatrix}^{\mathrm{T}} \tag{8}$$

$$\boldsymbol{L} = \begin{bmatrix} \zeta_1 & \zeta_2 & \zeta_3 & \cdots & \zeta_m \end{bmatrix}^{\mathrm{T}} \tag{9}$$

解得

$$\boldsymbol{X} = (\boldsymbol{B}^{\mathrm{T}}\boldsymbol{PB})^{-1}\boldsymbol{B}^{\mathrm{T}}\boldsymbol{PL} \tag{10}$$

解算出函数中的系数 a_i 即可求出网中任意点的数值。

3 GNSS 高程拟合计算

3.1 GNSS 高程直接拟合计算

GNSS 高程直接拟合计算[2]首先求出 8 个计算点高程异常，然后将已知点高程异常建立二次曲面函数方程，根据式（4）求出 a_0，a_1，a_2，a_3，a_4，a_5 6个参数，最终求出的函数系数为：

$$\boldsymbol{X} = \begin{bmatrix} -4.450\ 48 \times 10^3 & 3.085\ 60 \times 10^{-3} & \cdots & -1.378\ 08 \times 10^{-9} & -3.253\ 8 \times 10^{-10} \end{bmatrix}^{\mathrm{T}}$$

3.2 基于重力场模型的 GNSS 高程拟合计算

基于重力场模型的 GNSS 高程拟合方法，是将高程异常 ζ 近似分解为地球重力场模型高程异常 ζ^{GM} 和剩余高程异常 ζ^c（也称为残差），然后对剩余高程异常 ζ^c 进行拟合计算，近似分解公式为：

$$\zeta = \zeta^{GM} + \zeta^c \tag{11}$$

通过 8 个已知大地高和正常高的 GNSS 控制点，则可以利用"移去-拟合-恢复"法[3]，来求得其他未知点的高程异常，最终得出未知点的正常高。其实现大体分以下三步：

（1）移去。根据选取的 8 个 GNSS 水准联测点，可求出 8 个点的高程异常 $\zeta_k = H_k - h_k$（$k = 1$，2，…，8），将这些点用地球重力场模型改正，最后得出剩余高程异常 $\zeta^c_k = \zeta_k - \zeta^{GM}_k$。

（2）拟合。以 8 个点的剩余高程异常 ζ^c 作为已知数据，采用多项式函数拟合法进行计算，再内插出未知点的剩余高程异常 ζ^c_i。将待求剩余高程异常值表示为平面坐标 (x, y) 的多项式曲面函数，构造的函数能够充分地反映数值的变化情况，根据函数公式（4）求出任意坐标点的数值，最终求出的函数系数为：

$$\boldsymbol{X} = \begin{bmatrix} 1.159\ 676 \times 10^3 & -7.861\ 31 \times 10^{-4} & \cdots & 3.681\ 26 \times 10^{-10} & -1.141\ 42 \times 10^{-10} \end{bmatrix}^{\mathrm{T}}$$

（3）恢复。在未知点上，利用地球重力场模型计算出的近似高程异常 ζ^{GM}_i，和拟合模型计算出的剩余高程异常 ζ^c_i，得到未知点的最终高程异常值 ζ_i，进而求得未知点上的正常高：$h_i = H_i - \zeta_i$。

3.3 GNSS 高程拟合精度分析

根据计算结果，统计内符合和外符合精度[4]，按下式进行计算：

$$M_H = \pm\sqrt{\frac{[\Delta_V \Delta_V]}{N-1}} \tag{12}$$

式中：M_H 为内符合（或外符合）中误差；Δ_V 为计算高程与水准高程之差；N 为计算点数量。

经统计计算，利用参与计算的 8 个点统计内符合精度，其余的 19 个检查点统计外符合精度，两种 GNSS 高程拟合方法计算精度统计表见表 1，高程之差比较分布图见图 3。

由表 1 可知，两种 GNSS 高程拟合方法计算精度都可以达到基本高程控制测量要求，方法二统计精度高于方法一，由图 3 可知，方法一计算出的高程差值误差大部分大于方法二，由此可见，方法二计算精度较好，可在本工程中推广使用。

表 1　两种 GNSS 高程拟合方法计算精度统计

类型	方法一/mm	方法二/mm
计算点绝对值最大值	19.5	19.1
检查点绝对值最大值	53.7	38.4
内符合精度	±12.1	±11.1
外符合精度	±25.6	±24.8

注：方法一为 GNSS 直接高程拟合方法，方法二为基于重力场模型的高程拟合方法。

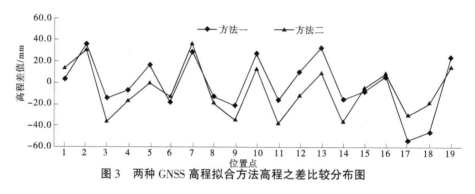

图 3　两种 GNSS 高程拟合方法高程之差比较分布图

4　总结

重力场模型的 GNSS 高程拟合方法虽然计算过程复杂，但结果精度高，可以在大范围控制测量中使用；GNSS 直接高程拟合方法计算相对简单，方便快捷，在一般地形测量中可以推广使用，两者相互结合使用，可以更好地应用在水利工程建设中。

参考文献

［1］武汉大学测绘学院测量平差学科组．误差理论与测量平差基础［M］．武汉：武汉大学出版社，2003.
［2］戴洪宝，许继影，彭大珑．GNSS 高程拟合测量在河道治理工程中的应用——以淮北市闸河治理为例［J］．宿州学院学报，2022，37（6）：36-40.
［3］王建成，沈清华，王小刚．基于 EGM2008 模型统一陆海高程基准的方法研究［J］，地理空间信息，2018，16（11）：101-104.
［4］中华人民共和国水利部．水利水电工程测量规范：SL 197—2013［S］．北京：中国水利水电出版社，2013.

第三系地层隧洞泥岩水化特性研究

丁秀丽　　樊炫廷　　黄书岭　　张金鑫

（长江科学院水利部岩土力学与工程重点实验室，湖北武汉　430010）

摘　要： 第三系泥岩是一种隧洞工程中常见的软岩地层，该地层岩石水理性质差，对隧洞围岩稳定造成威胁。本文研究对象为取自第三系某深埋隧洞的泥岩，以室内试验的手段对其进行了不同含水状态的物理特性研究。试验表明泥岩在自由泡水的环境中有强烈的崩解性，崩解速率极快；岩石内部有大量的黏土矿物，表现出较强的膨胀特性，利用负指数函数可以很好地描述该膨胀特性；泥岩吸水性明显，试验初期即吸入大量水分。利用膨胀特性曲线推导吸湿过程，结果表明该曲线可以很好地描述泥岩的吸湿过程。

关键词： 隧洞；第三系泥岩；膨胀性；崩解性；吸水特性

1　引言

新疆某大埋深输水隧洞部分地段穿过第三系泥岩地层，该地段由泥岩、砂质泥岩和砂砾岩等岩性组成，含有大量膨胀性黏土矿物，亲水性极强，在开挖过程中，地下水侵入卸荷裂隙中，产生大量的变形，围岩临空面变形量很大，对支护结构造成了破坏。第三系泥岩地层是隧洞开挖过程中常遇到的软岩地层，泥岩地层往往具有强度低、遇水软化膨胀、强流变性等特点[1]。膨胀岩的膨胀特性源于岩石内部的蒙脱石、伊利石、绿泥石、硬石膏、无水芒硝、钙芒硝等膨胀性矿物，与水结合会发生大量的膨胀变形[2]。泥岩的软核特性表现在遇水过程中峰值强度与弹性模量的降低。隧洞大变形的情况通常出现在这种软岩地层中，在施工过程中，会造成围岩膨胀坍塌、隧道下沉、衬砌变形和破坏、底鼓等危害[3]。由于该区域泥岩周边环境存在地下水，对隧洞施工安全形成潜在的安全隐患。为探究该隧洞第三系泥岩的水化特性，本文基于室内试验和测试，从不同含水状态的角度来研究第三系泥岩的水化特性。

2　基本物理特性

2.1　孔隙率与含水率

为获得孔隙率与含水率，并且考虑到泥岩遇水具有崩解性，试验前将试样通过透水材料包裹，随后泡水24 h，称量泡水前后的质量；将试样放入105 ℃的烘干箱内进行烘干，再称其质量，以获得试验前后的含水率，结果见表1。此种方法主要应用于工程实践中，在科研中存在少许误差。

基金项目： 国家自然科学基金资助项目（51979008）；中央级公益性科研院所基本科研业务费项目（CKSF2021715/YT）；云南省重大科技专项计划项目（202102AF080001）。

作者简介： 丁秀丽（1965—），女，教授级高级工程师，主要从事岩石力学数值分析与岩体工程稳定性方面的研究工作。

通信作者： 黄书岭（1978—），男，教授级高级工程师，主要从事水工岩体灾变预测与防控技术研究工作。

表1 泥岩物理参数

岩性	编号	块体密度/(g/cm³)	颗粒密度/(g/cm³)			含水率/%	饱水率/%	孔隙率/%
			烘干	天然	饱和			
泥岩	a-1	1.810	2.129	2.133	2.67	17.63	17.84	32.30

用天然状态下岩石中水的质量与岩石烘干后质量的比值来表示天然含水率，试验方法采用烘干法测量试样，试验结果见表2。结果表明天然状态下泥岩含水率较高，一般为13.31%～16.90%。

表2 天然状态岩样含水率

岩样	试件编号	盒重/g	盒+湿样重/g	盒+干样重/g	含水率/%	天然含水率/%
	a-2	19.559	105.432	93.015	12.417	16.90
泥岩	a-3	18.537	117.804	106.143	11.661	13.31
	a-4	19.565	114.842	101.540	13.302	16.23

2.2 密度与干密度

采用蜡封法对泥岩试件进行密度量测试验，以获得岩样的干密度和天然密度，试验结果见表3。将原状岩样置于105～110 ℃温度下烘干24 h。取出系上细线，称岩样重量 G_s，持线将岩样缓缓浸入刚过熔点的蜡液中，浸没后立即提出，检查岩样周围的蜡膜，若有起泡应用针刺破，再用蜡液补平，冷却后称蜡封岩样的重量 G_1，然后将蜡封岩样浸没于纯水中称其重量 G_2，则岩石的干容重 γ_d 为：

$$\gamma_d = \frac{G_s}{\dfrac{G_1 - G_2}{\gamma_w} - \dfrac{G_1 - G_s}{\gamma_n}} \tag{1}$$

式中：γ_n 为蜡的容重，kN/m^3，常用9.2 kN/m^3。

表3 蜡封法测泥岩干密度

岩样	试件编号	试件质量/g			天然密度/(g/cm³)
		烘干后	蜡封	蜡封水中	
	a-7	169.681	176.544	87.250	2.08
泥岩	a-8	171.632	176.856	88.825	2.09
	a-9	173.872	179.894	91.025	2.12

由试验结果可知，该地区泥岩天然密度在2.1 g/cm³ 左右。

2.3 矿物成分

通过 X 射线衍射方法研究泥岩试样矿物成分组成，据此得到泥岩试样矿物成分及含量，其中蒙脱石含量占34%，伊利石占16%，方解石占15%，石英占30%，长石占5%。泥岩中蒙脱石、伊利石等亲水性黏土矿物的总含量超过40%，推测该泥岩可能具有极高的膨胀潜势。

3 水化特性

3.1 崩解性

为研究泥岩的水敏感性，将泥岩直接放置在含有水的容器中，观察泥岩自由水化特性。泥岩水化崩解速率极快：泥岩初入水中即有大量气泡产生，裂缝迅速出现；泡水5 min气泡增多，裂缝扩展，裂缝之间相互贯通，有少量岩块崩解；泡水10 min气泡数量减少，偶尔有大气泡出现，裂缝扩展趋缓，大量岩块崩解；泡水20 min后偶见小气泡产生，岩石表面有大量贯通裂缝，顶部出现张拉裂纹，底部有崩解小岩块、可溶颗粒、泥屑堆积。崩解过程见图1。

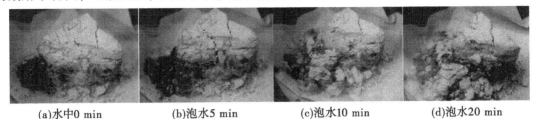

(a)水中0 min   (b)泡水5 min   (c)泡水10 min   (d)泡水20 min

图1　泥岩水化崩解泥化试验过程

泥岩中的矿物成分与黏土的矿物成分并无差别，只是体现在结构组成、胶结程度以及各矿物含量差异不同，而泥岩中的各基本矿物是各元素的氧化产物，如蒙脱石、伊利石等，分子中的带正电原子被氧原子所包裹，分子外层呈现负电荷。同时水是一种极性分子：水分子中的氢原子呈现120°的键角，导致水分子一侧呈现正电荷，另一侧呈现负电荷。正是由于分子之间相异的电荷存在，水分子会吸附于泥岩矿物表面，并且由于泥岩中的孔洞裂隙存在，水分子会顺着这些孔隙扩散。在稳定水源供给的条件下，在泥岩中的水分扩散是一个连续的过程，并且水分子的扩散速率和影响范围与岩石中的孔隙特性和矿物成分有密切的联系。

在水分侵入的过程中，膨胀性泥岩中存在的黏土矿物，与水分子结合过程中存在非常大的吸附能，并伴随着体积膨胀。膨胀力的产生主要源于两个方面[4]：一是水合能引起的膨胀，黏土表面与水分子的电荷吸附势，会将黏土晶体推开，在表面吸附一层水膜，这种吸附能是非常巨大的；二是由于逐渐吸附于黏土晶体表面的水分子层所产生的双电层排斥，在逐渐远离黏土晶体表面的区域，水合能发挥越发不明显，而双电层排斥所产生的作用力占主导地位。

正是由于这些微观作用下的强大的相互作用力以及水分对岩石本身的劣化作用，造成了微裂隙的产生。在水分侵入过程中，表现为岩石的黏聚力或胶结力下降，并且由于内部产生的膨胀应力和自重应力以及孔隙水压力分布不均，当水分进入这些微裂隙，对岩石产生了进一步的劣化，造成了更多的微裂隙，裂隙之间相互贯通，直至岩石内部应力状态达到相对平衡的阶段。

3.2　膨胀性

由于泥岩中含有大量的蒙脱石与伊利石，推测该区域泥岩具有膨胀性，因而对其进行水化膨胀试验。试验分为膨胀力试验与侧限条件下的膨胀变形试验，膨胀力试验采用平衡加压法，即自试件吸水膨胀开始逐步施加荷载维持岩石体积不变，该方法与工程环境相似，较为合理。膨胀变形试验则采用侧限条件下自由膨胀试验。膨胀性试验结果如图2所示。

由试验结果可知岩石极限膨胀力为100～600 kPa，膨胀力最终演化总时长约40 h。膨胀应变为6.3%～9%，膨胀变形演化最终时长相比膨胀力演化时长相近。膨胀性演化曲线与吸水曲线相似：初期膨胀应力、应变增长很快，约在10 h，中期趋缓，在40 h后基本保持稳定不变。膨胀力与膨胀应变演化时长接近，二者拟合曲线可采用负指数形式

$$y = A(1 - e^{-Bx}) \tag{2}$$

膨胀力的拟合度为$R^2_1 = 0.977$、$R^2_2 = 0.987$、$R^2_3 = 0.985$，侧限膨胀应变则为$R^2_1 = 0.977$，$R^2_2 = 0.987$，$R^2_3 = 0.985$，该函数形式可以非常好地拟合膨胀过程。

3.3　吸水特性

膨胀性研究结果表明：

（1）侧限条件下膨胀应力应变与时间的变化关系均可采用负指数函数表示，该函数具有很高的拟合度。

（2）应力应变演化规律具有加速、趋缓、稳定不变三个阶段，其规律特征与泥岩吸水特征相似[5]。

由于侧限条件下膨胀应力应变曲线与时间的变化曲线具有相似的形式，在此假定膨胀变形随水分

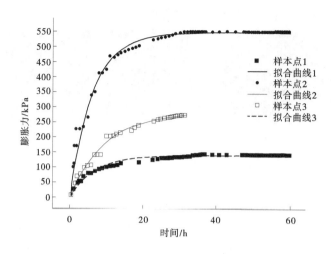

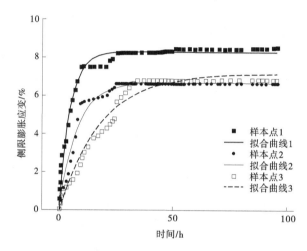

图 2　泥岩膨胀力随时间变化试验曲线（左）泥岩侧限膨胀变形试验（右）

的扩散在短时间内发生，因此应力应变率与含水率的变化率应具有相似的形式，即

$$\frac{\partial \varepsilon}{\partial t} \sim \frac{\partial \omega}{\partial t} \sim \frac{\partial P}{\partial t} \tag{3}$$

膨胀应力应变拟合曲线均采用相同的拟合函数

$$y = A(1 - e^{-Bx}) \tag{4}$$

对式（4）先求导再积分，得到

$$y = A(1 - e^{-Bx}) + C \tag{5}$$

假定吸水过程中含水率随时间变化服从式（6），即

$$\omega = A_t(1 - e^{-Bt}) + C \tag{6}$$

式（6）即为吸水增量预测函数。式中，A_t 为 t 时刻吸水率；A_{max} 为最大吸水率；B 为吸水系数，决定吸水快慢。

当 $t = 0$ 时

$$C = \omega_0 \tag{7}$$

当 $t \to \infty$ 时

$$A = \omega_{max} - \omega_0 \tag{8}$$

参数 B 取膨胀应力应变相同位置参数均值，则有

$$\omega = (\omega_{max} - \omega_0)(1 - e^{-(B_1 + B_2)t/2}) + \omega_0 \tag{9}$$

此处取 $\omega_0 = 17\%$，$\omega_{max} = 33\%$，有

$$\omega = 16(1 - e^{-0.118\,5t}) + 17 \tag{10}$$

对上述规律进行曲线绘制，结果见图 3。

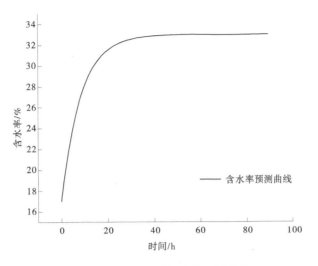

图 3   含水率随时间变化预测曲线

为验证上述推导结果的正确性，以室内试验的方式研究泥岩吸湿过程规律，一共设置 1/6 h、1/3 h、1/2 h、1 h、2 h 的多组试验。首先对岩样进行处理，侧面用保鲜膜加透明胶带包裹处理，防止发生崩解，顶部和底部用纱布包裹，胶布固定。再将试样放入水箱之中，加水至水面刚淹没岩石表面，如图 4 所示。

图 4   泡水试件制备

试验泡水至目标时间后，轻轻取下表面包裹的纱布和保鲜膜，观察到触水表面泥化现象显著，泥岩吸水过程呈现顶部往中心扩散的趋势。由于泥岩内部存在大量微孔隙，吸水过程中水分沿着这些微孔隙进入直至饱和。泡水不同时长试件见图 5。

泡水10 min   泡水20 min   泡水0.5 h   泡水1 h   泡水2 h

图 5   泡水不同时长试件

由于样本的离散性，泥岩岩体本身的密度与初始含水率均不同，对于泥岩吸水过程的快慢，可通过建立相对吸水率与时间的关系来间接验证式（6），泥岩吸水速率的变化，相对吸水率可以用吸水增量与初始质量的比值来表示，见式（11）。

$$\Delta w = \frac{w_t - w_0}{w_0} \tag{11}$$

将试验结果代入式（11）并绘制过程曲线，结果如图6所示。

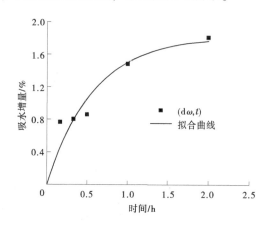

图6 吸水增量随时间变化的规律

将各时间段试样均值结果进行曲线拟合，吸水增量呈现负指数形式，$R^2 = 0.99$，结果见式（6）。

$$\Delta w = 1.823 \times (1 - e^{-\frac{t}{0.584}}) \tag{12}$$

试验结果表明泥岩吸水速率很快，在数个小时内即可吸入大量水分，吸水阶段可划分为三个阶段。初期吸水速率非常快，微观表现为重力势与电吸附势的双重作用；随着极性水分子与黏土矿物的接触量趋于饱和，吸水过程达到中期，逐渐趋缓；后期孔隙中的水分趋于饱和，吸水过程稳定。对于一般材料，将一滴水滴在表面，水滴与物体表面的湿润角越大，表明材料越不亲水。而将水分子滴在泥岩表面，水分瞬间进入，即使是湿润的表面也难以观察到湿润角，这也从另一方面表明了泥岩具有极强的亲水性。

相对吸水率反映了不同时长吸水增量的变化率，可以间接反映不同时长吸水量的大小。由于泥岩内部孔隙的有限性，增量应为有上限函数，当时间趋于无穷大时，吸水增量趋于稳定。相对吸水率的负指数函数形式与式（6）的函数形式一致，这表明泥岩中吸水增量的变化曲线完全可以利用式（6）来进行预测。

吸水增量预测函数基于膨胀性来进行推导，事实上当岩石不具有膨胀性时，吸水过程也可能会发生。一般而言，水在泥岩中的作用力可分为基质吸附力、渗流压力和上覆压力。上覆压力情况比较特殊，一般是上覆荷载或压强变化等原因造成的，例如大气压强，上覆荷载作用下所产生的孔隙水压力等。渗流压力则是水的自重力，与地下水的水头有关，水头越高渗流压力越大。在本试验中水面刚刚淹没岩石表面，渗流压力非常低，在岩石内部水分运动的作用力则主要在于第三种力——基质吸附力。基质吸附力是由于极性水分子与氧原子形成氢键的电吸附力造成的。水分在泥岩内部的运动不仅仅是由于重力的作用，泥岩表面的矿物成分对于水分子具有很强的吸附势。因而对于泥岩来讲，即使岩石内部不含膨胀性矿物，吸水过程依旧可能发生。然而对于拥有膨胀性矿物的膨胀性泥岩，膨胀性变化特性可以间接地反映岩石的吸水特性，其主要表现为吸水曲线与膨胀性曲线的高度相似。

4 结语

（1）新疆某大埋深输水隧洞穿过第三系泥岩地层，该段泥岩干密度约为 2.1 g/cm³，天然含水率在 17.6% 左右，含有大量的黏土矿物，水化作用下有明显的崩解性，吸水性较强，并且具有较强的膨胀特性。

（2）在富水环境中，泥岩的崩解速率极快，在数分钟内即产生裂缝，裂缝随即贯通、崩解，并伴随有大量气泡冒出。

（3）泥岩极限膨胀力为 100~600 kPa，极限膨胀应变为 6.3%~9%。膨胀力演化曲线表现为初期膨胀应力增长很快，约在 10 h，中期趋缓，在 40 h 后基本保持稳定不变，可以用负指数函数来描述。

（4）泥岩的吸水性较强，在低水头压力下，也表现出明显的吸水特性，这表明了泥岩表面具有较强的电吸附势。吸水过程可划分为三个阶段，初期极快吸水增量大，中期趋缓含水率趋于饱和，后期基本不变。表明由膨胀性演化过程推得的函数结果可以很好地预测吸水增量，吸水曲线与膨胀性曲线表现出了高度的相似性。

参考文献

［1］池建军，刘登学，丁秀丽，等．第三系泥岩隧洞围岩大变形成因及应对措施研究［J/OL］．长江科学院院报：1-11［2022-09-30］. http：//kns. cnki. net/kcms/detail/42. 1171. TV. 20220429. 1836. 029. html

［2］刘晓丽，王思敬，王恩志，等．含时间效应的膨胀岩膨胀本构关系［J］．水利学报，2006，37（2）：195-199.

［3］蒲文明，陈钒．膨胀岩研究现状及其隧道施工技术综述［J］．地下空间与工程学报，2016，12（S1）：232-239.

［4］范·奥尔芬．粘土胶体化学导论［M］．北京：农业出版社，1982.

［5］何满潮，周莉，李德建，等．深井泥岩吸水特性试验研究［J］．岩石力学与工程学报，2008（6）：1113-1120.

层状岩体单轴压缩力学响应特征研究

黄书岭　张金鑫　丁秀丽　樊炫廷　瞿路路

（长江科学院水利部岩土力学与工程重点实验室，湖北武汉　430010）

摘　要：通过对层状岩体单轴压缩进行了数值模拟试验，分析了层状岩体各向异性力学特性，探讨结构面对强度、应变、破坏模式与特征强度的影响规律。分析结果表明，层状岩石峰值强度、特征强度均随倾角先减小后增大呈现单肩型；在0°～40°范围内，峰值时倾角40°时对应的应变最小，随着角度的增大，应变减小；在50°～90°范围内，峰值时倾角50°时应变最大，随着倾角的增大，峰值时的应变也减小；在单轴压缩条件下，不同倾角下层状岩体存在劈裂破坏、沿层理面的滑移破坏、贯穿层理面的剪切破坏、沿层理面和贯穿层理面的复合剪切破坏等多种破坏模式。

关键词：层状岩石；单轴压缩；力学响应；数值模拟；各向异性

1　引言

层状岩石分布广泛，在许多工程中都会遇到。由于层理、节理、裂隙等软弱结构面的分割，岩体形成了各向异性、非均质和非线性的不连续体，这极大地影响了岩体的力学性质。近年来，许多学者对层状岩石的各向异性力学性质进行了许多研究，Tien Y M 等[1] 通过扫描仪研究了横观各向同性层状岩石的破坏机制，Liang W G 等[2] 对层状复合试样进行单、三轴压缩试验，探讨不同岩性的力学性质，Tan X 等[3]、Zhou Y Y 等[4]、Xu D P 等[5] 均对层状岩石弹塑性各向异性问题进行了讨论，这些试验讨论了层状岩石的破坏机制与力学特性。

但由于实验室钻取加工不同层面倾角的试样较为困难，试验数据具有离散性等问题，需要寻求另一种研究方法。数值模拟已被证明是预测和对比分析的有效工具[6-9]，在工程与研究中广为应用。因此，本文采用数值模拟的方法研究层状岩体各向异性力学特性。研究了结构面对峰值强度、变形、破坏模式和特征强度的影响。

2　层状岩体数值模型

2.1　数值模型建立与计算过程

为模拟室内常规试验所采用的层状岩体试件，所建立的数值模型中存在一组层理面，将其视为软弱结构面。试件半径25 mm，高度为100 mm；结构面倾角为0°～90°（夹角取加载方向与节理面夹角见图1），每10°建立一个模型，厚度和间距均按照试件实际情况取值，分别为0.5 mm 和5 mm。利用ANSYS 软件建立数值模型，利用 ANSYS-FLAC3D 接口程序，读取模型节点和单元信息，将 ANSYS 模型转化为 FLAC3D 模型，计算模型如图 2 所示。

（1）计算边界条件。仅水平两端面边界上施加约束，其余边界上不施加任何约束。

（2）本构模型采用应变软化模型。

基金项目：中央级公益性科研院所基本科研业务费项目（CKSF2021715/YT）；云南省重大科技专项计划项目（202102AF080001）。

作者简介：黄书岭（1978—），男，教授级高级工程师，主要从事水工岩体灾变预测与防控技术研究工作。

（3）计算参数选取。数值模拟所需要的参数参考室内试验结果，相关力学参数取值见表1。

（4）荷载施加方式。计算中采用位移加载方式，速度为 1.0×10^{-7} mm/step；三轴试验模拟中围压采用应力加载方式，分别记录加载过程中试件的应力和变形情况。

数值计算过程中，试件破坏标准按以下方法控制：①在应变—位移关系曲线上出现明显峰值；②若应变—位移曲线未出现明显峰值，但位移达到0.35 mm。

2.2 数值模型参数选取

经过多组参数试算选取数模参数，如表1所示。图3给出了不同层面倾角试件室内试验曲线和数值模拟试验曲线对比图。从图3中可以看出，层面倾角0°和90°下的单轴压缩室内曲线和数值模拟试验曲线和室内试验曲线表现出较好的一致性，两者结果相对误差大多在10%以内，因此证明表1所采用的力学参数值是合理的。

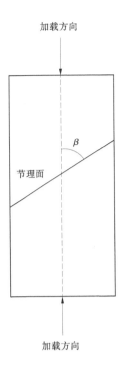

图 1　层状岩石夹角示意图

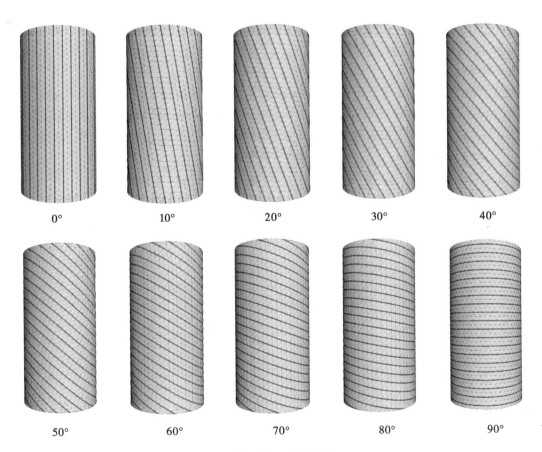

图 2　数值计算模型示意图

表 1　模型计算参数

岩层	重度/（kN/m³)	弹性模量/GPa	泊松比	内聚力/MPa	内摩擦角/（°）	抗拉强度/MPa
岩石	26	30.3	0.21	19	47	5
结构面	21	3	0.30	7.5	23	0.5

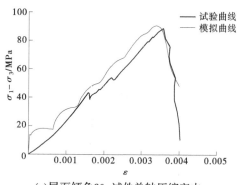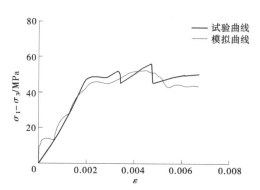

(a)层面倾角0° 试件单轴压缩室内
试验曲线与数值模拟试验曲线

(b)层面倾角90° 试件单轴压缩室内
试验曲线与数值模拟试验曲线

图 3　试件室内试验曲线与数值模拟试验曲线对比

3　单轴压缩力学响应特征

本节拟对不同层面倾角数值模型的单轴压缩试验模拟的结果进行分析，研究层状岩体强度、变形力学参数以及破裂模式等方面的各向异性特征。

3.1　强度各向异性

将各层面倾角单轴峰值强度列于表 2，为了更直观地体现峰值强度随层面倾角的变化规律，图 4 给出了峰值强度与层面倾角的关系曲线。从图 4、图 5 中可以看出：峰值强度随倾角呈现先减小后增大的变化规律，且峰值强度与层面倾角变化曲线呈单肩型，表现出明显的各向异性。

表 2　各层面倾角峰值强度

层面倾角/（°）	0	10	20	30	40	50	60	70	80	90
峰值强度/MPa	92.2	72.8	41.5	30.1	26.7	37.8	57.5	69.8	72.6	76.9

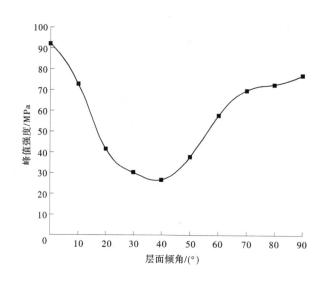

图 4　峰值强度与倾角的关系曲线

3.2 变形各向异性

在进行单轴模拟计算时，分别监测每一时步下模型的轴向位移、侧向位移以及应力大小，可绘制出各数值模型单轴试验模拟的应力—应变曲线，如图5所示。从图中可以发现：在加载初期，各层面倾角数值模型应力—应变曲线并未出现非线性变形，即裂隙压密阶段，这是因为数值模型不存在原生微裂隙、张开性结构面等缺陷；取而代之地，加载初期曲线呈现近似台阶状，这可能是由层理面变形和岩体材料变形的不协调导致的。在 $0° \sim 40°$ 范围内，峰值时倾角 $40°$ 时对应的应变最小，随着角度的增大，峰值时的应变减小。在 $50° \sim 90°$ 范围内，峰值时倾角 $50°$ 时应变最大，随着角度的增大，峰值时的应变也减小。从图5中还可以发现，各层面倾角数值模型峰前直线段的斜率是变化的，即弹性模量大小随层面倾角的增大先减小后增大。

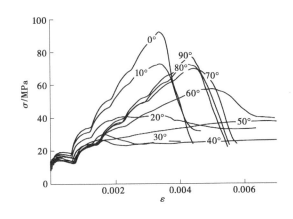

图5 各倾角单轴压缩数值模拟试验应力—应变曲线

3.3 变形破坏模式各向异性

图6给出了单轴压缩条件下层状岩体的变形破裂模式。从破裂模式图中可以看出，层面倾角 $0°$ 和 $90°$ 时均在中部发生鼓胀、劈裂破坏。在 $10° \sim 50°$ 范围内大多沿着一条或多条层理面方向形成主要破裂面，即沿层理面发生剪切滑移破坏。对于层面倾角在 $60° \sim 80°$ 的层状岩体，从其塑性区分布图看，层面倾角 $60°$ 时沿层理面发生破坏，同时岩石发生贯穿层理面的剪切屈服，表现为复合剪切破坏；层面倾角 $70°$、$80°$ 时未沿着层理面发生破坏，而是岩石发生剪切屈服，形成新的剪切破坏面，即贯穿层理面的剪切破坏，其中伴有少量岩石的拉破坏。结合该倾角范围内数值模型的剪切破坏面分布形态，反映出层状岩石的破坏模式主要以岩石的屈服破坏为主，剪切破坏面会贯穿层理面。

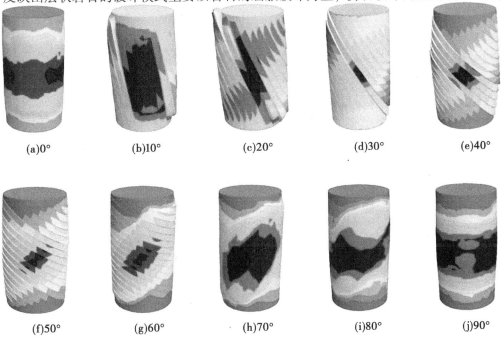

(a)0°　　(b)10°　　(c)20°　　(d)30°　　(e)40°

(f)50°　　(g)60°　　(h)70°　　(i)80°　　(j)90°

图6 轴压缩试验数值模型破裂模式图

3.4 特征强度各向异性

对具有不同层面倾角的数值模型进行单轴模拟计算时，分别监测每一时步下模型的轴向位移、侧向位移以及应力大小，可得各数值模型单轴试验模拟的应力—应变曲线，根据裂纹应变模型计算法可以求得各数值模型的特征强度如表 3 所示。

表 3 单轴压缩试验模拟数值模型的特征强度

层面倾角/（°）	σ_c/MPa	σ_{ci}/MPa	σ_{ci}/σ_c	σ_{cd}/MPa	σ_{cd}/σ_c
0	92.2	40.6	0.44	83.9	0.91
10	72.8	29.8	0.41	60.4	0.83
20	41.5	19.5	0.47	40.3	0.97
30	30.1	13.5	0.45	27.7	0.92
40	26.7	12.0	0.45	24.3	0.91
50	37.8	18.9	0.50	37.0	0.98
60	57.5	28.8	0.50	46.6	0.81
70	69.8	31.4	0.45	61.4	0.88
80	72.6	31.9	0.44	69.0	0.95
90	76.9	39.2	0.51	69.2	0.90

从表 3 中可以看出裂纹起裂强度和损伤强度均随层面倾角的增大先减小后增大，与峰值强度随层面倾角的变化规律相同。σ_{ci}/σ_c 的比值大多在 0.4~0.6 范围内，σ_{cd}/σ_c 的比值大多在 0.8~1.0 范围内，与室内试验所得结果一致。

4 结论

本文对层状岩体单轴压缩进行了数值模拟试验，研究了层状岩体各向异性力学特性，主要结论如下：

（1）模拟结果表明，层状岩体峰值强度随倾角同样呈现先减小后增大的变化规律，且峰值强度与层面倾角变化曲线呈单肩型，表现出明显的各向异性。

（2）在峰值之前，层状岩体的应力应变曲线由于节理面与岩体变形不协调的原因呈现阶梯型。在 0°~40° 范围内，峰值时倾角 40° 时对应的应变最小，随着角度的增大，应变减小；在 50°~90° 范围内，峰值时倾角 50° 时应变最大，随着角度的增大，应变也减小。

（3）单轴压缩条件下层状岩体的变形破裂模式表现为，层面倾角 0° 和 90° 发生劈裂破坏，倾角在 10°~50° 范围内沿层理面发生滑移破坏，倾角 60° 时表现为沿层理面和贯穿层理面的复合剪切破坏，倾角 70° 和 80° 发生贯穿层理面的剪切破坏。

（4）各倾角下层状岩体裂纹起裂强度和损伤强度与峰值强度的比值为 0.4~0.6 和 0.8~1.0，且损伤强度、开裂强度均随层面倾角的增大呈现先减小后增大的变化规律，与峰值强度随倾角的变化规律相同。

参考文献

［1］ Tien Y M, Kuo M C, Juang C H. An experimental investigation of the failure mechanism of simulated transversely isotropic rocks ［J］. International journal of rock mechanics and mining sciences, 2006, 43（8）: 1163-1181.

［2］ Liang W G Yang C, Zhao Y, et al. Experimental investigation of mechanical properties of bedded salt rock ［J］. International Journal of Rock Mechanics and Mining Sciences, 2007, 44（3）: 400-411.

［3］Tan X, Konietzky H, FrÜhwirt T, et al. Brazilian tests on transversely isotropic rocks：laboratory testing and numerical simulations［J］. Rock Mechanics and Rock Engineering, 2015, 48（4）：1341-1351.

［4］Zhou Y Y, Feng X, Xu D, et al. An enhanced equivalent continuum model for layered rock mass incorporating bedding structure and stress dependence［J］. International Journal of Rock Mechanics and Mining Sciences, 2017, 97：75-98.

［5］Xu D P, Feng X, Chen D, et al. Constitutive representation and damage degree index for the layered rock mass excavation response in underground openings［J］. Tunnelling and Underground Space Technology, 2017, 64：133-145.

［6］黄达，刘富兴，杨超，等. 一种岩体裂隙时效扩展的数值模拟方法及验证［J］. 岩石力学与工程学报，2017，36（7）：1623-1633.

［7］陆银龙，王连国，杨峰，等. 软弱岩石峰后应变软化力学特性研究［J］. 岩石力学与工程学报，2010，29（3）：640-648.

［8］张帆，盛谦，朱泽奇，等. 三峡花岗岩峰后力学特性及应变软化模型研究［J］. 岩石力学与工程学报，2008（S1）：2651-2655.

［9］陈景涛，冯夏庭. 高地应力下硬岩的本构模型研究［J］. 岩土力学，2007（11）：2271-2278.

引调水工程深埋长隧洞地应力场反演及岩爆倾向性研究

罗 笙 董志宏 尹健民 张新辉 周 朝

（长江科学院水利部岩土力学与工程重点实验室，湖北武汉 430010）

摘 要： 应力场分布是影响隧洞围岩稳定的重要因素，是了解以岩爆为代表的施工期灾害的倾向性的前提，对工程设计及施工安全具有重要作用。根据引大济岷二郎山隧洞沿线地质资料及实测应力数据，建立深埋长隧洞数值模型，开展了大范围三维数值计算和地应力场反演，获得隧洞穿越地层地应力场分布特征，并采用强度应力比对隧洞沿线岩爆倾向性进行了判别。结果表明：二郎山隧洞沿线最大水平主应力约为 54.9 MPa，铅直应力约为 50.0 MPa，最小水平主应力约为 48.2 MPa，最大水平主应力大于自重应力，构造运动较为强烈；隧洞沿线除入口和出口段外，均具有中—高岩爆活动倾向。

关键词： 引大济岷；二郎山；地应力场反演；深埋隧洞；岩爆倾向

1 绪论

我国水资源分布极为不均，采取长距离调水是国家水资源配置的重要战略举措。目前，我国在建/将建一大批长距离跨流域深埋调水工程，如滇中引水[1]、引额供水、白龙江引水、引汉济渭[2]、引江补汉等工程。此类工程普遍采用深埋长隧洞，具有大埋深、复杂地质构造、高地应力、高渗透压力等特点，施工期常常遭遇硬岩岩爆等地质灾害的威胁，严重影响工程进度及工作人员的生命安全，进而影响施工工期和工程投资。如太平驿水电站引水隧洞施工过程中持续发生岩爆，前后累计 430 多次，严重影响了施工人员的安全以及工程进度的正常推进，造成了不可估量的经济损失[3]；锦屏二级水电站建设过程中发生了"11·28"事故，工程的施工排水洞产生了极为强烈的岩爆，爆出岩体总体积达 400 余 m³，在摧毁了附近的支护系统的同时掩埋了 TBM，造成惨痛后果[4]；引汉济渭工程自 2007 年秦岭输水隧洞准备工程开工，累计发生岩爆 4 000 余次，其中中等等级以上 3 000 余次[5]。

引大济岷工程以大渡河为集中水源，自流引水 25 亿 m³ 至都江堰供水区，规划输水线路总长 304.1 km，其中总干线长 155.6 km，北干线长 44.6 km，南干线长 103.9 km。隧址区主要位于次级构造单元为龙门山前陆逆冲推覆体和川西前陆盆地的交界地带，沿线地质构造条件与地形条件极为复杂。其中，二郎山隧洞一般埋深 500~1 000 m，最大埋深 2 040 m；埋深大于 600 m 的洞室段总长 16 874 m，占比 75.0%。本文以引大济岷工程引水隧洞二郎山深埋段为背景，分析深埋隧洞应力场特征及其对工程岩体灾害的影响，并对以岩爆为代表的动力灾害的预测及施工组织设计具有重要意义。

2 地应力及反演原理

根据地质力学理论，可将计算域内的地应力场视为自重应力场和边界施加构造应力场的线性叠

基金项目： 云南省重大科技专项计划项目（202002AF080003）；云南省重大科技专项计划项目（202102AF080001）；中央级公益性科研院所基本科研业务费项目（CKSF2021462/YT）。
作者简介： 罗笙（1993—），男，工程师，主要从事高应力岩体开挖围岩稳定及地应力测试的研究工作。
通信作者： 董志宏（1978—），男，教授级高级工程师，主要从事岩土工程稳定性研究与监测的科研工作。

加，依据这一观点建立数值计算模型，通过分解、模拟自重应力场及边界荷载下的构造应力场，最后组合成计算地应力场。

首先，基于地质资料综合考虑计算域内的主要地层和构造特征，进行相应的简化，进而建立数值分析计算模型。其次，施加边界约束与边界荷载进行不同工况下的三维应力场的数值分析模拟，工况包括自重应力场和单位边界荷载作用下的构造应力场。在地形起伏条件下的浅部岩体中，地形影响较大的区域水平方向构造荷载应呈逐渐增大趋势，因此可基于实测应力特征，在进行反演计算时选取图1所示的约束和梯形边界荷载的加载方式，水平面施加均匀的剪切荷载。

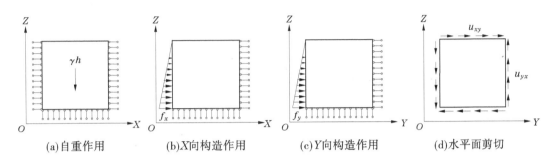

(a)自重作用　　　(b)X向构造作用　　　(c)Y向构造作用　　　(d)水平面剪切

图1　边界约束及边界荷载示意图

根据多元回归分析原理，将地应力回归计算值作为因变量，把有限元模拟计算获得的自重应力场和构造应力场相应于实测点的应力计算值作为自变量，则回归方程的形式为：

$$\hat{\sigma}_k = \sum_{i=1}^n L_i \sigma_k^i \tag{1}$$

式中：$\hat{\sigma}_k$ 为观测点的序号；L 为应力分量加权系数；σ_k^i 为计算所得应力分量；k 为观测点序号；n 为边界荷载工况数。假定有 m 个观测点，则最小二乘法的残差平方和为：

$$S_{残} = \sum_{k=1}^m \sum_{j=1}^6 (\sigma_{jk}^* - \sum_{i=1}^n L_i \sigma_{jk}^i)^2 \tag{2}$$

式中：σ_{jk}^* 为 k 观测点 j 应力分量的观测值；σ_{jk}^i 为 i 工况下 k 观测点 j 应力分量的有限元计算值。根据最小二乘法原理，根据残差平方和最小求解待定系数 L_i，则计算域内任一点 P 的回归初始应力，可由该点各边界荷载工况有限元计算值叠加而得。

$$\sigma_{jp} = \sum_{i=1}^n L_i \sigma_{jp}^i \tag{3}$$

式中：$j=1$，2，…，6 对应初始应力六个分量。

最后，根据计算得到的所有回归系数代入数值分析计算模型的边界条件，再次通过正演计算即可得到工程区计算域内的应力分布状态。

3　地应力反演及岩爆倾向性评价

3.1　地应力原位实测结果

采用水压致裂法在二郎山深埋洞段开展地应力实测分析。二隧 ZK4 钻孔为引大济岷二郎山隧洞勘探钻孔，该孔孔口高程 1 733.28 m，钻孔深度 500 m，孔内满水，钻孔岩性以斜长角闪岩为主，灰—深灰色，主要成分为角闪石和长石，以及少量黑云母矿物。中—细粒结构，块状构造，整段岩芯完整，锤击声较脆，多呈长柱状。在钻孔岩体完整—较完整部位进行了水压致裂地应力测试，压力记录曲线形态符合水压致裂法测试的一般规律，各压力特征值较明显，具体结果见图2。印模测试结果显示最大水平主应力方向为 N15°E～N27°E，呈 NNE 向。

3.2　数值模型及应力场反演结果

引大济岷二郎山隧洞全长约 23 km，穿越地层复杂，整体呈现中间高、两端低的特征。综合考虑

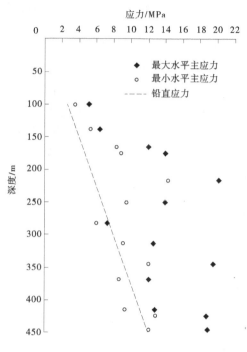

图 2 钻孔主应力量值与孔深关系

地形地貌特点、岩层力学性能、结构组合特点以及地质构造等影响因素建立数值模型，计算模型尺寸为 $X \times Y = 23\ 000\ \text{m} \times 15\ 000\ \text{m}$，如图 3 所示。基于应力场回归反演结果，获得隧洞轴线剖面的应力分布规律，见图 4。

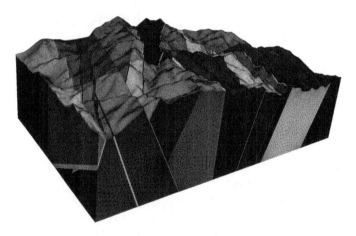

图 3 数值计算模型

从图 4 可以看出，在重力场、构造运动、断层破碎带等因素的共同作用下，二郎山区域应力场具有以下特征：应力量值整体上呈现从上到下逐渐增大的趋势，应力等值线在埋深较浅的区域受地形起伏影响较大；在断层附近，应力梯度较大，应力场变化较为剧烈，可以看出反演计算充分反映出了地形地貌及地质条件的影响。从初始应力分布来看，二郎山隧洞沿线最大水平主应力约为 54.9 MPa，铅直应力约为 50.0 MPa，最小水平主应力约为 48.2 MPa，最大水平主应力大于自重应力，构造运动较为强烈，根据《水力发电工程地质勘察规范》（GB 50287—2016），二郎山隧洞属于极高地应力。此外，二郎山隧洞沿线地层岩性主要为澄江—晋宁期花岗岩、闪长岩。因此，二郎山隧洞同时具有高应力和硬质岩两大关键因素，岩爆发生的潜在可能性较大，针对二郎山隧洞岩爆倾向性进行初步评价极为必要。

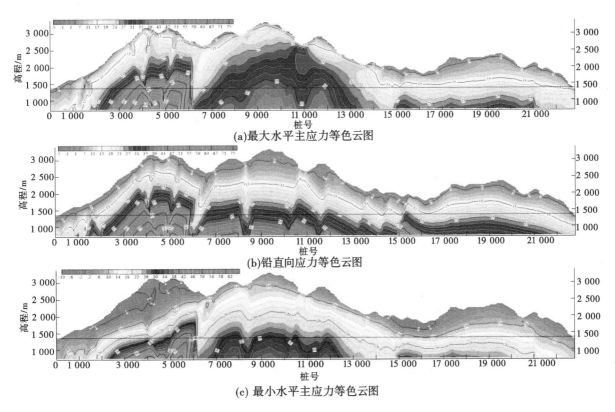

(a)最大水平主应力等色云图

(b)铅直向应力等色云图

(c) 最小水平主应力等色云图

图1 二郎山隧洞应力等色云图 （单位：MPa）

3.3 岩爆倾向性评价

岩爆是一种高应力岩体动力破坏现象，多出现于地下工程开挖过程中，具有突发性、猛烈性和强破坏性，给工作人员和设备安全带来了严重威胁（冯夏庭等，2012；唐春安，2012；张航，2020）。岩爆的预报与预警对保护工程现场施工人员的安全和生产设备的正常运作具有重要意义，近几十年来，为了对其进行合理的预报与预警，国内外学者进行了大量的试验研究和工程实践。

岩爆的强度应力判据主要通过统计分析，构建围岩应力状态与围岩强度之间的关系，并以此来对岩爆的倾向性及岩爆的烈度进行推断。关于强度应力比岩爆倾向性预测，始于 Barton 等[6] 对岩石的 Q 系统分类研究，把岩体的抗拉强度和抗压强度与地应力的比值作为一个评价岩体脆性破坏的指标。在后续的发展中，Russense[7]、Hoek 等[8]、陶振宇[9]、张津生等[10]、王元汉等[11]、徐林生等[12] 及我国《工程岩体分级标准》[13] 都对强度应力比判据进行了发展。本文采用《岩土工程手册》中推荐的陶振宇判据对引大济岷二郎山隧洞岩爆倾向性进行判别，具体如表1所示。

表1 陶振宇判据

岩爆分级	σ_c/σ_1	说明
I	>14.5	无岩爆活动，无声发射现象
II	14.5~5.5	低岩爆活动，轻微声发射现象
III	5.5~2.5	中等岩爆活动，较强声发射现象
IV	<2.5	高岩爆活动，有很强的爆裂声

二郎山隧洞沿线地质条件复杂，选取各桩号段具有代表性的岩石及单轴抗压强度分别为：0~2 145 m，英云闪长岩，80 MPa；2 145~6 109 m，奥长花岗岩，100 MPa；6 109~10 991 m，白云岩夹白云质灰岩，65 MPa；10 991~14 800 m，岩质页岩，65 MPa；14 800~22 607 m，斜长角闪岩，100 MPa。隧洞沿线的三维应力状态如图5所示，采用陶振宇判据所得判别结果如图6所示。可以看

出，二郎山隧洞主应力随地形起伏影响较大，且在断层位置有剧烈应力调整；二郎山隧洞沿线除入口和出口段外，均具有中—高岩爆活动倾向。

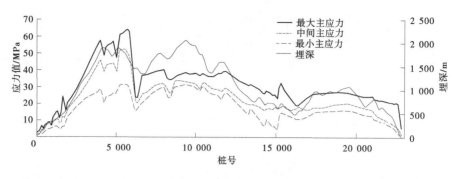

图 5 引大济岷二郎山隧洞沿线应力状态

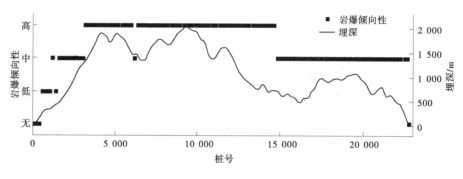

图 6 判别结果

4 结论

通过原位测试及数值模拟的方式对引大济岷二郎山隧洞开展了地应力场分析及岩爆倾向性研究，结果表明：

（1）反演应力等值线在埋深较浅的区域受地形起伏影响较大；在断层附近，应力梯度较大，应力场变化较为剧烈，可以看出反演计算充分反映出了地形地貌及地质条件的影响

（2）引大济岷二郎山隧洞沿线最大水平主应力约为 54.9 MPa，铅直应力约为 50.0 MPa，最小水平主应力约为 48.2 MPa，最大水平主应力大于自重应力，构造运动较为强烈。

（3）二郎山隧洞沿线除入口和出口段外，均具有中—高岩爆活动倾向。

参考文献

［1］张新辉，付平，尹健民，等. 滇中引水工程香炉山隧洞地应力特征及其活动构造响应［J］. 岩土工程学报，2021，43（1）：130-139.

［2］贺睿兴，尹健民，张新辉，等. 某深埋长隧洞初始应力场研究及岩爆预测分析［J］. 地下空间与工程学报，2018，14（S1）：390-394.

［3］万姜林，洪开荣. 太平驿水电站引水隧洞的岩爆及其防治［J］. 西部探矿工程，1995（1）：87-89.

［4］于群，唐春安，李连崇，等. 基于微震监测的锦屏二级水电站深埋隧洞岩爆孕育过程分析［J］. 岩土工程学报，2014，36（12）：2315-2322.

［5］王飞辉，陈凡，黄成阳. 洞穿秦岭 润泽三秦—引汉济渭秦岭输水隧洞施工纪实［N］. 中国铁道建筑报，2022-03-06.

［6］Barton N，Lien R，Lunde J. Engineering classification of rock masses for the design of tunnel support［J］. Rock Mechanics，1974，6（1）：189-236.

［7］Russense B F. Analyses of rockburst in tunnels in valley sides（in Norwegian）｛M. S. Thesis｝［D］. Trondheim：Norwegian Institute of Technology，1974.

［8］Hoek E，Brown E T. Underground Excavation in Rock［M］. UK：Inst of Mining & Metallurgy，1980.

［9］陶振宇. 高地应力区的岩爆及其判别［J］. 人民长江，1987（5）：25-32.

［10］张津生，陆家佑，贾愚如. 天生桥二级水电站引水隧洞岩爆研究［J］. 水力发电，1991（10）：34-37，76.

［11］王元汉，李卧东，李启光，等. 岩爆预测的模糊数学综合评判方法［J］. 岩石力学与工程学报，1998（5）：15-23.

［12］徐林生，王兰生. 二郎山公路隧道岩爆发生规律与岩爆预测研究［J］. 岩土工程学报，1999，21（5）：569-572.

［13］中华人民共和国水利部. 工程岩体分级标准：GB/T 50218—2014［S］. 北京：中国计划出版社，2014.

重大调水工程中钉螺扩散风险与防控措施

王家生　章运超　柴朝晖　闵凤阳

（长江科学院河流研究所，湖北武汉　430010）

摘　要： 血吸虫病是典型的水媒疾病，严重危害人民身体健康。在血吸虫病疫区开展的调水工程可能会引起钉螺随水流迁移扩散，导致血吸虫病流行范围扩大蔓延，采取水利血防措施可有效防控钉螺扩散，对于保障调水工程安全具有重要意义。文章总结了在调水工程的取水过程、输水过程、供水过程、航运过程及其他过程中存在的钉螺扩散风险，论述了已有调水工程中沉螺池、中层取水、硬化护坡等水利血防措施的技术要点。认为亟须对已建调水工程是否引起钉螺扩散进行全面评价，同时对血吸虫病疫区建设的各类调水工程开展工程全周期内的钉螺防控工作，并持续研发改进调水工程中的阻螺措施。

关键词： 调水工程；钉螺；血吸虫病；引江济汉

1　引言

血吸虫病是严重危害人民群众身体健康和生命安全，影响经济社会发展的重大传染病[1]。截至2020年底，全国共有450个县（市、区）、3 352个乡（镇）、28 376个村流行血吸虫病，流行村总人口数为7 137.04万人[2]。钉螺是日本血吸虫的唯一中间宿主，控制和消灭钉螺是控制血吸虫病传播的最有效途径。钉螺主动扩散的能力很小，其传播和扩散主要是被动地随水流扩散，钉螺的远距离和大面积扩散主要靠水力输送[3]。大型水利工程的兴建会引起区域水文条件及生态环境改变，进而导致钉螺扩散，造成血吸虫病疫区的扩大和疫情加重，国内外水利工程中因缺乏科学有效的防控措施导致血吸虫病疫情扩大流行的情况较多。如埃及兴建阿斯旺大坝造成了水泡螺（埃及血吸虫病中间宿主）大范围扩散，造成人群患病率大幅上升[4]。南非奥兰治河调水工程造成输水沿途地区钉螺密度大幅增加，扩大和加重了血吸虫病的发病率[5]。千岛湖库区建坝前未发现钉螺，原属于血吸虫病非流行区，但建坝后由于移民回迁，在库尾的部分稻田和沟渠中查出钉螺，并在螺区发现本地血吸虫病病例[6]。安徽泾县陈村水库灌区，因施工期间在有螺区域取土，造成钉螺在干渠和支渠内孳生扩散[7]。此外，外苏丹Gezira水利工程、肯尼亚Mwea水利工程也造成血吸虫病不同程度的扩散。

现有研究表明，我国钉螺自然生长区域主要在北纬33°15′以南地区，血吸虫病疫区也分布在该区域内[8]。然而，随着社会经济的发展，跨流域和跨区域的调水工程越来越多，调水量也逐步增加。从血吸虫病疫区取水的调水工程，存在将疫区的钉螺扩散到无螺区域或已经灭螺区域，扩大血吸虫病在非疫区流行的风险。预测研究表明，引江济淮工程实施以后，通过长江提水或江水倒灌引流到菜子湖、孔城河，改变了原来水系的水流方向，钉螺极有可能通过水流、漂浮物及航道船体等载体挟带钉螺或螺卵进入菜子湖及孔城河流域，造成钉螺新的扩散[9-10]。南水北调工程引起的生态环境变化也可能会导致钉螺随调水北移，引起血吸虫病流行范围向北方扩散蔓延的风险[11]。近期，蒋甜甜[12]分析了2012—2017年京杭大运河（丹阳段）及丹金溧漕河沿线钉螺时空分布和扩散规律，认为沿途钉

作者简介： 王家生（1976—），男，博士，正高级工程师，主要从事水利血防、生态泥沙、河道生态演变与治理等方面的研究与应用工作。

通信作者： 章运超（1990—），男，工程师，主要从事河湖保护与治理工作。

螺存在从上游向下游扩散的风险。缪峰等[13]调查发现，南水北调东线工程通水后，虽未在干渠在韩庄船闸发现有钉螺输入至山东境内的微山湖区，但是发现来自长江流域的船舶挟带有其他淡水螺类，表明存在螺类随调水工程中船只扩散的风险。2021年，水利部印发《关于实施国家水网重大工程的指导意见》及《"十四五"时期实施国家水网重大工程实施方案》，规划到2025年建成一批国家水网骨干工程，同时有序实施省市县水网建设，长江中下游的湖北、江西、安徽等血吸虫病重点流行省份也成为了第一批省级水网先导区。未来，调水工程将由单一工程逐步转为复杂的系统工程，钉螺随水网工程从疫区向非疫区扩散的风险将成倍增加，血吸虫病防控形势也更加严峻。同时，伴随着全球气候变换的不确定性，北纬33°15′以北地区可能会形成适宜钉螺生存的环境，这更加可能导致钉螺北移扩散和血吸虫病流行向北蔓延。本文通过探讨调水工程中钉螺扩散的风险，分析已有调水工程中阻螺措施，以期为调水工程中的血吸虫病防控提供一定参考。

2 调水工程中钉螺扩散风险

2.1 取水过程中钉螺扩散的风险

从血吸虫病疫区取水时，若取水口周边区域洲滩有钉螺分布，在不采取工程措施的前提下，存在钉螺随水流和漂浮物扩散至取水口附近并进入引水干渠的风险。南水北调东线工程南端取水口及江苏段输水干渠、引江济淮三条线路的引水口以及南水北调中线引江济汉补偿工程的上游均为血吸虫病流行区，有钉螺孳生。其中，引江济汉工程[8]取水口位于荆州区的龙洲垸长江边，上游沮漳河洲滩钉螺分布密集，特别是在长江汛期，草本植物生长茂盛，钉螺大量产卵孵化，河滩钉螺密度大大增加。沮漳河出口距下游工程取水口约3.2 km，钉螺可随长江水流和漂浮物扩散到下游的龙洲垸取水口，并可进一步扩散到引水干渠。引江济淮工程取水口之一的枞阳闸（菜子湖线路）位于有钉螺分布的血吸虫病流行区，虽通过每年反复多次的药物灭螺，活螺密度总体呈下降趋势，但由于受长江水位及洪涝期淹没等自然因素的影响，活螺密度仍维持在一定的水平[14]。引江济汉工程及兴隆水利枢纽位置示意图见图1。

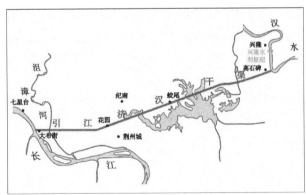

图1 引江济汉工程调水路线示意图

2.2 输水过程中钉螺扩散的风险

输水渠线经过血吸虫病发病率较高的地区，输水干渠与有螺渠道平交，在工程处理不当或措施不到位的情况下，周边的疫水则有可能进入输水渠线，并沿渠道输送到受水区域，引起钉螺的扩散。另外，洪水期随着上游漂浮物增多，在渠首格栅设施受损的情况下，钉螺随载体进入输水渠道的机会将会增多，将扩大输水渠线钉螺扩散风险。如引江济汉工程[8]经过血吸虫病重疫区荆州市，工程区涉及的长江垸内荆州市李埠、纪南、郢城3个乡镇以及太湖农场为血吸虫病流行区。渠道沿线穿过40多条大小河流及沟渠，其中流量较大的有港总渠、拾桥河、殷家河、西荆河、兴隆河，其余均为当地灌溉、排水渠道，流量较小。根据血吸虫病流行现状调查，港南渠、港总渠渠道及沿线有钉螺分布。洪水由泄洪闸排到引水干渠内，可导致钉螺扩散到引水干渠。

2.3 供水过程中钉螺扩散的风险

工程受水区的气温、土壤、水位等生境条件适合钉螺繁衍生存时，通过输水渠道挟带的钉螺可能会在受水区孳生。如引江济汉工程[8] 受水区为汉江干流和东荆河，汉江干流河道弯曲蜿蜒，河滩宽窄不一，河岸表层土壤和植被适宜钉螺生存，一旦钉螺扩散到汉江中下游河滩，钉螺很容易孳生繁殖。东荆河目前的功能只是汛期汉江的一个行洪道，引江补汉工程实施后，东荆河补水流量为 110 m³/s，水位较调水前有所提高，水文情势也将发生变化，可淹没部分适合钉螺孳生的滩地。由于东荆河流经的潜江、仙桃、监利、洪湖、汉南区、蔡甸区等县市区共有排灌涵闸 82 座，这些涵闸引水灌溉可将东荆河滩的钉螺扩散到垸内。

2.4 航运过程中钉螺扩散的风险

（1）船闸进口扩散钉螺的风险。由于船闸充泄水系统的进口位于枯水位以下，一般情况下不会成为钉螺进入闸室的通道。钉螺进入船闸下游渠道的途径有 2 个，当船闸上闸门打开时吸附在漂浮物上的钉螺随漂浮物进入闸室内；钉螺吸附在船体上随船进入闸下游渠道。如引江济汉工程[8] 通航船闸上游沮漳河洲滩有钉螺分布，而船闸位于沮漳河出口下游约 4.65 km，在丰水期钉螺可随水流和漂浮物向下游扩散，在没有采取任何打捞漂浮物防螺措施的情况下钉螺势必将直接通过通航船闸进入干渠，进而扩散到汉江中下游。

（2）通航船体扩散钉螺的风险。重大调水工程承担着调水、航运等多重功能，干线河道及毗邻相关湖泊也多是渔业生产的重要场所，存在通过渔业生产等挟带方式对输水干线造成钉螺扩散的潜在风险。如对南水北调东线工程高邮段、江都段及周边的高邮湖、邵伯湖等相关水域开展的渔船调查显示，虽未发现有钉螺吸附，但发现船舷两侧吸附有大量的其他水生螺类[15]。

2.5 其他过程中钉螺扩散的风险

垃圾、土壤运输引起钉螺扩散的风险，如 2006 年在南水北调东线工程引水口江都泵站消力池滩地附近发现低密度、小范围钉螺孳生，同时发现此处堆积有遗弃的泵站前引河建筑垃圾，学者根据多年连续监测结果推测，该处钉螺是由于建筑垃圾挟带扩散所致[16]。调水工程实施后形成的水运通道，加大了耕牛、家畜、野生动物的活动范围，还会存在疫区哺乳动物挟带传播血吸虫病的风险，近年来调查显示，野生动物在部分地区血吸虫病传播中的作用日益突出，给当前血吸虫病传染源控制工作带来了新挑战[17]。同时，调水工程施工中土壤运输和渔业生产等人为活动也有造成钉螺扩散的潜在风险[18]。

以上分析的钉螺扩散风险主要针对单一调水工程，区域水网工程建成后，输水河道的水流方向会呈现"互为上下游"特点，很多工程节点既是进水口，也是出水口，各类钉螺扩散风险会出现叠加现象，防控难度和风险等级加大。

3 已有调水工程中的阻螺措施

相关研究单位和学者结合钉螺的生态习性和迁移扩散特点，研发了多种阻螺措施，并在引江济汉、南水北调等重大调水工程成果中应用，取得了良好的效益。

3.1 沉螺池阻螺措施

沉螺池是基于对钉螺的沉降、起动等运动特性研究的基础上提出来的，是用以沉集和拦截水流中钉螺的建筑物，一般修建在涵闸（泵站）的下游[19]。沉螺池的原理和沉沙池的原理类似，通过在涵闸（泵站）下游修建过水面积较大的沉螺池，使池内流速减小，利于钉螺在沉螺池中沉落，便于集中杀灭钉螺，从而有效地避免或减少钉螺向下游扩散。沉螺池大多修建在引水涵闸（泵站）下游渠道上，在引水过程中，水流中难免会有漂浮物，如树枝、树叶和干草叶等，这些漂浮物正是钉螺吸附其上并随水流运动的载体。因此，在沉螺池上游连接段的上端设置拦污栅和拦螺墙，其作用一是可以阻止漂浮物进入沉螺池，避免阻塞沉螺池，使沉螺池能正常发挥引水功能；二是可以利用黏附在漂浮物上的钉螺遇到碰撞后会与漂浮物分离的特点，有利于钉螺在水中沉降。根据钉螺起动试验研究成果，钉螺最小起动流速为 0.2 m/s，因此沉螺池内设计断面的平均流速应不大于 0.2 m/s。沉螺池通常由连接段和工作段组成。典型沉螺池实例照片见图 2，引江济汉工程沉螺池见图 3。

图 2 典型沉螺池照片

图 3 引江济汉工程沉螺池

3.2 中层取水防螺措施

钉螺是以陆栖为主的两栖类动物，用鳃呼吸，既不能长期生活在干燥的地面，也不能长期生活在水底，故水底的钉螺具有沿岸壁或芦秆向上爬行的习性。由于钉螺的这种生理需求，它的生活区域大都分布在江、河、湖水边线上下 1 m 范围以内，河流主流区一般不会有钉螺存在。相关学者基于钉螺这种在水中分布和运动规律提出了中层取水防螺技术，该技术的原理主要是将取水口的顶部高程设置于钉螺在水中的分布高程之下，为安全起见，活动取水口的顶部高程应保持在水面之下不小于 1.2 m，这样从中层无螺水体引水即可防止将表层和底层有螺的水体引水渠内[20]。中层取水防螺涵管的固定式进水口典型布置如图 4 所示。涵管的进水口是采用固定式还是活动式，需根据水源区水位变幅、钉螺分布高程、涵闸（泵站）底板高程等因素综合分析选定。通常水源区水位变幅不大，且始终能够保证进水口淹没于水下的河道，宜采用固定式进水口；水位变幅较大时，固定式进水口难以适应各种水位下都能安全取水，则宜采用活动式进水口。

3.3 硬化护坡措施

钉螺最适宜在表层土壤含水率为 20% 左右的环境中生存[21]，硬化护坡主要是通过改变适宜钉螺生存区域的表层含水率，减小钉螺可生存空间，达到消除钉螺的目的。硬化护坡工程实施后硬化护坡区域的表层含水率在大多数时间为 0，根据钉螺对表层土壤含水率适应性研究成果可知，当含水率为 0 时钉螺的死亡率为 100%。对江河湖渠岸（边）坡采用护坡全硬化或局部硬化，可以彻底改变钉螺孳生环境，防止钉螺孳生。根据水位变化、防洪及灌溉要求、资金多少，硬化护坡工程措施一般有全硬化坡面和局部硬化坡面两种类型[21]。全硬化坡面是指在工程资金充足的条件下，坡面硬化从坡脚至坡顶。局部硬化坡面是指在工程资金有限的情况下，在满足水利工程要求的前提下，为节约投资，可以根据钉螺孳生环境存在最高有螺高程线这一原理，进行局部硬化坡面，如江河、湖泊的岸坡可采用此硬化方法。如南水北调东线工程专门对高水河段（渠首河道）、高邮段（原有钉螺段）和金宝航

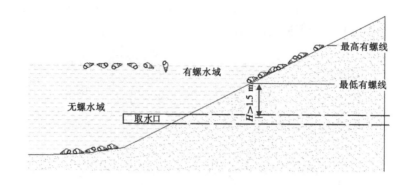

图 4　中层取水措施原理示意图

道（历史有钉螺区）实施了河岸硬化防护工程[22]，兼顾了防渗稳定和钉螺防控的需求。为严防江滩钉螺通过引江济淮凤凰颈泵站沿西兆河输水线路向巢湖扩散，对靠近凤凰颈泵站的西河河道采取局部护坡硬化。

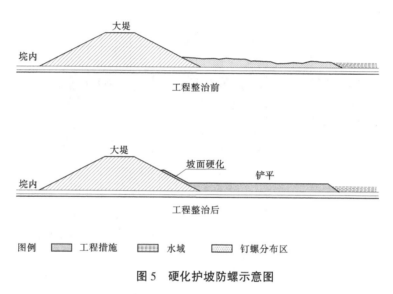

图 5　硬化护坡防螺示意图

4　结语

（1）血吸虫病防治在我国公共卫生事业中意义重大，在引江济汉、南水北调等重大调水工程开工建设前后，卫生、水利系统相关学者围绕工程建设是否会导致钉螺和血吸虫病传播北移扩散、钉螺在北方能否生存繁殖、北移并存活的钉螺能否传播血吸虫病，以及气候影响等问题开展了大量论证和研究。目前，亟须对已建调水工程进行全面性的调查、监测、统计，对工程建设是否引起了钉螺和血吸虫病疫情扩散进行系统性、科学性的评价。

（2）管理部门和学术界针对重大调水工程引起的钉螺扩散风险关注较多，但对于中小型调水工程引起的钉螺扩散风险的重视还不够。随着国家水网战略的深入实施，各地调水工程的建设进度将不断加快，在血吸虫病疫区建设各类调水工程，应从调查、监测、模拟角度开展工程全周期的钉螺防控工作，项目前期阶段应专题研究论证钉螺随水利工程扩散的风险，规划设计阶段应落实具体阻螺、防螺、灭螺措施，工程建成后应在工程相关区域持续开展钉螺监测。

（3）应持续研发改进调水工程中的阻螺措施，不断提高阻螺工程效率，节约工程成本，减少工程占地。应结合钉螺扩散的生态特点，研究既能阻断钉螺扩散又不影响其他物质与生命体的输移和交换的特异性阻螺新技术，使其符合新时期生态保护需求。

参考文献

［1］王家生，卢金友，闵凤阳，等．我国新时期水利血防面临的挑战与对策［J］．中国血吸虫病防治杂志，2017，29（3）：259-262.

［2］操治国．我国血吸虫病防治的进展、挑战与对策［J］．热带病与寄生虫学，2022，20（3）：130-135.

［3］张琳，王家生，杨启红，等．水中钉螺迁移扩散的研究进展及展望［J］．长江科学院院报，2019，36（1）：7-12.

［4］Khalel M．The national campaign for the treatment and control of bilharziasis from the scientific and economic aspects．［J］．Journal of the Royal Egyptian Medical Association，1949.

［5］汪明娜．跨流域调水对生态环境的影响及对策［J］．环境保护，2002（3）：32-35.

［6］徐卫民，郑溢洪，钱照英，等．新安江水利工程对千岛湖库区血吸虫病流行的影响［J］．中华地方病学杂志，2018，37（5）：414-419.

［7］吕大兵，姜庆五，汪天平，等．泾县陈村水库灌区螺情变化及影响因素分析［J］．中国寄生虫病防治杂志，2003（3）：49-51.

［8］卢金友，王家生．水利血防理论与技术［M］．北京：中国水利水电出版社，2015.

［9］操治国，汪天平，吴维铎，等．"引江济淮"工程对钉螺扩散和血吸虫病蔓延的影响［J］．中国寄生虫学与寄生虫病杂志，2007（5）：385-389.

［10］陈文革，王晓可．引江济淮工程枞阳县段血吸虫病疫情现况调查及风险防控［J］．安徽预防医学杂志，2017，23（2）：127-129.

［11］黄殷殷，张世清，操治国，等．南水北调工程对血吸虫病传播影响研究进展［J］．热带病与寄生虫学，2019，17（3）：181-186.

［12］蒋甜甜．京杭大运河丹阳段及丹金溧漕河沿线钉螺扩散研究［D］．江苏省血吸虫病防治研究所，2020.

［13］缪峰，殷允洪，项强，等．2014—2018年南水北调干渠韩庄船闸钉螺监测报告［J］．热带病与寄生虫学，2020，18（3）：188-189，158.

［14］江龙志，操治国．2014—2016年桐城市引江济淮工程沿线血吸虫病疫情监测结果分析［J］．热带病与寄生虫学，2017，15（3）：170-172.

［15］操治国，汪天平，吕大兵，等．"引江济淮"工程途经地区血吸虫病流行现状调查［J］．中国病原生物学杂志，2006（1）：39-42.

［16］汤洪萍，马玉才，黄轶昕，等．南水北调东线工程源头地区钉螺监测［J］．中国血吸虫病防治杂志，2010，22（2）：141-144，205.

［17］吕尚标，刘亦文，刘跃民，等．鄱阳湖区实施"麋鹿回家计划"对血吸虫病传播影响的调查［J］．中国血吸虫病防治杂志，2020，32（5）：498-501.

［18］张威，熊正安，潘庆燊，等．钉螺扩散方式及防治钉螺扩散工程研究［J］．人民长江，1993，24（8）：45-49.

［19］魏国远，王家生，卢金友，等．中层取水防螺优化试验研究［J］．长江科学院院报，26（5）：1-4.

［20］王家生，卢金友，魏国远，等．环境变化对钉螺扩散影响规律研究［J］．长江科学院院报，2007（3）：16-19.

［21］彭汛．水利工程与血吸虫病防治［M］．北京：中国水利水电出版社，2011.

［22］《中国南水北调工程建设年鉴》编纂委员会．中国南水北调工程建设年鉴2011［M］．北京：中国电力出版社，2011：318-320.

地下水环境与地下水资源

基于模拟–优化方法的沿海地区地下水
动态开采策略优化研究

范　越[1]　卢文喜[2]　吴庆华[1]　崔皓东[1]　汪　啸[1]

(1. 长江科学院水利部岩土力学与工程重点实验室，湖北武汉　430010；
2. 吉林大学新能源与环境学院，吉林长春　130021)

摘　要：沿海地区地下水超采极易引发海水入侵，科学设计地下水开采策略能够在最大化满足地下水资源需求的条件下，防治海水入侵问题。本文以山东龙口地区为例，采用模拟–优化方法开展了沿海地区地下水动态开采策略优化研究。建立了研究区的三维变密度海水入侵数值模拟模型和地下水动态开采策略优化模型。为减小计算负荷，采用 Kriging 方法建立了模拟模型的替代模型。研究表明，Kriging 替代模型能够以较高的精度拟合海水入侵模拟模型的输入输出关系。经过优化后的地下水动态开采策略可以充分考虑年内需水量的变化情况，合理配置地下水开采布局，避免海水入侵。

关键词：海水入侵；地下水管理；模拟–优化；替代模型

1　引言

沿海地区经济发达且人口稠密，世界上半数左右的人口生活在距海岸线 200 km 以内[1]。大量的生产活动加上密集的人口使得沿海地区的地下水需求量往往很大，极易造成地下水的过量开采，引发海水入侵。海水入侵会使得区域地下水咸化，加剧水资源短缺，阻碍经济社会的持续发展[2]。因此，优化地下水管理模式，制定合理的地下水开采策略，进而防治海水入侵就显得非常重要。

模拟–优化方法是进行地下水优化管理最有效的方法之一，近 20 年来在海水入侵的防控领域应用逐渐广泛。沿海地区地下水的开采需要权衡满足用水需求和防控海水入侵之间的矛盾关系[3]，同时还应当考虑不同时段地下水状态及用水需求量的动态变化，使得开采方案具有更好的资源和环境效益。但长期以来的研究往往只关注沿海地区地下水静态开采布局的优化设计，缺乏对于动态过程的考虑[4-7]。在本文中，地下水静态开采布局的优化是指，仅考虑空间上不同开采井之间开采量的分配，忽略开采量随时间的变化。与之相对的，地下水动态开采策略的优化则既要考虑空间上开采量在各开采井间的最优分配，又要根据实际需求，考虑时间上同一开采井在不同时段的开采量变化。目前，对沿海地区地下水的动态开采策略进行动态多目标优化的研究尚未见报道，还有待进一步的探索研究。

本文的研究区位于山东省龙口市。该地区海岸线附近的沉积物是透水性良好的细砂、粗砂和细砾，海洋表层沉积也以粉砂、细砂、中粗砂为主。所以，海水和海岸带含水层之间存在良好的水力联系，给大面积海水入侵提供了有利条件。近 40 年来，该地区工农业生产高速发展，用水量激增，加速了地下水资源的超采，造成区域地下水位大幅度下降。自 1975 年至 1998 年，龙口市海水入侵面积从 0 扩展为 105 km²，至今已形成了大面积的海水入侵。海水入侵造成了地下水咸化，加剧了供水危

基金项目：中央级公益性科研院所基本科研业务费项目（CKSF2021488/YT，CKSF2021485+YT）；国家自然科学基金项目（42072282，41902260）。

作者简介：范越（1994—），男，博士，工程师，主要从事地下水数值模拟及优化管理研究工作。

机，已成为制约该地区工农业生产和城市发展的瓶颈[8]。

本文采用模拟-优化方法对山东龙口研究区的地下水的动态开采策略进行优化设计，将一年内不同时段地下水状态和用水需求量的动态变化纳入考虑，将不同时段各开采井的开采量作为决策变量，以最大化满足各时段地下水的用水需求和最小化区域海水入侵程度为优化目标，构建动态多目标优化模型。对上述优化模型进行求解，得到一系列地下水动态开采策略的优化设计方案。本次研究为沿海地区地下水资源的合理开发及海水入侵的有效防控，提供了科学依据。

2 方法

模拟-优化方法的本质是将模拟模型和优化模型相结合，使其既能解释复杂地下水系统溶质运移规律，又能确定地下水系统在给定目标函数下的最优管理选择。本文采用嵌入法耦合模拟模型和优化模型，即将模拟模型转化为优化模型的一个约束条件。但由于嵌入法在求解优化模型过程中需要成千上万次调用计算模拟模型，这将带来庞大的计算负荷。因此，需要建立模拟模型的替代模型。替代模型可以以较小的计算量逼近模拟模型的输入-输出关系，在优化模型计算过程中，直接调用替代模型，可以极大地减小计算负荷。以下将分别阐述用于沿海地区地下水动态开采策略的模拟、优化及替代模型构建方法。

2.1 海水入侵数值模拟模型的构建

本文的研究区位于龙口市西北部地区（见图 1），东西长约 20.7 km，南北宽约 18.8 km，总面积约为 221 km²。该地区西、北部临渤海，东南部为山地丘陵、山间河谷平原及山前平原，地下水整体从东南流向西北。

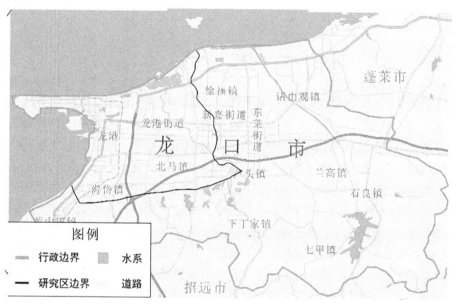

图 1　龙口市行政区划及研究区位置

对研究区的水文地质条件进行概化，建立概念模型，可以建立基于过渡带理论的变密度海水入侵的数学模型，其主要由水流模型、水质模型和运动方程组成。三维变密度地下水水流数学模型的控制方程如下：

$$\frac{\partial}{\partial x}\left(K_{xx}\frac{\partial H}{\partial x}\right) + \frac{\partial}{\partial y}\left(K_{yy}\frac{\partial H}{\partial y}\right) + \frac{\partial}{\partial z}\left(K_{zz}\left(\frac{\partial H}{\partial z}+\eta c\right)\right) = S_s\frac{\partial H}{\partial t} + n\eta\frac{\partial c}{\partial t} - \frac{\rho}{\rho_f}q \tag{1}$$

式中：n 为孔隙度；η 为密度耦合系数，$\eta = \dfrac{\varepsilon}{c_s}$；$\varepsilon = \dfrac{\rho_s - \rho_f}{\rho_f}$ 为密度差率；c 为浓度；c_s 为最大密度 ρ_s 所对应的浓度；q 为单位体积多孔介质源（或汇）的流量；K 为渗透系数；S_s 为储水率。

控制方程比一般的水流方程相比多出两项，其中 ηc 表示垂向上由于密度不同，在重力作用下引起的自然对流，$n\eta\dfrac{\partial c}{\partial t}$ 表示浓度随时间变化引起的质量变化。

本次研究采用美国地质调查局编写的 SEAWAT 程序对模拟模型进行求解。利用实测的水位水质数据进行校正检验之后，率定模型中的水文地质参数，构建海水入侵数值模拟模型。

2.2 Kriging 替代模型的构建

替代模型是一种耦合模拟模型与优化模型的有效途径。它是模拟模型输入-输出响应关系的代替，能够以较小的计算量得到和模拟模型相近的输入-输出关系。Kriging 法是建立地下水数值模拟模型的替代模型的有效方法，因此本论文采用该方法建立替代模型。Kriging 替代模型的基本形式为：

$$y(x) = f(x)^{\mathrm{T}}\beta + z(x) \tag{2}$$

$y(x)$ 为替代模型中要求解的污染物浓度值；$\hat{y}(x)$ 是 $y(x)$ 的估计值，可以分为两部分，$f(x)^{\mathrm{T}}\beta$ 为线性回归部分，$z(x)$ 为随机部分。其中 $f(x) = [f_1(x), f_2(x), \cdots, f_k(x)]$ 为已知回归模型的基函数，文中选择了二次函数型基函数；待定参数 $\beta = [\beta_1, \beta_2, \cdots, \beta_k]$ 为基函数对应的系数，可以利用准备好的训练数据求出；随机部分 $z(x)$ 满足下列条件：

$$\begin{cases} E(z(x)) = 0 \\ D(z(x)) = \sigma^2 \\ cov[z(x_i), z(x_j)] = \sigma^2 R(x_i, x_j) \end{cases} \tag{3}$$

其中：$R(x_i, x_j)$ 为任意两采样点 x_i 和点 x_j 之间的空间相关关系方程即关联函数，关联函数形式很多，文中采用 EXP 模型：

$$R(x_i, x_j) = \exp\left(-\sum_{k=1}^{n}\theta_k|x_k^i - x_k^j|\right), \quad (i = 1, 2, \cdots, n; j = 1, 2, \cdots, n) \tag{4}$$

式中：θ_k 为待定参数；x_k^i 为第 i 个样本的 k 维坐标。

根据 Kriging 模型，在预测点 x 处的响应值 $y(x)$ 的预测估计值为：

$$\hat{y}(x) = f^{\mathrm{T}}\beta + r^{\mathrm{T}}(x)R^{-1}(y - f\beta) \tag{5}$$

式中：$r(x)$ 为点 x 与 n 个训练样本采样点 $(x_1, x_2, \cdots, x_n)$ 之间的相关向量，$r(x) = [R(x, x_1), R(x, x_2), \cdots, R(x, x_n)]$；$y$ 为 n 个采样点对应的污染物浓度响应值，为 $n \times 1$ 的向量；β 为线性回归部分的待定参数，可以通过最优线性无偏估计求得：

$$\beta = (f^{\mathrm{T}}R^{-1}f)^{\mathrm{T}}f^{\mathrm{T}}R^{-1}y \tag{6}$$

R 为 n 个采样点相关系数组成的 $n \times n$ 阶相关矩阵：

$$R = \begin{bmatrix} R(x_1, x_1) & \cdots & R_3(x_1, x_n) \\ \vdots & \ddots & \vdots \\ R_3(x_n, x_1) & \cdots & R_3(x_n, x_n) \end{bmatrix} \tag{7}$$

方差 σ^2 估计值利用以下式子确定：

$$\sigma^2 = \frac{1}{n}(y - f\beta)^{\mathrm{T}}R^{-1}(y - f\beta) \tag{8}$$

所以，Kriging 替代模型的建立实际上就是求解上面的非线性无约束优化问题。待定参数 θ_k 求出后，通过建立的 Kriging 模型可获得污染物浓度响应值。其中 θ_k 可以通过无约束优化式子求得：

$$\theta_k = \max\{-[n\ln\sigma^2 + \ln|R|]\} \tag{9}$$

利用以上叙述的原理，通过 MATLAB 软件编写程序，实现替代模型建立。

2.3 地下水动态开采策略优化

已有研究中关于沿海地区地下水开采布局的优化管理基本都是静态的，仅考虑空间上不同开采井之间的开采量分配，忽略开采量随时间的变化，其优化结果是各开采井在未来一段时间的年均开采量。这样的结果对于实际生产的指导作用较为有限。我国大部分沿海地区都属于季风性气候，在一个水文年内，降水量随季节的变化非常剧烈，地下水水位也随之有较大幅度的波动，这意味着地下水可开采强度是可变的。同时，农业用水作为三大产业中用水比重最大的一项，其需水量在一年内变化很大。在春耕时期，农田需要进行灌溉，需水量较大；当雨季来临，灌溉需水量减小。合理地规划沿海地下水的开采策略，应当能充分考虑年内地下水资源量和用水需求量的变化，既要尽可能地满足用水需求，又要防止海水入侵的加剧。

综合以上因素，本次研究提出采用动态多目标优化的方法来设计沿海地区地下水的动态开采策略，将一年内不同时段地下水状态和用水需求量的动态变化纳入考虑，将各开采井在各个时段的开采量作为决策变量，以最大化各时段地下水用水需求的满足程度和最小化区域海水入侵程度为优化目标，构建了沿海地区地下水开采策略的动态多目标优化模型。本文将对研究区未来1年的地下水开采策略进行动态多目标优化设计。

根据龙口地区多年平均地下水开采量数据，结合龙口地区主要粮食作物的生长周期需水量，计算得到了研究区各月的地下水需水量，见表1。

表1 研究区各月地下水需水量计算 单位：万 m³

月份	粮食作物灌溉需水量	非粮食作物灌溉需水量	其他行业需水量	总需水量	日均需水量
1	7.15	14.38	75.54	97.07	3.24
2	8.90	14.38	75.54	98.82	3.29
3	26.81	14.38	75.54	116.72	3.89
4	80.20	14.38	75.54	170.12	5.67
5	86.71	14.38	75.54	176.63	5.89
6	41.11	14.38	75.54	131.03	4.37
7	33.07	14.38	75.54	122.98	4.10
8	47.48	14.38	75.54	137.40	4.58
9	44.59	14.38	75.54	134.51	4.48
10	22.43	14.38	75.54	112.35	3.74
11	11.91	14.38	75.54	101.82	3.39
12	6.71	14.38	75.54	96.63	3.22
总计	417.08	172.51	906.48	1 496.07	4.16

在图2中展示了研究区内地下水开采井和海水入侵监测井的位置分布，图中圆点为20口集中开采井的位置，方块为29口海水入侵监测井的位置。在本次研究中，区域海水入侵程度的变化采用29口海水入侵监测井中的氯离子浓度变化来衡量。根据已有开采井的泵速和研究区的水文地质条件，设置各开采井开采速率的上限为3 000 m³/d。

在20口开采井开采速率的可行域范围内（0~3 000 m³/d）利用拉丁超立方抽样500组，输入模拟模型，输出一年内每个月29口海水入侵监测井中氯离子的浓度，得到500组输入-输出数据集作为训练数据。重复上述步骤，另抽取20组样本作为检验数据。利用上述训练数据对 Kriging 替代模型进行训练，利用检验数据检验其与模拟模型输入-输出关系拟合精度。

将各开采井在各个时段的开采量作为决策变量，分别以最大化各时段地下水的用水需求的满足程度和最小化区域海水入侵程度为优化目标，将模拟模型的 Kriging 替代模型作为优化模型中的等式约

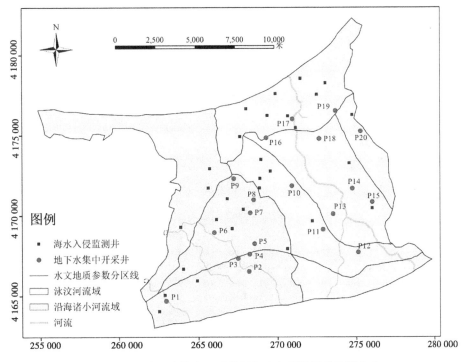

图 2 地下水集中开采井及海水入侵监测井位置分布

束条件，构建沿海地区地下水开采策略的动态多目标优化模型。优化模型的形式如下：

$$\mathrm{Max}\ F_1 = \frac{1}{K} \sum_{k=1}^{K} \Big(\sum_{n=1}^{N} Q_{kn}/Q_{ks} \Big) \times 100\%$$

$$\mathrm{Min}\ F_2 = \frac{1}{J} \sum_{k=1}^{K} \sum_{j=1}^{J} \big[(c_{j,\,k,\,\mathrm{end}} - c_{j,\,k,\,\mathrm{ini}})/c_{j,\,k,\,\mathrm{ini}} \big] \times 100\%$$

$$\tag{10}$$

$$s.t \begin{cases} c_{j,\,k,\,\mathrm{end}} = f(Q_{nk},\ j) \\ 0 \leqslant Q_{kn} \leqslant Q_{\mathrm{max}} \\ \Big(\sum_{n=1}^{N} Q_{kn}/Q_{ks} \Big) \geqslant P_{\mathrm{min}} \\ \frac{1}{J} \sum_{j=1}^{J} \big[(c_{j,\,k,\,\mathrm{end}} - c_{j,\,k,\,\mathrm{ini}})/c_{j,\,k,\,\mathrm{ini}} \big] \times 100\% \leqslant D_{k,\,\mathrm{max}} \end{cases}$$

$$\tag{11}$$

两个目标函数的物理意义分别是：①最大化各月份地下水需水量的满足程度；②最小化各监测井中氯离子浓度的增加程度。其中：Q_{kn} 为第 k 月中第 n 口开采井的开采量；Q_{ks} 为第 k 月全区地下水的需水量；N 为开采井总数；$c_{j,\,k,\,\mathrm{ini}}$ 为第 k 月初始时刻第 j 口监测井中氯离子浓度；$c_{j,\,k,\,\mathrm{end}}$ 为第 k 月末刻第 j 口监测井中氯离子浓度，J 为监测井总数。

第一个约束条件为地下水数值模拟模型的 Kriging 替代模型构成的等式约束。第二个约束条件为决策变量的取值约束，Q_{max} 为单口开采井的最大开采量，依然设置为 3 000 m³/d。第三个约束条件表征区内所有开采量之和要满足地下水的最低需求，P_{min} 为地下水需水量最低满足率，设置为 50%。第四个约束条件为区内海水入侵程度的约束，D_{max} 为区内未来一年允许的最大海水入侵程度，设置为 1%。

本次研究采用 NSGA-Ⅱ 算法求解上述优化模型，得到沿海地区地下水的开采策略优化结果。

3 结果与讨论

在动态开采策略的优化中，Kriging 替代模型的精度如图 3 所示。模拟模型和 Kriging 替代模型输出的相关系数为 0.991 7，平均相对误差 MRE 为 0.29%，最大相对误差也仅为 1.76%。以上数据表明，在地下水动态开采策略的优化设计问题中，Kriging 替代模型精度较高，可以用来代替模拟模型的输入-输出关系。

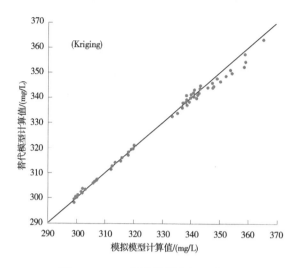

图 3　Kriging 替代模型数据拟合结果

将 Kriging 替代模型嵌入优化模型，采用 NSGA-Ⅱ算法对动态多目标规划优化模型进行求解，图 4 为求解得到的 Pareto 前沿。

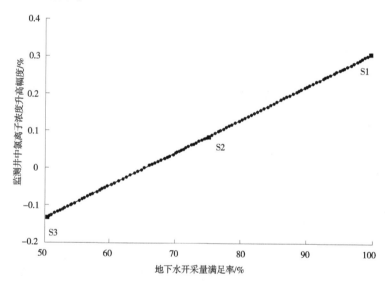

图 4　地下水动态开采策略多目标优化的 Pareto 前沿

在图 4 中选取其中较为典型的 3 个非劣解 S1~S3 进行重点分析，图 5~图 7 展示了优化后的开采方案中，各开采井在各时段的开采量的堆积柱形图。S1 为地下水开采量满足率为 100% 的方案，执行这一方案一年后监测井中氯离子浓度平均增加了 0.3%，海水入侵面积则由 65.13 km² 上升至 65.18 km²，增加幅度为 0.077%；S2 为地下水开采量满足率为 75% 的方案，执行这一方案一年后监测井中氯离子浓度平均增加了 0.08%，海水入侵面积变为 65.15 km²，面积增加了 0.031%；S3 为地下水开采量满足率为 50% 的方案，执行这一方案一年后监测井中氯离子浓度平均减小了 0.13%，海水入侵面积减小为 64.91 km²，面积减小幅度为 0.338%。

根据上述图表分析可知，求解得到的各开采方案能够充分考虑到一年内各个时段地下水需水量的变化，在需水量较大的 4 月、5 月大幅增加地下水的开采，在用水淡季则将开采量分配给几个位置较好的开采井，减小海水入侵的程度。对比各方案的地下水开采策略可以看到，在地下水需求量较大，

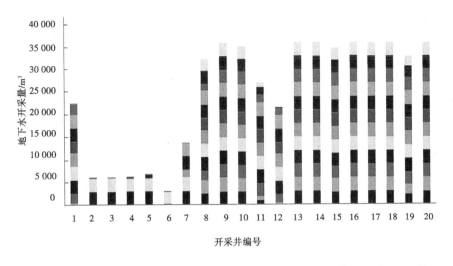

图5　地下水开采量满足率为100%时各井开采量分配堆积柱形图

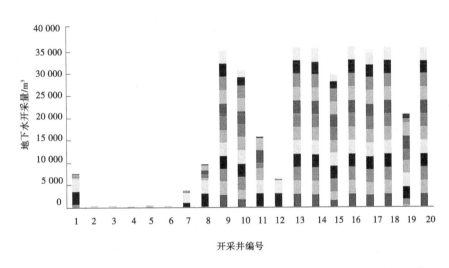

图6　地下水开采量满足率为75%时各井开采量分配堆积柱形图

需水量满足率较高时，各井的开采量分布较为均匀，都逼近最大开采量。当地下水需求量较小时，各井的开采量分配就出现了明显的差异。其中，13号、14号、16号、18号和20号开采井始终维持了比较高的开采量。结合图2可以看到，这五口开采井都位于泳汶河流域的中游地区。泳汶河是研究区内流量最大的河流，开采井分布于河流两侧能够增加地表水对地下水的补给量，并且该地区含水层渗透性较好，便于地下水大规模开采。泳汶河上游地区含水层厚度相对较小，不宜承受较大的开采量；而下游地区开采井与海岸线距离较近，大规模开采易快速加重海水入侵问题。沿海诸小河流域地表水流量较小，且这一地区长期存在一个较大的地下水降落漏斗，结合前文结论来看，这一地区海水入侵加重趋势较为明显。因此在开采总量要求不高的情况下，这一地区分配的地下水开采量较小。综合来看，优化得到的地下水开采策略，基本符合水文地质定性分析结果。

根据动态开采策略的优化结果，地下水需求量满足率为100%的方案，年开采量总量为1 471万m³。该方案执行一年后，全区海水入侵面积增加0.077%。以研究区多年平均地下水开采量1 455万m³为未来的年开采量，预计未来一年海水入侵面积增加0.094%。这表明，在总的地下水开采量基本一致的情况下，经过地下水开采策略的优化设计，在一年内各个时段的地下水需求量可以得到完全满

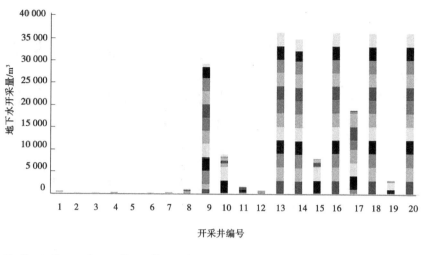

图 7　地下水开采量满足率为 50% 时各井开采量分配堆积柱形图

足的情况下，海水入侵面积增幅比原先减小 0.017%。海水入侵新增面积较优化前减小了 18.09%，优化效果显著。综上，本次研究提出的地下水动态开采策略的优化设计方法是十分有效的。

本研究采用 Kriging 替代模型耦合变密度地下水数值模拟模型和优化模型，极大地减小了计算负荷，缩短了计算时间。由于变密度地下水数值模拟模型的求解时间较长，因此在解决有关海水入侵问题时使用替代模型的优越性体现尤为明显。以本次研究为例，数值计算采用装备 intel i5 3.2 GHZ 处理器、8G 内存的计算机。给定各井开采量后，运算变密度地下水模拟模型一次平均需要 5 min。在地下水动态开采策略的优化模型求解过程中，采用 NSGA-Ⅱ 算法求解并直接调用模拟模型，共需调用 24 万次，总耗时约 20 000 h，完全超出本研究能够承受的计算负荷。使用 Kriging 替代模型后，采用 NSGA-Ⅱ 算法求解优化模型用时约 18 h，获取替代模型训练和检验数据 520 组，耗时 43.3 h，总用时 61.3 h。相比不使用替代模型的耗时缩短了 99.69%。因此，在海水入侵的优化管理问题中使用替代模型来代替模拟模型，并与优化模型耦合，能够大幅缩减计算时间。

4　结论

本文采用模拟-优化方法，针对山东龙口沿海地区的地下水动态开采策略进行了优化设计，构建了研究区的变密度海水入侵数值模拟模型，Kriging 替代模型和开采策略优化模型。经过研究得到了以下结论：

（1）将不同时段的地下水需求量和降水量考虑在内，采用模拟-优化方法设计沿海地区地下水动态开采策略是可行的。经过优化后的地下水动态开采策略可以充分考虑年内需水量的变化情况，合理配置开采布局，避免海水入侵。

（2）经过充分的数据训练后的 Kriging 替代模型，可以较好地拟合变密度海水入侵数值模拟模型的输入-输出关系。

（3）在地下水优化管理问题中使用替代模型，能够大幅度降低计算负荷，缩短计算时间。

参考文献

［1］Sreekanth J, Datta B. Simulation-optimization models for the management and monitoring of coastal aquifers［J］. Hydrogeology Journal, 2015, 23（6）：1155-1166.

［2］郭占荣，黄奕普. 海水入侵问题研究综述［J］. 水文, 2003（3）：10-15, 9.

［3］Song J，Yang Y，Wu J，et al. Adaptive surrogate model based multiobjective optimization for coastal aquifer management［J］. Journal of hydrology，2018，561：98-111.

［4］Yang Y，Wu J，SUN X，et al. A Hybrid Multi - Objective Evolutionary Algorithm for Optimal Groundwater Management under Variable Density Conditions［J］. Acta Geologica Sinica-English Edition，2012，86（1）：246-255.

［5］Ketabchi H，Ataie-Ashtiani B. Evolutionary algorithms for the optimal management of coastal groundwater：a comparative study toward future challenges［J］. Journal of Hydrology，2015，520：193-213.

［6］林锦. 变密度条件下地下水模拟优化研究［D］. 杭州：浙江大学，2008.

［7］赵洁，林锦，吴剑锋，等. 大连周水子海水入侵区地下水多目标优化管理模型［J］. 水文地质工程地质，2017，44（5）：25-32.

［8］章光新，邓伟，邹立芝. 龙口市海水入侵动态系统分析与防治对策［J］. 环境污染与防治，2001（6）：317-319.

基于 GIS 的河北平原地下水源热泵系统适宜性评价

汪　啸　张　伟　吴庆华

（长江科学院水利部岩土力学与工程重点实验室，湖北武汉　430010）

摘　要： 在满足区域规划及合理需求的前提下，地下水源热泵系统选址的合理性主要取决于建设场地的水文地质条件、地下水动力条件、地下水化学特征、经济成本及对环境影响等五个方面。通过集成层次分析法和综合评价指数法，建立了以最优选址区为目标层的河北平原多因素、多指标的区域地下水源热泵系统适宜性评价体系，在 GIS 技术支持下完成了区域内各类数据的矢量化及标准化，并利用其空间叠加功能划分了浅层地下水源热泵适宜性分区。结果表明：含水层的出水能力、回灌能力以及地下水位年变差是地下水源热泵系统选址最主要的影响因素，河北平原不同地形单元含水系统的适宜性呈现出较明显的分带性，其适宜区主要分布于山前平原区、中部平原的西部和北部。

关键词： 地下水源热泵；综合权重；GIS 技术；河北平原；适宜性评价

1　研究背景

随着我国能源产业的转型升级，大气环境污染的压力加剧，开发利用清洁、可再生的新能源，成为可持续发展战略的迫切需求。地下水源热泵系统（GWHPs）以浅层地下水作为热源，通过源端热泵机组和建筑端地热能交换系统能快速实现浅层地热资源的利用。目前，GWHPs 在中国的地热资源利用量中占到 60% 以上，总装机容量为 20 000 MW，位居世界第一，其年使用量相当于 1 900 万 t 标准煤，供能面积超过 5 亿 m²。地下水源热泵系统作为一种迅速发展的绿色能源技术，其应用前景不仅需要先进的回灌手段，还依赖于选址的合理规划[1]。在缺乏合理规划的情况下盲目建设，通常会导致换热效率低下、生态环境恶化等问题，从而造成大量的经济损失[2]。因此，构建基于选址条件的适宜性评价指标体系，是浅层地温能合理开发利用的重要前提，进而为地下水源热泵系统的大范围推广和应用提供必要保障。

影响地下水源热泵选址的因素众多，包括地层结构、岩性分布等地质条件及含水层特性、地下水位埋深、矿化度等水文地质条件。因此，对上述因素的客观评价及合理取舍直接决定了地下水源热泵的开发利用潜力。王贵玲等[3] 从全局的角度探讨了我国地下水源热泵系统的适宜性及利用程度；赖光东等[4] 利用含水层厚度、回灌率、水力坡度等多项因子构建了西安地区适宜性评价指标体系；基于地下水环境特点分析，王楠等[5] 确定了影响水源热泵运行的综合因素；臧海洋[6] 基于源端热泵机组的技术需求对水源热泵系统的选址条件进行了定量评估。作为地下水水源热泵合理布局的重要技术手段，数据不足、评价体系单一、关键指标选取不合理等因素，导致选址适宜性评价结果未能因地制宜，出现使用效率低下甚至含水层破坏等系列问题，严重制约了地下水源热泵系统的推广。

河北平原浅层地热资源丰富，地下水源热泵系统建设尚处于起步阶段，选址条件及评价工作相对滞后，导致浅层地温能的开发利用存在一定盲目性。由于涉及影响因子复杂，常规手段很难有效地综合考虑各类要素条件，需要借助地理信息系统（GIS）进行空间数据和属性数据的统一管理。因此，

基金项目： 国家自然科学基金项目（41902260）；中央级公益性科研基本科研业务费项目（CKSF2021488/YT）。

作者简介： 汪啸（1988—），男，博士，研究方向为地下水循环机制及水岩相互作用。

本文在综合考虑河北平原影响水源热泵应用的各要素条件的基础上，利用层次分析法建立以最优选址区为目标层的多因素、多指标的区域地下水源热泵系统适宜性评价体系，并结合 GIS 空间分析技术进行适宜性分区，为区域水源热泵工程合理规划及选址提供科学的依据。

2 研究区概况与研究方法

2.1 研究区概况

河北平原位于东经 113°04′~119°53′，北纬 36°01′~42°37′，属半干旱、半湿润地区，以季风气候为主，冷热需求大，非常适合浅层地热能的开发利用。地形特点为西北高，东南低，整体地势平坦，海拔均低于 100 m，沿海一带多在 4 m 以下。年平均降水量 500~600 mm，其中 80% 以上发生在 6—9 月；年平均蒸发量（公开水域）为 1 000~1 300 mm。地貌方面，自西向东可分为山前平原、中部冲湖积平原及滨海平原。在山前平原顺沉积方向，孔隙含水层厚度由小变大，至滨海平原又逐渐变小，颗粒组成由卵砾石逐渐变为细粉砂[7]。山前平原地下水位埋深为 10~40 m，中部冲湖积平原地下水位埋深为 40~70 m；在滨海地区相对较浅，地下水位埋深为 1~20 m。受含水层发育程度与渗透性影响，区内含水层富水性总体趋势为西北地区大，往东南方向减弱[8]。区内地下水系统整体由山前往沿海方向径流，地下水主要补给来源为大气降水及侧向径流补给。人为开采和蒸发是本区地下水主要的排泄方式，中东部平原地区受农业灌溉影响，地下水开采强烈，形成局部降落漏斗并改变了地下水流向。

2.2 评价范围设定及研究方法

根据《浅层地温能勘查评价规范》（DZ/T 0025—2009），浅层地热能的评价深度为恒温带以下至 200 m 埋深[9]，在本区主要为第四系松散堆积物构成的孔隙含水系统。考虑河北平原含水层分布特点，以及水源系统对地下水源热泵的影响后认为，在与浅层地温能有关的含水层富水性、回灌能力、地下水补径排条件、地下水化学特征等方面，不同地形单元的含水系统表现出较明显的分带性。因此，本文将山前平原、中部平原、滨海平原的划分纳入本次适宜性分区范畴。主要包括以下两部分：

（1）研究提出适用于河北平原地下水源热泵系统选址判断的各项评价指标及权重，建立区域地下水源热泵系统适宜性评价体系。

（2）在评价体系的基础上，通过 GIS 对区域内各项指标进行矢量化、标准化及空间叠加分析，采用综合评价指数法划分地下水源热泵开发利用适宜性等级。

3 适宜性评价体系的建立

3.1 评价指标选取

浅层地热能开发适宜性评价是建设场地范围内资源赋存状态、储量大小以及使用条件的综合分析，其评价结果是指导浅层地热能开发利用的重要依据。评价因素包括区域地质、水文地质、环境地质、岩土和热力性质、开发利用条件等。按其特性可以归纳为以下四个基本因素：水文地质条件、水动力条件、水化学特征和经济成本。

水文地质条件包括含水层的出水能力、回灌能力和渗透性，用于考量地下水源热泵系统的资源潜力和目标含水层的地下水修复能力。地下水动力条件包括地下水位埋深和地下水水位年变差两个动态因子，用来反映地下水热泵系统开发利用的可持续性及严格水资源保护要求。其中，地下水位是决定地下水源热泵系统效率的重要参数之一，地下水位埋深越大，提取地下水所需的功率就越大；地下水动态变幅越小，则越有利于地下水热泵的设计和维护。水化学特征采用地下水硬度作为评价标准，用于保证地下水源热泵系统长期稳定运行，避免发生明显化学沉淀及腐蚀性危害[10]。经济成本包括钻探施工成本、抽灌井数量、抽灌井深度，用来衡量取水成本及效率问题。

地下水源热泵涉及地下水开采，开采量过大或回灌效率低，可能造成地面沉降等地质灾害；而长期抽灌会导致水源敏感地区的含水层污染。鉴于地质环境防控作为规划选址的先决条件，本次研究针对地面沉降严重区、禁采区、水源地保护区等环境地质敏感区，需在上述评价因子的基础上进行二次评价，对于环境地质敏感区均划定为不适宜区[11]。

3.2 评价模型建立

层次分析（AHP）是一种处理复杂和模糊问题的半定量和半定性的方法[12]，通过将系统中每个因素按照不同属性划分为多层结构，并在同一层次上构建判断矩阵，从而确定子层上各要素相对于上层准则的重要性的影响程度。

河北平原的环境地质条件复杂，利用层次分析法可以较好地表现本区浅层地温能的储存特点和利用条件。本次评价体系的层次结构模型分别为三级，从顶层至底层分别为目标层（A）、制约因素层（B）和要素因子层（C）。目标层为研究区地下水源热泵适宜性评价；制约因素层由水文地质条件（B_1）、水动力特征（B_2）、施工成本（B_3）及水化学场（B_4）四项构成；要素因子层由含水层出水能力（C_1）、含水层回灌能力（C_2）、渗透性（C_3）、地下水位埋深（C_4）、地下水位年变差（C_5）、钻探施工成本（C_6）、抽灌井数（C_7）、抽灌井深度（C_8）、地下水硬度（C_9）构成。评价体系结构见图1。

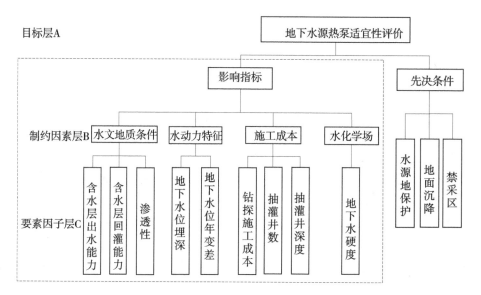

图1 适宜性评价体系层次结构

3.3 因子权重确定

在层次结构模型中，构建比较矩阵对每个子层上各要素相对于上层准则的重要性进行相互评判，并推导各子准则的权重和优先级。本次研究利用乘法合成归一化法从比较矩阵中推导各要素的综合因子权重作为其影响大小的量化值。层次结构模型的计算步骤见图2。

根据层次结构模型，引入1~9标度法[13]逐层构建成比较矩阵，作为本层各要素相对上层准则重要性的评判标准。其中，标度值越大，该要素相对上层准则的重要程度就越大。

$$A = \begin{bmatrix} 1 & 3 & 6 & 9 \\ 1/3 & 1 & 3 & 6 \\ 1/6 & 1/3 & 1 & 3 \\ 1/9 & 1/6 & 1/3 & 1 \end{bmatrix}$$

计算比较矩阵 A 的最大特征值 $\lambda_{\max}$ 及经归一化后的特征向量 $W = (w_1, w_2, w_3, w_4)^{\mathrm{T}}$，其中：

$$\lambda_{\max} = \sum_{i=1}^{n} \frac{(Aw)_i}{nw_i} \tag{1}$$

式中：w_i 为第 i 个准则权重。

在存在多个参数的情况下，需要通过一致性指标来衡量比较矩阵的一致性是否在可接受的范围

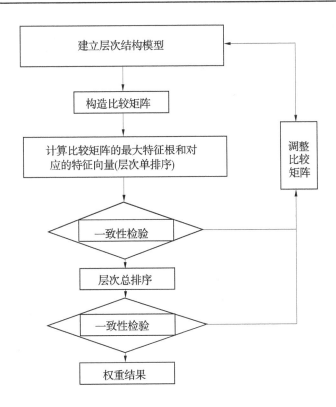

图 2 层次结构模型计算步骤

内，必要时需对比较矩阵进行适当修正。其中，

$$CI = \frac{\lambda_{\max} - n}{n - 1} \tag{2}$$

$$CR = \frac{CI}{RI} \tag{3}$$

式中：CI、CR、RI 分别为比较矩阵一致性指标、一致性比率、随机一致性指标。

通过计算，本次构建的比较矩阵的最大特征值 $\lambda_{\max} = 4.103\ 9$，一致性指标 $CI = 0.034\ 6 < 0.1$，一致性比例 $CR = 0.036\ 1 < 0.1$，一致性程度较高。各指标权重计算结果见表 1。

表 1 层次分析法检验结果

矩阵		B		C_{13}		C_{45}		C_{68}		C_9
权重	B_1	0.553 9	C_1	0.569 5	C_4	0.25	C_6	0.428 6	C_9	1
	B_2	0.252 5	C_2	0.333 1			C_7	0.428 6		
	B_3	0.152 8	C_3	0.097 4	C_5	0.75	C_8	0.142 8		
	B_4	0.040 8								
$\lambda_{\max}$		4.103 9		3.024 6		2		3		1
CI		0.034 6		0.012 3		0		0		0
CR		0.036 1		0.021 2		—		—		—

通过对制约因素层（B）相对权重的计算结果显示，水文地质条件、地下水动力条件、经济成本、水化学特征所占权重依次为 0.553 9、0.252 5、0.152 8、0.040 8。要素因子层（C）各项指标相对于上层准则的权重计算过程与上述一致，并通过层次总排序及一致性检验最终得到各个要素指标因

子相对于目标层（A）的排序权重，见表 2。可以看出，含水层出水能力、回灌能力和地下水位年变差作为最重要的影响因子，所占权重分别为 0.315 5、0.184 5、0.189 4。

表 2　要素因子权重一览表

因子编号	因子代表含义	权重
C_1	含水层出水能力	0.315 5
C_2	含水层回灌能力	0.184 5
C_3	渗透系数	0.053 9
C_4	地下水位埋深	0.063 1
C_5	地下水位年变差	0.189 4
C_6	钻探成本	0.065 5
C_7	抽灌井数	0.065 5
C_8	抽灌井深度	0.021 8
C_9	地下水硬度	0.040 8

4　综合评价

4.1　数据的标准化

由于各要素因子量纲不同，需通过数据标准化来实现各项评价标准的一致性[14]。利用已确定的评价指标体系，针对各个要素因子的属性特征和影响程度进行 1~9 赋值，分值越高，适宜程度越好，从而将所有指标转化为可以叠加运算的无量纲参数。各要素因子量化评级见表 3。

表 3　各要素因子量化评级

要素指标	分级	赋值	要素指标	分级	赋值
含水层出水能力/[m³/(d·m)]	>1 000	9	渗透系数/(m/d)	>80	9
	500~1 000	7		60~80	7
	300~500	5		40~60	5
	100~300	3		20~40	3
	<100	1		<20	1
含水层回灌能力/%	<50	1	地下水位埋藏深度/m	<20	9
	50~80	5		20~30	8
	>80	9		30~40	7
地下水位年下降量/(m/a)	−1.2~−0.8	9		40~50	6
	−0.8~−0.4	7		50~60	5
	−0.4~0	5		60~70	4
	0~0.4	3		70~80	3
	0.4~0.8	2		80~90	2
	0.8~1.0	1		>90	1

续表3

要素指标	分级	赋值	要素指标	分级	赋值
钻探深度/m	<30	9	地下水硬度/（mg/L）	<200	9
	30~50	8		200~400	7
	50~100	7		400~600	5
	100~150	5		600~1 000	3
	150~200	3		>1 000	1
	>200	1	钻探施工成本	卵砾石	1
抽灌井数/%	<50	1		粗砂卵砾	3
	50~80	5		中粗砂	6
	>80	9		粉细砂	9

4.2 基础数据的获取及处理

借助 GIS 将层次分析法和综合指数法有机结合，可以在一定程度上克服单一赋值法的缺陷，从而保证决策结果的合理性[15]。评价体系中各要素基础数据来源于科研报告及基础图件，在各个要素叠加分析之前，需将上述要素信息转换为光栅数据格式，进行数据矢量化及空间属性赋值。

图层矢量化及空间属性赋值之后，利用网格剖分提取已赋值完毕的各要素图层中的属性值，并相互叠加计算。工作区内选取 1：5 万比例尺地理底图进行 1 km×1 km 正方形网格剖分，具体步骤为：①按照剖分方案进行网格单元划分；②将剖分的网格单元转换成面元，并对其进行编号；③建立目标图层属性数据库提取要素图层的各项指标；④根据评价模型对网格单元属性层进行空间分析。评价区赋值完成后的网格单元剖分见图3。

4.3 适宜性区划

利用综合指数评价方法，将每个网格单元的属性分配与层次模型中相应的权重值相结合，计算出各单元的综合得分。通过线性加权法构建的目标函数数学模型为：

$$R_k = \sum_{i=1}^{n} \alpha_i X_i \tag{4}$$

式中：R_k 为综合评价指数；n 为制约因素的个数；α_i 为制约因素的权重；X_i 为制约因素的赋值。

根据分值分布情况，将分值为 1~3 的区域划为不适宜区，3~7 为较适宜区，7~9 为适宜区。针对地面沉降严重区、禁采区、水源地保护区等环境地质敏感区，需在上述分区的基础上进行二次评价。河北平原地下水源热泵系统适宜性最终分区结果见图4。

4.4 适宜性评价

评价结果显示，河北平原地下水源热泵系统的适宜区主要分布于山前平原区。该区富水性好，含水层岩性以卵砾石为主。单井涌水量一般为 30~50 m³/（h·m），最大可达 80~120 m³/（h·m），矿化度小于 1 g/L。唐山、北京、保定、邢台均处于适宜区范围内。该区大多位于冲洪积扇顶部，富含水层出水能力强、回灌能力大、矿化度小是导致其适宜性好的重要原因。

较适宜区主要分布于中部冲湖积平原的西部和北部。该区富水性一般，含水层岩性以中粗砂为主，单井涌水量一般为 20~30 m³/（h·m），最大可达 50 m³/（h·m），矿化度为 1~3 g/L。该区以带状形式分布于廊坊西北部、保定南部、衡水西部等地区，地下水补给径流条件和水位埋深是制约其适宜性分区的主要因素。

不适宜区主要分布于中部平原东部和滨海平原区。该区富水性差，含水层岩性以细粉砂为主，单井涌水量一般为 5~20 m³/（h·m），局部小于 5 m³/（h·m），矿化度大于 3 g/L。不适宜区广泛分布于沧州东部、唐山南部、衡水及邯郸东部等区域。特别是天津中东部地区，富水性较差且矿化度

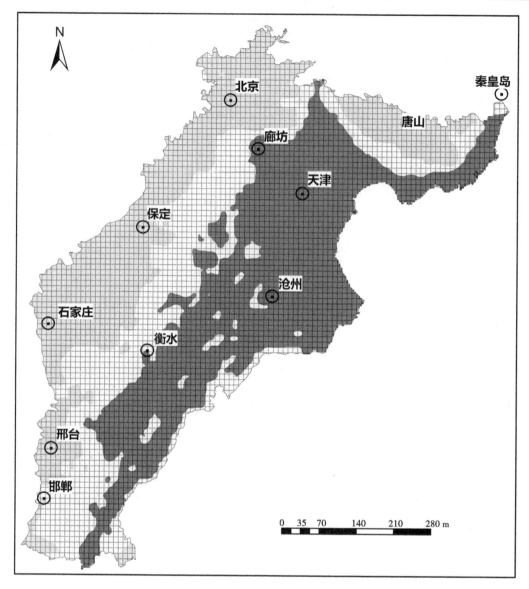

图 3 适宜性评价区网格单元剖分图

大，同时以细砂和粉细砂为主的地层不利于地下水回灌。此外，部分地区如静海城区、汉沽城区等由于多年地下水超采，指标条件较差，为不适宜区。

5 结论

（1）通过集成层次分析法和综合评价指数法，建立了以最优选址区为目标层的河北平原多因素、多指标的区域地下水源热泵系统适宜性评价体系。其中，含水层出水和回灌能力是地下水源热泵系统适宜性分区的关键指标，地下水动力条件、水化学特征、经济成本作为次级因素影响地下水源热泵系统的选址，而地质环境防控作为先决条件，直接决定其适宜性。

（2）河北平原不同地形单元含水系统的适宜性表现出明显的分带性，地下水源热泵系统的适宜区主要分布于山前平原区、冲湖积平原的西部和北部；不适宜区主要分布于冲湖积平原的东部、滨海平原区。

（3）本次评价仅为较大比例尺度上的区域适宜性综合分析，对于局部地区仍需因地制宜、具体分析。

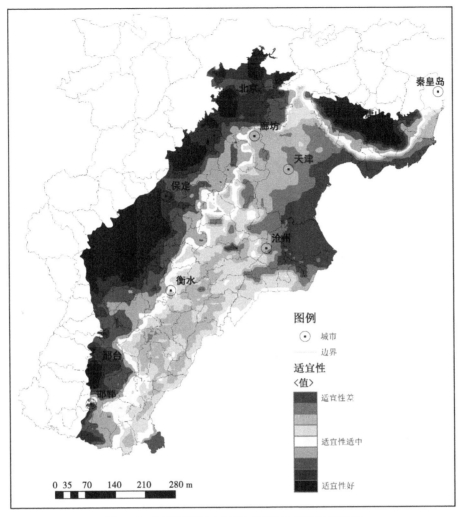

图4 河北平原地下水源热泵系统适宜性区划结果

参考文献

[1] 刘云, 李锋, 闫文中, 等. 关中盆地主要城市浅层地热能资源量赋存规律研究 [J]. 中国地质调查, 2016, 3 (4): 7-12.

[2] 刘琼, 李瑞敏, 王轶, 等. 区域地下水资源承载能力评价理论与方法研究 [J]. 水文地质工程地质, 2020, 47 (6): 11-16.

[3] 王贵玲, 刘云, 蔺文静, 等. 地下水源热泵应用适宜性评价指标体系研究 [J]. 城市地质, 2011, 6 (3): 6-11.

[4] 赖光东, 周维博, 姚炳光. 西安地区浅层承压水水源热泵适宜性评价 [J]. 长江科学院院报, 2017, 34 (12): 22-27.

[5] 王楠. 长春市城区浅层地热能评价及地下水源热泵采灌模式研究 [D]. 长春: 吉林大学, 2016.

[6] 臧海洋. 沈阳城区地下水源热泵适宜性评价及应用 [D]. 沈阳: 沈阳建筑大学, 2011.

[7] 李志军, 赵朝兵, 刘东, 等. 河北省主要城市浅层地温能开发区1/5万水文地质调查成果报告 [R]. 中国地质科学院水文地质环境地质研究所, 2015.

[8] 高永华. 河北平原地下水流系统演变规律研究 [J]. 地下水, 2018, 40 (1): 3-7.

[9] 浅层地温能勘查评价规范: DZ/T 225—2009 [S]. 北京: 中国标准出版社, 2009.

[10] 王小清, 王洋. 地下水源热泵运行期地质环境监测与响应特征 [J]. 工程勘察, 2019 (2): 7-13.

[11] 吴烨. 浅层地热能开发的地质环境问题及关键技术研究 [M]. 武汉: 中国地质大学出版社, 2015.

[12] 邓雪, 李家铭, 曾浩健, 等. 层次分析法权重计算方法分析及其应用研究 [J]. 数学的实践与认识, 2012, 24

（7）：8-13.

［13］张炳江．层次分析法及其应用案例［M］．北京：电子工业出版社，2014．

［14］王道山，郭山峰，李志国，等．漯河市浅层地热能开发利用适宜性评价分析［J］．勘察科学技术，2020（5）：4-10．

［15］李崇博，宋玉，郝应龙，等．基于 GIS 技术和 C-A 分形方法的浅层地温能定量适宜性评价——以乌鲁木齐市北部城区为例［J］．新疆地，2019，37（2）：5-12．

浅谈黄河过境水对郑州环境生态用水效益分析

辛 虹[1] 何 辛[2] 巴 文[1] 李东好[1]

（1. 河南黄河河务局郑州河务局，河南郑州 450003；
2. 黄河水务集团股份有限公司，河南郑州 450003）

摘 要：河南省是一个人口大省，也是一个农业大省。全省的人均水资源量为 440 m³，尤其是沿黄地区，人均水资源占有量仅有 275 m³，相当于全国平均水平的 1/10，属于水资源极度短缺地区。小浪底水库投入运行后，下游水资源利用的保证率进一步得到提高，只要合理开发，科学调配，充分利用，黄河水资源可以满足沿黄地区经济社会发展的需要，并可有效缓解用水紧张状况。郑州市用水 80% 以上的水源来自黄河，每年引用黄河水在 3 亿 m³ 左右。郑州市是河南省会，工业及城市生活用水居全省之首，既是河南省最主要的工农业生产基地，也是建设中的中原城市群和经济隆起带的中心城市。郑州历史悠久，文化古迹荟萃，人文景观丰富，是黄河古文化旅游中心。优越的地理位置，使郑州工业、农业和商业的发展具有独特优势。城市环境建设围绕创建园林城市目标，大力加强园林基础设施建设，城区绿化覆盖率大幅度提高，城市面貌大幅改观。人与自然和谐共处，生态环境与经济生活协调持续发展是郑州市城建的总体要求。生态水系工程的建设，直接影响着郑州市未来的长远发展和建设，影响着郑州市的投资环境。环境生态用水是国家保障人民物质文化不断高涨、健康水平不断提高、社会环境的美化、经济建设飞速发展的必需，是维系国家的生态安全、水生态安全、水安全以及全社会可持续发展的必备供用水。在我国建立新的环境生态用水的水源工程及河道内用水的水资源供需关系、水资源优化配置、可持续利用的规划设计、利用开发保护工作是当务之急。

关键词：黄河过境水；环境生态；用水；效益分析

1 郑州市水资源现状

郑州市是一个严重缺水城市，人均水资源拥有量仅有 212 m³，约占全省人均水资源量的 1/2，占全国人均水资源量的 1/10，属于第四类严重缺水地区。由于缺水，贾鲁河、索须河、贾鲁支河在市区段成为季节性河道。为解决水源问题，目前最佳途径是利用过境黄河水。黄河流经郑州市境内长度 160 km，是最大的客水水源。

郑州市区多年平均降水量为 609.7 mm，最大年降水量为 1 041 mm，最小年降水量为 385 mm。夏季降水量为 290~390 mm，占全年降水量的 50% 左右；冬季降水量只有 20~30 mm，占全年降水量的 3%~5%。郑州为多风地区，多年平均风速为 2.8~3.2 m/s，最大风速为 18~22 m/s，冬季盛行偏西北风，夏季盛行偏西南风，春季则交替出现。

2 黄河过境水开展城市环境生态用水的效益分析

2.1 社会效益分析

社会效益主要体现在以下几个方面：

（1）充分发展环境用水将改善城市生态环境，改善居民的生活条件和城市投资环境，创造出舒适优雅的城市景观，提高城市品位和形象，增强郑州市的吸引力，促进郑州市建设和国民经济的快速

作者简介：辛虹（1964—），女，高级工程师，主要从事引黄涵闸、引黄供水工程建设及运行管理工作。

发展，并带动相关产业的发展。

（2）充分发展环境用水将形成良好的商业及居住环境，促进土地增值，产生土地增值效益。

（3）充分发展环境用水将对建设中的郑东新区以有力的支持，促进周边旅游景点的建设和开发，形成良好的旅游观光、休闲度假场所，旅游效益明显。

综合来看，发展生态环境用水集生态景观、旅游休闲、水资源管理综合利用等多项功能于一体，充分实施后有利于完善郑州市生态水系建设，有利于城市框架的扩大，促进人居环境的改善，使城市魅力日益增强，对郑州市的长期发展产生深远影响。

2.2 生态效益分析

对缺少河湖水体的中原城市郑州而言，营造大面积水面可以改善城市生态环境、居住环境，创造郑州市独特的城市景观，拉动旅游产业以及相关产业，发展生态环境用水反映了以人为本的思想理念，符合人与自然和谐共处、生态环境与经济生活协调可持续发展的总体要求。

（1）美化市容、改善环境。郑州生态水系工程建成后，可形成覆盖郑州老城区及郑东新区良好水质的城市河网水系通过对河道两岸范围内进行人工种草、植树等绿化建设，估算可增加绿化面积数万立方米，植树数万棵，并修建一些人文景观，使河道两岸形成滨河公园，将给郑州市增加 4 条亮丽风景线，给河道综合治理锦上添花。通过绿化环境，必然会促进生态环境状况的改善。

（2）净化空气、调节小气候。以生态水系工程为依托，形成的水质良好的城市河网水系，与河道两岸的滨河绿化系统和城市绿化系统，共同构成水清、林秀、景美的良好生态系统，能显著增加环境的湿度和减少地表湿度的光辐射，将对净化空气、调节区域小气候起到非常重要的作用。

（3）扩大生物多样性。生态水系工程广阔的水域将形成良好的水生生物生长环境，特别是水生植物和微生物的生长将会比较旺盛。同时由于生态影响的改善，河道两岸树木将成为鸟类栖居场所，有利于它们的生存、繁衍、扩大生物多样性，保持了生态平衡。

3 开展城市环境生态用水的环境评价

3.1 城市环保现状

郑州市的多条水渠（金水河、熊耳河，东风渠以及贾鲁河、索须河等）的水源问题是影响市区以及郑东新区水系环境的重要问题。一直以来，由于缺乏洁净水源，多条渠道内污水横流、垃圾堆积。水环境的恶化，造成了生态环境状况的进一步恶化。

3.2 环境影响分析——对改善环境的有利影响

郑州市大力实施利用黄河过境水开展城市环境用水建设，城市各条水渠将一改过去缺水少绿、污水横流的状况，将初步具备建设多条生态长廊的基础条件，进而形成郑州市区亮丽的滨河风景，使周边的生态环境得到改善，对局部小气候有调节作用，可增加空气湿度，减少风沙，显著改善市民的生活居住环境，有利于人们的身心健康。

4 郑州市开展城市环境生态用水供需水量分析

4.1 引水工程概况

黄河水穿郑州而过，郑州市引水条件得天独厚。目前，郑州市沿黄河大堤引黄渠首工程隶属河务部门管理，分别是荥阳地区的桃花峪引黄渠首闸，郑州的东大坝闸、花园口闸、马渡闸三座引黄渠首闸，中牟县的杨桥闸、三刘寨闸、赵口闸三座引黄渠首闸，供水能力在 400 m^3/s 以上，能有效满足郑州市城市生态环境用水需求。

目前，郑州辖区内共建引黄供水工程 17 座。按管理权限划分，国家建设与管理的有 9 座（其中在控导工程上建设的有 3 座、在黄河大堤上建设的有 6 座），地方建设与管理的有 8 处。设计总流量为 390.67 m^3/s，取水指标为 5.08 亿 m^3（其中地表水 4.32 亿 m^3、地下水 0.76 亿 m^3）。通过这些引水渠首闸能够充分供应水源稳、水质优的黄河水。

4.2　引水规模

按照需水量分析，维持郑州生态水系工程——东风渠、贾鲁河、索须河、贾鲁支河、七里河、金水河、熊耳河以及郑东新区龙湖湖区等河道水系年需总水量约为 6 800 万 m^3。

4.3　需水量分析

总需水量包括拦蓄水体、水质换水需求、蒸发、渗漏等方面水量。

（1）需水量：东风渠河道从上游海洋路桥至入七里河段长 15.9 km，规划蓄水面积 120 万 m^2，蓄水量 270 万 m^3；索须河从河道与东风渠交汇处至入贾鲁河口，蓄水面积 165 万 m^2，蓄水量 272 万 m^3；贾鲁河市区段长 25.7 km，可蓄水面积 384 万 m^2，可蓄水 628 万 m^3；贾鲁支河约 18 km，可蓄水面积 18.6 万 m^2，可蓄水 31 万 m^3。总蓄水面积 818 万 m^2，蓄水量 1 450 万 m^3。

（2）蒸发、渗漏：郑州市属北温带半干旱大陆季风气候，蒸发相对强烈，据资料统计，多年平均蒸发量为 1 112 mm，东风渠、贾鲁河、索须河、贾鲁支河、七里河、金水河、熊耳河等按照需水面积计算蒸发水量为 743 万 m^3。渗漏量参照水库和鱼塘渗漏参数按照水体的 18% 计算，渗漏量为 231 万 m^3。

（3）水质换水需求：综合考虑水源水质、气候条件等因素，并参照国内其他河道水质控制情况，郑州生态水系河道每年换水 4 次（运行期间，依据水质监测情况及景观娱乐用水水质标准 GB 1294—91 而定转换次数），全年总蓄水量为 5 800 m^3。

5　发展郑州市城市生态用水的引黄渠首工程

黄河水穿郑州而过，郑州市引水条件得天独厚。目前，郑州市沿黄河大堤引黄渠首工程有 7 处，隶属河务部门管理，分别是荥阳地区的桃花峪引黄渠首闸、郑州的东大坝闸、花园口闸、马渡闸三座引黄渠首闸，中牟县的杨桥闸、三刘寨闸、赵口闸三座引黄渠首闸，供水能力在 400 m^3/s 以上，能有效满足郑州市城市生态环境用水需求。

6　结论

郑州是缺水城市，黄河水得不到充分利用，地下水开采过度，市区地下水位逐年下降，漏斗正在形成，造成地面沉降、生态环境破坏。引用黄河水呈逐年递增趋势，平均每年引黄供水约 2.67 亿 m^3，而每年分配给郑州的引水指标大于实际取水量，发展空间非常大。因此利用黄河过境水进行城市生态改造势在必行，不仅可以缓解郑州市水资源的供需矛盾，而且能有效补给地下水源，改善生态环境，充分利用黄河水资源发展郑州市城市生态环境用水，最大限度地加快郑州生态、园林城市建设势在必行。

参考文献

[1] 李国英. 维持黄河健康生命 [M]. 郑州：黄河水利出版社，2005.
[2] 叶秉如. 水资源系统优化规划和调度 [M]. 北京：中国水利水电出版社，2001.
[3] 丰华丽，夏军. 生态环境需水研究现状和展望 [J]. 地理科学进展，2003，22 (6).

广饶县浅层地下水超采区
水位动态特征分析

陈 勇

（东营市水文中心，山东东营 257000）

摘 要：以 2016—2020 年广饶县浅层地下水超采区动态监测资料为基础，分析该区域地下水位年际、年内动态变化特征及影响因素。结果表明，分析时段内浅层地下水超采区年均水位逐年上升，上升速率为 0.65 m/a，年内地下水月平均水位为 0.60~-2.31 m，呈现季节性变化规律，水位动态与人工开采、降水量等因素密切相关。从地下水管理、制度建设、监测系统设计等方面提出建议，为区域地下水超采综合治理提供技术支撑。

关键词：地下水超采区；水位动态；超采评价；广饶县

东营市地下水以小清河以南广饶县境内的井灌区 455.2 km² 范围内有浅层淡水，地下水超采始于 1975 年，当时地下水平均埋深 3.74 m，2020 年地下水平均埋深 14.17 m。井灌区全部范围内形成以广饶县广饶镇申盟村、大王镇南陈官村为漏斗中心的漏斗区，地下水严重超采，造成地下水位持续下降，地下水采补平衡遭受破坏，形成大面积的超采区，这对当地的生态环境造成一系列不良后果[1]，严重阻碍了该地区的经济发展和地下水资源的长期开发利用[2]。水位是反映地下水系统特征的一项重要因素，是地下水系统水量均衡的外在表现[3-4]。因此，分析研究该区域地下水位动态特征及变化趋势，合理开发利用和有效保护地下水资源，全面掌握地下水超采区面积、漏斗和水位变化情况，对当地经济发展具有重要意义。

1 研究区概况

1.1 水文地质条件

东营市广饶县境内小清河以南地质单元属山前平原区，沉积物主要来源于泰沂山区由淄河等河流搬运来的冲积物。地层自南向北缓倾，具有典型的山前冲积平原水文地质特征。地下水埋深由深变浅，水力性质由潜水逐步过渡为承压水，矿化度也逐步增高，由淡水过渡为微咸水、咸水，研究区水文地质见图 1。

地下水的各项补给量主要包括降水入渗补给量、南部地下水侧渗补给量、河道渗漏补给量、引黄引河灌溉补给量、井灌回归补给量。其中，降水入渗补给是广饶县浅层地下水资源的主要补给量，地下水埋深随季节变化明显。浅层地下水主要排泄方式有自然排泄与人工开采，其中自然排泄包括地下水溢出地表、蒸发及向下游的侧向流出；人工开采包括水源地开采、城镇工业开采和农业的季节性开采，其中潜水蒸发及向境外侧流出比例很小[5]。

1.2 水文气象条件

广饶县地处暖温带，属季风性气候，境内气候无明显差异。气候特征是雨、热同季，大陆性强，寒暑交替，四季分明。多年平均降水量 563.7 mm，折合水量 64 148 万 m³。降水量时空分布不均，丰雨集中在夏季，占年降水量的 73%；冬季雨雪少，降水量占年总量的 4%~5%。降水量年际变化大，

作者简介：陈勇（1986—），男，工程师，主要从事水文测验方面的研究工作。

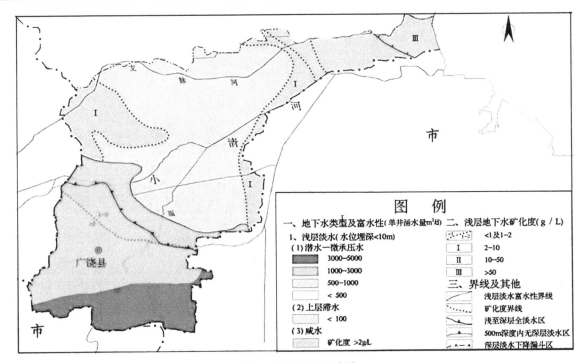

图1　研究区水文地质

年最大降水量为 1 142.6 mm（1964 年），较多年平均降水量多 104%；年最小降水量为 346 mm（1992 年），较多年平均降水量少 37%[6]。多年平均浅层地下水补给量为 8 632 万 m³，可开采量为 7 769 万 m³。多年平均蒸发量为 1 823.5 mm，蒸发量年内分配量不均。历年平均气温为 12.3 ℃，年平均最高气温为 18.8 ℃，年平均最低气温为 6.8 ℃。极端最高气温为 41.9 ℃，极端最低气温为 −23.3 ℃。

2　监测井信息

广饶县地下水监测工作从 1975 年起逐步开展，主要观测项目有地下水位、水化学、水温等，现全县有监测井 9 眼。长期以来，利用地下水监测井网收集积累了大量宝贵的观测资料，为全县地下水资源评价、开发利用、保护和管理提供了依据。本次选取广饶县浅层地下水超采区内代表性的监测井 6 眼，监测频次为 5 日，监测方式均为人工监测，监测井的分布能够基本反映出区域浅层地下水超采区的水位变化特征，超采区动态监测井基本信息见表 1。

表1　广饶县浅层地下水超采区监测井基本信息

测井编号	测井位置	井水用途	监测井周围概况
51161000	广饶县李鹊镇苏家村东 100 m	农田灌溉	农作物种植场地
41863910	广饶县大王镇耿集村东南	只做监测用	农作物种植场地
41863720	广饶县大王镇李璩村西 50 m	农田灌溉	蔬菜种植场地
41863890	广饶县稻庄镇邢家村东南 250 m	生活取水、浇菜	蔬菜种植场地
41864110	广饶县稻庄镇西雷埠村	只做监测用	闲置场地
31171930	广饶县石村镇甄庙村东南 300 m	生活取水、浇菜	蔬菜种植场地

3　浅层地下水水动态特征分析

3.1　浅层地下水水位年际动态特征分析

广饶县浅层地下水具有明显的年际变化特征，超采区水位年际变化曲线见图 2。2016—2020 年超采区年平均地下水位呈逐年明显上升趋势，2018 年地下水位较 2016 年上升 0.51 m，2019 年较 2018 年上升 0.72 m，2020 年较 2019 年上升 2.01 m，2020 年上升速率最大，2020 年平均水位比 2016 年上升 3.23 m，年均上升 0.65 m。

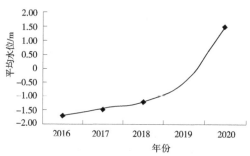

图 2　广饶县浅层地下水超采区水位年际变化曲线

广饶县浅层地下水年际平均水位上升较大，主要受两方面因素影响。一是受区域地下水超采区综合治理影响。2018—2020 年，广饶县实施地下水超采区综合治理三年试点方案，以体制、机制建设创新为重点，以工程措施为手段，通过创新政策机制，重点突出水源置换工程，坚持节水优先，建设与管理并重，综合施策，达到地下水超采区综合治理目标。同时，2020 年度，广饶县小清河南部区域生态补水 1 000 万 m³，补水涉及范围为孙武湖及周边区域，回灌补源地下水的效果显著，年度地下水超采区平均水位大幅度上升。二是受大气降水因素影响，年度降水量偏多，2018 年广饶县降水量为 1 118 mm，2019 年广饶县降水量为 735 mm，分别较多年平均降水量偏多 98%、30%，超采区地下水得到充分补充，水位显著上升。

3.2　浅层地下水位年内动态特征分析

在多年年均地下水位动态变化规律分析的基础上，进行多年月均地下水位动态变化规律分析，以掌握地下水位在年内月分布的动态变化[7]，广饶县浅层地下水具有典型的潜水动态变化规律，地下水位与降水量、蒸发量、人工开采密切相关。

每年 3—5 月，为保证灌区作物正常生长的需水量，井灌区集中开采浅层地下水，形成以人工开采为主要消耗的地下水位下降变化，且水面蒸发量逐月增大，同时降水量偏少，地表水资源明显不足，工农业生产大量开采地下水，引起浅层地下水区域性水位下降。6 月，达到年度最低水位。7—8 月，进入主汛期，虽然蒸发量较高，但因年度降水主要集中在该时间段，降水总量占全年度的 40% 以上，降水补给集中增强，开采量少，地下水位明显上升，直到 9 月上升到最高水位，表明降水入渗补给具有滞后性。10 月，部分农作物开始冬灌，地下水位下降。11—12 月，因降水量与蒸发量均比较小，地下水开采量明显减少，地下水位上升进入相对稳定期，浅层地下水位年内在 0.60～-2.31 m 变化。

从时间上看，这些变化说明大气降水是广饶县浅层地下水的主要补给来源之一，具有一定的滞后性，因监测区域不同土质、土壤的渗透性差异，这种滞后性的变化也不同；井灌区农田灌溉用水是引起区域内地下水水位下降的重要因素。地下水水位动态呈现出明显的季节性周期变化规律，总体表现出稳定—下降—上升—稳定态势，超采区多年月平均水位曲线见图 3。

4　结论与建议

（1）浅层地下水在广饶县工农业生产中占重要地位，通过对该地区 2016—2020 年间地下水超采区平均水位变化情况分析可以看出，5 年来，该区域浅层地下水位呈明显上升趋势，表明区域地下水超采区综合治理效果显著。

（2）浅层地下水超采区年内水位动态处于不断变化之中，年内月平均水位变幅 2.91 m，呈现季节性变化规律，夏季地下水位低，冬季地下水位高，农田灌溉、人工开采和大气降水是主要的影响

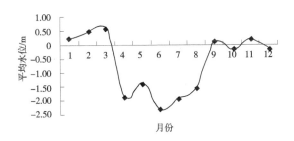

图3　广饶县浅层地下水超采区多年月平均水位曲线

因素。

（3）严格管理，总量控制。高度重视地下水的管理工作，实行地下水取用水总量和水位控制，加强地下水利用与保护；制定地下水取用总量控制指标，加强地下水水位监测管理，作为确定地下水开发利用强度的依据。

（4）实行定期地下水超采区治理跟踪评价制度。每月编制地下水超采区监测信息简报，对地下水超采区进行地下水水位、水质现状及变化预警分析，为地下水超采区综合治理提供数据支撑。

（5）完善地下水超采区监测系统功能设计。充分利用防汛抗旱、地下水监测、水资源监控系统平台，通过开发信息采集、任务跟踪、效果评估、监督复核等功能模块，构建地下水超采综合治理信息管理系统。

参考文献

［1］史晓琼，杨泽元，张艳娜，等．陕北高强度采煤对对生态环境影响的研究进展［J］．煤炭技术，2016（1）：314-316.

［2］李万明，黄程琪．西北干旱水资源利用与经济要素的匹配研究［J］．节水灌溉，2018，275（7）：93-98.

［3］张人权，梁杏，靳孟贵，等．水文地质学基础［M］.6版．北京：地质出版社，2011：101-110.

［4］薛禹群，吴吉春．地下水动力学［M］.3版．北京：地质出版社，2010：53-66.

［5］水利部水资源司，南京水利科学研究院.21世纪初期中国地下水资源开发利用［M］．北京：中国水利水电出版社，2004：3-8.

［6］徐粒．广饶县水资源供需平衡研究［J］．地球，2016（7）：359.

［7］杨玉峰，李中邵，陈胜权，新疆克拉玛依市农业开发区地下水动态规律研究［J］：江西水利科技.2016，42（6）：399-402.

某航电枢纽泄水闸下游冒黄泥浆原因初探

吴 飞 曾伟国 王 刚

（中水珠江规划勘测设计有限公司，广东广州 510610）

摘 要： 某航电枢纽船闸改建工程在上游纵向围堰高喷防渗施工时，泄水闸下游侧区域冒出大量黄泥浆。本文通过对枢纽前期勘察、设计、施工以及船闸地质条件、围堰施工等资料的分析，初步提出冒黄泥浆的原因，并结合钻探、水上高密度电法、多波束测深、连通试验、模拟试验和计算等成果，对初步提出的原因进行分析，排除其中的不可能因素，提出冒黄泥浆的真正原因及通道，提出合理的处理建议。

关键词： 航电枢纽；渗漏通道；高喷防渗；达西定律；高密度电法；多波束测深

1 工程概况

某航电枢纽是一座以航运为主，兼有发电、灌溉等综合利用功能的大型航电枢纽，枢纽从左至右建筑物有左岸连接坝段、厂房、左支泄水闸、平板坝、溢流坝、右支泄水闸、船闸、右岸连接坝段。由于库区淹没问题，常年蓄水位比正常蓄水位低 2 m，导致船闸上闸首门槛水深不足，达不到三级通航要求，需对通航建筑物进行原址改建。

通航建筑物改建工程于 2019 年实施，在该改建工程上游枯期一期纵向围堰高喷施工时，原枢纽右支泄水闸 9#~12#孔下游侧区域突然冒出大量黄泥浆，见图 1、图 2。

图 1 上游围堰高喷灌浆施工

图 2 泄水闸 9#~12#孔下游侧区域冒黄泥浆

2 工程地质条件及施工处理

2.1 泄水闸工程地质条件

泄水闸地处河流冲积平原上，两岸有低缓残丘分布。枢纽区分布的地层主要有中细砂、粗砂、砂卵砾石、强风化-中风化细砂岩等，局部分布有淤泥、粉细砂。其中左支泄水闸及溢洪坝段基岩埋深较大，形成凹槽，凹槽中充填砂质黏土，如图 3 所示。

2.2 坝基处理

右支泄水闸 9#、10#底板、消力池，11#、12#消力池，11#~14#上游铺盖上游沟槽底板建基面为长

作者简介：吴飞（1975—），男，高级工程师，主要从事水利水电及岩土工程勘察工作。

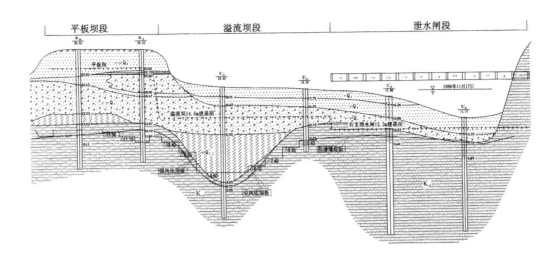

图 3　泄水闸坝基地质条件及防渗处理剖面图

石砂岩，岩体完整，其余段建基面均为覆盖层。

平板坝基础为砂砾层，未进行基础处理；溢流坝建基面挖除淤泥和粉细砂至砂砾石层，并使用含泥量小于 3% 的砂砾石进行分层碾压回填；右支泄水闸基础除上述位于细砂岩的部位外，其余部位为砂砾层，基础处理为使用含泥量小于 3% 的砂砾石进行分层碾压回填。

坝轴线上游约 30 m 处设置了 YKC 防渗墙，防渗墙宽 800 mm，均进入中风化岩 1 m 以上。防渗墙与大坝之间，设置了厚 2 m 的混凝土铺盖。

2.3　上游围堰工程地质条件及高喷施工

上游围堰上部为填土，褐黄色，稍加压密，厚 10~12 m；中部为粗砂、砂卵砾石，松散状，透水性大，厚 1.5~5.9 m；下部为中风化细砂岩。

高喷采用水泥浆液双管施工，孔距 1.5 m，在高喷进入粗砂、砂卵砾石层后，施工压力为 29 MPa，提升速度为 6~7 cm/min。

3　渗漏原因及通道初步推测

鉴于该工程已正常、安全运行了接近 20 年，而本次渗漏现象恰恰发生在通航建筑物改建工程上游枯期一期纵向围堰高喷灌浆施工时，初步认为冒黄泥浆应与该围堰高喷灌浆施工有关，初步推测有以下四种可能的渗漏通道：

（1）可能存在走向北西、倾角较陡的断层，形成压力传递及渗漏的通道，见图 4（a）。

（2）可能存在走向北西的岩溶通道，泥浆沿着岩溶通道渗流至泄水闸 9#~12# 孔下游出露，见图 4（b）。

（3）大坝的防渗体系存在缺陷，压力沿着覆盖层中的砂卵砾石层传递至防渗体系缺陷处，然后沿着一定的路径，在泄水闸 9#~12# 孔下游侧冒黄泥浆，见图 4（c）。

（4）泥浆在灌浆部位附近流入水库，并沿水库底部扩散至右支泄水闸上游，通过闸门泄漏流到下游，示意图见图 4（d）。

4　渗漏原因综合分析

4.1　断层形成渗漏通道的可能性分析

现场布置 11 条水上高密度电法剖面，宏观地查找电阻率异常位置，并在电阻率异常位置布置钻孔验证。

高密度电法成果结合钻探、孔内综合测井、水文地质试验显示，基岩岩体完整，近库区段未发现

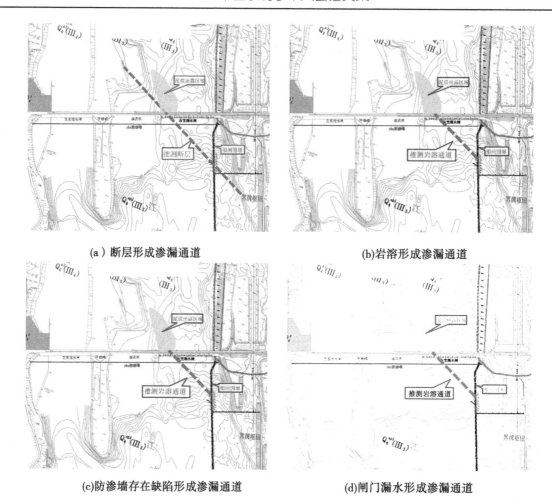

（a）断层形成渗漏通道　　　　　　　　　　（b)岩溶形成渗漏通道

(c)防渗墙存在缺陷形成渗漏通道　　　　　　(d)闸门漏水形成渗漏通道

图4　推测可能存在的渗漏通道示意图

有断层等迹象。

从船闸改建的施工开挖揭露看，基岩完整性好，裂隙不发育，局部小裂隙也延伸短，呈闭合状。因此，通过断层向右支泄水闸 9# ~ 12# 孔冒浑水的可能性可以排除。

4.2　岩溶形成渗漏通道的可能性分析

原枢纽工程及在建的改建船闸开挖显示，基岩为白垩系上统圭峰组（K_2g）厚层到巨厚层状长石砂岩，岩体完整性好，未发现岩溶发育现象。

表 1 为岩矿鉴定成果，岩石定名为中细粒–细中粒长石砂岩，具砂状结构，碎屑物以石英、长石为主，其次为岩屑，填隙物、胶结物为泥质、钙质、铁质，碎屑物粒径主要为中细粒，基本未见钙质成分，坝基长石砂岩不具备产生岩溶通道的条件，高密度电法剖面亦未发现连续电阻异常，因此泥浆通过岩溶通道渗流至下游的可能性也可排除。

表1　白垩系上统圭峰组（K_2g）岩石矿物成分含量汇总

取样编号	石英	长石	岩屑	泥质	钙质	铁质	不透明矿物
ZKC21-1	44%	42%	3%	3%	3%	4%	1%
ZKC21-2	45%	43%	4%	3%	—	4%	1%
ZKC22	45%	43%	3%	3%	2%	4%	—

4.3　防渗体系存在缺陷形成渗漏通道的可能性分析

枢纽的防渗体系由 YKC 防渗墙及上游铺盖组成，其中上游铺盖厚约 2 m，各段的防渗墙处理情况见表2。

表2 各挡水建筑物 YKC 防渗墙处理情况汇总

项目	左支泄水闸	平板坝	溢流坝	右支泄水闸
顶高程/m	16.1	24.4	16.1	15.5
底高程/m	1.10~12.50	11.10~11.90	4.60~10.60	9.2~10.6
最大厚度/m	15	13.3	11.5	6.3
顶、底宽/mm	800			
进入中风化基岩深度/m	>1			

（1）溢流坝段基础下砂卵砾石层厚度大，防渗墙深度大，出现缺陷的可能性最大。但前期防渗墙验收资料表明，所有防渗墙都进入中风化岩至少1 m，不存在局部不到基岩的情况，工程质量均符合设计要求。

（2）通过水下多波束探测等方法检查上游铺盖结构的完整性，检测结果显示水闸上游铺盖完整，未发现异常。

（3）在防渗墙前钻孔内采用示踪剂进行注水及压水试验，下游均没有出现示踪剂；溢流坝坝基钻孔下投放的示踪剂一直存在于溢流坝坝基及下游铺盖区域，并没有向右通过分水墙在右测河道内出露。因此，可以推断原防渗体系存在缺陷的可能性小。

（4）假设防渗体系存在缺陷，大量泥浆通过覆盖层砂卵砾石通道、右支泄水闸防渗体系缺陷向下游渗漏，其最短渗漏路径为175 m，推测渗漏路径剖面图如图5所示。

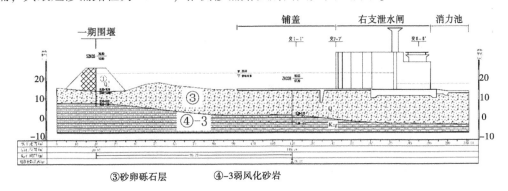

③砂卵砾石层　　④-3弱风化砂岩

图5 渗漏路径剖面图

根据达西定律：

$$v = Ki = K \times \frac{H_1 - H_2}{L}$$

式中：v 为渗流速度；K 为砂卵砾石层渗透系数，计算取值范围为 $3.6 \times 10^{-3} \sim 5.0 \times 10^{-2}$ cm/s；L 为渗流路径，取175 m；H_1 为渗流起点水头值，鉴于高喷灌浆浆液压力消散较快，取灌浆回浆最大高度，即灌浆孔孔口高程26.6 m；H_2 为渗漏终点水头值，取冒泥浆时下游河道水面高程17.5 m。

各计算值取值及计算结果汇总见表3。

即泥浆在砂卵砾石中的渗流速度为0.16~2.25 m/d，按照最大流速计算，泥浆从高喷时渗漏至下游出露的最短时间约78 d，而现场施工记录显示，从漏浆偏大的高喷灌浆孔施工开始，至下游泥浆出露时间大约为2 d。故从泥浆渗漏的时效性上分析，可排除冒出的泥浆是通过砂卵砾石层+防渗缺陷通道渗流过去的。

因此，可以基本排除泥浆通过防渗体系缺陷向下游渗漏的可能性。

表3　各计算值取值及计算结果

路径	渗径	渗透系数	起始水头值	终点水头值	水头差	流速 v	
	L/m	K/（cm/s）	H_1/m	H_2/m	ΔH/m	m/s	m/d
改建船闸上游围堰	175	3.60×10^{-3}	26.6	17.5	9.1	1.87×10^{-6}	0.16
右支泄水闸11#下游	175	5.00×10^{-2}	26.6	17.5	9.1	2.60×10^{-5}	2.25

4.4　闸门漏浆可能性分析

以上推测的三种可能渗流通道均被排除，既然地下通道走不通，那就有可能通过地面通道渗流至下游。

据观察，右支泄水闸10#、11#疑为闸门密封圈老化或闸门下有障碍物，存在漏水情况。另根据闸门启动记录，右支泄水闸闸门在从冒泥浆到连通试验时闸门状态没有发生变化。

初步推测的渗流路径如下：高压旋喷桩施工时，围堰填土或围堰砂卵砾石中的细颗粒混合浆液通过填土、填石中的孔隙流向水库，由于泥浆密度较库水大，泥浆会沿着库区底部或地形凹槽向泄水闸方向流动，并通过10#、11#泄水闸向下游继续流动，经过闸门后，由于水流的紊流作用导致黄泥浆在分水墙右侧露出水面。

为了验证上述推测的可能性，利用泥浆加示踪剂在上述推测渗漏路径进行了模拟连通试验，根据连通试验结果，综合分析如下：

（1）该段围堰下部多为抛石，其渗透系数大，高喷灌浆时受高喷浆液影响，围堰中的细颗粒容易被带至库内形成泥浆水，并缓慢流向泄水闸。

（2）由于受水库左侧发电厂房放水发电影响，库区右支泄水闸至溢流坝前会出现弱水环流，见图6，在弱水流的作用下，高喷灌浆产生的泥浆可以被带到右支泄水闸前，然后通过闸门渗漏至下游，连通试验验证了该水流方向是存在的。

图6　推测库区水流方向

（3）当围堰高喷灌浆渗漏出来的泥浆流动至右支泄水闸闸门前后，通过闸门渗漏至下游。在库区 10#、11# 泄水闸前放罗丹明 B 示踪剂，示踪剂在 5 min 后陆续在下游出露，出露形状与冒黄泥浆形状相似，见图 7。

图 7　闸门前后连通试验与当时泥浆出露对比

综上分析，可以推断泄水闸下游黄泥浆的出现过程：围堰高喷期间，水泥浆混合泥土中的细颗粒流入水库，在水流的作用下沿水库底部缓慢流向右支泄水闸闸门前，并通过 10#、11# 闸门渗漏至下游。

5　处理建议

鉴于泄水闸下游黄泥浆是由于泄水闸闸门渗漏造成的，与坝基及防渗体系无关，对枢纽的安全及运行不会造成影响，仅需尽快修复闸门即可，后续再进行观测验证。

6　结语

（1）通过前期勘察、设计、施工资料，船闸改造勘察、围堰施工高喷等资料进行分析，结合现场查漏的结果，对各种产生冒黄泥浆的原因及通道的可能性进行详细对比、分析，基本排除了近坝段库区断层通道、岩溶通道及防渗体系存在缺陷等地下渗漏通道的可能性。

（2）通过勘察验证，推断大坝下游冒黄泥浆的最大可能原因是高喷灌浆产生的细颗粒在水流的作用下，沿水库底部或地形凹槽向右支泄水闸闸门前，并通过 10#、11# 闸门渗漏至下游。建议尽快修复闸门问题，后续再进行观测验证。

（3）为了验证推测的渗漏路径，采用了水上高密度电法、多波束测深、岩矿鉴定等多种非常见的渗漏勘察方法及达西定律计算渗漏时间等综合分析方法，针对性较强，有效地查明了渗漏路径，也为类似查漏项目起到了很好的借鉴作用。

（4）本文经过各种勘察验证，基本排除了地下通道渗漏的可能性，认为黄泥浆通过闸门渗漏的可能性最大。在我们以往的渗漏路径推测中，往往只注重于分析地下渗漏通道，地面通道往往可能会被忽略，但有时又真实存在，所以在以后类似工程的渗漏可能性分析中，要跳出常规思维，拓宽思路，将各种有可能的渗漏通道都分析透彻，以便更精确地指导渗漏勘察分析工作。

参考文献

［1］王永辉，冯汉斌，张万奎，等．某面板堆石坝异常渗漏综合勘察及分析评价［J］．水力发电，2018，44（1）：50-54.

［2］王旺盛，罗飞，王晓欣，等．某大坝渗漏勘察分析与防渗处理措施［J］．人民长江，2015，46（4）：45-50.

［3］水利水电工程注水试验规程：SL 345—2007［S］.

［4］水利水电工程物探规程：SL 326—2005［S］.

［5］《工程地质手册》编委会．工程地质手册［M］.5 版．北京：中国建筑工业出版社，2018.

河套灌区沈乌灌域适宜地下水埋深研究

常布辉[1,2] 马朋辉[1,2] 刘 畅[1,2] 曹惠提[1,2] 李自明[1,2]

（1. 黄河水利委员会黄河水利科学研究院，河南郑州 450003；
2. 河南省农村水环境治理工程技术研究中心，河南郑州 450003）

摘 要：为确定基于生态环境安全的河套灌区沈乌灌域适宜地下水埋深，应用多元线性回归分析方法、Arc GIS 等工具，分析 2016—2019 年沈乌灌域植被归一化指数、土壤矿化度、水域面积、水体矿化度等指标与地下水埋深之间的关系。结果表明，地下水埋深小于 3.4 m 时，植被归一化指数基本不受地下水埋深的影响；当地下水埋深大于 3.4 m 时，植被归一化指数随着地下水埋深的增加而逐渐减小；土壤矿化度随地下水埋深的增加而减少；整体上，水域面积和水体矿化度同地下水埋深的关系并不明显；综合考虑生态环境约束条件，沈乌灌域适宜的地下水埋深为 3.4 m。本研究可为河套灌区沈乌灌域农业节水及生态环境保护提供依据。

关键词：河套灌区；适宜地下水埋深；节水改造；沈乌灌域

1 引言

地下水在生态环境和农业生产方面起到重要作用[1-3]，是自然植被和作物正常生长的关键因素[4]。尤其在干旱荒漠地区，地下水补给是地表植被水分消耗的主要补给源，地下水埋深与植被生长状况具有密切的关系。近几十年来我国水资源短缺问题严重，随着经济社会的发展和人口的增长，水资源供需矛盾日益突出[5-6]，农业节水成为解决水资源短缺的有效途径[7-8]。为了缓解水资源的供需矛盾，沈乌灌区进行了从灌区层面到农户层面的一系列节水措施，有效地减少了农业灌溉用水量。由于农业灌溉用水是沈乌灌域重要的地下水补水源，受节水措施实施的影响，地下水水位也随之降低。在节水措施实施后，地下水水位下降是否会带来自然植被的退化、是否会引起土壤矿化度的改变、对水域面积及水体水质会产生怎样的影响，依据上述影响研究河套灌区沈乌灌域的适宜地下水埋深是需要关注的重要生态环境问题。本研究以河套灌区沈乌灌域为研究对象，通过实地调查，在不同地下水埋深条件下，持续监测植被指数、土壤含盐量、水域面积和水体矿化度等关键生态环境指标，分析并建立不同土地利用类型下关键生态指标与地下水埋深的响应关系，并分析确定基于生态环境安全的河套灌区沈乌灌域适宜地下水埋深，为河套灌区沈乌灌域农业节水及生态环境保护提供依据。

2 数据与方法

2.1 研究区概况

河套灌区是全国三个特大型灌区之一，也是我国最大的一首制自流引黄灌溉区，位于内蒙古巴彦淖尔市，地处河套平原。灌区由沈乌、解放闸、永济、义长、乌拉特五大灌域组成。沈乌灌域位于三盛公枢纽西北部，南边界在乌兰布和沙漠穿沙公路以北，北边界为磴口县与杭锦后旗行政界，东起河套总干渠及乌拉河干渠，西至狼山冲洪积坡地边界，总土地面积 279 万亩，灌域具体位置见图 1。灌

基金项目：黄河水利科学研究院基本科研业务费专项（HKY-JBYW-2019-06）。

作者简介：常布辉（1987—），男，工程师，主要从事灌区遥感应用及水循环模拟研究工作。

通信作者：马朋辉（1990—），男，工程师，主要从事节水灌溉理论与技术研究工作。

域总的地势自西南向北东微倾，地势平坦开阔，局部有起伏。灌域属于温带大陆性干旱气候带，区内降水稀少，蒸发强烈，干燥多风，多年平均降水量 139.82 mm，多年平均蒸发量 2 505.2 mm，平均冻结深度 85～110.8 cm，封冻期由 11 月中旬至翌年 5 月中旬，无霜期 134～150 d，早霜在 9 月下旬，晚霜在 5 月中旬，全年日照时数为 3 100～3 300 h。沈乌灌域范围土壤类型有灌淤土、盐土、风砂土、灰漠土、棕钙土、草甸土 6 个类型。耕地大部分为灌淤土，质地较轻，其中属于重壤和中壤之间的两黄土占 70.9%，沙土占 29%，其余为沫土和红泥。

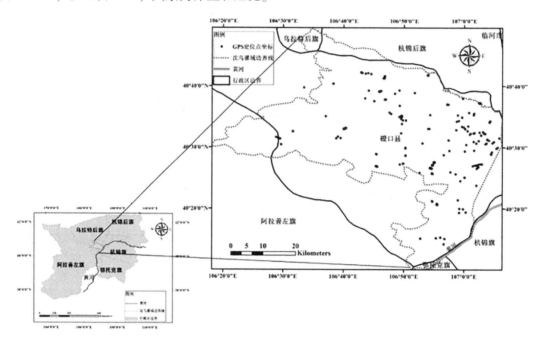

图 1　沈乌灌域位置

2.2　数据来源

归一化植被指数（NDVI），选定卫星数据（分辨率为 30 m，云量少）后使用 ENVI5.2 经过辐射定标、大气校正、裁剪等预处理后计算沈乌灌区自然植被分布区的 NDVI 值；沈乌灌域内布设了 47 眼地下水埋深监测井（分布位置见图 2），用皮尺测定 2016—2019 年的地下水埋深；在地下水埋深监测井旁布设了 45 个土壤盐分样本采集点，监测沈乌灌域 2016—2019 年 3—11 月 0～10 cm、10～30 cm、30～50 cm 土层土壤含盐量数据，土壤盐分 EC 值测定方法为：称取过 2 mm 筛的风干土试样 50～100 g，按土水比 1∶5 配制土壤饱和浸提液，采用 DDS-307 型电导率仪测定土壤 EC 值；灌域内的水域面积通过春季卫星影像数据解译获得；水体含盐量采用重量法测得。

2.3　数据预处理

NDVI 值是 30 m 分辨率的栅格数据，而地下水埋深数据来源于 39 眼地下水埋深监测井（其他监测井未观测到连续数据），需要对数据进行预处理，以保证两个变量数据匹配性。本研究依据土质单元对沈乌灌域进行基本单元划分。

2.4　研究方法

多元线性回归是分析多个影响因子对事物或者现象不同影响效应的典型研究方法。为了定量分析在地下水埋深的影响机制，本研究选择地下水埋深、土壤含盐量、土质属性等解释变量对 NDVI 进行多元回归分析。多元线性回归模型的形式可表示为：

$$y_i = \beta_0 + \sum_{k=1}^{p} \beta_k x_{ik} + \varepsilon_i \quad (i = 1, 2, \cdots, r; \ k = 1, 2, \cdots, p)$$

式中：y_i 为沈乌灌域第 i 个基本单元的 NDVI 平均值，是回归模型中的被解释变量；x_{ik} 为研究区第 i 个基本单元的第 k 个解释变量；β_0 为回归常数项；β_k 为第 k 个解释变量的偏回归系数；ε_i 为随机误

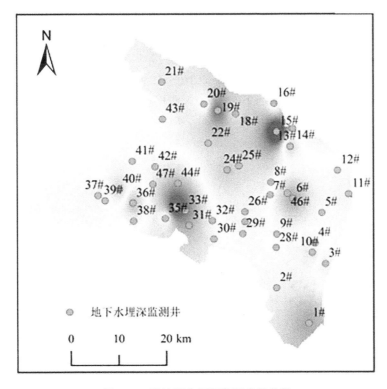

图 2　47 眼地下水埋深监测井的位置

差项。

　　土壤含盐量部分，分别将 0~10 cm、30~50 cm 两个土层的土壤含盐量作为被解释变量，将地下水埋深、土壤沙含量、土壤淤泥含量、土壤黏土含量、土壤有机碳含量、土壤碎石体积百分比土壤容重等要素作为解释变量构建多元线性回归分析模型。

3　结果与分析

3.1　地下水埋深与 NDVI 的关系

　　根据世界土壤数据库土质类型，沈乌灌域可划分为 66 个土质单元，借助 Arc GIS 的空间统计工具计算每个土质单元内 NDVI 平均值、地下水埋深插值结果，沈乌灌域 66 个土质单元划分结果及 2016 年各土质单元内 NDVI 平均值和地下水埋深插值结果如图 3 所示。

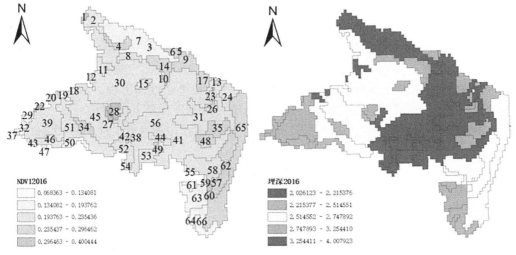

图 3　沈乌灌域土质单元划分结果、土质单元内 NDVI 平均值和地下水埋深插值结果

2016—2019 年 66 个土质单元（其中 1 个土质单元无 NDVI 数据）一共确定 260 组样本，样本的地下水埋深与 NDVI 散点图如图 4 所示。当地下水埋深小于 3.4 m 时，土质基本单元地下水埋深与 NDVI 没有明显规律；当地下水埋深大于 3.4 m 时，土质基本单元地下水埋深与 NDVI 呈显著线性关系。因此，将地下水埋深 3.4 m 作为分界线，将 2016—2019 年 66 个土质单元的 260 组样本分别进行分析。在 260 组样本中，有 220 组样本地下水埋深小于 3.4 m，记为 A 组；40 组样本地下水埋深大于 3.4 m，记为 B 组。

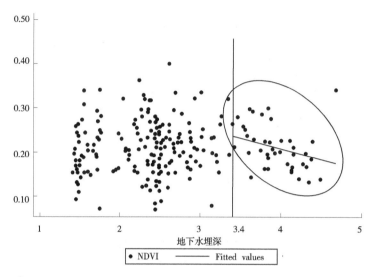

图 4　2016—2019 年 65 个土质单元的地下水埋深与 NDVI 散点图

A 组多元线性回归的结果表明，地下水埋深的检验统计量 T 值为 0.05，P 值大于 0.05，没有通过显著性检验，而土壤盐分和土壤沙含量、土壤黏土含量等土壤质地等变量的 P 值均小于 0.01，通过了显著性检验。结果表明：当地下水埋深小于 3.4 m 时，地下水埋深对 NDVI 没有显著的影响，而土壤盐分和土壤质地对 NDVI 具有显著的影响。

B 组地下水埋深与 NDVI 的皮尔逊相关系数为 -0.559，且通过了显著性水平为 1% 的显著性检验，表明当地下水埋深大于 3.4 m 时，地下水埋深与 NDVI 存在负的强相关性。地下水埋深的偏回归系数为 -0.080 7，说明在其他解释变量不变的条件下，当地下水埋深小于 3.4 m 时，地下水埋深每下降 1 m，土质基本单元 NDVI 平均值会降低 0.080 7。

3.2　土壤矿化度与地下水埋深的关系

沈乌灌域 0~10 cm、10~30 cm、30~50 cm 土层土壤含盐量在 2016 年 3 月至 2019 年 11 月变化趋势基本一致。其中，0~10 cm 土层离地表较近，受外部环境影响更大；10~30 cm、30~50 cm 土层的土壤含盐量几乎一致。本研究选取较为稳定的 0~10 cm、30~50 cm 两个土层的土壤含盐量作为土壤盐分代表性指标。

0~10 cm 土层的土壤含盐量的多元线性回归结果表明，地下水埋深的检验统计量 T 值为 -3.38，P 值小于 0.05，表明地下水埋深对 0~10 cm 土层的土壤含盐量具有显著的影响；地下水埋深的偏回归系数为 -0.190，说明在其他解释变量不变的条件下，地下水埋深每加深 1 m，0~10 cm 土层的土壤含盐量会降低 0.190%。

30~50 cm 土层的土壤含盐量的多元线性回归结果表明，地下水埋深的检验统计量 T 值为 -4.53，P 值小于 0.05，表明地下水埋深对 30~50 cm 土层的土壤含盐量具有显著的影响；地下水埋深的偏回归系数为 -0.156，说明在其他解释变量不变的条件下，地下水埋深每下降 1 m，30~50 cm 土层的土壤含盐量会降低 0.156%。

通过对比 0~10 cm、30~50 cm 两个土层的土壤含盐量的多元线性回归结果可知，30~50 cm 土层地下水埋深的偏回归系数（-0.156）绝对值要大于 0~10 cm 土层地下水埋深的偏回归系数

（-0.054），说明 30~50 cm 土层的土壤含盐量受地下水埋深的影响要大于 0~10 cm 土层。其结果与皮尔逊相关性分析法得到的结论一致。

3.3 水域面积与地下水埋深的关系

由于沈乌灌域内各水域形态特征等原因，加之受到灌区历年生态补水影响，不同的湖泊水面面积同地下水埋深之间的关系也不相同。理论上随着地下水埋深的增加，附近水域的面积会逐渐萎缩，因为灌域水体的形成主要是由于大水漫灌导致地下水上升所致。为具体分析水域面积与地下水埋深的关系，选取了 8 个典型水域进行了跟踪监测，典型水域空间分布如图 5 所示，各典型水域面积同地下水埋深之间的关系如图 6 所示。

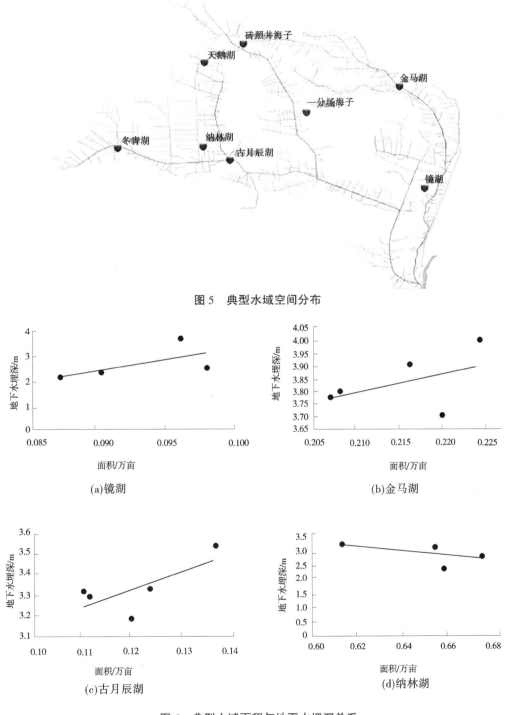

图 5　典型水域空间分布

图 6　典型水域面积与地下水埋深关系

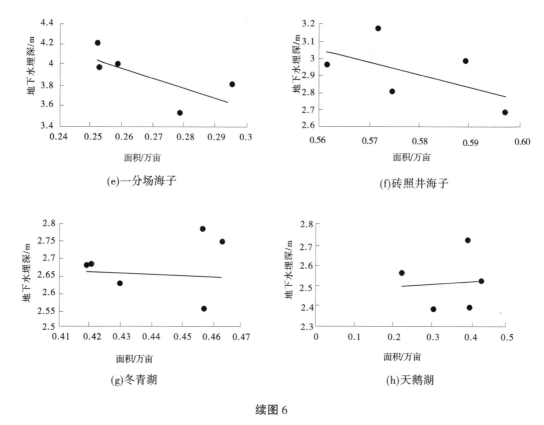

(e)一分场海子

(f)砖照井海子

(g)冬青湖

(h)天鹅湖

续图 6

镜湖、金马湖、古月辰湖三个水域边界清晰、没有多余的滩地、水比较深，水面面积随着水深的增加而增加，但增长不明显，水量变化主要体现在水深变化，而非水面面积。因此，在补水影响下，虽然地下水埋深在增加，但是水域面积却不萎缩。

纳林湖、一分厂海子、砖照井海子和冬青湖虽然由生态补水维持，但由于水深较浅、内部有大量的滩地的湖泊（其中冬青湖水量变化在水深和水面面积的体现上基本相当），随着地下水埋深的增加，湖泊对地下水的补排关系由地下水补给湖泊，变为了湖泊补给地下水，进而导致水域面积逐渐萎缩。

天鹅湖同其他湖泊最大的不同在于其水深最浅，距离渠道和耕地距离也较远，受灌溉的影响最小，但会受到一定的山前补给，因此其变化影响因素较多，随着地下水埋深的增加并没有出现显著萎缩，而是基本维持多年不变。

3.4 水体矿化度与地下水埋深的关系

8 个典型水域水体矿化度与地下水埋深之间的关系如图 7 所示。

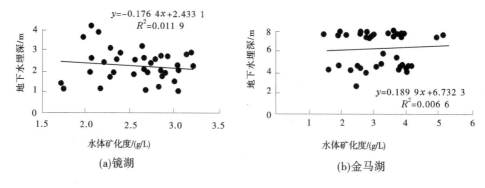

(a)镜湖

(b)金马湖

图 7 8 个典型水域水体矿化度与地下水埋深之间的关系

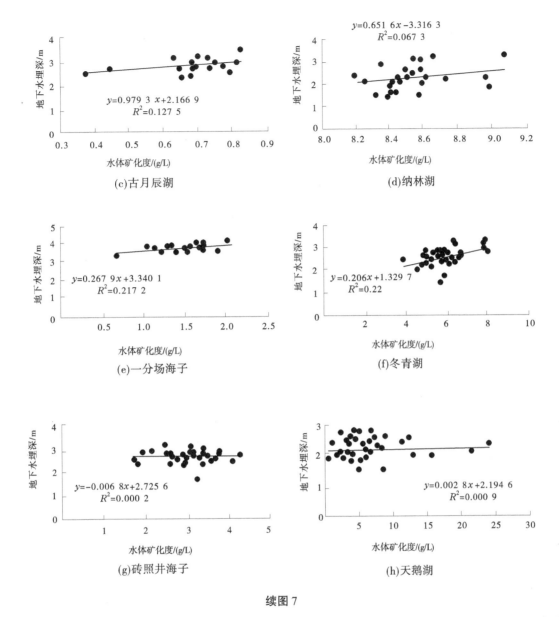

续图7

生态补水水质、水量和补水时间的不确定性，以及湖泊周边面源污染、地下水补给条件的复杂性，导致每个湖泊水体矿化度同地下水埋深之间的关系也不相同。部分湖泊水体矿化度随着地下水埋深的增加而降低，部分湖泊水体矿化度随着地下水埋深的增加而增加。

综上所述，通过对植被归一化指数、土壤矿化度、水域面积及水体矿化度同地下水埋深之间关系的分析可知，整体上水域面积和水体矿化度同地下水埋深的关系并不明显；土壤矿化度随着地下水埋深的增加而减少，即地下水埋深的增加对于土壤环境的改善是有益的；植被归一化指数在地下水埋深小于3.4 m时，由于地域差一定等多因素影响下，植被归一化指数在不同的地下水埋深条件下呈现的规律也不尽相同，基本可以认为不受地下水埋深的影响，而当地下水埋深大于3.4 m时，植被归一化指数随着地下水埋深的增加而逐渐减小。综上所述，在生态环境约束条件下，沈乌灌域适宜的地下水埋深为3.4 m。

3.5 适宜地下水埋深成果的对比

黄河勘测规划设计研究院有限公司的研究表明，对于自然植被，林地的地下水埋深值应控制在7.0 m以内，灌木林地控制在5.0 m以内，草地控制在2.5~3.0 m以内，超出上述限值将会导致生态退化加速，不利于区域生态安全。巴彦淖尔市水利科学研究所的研究认为，河套灌区地下水埋深低于 3.0 m 时部分植物品种会减少，有的植物或植被生长受限。黄河水利科学研究院通过对河套灌区沈乌灌域地下水埋深、天然植被生长状况和土壤盐碱化的变化分析得出，沈乌灌域的地下水埋深处于 2~4 m 时不会对区域天然植被的生长造成明显影响。河套灌区管理局的研究认为，地下水位深度超过 3 m 时，幼树枯梢枯干现象随地下水位下降而增多。长安大学的尤曾认为，当干旱地区的地下水位小于 3 m 时，土壤盐渍化严重；3~5 m 时，土壤—包气带含水率在 14%~22%，可基本满足乔、灌、草本植物的生理需水，植被生长良好，潜水蒸发强度明显下降，无明显的盐渍化现象出现，当地生态良好。武汉大学的彭翔选取杨树作为河套灌区天然植被代表，研究河套灌区地下水埋深对植被生长的影响，研究结果表明：河套灌区天然植被的最佳地下水埋深为 1.6~2.0 m，生态维持水位的埋深区间为 1.0~5.0 m，地下水埋深超过 5 m 时，大多数天然植被会出现退化枯亡。中国农业大学的赵晓瑜等研究结果表明，河套地区的地下水埋深不宜低于 3.0 m。不同单位关于地下水埋深对生态影响研究成果见表 1。

表 1 地下水埋深对生态影响研究成果的对比

单位名称	天然草地	天然灌木	天然林地
黄河勘测规划设计研究院有限公司	2.5~3.0 m	<5 m	<7 m
巴彦淖尔市水利科学研究所	<3 m		
黄河水利科学研究院	2~4 m		—
河套灌区管理局	—	—	<3 m
长安大学	3~5 m		
武汉大学	1~5 m		
中国农业大学	<3 m		

黄河勘测规划设计研究院有限公司和长安大学的研究区域为西北干旱区，对于天然草地、天然灌木的适宜地下水埋深基本为 3~5 m；巴彦淖尔市水利科学研究所、河套灌区管理局、武汉大学及中国农业大学的研究区域为河套灌区，提出的适宜地下水埋深基本为小于 3 m；黄河水利科学研究院及本研究的研究区域为河套灌区沈乌灌域，黄河水利科学研究院提出的河套灌区沈乌灌域的适宜地下水埋深范围为 2~4 m，本研究则通过数据分组、多元非线性回归分析等方法得出了沈乌灌域地下水埋深变化对植被归一化指数的影响，并结合土壤矿化度、水域面积、水体矿化度等与地下水埋深之间的关系，综合分析提出了基于生态环境约束的沈乌灌域适宜地下水埋深的具体数值为 3.4 m。

河套灌区沈乌灌域的适宜地下水埋深为 3.4 m，略大于其他单位针对河套灌区进行研究所得出的小于 3 m 的适宜地下水埋深值。分析原因，是由于沈乌灌域植被的特殊性，河套灌区沈乌灌域多为旱生、盐生植被，地下水下降深度略微增加并不会对天然植被的生长指标产生明显的影响或导致其退化枯亡，故基于生态环境约束的沈乌灌域适宜地下水埋深略大于河套灌区适宜地下水埋深。因此，本研究所提出的沈乌灌域适宜地下水埋深研究成果合理，可为河套灌区沈乌灌域农业节水及生态环境保护提供借鉴。

4 结论

（1）当地下水埋深小于 3.4 m 时，地下水埋深与植被归一化指数之间没有相关性；当地下水埋深大于 3.4 m 时，地下水埋深与植被归一化指数之间具有负的强相关性，在其他要素不变的条件下，当地下水埋深每下降 1 m，植被归一化指数平均值会降低 0.080 7。

（2）30~50 cm 土层地下水埋深的偏回归系数为 -0.156，绝对值要大于 0~10 cm 土层地下水埋深的偏回归系数 -0.054，说明 30~50 cm 土层的土壤含盐量受地下水埋深的影响要大于 0~10 cm 土层。

典型水域面积及水体矿化度与地下水埋深的关系并不明显，主要与水域形态特征、灌区生态补水等原因有关。

（3）综合考虑植被归一化指数、土壤矿化度、水域面积、水体矿化度等生态环境指标约束，河套灌区沈乌灌域适宜的地下水埋深为 3.4 m。通过与其他研究机构得出的地下水埋深对生态环境的影响的研究结果对比，进一步论证分析了本研究结果的合理性，研究结果可为河套灌区沈乌灌域农业节水及生态环境保护提供依据。

参考文献

［1］Cui Y, Shao J. The role of groundwater in arid/semiarid ecosystems, Northwest China ［J］. Ground Water, 2005, 43 (4)：471-477.

［2］王琪，史基安，张中宁，等. 石羊河流域环境现状及其演化趋势分析 ［J］. 中国沙漠，2003，23（1）：46-52.

［3］王杰. 近二十年石羊河流域生态环境质量变化研究 ［D］. 兰州：兰州大学，2009.

［4］Fan Z L, Ma Y J, Ji F. Change of oasis and ecology balance related to utilization of water resources in Talimu River Basin ［J］. Journal of Natural Resources, 2001, 16 (1)：22-26.

［5］Horton J L. Physiological response to groundwater depth varies among species and with river flow regulation ［J］. Ecological Applying, 2001, 11 (4)：1046-1059.

［6］Kang S Z, Su X L, Tong L, et al. The impact of human activities on the water-land environment of the Shiyang River basin, an arid region in Northwest China ［J］. Hydrological Science Journal, 2004, 49 (3)：413-426.

［7］张文化，魏晓妹，李彦刚. 气候变化与人类活动对石羊河流域地下水动态变化的影响 ［J］. 水土保持研究，2009，16（1）：183-187.

［8］Yang Yongchun, Jacquie Burgess, Chen Fahu, et al. Study of the impact of human activity on ecological environment and the counter-action of environment changes on mankind in Minqin Basin of Gansu-based on a social investigation in 1999~2000 ［J］. Journal of Lanzhou University：Natural Sciences, 2002, 38 (5)：87-94.

滏阳河试点河段生态补水效果及改进措施浅析

宋云涛[1]　李春强[2]

(1. 水利部建设管理与质量安全中心，北京　100038；
2. 河北供水有限责任公司，河北石家庄　050000)

摘　要： 河湖地下水回补是华北地区地下水超采综合治理的重要举措之一，本文以滏阳河试点河段2018年9—12月生态补水为例，对补水效果从横向、纵向、区域等多个角度进行了分析，同时对生态补水期间存在的问题进行了归纳总结，并提出了一些改进措施，积极探索了地下水回补的经验和模式，为后期大规模地下水回补有一定的借鉴作用。通过生态补水，河道水环境得到改善，地下水位上升明显，遏制了地下水全面下降的趋势，滏阳河补水效果较明显。

关键词： 地下水超采；试点河段；生态补水；补水效果

1　生态补水背景

由于华北平原大量超采地下水，用水量远超水资源承载能力，地下水位大幅度下降，华北平原是我国地下水超采最严重的地区。据测算，每年华北地区超采55亿 m^3 左右，目前华北地区地下水超采累计亏空1 800亿 m^3 左右，超采的面积达到了18万 km^2，是世界上最大的地下水降落漏斗区[1]。

为深入贯彻落实习近平总书记关于生态文明建设和保障水安全的重要指示精神，系统解决华北地下水超采问题，水利部、河北省人民政府组织制定了《华北地下水超采综合治理河湖地下水回补试点方案（2018—2019年）》，在地下水超采严重、水源条件具备的地区，选择若干重点河段先行开展地下水回补试点，为总体推进治理行动提供经验和示范。通过南水北调中线工程沿线退水闸向河南省、河北省的部分河道开展了生态补水，截至2018年底生态补水总量累计达15.48亿 m^3[2]。本文以滏阳河为例，浅析生态补水对地下水回补的效果。

2　生态补水实施及效果分析

2.1　生态补水试点河段

按照试点先行、稳步推进的工作思路，根据水源条件、河道入渗条件、地下水补给效果、河流区位等因素，确定将滹沱河、滏阳河、南拒马河的部分河段作为河湖地下水生态补水试点。试点河段补水工作2018年9月13日正式启动，2019年8月底结束，计划利用1年时间，补水7.5亿~10亿 m^3。

其中滏阳河生态补水试点河段自南水北调滏阳河退水闸至邢台市宁晋县艾新庄枢纽，全长242 km，流经邯郸、邢台。在滏阳河试点河段周边10 km范围内共选定35眼地下水自动监测井，其中邯郸市9眼，邢台市18眼，衡水市8眼，对地下水回补效果进行评价。试点河段线路分布及监测井位置见图1、图2。

2.2　生态补水分析原则

滏阳河试点河段开始补水时间为2018年9月13日，采用当日监测井采集的地下水位数据作为原始数据，采用2018年12月10日的地下水水位监测数据作为结果数据，每隔半月进行一次数据统计，以此来分析三个月的生态补水对试点河段周边地下水的回补效果。

作者简介： 宋云涛（1979—），男，高级工程师，主要从事全国水利项目监督检查工作。

试点河段基本信息

滹沱河试点河段：长度170 km，河道宽度1~4.5 km，主河槽宽度100~1 200 m。

南拒马河试点河段：长度65 km，河道宽度0.5~2.3 km，主河槽宽度100~200 m。

滏阳河试点河段：长度242 km，河道宽度约0.15 km，主河槽宽度20~50 m。

图1 华北地下水回补试点河段示意图

地下水回补效果分析原则如下：

（1）纵向分析。按水流方向沿线城区对监测井地下水位变化进行分析，即邯郸、邢台、衡水。

（2）横向分析。按垂直水流方向区域分析，将地下水自动监测井距河道距离分为4个区域，分别为 $L \leqslant 2.5$ km、2.5 km$<L \leqslant 5$ km、5 km$<L \leqslant 7.5$ km、$L>7.5$ km。

（3）区域分析。从地下水水位变化区域面积方面分析。

地下水位监测变化值±10 cm范围为稳定区，变化值大于10 cm为上升，小于−10 cm为下降。

2.3 生态补水效果分析

试点河段周边地下水监测井数据统计如图3、表1所示。

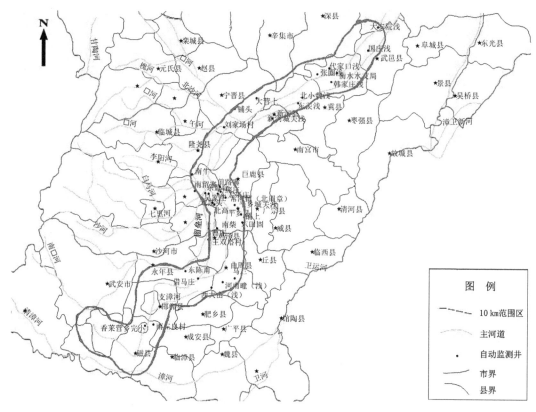

图 2　滏阳河试点河段浅层地下水自动监测井分布

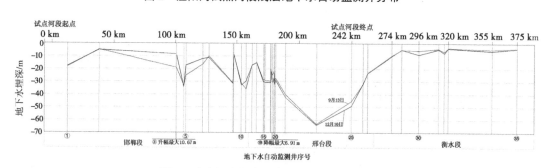

图 3　试点河段纵向分布地下水水位趋势图

表 1　试点河段各地市监测井水位变化情况统计

序号	距河道距离 L/km	邯郸			邢台			衡水			水位上升测井占比
		测井数量	上升测井数量	占比	测井数量	上升测井数量	占比	测井数量	上升测井数量	占比	
1	$L \leqslant 2.5$	2	1	50%	4	1	25%	3	0	0%	22%
2	$2.5 < L \leqslant 5$	1	0	0%	6	0	0%	4	1	25%	9%
3	$5 < L \leqslant 7.5$	2	1	50%	4	1	25%	1	0	0%	29%
4	$L > 7.5$	4	3	75%	4	1	25%	0	0	—	50%
5	合计	9	5	56%	18	3	17%	8	1	13%	26%

从表 1 具体分析如下：

2.3.1 纵向分析

（1）邯郸段9眼监测井中，有5眼地下水位有所上升，占比56%，地下水监测井水位平均上升1.04 m。

（2）邢台段18眼监测井中，有3眼地下水位有所上升，占比17%，地下水监测井水位平均下降1.33 m。

（3）衡水段8眼监测井中，有1眼地下水位有所上升，占比13%，地下水监测井水位平均下降0.80 m。

（4）滏阳河沿岸两侧监测井水位低谷值日期为10月25日，因两岸小麦处于秋灌期和冬灌期，抽取地下水进行灌溉所致。因此，抽取地下水灌溉对地下水位变化影响较大。

由上分析，滏阳河沿线地市区域监测井距上游越近，地下水位上升的监测井数量占比越大。上游邯郸段地下水监测井平均水位上升，补水效果明显；下游邢台段及衡水段地下水监测井平均水位下降，补水效果不明显。

2.3.2 横向分析

将地下水自动监测井距河道距离分为4个区域，分别为$L \leq 2.5$ km、2.5 km$< L \leq 5$ km、5 km$< L \leq 7.5$ km、$L > 7.5$ km，具体如下：

$L \leq 2.5$ km 区域内监测井9眼，有2眼地下水位上升，占比22%，地下水监测井水位平均下降0.38 m。

2.5 km$< L \leq 5$ km 区域内监测井11眼，有1眼地下水位上升，占比9%，地下水监测井水位平均下降1.93m。

5 km$< L \leq 7.5$ km 区域内监测井7眼，有2眼地下水位上升，占比29%，地下水监测井水位平均上升0.21 m。

$L > 7.5$ km 区域内监测井8眼，有4眼地下水位上升，占比50%，地下水监测井水位平均上升0.27 m。

由此可知，本次监测井内地下水位变化与至河道距离远近（10 km范围内）没有明显相关关系。

2.3.3 区域分析

根据滏阳河补水河道两侧10 km范围内的35眼地下水位监测井数据，绘制2018年9月13日与12月10日水位埋深变化分布图，计算得出区域总面积6 487 km²，其中地下水位上升区域面积为1 846 km²，占比28%；稳定区域面积为231 km²，占比4%；下降区域面积为4 410 km²，占比68%。具体数据见表2。

表2　滏阳河地下水埋深变化区域分类面积统计

序号	埋深变化分类/m	面积/km²	占比	地下水变化	备注
1	<-5	824	13%		
2	-5~-2	1 752	27%		
3	-2~-1	859	13%	下降区	面积4 410 km²，占比68%
4	-1~-0.5	490	8%		
5	-0.5~-0.1	484	7%		
6	-0.1~0.1	231	4%	稳定区	面积231 km²，占比4%
7	0.1~0.5	419	6%		
8	0.5~1	362	6%		
9	1~2	493	8%	上升区	面积1 846 km²，占比28%
10	>2	572	9%		

由此可知，从埋深面积分析水位动态变化情况看，通过生态补水，地下水位上升及稳定区域面积

达到计算区域面积的 32%，遏制了地下水全面下降的趋势，滏阳河补水效果较明显。

2.3.4 补水效果综合分析

从纵向分析，顺水流方向地市补水效果呈递减趋势，滏阳河沿线地市区域监测井距上游越近，地下水水位上升的监测井数量占比越大。上游邯郸段地下水监测井平均水位上升，补水效果明显，下游邢台段及衡水段地下水监测井平均水位下降，补水效果不明显；从横向分析看，监测井内地下水水位变化与至河道距离远近（10 km 范围内）没有明显相关关系；从区域分析看，滏阳河试点河段地下水位整体有上升趋势。

3 补水期间发现的问题

通过不断跟踪生态补水，发现了生态补水期间存在的一些问题。具体为：

（1）河长制落实不到位，沿线河道"四乱"问题较多，如河道管理范围内种植高秆作物，开设养殖场，堤防开垦菜地，堆放垃圾等。

（2）违规排污，生活污水直排河道，工业排污口不达标排放。

（3）河道内漂浮物较多，有玉米秸秆、菜叶及生活垃圾等未及时清理。

（4）河道输水不畅，主要为河道中的临时道路、堆石有阻水现象，跨河道路预埋涵管堵塞，过流能力小。

（5）违规取水现象严重，特别是农田灌溉季节，屡禁不止。

（6）沿线水闸等水利基础设施损坏，设备老化，年久失修，维护不到位。

（7）存在安全隐患，主要为沿线安全警示及防护标识不足、护坡局部冲毁等问题。

生态补水发现问题数量最多的是地下水监测问题和河道垃圾问题。其中河道垃圾问题数量在后期检查中有上升趋势，主要是补水后期河道少水或无水，巡查管理部门和沿线村民对河道保护意识减弱，导致河道内堆放垃圾现象增多。其次是河道疏通问题和违规排污问题。河道疏通问题主要是补水后期修建跨河桥或边坡整治后河道清理不彻底所致；违规排污问题数量呈减少趋势，但有个别排污口疑似违规排污问题反复出现。

4 改进措施

（1）河流试点河段两岸均有大量农田、大棚等，村民灌溉多从水井、河道内取水，由于灌溉期用水量较大，滏阳河试点河段邢台段在 10 月 11 日左右就曾出现过断流情况，灌溉结束后闸门未及时关闭，部分生态补水沿灌溉渠下泄；另外，部分村民采用水井抽取地下水对农田进行漫灌，且部分抽水井位于地下水监测井附近，对地下水回补和监测造成一定影响。农田灌溉关系到民生与稳定，因此要处理好生态补水、地下水抽取和灌溉的关系。建议相关单位研究切实可行的办法，采取多种节水灌溉方式，以减少地下水使用量，保证生态补水效果。

（2）在跨河道路两侧增设防护栏杆和警示标识，沿河村庄桥梁、河岸增设警示宣传标语，沿河中小学开展安全宣传，确保安全补水。

（3）进一步强化河长履职尽责、推动河长制从"有名"到"有实"转变，加大河道范围内"乱占、乱采、乱堆、乱建"的清理力度，加大对排污口的暗访检查，加大处罚力度，杜绝类似问题反复出现。

（4）建立信息畅通、共享的联合工作机制。建议共同参与生态补水的单位建立信息沟通机制，方便各部门之间更高效地联合开展工作。

5 结论

本文以滏阳河生态补水为例，从多个角度综合分析了生态补水对地下水回补的效果，并针对生态补水期间存在的一些问题进行了归纳并提出了改进措施，对后期完善生态补水起到了借鉴作用。滏阳河生态补水短期内就效果明显，生态补水使河道水面大幅度增加，改善了河道环境，恢复了河道功能[3]，地下水得到有效补充，沿线地下水水位稳定上升，遏制了地下水全面下降的趋势，河湖生态改善显著，生态环境持续向好，沿线公众幸福感大幅度提升。随着补水的持续进行，应多措并举，通过大力提倡节约用水，调整产业结构、关停自备井、置换水源等举措，同时加大各级部门监督检查力度，积极整改补水实施过程中存在的问题，补水效果将更加显著。生态补水可以作为华北地区地下水超采综合治理重要举措之一，下一步应统筹规划，各部门联动，建立生态补水长效机制，持续推进发挥最大的生态效益。

参考文献

[1] 许国锋，关艳．华北地区河道生态补水监督检查要点 [J]．工程技术，2019（11）：68-69．

[2] 刘远书，冯晓波，杨柠．对南水北调中线干线工程生态补水的初步思考 [J]．水利发展研究，2019（11）：5-7．

[3] 贾瑞敏，赵宇涵．邢台市河流生态补水效果探析 [J]．河北水利，2019（10）：33-34．

某工程二三线船闸工程岩溶发育规律分析

张小平[1] 张海发[2]

(1. 中水珠江规划勘测设计有限公司，广东广州 510610；
2. 水利部珠江水利委员会珠江水利综合技术中心，广东广州 510611)

摘 要： 岩溶发育具有复杂多变的特性，岩溶作用形成了地下架空结构，破坏了岩体的完整性，降低了岩体强度，由岩溶作用所形成的复杂地基常会因下伏溶洞顶板坍塌、土洞发育而形成大规模地面塌陷、岩溶地下水的突袭、建基面起伏不平、不均匀地基沉降等，对工程建设产生严重危害。本文从岩溶发育的基本条件——物质基础、水动力条件及运移途径出发，结合工程区岩溶发育的特点，论述了影响岩溶发育因素和岩溶发育规律，为工程建设提供客观的地质依据。

关键词： 岩溶；碳酸盐岩；线岩溶率；岩组

1 引言

工程区地处桂东北地区的桂平市，属我国华南岩溶发育最高之一，岩溶进入准平原阶段，第四纪以来本区地壳上升幅度小、速度慢。各条江河高差较小，河床下切浅，河床宽平，阶地发育，江河两岸可溶岩中暗河纵横交错成网状，相互间具良好水力联系。

工程揭露的泥盆系下统碳酸盐岩，起于大藤峡出口段的弩滩附近，近南北向展布，覆于那高岭组砂岩泥岩之上，伏于黔江一级阶地的黏土卵石层之下。

2 地质概况

2.1 地形地貌

船闸区位于大藤峡谷与桂平盆地之间，原始地貌为丘陵及 I 级阶地，地面高程一般为 41~88 m，I 级阶地上冲沟较发育，现状为某工程建设弃渣场，堆渣厚度为 10~40 m，堆渣后地面高程为 40~60 m。

2.2 地层岩性

工程区出露的地层主要有泥盆系下统那高岭组（D_1n）、郁江组（D_1y）、二塘组（D_1e）、官桥组（D_1g），见表 1。

2.3 地质构造

工程区多为单斜岩层，产状较稳定。岩层总体走向 310°~350°，倾向北东，倾角 8°~25°，总体倾向左岸偏向下游，且产状比较稳定。根据施工开挖及本次勘察钻探揭露多条断层，主要发育两组节理裂隙为：①走向 N55°W，倾向 SW，倾角 85°，节理面平直光滑，无充填。②走向 N30°E，倾向 NW，倾角 85°，节理面平直光滑，无充填。

2.4 岩溶水文地质条件

岩溶水主要分布于白云岩和灰岩中。白云岩含水体以均匀分布的溶孔、溶隙为地下水主要赋存空间，在一些断层带附近由于水动力条件好，形成密集溶蚀裂隙带、溶槽、岩溶洞穴，更增加了储水能力。灰岩自身孔隙不到 1.1%，晶粒细小，排列紧密，不利于水的储存，但沿裂隙发育的不均匀溶蚀

作者简介：张小平（1981—），男，高级工程师，主要从事工程地质与水文地质勘察研究工作。

却给地下水储存提供较大的溶蚀裂隙，岩溶洞穴及管道系统形成灰岩裂隙岩溶洞穴水富水带。其分布与岩溶发育规律相吻合。

表 1　地层岩组划分

地层单位		地层代号	岩性	岩组划分
官桥组	—	D_1g	中层状夹厚层状细晶白云岩、硅质白云岩与薄层状泥质白云岩	弱岩溶层组
二塘组	上段	D_1e^3	中厚层状粉晶状白云岩、炭质白云岩	强岩溶层组
	中段	D_1e^2	中厚层状白云石化泥灰岩，局部夹薄层状泥质粉砂岩、泥岩	中等岩溶层组
	下段	D_1e^1	中厚层状灰黑色炭质灰岩、白云石化碎屑灰岩为主，局部夹薄层状泥岩	强岩溶层组
郁江组	上段	D_1y^2	含泥、砂质弱白云右化生物屑泥晶灰岩	强岩溶层组
	下段	D_1y^1	浅灰色砂岩，中上部以泥质粉砂岩为主夹砂岩、页岩	非可溶岩层组
那高岭组	—	D_1n	薄层状含粉砂页岩夹中薄层状含泥石英砂岩	非可溶岩层组

一线船闸施工期间闸室泄水箱涵段的构造带——管道岩溶水，较集中出露，补给源主要来源于断裂带、暗河或岩溶管道，具承压性。分布高程低于 -9 m，最低揭露高程 -22 m，涌水量与季节变化、降雨关联性不明显，单个涌水点（洞）$Q = 500 \sim 1\,200$ m³/h，具承压性，水柱高度 $15 \sim 30$ m；以冷水为主，有两个涌水点为温水。本次勘察 CZ1-ZK8 钻孔在孔深 $40 \sim 51.2$ m 间为溶洞，溶洞内为温水，水温约为 25 ℃，水面有冒气泡现象。

本区地下水以大气降水渗透补给为主，局部地段接受地表水补给。灌溉回渗，生活废水下渗也构成一些地下水补给源。由于地下水主要赋存于较大溶蚀裂隙、岩溶洞系统中，所以径流集中、迅速，以管道流为主，岩溶大泉及地下河为主要排泄方式向黔江排泄，见图 1。

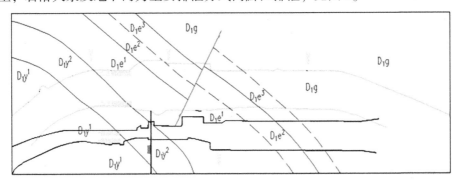

图 1　工程区地层及地下水径流简图

黔江水的化学类型为重碳酸钙型水或重碳酸钙镁型水，pH 值为 $7.6 \sim 7.8$，地下水化学类型多为重碳酸钙型水或重碳酸钙镁型水，pH 值为 $7.28 \sim 7.68$。

3　影响岩溶发育的因素

3.1　岩性、地层单层厚度、结构对岩溶发育的控制

工程区揭示的白云岩，粉晶结构，块状构造，野外呈巨厚层、中厚层、薄层状三类。均富含方解石晶洞，矿物及化学成分中 CaO 值略高于理论标准值，MgO 略低于标准值，CO_2 接近理论值，说明化学溶蚀和机械侵蚀并存，空洞及连通性好，扩大了地下水循环场所和增大地下水与可溶岩接触面积，提高了溶蚀速度和溶蚀的彻底性。岩矿鉴定成果见表 2。

表 2 岩矿鉴定成果

定名	室内鉴定						
	矿物成分及含量					化学成分及含量	
	方解石	白云石	生物屑	后期方解石	不透明物	氧化钙	氧化镁
	%						
粉晶白云岩	5	85	8	2	微量	33.13	19.34
粉晶白云岩	—	95	3	2	微量	32.13	19.90
粉晶白云岩	—	93	5	2	微量	34.47	18.13
粉晶白云岩	5	85	8	2	微量	32.85	19.54
粉晶白云岩	3	94	2	1	微量	32.24	19.74
生物屑泥晶灰岩	56	4	33	2	5（石英）	51.39	0.95
泥晶生物屑灰岩	30	4	63	—	2（石英）	41.70	1.31
泥晶生物屑灰岩	35	12	52	—	1（石英）	42.15	1.87
生物屑泥晶灰岩	50	10	20	—	10（石英）	13.03	3.28

注：白云石化学成分理论标准值：CaO 为 30.4%，MgO 为 21.9%，CO_2 为 47.7%。

层厚对岩溶控制表现为：巨厚层，中—厚层状溶洞出现率 36%，腔体断面面积 13~23 m^2；薄层状溶洞出现率 57.5%，腔体断面面积仅 6~15 m^2。

泥质灰岩，细晶白云岩、白云石化泥灰岩，泥晶结构，层间片状泥岩，质地不纯，岩溶发育相对较弱，溶洞腔体断面面积 10~13 m^2，出现频率仅 8.5%。

官桥组（D_1g）为中层状夹厚层状细晶白云岩、硅质白云岩与薄层状泥质白云岩，主要成分为白云石、方解石、黏土矿物等。共 11 个钻孔揭露有溶洞，洞内多为全充填或无充填，充填物以黏土和碎石为主，部分无充填，洞径多为 0.5~2.1 m，溶蚀强度已处于稳定期，岩溶随深度的增加发育程度越来越弱。钻孔遇洞率为 9.1%，线岩溶率 2.3%，岩溶弱发育见表 3。

表 3 不同岩组岩溶遇洞率及线岩溶率

岩性	郁江组上段	二塘组下段	二塘组中段	二塘组上段	官桥组
	D_1y^2	D_1e^1	D_1e^2	D_1e^3	D_1g
孔数/个	—	49	8	21	1
遇洞率/%	—	72.7	60	100	9.1
线岩溶率/%	—	21.9	3.1	28.5	2.3
岩溶强度等级	强岩溶	强岩溶	中等岩溶	强岩溶	弱岩溶

二塘组上段（D_1e^3）：以中厚层状粉晶状白云岩、炭质白云岩为主，局部见互层状，粉晶状白云岩矿物成分主要为白云石、方解石、黏土等。共 3 个钻孔揭露有溶洞，洞内多为全充填或无充填，充填物以黏土和碎石为主，部分无充填，洞径多为 0.8~2.5 m，溶蚀强度已处于稳定期，岩溶随深度的增加发育程度越来越弱。钻孔遇洞率为 100%，线岩溶率 28.5%，岩溶中等发育。

二塘组中段（D_1e^2）：灰色中厚层状白云石化泥灰岩，局部夹薄层状泥质粉砂岩、泥岩，白云石化泥灰岩矿物成分主要为方解石、白云石、黏土等。共 4 个钻孔揭露有溶洞，洞内多为全充填或无充填，充填物以黏土和碎石为主，部分无充填，洞径多为 0.6~3.1 m，钻孔遇洞率为 60%，线岩溶率 3.1%，岩溶中等发育。

二塘组下段（D_1e^1）：以中厚层状灰黑色炭质灰岩、白云石化碎屑灰岩为主，局部夹薄层状泥岩，炭质灰岩矿物成分主要为方解石、黏土、炭质等。共 4 个钻孔揭露有溶洞，洞内多为全充填或无充填，充填物以黏土和碎石为主，部分无充填，洞径多为 0.3~6.6 m，钻孔遇洞率为 72.7%，线岩溶率 21.9%，岩溶强烈发育。

郁江组上段（D_1y^2）：含泥、砂质弱白云石化生物屑泥晶灰岩，灰黑色，厚层状，致密坚硬。该区域本次未布置勘探工作，根据施工开挖揭露岩溶发育强烈，特别是在砂页岩接触带附近岩溶强烈发育，因此属强岩溶区。

3.2 地质构造对岩溶发育及分布的控制

工程区主要构造以 NE 向、NW 向及近东西向的断裂及挤压带为主，岩溶发育方向与主要构造线的发育程度十分吻合，基本构成了沿构造线岩溶发育的格局，具体体现为褶皱核部和背向斜转折部位，张剪性断层带（破碎带）、断裂交汇处及区域张剪性裂隙密集带，地下水动力条件好，岩溶发育强烈，岩溶形态类型为塌陷坑（落水洞）、溶沟、溶槽（隙）及岩溶管道。

溶洞沿构造线分布特征明显，沿 NW（305°）~SE（125°）断裂构造带的方向形成数个裂隙密集带（溶洞群），发现带群紧密型宽度为 4~7 m，离散型为 9~12 m，带群重复出现的频率步长 9~12 m，最长 18 m；沿 NE（25°~45°）~SW（205°~225°）向构造带以宽大型溶隙展布，覆盖层下有大溶沟发育。

3.3 地表水与地下水循环对岩溶发育的控制

桂平地区多年平均降水量达 1 800 mm 左右，充沛的降雨给地下水提供了丰富的补给源，地表水正常的下渗和覆盖式洼地、塌陷坑、漏斗、落水洞式集中补给，给岩溶提供了源源不断的水动力条件，冲沟地处碎屑岩与碳酸盐岩接触带，丰富的地下水沿方解石晶洞粉晶白云岩大面积、覆盖型侵蚀面渗入溶蚀，形成了近南北向，宽度约为 200 m 的强岩溶带。

工程区砂页岩中含硫铁矿（主要成分为 FeS），沿裂隙下渗的水与 FeS 还原环境下淋滤氧化生成 H_2SO_4，主要化学反应式为 $FeS+O_2+H_2O \rightarrow Fe_2O_3+H_2SO_4$，酸性环境下有利于岩溶发育，因此砂页岩与灰岩接触带附近岩溶强烈发育，属强岩溶区。

4 岩溶发育规律

4.1 地方性溶蚀基准面

印支—燕山期构造运动时期，大瑶山区域大面积隆起，东西向构造带活动明显，后期地壳剥蚀强烈，进入第四纪以后该区域地壳升降速度变缓，早期剥蚀较深的桂平市东的三江交汇部及以下段接受大厚度的松散堆积。据调查，弩滩与江口同时间各自江水位为 35 m、14 m，江口地面最低高程 7.0 m，江心河床堆积层厚 15~20 m，底部灰岩侵蚀面高程 -8~-13 m，两点江水位差 21 m，弩滩江水位与江口江心基岩面高差 48 m；灌浆帷幕孔中揭露最低溶洞高程 -24 m，低于地方性溶蚀基准面 11 m，受东西向北东向两组构造导通，地下水存在深部三维流循环运动，所以岩溶发育深度不受溶蚀基准面控制。根据统计，充填或半充填溶洞占 66%，无充填溶洞占 34%。由于两江地下水位比降小（约为 8/1 000），流速很慢，因此溶洞多为充填型，跟勘察揭露的实际情况相吻合。

4.2 水平方向岩溶发育规律

工程研究区范围内主要分布 D_1e^1、D_1e^3、D_1y^2 强岩溶地层，D_1e^2 的中等可岩溶地层以及 D_1g 弱岩溶地层，岩溶形态在平面上的分异性主要受褶皱构造和岩性的控制。黔江一级阶地台面出现多处塌陷坑，但这些通道总是有规可寻的，其分布位置沿 NE、NE 向结构带和各类构造线交汇部位或较大规模的溶沟、溶槽交叉处。官桥组钻孔遇洞率为 9.1%，线岩溶率 2.3%，岩溶弱发育，二塘组上段钻孔遇洞率为 100%，线岩溶率 28.5%，岩溶中等发育，二塘组中段钻孔遇洞率为 60%，线岩溶率 3.1%，岩溶中等发育，二塘组下段钻孔遇洞率为 72.7%，线岩溶率 21.9%，岩溶强烈发育。郁江组上段根据施工开挖揭露岩溶发育强烈，特别是在砂页岩与灰岩接触带附近岩溶强烈发育，属强岩溶区。

4.3 垂直方向岩溶发育规律

4.3.1 岩溶影响层下限

根据崔政权倒虹吸模型（见图2），黔江右岸二级阶地高程 65 m，河水位 17 m，即 H_{st} = 48 m，根据倒虹吸模型，岩溶水强化深度至河水位高程 18 m 以下 48 m，即现代岩溶影响层下限高程 -30 m。根据现场勘察及物探结果揭示的岩溶发育底界基本都在 -30 m 以内，两者揭示的岩溶影响层下限高程基本一致。

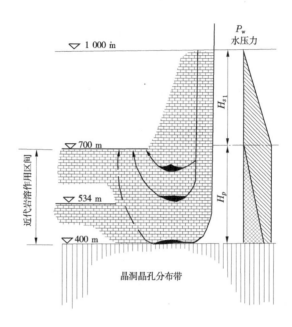

图 2 倒虹吸模型（崔政权）

4.3.2 垂向上岩溶发育的差异性

从上游左岸向下游右岸，岩溶随距江边距离减小，岩溶具逐渐加深趋势。其梯度在 1/30 ~ 1/40，钻孔揭示溶洞最低高程大于 -30 m。

随深度加深，溶洞具显著减少趋势（见表4），岩溶遇洞率随高程变化见表4。溶洞在高程 20 ~ 30 m 溶洞最发育，遇洞率为 32.5%；其次为 10 ~ 20 m 溶洞发育，遇洞率为 30%；0 ~ 10 m 钻孔遇洞率为 15%，其他高程遇洞率在 10% 以下。

表 4 不同高程岩溶遇洞率

高程/m	>30	30~20	20~10	10~0	0~-10	-10~-20	-20~-30	-30~-40
孔数/个	5	26	24	12	5	4	3	1
遇洞率/%	6.3	32.5	30	15	6.2	5	3.8	1.2

根据本次勘察揭露，高程 15 ~ 30 m 以上位于溶沟溶槽强烈发育的溶蚀风化带，溶洞直径级别 0.5 ~ 3 m 最为发育，钻孔揭露最大洞径为 10.8 m。

4.3.3 垂向上溶洞规模的差异性

无论是岩溶强发育区还是弱发育区，高度小于 2 m 的溶洞个数多，相反高度大于 2 m 的溶洞个数则少，这说明该岩溶层中发育的溶洞一般规模不大，管道式或廊道式的岩溶系统不发育，主要以网状或脉状的岩溶系统为主。

高度大于 2 m 的或高度小于 2 m 的溶洞个数，都具有随标高降低而变小的趋势。

自上而下，溶洞规模具有明显的分带特征，上部标高 10 m 以上，以高度大于 2 m 的溶洞为主，标高 10 m 以下则以高度小于 2 m 的溶洞最为发育，多数曲线上反映出由小变大又由大变小的特征。

由瞬变电磁法成果图（见图 3）分析可知，视电阻率在 400~900 Ω·m 的地层，横向差异变化较大，且等值线闭合，结合地质分析，灰岩区的这类异常为岩溶强发育区，岩溶强发育区底板高程为 -45~10 m，一般为 -30 m。

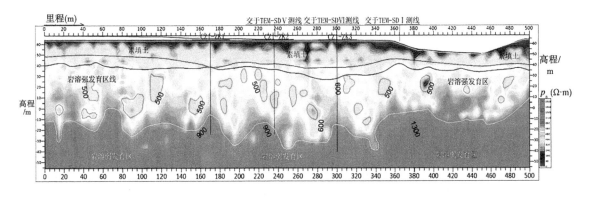

图 3　瞬变电磁法测试成果

4.4　溶洞的充填特征

该岩溶层多被第四系松散岩类覆盖，溶洞被泥沙充填尤为严重，它直接影响到岩溶水的储存与运移，也影响到有关工程的施工条件。

溶洞充填率具有随深度的增大而逐渐变低的趋势，其充填的最大深度大致在标高 -30~-20 m。自上而下，在标高 30~0 m，溶洞被充填较严重，充填率大于 70%；标高 0~-20 m，溶洞允填程度次之，其充填率为 25%~60%；标高 -20 m 以下，溶洞充填率最低。

岩溶强发育区的溶洞充填程度比岩溶弱发育区较为严重，以标高 20 m 以上更为突出。

5　结语

在强降雨频繁的南方地区，地下水位高，深基坑工程地基为岩溶、覆盖型岩溶的，开工前应先做好工程区外围截排水工作，降低施工期的安全风险。

岩溶地区地质条件极其复杂，前期选址非常关键，根据岩溶发育程度查找岩溶在平面上的差异，细化岩溶分区，建筑物布置尽量避开强岩溶区。

基坑涌水点数量除与季节有关外，还与降水强度、降雨时长有关。各涌水点的涌水量与季节、降雨强度、降雨时长有关，雨季特别如汛期涌水量迅速增大，而黔江水位升降对基坑涌水点涌水量影响不明显。

在岩溶地区，各涌水点涌水量与其被揭露的时间长短成正比：涌水点暴露时间越长，水流对岩溶腔体和宽张裂缝中的充填物冲刷搬运愈强烈，使得本来已成网状地下水系循环更加流畅的汇集于深基坑，给降排水工作增大压力，因此对新出涌水点应尽早处理。

参考文献

［1］袁道先．中国岩溶动力系统［M］．北京：地质出版社，2002.
［2］王建秀，杨立中，刘丹，等．覆盖型无充填溶洞薄顶板塌陷稳定性研究［J］．中国岩溶，2000.
［3］崔政权．系统工程地质导论［M］．北京：水利水电出版社，1992.
［4］刘之葵．岩溶区溶洞及土洞对建筑地基影响的研究［D］．长沙：中南大学，2005.

隧洞突涌水风险评价方法综述

杜学才[1] 卫云波[2] 李国庆[2] 曲皓玮[2]

（1. 云南省滇中引水工程有限公司，云南昆明　650051；

2. 河海大学地球科学与工程学院，江苏南京　210098）

摘　要： 隧洞突涌水灾害是隧洞施工过程中最主要的风险之一，突涌水灾害具有发生概率高、发生速度快、预报难度大的特点，对施工安全的威胁巨大，造成损失严重，且善后困难，因此有必要在施工前对突涌水灾害的风险做可靠评估。隧洞突涌水风险评价工作中需要考虑的风险因素有很多，其中大部分的因素难以准确定量描述，这往往会给突涌水风险评价体系的建立带来很大困难。目前，国内外关于隧洞突涌水风险评价方法的相关风险指标体系也随着研究的进行不断得到完善。因此，本文对现有的突涌水风险评价方法进行总结，以进一步推进突涌水风险评价体系在隧洞建设中的应用。

关键词： 隧洞；突涌水；风险评价；指标体系

1　引言

隧洞突涌水是指含水介质系统、地下水系统以及围岩力学平衡状态因地下工程开挖发生急剧变化，存储在地下水体的大量能量瞬间释放，以流体的形式高速地向工程临空面内运移，造成严重危害的一种破坏现象[1]。

隧洞突涌水问题是隧洞工程中的最主要的风险之一。据不完全统计，目前隧洞施工中出现的安全问题，有80%以上是由突涌水引起的。这些事故往往会给隧洞工程带来严重的灾害损失，并大大延长工程工期。因此，隧洞突涌水风险评价已经成为国外隧洞施工之前必须进行的一项前期工作[2]。然而，在突涌水风险管理方面，国内现行的工程管理体系和制度多侧重于可行性研究阶段对项目营运期的财务评价和国民经济评价，或是对于可能发生的风险的预防和补救措施，而没有形成成熟的突涌水风险评价和管理体系[3]。

近年来，多座岩溶隧道在施工中突发的大规模突涌水灾害成为国内学者关注的焦点，国内外研究人员因此对隧洞突涌水灾害的超前预报及风险评价、管理进行了一系列研究，建立了多种改进的突涌水风险评价模型[4-7]（见表1）。他们的评价模型大多是采用定性–半定量化的方向对隧洞风险进行评价。在前人研究的基础上，越来越多的突涌水风险评估理论与模型被引入突涌水风险评价的方法体系中，部分研究成果采用半定量化–定量化的评价指标体系建立了风险预测评价模型[8-15]。但综合来看，已有的风险评估模型大多缺乏对评价因子的定量化及相互作用关系的仔细考量[16]。隧洞突涌水风险评价工作中需要考虑的风险因素有很多，其中大部分的因素难以准确定量描述，这往往会给突涌水风险评价体系的建立带来很大困难。目前，国内外关于隧洞突涌水风险评价方法的研究仍在不断推进，相关风险指标体系也随着研究的进行不断得到完善。因此，本文对现有的突涌水风险评价方法进行总结，以进一步推进突涌水风险评价体系在隧洞建设中的应用。

基金项目： 云南省重大科技专项（202002AF080003）。

作者简介： 杜学才（1974—），男，高级工程师，主要从事隧道与地下工程相关研究工作。

通信作者： 卫云波（1993—），男，讲师，主要从事地下工程渗流控制和地下水污染防治方面的科学研究与实践工作。

表 1　隧洞突涌水风险评价方法

类别	名称	优缺点	工程应用
定性分析方法	专家调查法	实施简单，准确性相对较高；但是评价结果主观性较强，且无法定量化	六盘山铁路隧洞、浑河大直径顶管工程、孟加拉卡纳普里河水下盾构隧洞等
定量分析方法	概念模型分析法	从力学机制出发，结论有普适意义；但需对问题进行概化，与实际情况符合程度往往较低	厦门海底隧洞 F1 风化槽、青岛胶州湾海底隧洞等
	层次分析法	适于处理复杂问题，有比较强的合理性和实用性；但指标权重的选取具有一定的主观性	上海地铁 11 号线、滇东高原岩溶隧洞等
	蒙特卡罗法	使繁杂的问题简单化，获得客观稳定的评价结果；但计算量很大，需要较多的计算时间	浏阳河隧洞、木里水工隧洞等
综合分析方法	模糊层次分析法	克服了层次分析法中评价因素对评价对象的权重确定主观性强等缺点	南水北调西线工程深埋长隧洞等
	属性区间识别法	可以实现灾害风险等级以及风险概率的定量识别	湖北三峡翻坝高速公路鸡公岭隧道、宜巴高速公路峡口隧道通风斜井等

2　定性分析方法

专家调查法，也称德尔斐法，是一种被广泛应用于工程风险评估的定性分析方法。德尔菲法的重要特点之一是其匿名性，因此可以充分消除权威的影响。同时，该方法往往需要经过多轮的信息反馈才能完成预测，专家因此得以根据反馈信息对进行工程进行深入研究，所得结果较为客观、可信。

王晓军使用专家调查法对六盘山铁路隧洞的施工风险进行了分析，从项目主体、环境要素和系统结构等角度分析了工程各个阶段可能出现的潜在隐患，为保障施工工作的顺利进行以及施工风险指标体系的建立提供了有力指导[17]。

郑永娟对穿越浑河的大直径顶管工程开展了风险识别与评估工作，运用专家调查法识别出了浅覆土导致的塌方涌水、隧洞上浮等多种工程风险，确立了人-机-环境的环境风险系统，并据此建立了工程的安全风险评估体系，指导安排工程施工中的防范措施，提高了工程施工的整体安全性[18]。

何涛等以位于孟加拉国的卡纳普里河水下盾构隧洞为对象，运用专家调查法评估了隧洞的突涌水风险级别，并对可能发生的高风险事件提出了相应的应对措施，为类似水下隧洞施工的风险控制工作提供了参照[19]。

闫玉茹等对拟采用钻爆法施工的大连湾海底隧洞施工过程中的可能出现的事故风险进行了定性分析，并采用专家信心指数法对工程风险进行评价，评价工作主要从南岸陆域段隧洞施工、海域段隧洞施工、北岸隧洞施工及施工对周围环境的影响四个方面展开。评价结果显示，工程预工可阶段地推荐方案风险较大，并针对本工程的施工风险特点提出了相应的风险控制措施[20]。

专家调查法虽然是一种定性分析方法，然而由于其操作简单，且能够将个别专家的思想系统化考虑，所得结果准确性相对较高，所以在实际工程实践中是一种经常使用的评价方法。

3　定量分析方法

3.1　概念模型分析法

概念模型分析法从岩体突涌水的力学机制出发，以构建概念模型的方式分析突涌水发生的条件及关键影响因素，从而指导工程施工方案设计以尽可能避免突涌水灾害的发生。常用的概念模型分析方法有极限平衡理论、尖点突变理论、关键层理论等。国内外学者运用这些概念模型分析了不同条件下的隧洞突水机制和影响因素，并将分析结果应用到了实践工程的指导中去。

沈荣喜等针对海底隧洞突水问题，利用岩体极限平衡理论分析突涌水灾害发生的力学机制，讨论了临界水压的影响因素，分析发现岩体的力学性质、上覆岩层厚度、开挖半径以及隧洞支护方案是突涌水临界水压的控制因素，并据此提出了预防突水的若干措施[21]。

黎良杰等使用关键层理论，分析了不同类型断层突水的机制及影响因素，并分别给出了不同断层突水灾害的发生判据[22]。在此基础上，李兵等进一步求出了隔水关键层突水系数的解析解，并用该突水判据指导了厦门海底隧洞 F1 风化槽中的施工工作[23]。

李常文等在岩体极限平衡理论和突变理论的基础上建立了突涌水力学概念模型，提出了断层突水的力学判据[24]。随后，王丹等使用尖点突变模型对青岛胶州湾海底隧洞的突水机制进行了分析，根据概念模型得到的突水判据确定了 4 条高突水风险的断层，并探讨了该方法的优缺点和实用性[25]。

由于实际工程中的突水往往是由多种因素、多种机制综合作用的非线性过程，因此概念模型分析法得出的结论与实际情况符合程度往往较低，一般仅具备理论上的指导意义。实际工程中往往采用更为成熟的分析方法，如层次分析法、蒙特卡罗法等进行突涌水风险评价。

3.2 层次分析法

层次分析法是一种定性定量结合的系统化决策分析方法，该方法将隧洞工程突水问题分解为很多可能的影响因素种类，并按影响因素种类将工程的施工条件再细分为多种次级因素（见图 1）。随后，通过比较各层次的不同因素的相对重要性，排出每个因素的重要性（一般以 1~9 标度）顺序，从而最终使风险评价问题归结为各风险因素相对于总体风险的重要性权值排定。层次分析法比较适合于处理复杂条件下的隧洞突涌水问题，由于其半定量化的特征，相较前述定性方法而言，有较强的客观性和科学性。

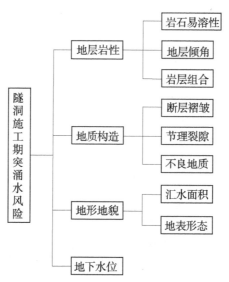

图 1 隧洞突涌水风险评价层次结构示意图

黄宏伟等评估了上海地铁 11 号线各关键节点的施工风险，指出了施工中各节点中可能发生的风险事故，在此基础上使用层次分析法对相应风险进行了定量的风险等级评估，经与工程实例对比，该方法切实可行，从而为工程的决策、招标投标及工程保险等提供了较为可靠的科学依据[26]。

更进一步的，江时雨等采用层次分析法构建了某水下隧洞的涌水风险评价体系，从地质、水文地质条件以及工程施工三个方面列举出了 11 个评价指标，并确定了各个指标的权重。随后，他们又以层次分析法评价体系为基础，构建了 BP 神经网络涌水灾害预测模型，对该水下隧洞的涌水灾害进行了综合评价、预测和分析，获得了较为准确的预测分析结果[27]。

杨艳娜以西南山区的复杂岩溶水文地质条件为背景，详细探讨了岩溶突涌水灾害发生的模式和主要影响因素。在此基础上，利用层次分析法建立了岩溶隧洞的突涌水灾害评价系统，并对各评价指标的权重取值进行了定量化的探讨[28]。随后，赵红梅结合滇东高原岩溶隧洞的详查信息，进一步完善了杨艳娜的评价模型，完善后的评价系统可靠程度更高，评价等级与实际涌水量等级更为接近[29]。

层次分析法虽然一般被归类为定量方法，但是由于其指标权重的选取是因人而异的，因此该方法的评估结果具有一定的主观性。基于上述原因，研究者提出了蒙特卡罗法来进行风险评估，以期获得更为客观稳定的评价结果。

3.3 蒙特卡罗法

蒙特卡罗法又称随机模拟法，是从风险因素值组合中随机抽取大量的样本，进行多次模拟计算，通过大量模拟各种风险因素组合，计算统计在不同风险因素组合条件下的工程运行状况，得到各风险因素对工程整体风险的影响规律。蒙特卡罗法模拟评估流程如图 2 所示。

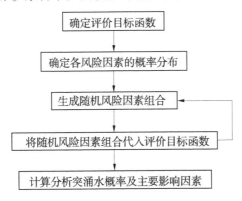

图 2 蒙特卡罗法模拟评估流程示意图

郭明香首次使用蒙特卡罗法在模拟计算中得到浏阳河隧道的施工风险的概率分布状态，并将其结果与模糊综合层次评价结果进行对比分析。根据模拟计算结果，有针对性地对施工过程中的常见风险提出了应对措施和应急预案，同时还给出了合理的监控方案以便根据实际情况实时调整应急预案[30]。随后，郭明香和刘观云针对浏阳河隧洞的突涌水风险问题，使用蒙特卡罗法获得了不同水位/流量下突涌水发生的概率和损失值。评价结果给出了警戒水位的高度值，并指出施工时需要重点关注的外界因素，如顶板厚度、跨度、水位、暴露时间等，为工程预防措施提供指导[31]。于本昌以木里水工隧洞为依托，使用蒙特卡罗法分析了充水溶洞相对位置对于岩溶隧洞的稳定特性的影响，并通过改变岩溶水压力，进一步探讨了不同条件下岩溶隧洞的破坏压力以及破坏模式的差异[32]。

蒙特卡罗法虽然可以使繁杂的问题简单化，并获得客观稳定的评价结果，同时该方法也有计算量过大、耗时较长的缺点。

4 综合分析方法

4.1 模糊层次分析法

模糊层次分析法是对层次分析法的一种改进方法，针对层次分析法中的 1~9 标度有时无法反映人们主观判断模糊性的问题，模糊层次分析法运用隶属度函数将模糊信息更准确地定量化表示出来，见图 3，同时改善了层次分析法中判断矩阵一致性的问题，从而得出更为科学的评价结论。

王岩等首先定性分析了各个可能影响地铁区间隧洞安全体系的因素，并据此建立了风险评价层次结构模型，在此基础上，运用模糊综合评判法对整个安全体系进行多层次的综合评估，从而建立了一套科学合理的地铁区间隧洞安全评估方法[33]。

姚浩等将模糊综合评价方法应用到了软土地区盾构隧洞掘进施工风险的评价中去，首先通过层次分析模型计算出了各风险事件的权重，并在此基础上采用梯形隶属度函数来计算各种风险事件对各风险等级的隶属度，从而形成总体风险评判矩阵，取得了良好的预测效果[34]。

李剑通过模糊综合评价方法对悬浮隧洞的整体风险进行了分析，根据悬浮隧洞结构整体风险因素

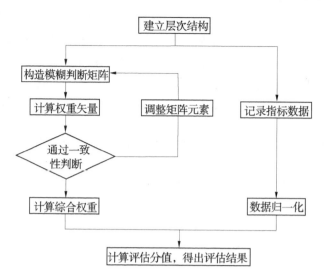

图 3　模糊综合评价法流程

的层次关系，给出了风险评价的模糊分析论域，并对悬浮隧洞的整体施工风险进行了初步分析[35]。

赵延喜和徐卫亚在对 TBM 施工风险因素进行全面分析的基础上，建立了多层次结构的 TBM 施工风险评价体系，并基于风险指标的层次结构建立了施工风险二级模糊综合评判模型，利用模糊集法确定各风险因素对风险等级的隶属度，并将评价结果应用于南水北调西线工程深埋长隧洞的施工指导中[36]。

在对隧洞突涌水风险进行综合评判时，由于影响其因素众多，而且每个因素还有其次级因素。所以在使用模糊层次分析法时，一般要建立多级层次结构，才能全面地分析风险出现内在的原因，从而才能得出可靠的评价结果。

4.2　属性区间评价法

在使用常规的层次分析法或模糊层次分析法进行突涌水风险分析的过程中，计算得到的指标的取值一般是一个定值，最终的评价结果往往只能得到突涌水的风险等级，而无法得到风险等级对应的事故发生概率。而与常规风险评估方法不同，属性区间识别法得到的风险指标的取值是一个区间，而不是一个定值。通过使用置信度准则计算评价矩阵的综合属性测度，可以实现灾害风险等级以及风险概率的定量识别。

周宗青等基于属性数学理论建立了岩溶隧道突涌水危险性评价的属性区间识别模型，并使用该模型对湖北三峡翻坝高速公路鸡公岭隧道的突涌水风险进行了评价。与现场施工情况的对比分析表明，评价结果与开挖情况吻合性较好，为岩溶隧道突涌水危险性评价提供了一种新的有效途径[37]。

随后，李术才等使用属性区间识别法对宜巴高速公路峡口隧道通风斜井的突涌水风险进行了评价，并与实际开挖施工情况以及传统属性数学模型的预测结果进行对比验证，对比结果体现了突水风险属性区间评价理论与方法具有一定的合理性及可行性[38]。

更进一步地，王升等基于正态分布思想对属性评价模型进行了非线性改进，提出了基于改进直觉模糊理论的综合属性区间分析方法，建立了隧道突水风险评估的多级分层指标体系。通过与现场情况和其他方法评价结果的对比，验证了该方法的合理性和实用性，评价结果更加准确可靠[39]。

属性区间评价法能较好地解决具有突涌水风险等级及风险概率的综合评价，且评价过程中使用的置信度准则是根据评价集具有有序性这一特点提出的，因而可使评价结果更为可靠，具有较好的实用性[37]。

5　结论

近年来，随着隧洞施工工程逐渐增多，难度逐渐增大，隧洞突涌水灾害逐渐引起国内外学者越来越来越多的关注，越来越多新的突涌水灾害风险评估方法被探索性地引入工程施工风险评价体系中。其中，部分研究成果采用定性-半定量化的评价指标体系建立了突涌水风险评价模型，在工程突涌水灾害的预测和防治工作中取得了良好的效果。

然而综合来看，隧洞突涌水灾害的风险预测评价模型（如常见的专家调查法、层次分析法）大部分都是基于工程的地质条件、水文地质条件、施工条件以及其他因素的定性化描述，而缺乏对评价因素的定量化及评价指标之间相互作用的考虑。近年来，随着新的综合分析方法，如模糊层次分析法、属性区间评价法等方法的不断提出，评价因子逐渐得到定量化，在实际工程中取得了越来越多的成功应用。

参考文献

[1] 李亚博. 深埋岩溶隧道突水灾变演化规律研究 [D]. 北京：中国矿业大学，2017.

[2] 杨艳娜，许模，曹化平，等. 岩溶隧道涌突水灾害预测预报及风险评价体系研究进展 [J]. 勘察科学技术，2017 (5)：4.

[3] 柳立峰. 隧道施工安全管理及评价体系研究 [D]. 重庆：重庆大学，2008.

[4] 徐则民，黄润秋，罗杏春. 特长岩溶隧道涌水预测的系统辨识方法 [J]. 水文地质工程地质，2002，29 (4)：5.

[5] 韩行瑞. 岩溶隧道涌水及其专家评判系统 [J]. 中国岩溶，2004.

[6] 李冰，白明洲，许兆义. 宜万铁路野三关隧道施工期岩溶灾害危险性分析与安全对策研究 [J]. 中国安全科学学报，2006，16 (9)：6.

[7] 李术才，李猕，薛翊国，等. 高风险岩溶地区隧道施工地质灾害综合预报预警关键技术研究 [J]. 岩石力学与工程学报，2008，27 (7)：11.

[8] 王成亮. 宜万铁路岩溶区隧道施工地质灾害风险评价方法研究 [D]. 北京：北京交通大学，2010.

[9] 毛邦燕，许模，蒋良文. 隧道岩溶突水，突泥危险性评价初探 [J]. 中国岩溶，2010，29 (2)：7.

[10] 廖欣. 基于层次分析法的铁路隧道岩溶风险评估与处理措施研究 [J]. 四川建筑，2011，31 (3)：3.

[11] 葛颜慧，李术才，张庆松，等. 基于风险评价的岩溶隧道综合超前地质预报技术研究 [J]. 岩土工程学报，2010 (7)：7.

[12] 许振浩，李术才，李利平，等. 基于层次分析法的岩溶隧道突水突泥风险评估 [J]. 岩土力学，2011，32 (6)：10.

[13] 吴治生，张杰. 岩溶隧道风险影响因素及评估 [J]. 铁道工程学报，2011 (10)：6.

[14] 赵冬梅，刘金星，马建峰. 基于模糊小波神经网络的信息安全风险评估 [J]. 华中科技大学学报（自然科学版）2009 (11)：4.

[15] 李志林，王星华，谢李钊. 基于模糊小波神经网络的岩溶隧道风险评估及综合超前地质预报技术 [J]. 现代地质，2013，27 (3)：8.

[16] 杨艳娜，曹化平，许模. 岩溶隧道涌突水灾害危险性评价指标体系及量化取值方法 [J]. 现代地质，2015，29 (2)：7.

[17] 王晓军. 天水至平凉铁路六盘山隧道工程施工风险管理研究 [D]. 成都：西南交通大学，2014.

[18] 郑永娟. 大直径顶管隧道穿越浑河施工中减阻效果的数值模拟预测 [J]. 时代报告，2017.

[19] 何涛，陈飞飞，魏龙海，等. 孟加拉卡纳普里河水下盾构隧道安全风险评估 [J]. 四川建筑，2018，38 (3)：3.

[20] 闫玉茹，黄宏伟，胡群芳，等. 大连湾海底隧道钻爆法施工风险评估研究 [J]. 岩石力学与工程学报，2007，26 (S2)：3616-3624.

[21] 沈荣喜，吴秀仪，刘长武，等. 海底隧道施工过程中突水风险研究 [J]. 武汉理工大学学报（交通科学与工程版）2008，32 (3)：4.

[22] 黎良杰，钱鸣高，李树刚，等. 断层突水机制分析 [J]. 煤炭学报，1996，21 (2)：5.

[23] 李兵，张顶立. 基于隔水关键层突水系数法的海底隧道施工突水危险性分析 [J]. 北京工业大学学报，2011，37 (9)：6.

[24] 李常文，柳峥，郭好新，等. 基于采动和承压水作用下断层突水关键路径的力学分析 [J]. 煤炭工程，2011

（5）：4.

［25］王丹．海底隧道含水断层涌水量分析及突水风险预测方法研究［D］．济南：山东大学，2017.

［26］黄宏伟，朱琳，谢雄耀．上海地铁 11 号线关键节点工可阶段工程风险评估［J］．岩土工程学报，2007，
29（7）：5.

［27］江时雨，陈建宏，李涛，等．水下隧道涌水灾害风险评价与预测［J］．中国安全科学学报，2013，23（12）：6.

［28］杨艳娜．西南山区岩溶隧道涌突水灾害危险性评价系统研究［D］．成都：成都理工大学．

［29］赵红梅．滇东高原岩溶隧道涌突水灾害风险评价研究［D］．成都：成都理工大学，2013.

［30］郭明香．水下隧道施工风险评价模型及其工程应用研究［D］．长沙：中南大学，2009.

［31］郭明香，刘观云．蒙特卡洛法在水下隧道施工风险评价中的应用［J］．浙江建筑，2010，27（9）：4.

［32］于本昌．基于蒙特卡罗随机裂隙的岩溶水工隧洞稳定性及渗流特性研究［D］．成都：西南交通大学，2015.

［33］王岩，黄宏伟．地铁区间隧道安全评估的层次-模糊综合评判法［J］．地下空间与工程学报，2004，24（3）：19-
23，140.

［34］姚浩，周红波，蔡来炳，等．软土地区土压盾构隧道掘进施工风险模糊评估［J］．岩土力学，2007，28（8）：4.

［35］李剑．基于模糊综合评价的水中悬浮隧道风险分析［J］．地下空间与工程学报，2008，4（2）：4.

［36］赵延喜，徐卫亚．基于 AHP 和模糊综合评判的 TBM 施工风险评估［J］．岩土力学，2009，30（3）：6.

［37］周宗青，李术才，李利平，等．岩溶隧道突涌水危险性评价的属性识别模型及其工程应用［J］．岩土力学，
2013，34（3）：9.

［38］李术才，周宗青，李利平，等．岩溶隧道突水风险评价理论与方法及工程应用［J］．岩石力学与工程学报，
2013，32（9）：10.

［39］王升，李利平，成帅，等．基于改进属性区间辨识模型的隧道突涌水灾害风险评价方法［J］．中南大学学报
（英文版），2020，27（2）：14.

自流井监测工程施工关键技术研究与应用

左　超[1]　常　兴[1,2]

（1. 河南黄河水文勘测规划设计院有限公司，河南郑州　450004；
2. 黄河水利委员会河南水文水资源局，河南郑州　450000）

摘　要：采用气囊堵水技术和分流泄压原理施工技术方案，先后成功应用于"国家地下水监测工程（水利部分）"云南、广东、海南三省28眼自流井监测工程（云南26眼，广东1眼，海南1眼）的施工中，有效解决了自流井施工临时封堵和压力水流作用下设备安装的关键技术难题，保证了密封装置与井管的焊接或黏结质量，保证了密封装置组装和设备安装质量。从而保证了监测数据的精度；保证了地下水监测的系统性、监测数据的一致性，填补了自流井监测的空白。

关键词：地下水监测；自流井；气囊堵水；分流泄压

1　引言

水是人类赖以生存和生产发展不可替代的宝贵资源。地下水作为水资源的重要组成部分，在社会经济发展和生态环境保护等方面具有重要作用。随着我国经济的快速发展和人口的逐渐增多，地下水的不可替代性日益凸现。然而，对地下水的长期不合理开发利用，引发了地下水位下降、地面沉降、地面塌陷、河道断流趋势加剧、湖泊湿地萎缩、泉水干涸、海水入侵、地下水水质恶化等一系列生态环境问题。地下水监测是认识和掌握地下水动态变化特征，科学评价地下水资源，制定合理开发利用与有效保护措施，减轻和防治地下水污染及地质灾害等问题的重要基础，对开展水资源管理和保护、地下水合理开发利用、地质灾害防治和生态环境保护等具有重要意义。因此，开展全面、系统的地下水监测工作十分必要和迫切。

为此，国家斥资建设地下水监测工程，按照"联合规划、统一布局、分工协作、避免重复、信息共享"的原则，由水利部和自然资源部（原国土资源部）联合实施，共实施20 469个地下水监测站，其中水利部10 298个，自然资源部10 171个，实现对全国大型平原、盆地及岩溶山区350万km^{2}地下水动态的有效监测，填补南方地下水监测站网空白，北方主要平原区站网密度显著提高。

国家地下水监测工程（水利部分）于2015年9月全面开工，在监测井钻探施工过程中，由于地下承压水顶板揭穿，一定数量的监测井出现水自流现象，即自流井。据统计，国家地下水监测工程（水利部分）自流井占比2.5‰，主要分布在云南、广东、海南三省。

自流井现象的发生是由地下水赋存条件所决定的，是一种特殊类型的监测井，目前对自流井的监测技术、监测方法及监测工程设计和施工技术还不成熟，自流井的监测尚属于空白。对自流井的监测技术、监测方法及监测工程设计和施工技术的研究应用是非常必要和迫切的。

对自流井实施监测，监测工程设计和工程施工均面临巨大挑战，科学的工程设计方案以及科学的安装技术和施工工艺是工程成败的关键，是保证工程质量的前提，因此攻克技术难关刻不容缓。本项目主要针对自流井监测工程施工关键技术的研究与应用。

2　研究目标

自流井监测工程施工关键技术研究主要是研究拟订科学、合理、可行的自流井井口密封装置现场

作者简介：左超（1978—），男，高级工程师，主要从事水利工程及水文自动测报系统方面的研究工作。

组装和仪器设备安装的施工工艺方法，从而达到自流井的有效密封，实现监测目的。具体的研究目标为：

（1）通过井口密封结构设计，实现井口密封，同时考虑监测仪器设备安装要求，解决自流井密封问题，实现监测井工作状态地下水不外流。保证监测数据的精度，从而达到地下水监测的系统性和监测数据的一致性的要求。

（2）调查研究拟定可靠的施工技术工艺方法，解决井口密封装置现场组装和仪器设备安装的关键难题。

（3）通过合理可行的施工工艺，保证施工安全，确保自流井水位与水温的正常监测，填补自流井自动监测的空白。

3 设计方案

自流井监测工程采用井口密封及设备安装的一体化设计方案。井口采用法兰密封，法兰盘打孔，安装两个阀门，一个作为泄压通道，另一个用于监测设备安装。一体化井口设施设计方案示意见图1。

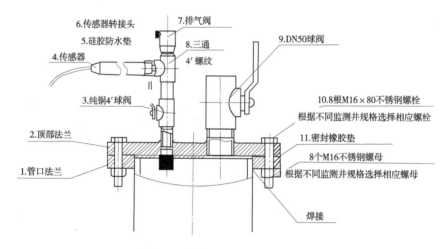

图1 一体化井口设施设计方案图

自流井井管材质主要有 PVC-U 管和无缝钢管两种，两种井管的井口装置主要差异在于法兰尺寸、管口法兰材质和管口法兰与井管的连接方式，主要设计方案如下。

3.1 法兰

井管管口选用法兰形式固定密封。自流井井管分为 PVC-U 管和无缝钢管两种材质，图1中1管口法兰材质也分为两种。对于 PVC-U 管井，其井管直径为 200 mm，管口法兰采用材质为 PVC-U 的承口法兰，图1中2顶部法兰材质为钢制，并镀锌防腐处理；对于无缝钢管井，井管外径有 146 mm、168 mm、219 mm 三种尺寸，焊接相应尺寸的钢制法兰作为管口法兰，顶部法兰材质为钢制，均镀锌防腐处理。管口法兰与顶部法兰采用 8 根 M16 不锈钢螺栓连接，法兰间采用橡胶密封垫，确保井管密封不漏水。

3.2 排水阀

顶部法兰连接两处排水阀，即图1中的3和9，即 4′纯铜球阀和 DN50 球阀。该两处排水阀全部采用螺纹连接的方式固定于顶部法兰，连接时填充聚四氟乙烯生料带，确保连接处密封不漏水。根据自流井不同的管径，顶部法兰采用相应国标尺寸的镀锌钢盲板法兰二次加工而成。以管径 200 mm 自流井为例，顶部法兰设计形式见图2。顶部法兰中部区域一左一右各一个圆形通孔，在圆形孔内焊接两个转接头。转接头高出法兰 50 mm 以上，内部有螺纹，分别与 4′球阀和 DN50 球阀螺纹连接。两个球阀均采用铜材质。DN50 球阀作为泄水减压排水阀，在安装和监测井检修的过程中打开该阀门，泄水减压，便于安装和检修工作开展；运行过程中，该阀门应保持关闭；当水质采样时，可打开该阀门获取水样。4′球阀安装于井口和监测传感器之间，当监测井运行时，该阀门保持打开状态；当传感器安装和检修时，关闭该阀门，便于安装和检修。

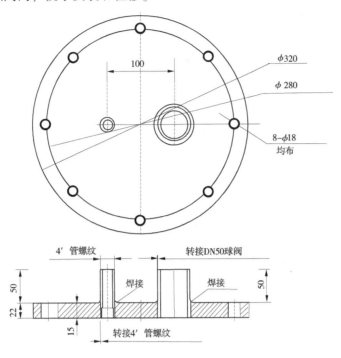

图 2　顶部法兰设计图

3.3　三通体

图 1 中 8 为三通体，其位于 4′球阀上部，通过转接头采用管螺纹与 4′球阀连接。三通体顶部连接自动排气阀，左侧连接地下水监测传感器，均采用管螺纹形式连接。

3.4　排气阀

自动排气阀位于三通体顶端，可排出监测井内气体，使地下水充满井管，确保监测精度；若因特殊原因地下水位急剧下降时，其可避免井管内空气压力小于大气压，避免负压对水位传感器造成损害。

3.5　传感器

针对自流井，水位传感器不再放入井管中，采用管螺纹连接方式安装于三通体一侧，与地下水相连通，从而实现地下水水位与水温监测目的。传感器与三通体间连接采用硅胶防水垫密封，使传感器与三通体紧密连接不漏水。

4　关键施工技术

经过调查、分析和研究，采用气囊技术临时封堵自流井自流，解决井口密封装置与井管的焊接或黏结问题；运用分流泄压原理控制减小井口密封装置拼装和仪器设备安装时的水流压力，使拼装和安装难度有效降低。

4.1　主要技术原理和性能指标

4.1.1　气囊临时封堵技术原理

堵水气囊也称管道封堵气囊、闭水气囊，是橡胶和纤维织物等高分子合成材料经高温硫化工艺制成的一种多规格、多形状的用于管道、涵洞等维修的橡胶产品，它可在不同管径、不同平面和不同位置上快速阻断水流。该技术在本研究中主要用于临时封堵自流井水流，利用优质橡胶制作的气囊，通过充气方法使其膨胀，当气囊内气体压力达到规定要求时，气囊填满整个监测井井管断面，利用气囊壁与管道内壁间产生的摩擦力封堵水流，从而达到堵水的目的。成品的气囊有不同的规格和承压能力，本研究中监测井管径规格有 146 mm、168 mm、219 mm（无缝钢管）和 200 mm（PVC-U管）四种，选用或定制相应规格气囊。堵水气囊的形式见图 3。气囊的技术性能指标见表 1。

图 3　堵水气囊实景图

表 1　气囊技术性能指标

| 型号 | 管径/mm | 气囊 | | | | | | 封堵压力/MPa | 备注 |
		直径/mm	柱体长/m	总长/mm	重量/kg	充气压力/MPa	测试压力/MPa		
U15	150	135	0.55	0.61	2.5	0.25	0.33	0.10	
U20	200	190	0.58	0.64	3.9	0.25	0.33	0.10	可定制最大封堵压力为 0.15 MPa
U30	300	290	0.73	0.79	7.6	0.25	0.33	0.10	
U40	400	360	1.00	1.06	18.0	0.25	0.33	0.10	
U50	500	450	1.05	1.13	25.0	0.25	0.33	0.10	
U60	600	560	1.29	1.36	39.0	0.15	0.20	0.05	可定制最大封堵压力为 0.75 MPa
U100	1 000	850	1.90	1.97	87.0	0.10	0.13	0.05	

4.1.2　分流泄压原理

根据流体连续性方程和伯努利方程，当管道有支管分流后，主管道流速和流量减小，减小量与支管管径和流速成正比，从而实现减小主管道压力和流量的目的。本研究中，考虑到自流井在自流状态密封装置组装及设备安装的难度较大，并结合水质取样需求，特别在井口密封装置顶部设置支管，安装铜制 DN50 球阀。在井口密封装置组装、设备安装或监测井检修时作为分流泄压通道，减小水流压力，降低施工安装及检修难度。

4.2　施工工艺

通过气囊堵水技术和分流泄压原理技术工艺的实施，采用优质的橡胶气囊，充气以填满整个井管截面，在井管外加装分流泄压管道，保证在井口施工以及监测运行的过程中地下水不外流，且便于通过分流泄压管道取水或检修。

4.2.1　气囊技术工艺

根据自流井井管直径和自流压力水头大小选择或定制相应规格型号的气囊，按照气囊技术操作规程临时封堵自流井自流，使井水不外溢。采用气囊堵水时，应注意以下事项：

（1）气囊尺寸一定要与井管内径相匹配，过大或过小均不利于堵水；自流井井管都是有压的，一定要选用加长型堵水气囊。

（2）本研究应用中监测井水头高度最大为高出地面约 8 m，即气囊应封堵的最大水压为 0.08 MPa。气囊封堵压力不应小于 0.1 MPa，即不小于 1 个大气压。

（3）气囊堵水封堵前，先做漏气检查，可将气囊置于盛满水的水桶中并按住，用气筒向气囊充气，检查堵水气囊是否漏气。

（4）气囊封堵的位置要选在井管内壁光滑、平整区域，避开接缝、毛刺、不平整等位置，以保证封堵效果。

（5）在气囊和充气胶管的接口处应绑紧，避免其脱开导致漏气。

4.2.2 安装工序

（1）安装管口法兰。

气囊将井管地下水彻底封堵后，开始安装加工好的法兰。对于 PVC-U 井管，采用黏结的形式安装承口法兰；对于无缝钢管，将管口法兰焊接至井管管口。焊接部位应刷防锈漆，避免锈蚀。

（2）安装顶部法兰。

将 4′球阀、DN50 球阀连接至顶部法兰，并保持两个阀门全部保持打开状态。将堵水气囊放气取出，恢复自流。在自流状态下安装顶部法兰，将顶部法兰与管口法兰螺栓连接，安装过程中两个球阀保持打开状态，通过引水管道将水引至合适位置，便于现场施工。然后关闭两个球阀，检查各连接处的密闭性。

（3）安装三通、传感器和排气阀。

在确认法兰及两个阀门连接处均不漏水的前提下，保持 4′球阀关闭，打开 DN50 球阀，将井水通过管道引至合适位置，运用分流泄压原理，有效降低密封装置 4′球阀管路的压力，为其安装创造必要条件，有效地解决自流井仪器设备安装难题。依次安装三通、监测传感器和排气阀。打开 4′球阀，慢速关闭 DN50 球阀，检查 4′球阀管路各连接口的气密性。若各连接处均不漏水，则井口设施安装完毕。

4 结语

（1）解决了自流井监测设备安装的技术难题。

地下水监测一般将监测仪器安装于地下井管内水位以下，但是自流井水头高出水面，监测仪器无法按常规方法放置于井管中。为解决自流井监测设备安装的技术难题，本研究采用气囊堵水技术和分流泄压原理施工技术，创造性地应用于自流井监测设备安装。

采用气囊技术工艺，有效封堵自流井自流，避免地下水外溢出井口，有效解决了井口密闭装置在有水环境中无法焊接或黏结的技术难题，可安全、方便快捷地安装井口密闭装置。采用分流泄压技术原理，将有压水流从管路中引出，有效降低密封法兰的安装难度，同时实现传感器在无压中安装，避免其在安装过程中受损，为自流井传感器的安装提供了保障。自流井监测工程施工关键技术合理可行且方便实施，有效解决了自流井设备安装的技术难题，既能保障工程质量，又能保障施工工期。

（2）填补了水文行业自流井监测的空白。

水文行业有许多地下水监测站点，包括自动站和人工站。以往监测站的地下水水位均在地面以下，无论人工监测还是自动监测设备均可以方便地放入监测井井管中。而自流井水头高出水面，传统的人工监测方法和自动监测设备安装方案在自流井中均不适用。自流井现象的发生是由地下水赋存条件所决定的，是一种特殊类型的监测井，鉴于对自流井的监测技术、监测方法以及监测工程设计和施工技术还不成熟，自流井的监测尚属于空白。

本研究采用气囊技术和分流泄压原理施工技术，首次用于地下水监测工程施工中，可以很好地解决自流井监测设备安装的技术难题，填补了水文行业建设工程施工技术的空白，使得自流井的自动监测成为可能，填补了水文行业自流井监测的空白，有效扩大了地下水监测范围，对科学合理配置地下水资源、地下水高质量可持续开发利用和有效保护将发挥重要技术支撑作用。

采用自流井监测工程关键技术施工的监测井，从交付使用以来，自流井监测设备运行稳定、状态良好，监测数据精度可满足相关规范要求，扩大了地下水监测范围，对科学合理配置地下水资源、地下水高质量可持续开发利用和有效保护将发挥重要技术支撑作用，社会效益显著。

参考文献

［1］仝长水，李坷，庄明远，等．滇中红层地区自流井成因分析［J］．工程勘察．2011，39（4）：52-55.

［2］地下水监测工程技术规范：GB/T 51040—2014［S］．

清水江平寨航电枢纽工程库首左岸岩溶渗漏分析评价

陈启军　吴　飞　刘　欢

（中水珠江规划勘测设计有限公司，广东广州　510610）

摘　要： 从平寨航电枢纽工程库首左岸出露的地层岩性、地质构造以及岩溶水文地质条件等方面分析，结合地质测绘、物探、水文地质钻探、压水试验等综合手段查明库首左岸岩溶发育特征和发育规律，综合分析认为该段产生库水集中渗漏的可能性较小，为防渗优化提供建议和依据。后期运行进一步证实该段岩溶渗漏分析评价合理，结论科学，地质建议可行，为类似水库渗漏分析提供指导和借鉴意义。

关键词： 地质构造；岩溶水文地质条件；岩溶发育规律；防渗优化

1　引言

清水江平寨航电枢纽工程位于贵州省黔东南州施秉县，其主要任务为航运、发电。坝址以上控制流域面积 5 776 km²，水库正常蓄水位 543 m，相应库容 3 829 万 m³，最大坝高 44.35 m。由于库首左岸为河间地块，可溶岩广布，断层发育，且北侧存在低邻谷，水库蓄水后可能存在向低邻谷产生地下水岩溶渗漏问题，针对该渗漏问题，采取地质测绘、物探、钻探、原位测试等综合勘探手段查明了该段岩溶发育特征和规律，为防渗优化提供建议和依据。

2　工程地质概况

库首左岸为一河间地块，地块南侧为清水江干流，呈东西走向，横向谷，该段河床高程为 503.2 ~ 523.00 m。北侧低邻谷小河，呈南西走向，横向谷，河床高程为 519 ~ 538 m。河间地块地面高程为 537 ~ 754 m。水库正常蓄水位 543 m，高出小河河床 5 ~ 24 m。河间地块地貌类型为侵蚀溶蚀地貌单元（见图1）。

地层岩性从上游往下游依次为奥陶系下统桐梓组（O_{1t}）灰岩、寒武系上统炉山组（$\in_{3l}$）白云岩、中统高台组（$\in_{2g}$）白云岩，下统清虚洞组第二段（$\in_{1q}^{2}$）灰岩、下统清虚洞组第一段（$\in_{1q}^{1}$）灰岩与白云岩互层、下统杷榔组（$\in_{1p}$）页岩。

岩层产状为 5° ~ 10°/NW∠38° ~ 52°、357°/SW∠49°。由上游至下游依次发育唐朱逆断层（F_4）及 f_5 小断层。唐朱逆断层（F_4）斜切河间地块，其走向 75°，倾向南，倾角 80°，长 18 km。垂直断距达 1 000 m，小者也有 700 m；右向平推断距约 800 m。有角砾岩、硅化及拖拉褶曲等。断层西侧有泉水呈串珠状出露，沿该断层向下游于大寨一带可见上升泉出露。f_5 断层呈北东走向，斜切河间地块，属逆断层，宽度 1.6 ~ 2.2 m，影响带宽约 8.5 m，走向 32° ~ 40°，倾向南东，倾角 74° ~ 75°，断层上下盘为清虚洞白云岩、灰岩、杷榔组页岩，该断层错开在库首左岸分水岭附近清虚洞灰岩与杷榔组页岩呈非正常接触。

河间地块左岸可溶岩地层广泛分布，且多为裸露型，岩溶形态以洼地、溶洞为主，地下水类型以碳酸盐岩岩溶水为主，其次为基岩裂隙水，孔隙水在本段水量微弱。碳酸盐岩岩溶水赋存、运动于洼

作者简介：陈启军（1979—），男，高级工程师，主要从事水利水电工程地质勘察及岩土工程方面的研究工作。

地、管道溶洞、裂隙溶洞中，以大泉形式集中径流、排泄为主，其补给来源主要为降雨补给以及地表水补给。岩溶地下水具有变化速度快，年变化幅度大、径流速度快、储存量比补给量小的特点。

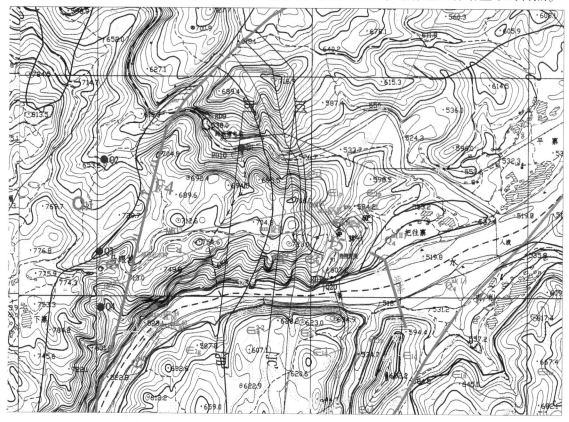

图1　库首左岸河间地块地质平面图

3　岩溶发育特征及规律

3.1　岩溶发育特征

3.1.1　地表岩溶发育特征

河间地块地表岩溶形态主要为洼地、岩溶泉、溶洞和岩溶管道。其中洼地 W_1 分布于清虚洞组第二段下部（$\in_{1q}^{2-1}$）灰岩地层；岩溶泉 Q_1 发育于清虚洞组第二段下部（$\in_{1q}^{2-1}$）灰岩地层，岩溶泉 Q_2、Q_3 发育于桐梓组（O_{1t}）灰岩地层，岩溶泉 Q_4 发育于炉山组（$\in_{3l}$）白云岩地层，岩溶泉 Q_{21} 发育于高台组（$\in_{2g}$）白云岩地层；溶洞 RD_1 发育于清虚洞组第二段下部（$\in_{1q}^{2-1}$）灰岩地层，溶洞 RD_{10} 分布于高台组（$\in_{2g}$）白云岩地层；岩溶管道由洼地 W1-溶洞 RD1 组成形成于寒武系下统清虚洞组第二段下部（$\in_{1q}^{2-1}$）为中厚层石灰岩之中。

3.1.2　地下岩溶发育特征

河床钻孔揭露高台组（$\in_{2g}$）白云岩岩溶发育微弱，岩溶形态以溶孔为主，河床以下无深层岩溶，岩体透水率 $q = 0.32 \sim 1.1$ Lu，属微透水性-弱透水性。河间地块钻孔揭示清虚洞组第二段上部（$\in_{1q}^{2-2}$）薄层-厚层白云岩，未见溶洞发育，可见沿裂隙产生一些溶蚀现象，岩体遇盐酸反应微弱，甚至不产生反应；清虚洞组第二段下部（$\in_{1q}^{2-1}$）微晶石灰岩，孔内未见岩溶发育，高程 550.4 ~ 504.70 m，岩体透水率 $q = 0.45 \sim 0.7$ Lu，属微透水。钻孔稳定地下水位为 636.94 m，地下水力坡降约 62.3%，其值大于 5%，说明清虚洞组第二段（$\in_{1q}^2$）白云岩、灰岩深部岩溶不发育。f_5 断层上盘为清虚洞组第二段下部（$\in_{1q}^{2-1}$）灰岩，下盘为杷榔组（$\in_{1p}$）页岩，钻孔揭露上盘灰岩地层未见岩溶现象发育，岩体透水率 $q = 0.29 \sim 0.85$ Lu，属微透水性，地下水位高于正常蓄水位。

钻孔均未见溶洞揭露，仅局部偶见轻微的溶孔和溶蚀裂隙现象，岩体微透水性为微—弱透水。钻孔揭露的岩溶形态、压水试验反映岩体透水性和地下水力坡降说明河间地块地下岩溶发育相对较弱。

音频大地电磁法 AMT1—AMT1′和 AMT2—AMT2′测线布置于河间地块地表分水岭处，由西向东展布，见图 2。AMT1—AMT1′跨越的地层分别为高台组（$\in_{2g}$）白云岩、清虚洞组第二段（$\in_{1q}^2$）白云岩和灰岩、清虚洞组第一段（$\in_{1q}^1$）灰岩、杷榔组（$\in_{1p}$）页岩；AMT2—AMT2′跨越的地层分别为炉山组（$\in_{3l}$）白云岩、高台组（$\in_{2g}$）白云岩、清虚洞组第二段（$\in_{1q}^2$）白云岩和灰岩、清虚洞组第一段（$\in_{1q}^1$）灰岩、杷榔组（$\in_{1p}$）页岩。

AMT1—AMT1′测线色谱图显示在高程 630~660 m、615~630 m 和 640~675 m 分别分布低阻异常闭合圈，视电阻率值为 10~100 Ω·m，推测为岩溶异常区（见图 2）。

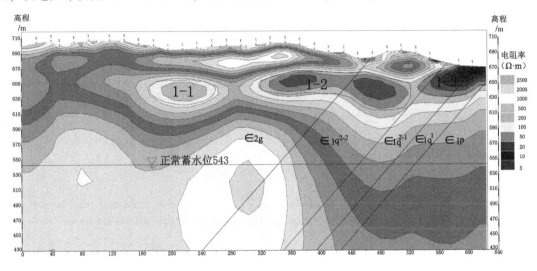

图 2　AMT1-AMT1′测线色谱图

AMT2—AMT2′测线色谱图显示在高程 630~710 m、660~690 m 和 665~685 m 分布 3 个低阻异常闭合圈，视电阻率值为 10~100 Ω·m，推测为岩溶异常区（见图 3）。

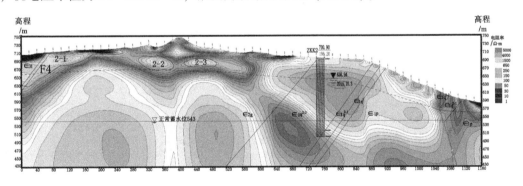

图 3　AMT2—AMT2′测线色谱图

钻孔及 AMT 揭示河间地块的 $\in_{2g}$、$\in_{1q}^{2-2}$、$\in_{1q}^{2-1}$ 可岩溶地层除在高程 615~710 m 有溶蚀异常外，深部亦未见岩溶发育现象。

3.2　岩溶发育规律

3.2.1　平面上的分异性

库首左岸河间地块主要分布 O_{1t}、$\in_{3l}$、$\in_{2g}$、$\in_{1q}^{2-2}$、$\in_{1q}^{2-1}$ 可溶岩地层，$\in_{1q}^1$ 可溶岩和非可溶岩互层地层。岩溶形态在平面上的分异性主要受岩性和构造的控制，地质测绘、钻探、物探表明 $\in_{3l}$、$\in_{2g}$、$\in_{1q}^{2-2}$ 白云岩地层在河间地块分水岭一带岩溶不发育，临清水江侧未见洼地、溶洞、溶沟、溶蚀及溶槽现象，仅在小河右岸 $\in_{2g}$ 发育溶洞 RD10 和季节性泉水 Q21。$\in_{1q}^1$ 可溶岩和非可溶岩互层分布区未见岩溶发育现象。

在 f_5 断层附近，受其构造动力及地形汇水条件影响，$\in_{1q}^{2-1}$ 灰岩地层浅部岩溶较发育，形成岩溶洼地 W1 和溶洞 RD1、岩溶管道孔季节性泉水 Q20，但地下岩溶管道路径短，走向清晰，影响范围有限。

3.2.2 垂向的分异性

库首左岸位于河间地块，范围相对狭窄，地下水补给区域相对较小，基本没有外源水集中补给，水动力作用相对较弱，同时，库首左岸位于峡谷区，岸坡地形陡峻，降水主要以地表水形式排入河流，入渗系数低，渗流途径短，地下水活动微弱，岩溶化程度低。在未受构造影响外，地形分水岭一带仅见因溶蚀风化形成沟谷外，未见其他岩溶现象（如溶洞、落水洞）发育，这也与钻孔和音频大地电磁法（AMT）揭露河间地块深部岩溶弱发育相对应。

4 渗漏分析与验证

4.1 可溶岩地层渗漏分析

桐梓组（O_{1t}）灰岩地层可见泉水出露，地下水较高，呈现山高水高现象，且分布区不存在低邻谷分布，故不存在库水沿该层产生渗漏问题。

炉山组（$\in_{3l}$）薄层状白云岩。根据地表调查，该岩组在库首岩溶发育较弱，在河间地块分水岭两侧各发育岩溶泉 Q3 和 Q4，其高程均高于正常蓄水位 543 m，水库蓄水后通过该地层产生的集中渗漏可能性很小。

高台组（$\in_{2g}$）薄层白云岩夹鲕状白云岩和泥质白云岩，靠清水江侧及分水岭部位未见洼地、溶洞、溶沟、溶蚀及溶槽现象，岩溶不发育。钻孔揭露地下岩溶微发育，偶见溶孔现象，岩体呈微—弱透水性，河间地块分水岭大地电磁法 AMT1—AMT1′、AMT2—AMT2′ 测线分别显示高程 615~665 m、630~680 m 低阻异常闭合圈，视电阻率值为 10~100 Ω·m，推测为岩溶异常区，正常蓄水位以下的深部未见岩溶异常现象。根据该层岩溶微发育的特点，并结合地表分水岭上邻近钻孔 ZKK2 地下水位，推测其地质结构示意图（见图4），可以看出在分水岭一带该层地下水位高于正常蓄水位，水库蓄水后基本上不存在集中渗漏问题。

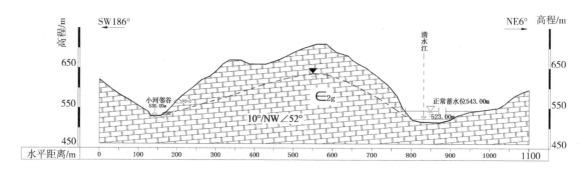

图4 河间地块高台组地质结构示意图

ZKK2 钻孔揭露 $\in_{1q}^2$ 白云岩、$\in_{1q}^1$ 灰岩地下岩溶不发育。大地电磁法 AMT1—AMT1′ 剖面显示该层在高程 615~665 m 岩溶异常现象，正常蓄水位 543 m 以下未见异常现象；AMT2—AMT2′ 剖面也未能揭示该层异常现象。钻孔稳定地下水位为 636.94 m，岩体透水率 $q=0.45~0.70$ Lu，属微透水，地下水力坡降约 62.3%（该段水力坡降在 5% 以上，说明岩溶不发育）。从钻孔岩溶发育情况、地下水位、岩体透水率及水力坡降以及大地电磁法剖面揭露情况分析来看，清虚洞组第二段（$\in_{1q}^2$）地下岩溶化程度低，尤其是地下深部岩溶发育更弱。推测其水文地质结构示意图（见图5），可以看出分水岭的地下水位远高于正常蓄水位 543 m，水库蓄水后通过该层产生集中渗漏的可能性较小。

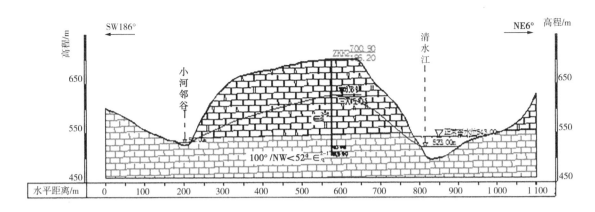

图 5 河间地块清虚洞组地质结构示意图

清虚洞组第一段（$\in_{1q}^{1}$）薄层灰岩与泥岩互层，属可溶岩与非可溶岩互层，在临江侧和地表分水岭该层分布地带未见岩溶现象，库水不存在沿该层渗漏的可能。

4.2 断层渗漏分析

唐朱逆断层（F_4）经清水江斜切库首左岸河间地块并通过小河邻谷，该断层为逆断层，具有压扭性，透水性相对较弱。断层上盘有泉水 Q_2、Q_3、Q_4 出露，且出露高程 639 m 以上，远高出正常蓄水位 543 m，故通过该断层向库外渗漏的可能性小。

f_5 断层钻孔揭露的地下水位为 577.8～576.6 m，均高于正常蓄水位 543 m，岩体透水率 $q=0.29～0.85$ Lu，属微透水性，页岩与灰岩接触面未见岩溶发育现象。综合地下水位、断层透水性、岩层接触面的岩溶发育情况综合分析，f_5 断层未能构成库水的渗漏通道，该断层亦无渗漏之忧。

通过上述分析认为，库首左岸可溶岩地层、断层基本不存在集中渗漏问题，不影响水库成库问题，但考虑到岩溶发育的复杂性和不确定性，不排除水库蓄水后会产生溶蚀裂隙型渗漏，建议根据蓄水后渗漏情况决定是否进行帷幕灌浆处理。

4.3 运行验证

该航电枢纽工程于 2021 年 12 月下闸蓄水，2022 年 6 月汛期清水江干流河水猛涨混浊时，库首左岸北侧低邻谷小河并没有观察到明显流量增大和河水混浊现象，进一步证实了前期认识及渗漏分析评价合理性和可靠性。

5 结论

通过地质测绘、水文地质钻孔、大地音频电磁法和压水试验综合分析认为库首左岸可溶岩地层、断层基本上不存在集中性渗漏问题，不影响水库成库，但岩溶发育的复杂性和不确定性，水库蓄水后可能存在溶蚀裂隙型渗漏问题。经过后期汛期检验进一步证实前期认识及渗漏分析评价合理，结论科学，地质建议可行，为类似的水库岩溶渗漏分析和认识提供借鉴、指导意义。

参考文献

[1] 陈启军，刘欢. 贵州省清水江平寨航电枢纽工程库首左岸岩溶渗漏分析报告 [R]. 广州：中水珠江规划勘测设计有限公司，2021.

[2] 欧阳孝忠. 岩溶地质 [M]. 北京：中国水利水电出版社，2013.

[3] 邹成杰，等. 水利水电岩溶工程地质 [M]. 北京：中国水利电力出版社，1994.

[4] 严福章. 河间地块岩溶渗漏类型及主要工程地质特征 [J]. 水力水电工程设计，1999（4）：19-20.

［5］罗宇凌，沙斌，姚翠霞，等．云南双河水库岩溶区渗漏问题分析［J］．中国高新科技，2019（14）：14-17.

［6］傅文华．邕蒙水库岩溶渗漏特点及处理措施［J］．广西水利水电，2017（1）：55-56.

［7］吴耀权．参窝水库库区岩溶渗漏的调查与评价［J］．东北水利水电，1986（10）：45-48.

［8］林贵筑．格老寨水库渗漏分析及防渗处理［J］．贵州水力发电，2009，23（6）：55-56.

［9］费英烈．贵州岩溶地区水库坝址渗漏问题的初步研究［J］．中国岩溶．1984（2）：120-129.

［10］秘向丽．宜兴市桃花水库工程库坝区岩溶渗漏勘察研究［J］．吉林水利，2020（4）：35-38.

山东省地下水超采区治理成效分析

李 瑜 刘 群 刘 江

（山东省水文中心，山东济南 250002）

摘 要： 本文结合新一轮地下水超采区划定工作，对山东省地下水超采区综合整治以来，全省水资源及开发利用情况、平原区浅层地下水动态变化情况、地下水超采区动态变化情况等进行了调查分析，为全面评估地下水超采区治理成效提供依据。

关键词： 超采区；动态变化；治理成效；山东省

1 引言

自 2016 年以来，山东省存在超采区的相关市、县深入落实《山东省地下水超采区综合整治实施方案》（鲁政字〔2015〕234 号）（简称《方案》），通过封填自备井、农业节水、建设南水北调配套工程、加强非常规水利用等措施，加强地下水超采治理。截至目前，《方案》确定的阶段性任务已经完成，浅层地下水超采量已全部压减，深层承压水压减 79%；全省已累计封停机井 1 万余眼，其中封停深层承压井 3 502 眼，占深层井总数的 91.3%。随着地下水管理政策、地下水超采治理措施落地实施，近年来山东省地下水开采量总体呈下降趋势，超采区地下水位持续下降趋势得到遏制，地下水超采情势随之发生变化。目前，按照水利部统一部署，山东省新一轮地下水超采区划定工作正在积极开展中。为全面评估前期地下水超采治理成效，持续推动地下水超采综合治理不断取得实效，开展地下水超采区变化情况分析意义重大。

2 水资源及开发利用情况

根据《山东省水资源公报》，2015—2020 年全省历年降水量分别为 575.7 mm、658.3 mm、635.8 mm、789.5 mm、558.9 mm、838.1 mm，分别为偏枯、平、偏枯、偏丰、偏枯、丰水年份，平均降水量 676.0 mm，接近多年（1956—2016 年）平均降水量 673.0 mm；全省平均地表水资源量 159.11 亿 m³、地下水资源量 162.66 亿 m³、水资源总量 254.69 亿 m³，分别较多年平均偏少 19.7%、5.2%、16.0%。

2015—2020 年全省平均供水总量 216.11 亿 m³，其中当地地表水供水量 56.66 亿 m³，占 26.2%，地下水供水量 79.51 亿 m³（其中浅层地下水 76.84 亿 m³、深层承压水 2.67 亿 m³），占 36.8%；外调水供水量 70.79 亿 m³（其中引黄水 66.46 亿 m³、引江水 4.32 亿 m³），占 32.8%；其他水源供水量 9.14 亿 m³，占 4.2%。地下水仍是山东省主要供水水源，其次是外调水。

2015—2020 年全省地下水供水量呈减少趋势，由 2015 年的 83.1 亿 m³ 逐步下降至 2020 年的 75.0 亿 m³，地下水占全部供水比例相应从 39.1% 下降至 33.7%。与之相对应，当地地表水随降水量的丰枯呈波动状态，外调水供水量和其他水源供水量均呈增加趋势。

作者简介：李瑜（1965—），女，研究员，主要从事水文水资源相关研究工作。

3 平原区浅层地下水动态变化情况

为反映近年来山东省平原区浅层地下水动态变化情况，利用"山东省地下水资料整编系统"绘图功能，选取 1 500 余眼平原区浅层孔隙水监测井数据，采用克里金插值法绘制了全省平原区 2015—2020 年历年不同时期（平水期 1 月 1 日、枯水期 6 月 1 日、丰水期 10 月 1 日）浅层地下水埋深等值线图及 2020 年与 2015 年年末浅层地下水埋深变幅图，并统计了历年不同时期、不同埋深面积及 2015—2020 年埋深变幅面积。

山东省平原区浅层地下水动态变化主要受降水、人工开采及引黄灌溉等因素的影响。2015—2020 年受降水及超采区地下水压采等影响，全省平原区浅层地下水不同埋深分布总体保持稳定，埋深大的范围主要分布于泰沂山北麓的山前平原及鲁北黄泛平原的西部和北部，埋深小的范围主要分布于徒骇马颊河流域中下游地区的黄泛平原及湖西平原东南部和部分沿黄地区（见图 1）。据统计，埋深 2~4 m、4~6 m、6~10 m 的范围较大，分别占平原总面积的 33%、25%、21%；埋深<2 m、20~30 m、>30 m 的范围较小，分别占平原总面积的 5%、3%、1%（见表 1）。

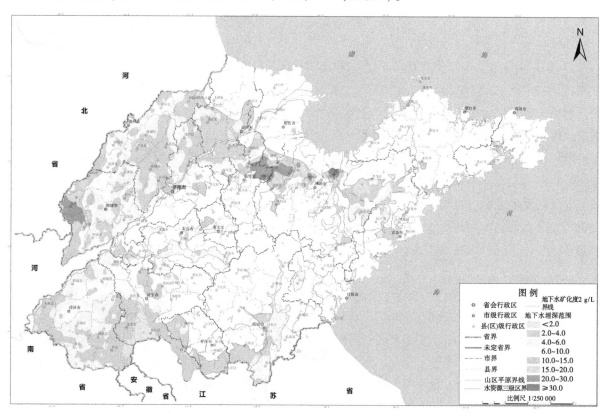

图 1　山东省 2020 年末平原区浅层地下水不同埋深分布

2020 年与 2015 年年末相比，平原区浅层地下水位上升区（埋深变幅≤-0.5 m）面积为 14 982 km²，占平原面积的 22%；相对稳定区（-0.5<埋深变幅≤0.5 m）面积为 22 946 km²，占平原面积的 34%；下降区（埋深变幅>0.5 m）面积为 29 003 km²，占平原面积的 43%（见表 1）。地下水位上升区和稳定区主要分布在泰沂山北麓的山前平原、大汶河河谷平原、沂沭泗平原等地；地下水位下降区主要分布在鲁西及鲁北黄泛平原、胶莱河平原及胶东滨海平原等地（见图 2）。

表1　山东省2015—2020年平原区浅层地下水埋深面积统计

| 埋深分级 | 2015—2020年不同时期地下水不同埋深面积/km² | | | | | 2015—2020年埋深变幅面积 | | |
	1月1日	6月1日	10月1日	平均值	平均占比	变幅分级	面积/km²	占比
<2 m	3 399	1 643	4 207	3 083	5%	<−2 m	6 525	10%
2~4 m	23 542	18 799	23 421	21 921	33%	−2~−1 m	4 301	6%
4~6 m	16 634	17 919	16 191	16 915	25%	−1~−0.5 m	4 156	6%
6~10 m	13 134	16 650	12 854	14 212	21%	−0.5~0.5 m	22 946	34%
10~20 m	7 502	8 916	7 564	7 994	12%	0.5~1.0 m	9 645	14%
20~30 m	2 213	2 334	2 167	2 238	3%	1.0~2.0 m	12 404	19%
>30 m	508	672	528	569	1%	≥2.0 m	6 955	10%
合计	66 932	66 932	66932	66 932	100%		66 932	100%

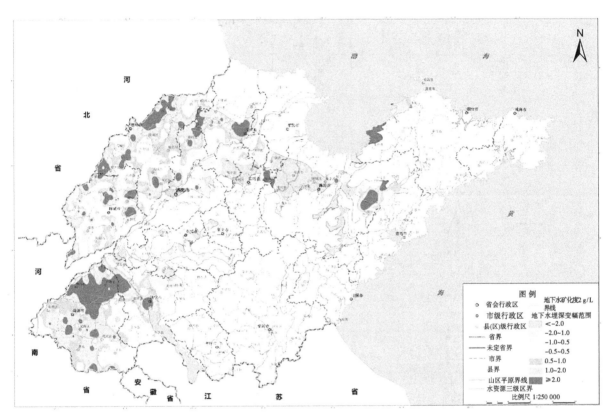

图2　山东省2020年与2015年年末平原区浅层地下水埋深变幅

4　地下水超采区动态变化情况

4.1　地下水超采区面积变化情况

根据2014年完成的山东省地下水超采区评价成果，山东共划定浅层地下水超采区8处（莘县—夏津、宁津、茌平、淄博—潍坊、济宁—宁阳、莱州—龙口、福山—牟平、文登），总面积10 433.17 km²；全省共划定深层承压水超采区8处，分布范围为山东鲁西北黄泛平原的深层承压水分布区，总面积43 408 km²。本次仅对浅层地下水超采区面积变化情况进行分析。

山东浅层地下水超采区大都位于地下水漏斗区（埋深大于6 m）内，地下水漏斗区面积的变化可从一定程度上反映出地下水超采区面积的变化。其中山东淄博—潍坊、莘县—夏津、济宁—汶上、宁津、莱州—龙口五大超采区所对应的漏斗区面积占全省主要漏斗区面积的90%以上。根据《山东省平原区地下水通报》各季度数据，绘制2015—2020年全省及五大漏斗区面积变化图（见图3），结合

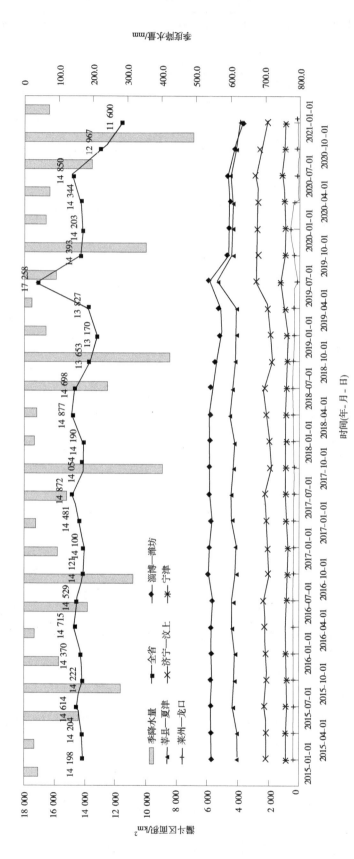

图 3 2015—2021 年全省及超采区所在漏斗区面积变化

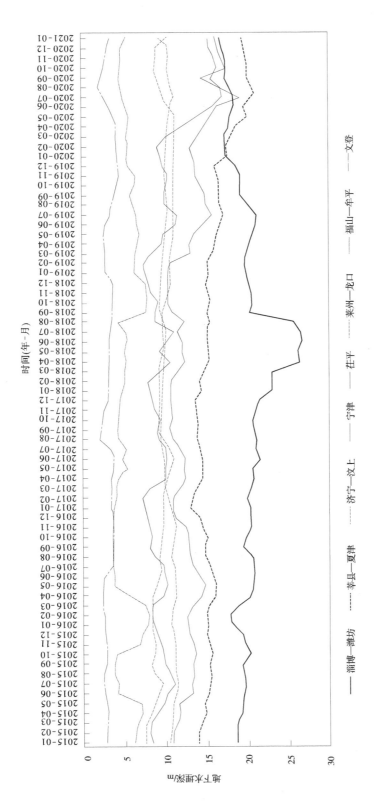

图 4　山东省浅层超采区 2015—2020 年月均地下水埋深过程线

淄博—潍坊　　莘县—夏津　　济宁—汶上　　宁津　　茌平　　莱州—龙口　　福山—牟平　　文登

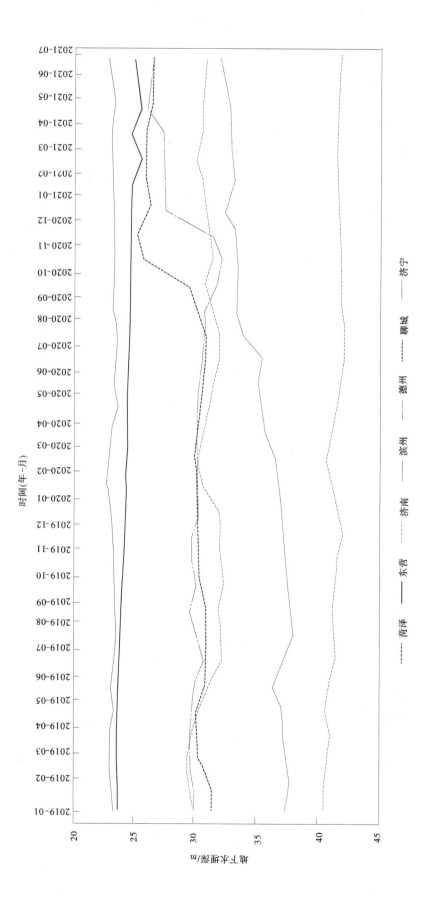

图 5 山东省深层承压水超采区 2019—2021 年月初地下水埋深过程线

降水情况分析全省及超采区所在漏斗区面积变化情况。

由图 3 可以看出，全省漏斗区面积变化与降水密切相关，一般每年的汛前（7 月 1 日）漏斗区面积最大，汛末（10 月 1 日）漏斗区面积最小；丰水年份漏斗区面积缩小，枯水年份漏斗区面积扩大。近年来，全省漏斗区面积总体呈缩小趋势：2015 年初至 2018 年汛前，降水连续偏枯，漏斗区面积维持在 14 000~15 000 km²；2018 年汛期受"温比亚"等台风影响，漏斗区面积缩小到 13 170 km²；2019 年先遇春旱，后遇"利奇马"台风，汛前漏斗区面积扩大到 17 269 km²，汛后漏斗区面积缩小到 14 393 km²；2020 年汛期降水丰沛，至 2020 年底漏斗区面积缩小至 11 600 km²，与 2015 年同期相比减少 2 598 km²，缩小 18.3%。

五大漏斗区面积变化各不相同，2020 年底与 2015 年同期相比，淄博—潍坊漏斗区面积缩小 34.6%，莘县—夏津漏斗区面积缩小 2.8%，济宁—汶上漏斗区面积缩小 1.0%，宁津漏斗区面积增大 10.8%，莱州—龙口漏斗区面积缩小 54.4%。由此可见，近年来淄博—潍坊、莱州—龙口 2 个漏斗区面积明显缩小，莘县—夏津、济宁—汶上 2 个漏斗区面积基本稳定，宁津漏斗区面积有所增加。

4.2 超采区地下水动态变化情况

4.2.1 浅层超采区地下水动态变化情况

从"山东省地下水资料整编系统"选取浅层地下水超采区 276 眼监测井数据，统计各超采区月均地下水埋深值，绘制 2015—2020 年全省浅层超采区地下水埋深过程线图（见图 4）。

由图 4 可以看出，位于胶东滨海平原的文登、福山—牟平超采区地下水埋深常年保持在 2~4 m、3~8 m，动态保持稳定，莱州—龙口超采区地下水埋深常年保持在 8~11 m，动态有所下降；位于鲁北平原的宁津、茌平、莘县—夏津超采区变化规律基本一致，地下水埋深常年保持在 7~11 m、10~15 m、13~16 m，2015 年 1 月至 2019 年 2 月动态总体保持稳定，2019 年 2 月至 2021 年 1 月受到降水偏枯及引黄灌溉水量限制等影响，各超采区水位均有所下降；山东最大的超采区淄博—潍坊超采区地下水埋深常年保持在 18~22 m，2018 年汛前最大达 26 m，2018 年 9 月至 2020 年 12 月受到持续强降水及地下水压采等影响，地下水埋深持续减小到 16.88 m，地下水位较 2015 年 1 月回升 1.83 m；济宁—汶上超采区地下水埋深常年保持在 9~11 m，动态稳定且有所回升。

4.2.2 深层超采区地下水动态变化情况

从水利、自然资源等部门收集到山东 70 余眼深层承压水监测井数据，绘制全省深层超采区 2019—2021 年月初地下水埋深过程线（见图 5）。深层承压水与大气降水无密切水力联系，其动态主要受人工开采影响。

由图 5 可以看出，滨州、东营、济南、菏泽深层超采区动态基本保持稳定，聊城、德州、济宁深层超采区水位开始回升。

5 结语

山东省开展地下水超采区综合整治以来，全省地下水漏斗区面积呈波动下降趋势，平原区浅层地下水位动态总体保持稳定，超采区地下水位持续下降趋势得到遏制，地下水超采治理初见成效。但是，地下水压采效果有一定的滞后性，对于山东历史上长期超采形成的漏斗区，虽经治理基本实现了采补平衡，水位不再继续下降，但地下水储量亏空量没有得到有效填补，地下水位没有恢复，埋深仍较大，这些地区难以在短期内得到改善和修复，治理地下水超采任重道远。

西藏拉萨郎穷浦流域浅层地下水水化学特征

宋　凡[1,2]　张　元[3]　肖　航[4]　孙　超[5]　于　钋[1,2]　周政辉[6]　李　琦[7]

（1. 水利部信息中心（水利部水文水资源监测预报中心），北京　100053；

2. 水利部水文水资源监测评价中心（水利部国家地下水监测中心），北京　100053；

3. 北京市生态环境保护科学研究院，北京　100037；4. 河南省水文水资源测报中心，河南郑州　450000；

5. 甘肃省水文站，甘肃兰州　730000；6. 河南省郑州水文水资源测报分中心，河南郑州　450000；

7. 河北省廊坊水文勘测研究中心，河北廊坊　065000）

摘　要： 西藏拉萨郎穷浦流域内多金属矿的开采，导致大量堆积的尾矿石、废矿渣裸露地表，在氧化作用、雨水淋滤和地表水冲刷作用下，大量重金属元素（如铁、锰、铜等）进入地表水，进而污染周边的地下水。对郎穷浦流域内 14 个地下水监测点的 pH 及主要的阴阳离子进行 6 期次的监测与评价，结果表明：各期次地下水样品中 pH 值、铁、锰超标现象较多；水化学类型以 $Ca-HCO_3-SO_4$ 型、$Ca-SO_4-HCO_3$ 型、$Ca-HCO_3$ 型为主；在枯水期与丰水期，Ⅰ级支流——郎穷浦和其Ⅱ级支流（沟）的地下水水质综合评价结果分别反映了在不同级次流域内的地表水与地下水补排关系对地下水水质有截然不同的影响。

关键词： 郎穷浦流域；浅层地下水；水化学特征；水质综合评价

　　重金属污染是金属矿开采地区最典型的环境问题。重金属污染与其他有机化合物的污染不同，不少有机化合物可以通过自然界本身物理的、化学的或生物的净化，使有害性降低或解除。而重金属具有富集性，很难在环境中降解。特别是在重金属的开采、冶炼、加工过程中，由于大气降雨的淋滤作用，不少重金属可通过吸附、螯合、重力沉降、地表径流等多种物理、化学方式进入水体、土壤，引起严重的环境污染。

1　研究区概况

　　郎穷浦流域位于西藏自治区拉萨市墨竹工卡县西南约 20 km 处，属高山谷地地貌，整体地势南高北低，地形切割强烈，地势险峻，相对高差 600~800 m，最低点位于北侧的郎穷浦沟床，为 3 960 m，最高点位于西侧的多得岗，海拔 4 943.80 m。由拉萨河南侧Ⅰ级支流——郎穷浦与Ⅱ级支流——叶郎、玉弄、它龙浦、比拉郎荣木错、且津朗铁格及果莫隆以及众多的Ⅲ级支流、支沟共同组成了该区的树枝状水系。其中，Ⅰ、Ⅱ级支流多由南向北径流，Ⅲ级支流多由东北向南西或西南向北东径流；仅郎穷浦为常年有水支流，而Ⅱ、Ⅲ级支流（沟）基本为季节性河流。沟谷地表水 11 月初开始冰冻，翌年 3—4 月逐步解冻。因此，11 月至翌年 4 月，溪沟流量均很小。地表水的补给主要为降水，但降水量偏少，且降水集中，因而地表水随降水消涨极快，导致区域水土流失，水源贫乏，同时也是地表径流变化增大的主要原因，径流量受季节性影响明显。研究区气象条件属温带高原半干旱季风型气候，昼夜温差悬殊，空气稀薄，日照充足，干湿季节明显，夏季温和湿润，冬季寒冷干燥。多年平均气温 5.9 ℃，多年平均降水量 515.13 mm，多年平均蒸发量 1 987.65 mm。墨竹工卡县有矿产金、锑、铬、银、铜、铅、锌、大理石、石灰岩等，且蕴藏丰富、品位高。郎穷浦流域内的甲玛乡赤康多金属矿床中储铜 6.73 万 t、储铅 5.35 万 t，伴生矿有金、银[7]。

作者简介： 宋凡（1989—），男，博士，高级工程师，主要从事地下水监测、水文地质、渗流模拟等方面的研究工作。

2 样品采集与数据分析

2.1 样品采集

分别在 2021 年 4 月、5 月、7 月、9 月，2022 年 3 月、7 月，对甲玛乡赤康多金属矿区所在的郎穷浦流域进行了地下水（井水）的采样调查，调查面积约为 273 km²，采样点是位于Ⅰ级支流——郎穷浦及其Ⅱ级支流（沟）内的 14 个水文地质钻孔，均为浅层地下水水井，具体分布情况见图 1。

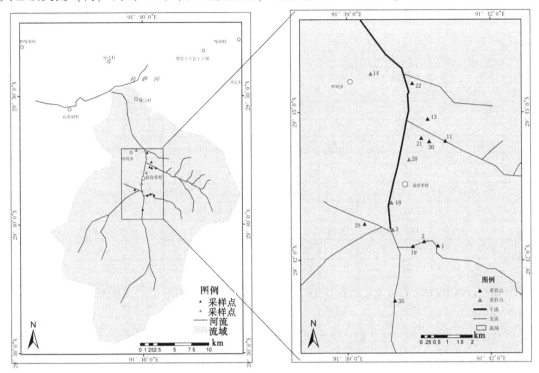

图 1 郎穷浦流域范围及地下水调查点分布情况

露天井采集水样时，先用水泵充分抽汲后再用水样采集器进行采样，手压泵井和抽水井采集水样时，先将停滞在管路中的水汲出，充分冲洗后再采样。水样采集后立即加浓硝酸至 1% 后用聚乙烯瓶保存。

2.2 测试指标及方法

采集后的水样在现场用 0.45 μm 的微孔滤膜过滤后，在 4 ℃下用聚乙烯瓶保存待测。测试指标除 pH 值、温度、电导率、DO 进行现场测定外，其余参数均在实验室内进行测定；Pb、Cd、Zn、As、Hg 用 ICP-MS（Thermo Electron，ⅫⅡ）进行测定。其余指标均用等离子发射光谱仪（ICP-AES）/IRIS Intrepid Ⅱ测定；监测方法参照《水和废水监测分析方法》（第 3 版）规定的方法[1]进行。水样分析结果（连续 3 天采样，取平均值）见表 1。

表 1 各水样点水质测试结果

样品编号		2021-04						2021-05							
		13	19	22	28	30	18	19	21	22	28	30	35	18	3
Cr⁶⁺	mg/L	0.00	0.00	0.00	0.00	0.00	0.00	0.00	0.00	0.00	0.00	0.00	0.00	0.00	0.00
锰	μg/L	0.30	1.95	1.24	0.20	57.34	0.28	174.00	323.00	325.00	109.00	664.00	325.00	235.00	66.80
铁	μg/L	179.80	297.80	105.90	72.40	173.80	151.80	200.71	8 073.71	213.71	352.71	6 853.71	181.71	131.71	244.71
镍	μg/L	5.85	2.00	0.64	0.47	2.70	1.16	1.70	52.60	3.87	2.85	12.30	10.60	48.10	2.36
铜	μg/L	21.68	2.34	7.73	7.66	38.98	2.29	1.01	0.19	4.15	28.70	0.44	0.96	0.98	27.10

续表1

样品编号		2021-04						2021-05						
		13	19	22	28	30	18	19	21	22	28	30	35	18	3
锌	µg/L	1.99	0.00	0.31	0.00	3.00	0.06	1.20	3.01	0.32	1.95	17.00	0.14	0.64	1.73
砷	µg/L	26.00	3.01	1.31	0.72	4.23	1.94	0.52	0.04	2.02	3.77	0.09	0.62	0.18	3.77
镉	µg/L	0.10	0.00	0.00	0.00	0.27	0.00	0.00	0.00	0.11	0.17	0.15	0.04	0.00	0.17
汞	µg/L	0.00	0.00	0.00	0.00	0.00	0.00	0.00	0.00	0.00	0.00	0.00	0.00	0.00	0.00
铅	µg/L	0.00	0.00	0.00	0.00	0.00	0.00	0.00	0.00	0.08	0.27	0.00	0.08	0.00	0.22
硒	µg/L	2.65	3.32	1.47	0.94	2.30	2.34	2.83	1.74	1.96	2.35	3.67	2.03	2.49	2.33
F^-	mg/L	0.20	0.10	0.11	0.08	0.22	0.10	0.25	0.17	0.36	0.31	0.33	0.20	0.20	0.28
Cl^-	mg/L	3.12	0.49	1.50	0.31	1.39	1.42	0.61	1.56	3.57	2.47	1.56	2.02	2.33	2.01
NO_2-N	mg/L	0.00	0.00	0.00	0.00	0.00	0.58	0.00	0.00	0.00	0.00	0.00	0.09	0.07	0.00
NO_3-N	mg/L	0.72	0.17	0.90	0.16	0.42	0.93	0.08	0.00	0.00	0.52	0.00	0.51	0.73	0.45
SO_4^{2-}	mg/L	143.41	21.90	52.32	7.42	116.08	38.86	17.94	15.64	115.66	132.52	16.45	55.54	42.30	124.14
总硬度	mg/L	192.9	219.2	105.3	65.3	159.9	168.1	224.1	151.3	203.0	203.2	351.3	192.9	196.7	170.3
高锰酸钾指数	mg/L	0.72	1.36	0.48	0.96	0.88	0.72	4.96	6.42	8.64	5.44	4.83	4.64	4.08	4.00
pH 值		7.46	7.55	7.19	7.86	8.08	6.32	7.21	5.58	7.39	7.32	5.83	7.04	7.62	7.20
TDS	mg/L	248.0	286.0	145.2	85.1	214.0	249.0	269.0	228.0	259.0	231.0	443.0	236.0	263.0	229.0
钠	mg/L	3.25	3.86	2.25	1.26	2.85	4.00	5.90	8.94	21.20	5.63	23.10	11.10	10.40	4.25
铝	µg/L	8.38	0.26	0.33	0.86	28.38	0.73	6.76	0.07	22.54	135.34	0.63	11.44	1.55	88.14
总铬	µg/L	0.33	0.00	0.09	0.10	0.78	0.16	0.08	0.00	0.17	1.10	0.00	0.09	0.00	1.15
钙	mg/L	67.90	81.10	36.00	24.20	56.80	60.00	83.60	53.20	69.90	71.40	118.00	67.90	68.50	60.10
镁	mg/L	5.55	3.95	3.68	1.14	4.30	4.35	3.62	4.39	6.77	5.92	13.50	5.55	6.11	4.81

样品编号		2021-07						2021-09								
		19	21	22	28	35	14	3	20	19	21	22	35	18	3	20
Cr^{6+}	mg/L	0.00	0.00	0.00	0.00	0.00	0.00	0.00	0.00	0.00	0.00	0.00	0.00	0.00	0.00	0.00
锰	µg/L	344.00	1128.00	3.46	192.80	317.60	0.24	2856.00	872.00	183.00	570.00	0.65	174.00	1530.00	6340.00	1380.00
铁	µg/L	6869.87	20479.90	213.87	184.87	990.87	235.87	67919.90	77759.90	306.00	32600.00	99.80	221.00	23400.00	158000.00	108000.00
镍	µg/L	4.33	88.00	1.04	25.70	2.99	2.43	8.71	43.30	1.47	7.49	0.45	2.34	4.85	5.70	6.56
铜	µg/L	0.63	1.79	0.63	518.40	1.28	0.58	0.40	0.49	0.65	1.11	0.79	0.80	0.55	0.16	0.23
锌	µg/L	2.51	78.04	4.65	389.31	0.81	0.00	5.90	40.14	0.33	4.60	3.86	0.59	1.63	1.32	36.98
砷	µg/L	0.48	30.20	1.65	0.29	5.74	11.80	0.51	0.43	0.39	6.10	1.21	0.26	0.46	1.33	0.66
镉	µg/L	0.00	0.55	0.00	3.17	0.00	0.00	0.00	0.00	0.05	0.00	0.00	0.00	0.00	0.00	0.00
汞	µg/L	0.00	0.00	0.00	0.00	0.00	0.00	0.00	0.00	0.00	0.00	0.00	0.00	0.00	0.00	0.00
铅	µg/L	0.00	0.05	0.00	0.00	0.00	0.00	0.00	0.00	0.00	0.00	0.00	0.00	0.00	0.00	0.00
硒	µg/L	4.23	3.90	2.15	2.71	2.50	3.41	3.08	2.77	2.58	3.23	0.85	1.43	1.32	1.37	1.79
F^-	mg/L	0.26	0.21	0.19	0.69	0.25	0.23	0.00	0.17	0.16	0.00	0.11	0.11	8.2	2.87	1.51
Cl^-	mg/L	0.71	11.10	2.38	0.97	2.13	1.79	0.09	2.42	0.90	3.85	5.21	1.54	1.91	1.91	1.18
NO_2-N	mg/L	0.65	0.00	0.00	0.00	0.00	0.00	0.00	0.00	0.00	0.05	0.00	0.00	0.00	0.00	0.00
NO_3-N	mg/L	0.00	0.00	1.08	0.51	0.00	0.66	0.00	0.00	0.00	1.81	0.34	0.00	0.00	0.00	0.00
SO_4^{2-}	mg/L	2.13	5.21	76.60	207.43	79.46	84.41	1.42	13.36	1.68	3.54	56.26	109.54	2.32	0.46	6.75
总硬度	mg/L	276.8	364.6	193.8	180.9	156.6	192.2	144.2	132.0	300.3	385.8	139.3	144.9	161.8	175.7	157.5
高锰酸钾指数	mg/L	0.72	17.20	1.36	1.12	6.40	0.16	35.60	43.60	1.28	11.09	0.96	1.04	13.97	31.97	25.49
pH 值		6.87	5.70	6.64	6.08	7.35	7.23	6.26	6.03		5.67			6.84		5.70
TDS	mg/L	321.0	490.0	170.0	298.7	207.0	237.0	539.0	564.0		440.0			308.0		356.0
钠	mg/L	5.19	30.00	4.45	3.53	10.10	3.66	10.20	9.48	3.79	32.50	3.78	4.20	31.70	12.00	11.30
铝	µg/L	2.01	26.16	0.95	120.26	24.96	1.23	0.73	0.55	22.03	16.03	0.40	78.53	44.93	0.23	1.39
总铬	µg/L	0.04	21.10	0.20	0.06	0.24	0.41	0.11	0.10	0.06	71.40	0.03	0.21	0.21	0.05	1.01
钙	mg/L	106.00	125.00	67.70	59.60	56.10	70.40	52.90	47.40	3.08	15.20	4.63	3.40	5.46	3.89	4.39
镁	mg/L	2.83	12.50	5.90	7.66	3.92	3.88	2.87	3.23	115.00	129.00	48.00	52.30	55.60	63.80	55.70

续表 1　各水样点水质测试结果

样品编号		2022-03						2022-07							
		1	2	11	13	14	3	2	11	13	19	21	14	3	20
Cr^{6+}	mg/L	0	0	0	0	0	0	0	0	0	0	0	0	0	0
锰	μg/L	2 286	1 071	268	1.38	0.26	1 782	302	216	32.2	175	614	0.12	1 340	1 540
铁	μg/L	325	239	234	137	129	9 020	218	159	174	193	3 180	133	316	7 840
镍	μg/L	75.8	36.2	26.7	16.2	0.85	4.48	16.3	6.66	13.2	10.5	21.6	7.08	10.8	36.5
铜	μg/L	1.47	0.51	2.38	22.7	0.25	0.12	0.85	0.88	22.1	0.61	0.47	0.2	0.76	0.47
锌	μg/L	21.9	1.77	0.08	30.5	0	4.19	0	0	4.88	0.12	4.99	0	0.15	4.08
砷	μg/L	2.18	0.87	0.15	18.8	6.31	10.4	0.6	0.09	6.08	0.21	3.15	6.36	0.45	0.08
镉	μg/L	0.04	0.08	0	0.11	0	0	0.04	0	0.19	0	0.2	0	0	0
汞	μg/L	0	0	0	0	0	0	0	0	0	0	0	0	0	0
铅	μg/L	0	0	0	0	0	0	0	0	0	0	0	0	0	0
硒	μg/L	1.07	0.8	1.66	1.31	0.78	0.39	2.29	1.84	2.65	1.72	2.14	1.63	1.46	1.68
F^-	mg/L	0.2	0.2	0.25	0.32	0.18	0.16	0.33	0.31	0.73	0.27	0.25	0.36	0.28	0.29
Cl^-	mg/L	3.14	2.12	15.33	2.59	1.88	6.11	3.61	4.3	2.02	8.24	1.17	5.19	2.5	16.73
NO_2-N	mg/L	0	0	0.26	0	0	0	0.32	0.29	0.27	0.48	0	0	0	0.35
NO_3-N	mg/L	0	0	5.36	1.54	0.76	0	0.93	1.02	1.66	1.98	0.41	2.88	0	7.05
SO_4^{2-}	mg/L	3.56	2.93	150.4	87.97	42.68	1.98	68.73	156.09	202.14	121.64	2.81	288.26	13.01	220.45
总硬度	mg/L	519.17	365.83	417.08	279.25	246	184.75	317.42	210	352.92	180.71	22.48	400.42	202.21	274.75
高锰酸钾指数	mg/L	1.2	0.88	1.12	0.88	0.72	16.4	2.79	1.02	1.63	1.09	5.17	0.68	3.2	1.02
pH 值		5.91	6.5	7.22	7.23	7.27	6.02	6.56	6.5	7.54	7.22	7.47	7.32	6.07	7.49
TDS	mg/L	263.37	187.16	401.71	243.55	172.73	113.69	225	310.4	355	267	23.4	488	219	404
钠	mg/L	14.9	7.81	9.94	5.86	4.05	13.9	13.8	19.9	4.34	4.43	29.9	3.83	9.57	11
铝	μg/L	0	3.57	3.58	4.76	0	2.62	7.83	0.17	7.87	0.48	0.8	2.24	0.33	0
总铬	μg/L	0.11	0.17	0.21	0.76	0.92	0.69	0.04	0.14	0.39	0	2.64	0.26	0.03	0.11
钙	mg/L	180	136	144	96.5	89.1	65.5	115	72.8	116	60	6.41	136	69.9	84.9
镁	mg/L	16.6	6.2	13.7	9.12	5.58	5.04	7.18	6.72	15.1	7.37	1.55	14.5	6.59	15

3　浅层地下水水质分析

3.1　水化学成分特征

水质检测结果如表 2 所示。

表 2　地下水水质检测超标项目统计

采样批次	水质超标项目					
	pH 值		铁		锰	
	超标个数	超标率	超标个数	超标率	超标个数	超标率
2021-04	1	16.7%	0	0	0	0
2021-05	2	25%	3	37.5%	6	75%
2021-07	2	33.3%	3	50%	4	66.7%
2021-09	4	44.4%	7	77.8%	8	88.9%
2022-03	2	33.3%	2	33.3%	4	66.7%
2022-07	1	12.5%	3	37.5%	6	75%

根据《生活饮用水卫生标准》（GB 5749—2006）[2]计算地下水水质检测项目的超标率，结果显示：各水样点 pH 值在 7 附近，超标点 pH 值均小于 7，偏酸性。6 次监测中铁、锰金属离子含量较高，超标现象较多，由于评价区为金属矿区[5]，地下水受到金属矿物的影响[6]，其原生地质环境中部分金属已经处于超标状态。

3.2 水质类型

利用 AquaChen 软件得出郎穷浦流域 6 次浅层地下水监测的水化学类型（见图 2）。阳离子中 Ca^{2+} 含量较多，但 2021 年 9 月的地下水以 Mg^{2+} 为主；阴离子中 HCO_3^-、SO_4^{2-} 含量较多；除 2021 年 9 月之外的其他月份监测的浅层地下水表现出的水化学类型以 Ca-HCO_3-SO_4 型、Ca-SO_4-HCO_3 型、Ca-HCO_3 型为主。

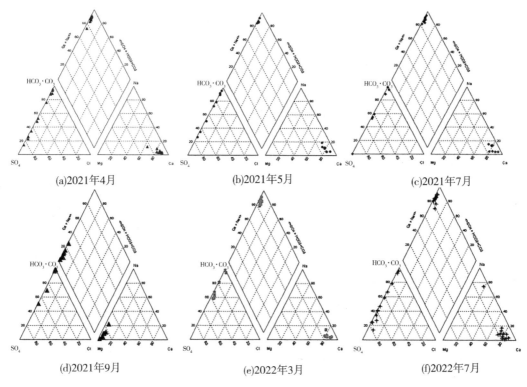

图 2 郎穷浦流域浅层地下水 Piper 三线图

3.3 地下水质量综合评价法

依据《地下水质量标准》（GB/T 14848—93）[3]，将地下水质量划分为以下 5 类：

Ⅰ类——主要反映地下水化学组分的天然低背景含量，适用于各种用途。

Ⅱ类——主要反映地下水化学组分的天然背景含量，适用于各种用途。

Ⅲ类——以人体健康基准值为依据，主要适用于集中式生活饮用水水源及工、农业用水。

Ⅳ类——以农业和工业用水要求为依据，除适用于农业和部分工业用水外，适当处理后可作为生活饮用水。

Ⅴ类——不宜饮用，其他用水可根据使用目的选用。

参考地下水分类级别及单项评价分值（见表 3）和地下水质量级别划分标准（见表 4），利用 Nemerow 公式[4]计算每个水样的综合评价分值 F 和随时间变化差量 ΔF（见表 5、表 6）：

$$\overline{F} = \frac{1}{n}\sum_{i=1}^{n}F_i$$

$$F = \sqrt{\frac{\overline{F}^2 + F_{max}^2}{2}}$$

$$\Delta F = F(k) - F(k-1)$$

式中：n 为项数；$\overline{F}$ 为各单项组分评价分值 F_i 的平均值；F_{max} 为单项组分评价分值 F_i 中的最大值；F 为地下水质量综合评价分值；ΔF 为同一地下水监测点本期评价 $F(k)$ 值与过去最近一期评价 $F(k-1)$ 值的差量。

表 3　地下水分类级别及单项评价分值

类别	I	II	III	IV	V
F_i	0	1	3	6	10

表 4　地下水质量级别划分标准

类别	优秀	良好	较好	较差	极差
F	$F<0.80$	$0.80 \leqslant F < 2.50$	$2.50 \leqslant F < 4.25$	$4.25 \leqslant F < 7.20$	$F>7.20$

表 5　地下水质量综合评价分值随时间变化差量 ΔF 划分标准

类别	水质好转	水质无变化	水质恶化
ΔF	$\Delta F < 0$	$\Delta F = 0$	$\Delta F > 0$

3.4　郎穷浦流域浅层地下水质量变化原因分析

地下水质量综合评价分值差量 ΔF 计算结果见表态见表 6。

表 6　地下水质量综合评价分值差量 ΔF 计算结果

编号	ΔF					
	2021-04	2021-05	2021-07	2021-09	2022-03	2022-07
1#	0	0	0	0	0.006 071	0
2#	0	0	0	0	−0.000 89	0.005 446
11#	0	0	0	0	0	−0.004 71
13#	0	0	0	0	0	2.318 181
19#	0	1.010 73	0.668 158	−0.399 97	0	0.659 563
21#	0	0	0.016 552	−0.013 67	0	−0.010 53
22#	0	5.037 015	−0.503 07	−0.667 86	0	0
28#	0	3	0.006 429	0	0	0
30#	0	2.351 497	0	0	0	0
35#	0	0	−0.001 45	−0.407 74	0	0
18#	0	0	2.918 187	0	−0.8	0
14#	0	0	1.967 776	0	−0.665 89	0.3
3#	0	0	0.684 763	0.004 253	−0.42	−0.008 45
20#	0	0	0	0.008 788	0	−0.005 07

注：ΔF 为正表示水质呈恶化趋势，ΔF 为负表示水质呈好转趋势，ΔF 为 0 表示水质无变化。

这 10 个地下水采样点分布在郎穷浦的 II 级支流（沟）附近，支流在汇入 I 级支流——郎穷浦前未流经矿山开采堆放区域，具体位置见图 1 中黑色采样点标注。由于 II 级支流（沟）基本为季节性河流，沟谷地表水 11 月初开始冰冻，翌年 3—4 月逐步解冻，11 月至翌年 4 月（枯水期），溪沟流量均很小，接受地下水补给。图 3 所示，郎穷浦的 II 级支流（沟）附近的浅层地下水对应在枯水期期间内水质恶化。5—10 月，II 级支流（沟）地表水水量大，水质较好，补给周边地下水，对应图 3 可

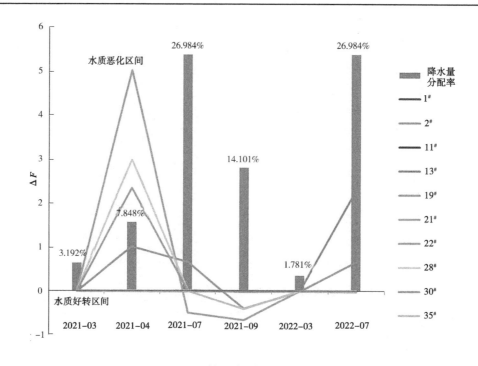

图 3 郎穷浦的 II 级支流（沟）附近浅层地下水 ΔF 随时间变化趋势

知，地下水水质在这段时期内有好转趋势。

这 4 个地下水采样点分布在 I 级支流——郎穷浦附近，具体位置见图 1 中采样点标注。I 级支流为常年有水支流，5—10 月，研究区降雨充沛，雨水淋滤上游矿山开采暴露在地表的尾矿库、选矿厂、废石场等区域时，将矿石中易溶解于水的某些铁锰等重金属离子携带进入地表径流，导致地表水水质较差。I 级支流地表径流量大，水质较差的地表水补给周边地下水，由图 4 可知，地下水水质在这段时期内有恶化趋势。11 月至次年 4 月（枯水期），I 级支流水量减少，不再补给周边地下水，转而接受地下水的补给形成径流。如图 4 所示，I 级支流附近的浅层地下水对应在枯水期期间内水质有好转趋势。

将全部水样的各期次检测结果投到 SO_4^{2-}-TDS 关系图中，并区分每个水样所属的四种地下水质量划分类别，如图 5 所示，水质划分类别为优良、良好和部分较差的水样落在 A 区域（$y = 0.697x - 51.89$），该区内地下水样品中硫酸根离子含量较高。水质划分类别为极差、部分较差水样落在 B 区域（$y = 0.008x + 1.004$），该区内地下水样品中混入高浓度的铁、锰、铜等重金属离子，使得 TDS 增大，同时该区内地下水 pH 值为酸性，促使含水层中钙的溶解，在这样的地下水环境中硫酸根离子与钙离子结合生成硫酸钙沉淀，使得硫酸根离子含量大幅减少。

4 结论

（1）6 次监测结果显示，各水样点 pH 值在 7 附近，超标点 pH 值均小于 7，偏酸性。铁、锰金属离子超标现象较多，由于评价区为金属矿区，地下水受到金属矿物的影响，其原生地质环境中部分金属已经处于超标状态。

（2）2021 年 9 月地下水中阳离子以 Mg^{2+} 为主，其余期次 Ca^{2+} 含量较多；阴离子中 HCO_3^-、SO_4^{2-} 含量较多；除 2021 年 9 月外，其他期次浅层地下水化学类型以 Ca-HCO_3-SO_4 型、Ca-SO_4-HCO_3 型、Ca-HCO_3 型为主。

（3）对于 I 级支流——郎穷浦：在丰水期，I 级支流地表径流量大，上游矿山开采暴露在地表的矿石接受雨水淋滤，易溶解于水的某些铁、锰等重金属离子被携带进入地表径流，水质较差的地表

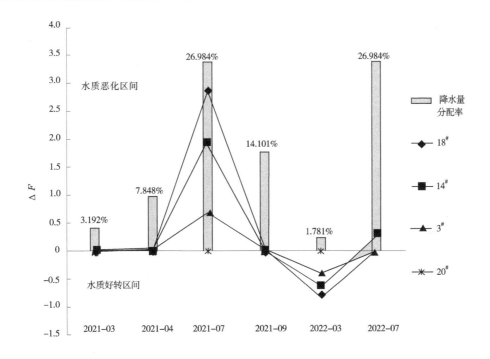

图 4　Ⅰ 级支流——郎穷浦附近浅层地下水 ΔF 随时间的变化趋势

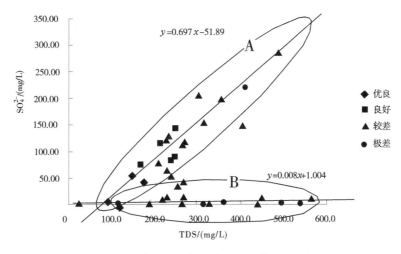

图 5　郎穷浦流域内浅层地下水 SO_4^{2-}-TDS 关系

径流补给周边地下水，导致地下水水质在这段时期内有恶化趋势。而在枯水期，Ⅰ 级支流——郎穷浦水量减少，接受地下水的补给形成径流，Ⅰ 级支流附近的浅层地下水水质有好转趋势。

（4）对于 Ⅱ 级支流（沟）：在丰水期，溪沟水量较大，水质较好，补给并稀释周边的地下水，因此地下水水质在这段时期内有好转趋势。在枯水期，溪沟流量均很小，接受地下水补给，浅层地下水水质在这段时期内有恶化趋势。

（5）部分水质超标的地下水样品中混入高浓度的铁、锰、铜等重金属离子，使得 TDS 增大，同时该区内地下水 pH 值为酸性，促使含水层中钙的溶解，在这样的地下水环境中硫酸根离子与钙离子结合生成硫酸钙沉淀，使得硫酸根离子含量大幅减少。对应在 SO_4^{2-}-TDS 关系图中，这部分水质较差的监测点明显偏离水质较好的投点范围。

参考文献

［1］国家环保局《水和废水监测分析方法》编委会．水和废水监测分析方法［M］．3 版．北京：中国环境科学出版社，1998.

［2］中华人民共和国卫生部，中国国家标准化管理委员会．生活饮用水卫生标准：GB 5749—2006［S］．北京：中国标准出版社，2007.

［3］中华人民共和国环境保护部．地下水环境质量标准：GB/T 14848—93［S］．1993.

［4］肖长来．水环境监测与评价［M］．北京：清华大学出版社，2008.

［5］郑文宝，陈毓川．西藏甲玛铜多金属矿元素分布规律及地质意义［J］．矿床地质，2010，29（5）：775-784.

［6］赵岩．西藏甲玛铜多金属矿床开发过程中潜在的矿山地质环境问题及对策［D］．2011.

［7］邢万里，陈其慎．西藏墨竹工卡地区矿山地质灾害浅析——以甲玛矿区为例［J］．河南科技，2014：178-180.

连续流动注射仪和离子色谱仪测定
硝酸盐指标的比较研究

范丽丽[1]　刘宝林[2]　杜慧华[1]　苏治国[3]　丁　军[1]

(1. 南京水利科学研究院水文水资源与水利工程科学国家重点实验室，江苏南京　210000；
2. 岳西县水利局，安徽安庆　246600；
3. 河海大学水文水资源与水利工程科学国家重点实验室，江苏南京　210000)

摘　要：分别从标准曲线线性、检出限、精密度、准确度以及加标回收、方法适用性等方面，对比了连续流动注射分析仪和离子色谱测定农村饮用水中硝酸盐的方法。连续流动注射分析仪相关系数为 1，离子色谱相关系数为 0.999 5，连续流动注射分析仪方法检出限为 0.004 mg/L，精密度为 0.563%，离子色谱检出限为 0.011 mg/L，精密度为 0.425%，离子色谱精密度优于连续流动注射分析仪，连续流动注射分析仪回收率为 100.5%，离子色谱回收率为 96.9%，分别用两种方法检测不同农村饮用水水样，两种方法适用性测定结果无显著差别，在实际工作中，可根据具体需求选择相应的检测方法。

关键词：连续流动分析法；离子色谱分析法；饮用水；硝酸盐

随着社会的进步与发展，越来越多的污染物排入到了地下，地下水遭到了越来越重的污染。我国农村特别是山区大多以地下水为饮用水源，且饮用的是自家挖的井水，这些井水没有经过消毒，存在较大的安全问题，部分地区癌症高发，被认为与长期地下水污染有密切关系。科学准确测定农村生活饮用水状况是保障居民身体健康的前提。据《生活饮用水水源水质标准》（CJ/T 3020—93），饮用水中硝酸盐（以氮计）一级应<10 mg/L，二级<20 mg/L[1]，长期饮用硝酸盐超标的水对健康不利。

农村饮用水量大面广且分散，因此对于农村饮用水这类水样监测分析而言，建立一种适合于水中硝酸盐测定的低成本、快速且准确度高的方法至关重要。目前，水体中硝酸盐的测定方法很多，常用的主要包括：对酚二磺酸分光光度法[2]、紫外分光光度法[3]、离子色谱法[4]、流动注射法[5]、示波极谱法[6] 等。其中对酚二磺酸分光光度法用到的试剂苯酚有毒；紫外分光光度法干扰物质多，操作较烦琐、耗时长；示波极谱法误差较大，测量结果不准确；而离子色谱法、流动注射法具有操作方法相对简单，操作时间较短、体积小、分析速度快、灵敏度高，且在检测痕量离子方面，其效率是传统方法的 10 倍以上。本文通过连续流动分析法、离子色谱分析法的比对，证实两种方法无显著性差异，对于推广使用流动分析法和离子色谱法测定农村饮用水中硝酸盐含量具有重要意义。

1　材料与方法

1.1　试验仪器与主要试剂

本文连续流动分析仪是德国 seal 公司的 AutoAnalyzer 3。连续流动分析法所用试剂包括曲拉通、

基金项目：院基本科研业务费"水文水环境测试设备校验及其在浅水湖泊多水源季节组成识别中的应用研究"（Y521006）资助；院基本科研业务费"非常规水资源开发利用潜力分析及风险管理"（Y521001）资助。

作者简介：范丽丽（1981—），女，高级工程师，主要从事同位素溯源及水生态保护方面的研究工作。

十水焦磷酸钠、磺胺、硫酸锌，七水硫酸铜、五水硫酸铜、硫酸联胺、盐酸、N-萘基乙二胺二盐酸盐、氢氧化钠。硝酸盐氮标准溶液（500 μg/mL，北方伟业计量技术研究院）。

本文离子色谱仪是日本 TOSOH 公司的 IC-2010。离子色谱法所用试剂包括硝酸标准溶液（100 μg/mL，国家有色金属及电子材料分析测试中心）。用标准储备液配制硝酸标准系列溶液，一般 5 到 7 个点，溶液浓度为：0.05 mg/L、0.1 mg/L、0.25 mg/L、0.5 mg/L、1.0 mg/L、2.5 mg/L、5 mg/L，用去离子水定容。去离子水（应符合 GB/T 6682 二级水规格，电导率≤1.0 μS/cm）。

淋洗液：$NaHCO_3$ 浓度 7.5 mmol/L，Na_2CO_3 浓度 1.1 mmol/L，使用 2 L 的容量瓶需称重：$NaHCO_3$ 质量 1.26 g，Na_2CO_3 质量 0.2332 g。淋洗液使用两层 0.22 μm 过滤膜过滤。

1.2 试验方法

1.2.1 连续流动注射仪

水样在空气泡的间隔下加入连续流动的液流，用流动比色池在 550 nm 波长下测量。取样速率：30 个/h；进样与清洗时间比：3∶1；基线：10%；主峰：75%。

1.2.2 离子色谱仪

将水样经 0.45 μm 滤膜过滤后，注入色谱仪进样系统测定，以相对保留时间定性和色谱峰面积定量。阴离子分离柱分析时间：5 min；流速：0.8 mL/min；柱温：40 ℃；抑制胶：TSKsuppress IC-A。

2 结果与讨论

2.1 标准曲线测定的比较

由表 1 可知，流动注射法与硝酸盐氮（以氮计）含量之间线性关系良好，相关系数等于 1；由表 2 可知，离子色谱法峰面积与硝酸盐氮（以硝酸根计）浓度之间线性关系良好，相关系数大于 0.999。两种方法在 0~5 mg/L 浓度范围线性良好，线性相关性相当。

表 1　流动注射法标准曲线

序号	浓度/（mg/L）	吸光度
1	0.091	8 796
2	0.202	10 877
3	0.500	16 500
4	1.008	26 087
5	2.006	44 919
6	2.994	63 553

注：$y = 18\,865x + 7\,071.4$，$r^2 = 1$。

表 2　离子色谱法标准曲线

序号	浓度/（mg/L）	峰面积
1	0.049	0.925
2	0.098	1.889
3	0.495	4.204
4	0.991	8.645

续表2

序号	浓度/（mg/L）	峰面积
5	2.484	19.024
6	4.954	37.347

注：$y = 7.361x + 0.877$，$r^2 = 0.9995$。

2.2 检出限及精密度比较

连续流动注射分析仪重复 $n=7$ 次标样，结果如表3所示。以3倍标准偏差计算得出全自动流动注射分析仪测定液的最低检出限为 0.004 mg/L[7]。连续流动注射分析仪法测定硝酸盐含量的精密度 RSD 为 0.563%。

表3 连续流动注射分析仪重复性测量结果

次数	测定值/（mg/L）
1	0.202
2	0.202
3	0.200
4	0.200
5	0.201
6	0.202
7	0.203
s（标准偏差）	0.001
均值	0.201
方法检出限（3.143s）	0.004
精密度 RSD/%	0.563

离子色谱重复 $n=7$ 次标样，结果如表4所示。以3倍标准偏差计算得出全自动流动注射分析仪测定液的最低检出限为 0.011 mg/L，离子色谱法测定硝酸盐含量的精密度 RSD 为 0.425%。

表4 离子色谱仪重复性测量结果

次数	测定值/（mg/L）
1	0.804
2	0.805
3	0.806
4	0.809
5	0.812
6	0.813
7	0.808
s（标准偏差）	0.003
均值	0.808
方法检出限（3.143s）	0.011
精密度 RSD/%	0.425

两种方法的精密度都小于 5%，满足分析要求，但离子色谱法测定结果的 RSD 小于连续流动注射分析仪法测定结果的 RSD，表明离子色谱有较高的测定精密度。

2.3 准确度比较

分别运用连续流动注射分析法、离子色谱法对岳西县的实际水样进行加标测定，取 1.0 mL 的硝酸盐氮标准溶液（100 mg/L）与实际水样共 100 mL，测定结果见表 5。由表 5 可知，两种方法的加标回收率分别为 98.3%~102.1% 和 96.4%~98.1%，均符合硝酸盐氮加标回收率的质控要求。由此可见，两种方法均能够满足原方法标准的要求，有较高的回收率。

表 5 连续流动注射分析仪及离子色谱回收率

连续流动分析法			离子色谱法		
原含量/（mg/L）	加标测定值/（mg/L）	回收率/%	原含量/（mg/L）	加标测定值/（mg/L）	回收率/%
1.615	2.598	98.3	1.621	2.585	96.4
0.815	1.836	102.1	0.770	1.742	97.2
0.256	1.241	98.5	0.240	1.221	98.1

2.4 实际样品的测试比对

取岳西县共计 8 个地下水水样，分别采用两种方法测定硝酸盐氮，测定结果见表 6。

表 6 8 个地下水样品中硝酸盐氮浓度   单位：mg/L

编号	流动注射分析仪（以氮计）	离子色谱（以氮计）
Y01	0.092	0.086
Y02	2.948	3.006
Y03	14.624	16.401
Y04	1.615	1.621
Y05	0.815	0.770
Y06	0.256	0.240
Y07	2.555	2.681
Y08	1.621	1.572

对检测结果进行均方差分析，P 值为 0.929，$P > 0.05$，表明两种方法测定地下水中硝酸盐氮的结果无显著性差异[8]（见表 6）。

3 结论

通过试验结果分析，连续流动分析法和离子色谱法在规定的测定条件下测定水中硝酸盐氮均具有准确度高、精密度好的特点，两种方法对测定地下水中硝酸盐氮的测定结果经过方差分析显示无显著性差异。连续流动分析法和离子色谱法均配备了自动进样器，可以自动控制，具有较高的检测效率，连续流动分析仪相较离子色谱而言，耗材更换频率高，测试成本高，离子色谱更节约成本，且具备更高的精密度，并能同步测定其他阴离子含量。在实际工作中，水样多选择连续流动分析法，待分析的阴离子种类多选择离子色谱法，可根据具体需求选择相应的检测方法。

参考文献

［1］中华人民共和国卫生部，中国国家标准化管理委员会．生活饮用水卫生标准：GB 5749—2006［S］．北京：中国标准出版社，2006.

［2］张茜．酚二磺酸分光光度法测定水中硝酸盐氮条件控制研究［J］．山西水土保持科技，2019，3（1）：10-12.

［3］硝酸盐氮的测定 紫外分光光度法：SL 84—1994［S］．北京：中国水利水电出版社，1995.

［4］水质 无机阴离子 F^-、Cl^- 的测定 离子色谱法：HJ84—2016［S］．北京：中国环境科学出版社，2016.

［5］彭玉，黄绍华．生活饮用水中硝酸盐氮三种检测方法比较［J］．预防医学，2018，30（10）：1077.

［6］孙仕萍，王建红，张文德．单扫示波极谱法测定液体乳制品中硝酸盐［J］．河南工业大学学报（自然科学版），2006，27（4）：80-83.

［7］环境保护部．环境监测分析方法标准制修订技术导则：HJ 168—2010［S］．北京：中国环境科学出版社，2010.

［8］中国环境监测总站《环境水质检测质量保证手册》编写组．环境水质检测质量保证手册［M］.2 版．北京：化学工业出版社，1994.

深埋巨跨扁平地下洞室断层影响及措施研究

邹红英　李嘉生　翟利军

（黄河勘测规划设计研究院有限公司，河南郑州　450003）

摘　要：某深埋50 m级巨跨地下洞室为超扁平地下洞室，埋深大、外水压力高，在开挖过程中，不断揭示不利节理裂隙和断层，多次产生高压涌水，巨跨扁平洞室施工期安全和围岩稳定问题突出。结合断层特性，采用数值分析手段，提出了施工和设计处理措施，有效指导了现场施工，保证了洞室整体稳定和工程顺利实施。

关键词：巨跨地下洞室；高压涌水；断层；3DEC；围岩稳定

1　引言

本工程为深埋巨跨度复杂地下洞室群，地下建筑主要为斜井、竖井、实验厅及附属洞室。实验厅最大埋深约700 m，跨度49 m，斜井长1 400 m（坡度42.6%），竖井深610 m，是目前国内埋深最大、跨度最大和最长斜/竖井组合的地下洞室群。布置于花岗岩岩体内，岩性为灰白色中细粒二长花岗岩，实验大厅相对靠近侵入小岩株的中心地带。节理较发育，围岩以块状结构为主，围岩基本稳定，微风化—新鲜岩体，围岩类别以Ⅱ类为主，局部Ⅲ类。实验厅主厅为拱顶结构，断面为城门洞形，跨度为49.4 m，拱顶起拱高度16 m，直墙高度11 m，为巨跨扁平洞室。实验厅下部水池内主要布置内径42.5 m圆形水池。地下洞室群三维布置如图1所示。斜井平段侧布置安装间和地下动力中心。水净化室、液闪功能间等紧邻实验厅布置，通过环形交通排水廊道连接。

洞室群开挖过程不断揭示新的地质信息，主要表现为断层发育、不利节理裂隙密集、地下水压力大。斜竖井施工中多次产生大于400 m³/h的高压涌水[1]，水压3~4 MPa，无疑极大地加剧了50 m级洞开挖、深孔锚索施工、巨型水池开挖的施工难度。

2　断层揭示概况

（1）上层3#排水廊道开挖揭露了P₃f₁断层，产状：340°~350°/SW∠70°~80°，该断层表现为逆断层性质，断层上盘透水性强，特别是与其他断层组合时渗水量很大。1#施工支洞走向北东28°，围岩为Ⅱ类，发育3条节理裂隙密集带：L1：89~90.5桩号，产状：290°~300°/ SW∠75°~80°，探水孔出水190 m³/h；L2：97~103.7桩号，产状：290°~300°/ SW∠75°~80°，探水出水180 m³/h；L3：109~115桩号，产状：270°/ S∠80°，探水孔出水200 m³/h。排水支洞走向南东116.6°，围岩为Ⅱ类，与主要节理裂隙小角度相交，前段探水出水点相对较少，单点水量大部分小于50 m³/h。综合分析F₈、SF₁、SF₂对大厅北部边墙影响较大，实验厅开挖过程中遇到类似于L1、L2、L3规模的节理裂隙密集带的可能性大（见图2）。

（2）实验厅中导洞开挖时在东南侧端墙揭露断层P₃f₁，该断层在竖井平段左壁桩号0+164出露，并从上到下穿越水池。该断层破碎带宽0.15~0.25 m，断层影响带1~2 m，断层带物质主要是断层角砾岩、压碎岩块、糜棱岩及少量断层泥。断层产状：340°/SW∠75°~85°。断层带物质为褐黄色断层角砾、糜棱岩及断层泥，表现为压性断层。断层带下盘为开挖轮廓线以外的大厅围岩，开挖揭露的

作者简介：邹红英（1983—），女，高级工程师，主要从事地下空间设计工作。

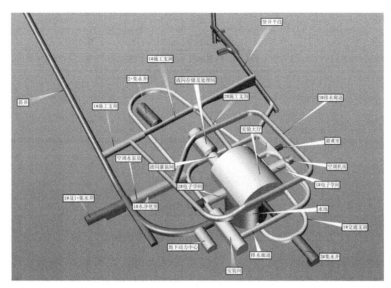

图1 地下洞室群布置三维效果

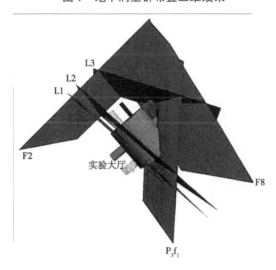

图2 实验大厅地质模型

下盘围岩条件较差，为Ⅳ类（GSI＝40左右），有必要对该断层进行针对性加固处理。由于裂隙水的作用，在顶拱断层带物质自然塌落。扩挖过程中断层影响带侧部分炮孔出现裂隙出水情况。实验厅主要还发育1组缓倾角节理，产状310°～320°/NE∠10°～15°，该组节理较少，仅局部发育，延伸长度较短，但该组节理对实验大厅顶拱产生不利影响。

3 断层及地下水对围岩稳定影响分析

采用基于离散元的3DEC软件分析断层对围岩稳定影响。计算模型中分期开挖结合工程经验、实验大厅和水池分区分布的开挖方式（见图3）进行模拟。其中，顶拱分为第一至第四步开挖，水池分为第五至第九步开挖。

（1）模型重点模拟P_3f_1的断层面、断层带及主要结构面，其中的断层面体现非连续性，沿该面可以发生错动、张开等现象；而断层带指一定厚度的条带，通过降低其围岩力学参数取值（GSI＝45，即Ⅲ类下限附件）模拟，以相对逼真地考察现场观察到的断层特征对围岩稳定的影响。

图4显示了不同开挖阶段（未支护）围岩变形场分布，其中左图和右图分别为大厅SW和NE两侧围岩。P_3f_1仅在NE侧内延伸，因此其影响也局限在NE侧围岩。计算结果显示，在中导扩挖到30 m跨度和上部顶拱开挖完成（含辅助洞室）两种情况下，P_3f_1断层对块体稳定性的影响相对有限，

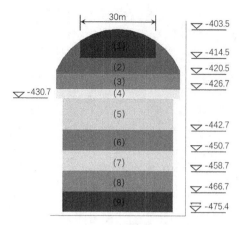

图 3　实验大厅分期开挖模型典型剖面

拱顶围岩保持稳定，未出现量值相对较大的不良变形现象。这一计算结果具有宏观合理性，主要原因是 P_3f_1 断层为压性构造，与最大主应力大角度相交，通过拱顶时断层面上保持相对良好的围压（法向应力），抑制了沿断层的不良变形。

水池边墙围岩变形的最大深度为 8.58 m，其位置在水池顶部，P_3f_1 的存在加剧了这一发展。以水池顶部为起点，在沿水池高度方向上，围岩变形的深度迅速减小，在水池顶部下方 11.32 m 处时，围岩的变形开始转变为浅表变形。应重点加强水池顶部以下 11.32 m 范围内的围岩支护。

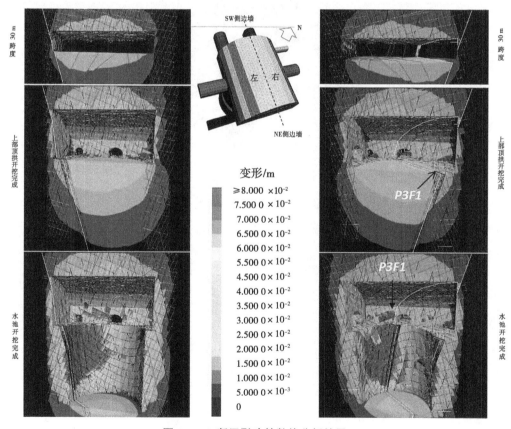

图 4　P_3f_1 断层影响的数值分析结果

（2）对断层及结构面导水带内的地下水头进行模拟（见图 5）。①认为大厅开挖面以里 30 m 深度部位的水头为 3.5 MPa，而靠近开挖面处的水头分别为 0、0.5 MPa、1.0 MPa、1.5 MPa 四种情形，相当于开挖面完全敞开排水（0）和不同程度的排水不畅（喷层影响、排水失效等），模拟工程中采取只排不堵的排水方案；②认为大厅开挖面以里 30 m 深度部位的水头为 5 MPa，即假设在深部进行封堵允许地下水恢复到接近自然情形。此时假设开挖面排水通畅，水压力为0，模拟工程中采取"外堵内排"的处理方案。

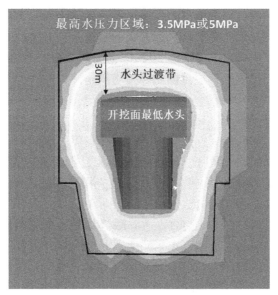

图5　地下水水头分布特征模拟

分析结果表明：当开挖面一带排水不畅，导致水头升高达到0.5 MPa时，导水带局部位置（稳定性较差的块体）出现小幅变形；当水头达到1.0 MPa及以上时，影响范围和程度会不断增大，工程中应考虑避免出现这种不利情况。

应考虑结合探硐、中层廊道、交通支洞优化布置上中下三层排水廊道，实验大厅和水池周围形成四边伞形和包围式排水孔幕。

4　实验厅断层处理措施研究

50 m级实验厅开挖过程中必须采用纵横向分区跳块、由前后及左右两端往中间靠拢的开挖原则的理念，确保开挖工况的稳定性。结合数值模拟成果规律主要从施工和设计两方面考虑。

4.1　主要施工措施

（1）一层预留岩柱挖除前应完成顶层排水廊道及排水孔施工，确保对实验厅起到排水泄压目的，以保证实验厅扩挖过程中的围岩稳定。

（2）锚索施工前必须完成顶层排水廊道出水节理的排水孔施工，以发挥排水廊道及排水帷幕的作用，给锚索施工尽可能创造一个无水或少水环境。

（3）实验厅下层及水池开挖前应完成相应位置排水廊道及排水孔施工。

（4）根据现场实际情况，加大排水廊道排水孔孔径，由$\Phi 76$改为$\Phi 90$。

（5）在整个洞室群开挖过程中，小洞与大洞交叉处，小洞应先开挖至少深入大洞2 m。加强实验厅施工质量控制，严格进行爆破控制，及时加强支护质量。

4.2　主要设计措施

针对P_3f_1断层，为保证实验厅永久运行安全，对断层补充以下加强支护措施。

（1）沿断层12 m范围内增设$\Phi 12@0.20\times 0.2$ m钢筋网，并加密系统砂浆锚杆，断层两侧砂浆锚杆交叉布置，杆均向断层倾斜$40°\sim 60°$，角度可根据实际情况调整，钢筋网与锚杆应有效焊接。

（2）断层两侧布置排水孔，直径$\phi 48$，距断层3 m，间距6 m并保证穿越断层至少1 m。

（3）断层两侧系统锚杆及锚索局部可调整位置，距断层距离至少0.5 m。

（4）对断层破碎带及局部缓倾角裂隙发育部位，开挖后初喷应及时并保证设计厚度，防止掉块，减小卸荷松弛深度。

5 巨型水池断层处理措施

P_3f_1 断层从上到下穿越水池，随着水池的开挖，断层逐渐向水池中心偏移，在断层带揭露区域岩石破碎、淋水较大。P_3f_1 断层对水池的影响主要有两个方面，①可能产生较大涌水，应提前做好预防措施。②产生围岩稳定问题：由于 P_3f_1 断层规模有限，断层本身产生较大塌方的可能性不大，断层与节理组合存在掉块及片帮的可能性，应提前做好预防措施。

5.1 水池外围降压措施

为缓解下部水池施工期排水压力，降低施工风险，水池开挖前完成周边排水廊道和排水孔幕施工。同时结合断层出露位置拟在实验大厅层（−430.50 m 高程）利用 1#、2# 交通排水廊道和安装间对在水池外围 20~30 m 范围断层破碎带处进行局部帷幕注浆，水池围岩表面设置系统排水管排水。

（1）钻孔布置：局部帷幕注浆采用单排布置注浆孔，按分序加密的原则进行，应先施工 I 序孔，后施工 II 序孔。钻孔孔径不应小于 75 mm。

（2）注浆材料：水泥采用 42.5 级以上的普通硅酸盐水泥。水玻璃波美度为 38.8~40.8 Be′，比重 1.368~1.394，模数 3.1~3.4。水灰比（W/C）为 0.6∶1~5∶1，根据实际测量参数及时调整注浆水灰比；水玻璃稀释浓度为 25~28 Bé；双液体积比（C/S）为 1∶0.5~1∶1。

（3）注浆工艺：局部帷幕注浆方式采用纯压式，孔内注浆方法采用下行法注浆，即采用从上向下逐段进行钻进，逐段注浆的方式。注浆段高原则上为 10~20 m。初始注浆孔口注浆压力比静水压力大 0.5 MPa 以上，注浆段注浆终压应大于静水压力的 2 倍。当注浆段在达到设计压力，每米注入率不大于 1 L/min 时，继续灌注 30 min 即可结束注浆。

（4）浆液浓度变换：当注浆压力保持不变，流量持续减少时，或流量不变而压力持续升高时，不得改变浆液浓度；当某级浓度浆液注入量已达 5~10 m³ 或注浆时间已达 20~30 min，而注浆压力和流量均无改变或改变不显著时，应改浓一级浆液浓度。

5.2 水池侧壁固结灌浆

P_3f_1 断层将从上到下穿越水池，随着水池的开挖，断层逐渐向水池中心偏移，P_3f_1 断层对水池的影响主要有两个方面：①围岩稳定问题。由于 P_3f_1 断层规模有限，断层本身产生较大塌方的可能性不大，断层与节理组合存在掉块及片帮的可能性，应提前做好预防措施。②P_3f_1 断层对水池的影响主要是可能产生较大涌水，应提前做好预防措施。

（1）针对水池上部变形及断层影响，水池边墙采用 3 排 2 000 kN 预应力锚索，布置在顶板以下 3.2 m、7.2 m 和 11.2 m 部位，长 30 m，间距 4 m。

（2）对水池顶部、水池侧壁、水池底板岩石较为破碎和渗水较多区域进行固结灌浆，现对固结灌浆提出以下技术要求：

①灌浆孔孔深 10 m，终孔直径不宜小于 φ38 mm。钻孔应与岩层节理、裂隙相交，灌浆孔间距不大于 6 m。

②灌浆孔在灌浆前应用压力水进行裂隙冲洗，冲洗时间不大于 15 min 或至回水清净时止。冲洗压力可为灌浆压力的 80%，并不大于 1 MPa。

③灌浆可采用纯压式灌浆法，灌浆孔可不分序。灌浆孔基岩段长小于 6 m 时，可全孔一次灌浆。当地质条件不良或有特殊要求时，可分段灌浆。灌浆压力可为 0.3~1 MPa，具体灌浆压力应根据工程要求和围岩地质条件经灌浆试验确定。

④固结灌浆的浆液水灰比可采用 3、2、1、0.5 四级，开灌浆液水灰比选用 3，其浆液变换原则可按照以下执行。当采用多级水灰比浆液灌注时，浆液变换应符合下列原则：a. 当灌浆压力保持不变，注入率持续减少时，或注入率不变而压力持续升高时，不应改变水灰比。b. 当某级浆液注入量已达 300 L 以上时，或灌浆时间已达 30 min 时，而灌浆压力和注入率均无改变或改变不显著时，应改浓一级水灰比。c. 当注入率大于 30 L/min 时，可根据具体情况越级变浓。

⑤当灌浆段在最大设计压力下，注入率不大于 1 L/min 后，继续灌注 30 min，可结束灌浆。灌浆孔灌浆结束后，应排除钻孔内的积水和污物，采用"全孔灌浆法"或"导管注浆法"封孔，孔口空余部分用干硬性砂浆填实抹平。

6　结语

（1）大厅及水池外围上中下三层排水廊道及包围式排水孔幕的提前施工，有效降低了大跨度、超扁平洞室及巨型水池外水压力。

（2）实验大厅开挖过程中采用纵横向分区跳块、由前后及左右两端往中间靠拢的开挖原则。整个开挖过程中，各监测仪器规律良好：围岩位移均属于浅部位移，最大位移基本控制在 20 mm 内。变形曲线多次呈台阶式跳跃发展，附近相邻高程停止爆破一周之后变形速率变缓，与开挖爆破密切相关[2]。施工过程中局部变形及应力持续增长部位如 P_3f_1 出露位置及时采取补强支护，大厅及水池围岩整体无异常变形、应力，支护结构合理。

（3）建议梳理洞群已有的地下水资料，进一步研究高压裂隙水规律，分析对高外压薄壁水池结构的影响。

参考文献

［1］曾峰，万伟锋，张海丰，等．江门中微子实验站大型深埋地下洞室涌水量预测分析［J］．工程勘察，2021，49（10）：44-48.

［2］邹红英，肖明．地下洞室开挖松动圈评估方法研究［J］．岩石力学与工程学报，2010，29（3）：513-519.

降雨强度对地下水流系统演化影响的实验和模拟研究

李子恒 王 濂

（长江水利委员会水文局长江中游水文水资源勘测局，湖北武汉 430014）

摘 要：地下水流系统理论是构建当代水文地质学的核心概念框架，并且已经成功应用于多个领域。本文通过不同降水强度的多级流动系统实验、饱和–非饱和数值模拟实验来研究地下水流系统的演化过程，重点探究不同降水导致的地下水多级流动系统模式及从一个稳定态到下一个稳定态的流场演化，以及非饱和带中的水分运移及其对地下水流系统的影响。研究表明：随着降水量的增大，区域地下水流系统的平衡时间逐渐缩小，当降水量超过一定数值后，地下水流场便不再改变，均质、非均质及含透镜体的地下水流系统均表现出相同的特征；在数值模拟中发现，随着降水量的增大，平衡时最高水头值从 48 cm 升高到 50 cm，导致中间的等水头线被压缩，同一水头线向更加低水头线的位置靠拢，但是不影响区域的三级水流系统的变化；均质、非均质及含透镜体的地下水流系统均在 2. 88 m/d 的降水强度下最终发育局部+中间+区域三级水流系统，它不随着降水量的增加而发生改变；在降水入渗阶段，非均质区域和透镜体会对流网产生较大影响，稳定后则影响不大。

关键词：饱和–非饱和；地下水流系统；数值模拟；砂槽

1 引言

地下水流系统理论是构建当代水文地质学的核心概念框架，并且已经成功应用于多个领域。地下水流系统理论提供了现象、作用过程及机制相互关联的完整图景，正式构建人和自然协调的、良性运转系统的理论基础和有效工具。20 世纪 60 年代，匈牙利裔加拿大人托特（József Tóth）在 Hubbert[1] 论文的启发下，提出地下水流系统理论，József Tóth 指出，地下水位存在高程差，在重力驱动下自组织地形成嵌套式多级次流系统模式[2-3]。Freeze & Witherspoon 利用数值解研究了非均质介质以及地下水位形状等对地下水流模式的影响[4]。Engelen 则对多级次嵌套式地下水流系统的物理机制有所探讨[5-6]。在国内，刘彦等[7] 和 liang et al.[8] 利用地下水流系统演示仪，模拟了不同入渗补给强度下的地下水流。Liang X 等采用定流量上边界的剖面二维稳定流地下水流模式和概念性数值模拟，得出了一系列成果，并在一定程度上揭示了控制地下水流模式的物理机制[9-11]。

地下水流系统的发展和演化具有自主性，当外部条件（例如降水入渗补给）发生自然改变后，地下水流系统会不断调整，最后到达平衡，地下水流场从一个稳定态到另一个稳定态。目前的研究主要是探讨稳定态的地下水流场的特征，在研究过程中采用了数值模拟和砂槽物理模型等手段，取得较大成功。但对从一个稳态到另一个稳态之间的演化过程的研究相对较少，而且研究范围仅考虑饱和地下水流，对包气带中水分运移对地下水流场影响的研究较少，在地下水流系统研究中没有将降水、土壤水、地下水作为一个连续体进行探讨。为了研究地下水流系统不同稳定态之间的变化过程以及非饱和带水流的影响，开展了室内实验和数值模拟实验，来探究不同降雨强度和非均质含水介质中的地下水系统的演化规律。

作者简介：李子恒（1997—），男，硕士，研究方向为水文水资源、水文地质。

2 材料与方法

2.1 实验

实验装置为中国地质大学（武汉）研发的多级流动系统演示仪，如图 1 所示。砂槽尺寸为 100 cm×10 cm×50 cm，装填砂样粒径为 0.2~0.4 mm，三个排泄点的高度分别为 35 cm、36 cm 和 39 cm；侧壁安装测压管，上部为 3 个模拟降雨装置，利用蠕动泵定流量供水，控制供水流量来保持降雨强度，供水流量除以各部分的含水层面积，即为降雨强度。为了刻画非均质性对地下水流系统的影响，多级流动系统演示仪共有 3 台，分别为均质、层状非均质（上部为粗颗粒，底部为细颗粒）、含透镜状弱透水介质。

图 1 实验装置

实验过程降水强度自小到大逐渐增加，具体设计强度见表 1。依次改变降水强度从 1.44 m/d 到 5.76 m/d（等间隔调整蠕动泵），间隔 1.44 m/d。实验过程中采用按照一定实际间隔拍测压板照片，从中读取同一时刻不同测压管中水位高度，将其转换为水头；每次待区域水流系统不再变化时更改入渗强度，重复上述过程直至流动系统稳定。

表 1 模拟降水强度

降水量	W_0	W_1	W_2	W_3	W_4	W_5	W_6
降水强度/（m/d）	1.296	2.592	3.888	5.184	6.480	7.776	9.072

2.2 数值模拟

降雨入渗之后，通过包气带补给地下水，随着降水强度的增加，包气带的厚度逐渐增大，潜水面不断上升，最终形成稳定的地下水流动系统。为了精确刻画从降水到补给地下水、地下水流系统稳定的过程，在此将降水、包气带水、地下水作为整体来研究水流系统特征，利用 HYDRUS 3D 软件构建饱和-非饱和水流模型来刻画。

数值模拟模型的区域和边界条件与多级流动系统渗流槽一致。上边界直接采用大气边界，直接赋降雨强度，由于室内蒸发强度小，而且实验阶段持续降雨，在此将蒸发视为 0；侧边界和下边界取为隔水边界；在 3 个排水沟处取渗出面边界。模拟区域边界如图 2 所示。

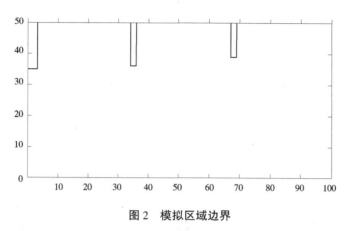

图2 模拟区域边界

对应非均质多级流动系统，设计相应的数值模拟模型，模型范围和介质分布分别见图3、图4。

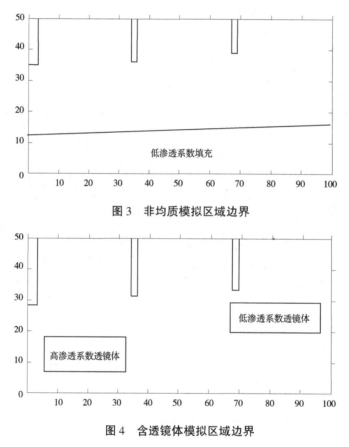

图3 非均质模拟区域边界

图4 含透镜体模拟区域边界

在数值模拟过程中，为了保证地下水流系统达到稳定，采用热启动的方式进行模拟，即采用每个模型模拟一个稳定→变化→稳定的过程，每个过程采用前一过程的计算结果。模拟结果除使用软件自身的图形和动画显示外，还使用 Surfer 软件绘制等水头线和流速矢量。

在其余条件不变的情况下，改变模拟模型的长宽比例，保持宽度不变，调整长度为 500 cm 和 50 cm；保持长度不变，调整宽度为 30 cm 和 100 cm。不同长宽比例模拟区域边界图如图5 所示。

3 结果分析

3.1 实验结果

得到数据结果后，经过观察分析得到区域地下水水流平衡时间随降水量变化情况，见表2。

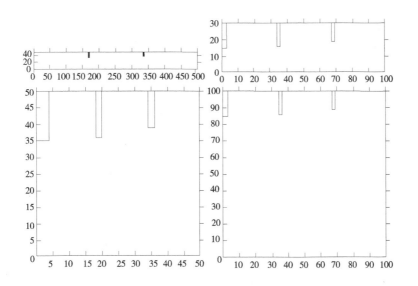

图 5　不同长宽比例模拟区域边界

表 2　区域地下水水流平衡时间随降水量变化

降水量/（m/d）	2.592	3.888	5.184	6.480	7.776	9.072
平衡时间 T/min	20	15	10	5	2	1

根据表 2 可以看出，随着降水量增大，平衡时间逐渐变小，即降水量的增大会使得区域地下水流系统从一个稳定态到另一个稳定态变化得更快。绘制不同降水量时的区域地下水流系统达到稳态的模拟结果，如图 6 所示。

从图 6 可以看出，随着降水量的增大，区域最低水头值从 38 cm 降到 37 cm，区域最高水头值从 41 cm 增长到 43 cm，区域的最高水头差增大；而当降水量处于 5.184~6.48 m/d 后，区域水流系统就几乎不再发生变化，发育局部+中间+区域三级水流系统，增大降水量也不会引起区域水流系统变化。

3.2　数值模拟结果

降水强度为 1.44 m/d 时，不同降水时间模拟区域流网图、非均质模拟区域流网图、含透镜体模拟区域流网图分别如图 7~图 9 所示。

从图 7 可以看出，随着降水的开始，降水入渗补给地下水，图 7 中所示本次模拟中地下水采取活塞式入渗的方式，从上方慢慢向下入渗；当 $T=40$ min 时，在向下补给的过程中几乎不会向渗漏面进行渗漏，以优先补给地下水为主。

从图 8 可以看出，在降水的前期——降水入渗到隔水底板之前，流网与均质时的并无明显区别。在 $T=95$ min 时，从流线的流向可以看到，在下方添加渗透系数较低的渗透介质后，大量的地下水沿着不同渗透系数交界面流动，仅有小部分地下水渗入并沿着低渗透系数的介质流动。

从图 9 可以看出，在降水入渗到透镜体区域之前，流网与均值时的并无明显区别。在 $T=65$ min 时，从流线的流向可以看到，在下方添加渗透系数较低的透镜体后，地下水大部分选择绕过透镜体向下部入渗，少部分穿过透镜体向下入渗。在 $T=85$ min 时，降水入渗到高透镜体区域，从流网上看地下水入渗并未出现较大改变。

在三种情况下降水持续时间达到 240 min 后，区域地下水流系统不再发生变化，区域地下水流系统发育局部+中间+区域三级水流系统。含透镜体的地下水流系统与其他两个不同的是在低渗透系数

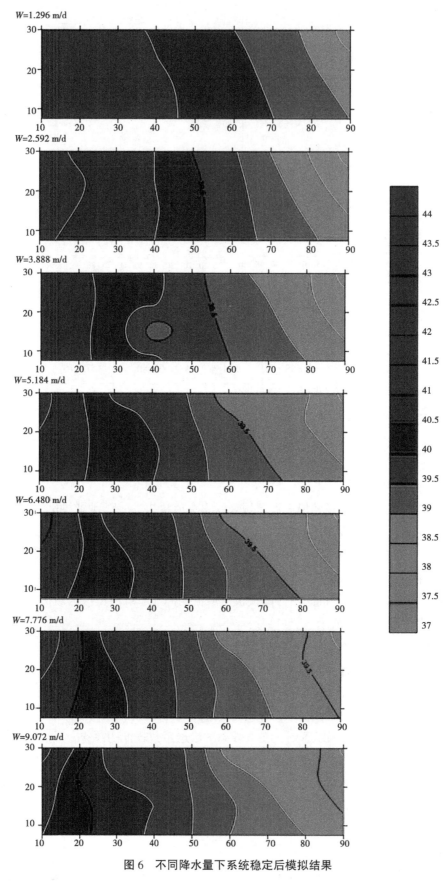

图 6　不同降水量下系统稳定后模拟结果

区域流线出现明显的聚集现象。

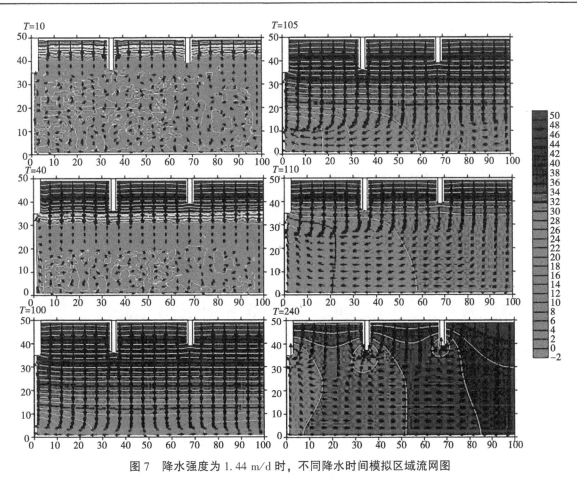

图 7　降水强度为 1.44 m/d 时，不同降水时间模拟区域流网图

在不同降水条件下，区域地下水流系统达到稳态时的时间如表 3 所示。

表 3　不同降水条件下，区域地下水水流平衡时间统计

降水量/（m/d）	1.44	2.88	4.32	5.76
均质平衡时间 T/min	130	1	0	0
非均质平衡时间 T/min	125	2	0	0
含透镜体平衡时间 T/min	135	3	0	0

除去 1.44 m/d 时由于土壤初期不含水导致平衡时间过长外，其余平衡时间随着降水量的增大而减小，这与实际实验得到的结论一致；而降水量超过 2.88 m/d 后，区域平衡时间为 0，即区域地下水流系统不再改变，这也与实际实验得到的结论保持一致。分别做出不同降水条件下平衡后区域地下水水流系统流网图，如图 10～图 12 所示。

从图 10～图 12 中可以看出，从整体而言，区域地下水流系统几乎没有发生变化，仍然是三级流动系统，只不过最高水位从 48 cm 升高到 50 cm，最低水位基本保持不变，但是所占的区域面积变小。从图中也能更加直观地看出，降水量为 2.88 m/d、4.32 m/d 和 5.76 m/d 的流网图完全一致，即说明降水量超过 2.88 m/d 后，区域地下水水流不再发生变化。

为了更加直观地观察不同降水条件下区域地下水流系统流网的变化形式，将 1.44 m/d 和 2.88 m/d 绘制到同一张流网综合图上，如图 13 所示。从图 13 中可以十分清晰地看出随着降水量的升高，最高水位从 48 cm 升高到 50 cm，导致中间的等水头线被压缩，同一水头线向更低水头线的位置靠拢，但是不影响区域的三级水流系统的变化。

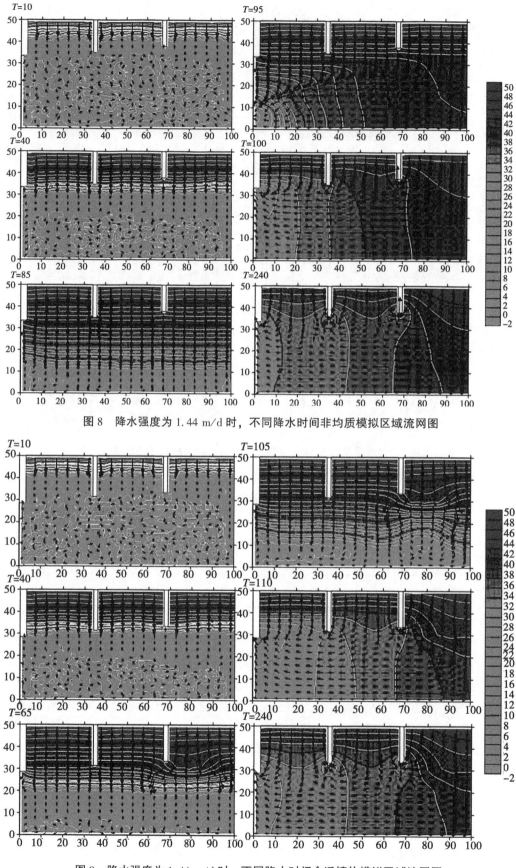

图 8 降水强度为 1.44 m/d 时，不同降水时间非均质模拟区域流网图

图 9 降水强度为 1.44 m/d 时，不同降水时间含透镜体模拟区域流网图

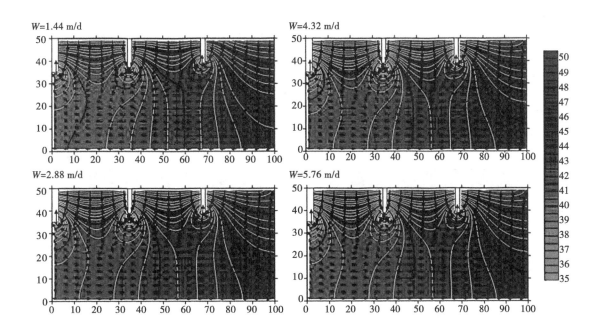

图 10　不同降水强度下平衡时区域地下水流系统流网图

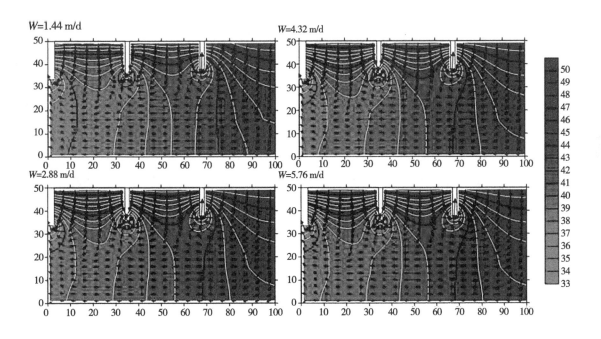

图 11　不同降水强度下平衡时非均质区域地下水流系统流网图

当改变长宽比例后，不同降水条件下平衡时间见表 4。

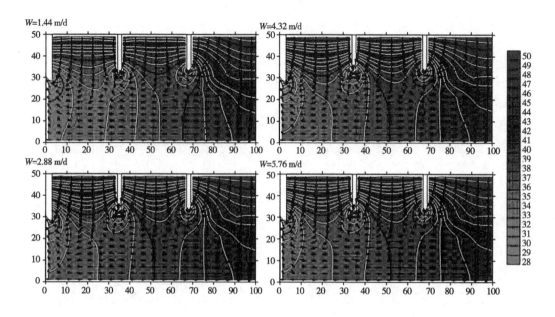

图 12　不同降水强度下平衡时含透镜体区域地下水流系统流网图

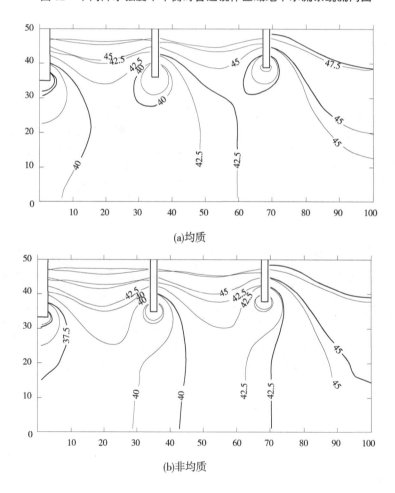

(a)均质

(b)非均质

图 13　不同降水强度下平衡时区域地下水流系统流网综合图

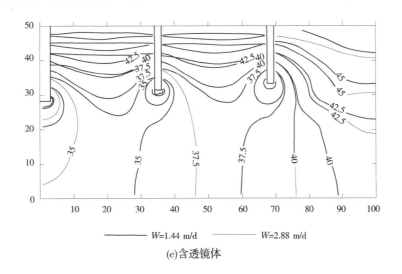

(c)含透镜体

续图 13

表 4 在不同降水强度下，不同长宽比例模型平衡时间统计

降水量/（m/d）	1.44	2.88	4.32	5.76
初始状态，长宽比 2∶1	130	1	0	0
深度不变，长宽比 10∶1	120	1	0	0
深度不变，长宽比 1∶1	130	2	0	0
长度不变，长宽比 10∶3	65	1	0	0
长度不变，长宽比 1∶1	280	1	0	0

由表 4 可知，当模型深度不变时，长度的变化对于地下水流系统稳定时间几乎没有影响；在地下水流系统稳定后，改变降水强度，重新达到平衡所需时间与尺度变化没有关系；当降水强度超过 2.88 m/d 后，区域地下水流系统达到稳定，不随降水强度的增大而增大。

深度不变，长宽比为 10∶1 平衡时的流网图如图 14 所示。从图 14 中可以看出，当长宽比为 10∶1 时不再发育区域三级水流系统，而是发育单一局部水流系统，说明模型的长宽比对于区域最终的地下水流系统模式有较大影响。

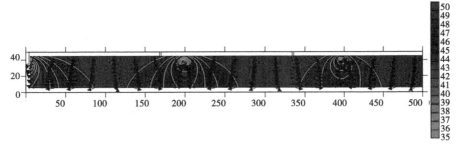

图 14 深度不变，长宽比 10∶1 平衡时的流网图

4 结论

通过上述的数据分析，可以得到以下结论：

（1）在实验过程中，降水量从 1.296 m/d 变化到 9.072 m/d，平衡时间分别为 20 min、15 min、10 min、5 min、2 min、1 min，逐渐减小；利用 HYDRUS 软件模拟降水量从 1.44 m/d 到 5.76 m/d

时，平衡时间分别为 1 min、0、0，逐渐减小；虽然实际跟模拟得到的平衡时间有出入，但是总体而言随着降水量的增大，平衡时间在逐渐缩短。

（2）在实验过程中，当降水量超过 5.184~6.48 m/d 后，区域地下水流系统便不再发生变化；利用 HYDRUS 软件模拟降水量在超过 2.88 m/d 后区域地下水流系统便不再发生变化。这两个得到的结论是一致的，说明在降水量超过一定数值后，含有非饱和带的区域地下水流系统会形成一个稳定的水流系统，它不再随着降水量的增大而改变。

（3）随着降水量的增大，实际实验平衡时的最高水头值从 41 cm 增长到 43 cm，利用 HYDRUS 软件模拟的平衡时最高水头值从 48 cm 升高到 50 cm；而且结合图 8 可以看出，增加降水量会导致区域最高水头值的增加，从而使得等水头线的稠密程度增加。

（4）在实际实验和数值模拟中均发现地下水流系统在不同的降水条件下只发育局部+中间+区域三级水流系统，它不随着降水量的增加而发生改变。

（5）模拟均质、非均质、含透镜体三种模式下区域地下水在降水量为 1.44 m/d 时平衡时间分别为 130 min、125 min 和 135 min，平衡时间差别不大，相对而言添加低渗透系数区域后平衡时间会缩短。

（6）对比图 6、图 9 和图 12 可知，在降水入渗时，非均质区域和透镜体会影响区域流线的形态，但是在稳定后，只有低渗透系数区域会对流线产生较大影响，而高渗透系数透镜体则基本不会造成影响。

（7）均质、非均质、含透镜体三种模式下在降水量从 1.44 m/d 增加 2.88 m/d 后，区域地下水流最高水位从 48 cm 升高到 50 cm，导致中间的等水头线被压缩，同一水头线向更低水头线的位置靠拢，但是不影响区域的三级水流系统的变化。

（8）尺度影响：改变模拟的尺度比例会对稳定状态下的地下水流系统形态产生影响，长宽比越大，越难生成区域流动系统；在区域深度不变情况下，改变长度几乎不会对从一个稳态到另一个稳态所需要的平衡时间造成影响。

参考文献

［1］Hubert M K. The theory of ground water motion ［J］. Journal of Geology, 1940 (48)：785-944.

［2］Tóth J. A theoretical analysis of groundwater motion in small drainage basins in central Alberta ［J］. Canada Journal of Geophysical Research, 1962, 67 (11)：4375-4387.

［3］Tóth J. Theoretical analysis of groundwater flow in small drainage basin ［J］. Jounal of Geophysical Research, 1963, 67 (11)：4375-4387.

［4］Freeze R A, Witherspoon P A. Theoretical analysis of regional groundwater flow：Effect of water-table configuration and subsurface permeability variations ［J］. Water Resour. Res, 1967 (3)：623-634.

［5］Engelen G B, Jones G P. Developments in the analysis of groundwater flow systems ［J］. IAHS Publication, 1986 (163)：2-8.

［6］Engelen G B, Kloosterman F H. Hydrological systems analysis：methods and applications ［M］. Dordrecht：Kluwer Academic Publishers, 1996.

［7］刘彦，梁杏，权董杰，等. 改变入渗强度的地下水流模式实验 ［J］. 地学前缘，2010，17 (6)：111-116.

［8］Liang X, Yu L, Jin M G, et al. Direct observation of complex Tóthian groundwater flow systems in the laboratory ［J］. Hydrol, Process, 2010 (24)：3568-3573.

［9］梁杏，张人权，牛宏，等. 地下水流系统理论与研究方法的发展 ［J］. 地质科技情报. 2012，31 (5)：143-151.

［10］梁杏，牛宏，张人权，等. 盆地地下水流模式及其转化与控制因素 ［J］. 地球科学，2012，37 (2)：269-273.

［11］Liang X, Quan D J, Jin M G, et al. Numerical simulation of groundwater flow patterns using flux as upper boundary ［J］. Hydrol. Process, 2013 (27)：3475-3483.

水资源配置工程地下水环境影响评价要点分析
——以渝西水资源配置工程为例

张仲伟 段光福 王 苑 王 炎 闵 洋 高 菲 汪家鑫

（长江勘测规划设计研究有限责任公司，湖北武汉 430010）

摘 要：水利部明确到 2025 年要建设一批国家水网骨干工程，其中的区域性水资源配置工程是织密国家水网之"目"。工程建设及运营期对地下水环境影响评价工作要点尚需进一步明确，现行地下水环评导则在工作重点和工作范围的界定上指导性尚不明确。本文提出了水资源配置工程地下水环境影响识别指标，梳理了地下水环境保护目标类型，总结了影响预测的重难点和主要技术方法，并以渝西水资源配置工程为例进行了案例分析。本文为进一步规范水资源配置工程地下水环境影响评价，保护地下水资源与环境提供了新的思路和技术参考。

关键词：水资源配置工程；地下水环境；影响评价；重庆渝西

1 引言

为了保护地下水资源和地下水环境，国家相继出台了《环境影响评价技术导则——地下水环境》，（HJ610—2016）[1-2]、《地下水管理条例》（国务院令第 748 号〔2021〕）以及《环境影响评价技术导则-地下水环境》（修订征求意见稿，2021 年 12 月）。表明国家对地下水资源和地下水环境的重视，做好相关工程的环境影响评价工作对地下水环境的保护具有重大意义，地下水环境影响研究已经成为环境影响评价的重要内容。地下水环境评价是从保护地下水环境的角度出发，对拟建工程项目可能造成的地下水环境变化进行预测，并根据预测结果，论证工程项目实施的可行性，同时提出相应的地下水环境保护措施。

水资源配置工程是完善水资源优化配置体系，建设国家水网的重要环节。工程中的新/扩建水库、坝、泵站、渠道、输水隧洞等建筑物在施工和运营期会对地下水环境的地下水水位/水量和水质两大方面造成一定的影响。朱学禹[3] 在 1998 年总结了地下水环评的工作要点，提出了等级划分原则、调查工作内容与重点、脆弱性评价等环节，综述了预测评价中的数学模型、解析解和数值解应用中需注意的问题。针对与水资源配置工程类似的线性工程地下水环评，李豫馨等[4] 针对地下排水和影响范围两个指标在线性工程中定量方法的适应性进行分析。冯雪等[5] 针对水利工程项目特点，分析了工程对地下水环境的影响方式，并以某水电站建设项目为例，针对项目分类、等级划分、范围确定、现状调查与评价和影响预测等方面的技术要点与方法展开讨论。此外。钱永等[6] 和董少刚等[7] 分别采用水均衡法和数值模拟的方法，计算了地下水资源在水资源配置中的比重并优化了地下水资源的配置方案。

然而，现行地下水环评导则在水资源配置工程环评的工作重点和工作范围的界定上指导性尚不明确，建设及运营期对地下水环境影响评价工作要点尚需进一步明确。本文将在总结水资源配置工程特征的基础上，明确水资源配置工程地下水环境影响识别指标，梳理地下水环境保护目标类型，总结影

作者简介：张仲伟（1979—），男，高级工程师，副经理，主要从事水利水电工程环境影响评价、环保设计与科研工作。

响预测的重难点和主要技术方法，并以渝西水资源配置工程为例进行案例分析。

2 地下水环境影响评价工作流程及工作要点分析

2.1 地下水环境影响评价工作流程

结合现行的《环境影响评价技术导则——地下水环境》（HJ 610—2016）（简称《导则》），地下水环境影响评价工作可划分为准备阶段、现状调查与评价阶段、影响预测与评价阶段和结论阶段，见图 1。

其中：准备阶段要收集和分析国家和地方有关地下水环境保护的法律、法规、政策、标准及相关规划等资料；了解建设项目工程概况，进行初步工程分析，识别建设项目对地下水环境可能造成的直接影响；开展现场踏勘工作，识别地下水环境敏感程度；确定评价工作等级、评价范围以及评价重点。现状调查与评价阶段要开展现场调查、勘探、地下水监测、取样、分析、室内外试验和室内资料分析等工作，进行现状评价。影响预测与评价阶段要进行地下水环境影响预测，依据国家、地方有关地下水环境的法规及标准，评价建设项目对地下水环境可能造成的直接影响。结论阶段要综合分析各阶段成果，提出地下水环境保护措施与防控措施，制订地下水环境影响跟踪监测计划，给出地下水环境影响评价结论。

每一个阶段具体工作的开展可以参考《导则》，其中：线性工程应根据所涉地下水环境敏感程度和主要站场（如输油站、泵站、加油站、机务段、服务站等）位置进行分段判定评价工作等级，并按相应等级分别开展评价工作。

2.2 水资源配置工程特征及地下水环境影响评价工作要点

水资源配置工程对地下水环境的影响包括对地下水位/水量和地下水水质两大方面。《导则》未针对工程施工和运行过程中对地下水环境中地下水水量和水位方面的影响提出具体要求。对比《导则》，需要结合各评价阶段的要求进行地下水环境影响评价工作要点的补充与完善。

在准备阶段，应重点考虑对地下水水量及水位影响的工程段位，评价范围应在影响较大区域扩大至整个水文地质单元；在现状调查与评价阶段，应结合工程识别的影响范围开展，优化代表性监测点位，重点考虑地下介质渗透系数的获取；影响预测与评价阶段，应预测水库蓄水、受水区受水及不同工程段施工排水对地下水环境的影响，预测不良地质条件段位对输水水质的影响；在结论阶段，应针对地下水环境影响中对地下水水位/水量影响的预测结论提出防控措施及替代水源措施等及其概预算。下面将结合渝西水资源配置工程介绍区域性水资源配置工程中地下水环境影响评价的工作要点。

3 工程概况

重庆市渝西水资源配置工程受水区范围为重庆市长江以北、嘉陵江渠江以西区域，包括沙坪坝、九龙坡、北碚中梁山以西区域，江津长江以北区域，以及合川、永川、大足、璧山、铜梁、潼南、荣昌等区全部，国土面积 1.18 万 km^2，地形以低山丘陵和平行岭谷为主，丘陵和平坝面积超过 75%，适宜工业化城镇化发展布局。

渝西水资源配置工程建设任务为：通过新建长江、嘉陵江等提水工程向渝西城乡生活和工业供水，兼顾改善受水区河流生态环境用水，并退还被挤占的农业灌溉用水。工程采用"大集中、小组团"的总体布置方案，受水区南片采用大集中方案，新建长江金刚沱和嘉陵江草街提水泵站，由输水管线和调蓄水库形成长江、嘉陵江两江互济的水资源配置格局；受水区北片采用小组团方案，就近分散从涪江、渠江提水。2030 水平年，渝西水资源配置工程新建提水工程供水量 9.76 亿 m^3，其中城乡生活 4.55 亿 m^3、工业用水 5.21 亿 m^3。工程由泵站、输水管线和调蓄水库三部分组成，建设内容包括：新建水源泵站 7 座、加压泵站 5 座、调蓄水库二级提水泵站 8 座，见图 2。工程新建 7 座水源泵站，设计流量合计 40.20 m^3/s，其中金刚沱泵站设计流量 28.60 m^3/s、草街泵站设计流量 4.40 m^3/s；输水管线约 444.6 km，其中管道 360.7 km、隧洞 82 km、其他建筑物 1.9 km；新建圣中水库，总

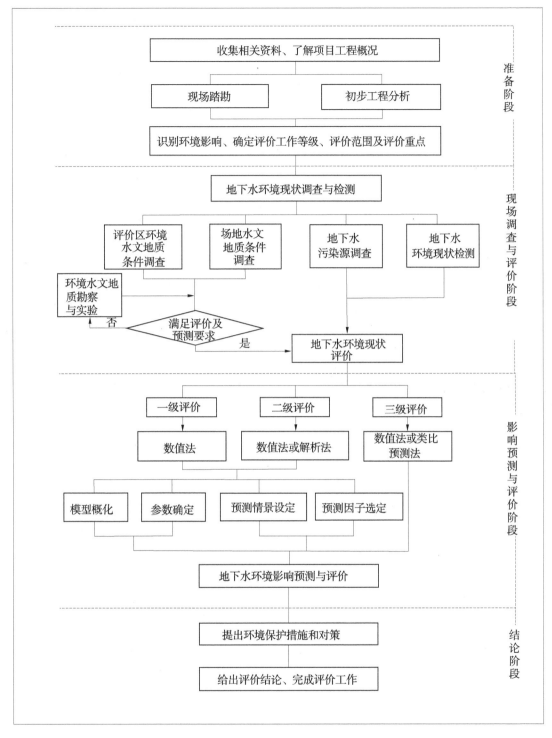

图 1　地下水环境影响评价工作程序

库容为 1 737 万 m^3。工程施工期 54 个月。

4　案例分阶段工作要点分析

4.1　准备阶段工作

准备阶段工作重点包括地下水环境敏感程度识别、评价工作等级确定和评价范围以及评价重点确定。

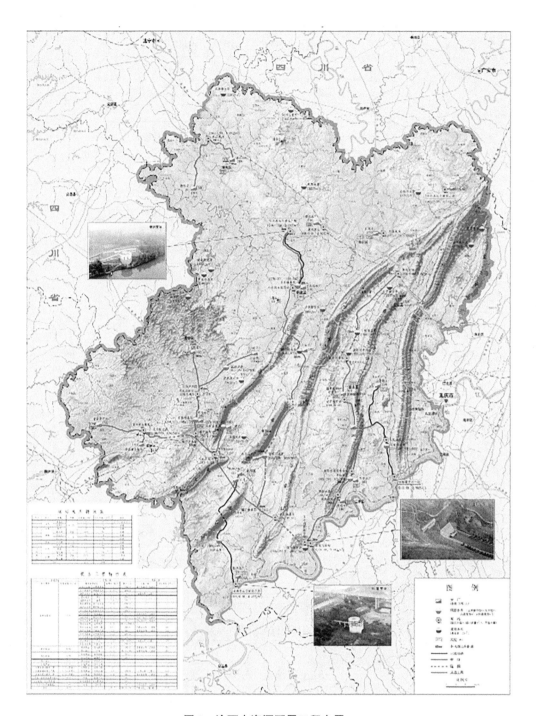

图 2　渝西水资源配置工程布置

　　地下水环境敏感程度识别应分别针对水源区、泵站、输水线路和受水区进行地下水环境影响识别，分别进行建设阶段、生产运行阶段和服务期满后的识别工作。需要注意的是，不仅要考虑场站式工程对地下水环境方面的影响，同时要考虑施工形成新的排泄基准面排水对渗流场的影响，还要考虑地下水环境对输水水质的影响，如隧洞穿越煤系地层对输水水质的影响等。

　　评价工作等级的确定应根据所涉地下水环境敏感程度和主要站场（如库区及枢纽区、输水线路、受水区、隧洞和泵站等）位置进行分段判定评价工作等级，并按相应等级分别开展评价工作。

　　评价范围应包括与建设项目相关的地下水环境保护目标和敏感区域，水资源配置工程的评价范围应该包括水库浸没区、输水隧洞区和主要建筑物所在水文地质单元和受水区等。

　　结合案例工程分析可知，工程主要涉及风景名胜区 1 处，湿地公园 3 处，森林公园 3 处，饮用水水源保护区 6 处。工程的评价等级均为三级，考虑到枢纽区的施工规模较大、施工期较长，隧洞段在施工时可能会影响部分敏感点位地下水水位/水量，因此将预判为"敏感"的泵站和枢纽区（金刚沱泵站和圣中水库）和预判为"敏感"的隧洞区（永安隧洞、油德隧洞和英山隧洞）工作等级确定为二级。项目的工作范围为，水源区：提水泵站工程场站区完整的水文地质单元；输水线路区：输水隧洞区、圣中水库、加压泵站以及二级提水泵站场站区完整的水文地质单元；输水管线（埋管）区两侧各 200 m 范围内区域；受退水区：工程受水区范围包括重庆市长江以北、嘉陵江渠江以西区域，见图 3。

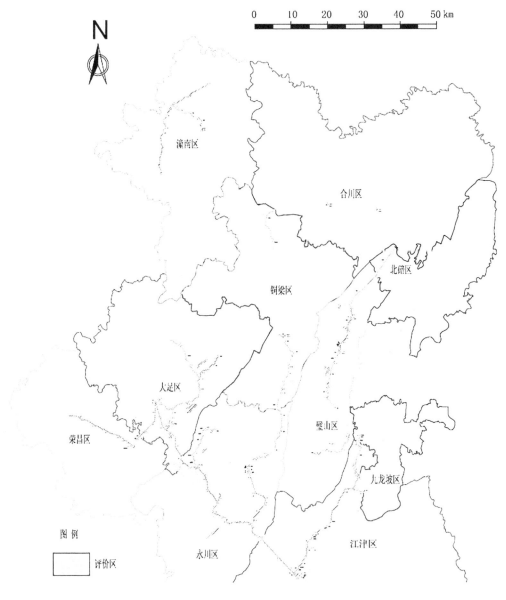

图 3　案例工程评价范围

4.2　现状调查与评价阶段工作

　　现状调查内容应包括水文地质调查、地下水开发利用及污染源调查、地下水环境现状监测和水文地质勘察与试验。查明主要建筑物与输水隧洞所在水文地质单元特征，分析工程对地下水环境影响特点，编制工程线路沿线建筑物情况分析简表，见表 1。地下水污染源及开发利用调查项目包括工程沿线附近地下水水源地、已开采的含水层和水井的分布、开采量及开采用途（区分饮用水、生活用水、工业用水、灌溉用水等）。调查地下水开采现状，包括生产井位置、开采量以及开采地下水引起的地质环境变化，案例工程地下水开发利用现状见表 2。

表 1   工程线路沿线建筑物情况分析

建筑物	起止桩号 DL I	长度/m	隧洞埋深/m	穿越地层岩性	隧洞与地下水位关系	所在水单元补、径、排位置关系	对地下水环境影响特点
油德隧洞	SXK13+657-SXK14+290	633	172	T₃xj	砂岩、页岩夹砂岩		线状流水、渗水及滴水现象
	SXK14+290-SXK14+350	60	170	T₃xj	断层破碎带		线状流水，局部破碎带地段可能存在集中涌水
永安隧洞	SYK2+124-SYK7+494	5 370	225	J₃s	泥岩夹粉砂岩、砂岩	位于地下水位以下	可能发生突涌水现象，规模较小
	SYK11+299-SYK13+195	1 896	171	T₁j	灰岩、白云质灰岩、岩溶角砾岩		局部段可能存在岩溶水集中涌水，破碎带和岩溶发育部位可能发生突水突泥
英山隧洞	SYK43+332-SYK44+244	912	318	T₃xj	砂岩		可能发生突涌水现象
	SYK44+630-SYK44+818	188	227	T₃xj	砂岩		

注：以案例工程部分隧洞的部分洞段为例。

现状监测主要通过对地下水水位、水质的动态监测，了解和查明地下水水流与地下水化学组分的空间分布现状和发展趋势，为后续的预测评价提供基础资料。水资源配置工程项目宜采用控制性布点与功能性布点相结合的原则。主要布设在地下水环境脆弱区、环境敏感点、地下水污染源、水文地质单元边界等有控制意义的地点。监测点位可包括地质勘探井、泉眼、地下水人工取水口和专门的监测井等，在现状调查的基础上，查明监测点位所在的水文地质单元和相互之间的水力联系。

环境水文地质勘察与试验环境水文地质勘察与试验是在充分收集已有资料和地下水环境现状调查的基础上，为进一步查明含水层特征和获取预测评价中必要的参数而进行的工作。应重点考虑地下介质的渗透参数，简化具有尺度效应的弥散参数试验。

在完成现状监测工作后应开展地下水环境现状评价工作（见表 2），包括水文地质条件评价和地下水水质现状评价，划分含水层、相对隔水层，通过岩层透水率资料分析，进行岩体渗透性分级；查明含水层（裂隙、岩溶）发育特征及空间分布，对发育进行分级评价，结合泉水出露特征分析水文地质条件。根据现状监测结果进行最大值、最小值、均值、标准差、检出率和超标率的分析，具体可见《导则》。

4.3   影响预测与评价阶段工作

地下水环境影响预测的范围、时段、内容和方法均应根据评价工作等级、工程特性与环境特征，应以水资源配置工程对地下水水质、水位/水量变化的影响及由此产生的主要环境水文地质问题为重点，结合当地环境功能和环保要求确定。针对水资源配置工程建设特点，预测内容应包括：蓄水后对库区地下水水位/水量变化的影响；蓄水后对库区的环境水文地质问题的影响，水库浸没、岩溶塌陷；主要建筑特别是地下建筑物施工造成的涌水量，以及对地下水水位/水量、径流通道的影响；施工期间生活废水和施工废水对地下水水质的影响以及不良地层对输水水质影响；受水区工业、灌溉、生活用退水对可利用含水层水位及水质的影响。

表 2　评价区地下水开发利用现状

工程部位		编号	保护目标名称	坐标		供水人口/人	高程/m	保护目标类型	与线路位置关系	备注	影响程度预判
				E	N						
水源区	金刚沱泵站	SYD-01	瓦厂泉水	106°06′26.47″	29°08′00.82″	30	223		距离金刚沱泵站水平距离 920 m	作为当地村民生活、饮用水源	有影响
		SYD-02	菩提豪冲沟水	106°06′26.74″	29°09′07.38″	200	210		距离金刚沱泵站弃渣场水平距离 170 m		弱
	圣中水库	SYD-09	作坊村泉水	106°05′49.23″	29°07′48.24″	10	211	分散式饮用水源地	距离枢纽区水平距离 50 m		有影响
		SYD-10	富贵村井水	106°05′33.11″	29°07′30.93″	20	255		距离枢纽区水平距离 80 m	作为当地村民生产、生活、饮用水源	有影响
		SYD-12	院里边泉水	106°06′05.32″	29°07′15.36″	86	318		距库区水平距离 180 m	作为当地村民生活、饮用水源	弱
输水线路区	金刚沱泵站东线	SYD-15	槽坊湾井水	106°07′33.98″	29°10′00.70″	15	226		距槽坊湾隧洞水平距离 410 m，垂直距离 −8 m	作为当地村民生产、生活、饮用水源	弱
		SYD-17	华龙村泉水	106°09′26.61″	29°14′08.07″	6	443		距油德隧洞水平距离 220 m，垂直距离 216 m	作为当地村民生活、饮用水源	有影响
		SYD-24	大岩村泉水	106°01′32.38″	29°12′27.28″	22	314		距水安隧洞水平距离 1 500 m，垂直距离 73 m	作为当地村民生活、养殖水源	弱
		SYD-56	郭家沟矿洞涌水	106°01′15.85″	29°11′59.37″	50	324	集中式饮用水源地	距水安隧洞水平距离 675 m，垂直距离 80 m	饮用水水源一级保护区、金桥水泥厂附近	有影响
		SYD-25	丹凤场落水洞	106°01′09.63″	29°13′20.41″	2 000	371		距水安隧洞水平距离 2 200 m，垂直距离 105 m		有影响
	金刚沱泵站西线	SYD-37	团林村泉水	106°06′09.81″	29°36′10.69″	1 200	404	分散式饮用水源地	距输水管线水平距离 3 068 m		无
		SYD-26	协合村井水	105°59′46.29″	29°12′15.42″	40	359		距水安隧洞水平距离 830 m，垂直距离 116 m	作为当地村民生活、饮用水源	有影响
		SYD-32	天喵村井水	105°45′27.10″	29°27′47.81″	180	333		距双桥隧洞水平距离 72 m，垂直距离 −77 m		有影响
		SYD-33	龙双堂村井水	105°59′02.97″	29°19′39.67″	40	305		距陈家坡隧洞水平距离 120 m，垂直距离 −37 m		有影响
		SYD-42	尚书村井水	105°38′23.63″	29°26′42.60″	4	313		距张家坡隧洞水平距离 255 m，垂直距离 −37 m		有影响

注：以评价区部分建筑物与部分隧洞段为例。

预测因子选取地下水水位及由水位变化所引发的相关环境水文地质问题的因子；可能受污染的地段需要选取地下水污染物作为预测因子进行污染预测。预测地下水水位/水量的方法可根据工程水库工程、引水工程评价等级，采用类比分析法、解析法、数值法进行预测。可采用《导则》中的解析法或数值法预测污染物运移趋势和对地下水环境保护目标的影响。案例工程输水隧洞影响半径及单位涌水量建议值可见表3。

受退水区的地下水环境影响预测应重点考虑同类工程类比法，并初步计算和分析受水区工业用水、生活用水及灌溉用水对地下水水位及水质的影响，在现状调查时聚焦可能对地下水造成的影响的泉及岩溶水区域，以及通过岩溶洼地、落水洞等对地下水的排泄。

地下水环境影响评价应重点对地下水环境敏感点的天然地下水环境进行分析，评价工程施工期、运营期对地下水用水户及地下水环境敏感点的影响；进一步分析评价工程建设及运营期地下水及地质环境的扰动影响及其爆发的环境地质隐患。

4.4 结论阶段工作重点

提出需要增加的、适用于水资源配置工程项目地下水污染防治和地下水资源保护的对策和具体措施，给出各项措施的实施效果及投资估算，并分析其经济、技术的可行性。提出针对该拟建项目的地下水污染和地下水资源保护管理及监测方面的建议。

提出合理、可行、操作性强的防治地下水污染、保护地下水资源的环境管理体系。对建设项目的主要污染源、影响区域、主要保护目标和地下水环境保护措施运行效果提出具体的监测计划，说明监测点布置和监测对象，以及取样深度、监测内容和监测频次等。

最终，总结工程概况与工作情况、地质及水文地质条件、地下水现状调查与评价、地下水环境影响预测及地下水环境保护措施，整理地下水环境影响评价专题报告，以及区域环境水文地质图和地下水环境影响评价图。

5 结论与展望

针对目前《导则》在水资源配置工程地下水环境影响评价工作指导性不够明确的问题，本文结合实际案例，提出在评价工作中应当注意以下几个方面的内容：

（1）了解工程概况是地下水环境影响评价的前提，需在此基础上开展项目分类、工作等级划分、确定评价范围和评价时段等工作，为后续的现状评价、预测评价做准备。在影响识别和等级划分工作中应同时考虑对地下水水位/水量与地下水水质的影响。

（2）现状调查与评价阶段，水资源配置工程项目应根据评价范围及影响识别初判，采用控制性布点与功能性布点相结合的原则。查明监测点位所在水文地质单元和相互之间的水力联系，具体点位的数量、取样频次等宜在《导则》要求的基础上，根据地下水环境危险性程度和环境敏感性，可适当提高和降低标准。

（3）地下水环境影响预测与评价阶段，应视水资源配置工程不同建设对象建设项目评价等级而定。预测的内容应结合水资源配置工程特点展开，分别开展水源区、枢纽区、主要建筑物区、引水线路区和受退水区的地下水环境影响预测与评价工作。

（4）地下水环境保护措施是地下水环境影响评价的重要组成部分，地下水环境保护措施的制定要同时具备有效性、经济可行性及可操作性。地下水动态监测方案的制订是地下水环境影响评价的重要组成部分，通过地下水动态监测可以实时了解工程建设、运行等阶段对地下水环境产生的影响，发现问题时，便于及时解决。

表 3 渝西水资源配置工程输水隧洞影响半径及单位涌水量建议值

工程部位		起止桩号	隧洞长度/m	最大埋深/m	线路穿越地层	渗透系数/(m/d)	影响半径/m	涌水量			影响程度
								总涌水量/(m³/d)	单位涌水量/[m³/(d·m)]	单位涌水量 Q/[L/(min·10 m 洞长)]	
金刚泵站东线输水线路	油德隧洞	SXK13+591~SXK13+657	66	10	J_1z	0.002	10.79	3.96	0.06	0.40	小
		SXK13+657~SXK14+290	633	172	T_3xj	0.01	120.58	645.66	1.02	7.09	小
		SXK14+290~SXK14+350	60	170	T_3xj	0.05	479.07	253.56	4.23	29.35	中
		SXK14+350~SXK16+373	2 023	186	T_3xj	0.01	105.52	1 840.93	0.91	6.31	小
		SXK16+373~SXK16+762	389	113	J_1z	0.002	40.44	62.24	0.16	1.14	小
		SXK16+762~SXK17+140	378	102	$J_{1-2}z$	0.002	26.80	45.36	0.12	0.82	小
	永安隧洞	SYK10+565~SYK10+640	75	79	J_1z	0.002	33.37	11.25	0.15	1.04	小
		SYK10+640~SYK11+299	659	215	T_3xj	0.01	206.39	1 159.84	1.76	12.21	大
		SYK11+299~SYK13+195	1 896	171	T_1j	0.3	924.83	37 825.2	19.95	138.52	大
		SYK13+195~SYK14+006	811	209	T_3xj	0.01	127.77	924.54	1.14	7.94	小
金刚泵站西线输水线路	英山隧洞	SYK14+006~SYK14+204	198	48	J_1z	0.002	20.23	19.8	0.10	0.70	小
		SYK28+032~SYK28+126	94	28	T_3xj	0.01	8.14	6.58	0.07	0.47	小
		SYK28+126~SYK28+713	587	122	T_3xj	0.01	115.89	569.39	0.97	6.73	小
		SYK28+713~SYK28+738	25	122	T_3xj	0.001	70.50	4.5	0.18	1.24	小
		SYK28+738~SYK30+868	2 130	205	T_3xj	0.01	219.95	3 727.5	1.75	12.13	小
		SYK30+868~SYK31+038	170	107	T_3xj	0.01	117.38	166.6	0.98	6.80	小
		SYK31+038~SYK31+095	57	29	J_1z	0.002	3.17	1.71	0.03	0.18	小
北片输水线路	双桥隧洞	SYK52+792~SYK68+834	16 042	101	J_2s	0.002	20.23	1 443.78	0.09	0.65	小
	学堂冲隧洞	GCK8+623~GCK9+379	756	71	J_3s	0.005	9.59	60.48	0.08	0.54	小
	大屋场隧洞	GCK12+384~GCK13+008	624	100	J_3s	0.005	6.40	37.44	0.06	0.41	小

注：以案例工程部分隧洞段为例。

参考文献

[1] 环境影响评价技术导则——地下水环境：HJ 610-2011 [S].

[2] 环境保护部环境工程评估中心.环境影响评价技术导则与标准 [M].北京：中国环境出版社，2016.

[3] 朱学愚，钱孝星.地下水环境影响评价的工作要点 [J].水资源保护，1998，6 (4)：48-53.

[4] 李豫馨，漆继红，许模，等.线性工程地下水环境影响评价中定量预测与定级问题研究 [J].安全与环境工程，2016 (1)：70-74.

[5] 冯雪，赵鑫，李青云，等.水利工程地下水环境影响评价要点及方法探讨——以某水电站建设项目为例 [J].长江科学院院报，2015 (1)：39-42.

[6] 钱永，张兆吉，费宇红，等.华北平原浅层地下水可持续利用潜力分析 [J].中国生态农业学报，2014 (8)：890-897.

[7] 董少刚，唐仲华，刘白薇，等.大同盆地地下水数值模拟及水资源优化配置评价 [J].工程勘察，2008 (3)：30-35.

矿区开发中的水资源保护与利用研究

代永辉　宋　帅

（ 黄河水利委员会山东水文水资源局，山东济南　250000

摘　要：我国矿区的开发对水资源有很大影响。开展矿区的水资源保护，对于矿区生态保护与修复、水资源可持续利用具有重要意义。本文以陕北为例，采用综合分析法，从煤矿的保水开采技术、地下水工艺方案、水分调控技术以及防排水措施等方面分析总结了目前陕北煤矿区的水资源保护利用情况以及最新的研究成果，并提出一些建议，以期为矿区建设单位、相关研究人员提供一个综合、全面、客观的研究参考。

关键词：矿区生态保护；水资源保护；节水管理

1　引言

水作为一种自然资源，不但是人类赖以生存不可替代的保障性资源，而且是经济发展不可缺少的物质基础，也是维持生态环境正常状态的基本要素之一。水资源对于维护区域生态环境安全、促进社会经济的可持续发展具有重要意义。当前，随着社会经济的快速发展，人类对水资源的需求量不断增长，水资源的供需矛盾也日渐突出，水资源短缺已经成为区域可持续发展的重要制约因素。而矿区的开发对水资源的影响较大。有研究表明，我国的许多煤矿区存在水资源短缺的情况，在目前所规划建设的 13 个大型煤炭基地中，一半以上存在缺水甚至是严重缺水的状况，尤其是晋陕蒙等地区，虽然煤炭资源极其丰富，占全国煤炭总储量的 80% 以上，但水资源却仅占我国总储水量的 20%，矿区缺水十分严重[1]。当然，造成煤矿开采区的水资源短缺既有自然原因，又不可否认在矿区的水资源开发利用过程中缺乏科学管理和统一规划、煤炭生产过程中矿井水的大量排放、水资源利用率低等问题。因此，大型缺水煤矿区水资源合理开发利用问题，已成为煤炭工业持续稳定发展亟待解决的重要问题，有效、最大限度地管理与利用有限的水资源，缓解矿区的供水矛盾就显得尤为重要。

本文以陕北为例，在整理分析现有资料的基础上，针对目前所面临的水资源短缺形势，从矿区水资源条件、开发利用以及保护现状着手，对目前矿区的水资源管理利用的研究成果进行综合分析。近年来神府矿区超强度的开采，加之矿区位于陕北黄土高原与毛乌素沙地的复合过渡地带，造成了矿区水资源短缺、地表塌陷、林草植被覆盖率减少、荒漠化加剧等一系列的生态问题。所以，本文着重探究了榆神府矿区的水资源利用与保护现状，以期为以后的科学研究、生产建设提供一个综合、全面、客观的研究成果参考。

2　矿区水资源利用现状

目前，榆神府矿区的水资源利用率低，开发利用无章可循，管理制度不健全，缺乏对水资源的节约意识，或者是认识不足。以神府矿区为例，刘梅[2] 等做过相关调查，结果显示，截至 2010 年，矿区的水资源总量为 4.95 亿 m^3，去掉潜水蒸发量和开采重复量，实际上可开发的基流水资源量为 3.22 亿 m^3。而在矿区的大规模开发以前，利用水量仅占总水量的 14%。据 2008 年神木和府谷水利工程供水用水资料统计，实际地下水源用水与地表水源用水总量已经达到 1.15 亿 m^3，占可开发基流水量的

作者简介：代永辉（1986—），男，工程师，主要从事黄河下游河道冲淤变化方面的研究工作。

35%。城镇用水、工业用水迅速增长，平均每年增长 13%。加上塌陷对地下水的破坏以及用水需求的较快增加以及近年来的干旱少雨，在水资源短缺的情况下，出现了严重的供水危机，使得水资源的供需矛盾更加突出。范军富等[3] 在相关研究中也表明：煤矿的开采对区域水环境的影响，主要取决于采矿技术条件、采矿工程的规格、区域地下水位条件、地下水位、采矿场的排水能力及恢复工作的完全性及完成时间，露天煤矿的开采对采场以外相当远的范围内的区域水环境也会产生影响。

煤矿的开采也带来了一系列的矿山环境问题和生态破坏，主要有废弃矿坑，排土场对环境的影响以及排水系统引发的水资源问题。而煤矿的排水导致了矿区水资源更加紧张，主要表现在：地下水位大面积下降；矿坑水的重金属离子严重污染了地表水，危害到人畜的正常生活；引起地下水环境中水和岩石的相互作用以及化学环境的变化，从而导致地下水化学成分的变化[4]。总体来说，煤矿的开采极大地影响了矿区的生态环境以及周边居民的正常生活。

3 矿区水资源保护与利用研究进展

针对目前矿区出现的严重供水危机问题，收集查阅当前关于矿区对水资源保护与利用方面的文献著作，通过分析、总结该领域的研究现状、最新成果，提出建议与对策，以期为更好地开展矿区水资源保护与利用提供理论依据。研究主要从保水开采技术、地下水工艺方案及矿井水开发利用、水分调控技术、防排水措施与灌溉系统的设计四个方面来进行阐述。

3.1 保水开采技术

针对矿区矿井水外排蒸发损失的问题，为了更好地保护与利用矿区的水资源，曹志国等在多年的技术研究和工程实施基础上，掌握了煤炭开采对地下三类水的影响规律，形成了一系列保水开采技术，关于保水开采技术，相关领域的学者也进行了大量的研究，总结起来有以下几点：

（1）范立民等[5] 在保水采煤问题中就提出划分保水开采区域，选择最佳开采方式；师本强等[6] 指出，将具有深埋藏煤炭资源地区的地层结构分类，根据不同的地层结构，结合区域的其他环境因素，选择出最佳的开采方式，如条带采煤法、旺格维利采煤法、充填式采煤法等；基于此研究，钱鸣高等[7] 也提出了开采沉降控制技术，从而更好地实现合理开采，科学开采，达到保水的目的。

（2）采空区储水设施：根据矿井水采空区运移和净化规律，神府东胜矿区在 1998 年建立了国内首个采空区储用水设施，该设施可以充分地利用采空区煤岩的沉淀、过滤、吸附及离子交换等净化功能，并且在进入采空区前利用沉淀池对大块的煤岩颗粒进行先沉淀后过滤，主要是对矿井水的水质进行控制。处理净化后的矿井水能够满足工业水的标准。

（3）刘洋等[8] 在浅埋煤层矿区"保水采煤"条带开采的技术分析中提出：隔水层修复，充填开采和限高开采，以"堵"和"截"为主，通过此措施设法堵截开采过程中地下水的运移，取得了较好的应用效果。

3.2 地下水工艺方案及矿井水开发利用

地下水资源作为我国重要的供水水源，在保证居民生活用水、社会经济发展和维持生态环境平衡方面起着重要作用。选择生态脆弱区煤矿防治地下水工艺方案的主要任务在于排水应该有利于获得必要质量和数量的地下水，同时，不但要确保矿山生产最安全、最经济，还要满足各种与水资源保护问题有关的基本要求。针对此问题，E.B. 基奇金等[9] 提出了以下几个解决方案：

（1）综合利用矿坑水或排出水：矿床排水时所回收的地下淡水应该优先用作居民的生活饮用水，只有在无其他水源以及与长远需水量相比，地下水储量很大等极少数情况下，才允许将这些淡水用于其他目的。

（2）在地下水现有的水源地和设计水源地所在地段，排水的强度不应导致地下水储量枯竭；否则，在疏干系统设计中应该有规定人工补充地下水储量的措施。

（3）不允许污染地下水和地表水：在煤矿开采的直接或者间接影响下，各用水点地下水成分和性质指标不应发生变化，这些指标也不应变成不适合于居民饮用水的指标。

另外，薛敬伟等[10]指出：矿井水经过净化处理后作为生产和生活用水可以大大减少地下深井水的开采量，从而节约水资源，保护矿区地下水和地表水的自然平衡。

矿井水净化处理后作为生活用水必须经过消毒处理，一般采用二氧化氯消毒，次氯酸钠和液氯采用较少。

3.3 水分调控技术

水分的调控技术是煤矿的安全生产、水资源保护生态建设中所研究的核心内容之一。陈虎维[11]等通过对水分调控技术体系的深入研究，把水分调控技术分为三个时期，即形成期、发展期和稳定期，从而更好地保护矿区的水分以及周边的环境。

（1）形成期的水环境安全调控技术：主要包括排土场边坡水分、排土场平台水分、排土场主体水分、排土场基地水分、排土场的水土保持与排洪渠构筑等。

（2）发展期的水土保持技术：包括过渡性植被措施、永久性植被措施和永久性工程，该时期主要是通过植被建设来保护矿区的水资源。

（3）稳定期的水资源优化利用技术：主要包括水分在复垦地中入渗，保蓄供应辅给规律；植被种类、种植密度对水分的入渗，保蓄供应补给机制；灌溉、集蓄水、调水等技术。总之，该水分调控技术措施主要是通过植被建设、土地复垦等达到保护水分的目的。

3.4 防排水措施及灌溉系统的设计

榆神府矿区位于西部半干旱黄土高原地区，除必要的排水、排洪系统外，能否很好解决灌溉水源问题对于发展林、农、牧业显得尤为重要。利用矿区生活区的污水处理厂出水进灌溉，既可解决复垦土地灌溉的水源问题，又可节省排污费用，且能将排放的污水作为资源重新得以利用。相关学者进行了这方面的研究，提出了一系列关于防排水系统的改造及防排水措施：

（1）防排结合，以防为主，以排为辅，并且能确保采掘场周边的汇水不进入采掘场；汇水能否被有效的分流、阻滞是分段截流、逐级滞流的关键，因此各平盘的反坡质量、挡水围堤的抗冲蚀能力以及通向采掘场外的各出入口是否能有效防止汇水回流至关重要。

（2）防洪的设计频率为1%，并且论证暴雨条件下的采掘场生产安全；确保采掘场周边的汇水不进入采掘场，采掘场上部的平盘汇水很少进入采掘场坑底。

（3）结合近几年的雨季采掘生产的具体情况，在不降低总体的防洪标准情况下，可以减少排水设备的使用，减少和采掘生产的相互影响。

4 矿区节水管理措施的探索与实践

关于节水管理措施的探索与实践方面，很多学者在大型缺水矿区的水资源研究中给出了适合矿区水资源开发利用模式，以及枯水年水资源开发利用建议，总结起来有以下四点：

（1）曹海东等提出了实行多水源、多用户、分质供水、优质优用的综合利用模式，实行多水源、多用户、分质供水、优质优用的水资源综合利用模式不但可以增加复用水的用水量，还可相应地节约洁净水的用量，这样不仅可以缓解煤矿开采区用水紧张的局面，而且可满足当地用户的不同需求，降低了用户的用水成本，从而在保护水环境的同时做到水资源的综合利用。

（2）刘会源等在矿区的水资源利用对策里就提出了提高矿井水的利用率，挖掘内部水资源潜力、提高复用水利用率的内涵式发展模式；可以减少水资源的无效浪费，而且供水管路短，供水费用低，能获得较好的经济效益和社会效益。水源地地下水直接开采也有一定潜力，可在洁净水用水高峰期或枯水季节适当超采，但是这部分地下水开采会直接影响到泉流量。因此，在实际开采前，对井位的布置、开采量控制、监测手段等应做进一步的研究论证工作。

（3）于秋春等在1995年就针对节水管理问题进行了探索与实践，他提出：水资源供水工程以多点、分散就地利用当地水源为主，大、中、小工程相结合；水资源利用要有利于改善水的环境条件，保护生态环境，加大井下废水和生活污水的处理力度、处理程度、利用规模，不断完善复用水系统。

另外，可以实施取水许可制度，发展循环经济，实现水资源的优化利用，完善水资源综合保护与管理措施，建立水务运营新体系，实现用水管理专业化。

5　结论

目前，水资源短缺已经成为制约矿区可持续发展的重要因素，煤炭工业发展与区域水资源供需、采煤活动与生态环境保护等矛盾也日渐突出，无论是采用先进、科学的开采方法，还是通过加大政府监督力度来保护利用矿区的水资源，对于水资源保护与可持续利用等的研究还是存在诸多问题，矿区的水资源问题还需要更深入、更实用的研究。因此，笔者认为目前应重点分析煤矿的节水管理体系的研究，而不是仅仅通过政府的监督或者是宣传来达到节约用水的目的。另外，关于煤矿的开采工艺、矿坑水、矿井水的处理与利用等技术手段都需要进一步的研究、示范与推广应用。

参考文献

[1] 曹海东. 大型缺水矿区水资源开发利用研究 [J]. 煤炭科学技术, 2011 (8)：110-113.

[2] 刘梅，王美英，秦东峰. 神府矿区水资源利用与保护及其调控对策 [J]. 水土保持研究, 2010 (6)：186-188.

[3] 范军富. 露天煤矿土地复垦理论与方法研究 [D]. 沈阳：辽宁工程技术大学, 2002.

[4] 陈殿勇，斯庆，杨瑞清. 浅谈露天煤矿环境问题及对策 [J]. 露天采矿技术, 2010 (S1)：78-79.

[5] 范立民. 论保水采煤问题 [J]. 煤田地质与勘探, 2005 (5)：53-56.

[6] 师本强，侯忠杰. 陕北榆神府矿区保水采煤方法研究 [J]. 煤炭工程, 2006 (1)：63-65.

[7] 钱鸣高. 煤炭的科学开采 [J]. 煤炭学报, 2010 (4)：529-534.

[8] 刘洋，石平五，张壮路. 浅埋煤层矿区"保水采煤"条带开采的技术参数分析 [J]. 煤矿开采, 2006 (6)：6-10.

[9] E. B. 基奇金，高明. 露天矿防治水系统与水资源的保护 [J]. 国外金属矿山, 1992 (4)：85-88.

[10] 薛敬伟. 浅谈煤矿矿井水的开发利用, 2007.

[11] 陈虎维，郭昭华. 露天煤矿土地复垦生态重建 [J]. 露天采矿技术, 2005 (5)：76-78.

城市地下水超量开采危害及其治理立法

刘俊青[1]　　马志恒[2]

(1. 焦作市黄河华龙工程有限公司，河南焦作　454000；

2. 河海大学地球科学与工程学院，江苏南京　211100)

摘　要： 地下水资源是人类赖以生存的最重要的自然地质资源之一，由于城市地下室、地铁、隧道等工程建设而必须采取降水措施，地下水被超量抽取，造成地面大幅度沉降是城市严重地质灾害之一。在开展城市地下水开采现状调查的基础上，分析地面沉降因素及其危害，据此提出立法治理地下水超量开采措施，规范抽取地下水行为。研究表明，地面沉降导致城市测量系统基准点失真，造成建筑物不均匀沉降产生安全隐患，诱发城市内涝高发频发，地下管网和路面损害；大量抽取打破了沿海城市地下水质平衡而诱发种种灾害。研究成果可为城市超量开采地下水治理提供参考。

关键词： 城市地下水；地面沉降；地质灾害；超量开采

1　引言

自然资源是制约区域经济社会发展最主要的原因之一[1]。地下水资源以其某些独特的优点已经成为人类的广泛共识，并被人类不断开发利用，在人类发展历史上做出过巨大贡献。但是，随着人类近代工业化进程的快速推进，建筑地下室、地铁、隧道等各类地下工程建设已经成为城市建设过程中最重要的项目之一。地下工程建设必然采取大量抽取地下水而用以保证工程建设的正常进行。而一旦超量抽降地下水，则可能导致大量地质环境条件和地质学现状的平衡破坏，其中城市地面沉降就是其中最重要的危害之一。据统计，在我国城市建设过程中，由于不合理开发地下水而造成地面严重沉降的城市已多达 40 多座，由此也给城市带来了重大的经济损失和恶劣的社会影响。由于城市地下工程建设而超量开采地下水引起的城市地面沉降灾害，已经逐渐显露出来，诸如地面沉降造成的道路不均匀沉降、房屋建筑物开裂、海水倒灌、城市内涝等等，对城市安全运行造成的严重危害往往无法修复。

国内外学者开展了城市地下水超量开采危害及其治理方面的研究，但对城市地下水超量抽取危害的研究尚不够深入与系统，立法治理方面的文献也不多见。因此，开展城市地下水超量开采危害及其立法治理研究尤为必要。本文从我国城市地下水开采现状、城市地面沉降因素、城市地面沉降的灾害和应对措施等几个方面进行分析研究，为城市建设和管理者提供借鉴。

2　城市地下水开采现状

地下水主要包括孔隙水、岩溶水和裂隙水三大类。为加强地下水资源管理，《中华人民共和国水法》第三十六条规定：在地下水超采地区，县级以上地方人民政府应当采取措施，严格控制开采地下水[2]。然而，多年以来由于受到人们认识上的错误、地下水开采配套政策的管理缺失和对行业利益盲目追求，为了地下工程的正常建设而大量抽取地下水时，各地对城市地下水降水量没有严格的限制，也没有相关的法律和规范，造成城市地下水抽取的无序、超量、违法开采[3]。例如，长江三角

基金项目： 国家重点研发计划课题（2017YFC1501202）。

作者简介： 刘俊青（1973—），女，工程师，主要从事水利工程施工与运行管理等工作。

洲地区某特大城市的河西区域，近 10 年最大累计沉降量高达 358.2 mm（管子桥南），综合相关监测数据和地质资料后发现，河西地区普遍沉降超过 100 mm[4]，其中超过 200 mm 沉降量的区域面积超过 34 km²。大于 300 mm 的区域主要分布在河西北部、河西中部的滨江公园附近、河西南部的油坊桥地铁站附近[4]。

3 城市地面沉降因素分析

据统计，目前我国已有多达 50 多个城市出现了不同程度的地面沉降，某些城市的地面累计沉降量大于 200 mm，涉及国土面积多达 7.9 万 km²。地面下沉的区域为重灾区主要集中在冲积平原和盆地区域，我国的长江三角洲地区、华北平原和汾渭盆地这三个区域。引起地面沉降的原因较为复杂，最主要因素在于人类因超量抽取地下水活动造成的地面沉降。由于城市地下工程建设过程中，为了施工需要大量抽取地下水。按照土力学有效应力原理，饱和土体的自重应力由粒径与孔隙水共同承受，由土颗粒所承受的局部应力为有效应力。当因抽水而导致的承压水水位下降时，含水层本身及其上下隔水层中的孔隙水压力也相应减少[5]。在总应力恒定的情况下，土壤被压密，孔隙率减少而引起地面沉降。

在地下工程施工深基坑与地下结构时，经常会出现地下水位高出施工作业面的情形，为了保证地下工程施工的正常进行，在施工前，为避免基坑或路堤边坡失稳，需要根据地质勘察报告和设计方案，计算并制定符合现场实际的降水措施。施工过程中，应做好基坑降（排）水[6]。另外，由于开采地下油燃气、固体矿物等也会造成地面沉降，由此引起地面大面积沉降以采煤塌陷最为突出。

4 城市地面沉降的危害

大量抽取城市地下水，将对城市安全运行造成巨大危害，其中城市地面整体沉降是其中最大危害之一。地面整体沉降对建筑结构、道路及各类管网运行等带来致命的影响。对于沿海城市，大量抽取地下水也会造成海水入侵城市地下土壤，打破土壤内含水量平衡变化。

4.1 地面沉降对城市测量控制网的危害

大地高程数据是国民经济建设与管理的重要参考资料。地面沉降将严重破坏城市测量控制网，地面沉降还可能造成水准点失效。地面水准点对城市建筑、管理和防洪防潮调度都起着关键性影响[7]；水准点失稳故障，致使城市规划、工程建设都失去参照依据，需要以标准水准点为基准做重新校核。地面沉降所引起的地基高程资料大范围失真，致使影响城市规划发展失真，由于城市建设基本数据信息有误，为城市规划埋下无法预测的隐患和极大的经济损失。

4.2 地面沉降对城市建筑物的危害

大量抽取城市地下水后，城市地面沉降，几乎无法再恢复到原始标高。由于各类房屋建筑物设计的承载基础不尽相同，有的是采取筏板基础、独立基础、条形混凝土（砖）基础、箱型基础等，地基所受的承载力千差万别，因建筑物不同而不同。而城市地下工程建设过程中抽水对土体内含水量的影响往往是呈现相关的均态分布。大量抽取地下水后，必然造成地面沉降，由此造成建筑物不均匀沉降而引发房屋开裂、抗震性能降低，轻者影响正常使用，严重者导致房屋倾斜甚至倒塌。地面整体沉降也会造成建筑物周边路上产生地裂纹，直接或间接地对建筑产生损害并影响建筑物的正常使用。

4.3 地面沉降对城市内涝的影响

某些地面沉降严重的城市，近年来，接连遭受到道路积水和内涝灾难的侵袭。事实上，除城市排水管网建设初期标准低，不能满足现在的发展水平，还有一个不能忽视的重要因素是地面沉降造成土壤孔隙率减小，吸水量减少，正如海绵被压缩后必然造成吸水率减少的道理是一样的。另外，城市地面整体沉降造成城市排水管网的部分出口倒灌，无法快速排到江河湖海。某些城市排水管口标高低于附近水域的标高，需要采用机械方式强制排入水体，地面沉降造成排水强度的增加，排水效率的降低，也是造成某些城市内涝的重要因素之一。

4.4 地面沉降对城市管网和路面的危害

城市地下管线包括自来水管网、天然气管网、雨水管网、污水管网、通信管网、高压线管网等，城市地下工程建设过程中，在大量抽取城市地下水后，严重危害着城市地下管线设施的安全运行。城市经济越发达，城市管网越密，地面沉降造成的影响越严重[8]。城市建设过程中大量抽取地下水，也会造成地面的不均匀沉降，当重型车辆经过时，突然塌方跌落，类似案例在世界各地大城市时有发生。大量抽取地下水后，天然土层因含水量减少发生收缩后而无法恢复造成路面沉降量远远大于桥墩基础部位的楼面沉降量，由此造成高架桥下面的路面严重损害。

4.5 大量抽取地下水对沿海城市环境的危害

沿海城市的地下工程建设过程中，在大量抽取地下水后，海岸线外的海水必然通过水头压力作用引发海水入侵。当大量海水侵入后，改变了原有地下水系统的水质平衡，长期影响下造成树木、植被等根系植物因地下水含盐率增加而死亡；地下水质平衡改变后也会造成地下建筑物和构筑物因腐蚀加剧老化、钢筋锈蚀等，严重威胁着地下建筑物的使用安全；同时，由于地层中水质平衡改变打破土质盐碱平衡条件而造成土壤的盐碱化。

5 超量抽取地下水的立法治理措施

在我国部分城市曾经或目前存在地面沉降顽疾，各个城市对防治地面沉降都比较重视，通过地面沉降预测、监测，建立地面沉降动态监测网，进行实时预警。但还没有哪个城市通过法治手段来控制地下水抽取和控制地面沉降的措施手段。目前，国内各个城市，虽然对城市地下工程建设过程抽取地下水有诸多规范，几乎很少考虑对整个城市或者某个区域的影响。更没有任何一个城市，通过立法形式来统筹解决治理由于城市地下工程建设过程中超量抽取地下水而造成的地面大面积下沉的顽疾，同时更缺少全市统一的抽水平衡监控，几乎没有考虑对整个区域波及范围内城市安全运行的影响。

5.1 立法必要性

当前城市地下工程建设过程中，对地下水抽取量没有具体的标准和管理措施，城市管理者对超量抽取地下水以及造成的危害没有执法依据。由此造成地下水抽取的无序，造成城市路面、地面、建筑物等大量沉降，各类管网变形破坏而造成给排水不畅，甚至造成燃气管道泄漏引发火灾事故，城市地面整体沉降造成排水困难而引发城市严重内涝等诸多城市安全运行的重大隐患。

5.2 立法目的和必要性

立法目的是有效控制城市建设过程中对地下水无序抽取，减少城市地面超量沉降，有效保护城市道路、管网、房屋及其他建（构）筑物，确保城市安全运行，保证城市可持续发展。立法的紧迫性和必要性不言而喻[9]。由于城市地下工程建设过程中，施工降水而造成的灾害，严重影响着城市安全运行，为了有效控制地下水无序抽取，亟须通过立法措施，对工程建设过程中地下水抽取措施进行管控，减少城市地面沉降造成的各种灾害。如果不通过立法形式来控制地下水抽取，将会加剧城市治理过程中安全运行与城市发展的矛盾。城市地下工程建设超量降水控制立法后，将成为国内第一部控制城市地下水保护的地方性法规，同时也为其他类似城市治理地面沉降做出示范作用。

5.3 立法规范内容

地方立法机构对超量抽取地下的行为进行法律规范后，可以让超量抽水和由此引发的次生灾害的治理有法可循，城市管理者可以通过城市地下水抽取平衡进行计算并设置申请手续、过程动态监督和完工验收制度，来规范地下抽水抽取行为。

通过立法，对每个地下工程建设过程总抽水量进行控制，测算确定每个地下工程建设最大抽水量，通过回灌技术减缓地下水的抽取量。采取现代先进技术手段，对抽水量和回灌量进行动态实时监控，项目完成后，对实际总抽水量进行核算，对周边波及范围地面沉降量进行重新测量并进行比对。对超量抽水和超量沉降状况依法进行处罚。

通过立法，应当对抽取的地下水加以有效利用[10]。地下水作为一种重要的自然资源，应当按照自然资源的相关法律，设定按量收费抽取，通过经济手段来控制有效抽水总量。同时，对抽取的地下水，要采取回收利用措施，通过法规的形式来固定下来。对于能够有效使用抽取的地下水用于绿化、防尘降尘和道路洒水等再利用的，应当给予相应的费用减免。

6 结语

随着人类城镇化进程的快速推进，城市越来越成为大部分人类赖以生存的空间，由于城市地下工程建设过程中大量抽取地下水而带来的次生灾害是长期的、不可恢复的灾害。为了城市可持续发展，保证城市长治久安，让城市地下水抽取通过立法措施固定下来，通过法规手段来规范地下水抽取行为，对于违法行为也可以通过法律规范进行处罚。地下水并不是"取之不尽，用之不竭"的，必须立即行动起来，采取切实有效的措施改善城市地下工程建设过程中抽取地下水的乱象，通过强有力的法律保障来保护城市地下水资源安全。

参考文献

[1] 王彤，周一平. 浅析高校后勤社会化改革中人力资源建设的对策——加强人力资源建设 推进高校后勤改革 [J]. 商场现代化，2005（9）.

[2] 杜金卿. 水坝建设与利弊探讨 [J]. 南水北调与水利科技，2008（8）.

[3] 孙丽华. 浅谈经济发展与城市水环境保护 [J]. 水利天地，2008（11）.

[4] 张涛，常永青，武健强. 南京河西地区地面沉降研究 [J]. 城市地质，2017（2）.

[5] 李有坤. 滨州市地面沉降现状及防治对策 [J]. 科技信息，2012（8）.

[6] 周鑫. 市政工程基坑施工技术探讨 [J]. 现代物业（中旬刊），2019（4）.

[7] 王巧. 基于减灾理念下的温黄平原城市绿地规划与设计研究——以温岭市为例 [D]. 武汉：华中农业大学，2010.

[8] 刘凯斯，宫辉力，陈蓓蓓. 基于地面沉降监测的地铁运营危险性评价——以北京地铁 6 号线为例 [J]. 地理与地理信息科学，2018（3）.

[9] 赵凤英. 数据库制作者权法律保护研究 [D]. 上海：上海大学，2007.

[10] 郝少英. 跨国地下水利用与保护的法律探析 [D]. 西安：西北政法大学，2011.

中国地下水污染修复技术研究现状及趋势
——基于文献及专利计量

丁志良　邵军荣　崔佳鑫　孙凌凯

（长江勘测规划设计研究有限责任公司，湖北武汉　430010）

摘　要： 中国地下水污染问题日趋严重，各种修复技术也得到不断发展和推广使用。通过对近十年中国学者发表的中英文论文及授权专利进行计量分析，梳理了目前地下水修复领域基础研究和技术研发的整体态势和主题分布情况，并对可渗透反应墙、生态修复和抽出–处理技术等热点修复技术进行综述，分析了其使用场景和优缺点。基于以上研究对地下水污染修复技术进行展望，以期为该领域的相关研究和实践提供参考。

关键词： 地下水污染；修复技术；文献计量；专利计量

1　引言

地下水是一种广泛存在而脆弱的自然资源，是国民经济发展的重要支撑，在生态文明建设中具有突出地位。随着我国工农业经济的迅猛发展，面临的地下水污染情况越来越严峻。根据《2021 年中国生态环境状况公报》，监测的 1 900 个国家地下水环境质量考核点位中，Ⅰ~Ⅳ类水质点位占79.4%，Ⅴ类占 20.6%。自 21 世纪初起，国内环境保护政府相关部门、从业及研究人员已在逐步开展地下水修复类项目。通常，采用物理、化学或生物等方法将地下水中的污染物去除或转化为环境可接受形式，以减少地下水污染对公众健康和生存环境的威胁。

目前已有的地下水污染修复技术可分为异位修复技术和原位修复技术两大类。异位修复主要是将地下水抽提至地面进行处理或对土壤进行处理，具有修复时间短、工程控制性高等优势，适用于重金属或突发性场地。原位修复技术则是对污染的水体不做移动而在原位进行修复的技术，适合渗透性较好的均质地层，包括原位化学修复和生物修复等。然而目前很多技术虽已得到广泛的研究，却尚未得到商业化的广泛使用。我国国土面积广袤，各地的水文地质条件不一，在引进和吸收国外先进技术的基础上，亟须建立适合国内的地下水污染修复技术体系。

本文基于 Web of Science Core Collection、中国知网数据库以及专利检索及分析平台，对地下水污染修复相关的中英文文章及国内发明专利进行检索和分析，了解该领域基础研究和技术研发的整体态势和主题分布情况，把握地下水污染修复相关研究的最新动态。同时，对梳理出的重点技术进行综述，对相关技术的适用场景和优缺点进行分析。基于以上研究，对地下水污染修复技术进行展望，以期为该领域的相关研究和实践提供参考。

2　文献及专利计量研究

2.1　数据采集及研究方法

对中国地下水污染修复近十年来（2013 年 1 月 1 日至检索日）的相关研究和技术发展进行文献和专利检索与分析，检索时间为 2022 年 8 月 17 日。

作者简介：丁志良（1981—），男，高级工程师，主要从事水环境保护和修复方面的研究工作。

文献计量的检索平台分别为 Web of Science Core Collection（WOS）数据库以及中国知网，WOS 数据库为 SCI 论文，而中国知网则为中文论文。其中，WOS 的文献检索式为 TS＝（"underground water" OR "groundwater"）AND TS＝（"Remediation"）AND PY＝（"2013－2022"）AND CU＝（"China" OR "P R China" OR "P. R. China" OR "People Republic of China"）AND DT＝（"Article"），共计检索到研究型论文 1 548 篇；中国知网的检索条件为［（主题%＝'地下水' or 题名%＝'地下水'）AND（主题%＝'修复' or 题名%＝'修复'）］AND（发表时间 Between（'2013-01-01'，'2022-08-17'）］，检索范围为期刊，共计检索到 1 493 篇。

专利计量的检索平台为国家知识产权局专利检索及分析平台（https：//pss - system. cponline. cnipa. gov. cn/），检索关键词为"地下水 修复"，检索条件为发明专利，状态为有效，授权时间为 2013 年 1 月 1 日至 2022 年 8 月 17 日，共计检索到 534 篇。

根据地下水污染修复相关的文献和专利数量，以及研究机构和研究领域的分布情况，分析该领域的研究现状。同时，根据高频关键词的分布，对该领域的研究重点和热点动态进行分析，以支撑对该领域未来发展趋势的展望。

2.2　论文产出分析

2.2.1　年度分布

由图 1（a）可以发现，近 10 年来我国地下水污染修复领域的论文数量呈现逐年上升趋势。2013—2022 年 WOS 中地下水污染修复论文产出的平均年增长率达到 18.5%，高于其他领域的平均增长率（8.7%）；中国知网中相关论文产出的平均年增长率为 12%，亦高于知网其他领域年均－6.7% 的增长率。这表明，地下水污染修复的研究热度平稳增加，处于相对活跃状态。

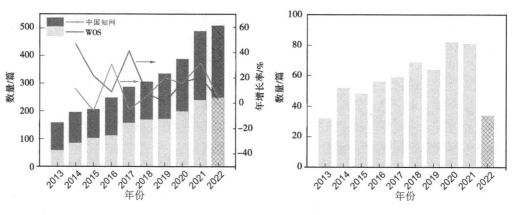

(a)地下水污染修复领域发表论文年度分布　　　　(b)地下水污染修复领域专利授权年度分布

图 1

2.2.2　机构分布

我国地下水污染修复领域论文产出 TOP15 机构分布见表 1。可以发现，在 WOS 发文较多的机构均为科研院所和高校，这是因为 WOS 收录的 SCI 论文多集中在基础研究方面；而知网发文较多的机构则包括高校、科研院所和企业。根据图 2 所示的中文论文研究层次分布可以发现，中文论文的研究类型大部分为技术研究、工程研究和技术开发，基础研究只占 4.3%，因此有更多从事一线技术生产的机构参与。

2.2.3　研究主题分布

关键词中，除本次计量研究所采用的主题词"groundwater""remediation"和"地下水""地下水污染""地下水修复""修复技术"外，排名前列的关键词可见表 2。由 WOS 和中国知网数据库的高频关键词分布可以发现，SCI 论文因多为基础研究，因此关键词为具体反应机制、污染物质和药剂等，如吸附、还原、脱氮、迁移等机制，砷、三氯乙烯、六价铬、重金属、硝酸盐等地下水污染物质，以及（纳米）零价铁、过硫酸盐、生物质炭等修复药剂和可渗透反应墙（PRB）等修复技术。而中文论文因更偏技术和工程研究，因此 PRB、生态修复、原位修复、抽出处理等修复技术为高频关键词。

表 1　中国地下水污染修复论文产出 TOP15 机构分布

排名	WOS 发文机构	文章数量	中国知网发文机构	文章数量
1	中国科学院	249	吉林大学	49
2	中国地质大学	236	中国环境科学研究院	39
3	吉林大学	210	中国地质大学（北京）	35
4	华东理工大学	139	东华理工大学	25
5	同济大学	107	中国科学院大学	21
6	清华大学	82	北京师范大学	19
7	浙江大学	62	北京建工环境修复股份有限公司	19
8	中国环境科学研究院	58	清华大学	18
9	南京大学	55	中国科学院南京土壤研究所	18
10	中国科学院大学	50	同济大学	16
11	华北电力大学	48	南京大学	16
12	华南理工大学	45	生态环境部环境规划院	16
13	北京师范大学	41	北京市环境保护科学研究所	16
14	北京大学	39	中国地质大学（武汉）	15
15	武汉大学	39	河南省地质矿产勘察开发局	15

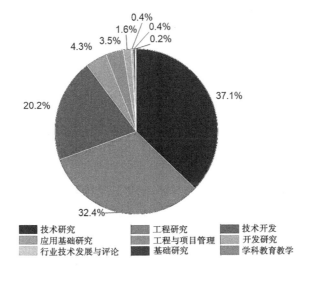

图 2　中国知网论文（中文论文）研究层次分布

表 2　地下水污染修复领域高频关键词

排名	WOS 数据库	数量	中国知网数据库	数量
1	Zero-valent iron	68	可渗透反应墙（PRB）	131
2	adsorption	55	生态修复	102
3	Persulfate	54	有机污染	91
4	Nanoscale zero-valent iron	48	土壤污染	86
5	Soil remediation	46	原位修复	82
6	Arsenic	44	去除率	60
7	Trichloroethylene	38	土壤修复	52
8	Reduction	37	重金属污染	49
9	Biochar	36	地下水超采	44
10	Cr（VI）	36	硝酸盐	31
11	Permeable reactive barrier	33	污染羽	29
12	Denitrification	32	修复目标值	26
13	Hexavalent chromium	32	修复效果	26
14	Heavy metals	29	抽出处理	25
15	Soil	29	风险评估	24

2.3　专利产出分析

近十年来地下水污染修复相关的发明专利数量可见图 1（b），可以发现授权专利数量亦呈现逐年增加的趋势（见表 3）。通过对该领域专利产出进行分析，可以发现排名前十的核心申请人主要为高等院校（6 家）、科研院所（2 家）和企业（2 家）等，占到全部专利数量的 27%。专利授权数量反映出地下水污染修复领域活跃的主要申请人，也反映了该领域前沿技术的垄断程度。

表 3　主要研究机构相关专利授权情况及分类

排名	核心申请人	授权量/件	占比	国际专利分类（IPC）部						
				A	B	C	E	F	G	H
1	中国环境科学研究院	32	5.99%		5	26	3		6	1
2	华北电力大学	20	3.75%		11	10	1		1	1
3	南京大学	18	3.37%	1	6	15				
4	河海大学	15	2.81%	1	1	2	6		8	
5	北京建工环境修复股份有限公司	14	2.62%		10	7	2		3	
6	清华大学	11	2.06%		5	8	1			
7	上海岩土工程勘察设计研究院有限公司	9	1.69%		4	3	3		4	
8	东南大学	9	1.69%		6	4	1		1	
9	中国地质大学（武汉）	9	1.69%		1	8				
10	中国地质科学院水文地质环境地质研究所	8	1.50%	1	3	8			2	
总计	—	145	27.17%	3	52	91	16	1	25	2

注：国际专利分类（IPC）部具体为：A（人类生活需要）、B（作业、运输）、C（化学、冶金）、E（固定构造）、F（机械工程、照明、加热、武器、爆破）、G（物理）、H（电学）。

国际专利分类（IPC）是目前通用的专利文献分析和有效检索方法，可以准确锚定该领域聚焦的研发方向和重点。从 IPC 分类来看，前十家单位的相关专利主要集中在化学冶金（C 类）、作业运输（B 类）、物理（G 类）和固定构造（E 类）等，可见地下水污染修复技术是领域交叉较为广泛的技术。同时也表明，目前的地下水污染修复技术仍然以化学法和物理法为主。

3 地下水污染修复热点技术综述

通过以上文献及专利计量研究，可以发现，目前地下水污染修复针对的主要污染物为有机物、重金属以及硝酸盐等，常用的修复方法包括物理、化学和生物修复方法，修复技术包括 PRB、生态修复、抽出处理、零价铁技术等。下面就目前研究最为集中和活跃的几种地下水修复热点技术进行综述。

3.1 可渗透反应墙（PRB）

自 20 世纪 90 年代初 PRB 技术出现以来，其在地下水污染物去除中的应用已被广泛研究和实践。PRB 是一种原位修复技术，主要是在污染羽流动路径的断面上设置渗透性的活性物质反应区，污染物质与反应区内的材料接触时，通过各种反应机制实现污染物向环境可接受形式的转化，见图 3(a)。主要的反应机制包括重金属组分的化学沉积、无机或有机物质的吸附、有机物的阻滞和生物降解、有机物或高价态重金属的非生物还原或生物还原等[1]。PRB 中使用的活性物质通常包括石灰石（Limestone）、零价铁（ZVI）、活性炭（GAC）、改性沸石（SMZ）、复合材料（Mixed Materials）、释氧材料（ORC）[2]，各类地下水污染物去除对应的活性材料可见表 4。

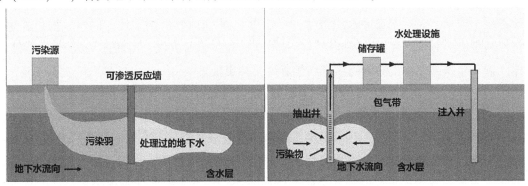

(a)PRB技术示意图　　　　　　　　(b)抽出–处理技术示意图

图 3

表 4　PRB 中不同地下污染物对应的活性物质[3]

序号	污染物质类型	污染物质	活性物质
1	有机污染物	氯代有机物	ZVI、GAC、SMZ
2		苯系有机物	GAC、ORC、ZVI、SMZ、泥炭、木屑、H_2/Pd
3		酚类有机物	GAC、SMZ
4		硝基苯	ZVI
5		多氯联苯、多环芳烃、杀虫剂	GAC、ZVI
6	无机污染物	Ni、Cu、Zn、Pb、Cd、Fe、As、Cr、Hg 等重金属	Limestone、SMZ、ZVI、铝土矿、活性铝、粉煤灰、三价铁羟基氧化物、赤泥、壳聚糖
7		NO_3^-、NH_4^+	ZVI、木屑、SMZ
8		PO_4^{3-}	ZVI、铁氧化物、泥炭/砂、Limestone

PRB 技术以相对较低的投资可以取得较好的地下水污染修复效果。其可以通过组合多类型活性墙以实现对地下水中多种污染组分的去除，且无须将地下水和污染物抽提至地面，避免了地下水的流失。然而，PRB 只能处理沿活性墙方向流动的污染物，因此在实施前需要对地下水流污染羽进行充分的调查评估，且对于场地、含水层、水文地质条件等有一定的要求。

3.2　生态修复

地下水污染生态修复技术包括微生物修复和植物修复技术。生态修复技术适用于大面积污染区域的治理，成本较低，对环境影响较低，不破坏地质结构，属于生态友好型的环境治理技术。但微生物修复技术中需要适合微生物生长的地下水环境，在非均质性介质中难以覆盖整个污染区；而植物修复技术则受地下水埋深、环境因素、污染物性质和浓度影响，且修复周期较长，需考虑富集了污染物的植物的后续处理处置。

3.3　抽出–处理技术

抽出–处理（Pump & Treat）是地下水污染修复的传统技术，其通过将被污染的地下水抽提到地表，进行处理后重新注入地下，以实现对地下水的修复，见图 3（b）。抽出后的地下水处理技术与常规水处理技术相同，且重新注入地下后，由于携带氧气和营养，可进一步激发原位生物修复。该方法的难点在于如何高效控制地下污染水体的流动，因此其井群系统的布置要根据场地的渗透系数、含水层厚度、污染羽等实际情况进行确定[4]。

由于地下水中污染物质的理化性质各异，抽出技术只对有机污染物中的轻非水相液体（LNAPL）的去除效果较为明显，而对于重非水相液体（DNAPL）的处理效果则不佳。同时，抽出处理技术能耗大、费用高且有地面沉降风险，因此正逐步被原位修复技术所取代。由前述文献计量结果也可发现这一规律，近十年来原位修复的研究热度已显著高于抽出处理。

4　地下水污染修复展望

2012 年我国发布《"十二五"国家战略性新兴产业发展规划》（国发〔2012〕28 号），将"推动水污染防治"列入"先进环保产业发展路线图"，随后又先后出台地下水污染防治规划和方案等一系列政策法规[5]，极大地激发了地下水污染修复产业活力。从近十年的文献及专利计量来看，我国地下水污染修复的基础研究和技术研发领域均比较活跃，文章及专利数量呈现逐年增多的趋势。但要指出的是，不论是基础研究还是技术研发，目前均由高等院校和科研院所主导；相对而言企业的研发技术相对薄弱，需加大研发投入，加强与高等院校和科研院所的合作力度，建立产学研链条。

由前述热点修复技术综述可以发现，不管哪种修复技术，掌握地下水污染特征均是防治和修复的基础和难点所在。同时，各种修复手段均有自身的优势和劣势，修复效果受污染情况、含水介质特性、渗透系数、水文地质条件等的影响，不存在"一招通吃"。地下水的修复涉及地学、环境学、工学等多学科交叉融合，对调查和修复人才队伍的需求日趋多元化。就具体的修复技术来讲，由于受污染水体组分越来越复杂，且浓度含量越来越高，组合型地下水修复技术必然成为未来的发展趋势。在了解污染物化学性质、含水层地质和水文地质特征的基础上，更要充分考虑污染物和介质的相互作用，并以此为基础，将 PRB 技术、生态修复、高级氧化等各修复技术进行联用，保证对受污染地下水的修复效果。

参考文献

［1］A A H Faisal1，A H Sulaymon1，Q M Khaliefa. A review of permeable reactive barrier as passive sustainable technology for groundwater remediation［J］. International Journal of Environmental Science and Technology，2018，15：1123-1138.

［2］Franklin Obiri- Nyarko，S. Johana Grajales- Mesa，Grzegorz Malina. An overview of permeable reactive barriers for in situ sustainable groundwater remediation［J］. Chemosphere，2014，111：243-259.

［3］Jiangmin Song，Guanxing Huang，Dongya Han，et al. Meng Zhang A review of reactive media within permeable reactive barriers for the removal of heavy metal（loid）s in groundwater：Current status and future prospects［J］. Journal of Cleaner Production，2021，319：128644.

［4］王家樑. 抽出处理技术在地下水污染修复工程中的应用［J］. 上海建设科技，2019（1）：67-69.

［5］费宇红，刘雅慈，李亚松，等. 中国地下水污染修复方法和技术应用展望［J］. 2022，49（2）：420-434.

滇中引水工程某隧洞涌水突泥分析研究

陈长生[1,2]　李银泉[1,2]　周　云[1,2]　王　朋[1,2]　彭虎森[1,2]

（1. 长江勘测规划设计研究有限责任公司，湖北武汉　430010；

2. 长江三峡勘测研究院有限公司（武汉），湖北武汉　430074）

摘　要：滇中引水工程穿越滇西北、滇中及滇东南地区，大地构造跨松潘-甘孜褶皱系、扬子准地台及华南褶皱系 3 个一级构造单元，区域性深大断裂发育，新构造运动活跃，地质构造背景与地震地质条件极为复杂，隧洞施工过程中不可避免地会发生涌水突泥等地质灾害。本文以长育村隧洞后段桩号 DL I 114+042 处发生的涌水突泥为背景，根据前期工程地质和水文地质条件，结合现场超前地质预报和施工地质编录情况，分析了涌水突泥的发生机制和影响因素，提出了涌水突泥的处置措施，对预防后续洞段开挖导致涌水突泥的发生提供了参考和借鉴。

关键词：滇中引水工程；涌水突泥；超前地质预报；发生机制

1　引言

随着西南地区开发步骤的加快，西南水电资源的开发利用催生了大量的水工隧洞工程建设[1]。隧洞工程等大型基础设施项目中，涌水突泥逐渐成为诱发地质灾害的最为重要的因素[2]，从而变为制约隧道工程建设发展的关键科学技术难题[3]。隧洞涌水突泥往往危害大，延误工期长，严重威胁着人民的生命财产安全。近年来，许多专家学者对隧洞施工中的涌水突泥问题开展了研究，并进行了诸多有益探索[4]。

本文以滇中引水工程长育村隧洞后段桩号 DL I 114+042 处发生的涌水突泥灾害为背景，根据前期工程地质和水文地质条件，结合现场超前地质预报和施工地质编录情况，分析了涌水突泥的发生机制和影响因素，并对未开挖洞段涌水突泥情况进行了分析和预测，提出了涌水突泥的处置措施，对预防后续洞段开挖中涌水突泥的发生提供了参考和借鉴。

2　工程概况

滇中引水工程是解决滇中区水资源短缺问题的特大型跨流域引（调）水工程。工程从金沙江干流石鼓镇大同村河段取水，多年平均引水量 34.03 亿 m³，渠首流量 135 m³/s；由水源工程和输水工程两大部分组成；水源工程采用一级提水泵站无坝取金沙江水，最大提水净扬程 219.16 m，共安装 12 台离心式水泵机组，总装机容量 480 MW；输水工程总干渠全长约 664.24 km，主要输水建筑物共 118 座，其中隧洞 58 座，长 612.00 km，占输水总干渠全长的 92.13%。

长育村隧洞为滇中引水工程大理 I 段最末隧洞，布置于大理市双廊镇五星村—长育村一带，起点接老马槽渡槽，终点接大理 II 段海东隧洞（见图 1），出口无天然露头，全长 6.67 km，隧洞轴线方向 152°。洞型为马蹄形，净断面 9.4 m×9.4 m（宽×高），输水水位 1 987.67~1 986.00 m，隧洞底板高程 1 980.54~1 978.83 m，水深 7.10 m，净空高 2.30 m，流量 135 m³，该隧洞拟采用钻爆法施工。

基金项目：西南复杂地质条件下特大型引调水工程安全建设与高效运行关键技术研究（第一期）（202002AF080003-2）；长江设计集团自主创新项目（CX2020Z29）。

作者简介：陈长生（1982—），男，高级工程师，主要从事工程地质、水文地质勘察与研究工作。

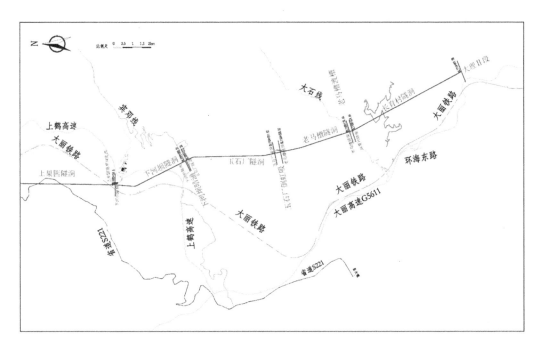

图 1　长育村隧洞布置示意

3　区域地质背景

输水总干渠大理 I 段长育村隧洞场地位于扬子准地台（I）二级构造单元丽江台缘褶皱带（I₁）内，所处的三级构造单元为鹤庆—洱海台褶束（I¦₁）；工程区属青藏高原断块区，新构造运动分区属程海—大理差异隆起区（V），新构造运动十分强烈，表现为大面积快速掀升、断块差异升降及断裂新活动等特征。隧洞轴线 8 km 范围内分布有早—中更新世活动规模较小的 F_{II-16} 断层（与隧洞两次相交）、F_{III-8} 断层的分支断层及全新世活动的红河断裂北段东支断裂（见图 2）。

长育村隧洞工程区位于"川滇菱形块体"次级块体"滇中块体"内，隧洞区位于鲜水河—滇东地震带之中甸—丽江—大理地震活动带内，带内仪测地震及中强地震主要沿带内活动断裂展布；隧洞工程区位于大理 7.5 级潜在震源区内，震级上限为 7.5 级。长育村隧洞 50 年超越概率 10% 水平向地震动峰值加速度值为 0.20g，地震基本烈度为Ⅷ度，区域构造稳定性差。

4　涌水突泥段基本地质条件

长育村隧洞出口段沿洱海东侧山体布置，沿线为中山地貌，隧洞埋深一般为 100 ~ 500 m。隧洞穿越地层主要为二叠系峨眉山玄武岩组（Pβ¹⁻¹）致密状玄武岩夹凝灰岩，中后段穿越阳新组（P₂y）中厚—厚层灰岩，水长箐组（CPS）与横阱组（C₁h）中厚层—厚层状灰岩夹少量硅质岩，长育村组（D₂ch）薄—中厚层硅质岩等（见图 3）。区内总体为单斜构造，岩层倾向北西向，缓倾角为主，局部中倾角。区内地表水主要为澜沧江水系，长育村隧洞沿线冲沟较发育，主要冲沟为隧洞出口的烧炭箐冲沟，烧炭箐冲沟沟谷宽阔，深 20 ~ 30 m，隧洞附近沟底高程 2 040 ~ 2 060 m，为季节性冲沟，直接注入洱海。地下水类型主要为岩溶水、裂隙水。地下水位水头高一般为 0 ~ 120 m。隧洞埋深较大部位地应力水平为中等，未发现大规模不良地质体。

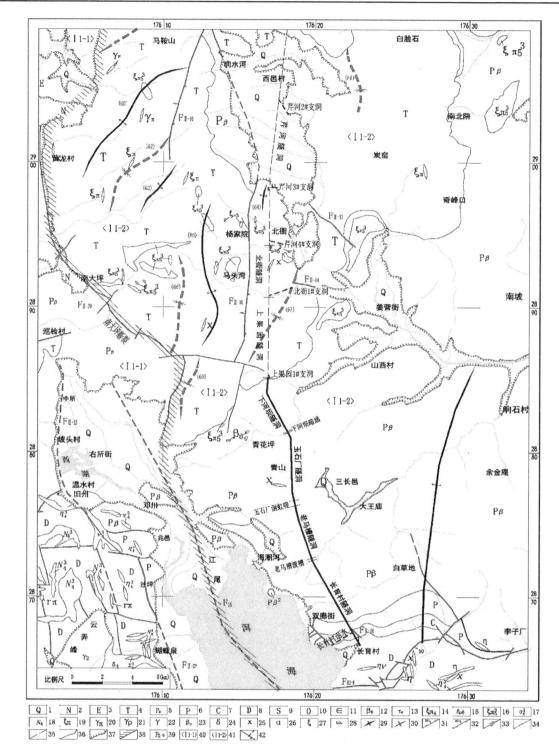

图 2　长育村隧洞构造纲要

1—第四系不同成因的松散堆积;2—新近系碎屑岩;3—古近系碎屑岩(砂岩、砾岩、黏土岩);4—三叠系碎屑岩类(砂页岩、灰岩、板岩、千枚岩);5—二叠系玄武岩;6—二叠系碎屑岩(灰岩、大理岩);7—石炭系碎屑岩(灰岩、结晶灰岩);8—泥盆系碎屑岩(灰岩、大理岩夹砂页岩);9—志留系碎屑岩(页岩、砂岩、灰岩);10—奥陶系碎屑岩(页岩、砂岩、泥岩、灰岩);11—寒武系碎屑岩(片岩、板岩、变粒岩夹白云岩);12—喜山期苦橄玄武岩、橄榄玄武岩;13—喜山期粗面岩;14—喜山期正长斑岩;15—喜山期闪长斑岩;16—燕山期正长斑岩;17—华力西期辉长岩;18—华力西期基性岩;19—正长斑岩脉;20—花岗斑岩脉;21—伟晶岩脉;22—花岗岩脉;23—辉绿岩脉;24—闪长岩脉;25—煌斑岩脉;26—安山岩脉;27—正长岩脉;28—苦橄玢岩脉;29—背斜;30—向斜;31—正断层;32—逆断层;33—走滑断层;34—性质不明断层;35—调查推测断层;36—地层界线;37—地层不整合界线;38—分区界线;39—断裂编号;40—鹤庆—洱海台褶束;41—松桂(炼洞街)褶皱区;42—建筑物轴线。

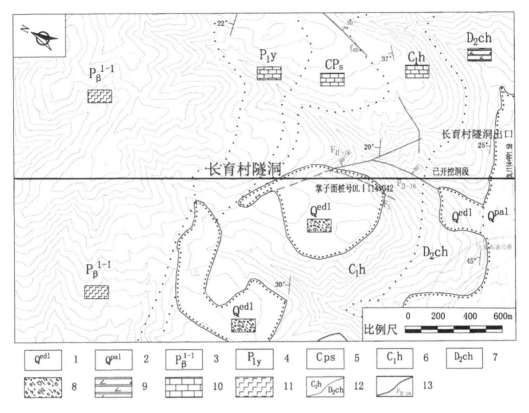

图 3　长育村隧洞工程地质平面示意图

1—第四系残破积层；2—第四系冲洪积层；3—二叠系玄武岩组；4—二叠系阳新组；5—石炭系水长箐组；

6—石炭系横阱组；7—泥盆系长育村组；8—土夹碎石；9—硅质岩；10—灰岩；11—致密状玄武岩；

12—地层界线；13—断层。

长育村隧洞出口段已开挖洞段揭露围岩为泥盆系中统长育村组（D_2ch）硅质岩夹碳（粉砂）质页岩（见图 4、图 5），岩层产状 330°～355°∠10°～20°。硅质岩呈薄层状，以灰—灰黑色为主，岩质较坚硬—较软。碳质页岩呈薄层—极薄层状，炭黑色，岩质软弱，在构造挤压及地下水软化作用下多呈碎（片）屑状。岩体裂隙发育。已开挖洞段总体与早—中更新世活动断层本主箐断层 F_{II-16} 呈伴行状，受构造影响，常见揉皱挤压现象。硅质岩夹碳（粉砂）质页岩总体"结合性差、破碎、松散"特征明显，围岩类别以 V 类为主。

图 4　桩号 DL I 114+062 V 类围岩

图 5　桩号 DL I 114+051 V 类围岩

5　涌水突泥特征

2022 年 7 月 26 日，掌子面开挖至桩号 DL I 114+043，埋深约 320 m，揭示本主箐断层 F_{II-16} 的次级断层 f_1（见图 6），产状 92°～105°∠70°～75°，构造岩主要为角砾岩、碎屑岩，胶结差，呈松散状，稳定性差。该段岩体有明显的挤压揉皱现象，受层面、褶皱、断层 f_1 及多组裂隙切割影响，岩体破碎。在准备立架时，左拱部位松散岩体发生了失稳溜塌，溜塌模式主要为从顶拱上部近直立式的塌落，塌落松散状物质呈"干砂"状涌出，方量 90～100 m³，顶拱局部见有少量渗滴水—线状出水。溜塌发生后，封闭掌子面进行超前固结灌浆。2022 年 7 月 31 日在完成超前固结灌浆等措施后，现场恢复开挖。2022 年 8 月 1 日上午掌子面开挖至桩号 DLⅠ114+042 时左侧顶拱位置再次发生溜塌，同时出现股状水流，水质浑浊，流量约 35 m³/h，最终发生涌水突泥，以碎屑流为主，物质成分主要为灰—灰黑色硅质岩碎砾石及碎屑（见图 7、图 8）。截至 8 月 3 日，掌子面已基本处于稳定状态，隧洞流量无明显变化（清水，约 35 m³/h），涌出物质淤积至桩号 DLⅠ114+142 附近，顺洞向长约 100 m，淤积厚度自掌子面往外逐渐降低。本次涌水突泥灾害后，经巡视地表未发现异常情况。

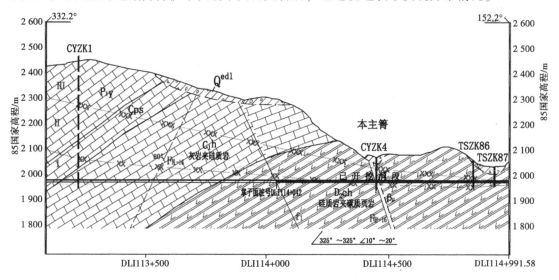

图 6　长育村隧洞工程地质剖面示意图

图 7　桩号 DLⅠ114+042 突泥涌水

图 8　洞内突泥体淤积情况

6　涌水突泥原因及后续预测分析

本次突泥涌水主要为掌子面开挖揭露了陡倾断层型致灾构造（本主箐断层 $F_{Ⅱ-16}$ 的次级断层 f_1），断层带内以胶结差的角砾岩为主，总体松散，具一定导水性。该部位东侧地表发育"Y"字形冲沟（未见有明显水流），目前正值雨季，特别是暴雨期间，冲沟为汇流排泄通道。断层 f_1 横穿"Y"字形冲沟，存在沟通地表水的可能。后续洞段将继续斜穿断层 f_1 及其影响带，同时该段总体与本主箐断层 $F_{Ⅱ-16}$ 伴行，且掌子面前方将与 $F_{Ⅱ-16}$ 伴行距离越来越近（见图 9）。据超前钻孔及物探成果显示（见图 10），掌子面前方桩号 DLⅠ114+042～114+020 段岩体性状与掌子面相似，桩号 DLⅠ114+020～

113+965 段岩体性状比掌子面更差，存在挤压破碎带。

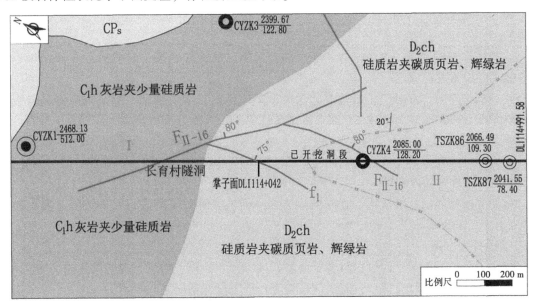

图 9　隧洞高程（1 986.5 m）平切示意图

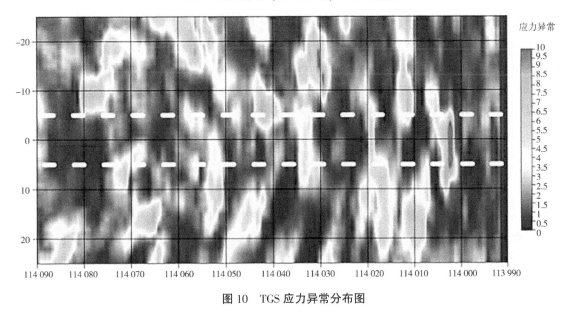

图 10　TGS 应力异常分布图

因此，本次突泥涌水揭露的本主箐断层 F_{II-16} 的次级断层 f_1 及其影响带（同时受本主箐断层 F_{II-16} 伴行影响）沿掌子面前方、上部延伸范围大，具有较大的松散物质静储量和持续的水源补给条件。虽然目前灾害现象暂时稳定或减弱，致灾构造内部能量物质重新汇集，当积蓄到一定程度或突泥涌水通道被打开时会再次发生突泥涌水灾害，洞内仍存在继续发生较大规模突泥涌水风险，同时可能诱发地表塌陷，存在隧洞冒顶风险。特别是本次突泥灾害后形成了较大空腔，在地下水渗透破坏作用下，可能会向掌子面前方及上部发生溯源侵蚀，前方、上部断层破碎带及其影响带内松散岩层在重力、动水渗压力作用下存在发生自下而上的剥落式塌落风险，进而引发洞内突发性的突泥涌水灾害。

7　处置措施

现场主要处置措施分三阶段实施。

7.1 第一阶段处理方案

（1）停止现场施工（含衬砌），观察掌子面情况，待掌子面持续稳定且保证安全的前提下再进行下一步措施。

（2）在确保掌子面稳定、施工作业面安全的前提下，突泥体远端下台阶采取洞渣回填返压，利用回填平台对突涌体进行清理。

（3）在适当位置施作混凝土止浆墙，为确保止浆墙稳定，在止浆墙底部及与两侧围岩接触部位设置插筋与混凝土有效连接，同时在止浆墙内部预埋排水管并做好反滤措施，底部及中部埋设钢管。

7.2 第二阶段处理方案

（1）止浆墙施工完成后，为确保初期支护洞段的安全和稳定，对止浆墙下游段已初期支护洞段，在原钢支撑之间布置增加内套拱。

（2）原初支段加强前，要求增加临时安全监测断面，实时对该段进行收敛沉降监测。经过增加套拱安全加强后，再对该段进行径向固结灌浆要求形成 6 m 固结圈。

7.3 第三阶段处理方案

（1）待止浆墙推进至掌子面后，对掌子面前方进行全断面帷幕灌浆及超前大管棚预加固等方案。

（2）超前固结灌浆实施完成后，需采取打检查孔等进行评估灌浆效果。

8 结语

本文对滇中引水工程长育村隧洞后段桩号 DL I 114+042 处涌水突泥灾害产生原因进行了研究分析，主要结论为：

（1）长育村隧洞地质条件复杂，后段隧洞主要穿越围岩为泥盆系中统长育村组（D_2ch）硅质岩夹碳（粉砂）质页岩，以及伴行和两次穿越本主箐断层（F_{II-16}），岩体破碎，地下水丰富，产生涌水突泥灾害风险高，开挖洞段已发生多次较大规模的涌水突泥。

（2）本次涌水突泥发生的原因主要是掌子面开挖揭露了陡倾断层型致灾构造（本主箐断层 F_{II-16} 的次级断层 f_1），断层带内以胶结差的角砾岩为主，总体松散，在施工扰动下，高水头地下水沿该断层带集中出流产生渗透破坏，形成集中涌水通道，同时涌水通道在渗流过程中持续发生溯源侵蚀及渗透破坏作用，造成了涌水突泥。

（3）通过长育村隧洞桩号 DL I 114+042 处涌水突泥产生的原因分析，涌水突泥灾害可超前预测，并提前采取处理措施，避免重大涌水突泥风险的发生，可为后续洞段的开挖总结宝贵的经验，同时提出的处置措施建议，也可为后续洞段及类似工程遭遇同类涌水突泥灾害的处置提供借鉴。

参考文献

［1］王在敏，陈瑜林，许模，等．西南水电工程水工隧洞涌突水问题分析［J］．现代隧道技术，2019，56（1）：27-32.

［2］周毅．隧道充填型管道构造突涌水机制与预测预警及工程应用［D］．济南：山东大学，2015.

［3］刘招伟，何满潮，王树仁．圆梁山隧道岩溶突水机制及防治对策研究［J］．岩土力学，2006，27（2）：228-232.

［4］陈长生，喻久康，李银泉，等．长大斜井穿越软弱破碎带涌水突泥机制研究［C］//司富安，蔡耀军，李会中．复杂条件下水利工程勘测与创新．武汉：中国地质大学出版社，2021：220-228.

一种基于电导率-硝酸钾双示踪剂的分级回收定量水系连通分析技术

袁 静 罗 兴 罗春艳

(长江水利委员会水文局长江中游水文水资源勘测局，湖北武汉 430012)

摘 要：以电导率为优化采样和测流频次的指标、以硝酸钾为分级回收率计算的指标，本文建立了一种基于双示踪剂的分级回收定量水系连通分析技术。系统分析了示踪剂类型、示踪剂投放量、示踪剂监测和流量监测等因素对饮用水源的水系连通试验影响，结合流量测验数据，可对复杂分支的地下水进行定量计算。应用该方法开展湖南省和广西壮族自治区野牛岩省界的生活、生产用水矛盾调查，理清了该区域地下水走向及汇（分）流比例。本方法首次系统构建了饮用水水源的分级回收定量技术，显著减少工作量，为妥善解决用水纠纷提供技术支撑。

关键词：定量水流连通关系；饮用水；电导率；水质水量同步监测；示踪剂

示踪剂常应用于油田、地下水示踪监测等，定性、定量判断相关区域之间的连通情况[1-5]。定量分析需在试验期间大量采集水样进行示踪剂浓度分析[6-8]，同步进行流量测验，以便定量分析水流走向及汇（分）流比例，掌握河道各处的水量沿程变化特征[9-11]。目前，国内外文献[12-13]关于对水流连通关系定量分析的系统优化研究无全流程的系统优化，尤其缺乏具有饮用水源功能的水体水系连通试验可供借鉴案例。

本研究对具有饮用水功能的水体水系连通试验工作流程进行了优化，系统分析了示踪剂种类、示踪剂投放量、示踪剂监测方法、流量测定等因素的影响，引入了电导率-硝酸钾双示踪剂，电导率作为调节采样频次的指标，弥补了硝酸钾无色、监测速率慢的缺点，并对复杂分支进行分级回收分析，以便细致掌握试验区地下水分段水量分配关系，构建了适宜于具有饮用水功能的水利连通试验水质水量同步监测方法，应用该方法开展了湖南省和广西壮族自治区野牛岩省界的生活、生产用水矛盾调查。

1 研究方法

1.1 示踪剂选择

常用示踪剂有荧光类示踪剂、颜色示踪剂和化学示踪剂等[14]。荧光类示踪剂用量少、自带颜色易于观察，可定性定量，但对人畜饮用有一定危害性，因区域地下水功能涉及生产生活灌溉等各方面（饮用水、电站、灌溉渠道等），为保证用水安全，不建议使用荧光示踪剂；颜色示踪剂易于观察，但不稳定，浓度变化快，不适宜定量观测；故本项目确定使用化学示踪剂。化学示踪剂中硝酸钾相较于氯化钠，在野外条件下更易于实验室检测，不会造成土壤盐碱化，易自然降解或自然清理，不会长期残留，易溶于水，并不与水体中其他物质产生复杂的化学反应，方便采购，价格合理。因此，本试验示踪剂选用硝酸钾。

基金项目：湖南省水利科技项目（XSKJ2021000-28）；美丽中国生态文明建设科技工程专项资助（XDA23040103）；湖南省水利科技项目资助（XSKJ2019081-30）。

作者简介：袁静（1985—），女，高级工程师，硕士，研究方向为水文、水环境。

1.2 电导率的影响

为弥补硝酸钾无色、不便于观察、化学分析速率慢的缺点，考虑到电导率仪操作简单、仪器便携、响应时间极短，本研究引入电导率作为调整取样频次的参考指标，使工作量合理化。在某些地下环境复杂的情况下，示踪剂全部回收历时数月都有可能，合理采样可大大减轻工作量。

为研究电导率与示踪剂浓度的线性关系，本试验采集试验区域的天然水体水样（电导率本底值为 292.7 μS/cm 的地下水样品）中添加硝酸钾进行测定，结果如图 1 所示。由图 1 可知，电导率和硝酸钾浓度线性关系良好，说明可以采取连续监测电导率变化来指示示踪剂是否到达监测点，克服了所选示踪剂无色的缺点。

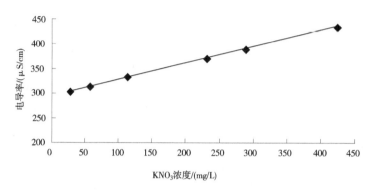

图 1 电导率与 KNO_3 浓度变化对照

1.3 硝酸钾用量估算

示踪剂加入后水体含量不超过国家相关标准。国家《生活饮用水卫生标准》（GB 5749—2006）规定的地表水源 $NO_3\text{-}N$ 浓度不超过 10 mg/L，地下水源 $NO_3\text{-}N$ 浓度不超过 20 mg/L。考虑到投加难度和节约原则，本次试验示踪剂浓度按出水点 $NO_3\text{-}N$ 预期峰值浓度不高于 2 mg/L 控制。示踪剂用量按下式[15] 计算。

$$M = 1.9 \times 10^{-5} \times (L \times Q \times C)^{0.95} \tag{1}$$

式中：M 为投放点断面示踪剂投放的质量，kg；L 为距离，km，取 40 km；Q 为流量，L/s，取 5 000 L/s；C 为预期峰值浓度，μg/L，$NO_3\text{-}N$ 浓度为 2 mg/L，KNO_3 浓度为 14 429 μg/L。

经计算，本次试验需要量约 18.45 t，考虑到购买的示踪剂纯度为 95% 左右，实际需要 19.42 t，购买 20 t。经过实验室分析标定，20 t 固体示踪剂 KNO_3 纯度约为 98.31%，因此共投入示踪剂 KNO_3 约 19.66 t，杂质主要吸潮剂为碳酸钾。

为最快速度全部投入示踪剂，在不方便投放示踪剂的断面可提前修建混凝土水池，示踪剂提前在水池中溶解，再用直径 20 cm 的 PVC 管连接至断面投放。

1.4 示踪剂检测方法选择

现场查勘采集的地下水使用离子色谱法（SL 86—1994）和分光光度法（GB/T 5750.5—2006）分别进行硝酸盐氮的检测。经对比试验，两种检测方法数据相对偏差范围为 2.15%~4.90%，检测结果准确可靠。因分光光度法较离子色谱法具备检测速度快、时效性高、仪器便携等优点，适合本项目大批量水样分析检测，故本项目选择分光光度法。

1.5 流量测定方法选择

流量测量的准确性是试验成功的一个重要因素。本研究采用最成熟的流速面积法测定流量。测流断面选择时，对测量河段进行多位置比选，尽量选择规则断面。流量根据大断面图和流速测量成果计算，测流垂线根据实际情况布置 3~10 条，每条垂线一般按三点法测定流速，当水深较浅时，按一点法测定流速；边界条件恶劣时，为保证人身安全，可使用电波流速仪测流。在严格的断面比选条件下，流速面积法是比较准确的流量测验方法。

当断面不规则时，传统测点法或流速仪直接测量误差较大，对试验结果影响较大，为保证准确性，推荐采用修建小型量水堰的方式建立规则断面进行测量。

2 结果与讨论

试验中，在上游投放示踪剂，并在下游出口回收样品，以电导率为采样频次参考指标优化采样、测流工作量。采用分光光度法（GB/T 5750.5—2006）进行示踪剂硝酸盐氮的检测，结合流量数据，计算得出样品中示踪剂的质量，进而根据物质质量守恒定律和示踪剂运移扩散理论推算得到上下游水量的分配比例。取样监测断面示踪剂回收质量计算方法为：

$$M_0 = \sum_{i=0}^{n} \frac{(C_i - C_0)Q_i + (C_{i+1} - C_0)Q_{i+1}}{2} \times \Delta t \qquad (2)$$

式中：M_0 为某监测回收点断面示踪剂回收的质量，mg；C_i，C_{i+1} 为监测回收点断面 i、$i+1$ 时刻时示踪剂浓度，mg/L；C_0 为示踪剂在当地水体中的背景值，mg/L；Q_i、Q_{i+1} 为监测回收点断面 i、$i+1$ 时刻时水流流量，L/s；Δt 为取样间隔时间，s。

M_0/M 即为水量分配比例。各参数检测方法见表1。

表 1 监测参数及检测方法

分析参数	仪器型号	仪器精度	分析方法
电导率	EC300 电导率仪	0.1 μS/cm	SL 78—1994
硝酸盐氮	TU-1901 双光束紫外可见分光光度计	0.2 mg/L	GB/T 5750.5—2006 5.2 紫外分光光度法
水流速度	高速仪、低速仪、电波流速仪		
水深	探测杆		

3 方法应用

3.1 研究区域概况

将优化后的试验方法应用于湘桂边界的水系连通试验。

研究区域为野牛岩至江源 2 间流域，约 40 km，所在水系属于梅溪河，是石期河（湘江一级支流）的支流，发源于广西自治区全州市东山乡，上游位于岩溶地区，大部分以地下暗河形式存在，是典型的喀斯特地貌，溶洞、漏斗、暗河、落水洞等岩溶强烈发育，地下暗河众多，水文地质条件极为复杂。该河在湖南省永州市零陵区形成地表径流汇入石期河。该区域水源是两地的重要生活、生产用水水源地，不仅用于农业灌溉，更重要的是作为人畜饮用水源，水流连通关系涉及上下游、左右岸的水量分配，自 20 世纪 80 年代以来，湘桂两省分别数次重启该区域引水工程建设，导致省界用水矛盾。

经试验双方认可，选取广西境内的野牛岩、落水氹（东支）、白泉、清塘、大水步和湖南境内的五星隧洞（落水氹西支）、兆江洞 1、兆江洞 2、幸福坝、五星电站、江源 1、江源 2 等 12 个地下水地表出露点为水质水量同步监测断面。经现场查勘，补充西支五星隧洞后分流管道、五星电站后引水渠道、东支分流渠道的分流流量、示踪剂浓度监测。位置关系见图 2。各监测点水样按照《水环境监测规范》（SL 219—2013）的要求进行采集，取样后在 12 h 内将样品送至邻近的小禾坪村或湾夫学校的 2 个临时实验室，所有水样 24 h 内检测完成。现场监测、水质取样、样品交接及实验室分析过程中，每个环节均接受广西、湖南双方代表监督并签字确认。

3.2 电导率的效率提升作用

试验于 2017 年 7 月 7 日 15 时投放硝酸钾示踪剂开始，历时 10 d，于 7 月 16 日结束。试验取样

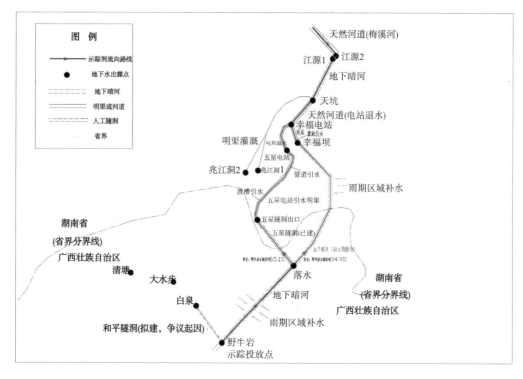

图 2　研究区域示意图

时间自野牛岩落水洞投入示踪剂开始，至下游出水口完全流出为止，当下游出水口示踪剂浓度与添加示踪剂前天然浓度一致时，视为示踪剂完全流出，试验期间，流量监测及水质分析 24 h 不间断进行。以电导率为参考指标，在电导率未发生明显变化时，流量监测及水质取样间隔为 2 h/次，当电导率开始增加时，水质取样间隔为 15~30 min/次，直至电导率恢复到接近水体本底值。野牛岩本底值监测取样时间间隔为 6 h，连续 2 d 水样本底检测浓度无变化，改为 12 h。本文以江源 1、江源 2 为例，对比分析引入电导率对于工作的效率提升，结果见图 3。若未引入电导率，则取样间隔为 15 min/次，江源 1、江源 2 的取样量（测流次数）为 880 次，而引入电导率后，两断面测验次数分别减少为 132 次、100 次，显著减少工作量。在某些地下环境复杂的情况下，示踪剂全部回收历时数月都有可能，合理采样可大大减轻工作量。

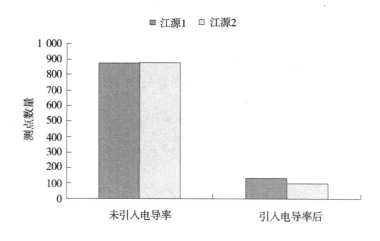

图 3　电导率对采样频次影响的变化对照

3.3 试验结果与连通关系分析

从野牛岩投放硝酸钾示踪剂开始（7月7日15：00），广西境内的野牛岩、落水凼（东支）和湖南境内的五星隧洞（落水凼西支）、幸福坝、五星电站、江源1、江源2断面硝酸盐氮的浓度总体经历上升→峰值→下降的完整过程，见图4和图5。野牛岩水流至落水凼后分为两支水流，分别为：落水凼东支—地下暗河—幸福坝—明渠—幸福电站—地下暗河—江源；落水凼西支渠道—五星隧洞—五星电站—地下暗河—江源。由于江源地下暗河出口在溶洞中已经分为江源1、江源2两股出口，东支水流示踪剂行程慢，时间较长，因此在江源1、江源2两个监测点会分别出现两次示踪剂峰值，江源1分别于7月8日14：20、7月11日17：00出现峰值，江源2分别于7月8日10：00、7月11日16：00出现峰值。

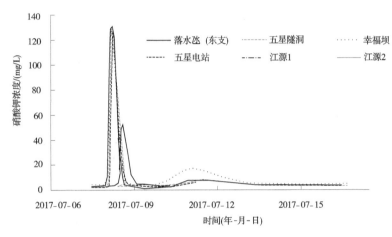

图4　有连通关系断面示踪剂浓度变化

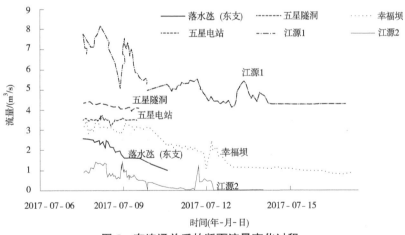

图5　有连通关系的断面流量变化过程

白泉、大水步、清塘、兆江洞1和兆江洞2整个监测过程没有出现上升→峰值→下降的过程，水体中检测到的硝酸盐氮为本底含量，这5处监测点与野牛岩之间无水流连通关系，见图6。

3.4 误差分析

由于地下水流程达30余km，流程越长，示踪剂坦化越严重，回收偏差越大。本项目回收试验分为三级：野牛岩—落水凼为一级回收试验；落水凼—幸福坝和五星电站为二级回收试验；幸福坝和五星电站尾水—江源为三级回收试验。除此之外，五星隧洞至五星电站之间有数个水管，从渠道引水进入农田或居民生活，另有一部分水量经灌溉渠道进入山地或农田；五星电站尾水、幸福坝均有部分水流经灌溉渠道进入农田，未到达江源回收。

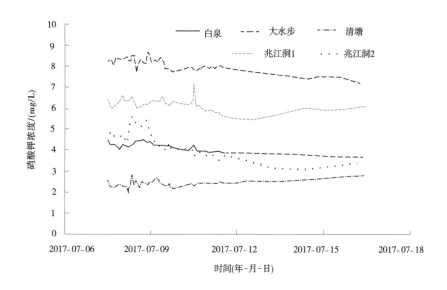

图6　无连通关系的断面示踪剂浓度变化

各测量点流量测验结果总体上呈减小趋势，这与测量前几天连续降雨，测量期间无降雨或降雨较小情况相符。

野牛岩至落水凼之间属于一级回收试验，地下水流程短，示踪剂投放历时短，示踪剂回收率为102.0%，误差远小于10%，说明野牛岩水源全部流入落水凼。当来水较小时，落水凼水流基本全部沿人工坝流入五星隧洞（落水凼西支）；当来水较大时，水流从拦水坝溢流（落水凼东支），之后再次进入地下暗河。2017 年 7 月 7 日—7 月 9 日，野牛岩流量测验结果平均值为 2.26 m³/s，落水凼东支流量测验结果平均为 2.14 m³/s，五星隧洞流量测验结果平均值为 4.22 m³/s，两者之和为 6.36 m³/s，远大于野牛岩流量。原因为前期降雨，雨水下渗汇入所致。2017 年 7 月 17 日（连续近 10 d 未降雨），实地考察发现，野牛岩流量为 2.03 m³/s，落水凼东支断流，野牛岩流量变化不大，判断落水凼人工修建的渠道将水流优先引往五星隧洞（落水凼西支），当长时间没有降雨发生时，东支断流。

落水凼东支至幸福坝之间属于二级回收试验，落水凼东支示踪剂流至幸福坝用时较长，且幸福坝示踪剂浓度峰值降低幅度很大。说明幸福坝与落水凼之间的地下水连通关系相对复杂，地下湖或阴潭存在的可能性较大，或是幸福坝水库顶托来水所致。示踪剂回收率为 74.2%，误差小于 30%，且两处流量接近，幸福坝与落水凼东支为单一连通关系的可能性较大。

五星隧洞（落水凼西支）与五星电站之间为人工修建隧道连通关系，水流情况简单，区间有数根分水管道，还有一条渠道，用于农业灌溉，水管和渠道分流量合计约 0.7 m³/s。五星电站尾水有少部分水量经左干渠进入农田，灌溉流量 0.18 m³/s。三处示踪剂回收率总计为 103.1%。

除去灌溉引水的五星电站尾水与江源之间为三级回收试验，示踪剂回收率为 98.0%，回收误差较小。幸福坝与江源之间属三级回收试验，因幸福坝有部分示踪剂进入灌溉渠，江源占幸福坝实际排入河示踪剂总量的 76.4%。由于幸福坝示踪剂浓度峰值较低，且历时较长，造成回收误差较大。试验推测幸福坝泄水除部分进入渠道用于农田灌溉外，其余全部流入江源。

该方法对复杂分支进行分级回收分析，有利于更全面细致地掌握试验区地下水流的脉络和分段水量分配关系。野牛岩水流连通通道如图7（数字为示踪剂质量及平均流量）和表2所示。

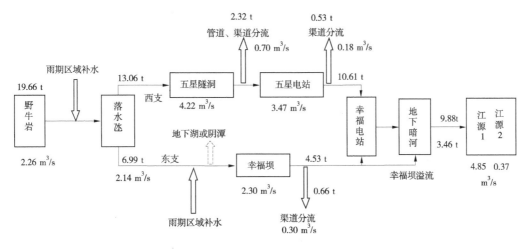

图 7　野牛岩水流连通通道示意图

表 2　示踪剂回收率统计表

序号	点位	示踪剂来源	示踪剂回收量/t	一级回收总量/t	二级回收总量/t	三级回收总量/t	示踪剂回收率/%	备注
1-A	落水凼（东）	投放	6.99	20.05			34.9	占一级回收总量的比例
1-B	五星隧洞	投放	13.06				65.1	
2-A	幸福坝	落水凼（东）	4.53		18.65		74.2	占落水凼（东）示踪剂的比例
	幸福坝溢流		0.66					
2-B	五星电站	五星隧洞	10.61				103.1	占五星隧洞示踪剂的比例
	管道分流		2.32					
	渠道分流		0.53					
3-B	江源 1-1	五星电站	8.8			13.34	98.0	占五星电站尾水示踪剂的比例
	江源 2-1		1.08					
3-A	江源 1-2	幸福坝	3.33				76.4	占幸福坝来水示踪剂比例
	江源 2-2		0.13					
示踪剂回收率/%							102	

4　结论

（1）本研究建立了一种以电导率-硝酸钾双示踪剂的生活饮用水水系连通试验方法，该方法利用电导率监测示踪剂浓度变化进而优化采样频次、以硝酸钾浓度计算回收率，可有效减少采样工作量。在某些地下环境复杂的情况下，示踪剂全部回收历时数月都有可能，合理采样可大大减轻工作量。

（2）该方法对复杂分支进行分级回收，分析有利于更全面细致地掌握试验区地下水流的脉络和分段水量分配关系。

（3）应用本试验方法进行连通试验，定量分析计算湘桂边界野牛岩地区的地下水资源连通情况及水力特征、上下游之间的水量比例关系分流比例，在试验时段水文气象条件下，东支（幸福坝）分流水量约占野牛岩汇入落水凼水量的 34.9%，西支（五星隧洞）分流水量约占野牛岩汇入落水凼水量的 65.1%。白泉、大水步、清塘、兆江洞 1 和兆江洞 2 与野牛岩之间无水流连通关系。

（4）现场监测、水质取样、样品交接及实验室分析过程中，每个环节均接受广西、湖南双方代表监督并签字确认，确保监测数据无任何异议，加强监督、减少返工。该方法可为水事纠纷处理提供技术支撑，具有重要实践意义。

参考文献

［1］Williams C F，Nelson S D. Comparison of Rhodamine-WT and bromide as a tracer for elucidating internal wetland flow dynamics［J］. Ecological Engineering, 2011, 37（10）: 1492-1498.

［2］Gur-Reznik S，Azerrad S P，Levinson Y，et al. Iodinated contrast media oxidation by nonthermal plasma: The role of iodine as a tracer［J］. Water Research, 2011, 45（16）: 5047-5057.

［3］龚山华. 油田示踪剂监测技术［J］. 化学工程与装备, 2017（3）: 120-121.

［4］郑汝宽, 吴增新, 王秉忱, 等. 应用放射性示踪剂测定地下水流速与弥散系数［J］. 勘察科学技术, 1985（3）: 3-7.

［5］张志强, 张强, 班兆玉, 等. 基于示踪试验的岩溶管道及水力参数定量解析［J］. 人民长江, 2015（11）: 80-83.

［6］胡涛, 贾军, 陆俊, 等. 基于示踪法的土石坝裂缝发育深度检测及成因分析［J］. 人民长江, 2019（7）.

［7］张劲松, 杨玫. 人工示踪试验方法在岩溶地下水调查中的应用［J］. 地质论评, 2017（S1）: 351-352. .

［8］刘健, 郭维东. 弯道河段水流流态试验研究［J］. 人民长江, 2008（16）: 85-88.

［9］田金章, 向友国, 谭界雄. 综合检测技术在面板堆石坝渗漏检测中的应用［J］. 人民长江, 2018, 49（18）: 103-107.

［10］朱琴, 姜光辉, 裴建国. 广西桂林寨底地下河流域地表明流弥散系数研究［J］. 人民长江, 2011, 42（4）: 33-35.

［11］刘开平. 长江下游感潮水流数值模拟探讨［J］. 人民长江, 1991, 22（9）: 27-31.

［12］余文畴, 苏长城. 长江中下游"口袋型"崩窝形成过程及水流结构［J］. 人民长江, 2007, 38（8）: 156-159.

［13］聂艳华, 段文刚, 树锦. 示踪法定量分析水流连通问题［J］. 长江科学院院报, 2013, 30（2）: 16-19.

［14］朱锦艳. 定边樊学油区井间示踪剂优选研究［D］. 西安: 西安石油大学, 2018.

［15］NicoGoldscheider, DavidDrew. 岩溶水文地质学方法［M］. 北京: 科学出版社, 2015.

地下水超采综合治理目标与修复模式浅析

杨玉良

（河北省水文勘测研究中心，河北沧州　061000）

摘　要： 新时代我国提出了内容完整的国家治理体系，全面推动了生态文明建设工作。当前正值"十四五"时期高质量发展阶段，一方面应吸收前期建设经验，在深度层面创建地下水超采综合治理理论，另一方面则需要符合实际的治理目标，探索一些行之有效的修复模式。本文从生态环境、农业发展、经济发展角度，概述了地下水超采综合治理的必要性。剖析了综合治理中的系统性治理思路、专项治理思路、全过程治理思路。并以此为基础，对其综合治理目标与修复模式，进行了具体讨论。

关键词： 地下水超采；综合治理目标；修复模式

地下水由地下水水流、水量、水质、水压、水位等多个功能要素共同组成，能够有效地支撑地质环境稳定、维系水生态健康循环等。在我国前期工业化发展过程中，以粗放型经济增长方式为主，造成了对地下水的过度开发，部分地区出现了地下水超采现象，不仅造成了其功能要素的变异，也给当地的地质稳定性、地下水生态健康循环造成了直接影响，此类表现有地面下沉、水环境污染、区域生态失衡等。给自然与民众的安全生存造成了严重威胁。进入新时代后，各地区结合生态文明思想，普遍增强了环境工程建设，借助综合治理思路，全面推进了地下水超采问题的综合治理，部分地区已通过治理创建了行之有效的修复模式，并且产出了综合效益。下面先对地下水超采综合治理的必要性做出说明。

1　地下水超采综合治理的必要性

1.1　从生态环境角度分析

地下水作为水环境中的重要组成部分，在与潜水互补的同时，始终与土壤环境、大气环境处于循环之中。在当前生态文明建设过程中，始终要求从生态环境保护的角度出发，针对地下水实施环境影响评价，并结合相关农业、工业、服务业建设项目等，同步实施竣工环保验收，以此保障对地下水资源的合理开发与利用。但是，由于地下水处于循环、流动状态，单一化的地下水超采治理过程中，虽然能够达到短期治理效果，但是并不能从根本上解决地下水超采问题，往往会因地下水的存在状态而出现反复。同时，地下水超采后，地质环境、大气环境也会随之变化，并引发土壤、温度、湿度、潜水水位等方面的变化，容易发生顾此失彼的情况。因而，在当前阶段需要结合生态环境的系统性特点开展综合治理。

1.2　从农业发展角度分析

我国农业文明发展了几千年，不仅积累了丰富的经验，而且形成了人与自然、人与土地的和谐共生关系。但是，进入工业化发展时期后，为了保障农业产业的快速发展，扩大了地下水的开采速度与利用效率，局部地区出现了地下水超采现象。同时，由于农业工业化发展过程中，大量使用了化工产品，包括肥料、农药、机电设备等，对于土壤质量造成了较大影响，当其中的有害成分随着雨水、污水下渗，以及随意排放后，对地下水资源造成了严重污染，并且形成了恶性循环，对人、地、自然的

作者简介： 杨玉良（1980—），男，工程师，主要从事地下水方面的研究工作。

和谐共生关系造成了严重破坏。新时代，我国政府结合国家治理体系，提出了生态环境的"生命共同体"，将林、田、水、湖、草、地等资源进行了统筹管理、统一规划，为我国农业发展与地下水超采综合治理提供了新思路。因此，需要结合农业高质量发展需求合理推进治理工作。

1.3 从经济发展角度分析

2012—2018 年，水利部对全国地下水超采区进行了全面评价、科学研讨，以试点与推广的基本方式，推动了 21 个省（区）的地下水超采治理工作。2019 年结合治理情况，多个部门联合出台了《华北地区地下水超采综合治理行动方案》，由此建立了目标明确的综合治理机制。从近几年的实践看，通过对该方案的有效实施，不仅能够解决地下水超采问题，还能够同步解决生态环境、农业发展的问题，并产出综合效益。部分地区在实践中，一方面创新了与综合治理目标相匹配的修复模式；另一方面则走出了区域经济发展生态化新路子，较好地推动了区域经济发展。因此，在当前为了持续推进区域经济高质量发展，应充分利用综合治理机制。

2 地下水超采综合治理思路分析

2.1 系统治理思路

地下水超采综合治理中，首先要求实施系统治理，保障与地下水功能要素的齐全性。具体而言，地下水功能要素众多，能够发挥多重作用。当其中的任何一项功能要素发生变异后，其他功能要素会随之出现问题，并导致整体功能下降，从而引起地下水问题、地质问题、土壤环境问题，以及与潜水补给关系被破坏后，间接造成的温度、湿度、雨水等气象条件变化情况。根据当前华北地区的地下水超采综合治理经验，系统性治理思路十分明晰，而且十分注重功能要素的关联分析与综合保护。

2.2 专项治理思路

地下水超采后会引发一系列连锁反应，在实际治理时不能采用"头痛医头，脚痛医脚"的办法。但是，要真正满足综合治理行动方案中的各项要求，除对地下水功能要素开展系统治理外，还要求针对各类具体问题，开展具体分析，并制定与之匹配的专项治理方案。例如，在某市地下水超采后，发生了城市地面下陷的问题。该市结合地下水功能要素及地面下陷原因，成功的借助"灌水"的专项治理方案，有效解决了地面下降问题，并且恢复了地下水功能要素，化解了地下水超采造成的问题。

2.3 全过程治理思路

无论从华北地区，还是从全国其他地区的地下水超采综合治理经验看，系统治理与专项治理之间关联十分紧密，形成了"你中有我，我中有你"的关系，在实际治理中并不能将其硬性分开。尤其按照《方案》中提供的规范标准与要求，应将系统治理与专项治理充分融合起来，从而形成全过程的治理思路，确保地下水超采综合治理的全面性与有效性。

例如，地下水超采的原因包括：①经济社会系统；②大气系统；③生态环境系统；④地表水系统；⑤地质系统等。当此类成因共同构成与之对应、交叉关联的动力场、径流场、化学场、应力场之后，能够对地下水系统产生不同层面的破坏，从而导致其发生系列问题。因此，在实际治理时需要结合综合治理思路，创建全过程治理修复模式，将地下水系统相关的"增源、减荷、降耗"统一起来。例如：①在"增源"方面，应做好保控，有效实施下垫面改造、水源涵养、水利工程生态调度。②在"减荷"方面，结合节约与退耕的方式，开展高效节水灌溉、工业城市节水，同时落实退耕休耕轮耕、调整种植结构。③在"降耗"方面，需要根据部分地下水源的替代需求与监管需求，合理推进地表水源代替、非常规水源替代、产业结构调整工作，充分发挥水价杠杆与水权确权机制。这样做有利于针对地下水超采治理各项措施开展统筹分析，统一管理，应对各个"场"中的破坏性作用，形成"基于多个成因的全过程修复模式"。

3 地下水超采综合治理目标分析

3.1 整体目标分析

从 2019 年多个部门联合发布的《方案》与近几年来的实践经验看，地下水超采综合治理的目标，已经从华北地区扩展到了全国各地，由此也形成了全国范围内的整体实践目标。从整体上的综合治理目标定位看，重点依然集中在生态、产业、经济三大方面。例如，在 2014 年河北省设置了地下水超采综合治理试点，于 2017 年起将其扩展到了河南、山西、山东等省份，进入到 2018 年后，随着生态文明思想的确立，结合山水林田湖草"生命共同体"理念，逐渐推进了河流河湖地下水生态补水实践，并于 2019 年正式形成了《方案》。按照当前的实践现状，全国范围内已经提高对地下水超采的重视程度，并且将地下水开发、环境影响评估、建设项目竣工环保验收、区域经济发展、产业结构调整等，进行了整体规划设计，旨在通过对整体目标的落实，从根本上解决地下水超采问题。

3.2 分层目标分析

地下水功能要素较多，在补给、径流、排泄交互时，均不能排除其功能要素受损的可能性，加上地下水是水生态循环系统中的关键环节，因此为了保障整体目标的落实，需要结合地下水系统，按照"总目标—分层目标"的基本思路，分解出若干与地下水超采现象相一致的综合治理分层目标，以此保障整体目标的有效落实。例如，在地下水形成、迁移、转化的过程中，地下水补给环节十分重要，与河、湖、库、湿地、人工灌溉系统相关联，此时设置分层目标时，应结合整体目标，于此类关联因素中，增加其渗补量，提高地下水涵养能力，并同步实现水环境污染治理工作。而且，在每一个独立的关联因素中，均需要解析分层目标，并在确定目标的情况下选择适配举措。

3.3 区域目标分析

整体目标具有宏观性，分层目标则集中在微观实践方面，要真正使前者落实，后者产生效用，则需要根据地下水超采后的连锁影响，配套设置区域目标。具体而言，地下水超采问题成因虽然十分复杂，牵涉多个系统，但是主要问题的影响因素仍然集中在四大层面：①自然因素：地表水资源短缺；②经济因素：水利工程条件差、水质问题突出、水价杠杆作用未获得有效发挥；③社会因素：水资源浪费严重，节水空间较大；④管理因素：认识不足、监管能力低、监管手段少。在这种情况下，要真正将宏观层面的整体目标、微观层面的分层目标统一起来，使其既得到落实，又产生实质性的治理效果，需要制定区域性治理目标。

例如，全国地下水超采总量为 30 万 km^2，华北平原的地下水超采占到全国超采总量的 85%，情况十分严重。虽然从 2012 年至今，各省份、地市进行了多轮治理，而且在不同的治理阶段取得了不同的成果。从现行《水污染防治行动计划》中的目标定位，重点集中到了对"地下水超采的严格控制"方面，而且重点突出了"地下水超采区综合治理"要求。在这种情况下应结合国家的总部署将新的治水方针贯彻到区域治理目标上，并在提炼前期治理成果的基础上，结合当前的实际需求制订匹配的区域水资配置的方案。如将地表水、地下水、非常规水源统筹起来，结合生产、生活、生态用水，全面增强对供用水矛盾的解决，借助水资源优化配置的方式，解决当前地下水超采面临的水资源配置问题等。

4 地下水超采综合治理中的修复模式

4.1 开展分阶段规划

首先，地下水超采综合治理于 2019 年正式在华北平原及其他区域实施，进行区域修复时，应充分提炼 2012—2018 年的经验，划分出不同的治理阶段。例如，按照短期目标，我国已进入高质量发展阶段，此时需要先对地下水开采量进行严格控制，同步推进产业升级，降低对地下水资源的需求，从根本上缓解供用水需求、遏制超采造成的问题。再如，在中期目标规划时，应按照产业结构、生态环境、区域经济发展，探索新的经济增长点，如在集约型经济增长方式下，应探索以水资源再生为主题的海水净化、污水净化等产业。放眼长期目标时，则应结合我国下一个百年发展目标，将地下水储备、应急等与国家安全、社会民生保障等结合起来，使地下水处于健康的良性循环状态等。

4.2 建立区域修复模式

在区域修复模式创建方面，应根据区域综合治理的实际范围，结合国家最新治水方针，以协同合作的方式，进行统筹规划设计，保障在区域目标明确定位的情况下，根据区域范围内不同的地下水超采情况以及相关问题，从法律、市场、经济、社会、产业、生态、区域发展等不同视角，分析其区域治理目标，从而创建适配性较强的修复模式。建议如下：①以"基于多个原因的全过程修复模式"为基础，统筹自然、经济、社会、管理因素；②利用信息管理平台，对区域内的省、市、区（县）、乡镇、村等进行地下水超采治理现状调研；③结合实际数据，制定区域治理目标；④按照"大模式+小模式"的思路，使参与治理的各大主体细化修复模式，并在微观实践中获得落实。另外，在实践时应利用信息管理平台，同步开展修复信息交流与沟通确保同步修复，最终实现区域地下水超采修复目标等。

5 结语

总之，地下水作为生态系统中的重要组成部分，通过其功能要素发挥着多重作用，当地下水超采现象发生后，容易引起连锁反应并引发一系列问题。因此，在当前高质量发展阶段，需要重视综合治理需求。结合上述分析可以看出，地下水综合治理中需要将系统治理与专项治理充分融合起来，建立适用于地下水超采综合治理需求的全过程治理思路。然后在整体目标与分层目标下，精准定位区域性治理目标并制订区域水资源配置方案，确保地下水超采综合治理工作，能够在区域经济社会发展中发挥重要作用。从实践经验看，建议在区域目标定位后，结合规划设计合理的划分短期、中期、长期目标，并根据此类目标细化"基于多个成因的全过程修复模式"，保障综合治理目标的有效实践，从而产出综合效益。

参考文献

[1] 陈飞，丁跃元，于丽丽，等. 地下水超采区评价方法刍议 [J]. 水利规划与设计，2020，2（11）：41-43.

[2] 李海山. 阳原县地下水超采认定和控制措施 [J]. 数码设计（下），2020，9（9）：125.

[3] 王姝琼. 呼和浩特市承压地下水超采现状 [J]. 科技视界，2020，6（2）：1-3.

[4] 户作亮. 华北地下水超采综合治理经验与思考 [J]. 中国水利，2020，10（13）：17-18.

[5] 王宝玉. 地下水超采区灌溉用水经济价值研究 [J]. 大科技，2020，17（8）：146-147.

南方缺水型城市水资源需求预测及供需平衡分析——以龙岩市为例

王志强　张　高

（黄河勘测规划设计研究院有限公司，河南郑州　450003）

摘　要： 作为南方城市，龙岩城区居民用水一直是地下水，也是福建 9 市唯一还在采用地下水的城市，近年来人口不断增长，水资源供需矛盾不断加剧。本文选用三种方法开展龙岩市城市水资源需求预测，并进行供需平衡分析，揭示了近期 2020 年缺水量为 16.87 万 m^3/d，中期 2025 年缺水量为 16.58 万 m^3/d，远期 2030 年缺水量为 20.25 万 m^3/d，为合理进行城市水资源配置提供参考。

关键词： 龙岩市；地下水；需水量；预测；供需平衡

1　概况

根据《龙岩市城市总体规划》（2011—2030）》，龙岩市主城区包括核心、北翼、南翼、铁山、城北、龙门、红坊和江山 8 个组团，位于中心城区中央，2020 年规划人口为 60 万人，远期 2030 年规划人口为 75 万人，建设用地 82.5 km^2。2017 年，福建省就已下达了县级以上城市集中式饮用水水源禁止开采地下水的通知，地下水作为战略储备限采或禁采，城市供给水源以地表水为主，而龙岩市是福建 9 市唯一还在采用地下水的城市，近年来人口不断增长，水资源供需矛盾不断加剧，急需新的水源补给。

2　需水量预测

龙岩市主城区需水规模采用三种方法进行计算：一是根据《城市给水工程规划规范》规定的城市单位人口综合用水量计算；二是根据该规范中城市单位建设用地综合用水量计算；三是根据《室外给水设计规范》中的用水定额法计算。不同水平年城区人口和各类建设用地规模根据《龙岩市城市总体规划（2011—2030）》和《龙岩市城市给水专项规划（2016—2030）》确定，用水定额参考《城市给水工程规划规范》《室外给水设计规范》《福建省城市用水量标准》选定。

2.1　根据城市单位人口综合用水量计算

根据《龙岩市城市总体规划（2011—2030）》，2020 年、2030 年龙岩市主城区人口分别为 60 万人、75 万人，2025 年采用内插值 68 万人。

根据《城市给水工程规划规范》，福建省属于一区，龙岩市主城区属于中等城市，单位人口综合用水量定额为 0.35 万~0.65 万 $m^3/$（万人·d）。参考国内部分城市的人均综合用水量指标，并结合龙岩市用水实际情况，本次选用的主城区城市综合用水量指标为：2020 年为 0.55 万 $m^3/$（万人·d）、2025 年为 0.55 万 $m^3/$（万人·d）、2030 年为 0.60 万 $m^3/$（万人·d）。预测各水平年龙岩市主城区最高日用水量为：2020 年为 33.00 万 m^3、2025 年 37.40 万 m^3、2030 年 45.00 万 m^3，见表 1。

作者简介： 王志强（1986—），男，高级工程师，主要从事水利工程技术管理工作。

表 1   龙岩市主城区最高日用水量预测结果

水平年	人口规模/万人	单位人口综合用水量指标/［万 m³/（万人·d）］	最高日用水量/（万 m³/d）
2020 年	60	0.55	33.00
2025 年	68	0.55	37.40
2030 年	75	0.60	45.00

2.2   根据城市单位建设用地综合用水量计算

结合《龙岩市城市给水专项规划（2016—2030）》，对主城区用地面积、用水指标等进行复核，选取合适的指标值进行用水量预测。

2.2.1   用水量指标选取

（1）工业用地用水量指标。

根据《龙岩市城市总体规划（2011—2030）》，龙岩市主城区将以龙岩经济技术开发区、龙州工业园区为依托，重点发展机械制造（工程机械、运输机械、环保机械）、冶金及新材料、烟草、电子信息、生物医药以及现代服务业，主城区发展的工业主体均为中低用水量产业类型。

根据主城区的工业产业结构特点，参照《龙岩市城市给水专项规划（2016—2030）》中结合几个工业区已投产的工厂企业用水情况摸底调查分析得出的用水指标数值，进行主城区用水量预测时，2020 年、2025 年、2030 年工业用地用水量指标分别采用 45 m³/（hm²·d）、45 m³/（hm²·d）、40 m³/（hm²·d）。

（2）居住用地用水量指标。

居住用地由一类、二类、三类住宅用地组成。一类住宅以别墅区、独立式花园住宅为主；二类住宅以多高层住宅为主（包含保障性用房）；三类住宅为保旧区现状用地，包括危房、棚户区、临时住宅等。

在进行生活用水指标选取时，应结合城市规模、居民生活水平等要素确定。根据城市规模，参照《福建省城市用水量标准》，龙岩市居民生活用水指标在 180～280 L/（人·d）（最高日）之间。龙岩在福建省各地级市中，人均生产总值属中等水平，因此本次规划主城区居民生活用水指标取值以中等偏小为宜。综上，龙岩市主城区居民生活用水指标取值 200 L/（人·d）（最高日）。

一类居住用地，主城区控制建设强度容积率平均按 1.2，则 1 hm² 一类居住用地总建筑面积 12 000 m²，每户摊建筑面积 200 m²，约有 60 户，平均每户人口 5 人，总人口 300 人，则主城区 1 hm² 一类居住用地用水量为：300×0.20＝60［m³/（hm²·d）］（最高日）。

二类居住用地，主城区控制建设强度容积率平均按 2.0，则 1 hm² 二类居住用地总建筑面积 20 000 m²，每户摊建筑面积 120 m²，约有 167 户，平均每户人口 3.5 人，总人口 583 人，则主城区 1 hm² 二类居住用地用水量为：583×0.20＝117［m³/（hm²·d）］（最高日）。

三类居住用地，人均居住用地面积按 44 m² 计，则 1 hm² 三类居住用地用水量为：0.160÷44× 10 000＝36［m³/（hm²·d）］（最高日）。

（3）其余主要用地用水量指标。

根据城市规模，参照《福建省城市用水量标准》，本次采用的各类公共设施用地和其他用地用水量指标见表 2。

表 2　最高日单位公共设施用地用水量指标

用地类别名称	用水量指标/［m³/（hm²·d）］
公共管理与公共设施用地	40~100
商业服务业设施用地	60~100
物流仓储用地	25~30
道路与交通设施用地	25
市政公用设施用地	25~30
绿地与广场用地	15

2.2.2　用水量预测

远期最高日总用水量 47.05 万 m³/d，中期最高日总用水量 38.36 万 m³/d，近期最高日总用水量 31.98 万 m³/d，成果见表 3。

表 3　龙岩市主城区最高日用水量预测结果

序号	水平年	最高日用水量/（万 m³/d）
1	近期：2020 年	31.98
2	中期：2025 年	38.36
3	远期：2030 年	47.05

2.3　采用用水定额法计算

根据《室外给水设计规范》，设计供水量由下列各项组成：综合生活用水、工业企业用水、浇洒道路和绿地用水、管网漏损水量、未预见用水、消防用水。

用水量指标预测以《福建省城市用水量标准》为主要依据，其所列指标均已包括管网漏失水量，故本次预测时用水量分为综合生活用水、工业企业用水、浇洒道路和绿地用水、未预见用水分别进行测算，四部分汇总合计作为用水量预测结果。

2.3.1　综合生活用水

综合生活用水包括城市居民日常生活用水和公共建筑及设施用水两部分的总用水量。公共建筑及设施用水包括娱乐场所、宾馆、浴室、商业、学校及机关办公楼等用水，但不包括城市浇洒道路、绿地及市政用水。

根据《福建省城市用水量标准》，2020 年、2025 年、2030 年龙岩市主城区人均综合生活用水量指标最高日取值分别为 320 L/（人·d）、350 L/（人·d）、400 L/（人·d）。各水平年综合生活用水量分别为 19.20 万 m³/d、23.80 万 m³/d、30.00 万 m³/d，见表 4。

表 4　各水平年龙岩市主城区最高日用水量预测

水平年	综合生活用水/（万 m³/d）	工业企业用水/（万 m³/d）	浇洒道路、绿地及市政公用设施用水/（万 m³/d）	未预见水量/（万 m³/d）	最高日用水量/（万 m³/d）
近期：2020 年	19.20	4.32	4.76	2.83	31.11
中期：2025 年	23.80	4.08	4.95	3.28	36.11
远期：2030 年	30.00	3.36	5.00	3.84	42.19

2.3.2 工业企业用水

工业企业用水按照不同性质单位建设用地用水量指标法预测的工业及物流仓储用地用水量,同方法二中的相应预测结果,2020 年、2025 年、2030 年龙岩市主城区各水平年工业企业用水量分别为 4.32 万 m^3/d、4.08 万 m^3/d、3.36 万 m^3/d,见表 4。

2.3.3 浇洒道路和绿地用水及市政公用设施用水

根据《福建省城市用水量标准》,2020 年、2025 年、2030 年龙岩市主城区浇洒道路用水指标取值均为 25 $m^3/$(hm$^2 \cdot$ d);浇洒绿地用水指标取值均为 15 $m^3/$(hm$^2 \cdot$ d)。2020 年、2025 年、2030 年市政公用设施用水指标取值分别为 25 $m^3/$(hm$^2 \cdot$ d)、30 $m^3/$(hm$^2 \cdot$ d)、30 $m^3/$(hm$^2 \cdot$ d)。各水平年浇洒道路和绿地用水及市政公用设施用水分别为 4.76 万 m^3/d、4.95 万 m^3/d、5.00 万 m^3/d,见表 4。

2.3.4 未预见水量

根据《室外给水设计规范》,未预见水量按以上三项水量之和的 10% 计算。

2.3.5 总用水量

采用用水定额法预测,龙岩市主城区 2020 年、2025 年、2030 年最高日用水量分别为 31.11 万 m^3/d、36.11 万 m^3/d、42.19 万 m^3/d,见表 4。

2.4 最高日用水量预测结果

采用以上三种方法对龙岩市主城区进行用水量预测,结果见表 5。由表 5 可知,方法一和方法二结果比较接近,方法三结果稍偏小。

表 5　龙岩市主城区最高日用水量预测结果

水平年	不同方法计算的用水量预测结果			用水量采用结果/(万 m^3/d)
	方法一	方法二	方法三	
	根据城市单位人口综合用水量计算/(万 m^3/d)	根据城市单位建设用地综合用水量计算/(万 m^3/d)	采用用水定额法计算/(万 m^3/d)	
2020 年	33.00	31.98	31.11	31.98
2025 年	37.40	38.36	36.11	38.36
2030 年	45.00	47.05	42.19	47.05

龙岩主城区用地范围内,各地块用地性质、用地面积在城市用地布局中已比较明确,将来只会有一些局部的调整,变化相对较小,而人口规模具有更强的不可预见性。因此,经复核本次按不同性质单位建设用地用水量指标法测算的结果:龙岩市主城区 2020 年、2025 年、2030 年最高日用水量分别为 31.98 万 m^3/d、38.36 万 m^3/d、47.05 万 m^3/d。

2.5 日均需水量预测结果

为与水库工程 97% 保证率可供水量所对应的日均需水量统一口径,需将最高日用水量成果换算为平均日需水量,以方便开展水资源供需分析。为此,在最高日用水量预测成果的基础上,考虑水厂供水的日变化系数、水厂自用水及原水输水管网漏损等因素,换算为日均需供水量。根据龙岩市水务集团近年供水情况分析,主城区的日变化系数取 1.25,水厂自身需水量系数取 1.05,原水输水管漏损系数取 1.05,计算得到主城区对应取水水源的日均需水量 2030 年为 41.50 万 m^3/d,见表 6。

表 6 龙岩市主城区日均需水量预测结果

水平年	最高日用水量/ （万 m³/d）	水厂自用水系数	日变化系数	原水输水管漏损 系数	日均需水量/ （万 m³/d）
近期：2020 年	31.98	1.05	1.25	1.05	28.22
中期：2025 年	38.36	1.05	1.25	1.05	33.83
远期：2030 年	47.05	1.05	1.25	1.05	41.50

3 供需平衡分析

3.1 可供水量分析

3.1.1 现状水源工程

主城区目前已建的地表水供水水源主要有黄岗水库、村美水库、东肖水库、富溪三级水库和何家陂水库。根据各水库水文分析计算求得的坝址历年逐月径流，采用时历法进行长系列水库径流调节计算，保证一定的生态流量（一般按坝址多年平均流量的 10% 考虑）；对于有灌溉任务的水库，$P=90\%$ 保证率净灌溉定额取 550 m³/亩。计算求得各水库 $P=97\%$ 保证率可供水量见表 7。

表 7 现状水源工程可供水量成果

工程名称	集雨面积/km²	多年平均径流量/ 万 m³	灌溉面积/ 万亩	兴利库容/ 万 m³	$P=97\%$ 年可供水量/ （万 m³/d）
黄岗水库	47	5 050	1.95	2 468.4	5.0
村美水库	64	6 970	0.5	761.8	5
东肖水库	17	1 780	0.125	93.5	0.75
富溪三级水库	67.4	7 340	0	351	5.6
何家陂水库	43.6	5 010	0.442 6	1 615	3.8
合计	239	26 150	3.017 6	5 289.3	19.15

针对主城区已建水源进行分析。村美水库现状污染严重，水质较差，不宜列为城区供水水源。2017 年 3 月、11 月、12 月何家陂水库水质均出现重金属镉超标。此外，库区内有多条高速公路穿过，存在一定的水质污染和突发水污染事件风险。结合水库现状自身功能定位与实际情况，目前何家陂水库不具备向主城区提供工业供水的条件。

3.1.2 规划水源工程

根据《龙岩市中心城市区域调水规划修编报告》《龙岩市城市给水专项规划（2016—2030）》及其他相关规划，龙岩市主城区规划新建扩建朝前水库、富溪一级水库、石山园水库、迎坑水库、中甲水库等 5 座水库。经对各规划水库前期工作进行分析，可作为主城区城市生活生产供水水源的水库有朝前水库和富溪一级水库。

综上所述，主城区供水水源工程包括黄岗水库、东肖水库、富溪一级水库、富溪三级水库和朝前水库。

根据《龙岩市城市给水专项规划（2016—2030）》，为满足主城区近期用水要求，减少地下水的开采量，主城区规划新建朝前水库及富溪一级水库，共可新增供水量 9.9 万 m³/d。其中，朝前水库 $P=97\%$ 年可供水量为 4.0 万 m³/d；富溪梯级水库可供水量 11.5 万 m³/d，扣除富溪三级已供水量 5.6 万 m³/d，实际新增 5.9 万 m³/d。

3.2 供需平衡分析

根据现状及设计水平年龙岩市主城区已有及规划工程的可供水量和设计水平年需水量进行供需平衡分析，见表8，在此基础上确定合理的供水水源。

表8　龙岩市主城区各水平年供需平衡　　　　　　　　　　　　　　　　$P=97\%$

水平年	地表水源	可供水量/（万 m^3/d）	需水量/（万 m^3/d）	缺水量/（万 m^3/d）
近期：2020 年	黄岗水库、富溪三级水库、东肖水库	11.35	28.22	-16.87
中期：2025 年	黄岗水库、富溪一级与三级水库、东肖水库	17.25	33.83	-16.58
远期：2030 年	黄岗水库、富溪一级与三级水库、东肖水库、朝前水库	21.25	41.50	-20.25

注："+"表示余水；"-"表示缺水。

4 结语

通过上述供需平衡分析可知，至 2020 年，已有及规划供水工程已不能满足龙岩市主城区用水需求，近期 2020 年缺水量为 16.87 万 m^3/d；中期 2025 年缺水量为 16.58 万 m^3/d；远期 2030 年缺水量为 20.25 万 m^3/d。为满足主城区中、远期用水要求，亟需尽快建设符合要求的新水源地。

参考文献

[1] 中华人民共和国住房和城乡建设部. 城市给水工程规划规范：GB 50282—2016 [S]. 北京：中国建筑工业出版社，2017.

[2] 福建省城市用水量标准：DBJ/T 13-127—2010 [S].

[3] 曹祺文，鲍超，顾朝林，等. 基于水资源约束的中国城镇化 SD 模型与模拟 [J]. 地理研究，2019，38（1）：167-180.

[4] 朱彩琳，董增川，李冰. 面向空间均衡的水资源优化配置研究 [J]. 中国农村水利水电，2018（10）：64-68.

[5] 李思远，杨晴. 城乡供水一体化中的水资源配置与供水布局 [J]. 水利规划与设计，2021（6）：57-61.

[6] 贾宝杰，何淑芳，黄苗，等. 城市水资源供需平衡与用水合理性分析：以湖北省黄石市城区为例 [J]. 人民长江，2021，52（S1）：81-84.

水利政策

云南省景洪市河库管理范围划定实践与思考

章运超[1]　柴朝晖[1]　王家生[1]　李小岩[2]　赵保成[3]

(1. 长江科学院河流研究所，湖北武汉　430010；
2. 景洪市水务局，云南西双版纳　666199；
3. 长江科学院空间信息所，湖北武汉　430010)

摘　要：立足于河湖管理范围划定的政策背景，分析了云南省景洪市中小河流及水库的特点，提出景洪市有堤防河流、管理要求高的无堤防河流、管理要求低的无堤防河流及水库的管理范围划定的技术标准。从河流分级划界、依法确权登记、完善法律法规、编制岸线规划、推动公众参与等方面提出工作思考。

关键词：河湖长制；管理范围划定；河湖保护；景洪市

1　引言

河湖是洪水的通道、水资源的载体、生态环境的重要组成部分，具有重要的资源功能和生态功能。近年来，一些河湖管理范围边界不清，忽视河湖保护，导致违法围垦湖泊、挤占河道、蚕食水域、滥采河砂等突出问题时有发生，严重影响河湖生态空间管控，威胁着防洪安全、供水安全、生态安全。河湖管理范围线指为管理河湖岸线资源，维护河湖基本功能而划定管理范围的边界线[1]。开展河湖划界工作，明确河湖管理范围线，是《中华人民共和国水法》《中华人民共和国防洪法》《中华人民共和国河道管理条例》等法律法规作出的规定，也是中央全面推行河长制湖长制明确的任务要求，更是推进建立范围明确、权属清晰、责任落实的河道管理与保护责任体系，全面提升河湖管理的法制化、规范化和专业化水平，实现传统管理向现代管理、粗放管理向精细管理转变的重要途径。根据《水利部关于加快推进河湖管理范围划定工作的通知》（水河湖〔2018〕314 号）通知要求，2020 年年底前，基本完成全国河湖管理范围划定工作。根据《云南省水利厅关于加快推进河湖管理范围划定工作的通知》（云水河长〔2019〕2 号）等通知要求，云南省各地应在 2021 年年底前基本完成所有河湖的管理范围划定工作。各地在河湖划界工作提出了很多经验与方法[2-4]，本文以云南省景洪市的工作实践为例，分析河流及水库划界技术标准，并提出工作思考，为全面推行河长制背景下河湖划界工作提供借鉴。

2　景洪市河库特点

景洪市位于云南省南端，隶属于西双版纳傣族自治州，位于东径 100°25′～101°31′，北纬 21°27′～22°36′。景洪境内河网密布，沟壑纵横，境内河流可分为三种类型：第一种是源于山谷流入澜沧江，如流沙河、南线河、南么冷河等；第二种是上游源于山谷，经平坝又进入深山峡谷，最后流入下游澜沧江，如普文河、勐旺河、南肯河、南养河、南阿河等，中间段利于灌溉，上下游可开发水利资源；第三种是全河段都在深山莽林之间，多属二、三级支流。景洪市共有大小河流 157 条，其中流域面积 1 000 km² 以上的河流 5 条（段），分别是澜沧江、流沙河、普文河、南阿河和罗梭江；流域面积 50～1 000 km² 的河流 43 条（段），河长总计 1 115.593 km；流域面积 50 km² 以下的河流 109 条（段），

基金项目：贵州省科技计划项目"桐梓河水域岸线高效利用与保护技术研究与示范"。

作者简介：章运超（1990—），男，工程师，主要从事河流生态研究工作。

河长总计 907.194 km。本文仅讨论流域面积 1 000 km² 以下的景洪市 152 条中小河流的管理范围划定。152 条中小河流的流域面积分布在 0.59~601.2 km²（见图 1），流域面积 200 km² 以上河流仅有 5 条，流域面积 100 km² 以上河流有 22 条，河流的流域面积主要集中在 0.59~25 km²，该区间内其河流数量为 112 条，占总数量的 73.03%。152 条河流的长度分布情况见图 2，河道长度分布在 0.25~103.81 km，但河长 100 km 以上河道仅有 1 条，河长 50 km 以上河道有 8 条，河长主要集中在 0~50 km，该区间内其河道数量占总数量的 94.75%。

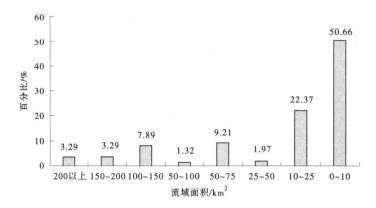

图 1　152 条河道流域面积分布情况

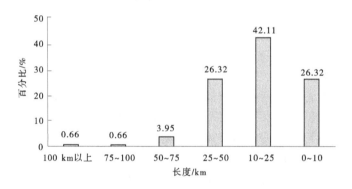

图 2　152 条河道长度分布情况

景洪市共有水库 78 座，其中中型水库 3 座，库容合计 4 060.2 万 m³，分别为曼飞龙水库（库容 1 261.3 万 m³）、黄草岭水库（库容 1 496.9 万 m³）、勐宋水库（库容 1 302 万 m³）；小（1）型水库共计 16 座，库容合计 5 707.79 万 m³；小（2）型水库共有 59 座，库容合计 1 851.76 万 m³。各水库总库容与坝址控制流域面积关系可见图 3。

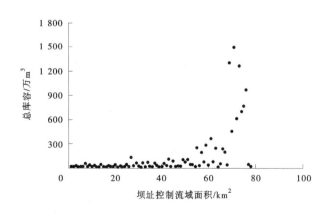

图 3　78 座水库总库容与坝址控制流域面积关系

3 河湖划定技术标准

3.1 河流管理范围划定标准

3.1.1 有堤防河流

根据《云南省河湖管理范围划定技术要求》，对有堤防工程的河段，河流管理线可采用已划定的堤防工程管理范围的外缘线。堤防工程管理范围的外缘线一般指堤防背水侧护堤地宽度，1级堤防防护堤宽度为20~30 m，2、3级堤防为10~20 m，4、5级堤防为5~10 m[5]。对于有堤防但未达到防洪标准的河流，按照管理需求、现状堤脚线、背水侧护堤地宽度等综合划定河流管理范围线。有堤防河流的管理范围示意见图4。景洪市中小河流中存有堤防工程的河流共有6条（段），工程等级为4~5级，依要求其护堤地宽度应为5~10 m，出于保护优先的角度，本次划定中将河流堤防工程段背水侧护堤地宽度统一定为10 m，如遇到房屋等建筑物时进行局部修正，保证工程背水侧护堤地宽度不低于5 m，各段河流管理范围线平顺连接。

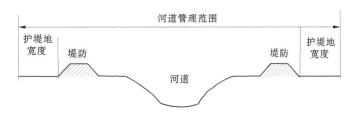

图4　有堤防河流的管理范围示意

3.1.2 无堤防河流

根据《云南省河湖管理范围划定技术要求》，无堤防但是有规划要求的河流，按规划设计断面确定的堤脚线为基准线，根据堤防等级以护堤地边界线作为河流管理范围；无堤防且无规划要求河流的管理范围根据河道历史最高洪水位或者设计洪水位确定。无堤防河流的管理范围示意见图5。

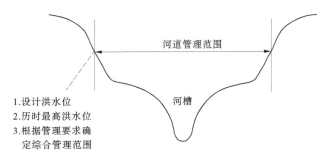

图5　无堤防河流的管理范围示意

景洪市部分无堤防河流主要流经平坝区及部分山区，区域人类活动较频繁，管理要求高；另一部分堤防河流绝大部分位于山区，且多为原始森林，管理要求较低。对于管理要求高的河流，本次采用调查所得到的历史最高洪水位，或经计算的设计洪水位确定管理范围。对于管理要求低的河流，通过现场走访调查河流常年洪水位淹没范围，统计淹没范围离岸坎距离，综合确定管理范围线。经调查计算，管理要求低的无堤防河流常年洪水位离岸坎距离统计结果见图6，其中流域面积100 km² 以上河流的常年洪水位离岸坎距离均值为23.5 m，流域面积50~100 km² 河道的常年洪水位离岸坎河流均值为18.1 m，流域面积0~50 km² 河道的常年洪水位离岸坎距离均值为7.8 m。参考《西双版纳傣族自治州河道管理办法（征求意见稿）》第四章第十七条的规定"无堤防的河道，管理范围为水域、沙洲、滩地以及河口两侧5至10米"，本次确定的管理要求低河流管理范围为河流常年洪水位离岸坎位置外扩10 m。

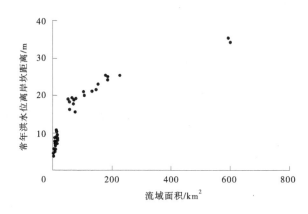

图 6　管理要求低的无堤防河流常年洪水位离岸坎距离统计结果

3.2　水库管理范围划定标准

水库管理范围主要依据云南省水利工程管理条例和西双版纳州水利工程管理与保护范围划定工作方案划定，景洪市水库包括中型、小（1）型及小（2）型，具体划定标准如下：①水库库区管理范围为校核洪水位以下范围（含岛屿）；中型水库大坝管理范围为下游坡脚和坝肩外 100 m；②小型水库大坝管理范围为下游坡脚和坝肩外 50~100 m；溢洪道、泄水（涵）闸、消力池等附属建筑物管理范围为两侧各 10~20 m；③小型水电站厂房及其配套设施管理范围为建筑周边 20~50 m；④小型泵站厂区构筑物和前池、进出水道等建筑物管理范围为周边 5~10 m；⑤管道、机电井、塘坝等水利工程管理范围按照工程管理实际需要合理划定。

4　管理范围划定工作思考

4.1　河流分级划界

根据现有技术标准[5]，有堤防河流管理范围线根据护堤地宽度划定，无堤防河流管理范围线根据历史最高洪水位或者设计洪水位划定。在划界过程中，无堤防的河道又可以分为管理需要较高的河道和管理要求较低的河道，地方水行政主管部门可依据河道管理要求的高低，分级确定划界标准。以景洪为例，景洪市管理要求较高的无堤防河道一般位于平坝区及部分山区，这些河道人类活动较频繁，河道执法管理矛盾较多，河道岸线未来开发利用的需求较大，在本次划界中采用经计算所得的设计洪水位确定管理范围线。另外，管理要求较低的无堤防河道绝大部分位于山区，且很多区域为原始森林，人类活动影响较小，河道执法管理过程中矛盾较少，河流管理以保护其自然状态为重点，在本次划界中采用常年洪水位离岸坎距离的调查数据综合确定了管理范围线，减少了划界的工作量，也便于后期的管理。

4.2　依法确权登记

确权登记是指对河湖管理范围内的土地进行使用权证的申领。开展河湖管理范围内土地的确权登记工作意义重大，集中在以下几个方面：一是形成归属清晰、权责明确、监管有效的自然资源产权制度，是落实国土空间管控的基础性工作；二是可厘清水利、住建、国土等部门间的责任与权利，避免"九龙治河"；三是能够消除河湖周边的土地权属模糊及非法占用问题，维护河湖健康；四是形成基层水行政主管部门依法管理河湖的基本条件，使河湖管护更加规范。然而，现阶段各地仍存在确权工作主体不明、违法建筑处理难、历史遗留问题不好解决等问题，普遍存在"划界容易确权难"的局面，不能从根本上将确权登记和土地发证工作落到实处。地方政府要充分发挥河长制的统筹作用，协调水行政主管部门和自然资源部门制订河湖管理范围确权登记工作方案，落实职责分工，明确确权登记工作的目标、原则、范围，委托有相关资格的测绘单位和可以开展权籍调查的机构开展实地测量、权籍调查。

4.3 完善法规制度

河湖空间是生态文明建设的重要载体，地方政府可参照生态保护红线、永久基本农田保护红线、城镇开发边界线的管理要求，通过制定地方性法规、出台管理办法等方式，从法律层面将河湖管理范围线纳入"红线"管理，明确管理范围内的限制性和禁止性行为，细化违法违规行为的边界与约束条件，为河湖管理范围划定及河湖管理保护提供法制支撑。同时，对于划界过程中遇到的河湖管理范围中一些历史遗留问题、特殊情况、违法建筑，对于出现的河湖管理范围与基本农田冲突、城镇开发边界的冲突问题，地方政府要调查摸底，出台相应的管理细则。以基本农田为例，地方政府可依据《自然资源部农业农村部关于加强和改进永久基本农田保护工作的通知》（自然资规〔2019〕1号）提出的工作要求，全面清理划定不实问题，协调水行政主管部门和自然资源部门，对水域及水利设施用地和河道两岸地方之间范围内不适宜稳定利用的耕地划入永久基本农田的进行整改。

4.4 编制岸线规划

河湖管理范围线可以界定河湖的管理与保护范围，岸线保护与利用规划可以细化岸线功能分区、外缘边界线和临时边界线，明确不同功能区的管控要求，较河湖管理范围线更加精细化。编制重要河湖的岸线保护与利用规划，科学合理规划可开发利用的岸线资源，可有效解决河湖岸线资源开发利用布局不合理、使用效率低、资源浪费严重等问题，推动岸线有效保护和合理利用。同时，河湖管理范围线及岸线保护与利用规划还应依据河湖治理情况、沿河（湖）建筑物变化情况、城市建设对河湖的影响情况定期修订，实行动态管理，及时更新管理信息及相关电子数据库。

4.5 涉水规划衔接

河湖周边土地资料的开发利用及管理涉及水利、自然资源、交通、农业、市政等多部门，受部门保护和行业利益驱动等影响，各部门都出台了相应的法律、法规和管理条例，但存在着主次不分、权限不明、范围不清、权责不一、管理交叉、相互重叠、推诿扯皮等现象。出现较多的现象有以下几类：一是部分地区河流管理范围线未划定，河道整治规划滞后于城乡土地开发利用规划，导致本应由水利部门管控的河湖管理范围被自然资源部门划为城乡建设用地，引起河湖保护与城乡发展之间的矛盾。二是早期部分地区河湖滩地被划为永久基本农田，河湖管理范围退不得，基本农田也调不了，直接影响河湖管理与保护。三是无堤防河流的防洪等级评估缺乏前瞻性，间接缩窄了河道管理范围，制约后期河道整治规划，特别是防洪相关规划的有效实施。地方水利部门应充分利用河长制工作中的联动机制，协调好河湖管理范围线涉水规划的衔接，化解矛盾与冲突。

参考文献

[1] 中华人民共和国水利部. 关于开展河湖管理范围和水利工程管理与保护范围划定工作的通知 [A]. 中华人民共和国水利部公报，2014（3）：42-44.

[2] 杨斌斌. 辽宁河湖划界工作的实践探索 [J]. 中国水利，2021（8）：18-19，22.

[3] 李发鹏，伏金定，耿思敏. 甘肃省河湖水域岸线管理保护现状与对策 [J]. 中国水利，2020（10）：33-35.

[4] 宋军博. 深圳市河道管理范围划定工作浅析 [J]. 中国水利，2021（5）：34-35.

[5] 云南省水利厅. 云南省河湖管理范围划定技术要求 [R]. 昆明：云南省水利厅，2019.

黄河三角洲滩区生产堤问题研究

刘　超[1]　王　静[2]

(1. 垦利黄河河务局，山东东营　257500；
2. 东营黄河河务局，山东东营　257100)

摘　要：黄河三角洲滩区生产堤问题是一个涉及滩区行洪滞洪、群众生产及湿地生态系统保护的复杂问题。本文结合垦利滩区及生产堤情况，回顾了生产堤政策的变化，综合分析了生产堤存在的利与弊，并提出了现阶段及未来解决生产堤问题的几点建议。

关键词：滩区；生产堤；生产；防洪安全；生态保护

1　背景

山东省东营市垦利区地处黄河入海口，是黄河三角洲的顶点所在地。其滩区具有多重属性。作为黄河河道的重要组成部分，首先具有行洪滞洪、沉沙落淤的属性。其次黄河滩区地形平坦、土地肥沃、临近水源，是附近群众生产的重要场所[1]。再次黄河滩区临近黄河三角洲自然保护区，具有丰富、完整的湿地生态系统，承担着水源涵养、水土保持、维持生物多样性的生态功能，具有重要的生态属性。

2021年黄河秋汛遭遇罕见大流量过程，干流3场编号洪水在9 d内相继生成、接踵而至，形成了1988年以来最大洪水流量。为确保实现"滩区不漫滩、工程不跑坝、河势不突变、群众不伤亡"的秋汛洪水防御目标，沿黄全体干部群众及河务部门秉持"人民至上、生命至上"的理念，身先士卒、靠前作战，全力协同做好黄河滩区群众安全防范和迁移转置工作，指导督促加高加固生产堤薄弱段，最大程度地保卫了人民群众财产安全。汛后，生产堤安全问题成为群众关注的焦点，有人大代表提案、地区政府督办，要求对现有生产堤加固防守，确保滩区安全生产。

但生产堤问题从来不是简单的问题，对于生产堤的存废一直存在争议。如何正确认识生产堤、使用生产堤，平衡好防洪安全与滩区生产、生态保护之间的关系，对国家黄河战略、地方政府、河务部门及滩区群众来说都具有非常重要的意义。

2　垦利滩区及生产堤基本情况

黄河三角洲滩区内无常驻人口，滩区面积25.54万亩（1亩=1/15 hm²），其中基本农田9.17万亩，均已由各相关行政村分包给农户，由农户自行种植或统一流转至种粮大户，主要种植玉米、小麦、水稻、莲藕、林地瓜果等经济作物；滩区内坑塘数量众多，分布广泛，是重要的湿地资源，是鸟类和野生动物的栖息地；此外，黄河左岸181+100~198+000处滩地属于山东省黄河三角洲自然保护区，共14.27万亩。

现有生产堤23段，共计62.41 km，涉及4个镇街9个滩区，主要修建于1974年，此后不间断进行过修整加固。各滩区生产堤高度一般为1.2~2.1 m，顶宽一般为1.5~5.5 m，部分生产堤堤顶已硬化。

目前，滩区生产堤呈现以下发展趋势：

作者简介：刘超（1988—），男，工程师，主要从事黄河防汛的研究工作。

（1）生产堤修筑标准进一步提高。以往滩区生产堤均系沿黄群众于大水前后就地取土突击修建而成，以保地征收为目的，筑堤土料多为沙壤土或沙土，碾压不实，质量较差，且邻水边坡缺乏防护措施，当生产堤遭遇洪水顶冲、淘刷或长时间浸泡时，极易造成决口失事。2021年秋汛，各镇街组织大型机械化设备进行生产堤加固，使生产堤修筑标准得到迅速提高，秋汛后地方政府及滩区群众保护生产堤的意识增强，甚至提出按防御5 500 m³/s洪水加固生产堤。

（2）生产堤保护范围扩大。沿黄群众与水争地思想膨胀，部分滩区群众在嫩滩种植生产，甚至在原有生产堤前又修筑了第二道生产堤，生产堤不断向主河槽方向推进。

3 生产堤的政策演变

历史上关于生产堤的政策[2]，主要经历了以下几个重要时点：

（1）1950年，黄河防汛抗旱总指挥部《关于防汛工作的决定》中指出，废除民埝应确定为下游治河方针之一，已经冲毁的不准再修，未坏的不准加培。

（2）1958年，三门峡水库的投入运用，黄河下游由防洪逐步转向河道治理。1959年，黄河防汛抗旱总指挥部在对河南、山东两省《关于生产堤防御洪水的运用方案》的批复中指出，在不影响防洪，有利生产的原则下，发动群众普遍兴修了生产堤。这是第一次官方正式允许在黄河滩区修筑生产堤。

（3）1974年，国务院批转了黄河治理领导小组《关于黄河下游治理工作会议的报告》，并批示从全局和长远考虑，黄河滩区应迅速废除生产堤，修筑避水台，实行"一水一麦"，一季留足群众全年口粮的政策。但这一政策后来未能很好地执行。

（4）由于黄河"96·8"洪水大面积漫滩，没有了生产堤保护，滩区群众受灾严重。1996年汛后，生产堤堵复和新修现象比较严重。对此，国家防汛抗旱总指挥部、黄河防汛抗旱总指挥部非常重视，下达了《关于严禁堵复、新修生产堤的通知》，并要求新修和堵复的生产堤必须坚决清除。

（5）2000年，山东省政府就山东黄河治理有关问题致函水利部，要求将滩区整治列入黄河治理规划，加快滩区安全建设；本着"小水保生产，大水保安全"的原则，建议合理调整生产堤破除标准，并发挥上游水库拦蓄调洪的作用，科学调度洪水，减少漫滩概率。

（6）2022年，《黄河流域生态保护和高质量发展规划纲要》提到，严格限制自发修建生产堤等无序活动。

4 生产堤的利与弊

黄河滩区具有行洪滞洪、沉沙落淤、发展生产、保持生态等功能，既有自然属性，又有社会属性；不仅是一个技术问题，而更是一个复杂长期的社会问题；既有有利影响，也有不利因素。

4.1 生产堤存在的有利影响

生产堤的存在，使滩区在中小洪水时不易串水漫滩，较大洪水时，滩区因生产堤标准高、强度大、群众防守抢护得力而免受淹没，确实降低了中小洪水淹没频次，减少了漫滩损失，达到了短期稳定生产的目的，有利于滩区经济的发展。

4.2 生产堤存在的不利影响

4.2.1 生产堤存在对防洪安全的影响

垦利河道特点为两岸堤距上窄下宽，罗家险工至宋庄控导河段堤距不足1 km，最窄处仅460 m。大量生产堤的修建，进一步蚕食了行洪主槽，缩窄了行洪断面，进而引起同流量下洪水水位升高，河道排洪能力降低，防洪压力加大。而且由于生产堤的存在，阻碍洪水上滩，泥沙大部分淤积在生产堤以内的主河槽内，生产堤至大堤之间的滩地淤积减缓，致使滩槽高差减少，逐步形成了"槽高、滩低、堤根洼"的不利局面，一旦出现大洪水漫滩行洪，很容易发生横河、斜河和顺堤行洪的严重局面。

4.2.2 生产堤存在对堤防和河道整治工程的影响

黄河下游河道整治工程依据规划的河道整治导线布置、建设，对于归顺河势、稳定流路、保护下游滩区人民生命财产安全具有重要意义。而部分生产堤建设的随意性大，违背河道演变规律，干扰洪水正常、合理流路，极易造成河道整治工程受大河流路变化影响，导致工程出现较大甚至重大险情。此外，滩区内部分农田被划为基本农田，这就导致按照规划布局的一些控导工程在开展项目前期工作阶段，在用地预审和项目批复后开工建设阶段的土地征迁时，都会遇到较大阻力，需要做大量的协调工作，严重制约工程建设的顺利推进。

4.2.3 生产堤存在对生态环境的影响

滩区内具有丰富的湿地、草地等生态系统，具有重要的水源涵养、水土保持、维持生物多样性等生态功能。目前经过长期过度的开发，滩区内生产生活的功能已经占主导地位，引发的水环境问题不容忽视，农药化肥过度使用影响黄河水生态环境和水质安全，进而对河道滩区湿地生态造成了不良影响。

4.2.4 生产堤存在对滩区群众生产的影响

滩槽高差越来越大，滩区地势低洼，无法自然排水，且滩区内地下水位较高，无法汇入地下，一旦发生漫滩或强暴雨，滩内积水不易排出，积水长时间积蓄在滩内，影响作物正常的生长，造成连季甚至连年歉收。长期来看，随着滩区群众生产经营活动的不断发展，投入必然会越来越大，期望也会越来越高。但滩区毕竟是黄河下游行洪的主槽，一旦遭遇洪水淹没，必然造成人民群众财产损失，甚至影响社会稳定大局。

李国英[3]曾对此问题有过论述：许多事情，从局部看是有利的、可行的，拿到全局去衡量却未必如此。不少地方从局部利益出发，用围湖围河的办法增加土地面积，从局部看，的确为当地人口增加了生存空间，并由此使农作物种植面积扩大，总产量提高，但却侵占了江河的调蓄库容，渐渐造成洪水无处容身，甚至毁灭建设成果的地步。

5 结论与建议

5.1 结论

（1）生产堤的存在影响了滩区行洪滞洪与沉沙，加重了主河槽的淤积，严重威胁堤防安全；生产堤建设的随意性大，违背河道演变规律，干扰洪水正常、合理流路，极易造成河道整治工程受大河流路变化影响，导致工程出现较大甚至重大险情，从防洪大局考虑，从下游河道治理需要出发，需要破除生产堤。

（2）黄河滩区生产堤保护了滩区群众免受中小洪水漫滩灾害威胁，对滩区群众的生产生活有一定保护作用。从生产堤的政策演变过程看，新中国成立后曾多次督促破除生产堤，但实际收效甚微，生产堤始终是屡禁不止。单凭行政上的强行条文废除生产堤，难以得到区群众和沿黄各级政府的配合与支持，生产堤的破除难度很大。

5.2 建议

（1）现阶段在保留生产堤的情况下，可对滩区进行功能区域划分并分区管理，可依据高程将滩区划分为生产作业区、湿地生态区和引洪放淤区等，并根据区域功能进行基础设施配套，视情况执行匹配的管理政策。

（2）针对滩区分区管理，建立一套综合考虑滩区生产及洪水漫滩落淤的生产堤运行机制。有计划地破除生产堤漫滩落淤，减少河槽淤积和滩槽高差，可在滩区上首的生产堤预留进水口门，当发生高含沙洪水时，主动破口，水流顺堤根河行洪落淤，清由滩区下首生产堤预留口门退回河槽。

（3）加强宣传，使各级政府、滩区群众能够正确认识生产堤，合理使用生产堤，避免出现为保生产不断提高生产堤修筑标准的现象。

（4）以黄河下游治理方略"稳定主槽，调水调沙，宽河固堤，政策补偿"为依据，积极争取国家对滩区的扶持政策，建立洪水漫滩落淤的生产补偿政策，为全面废除生产堤创造条件。

参考文献

［1］王煜，彭少明，武见，等．黄河"八七"分水方案实施 30 年回顾与展望［J］．人民黄河，2019，9：6-13.

［2］王静．山东黄河滩区生产堤问题研究［D］．济南：山东大学，2011.

［3］李国英．治水辩证法［M］．北京：中国水利水电出版社，2001.

再生水权属问题探讨及立法建议

王丽艳　谢浩然

（水利部发展研究中心，北京　100038）

摘　要：再生水的有效利用，涉及污水搜集、处理、输送、利用等多个环节，以及不同层级政府和部门、再生水处理厂、各类用水户等诸多主体。目前，再生水的权利归属在我国法律中没有明确规定，容易造成再生水开发利用过程中的事权不清、权责不明，也不利于厘清政府和市场的边界，长远看也会制约市场主体的参与和投入。为此，本文对再生水所有权、使用权的权利归属及行使主体等问题进行了探讨，并有针对性地提出有关立法建议。

关键词：再生水；所有权；使用权；权利归属；立法建议

1　再生水定义及利用现状

再生水[1] 是指对经过或未经过污水处理厂处理的集纳雨水、工业排水、生活排水进行适当处理，达到规定水质标准，可以被再次利用的水。

再生水替代常规水资源，用于工业生产、市政杂用、居民生活、生态补水、农业灌溉、回灌地下水等，对优化供水结构、增加水资源供给、缓解供需矛盾和减少水污染、保障水生态安全具有重要意义。近年来，我国再生水利用量不断提升，根据 2020 年度《中国水资源公报》[2] 显示，2020 年我国再生水利用量为 109 亿 m³，与 2011 年再生水利用量相比增加了 2 倍多。

再生水作为缺水城市的重要水源，有效缓解了一些城市的用水紧张问题。例如，根据《北京市水资源公报》[3] 统计，北京市 2008 年之后再生水超过地表水供应量，已经成为当地的第二水源；2020 年再生水利用量达到 12 亿 m³，利用率达到 58.8%，约占全市供水总量的三成。可以预见，在"三新一高"背景下，推动建立水资源刚性约束制度，再生水利用量还将持续提升，这将倒逼我国不断加强再生水的利用管理。而厘清再生水权属问题，则是制定有效管理举措的基础。

2　再生水所有权分析

2.1　所有权的归属

再生水的有效利用，涉及污水搜集、处理、输送、利用等多个环节，以及不同层级政府和部门、再生水处理厂、各类用水户等诸多主体。目前，再生水的权利归属在我国法律中没有明确规定，容易造成再生水开发利用过程中的事权不清、权责不明，也不利于厘清政府和市场的边界，长远看也会制约市场主体的参与和投入。

本研究认为，再生水是一种特殊的水资源，其所有权属于国家。

首先，再生水是一种特殊的水资源。从水资源循环角度看，再生水是水资源的重要组成部分。若没有对再生水进行利用，处理后的水直接排入江河或其他自然水体，其实是无法区分究竟是天然的还是使用过的。从取水、用水、耗水、退水的关系来看，再生水其实是将取水减去耗水之后、经退水处理并达标的水，可以再次进入自然界水循环系统，成为自然水资源的一部分。从法律角度看，《中华人民共和国水法》虽无明确规定，但已经将再生水默认为水资源。《中华人民共和国水法》第六条规

作者简介：王丽艳（1966—），女，高级工程师，主要从事水利政策法制研究工作。

定"国家鼓励单位和个人依法开发、利用水资源,并保护其合法权益。"全国人民代表大会《中华人民共和国水法》释义对本条的解释认为,该条的"水资源"包括各种水资源,如雨水、微咸水、再生水等。从实际管理角度看,再生水是水资源已达成共识,被归类为非常规水资源的一种,在印发的诸多政策文件中均有相关表述。例如,《水污染防治行动计划》(国发〔2015〕17号)提出"将再生水、雨水和微咸水等非常规水源纳入水资源统一配置"。《国家发展改革委 水利部关于印发〈国家节水行动方案〉的通知》(发改环资规〔2019〕695号)提出,"加强再生水、海水、雨水、矿井水和苦咸水等非常规水多元、梯级和安全利用。"

其次,现有法律已明确规定水资源所有权属于国家。《中华人民共和国水法》第三条规定,"水资源属于国家所有。水资源的所有权由国务院代表国家行使。"再生水作为一种特殊的水资源,其所有权理应归国家所有。

再次,再生水所有权属于国家已成为既定事实。近年来,我国不断加大对再生水开发利用工作的支持力度,中央和地方对提升再生水利用率、纳入常规水资源统一配置、加大相关基础设施建设等工作作出一系列安排部署,其前提是再生水的所有权归国家所有。如果再生水所有权不归国家所有,就无法对再生水的配置、管理等涉及权属问题的事项进行直接规定或授权,造成现实中水资源管理工作的混乱。

2.2 所有权的行使主体

《中华人民共和国水法》规定"水资源的所有权由国务院代表国家行使。""国家对水资源实行流域管理与行政区域管理相结合的管理体制""国务院有关部门按照职责分工,负责水资源开发、利用、节约和保护的有关工作。县级以上地方人民政府有关部门按照职责分工,负责本行政区域内水资源开发、利用、节约和保护的有关工作。"研究认为,按照法律规定,再生水和常规水资源的所有权行使主体应当保持一致,即由国务院代为行使,国务院有关部门和地方人民政府依法或者根据国务院的授权行使部分所有权职责。

梳理发现,现阶段中央层面和地方层面关于行使再生水所有权职责的直接规定较少,造成了再生水开发利用顶层设计的不足,突出体现在两个方面。一是再生水开发利用相关的管理体制混乱。相关"三定"规定,水利部负责指导城市污水处理回用等非常规水源开发利用工作;住房和城乡建设部负责指导城镇污水处理设施和管网配套建设,由城市人民政府确定供水、节水、排水、污水处理、市政设施等方面的管理体制。地方层面,大多数城市的再生水利用仍然归口城建部门或生态环境部门管理,只有已实行水务一体化的极少数市县的再生水利用职能调整到了水利部门[4]。二是再生水利用规划制度的缺失。编制再生水利用规划,能够对再生水利用的目标、阶段性任务、投入等进行科学、全面、系统的设计。目前,中央层面涉水立法没有对编制再生水利用规划作出明确规定,造成了实践层面编制再生水利用规划的必要性、法律地位等不够明确,也导致已编制规划严肃性和效力的不足。

3 再生水使用权探讨

3.1 涉及的主体梳理

总体来看,再生水利用模式可以大致分为两类,即集中处理利用模式和就地处理利用模式,两种模式涉及的主体在现实中存在差异。

3.1.1 集中处理利用模式

集中处理利用,即不同用水户的污水经过管网配套设施收集、再生水厂(含污水处理厂)处理形成再生水后,再通过输水管网、渠系或河道等水工程配送用于城市杂用、农业灌溉、景观用水、生态补水、工业用水等。该利用模式中,理论上涉及的主体包括再生水管理者(承担再生水开发利用相关职能的政府和部门)、污水排放者、再生水生产者(各类污水处理厂、再生水厂)、再生水经营者(负责经营再生水的主体)、再生水管网经营者(负责经营污水搜集管网或再生水配送管网的主体)以及再生水消费者(使用再生水的各类用水户)。现实中,经再生水管理者(再生水所有权人)

授权，再生水生产者、经营者和管网经营者等可以是同一主体。

3.1.2 就地处理利用模式

就地处理利用，即用水户排放的污水经过局部管网配套设施搜集，就地处理达到相应水质标准，直接进行利用。该利用模式常见于生活小区、工业园区或用水量较大的企业，涉及的主体理论上与集中处理模式一样。但在实际中，污水排放者，再生水的生产者、经营者、消费者及管网运营者可以是同一主体，也可能存在缺失。

3.2 使用权归属论证

针对再生水利用模式及涉及主体的分析可知，在实际情况中，再生水开发利用涉及的潜在使用权行使主体包括污水排放者、再生水生产者、经营者，管网运营者及再生水消费者。研究认为，污水排放者不享有再生水使用权，再生水生产者、经营者及管网经营者享有与再生水相关的特许经营权，再生水消费者则享有再生水的使用权。

3.2.1 污水排放者不享有再生水使用权

研究认为，应当承认污水能够转化为再生水的价值，但污水排放行为实质是水资源使用权的灭失。一般来讲，无论是城镇生活污水，还是企业污水，都被认为是已经失去了水所应当具有的基本使用价值。为减少污水对环境及水资源的污染和破坏，政府和社会需要投入巨大的人力和财力来对污水进行改善和治理。因此，可以说污水因为其失去了水的使用价值导致其经济价值及资源属性的丧失。污水不仅不具有一般资源的稀缺性和有益性，对许多城市和地区更是一种负价值和负效益，只有经过污水工艺处理后达到一定使用功能的再生水才具有资源的属性，重新成为水资源。而现实中缴纳污水处理费的行为，实质是为了使排放的污水符合国家的强制性标准、委托污水处理厂进行污水处理所需支付的对价，是污水排放者在享有原水资源使用权后应当承担的一项法定义务。污水被排放后，与其他来源污水、雨水等混合成为一体，可视为排放者对污水的处分行为，此时污水就成为了"无主物"。

3.2.2 再生水生产者、经营者和管网经营者享有与处理利用再生水相关的特许经营权

再生水生产者、经营者和管网经营者是在再生水开发利用相应环节中，通过特许方式获得了参与公共事物管理职能，即分别开展污水处理、再生水经营、相关管网经营的权利，也就是特许经营权。特许经营通常是政府和投资再生水开发利用的社会资本谈判的结果，要求政府和社会资本签订特许经营合同。对于再生水生产者而言，虽然短暂地"占有"了再生水，但仅能理解为政府授权其对污水进行"加工"处理并获取相应收益，再生水是最终产物，污水处理过程并不是对再生水的使用。对再生水经营者而言，通常情况下也不涉及对再生水的使用，只是政府授权了其开展再生水供水服务的职能。需要指出的是，与之相似的自来水公司等公共供水单位，一方面要按照法律规定通过办理取水许可证取得取水权；另一方面其核心业务在于从事供水服务，本质上属于特许经营，应当按照授予特许经营权的思路进行规范和管理。

3.2.3 再生水消费者享有再生水的使用权

水资源使用权，是指从水资源所有权中分离出来的单位和个人依法对水资源占有、使用和收益的权利。我国水资源属于国家所有，对国家所有的水资源，可以从所有权中分离出使用权，由单位和个人依法占有、使用和收益。《中华人民共和国民法典》《中华人民共和国水法》已经对水资源的取水权、农村集体经济组织用水权进行了规定，即水资源的使用权属于"直接从江河、湖泊或者地下取用水资源的单位和个人"、农村集体经济组织等主体。研究认为，顺延现有法律规定，再生水使用权应当属于取用再生水的用水户，即再生水消费者。

需要指出的是，现有法律对水资源使用权的规定是不足的，还应当对公共供水管网内用水户的水资源使用权进行规定，进而实现对包括再生水在内的水资源使用权涉及的相关用水主体的覆盖。此外，再生水作为水资源，获得其使用权理论上应当获得所有权主体（政府）的许可并缴纳有关费用，实行有偿出让。但再生水利用在我国仍处于鼓励阶段，目前没有要求再生水消费者获得许可并缴纳相

关有偿使用费用，其缴纳的"水费"本质上属于对污水处理及再生水供水成本的补偿。如果再生水资源进入大规模使用阶段，有必要研究设定有关许可事项，以满足再生水使用权有偿让渡、开展再生水利用监管等需要。

4 有关建议

《中华人民共和国水法》作为调整水事关系的基本法律，水利部已经启动了修订论证工作。建议以此为契机，围绕再生水的权属、规划等关键问题，有针对性地论证修改相关条文，为解决实践层面存在的问题提供法治保障。提出相关修改建议如下：

一是明确再生水的所有权。将《中华人民共和国水法》第二条修改为："本法所称水资源，包括地表水、地下水等常规水资源以及再生水等非常规水资源。"

二是赋予再生水利用规划法律地位。将《中华人民共和国水法》第十四条第二款修改为："……前款所称专业规划，是指防洪、治涝、灌溉、……节约用水、再生水利用等规划。"

三是明确再生水的使用权。将《中华人民共和国水法》第五十五条修改为："使用水工程供应的水的单位和个人，依法享有用水权，应当按照国家规定向供水单位缴纳水费。……"

参考文献

［1］中华人民共和国水利部.再生水水质标准：SL 368—2006［S］.北京：中国水利水电出版社，2008.
［2］中华人民共和国水利部.2020年水资源公报［A］.北京：中华人民共和国国水利部，2021.
［3］北京市水务局.2020年北京市水资源公报［A］.北京：北京市水务局，2021.
［4］李肇桀，等.再生水利用政策法规与制度建设［M］.北京：中国水利水电出版社，2020.

推动河湖长制有能有效，以"河湖长制"促"河湖长治"——重庆市荣昌区河湖管护改革实践

代宽勇

（重庆市荣昌区水利局，重庆 402460）

摘 要：2014 年以来，重庆市荣昌区作为水利部第一批及重庆市唯一河湖管护体制机制创新试点县，率先建章立制完善体系、因河施策，紧抓"河长"这个"牛鼻子"，强化经济责任和自然资源资产审计，促使各类环保主体遵循经济活动过程和"绿色生态"价值方向结果，开创性地实施了"河长+牵头部门"模式，形成了党政主导、部门联动、社会共治通力合作，助推河湖管理由"九龙治水"推诿扯皮转变为"一龙护水"齐抓共管的工作格局。组织开展污水"三排"、河湖"四乱"、提升"三率""三实"专项行动，河湖面貌焕然一新，河湖水质稳步提升。

关键词：河湖长制；经济；审计；改革实践

1 实践成效

1.1 搭建河湖长制"四梁八柱"，完善河长体系、社会参与

全面建立区域与流域相结合的区、镇、村三级河长责任体系，落实区、镇两级"双总河长"制和河长办公室，明确区级责任单位 41 个、区级河长 21 名、镇街级河长 196 名、村（社区）河长 243 名，制定了《河长会议制度》《河长制工作督查制度》《河长制资金整合制度》《河长制工作考核办法》等四个机制、八个制度办法，构建了河湖长制"四梁八柱"。推行"各级领导干部将履行河湖长制责任情况纳入班子民主生活会对照检查"的制度，开展河湖长制执行情况审计，实行河湖警长制、河长+检察长制、河小青和民间河长制以及社会监督员制度，扩大河长"朋友圈"，压实了各级河长责任，破除管河治河"最后一公里"难题，拓宽了协作共治、共管的知晓度和参与度。

1.2 河湖水质监测全覆盖，找准污染问题、厘清责任

为进一步规范河湖水质监测工作，全区 151 条河流和饮用源水库设置 273 个水质监测取水点位，在每个点位埋设固定水泥桩，标注序号，并将地理坐标定位上图，确保了水质检测结果的准确性、严肃性和可对比性。另外，为准确掌握每条河流污染源状况及致污原因，适时增加水质监测点位 100 余个，实行分段追溯监测，动态掌握污染情况。

1.3 编制实施"一河一策"，根据河湖实际、对症治理

通过配合污染源调查、加强指导、打造样板等措施，建立健全"一河一档"。通过实地踏勘、调研走访等方式，全面核查上一轮"一河一策"编制实施情况，总结实施过程中的做法和问题后，全面更新编制新一轮"一河一策"（2021—2025 年），充分发挥牵头部门、镇街作用，实地摸排问题，精准建立问题清单、措施清单、责任和时限清单。邀请技术专家、行政行业专家全过程参与"一河一策"审查，确保了综合治理措施能真正落细落实落地。并且，对各区级河流牵头部门、镇街提出"一河一策"量化治理任务，要求其对标、对表实施综合治理工作，推动全区水环境不断改善。

作者简介：代宽勇（1989—），男，一级建造师（专技十级），重庆市荣昌区河长办公室综合组负责人，主要从事河湖长制改革工作。

1.4 专项行动稳步推进，改善河湖面貌、河流水质

制定实施《荣昌区总河长令》《开展提升污水收集率、污水处理率和处理达标率专项行动工作方案》《开展荣昌区河库"清四乱"专项行动的通知》，区双总河长亲自部署、一线督战；区级河长专题研究、督查督办；区级部门统筹推进、协同配合；镇村河长领命担当、冲锋在前，扎实开展专项整治，加强事中事后监管。通过管护治理，全区河湖面貌历史性改变，河湖水质指标稳步上升、全面消灭劣Ⅴ类河流水体断面。荣昌区濑溪河国控、大清流河国控出境断面稳定保持地表水Ⅲ类水质，渔箭河、马鞍河市级监测断面稳定保持地表水Ⅲ水质。

1.5 加快补齐环保基础设施短板，加大投入、活跃经济

将河湖长制专项经费列入区财政预算予以保障。河湖长制以治水为引领，整合水库建设、河流治理、水土保持、水生态保护与修复、水环境治理、场镇建设、农林等各级财政投入资金。建立长效、稳定的河湖管理保护投入机制，已纳入"十三五"各专项规划涉及河湖长制的项目资金优先安排，通过政府购买社会服务方式重点保障水质监测、信息平台建设、河库划界等工作。将河湖巡查保洁、堤防工程日常管养经费纳入各级财政预算，加大对城乡水污染治理、水环境整治、水生态保护修复等突出问题整治项目资金投入，优先安排将污水管网建设、补水工程建设等项目资金。积极探索引导社会资金参与河湖环境保护、治理和使用，释放"绿色"生态经济价值。

1.6 完善审计评价机制，实施河湖长制执行情况审计、跟踪问效

为落实河湖长制工作目标，开展河湖长制执行情况专项审计。通过调查审计事项的基本情况和评价意见、发现的主要问题、原因分析及调查建议，建立审计运行机制，揭示生态环境保护、开发利用及河湖长制实施过程中存在的薄弱环节和问题，为自然资源资产节约集约利用提供决策依据，督促各级领导干部履行生态环境保护责任；督促河湖管理保护问题早发现早整改早见效。同时，将河湖长制执行情况纳入领导干部经济责任和自然资源资产离任（任中）审计，充实生态文明绩效评价考核和责任追究。

1.7 推进跨界河流共建共保，携手毗邻区县、联防联治

荣昌地处川渝交界，田土相连、水系相通，跨界河流密布交织，以成渝双城经济圈建设为抓手，联合重庆永川区、大足区，与四川比邻的资阳市安岳县、内江市、隆昌市、泸州市，每年分别组织川渝跨界河流共管共治联席会议1~2次，主要研究解决跨界河流重大生态环境问题和重大合作项目，逐步建立专项会商、应急联动、监测联动、信息共享等联防联控机制，促进跨区域、跨流域污染共管共治。

2 工作难点

重庆市荣昌区为浅丘地貌，小溪潺水，主要水环境问题是生态脆弱，设施薄弱，群众爱河护河意识不高，基层河长履职能力和部门合力需要进一步提高等，主要包括以下几点：

一是散居农户污水点多、面广、种类混杂，散养畜禽粪便废水及生活污水横流还普遍存在，面源污染直接影响源头水环境。

二是水产养殖塘肥水养鱼现象易"反弹"，养殖尾水监管难度大，直排入河造成干支流水质恶化。农业种植污染整治实施难度大，秸秆综合利用率低，农药、化肥不合理施用，对河流水质带来污染隐患。

三是环保基础设施投入尤其是农村污水治理建设投入，面广点多，污水处理提质增效的运维成本高，项目投资回收期长，社会资本进入有一定门槛，增加地方财政负债。

3 对策建议

3.1 强化正向激励，切实加大保障力度

河湖长制涵盖范围广，工作任务重，具有长期性，河湖长制考核重履职问责而轻正向激励，需要

加大组织保障、优质政策和资金投入力度。一是注重基层河长培养和使用,完善选人用人机制、考核评价机制、分配激励和人才引进机制,逐步优化队伍的年龄结构、知识结构和专业结构。二是以流域整体治理为核心,加强毗邻市区县的政策衔接,充分借鉴成渝城市之间在河流治理和示范创建方面的政策沟通和借鉴,共同促进河湖的长治久清、良性发展。三是积极拓宽筹资渠道,将河湖长制工作经费纳入财政预算。以业主自筹、PPP 等方式吸取更多社会资金投入环保工作,鼓励测土配方施肥、科学调优种养结构;河湖长制责任单位要密切协作,提升行业监管水平和项目前期包装协调,加大向上级部门的争取力度,例如:根据市级相关政策,协助项目业主积极争取水利方面的贴息贷款资金,补齐环保设施短板,增强监管水平和提升污染处置消纳能力。

3.2 补齐"最后一公里"短板

河湖巡查频次要求高,对标任务和需要,基层巡河多为村级河长,缺少巡河员(护河员)和缺乏专业知识及现代化巡河护河手段。例如:村级河长每周一次的巡河集中在路好走的河段,而在隐蔽性强的山野段受巡查频次和巡查手段限制,导致问题发现不及时,漂浮物清理不及时,淤积腐蚀恶化水质。加强基层人员尤其是一线护河员的科技装备水平和能力建设。实施河长制、林长制工作联动,推动了山水同治,水岸共管,巡林又巡河,有利于工作的统筹协调与开展,有利于山水林田湖草系统治理。

3.3 提升水环境保护治理主体意识

"河湖长制"不替代部门职责、不替代属地主责、不替代行业执法,河长办是河长的参谋助手。现实中"河湖长制是水利一家之事""河长办是水利局下设办公室"的思想依旧存在,"河湖长制"被当作一个"框",各级各部门将河长和河长办责任无限放大,推进慢、推动难的问题都被装进来。需要进一步强化部门职责,强化属地主体责任,强化信息共享,加大水环境保护、水生态治理的部门执法力度,建立完善以政府主导、社会共治、属地负责、行业监管、专业管护的河道管理保护机制,对肆意围垦河湖、污染水质、侵占水域岸线等行为坚决从严重处,切实做到查处一个、震慑一片,切实加大河道保护治理。

3.4 切实加强宣传引导

一是通过报刊、电视、网络等新闻媒体和微信、微博、客户端等新媒体来对河流保护进行宣传,呼吁社会公众积极参与河流防治,以弥补政府治理的不足。

二是建立公开透明的公众参与机制,充分提供公众参与河流管理的机会与渠道。

三是把群众、媒体、志愿者、民间环保组织等动员起来,充分发挥"民间河长、巾帼河长、企业河长、河小青"等作用,积极引导"民间河长"助力河湖长制工作。

四是组织开展"河湖长制进校园、进课堂、进社区"等活动;在各类群体中发掘"党员河长""学生河长""企业河长"等,不断增强社会监督,增强对河流保护的责任意识和参与意识,以实际行动参与水环境保护工作,在全社会形成爱水、护水、惜水的浓厚氛围。

参考文献

[1] 习近平. 主持召开中央全面深化改革领导小组第二十八次会议强调坚决贯彻全面深化改革决策部署以自我革命精神推进改革[EB/OL]. 新华社,(2016-10-11)[2022-1-25]. http://www. gov. cn/xinwen/2016-10/11/content_5117573. htm.

[2] 周楠,白田田. 一长了之、一长就灵、一应俱长?谨防"某长制"形势大于内容[J]. 半月谈,2021(19):42-44.

典型地区实施小型水库专业化管护的主要做法

李发鹏　孙波扬

（水利部发展研究中心，北京　100038）

摘　要： 2021 年以来，各地按照中央部署的加强小型水库运行管护工作要求，加快推进政府购买服务、"以大带小"等专业化管护模式，取得了明显进展成效。本文对浙江省余杭区、莲都区和福建省霞浦县、连江县推进小型水库专业化管护的主要做法进行了梳理总结，分析介绍了政策引导、经费保障、培育管护市场、因地制宜推行专业化管护模式、聘用巡库员等采取的措施，以期为其他地区加快推进小型水库专业化管护提供参考借鉴。

关键词： 小型水库；专业化管护；主要做法

2021 年 4 月，国务院办公厅印发《关于切实加强水库除险加固和运行管护工作的通知》（国办发〔2021〕8 号），要求积极创新管护机制，强化小型水库运行管护[1]。2021 年 8 月，水利部印发《关于健全小型水库除险加固和运行管护机制的意见》，部署了小型水库实行专业化管护的具体安排和措施，鼓励各地因地制宜探索实施区域集中管护、政府购买服务、"以大带小"等专业化管护[2]。一年来，各地按照要求，结合小型水库实际，积极主动推进专业化管护，取得了明显进展成效。本文结合实地调研，分析总结了浙江省杭州市余杭区、丽水市莲都区和福建省宁德市霞浦县、福州市连江县推进小型水库专业化管护的主要做法，以期为其他地区提供参考借鉴。

1　典型地区小型水库管护基本情况

1.1　浙江省杭州市余杭区、丽水市莲都区

余杭区下辖 7 个街道、5 个镇，共有小型水库 25 座。2021 年起，余杭区将小型水库、堤防、泵站、水闸等纳入区级集中管养，由余杭林业水利投资有限公司（简称"林水公司"）作为管理单位推行专业物业化运维管理，经公开招标投标确定浙江江能建设有限公司（简称"江能公司"）承担具体养护工作，两年 3 000 万元经费全部由财政拨付。江能公司组成 60 余名具有高工、工程师等职称专业技术人员的专业管养队伍，并聘用水库周边群众 25 人担任巡库员，联合开展工程日常维养。

莲都区下辖 6 个街道、9 个乡镇，共有小型水库 39 座。2022 年，区水利局公开招标确定丽水市供排水有限公司（简称"供排水公司"）承担区内 27 座公益性小型水库和 20 座山塘物业化管理，中标金额 175.5 万元。目前，供排水公司已聘用 46 名当地农民担任巡库员。

1.2　福建省宁德市霞浦县、福州市连江县

霞浦县下辖 3 个街道、12 个乡镇，共有小型水库 49 座。2020 年，县政府公开采购确定厦门市国水水务咨询有限公司承担 38 座公益性小型水库物业化管理工作。一年合同期满后，考核结果与水库管理要求存在一定差距，县政府决定调整为"以大带小"模式对公益性小型水库实行专业化管护。目前，县水利局委托公益性事业单位——溪西水库服务中心承担 38 座公益性小型水库运行管护工作。溪西水库服务中心专门成立小型水库管理站，明确 12 名具有水利专业技术能力的成员担任防汛技术责任人；同时，按照"一人一库、责任包干"的原则，聘用 38 名水库周边群众担任巡库员。

连江县下辖 22 个乡镇，共有小型水库 65 座。2020 年，县水利局招标确定福建润闽工程顾问有

作者简介：李发鹏（1981—）男，副研究员，主要从事水利政策研究工作。

限公司（简称"润闽公司"）为小型水库社会化专业管护服务机构，2 年合同期的成交价为 645.8 万元。润闽公司在连江县设立实体项目部，配置专业技术人员和作业队，每 20~40 库配置专业技术人员 1 人、皮卡或越野车辆 2 辆。每座水库聘用 1 名当地群众担任巡库员，由专业技术人员统一管理。

浙江省杭州市余杭区、丽水市莲都区，福建省宁德市霞浦区、福州市莲江县的小型水库专业化管护情况见表 1。

表 1 小型水库专业化管护情况

序号	县（区）	水库数量/座	管护模式	经费投入/（万元/年）	管护对象	巡库员数量/人
1	余杭区	25	政府购买服务	1 500	25 座小型水库、86 km 堤防及沿线穿堤建筑物、3 座中型泵站、42 座小型泵站、62 座水闸	25
2	莲都区	39	政府购买服务	175.5	27 座公益性小型水库和 20 座山塘	46
3	霞浦县	49	以大带小	145	38 座公益性小型水库	38
4	连江县	65	政府购买服务	322.9	65 座小型水库	65

2 推进专业管护的主要做法

目前，浙江、福建四县（区）小型水库社会化专业管护加快推进，制定出台了支持政策，落实了经费保障，根据水库实际推行各具特色的专业管护模式，取得了明显进展。

2.1 积极落实政策与经费，加快推进专业化管护

一是强化政策引导。浙江和福建各级政府高度重视小型水库社会化专业管护，在省级层面予以统筹推进，督促各级政府层层落实。浙江、福建水利厅分别印发《浙江省水利工程物业化管理指导意见》（浙水管〔2021〕16 号）、《全面推行小型水库社会化管养的指导意见》和《福建省小型水库管护购买服务技术规程（试行）》（闽水运管〔2020〕5 号），部署了小型水库社会化专业管护的目标任务和工作措施[3]。在此基础上，市县层面也制定出台政策文件予以落实，如余杭区编制印发《余杭区重要水利工程集中管养工作方案》《关于进一步明确余杭区重要水利工程集中管养工作职责的通知》，福州市印发《小型水库物业化管理考核暂行办法的通知》等。

二是加大经费保障。推行社会化专业管护，资金保障是首要制约因素。各地普遍发挥中央财政小型水库维修养护补助资金的撬动作用，在此基础上，主动多元筹集资金，不断提高资金保障水平[4]。余杭区水利工程社会化专业管护年度投入总额高达 1 500 万元，包括中央补助 89 万元、争取省级财政补助 100 余万元，其余全部由区财政承担。莲都区将中央财政补助 210 万元、省级财政补助 120 万元和区财政兜底资金统筹使用，合理安排小型水库除险加固、系统治理、政府购买管护服务等工作，其中投入小型水库管护资金 175.5 万元。连江县在使用中央和省级财政补助资金用于公益性小型水库社会化专业管护外，还自筹资金将准经营性小型水库统一纳入社会化专业管护。

三是积极促进管护市场发展壮大。近年来小型水库管护市场主体逐渐增多，过去无人投标现象几近绝迹，目前政府购买小型水库管护服务，每项招标都能吸引至少 3 家社会企业投标，多的有 5~7 家企业投标。根据丽水市水利局统计，境内已有 15 家企业参与辖区内水利工程物业化管护；福州市水利局统计其境内已有 21 家水利工程管护企业，管护业务涉及水库、山塘、水闸、泵站、堤防、河

道等。座谈交流中了解到，小型水库管护企业有些是从水利系统事业单位转制而来，如丽水市供排水有限责任公司；也有传统水利勘测设计、施工、咨询等企业转型或业务拓展，如江能公司、润闽公司；还有一些其他领域企业主动拓展水利工程管护业务，如丽水众信保安服务有限公司、浙江金龙物业管理有限公司。目前，已有一些规模较大的企业，经营范围跨县区或地市，如润闽公司已经承担福州市境内 7 个县区 220 余座小型水库管护业务。

2.2 因地制宜推行各具特色的专业化管护模式

在推进专业化管护的过程中，各地探索总结出了适合自身的管护模式，总体上看不同地区的管护模式具有很高的相似性，但在具体操作层面也有一些细节上的区别，充分体现了不同区域的差异性和推广专业化管护工作的复杂性[5]。浙江、福建四县（区）实施的专业化管护模式主要有以下三种：

一是区域内水利工程打捆进行政府购买服务。余杭区 2021 年 1 月起由区政府指定余杭林业水利投资有限公司作为管理单位，对余杭区的重要水利工程进行物业化运维管理，集中管养范围包括：全区 25 座小型水库，苕溪北塘地方及沿线穿堤建筑物，3 座中型泵站，小型水库部分主要涉及 9 个镇街，管理范围包括水库库区校核洪水位以下地带，坝体两端和背水坡脚以外 50 m 以内的地带。服务内容包括工程日常运维、管理提升、除险加固等。余杭林业水利投资有限公司作为总承包商，统筹水利工程管护经费，直接对区林水局负责，具体的管护工作则由林水投资公司进一步聘请专业化管护公司参与。

二是常规式政府购买服务。莲都区、连江县均采用公开招标的方式筛选确定物业化管护公司，择优确定供应商。其中，莲都区有 3 家区域性公司参与竞争，连江县既有大型跨区域公司，也有地方性小公司参与竞争。管护服务合同签订的甲乙双方为水利局与管护企业，合同除约定的管护服务事项外，还将政府对管护企业的监督考核与奖惩制度纳入合同条款。考核为优秀，按中标价格全额支付管护经费；考核合格，全额付费但对不足之处督促企业整改；考核不合格，不发或推迟支付管护经费，或直接终止合同。

三是"以大带小"模式。霞浦县在经过两轮专业化管护模式探索后选择此模式。2020 年霞浦县参照一般的物业化管护方法，引入厦门市国水水务咨询有限公司负责全县的小型水库管护工作。通过一年运行，发现外来公司难以满足专业化管护要求，主要体现在：一是外地公司不熟悉当地环境，与各方沟通联络存在一定障碍；二是与当地现有的水管体制融合难度大，不能满足当地对于水库管理、防汛工作的标准要求，导致对物业化管护公司考核部分季度不合格。在反复比较各种管护模式后，县政府决定委托本地溪西水库服务中心开展"以大带小"管护服务。溪西水库服务中心凭借自身技术和本地优势，成立专门的小型水库物业化管护项目部，独立运作，取得了更好的管护效果。

2.3 巡库员已成为专业化管护不可或缺的基础性举措

小型水库社会化、物业化、专业化管护有利于规范巡库员管理，各地普遍把巡库员制度作为小型水库专业化管护的重要措施。各地采取的主要措施有以下三个方面：

一是规范聘用管理。以往小型水库巡库员多由水库所在村组指派，有的直接由村支书或村主任挂名，或由村支书直接指派亲属担任，缺乏规范统一的管理，难以保证履行巡查职责。实施社会化、物业化、专业化管护的小型水库，管护单位自主选聘巡库员，巡库员与管护单位签订劳务协议，身份成为单位雇员，由管护单位统一发放服装、制作工牌并注明巡查事项。管护单位通常安排专人负责巡库员的日常管理，监督巡库员履职情况。管护单位普遍为巡库员购买了人身意外伤害保险，部分特别偏远水库的巡库员给与一定交通补助。目前来看，巡库员岗位对于周边群众具有较强的吸引力。

二是强化教育培训。将巡库员纳入管护单位聘用人员进行管理后，管护单位定期对巡库员进行专业技术培训和技能考核。培训主要内容有防汛基本知识、巡查责任人履职、病虫害风险识别、大坝渗漏观测、溢洪道检查、巡查记录归档管理等。大部分巡库员都通过网络培训学习了水利部指导制作的《小型水库防汛"三个责任人"履职手册》《小型水库防汛"三个重点环节"工作指南》教学视频，部分单位要求巡库员培训考核合格后才能上岗。福建润闽公司对于其管理的小型水库均从当地聘请巡查人员，并由项目技术人员统一管理，公司定期由技术人员对巡库员进行线上、线下技术指导和培训，解答巡库员实际工作中面临的技术问题，指导巡库员操作一些专业化设备及部分工程设施。

三是严格监督考核。管护单位普遍针对巡库员岗位履职制定了月度考核、季度考核、年度考核等一系列考核事项和指标，加强对巡库员的监督考核。部分地区有因考核不合格辞退巡库员的案例。部分地区对于考核优秀的巡库员会进行表扬和奖励，进一步提升了巡库员的荣誉感和使命感。在与巡库员的现场交流中，他们普遍表现出积极的精神面貌。

3 结语

总的来看，地方已经充分意识到专业管护特别是社会化专业管护对于小型水库的重要性，纷纷根据实际制定政策、经费等措施，积极调动社会力量参与小型水库专业管护，实现让专业的人干专业的事，有效弥补了小型水库管护短板。同时，专业化管护也让政府及水利部门从具体的水库管护事务中解放出来，转向统筹协调、监督指导、考核评价等工作，在降低管护成本基础上提高了管理效能。通过现场察看证实，实施社会化专业管护的小型水库面貌得到了显著改善，坝面坡面完好整洁，溢洪道、放水设施、防汛道路安全通畅，管护水平与成效明显提升。

下一步，建议各地根据实际情况持续推进小型水库专业化管护，一是在政策指导上继续发力，明确向社会力量购买管护服务的规范要求，制定出台鼓励社会力量参与的激励政策，完善小型水库管护相关标准规范等。二是在争取经费支持上继续发力，水利部门要主动对接财务等部门，争取政府加大资金投入，推动利用好地方政府专项债等金融工具，拓宽经费保障渠道。三是在监督指导上继续发力，水利部门要加强监督检查，及时发现小型水库专业化管护中遇到的各类问题，或者向上反映争取解决政策，或者提供技术帮扶和指导，促进小型水库专业化管护取得实效。

参考文献

［1］王荣鲁，叶莉莉，李哲，等．小型水库运行管理问题及对策［J］．中国水利，2021（4）：34-37．
［2］彭月平．新时期江西小型水库管护问题及对策［J］．水利技术监督，2022（8）：123-125，224．
［3］彭伟斌．小型水库大坝安全监测社会化专业化服务的新模式［J］．水利科技与经济，2008（3）：245-246．
［4］王杰，陶勇．浅谈小型水库养护与维修［J］．水利科技与经济，2010，16（1）：43，55．
［5］张成贵．建立小型水库长效管护机制的几点思考构建［J］．科技风，2020（36）：189-190．

关于水利专业技术人才分类评价的思考

曹 阳

（水利部人才资源开发中心，北京市 100038）

摘 要：人才分类评价既是贯穿人才发展的全新理念，又是全方位培养、引进、用好人才的前提和条件。做好水利专业技术人才分类评价，对水利行业树立正确用人导向，激励引导水利专业技术人才职业发展、调动水利专业技术人才创新创业积极性、推动水利高质量发展具有重要作用。以科学的分类为基础，确立差异化的评价内容将对水利专业技术人才分类评价的实施起着至关重要的作用。

关键词：水利；专业技术人才；分类；评价

1 问题的提出

人才评价是人才发展体制的重要组成部分，是人才资源开发管理和使用的前提。建立科学的人才分类评价机制，对于树立正确用人导向，激励引导人才职业发展、调动人才创新创业积极性、加快建设人才强国具有重要作用。为此，近年来国家陆续推出了《关于分类推进人才评价机制改革的指导意见》（简称"《指导意见》"）《关于深化项目评审、人才评价、机构评估改革的意见》（简称"《改革的意见》"），以及《关于优化科研管理提升科研绩效若干措施的通知》等重要文件，不断推动着人才分类评价的完善。

2021 年，水利部党组将全面提升国家水安全保障能力作为新阶段水利高质量发展的总体目标，提出提升水旱灾害防御能力、水资源集约节约利用能力、水资源优化配置能力、大江大河大湖生态保护治理能力等四种能力，明确完善流域防洪工程体系、实施国家水网重大工程、复苏河湖生态环境、推进智慧水利建设、建立健全节水制度政策、强化体制机制法治管理等六条实施路径。新阶段水利高质量发展目标任务的推进涉及多个专业范围、业务领域，需要各类人才统一谋划、协同工作、同向发力，这对水利人才分类评价提出了新的需求。在实际工作中，水利行业现有的专业技术人才评价内容、标准等更偏向于科学研究领域，勘测设计、工程管理、信息化、软科学等领域的用人单位和人才对差异化分类评价的需求非常强烈。

基于以上现实，亟需提出水利专业技术人才分类评价的工作思路和建议方案。

2 水利专业技术人才的界定

2003 年，中共中央、国务院《关于进一步加强人才工作的决定》，将人才划分为党政人才、企业家经营管理人才和专业技术人才三类。2010 年出台的《国家中长期人才发展规划纲要（2010—2020年）》，提出了六支人才队伍的划分，即党政人才队伍、企业经营管理人才队伍、专业技术人才队伍、高技能人才队伍、农村实用人才队伍、社会工作人才队伍。

专业技术人才是指通过学习接受某方面技术知识，具备该专业技术能力的人员，其熟悉相关专业基础理论和技术，能够完成特定技术任务，并具有自主创新能力。广义理解，专业技术人才是指拥有特定的专业技术（不论是否得到有关部门的认定），以其专业技术从事专业工作，并因此获得相应利益的人。

作者简介：曹阳（1972—），女，副编审，处长，主要从事人才资源开发与管理工作。

水利专业技术人才是指具有专业基础理论和技术，在水利企业和事业单位中从事专业技术工作的人员。截至 2020 年年底，全国水利系统在岗的专业技术人才有 33.7 万人，占在岗职工的 43.3%，远高于党政人才（7.6 万人）、技能人才（27.9 万人），是水利行业人才队伍的主要力量，是实现新阶段水利高质量发展的主力军。

3 关于人才分类评价的目的

任何评价都涉及为什么评价及评价做什么用的问题，这是一切评价工作的起点，也是评价工作的核心，对采用的评价方法、评价内容及结果使用起到决定作用[1]。从近年来各地、各部门的人才评价工作具体实践情况看，评价目的多停留在考核与选拔，主要针对被考评人的现有能力素质进行的评价[2]。目前，针对水利专业技术人才评价也大体如此，对任职条件能力的评价如职称资格评价、依据业绩成果的评价如各类人才工程选拔，这些评价占据着专业技术人才评价的主流。

着眼于水利高质量发展的需求，水利专业技术人才分类评价需将人才评价与人才发展、水利发展三者有机结合，围绕实施人才强国战略和创新趋动发展战略，"激发人才创新创业活力"。这就要求，无论是水利专业技术人才分类界定，还是分类评价的内容、标准及具体执行上，都要既注重评价对象的素质条件、行为过程、业绩贡献、发展潜力，更要注重评价活动产生的导向意义、示范价值，在人才发展、水利发展中的推动作用。

换言之，水利专业技术人才分类评价，除具有评价活动本身的直接目的（如选拔、考核）外，更应作为人才工作的管理理念渗透到水利人才发展中，以服务水利高质量发展为目的、以分类为前提、以评价为基础，为水利专业技术人才的培养与使用服务。

4 关于水利专业技术人才的分类

人才分类是为了对人才进行精确地描述，明确各类人才特征，从而为提高评价内容的针对性、评价方法的适应性奠定基础。《指导意见》强调"以职业属性和岗位要求为基础，健全科学的人才分类评价体系"，并将人才分为科技人才、哲学社会科学和文化艺术人才、教育人才、医疗卫生人才、技术技能人才，以及企业、基层一线和青年人才六大类。同时，进一步将科技人才细分为基础研究人才、应用研究和技术开发人才，以及社会公益研究、科技管理服务和实验技术人才三类。

职业属性是职业活动的共同性质和特征。职业属性具有价值性、延续性和专门性三种特性。价值性是指职业的存在特性，包括职业的目的性、社会性和规范性；延续性是指职业的运动特性，包括职业的稳定性、群体性和时代性；专门性是指职业的形态特性，是职业劳动与一般活动或劳动之间的根本区别。依据职业属性判断准则，《中华人民共和国职业分类大典》[3] 将专业技术人员分为科学研究人员，工程技术人员，农业技术人员，飞机和船舶技术人员，卫生专业技术人员，经济和金融专业人员，法律、社会和宗教专业人员，教学人员，文学艺术、体育专业人员，新闻出版、文化专业人员和其他专业技术人员等 11 类。

以职业属性为基础，结合水利行业技术工作的特点，根据不同岗位、不同层次人才特点和职责，可对水利专业技术人才进行不同分类。

4.1 按不同岗位的分类

水利专业技术人才主要分布于水利企事业单位，主要从事工程施工与管理、规划勘测设计、科研、生产等工作，其中从事工程施工与管理工作的人数最多，占比超过 50%。结合职业属性和岗位差异，可将水利专业技术人才分为工程技术、工程管理、科学研究、技术开发、服务保障等五大类。

（1）工程技术人才。是指以解决水利工程建设和运行的技术难题为主要特征，以水利科学知识和研究成果应用为主要活动，以实用、可行、经济的技术方案为主要成果的人才。

（2）工程管理人才。是指以利用掌握的技术管理建造与运营工程为主要特征，以规划、勘探、招标、采购、施工等为主活动，以水利工程的质量、安全、进度、成本等为主要成果的人才。

（3）科学研究人才。是指以探索水利科学的内在本质和运动规律为主要特征，以调查研究、实验、试制等为主要活动，以发现新理论、创造新方法、发明新产品和创新新技术为主要成果的人才。科学研究人才可进一步细分为基础研究人才和应用研究人才。

（4）技术开发人才。是指以将技术应用于水利经济活动为主要特征，以系统、产品、设备与工具、工艺、原材料开发为主要活动，以开发经济效益为主要成果的人才。

（5）服务保障人才。是指以为水利工作推进提供坚实支撑为主要特征，以科技管理服务、社会公益服务、数据基础保障等为主要活动，以保障的可靠、响应、保证等为主要成果的人才。

4.2　按不同层次的分类

除学历、年龄、职称、专业等构成外，层次构成是表征水利专业技术人才队伍的重要指标。按专业层次，结合新阶段水利高质量发展的战略需求，水利专业技术人才队伍可分为战略科学家、领军人才、青年人才、基层人才。

（1）战略科学家。是站在国际水利科技前沿、引领水利科技自主创新、承担国家战略科技任务、支撑我国水利高水平科技自立自强的重要力量，是水利科学帅才，是水利行业战略人才力量中的"关键少数"。

（2）领军人才。是指以重大贡献、较大影响力为主要特征，以带领团队、推进水利事业创新发展为主要活动，以解决"卡脖子"关键核心技术问题等重大突破、填补空白、团队成长为主要成果的人才。

（3）青年人才。是指以个人潜力大、工作积极性高、发展可塑性强为主要特征，以学习、成长、创新为主要活动，以素质提升、工作创新为主要成果的人才。

（4）基层人才。是指以扎根基层、服务民生为主要特征，以工程防洪、水资源管理、生态修复、供水与灌溉等为主要活动，以为工农业生产与社会发展提供强有力保障为主要成果的人才。

4.3　水利专业技术人才分类的应用

依据岗位划分的人才分类，是以全体水利专业技术人员为对象的；依据层次划分的人才分类，则是以特定群体为对象的。前者为普适性划分，即覆盖水利专业技术人才全体的分类；后者为特定目的划分。在两种人才分类基础之上，可叠加其他分类，如专业领域划分、年龄结构划分、地域分布划分，可以实现对专业技术人才更准确的定位、更精准的画像。当然，人才分类远不限于此，还可依据评价目的的不同有针对性地划分，如水利青年拔尖人才、水利国际化人才。

5　关于人才分类评价内容的设定

目前，我国对于专业技术人才评价内容主要围绕人才的个体特点和所处的环境展开[4]。个体特点主要评价人才自身的专业知识和技能、能力、经历、对技术发展和社会进步的贡献。外部环境既要评价个体胜任能力、创新产出，又要评价外部要素，如任务指标、创新投入等[5]。

《指导意见》强调"分类建立健全涵盖品德、知识、能力、业绩和贡献要素，科学合理、各有侧重是的人才评价标准"，"坚持凭能力、实绩、贡献评价人才，克服唯学历、唯资历、唯论文等倾向，注重考察各类人才的专业性、创新性和履责绩效、创新成果、实际贡献。"之后国家出台的《改革的意见》再一次强调了人才评价要注重品德、能力和业绩，要克服论文、职称、学历、奖项的倾向，特别是对于社会公益性和应用技术开发类型的科研人才。而后，《关于优化科研管理提升科研绩效若干措施的通知》特别强调了科研评价的创新导向，特别是创新潜力、科研诚信等的评价。

综合以上，人才分类评价内容设定应坚持三个原则：一是坚持"人才无德不贵"原则，把以德为先落实在人才评价中，实现才为德所用；二是坚持实绩论人才的原则，实现才为绩所量；三是坚持持续人才观原则，实现能为才所有[6]。在"三个坚持"原则指导下，提出以下不同分类人才的评价内容。

5.1 不同岗位人才的评价内容

（1）工程技术人才。应适应工程技术专业化、标准化程度高、通用性强等特点，分专业领域建立健全工程技术人才评价标准，着力解决评价标准过于追求学术化问题，重点评价其掌握必备专业理论知识和解决工程技术难题、技术创造发明、技术推广应用、工程项目设计、工艺流程标准开发等实际能力和业绩。

（2）工程管理人才。重点评价其在管理、运营过程中效益、效果、贡献的实际能力和业绩。

（3）科学研究人才。基础研究人才着重评价其提出和解决重大科学问题的原创能力、成果的科学价值、学术水平和影响等，应用研究人才着重评价其技术创新与集成能力、取得的自主知识产权和重大技术突破、对产业发展的贡献等。

（4）技术开发人才。着重评价其技术成果应用、转化能力，产生的经济效益规模，对社会的实际贡献。

（5）服务保障人才。重在评价考核工作绩效，引导其提高服务水平和技术支持能力。

5.2 不同层次人才的评价内容

（1）战略科学家。重在评价其长远眼光、战略思维、多学科复合能力，以及在重大项目中的突破能力、主导能力。

（2）领军人才。重在评价其在水利业务领域的影响力、解决涉水重大技术难题的能力、对水利行业发展和科技创新的贡献，以及在科研团队建设、青年人才培养等方面的能力。

（3）青年人才。重在评价其参与攻关的重大项目或科技问题情况、解决涉水领域关键技术难题的思路和能力、成果或业绩的创新水平，以及钻研精神、创新思维、成长潜力及发展的可持续性。

（4）基层人才。重在评价其服务基层水利的实际工作经历和业绩、爱岗敬业表现，并加大基层工作年限的评价权重。

参考文献

［1］陈宝明．科技人才评价两因素模型的构建与应用［J］．中国科技人才，2021，6：1-7.

［2］萧鸣政，张湘姝．新时代人才评价机制建设与实施［J］．前线，2018，10：64-67.

［3］国家职业分类大典修订工作委员会．中华人民共和国职业分类大典［M］．北京：中国人力资源和社会保障出版集团有限公司，2015.

［4］刘颖．构建多元化创新科技人才评价体系［J］．中国行政管理，2019，5：90-93.

［5］赵伟，林芬芬，包献华，等．创新型科技人才评价理论模型的构建［J］．科技管理研究，2012（24）：131-135.

［6］萧鸣政．人才评价机制问题探析［J］．北京大学学报（哲学社会科学版），2009，5：31-36.

高质量发展背景下城市水网规划思路研究

张育德[1]　杨姗姗[2]

(1. 中水北方勘测设计研究有限责任公司，天津　300222；

2. 中国水利学会，北京　100053)

摘　要： 我国经济已由高速增长阶段转向了高质量发展阶段，尤其是城市发展更加注重高质量，对保障区域水安全提出了更高的要求，而开展水网建设是破解水利发展难题、提高区域水安全保障能力的重要途径。本文从指导思想、基本原则、总体战略及技术路线等方面提出了城市水网建设的总体思路，从水供给、水防御、水生态、水信息、水管理方面提出了水网规划的主要任务，构建了"五位一体"的水网体系。

关键词： 水供给；水防御；水生态；水信息；水管理

1　开展城市水网规划研究的重大意义

1.1　经济社会高质量发展的要求

我国经济已由高速增长转向高质量发展阶段，高质量发展要体现新发展理念，坚持质量第一、效益优先，以供给侧结构性改革为主线，推动经济发展质量变革、效率变革、动力变革，提高全要素生成率。

城市发展根据自身特点，立足在国家及省市发展战略中的定位，制定合适的发展战略和发展方向，主动迈进高质量发展阶段，从工业、农业、旅游及三产不断夯实基础，而水利作为重要的基础支撑，必须同步进入新的发展阶段，着力破解水灾害威胁、水资源短缺等瓶颈制约，加快推进"五位一体"水网体系建设，满足城市新时代经济社会发展需求[1]。

1.2　生态文明战略持续推进的要求

党中央、国务院高度重视生态文明建设，把生态文明建设作为统筹推进"五位一体"总体布局和协调推进"四个全面"战略布局的重要内容。党的十九大提出，要树立和践行"绿水青山就是金山银山"的理念，统筹山水林田湖草系统治理，建设美丽中国。

城市发展中也应融入生态文明理念，划定生态功能区，明确生态发展定位，始终坚持生态文明战略，做到生态立城。这需要以水网建设为核心，切实处理好人与经济社会发展、生态环境保护之间的关系，坚持生态优先，实现系统治理，保障河湖水生态健康。

1.3　落实"十六字"治水思路的要求

习近平总书记2014年3月14日专门就治水发表重要讲话，精辟论述了治水的战略意义，明确提出了"节水优先、空间均衡、系统治理、两手发力"的治水思路，字字千钧，为做好新时代水利工作提供了强大的思想武器和根本遵循。

城市发展要结合其区位优势、生态环境、水源条件、经济布局等要素，以水网建设为核心，深入

基金项目： 水利部水资源节约项目（126224000000190004）；中国特色一流学会建设项目（2021610）。

作者简介： 张育德（1985—），男，高级工程师，主要从事水资源规划工作。

通信作者： 杨姗姗（1990—），女，工程师，主要从事水资源管理、水文物理规律模拟及水文预报等工作。

落实"十六字"治水思路，切实把节约用水作为水资源开发、利用、保护、配置、调度的前提，实现节水优先；切实处理好人与经济社会发展的关系，坚持以水定需，实现空间均衡；切实处理好水与生态系统中其他要素的关系，把治水与治山治林治田治草有机结合起来，实现系统治理；切实处理好在解决水问题上政府与市场关系，发挥好协同作用，实现两手发力。

1.4 解决区域新老水问题的要求

目前，各个城市都不同程度地面临一些新老水问题交织的情况。从老问题来看，各城市目前存在不同程度的防洪能力不足、防洪标准偏低、城市供水水源单一、应急备用水源建设滞后等情况，亟需开展水网体系建设，补齐防洪、水资源等短板。

从新问题来看，河湖水环境质量尚不稳定、水生态修复和保护力度不够、人民对居住环境的要求逐渐提高等问题凸显，同样亟需通过水安全保障体系建设，转变发展理念，促进人与自然和谐共生，从而加快实现城市发展目标。

2 城市水网构建的主要思路

2.1 构建原则

（1）坚持以人为本、保障民生。牢固树立以人民为中心的发展思想，把满足人民对美好生活的向往作为出发点和落脚点，着力解决人民最关心最直接的防洪保安、饮水安全、农业灌溉等水安全问题，不断增强人民群众的获得感、幸福感、安全感。

（2）坚持节水优先，高效利用。把节水作为水资源开发、利用、保护、配置、调度的前提。实行水资源消耗总量和强度双控，强化水资源刚性约束，加快推进用水方式由粗放向节约集约的根本性转变，全面提升水资源利用效率。

（3）坚持空间均衡，协调发展。坚持以水定需、量水而行，着力实现水资源空间均衡。统筹流域与区域、城市与农村、山区与平原、上游与下游、干流与支流、左岸与右岸，正确把握当前与长远、需要与可能等重大关系，着力提升水利的协调发展水平。

（4）坚持系统治理，科学谋划。坚持山水林田湖草是一个生命共同体，把治水与治山治林治田治草有机结合起来。立足基本市情、水情及水利发展面临的新形势、新要求，准确把握水利发展新方向，科学制定水利发展的时间表和路线图。

（5）坚持生态友好，绿色发展。树立并践行尊重自然、顺应自然、保护自然和绿水青山就是金山银山的理念，坚持节约资源和保护环境的基本国策，给水域以最适空间，给水资源以最低消耗，给水生态以最大保护，给水环境以最小污染，形成绿色发展方式。

（6）坚持两手发力，强化监管。充分发挥政府与市场在治水上的协同、互补作用，合力推进水利工程筹资、建设、运维、管理。从法制、体制、机制入手，建立一整套务实高效管用的水利管理体系，全面提升水治理能力。

2.2 主要目标

通过水网体系建设，基本建立水资源配置优化、水灾害防御得当、水生态保护修复有力、水利信息化推进高效、水利管理能力显著提高的水利发展新局面，水安全保障能力明显提升，满足城市经济社会高质量发展需求[2]。

为了表征水网构建程度，围绕水资源配置、水灾害防御、水生态保护修复、水利管理等领域，提出了水网建设的指标体系，如表1所示。

2.3 总体战略

根据各城市实际发展情况，结合水资源特点及水利发展阶段要求，实施"五个一"水网战略，即做活一篇水文章——本地地表水、地下水、外调水、再生水统一调配的水资源配置文章；打造一张水名片——水生态环境持续向好的水生态名片；推动一批水利工程——包括水生态工程、水惠民生工程、水安澜工程、智慧水利工程等；建设一套涉水制度——包括重点领域改革涉及的新制度；提升一个能力——水利对城市经济社会高质量发展和生态文明建设的支撑和保障能力[3]。

表1　水网建设主要表征指标

主要体系	具体指标
水资源配置	用水总量控制指标/亿 m³
	万元工业增加值用水量下降率/%
	农田灌溉水有效利用系数
	水利工程新增供水能力/万 m³
	农村自来水普及率/%
水灾害防御	江河堤防达标率/%
	病险水库水闸除险加固率/%
水生态保护修复	河湖生态空间划定率/%
	水利工程确权划界完成率/%
	水土保持率/%
	水文化遗产保护率/%
水利管理	重要河湖水域岸线监管率/%
	重点取用水户用水计量率/%
	水利工程产权明晰率/%

2.4　技术路线

水网体系建设主要思路如图1所示。

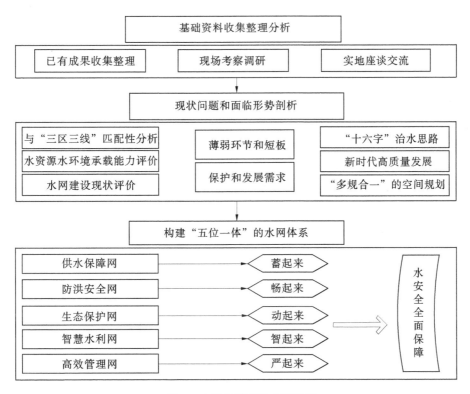

图1　水网体系建设主要思路

3 城市水网规划的主要任务

3.1 水供给保障

3.1.1 节水体系建设

城市节水需践行全产、全程、全民"三维节水"理念，提出农业节水增效、工业节水减排、城镇节水降损等任务，全面落实《国家节水行动方案》。

农业节水增效方面，根据当地农业发展基础，针对农业节水灌溉和农业用水精细化管理，不断推进灌区节水改造和现代化提升；推行先进适用的节水型畜禽养殖方式，实施规模养殖场节水改造。工业节水减排方面，以工业园区、重点企业为重点，从生产用水管理、节水工艺和技术改造、废水深度处理和达标再利用、节水及水循环利用设施配套等方面入手，开展以节水为重点内容的绿色高质量转型升级和循环化改造。城镇节水降损方面，从城市节水系统出发，将节水落实到城市规划、建设、管理各环节，从城市供水管网改造、公共领域节水改造、节水型器具推广、高耗水服务业节水、非常规水源利用等方面加强建设，实现优水优用、循环循序利用。

3.1.2 供水保障体系建设

水供给保障方面，开展城市、农村、灌溉等各用户重点水源保障工程以及备用水源工程等的建设，打造"多源调配、丰枯互济"的水源调配体系以及"储备充足、调度灵活"的应急储备体系。

开展多源共济的水源工程建设。在分析现状水源格局及水源保障薄弱环节的基础上，结合未来用水需求，打造"多源联调、丰枯互济"的水源工程体系，保证各用水户供水安全。持续推进农村饮水安全巩固提升。在分析现状供水状况的基础上，结合乡村振兴战略，以城镇供水管网延伸、规模化供水工程建设、水质提升为抓手，以专业化、市场化运维为重点，推动农村饮水安全工程实现由"建设型"向"安全型"和"稳定型"的转变。开展应急备用供水体系建设。按照双水源供水保障的目标，逐步开展市区、县城应急备用供水体系建设，因地制宜提出乡镇抗旱应急水源工程。

3.2 水灾害防御

践行"两个坚持、三个转变"防灾减灾救灾理念，以防汛抗旱能力提升为目标，以中小河流治理、病险水库除险加固、山洪灾害防治、城市防洪达标建设为抓手，开展水防御安全保障体系建设，加快实现由"刚性"控制洪水向"柔性"管理洪水的转变。

在中小河流治理方面，以流域为单元，以河道整治、堤防加固、疏浚及水系连通等为主要措施，开展综合治理。在病险水库水闸除险加固方面，以区域内水库水闸工程病险安全隐患排查为基础，以安全鉴定结果为依据，分批次开展。在山洪灾害防治方面，根据区域地形地貌特点，按照"防治结合、以防为主"的方针，以重点防治区和近期发生山洪灾害的地区为重点，排查山洪灾害隐患，提出山洪灾害防治任务。在城市防洪排涝建设方面，以城市中心为对象，结合各城市特点，从防洪堤建设、河道疏浚、撇洪渠或分洪道建设等方面入手，提出具体措施；此外，排查近年来城市易涝点，结合海绵城市建设，提出易涝点整治任务，使经整治的城市易涝点排水防涝能力和应急处理能力整体达到国家标准。

3.3 水生态修复

践行"绿水青山就是金山银山""山水林田湖草生命共同体"理念，坚持保护优先、系统修复，以水资源保护、河湖保护与修复、生态型河湖水系连通、农村水系综合整治、水土保持生态建设为重点，加快推进水生态文明建设。

在河湖生态用水保障方面，以城市内重点河湖为主要对象，严格控制河道外经济社会发展用水，保障河道内生态用水，尤其是重点保障枯水期河流生态水量需求。在河流生态保护修复方面，以城市自然水系和人工渠系组成的现代水网格局为基础，针对生态资源丰富、经济社会扰动较大的河流，以河流流域生态系统健康为目标，进行河流生态保护修复。在湖泊湿地生态保护修复方面，以系统生物多样性和水生态系统平衡为目标，通过恢复消落湿地面积及萎缩湖泊水面面积、岸边生态化改造等措施进行生态修复。在水土保持生态建设方面，以水土保持重点预防区和重点治理区为重点，以小流域系统治理为主要抓手，遏制人为水土流失，保护与恢复林草植被。

3.4 水信息提升

践行"感知广泛、处理高效、协同智能、安全可靠"理念，构建集信息感知网、信息传输网、大数据中心、应用服务系统于一体的水信息安全保障体系，着力以水安全保障智能化引领水安全保障现代化。

围绕水利信息采集系统和重点对象视频监控系统开发，不断完善信息感知网；围绕基础信息传输网络、市县两级政务外网与政务内网构建，建立完备的信息传输网；围绕数据资源池、云基础设施建设，构建城市大数据中心；围绕业务应用系统、电子政务系统、公共服务系统、"水利一张图"落实等方面，不断完善应用服务系统。

3.5 水管理改革

践行"法制化、精细化、智能化、协同化"理念，加强江河湖泊、水资源、水利工程、水土保持、水利资金、行政事务等的监管，加快节水创新、河湖长制创新、投融资体制创新、水权水市场水价改革、深化"放管服"改革等重点领域改革，不断完善水利科技创新体系，完善水法规及规划体系，健全人才培养机制，提高依法治水管水水平等行业管理能力，加快推进水治理体系和治理能力现代化。

4 结论

本文以城市为研究对象，从国家重大战略实施要求、城市自身发展需求及水利行业发展要求三方面分析了开展城市水网体系研究的重大意义；对构建水网的基本原则、主要目标、总体战略和技术路线进行了初步研究，提出了水供给、水防御、水生态、水信息、水管理五方面的水网建设任务，构建了"五位一体"的水网体系，对指导城市开展水网建设具有一定的参考意义。

参考文献

[1] 谷树忠. 系统推进水利高质量发展 [J]. 中国水利，2021（2）：1-2.

[2] 贺骥，郭利娜. 提升水安全保障能力 以新阶段水利高质量发展 助力"十四五"时期经济社会高质量发展 [J]. 水利发展研究，2021，21（6）：24-27.

[3] 赵伟，张梦然，杨晴，等. 高质量谋划水利基础设施网络的工作思路与建议 [J]. 中国水利，2019（16）：5-8，12.

贵州省水利工程供水价格改革探讨与研究

张和喜[1]　陈根发[2]　雷　薇[1]　邵国洪[1]

（1. 贵州省水利科学研究院，贵州贵阳　550002；
2. 中国水利水电科学研究院，北京　100038）

摘　要：为推进建立完善贵州省水利工程供水价格机制，通过价格手段促进水资源节约保护，促进水利工程项目建设和良性运行。本文从贵州省水利工程建设、投资、管理三个方面分析了贵州水利工程供水价格改革现状，分析得出贵州省水利工程供水价格改革存在价格偏低、供水定价率低、工程收费率和水费征收率偏低等问题。针对存在的问题分析原因，并提出了下一步工作的建议，可为类似地区水利工程供水价格改革工作提供一定的理论参考。

关键词：贵州省；水利工程；供水价格；改革

1　引言

贵州省是典型的喀斯特高原山地，地形地貌主要是"人高水低、地高水低"。改革开放以来，特别是近 10 年来贵州省开工建设了大量水利工程，为国民经济发展提供了强有力的保障，但是由于水利工程水价没有理顺，水利工程供水价格还存在一定的问题，这导致水利工程管理单位收入不足，维修养护资金紧缺，水利工程良性运行受到影响，远期的功能发挥和工程安全得不到保障[1]。而《贵州省国民经济和社会发展第十四个五年规划和 2035 年远景目标纲要》提出要加大水利建设投入，推进水价、水利投融资体制、水务一体化改革，进一步改革完善水利工程供水、城镇供水价格机制[2]。本文通过水利工程供水价格改革研究，有力推动水利基础设施建设，实施攻坚行动，加快大水网建设，为全省甚至全国高质量发展提供有力水利支撑保障[3]。

2　贵州水利工程供水价格改革现状

2.1　水利工程建设及分布情况

据统计截至 2021 年 6 月，贵州省水利部门管理的已投运水库 2 262 座，其中 2011 年之前开工并建成投运的存量水库 2 101 座，2011 年（含）之后开工并建成投运的增量水库 161 座。2011 年之后开工在建水库 332 座。已投运 2 262 座水库总库容 616 046 万 m³，兴利库容 384 627 万 m³，死库容 17 264 万 m³；设计供水量 4 890 076 万 m³，2018—2020 年三年平均实际分类供水量 210 300 万 m³，实际供水量约占设计供水量的 43.53%，工程效益发挥较差[4]。贵州省已建成投运水库工程建设情况统计详见表 1。

2.2　水利工程建设投资情况

2011 年以前投资建设的工程，以政府投资为主。2011 年之后，水利工程建设主要依靠贵州省水利投资（集团）有限责任公司为投融资平台，信贷融资成为水利工程建设融资的重要组成部分[5]。根据统计，2011 年之后开工并建成投运的水库 161 座，2011 年之后开工在建 332 座。2011 年之后投

基金项目：贵州省科技厅项目（黔科合服企〔2021〕4 号）；贵州省科技厅项目（黔科合支撑〔2021〕一般 469）；贵州省水利科技项目（KT202109）；贵州省水利科技项目（KT202202）。

作者简介：张和喜（1980—），男，研究员，主要从事水资源高效利用、山区现代水利等方面研究工作。

资建设的水库工程总投资额 1 631.40 亿元，其中中央投资 414.94 亿元，省级投资 787.58 亿元，市县级投资 346.91 亿元，项目自身贷款 81.97 亿元。已拨付的省级投资 549.55 亿元，其中财政投入资金 121.79 亿元，融资投入 427.76 亿元，融资投入占比已接近 80%。

表 1　贵州省已建成投运水库工程建设情况统计

序号	市（州）	已建成投运水库数量/座	库容/万 m³			工程总投资/万元	水库功能定位/座					管理单位性质/个			设计年供水量/亿 m³	实际分类年供水量/亿 m³
			总库容	兴利库容	死库容		灌溉	城乡供水	灌溉、城乡供水	发电	其他	事业	企业	其他		
	全省	2 262	616 046	384 627	117 264	4 890 076	1 065	117	340	22	718	1 510	195	557	48.31	21.03
1	贵阳市	191	134 654	84 961	19 834	144 973	115	5	41	1	29	76	13	102	7.18	3.99
2	六盘水市	79	137 511	65 516	61 694	943 064	22	22	10	7	18	38	19	22	8.08	0.91
3	遵义市	547	89 316	60 728	6 782	1 009 889	277	45	142	1	82	345	41	161	9.47	5.49
4	安顺市	163	38 516	23 067	3 874	187 619	18	2	6	1	136	137	3	23	3.06	1.31
5	毕节市	181	28 355	19 294	2 699	237 008	55	8	2	1	115	119	5	57	3.09	1.54
6	铜仁市	398	49 174	34 669	5 649	708 542	228	6	21	1	142	332	9	57	3.48	1.23
7	黔西南州	136	43 475	30 676	6 511	730 073	68	9	27	0	32	89	34	13	3.33	1.55
8	黔东南州	278	55 518	39 053	6 100	390 858	110	11	55	9	93	155	17	106	6.32	2.84
9	黔南州	289	39 527	26 663	4120	538 050	172	9	36	1	71	219	54	16	4.29	2.17

注：水库功能定位中的其他是指水库兼有灌溉、供水、发电、防洪等功能中的两种或两种以上的功能。工程总投资中 20 世纪投工投劳建设的水库未计投资。

2.3　水利工程运营管理情况

目前，贵州省水库工程运行管理单位性质主要有事业单位、企业、其他（主要指由当地乡镇政府和村委会代管）三种类型。总体来说，运行管理单位性质以事业单位为主，全省 2 262 座已建成投运的水库中，运行管理单位性质为事业单位的 1 510 座，占比 66.76%；为企业的 195 座，占比 8.62%；其他 557 座，占比 24.62%。以 2011 年为开工时间分界，2011 年之前开工建设并建成投运的 2101 座水库运行管理单位中事业单位、企业、其他数量分别为 1 440 座、134 座、527 座，占比分别为 68.54%、6.38%、25.08%；2011 年（含）之后开工建设并建成投运的 161 座水库运行管理单位中事业单位、企业、其他数量分别为 70 座、61 座、30 座，占比分别为 43.48%、37.89%、18.63%。具体情况见表 2。

表 2　贵州省 2 262 座已建成投运水库运行管理单位情况统计

序号	市（州）	已建成投运水库数量/座	管理单位性质/个			管理单位占比/%		
			事业	企业	其他	事业	企业	其他
	全省	2 262	1 510	195	557	66.76	8.62	24.62
1	贵阳市	191	76	13	102	39.79	6.81	53.40
2	六盘水市	79	38	19	22	48.10	24.05	27.85
3	遵义市	547	345	41	161	63.07	7.50	29.43
4	安顺市	163	137	3	23	84.05	1.84	14.11

序号	市（州）	已建成投运水库数量/座	管理单位性质/个			管理单位占比/%		
			事业	企业	其他	事业	企业	其他
5	毕节市	181	119	5	57	65.75	2.76	31.49
6	铜仁市	398	332	9	57	83.42	2.26	14.32
7	黔西南州	136	89	34	13	65.44	25.00	9.56
8	黔东南州	278	155	17	106	55.76	6.12	38.13
9	黔南州	289	219	54	16	75.78	18.69	5.54

3 存在的问题

3.1 水利工程供水价格偏低

本研究中，根据相关成本监审办法的要求，在统计的 2 262 座水库数据中，通过合理性分析，选择 614 座数据比较完整、数据合理性较高的数据，按照全成本（固定资产计提折旧）和运行成本（固定资产不计提折旧）两种口径进行计算供水价格。贵州省各市州水利工程供水成本计算结果如表 3 所示。

表 3 贵州省不同口径供水成本　　　　单位：元/m³

行政区域	上报数量	采用数量	全成本	运行成本
全省	2 262	614	0.86	0.59
贵阳市	191	39	0.42	0.39
六盘水市	79	15	0.72	0.33
遵义市	547	50	0.75	0.25
安顺市	163	112	1.19	0.56
毕节市	181	142	0.53	0.42
铜仁市	398	22	0.36	0.25
黔西南州	136	11	2.22	0.86
黔东南州	278	55	1.06	0.59
黔南州	289	168	1.01	0.60

如表 3 所示，全省供水全成本为 0.86 元/m³，其中黔西南州和安顺市较高，贵阳市和六盘水市较低。全省水库工程供水不计提折旧的运行成本为 0.59 元/m³，远超过贵州省农业供水价格 0.15 元/m³，与全省非农业供水水价 0.58 元/m³ 基本持平，供水价格和成本倒挂现象比较严重。

3.2 水利工程供水定价率低

根据项目统计的 2 262 座水库工程水价数据，统计各市州水库定价个数与定价率，如表 4 所示。贵州省水库总定价率 43.02%，从空间分布上看，安顺市、铜仁市定价率最高，超过了 50%，毕节市定价率仅 7.18%。2011 年以前开工并建成存量水库定价率 44.12%，与总定价比例大致相当，安顺市、铜仁市定价率最高，超过了 50%，毕节市定价率仅 6.98%。2011 年（含）以后开工并建成的增量水库定价率 28.57%，略低于总体水平。贵阳市、黔西南州定价率均超过了 50%，安顺市定价率偏低只有 4.17%。

表 4 贵州省水库定价数量与定价率统计

序号	市（州）	全部水库			2011 年前建设的存量水库			2011 年后建设的增量水库		
		水库数量/座	已定价数量/座	定价率/%	水库数量/座	已定价数量/座	定价率/%	水库数量/座	已定价数量/座	定价率/%
	全省	2 262	973	43.02	2 101	927	44.12	161	46	28.57
1	贵阳市	191	53	27.75	184	49	26.63	7	4	57.14
2	六盘水市	79	23	29.11	59	14	23.73	20	9	45.00
3	遵义市	547	260	47.53	518	247	47.69	29	13	44.83
4	安顺市	163	107	65.64	139	106	76.26	24	1	4.17
5	毕节市	181	13	7.18	171	12	7.02	10	1	10.00
6	铜仁市	398	237	59.55	374	234	62.57	24	3	12.50
7	黔西南州	136	34	25.00	120	26	21.67	16	8	50.00
8	黔东南州	278	114	41.01	264	114	43.18	14	0	0
9	黔南州	289	132	45.67	272	125	43.96	17	7	41.18

3.3 水利工程供水收费率和水费征收率偏低

根据 2 262 个工程的水价统计数据，并通过合理性分析，统计各市州的水利工程供水现状收费率和水费征收率。

3.3.1 供水收费率

总体上，贵州省水利工程供水收费率仅有 11.36%，收费率非常低，远低于全国 32% 的平均水平。2011 年后建成增量水库供水收费率 21.74%，是 2011 年前建成存量水库供水收费率 10.57% 的 2 倍左右。贵州省水利工程供水收费率统计详见表 5。

表 5 贵州省水利工程供水收费率统计

序号	市（州）	全省水库数量/座			收费水库数量/座			收费率/%		
		合计	存量水库	增量水库	合计	存量水库	增量水库	所有水库	存量水库	增量水库
	全省	2 262	2 101	161	257	222	35	11.36	10.57	21.74
1	贵阳市	191	184	7	20	16	4	10.47	8.70	57.14
2	六盘水市	79	59	20	22	13	9	27.85	22.03	45.00
3	遵义市	547	518	29	87	77	10	15.90	14.86	34.48
4	安顺市	163	139	24	11	10	1	6.75	7.19	4.17
5	毕节市	181	171	10	9	9	0	4.97	5.26	0.00
6	铜仁市	398	374	24	13	11	2	3.27	2.94	8.33
7	黔西南州	136	120	16	18	12	6	13.24	10.00	37.50
8	黔东南州	278	264	14	19	19	0	6.83	7.20	0
9	黔南州	289	272	17	58	55	3	20.07	20.22	17.65

3.3.2　水费征收率

贵州省水库工程水费征收率总体为 51.11%，其中存量工程水费征收率为 56.11%，与增量水库的 54.98% 相当，详见表 6。

贵州省水利工程供水近 3 年水费征收情况统计表。从空间分布上，遵义市、黔东南州等地区水费征收率在 70% 以上，铜仁市、安顺市、黔西南州水费征收率不到 30%，其中铜仁市仅有 1.86%。

表 6　贵州省水利工程供水近 3 年水费征收情况统计

序号	市（州）	所有水库			存量水库			增量水库		
		应收水费/万元	实收水费/万元	水费征收率/%	应收水费/万元	实收水费/万元	水费征收率/%	应收水费/万元	实收水费/万元	水费征收率/%
	全省	138 514	70 793	51.11	109 453	61 419	56.11	14 681	8 072	54.98
1	贵阳市	8 340	3 871	46.42	6 023	3 396	56.39	2 122	271	12.79
2	六盘水市	40 364	25 853	69.67	34 455	23 998	69.65	834	627	70.64
3	遵义市	36 059	27 331	75.80	28 780	20 590	71.54	7 278	6 741	92.62
4	安顺市	4 777	1 128	23.61	4 717	1 119	23.72	60	9	15.00
5	毕节市	7 893	4 542	57.55	7 580	4 542	59.92	313	0	0
6	铜仁市	15 553	294	1.86	13 473	254	1.89	1 216	42	3.46
7	黔西南州	13 758	477	3.47	2 899	290	10.01	2 615	313	11.97
8	黔东南州	6 796	5 423	79.80	6 796	5 423	79.80	0	0	0
9	黔南州	4 973	1 873	37.66	4 729.419 8	1 805.5	38.18	244	68	27.71

4　原因分析

4.1　定价难

定价难主要原因有：一是群众水商品意识薄弱及水利工程修建的投劳折资等历史遗留问题，认为水资源应无偿使用，特别是农业税改革之后，农民对比存在心理落差，存在"不该收费"的思想误区。二是地方政府考虑保障民生、吸引投资、控制物价等，对定价有顾虑。三是相当一部分供水单位是事业性质，供水定价积极性不如企业，而事业单位改变身份目前也不现实，因此免费水和低价水造成水市场紊乱[6]。五是缺乏专业技术人才，监测计量基础设施不完善，收费手段落后，现代化、信息化程度不够。

4.2　定价低

定价低主要由以下原因形成的：一是各地价格主管部门严格执行 2017 年修订的《政府制定价格成本监审办法》，该办法规定，由政府补助或者社会无偿投入的资产，以及评估增值的部分不得计提折旧或者摊销费用[7]。贵州省水利工程建设，政府投资占大头，不计提该部分折旧，水价影响很大。二是调价周期长，水价长期得不到调整，相对于人力物力价格的普遍增长，水价越来越低。三是防洪成本未得到补偿，部分水库承担有防洪任务，但核算水库成本时，仅考虑了供水功能的成本回收，防洪成本未得到补偿。

4.3　调价难

水价"调不动"的主要原因：一是现行的《水利工程供水价格管理办法》没有规定调价周期和调价条件，什么时候启动调价程序没有明确的规定。只能由水管单位多次申请试探政府和价格主管部门的态度。二是地方政府出于维护民生、营造营商空间、满足控制 CPI 考核目标等因素，调整水价的主观意愿不强，调价窗口期少。水行政主管部门在调价中的话语权太低。三是水价调整需要经过成本监审、申请调价、水价听证会等一系列步骤，步骤繁琐，正常走手续调价时程也比较长。四是水利工程管理力量薄弱，缺乏相应的技术人才[8]。

4.4 收费难

水费"收不好"的原因：一是贵州省地处我国西南山区，用水户特别是农业用水户分散、点多面广，收费工作复杂；二是农村地区常住人口少、外出务工人员多，收费手段和收费方式没有根据新形势更新；三是全额事业性质的水管单位，水费征收情况不纳入收入考核范围，收费积极性不高。

5 主要结论及下一步工作建议

5.1 水价改革具有必要性和紧迫性

"十四五"时期贵州规划建设 281 座骨干水源工程、11 处引调水工程，工程总投资 2 300 亿元。但从目前来看，水投集团 2011 年后投资建设的工程资金缺口量达到了 585.98 亿元，资金缺口较大。全省水库工程年需要维修养护资金 5.25 亿元，但近年来中央财政补助的维修养护资金年投入为 0.75 亿元，省级财政补助仅有 0.15 亿元，资金保障率不到 20%。

水利工程供水价格改革，是水利事业高质量发展的"金钥匙"，既可以保障已建成水利工程的良性运行，又可提高水利工程对社会资本的吸引力，有利于建设资金筹措[9]。通过水利工程供水价格改革，拓宽水利工程建设的融资渠道，保障未来水利发展的可持续投入，任务非常迫切。

5.2 水价改革具有可行性

根据调研数据分析，目前全省水价普遍定得低，各用户终端水价跟城乡居民生活、工业生产和农业灌溉水价承受能力相比，均存在较大的调价空间。其中，城镇生活供水调价空间在 1.39 ~ 2.69 元/m³，农村生活供水调价空间在 1.04 ~ 2.48 元/m³，工业供水调价空间在 0.27 ~ 8.68 元/m³；农业供水中，粮食作物调价空间在 0 ~ 1.58 元/m³，经济作物在 0 ~ 2.00 元/m³。贵州省大部分市（州）现行水价与水价承受能力还有差距，还存在较大的调价空间，城乡居民生活、工业生产和农业灌溉水价改革具有可行性。

5.3 水利工程供水权益资本合理盈利率应在 7% 以上

《水利工程供水价格管理办法》规定，合理收益率为银行长期贷款利率上浮 2 ~ 3 个百分点；《城镇供水价格管理办法》给出的债务资本准许收益率为实际融资利率，权益资本准许收益率为国家 10 年期国债平均收益率不超过 4 个百分点[10]。按最近的银行贷款利率和 10 年期国债平均收益率计算，权益资本准许利润率在 6.5% ~ 7.5%。调研表明，社会资本愿意投入水利工程建设权益资本的预期盈利率在 7% 以上。因此，建议明确水利工程供水权益资本准许收益率在 7% 以上。对于社会融资建设的水利工程，权益资本收益率应该进一步放开至 7% ~ 13%，以鼓励社会资本投入水利工程建设。

5.4 定期校核或动态调整水价，可逐步实现"以水养水"

对比分析了三种不同水价调整情景下，政府缺口性补贴的额度。结果表明，以 5 年为周期的定期校核水价，可有效减少政府缺口性补贴；每年根据物价、承受能力变化动态调整水价，所需要的政府缺口性补贴最少，但最初几次调价幅度会比较大。推荐短期内采用定期校核调价模式，长期待用户承受能力提高，再采用动态调价模式。

参考文献

[1] 臧英平，黄昌硕，尹鑫，等. 水利工程非农供水水价现状问题及改革措施探讨——以南京市为例 [J]. 水利科技与经济，2016，22（7）：1-4.

[2] 潘健. 通过加快发展、可持续发展、跨越式发展之路实现小康[C]//贵州省科学社会主义暨政治学学会 2003 年年

会论文集，2003：48-51.

[3] 潘军峰．山西：建设大水网　破解水瓶颈［J］．中国水利，2011（24）：64.

[4] 孙惠兰．山西省大中型水库现状及发展初探［J］．电力学报，2006（3）：337-340，343.

[5] 黎平．创新投融资模式　推动贵州水利发展［J］．中国水利，2013（24）：103.

[6] 姜旭．政府定价行为的失范与规制研究［D］．济南：山东大学，2009.

[7] 殷明．政府定价成本监审法律制度的反思与建构——以城市供水成本监审为例［J］．铜陵学院学报，2019，18（4）：69-73．DOI：10.16394/j.cnki.34-1258/z.2019.04.015.

[8] 高金伟．关于提高水库工程管理养护工作的几点建议［J］．黑龙江科技信息，2013（18）：205.

[9] 严婷婷，罗琳，王转林．社会资本参与农田水利建设的典型案例分析及经验启示［C］//加快水利改革发展与供给侧结构性改革论文集，2017：258-263．DOI：10.26914/c.cnkihy.2017.009681.

[10] 国家发改委政策研究室"近期美国宏观经济政策研究"课题组，李云林．美国国债收益曲线反向与经济衰退的关系初探［J］．经济研究参考，2007（25）：44-54．DOI：10.16110/j.cnki.issn2095-3151.2007.25.008.

以系统思维探索鳌江流域治理的思考

方子杰　仇群伊　王　挺　陈　玮

（浙江省水利发展规划研究中心，浙江杭州　310012）

摘　要： 流域是解决水问题的特色区间和基本单元，流域治理是习近平总书记新时代治水思路中系统治理的重要实践。鳌江是全国的三条涌潮江之一，是浙江最南端独流入海的最小水系，也是浙江省现状防洪基础最薄弱的河流，其流域治理具有复杂性与挑战性。梳理鳌江流域治理短板，以系统思维探索鳌江流域治理，重点对鳌江流域上下游两大治理难题——源头建库与河口建闸，结合流域规划进行探讨，提出以河口大闸为牵引，统筹推进鳌江流域系统治理与河口地区国土空间格局重构；同时提出鳌江流域"统一规划""统一治理""统一管理""统一调度"的系统治理建议。

关键词： 鳌江；流域治理；统一规划；统一治理；统一管理；统一调度

1　引言

流域是解决水问题的特色区间和基本单元，流域性是江河湖泊最根本、最鲜明的特性，流域治理是习近平总书记新时代治水思路中系统治理的重要实践。

习近平总书记强调，"坚持系统观念，从生态系统整体性出发，推进山水林田湖草沙一体化保护和修复，更加注重综合治理、系统治理、源头治理""保障水安全，关键要转变治水思路，按照'节水优先、空间均衡、系统治理、两手发力'的治水思路，统筹做好水灾害防治、水资源节约、水生态保护修复、水环境治理""要从生态系统整体性和流域系统性出发，追根溯源、系统治疗""上下游、干支流、左右岸统筹谋划，共同抓好大保护，协同推进大治理"。浙江水利深入贯彻落实习近平总书记的重要讲话精神，坚持系统观念，强化流域治理管理，构建"浙江水网"，打造"浙水安澜"，为浙江推进"两个先行"作出更大贡献。

浙江省的流域系统治理一直以来规划先行，工程与非工程体系不断完备，基础好、成效高。但是由于流域发展形势、发展需求不断变化，目前浙江省八大流域和众多的中小流域治理上，仍存在一定的短板和问题。

鳌江是浙江最南端独流入海的最小水系，也是浙江省八大水系中现状防洪基础最薄弱的水系。麻雀虽小，五脏俱全，鳌江流域虽小，但属于浙江省内较有典型与研究意义的流域。为此，以鳌江为案例，对鳌江流域治理开展探索研究，梳理问题，客观评价，理清思路，解剖麻雀，对症下药，提出建议，为省内其他流域开展治理研究提供借鉴参考。

2　鳌江流域治理现状及存在问题

鳌江是全国的三条涌潮江之一，流域面积 1 580.4 km²，贯穿温州平阳、苍南与龙港等"两县一市"。鳌江分南北两支，北支为干流，经平阳县顺溪、山门至水头感潮区，然后经麻步、萧江、钱仓、鳌江镇，按照平阳旧的地理分布，习惯将麻步以上的鳌江干流流域统称为北港地区；南支为支流，横阳支江为最长，其经苍南县莒溪、桥墩、灵溪，然后分别从沪山内河至夏桥水闸、萧江塘河至萧江水闸、横阳支江至龙港朱家站水闸三处流入鳌江。南北港在凤江汇合后，注入东海，其河口是中

作者简介： 方子杰（1972—），男，正高级工程师，主要从事水利规划研究方面的工作。

国三大感潮河口之一。

鳌江流域的治理开发有着悠久的历史。新中国成立后，鳌江流域得到系统的治理、开发和利用，特别是南港和江南平原一带，成为流域治理的重点。21 世纪以来，平阳水头水患治理成为治水工程的重中之重。由此，水利部门确定了鳌江流域治理（水头水患治理）的原则为"上蓄、中防（疏）、下排"。其中，上蓄即建设顺溪水库、岳溪水库，中防（疏）即重点实施鳌江干流治理麻萧段、鳌江标准堤（钱仓、东江段）加固工程、鳌江标准堤萧江段加固工程、水头防洪工程等，下排即建设江西垟平原排涝工程、水头平原排涝工程等。在漫长的治水过程中，水利人利用现代技术，因地制宜分阶段实施治理工程，逐步解决了平阳水患危害，保两岸安澜、护经济社会发展。

最近十几年鳌江流域重点治理实施的两大项目是顺溪水库与南湖分洪工程。顺溪水库建成后提高了鳌江干流北港的防洪能力及水资源保障能力，结合堤防建设，使水头镇防洪标准近期提高到 10 年一遇，并减轻 20 年一遇洪水的灾害，使顺溪镇的防洪标准达到 20 年一遇；南湖分洪工程建成后分洪效果明显，鳌江水头龙涵断面 20 年一遇洪水位可降低 1.28 m，配合其他水利工程，水头镇区基本实现了 20 年一遇防洪标准。南湖分洪对工程进出口上下游无不利影响，对上下游河势的影响有限且可控，但受分洪影响流量减小水头段河道淤积，蒲潭堰至分洪洞出口区间段淤积厚度总体上在 0.2～3 m，最大淤积分布在鹭鸶湾至分洪隧洞出口段主槽，需要采取治理措施稳定江道。

通过新中国成立以来 70 多年的流域治理，鳌江流域初步形成以南港桥墩水库、北港顺溪水库（"上蓄"）为骨干工程，配以小型水库、干支流防洪堤（"中防"）、平原排涝（"下排"），以及引调水工程的防洪减灾与水资源保障体系，鳌江流域治理基本形成了"上蓄、中防、下排"的基本格局。自南湖分洪（"中分"）实施后，流域进一步奠定了"上蓄、中防（分）、下排"的治理体系，鳌江流域南港灵溪、北港水头等重要防洪保护区现状防洪能力达到了 20 年一遇左右。

但鳌江流域防洪体系仍然存在薄弱环节。南港苍南县城林溪实际防洪能力仅为 20 年一遇，尚未达到规划标准 50 年一遇，需要推进横阳支江堤防工程改造提升；鳌江流域江西垟平原、江南垟平原以及鳌江平原等三大沿海平原排涝能力较低，江西垟平原现状排涝能力不足 10 年一遇，江南垟平原现状排涝标准为 10～20 年一遇，鳌江平原现状排涝能力为 5～10 年一遇，需要持续推进南港流域江西垟平原排涝工程（一期、二期、三期、四期）与江南垟平原骨干排涝工程实施；鳌江干流北港流域防洪控制能力有限，原规划的南雁水库因移民规模较大一直未能实施，水头左岸行洪保留区现状防洪能力不足 5 年一遇，受分洪影响流量减小区间河道淤积，下游河道蜿蜒曲折，河口江道断面萎缩，因此干流北港存在"上蓄困难""下泄不畅"两大治理难题，是新一轮流域治理的重点，需以系统思维推进流域治理与综合整治。

3 鳌江流域上下游的两大治理难题探讨

鳌江上下游两大控制性枢纽工程——源头建库与河口建闸，是鳌江流域规划提出的流域治理重大举措与重大布局，事关流域治理总体格局与根本大局，是流域系统治理的重中之重。南雁水库与河口大闸作为流域上下游两大枢纽，均是历次流域规划的研究重点，也是鳌江流域治理的两大难题，涉及方方面面，一直未能实施，影响流域治理效果与河口稳定。

3.1 源头治理难题——南雁水库"建不建"问题

南雁水库是鳌江干流北港流域的源头控制性水利枢纽工程，规划选址位于南雁镇岭下村，控制集雨面积约 323 km²，水库总库容 8 500 万 m³，防洪库容 5 000 万 m³，是鳌江流域前后几轮流域规划推荐的实施项目，如图 1 所示。2018 年温州市政府批复的最新版的《鳌江流域综合规划（2015—2030年）》，将南雁水库列为远期实施项目，但因移民问题一直未能实施。

从建库条件与制约因素分析，南雁水库无论是设计还是施工各环节均不存在技术问题，唯一影响项目实施的就是库区移民数量大，库区南雁与山门两镇最新的第七次全国人口普查调查约有 3.1 万常住人口，另外受影响的 3 个上游乡镇还有 2.2 万人。

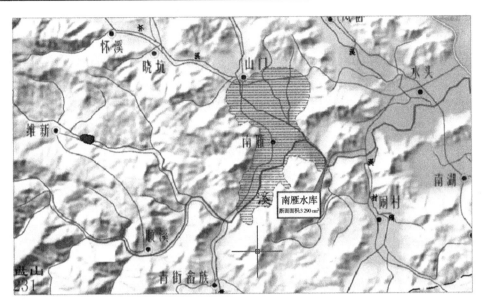

图 1　南雁水库流域规划布局

按照流域规划推荐的南雁水库建设方案及第七次全国人口普查移民人口进行经济分析，南雁水库建设项目经济内部收益率为-2%，远小于基准的社会折现率8%，经济净现值-230亿元，同样远低于最小要求0，故南雁水库从国民经济整体角度考察是不合理的。

决定南雁水库建设的主要因素是移民人口，通过敏感性分析（见图2），该项目只有库区移民人口降到现状"第七次全国人口普查"人口的1/10左右（约3 000人）才可行，相应水库总投资降幅88%（须降到50亿元左右）；如移民与投资不变，则水库效益必须大幅度提升，经测算只有年均防洪效益升幅24倍，即提升到24亿元/年，项目评价才可行。从客观条件来看，以上两者均不可能实现，国民经济评价的结论决定项目的取舍，该项目从国民经济评价角度并不可行，"一票否决"。同时，南雁水库的大部分防洪作用，尤其是对水头的防洪作用，目前已被水头防洪工程与南湖分洪工程以及其他配套的工程措施所替代与弥补，并且目前鳌江干流堤防已按"无南雁水库"工况进行设防与建设。

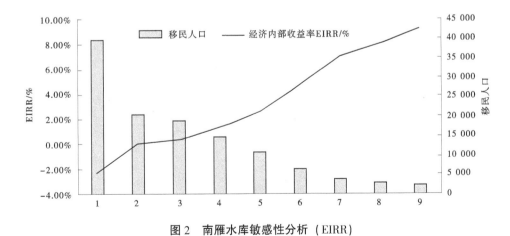

图 2　南雁水库敏感性分析（EIRR）

因此，建议下阶段流域规划（综合规划、防洪规划）修编进行规划调整，不再保留南雁水库方案，流域治理方案不再考虑南雁水库的规划作用、效果与效益等，按照"无南雁水库"的工况统筹规划流域治理格局与治理措施。同时，相应调整其他相关规划，原南雁库区不再受规划制约与限制，大力拓展山区发展空间发展特色产业。

3.2 河口治理难题——河口大闸"上不上"问题

鳌江河口是中国三大感潮河口之一，流域内平阳、苍南与龙港等"两县一市"的重要城市（城镇）在河口交汇，河口地区社会经济发达，产业与人口积聚，是鳌江流域乃至浙南闽北地区的发展重点，如图3所示。

图3 鳌江河口

2018年11月，温州市政府批复了《鳌江流域综合规划（2015年—2030年）》，规划将河口大闸与河口围垦均列为规划研究项目（非实施类项目），推荐河口大闸选址在鳌江口门外距离狮子口约12 km处长腰山（属于海域与海岛），初拟闸净宽440 m，底板顶高程-4.0 m，位于平阳、苍南两县海域行政区域界线上，闸址如图4所示。

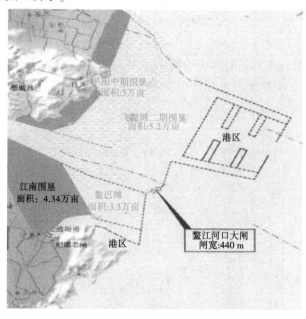

图4 河口大闸规划布局

河口大闸是鳌江河口综合治理的枢纽工程，具有防洪排涝、防台御潮等防洪减灾效益，同时具有改善提升河口地区水资源、水生态与水环境，优化河口地区国土空间开发格局等综合效益。河口建闸配合实施相关防洪工程后，可提高河口地区平鳌平原及江南垟平原的排涝能力，提高鳌江中下游防洪能力，鳌江干流发生10年一遇及以下洪水时，鳌江河口平鳌平原及江南垟平原可实现72 h排涝；沿江堤防防潮能力可提升1~2等级，河口地区整体防洪潮能力达到50~100年一遇，河口建闸蓄淡大量增加可利用水资源量，可为流域内平阳、苍南、龙港"两县一市"带来年均6亿元以上的防洪减灾与水资源综合利用效益；同时还大幅度改善提升河口地区水生态与水环境，为水头以下河口两岸平原约6万亩土地优化开发带来可观的增值效益。

按照流域规划推荐的河口建闸方案测算，其经济内部收益率约17%（见图5），大于基准的社会折现率8%，经济净现值约31亿元，远大于最小要求0，国民经济评价指标良好；最不利情况，按项目效益不变而投资翻一番（总投资60亿元）测算，其经济内部收益率超过9%，经济净现值约7亿元，仍然符合要求，项目抗风险能力较强。

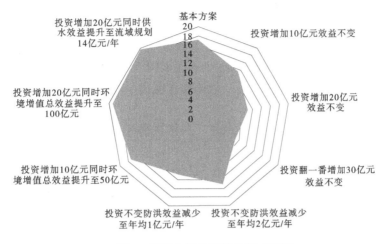

图5 河口大闸敏感性分析（IRR）

由此可见，鳌江河口建闸对流域防洪排涝供水及国土空间开发均有明显的效果，将产生长远的综合效益，故推荐鳌江河口大闸作为下步流域治理的首选项目与一号工程。建议下阶段抓紧开展流域规划修编，将该项目由研究项目调整为实施项目，并列为水资源规划与空间规划的推荐项目。及早启动建闸前期研究，借鉴椒江河口枢纽经验尽快调整鳌江河口河海分界线，建议温州市请请省政府调整鳌江河口管理界线，从现状的鳌江龙港大桥位置外移到河口两侧围垦海堤外缘连接线；同时响应现有涉海政策避开海洋生态红线，将原流域规划设想的鳌江口外长腰山（海上岛屿）闸址上移至鳌江口调整后的河海分界线内侧（喇叭口内）。

3.3 重构调整后的鳌江流域治理新格局

通过对鳌江流域上下游两大控制性水利枢纽——南雁水库与河口大闸的分析与评价，以上着重研究提出了鳌江流域治理的两大建议——上游取消南雁建库、下游推荐河口建闸（"外挡"），另外中游拟在"中分"（已完成）与"外挡"（待实施）完成后实施"中疏"——水头以下至河口段的闸上河道疏浚，扩大干流行洪断面，稳定鳌江河口河势。同时，按照流域（区域）规划继续实施"下排"，持续推进鳌江流域中下游地区与河口平原治涝工程建设。

以上举措多管齐下、齐头并进，对鳌江流域治理格局做出了优化与调整，调整"上蓄"、完善"中疏"、增加"外挡"、取消"外围"，并在流域"北分"（水头南湖分洪）的基础上，进一步谋划流域的"南分"（南港分洪）工程，重构形成了流域"上蓄、中防（分、疏）、下排、外挡"的治理新格局，进一步完善了流域治理的总体格局与空间布局，力求探索走出一条鳌江流域系统治理的新路子——以鳌江河口大闸为龙头与牵引，统筹推进鳌江流域系统治理与河口地区国土空间格局重构，加速构建"鳌江水网"，助力打造滨海水城。

4 鳌江流域系统治理建议

4.1 强化流域统一规划

温州市要以流域为单元，一体化整体谋划鳌江流域"两县一市"的防洪治理与水资源节约保护和开发利用全局，为推进流域保护治理提供重要依据。

鳌江流域综合规划是鳌江流域防洪治理与水资源节约保护和开发利用的顶层设计与总体部署。建议温州市尽快启动新一轮鳌江流域综合规划的修编，立足流域整体与空间统一，基于鳌江流域从源头到河口的河势变化与治理格局重构，坚决取消鳌江流域规划保留但因移民问题一直未能实施的南雁水库，全力推进以鳌江河口大闸为龙头（牵引）的流域中下游系统治理与河口地区国土空间格局重构。

鳌江流域防洪规划是鳌江流域防洪治理的专业规划与项目实施依据，原鳌江流域防洪规划已不适应流域现状防洪治理的需求与发展形势，急需根据新的流域规划要求予以调整与完善，系统部署流域内水库、河道及堤防、蓄滞洪区（南湖低地调蓄）与河口大闸建设，统筹安排洪水出路，稳定鳌江河口江道。

同时按照流域水资源规划要求，结合省市两级水资源规划，完善流域内"两县一市"水资源总体规划，把流域规划的新建水源引水等工程纳入"浙江水网"建设规划与水资源总体规划，增强流域与区域水资源统筹调配能力、供水保障能力、战略储备能力。

4.2 强化流域统一治理

充分发挥鳌江流域规划的引领、指导、约束作用，推进鳌江流域协同保护治理，做到目标一致、布局一体、步调有序。

统筹流域工程布局与流域规划项目实施，强化流域治理秩序，有序开展流域治理活动。流域左右岸治理要平衡，上下游治理要协调，坚决避免自行其是、各行其道。岳溪、矿步头水库等已列入流域规划、发展规划与"浙江水网"的"上蓄"水源工程，要"能建则建、能早尽早、能快尽快"，不能建、建不了的南雁水库宜尽快调整调出规划，解除规划约束与限制，拓展山区发展空间；流域"中分"与"中防"要同步推进，分洪工程要同步考虑下游治理与防范措施；加快推进河口治理，河口地区统筹考虑防洪御潮排涝与水资源综合利用，以河口大闸枢纽为牵引推进流域中下游系统治理与河口地区国土空间重构，拓展河口发展空间；"外挡"与"中疏"要有序进行，先建闸后疏浚，防止回淤，稳定江道河势；坚持水岸同治，治污水、建大闸同步推进，确保闸上一库清水，为滨海水城提供优质水资源、健康水生态与宜居水环境。

4.3 强化流域统一管理

鳌江流域现状无专门设置的流域性管理机构，鳌江流域涉及跨行政区域的事务由温州市水利局组织协调，流域内平阳县在新一轮机构改革中设置了鳌江流域水利工程管理中心，如有条件建议成立市级层面的鳌江流域管理中心，可以与其他机构合设（一个机构两块牌子），归口温州市水利局管理，行使流域统一规划、统一管理、统一调度。

强化流域数字化平台作用与流域防洪、水资源与水生态统一调度。建设鳌江数字孪生流域，打造鳌江流域防洪减灾数字化平台，按照"降雨—产流—汇流—演进""总量—洪峰—过程—调度""流域—干流—支流—断面""技术—料物—队伍—组织"等"四个链条"工作精准管控洪水防御的全过程、各环节，精细落实预报、预警、预演、预案措施，精准确定拦、排、分、滞措施，发挥南港流域"桥墩水库+吴家园水库"与北港流域"顺溪水库+南湖分洪"的关键组合作用，有效应对鳌江流域性大洪水，保障流域防洪安全；加强珊溪水利枢纽平苍引供水工程以及鳌江河口大闸建闸后河口水资源的分配与调度，构建目标科学、配置合理、调度优化、监管有力的流域水资源管理体系，实现流域水资源统一调度，保障流域供水安全；加强流域内水电站以及行政交界断面生态流量管理，保障河湖生态流量，坚决遏制河道断流和湖泊萎缩干涸态势，维护河湖健康生命，保障流域生态安全。

4.4 强化流域统一调度

以流域为整体，打破"两县一市"区域壁垒与"九龙治水"行壁垒业，加强鳌江流域综合执法，构建流域统筹、区域协同、部门联动的管理格局，一体化提升鳌江流域水利管理能力和水平。

强化流域河湖统一管理、水资源水权统一管理。以河湖长制为统领，建立温州市与流域内两县一市河湖长制工作联席会议制度，充分发挥温州市、县两级河湖长制作用与流域层面河湖长制工作协作机制作用，推进上下游、左右岸、干支流联防联控联治。完善水行政执法跨区域联动机制、跨部门联合机制、与刑事司法衔接机制、与检察公益诉讼协作机制，让制度"长牙齿"。依托数字鳌江平台实施"天空地人一体化"监测，打造流域一张图、水域监管、岸线管控等场景应用，形成"一地创新，全省通用"的河湖智慧管护样板；做好鳌江流域初始水权分配，把流域水资源量逐级分解到流域内的两县一市和河流控制断面，把域外珊溪水利枢纽平苍引供水及鳌江河口大闸建闸蓄淡后的水资源合理分配给流域内两县一市，引导推进流域地区间、行业间、用水户间开展多种形式的用水权交易；落实流域用水总量和强度双控，严格水资源用途管制，强化水资源刚性约束。

参考文献

［1］温州市发展和改革委员会，水利局. 鳌江流域综合规划（2015 年—2030 年）［R］. 2018.

［2］陈舟，黄昉，等. 浙江省入海河口建闸可能性分析研究［R］. 杭州：浙江省水利水电勘测设计院，2012.

［3］韩景. 感潮河道河口建闸对水动力影响研究［J］. 水利技术监督. 2022（8）：160-171.

［4］陈舟，王军，陈术. 浙江省入海河流河口建闸构想［J］. 水利规划与设计，2012（3）：4-5，53.

［5］焦楠，孙健，陶建华. 河口建闸对河道河口及近岸海域水环境的影响研究［J］. 港工技术，2006（2）：7-9.

［6］方子杰，柯胜绍. 浙江沿海防洪御潮生命线提升及滩涂围垦发展研究思路探讨［J］. 水利规划与设计，2015（10）：1-3，21.

［7］方子杰，柯胜绍. 对新常态下坚持"系统治理"破解复杂水问题的思考［J］. 中国水利，2015（6）：8-10，27.

［8］方子杰，柯胜绍. 对坚持"空间均衡"破解水资源短缺问题的思考［J］. 中国水利，2015（12）：21-24.

经济景气度用水指数构建及应用探索
——以遂宁市安居工业园区为例

于 川 李 治

（四川省遂宁水文水资源勘测中心，四川遂宁 629000）

摘 要：用水数据和经济数据密切相关，在反映经济运行特点、监测经济运行质效、研判经济发展趋势方面，具有即时性、客观性等特点。本文借鉴"经济景气度税电指数"经验，探索提出"经济景气度用水指数"思路，以遂宁市安居工业园区为例开展应用探索，分析得出了一定的趋势规律。

关键词：经济景气度；用水预期指数；用水生产指数；水利政策

1 经济景气度用水指数的理论依据、现实基础和主要特点

1.1 利用用水数据反映经济景气度的理论依据

经济景气指数是用来反映经济波动的指数，很多国家从不同角度编制经济景气指数。国际国内编制经济景气指数的通行做法是：与经济活动三阶段（购买阶段、生产阶段、销售阶段）相对应，将计算指标分为三大类，即先行指标、同步指标与滞后指标，综合三大类指标计算并确定经济景气指数。先行指标在时间上领先于国民经济周期波动，是在经济全面增长或衰退尚未来临之前就率先发生变动的指标，可以用来预测未来走势；同步指标代表国民经济周期波动特征，是伴随经济的涨落而变化的指标，表示国民经济正在发生的情况，用来判断经济现状；滞后指标在时间上落后于国民经济周期波动，在经济波动发生之后才显示作用的指标。

经济体取用水数据能够作为先行指标、同步指标的计算基础，衡量经济活动前两阶段的情况，即运用取水申请量数据能够计算经济体购买（投资）阶段的综合情况，运用实时用水数据能够计算经济体生产阶段的综合情况。综合分析两阶段情况能够获得的经济体景气程度。

1.2 利用用水数据反映经济景气度的现实基础

随着近年水资源管理加强、取用水监测技术提升，取水、供水、用水单位均逐步安装计量设施。其中，重点取水户和重点监控用水单位要求建设远程在线取用水计量监测设施，并将监测数据实时接入水利部门水资源监测信息系统。水利部门、自来水供水企业部门具备用水大数据基础，掌握取水申请数据、实时用水数据等，能够客观反映经济实际状况。

1.3 利用用水数据反映经济景气度的主要特点

用水数据反映经济景气度的四个特点如下：

（1）相对客观，所有数据均从水利部门、自来水供水企业信息系统自动产生、自动获取。

（2）数据及时，针对重点取水户和重点监控用水单位，能实时查询、统计并分析当前及前期用水数据，可形成常态化的旬报、月报和季报。

（3）全面覆盖，用水覆盖大部分工商企业用户，可分行业门类进行统计。

（4）反映走势，主要计算指标能够采用行业加权平均数进行计算，权重可由行业企业增加值占

作者简介：于川（1988—），男，工程师，四川省遂宁水文水资源勘测中心建设室负责人，主要从事水文建设规划、水资源管理和河长制技术支撑工作。

GDP 等比重确定，能一定程度反映经济走势。

2 经济景气度用水指数的构建思路

对应先行指标、同步指标，运用新增企业用水户（自来水）、新发取水许可数、申报取水计划量、下达取水计划量、工业自备取水量、工业自来水用水量等取用水数据，分别生成用水预期指数、用水生产指数两大指标。可合成该两大指标确定经济景气度用水指数，反映经济景气程度并预判宏观经济走势，大于 100 表明经济活跃，数值越大越活跃。适当考虑两大指数权重，本文提出经济景气度用水指数按计算公式为

$$A = A_{预期} \times 10\% + A_{生产} \times 90\% \tag{1}$$

式中：A 为经济景气度用水指数；$A_{预期}$ 为用水预期指数；$A_{生产}$ 为用水生产指数。

注：式（1）中权重指数暂定，根据实际应用效果可动态调整。

2.1 用水预期指数

预期指数反映经济体未来新增取用水、投产情况，该指数大于 100 可表明预期较好。参照税电预期指数，本文提出用水预期指数计算公式为

$$A_{预期} = \frac{H_{当期}}{H_{上期}} \times 5\% + \frac{X_{当期}}{X_{上期}} \times 5\% + \frac{Y_{当期}}{Y_{上期}} \times 45\% + \frac{P_{当期}}{P_{上期}} \times 45\% \tag{2}$$

式中：$A_{预期}$ 为用水预期指数；$H_{当期}$ 为当前新增企业用水户数（自来水），户；$H_{上期}$ 为上期新增企业用水户数（自来水），户；$X_{当期}$ 为当前新发取水许可数（自备取水），个；$X_{上期}$ 为上期新发取水许可数（自备取水），个；$Y_{当期}$ 为当前申报取水计划量，万 m³；$Y_{上期}$ 为上期申报取水计划量，万 m³；$P_{当期}$ 为当前批准下达取水计划量，万 m³；$P_{上期}$ 为上期批准下达取水计划量，万 m³。

2.2 用水生产指数

生产指数反映经济体实际用水及生产状况，该指数大于 100 可表明企业生产扩张。用水数据反映企业生产运行情况。采用企业用水量行业加权平均数月度同比数据作为生产指数，权重由各行业企业增加值占比确定，可进行年度动态调整。参照税电生产指数，本文提出用水生产指数计算公式为

$$A_{生产} = \frac{Q_{当期工业自备}}{Q_{上期工业自备}} \times \frac{q_{工业自备}}{q_{工业}} + \frac{Q_{当期工业自来水}}{Q_{上期工业自来水}} \times \frac{q_{工业自来水}}{q_{工业}} \tag{3}$$

式中：$A_{生产}$ 为用水生产指数；$q_{工业}$ 为工业取水量，万 m³；$q_{工业自备}$ 为工业自备取水量，万 m³；$q_{工业自来水}$ 为工业自来水用水量，万 m³；$Q_{当期工业自备}$ 为当期工业自备取水量加权平均数；$Q_{上期工业自备}$ 为上期工业自备取水量加权平均数；$Q_{当期工业自来水}$ 为当期工业自来水用水量加权平均数；$Q_{上期工业自来水}$ 为上期工业自来水用水量加权平均数。

3 经济景气度用水指数的试算验证

3.1 用水预期指数试算验证

以遂宁市安居区为例，统计 2017 年以来新发取水许可数、申报取水计划量（工业）、下达取水计划量（工业），计算安居区近年用水预期指数见表 1。

表 1　遂宁安居区近年用水预期指数计算

分项	2017 年	2018 年	2019 年	2020 年	2021 年	2022 年
新发取水许可数/个	0	2	6	7	1	2
新增企业用水户数/个	—	—	—	—	—	—
申报取水计划量（工业）/万 m³	632	740	535	1 382	482	225
下达取水计划量（工业）/万 m³	632	740	535	1 382	482	225
用水预期指数		115.4	85.1	125.6	69.3	57.0

分析数据得出，用水预期指数波动较大，规律性不强。主要原因：①2019—2020 年间全省开展取水口核查登记工作，出现部分企业集中办理取水许可现象；②前些年取水计划申报及下达质量不高，自来水用户取水计划开展不理想等，现阶段数据参考意义不大，待基础数据进一步完善规范后再作系统分析。

3.2 用水生产指数试算验证

社会及企业的用水数据主要由水利部门、各个自来水企业等分别掌握，统一进行全面统计，需协调的工作量、数据量大。为便于用水数据统计分析，选取安居工业园区投产时间较长的企业 2017 年以来的相关数据，计算出 2017—2022 年经济景气度用水生产指数，见图 1。

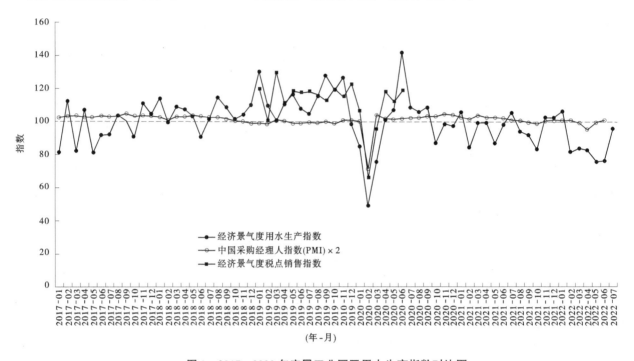

图 1 2017—2022 年安居工业园区用水生产指数对比图

分析数据得出，安居工业园区用水生产指数有一定波动，能够反映企业生产运行情况。生产指数周期波动特征明显，例如每年 2 月春节假期，企业生产用水指数通常下跌。遇到重大外部影响时波动明显，如 2020 年 2 月受新冠疫情影响，用水生产指数下跌至 49，随着复产复工后逐步恢复。后疫情时期安居工业园区用水生产指数大部分时段仍低于 100，显示出部分行业企业扩大生产意愿不足，尚未恢复到前期水平。

通过 2019 年 1 月至 2020 年 6 月间安居工业园区用水生产指数与同期 PMI、四川经济景气度税电销售指数趋势对比，走势较为一致，用水生产指数波动更明显。

4 结论与展望

4.1 结论

基于对安居工业园区经济景气度用水指数的探索分析，认为用水指数能在一定程度上客观反映经济生产情况，成熟后可供经信、统计等部门进一步完善统计指标，监测分析经济运行状况及趋势，为相关行业部门提供及时有益的决策参考，如水利部门可以参考经济景气度用水指数制定相应的水利政策。

经济景气度用水指数主要作用体现在以下四个方面：一是监测作用，实时反映经济状态。经济体实际用水量指标，以实时的速度、量化的指标反映经济运行情况，也可对重点行业、企业分别进行重点监测跟踪。二是预测作用，科学反映经济走势。新增企业用水户、新发取水许可数、取水计划量等，可反映未来一段时间经济主体对未来的预期，一定程度反映未来一段时间的经济走势和景气程度。三是识别作用，精准查找经济短板。加强指数纵向、横向对比分析，将指数波动的原因溯源到行业企业等微观主体，从而准确标注行业企业发展短板，助力决策对症下药。四是检测作用，跟踪政策落实成效。针对新出台政策，形成产业、行业维度的用水效能指标体系，用指数标定政策出台前后的发展变化，精确衡量政策效应，促进产业提质增效。

4.2 展望

（1）当前用水数据分别由水利部门、各个自来水企业等掌握，没有实现各行业用水数据统一监测。建议实时用水数据由水利部门汇总建立用水大数据，以保障经济景气度用水指标监测效率。同时，继续加强和完善取用水计量监测、取水计划管理，进一步提高经济景气度用水指标数据质量。

（2）最严格水资源管理制度中设定了区域用水总量、用水效率等控制指标，企业采用节水措施等会影响用水指数和经济景气度的相关性。因此，经济景气度用水指数计算公式需结合实际年度动态调整。

（3）结合用水数据特点，可从投资、消费和产业发展等方面探索构建分行业相应的特色指数，作为对经济景气度用水指数各类指标的有益补充。一是投资指数。选用典型指标：各行业企业取用水扩容、行业新增用水户数及用水量。二是生产指数。分行业建立典型指标，如批发和零售业用水户数及用水量、餐饮住宿业用水户数及用水量、文体娱乐业用水户数及用水量、汽车生产业用水户数及用水量等。三是产业发展指数。紧紧围绕各地党委、政府重点发展的产业行业，针对性建立发展指数，跟踪建立监测产业用水户数及用水量。

参考文献

[1] 李杰. 关于构建经济景气度税电指数的实践和思考 [N]. 税收经济调研，2020-8-10 (1).

发挥价格杠杆作用推进污水资源化利用的政策措施

王亦宁

（水利部发展研究中心，北京 100038）

摘　要：分析了价格杠杆对推进污水资源化利用的重要意义，梳理了我国再生水价格政策情况及部分地区再生水价格现状，提出要在坚持"相对低价策略"的前提下，通过健全再生水成本分担机制，使政府、生产者、消费者等几方合理承担支出责任，多管齐下、多渠道解决再生水企业运营的现金流可持续问题。从改革再生水定价模式、健全再生水"按质分类"价格体系、建立自来水和污水处理及再生水利用统筹运营的综合水价政策、加大再生水利用设施建设和运营补贴财政支持政策等几个方面，提出运用价格杠杆推进污水资源化利用的政策建议。

关键词：污水资源化；再生水；水价；再生水价格

　　污水资源化利用是指污水经无害化处理达到特定水质标准，作为再生水替代常规水资源，用于工业生产、市政杂用、居民生活、生态补水、农业灌溉、回灌地下水等，以及从污水中提取其他资源和能源的过程。加强污水资源化利用，对优化供水结构、增加水资源供给、缓解供需矛盾和减少水污染、保障水生态安全具有重要意义。当前，污水资源化利用程度仍不是很高，存在资源配置、政策调节、社会宣传、技术支撑等多方面因素，但一个很关键的因素是科学合理的再生水价格体系尚未形成，导致再生水的供给与需求两侧未能有效对接，既无法调动再生水企业生产积极性，也不能有效激发用户使用的动力。新时代推动污水资源化利用，必须紧紧抓住价格杠杆这个牛鼻子。本文就这一问题提出思考和建议。

1　发挥价格杠杆作用对推进污水资源化利用的意义

1.1　合理的价格比价能够提高用水户使用再生水动力

　　再生水长期未得到充分利用，很大程度上是由于没有形成与自来水的合理的比价关系，同时再生水水质又无法与自来水相比，这使得再生水利用"无利可图"，自然降低用户的使用积极性。只有通过健全再生水价格机制，合理拉开再生水与自来水的价差，才能引导用户转而使用再生水，增加再生水使用量。

1.2　合理的价格水平能够推动再生水企业良性运营

　　通过形成合理的再生水价格体系和健全相应的成本分担机制、财政补贴机制，给予再生水生产企业一定的盈利空间，才有助于再生水企业稳定和扩大生产能力，形成高效、持续的正向循环，才能够保障再生水企业的长效运营，并从根本上提升再生水供水品质和服务质量，促进污水资源化利用事业的长远发展。

1.3　合理的价格结构能够促进形成再生水利用细分市场

　　针对不同的再生水用途，要求形成分类用水价格结构，这体现了精准运用市场和价格手段调节再生水供给水平与社会需求关系的能力。合理的价格结构具有以下作用：①能够满足差异化的需求，提高用户对再生水利用的积极性；②有助于形成规模效应，推进城市污水处理回用市场的培育；③通过实现"分质供水，优水优用"，也有利于从整体上提升水资源的利用效率和效益。可谓一举三得。

作者简介：王亦宁（1982—），男，正高级工程师，副处长，主要从事水利经济与政策研究工作。

2 污水资源化利用价格现状及存在问题

2.1 污水资源化利用价格现状

2.1.1 国家层面对再生水利用价格政策的总体要求

污水资源化利用的价格，主要指再生水价格。当前国家层面虽没有出台专门的再生水价格管理办法或规范性文件，但若干政策性文件提出过指导性意见。

2018年，《国家发展改革委 关于创新和完善促进绿色发展价格机制的意见》（发改价格规〔2018〕943号）提出"建立有利于再生水利用的价格政策。按照与自来水保持竞争优势的原则确定再生水价格，推动园林绿化、道路清扫、消防等公共领域使用再生水。具备条件的可协商定价，探索实行累退价格机制。"

2021年，国家发展改革委联合科技部、工业和信息化部、财政部等十部委印发《关于推进污水资源化利用的指导意见》（发改环资〔2021〕13号）提出"健全价格机制。建立使用者付费制度，放开再生水政府定价，由再生水供应企业和用户按照优质优价的原则自主协商定价。对于提供公共生态环境服务功能的河湖湿地生态补水、景观环境用水使用再生水的，鼓励采用政府购买服务的方式推动污水资源化利用。"

2022年，国家发展改革委、生态环境部、住房城乡建设部、国家卫生健康委《关于加快推进城镇环境基础设施建设的指导意见》（国办函〔2022〕7号）提出"健全价格收费制度。完善污水、生活垃圾、危险废物、医疗废物处置价格形成和收费机制。对市场化发展比较成熟、通过市场能够调节价费的细分领域，按照市场化方式确定价格和收费标准。对市场化发展不够充分、依靠市场暂时难以充分调节价费的细分领域，兼顾环境基础设施的公益属性，按照覆盖成本、合理收益的原则，完善价格和收费标准……放开再生水政府定价，由再生水供应企业和用户按照优质优价的原则自主协商定价。"

2.1.2 各地再生水价格政策及价格现状

在地方层面，若干地方政府出台相关法规、规章、规范性文件、政策性文件，其中体现了再生水有偿使用、再生水计量收费、再生水定价、再生水的成本补偿与激励等内容；据不完全统计，至少有45部政策法规相关条文涉及这方面内容。部分地方出台了专门的再生水价格管理办法或指导性文件，如广州市2020年印发《再生水价格管理的指导意见（试行）》，成都市2013年印发《成都市再生水价格管理办法》，文件明确了再生水价格管理的总体要求、基本原则、价格机制、保障措施等内容。浙江省宁波市和云南省昆明市明确了再生水实行计量收费制度；北京市明确了再生水价格由市价格行政主管部门会同有关部门制定并公布。

我国部分城市再生水定价情况如表1所示。

表1 我国部分城市再生水定价情况　　　　　　　　　　　　　　　　单位：元/m³

地区			地下水回灌	工业	农林牧业	城市非饮用	景观环境
北京	北京	城八区	不超过3.5				
天津	天津	市区		电厂用户2.5，其他用户4.0		2.2	
	天津	滨海新区		4.5		4.5	
河北	石家庄		不超过5.23				

续表1 单位：元/m³

地区			地下水回灌	工业	农林牧业	城市非饮用	景观环境
内蒙	呼和浩特	市区		1.75			
	鄂尔多斯	东胜		1			
	包头					1.5，绿化 1.1	
	赤峰		2	2	2	2	2
江苏	盐城	建湖县	0.55	0.55	0.55	0.55	0.55
	宿迁					0.96	
吉林	长春			0.8			
	吉林			0.8		0.8	
山东	济南		低于4.2				
	青岛		1.7	1.7	1.7	1.7	1.7
	烟台		3.8（供需双方可在上浮不超过20%、下浮不限的范围内协商确定具体销售价格；特殊行业用水价格由双方协商确定）				
辽宁	大连		2.3（2002年价格，暂定一年），2020—2025年规划中按照不同行业特点建立多层次再生水供水价格体系				
浙江	宁波	奉化区	1.4				
	嘉兴	秀洲区	1				
安徽	合肥	市区	不高于2.85				
	阜阳市		0.9				
河南	洛阳	市区	0.48				
陕西	宝鸡					0.8	
宁夏	银川	永宁县	0.8			0.8	
甘肃	武威市	凉州区	1				
	武威市	天祝藏族自治县	1				
新疆	乌鲁木齐		一级A标准1.50，一级B标准1.00，二级以下标准0.50				

注：数据截止到2021年12月。

2.2 污水资源化利用价格政策存在的主要问题

2.2.1 再生水价格难以覆盖生产成本

为鼓励使用再生水，各地多实行再生水低价格政策，致使再生水价格不能覆盖生产成本。再生水价格与生产成本的倒挂，降低了再生水生产企业的生产意愿和积极性，再加上没有合理的政策性补贴，不利于企业长期运营。

2.2.2 再生水与自来水的价差不明显

当前由于多数城市自来水没有形成合理的水价机制，自来水价格也偏低，导致低价的再生水与低价的自来水之间的价差难以拉大，这不仅限制了再生水的合理定价，也造成再生水的价格优势难以显现，抑制了用户使用再生水的积极性。一些地方的工厂企业宁可使用自来水而不愿意使用再生水，不利于再生水市场的培育和拓展。

2.2.3 再生水分质供水价格体系尚未形成

再生水可用于景观环境、城市杂用、工业、农林牧业等多个领域，用户不同，对再生水水质要求不同，生产成本也就有所差异，完全可以对不同水质的再生水制定不同的价格。但目前多数地区分质供水还未实现，实现单一定价，或简单地根据不同使用主体进行区别定价。单一定价不能满足不同水质标准、不同使用途径、不同用量水平的用户要求，不利于价格杠杆的优势发挥。

2.2.4 再生水相关优惠补贴政策亟待健全

再生水销售价格一般不能覆盖实际生产成本，政府需要以合适的方式对再生水生产成本进行补贴，但我国再生水利用有关激励政策还不健全，没有形成机制化、制度化的路径。如城市公共绿化用水、道路浇洒用水等公益性用途的再生水，其费用分担机制不健全，最后只能是市级政府买单或要求再生水企业"做贡献"。

3 完善污水资源化利用价格杠杆的思路和建议

健全污水资源化利用价格机制的难点：一方面，为了促进使用则必须与自来水价格拉开差距，实施低价策略；另一方面，再生水所处理的源水是污水，其生产成本往往比自来水还高，实行低价格则无法维持正常的企业运营。因此，再生水的价格从来就不是一个完全的"市场价"，而必须含有"政策价"的部分，即政府政策调节必须要在其中发挥作用。

解决矛盾的核心思路就是要健全再生水成本分担机制，通过使政府（财政补贴和优惠政策）、生产者（运营效率和效益的提高）、消费者（使用者付费）等几方都合理承担各自的应付的支出责任，多管齐下、多渠道解决再生水企业运营的现金流可持续问题。同时，还要通过优化价格体系、搞活定价机制来实现分类定价，从而消化部分成本。

3.1 坚持再生水"相对低价策略"，适当提高自来水价，形成合理的再生水与自来水比价关系

考虑到再生水利用尚处于起步阶段，国家需要通过多种组合手段鼓励再生水利用，要维持"低价策略"，合理确定再生水与自来水的比价关系。建议对于水资源相对较丰沛、用水缺口不大、再生水利用刚起步的城市，再生水价格应明显低于自来水价格，以有效发挥价格杠杆对再生水市场培育的促进作用；而对于缺水严重、用水需求大、再生水利用已经达到一定阶段的城市（如北京），再生水价格可根据实际情况与自来水价格保持适当的价差。

为确保再生水对自来水具有稳定的替代效应，建议建立再生水与自来水的价格联动机制。制定自来水价格浮动阈值，当自来水终端价格变化超过阈值时，启动再生水调价机制，具体浮动比例由各地结合实际确定。再生水与自来水价格联动以不少于一年为一个联动周期。若周期内自来水终端价格变化达到一定幅度后，相应调整再生水水价，使再生水价格始终与自来水价格保持适当的价差，保持再生水市场的稳步发展，比价关系根据市场发展情况动态调整。

3.2 改革再生水定价模式，实行政府指导下的市场定价原则

逐步改变当前再生水定价管理模式，将再生水价格由政府定价管理原则调整为政府指导下的市场定价原则。多数地区再生水利用仍处于起步阶段，尚未建立起完善的配套管网，实行政府定价对促进再生水利用的作用有限，不利于再生水的推广利用。贯彻落实《关于加快推进城镇环境基础设施建设的指导意见》（国办函〔2022〕7号）提出的"放开再生水政府定价，由再生水供应企业和用户按照优质优价的原则自主协商定价"，加快建立由市场形成价格的机制，对于准确对接用户需求，调动再生水企业的生产积极性具有重要意义。再生水供应企业和用户按照优质优价的原则自主协商定价。政府加强价格指导，有利于贯彻"低价策略"，并通过合理拉开自来水与再生水的价差来引导利用行为。在此基础上，由再生水供应企业和用户按照优质优价的原则自主协商定价。针对耗水量大的行业，还可以探索采取再生水利用累退计费（阶梯递减）的计价方式，即"反阶梯水价"，明确再生水反阶梯水价的阶梯级数，以及每一梯级的水量基数和再生水价格。而对于提供公共生态环境服务功能的河湖湿地生态补水、景观环境用水使用再生水的，鼓励采用政府购买服务的方式，由地方政府与再

生水企业协商定价。

3.3 健全再生水"按质分类"价格体系

我国针对不同再生水利用领域出台了不同的水质标准。完全可以考虑"优水优用、分质定价"。但是，由于目前很多城市再生水用途比较单一，城市居民生活、市政杂用等用量无法与景观环境用量相提并论，因此分类价格体系长期未能建立。应当考虑首先将工业用再生水与其他再生水利用的分类定价体系建立起来；在再生水市场发展到一定阶段后，推进不同用途、不同用户的全面的分类价格管理体系。

3.4 探索建立自来水、污水处理、再生水利用统筹运营的综合水价政策

再生水利用工程与自来水工程、污水处理工程都具有前期投入大、沉淀资本高、公益性强、运行成本弥补不足等共同特征。再生水的价格政策，不能孤立考虑（再生水厂与污水处理厂本身就是上下运行环节的关系），要作为"城市水务统筹运营"一部分，系统评估自来水、污水、再生水的企业运营成本，并考虑政府补贴，制定综合水价政策。通过实现一体化运营，一方面能统筹安排运营各环节，把部分成本内部化；另一方面可利用规模效应，摊平再生水利用设施的建设和运行成本，利于持续运营。

3.5 加大再生水利用设施建设、运营补贴财政支持政策

把再生水利用设施与管网建设投入纳入各级财政年度预算，逐年增加资金规模，以此吸引更多的社会资金参与投资建设。鼓励各地根据自身实际情况健全再生水运营补贴政策，补贴方式建议尽量采用"以奖代补"，将财政补贴资金数额同再生水生产量和实际利用量挂钩，从而促进使用。在运营初期企业经营亏损时，要坚决落实好电价、税费等优惠政策；对于社会资本开办企业投资生产再生水的，要保证不设门槛，享有同等的财政运营补贴。将水资源费的征收与利用再生水水源挂钩，对工业、洗车、市政环卫、城市绿化和环境用水等有条件使用再生水的，在规定使用比例的基础上，达到规定比例的可减征或免征利用地表水源、地下水源等常规水源的水资源费，使用比例越高减免幅度越大，从而促进再生水利用。

参考文献

[1] 水利部发展研究中心. 非常规水源利用实践探索与激励机制研究 [R]. 北京：水利部发展研究中心，2019.

[2] 水利部发展研究中心. 城镇水污染防控的经济政策集成与创新 [R]. 北京：水利部发展研究中心，2021.

[3] 李肇桀，等. 再生水利用政策法规与制度建设 [M]. 北京：中国水利水电出版社，2020.

[4] 王亦宁，李肇桀. 非常规水源利用现状、问题和对策建议 [J]. 水利发展研究，2020，20（10）：75-80.

探索创新"取供用排"全过程节水统筹协同监管体系

韩　丽[1]　张　航[1]　孙桂珍[1]　蔡　玉[1]　刘雪娇[2]

（1. 北京市水科学技术研究院，北京　100048；
2. 河海大学，江苏南京　210024）

摘　要： 水资源是北京发展的基础和命脉，水资源的承载能力决定着城市的可持续发展能力。"取供用排"是经济社会用水的基本环节，是水资源在经济社会领域循环利用的重要过程。近年来，通过持续开展水资源用水总量和强度双控行动，全面推进节水型社会建设，不断加强水资源用途管制等措施，北京市初步建立了覆盖"取供用排"全过程的水资源监管体系。对照首善标准和高质量发展要求，全面夯实监管基础，建立完善面向"取供用排"全过程管理的制度体系和统筹协同机制，是提高水资源精细化、集约化、智慧化、监管能力和水平的迫切需求。

关键词： "取供用排"全过程；统筹协同；监管体系；精细化；集约化；智慧化

1　引言

水资源作为经济社会发展的基础性、先导性、控制性要素，其承载空间决定了经济社会的发展空间。取水、供水、用水、排水（简称"取供用排"）是经济社会节水用水的基本环节，是水资源在经济社会领域循环利用的重要过程。当前，北京已经进入高质量发展阶段，但水资源紧缺依然是基本市情水情，是制约北京经济社会发展的主要瓶颈[1]。党的十八大以来，党中央高度重视治水管水工作，2014 年 2 月习近平总书记来京考察时，针对人多水少的"大城市病"，明确提出"要深入开展节水型城市建设，使节约用水成为每个单位、每个家庭、每个人的自觉行动"；同年 3 月 14 日，习近平总书记在中央财经领导小组第五次会议上进一步指出："治水要良治，良治的内涵之一是要善用系统思维统筹水的全过程治理，分清主次、因果关系，找出症结所在"。2021 年 5 月，习近平总书记在推进南水北调后续工程高质量发展座谈会上的讲话中强调"进入新发展阶段、贯彻新发展理念、构建新发展格局，形成全国统一大市场和畅通的国内大循环，促进南北协调发展，需要水资源的有力支撑"，"要坚持节水优先，把节水作为受水区的根本出路，长期深入做好节水工作，根据水资源承载能力优化城市空间布局、长产业结构、人口规模。"

对标习近平总书记治水工作重要论述和对北京重要讲话精神，对标北京城市战略定位和高质量发展目标要求，对标人民群众对安全优质水保障的迫切需求，近年来，北京市深入贯彻落实习近平生态文明思想和习近平总书记对北京重要讲话精神，遵循水的自然循环和社会循环规律[2]，坚持以系统思维统筹水的全过程治理[3]，全面深化经济社会用水全过程监管制度改革，探索创新"取供用排"

作者简介： 韩丽（1981—），女，教授级高级工程师，北京市水科学技术研究院水战略与水文化研究所党支部书记、主管，主要从事水务发展战略规划、水与经济社会持续发展、政策机制与管理制度研究、水资源管理、水资源配置与调度等方面工作。

全过程节水统筹协同监管体系，基本建立了覆盖"取供用排"全过程的水资源监管体系，不断推进全市水资源保障能力和用水效率大幅提升。

2 节水监管体系构建取得了显著成效

2.1 不断完善水资源"取供用排"监管体系

2.1.1 "取供用排"监管法治体系基本建立

在国家水法规体系的基础上，结合北京特点颁布和修订了《北京市实施〈中华人民共和国水法〉办法》《北京市城市公共供水管理办法》《北京市自建设施供水管理办法》《北京市节约用水办法》《北京市计划用水管理办法》《北京市排水和再生水管理办法》《北京市水污染防治条例》等一系列地方性法规和规章制度，基本形成了涵盖"取供用排"各环节的法律法规体系，基本实现了有法可依；建立了涵盖"取供用排"各环节管理的市、区两级水行政专业执法队伍，每年开展水资源管理专项执法，近年来水务执法量持续增长，2020 年查处违法案件 8 096 件、罚款 3 396 万元，分别是2015 年的 19 倍和 5.5 倍。

2.1.2 "取供用排"管理制度体系加快完善

以节水为抓手，牢牢把握"四定"原则要求，建立了最严格的水资源管理及考核制度，实施了水环境区域补偿制度，进一步落实属地政府水资源管理和水环境保护方面的主体责任；完善整合取水许可、用水计划管理、供排水准入、节水"三同时"等水行政审批制度，在产业准入、区域规划、项目建设阶段建立了水影响评价制度，推动发挥水在城乡规划建设中的约束引导作用；出台了水要素规划管控指导意见，加快建立分区、街区、镇村水要素规划体系。初步建立了涵盖经济社会发展规划、建设、运行各阶段的节水用水管理制度体系[4]。

2.1.3 "取供用排"运行监管工作机制日益高效

建立了取水户、机井台账管理机制，构建了取水许可"互联网+监管"模式，建立取水许可事前预警、事中监管、事后追责的管理工作机制；全面落实推进地下水超采区综合治理，建立地下水超采区动态管理机制；建立了城乡供水水质督查体系和信息公开机制，定期组织开展全市城镇供水、村镇供水和自建供水等设施专项检查；出台用水精细化管理工作指导意见，按照月统月报制度全口径统计用水量，试点探索用水"计划到村、管理到户、统计到乡镇"[5]，对各区域、各行业用水计划执行情况、用水效率等实施监管；在中心城区和新城实施污水处理特许经营，乡镇污水处理厂打包实施BOT 专业化经营，对农村污水处理设施推行在线化监管，加快完善运行监管机制。在此基础上，建立完善河长制工作机制和责任制，将包括水资源监管在内的水务年度重点工作全部纳入河长制，明确区级河长和相关部门履职责任；成立水务专职监督机构，出台"取供用排"各环节监督管理办法，统筹水行政监管力量开展水资源管理日常监督。

2.1.4 "取供用排"信息化管理体系持续完善

围绕水务行业管理和社会服务等需求，在"取供用排"各环节启动了智能监测，部分取水口、农业机井、用水大户、排水进水口及出水已安装智能监测计量设施，部分水资源数据实现汇聚管理；取水、用水、排水各环节已建立业务管理平台，正推进水资源调度、取水许可管理、国控平台优化整合为水资源管理平台；以北京市节水管理信息系统为基础，正在构建供用水在线监测系统，加快推进供用水管理平台建设；已完成排水业务管理信息系统以及农村污水处理和再生水利用设施运行监测系统。

2.2 持续提升"取供用排"各环节管理效能

2.2.1 取水监管持续深入

取水环节是水资源社会循环的起点。近年来，开展全市水源地、取水口、机井等核查，逐步完善取水管理台账，不断提升水资源调度和配置在线监测能力，强化取水计量和用途管制，对全市 66%的取水许可水量和 74%的新水取水量实现在线监控，农村集中供水设施收费率、用户缴费率分别达

95%以上和90%，违规取水、盗采地下水等违法现象大幅减少，水资源保障能力大幅提升。截至2019年年底，全市现有159处集中饮用水源地，规模以上地表取水口165处，机井6万多眼[6]；共核发取水许可证14 082件，总许可水量34.3亿 m³。

2.2.2 供水管理更加规范

供水环节是水资源管理链条的纽带。近年来，加大南水北调配套水厂建设，强化农村供水规范化管理，城乡供水保障能力大幅提升。全市基本形成1个中心城、1个城市副中心、9个郊区新城、多个乡镇集中供水厂和村级供水站的"1+1+9+N"供水体系。完成1 075个单位（小区）自备井置换和864个老旧小区内部供水管网改造，全市农村集中供水工程消毒设备实现100%配备，农村集中供水设施收费率、用户缴费率分别达到95%以上和90%以上。截至2019年年底，全市共有：城镇公共供水厂72座、乡镇集中供水厂104座，主要由市自来水集团、相关区自来水公司运营，年供水量15.2亿 m³；城乡自建设施供水5 381处，主要由产权单位负责运维管理，年供水量1.5亿 m³；村庄供水站3 659处，主要由所在村委会或其委托第三方负责运维管理，年供水量2.1亿 m³；农业灌溉井3.3万眼，由所在村委会负责运维管理，年供水量3.7亿 m³。河道内生态补水、其他渠系直供均由河道管理单位负责取用水申请、管理等，地表水直供3.6亿 m³。

2.2.3 用水管理更加精细化

用水环节是水资源管理链条的核心。近年来，持续深入实施最严格的水资源管理制度，全市16个区全部完成节水型区创建[7]，非居民用水户计划用水覆盖率达90%以上，居民用水实施阶梯水价，农业水价综合改革全面完成，节约用水工作机制不断完善，城市用水结构进一步优化，实现"农业用新水负增长，工业用新水零增长，生活用水控制性增长，生态用水适度增长"的目标[8]。2019年，全市城镇公共非居民用水约20万户，其中非居民计划用水户约4.5万户，计划用水量13.2亿 m³，实际用水量12.4亿 m³；居民用水户约578万户，实际用水量约7.8亿 m³。

2.2.4 排水管理成效显著

排水环节是水资源社会循环的出口。近年来，坚持源头防控、溯源治污、系统治理和综合整治，连续实施三个污水治理三年行动方案，全市污水处理能力提升70%，再生水利用量达到12亿 m³，全市污水处理率由87.9%提高到95%，基本实现城镇地区污水全收集、全处理，污泥实现无害化处置，城乡水环境治理大幅改善。截至2019年年底，全市共有城镇污水处理厂（再生水厂）126座，其中万吨以上城镇污水处理厂（再生水厂）67座，日处理能力679.2万 m³；村级污水处理站1 050座，日处理能力37.6万 m³。

3 加强"取供用排"全过程节水监管的目标及措施

3.1 主要目标

按照城乡集中供水、城镇自建设施供水、村庄供水站供水、农业机井灌溉、河道内生态补水、其他渠系直供6种不同供水方式，以统筹水资源"取供用排"全过程管理，实现精细化、集约化、智慧化为目标，以推进全面计量和信息共享、建立完整的数据链为基础，以强化工作统筹和管理协同、打通全过程业务流为关键，构建"系统完整、有机衔接，集约高效，协同联动，职责明晰，保障有力"的水资源统筹协同监管体系。重点实现"4个一"的工作目标，即形成一套完整的水资源管理基础台账、构建一个覆盖"取供用排"全链条的共享数据中心、搭建一个全贯通的业务协同综合平台、建立一套高效的水资源监管制度体系，实现水资源"取供用排"全过程、全贯通、全覆盖的统筹协同监管，全面推进最严格的水资源管理制度在"取供用排"环节落实落细，全面深化经济社会用水全过程监管制度改革，切实发挥水资源刚性约束作用。

3.2 主要措施

3.2.1 夯实监管基础，强化节水监管技术体系

（1）完善水资源"取供用排"管理基础台账。开展水源地、取水口及管理单位，水利工程及管

理单位、供水厂及供水单位、用水户、排水户、污水处理厂（再生水厂）及运营单位等名录调查工作，摸清水资源管理对象家底，建立"取供用排"各环节关键要素的管理台账。按照不重不漏、信息真实、更新及时的原则，建立水资源管理台账定期协同更新机制，加强取水用水户统一监管和分级分类管理，确保水资源管理台账完备有效。

（2）建立水资源"取供用排"精准计量监测体系。建立覆盖取水口、供水厂进水口、供水厂出水口、供水管网重要节点、用水户、污水处理厂（再生水厂）进出水口、排水口及其他必要环节的水量精准计量体系，逐步实现计量到单位、到居民户的用水计量全覆盖[9]。在取水、供水、分区域用水及再生水利用环节率先实现水量信息实时监测。加大多种用水性质的取水户、用水户的分水源、分用途装表计量，用水户接入公共供水管网时应确保已实现分用途装表计量。

（3）构建全链条的共享数据中心。汇聚整合从水源至末端、涵盖"取供用排"各环节的数据信息，根据"取供用排"数据逻辑关系，优化全链条监测数据结构图，构建一个共享数据中心。建立全链条监测数据标准规范、数据共享制度和定期校验制度，建立水行政主管部门和供排水等水务企业数据信息共享及动态更新机制，实现信息互通互联、数据共享整合、逻辑关系明晰有效。推进与规划自然资源、产业发展、统计等部门有关经济社会运行信息的共享。逐步实现水务数据自动采集、自动汇聚、动态审核、动态分析，全面提升水务监测统计工作智慧化水平。

（4）搭建业务协同综合平台。在数据信息整合的基础上，落实落细各管理环节责任，进一步优化水资源调度配置、供水在线监测、用水计划管理、用水自动监测、污水在线监测等业务信息系统功能，建立完善水资源"取供用排"综合业务平台，实现日常管理业务全程"在线办理"，推动各管理环节协同联动、有效衔接。加强水务大数据挖掘，拓展数据应用场景，不断完善数据深度分析、信息校核和统筹决策支持功能，为日常管理提供分析评价、预警研判、辅助决策等信息服务。进一步推动水行政审批业务整合、协同联动及优化简化，逐步实现"取供用排"全过程审批服务事项"一网通办"。建立以信息平台为基础的监管模式，推动更多管理事项从事前审批转向事中事后监管。

3.2.2 深化改革创新，完善节水监管制度体系

（1）建立水资源红线预警机制。强化底线思维，以水的自然循环特征为基础，市、区宏观层面全面落实区域取水许可总量和用水总量双线管控。科学评价水资源总量及可利用量，建立水资源承载能力监测预警机制，严格实施取水许可管理，严格控制取水总量，对水资源超载区域实行有效管控措施。制定用水总量控制机制，通过规划用水总量和实际用水量的动态评估和对比分析，结合区域经济社会发展，建立用水总量红线预警机制，进一步强化水对城乡规划建设的刚性约束作用。

（2）完善水资源用途管控制度。市管自备井用水户管理权限全部下放到各区水务部门。健全用水定额、节水标准技术体系。制定地下水管理办法，推动建立地下水监管长效机制。制订水资源税征收水量核定实施方案，建立水务和税务部门联动机制，根据水源类型、用水性质不同，推进实行分类纳税。研究建立与供排水服务满意度、企业节水效率挂钩的供排水企业财政补贴制度。

（3）建立水资源空间管控机制。以推进水要素规划为抓手，建立水务与国土空间多规合一的规划实施与管控机制，结合街区、镇村控制性详细规划，将用水总量落到空间地块，将用水计划和用水效率纳入经济社会发展综合评价指标，构建"全市–分区–街区"三级水资源空间管控体系。充分运用云计算、大数据等手段，加强科技在水资源管理中的应用，深度开展"取供用排"数据和空间信息的关联分析，与水资源总量配置、水影响评价、用水计划、用途管制、用水效率评价等管理制度实现有机衔接，实施"水随人走、水随功能走"的动态调控管理。

（4）建立"取供用排"全链条节水用水综合分析和评价制度[10]。每年分级分析市区、分区、街道（乡镇）和社区（村庄）的用水量，分类分析居民生活、服务业、农业、工业、建筑业、河道外环境等用水情况。建立以闭合供水单元为对象的用水过程水效评价机制，定期对供水单位从水源取水、水厂制水、管网供水、用水户用水全过程开展水效率评价、产销差分析、节水措施成效评估。建立重点用水户节水评价机制，对重点用水户节水水平与节水潜力、用水工艺与用水过程、节水措施方

案与保障措施等进行分析评估，推进加快改变用水方式、优化用水结构，提高节水水平。

（5）推动贯穿全过程节水监管的综合立法和联合执法。聚焦水资源管理的突出问题和薄弱环节，坚持专项立法和综合立法相结合，加快推进包含取水、供水、用水、排水、再生水利用全过程的《北京市节约用水条例》等水法规立法，切实发挥对水资源管理的法治保障作用。针对"取供用排"执法主体相对分散、执法力量不强，存在重复执法、交叉执法或执法缺位等问题，整合"取供用排"行政执法权，加快推进水行政执法体制向集中执法、综合执法转变。健全跨部门联合执法机制，加强行政执法与刑事司法工作衔接，强化执法力度，提高执法效能。

参考文献

[1] 孙青松，刘海波. 北京市农业用水提补水价管理机制探索与思考 [J]. 北京水务，2011（z1）：11-13.
[2] 潘安君. 把准方向 锁定目标 加快推进首都水治理体系和治理能力现代化——在2020年北京市水务工作会议上的报告 [J]. 北京水务，2020（1）：1-6.
[3] 张伟，蒋洪强，王金南. 京津冀协同发展的生态环境保护战略研究 [J]. 中国环境管理，2017（3）：41-45.
[4] 北京市水务局. 牢记嘱托勇担使命奋力谱写现代化首都水务新篇章 [J]. 中国水利，2020（24）：61.
[5] 潘安君. 凝心聚力开拓创新以新形象新担当新作为奋力谱写首都水务改革发展新篇章——在2019年北京市水务工作会议上的报告 [J]. 北京水务，2019（1）：1-6.
[6] 北京市水务局. 北京市水务统计年鉴（2020）[A]. 北京：北京市水务局，2020.
[7] 蔡玉，王婧潇，汪长征，等. 北京市推进节水型社会建设的思考 [J]. 市政技术，2019，37（6）：180-183.
[8] 高璐. 北京市城市多水源配置研究 [D]. 大连：辽宁师范大学，2017.
[9] 加强需水管理 严格用途管制 全面推进节水型社会建设 [N]. 北京日报，2019-03-22（4）.
[10] 潘安君. 坚定目标方向强化使命担当奋力谱写新阶段首都水务现代化新篇章——在2021年北京市水务系统工作会议上的报告 [J]. 北京水务，2021（1）：1-6.

南方地区农业水价综合改革关键问题探索

袁念念　李亚龙　熊玉江　付浩龙　万　荻

（长江科学院，湖北武汉　430010）

摘　要：农业水价综合改革是解决南方地区农业用水效率不高、节水措施难以推行等问题的重要手段之一。本文以南方地区种粮大省农业水价改革相关调研为基础，阐述了南方地区种植结构条件下农业水权分配方法、农业用水计量覆盖情况及灌区农业用水计量设施布局，探讨了这两个因素当前存在的问题及其对农业水价综合改革产生的影响，旨在为南方地区农业水价综合改革提供参考。

关键词：南方地区；农业水价综合改革；水权；用水计量

1　引言

中国灌区数量多，面积大，范围广，农业灌溉用水量占用水总量的60%以上，与国际灌溉水利用系数平均水平相比，中国的农业灌溉水利用效率偏低，水分生产率偏低。为了保障水资源的可持续利用，采取农业节水是解决水资源供需矛盾日益突出的有效途径。几千年以来，中国传统的灌溉方式都较为粗放，农户认为水是自然产物，并不需要缴费购买，灌溉用水浪费严重且效率低下。农田水利工程由于其公益性质，长期以来的运行和管护都由政府买单，致使灌区管理机构由于经费问题运行维护困难，继而导致许多工程设施难以长期发挥效益。为了解决这一问题，中国政府一方面从节水入手，在全国推广节水灌溉措施，另一方面从水费入手，对农业灌溉用水征收一定成本水费以督促农户节水[1-4]。为了使水费定价科学合理，用水者可以接受和承受，中国政府推行了农业水价综合改革。基于此项措施，灌区基础设施建设、水价测算、农业用水定额管理、精准补贴和节水奖励机制等都不断完善[5]。截至2020年年底，中国累计实施农业水价综合改革的面积约4.3亿亩（1亩 = 1/15 hm²），大型灌区和中型灌区农田灌溉水有效利用系数分别提高到0.513、0.529，大中型灌区灌水周期与改造前相比平均缩短3~5 d，这从一定程度上促进了中国水资源的可持续利用。

中国南、北地区气候、地理条件差异大，灌区生产和管理情况复杂，节水措施不能一概而论。南方地区由于自然水资源丰富，灌溉方式长期以来较为粗放，推行农业水价综合改革存在一些较为突出的问题，其中水权分配和农业用水计量就是两个较为关键的问题，直接影响改革成效[6]。本文以多年来在长江流域开展的农业水价综合改革相关检查督导及调研和典型地区农业水价改革方案编制等为例，探讨了农业用水水权分配和农业用水计量设施建设与运行，分析了在南方地区这两个问题产生的原因，旨在为南方地区农业水价综合改革提供参考，对促进南方地区农业节水具有现实意义。

2　农业用水初始水权分配

农业水权分配由政府部门按照水资源用水总量控制目标，结合各灌区用水需求将水量分配到各个灌区或农民用水户协会。协会范围内的灌溉用水由协会管理并根据用水户的灌溉面积统一分配。水权

基金项目：中央级公益性科研院所基本科研业务费资助项目（CKSF2021299/NY、CKSF2019251/NY）；江西省水利厅科技项目（202123YBKT22）。

作者简介：袁念念（1985—），女，高级工程师，主要从事农田面源污染研究工作。

由灌溉定额和用水量确定。

2.1 作物灌溉定额

定额管理一方面用于预测年总用水量，实现总量控制；另一方面用于用水量考核，建立阶梯水价，惩罚超额用水户。需对不同水平年项目区灌溉定额进行计算。本文以南方某地区农业水价综合改革实施方案为例，探讨了近年来新型种植结构虾稻田灌溉用水定额计算方法。

2.1.1 净灌溉定额

该地区主要种植中稻、小麦和油菜等粮油作物，以及蔬菜和养殖龙虾、渔池。不同作物灌溉定额参照地方标准取值，详见表1。

表1 南方某地区主要作物灌溉定额

作物种类	灌溉定额/（m³/亩）			
	多年平均	50%	75%	85%
虾稻	863	879	957	995
水稻	287	294	351	315
油菜	42	40	57	65
小麦	33	28	45	53
玉米	68	65	97	99
棉花	65	61	90	97
花生	45	41	61	62
大豆	49	47	66	74
蔬菜	82	81	105	107

2.1.2 毛灌溉定额

该地区终端计量设置在农渠进口处，因此需要将灌溉定额推算到终端计量点。根据项目区渠道改造衬砌情况，农渠渠道水利用系数为0.92，田间水利用系数为0.93。由此得到不同作物的毛灌溉定额（见表2）。农民用水户协会可根据当年的来水状况，采用不同作物的毛灌溉定额作为考核定额，作为确定初始水权的基础定额。

表2 不同作物毛灌溉定额表（计量到农渠口）

来水频率	综合净灌溉定额	计量到农渠口灌溉水利用系数	综合毛灌溉定额/（m³/亩）
多年平均	547.45		636.57
50%	555.40		645.82
75%	623.30	0.86	724.77
85%	653.10		759.42

2.2 农业需水量

2.2.1 毛灌溉需水量

项目区的农业用水总量由基层水管单位根据各村用水户协会上报的各支渠灌溉面积、项目区综合灌溉定额及渠道水利用系数计算确定。灌溉需水量推算至取水口。

2.2.2 可供水量

可供水量是确定农业初始水权的重要依据，根据省水利厅下达的农业灌溉取水总量，按照项目区面积推算引水量控制指标。当水源不足时，应从区外引水，并计算引水量；当水源充足时，按照以供定需确定可供水量。

2.2.3 农业初始水权确定

根据项目区内农业需水量及可供水量的计算结果，如果可供水量大于农业需水量，则以农业需水量减去节水目标作为农业初始水权；如果可供水量小于农业需水量，则以可供水量作为农业初始水权。根据上述计算，可供水量小于农业需水量，同时由于本地可利用水量直接由农户通过水泵抽至田间，未通过项目区灌溉系统，无法计量和控制。因此，将可供水量中外引水量作为项目区的初始水权。

按照旱田选取该地区 5 种常规旱作物定额（棉花、大豆、花生、玉米、芝麻）平均值，水田选水稻用水定额，依各地用水户协会辖区旱田、水田的面积及项目区综合灌溉定额和渠道水利用系数计算确定农业初始水权。项目区农业灌溉初始水权分配到各个用水户协会。

3 农业用水计量

3.1 农业用水计量设施普及情况

通过对南方地区种粮大省湖南、江西、四川、湖北等进行大中型灌区量水设施调研发现，大型灌区在渠首和骨干工程引水口均安装了量水设施，相比之下，中型灌区的渠首量水设施安装率仅为 10%~40%。大型灌区干渠和支渠的计量设施安装情况明显好于中型灌区，如四川省大型灌区干渠计量设施配套率约为 38%，中型灌区仅为 6%；湖北省大型灌区干渠计量设施配套率约为 54%，中型灌区为 25%。受益于大型灌区续建配套与节水改造项目，大型灌区渠系的量水设施普及率较高，中型灌区在量水设施布设方面还存在发展的空间。南方地区种粮大省量水设施建设情况汇总见表 3。

表 3 南方种粮大省灌区量水设施建设情况汇总 单位：处

省份	大型灌区					中型灌区				
	灌区数	渠首	干渠	支渠	斗渠	田间	灌区数	渠首	干渠	支渠	斗渠	田间
湖南	23	35	969	2 287	6 525	4 747	661	154	668	636	262	1 497
江西	12	50	100			—	1 060	105	655			300
四川	10	20	641	756	771	3 204	321	131	126	146	320	2 380
湖北	40	125	1 229	1 939	3 642	2 021	542	1 325	1 393	1 889	1 596	6 282

3.2 农业用水计量设施布局

用水计量设施规划布局基于灌区用水管理和供水服务的需求，在现状已有计量设施的基础上，新增和改建计量设施。一般应布设在骨干工程与田间分水口及以上分界处，提出整体性计量方案。灌溉用水计量使用较多的是利用水工建筑物的水位流量关系推算水量，或使用堰、槽、坎等专用量水设施。部分灌区应用了自动化量水设施，在一定程度上提高了灌溉用水计量技术水平。

灌溉渠系上一般配套涵闸、倒虹吸、跌水（陡坡）、渡槽等，这些建筑物一般出流符合一定的量水水力学条件，可通过量测过水建筑物上下游的水位，根据不同流态的流量计算公式推求流量。当渠系位于地形复杂区域，无法修建符合条件的建筑物时利用标准断面、三角堰、U 型堰、巴歇尔槽等设备计量。当灌溉用水含沙量不太大时，可在管道及斗农渠中安装水表计量。近年来，电磁流量计、超声波流量计等自动化量测水设施也被用于灌溉用水计量中。

4 存在的问题

4.1 农业水权分配存在的问题

4.1.1 可供水量难以准确确定

南方地区雨水资源丰富，塘堰众多，雨季时蓄水作为灌溉水源，在计算可供水量时往往难以逐一统计，同时由于这部分水量未通过灌溉系统，无法计量和控制，导致灌溉可供水量计算不准确。

南方地区灌溉退水回用现象较为普遍，农户会采取沙袋堵水、水泵抽水等手段将排水沟中的水直接用于灌溉。当前关于灌溉水回归利用的研究较多，但是由于水系连通复杂性、下垫面条件变化多端，目前难以明确灌溉水回归利用比例[7]，导致南方灌区可供水量计算不准。

4.1.2 基于水权转让的激励机制不健全

（1）水权是集体所有。对水资源分配采取行政控制的合法性导致中国水权的分配主要是给机构而非使用者个人[8]。中国以灌区作为最基本的农业生产和水资源使用的单元，这使得水权成为灌区的公共财产并不能分配到个体。同时，人均占有的水资源量非常有限，限制了通过市场途径的潜在收益，即便水权可以转让收益也并不明显。同时，由于中国政府倾向于保护农村发展和农民利益问题，若将农业用水转向工业用水会有政策敏感性的情况出现[9]。

（2）现有制度与产权制度要求不衔接。取水许可是典型的行政审批，取水权作为产权的权能不全面，边界不清晰，不符合水权确权登记要求，且农村集体经济组织的水塘和修建管理的水库中的水资源使用权没有确权登记制度。取水许可一般只有 5~10 年有效期，难以满足权利稳定性要求。另外，目前可交易取水权仅限定于定额内节约的水量，限制了权利流转。在取水许可管理中，对取水权的保护制度尚不够完善，擅自取水或超额取水的损害赔偿机制缺失，用途管制有待加强。同时，农民用水权益保障制度也不健全。

4.2 用水计量存在的问题

4.2.1 计量设施普及率仍较低

灌区量水设施的普及率虽有所提高，量水设备不论从种类还是规模上都发生了很大的变化，但总体而言，大部分灌区的量水建筑物和量水设施安装到位少、精度低，主要量水设施布设在渠首和骨干工程引水口，支渠大多没有安装，即使建成的量水设施也未全部使用。南方地区水量相对较充足，农户在思想观念上对灌溉用水计量重视程度不够，节水意识淡薄，农业灌溉还普遍沿用"大水漫灌"的模式，绝大部分灌区基本上是按亩收水费，导致精准计量无法实现。

4.2.2 现有量水设施实用性差

现有量水设施精度不高、操作复杂、成本昂贵，对于公益性的农业生产而言实用性较低。渠系建筑物和特设设备等传统量水设施都需要人工实测，率定流量系数，利用各种水工建筑物的水位流量关系推算水量，耗费人力且需要操作人员具备较高的专业技术能力，灌区现有的技术力量薄弱，大部分测算人员是通过自学量测水，没有进行系统的培训学习，不具备相关综合业务素质。而现代化的量水设施又过于强调量测精度，导致成本费用较高，不能在所有灌区推广，只能进行信息化试点建设，无法从根本上解决灌溉用水计量问题，制约量水技术的推广。

5 结论

南方地区农业初始水权以作物灌溉定额为基础计算，以需水量推求供水量，忽略了水资源本身，一些塘堰、灌溉回归水无法准确计量，而这两部分水量在南方农业灌溉用水中占比很高，因此导致南方地区水账算不清、水权分不准。一方面需要研究南方灌区水循环机制，掌握南方地区灌溉用水循环利用机制，算清水账；另一方面也要探索水权分配机制和市场保障机制，从政策上提供支持，为农业水价综合改革提供软支撑。

南方地区需加强农业灌溉用水末级渠系小型计量设施研发，并结合当前国家灌区现代化、信息化改造契机，积极推广计量设施普及，逐步实现量水信息化，为农业水价综合改革打好硬件基础。

参考文献

［1］李艳，陈晓宏．农业节水灌溉的博弈分析［J］．灌溉排水学报，2005，24（3）：19-22．

［2］任梅芳，胡笑涛，蔡焕杰，等．农业节水灌溉水价与补偿机制水价模型［J］．中国农村水利水电，2011（7）：38-41．

［3］史玉清．基于农业水价综合改革措施的大丰区节水量与综合效益评价［D］．扬州：扬州大学，2018．

［4］雷波，杨爽．农业节水对农业水价变动反映的理论探讨［J］．中国农村水利水电，2008（2）：17-19．

［5］潘少斌，刘路广，吴瑕，等．农业水价综合改革奖补机制研究——以引丹灌区李楼镇为例［J］．节水灌溉，2020（12）：37-40．

［6］姜文来，冯欣，刘洋，等．我国农业水价综合改革区域差异分析［J］．水利水电科技进展，2020，40（6）：1-5．

［7］邢子强，刘姗姗，严登华，等．灌区退（回归）水量影响及预估研究进展［J］．中国农村水利水电，2017（8）：1-4．

［8］贺天明．基于水权理论的农业用水管理技术研究与应用［D］．石河子：石河子大学，2021．

［9］杨鑫，张哲晰，穆月英．农业水价综合改革的推进困境及成因分析——基于小农户风险视角［J］．水利经济，2022，40（2）：61-67，78，89-90．

跨区域调水制度体系建设研究

周宏伟 李 敏 彭焱梅

（太湖流域管理局水利发展研究中心，上海 200434）

摘 要：我国不同地区间因水资源分布不均、需求差异明显，为调剂水量余缺，先后建设了多项调水工程，因调水工程涉及利益方众多，调度管理实施难度大。为此，针对调水过程中涉及的调出区、受水区和调水沿线，提出构建跨区域调水制度体系框架，其中调出区需加强水资源价值的研究，开展源头区水资源保护，调水沿线水利工程针对调水过程制定合理、可操作性强的水量调度方案，加强调度管理，受水区坚持先节水后调水的原则，强化各行业节水和产业结构调整，通过调水制度体系的建立使调水工程的综合效益最大化。

关键词：跨区域调水；调出区；受水区；水资源价值；调度体系

1 引言

水是生存之本、文明之源。水资源是人类生存和社会经济发展的重要物质基础。全球淡水资源不仅短缺而且地区分布极不平衡。地区间水资源分布不均，不同地区对水资源需求有差异，为解决这一矛盾，人类组织实施了跨流域调水。

跨流域调水是在两个或两个以上的流域系统之间，通过调剂水量余缺解决水资源分布不均、供需不平衡问题的一项重要举措，跨流域调水可改善缺水地区的生态状况和人类的自然生存环境，促进人与自然的和谐发展，也改变缺水地区的经济结构，促进当地工农业发展，从而增加工农业净产值。同时，由于跨流域调水人为地改变了地区水情，势必会改变原来的生态环境，打破原有的生态平衡[1]。此外，工程调度运行期间管理不善，存在水资源浪费、运行成本高，影响工程效果的发挥等问题。因此，跨流域调水工程应当全面考虑工程对社会、经济和生态环境等各方面的影响，从战略高度上，对工程的社会、经济、工程技术和生态环境等方面进行统一规划、综合评价和科学管理。

2 我国跨区域调水实践及存在问题

2.1 跨区域调水实践

自古以来，我国基本水情一直是夏汛冬枯、北缺南丰，水资源时空分布极不均衡。且人均水资源总量不足，人均占有量低，水资源空间分布与土地资源的匹配状况不理想，使我国许多地区的经济社会发展受制于水资源的供给能力。在一些水资源紧缺而人口集中、经济发展迅速的地区，为了解决和缓解局部地区供水不足问题，提出了外调水的要求。

新中国成立后，我国先后建设了引滦入津、引黄济青、引大入秦、东深供水、引江济太等重大调水工程。这些工程在科学应对水资源短缺、污染和生态用水危机方面发挥了重要作用。党的十八大以来，党中央统筹推进水灾害防治、水资源节约、水生态保护修复、水环境治理，建成了一批跨流域、跨区域重大引调水工程，为全面建设社会主义现代化国家提供有力的水安全保障[2]。其中，南水北调是跨流域、跨区域配置水资源的骨干工程，南水北调东线、中线一期主体工程分别于 2013 年、2014 年底建成通水以来，已累计调水 400 多亿 m³，直接受益人口达 1.2 亿人，在经济社会发展和生

作者简介：周宏伟（1973—），男，高级工程师，主要从事水资源规划评价方面工作。

态环境保护方面发挥了重要作用。

2.2 存在问题

因调水工程涉及利益方众多，调度管理实施难度大，在我国的调水实践过程中也或多或少的存在一些亟待完善和改进的地方。

2.2.1 管理体制不健全

国内重大调水工程水资源调度以工程建设和管理单位为主，引调水量往往根据工程规模确定，用水总量和用水效率等最严格水资源管理制度落实不到位，也无法实现水资源调度效益最大化。多数调水工程水资源调度管理条例或办法的制定主要从工程管理者的角度出发，对工程与用水户之间的利益关系、联系、协商机制则没有明确的制度规定，进而对水费的征收、水价的协调等带来了不利影响。

2.2.2 水价机制不合理

调水工程水价问题是制约工程效益发挥的重要因素之一。水资源费征收过程中，往往实行政府指导价，一项调水工程涉及多行业的供水，农业用水水价明显低于工业和生活，由于水价标准低于运行成本，工程正常的维修养护费得不到保证，也没能有效发挥价格杠杆在节水中的作用，不利于最严格水资源管理制度的实施[3]。

2.2.3 生态环境受影响

调出区由于水量的调出而使水量减少，水体的净化能力和稀释作用降低，在引水口下游河道内用水条件将变化，影响工农业用水并引发水环境问题。水量调出区往往需要建设蓄水工程，会占用土地，破坏原有生态环境，改变水生生物生长环境，导致原有生物物种群落的变化。

3 跨区域调水制度体系框架

跨流域调水系统是一项涉及面广、影响因素多、工程结构复杂、规模庞大的复杂系统工程。按其各部分的位置而言，大体可分为调出区、受水区和调水沿线三个部分。调出区一般是那些水资源丰富、可供外部其他流域调用的富水流域和地区；受水区则是那些水资源严重短缺、急需从外部其他流域调水补给的干旱流域和地区；调水沿线是把水资源从调水区输送至受水区之间的地区范围。由于水是自然环境的重要组成物质，也是最活跃的环境因子，调水改变水平衡与水文循环会连带着自然环境的变化，从环境与生态的角度看，调水规模必须适宜，为保持调水工程的可持续性，需要运用系统理论的观点把跨流域调水对区域生态经济的影响看成一个系统来进行研究。立足流域整体和水资源空间均衡配置，统筹发展和安全，以全面提升水安全保障能力为目标，以完善水资源优化配置体系、流域防洪减灾体系、水生态保护治理体系为重点，统筹存量与增量，加强互联互通。设计出包含调出区、受水区及调水沿线调度管理的合理的调水工程运行管理体制框架，建立顺畅、现实、可行的运行管理体制，达到工程综合效益最大化。

4 调出区水资源价值研究

调出区往往是水资源相对丰富的流域源头区，而经济发展相对滞后，为了保护源头优质的水资源，往往又限制了源头区经济的发展，调水过多又会对源头区生态环境造成一定的影响。免费或低成本调水不利于水资源的高效有序配置，也会使得供水区居民保护水资源生态环境的积极性受到重挫。应立足流域整体和水资源空间均衡配置，科学确定调水工程规模和总体布局，处理好发展和保护、利用和修复的关系，实现调出区和受水区各利益方利益均衡分配。

4.1 水资源价值测算

坚持"谁受益、谁付费"的原则，综合考虑跨区域调水对调出区和受水区的经济社会、生态环境及人文历史等方面影响，引入市场机制，协调流域、区域的关系，以及受水区各方的利益关系，探索建立完善涵盖运行管理费用测算与分摊、供水水价的形成和测算的水资源价格形成机制。跨区域调水主要的水源工程，分析其在水资源储备、涵养等方面投入的成本，通过市场参考法、成本评估法、收益评估法等方法研究调水区水资源价值，推进形成保护生态环境的利益导向机制、提高生态优势转化为经济优势能力。通过制定合理的水价政策，充分发挥水资源价值在配置中的作用，其一可以用经济手段促进用水户节约用水，抑制由于水资源利用不当造成的水资源浪费，缓解水资源短缺的局面；其二确保调水工程建设运行费用能够收回，维持工程管理单位的正常运行，使工程发挥最大的效益；其三可以筹集资金进行水源涵养、污染治理等水资源保护工作，有利于促进生态、社会、经济的协调发展。

4.2 水资源补偿机制

研究按照"谁受益、谁补偿"的原则，以跨区域调水水资源补偿为目标，把政府宏观调控、民主协商和水市场紧密结合起来，构建以财政政策、公共投资、区域水权交易等手段进行补偿的跨区域调水水资源补偿机制。明确跨区域水资源补偿主体与补偿客体，综合考虑跨区域调水对调出区和受水区的经济社会、生态环境及人文历史等方面影响，研究水资源补偿标准，合理确定补偿政策、补偿量、补偿形式、补偿方法、补偿使用、补偿监管等[4]。研究建立与市场经济体制和水资源稀缺状况相适应、协调流域上下游长效发展机制，实现水资源调度可持续发展。

4.3 调出区水资源保护

强化源头水资源分区管控，做好源头区水土保持，推进小流域水土流失预防和治理，构建由工程措施、技术措施和管理措施相结合的水土保持综合防护体系格局；加强源头区污染治理，对工业污染源实施关停并转，加大对生活污染源处理力度，提高生活污水的纳管率，扩大农业面源污染治理范围，从源头减少入河污染物量；实施源头区湿地生态保护与修复，建设水源涵养林，构成生态隔离带，恢复和保障水体与河湖岸带的水陆生态系统健康完整性，在库区种植适宜的水生植物、放养合适的水生动物，形成完整的食物链网，维护河流湖泊良性生态系统。

5 水资源调度体系建设

从工程设施角度考虑，跨流域调水系统一般包括水源工程（如蓄水、引水、提水等工程），输配水设施（渠道或管道、隧洞和河道等），渠系建筑物（如交叉、节制和分水等建筑物），受水区内的蓄水、引水、提水等设施。为确保调水目标的实现，必须按照一定的原则和方式，科学、合理地进行水资源统一调度。

5.1 调度原则与目标的确定

调度要实现有限水资源在流域、区域和用水户之间分配与调度的过程，必将涉及政府和企业等多个决策主体，近期和远期多个决策时段，包括经济效益、社会福利、生态环境可持续等多个目标以及水文、生态、工程、环境与市场等多类风险在内的复杂决策问题[5]。需遵循确有需要、节水优先、生态安全、可以持续的重大水利工程论证原则，协调上下游防洪、供水、生态环境等错综复杂的问题，统筹防洪、水资源、水生态等多目标综合调度需求，构建多目标调度体系，统筹兼顾，统一调度。

5.2 调度方案制订

考虑到调出区与受水区的水资源状况差异，并根据工程的实际情况，分析计算调出区年可调水量，受水区相关省市年需水量、月需水过程，组织与调水工程有关的地方水利部门、工程管理单位共同研究制订合理、可行的年度水量调度计划，合理确定调度期和月调水过程，梳理确定重要调水工程调度名录，明确工程调度原则及运用控制指标，规定调度权限及管理职责，规范年度调度计划制订、批准程序[6]。针对调出区或受水区的某一区域出现特殊干旱、特大洪水或工程出现重大事故、重大水污染等突发事件时，制订应急预案。

5.3 调度管理机制

仔细梳理调水工程多层次利益相关者的合理诉求，探索建立健全行业主管部门、工程运行管理单位、重要取水户等参与的水资源调度协调机制，构建协商调处各种矛盾和争议的有效平台，理顺工程运行管理关系，形成运行管理的合力[7]；研究建立、健全调水工程管理责任制，加强调水设施的监测、检查、巡查、维修和养护，确保工程安全运行；强化水资源调度工作考核与评估机制，建立水资源调度工作报送制度和情况通报制度，完善水资源调度实施过程监督检查和责任追究制度；加强信息化建设，提高水资源调度管理精细化、智能化、现代化水平，充分发挥水资源调度工程的经济效益、社会效益和生态效益。

6 受水区用水管理

受水区往往是人口稠密、工农业生产较为发达，用水量较大。应坚持节水优先，把节水作为受水区的根本出路，长期深入做好节水工作，根据水资源承载能力优化城市空间布局、产业结构、人口规模，提高水资源集约节约利用水平。

6.1 加强水资源开发利用管理

遵循先节水后调水、适度从紧的原则，统筹协调调出区、受水区用水，落实最严格水资源管理制度。统筹受水区需求和调出区可调水量，建立行政区域用水总量和流域、河湖水量分配相协调匹配的总量控制体系，健全市、县用水总量管控指标体系。将区域用水总量指标逐步细化落实到重点河湖和具体水源。制订完善覆盖各个领域、涵盖主要产品的用水定额体系，并将其作为取水审批、水资源论证等工作的依据[8]。规范取用水日常管理，细化从取水、用水、节水和排水的全流程管理体系，实现取水规范化、用水精准化、节水科学化。

6.2 推进各行业节水

要坚持和落实节水优先方针，采取更严格的措施抓好节水工作，坚决避免敞口用水、过度调水。推广节水灌溉技术，推动农田土地流转规模化生产，促进种植业结构调整和优化。指导推进以高耗水、高污染行业为重点的工业节水改造，促进转型升级。加快推进供水管网改造，不断提高管网漏损率。大力推广废污水处理、污水资源化利用等技术，不断提高污水资源化利用水平。大力推进雨水、再生水、海水等非常规水源的开发利用，探索将非常规水源纳入水资源统一配置，深入开展公共领域节水，严格控制高耗水服务业用水。

6.3 优化调整产业结构

根据调水区域水资源禀赋状况，在保障生态流量目标作为硬约束的基础上，设定水资源承载力上限，以水而定、量水而行、因水制宜，强化水资源刚性约束。依据流域区域水资源总量和需求，优化水资源的国土空间布局，合理控制并科学规划农业、生活、工业、城镇等发展，提出城市开发边界管控、建设用地规划、人口规模控制、产业转型调整等方面相关政策规范、相关标准完善建议。从宏观层面的水资源开发利用行为、各类型用水主体的用水行为、经济社会活动用水需求等方面，进一步明确相关用水行业发展和产业政策制定的水资源刚性约束导向。

7 结语

跨区域调水是一个庞大而复杂的工程体系，涉及不同行政区划间水资源分配问题，在行业上涉及水利、水务、原水等有关部门，调度协调难度大，还存在法律法规不健全，管理体制有待完善等问题，根据我国重大调水工程自身的特点，通过构建包含调出区、受水区和调水沿线的跨区域调水制度体系框架，理顺各有关单位在水量调度中的关系，建立完善流域、区域高效协同的水资源调度协作机制，促进形成共商共管共保联治的治水管水格局，充分发挥水资源价值在配置中的作用，加强工程调度管理，落实水资源刚性约束制度，实现调水工程效益最大化。

参考文献

[1] 刘振杰，范泽帅，黄琳茜，等. 浅谈中国跨流域调水的影响 [J]. 水利电力，2018（6）：196，211.

［2］朱记伟，蒋雅丽. 国内外跨流域调水工程建设管理经验及启示［J］. 陕西水利，2016（1）：55-56.

［3］谷丽雅，侯小虎，张林若. 浅谈国外跨流域调水工程现状、机遇和挑战［J］. 中国水利，2021（11）：61-62.

［4］李浩，黄薇. 跨流域调水生态补偿模式研究［J］. 水利发展研究，2011（4）：28-31.

［5］孙金华，陈静，朱乾德. 我国重大调水工程水资源调度管理现状研究［J］. 人民长江，2016，47（5）：29-33.

［6］欧阳灵犀，张艳. 四川省流域水资源调度管理研究［J］. 四川水利，2021（增1）：26-28.

［7］蒋云钟，赵红莉，董延军，等. 南水北调中线水资源调度关键技术研究［J］. 南水北调与水利科技，2007，5（4）：1-5.

［8］田君芮，丁继勇，万雪纯. 国内外重大跨流域调水工程管理模式研究［J］. 中国水利，2022（6）：49-52.

坚持规划引领　加强浙江水法规体系建设

陈筱飞

（浙江省水利发展规划研究中心，浙江杭州　310007）

摘　要：浙江全面贯彻水利部强化体制机制法治管理的路径建设要求，围绕构建安全美丽的浙江水网和全域创建幸福河湖等水利中心工作，坚持需求导向、问题导向，系统谋划"十四五"时期水法规建设的重点领域和主要任务，编制印发《浙江省水法规建设"十四五"规划》，指导今后一个时期省、市两级水法规制度建设。

关键词：浙江；水利高质量发展；水法规；"十四五"规划

为深入贯彻习近平法治思想，全面落实水利部强化体制机制法治管理的工作部署，浙江省首次印发《浙江省水法规建设"十四五"规划》，聚焦水利高质量发展主题，围绕浙江水网建设、全域创建幸福河湖等重点任务，明确"十四五"期间浙江省、市两级水法规制度建设的主要任务和立法计划，突出规划引领作用，力求以完备的法规制度支撑水利高质量发展。

1　浙江水法规体系建设的现实基础

自《中华人民共和国水法》颁布以来，浙江围绕水旱灾害防御、水资源、河湖空间和水利工程安全管理等领域，适时总结各地改革创新和制度建设的有效经验，先后出台《浙江省防汛防台抗旱条例》《浙江水资源条例》《浙江省河长制规定》《浙江省水域保护办法》等地方性法规规章，出台首个河长制地方性法规《浙江省河长制规定》；杭州、台州、丽水等设区市出台《杭州市第二水源千岛湖配水供水工程管理条例》《台州市长潭水库饮用水水源保护条例》《丽水市南明湖保护管理条例》等系列地方性法规。至 2020 年年底，全省共形成 10 件省级地方性法规、13 件市级地方性法规，主要涉水领域有法可依、有章可循，为浙江水利改革发展提供有力支撑。

2　新发展阶段浙江水法规建设面临新的要求

2.1　深入贯彻习近平法治思想对水法规建设提出新要求

2013 年，习近平总书记在主持中央政治局全面推进依法治国第四次集体学习时强调，要完善立法规划，发挥立法的引领和推动作用。十九届五中全会上，习近平总书记强调要有效发挥法治固根本、稳预期、利长远的保障作用，推进法治中国建设。2020 年中央全面依法治国工作会议上，习近平总书记提出推进全面依法治国重点工作的"11 个坚持"，深刻回答了新时代为什么实行和怎样实行全面依法治国等重大问题，为水法规建设指明方向，必须把水法规建设放在更加突出的位置，以法治规范治水活动、涉水关系和水事秩序。

2.2　深入贯彻"十六字"治水思路对水法规建设提出新要求

2014 年 3 月，习近平总书记提出"节水优先、空间均衡、系统治理、两手发力"的治水思路。2016 年以来，习近平总书记先后对长江、黄河等大江大河保护治理作出系列重要讲话，强调"共抓大保

作者简介：陈筱飞（1972—）女，正高级工程师，主要从事水利发展战略及政策法规研究工作。

护、不搞大开发"，发出"建设造福人民的幸福河"的伟大号召。习近平总书记治水兴水重要论述是水利高质量发展的根本遵循，必须通过立法，把新发展理念和"十六字"治水思路法治化制度化，把河湖系统治理、生态保护修复、开放共享、融合发展等理念和要求上升为法规，更好地发挥思想指引作用。

2.3 推进省域治理现代化对水法规建设提出新要求

进入新发展阶段，法治是提升国家治理现代化的根本手段和可靠保障。浙江省委十四届六次全会通过《关于认真学习贯彻党的十九届四中全会精神高水平推进省域治理现代化的决定》，要求各地各部门聚焦把制度优势转化为治理效能，努力打造中国特色社会主义省域治理的范例，并把健全现代法治体系作为治理体系治理能力现代化建设的重要任务，要求高水平推进科学立法、严格执法、公正司法、全民守法，形成与数字时代相适应的现代法治体系。水法规体系是现代法治体系的重要组成，要响应治理体系治理能力现代化建设要求，紧跟数字化改革带来的水利治理方式变革，创新立法机制，完善水法规体系，提升依法治水能力。

2.4 打通"两山"转化水利通道对水法规建设提出新要求

浙江是"两山"理念的发源地和率先实践地，在长期的治水实践中，从"水清、流畅、岸绿、景美"的万里清水河道、"五水共治"到美丽河湖，把治水跟城市空间布局、产业发展融合，把治水跟老百姓健身休闲等品质生活需求结合，美丽河湖串起美丽城镇、美丽乡村、美丽田园，水利工程成为靓丽景点，滨水空间成为吸引社会资本、吸引产业进驻、促进乡村振兴的创业热土。"十四五"乃至更长一个时期，全域幸福河湖建设成为提高水安全保障能力、提供更多便民惠民优质水产品的主要途径，在确保安全和生态这一公益性功能前提下，利用市场机制，坚持节约集约和共建共享理念，合理开发利用水岸空间、水资源和水利工程等涉水资源，使河道两岸真正变成绿水经济带、"两山"转化主通道，破解空间约束、人口产业集聚带来的环境压力；同时，以这些优质资源的开发为纽带，凝聚更多社会力量参与河道治理管护和水利工程建设管理，真正实现政府与社会共建共管共享的良性治理，需要法规制度层面的有力支持。

2.5 "重要窗口"新目标新定位和高质量发展建设共同富裕示范区对水法规建设提出新要求

2020年3月，习近平总书记考察浙江时赋予浙江"努力成为新时代全面展示中国特色社会主义制度优越性的重要窗口"的重大任务。2021年5月，中央赋予浙江高质量发展建设共同赋予示范区的重大使命，要求以解决地区差距、城乡差距、收入差距问题为主攻方向，在高质量发展中扎实推动共同富裕。"十四五"期间，浙江以水网建设为抓手，通过建设浙东水资源配置通道等一批跨流域、跨区域骨干工程，打通衢州、丽水等水资源丰沛地区向环杭州湾、浙东沿海和金华—义乌等缺水地区的输水大动脉，促进水资源空间分布与浙江经济社会发展布局相匹配，同时通过生态补偿、对口协作等机制，将西南山区的优质水资源转化为区域经济发展动能，构建山海协作的水利模式，助力山区跨越式高质量发展，推动区域协调，这些都需要水利部门进一步转变观念，解放思想，完善资源、空间和工程的管控和开发利用制度体系，发挥好政策制度的引领作用，坚持保护的前提下开发利用，在高质量发展建设共同富裕示范区进程中发挥水利独特作用。

3 "十四五"浙江水法规建设重点领域和主要任务

3.1 总体思路

服务高质量发展建设共同富裕示范区重大使命、法治浙江工作部署和浙江水利高质量发展，衔接水利部立法工作和水安全保障"十四五"规划任务，以更好满足人民群众对持久水安澜、优质水资源、健康水生态、宜居水环境、先进水文化的更高需求为着力点，以解决"少而不够用、老而不适用、粗而不实用、软而不管用"四大问题为导向，聚焦资源、空间、风险管控、工程管理等关键领域和核心业务，统筹考虑立法资源、必要性和可行性，坚持立法和改革相衔接，持续完善水法规基本制度和配套制度，破解水利发展制约性问题，推动水利法规制度体系与发展新要求相适应，努力实现浙江依法治水管水兴水走在全国前列。

3.2 重点任务

3.2.1 强化数字赋能，建立完善立法工作机制

一是推进水利立法数字化改革。依托"立法综合应用""浙里九龙联动治水"等公共平台，拓展公众参与水利立法的途径，提高反馈立法建议的有效性，增强群众的尊法用法守法意识。

二是建立健全立法项目年度计划管理和定期会商机制。在规划框架下，各地各有关处室制订年度立法计划，细化工作目标和责任体系，明确时间节点和成果要求，表格化清单式抓好年度立法工作，切实做好业务范围内水法规的起草和配套规章制度拟定工作。政策法规部门加强省级水法规建设的统筹管理和对设区市立法工作的指导，抓好综合性水法规起草和配套规章制度的拟定，对立法项目进行跟踪指导和督促，必要时组织相关处室、法律专家和社会公众等开展专题论证研讨，协调推进各项立法工作。

3.2.2 省市协同，推进一批法规制修订

按照轻重缓急和前期研究基础等条件，先行开展一批地方性法规立法调研和配套规章制度建设。

一是水利工程管理方面。总结《浙江省海塘建设管理条例》施行 20 年来取得的成果，结合"海塘安澜千亿工程"的理念和建设模式创新，以及地方对释放二线塘土地资源等强烈呼声，修订《浙江省海塘建设管理条例》；根据水利工程标准化管理和产权化、物业化、数字化"三化"改革等实践，整合现有的水库大坝、水闸、泵站、堤防等各类水利工程的法规规章内容，制定《浙江省水利工程安全管理条例》，化"小而散"和"多头交叉"规定为统一有序管理。

二是河湖水域空间管控方面。以建设造福人民的幸福河为目标，结合"五水共治"、美丽河湖建设等实践成果，整合《浙江省水域保护办法》《浙江省河道管理条例》，制定《浙江省河湖水域管理条例》，促进人水和谐。

三是促进共同富裕方面。根据共同富裕示范区建设要求，将《浙江省农村供水管理办法》上升为《浙江省农村供水条例》，保障城乡供水公共服务均等化。

四是指导设区市加强重点领域立法，计划修订《宁波市水资源管理条例》《宁波市城市供水和节约用水管理条例》，推进《温州市珊溪水利枢纽工程保护管理条例》《绍兴市曹娥江流域管理条例》《衢州市河湖管理条例》等立法。

3.2.3 加强立法前期研究，形成项目储备

聚焦浙江水网建设、水生态保护和修复、水旱灾害风险管理、打通生态价值转化水利通道等重点领域，加强研究论证和项目储备。

一是浙江水网建设方面，在浙东引水等跨流域引调水工程和东阳—义乌、余姚—慈溪等水权交易实践基础上，坚持市场化导向，研究建立引调水工程建设与管理、优质水资源价值核算和交易、多目标优化调度、生态补偿等水网建设配套制度。

二是"绿水青山就是金山银山"转化方面，针对山区和平原不同地理条件和钱塘江、瓯江等流域水生态修复工程实践，研究水生态保护与修复方面的法规制度，修复好、保护好"绿水青山"；配合海塘安澜千亿工程、全域幸福河湖建设等水利专项行动，探索河湖水域岸线、海塘等水空间、水工程资源化开发利用的机制和制度，推动水域岸线和海塘堤防等水利工程成为造福百姓的"两山"转化载体。

三是加强水旱灾害风险管理方面，开展洪水风险管理和洪水保险等方面的机制研究，研究建立超标准洪水、超强台风等小概率高风险突发事件的防范机制，推动洪水保险制度化，完善政府和社会相结合的抢险救灾机制；加强与住建、自然资源等部门的规划衔接，加强洪水风险图在空间规划、产业布局、基础设施建设等方面的应用，主动引导经济社会发展布局有序规避洪涝风险。

四是水利工程管护机制创新方面，结合水利工程"三化"改革，研究建立加强水利工程资产管理运营的有关制度，努力在小型水利工程报废退出机制、产权确权以及经营、抵押等方面取得突破，

确保工程安全，长期发挥功能。

五是深化河湖长制方面，结合"绿水币"、总河长令、河湖长制联席会议等新机制，研究推动形成全社会治水管水态势的鼓励政策和制度。

六是规范社会力量参与治水行为方面。"两手发力"的开放背景下，越来越多的社会力量参与水利建设、运行管理，研究完善在社会力量参与治水兴水行为的规范和监管要求。

4 结语

"十四五"时期是浙江水网建设的开局时期，也是浙江水利高质量发展助力共同富裕先行和省域治理现代化先行的关键时期。浙江落实水利部加强体制机制法治管理工作部署，聚焦新发展阶段水利高质量发展的新路径和新任务，以需求和问题为导向，坚持规划引领，按照研究一批、推进一批的思路，系统谋划"十四五"期间水法规建设重点领域和工作安排，增强水法规制度建设的前瞻性、主动性和计划性，积极打造"重要窗口"水利法治成果，将有效推动浙江水利高质量发展。

农村供水工程运行管护体制机制研究

吕　望^{1,2,3}　王艳华^{1,2,3}　景　明^{1,2,3}　王爱滨^{1,2,3}　段文龙⁴

(1. 黄河水利委员会黄河水利科学研究院，河南郑州　450003；
2. 黄河水利委员会节约用水中心，河南郑州　450003；
3. 黄河流域农村水利研究中心，河南郑州　450003；
4. 黄河勘测规划设计研究院有限公司，河南郑州　450003)

摘　要： 农村供水事关民生福祉，为助推新阶段农村供水进一步高质量发展，梳理了农村供水工程运行管护存在的问题，分析了制约因素，最后从明晰产权、建立合理水价及水费收缴机制、完善相关优惠政策、加强技术人员培训、强化宣传和加强应急保障等方面提出了今后农村供水工程运行管护对策及发展建议。

关键词： 农村供水；运行管护；体制机制

水是万物之母，获得安全的饮用水是人类生存的最基本需求，水安全事关人类健康、社会稳定和经济可持续发展。作为农村重要公共基础设施之一的农村供水工程，是水利系统保障实施乡村振兴战略的重要任务。乡村振兴战略规划明确提出要巩固提升农村饮水安全保障水平，到 2035 年，城乡基本公共服务均等化基本实现。我国农村供水保障水平在发展中国家处于领先位置，但由于我国特殊的国情，与发达国家相比农村供水总体上还存在较大差距，农村供水与实施乡村振兴战略的要求还不适应，存在一些突出短板，整体上，我国农村供水保障水平总体仍处于初级阶段[1]。

因此，为助推新阶段农村供水高质量发展，亟需进一步建立健全工程长效管护机制，落实管护主体，明确管护责任，科学测定合理水价，创新水费收缴机制，多渠道筹集工程运行维护经费，修订相关标准规范，切实保障农村供水工程长效可持续运行。

1　农村供水工程现状

农村供水事关民生福祉，农村饮水问题历来被党中央、国务院高度重视。新中国成立以来，各级政府投入了大量的人力、财力和物力，解决农村供水问题，我国农村供水发展经历从饮水解困到饮水安全，目前农村供水已步入高质量发展阶段。

经过多年共同努力，我国农村供水事业取得了巨大成就，建成了比较完备的农村供水工程体系[2]，"十三五"期间，2.7 亿农村人口供水保障水平得到提升，贫困人口饮水安全问题得到全面解决。截至 2020 年年底，全国农村集中供水率达到了 88%，全国农村自来水普及率达到 83%，农村供水保障水平得到显著提升。

2　农村供水工程运行管护存在问题及制约因素

由于农村供水工程点多、面广、量大，多数位于偏远山地牧区，管理难度大。部分供水工程水价

基金项目： 中央级公益性科研院所基本科研业务费专项基金（HKY-JBYW-2021-08）。

作者简介： 吕望（1990—），工程师，从事节水灌溉、农村供水研究工作。

通信作者： 景明（1979—），高级工程师，从事节约用水管理、农村供水研究工作。

机制不健全，加之地方财政补贴困难，难以保障工程良性运行，可持续性较差[3]。农村供水工程运行管护存在问题主要体现在以下几方面。

2.1 供水统筹不够全面，工程布局不合理，工程规模偏小

农村饮水安全工程建设之初，供水工程人均投资低，管理人员技术经验缺乏，处于摸索阶段，大多缺乏城乡供水统一规划、资源整合，与乡村规划等衔接不够，多数以完成当前任务为目标，建了很多单村小供水工程，管理人员素质参差不齐，多以有水喝为基本建设目标。工程大多建设标准低，漏损时有发生且维护工作量大，容易受污染和末梢用户供水保障不足；无消毒设施微生物指标不达标；水源论证不足，季节性缺水问题难以保障，对于水源水质超标的工程，有的即便配备净化设备，也因为管理人员技术水平、后期维护费用高等原因需要重复建设。供水统筹不够，工程布局不合理，供水工程规模偏小。

制约因素主要是资金投入不足，农村供水工程规模化程度不高。"十一五"和"十二五"时期，农村饮水工程人均投资标准低于实际投资需求，导致建设标准不高、历史欠账多；"十三五"期间，有脱贫攻坚任务的县投资力度和重视程度明显高于没有脱贫攻坚任务的县。受资金限制，农村供水工程建设标准不高、相关配套设施不完备。

2.2 重建轻管，没有建立长效运行管护机制

重建设轻管理，很多工程建成后产权不明晰，国家投资资金流失缺少产权机制，县级政府主体责任、水行政主管部门、运行管理单位、管理人员职责不明，缺少管理制度约束和指导，未积极承担起水源保护、建设资金落实、工程管理管护的主体责任，用水户参与也只是停留在口头，因为运行管护机制不完善，不收水费或水价回收率低导致整体效益低，不能发挥管理单位、人员的积极主动性，勉强维持低标准状态运行，没有建立长效运行管护机制，导致很多工程不能持续下去。

制约因素如下：

（1）工程数量大，集约化水平低。全国千人以下集中及分散供水工程1 000多万处，且多数位于山区、牧区和偏远地区，管理难度大。

（2）工程供水效益低、工程运行管理经费严重不足。小型工程供水服务人口少，供水成本偏高，但是广大的中西部贫困地区，尤其是深度贫困地区人口居住分散，经济条件差，水价普遍偏低，水费收缴率不高，有的甚至不收水费，效益较差，地方缺乏积极性，不想管。

（3）责权不明晰，管理体制不顺畅。小型工程产权和管理权移交给乡镇或村集体时，虽然在移交合同中明确了权利和责任，但在实际操作过程中，权责很难划分清楚，依赖思想严重，村里仍然认为是替乡镇代管的，乡镇认为运行中出了问题仍应该由水利部门负责处理，老百姓喝不上水都是水利部门的责任，出现了"人人都管、人人又都不管"的现象。

（4）供水工程水价机制不健全，水费收缴率低。部分地区用水户对于水是商品的观念薄弱，不愿意缴纳税费，认为"不该收"；有些基层地方政府担心收费会发纠纷与矛盾，存在"不敢收费"的心理症结。

（5）基层技术力量严重不足，管理不够专业化。农村地区特别是贫困地区人才缺乏严重，农村供水行业吸引不来也留不住专业人才，但是制水过程中涉及水质检测、净化消毒设施设备运转、加药、配电等多方面专业技术，基层普遍缺乏相应技术人才和水平的支撑，导致农村供水工程管理水平低，难于满足工程运行管理要求。

（6）农村供水立法滞后，工程管理缺乏法律支持。目前，已经凸显出的农村供水深层次矛盾和问题继续交织混织叠加，不断演化为集中多发问题，地方普遍反映监管和处罚缺乏法律依据，导致想管不敢管。农村供水工程涉及的监管部门多，管理环节链条长，工程投资、建设和管理主体多元，部分地区和工程各类供水问题互相交织渗透，甚至互为因果，不同部门、不同层级政府职责分工不够清晰，政府、市场、供水单位、用水户之间的权利、责任和义务缺乏明确规定，如工程管理主体责任不落实、非政府投资工程难监管、供水设施和管网破坏难追责、水费不收不缴等突出问题，仅靠行政手

段和政策措施难以有效解决。目前,现行相关法律法规没有相应规定,地方不敢管。

2.3 农村供水工程现代化、信息化水平较低

农村供水工程项目投资多用于供水工程硬件建设,在信息化、智能化等软件平台建设上投资力度较小。仅有部分经济发达地区借助于互联网技术构建了信息化管理平台,大部分区域的农村供水管理还停留在传统的人工抄读水表、核实水量,收费大多也是人工收费,工作量大、成本高、效率低。

究其原因:一方面是由于部分工程建设年代较早,受当时经济水平、技术发展等因素制约,导致建设标准较低,信息化难以配套;另一方面受我国农村供水实际条件影响,现代化、信息化投资过大,但收益一般,影响了供水成现代化、信息化、智能化的发展步伐。

3 农村供水工程运行管护相关对策及建议

3.1 明晰产权,落实管理主体和责任

3.1.1 开展农村供水工程产权确权登记

县级人民政府组织开展城乡供水工程不动产登记,调查统计县级农村供水工程信息,核定城乡供水一体化工程、农村集中供水工程资产,因地制宜开展农村供水工程产权确权。对于城乡供水一体化工程,由县级人民政府核定工程资产,明确产权归属,颁发产权证书,落实管护主体和管理责任。对于农村集中供水工程,根据投资主体明晰工程所有权,界定管理权,明确使用权,颁发产权证书。对于条件成熟的地区,实行农村供水工程所有权和经营权分离,出台深化工程运行管护体制改革的具体措施。对于政府资金投资建设的规模化以上供水工程,探索政府和社会资本合作模式,探索开展政府固定资产入股、专业化企业运行模式,或在完成农村供水系统资产及运营情况评估、审计等的基础上,政府与运营企业签订交接清单,实施农村供水工程资产移交。对于单村供水工程,因地制宜确定村集体、用水组织作为产权主体,或以个人承包形式签订产权移交手续。

3.1.2 落实责任主体,创新管护模式

城乡一体化供水工程,由县级供水专业公司统一运行管理,逐步实现城乡供水"同源、同网、同质、同价",提升供水服务。万人以上供水工程在依法明确工程产权,核定工程固定资产、监审供水水价等的基础上,通过政府购买服务等方式,面向市场配置工程使用权和经营权,选择专业化企业经营管理农村供水工程,加强政府监管。鼓励企业采用物联网技术,降低运行管护费用,提升农村供水工程运行管理的现代化水平。一定经营期内,政府可落实经费补贴,协助解决企业经营初期的困难和问题。千人以上供水工程按照"正常运行,保本微利"的原则,因地制宜采用供水企业管理、县级水行政主管部门统一管理、乡镇供水站管理等方式,确保区域饮水安全,维持供水工程正常运行。

对于县级水行政主管部门、乡镇供水站运行管理的供水工程,可采用自收自支、差额拨款、全额拨款等方式,充分释放工程管理部门内部活力。对于企业管理的供水工程,当地政府应加强前期扶持,强化供水监管,鼓励采用信息化技术降低运行成本。

千人以下供水工程,可采用"用水组织+管水员"的管理模式。用水组织可以由村两委、农民用水组织或个人(承包经营)等多种方式组建,用水组织负责保护水源、工程维护、应急抢修、议定水价、管理水费等。落实管水员,负责农村供水工程日常维修、水费收缴等工作。条件成熟的地方实施入户水表智能改造,提高用水计量精度和水费收缴率。

有条件的地区,可探索应用数据网络技术的农村供水工程管理新模式,以实现节省人力、管理高效、降低成本的目的,结合不同地区的实际情况引进以宁夏彭阳为代表的"互联网+农村供水"管护模式[4],实现从水源地到用水户各供水环节运行、调度全程自动化,切实保障农村供水工程从源头到龙头的全过程良性可持续运行,发挥供水工程效益。

3.2 制定有关标准规范

农村供水工程的建设标准、质量和管理状况,直接关系到工程的质量、运行状况和供水质量,从而影响广大农村群众的人身健康。当前,部分地区特别是早期建设工程和小型工程建设标准较低、质

量不高、运行管护不到位，导致供水保障水平不高，不能发挥预期效益。为进一步规范农村供水工程建设和管理，提高工程建设质量和运行管理水平，保障工程供水安全，确保农村供水工程建成一处、发挥效益一处，应抓紧制定相关技术规范，明确农村供水工程取水、输水、净水、配水各个关键环节的底线要求，规范供水管理和服务，并建议作为强制性标准，要求新建和改（扩）建农村供水工程严格执行本标准，已建工程尽快对标达标改造。

加快制定农村供水工程更新改造规程，明确农村供水工程更新改造类型（管网延伸、新建、改扩建）、尤其是针对已建农村供水工程中存在的建设质量和规范化问题，明确分类提出改扩建标准化技术要求，以规范农村供水巩固提升工程和进一步提档升级中的建设和管理工作，维持农村供水工程良性运行，提升农村供水保障水平。

3.3 进一步完善水价机制

合理水价形成和水费收缴机制是保障农村供水工程良性运行的基础和核心，是破解农村供水工程可持续性较差问题的"牛鼻子"[5]。

3.3.1 健全水价形成机制

在考虑用水户承受能力和保障农村供水工程良性运行的基础上，加快推进水价成本测算核定工作，因地制宜、科学合理构建分区（平原区、山区、丘陵区等）、分类（农村居民生活用水与非居民用水、乡镇工业用水等）、分级（定额内水价、超定额累进加价等）水价制度。对于城乡一体化供水工程，逐步实现与城市供水"同源、同质、同价、同服务"，鼓励实行阶梯水价；对于单村供水工程，可采取政府统一定价或村委会协商定价。

3.3.2 创新水费收缴手段

创新水费收缴方式，推行村委会、代缴点收费，运用手机 APP（应用程序）、支付二维码等便捷方式支付。

3.3.3 强化用水缴费的宣传引导

充分利用电视、网络等方式广泛宣传及水价水费公示等，引导农村牧区居民树立提高有偿用水意识和节约用水的自觉性，实现用放心水、交明白费。

3.4 完善农村供水有关优惠政策

3.4.1 继续落实税收和用电优惠等政策

省级水行政主管部门加强农村饮水安全工程税收优惠政策宣贯，督促落实农村饮水安全工程税收优惠政策；县级水行政主管部门主动向政府报告，降低农村供水企业或组织税收负担。省级水行政主管部门协调电力部门，落实农村供水工程供水用电执行居民生活或农业排灌用电价格的优惠政策，降低高扬程等农村供水工程运行成本。

3.4.2 完善农村供水工程抵押贷款优惠政策

充分发挥农村供水工程确权登记的资产价值，探索建立以农村供水工程为抵押物的抵押贷款优惠政策，缩短流程，解决农村小型供水工程的融资难题。按照相关法律要求，对确权登记的农村供水工程进行资产评估，县级人民政府根据实际情况制定农村供水工程信贷管理办法，出台相应贷款资金监管办法，规范资金用途。

3.5 加强村级供水人员培训

开展农村供水村级管水员培训，解决农村供水工程运行管理"最后一公里"问题。围绕水源保护、机电设备、净化消毒、水质检测监测等关键环节，编写一系列通俗易懂、图文并茂的村级供水员培训教材。开展订单、巡回、网络、视频等多种形式的培训。建立完善培训合格持证上岗制度，把取得培训合格证书作为关键岗位人员考核、聘用的重要依据，充分调动关键岗位人员参加培训的积极性和主动性。

3.6 强化农村供水宣传和用水户参与

加强农村供水宣传和用水户参与。通过各种媒体渠道及会议论坛等多种形式，加强总结提炼，加大宣传力度，讲好中国农村供水故事，营造积极向上的工作面貌和良好的舆论发展氛围。同时，积极发挥村规民约及用水户协会作用，加大宣传，提高用水户节约用水和有偿用水意识，发挥社会参与和监督作用。

3.7 加强应急管理，应对突发事件情况下的农村供水

加快推进应急供水预案编制工作。结合实际情况，制订农村供水保障应急预案，分区分类，县级制订全县应急供水预案，规模化供水工程逐个工程制订预案、千人及以下供水工程（含分散供水工程）分区域制定预案。明确突发事故发生后或可能发生的情况下，成立应急指挥机构，合理划分影响等级，落实应急供水队伍和应急供水措施。

参考文献

［1］王跃国，赵翠，宋家骏．农村供水中长期发展战略研究——以安徽省为例［J］．中国水利，2020（11）：38-40.

［2］孙莉，何金义．农村供水工程供水模式探讨［J］．中国水利，2021（5）：52-53.

［3］李斌，杨继富，刘旭升，等．小型农村供水工程运行管理模式探讨［J］．中国水利，2017（4）：17-18.

［4］魏文密．彭阳县"移动互联网+农村人饮"管理模式探索与实践［J］．中国水利，2019（15）：52-54.

［5］刘昆鹏．农村供水"十四五"发展对策建议［J］．水利发展研究，2020，20（5）：8-10.

关于水利科研院所安全生产管理的几点思考

孙　锐[1]　谭亚男[1]　汝泽龙[2]

(1. 中国水利水电科学研究院，北京　100038；
2. 中国水利学会，北京　100053)

摘　要： 梳理了水利科研院所安全管理面临的形势，分析了水利科研院所实验设施、实验环境、危险化学品、野外观测实验等环节安全生产管理现状及存在问题，围绕理论引领、组织领导、制度建设、宣传教育、实验条件、风险管控等方面提出了相应的建议和对策，为水利科研院所进一步完善安全生产管理体系，提升本质安全水平提供思路和借鉴。

关键词： 水利；科研院所；安全生产；现状；对策

科研院所是科学研究、技术开发的基地，是培养高层次科技人才的基地，是促进高科技产业发展的基地，是实施创新驱动发展战略、建设创新型国家的重要力量，部属、流域和地方水利科研院所是水利科技创新体系的重要组成部分，是水利领域开展高水平研究、聚集培养优秀科技人才的重要平台。近年来，水利科研院所不断拓展研究领域，承担了一大批国家级重大科技攻关项目和重点科研项目，承担了国内几乎所有重大水利水电工程关键技术问题的研究任务，还在国内外开展了一系列工程技术咨询、评估和技术服务等科研工作，为水利改革发展提供了坚实的科技保障和技术支撑。但是，水利科研院所在开展科学实验活动时，也面临电气安全、火灾爆炸、辐射等多种事故风险，随着改革发展的不断深入，如何保障人员生命和财产安全是水利科研院所必须引起高度重视的一项重要任务。因此，梳理水利科研院所安全生产管理现状，研究探讨对策和措施，构建行之有效的科研安全生产管理体系，具有重要的现实意义。

1　水利科研院所安全生产风险

1.1　实验设施安全生产风险

水利科研院所实验设施面临的风险有：一是用电不规范，如用电线路和设施老化失修，使用了不符合标准的电线和插座，涉水实验用电线路、插座等未使用专业的防水设备，实验用电线路搭接随意，存在私拉乱接飞线的情况。二是消防器材使用管理不规范，如未配置足够的消防器材，消防器材未定期检查和更新，消防器材前堆放杂物，应急通道被占用，不能保持畅通等。三是特种设备管理不规范，如天车、叉车等特种设备未张贴使用规程和定期进行检验保养，特殊工种人员未持证上岗。

1.2　实验环境存在安全隐患

水利科研院所实验环境面临的风险有：一是安全防护措施不到位，如未足量配置安全帽，高空/吊装等特种作业区域、临时通道、试验水槽等临边、临水部位未设置防护栏杆。二是安全警示标识设置不够，如配电箱、消防器材等重点区域未设置警示标识，应急通道和出口未设置警示标识。三是实验环境管理不到位，如实验空间普遍比较狭小，实验环境不整洁，部分实验室工作区与休息区混用，实验材料、废料和杂物密集摆放且杂乱无序，其中部分杂物还属于易燃物品，存在一定的安全隐患，还存在实验人员在室内吸烟和为电动自行车充电等情况。

作者简介：孙锐（1985—），男，高级工程师，主要从事水利科研管理工作。

1.3 危险化学品安全生产风险

水利科研院所开展水质监测、水工材料分析检测等实验研究过程中，需要用到化学药品试剂和易燃易爆物品，在实验物品购买、运输、储存、使用、处理等环节均存在一定的安全隐患，如未设置专门的危险化学品储藏间，保管员及使用人员未按照规程操作，未建立危险化学品进出库和使用登记制度，废物处置未按照规程操作，危险化学品储藏间通风不畅、标识不清楚等。

1.4 野外观测实验安全生产风险

近年来，水利行业在各地陆续建设了一批野外科学观测研究站，获取长期野外定位观测数据并开展科学研究。野外站选址一般位于山区、河口、林地、草原等地，位置较为偏远，工作条件较差，野外作业过程中存在一定的安全隐患。

2 加强水利科研院所安全生产管理的对策建议

2.1 注重理论引领

党的十八大以来，习近平总书记对安全生产工作多次作出重要指示批示，深刻论述了安全生产重大理论和实践问题，对安全生产工作提出了明确要求。习近平总书记关于安全生产的重要论述，站在践行党的初心使命和维护国家长治久安的政治高度，从历史与现实相贯通、治标与治本相关联、当前与长远相统筹的宽广视角，系统回答了如何认识安全生产、如何做好安全生产工作等重大理论和现实问题，是我们做好新时代安全生产工作的根本遵循和行动指南。作为行业科研机构，要始终坚持以习近平新时代中国特色社会主义思想为指导，全面学习贯彻习近平总书记关于安全生产重要论述，深入贯彻落实水利部关于安全生产工作的一系列部署，围绕安全发展理念，认真执行"一岗双责""三个必须"，压紧压实科研安全生产责任，强化风险防控，坚持安全第一、预防为主、综合治理的方针，从源头上防范化解重大安全风险，有效防范科研生产安全事故，营造稳定的科研安全生产环境。

2.2 加强组织领导

建立健全安全生产监管责任制，强化主体责任，完善科研安全生产监管责任体系，强化分级监管、上下联动、综合监管和专业监管相结合的工作机制。严格落实"党政同责、一岗双责、失职追责"，强化"三个必须"，认真执行国家的安全生产方针、政策、法律、规定、标准、上级指示、决议，贯彻落实国务院安全生产委员会关于加强安全生产工作的十五条硬措施，严格执行安全生产事故"一票否决"制度以及本单位安全生产管理制度。针对科学研究、现场试验、后勤管理等不同情况、不同事项，做到业务与安全同研究、同布置、同落实，落实"两手都要抓、两手都要硬"。

2.3 完善管理制度

安全生产管理规章制度是科研安全生产管理的工作基础和根本依据，水利科研院所要根据相应的国家、行业政策法规，梳理修订本单位涉及安全生产的规章制度，结合科研工作实际，研究制定适应性好、针对强的安全管理规章制度和操作规程，不断完善科研安全生产管理制度体系，为科研院所安全生产管理工作向程序化、规范化、标准化转变提供政策依据。

2.4 增强安全意识

结合科研单位工作实际，采取多种宣传手段，有针对性地组织开展主题宣讲活动，推进学习教育全覆盖。通过张贴宣传挂图、播放宣传视频等方式，开展全方位、多角度、立体化的宣传解读。充分利用网络和新媒体，广泛开展形式多样、生动活泼的安全专题宣传，深入宣传习近平总书记关于安全生产的重要论述精神，贯彻党中央国务院关于安全生产的重大决策部署，大力宣贯安全生产法律法规、水利安全生产领域和本单位安全规章制度等，营造安全发展的浓厚氛围，进一步提高干部职工的安全意识。

2.5 改善实验条件

水利科研院所在新建或改建、扩建实验室时，统筹考虑实验研究和安全生产的需求，提前布局安全生产设施和措施，严格落实安全生产设施"三同时"制度，确保实验室符合安全生产要求，保障科研人员生产安全。加强用电管理，对用电线路和配电间等设施定期巡检，及时维修、更换老旧线路和用电设施，严格要求使用符合标准的电线和插座，严禁实验人员在室内吸烟和为电动自行车充电等。提升实验室安全防护措施，足量配备劳动防护设施，在作业区域设置防护装置，在重点区域和应急通道等处设置警示标识。改善实验环境，在实验室设置专门的堆料区，实验设备设施有序摆放，定期清理不用的杂物。

2.6　加强风险管控

加强科研生产安全风险防控体系建设，坚决贯彻"安全第一，预防为主，综合治理"的安全方针，以落实安全生产责任和完善安全生产管理制度为抓手，以强化风险管控和深化隐患排查治理为重点，完善院科研生产安全风险防控体系，制定科研生产安全风险防控体系卡片和隐患清单，狠抓工作重点领域、薄弱环节和重要时段安全监管，聚焦危险化学品安全整治、水利科研与检验安全专项整治等科研院所安全生产重点领域，组织开展相关专项整治工作，坚持"从根本上消除事故隐患"。实行定期自查、重要时点突击检查的安全生产检查制度，针对排查过程中发现的安全隐患，积极采取各项措施进行治理，尽快摸清问题成因，及时化解安全隐患。进一步完善生产安全事故应急预案体系，定期组织开展应急预案演练活动，强化干部职工的安全意识。

3　结语

安全生产工作是一项经常性、基础性的工作，坚持长效管理是抓好安全生产工作的关键，在水利行业不断深化改革发展的时代背景下，水利科研院所面临着新形势、新任务，要进一步强化安全生产工作，采取坚决有力措施，以习近平总书记关于安全生产的重要论述为引领，加强组织领导，推动树牢安全发展理念、落实安全生产责任、完善管理规章制度、增强安全生产意识、保障安全生产投入、强化安全风险管控、提升本质安全水平，确保安全形势持续稳定向好，为推动新阶段水利高质量发展提供有力科技支撑。

参考文献

[1] 科技部，教育部，发展改革委，财政部，人力资源社会保障部，中科院.《关于扩大高校和科研院所科研相关自主权的若干意见》的通知［A］. 中华人民共和国国务院公报，2019（31）：69-73.
[2] 张俊莲. 水利科研院所实验室安全管理存在问题分析与建议［J］. 中国水能及电气化，2019（3）：53-55.
[3] 王荣鲁，等. 新形势下水利科研院所安全生产管理存在问题分析与建议［J］. 水利技术监督，2019（6）：1-3.
[4] 陈啸. 水利科研单位安全生产风险分析与防范探讨［J］. 中国水利，2015（16）：18，59-60.
[5] 赵明，等. 新形势下高校实验室安全管理现状与策略研究［J］. 实验技术与管理，2018，35（11）：6-8，23.

"两手发力"推动黄河流域水利高质量发展

刘 璐 刘 波

(水利部发展研究中心,北京 100038)

摘 要:做好黄河流域水利领域"两手发力"工作,是推动新阶段水利高质量发展、实现黄河流域生态保护和高质量发展的重要保障。本文尝试从水价是否合理、水权是否清晰、要素能否充分流动、政府对水资源的掌控是否有力、资源配置是否高效等方面探讨黄河流域水利领域"两手发力"存在的问题,以及如何运用政府之手、更多运用市场之手来推动黄河流域水利高质量发展。

关键词:黄河流域;两手发力;水利高质量发展;水价;水权;资源配置

党中央把黄河流域生态保护和高质量发展确立为重大国家战略,习近平总书记要求在推动黄河流域生态保护和高质量发展中贯彻落实"节水优先、空间均衡、系统治理、两手发力"的治水思路。习近平总书记对处理好政府和市场的关系,强调"两手发力"就是要使市场在资源配置中起决定性作用和更好发挥政府作用。本文尝试从更好运用政府之手、更多运用市场之手的角度,探讨如何发挥市场机制作用来解决黄河流域水治理问题。

1 黄河流域水利"两手发力"存在的问题

1.1 失灵的水价信号无法有效引导市场配置资源

现有水价水平不足以维持供水正常运行。如表1所示,除内蒙古外,引黄各省(区)水利工程执行水价不足供水核定成本的一半,水价无法满足工程正常成本补偿的需要。

表1 引黄各省(区)黄河水执行水价占供水成本比例

省(区)	执行水价/供水核定成本	省(区)	执行水价/供水核定成本
内蒙古	66%	山西	50%
宁夏	25%~50%	甘肃	44%
山东	38%	陕西	33%
河南	21%		

注:不含四川省和青海省。

黄河流域水价未能充分反映水资源的稀缺性和真实价值,难以发挥节水杠杆作用。黄河流域农业水价对节约用水影响的一项研究[1]反映,黄河流域农业节水受水价制约较大,农业水价若上调至供水成本,就能够较好地起到节约引提黄水量的效果。另外,水价政策对居民用水需求影响的一项研究[2]反映,黄河流域居民用水价格提升幅度超过人均可支配水平增长幅度时,能够显著抑制用水需求,且阶梯水价的实施效果更为显著。目前,黄河流域居民用水水价相对人均可支配收入水平较低,不能够有效抑制人均用水量。

作者简介:刘璐(1991—),女,工程师,主要从事水利政策研究工作。

1.2 流域治理保护资金筹措压力巨大

黄河流域内九省（区）大多数经济基础相对薄弱，尤其是治理保护任务十分繁重的甘肃省、青海省、宁夏自治区，公共财政投入压力大，而社会资本进入黄河流域水利领域意愿并不强。根据《中国水利统计年鉴》，2017—2019年黄河流域水利建设投资中，中央和地方政府投资是资金来源的主要渠道，社会资本投资额占比较低，不足10%。主要原因有：一是受水价制约，回报机制和投资保障不到位，社会资本参与的基础薄弱。二是鼓励社会资本参与水利工程建设的政策虽然具备，但操作性仍然不够，投资补助、财政贴息等配套内容不够细化和完善，部分地方政府政策延续性不够，导致社会资本参与水利建设领域较为谨慎[3]。三是基于市场化运作的全流域投融资平台缺乏，虽然各省（区）探索建立了一些水利投融资平台，但相互间缺乏整合，流域层面的投融资机制构建比较滞后。

1.3 水利资产产权改革不适应发展要求

黄河流域水利资产产权管理相对滞后。主要表现为：一是部分水利工程产权不清晰，造成水利工程建设有人用、无人管，或管理不到位，降低工程运营效率。二是水域及水利设施用地确权划界存在未划定水利工程管理用地、水库实体面积偏小、未划定河道行洪区等问题。河湖库水域、岸线资源被占用的情况较为普遍，其中不少已被确权为基本农田或林地。三是水资源长期偏重于资源管理，水资源资产产权确权登记不到位，所有权主体、代表行使主体及代表行使的权利内容等权属不清晰，导致水资源资产功能受限。

1.4 水权交易对优化配置水资源量的作用不明显

水权交易市场不完善，交易规模偏小，利用市场机制优化配置水资源的作用尚未充分发挥。虽然黄河流域水权交易市场发育较早，但目前整体上水权交易市场并不活跃。根据统计，自2016年12月内蒙古首批水权交易试点签约至2021年12月，水权交易81单，交易水量共28亿 m^3，与内蒙古2021年用水总量（约192亿 m^3）相比，水量规模偏低。这些问题主要是受限于以下因素：一是水权确权工作相对滞后，区域用水总量控制指标和区域取用水权益尚未完全落实到各水源和各用户。二是水权交易制度和水市场监督管理的相关制度规范缺乏，难以对水权交易形成有效指导。三是配套设施建设滞后，数据采集、运输和处理手段落后，管网、计量设施不健全，难以为水权交易提供有力支撑。同时，监测计量能力不足，总量控制、定额管理、计划用水以及监督考核等难以真正落实。

1.5 政府发挥水资源最大刚性约束作用不足

水资源承载能力评价不到位，各地没有按照承载能力确定发展目标，无法合理规划人口、城市和产业发展。一是城市建设、新区开发等规划和实施没有或者基本不考虑"以水定城"，一些缺水城市大建水景观，人工湖泊众多。二是农业生产和结构布局中没有做到"以水定地"。黄淮海平原、汾渭平原、河套灌区是农产品主产区，粮食和肉类产量占全国1/3左右，农业对水资源需求长期居高不下。三是经济发展指标确定和发展布局中轻视或忽视"以水定产"要求。黄河流域以能源重化工产业为主，耗水规模大、用水效率不高。四是人口发展、城市化进程中没有考虑"以水定人"的要求，汾渭平原人口聚集度高，关中-天水经济区、太原城市群城市化率已经达到60%，水资源供水压力越来越大。

1.6 政府没有发挥好培育和发展水利市场方面的作用

黄河流域水利市场发育迟缓，总体开放程度还不够高，对有一定专业要求的市场主体培育力度不够大，鼓励和引导市场主体参与的办法不够多，社会各界参与水平不高。主要表现为：一是水权交易市场方面，水资源配置仍以行政手段为主，水权交易市场主体准入机制和定价机制不完善，水权交易规则不健全，与之密切相关的水生态保护补偿机制不健全。二是水利建设市场方面，水利建设市场主体准入门槛较高，市场竞争相对不充分[4]。水利建设市场主体信用评价、信息公开、监督检查等市场监管措施有待进一步完善。三是水利工程和河湖管护市场化运作方面，管护模式较为单一，专业化、市场化和社会化管理程度不高，仍以行政管理为主。

2 "两手发力"促进黄河流域水利高质量发展的建议

2.1 在水资源刚性约束中发挥好政府这只手的作用

（1）加快细化优化"八七"分水方案，做好重要跨省（区）支流的水量分配。各省（区）要在详细科学评估本地区可利用水资源（包括本地水和外调水）基础上，充分考虑节水措施的作用，做好省市县三级和各行业的水量分配，为实施水资源刚性约束奠定基础。建立水量分配执行的监管机制，约束流域内各地区、部门和个人严格执行。

（2）尽快完成黄河流域水资源承载能力评价，建立健全水资源承载能力监测预警长效机制，动态评估黄河流域水资源承载能力，定期向全社会发布各省市县的水资源承载能力，作为监控各地落实"以水定城、以水定地、以水定人、以水定产"的重要手段，对接近水资源承载能力的地区提出预警、对达到或超过水资源承载能力的地区提出限制取水要求和限制发展的措施。

（3）继续强化水资源规划论证、项目论证和取水许可等监管手段。制定取用水管控措施，明确取水许可禁限批的实施范围、项目类型、具体措施等。强化对重点地区、重点领域、高用水高耗水行业和产品进行用水情况的监督检查和分析评估。

（4）在水法、取水许可和水资源费征收管理条例等法律法规修订和调整中，按照把水资源作为最大刚性约束的要求，争取将水资源承载能力评价写入水法中。

2.2 充分发挥水价倒逼节水的杠杆作用

（1）在流域内详细测算各省（区）地市县的农业、工业和生活服务业及特殊行业的供水成本和水价，充分反映流域内各地区水资源稀缺程度和生态保护需要，并在全国性重要媒体上公布各地区甚至各地市县的水资源稀缺程度和供水成本、水价水平。

（2）对各省（区）地市县农业、工业、生活服务业和特殊行业水价下限提出明确的要求，各地市县在制定农业、工业、生活服务业和特殊行业等的水价标准时，必须以不低于水价下限的要求制定本地区不同类型的水价。水价下限要反映差异性，甚至要在不同产品和不同作物上得到体现，并按要求实行阶梯水价和超计划累进加价制度。

（3）建立流域内各省（区）地市县的农业、工业、生活服务业和特殊行业等水价动态调整机制，逐步将各类水价调整过渡至不低于水价下限标准，同时加强对各类水费的征收管理。

（4）建立水费财政补贴等的托底机制，对流域内水费征收进行精准化管理，全面合理测算流域内各省（区）地市县不同行业、不同群体水费支出的承受能力和负担水平，通过流域内生态补偿和财政转移支付等，建立低收入困难群体或用户的用水水费补贴托底机制。

2.3 大力推动黄河流域产权明晰和交易

（1）在黄河流域全面有序推进水权确权，积极稳妥开展水权交易。以水量分配、取水许可、计划用水、灌溉用水量等为基础，通过行政手段确认初始水权，明确水权所有者主体，为二级水资源配置和交易创造条件。确保流域内省级黄河水量分配和市县的水量分配政策稳定和长期不变，也要保证取水许可、计划用水以及农业灌溉用水量的初始水权政策稳定性，消除用水户对节余水量政府无偿收回的担忧。

（2）加快建立黄河流域水资源资产产权制度，促进黄河流域各类资产产权的充分流动和高效配置。根据水资源的资产属性，推动水资源资产产权的确权登记，明晰水资源资产的所有权主体、代表行使主体及代表行使的权利内容等权属，明确水资源用途管制、生态保护红线、公共管制及特殊保护规定等，为产权主体使用水资源资产进行融资、交易、建设、运营管理等奠定基础。

（3）积极推动黄河流域水利工程资产产权改革。按照管理权限，彻底理清黄河流域水利工程（特别是中小型工程）产权不清、管理不明、服务和功效不到位等问题，按照市场机制要求界定工程产权，科学评估资产价值，探索承包、租赁、拍卖等不同改革措施。依法划定河湖及水利工程管理和保护范围界线，明确权利归属关系和责任，以不动产登记为基础，依照规范统一确权登记，维护河湖水域及水利工程权利人的合法权益。

（4）盘活黄河流域存量资产。对黄河流域多年形成的水利国有资产进行清查评估核实，对可以激发市场活力的经营性资产进行全面清理，依法分类进行合理处置，使各类资产能够充分发挥最大效益，实现国有资产保值增值和提高市场活力。

2.4 充分发挥政府投资与社会资本协同发力的作用

（1）推动流域治理模式创新，探索政府主导、市场运作、企业推动、社会参与的流域治理模式。黄河流域治理保护的复杂程度远超其他流域，多数工程和项目是公益性或准公益性的，不具备盈利能力或盈利能力弱，加之流域内多数处于欠发达地区，要发挥市场配置资源的作用，可借鉴长江大保护通过构建实体公司、发展基金、产业联盟等产业化、市场化的运作平台的经验，创新流域治理新模式，组织搭建水利投融资平台，统筹政府投资和社会融资，形成流域治理保护合力。

（2）在中央和地方财政资金支持下，建立市场化运作的专项资金促进黄河流域治理保护。研究建立由金融机构、黄河流域甚至流域外具有较强实力和河湖治理经验的企业共同发起设立黄河流域治理保护投资基金，作为筹资平台，带动社会资本共同参与黄河流域治理保护。

（3）进一步挖掘融资潜力，推动政府和社会资本合作（PPP）模式、水利基础设施投资信托基金（REITs）试点，充分利用已经出台的PPP、REITs、金融支持等方面政策，鼓励和引导社会资本参与水利工程建设运营，构建吸引社会资本、特别是民间资本参与黄河流域治理保护的赢利和资本安全机制，进一步放开水资源监测、计量、水污染治理、水资源保护、水权交易等市场，实行政府购买服务，大力发展专业化水务运营市场，通过竞争机制选择市场主体服务水利，提高服务质量和效率。

2.5 政府要为市场机制发挥作用创造条件

（1）开展行政许可事项清理，流域内各地政府要实现政务服务基本要素"四级四同"，依法依规取消变相审批，编制事项清单并明确办理规则和流程。深化水利6项行政许可事项涉企"证照分离"改革。

（2）制定和完善投融资、价格、市场准入、服务质量监管等多方面的规范标准体系和相关制度，建立健全全流域监管体系，完善水利工程建设项目法人责任制，强化对项目法人的监管。

（3）推动生态补偿机制建设。配合财政部研究制定黄河全流域横向生态补偿机制试点方案，积极推动建立横向生态补偿机制。

（4）通过市场配置资源大力加强计量监测等基础设施建设，积极探索政府购买计量监测等服务，充分利用现代化信息技术，提高计量监测数据的完整性、及时性和准确性。

3 结论

在长期的治黄工作中，主要依靠行政手段、政府投资和工程建设等解决水问题，但水价调节、竞争机制的市场之手运用不得力，必须要更多考虑发挥价格、供求和竞争机制等市场作用来配置资源和要素。推动黄河流域水利高质量发展，需要创新政府和社会资本合作模式，探索政府主导、企业牵头、社会资本参与、市场化运作的"两手发力"模式、机制。政府要强化法规、政策、制度、税收等制度供给，改革和建立符合市场导向的水价形成机制，加快水权确权步伐，完善多元化多渠道的水利投入政策，推动政府购买水利服务等，从而促进水利市场的发育，为发挥市场作用创造条件。

参考文献

［1］杨林，任国平，李学兵. 农业综合水价应真实反映水的公共基础性资源价值［J］. 中国水利，2015（20）：3.

［2］孙宇飞，王延荣．城镇居民节水行为的影响机制及引导政策研究［J］．水利发展研究，2020，20（6）：5.

［3］吴强．从政府与市场的关系看水利如何落实"两手发力"实现高质量发展［J］．水利发展研究，2021，21（4）：3.

［4］王建平，李发鹏，夏朋．两手发力——要充分发挥好市场配置资源的作用和更好发挥政府作用［J］．河北水利，2019（1）：19-23.

关于太湖流域节水型社会高标准建设的制度政策研究

李　敏[1]　陆沈钧[1]　姚　俊[2]　曹菊萍[1]　杨景茜[1]

（1. 太湖流域管理局水利发展研究中心，上海　200434；
2. 上海东南工程咨询有限责任公司，上海　200434）

摘　要： 随着长三角一体化发展国家战略的深入推进和国家节水行动的深入实施，太湖流域作为长三角一体化发展的核心区域，必须遵循新发展理念，努力探究丰水地区节水型社会高标准建设之路。本文在系统总结太湖流域节水型社会建设现状以及存在的问题的基础上，围绕太湖流域节水型社会高标准建设的总体目标，研究提出了完善制度标准体系、深化长效监管机制、激发市场节水活力、培育特色节水产业等方面的措施建议，为推进太湖流域节水型社会高标准建设提供参考和借鉴。

关键词： 节水型社会；太湖流域；高标准

党的十八大以来，党中央高度重视水安全，习近平总书记提出了"节水优先、空间均衡、系统治理、两手发力"的治水思路，并多次就节水发表重要讲话、作出重要指示，为新时代节水工作提供了根本遵循。太湖流域地处长三角核心区域，必须遵循新发展理念，深入实施国家节水行动，努力探究丰水地区节水型社会高标准建设之路。本文在系统总结近年来太湖流域节水型社会建设现状以及存在问题的基础上，围绕"十四五"期间太湖流域节水型社会高标准建设的总体目标，在健全节水制度政策层面提出相关措施建议，助力推动引领长三角地区节水工作再上新台阶，更好支撑保障长三角一体化高质量发展。

1　太湖流域节水型社会建设概况

1.1　建设总体情况

自县域节水型社会达标建设全面开展以来，太湖流域管理局积极指导流域内各省（市）落实创建工作。4 年来，各县（市、区）在农业、工业、城镇等领域建设了一批节水示范工程，节水体制机制不断健全，节水氛围逐渐浓厚，节水型社会建设取得了阶段性成效。截至 2021 年，苏浙沪闽四省（市）已完成节水型社会达标建设县域 128 个，占比达 46%，整体上提前超额完成了《国家节水行动实施方案》提出的"到 2022 年，南方 30% 以上县（市、区）级行政区达到节水型社会标准"的要求。

1.2　主要经验做法

流域各省（市）在节水型社会达标建设过程中，围绕政策制度、标准体系、载体建设、典型示范、公众引导等方面开展了重点建设，取得了明显成效。

主要经验做法如下：

（1）落实主体责任，强化监督考核。建立省市县三级跨部门节约用水协作机制，并将主要用水

作者简介：李敏（1967—），女，正高级工程师，太湖流域管理局水利发展研究中心副主任，长期从事水资源节约、管理和保护等工作。

效率指标纳入最严格水资源管理考核，作为党委政府和领导干部考核的重要依据。

（2）制订实施方案，明确目标任务。各省（市）相继印发节水行动实施方案，明确节水目标及任务措施，为新阶段节水工作指明了方向。

（3）严格标准体系，夯实评价基础。全面完成用（取）水定额修订工作，不断拓展强化定额应用，印发各类节水型载体评价标准，助推载体创建认定。

（4）突出重点领域，实施节水工程。全面开展农业、工业、城镇等重点领域节水工程实施，稳步推进节水基础设施建设。

（5）树立节水典型，营造浓厚氛围。依托各项节水实践，创新工作形式和方法，通过专项打造、集中评选等方式，积极营造全社会共同节水的浓厚氛围。

2 节水制度政策方面存在的不足

2.1 节水长效机制有待健全

（1）节水协作机制有待加强。节水型社会建设是一项社会性、系统性的工作，需要强有力的跨部门协作机制支撑，完善有效的跟踪落实制度和监督评估机制，进一步提升跨部门协作时效性。

（2）节水指标尚未切实发挥刚性约束作用。部分地区的节水指标纳入了最严格水资源管理制度考核，在水利、国土等规划中也有体现，但离"四水四定"的要求还有差距。

（3）节水激励政策仍需完善。农业水价综合改革对农民用水较难发挥切实引导作用，高污染、高耗水行业企业现行水价仍然偏低，节水载体创建奖补机制力度较小。

2.2 重点领域节水尚存短板

（1）农业节水增效仍需持续推进。太湖流域基本以 100~700 亩（1 亩 = 1/15 hm^2）的小微型灌区为主，多为分散管理，规模化生产和流转难度较大，较难落实工程维护主体责任和长效管理机制。

（2）工业节水减排仍有较大空间。太湖流域工业门类齐全，乡镇工业发达，乡镇高耗水、高污染企业分布较为分散，工业发展重点与产业布局有待进一步优化。

（3）城镇节水降损有待强化提升。城乡公共供水管网漏损率不平衡现象比较明显，市级建成区多能控制在 10% 以内，但还有部分县城和乡镇漏损率较高，总体水平远低于新加坡、以色列、丹麦等先进国家水平。

2.3 节水科创和市场化尚需引导

（1）节水科技创新力度尚不够。先进实用节水技术供给能力不足，关键技术装备研发投入较少，成果产业转化率还不高，尚未形成产学研技术创新体系和良性发展链条。

（2）合同节水管理有待推进。合同节水目前尚处于探索推广阶段，管理基础较为薄弱，相关配套政策、激励措施、建设模式等还需进一步建立健全。

（3）水权水市场仍需拓展。水权交易类型目前较为单一，尚未形成规模性和影响力；节水产业投融资政策尚不完善，政策支持力度不大。

2.4 公众节水宣教仍需深化

（1）节水产品有待普及。新型节水型器具推广力度不足，节水产品使用未能广泛普及。

（2）节水宣教有待拓展。节水宣传主要集中在"世界水日""中国水周""全国城市节约用水宣传周"等特定时期，宣传内容覆盖面不广，节水常态化宣教力度不足。

（3）公众参与有待提升。社会公众未充分认识节水的重要性，水危机感尚不强，对节水相关信息的关注度偏低，知晓范围有限；社会监督机制不够健全，公众对浪费水资源、破坏供水节水设施、污染水环境等违法违规行为举报监督途径不够畅通。

3 太湖流域节水型社会高标准建设要求

3.1 指导思想

以习近平新时代中国特色社会主义思想为指导，全面贯彻党的十九大和十九届历次全会精神，深入践行习近平生态文明思想，坚持节水优先、量水而行，积极落实《国家节水行动方案》《"十四五"节水型社会建设规划》，强化用水总量管理，严格生活服务业、工业、农业等重点用水强度指标约束，对标国际先进水平，深度开展节水控水，持续推进节水型社会建设探索创新、提质增效，将太湖流域建设成为南方丰水地区节水型社会标杆，推动流域节水减排控污并取得明显成效。

3.2 总体目标

到 2025 年，太湖流域节水政策、法规、标准、机制基本健全，节水型生产生活方式和消费模式基本建立，水资源节约集约安全利用水平处于全国前列，节水型社会建设成效显著，用水总量控制在 340 亿 m³，万元 GDP 用水量、万元工业增加值用水量下降率超额完成国家下达的目标任务，农田灌溉水有效利用系数提高到 0.625 以上，公共供水管网漏损率控制在 9% 以内，50% 以上县级行政区建成国家级县域节水型社会。

到 2035 年，太湖流域节水政策、法规、标准、机制健全，形成先进的节水技术支撑体系，节水产业规模化发展，节水护水惜水成为全社会自觉行动，水资源节约集约利用达到世界先进水平。

4 健全节水制度政策的措施建议

4.1 完善制度标准体系，深化长效监管机制

4.1.1 完善制度体系

实施最严格水资源管理制度，严格实行区域流域用水总量和强度控制，探索开展不同类型的水资源刚性约束"四水四定"试点建设。切实发挥节约用水跨部门协作机制的统筹协调作用，推动合力解决重点难点问题，建立健全节约用水管理长效机制。完善水效领跑者、节水标杆单位等节水奖励政策，逐步扩大节水奖励范围，提高节水专项奖励标准和财政补贴额度。深化农业水价综合改革，制定并严格执行高污染、高耗水行业差别水价，进一步完善居民阶梯水价制度，以价格倒逼节水。健全规划和建设项目水资源论证和节水评价制度，促进产业结构布局规模与水资源承载能力相协调。

4.1.2 健全节水标准

加快农业、工业、城镇及非常规水源利用等各方面节水标准制订修订工作，逐步建立节水标准实时跟踪、评估和监督机制。推动制定高耗水工业和服务业用水定额强制性标准，因地制宜建立健全覆盖主要农作物、工业产品和生活服务业的先进用水定额标准体系。强化用水定额在规划编制、水资源论证、节水评价、取水许可、计划用水、节水载体建设、考核监督等方面的约束作用。推动建立行业间协同互认的节水载体建设、评价、验收标准。健全用水产品水效强制性标准，促进提升用水产品水效水平。

4.1.3 深化监管机制

严格落实取水许可、节水评价和节水"三同时"等制度。强化计划用水监督管理，科学下达用水计划，实施超计划、超定额累进加价。切实加强重点监控用水单位监督管理，年用水量 50 万 m³ 以上的工业、服务业用水单位和 5 万亩以上重点中型灌区全部纳入重点监控用水单位名录。实行用水报告制度，鼓励年用水量 10 万 m³ 以上的企业或园区设立水务经理，重点中型灌区实施用水计划报批制度。探索建立跨区域、多部门联合监管机制，定期开展重点地区、领域、行业、产品节水专项监督检查。

4.1.4 严格监督考核

逐步建立政府节水目标责任制，将水资源节约主要指标纳入各级政府高质量发展综合绩效评价指标体系和经济社会发展综合评价体系。建立完善监督考核工作机制，将节水约束性指标作为对地方人民政府考核的重要内容，强化部门协作，严格节水责任追究，加强纪律监督、审计监督、行业监督和社会监督。注重督查考核激励，强化流域层面监督考核统筹，将日常监督情况纳入考核赋分。

4.1.5 强化社会监督

建立健全用水节水信息公开制度，及时发布节约用水相关规划、用水状况、节水指标等用水信息。倡导公益组织、新闻媒介等社会团体，加大节水公益宣传和舆论监督力度。强化用水单位、个人的节水主体责任，建立倒逼机制，对违规用水实行联合惩戒。建立健全举报和公共监督机制，充分发挥各级节水监督电话和网络平台作用，鼓励曝光浪费水资源、破坏供水和节水设施、污染水环境等不良行为，构建全民参与的节水监督行动体系。

4.2 激发市场节水活力，培育特色节水产业

4.2.1 推进水权水市场改革

加快建立健全初始水权分配和交易制度，规范明晰区域初始水权、取用水户的用水权，引导推进水权交易，控制水资源开发利用总量。深化落实太湖流域水量分配方案，加快开展跨行政区域江河流域水量分配。培育发展用水权交易市场，探索地区间、行业间、用户间等多种形式的水权交易，在满足自身用水情况下，对节省的水量进行有偿转让。建立健全水权确权、交易、监管等制度体系，加强水权交易监管，规范交易平台建设和运营。率先推动建立水资源资产价值实现机制并逐步推广，不断完善价值核算体系、政策制度、评估机制。

4.2.2 推动合同节水管理

发挥市场对水资源配置的作用，在公共机构、高耗水工业和服务业、农业灌溉、供水管网漏损控制等领域，引导和推动合同节水管理。在推广节水效益分享型、节水效益保证型、用水费用托管型等典型模式基础上，鼓励节水服务企业与用水户创新发展合同节水管理商业模式。进一步完善合同节水政策环境，将合同节水管理纳入财政奖补和金融税收优惠范围，大力开展合同节水管理试点示范。

4.2.3 推动节水市场产业化

建立节水装备及产品的质量评级和市场准入制度，提升节水中高端品牌的竞争力。完善节水产业投融资政策，推动银行等金融机构对企业节水技术改造、非常规水源利用等节水项目优先给予"节水信贷"支持，鼓励和引导社会资本参与节水项目建设和运营。建立节水管理服务平台，推介节水统计、改造、计量和咨询等服务，提供整体解决方案。

4.2.4 推广普及节水产品

贯彻实施《水效标识管理办法》，强化市场监督管理。加强水效标识制度宣传，积极引导消费者选择高效节水产品，鼓励企业改善产品节水特性。加快建立节水产品特色流通渠道，鼓励建立节水产品超市，拓展节水产品消费市场。持续推动节水认证工作，将节水认证纳入统一绿色产品认证标准体系，完善绿色结果采信机制。

5 结语

节水型社会建设是一项需要长期坚持的系统工程，太湖流域必须深入贯彻落实节水优先方针，坚持经济社会发展与水资源开发利用、生态环境建设保护协同发展、协同推进高标准节水型社会建设。各级政府要认真落实节水工作主体责任，加大资金投入保障，加强统筹谋划协同合作，研究制定相关配套政策及措施，确保太湖流域高标准节水型社会建设各项工作有力有序有效实施，推动节水工作不断向纵深发展，努力探索南方丰水地区节水型社会标杆建设之路。

参考文献

［1］水利部水资源管理中心．全国节水型社会建设试点实践与经验［M］．北京：中国水利水电出版社，2017．

［2］李肇桀，张旺，王亦宁，等．加快建立健全节水制度政策［J］．水利发展研究，2021，21（9）：18-21．

［3］刘中会．建立健全节水制度政策体系 不断提升水资源集约节约安全利用水平［J］．水利发展研究，2022，22（6）：21-24．

［4］彭焱梅，毕婉，彭欢，等．太湖流域片县域节水型社会建设实践与创新［J］．水利技术监督，2021，（7）：106-109．

［5］赵晓雷．长三角一体化发展示范区制度创新研究［J］．科学发展，2020（3）：17-27．

从碳中和的基本逻辑看水利如何助力实现"双碳"目标

范卓玮

（水利部发展研究中心，北京 100038）

摘 要：实现碳达峰碳中和是深入贯彻习近平生态文明思想，着力解决资源环境约束突出问题，实现中华民族永续的必然选择。水资源是基础性的自然资源，是生态环境重要的控制性要素；水利是国民经济和社会发展的重要基础，在实现"双碳"目标的进程中具有不可替代的重要责任。文章梳理了碳中和的提出及内涵，分析了我国二氧化碳排放来源及实现碳中和的基本逻辑，结合新阶段推进水利高质量发展，研究提出了水利助力实现"双碳"目标的途径和任务。

关键词：碳达峰；碳中和；基本逻辑；水利

中国力争 2030 年前二氧化碳排放达到峰值，努力争取 2060 年前实现碳中和。这是国家主席习近平 2020 年 9 月在第七十五届联合国大会上对世界做出的庄重承诺。实现"双碳"目标是深入贯彻习近平生态文明思想，着力解决资源环境约束突出问题，推动经济社会发展绿色转型，实现中华民族永续的必然选择。水资源是基础性的自然资源，是生态环境重要的控制性要素；水利是国民经济和社会发展的重要基础，在实现"双碳"目标进程中具有不可替代的重要责任。分析碳中和的基本逻辑，研究提出水利助力实现"双碳"目标的途径和任务，不仅对我国早日实现"双碳"目标具有重要作用，而且对于推动新阶段水利高质量发展也具有重要意义。

1 碳中和的基本逻辑

1.1 碳中和的提出及内涵

1.1.1 碳中和的提出

2015 年 12 月，《联合国气候变化框架公约》（UNFCCC）第 21 次缔约方大会通过了《巴黎协定》，明确了全球应对气候变化挑战的目标是"将全球平均气温较前工业化时期上升幅度控制在 2 ℃以内，并努力将温度上升幅度限制在 1.5 ℃以内"。根据联合国政府间气候变化专门委员会（IPCC）的报告，要实现不超过 2 ℃的目标，全球需在 2070 年前后达到碳中和，要实现不超过 1.5 ℃的目标，需在 2050 年前后达到碳中和。

为达到这一目标，全世界不少国家都做出了不懈努力。根据能源和气候智能机构（ECIU）数据，目前已有 29 个国家和地区提出碳中和目标。其中，苏里南和不丹已实现碳中和，芬兰、奥地利和冰岛、瑞典承诺分别在 2035 年、2040 年、2045 年之前实现碳中和，有 22 个国家和地区把目标设立在 2050 年，另有 98 个国家正在就碳中和目标进行讨论。

我国是全球第一排放大国，2020 年我国温室气体排放总量为 139 亿 t 二氧化碳当量，占全球排放总量的 27%；人均温室气体排放量已达 10 t，是全球人均水平的约 1.4 倍。目前，我国正处于全面建设社会主义现代化国家的关键时期，随着经济社会的发展，能源消耗还将继续增长，温室气体排放压力巨大。尽管如此，我国还是做出了"2030 年碳达峰，2060 年碳中和"的庄重承诺，这是作为负责

作者简介：范卓玮（1982—），男，高级工程师，副处长，主要从事水利政策研究工作。

任的大国在全国做出的表率，将对保护地球家园做出重要贡献。

1.1.2 碳中和的内涵

碳中和是指将排放的二氧化碳通过自然过程或人工手段进行吸收，让碳排放量和碳固定量相等，从而实现二氧化碳"零排放"。碳排放可由人为过程和自然过程产生。人为过程一方面是燃烧煤、石油和天然气等化石燃料产生二氧化碳，另一方面是森林、草地等被破坏后土壤中的碳被氧化形成二氧化碳；人为过程是碳排放的主要来源。自然过程如火山爆发、煤炭自燃等也会产生二氧化碳，但排放量比较小。碳固定包括生物固碳和物理固碳。生物固碳有森林、草地、湿地及农田等陆地生态系统参与，其中森林是最主要的，占最大比例。物理固碳的一种方式是将二氧化碳捕捉收集后转化成其他有价值的化学品；另一种方式则是将捕捉的二氧化碳封存到地下深处和海洋深处。

1.2 我国碳排放的来源

我国是全球二氧化碳排放量最大的国家，每年排放约 100 亿 t，占全球的 25%。根据中国碳核算数据库（CEADs）的相关数据计算，目前，我国二氧化碳排放前五位分别来自于电力生产供应、工业（钢铁、建材、石化、有色）、交通运输、建筑运行、农业和土地利用，其排放占比分别约是48%、34%、7%、3%、2%，达到总量的 94%。

我国是用电大国也是发电大国，煤炭发电经济便捷，成为我国主要发电类型之一，根据国家统计局数据，2021 年火力发电量占全国发电量的 71%。但火力发电存在耗能大、效率低、污染大等问题，因此也是碳减排的"众矢之的"。

钢铁是继电力之后我国第二大排放行业。2021 年，我国钢铁产业二氧化碳排放量占碳排放总量的 15%。钢铁生产以高炉-转炉长流程为主，严重依赖煤基化石能源，是导致碳排放量较高的首要因素。水泥生产是建材排放的重头。2021 年，我国水泥产业二氧化碳排放量占碳排放总量的 14%。我国水泥生产采用新型干法生产技术，处于国际领先水平，但石灰石煅烧成氧化钙不可避免要排放二氧化碳。

交通运输行业碳排放主要来源于公路、铁路和航空等能源燃烧。其中，公路交通碳排放占整个交通运输行业碳排放的 84%。2021 年，我国机动车保有量达 3.95 亿辆，随着经济水平提高，机动车保有量还将继续增加，这对交通运输行业实现碳中和目标提出巨大挑战。

建筑建设运行和使用过程中碳排放主要是来自煤、气、柴火等燃料燃烧及制冷设备运行排放的碳。根据《中国建筑能耗与碳排放研究报告（2021）》，2005—2019 年全国建筑碳排放由 2005 年的22.34 亿吨上升到 2019 年的 49.97 亿吨，年均增长 5.92%。

农业和土地利用碳排放主要来自种植、畜牧业，以及土地利用、土地利用变化及森林的温室气体排放或除。农药化肥的使用在增加农作物产量的同时也排放了不少的温室气体；猪、牛、羊等畜牧养殖过程中产生大量二氧化碳排放；土地利用导致对树木、草地的减少，一方面减少了碳吸收量，另一方面增加了土壤释放二氧化碳的量。

1.3 实现碳中和可以从排放端和固碳端着手

通过分析碳中和的内涵、碳排放的来源，我们可以清楚地看到，碳中和可以从排放端和固碳端两个方面来实现。

1.3.1 排放端

排放端主要是通过改变用能结构、改造动力方式、创新工艺技术等达到低碳排放的目的。一是电力行业将目前以煤为主的电力供应结构改造发展为以风、光、水、核、地热等可再生能源和非碳能源为主；二是建材生产时用绿电、绿氢、生物质替代煤炭，逐步用新的低碳化炼钢工艺取代传统工艺，寻求新的材料代替石灰石作为煅烧水泥的原料，将工业生产废弃物回收再利用；三是交通运输行业逐步推广使用以电、氢燃料等作为动力的车、船，飞机可用生物航空煤油；四是建筑运行和使用中以光伏、地热、沼气、太阳能替代原来煤、气、柴火等燃料，对建筑本身进行节能改造；五是农业生产过程中以电、氢替代原来柴油动力，研发既不影响农作物产量又能降低温室气体排放的技术，以及减少畜牧业碳排放的技术。

1.3.2 固碳端

固碳端主要是通过生物固碳和物理固碳，增加除大气外的碳库碳含量，将多余的碳封存起来，不排放到大气中，已达到减碳的目的。一是采用多种途径提高生物固碳能力。森林作为陆地生态系统，具有巨大的固碳能力，开展植树造林增加森林面积是我国实现减排目标的重要手段。草地、湿地也具有固碳潜力，增加城市乡村绿地，开展水土保持，保护修复湿地，也是增加生态固碳能力的重要途径。在干旱半干旱地区通过降雨，让碱性土壤的钙离子和大气中的二氧化碳结合形成碳酸钙沉淀。恢复地下水，让地下水系统把有机碳转化成石灰石沉淀。在近海的滩涂种植红树林，发挥海洋碳汇潜力。二是开展先进技术研究增强物理固碳水平。研究碳捕集技术，通过化学吸收、化学吸附、膜分离等手段捕集二氧化碳；探索碳捕集后的工业化生物利用技术和地质利用技术，充分发挥碳捕集后的价值；探索地质封存技术，大力利用深海对二氧化碳巨大的溶解保存能力。

实现碳中和是一个长期的过程，目前可以看到其主要路径一方面是通过能源替代、技术革新、产业调整等降低碳排放；另一方面是通过生态系统建设、科技创新等增加碳吸收。碳中和的基本逻辑为水利助力实现"双碳"目标提供了重要的行动方向。

2 水利助力实现"双碳"目标的途径和任务

当前，我国已进入新发展阶段，实现"双碳"目标是推动经济社会高质量发展的内在要求。水利助力实现"双碳"目标要以习近平新时代中国特色社会主义思想为指导，立足新发展阶段，完整、准确、全面贯彻新发展理念，深刻领会习近平生态文明思想，深入落实"十六字"治水思路，严格遵循碳中和的基本逻辑，科学把握水利对碳中和的作用机制，坚持生态优先、绿色发展，加强水资源集约节约利用，加快水生态环境修复，积极稳妥发展水电，推进水利设施低碳化建设运行，以水利高质量发展为实现"双碳"目标提供重要支撑。

2.1 加强水资源集约节约利用，减少水资源开发利用过程中碳排放

水资源开发利用过程会产生碳排放。加强水资源集约节约利用，减少各行各业用水量，提高水资源利用效率，建设节水型社会，有利于降低水资源开发利用过程中的碳排放。

一是建立水资源刚性约束制度。建立健全水资源开发利用总量制度，明确区域可用水量，保障基本生态水量；建立"以水四定"制度体系；健全水资源开发利用强度管控，明确区域、行业用水强度目标，加强对重点行业的用水强度管控。

二是推进农业节水增效，加大工业节水减排，加强城镇节水降损。推广节水灌溉，优化作物种植结构，发展绿色高效畜牧渔业养殖模式。大力推进工业节水改造，推进高耗水行业节水减污，开展节水型工业园区建设，持续优化用水产业结构。推进节水型城市建设，开展公共领域节水，强化高耗水服务业节水。

三是加强非常规水源利用。加强非常规水源配置，推进污水资源化利用，加强雨水集蓄利用，因地制宜扩大海水淡化水利用规模。

2.2 开展水生态环境治理，增强水生态系统固碳能力

水生态系统是自然界的重要碳库，加快水生态环境治理对于提升水生态系统固碳能力具有重要意义。

一是加强河湖生态保护治理。开展母亲河复苏行动，制定"一河一策""一湖一策"，让河流流动起来。开展河湖综合整治、河湖滨岸带生态治理修复，加强重要河湖水生生物栖息地治理修复。根据河湖水资源条件和生态保护需求，综合确定河湖生态流量。加强河湖保护治理，纵深推进河湖"清四乱"常态化规范化。加快南水北调西线工程论证建设，促进西部干旱地区生态环境改善。

二是推进地下水超采综合治理。加强地下水调查与规划，建立地下水储备制度。强化地下水节约与保护，实行地下水取水总量控制和水位控制。贯彻地下水管理条例，完善地下水监测站网，加快确

定地下水管控指标，强化地下水超采治理。

三是科学推进水土流失综合治理。以全国水土保持区划为基础，以国家级水土流失重点防治区为重点，结合国家重要生态系统保护和修复重大工程，构建"三片五带"水土流失综合防治新格局。以中西部及大江大河上中游水土流失相对严重地区为重点，实施小流域水土流失综合治理。按照近村、近路、近水的原则，推进坡耕地水土流失综合治理。大力推广新材料新工艺新技术应用，实施侵蚀沟道水土流失综合治理。

2.3 积极稳妥发展水电，促进能源结构调整

水电是替代化石能源、减少碳排放的重要清洁能源，具有可再生、发电成本低效率高、社会效益显著等特点和优势，在实现"双碳"目标中具有十分重要的作用。

一是适度加大水电开发。坚持生态优先、统筹考虑、适度开发、确保底线，科学有序地推进水电基地建设，优化大型水电开发布局，建立西南地区以水电为主的可再生能源体系。推进水电智能化建造管理运行。

二是因地制宜发展小水电。坚持生态优先、绿色发展，做好小水电站评估分类，积极稳妥推进清理整改。开展小水电绿色改造和现代化提升，对水工建筑物等除险加固，消除安全隐患，提高机组能效。明确安全监管机制，强化小水电站安全监管。

三是加快推进抽水蓄能电站建设。坚持生态优先，避让生态保护红线、天然林和基本草原等管控因素，加强站点规划。发挥中小型抽水蓄能站点资源丰富、布局灵活等优势，因地制宜开展中小型抽水蓄能建设。

2.4 推进水利设施低碳化建设运行，助力水利绿色低碳发展

相关研究表明，水利设施在施工、运行、拆除等阶段都会产生碳排放。随着我国水利基础设施建设加快推进，水利设施在建设运行过程必然会产生碳排放。因此，推进水利设施低碳化建设运行十分必要。

一是推动绿色建材研发应用。对水泥、钢材等消耗量较大的材料的生产过程进行技术革新和优化，利用建筑垃圾再生技术研发新型水工建筑材料。在保证工程质量和安全的前提下，加快绿色建材替代使用。逐步提高水利基础设施中绿色建材应用比例。

二是完善节能设计标准。修订完善《水利水电工程节能设计规范》，加强节能设计的硬约束力，将节能减排落实到项目的设计之中。将低碳水利基础设施基本要求纳入工程设计建设强制规范，推动新建水利基础设施实施绿色设计建设。

3 结语

实施碳达峰碳中和是党中央作出的重大战略决策，水利应该坚决贯彻落实。遵循碳中和的基本逻辑，水利可以从加强水资源集约节约利用、加快水生态环境修复、积极稳妥发展水电、推进水利设施低碳化建设运行等方面着手，在推动水利高质量发展的同时，助力实现"双碳"目标。

参考文献

[1] 张建云，周天涛，金君良. 实现中国"双碳"目标 水利行业可以做什么 [J]. 水利水运工程学报，2022（1）：1-8.

[2] 胡珉琦. 生态系统"减排固碳"有多强 [N]. 中国科学报，2022-08-19.

[3] 丁仲礼. 深入理解碳中和的基本逻辑和技术需求 [R/OL]. 2022-08-30 [2022-09-09]. https：//mp. weixin. qq. com/s/PCgTWR-QzUk6VgOdtabH-Q.

[4] 闫德利. 碳中和：到底是什么，究竟怎么做？[R/OL]. 2021-03-20 [2022-09-09]. https：//baijiahao. baidu. com/s？id=1694708388147642608&wfr=spider&for=pc.

[5] 中国碳核算数据库（CEADs）中国二氧化碳排放清单（IPCC 部门法排放）[A]. https：//www. ceads. net/user/index. php？id=130&lang=en.

合同节水管理对策研究

王艳华[1,2,3]　段文龙[4,5]　吕　望[1,2,3]　景　明[1,2,3]

张　晓[1,2,3]　王爱滨[1,2,3]　贾　倩[1,2,3]

(1 黄河水利委员会黄河水利科学研究院，河南郑州　450003；

2. 黄河水利委员会节约用水中心，河南郑州　450003；

3. 黄河流域农村水利研究中心，河南郑州　450003；

4. 黄河勘测规划设计研究院有限公司，河南郑州　450003；

5. 水利部黄河流域水治理与水安全重点实验室（筹），河南郑州　450003)

摘　要：为贯彻落实"节水优先、空间均衡、系统治理、两手发力"的治水思路，扎实做好合同节水管理工作，推动水利事业高质量发展，在剖析了合同节水管理工作推行现状的基础上，查找存在的主要问题，研究提出提升合同节水管理水平的对策建议，对我国合同节水管理工作具有一定的指导意义。

关键词：合同节水管理；问题；对策；建议

1　合同节水管理工作推行现状

1.1　合同节水管理模式的提出

运用市场机制推进节约用水，优化水资源配置是贯彻落实新时代水利工作方针的重要举措[1]。2014年，水利部从政府与市场同时发力、更加有效发挥市场作用推动节水的角度出发，创新性地提出了合同节水管理模式，即节水服务企业与用水户以合同形式，为用水户募集资本、集成先进技术，提供节水改造和管理等服务，以分享节水效益方式收回投资、获取收益的节水服务机制。

1.2　工作部署情况

2016年，国家发展和改革委员会、水利部和税务总局联合印发《关于推行合同节水管理促进节水服务产业发展的意见》（简称《意见》），明确了合同节水管理实施的重点领域、典型模式和发展目标，提出了强化节水监管制度、完善水价和水权制度、加强行业自律机制建设、健全标准和计量体系、培育壮大节水服务企业、创新技术集成与推广应用、改善融资环境、加强财税政策支持、组织试点示范等工作任务。

2019年，国家发展和改革委员会、水利部印发《国家节水行动方案》，要求进行市场机制创新，在公共机构、公共建筑、高耗水工业、高耗水服务业、农业灌溉、供水管网漏损控制等领域，引导和推动合同节水管理。开展节水设计、改造、计量和咨询等服务，提供整体解决方案。发展具有竞争力的第三方节水服务企业，提供社会化、专业化、规范化节水服务，培育节水产业。

水利部在高校领域积极探索实施合同节水管理，联合教育部、国家机关事务管理局印发《关于深入推进高校节约用水工作的通知》，要求各地积极探索合同节水管理模式，拓宽资金渠道，调动社

基金项目：中央级公益性科研院所基本科研业务费专项基金（HKY-JBYW-2021-08）。

作者简介：王艳华（1988—），男，工程师，主要从事节水灌溉、水利政策与技术研究工作。

通信作者：景明（1979—），男，高级工程师，主要从事节约用水管理、农村供水研究工作。

会资本和专业技术力量，集成先进节水技术和管理模式，参与高校节水工作。

1.3 技术标准完善情况

为规范市场行为，强化技术支持，水利部积极建立健全合同节水管理技术标准体系。2017 年以来，先后制定颁布了《合同节水管理技术通则》《项目节水量计算导则》《项目节水评估技术导则》等 3 项国家标准，《公共机构合同节水管理项目实施导则》《高校合同节水项目实施导则》《节水型高校建设实施方案编制导则》等 3 项团体标准，为实施合同节水管理提供了技术支持。

水利部高度重视节水国家标准制修订工作，截至目前，全国累计制定 120 余项节水国家标准，涉及产品水效、节水型企业、非常规水源利用等方面。发挥用水定额的节水标尺作用，加快用水定额制修订工作，牵头建立国家用水定额标准体系，基本覆盖了我国主要农作物、工业产品和服务行业。目前，已发布实施国家用水定额 97 项，其中农业 8 项、工业 69 项、服务业 18 项、建筑业 2 项；2019—2020 年，指导地方发布实施省级用水定额 2 281 项。

1.4 积极培育市场

为加强节水技术推广应用，水利部会同工业和信息化部、国家机关事务管理局先后发布《国家成熟适用节水技术推广目录》《国家鼓励的工业节水工艺、技术和装备目录》，征集推广节水技术 320 余项。综合事业局与中国教育后勤协会建立协作机制，积极搭建用水户与节水服务企业信息交流平台，为重点项目提供管理和技术对接帮扶。中国水利企业协会合同节水管理专业委员会制定了《节水与水处理企业信用评价标准》《合同节水服务企业推荐办法》，对 23 家节水企业进行了信用评级，并积极将评价高的企业向社会推荐。

拓宽财税金融渠道，各地在培育节水服务市场方面进行了大胆探索，积累了一些经验做法。江苏、福建推出"节水贷"服务，节水型企业或实施节水改造项目的企业，均可享受银行低息贷款，利率低于 3.85%。江苏省已累计发放贷款 45 亿元，福建省发放贷款 770 万元。浙江、安徽分别在省级节水行动实施方案和有关文件（安徽省教育厅、省机关事务管理局、省水利厅联合印发的《关于推进高校合同节水管理工作的通知》）中明确公共机构合同节水管理项目费用支付渠道，打通合同节水管理会计支付障碍。北京、河北通过加强用水监管，倒逼超计划、超定额用水户采用合同节水管理模式，实施节水改造。上海、江苏、江西、湖北、广东、贵州、陕西等 7 省（市），利用财政资金对合同节水管理项目进行奖补。

1.5 取得的主要成效

目前，我国合同节水管理政策框架已初步搭建，技术标准体系逐渐完善。据初步统计，截至 2020 年年底，各地推动实施合同节水管理项目 181 项（投资额 50 万元以上），吸引社会资本 20 多亿元，年节水量 1.78 亿 m³，平均节水率达 33%，产生直接经济效益约 7 亿元，一定程度上调动了社会资本参与节水的积极性。

2 存在的主要问题及原因分析

我国的合同节水管理虽然取得了初步成效，但也存在节水意识不强、节水服务能力不足、激励机制不健全、监督管理不严等问题，与新时期治水思路的要求还存在一定差距[2]。

2.1 有的用水户节水意识不强

一是对于大多数用水户来说，由于供水保障程度高，几乎不存在缺水断供情况，即便不节水也不影响正常用水。二是由于现行水价偏低，水费支出占总支出的比重小，节水普遍不受重视。三是公共机构等财政预算类单位，水费来自政府财政预算，水费减少后会被扣减下一年度预算计划，节水与单位和个人绩效不挂钩，缺乏节水动力。

2.2 采用合同节水管理的积极性不高

很多用水户在实施节水改造时，也未将合同节水管理作为首选方式[3]。一是财政预算类单位担忧合同节水管理在预算管理、会计核算、财务审计等方面的风险，更倾向于利用政府资金开展节水改造，使用社会资本的意愿不强。二是实施合同节水管理项目时，涉及到用水设施建设管理、生产运营状况等多方面，

2.3 一些节水服务企业能力不足

一是因为水价偏低，且节水改造投入较大，通常合同节水管理项目利润不高、投资回报周期较长，对有实力的节水服务企业吸引力不高。二是节水服务企业融资贷款难。目前，合同节水管理项目主要融资渠道是商业信贷，由于大多数企业属于服务性公司，且为中小型企业，可抵押资产少，抗风险能力弱，融资贷款难，尚未形成良性循环发展。三是节水改造是系统工程，需要节水服务企业具备从用水诊断、方案设计、技术集成、项目实施到运行维护的全过程综合技术服务能力，但是目前很多节水服务企业的综合技术服务存在短板。

2.4 激励政策制度不健全

一是国家层面，目前没有明确的合同节水管理相关财政激励政策，有的地方协调财政部门给予项目奖励缺乏政策依据[4]。二是实施合同节水管理需要的会计制度、政府采购制度、节水服务企业信用等级和评价制度等配套制度不完善。三是水平衡测试、节水产品认证、用水评估、节水效益评价等第三方服务标准体系不健全，融资服务、评估机制尚未建立，影响合同节水管理项目规范有序推进。

2.5 监督管理力度不够

一是节约用水监督检查发现，有的用水户申请到的许可水量远远大于其实际用水量，致使许可形不成有效约束。二是有的地方用水计划和定额管理制度落实不到位，用水户浪费水的行为未得到有效惩处。三是有的用水户甚至无证取水、违规取水，节约用水倒逼机制尚未形成。

3 相关对策和建议

3.1 加大财税政策支持

（1）制定财政奖励措施。联合国家发展和改革委员会、财政部等部门争取将合同节水管理项目纳入污染治理和节能减碳中央预算内投资专项、中央财政节能减排专项资金支持范围，对符合条件的水资源节约、污水处理、污水资源化利用及其他节水减排项目给予财政奖励。探索建立高效节水型生活器具等节水产品财政补贴制度。

（2）落实税收优惠政策。联合财政部、国家税务总局、国家发展和改革委员会研究修订环境保护、节能节水项目及专用设备等企业所得税优惠目录，扩大对节水减排项目、设备的支持范围。推动将合同节水管理纳入合同能源管理相关税收扶持政策的支持范围，切实落实企业所得税"三免三减半"、节水设备购置税额抵免、合同期满资产移交增值税免征等优惠政策。

（3）完善会计制度。联合财政部、国家发展和改革委员会等部门制定相关政策，对财政预算类单位在实施合同节水管理时，面临的项目管理、招标采购、资金支付等问题予以明确。

（4）推广实施"节水贷"服务。发挥市场诚信体系作用，推广实施"节水贷"服务，积极争取国家开发银行等有关政策性银行的绿色金融信贷支持政策，对企业实施合同节水管理项目，给予"节水贷"等绿色信贷支持。积极争取将合同节水管理项目纳入中国人民银行等部门发布的绿色债券支持项目目录。

3.2 大力扶持节水服务产业

（1）打造合同节水管理服务平台。发挥各地"互联网+合同节水管理"的优势，利用信息网络向用水单位、节水服务企业提供合同节水管理政策、标准、供需信息、技术评价、企业信用等全方位信息服务。跟踪合同节水管理项目进展动态，推广节水先进技术和产品，促进节水服务产业上下游的关联和整合，推动合同节水管理信息共享、资源共用，实现集约高效发展。

（2）建立先进适用节水技术库。制定发布国家鼓励的用水工艺、技术、产品和装备目录，遴选出一批节水标准先进、技术成熟、质量过硬的技术产品，面向全社会积极推广使用。各地要发挥水利先进技术推广平台作用，针对不同领域节水关键技术、产品，组织开展节水先进适用技术征集、评审，建立先进节水技术库，制定节水技术推广目录。通过线上、线下等方式，加强节水先进适用技术的推广和应用。

（3）加强合同节水典型示范。选择用水规模大的高校、高耗水服务业、高耗水工业领域、农业高效节水灌溉，开展合同节水管理项目试点。及时总结合同节水管理模式、先进经验和典型案例，通过网络媒体、报刊杂志、交流研讨等多种形式加大合同节水管理宣传力度，提高参与各方对合同节水管理的认知度和认同感，营造良好的市场环境。

（4）规范节水服务市场管理。培育合同节水管理服务产业链，发展和规范以节水产品认证、技术咨询、用水评估、效益评价、金融服务、企业评级等为主营业务的第三方专业服务市场。建立健全行业自律机构和制度，发展节水服务行业协会，制定节水服务行业公约，完善行业自律机制，加强节水服务行业自律，推进行业诚信体系建设，不断提高节水服务行业整体水平。

3.3 严格用水监督管理和考核

（1）加强取水许可管理和节水评价。督促指导各级取水许可审批机关严格按照各地区可用水量和用途管制要求审批取水许可，并确保应纳尽纳。审批建设项目取水许可必须开展水资源论证，全面落实节水评价制度，对未批先建项目进行约谈和整改，对未完成用水"双控"目标任务的地区实行高耗水项目缓批限批，提升节水评价的约束性。

（2）严格用水计划和定额管理。督促指导各级水行政主管部门以用水定额为依据，科学核定用水户的取水许可水量和年度用水计划，对超计划、超定额用水户严格按规定予以处罚。对通过合同节水管理等措施实现节水的用水户，在合同期限内可不核减用水计划。加快完善用水定额体系，开展用水定额动态评估，将用水定额作为节水评价、计划用水、节水量核算的重要依据。

（3）实施用水统计台账管理。督促指导用水户配备和使用计量设施。制定重点用水单位监控管理办法，强化监督管理，完善用水统计台账。定期对各行业用水情况进行统计分析，对用水违规行为进行预警、约谈、通报。将规模以上用水单位用水计量数据接入水行政主管部门在线监测平台，实现用水计量数据在线采集和监管。

（4）严格节水监督检查。建立完善节约用水监督检查制度，强化重点地区、领域、行业取水许可、计划用水和定额管理情况监督检查，将用水户违规记录纳入全国统一的信用信息共享平台。研究建立第三方节水服务评估机制，强化行业监管和社会监督，压实用水户节水责任，提升用水户节水内生动力。

4 结语

合同节水是实现水资源合理高效配置、缓解水资源短缺的重要途径。当前是我国合同节水管理发展的关键时期，有利的环境形势和群众基础已基本形成，但政策的落地实施、民众节水积极性的提高以及节水由政府向市场职能的转变是一项极为系统的工程，需要多方共同努力才能实现[5]。应加大财税政策支持力度、大力扶持节水服务产业、严格用水监督管理和考核，充分利用市场机制在水资源配置、水需求调节等方面的作用，从而促进节约用水，不断提高用水效率，促进节水型社会建设和水资源的可持续利用。

参考文献

[1] 张国玉，赵倩，许峰，等．重点领域合同节水管理市场前景分析［J］．水利经济，2018，36（5）：61-63，78．

[2] 刘云杰．推行合同节水管理的难点与对策［J］．水利经济，2017，35（5）：32-35，76．

[3] 刘云杰，曹淑敏，张国玉，等．合同节水管理推行机制研究及应用［M］．南京：河海大学出版社，2018．

[4] 唐忠辉，罗琳．推行合同节水管理的绿色金融政策分析［J］．水利发展研究，2018，18（2）：8-11．

[5] 郭路祥．我国合同节水管理现状与前景分析［J］．中国水利，2016（15）：18-21．

百色水库库区管理对策探讨

李 娟 李兴拼 陈可飞 杨一彬

（水利部珠江水利委员会珠江水利科学研究院，广东广州 510611）

摘 要：百色水库是一座以防洪为主，兼顾发电、灌溉、航运、供水等综合利用效益的大型水利枢纽，由右江水利公司全面负责其建设和运行管理，在库区管理方面受制于管理依据不足，界限不清，体制机制不畅，执法力量薄弱等因素，管理面临严峻挑战。通过对百色水库库区管理现状存在的问题进行分析，有针对性地提出库区管理工作的重点，建议加强库区管理立法，完善库区管理体制，划定库区管理范围与保护范围，建立库区联合执法制度，加强库区水域岸线管理和保护。

关键词：水库；库区；管理；保护

1 库区概况

百色水利枢纽工程位于广西壮族自治区百色市，郁江上游右江河段，是一座以防洪为主，兼顾发电、灌溉、航运、供水等综合利用效益的大型水利枢纽，于 2001 年开工，2006 年正式投入运行，2016 年通过水利部与广西、云南两省区共同组织的竣工验收。百色水利枢纽工程对提高广西壮族自治区首府南宁市防洪标准，对促进广西、云南经济的发展，带动右江革命老区脱贫致富，保障当地经济社会的可持续发展具有重要意义。

百色水库正常蓄水位 228 m，洪水位 231 m，水库面积 136 km²，淹没土地 19.2 万亩（1 亩 = 1/15 hm²），涉及广西壮族自治区、云南省的 3 个县区，其中广西 75%、云南 25%。水库坝址以上集雨面积为 19 600 km²，干流回水长度 108 km，库区岸线长度 1 131 km，库区除右江干流外，还包含四条支流，即乐里河、者仙河、谷拉河和那马河。以洪水位 231 m 作为洪水淹没高程，根据库区土地利用类型及地形资料分析淹没范围占用土地类型情况（淹没范围见图1），淹没的土地类型以耕地和交通用

图1 百色水库库区淹没范围示意图

作者简介：李娟（1980—），女，工程师，主要从事水资源系统规划与管理研究工作。

地为主，建设用地占比较小（淹没面积详见表1）。消落带（正常蓄水位228 m至洪水位231 m的淹没范围）涉及百色市右江区的阳圩镇、汪甸瑶族乡、泮水乡和大楞乡；百色市田林县的八桂瑶族乡和六隆镇；文山壮族苗族自治州富宁县的剥隘镇、者桑乡和谷拉乡。

表1　百色水库主要淹没土地类型统计表　　　单位：亩

土地类型		淹没面积	消落带内面积
耕地	水田	106.32	18.52
	旱地	1 104.76	103.50
	小计	1 211.08	122.02
建设用地	城镇建设用地	1.13	0
	农村建设用地	94.92	11.29
	采矿用地	0.49	0.01
	其他建设用地	0.69	0
	小计	97.23	11.30
道路	农村道路	0	0
	其他交通用地	371.19	28.17
	小计	371.19	28.17

2　库区管理现状

2.1　管理体制

广西右江水利开发有限责任公司（简称右江水利公司）全面负责百色水利枢纽建设和运行管理。右江水利公司于1997年经广西壮族自治区人民政府批准成立，2001年整重组为水利部和广西壮族自治区人民政府共同管理的国有股份制企业。随着工程建设的推进，公司内部机构设置和部门职责不断完善，2006年成立枢纽管理中心和右江水力发电厂两个生产部门，2017年为加强库区水环境和水生态管理，成立了第三个生产部门——库区管理中心，职能部门和生产部门职责明确，生产部门负责枢纽工程、右江电厂和库区管理的具体工作，职能部门负责监督、考核和服务。

2.2　管理机制

在安全度汛方面，右江水利公司协助百色市防汛抗旱指挥部每年在汛前召开各区县防办、地方政府各相关部门及上下游各水电站参加的百色水利枢纽上下游安全度汛协调会，建立了安全度汛协商机制，加强右江河段上下游水电站的沟通协调和信息共享、防洪调度联动，充分发挥百色水利枢纽作为流域防洪骨干水库的作用。

在水库调度方面，逐步建立健全水情分析会商机制。汛前邀请防汛、气象、水文、电力、航运等部门组织召开水情分析会及水库调度研讨会，根据气象水文部门对全年降雨来水形势的初步判断，制订详细的汛前水位控制方案，确保防汛安全，同时也为汛末蓄水调度工作早作部署。水情分析会商机制的形成，不仅为百色水利枢纽水库调度工作出谋划策，同时也为防汛、供水、航运和水库调度等相关单位提供沟通、交流、协商的平台。

在水力发电方面，综合发电和蓄水的要求，建立了科学的多目标调度机制。百色水利枢纽右江水力发电厂投入运行后，有效地改善了广西电网的电源结构和枯水期的电力生产结构，对缓解广西电网的调峰矛盾、提高电网运行安全、增加下游电站的发电量等方面发挥了显著的作用。百色水利枢纽利用水库库容大、调蓄能力强的特点，经过科学调度，不仅发电效益显著，而且能够较好地完成汛末蓄水任务。

在供水保障方面，建立了高效的联合调度执行机制。百色水利枢纽作为珠江枯水季水量调度中联合调度水库之一，按珠江防汛抗旱指挥部的调度指令，实施集中向下游补水，抑制珠江三角洲咸潮上朔，保障澳门、珠海及珠江三角洲地区的供水安全，发挥了枢纽应有的作用，取得了良好的社会与经济效益。

3 存在的问题

百色水库已持续多年安全稳定运行，在防洪减灾、生态调度、水力发电、供水保障、改善通航条件等方面取得了巨大成效，库区周边地区经济社会也得到较大发展，但是水库内部承载负荷极大增长，在管理方面也面临更为严峻的挑战，具体体现在以下几个方面。

3.1 水库管理依据不足

由于国家及云南、广西两省（区）未专门针对水库管理进行立法，百色水库管理主要依据现有的《中华人民共和国水法》《中华人民共和国防洪法》《中华人民共和国水土保持法》《中华人民共和国河道管理条例》《水库大坝安全管理条例》《广西壮族自治区水利工程管理条例》等法律法规来进行。涉及百色水库管理的其他依据主要为：2006 年 7 月百色市人民政府颁布的《关于百色水利枢纽禁区、管理区管理的通告》，2011 年 8 月广西海事局联合云南、广西两省（区）交通运输厅印发的《百色水利枢纽库区水上交通安全管理办法(试行)》。百色水库管理缺乏水库管理相关的法律法规及制度依据，水库管理与保护面临无法可依的局面，强化监督管理落实性不强，约束力不够，造成违规事件处置周期长，协调衔接难度大，不利于水库的可持续发展和生态文明建设。

3.2 确权划界亟待推进

由于土地权属确认涉及群众利益、地方政府开发规划等多方面因素，云南、广西两省（区）划界成果主要针对辖区内主要河道管理范围进行划定，与水库管理范围划界存在一定差异，导致水库管理范围划定工作推进缓慢，协调难度较大，影响水库管理工作的有效开展。

3.3 涉水违法行为依然存在

由于土地权属问题尚不明晰，库区内存在大量的侵占岸线、乱占乱建、围堤养殖、网箱拦河养殖、电鱼毒鱼、违法采砂、消落区利用混乱现象。部分地方政府、企业及个人利用库区水域及库周土地、消落区作为经济发展的平台，为发展旅游业，在未进行行政许可审批的情况下，以"先占先得"的思想在库区周边建设旅游设施和其他涉河建设项目，如云南低海拔体育训练基地、瓦村电站河道弃渣等，侵占水域岸线。库区移民就地开荒种养，甚至滥砍树木，造成库区水土流失严重，不利于行洪和水生态保护，给水库大坝带来严重的安全隐患。

3.4 执法难度大

一是百色水库涉及广西壮族自治区、云南省的三个县（区），水域面积广，水库未设置专职的水政监察队伍，日常巡查主要是由百色水利枢纽运行管理单位开展，人员队伍配置不足、专业性不强、无执法权，难以全面覆盖各类监管事项。

二是水库管理主体缺位，管理职责不明确，法律未明确赋予百色水利枢纽运行管理单位承担库区管理职能，查处水事违法行为依赖于水行执法机构和地方有关部门，如依靠珠江委水政监察总队、西江支队（百色支队）与地方河长办开展联合执法。百色水利枢纽运行管理单位将水库巡查发现的疑似水事违法行为，向具备执法资格的有关单位报告，并配合执法部门做好事件跟踪和原始材料收集，违法行为难以得到及时处置。

三是管理体制机制不完善，水库管理涉及的事项众多，管理权限分属于不同的管理部门，相关的执法协作机制未得以有效建立，违法行为查处周期长，且涉及各方利益，不同地方、不同部门间的协作不畅影响了水库的高效管理和保护。

3.5 水质保护面临挑战

库区早期受地方政策引导，多数库周群众将水面养殖收入作为经济主要来源，由于未对投饵养殖、拦河养殖、灯光诱捕等现象进行控制，曾造成库区水质状况恶化，呈现富营养化趋势。随着河

（湖）长制的广泛推行，广西库区开展网箱综合清理专项行动，使得水面状况得到极大改善，水体生态得以一定程度恢复，但云南库区网箱养殖数量仍然较多，大面积存在，对水体质量造成严重影响。作为百色市城区供水的备用水源，库区水质状况时刻威胁着下游人民群众的饮水安全与社会稳定。

4 对策建议

百色水库管理过程中面临的突出问题，一定程度上反映了水库管理形势依然较为严峻，尤其是涉及省级行政区边界地区，面临突出的经济发展同水库管理间矛盾。同时，国家和地方水库管理立法不足，且存在多部门管理的问题，使得水库管理依据不足，制约水库运行管理部门有效管理，致使百色水库管理缺乏统一性和有效性，水库生态安全和供水安全难以得到有效保障。

为加强百色水库管理，依法打击各类涉水违法行为，保障百色水库的防洪安全、供水安全和生态安全提出以下建议：

4.1 对百色水库进行立法保护

为规范水库库区的管理工作，杜绝侵占岸线、乱占乱建、违法采砂、消落区利用等混乱现象，应加大库区管理立法研究，从管理主体、职责分工、管理范围、日常巡查、监督检查、责任追究等环节明确水库管理的内容和要求，制定出台《百色水库管理办法》。通过办法明确库区管理目标和内容、管理范围和保护范围、管理体制机制，明确库区管理主体的管理权限，明确消落区保护与利用政策，明确库区管理范围确权要求，明确库区管理考核机制，细化法律责任，通过立法实现水库管理的规范化、程序化和制度化。

4.2 完善库区管理体制

目前，《中华人民共和国水法》《中华人民共和国防洪法》《水库大坝安全管理条例》等法律法规对水库工程管理的规定较为明确。但是，库区管理体制、库区管理单位的职责和机构的设立，在法律法规层面上仍然缺乏明确的规定。对于跨行政区域的水库，由于不同区域库区管理标准有所不同，对水库安全高效运行造成不利影响。为了加强水库管理和保护，加强跨区域、跨部门的协调，充分发挥并不断完善现有各涉水部门的职能，亟待建立权责明确的库区管理体制，有效落实库区管理主体的责任和权利，加强库区管理和保护。

4.3 划定库区管理范围与保护范围

目前，百色水库管理单位的管理范围较窄，较局限于大坝、电厂等相关建筑物的管理，而库区管理这一块相对薄弱。水库库区管理范围和保护范围未明确界定，土地权属问题尚不明晰，造成库区管理工作难以有效开展，现状管理问题较多。要实现水库库区的有效管理与保护，对库区的开发建设统一规划，对库区资源利用进行统一管理，必须加强与地方政府及相关部门的沟通协作，依法开展水库确权划界工作，明确水库库区管理范围与保护范围，有效开展水库库区管理工作。

4.4 探索建立库区联合执法制度

在库区范围内建立联合执法制度，组建由跨省水库所在地各行政区域的水利、渔政、公安等执法部门和机构参与的联合执法队伍。根据已有法律法规制定具体的巡查监督方案和计划，规范监察队伍的执法行为，加大库区管理的执法力度。对库区内水资源、水工程、水土保持工程、水文设施和防汛设施等进行常态化巡查监察，依法维持库区内的水事秩序，定期检查库区水工程及设施运行情况，及时制止各种违法行为，惩处破坏水工程及设施的犯罪行为，维护库区的正常水事秩序。

4.5 加强库区水域岸线管理和保护

实施水域岸线管控，规范涉库建设，禁止在水库管理范围内从事围垦、填库、造地、造田、筑坝拦汊、分割水面等侵占水域岸线的活动，在保护范围内建设跨河、穿河、穿堤、临河的工程设施，应当符合防洪标准、岸线规划、航运要求和其他技术要求。加强消落区管理，在消落区从事种植活动，应当符合防洪要求，使用化肥、农药应当符合法律法规关于水质保障和水污染防治的规定。

参考文献

［1］郑冬燕，刘艳菊．珠江跨省河流水库管理现状及对策——以天生桥一级水电站为例［J］．人民珠江，2009，30（4）：15-17.

［2］陈献，王贵作，余艳欢，等．大型跨区域水库管理有关问题的思考［J］．水利发展研究，2011，11（2）：44-46.

［3］何素明．百色水利枢纽工程任务和目标的调整［J］．广西水利水电，2014，（5）：30-33.

［4］杜文浩．河长制背景下百色水利枢纽工程库区管理与保护实践［J］．中国水利，2019，（10）：26-28.

跨省水库库区管理立法有关问题的思考

李兴拼　李　娟　陈可飞　陈易偲

（水利部珠江水利委员会珠江水利科学研究院，广东广州　510611）

摘　要： 调查研究表明，目前我国跨省水库管理问题主要集中在库区管理。基于跨省水库库区管理主要问题的分析，探讨跨省水库库区管理立法的必要性，对立法的相关问题提出建议，为跨省水库库区立法工作提供一定的参考。

关键词： 跨省水库；库区管理；立法

1　背景

调查研究表明，目前我国跨省水库管理问题主要集中在库区管理，跨省水库由于地跨两个或多个省级行政区，涉及管理主体众多，使得其管理变得更为复杂。以珠江流域为例，珠江流域有诸多跨省及省界河流，在这些河流上已建的大型水库主要有天生桥一级、平班、鲁布革、龙滩、百色、枫树坝、鹤地水库等。目前，跨省水库管理主要针对人为建筑的工程部分即水工建筑物及其配套设施的管理，管理范围小，管理面窄，更因涉及省际问题，管理职责不清，体制不顺，缺少关于库区管理的综合性的法律法规依据，使得水库资源管理与保护更为薄弱，导致诸多跨省水库出现水质恶化、水土流失严重、不合理的开发利用等问题，严重影响水库安全，制约流域水资源的统一管理与可持续利用。

随着各地河湖长制度的陆续推行，水库被纳入河湖长制度的实施范围，河湖长制度的推行为跨省水库库区的管理和保护提供了有力的抓手，同时也对跨省水库库区的管理提出了更高更细的要求，亟待理清现状管理中的矛盾和不足，开展库区管理立法研究，通过立法充分发挥河湖长制度的优势，规范库区的管理和保护工作。

2　管理存在的问题

2.1　行政管理职责不明确

跨省水库位于省际边界，地理位置敏感而特殊，在流域和区域发展中的地位十分重要，如天生桥一级水电站水库，既是三省（区）的水上黄金运输线，又是"珠三角"经济区的重要水源供给地，其水质状况直接关系到"珠三角"经济社会的可持续发展和两岸三省（区）人民群众的生产生活。由于经济社会发展差异，不同地方各自为政，跨省水库水事矛盾纠纷时有发生，但是流域管理和区域管理在跨省水库管理中的关系还未理顺，流域管理机构的管理职责还不明确，流域管理机构协调、监督职能未得到充分发挥，影响省际边界水事矛盾纠纷的调处。

此外，水库管理涉及的事项众多，管理权限分属于不同的管理部门，涉及水利、生态、国土、渔业、林业等多个行业，水利部门和其他行业主管部门的权责不够明晰，影响跨省水库管理和保护的实效性。

2.2　协作机制有待完善

为加强跨省水库联防联治，跨省水库周边地方人民政府协商签订了形式多样、内容丰富的合作协议、框架协议、备忘录等，建立协作机制。如为加强九洲江流域及鹤地水库管理和保护，广东省和广

作者简介： 李兴拼（1983—），男，高级工程师，主要从事水利政策法规研究工作。

西壮族自治区政府签订了《广东省人民政府 广西壮族自治区人民政府九洲江流域跨界水环境环境保护协议》《广东省人民政府 广西壮族自治区人民政府关于九洲江流域上下游横向生态补偿的协议（2018—2020）》；湛江市、玉林市签订了《湛江玉林两市跨界流域水污染联防联治合作框架协议》《湛江玉林联合开展打击九洲江鹤地水库库区非法采砂工作执法合作备忘录》。

但是总体来看，跨省水库管理仅停留在协商层面，未上升到法律法规层面，缺乏强制约束力。虽然建立了相应的协作机制，但是强化监督管理落实性不强，约束力不够，协调衔接难度大，制约跨省水库管理的难题未得到完全根除，不利于水库的高质量发展和生态文明建设。

2.3 库区管理和保护责任未有效落实

根据法律法规的规定，水库运行管理单位负责大坝的安全运行和维修养护，建立健全安全管理规章制度，加强水库大坝安全保障，并按照上级指令实施防洪调度、水量调度和应急调度。但是法律未规定水库运行管理单位承担库区管理和保护责任，水库运行管理单位无执法权，库区巡查有赖于行政命令推动，依靠水行执法机构和地方有关部门查处水事违法行为，导致违法行为查处周期长，执法威慑力弱。

2.4 库区管理和保护边界尚不明晰

跨省水库库区水域面积广，横跨多个行政区域，周边村镇多，涉及移民、征地等诸多问题，确权划界工作进展缓慢，库区管理范围和保护范围没有明确界定，难以据此认定涉库违法行为，实施有针对性的管控措施。同时，不合理的开发利用行为时有发生，不利于行洪和水生态保护，给水库大坝带来严重的安全隐患。

2.5 库区合理开发利用亟待加强

跨省水库库区周边地区经济社会存在差异，相关单位和个人法治观念淡漠，库区内存在大量的乱占乱建、围堤养殖、网箱拦河养殖、电鱼毒鱼、违法采砂、消落区开发等侵占水域岸线的现象，严重威胁着水库防洪安全、供水安全和生态安全。如百色水库库区内，相关企业利用库区水域及库周土地、消落区作为经济发展的平台，非法填库，建设低海拔体育训练基地，侵占水域岸线。此外，库区移民就地开荒种养，甚至滥砍树木，造成库区水土流失严重，不利于行洪和水生态保护，给水库大坝带来严重的安全隐患。

3 库区管理立法必要性

3.1 完善库区管理法律依据的迫切需求

目前，跨省水库管理依据主要有法律、行政法规、部门规章、地方性法规及规范性文件。法律主要有《中华人民共和国水法》《中华人民共和国防洪法》《中华人民共和国水土保持法》《中华人民共和国水污染防治法》等，行政法规有《中华人民共和国河道管理条例》《水库大坝安全管理条例》。上述法律法规和规范性文件为跨省水库管理提供了根本遵循，但是跨省水库库区管理和保护缺乏专门性的法律法规，有关库区河道和水域岸线管理、水库调度、水资源管理、消落区开发利用等缺少具体规定。同时，跨省水库周边各省区关于跨省水库管理和保护的政策法规存在一定的差异性，在实际管理中，由于法律依据不足和政策差异，导致库区个别地方擅自侵占水面和开发利用消落区土地的行为时有发生，加剧了水库运行管理的困难，严重影响水库的安全运行和水安全保障。

通过跨省水库库区管理立法，可进一步完善水库管理的法律法规体系，打破跨省水库周边各省区各自为政的状态，实现库区管理保护的可操作性和协同性。

3.2 健全管理体制和协作机制的根本要求

跨省水库库区管理涉及的事项众多，管理权限分属于不同的行政区域和管理部门，由于水库库区分属不同省（区），管理范围和职责不明确，又各自为政、政出多门，形成跨省水库统一管理和保护主体缺位的局面，由此产生诸多问题。虽然跨省水库沿岸各省（区）探索建立多种协商合作机制，但是受属地管理原则限制，跨省水库周边各省（区）人民政府之间、水行政主管部门和其他行业主管部门之间的沟通协调还不够顺畅，治理步调难以统一，联动机制还缺少制度保障，影响了水库的高效管理和保护，库区管理的有效性还有待提高。此外，法律未明确赋予水库运行管理单位承担库区管理职能，查处水事违法行为依赖于水行政执法机构和地方有关部门，水库运行管理单位作为基层单位，在水库工程管理以及库区管理和保护中的优势作用未得到充分发挥。

通过跨省水库库区管理立法，可明确流域管理机构、地方水行政主管部门以及水库运行管理单位的管理职责，厘清水利部门与其他行业主管部门的权责，建立流域管理机构与跨省水库周边各省区的协调机制，实现库区管理保护的高效和畅通。

3.3 加强跨省水库库区管理和保护的现实需求

跨省水库库区管理和保护边界尚不明晰，给水库的监管执法工作造成很大困难，库区不合理开发利用现象依然存在，严重威胁着跨省水库防洪安全、供水安全和生态安全。亟待通过跨省水库库区管理立法，明确库区管理范围和保护范围，推动库区管理范围和保护范围划定工作，加强库区管理和保护；通过立法健全涉库建设项目管理、水域和岸线保护、采砂管理、水域占用补偿和岸线有偿使用等法规制度，严格跨省水库开发利用管理，实现库区管理保护的强制性和有效性。

4 库区管理立法建议

4.1 统一立法思想，减少立法阻力

跨省水库水域面积广，横跨多个省级行政区，沿岸居民众多，且经济发展高度依赖库区开发利用。由于经济社会发展水平存在差异，跨省水库沿岸地区对加强跨省水库管理和保护的认识也不尽相同，对跨省水库统一立法存在抵触心理。在立法的过程中，要征求相关主体的意见，做好科学立法、民主立法，只有对立法所调整的法律关系有所认同，达成共识，法律法规才能够顺利制定出台。

4.2 明确立法目的，加强顶层设计

开展跨省水库立法，旨在解决跨省水库管理和保护法律法规依据不足，水库管理和保护难以有效开展的难题，破解制约跨省水库水资源保护、生态发展、开发利用的体制机制障碍。立法应站在全流域的角度，树立全流域一盘棋的思想，加强顶层设计，在立法目的以及立法内容上，统筹考虑各方诉求，统一规划统一政策，为跨省水库管理提供法治保障。

4.3 划定库区管理和保护范围，加强水域岸线管理和保护

明确界定跨省水库库区的管理范围于保护范围是有效管理与保护水库的根本前提。目前，水库管理和保护范围通常是立足于坝区工程安全的目标而设立，而对库区管理和保护范围并无明确界定。库区管理范围一般指的是水库征地范围，强调的是水库管理单位行使职责的范围，库区保护范围则是为实现库区管理目标而对库区土地征用线周边地区相关活动提出限制性要求的范围，两者管理对象不同，管理目标也不同，建议针对管理对象和目标，划定库区管理范围和保护范围。

在跨省水库管理范围和保护范围划定的基础上，通过立法，对库区资源管理进行约束和规范，对库区资源开发、利用与保护等各种行为的管理权限与管理程序做出明确的规定，加强法条的可操作性和实用性，强化水域岸线管理和保护。

4.4 健全管理体制机制，厘清管理和保护责任

跨省水库管理立法应当建立健全跨省水库管理体制机制，厘清水利、生态、渔业、交通等部门的管理和保护职责，构建分工明确、职责清晰、协同高效的水库管理体制，推动建立跨区域、跨部门联合执法机制，打破"九龙治水"多头管理的局面，持续提升管理保护质量和水平，建设造福人民的幸福河湖。

4.4.1 明确行政管理职责

明确流域管理机构和库区有关地方人民政府水行政主管部门的管理职责，流域管理机构按照法律、行政法规规定和水利部授权负责库区河道、水量调度、水资源等管理和监督工作。库区有关地方人民政府水行政主管部门负责本行政区域内库区河道、水资源等管理和监督工作，加强与生态、渔

业、交通等部门的沟通协作，统筹跨省水库管理和保护与经济社会发展间的关系，协同推进保护和治理，促进跨省水库和经济社会高质量发展。

4.4.2 落实管理单位责任

明确水库管理单位责任，发挥水库管理单位的基层管理优势。水库管理单位具体负责水库的安全运行和保护，按照有关部门的指令实施防洪调度、水量调度和应急调度，组织对枢纽工程和库区的日常巡查、安全监测和维修养护，及时发现、报告水事违法行为；配合库区周边市县开展涉水法律法规的宣传教育和贯彻落实，为跨省水库管理和保护营造良好的法治环境。

4.4.3 建立完善流域与行政区域协调配合机制

应当建立完善流域管理机构与库区有关地方人民政府的协作机制，加强对跨省水库管理范围和保护范围内水行政执法的组织、监督和指导。建立完善跨省水库水行政执法联席会议制度、信息共享制度和联合执法巡查制度，研究部署联合执法行动，实行库区水行政执法联防联治。

5 结语

为规范跨省水库库区的管理和保护，应结合各跨省水库现有的体制机制及库区特点，做好立法前期研究，加快立法进程。通过立法明确库区管理的目标、管理范围和保护范围、管理体制机制，明确库区管理主体的管理权限，明确库区管理范围确权要求，明确消落区保护与利用政策，明确库区管理考核机制，通过立法细化法律责任，实现跨省水库库区管理的规范化、程序化和制度化，促进库区资源的可持续利用和绿色发展。

参考文献

[1] 陈献，王贵作，余艳欢，等 . 大型跨区域水库管理有关问题的思考 [J] . 水利发展研究，2011，11（2）：44-46.

[2] 许小康，易鸣，韩鹏煜 . 我国大型水库管理立法思考 [J] . 水利水电快报，2019，40（9）：59-63.

[3] 朱山涛，陈献 . 水库库区管理立法的重难点分析 [J] . 水利发展研究，2007，（4）：4-6.

[4] 郑冬燕，刘艳菊 . 珠江跨省河流水库管理现状及对策——以天生桥一级水电站为例 [J] . 人民珠江，2009，30（4）：15-17.

[5] 谭政 . 关于我国水库运行管理方式的探讨 [J] . 人民长江，2011，42（10）：105-108.

基于高质量发展的水利水电工程建设项目安全策划问题研究

付　茜[1]　谭　辉[2]　白振宇[3]　黄梦婷[4]

(1. 水利部海河水利委员会河湖保护与建设运行安全中心，天津　300170；
2. 水利部建设管理与质量安全中心，北京　100038；
3. 天津市科学技术信息研究所，天津　300204；
4. 国能大渡河检修安装有限公司，四川成都　610095)

摘　要：高质量发展的关键是要解决发展不平衡、不充分问题。国家标准要求通过安全策划提高建设项目施工安全工作质量，水利水电工程建设项目安全策划相关行业政策标准缺失，使安全生产管理机制不健全，成为发展中的不平衡、不充分问题，与高质量发展的要求不相适应。本研究通过对重大水利工程建设项目的研究发现：安全策划缺失是导致安全生产违规行为发生的系统性原因之一。研究从政策和实施层面提出推进安全策划、健全安全生产管理机制建议，助力安全生产工作更高质量发展，填补了研究空白。

关键词：高质量发展；安全策划；重大水利工程；违规行为；原因分析；政策建议

1　研究背景

1.1　概念

水利水电工程建设项目安全策划（简称水电项目安全策划）是在项目实施前，根据水利水电工程建设安全生产有关法律法规、标准规范和项目总体安全生产目标的要求，以危险源的控制为基础[1]，针对工程特点系统全面识别和分析风险，规定系统的风险管控要求及途径，并规划所需资源，实现项目安全生产目标的活动。

1.2　国家法规标准要求开展项目安全策划

《中华人民共和国安全生产法》第十一条明确，生产经营单位必须依法制定的保障安全生产的国家标准或者行业标准。《建筑施工安全技术统一规范》（GB 50870—2013）4.0.2条款[2]规定：工程项目开工前应结合工程特点编制建筑施工安全技术规划，确定施工安全目标；规划内容应覆盖施工生产的全过程。

1.3　水电建设项目安全策划行业政策标准缺失，使安全生产管理机制不健全，与高质量发展的要求不相适应

现阶段，我国经济已由高速增长阶段转向高质量发展阶段，高质量发展成为许多学科的研究热点。任保平等[3]指出，高质量发展的关键是要解决发展不平衡、不充分问题。笔者用"水利水电工程建设项目安全策划政策、标准"为关键词百度搜索无结果；中国知网搜索也无结果，表明政策、标准缺失，研究处于空白状态。搜索"水利水电工程施工通用安全技术规程"有效版本为2007版，未涉及安全策划。分析电力行业标准《水电水利工程施工通用安全技术规程》（DL/T 5370—2017），也未包含安全策划相关内容。可见，水利水电行业尚未将国家标准[4]对建设项目施工安全策划要

作者简介：付茜（1968—），女，高级工程师，科长，主要从事水利工程安全监督工作。

求，在行业政策标准中加以落实，使管理机制不够健全，是安全生产发展中的不平衡、不充分问题，与高质量发展要求不相适应。

2　研究目标

甄选调研近年重大水利工程建设项目安全策划开展情况、存在问题，剖析原因，提出推进建议，健全水利水电建设项目安全生产管理机制，为高质量发展提供借鉴。

3　技术路线

研究技术路线分为资料收集与调查、项目甄选与调研、发现问题提出对策建议等三个主要环节，见图1。

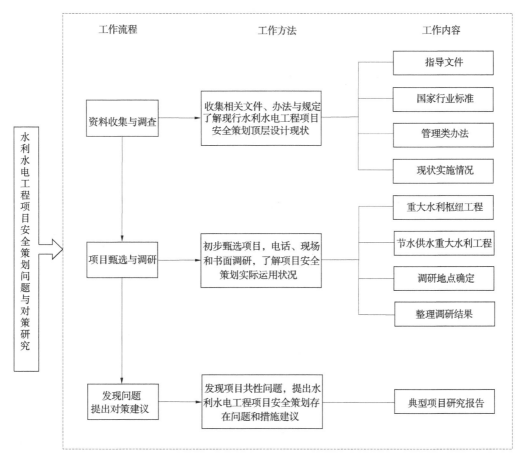

图1　技术路线

4　在建工程项目安全策划状况调研

4.1　项目选取与研究方法确定

选取南、北两个节水供水重大水利工程项目进行实证分析，具有典型意义。

4.2　现场调研内容

调研项目总体情况、工程形象进度，分析安全工作特点与难点，见表1。

5　存在问题

经调研，项目1开工前未针对安全工作特点与难点开展安全策划；项目2开展部分安全策划工作。项目开展安全策划的具体情况及现场存在的违规行为情况，见表2。

表1 项目安全工作特点与难点分析

序号	项目	规模	投资	工程实施目的	工程形象进度	工程项目安全工作特点与难点
项目1		大(2)型Ⅱ等综合性水利枢纽工程	28.5亿元	合理调配南方某中下游生态和经济社会用水,以防洪、兼顾灌溉、供水、发电和航运等综合利用,提高水资源综合运用能力	1.大坝边坡开挖基本完成。2.永久交通工程基本贯通。3.砂石料加工及混凝土生产工程已完成并投入运行。4.供水、供电等临时工程全部完成。5.上下游围堰全部完成。6.导流洞全部完成并投入使用	特点:1.处于施工进度中期,涉及深基坑、高边坡、爆破、起重吊装、高边坡、临时用用等危险性较大的分部分项工程多,管理难度大、易引发事故。2.施工交叉作业多,进度压力大,是安全事故集中爆发期。3.项目法人、设计监理单位对自身安全管理职责理解不足。难点:施工作业类、机械设备类,设施现场所类重大危险源多,存在明塌、物体打击、起重伤害、触电、火灾、淹溺等事故风险
项目2		节水供水重大水利工程	73.06亿元	解决西北某省中部干旱地区城乡生活、工业供水及生态环境用水的大型调水工程。工程渠线总长571km,设计工期70个月	1.完成隧洞掘进295km,占总长323km的91.3%。2.完成隧洞二次混凝土衬砌230km,占总长296km的77.7%	特点:1.处于施工进度中后期,涉及危险性较大的分部分项工程多。2.施工战线长、安全生产管理难度大。3.项目法人、设计监理单位对自身安全管理职责重大危险风险。难点:施工作业类、机械设备类,设施现场所类重大危险源应。片帮、物体打击、火药爆炸、触电等事故风险

表2 项目安全策划现状调研

序号	类型	开工前安全生产工作开展情况	安全生产违规行为
1	水利枢纽工程	1.招标文件明确项目法人安全生产职责为提供项目前期工作依据的气象水文资料。2.招标文件明确的施工单位安全生产职责仅为施工中非发包人原因造成的任何安全事故均为承包人承担,并应按技术标准和要求(含同技术条款)约定的内容和期限编制安全技术措施	1.安全专项施工方案编制与执行不到位:如《大坝厂房爆破方案》未经审批已组织实施;《施工用电方案》少设备选型、防雷接地等内容。2.安全防护设施管理不到位:如大坝右坝肩高边坡喷锚支护施工坡度超过25%,防护栏杆高度未达到m;大坝右坝肩水箱处多级离心泵与料加工供料线下方及布料皮带覆盖范围内要人行通道上部未搭设防护棚;骨料加工区沉淀池部分未加设盖板且无防护栏杆。3.《安全监理实施细则》缺少设计高边坡施工安全监理内容。4.应急与事故管理工作不足:如未提供工程度汛标准、工程形象面貌及度汛情况报5.上、下游围堰工程已投入使用,未提供验收资料
2	供水工程	1.项目法人制定或明确安全生产规范性文件(目录),制定保证安全生产措施方案(文件)并组织安全考核。2.委托监理单位制定项目适用的强制性标准(目录),审查施工组织设计文件。3.要求施工单位建立安全生产保障体系	1.招标人未依据实际制定项目安全生产总体目标,缺少安全生产技术、措施,方案审查制度及应急情况报制度。2.招标文件中未包含安全生产费用项目清单,承包合同中未明确安全生产费用支付计划、使用要求、调整式。3.设计文件中未对323km隧洞掘进中涉及的施工安全重点部位,环节在设计文件中注明

6 原因分析

6.1 项目违规行为发生与安全策划缺失的因果关系分析

项目1：未开展安全策划，未编制《安全策划书》。存在5项问题涉及项目法人、设计、施工、监理四方。项目法人在招标文件中将自身应承担的安全生产首要责任划分给施工方，仅对施工方安全管理提出原则性要求，开工前未对安全专项方案控制计划、危险源辨识及风险分级管控、安全监理规划、项目法人安全生产责任制建立健全与安全设计专篇，提出符合项目特性的全过程管理规定，即缺少安全策划环节，是导致方案编制内容不规范、执行不到位、无验收资料等违规行为发生的原因。

项目2：开展部分安全策划，但内容不全面，未编制《安全策划书》。投资规模是项目1的2.6倍，隐患数量仅为前者的40%，隐患严重程度明显低于前者。存在3项问题，涉及项目法人、设计、施工三方。开工前开展了部分安全策划，如仅明确项目法人编制安全规范性文件和组织安全考核等内容，未对安全管理体系、安全技术管理制度、安全过程控制措施、勘察设计安全专篇、投标文件中安全费用使用计划、范围及调整方式等，做出系统全面规定，即缺少安全策划，是制度措施不健全、安全设计专篇内容不完整等违规行为发生的原因。不符合《建设工程项目管理规范》（GB/T 50326—2017）12.2[5] 要求。可见，项目问题出现实施中，但根源在策划环节。

6.2 系统性原因分析

安全策划的缺失使项目安全生产管理机制不健全。《建设工程项目管理规范》（GB/T 50326—2017）3.1.2[5] 要求：组织应遵循策划、实施、检查、处置的动态管理原理，确定项目管理流程。其中"策划、实施、检查、处置"即PDCA循环，是质量管理四大支柱之一[6]。因此，安全策划蕴含质量提升理念，是项目风险预控关口前移、实现安全工作更高质量、更有效率的科学方法。但目前业内对这点了解不够，未在开工前做好"安全策划"指导项目全过程安全生产工作。笔者将"PDCA循环原理"融入项目安全生产管理，绘制水利工程项目安全生产高质量管理流程简图（见图2）。可见，"安全策划"缺失使高质量管理链条不完整，难以落实"预防为主"的安全工作方针，是水利工程建设安全事故发生的系统性原因。

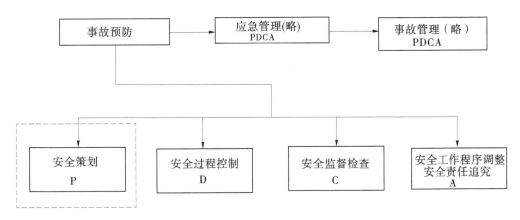

图2 水利工程项目安全生产高质量管理流程简图

7 建议

7.1 政策方面

7.1.1 在水利水电工程建设政策规章、行业标准中将安全策划要求做出规定

建议相关部门在政策规章、行业标准中明确安全策划是《施工组织设计》必要内容，规定水电项目安全策划工作对象、依据、原则、主要内容，确立安全策划工作制度保障，从顶层设计层面完善事故预防工作机制。

7.1.2 注重行业安全策划运行规律总结

运用大数据挖掘技术，注重行业安全策划运行规律总结，提高水电项目安全策划要求与大中型工程安全管理需求的适配性，使其更具前瞻性、更高效规范、更可操作。

7.2 实施方面

建议加大安全策划推广培训力度，充分发挥行业协会作用，引导参建各方重视融合了质量管理内涵的安全策划工作，提高项目安全工作系统性、针对性和可操作性，助力水利水电工程建设项目安全工作更高质量发展。

参考文献

［1］水利部建设管理与质量安全中心. 水利水电工程建设安全生产管理 ［M］. 北京：中国水利水电出版社，2018.

［2］中华人民共和国住房和城乡建设部. 建筑施工安全技术统一规范：GB 50870—2013 ［S］. 北京：中国计划出版社.

［3］任保平，李禹墨. 新时代我国高质量发展评判体系的构建及其转型路径 ［J］. 陕西师范大学学报 （哲学社会科学 2018，47 （3）：105-113.（REN Baoping, LI Yumo. 学版）, On the construction of Chinese high-quality development evaluation system and the path of its transformation in the new era ［J］. Journal of Shaanxi Normal University（Philosophy and Social Sciences Edition）, 2018, 47 （3）：105-113.（in Chinese）.

［4］国家能源局. 水电水利工程施工通用安全技术规程：DL/T 5370—2017 ［S］. 北京：中国电力出版社，2017.

［5］中华人民共和国住房和城乡建设部. 建设工程项目管理规范：GB/T 50326—2017 ［S］. 北京：中国建筑工业出版社，2017.

［6］质量管理小组活动准则：T/CAQ—10201—2020 ［S］. 北京：中国标准出版社，2020.

绿色出行碳普惠制对城镇居民节水的启示

王海珍　王丽艳　陈金木

（水利部发展研究中心　北京　100038）

摘　要： 绿色出行碳普惠制是碳普惠制的重要领域，是在公众生活消费领域中落实碳达峰碳中和的重要抓手。文章在分析绿色出行碳普惠制相关概念及主要做法和成效的基础上，研究了绿色出行碳普惠制的经验，从正向激励、多方参与、节约水量折算、开展城镇居民节约用水碳普惠制试点等方面提出了绿色出行碳普惠制对城镇居民节水的启示。

关键词： 绿色出行；碳普惠制；城镇居民；节约用水

1　绿色出行碳普惠制的概念及做法

1.1　相关概念

碳普惠制在我国尚属新生事物，其概念界定也还未形成共识。有研究者认为碳普惠制是指以识别小微企业、社区家庭和个人的绿色低碳行为作为基础，通过自愿参与、行为记录、核算量化、建立激励机制等，达到引导全社会参与绿色低碳发展的目的[1]。除学界外，我国碳普惠制试点区域的政府主管部门也对碳普惠制进行了界定，例如《广东省碳普惠交易管理办法》（粤环发〔2022〕4号）指出，碳普惠是指运用相关商业激励、政策鼓励和交易机制，带动社会广泛参与碳减排工作，促使控制温室气体排放及增加碳汇的行为。绿色出行碳普惠机制是其在公共交通领域的体现，其概念可界定为运用相关商业激励、政策鼓励和交易机制，将公共出行减少的碳排量进行量化，变成奖励返还给公众，形成正向激励的闭环机制。

1.2　做法及成效

北京在2020年创新提出基于MaaS（mobility as a service）的绿色出行碳普惠机制，上线"MaaS出行 绿动全城"碳普惠激励行动。绿色出行碳普惠机制是将市民采用绿色低碳方式出行相比于小汽车出行所减少的碳排放量进行量化，并通过碳市场交易转变为经济奖励，返还给产生碳减排量的市民，最终形成正向激励的闭环。涉及的减排量来源是采用不同的出行方式所产生的碳排放量不同，如1.8 L排量的小汽车行驶1 km的碳排放量大约为273 kg；而平均每人每乘坐1 km地铁所产生的排放量只有28.6 kg，碳排放量差距巨大。

具体来说，参与绿色出行的市民需先在高德地图、百度地图APP（应用程序）注册个人信息，获得个人碳能量账户。当市民采用绿色低碳方式出行时，MaaS平台（高德、百度平台）就会汇聚参与活动用户的各种出行方式、里程等信息，并根据各种出行方式的碳排放因子，计算出每人每次出行的碳排放量。用同样出行距离的小汽车产生的碳排放量减去绿色出行实际产生的碳排放量，即为一次出行所产生的碳减排量（活动中为"碳能量"）。达到一定规模后，MaaS平台作为个人绿色出行碳交易的代表，经碳能量主管部门审核后，在北京碳市场进行交易，交易所得金额全部返还用户。个人账户中的碳能量既可用于植树、修桥等公益性活动，也可在高德地图、百度地图APP内兑换公共交通优惠券、购物代金券、网盘会员、视频会员等激励。这样，从市民出行，到减排量的计算，到碳市场交易，最后交易额返还给市民，就形成了一个闭环的流程。

作者简介：王海珍（1991—），女，工程师，主要从事水利政策研究工作。

北京市绿色出行碳普惠制已取得一定低碳成果。2021 年，高德地图总计有 2.45 万 t 碳减排量达成交易，其中 1.5 万 t 与北京市政路桥建材集团有限公司签订，所得交易额全部反馈给社会公众。该交易是全球首笔绿色出行碳普惠交易，在实践层面真正实现了绿色出行碳普惠激励机制闭环。据统计，截至 2022 年 9 月，北京 MaaS 平台用户超 3 000 万人，日均服务绿色出行 600 余万人次，绿色出行碳普惠减排量 20 万余 t。

2 绿色出行碳普惠制的经验分析

2.1 通过正向激励实现节能减排

我国常用的环境治理政策工具大致有四类：命令控制手段、市场经济手段、自愿行动和公众参与[2]。在此过程中，政策工具从以管制型为主导逐步演变为以管制型、市场型和自愿型政策工具相结合的环境政策工具矩阵[3]。我国现有针对公众生活消费领域的温室气体减排、资源节约和环境保护手段较为单一，主要采取精神道德层面引导和居民自我约束控制相结合的方式，导致公众生活消费领域的碳达峰碳中和潜力尚未被有效挖掘。

绿色出行碳普惠制是市场型和公众参与型环境政策工具的组合创新，一方面，绿色出行碳普惠制本质上是一种基于市场价值信号的激励机制，旨在解决践行绿色低碳行为中个体、社会利益冲突的问题，实现个体、社会环境利益激励相容的创新性制度安排；另一方面，绿色出行碳普惠制能充分调动起公众主动践行绿色低碳行为的能动性，扩大和加快绿色低碳生活方式的覆盖范围和行为频率[4]。绿色出行碳普惠制对于制定针对公众生活消费领域的资源节约相关政策具有重要借鉴意义。

2.2 多方参与，协调配合

生态环境的特性决定了生态环境领域特别适合政府、公众、企业等多元主体的合作治理。在生态环境合作治理中，政府、公众、企业各主体不再是单纯的服务主体或享受主体，而往往同时是诉求表达者、服务提供者、服务享受者、政策制定者[5]。在绿色出行碳普惠制中，参与的主体除社会公众等机制实施对象外，还包括政府、企业等，这些参与主体扮演着不同角色，且相互作用，相互联系，共同推动绿色出行碳普惠制的发展。具体而言：

（1）社会公众，是绿色出行碳普惠制实施的主要目标对象。在实践绿色低碳行为后，一方面能得到对应的碳能量，转化为多样化奖励；另一方面也能实现温室气体减排、资源节约和环境保护等社会环境效益。

（2）政府主管部门，是绿色出行碳普惠制的推动主体，负责相关政策的制定、实施和监督，如制定绿色出行碳普惠制的顶层设计；制订绿色出行碳普惠制工作方案；制定绿色低碳行为碳能量计算、发放标准；负责碳能量的发放交易、注销和监管等。

（3）企业，绿色出行碳普惠制推进过程中，既需要政府主管部门的引导，也需要企业的积极参与。对于高德地图、百度地图等企业，在做好绿色出行行为的识别与聚集、核算碳减排量等前端技术支撑工作的同时，还需做好作为绿色出行碳交易的代表，在碳市场中进行交易，并将交易所得返还给用户。对于提供购物代金券等绿色出行碳普惠制合作企业，可通过为拥有碳能量的主体提供折扣和优惠，提高销量，进而带来总利润的增加。

2.3 量化低碳行为，明确激励模式

在量化行为方面，碳普惠制的核心在于对公众的节能减排行为赋予一定的价值，公众碳减排量的核算是碳普惠制实施的前提条件及数据基础[6]。在绿色出行碳普惠制中，以碳能量的价值为激励核心，将公众的绿色低碳行为量化，是其得以成功运行的关键。在激励模式方面，正向激励是绿色出行碳普惠制发挥作用的核心因素，目前主要采取了政策激励和商业激励两种模式开展。政策激励主要是指碳能量可用来兑换一定的政府公共服务，如公共交通优惠券等；商业激励主要是指公众在实践绿色出行行为并获得碳能量后，能够兑换绿色出行碳普惠制合作商家提供的产品或者服务优惠等，如购物代金券、视频会员等。

2.4 统一交易，奖励先行

在绿色出行碳普惠制中，公众个人产生的碳减排量很少，从碳减排量产生再到碳市场交易的流程十分复杂，因此让每个参与绿色出行的用户去碳市场交易是不现实的。实践中，由 MaaS 平台（高德、百度平台）作为所有参与绿色出行碳普惠制用户的代表将产生的碳减排量进行统一交易，并将交易金额返还给产生碳减排量的个人。

需要说明的是，由于 MaaS 平台汇聚的市民绿色出行所产生的碳减排量，需要经过有能力的第三方审核单位进行核证，并经生态环境局组织相应的技术审核和签发，碳减排量才能拿到碳市场进行交易，过程十分漫长。如果等到交易之后再将奖励返还给用户，对于公众的用户体验是极其不友好的。为了提升用户体验，在绿色出行碳普惠制实践中，由高德、百度等企业先行将用户产生的减排量分发给用户，用户的出行行为结束后就可以直接兑换相应的奖励，而不用等到减排量去碳市场交易后再领取奖励，从而最大限度地提高用户绿色出行的积极性。

3 对城镇居民节约用水的启示

3.1 通过正向激励促进居民节水

我国人多水少、水资源时空分布不均，水资源短缺、水生态损害、水环境污染是目前制约我国高质量发展的突出瓶颈和生态文明建设的突出短板。节约用水是解决三大水问题的根本之策[7]。目前，对于城镇居民的节约用水行为主要依赖精神层面引导和居民个人节水意识、习惯等自身素质进行道德约束及水价等经济手段进行调控，但我国水价目前实行政策性低价，居民对于水价调控并不敏感。总体上，我国城镇居民节约用水还缺乏有效的节水动力机制，尤其是缺乏正向激励机制。借鉴吸收绿色出行碳普惠制的经验，可以探索推动建立城镇居民节约用水碳普惠制。简单而言，就是以家庭为单位，将家庭日常生活中节约的水量按照一定的折算方式转化为"碳减排量"，一定的"碳减排量"可兑换公共交通优惠券、购物代金券、网盘会员、视频会员等激励，即对家庭节约用水的行为赋予经济价值，以对家庭节约用水的行为进行正向激励。

3.2 建立多方参与的节约用水碳普惠制

城镇居民节约用水碳普惠制需要政府、城镇居民及企业多方参与，共同发挥作用。

（1）政府主管部门，是城镇居民节约用水碳普惠制的推动主体，负责相关政策的制定、实施和监督，如节约用水碳普惠制的顶层设计；协调供水集团及相关技术支撑单位构建节约用水碳普惠制平台（以下称节约用水平台）；组织制定节约水量和"碳减排量"的折算、发放标准；对平台汇聚的节水量组织审核和签发；负责"碳减排量"的发放交易、注销和监管。

（2）居民家庭，是节约用水碳普惠制实施的对象，可自愿选择是否参与节约用水碳普惠制。如以在北京市推行城镇居民碳普惠制为例，参与的家庭需在节约用水平台注册账户并绑定已有北京市自来水缴费账户编号，当家庭的用水量较之前的月份有所减少的话，家庭在节约用水平台注册的账户就会根据节约水量的多少获得经折算后的"碳减排量"。家庭可凭"碳减排量"兑换公共交通优惠券、购物代金券等激励。

（3）企业，是节约用水碳普惠制的重要环节，负责将自愿参与节约用水碳普惠制家庭的用水数据及时、准确汇总分析，作为"碳减排量"折算的基础和依据，并在相关主管部门的指导下，制定家庭节约水量与"碳减排量"的折算标准。同时，还需做好作为城镇居民节约水量的代表，在碳市场进行交易，并将所得返还给用户。

3.3 积极探索节约水量与"碳减排量"的折算

城镇居民节约用水碳普惠制的核心在于对家庭节约用水行为在少缴水费的基础上进一步赋予一定的价值，居民节约的水量及"碳减排量"的折算规则是节约用水碳普惠制实施的前提条件和数据基础。因此，应在企业及时、准确汇总分析家庭用水量的基础上，开发出科学合理的折算为"碳减排量"的规则，实现居民节约用水行为的量化核算。

具体来说，一是充分借鉴碳排放权交易方法学开发的相关经验，如国内外碳排放权交易市场中与碳排放权交易相关的方法学，对能源节约、资源节约领域行为产生的减排量进行相对准确的计算，进而探索开发城镇居民节约水量核算办法、该水量对"碳减排量"的折算方法以及核证方法，为城镇居民节约用水碳普惠制提供科学的方法学基础；二是加强与相关企业的沟通协作，如在制定水量对"碳减排量"的折算方法时，应加强主管部门与自来水公司、污水处理公司等之间的数据共享与协同合作；三是加强前瞻性技术与城镇居民节约用水碳普惠制的融合研究，如基于"水足迹"的核算与碳普惠制方法学的融合问题。

3.4 探索开展城镇居民节约用水碳普惠制试点

我国不同城市间经济发展水平相差较大，不同城市的自来水供用水监测设施及数据等也不尽相同。国内已在北京、杭州、广州、成都、重庆、等地实施绿色出行碳普惠制，可在借鉴其相关经验和做法的基础上，在具备碳市场交易活跃、社会服务水平先进、供用水监测设施及数据较为完善等条件的城市探索开展城镇居民节约用水碳普惠制试点，如可在北京市率先开展。试点推进过程中，对于技术重点难点问题及时加以指导，对于好的做法及时进行经验总结，并适时在全国推广。

参考文献

[1] 刘海燕，郑爽. 广东省碳普惠机制实施进展研究 [J]. 中国经贸导刊（理论版），2018（8）：23-25.

[2] 张坤民，温宗国，彭立颖. 当代中国的环境政策：形成、特点与评价 [J]. 中国人口·资源与环境，2007（2）：1-7.

[3] 郑石明，罗凯方. 大气污染治理效率与环境政策工具选择——基于 29 个省市的经验证据 [J]. 中国软科学，2017（9）：184-192.

[4] 刘航. 碳普惠制：理论分析、经验借鉴与框架设计 [J]. 中国特色社会主义研究，2018（5）：86-94，112.

[5] 俞海山，周亚越，刘玉. 基于合作治理理论的生态环境保护框架构想 [J]. 中共宁波市委党校学报，2018，40（3）：71-76.

[6] 黎炜驰，曾雪兰，梁小燕，等. 基于碳普惠制的城市公共自行车个人碳减排量计算 [J]. 中国人口·资源与环境，2016，26（12）：103-107.

[7] 中共中央党校厅局级干部进修班（74 期）"生态文明建设"研究专题课题组，熊中才. 促进节约用水的难点及对策研究 [J]. 中国水利，2019（23）：15-19.

水利工程供水价格管理办法修订的思考与建议

徐思雨[1]　刘志伟[2]　严　杰[1]　王萍萍[2]

（1. 浙江省水利河口研究院（浙江省海洋规划设计研究院），浙江杭州　310000；
2. 浙江省水利发展规划研究中心，浙江杭州　310000）

摘　要：新时代治水思路及新阶段水利高质量发展都对供水价格管理提出了新要求，但当前我国水利工程供水价格管理机制不够完善，原水价格没能有效发挥价格机制在水资源节约集约利用、水生态环境保护、群众致富增收等方面的综合作用。基于水利工程供水价格管理现状，提出了对水利工程供水价格管理办法修订的思考与建议，为国家深化原水价格改革、创新完善价格形成与管理机制提供参考。

关键词：水利工程；供水价格；水价管理；政策修订

1　引言

2003 年，国家发展和改革改委员会和水利部颁布实施了《水利工程供水价格管理办法》（2003 年 7 月 3 日国家发展和改革委员会、中华人民共和国水利部令第 4 号，简称《办法》）。《办法》对指导地方规范水利工程供水价格管理发挥了积极作用。但经过近 20 余年的发展，原有供水水价的定价方法、定价形式、价格调整等内容已不能适应新的社会经济发展形势需要。为进一步深化水利工程供水价格管理，切实发挥市场在水资源配置中的决定性作用，建议按照新形势，进一步加强水价形成与管理机制研究。

2　供水工程供水价格管理政策体系

新中国成立以来，我国水利工程供水收费经历了从无到有，由行政收费向商品定价的转变，水利工程供水价格形成机制不断完善，供水价格体系逐步建立。根据《中华人民共和国水法》和《中华人民共和国价格法》，国家发展和改革委员会和水利部先后制定实施了《水利工程供水价格管理办法》（2003 年 7 月 3 日国家发展和改革委员会、中华人民共和国水利部令第 4 号）、《水利工程供水定价成本监审办法（试行）》（发改价格〔2006〕310 号）、《水利工程供水价格核算规范（试行）》（水财经〔2007〕470 号）等，供水工程价格管理政策体系不断完善。河北、福建、贵州、重庆、河南、江苏、云南等 19 个省会同水行政主管部门制定了相应的实施办法，对水利工程供水价格的制定及调整、水费的计收、使用和监督管理等进行了细化和明确。从总的趋势上看，随着生态文明体制改革和价格机制改革不断推进，水利工程供水价格管理政策制度更加突出了利用价格机制促进节约用水、以价格手段促进水资源高效配置的原则。

3　供水工程供水价格管理存在的问题

随着全面深化改革向纵深推进，价格机制改革已经成为经济体制改革和生态文明体制改革的重要内容，电力、石油、天然气等能源定价机制日趋完善，城镇供水价格管理机制也已发生了较大变化。

基金项目：2019 年度浙江省水利科技计划项目（RA1912）。
作者简介：徐思雨（1996—），女，助理工程师，主要从事水利经济研究工作。

与之相比，水利工程供水价格改革整体步伐较为缓慢，水利工程供水价格管理逐渐淡出视野，不仅顶层设计不够，而且原有定价政策执行也逐渐弱化，由于相关基础研究滞后、制度供给滞后，我国水利工程原水价格管理还存在较多问题。

3.1 水利工程供水价格管理政策未落实到位

只有部分工程按照国家现行政策进行了成本核定，一方面，部分供水企业由于前期技术问题，导致关键的水量平衡数据、运行参数、水质状况等数据缺失，缺乏详细的基础统计资料，无法形成完整的基础数据支撑成本核算和价格核定。另一方面，供水工程调价程序复杂，部分地区并未统一组织开展成本核算和价格核定工作，且成本核算中仍存在政府补助资金的折旧提取、成本分摊比例等易引发争议的关键问题。成本核算机制尚不健全，整体工作较为滞后，致使基层水利部门和工程管理单位普遍缺乏供水成本核算的积极性。供水成本不清、核算滞后，已成为影响供水价格调整的重要因素。

3.2 水利工程供水价格普遍偏低，比价关系尚未形成

新建工程供水成本与现行供水价格明显倒挂，经济效益与补偿成本合理收益标准存在较大差距，个别供水工程仅收取水资源费，无法满足水利工程的日常维修养护经费支出，造成工程管理单位营收困难；浙江衢州、台州等地部分已建工程仍为 20 世纪 90 年代确定的价格，供水价格长期处于低位运行。不同地区、不同用户、不同水源的供水比价关系还存在设置不合理的现象，没能在价格层面反映水资源的稀缺程度，优水优价的原则尚未落到实处，供水价格背离水资源价值的趋势日益明显。

3.3 水利工程供水价格执行与调整受终端水价制约

水利工程供水价格是城镇供水的重要成本，由于城镇供水价格难以消化新建供水工程成本，城镇供水价格已经成为制约水利工程供水价格的天花板。以杭州市千岛湖配水工程为例，由于供水终端价格受限，水务公司难以消化全部成本，仅按照核定原水价格的 70% 执行。城镇供水价格是评价营商环境的重要指标，两者呈负相关关系，地方政府考虑营商环境评价影响，对城镇供水价格调整较为谨慎，其调整难度日益加大，一定程度制约了水利工程供水价格调整。

3.4 现行价格水平未涵盖水生态环境保护成本

将资源所有者权益和生态环境损害等纳入自然资源及其产品价格形成机制，建立充分反映资源稀缺性又体现生态价值的绿色价格体系，已经成为深化价格改革和生态文明体制改革的重要内容。水利工程供水价格制定的相关政策制定时间较早，在定价理念和管理思路上已滞后于城镇供水价格管理政策。现行供水成本核算和监审政策中，水利工程供水定价成本由合理的供水生产成本和期间费用构成，没有覆盖到库区水源保护成本、水源保护区限制产业发展的机会成本和流域上下游生态补偿成本。

3.5 定价机制有待完善与系统优化

国家政策提出了供水定价可以采用基本水价和计量水价相结合的两部制水价、超定额累进加价、季节浮动价、区域供水统一定价等差异化的定价机制。但在实际定价中，主要采取的是基于固定成本核算的单一定价机制，而固定成本核算定价又受制于财政资金状况、管理体制、政策变化等复杂因素，其作为供水定价依据的功能难以完全实现，更加科学的定价机制系统研究和实践探索势在必行。

4 供水价格管理现状的不利影响

优质水资源是我国宝贵的战略资源和民生资源，供水价格是激发水资源效益的重要经济杠杆，目前，水利工程供水价格未能根据供水成本的变化适时调整、资源价值无法得到充分体现，不仅不利于两手发力实现水资源的优化配置，更不利于吸引社会资本参与水利建设和保障水利工程的良性运行，难以有效贯通生态价值转换路径实现共同富裕。

4.1 不利于充分发挥市场作用促进水资源节约集约利用

水资源短缺已经成为生态文明建设和经济社会可持续发展的瓶颈制约。节水是实现中华民族永续发展和加快生态文明建设的重要战略。供水价格作为激发节水内生动力的重要经济杠杆，其定价机制

未能充分反映供水成本和资源稀缺程度、市场供求关系、生态环境损害成本和修复效益，价格倒逼节水的作用难以有效发挥。

4.2 不利于实现水资源价值推动群众致富增收

水源工程大多位于经济欠发达地区，周边群众为水源保护作出了巨大贡献，但现行供水价格机制未能使库区群众合理分享水资源保护收益。此外，由于供水定价机制未能充分反映水资源稀缺程度，优质水资源跨流域跨区域配置的驱动力不足，大量富余水资源的价值难以实现。

4.3 不利于吸引社会资本参与水利建设

实施国家水网重大工程是优化我国水资源配置、全面提高水安全保障能力的根本举措。规划新建的水源和引调水工程投资需求巨大，但现有水利工程水价形成机制与投融资体制不相适应，融资吸引力不足。在推进水库和引调水等重大水利工程建设的重要政策"窗口期"，更加需要通过完善水价形成机制提高对社会资本的融资吸引力，扩大有效投资，减轻财政压力、加快工程落地。

4.4 不利于水利工程良性运行筑牢安全底线

当前全球气候变暖背景下极端气象灾害多发，危害性日益加大，水库在保障饮水安全的同时也是应对洪涝灾害最有效的工程措施，水库安全事关全省人民群众生命财产安全和经济社会发展大局。完善水利工程原水价格形成和收益分配机制，打通供水收益在供水企业和工程管理单位之间的合理分配渠道，能够更好地保障水利工程运行管理经费，实现水利工程良性运行，有效提升应对自然灾害风险和经济风险的能力。

5 水利工程供水价格管理办法修订建议

习近平总书记站在战略和全局的高度，提出"节水优先、空间均衡、系统治理、两手发力"的治水思路，对提高水资源节约集约利用水平、加快建立生态产品价值实现机制等做出了一系列重要指示批示。深化原水价格改革，建立全面反映市场供求、资源稀缺程度、生态环境损害成本和修复效益的原水价格管理机制，不仅可以通过价格倒逼提升水资源利用效率、完善水资源配置机制，更有助于提升供水工程融资能力、激发水利发展内生动力，对贯彻落实新时期治水思路具有重要意义。在国家修订《水利工程供水价格管理办法》的重要阶段，基于水利工程供水价格管理现状和存在问题，研究提出如下建议。

5.1 完善供水工程价格执行机制

严格按照"先建机制，再建工程"的原则，将原水价格管理和执行纳入工程项目前期工作，积极推动供需双方在项目前期工作阶段签订框架协议、约定意向价格，在工程进入稳定运行期并完成竣工决算后及时开展成本监审。建立定期校核机制，明确规定供水成本测算与监审周期以及供水价格监管周期，确保供水价格能够实现补偿成本并执行到位。

5.2 优化供水价格动态调整

根据水利产业政策要求及水利工程供水的准商品属性，应建立水利工程供水价格与供水成本和终端价格联调调动机制。综合考虑项目实际投资、运行成本、税收政策及银行贷款利率等成本要素的变化建立核算公式，推动供水成本与供水价格联动，实现以成本变化触发水价动态调整；按照"一次论证、分布实施、小步快走"的原则，探索建立水利工程供水价格改革与城镇供水价格调整上下游联动机制，明确价格构成、联动方式、调价周期、启动条件、调价幅度、调价流程等内容，实现原水价格和城镇供水价格联动，确保原水价格灵活反映成本变化及市场需求。

5.3 突显水源地生态保护

建议增加对生态用水的定价规定，明确生态用水可进行协商定价，体现对生态保护的要求及对生态保护者权益和生态损害补偿的重视；增设专项保护资金，鼓励更多地区将水源地保护成本纳入供水成本核算和供水定价，并将对应部分资金纳入财政账户统筹，专项用于水源地生态环境保护，反哺库区产业转型和群众社会保障，全面释放基层改革活力，更好地发挥供水价格的约束引导作用。

5.4　探索灵活多样的定价机制

研究反映水资源稀缺程度差异、水资源利用难易程度、区域承受能力和水源水质的差异化供水工程原水价格定价方法，并在管理办法中补充对各类定价机制的适用性说明，实现优水优价、优水优用、优水优效。参考城镇供水价格管理进一步优化定价成本构成与合理收益确定，科学划分成本范围，兼顾各方利益，适度提高准许收益率，增强投资信心。在科学核定准许收益的基础上，合理放开社会资本参与建设供水工程的供水价格，加大对供水经营企业的财政和金融支持力度。

参考文献

[1] 柯珊珊，赵伟，杨晴. 水利工程现行水价分析 [J]. 水利规划与设计，2017（7）：161-165.

[2] 黄涛珍，王璐，王苏，等. 江苏省水利工程水价结构优化研究 [J]. 水利经济，2018，36（2）：20-23，83-84.

[3] 吴丽君. 长距离跨流域多供水区的水利工程水价计价方式研究 [J]. 海峡科学. 2021（12）：92-95.

[4] 刘方亮，陈琛. 典型国家水价形成机制的经验与启示 [J]. 水利发展研究. 2021（12）：70-74.

[5] 黄剑伟. 黄河供水水价形成机制研究与探讨 [J]. 人民黄河，2021，43（S2）：50-51.

[6] 尹红，许素敏，李尚鑫. 岳城水库供水价格政策评估及建议 [J]. 中国价格监管与反垄断，2020（11）：55-57.

[7] 庞靖鹏，郭姝姝. 推进水利工程供水价格改革探索 [J]. 水利发展研究，2020，20（10）：51-53.

[8] 郭姝姝，李昂. 山东省水利工程供水价格改革典型实践及建议 [J]. 水利发展研究，2020，20（9）：21-23，39.

幸福河湖视角下的河湖长制建设思路研究

丁志良[1,2,3]　　姜尚文[1,2,3]　　陈英健[1,2,3]　　刘师宇[1,2,3]

(1. 长江勘测规划设计研究有限责任公司，湖北武汉　430010；
2. 水利部长江治理与保护重点实验室，湖北武汉　430010；
3. 流域水安全保障湖北省重点实验室，湖北武汉　430010)

摘　要： 自我国全面实施河湖长制以来，河湖面貌发生了很大改观，河湖管理和保护工作取得了显著成效。进一步健全完善河湖长制是建设美丽幸福河湖的必然要求，在此背景下，本文回顾了近年来河湖长制开展的工作与成效，分析了幸福河湖建设的思路，对进一步落实河湖长制，推动幸福河湖建设思路展开了研究并提出了相应的对策建议。

关键词： 幸福河湖；河湖长制；思路研究；体制建设

1　引言

河湖的管理与保护工作是一项复杂的系统工程，涉及上下游、干支流、左右岸、城市农村及不同地区和行业等多个方面，由河湖跨流域引发的治理结构碎片化问题对国家的水治理工作带来了极大影响，对河湖水资源保护和水生态文明建设产生重大制约[1]。为进一步加强河湖管理保护工作，落实属地责任，健全长效机制，中共中央办公厅、国务院办公厅接连印发实施《关于全面推行河湖长制的意见》和《关于在湖泊实施湖长制的指导意见》，要求在全国各个省（自治区、直辖市）建立省、市、县、乡四级河湖长制，并加强统筹协调。党的十九届五中全会进一步作出"强化河湖长制"部署要求，对当前及今后一个时期全面推行河湖长制工作提出了根本遵循和科学指引。近年来，我国31个省份全部设立党政双总河长，明确省、市、县、乡级河湖长30多万名，村级河湖长（含巡、护河员）90万名，建立了上下贯通、环环相扣的责任链条。

全面推行河湖长制，是以习近平同志为核心的党中央从人与自然和谐共生、加快推进生态文明建设的战略高度作出的重大决策部署，是破解新老水问题、保障国家水安全的战略举措，是维护河湖健康生命、促进河湖功能永续利用的重大制度创新。贯彻落实"强化河湖长制"目标要求，需要坚持问题导向，聚焦规范河长湖长履职、实现联防联控、推进河湖管理保护常态化，靶向施策、持续发力[2]。随着河湖长制的实施和不断深入，河湖面貌发生显著变化，全社会保护河湖氛围快速形成，河湖空间趋向完整、河湖日益干净整洁，功能逐步恢复。今后一段时期，依然要继续以河湖长制为平台，以推动河湖长制"有名""有实""见效"为主线，强化河长湖长履职尽责，不断推进河湖治理体系和治理能力现代化，构建水清河畅、景美岸绿的幸福河湖[3]。

2　幸福河湖建设思路

幸福河湖建设要深入贯彻落实习近平生态文明思想和习近平总书记关于建设造福人民的幸福河的重要指示精神，坚持把握山水林田湖草是一个生命共同体的理念，统筹经济社会发展和生态环境保护要求，正确处理河流管理保护与开发利用关系，以问题为导向，抓住河流管护的主要矛盾，因地制宜、因河施策，加快解决人民群众最关心的涉水问题，协调推进上下游、左右岸流域协同管理。通过

作者简介：丁志良（1981—），男，高级工程师，副总经理，长期从事水文、水利工程建设运行和流域管理研究工作。

实施系统治理和综合治理，按照"防洪保安全、优质水资源、健康水生态、宜居水环境、先进水文化"的目标，进一步推动河湖长制"有名有责""有能有效"，持续改善河湖面貌，增强人民群众获得感、幸福感、安全感，实现河畅、水清、岸绿、景美、人和，打造人民群众满意的幸福河湖[4-5]。

2.1 提升水安全保障能力，构建河畅岸固的安澜河

以流域为单位，进一步加强防洪治理工作，开展流域综合治理。构建完善流域防洪排涝体系，加强重点及控导工程建设和维修管护，扎实做好堤防、水库（水闸）等工程隐患排查和安全鉴定，实施病险水库（闸）除险加固，推进堤防险工险段治理，切实消除防洪工程安全隐患，高标准构建防洪排涝减灾体系，切实提升防洪减灾能力。依托流域防洪工程体系，加快推进重点防洪城镇达标建设，优先解决城镇及人口聚集重点区河段防洪不达标、洪灾损失大、近年洪涝灾害频发、河堤损毁严重等问题，确保防洪标准全面达标；对重点乡镇防洪护岸综合治理工程，通过工程综合治理措施，以完善场镇防洪为主，综合考虑道路交通基础建设、岸坡治理、水土保持、美化环境等功能，提升场镇形象，实现人水和谐。全面清除河道"四乱"问题，改善河湖面貌，推动河湖水安全保障能力进一步提升，保障人民群众生命财产安全和经济社会健康稳定发展。

2.2 开展水生态环境治理，建设水清岸绿的生态河

实施以断面水质为管理目标、以排污许可制为核心的流域水环境质量目标管理。全面摸排河湖流域排口情况，建立入河排水口"一口一档"和"一口一策"整治实施方案，加强入河排污口管理工作，形成权责清晰、监控到位、管理规范的入河排污口监管体系。加强河湖关键断面水质检测和出入境水质断面监测工作，不断提升水质监测分析能力，精确监控河道水质变化情况。加快河湖水质自动监测站建设，基本实现主要河道的水质水量在线监测。建立控制单元产排污与断面水质响应反馈机制，明确划分控制单元水环境质量责任，从严控制污染物排放量，确保河道水质稳定达到断面考核标准。加强水源涵养、水土保持、河湖生态保护与修复，加强河湖生态流量（水位）保障，改善水生态系统功能，促进河流水生态环境进一步改善，监控断面水质标准稳定达标，水土流失得到有效治理，枯水期水量调度更加完善，主要断面生态流量（水位）得到有效保障。

2.3 加强水文化元素挖掘，打造宜居宜游的幸福河

充分挖掘河湖治水文化和人文历史，加强古代水利工程和水文化遗址的保护与修复，加强历史文脉的保护与传承。依托河湖独特自然禀赋，结合区域发展特色，系统管理涉水旅游资源，打造精品旅游路线，实施码头整改亮化、湿地公园等节点工程，构建河湖水文化发展利用总体布局。在综合增加旅游资源的同时，探索河湖生态产品价值实现机制，推进水文化与产业发展有效结合，带动区域人民群众就近致富，形成良性发展机制，增强两岸居民幸福感、获得感。

2.4 提高水利信息化水平，创建高标准管理的智慧河

完善"一河（湖）一策"，开展河湖健康评价，建立健全河湖健康档案，夯实河湖保护治理管理基础。加强数据监测和互联共享，强化数字孪生流域建设，加强卫星遥感影像应用，及时掌握河湖水量、水质、水生态、水域面积等变化情况，探索创新河湖巡查管护模式等，建立务实管用的河湖管护长效机制。

3 幸福河湖建设中的河湖长制工作思考

建立健全河湖长制，是开展生态文明建设、建设美丽中国、打造幸福河湖的必然要求[1]。近年来，我国各省（市）均开展了幸福河湖的工作实践，探索了河湖长制建设的实施路径，从实施情况来看，加强河湖长制建设对于幸福河湖建设具有显著的作用和成效。河湖长制是我国在河湖管理与保护方面的创新之举，在幸福河湖建设的背景下，要进一步完善体制机制，创新理念方法，不断整合河湖管理与治理资源，协同各部门、各机构、社会公众各个方面，形成治理河湖的一股合力，促进水资源配置合理化、水系空间生态化、水利治理和管理能力现代化[6]。

3.1 细化组织分工，进一步压实河湖长制责任

全面落实幸福河湖建设各项重大任务，由河湖总河长统筹，建立形成幸福河湖建设领导小组工作制度。通过河湖长的统筹协调，对涉水重要问题实施定期调度，加强河湖管护队伍建设、管护经费落实、河道治理、跨界区域协调等具体事项的研究部署，组织编制好流域防洪、岸线开发与利用规划、河道采砂规划等重要规划，建立健全应急工作机制和跨区域联防联控机制等。进一步压实各级河长主体责任，细化责任范围，明确落实政府各部门以及社会各行业参与河湖保护的职责及协作分工，严格履行行业监管职责，依法依责查处各类河湖违法违规行为，实现对河湖日常监管和问题整改。

3.2 加强队伍建设，落实河湖长制日常监管

健全完善四级河湖长制体系，构建以河湖长制为平台，各级河长牵头，部门及属地政府共同参与的联合执法监管工作机制，按照"1+X"模式，建立"行政执法机关+各级执法队"的流域执法体系，严格落实乡镇（街道）属地监管和部门行业监管责任，强化对河湖的日常巡查、动态监管。探索构建"河长+检察长+警长"联动的工作模式，加大河湖管理保护和监管专项执法力度，建立健全部门联合执法机制，完善行政执法与刑事司法衔接机制，形成严格执法、协同执法的工作局面，严厉打击未经许可开展涉河建设、非法侵占水域岸线等违法犯罪行为。加强县、乡级管护队伍建设，积极推进河湖保洁工作标准化、制度化、常态化建设，建立"政府主导、部门协作、公众参与"的河道保洁工作机制，将原有单一的河道保洁升级为涵盖保洁、清障、巡查、简易修复等内容的"河道常态物业化管理"，真正实现河道日常管理的清洁化、规范化、生态化。

3.3 严格考核机制，守住幸福河湖建设成效

加强河湖长制对于支撑建设幸福河湖工作的督导，要坚持"全覆盖、零容忍、明责任、严执法"，聚焦关键问题和薄弱环节，坚持日常督查和定期督查、过程考核和结果考核相结合，推动监督检查和工作调度常态化。将建设幸福河湖纳入部门绩效及河湖长制考核体系，强化对河（库）长的绩效考核和责任追究，对因失职、渎职导致的环境污染事故，要依法依规严肃追责，对工作落实不力、群众反映强烈的，要依照相关规定进行问责；对工作推进力度大、成效明显、群众满意度高的地方，在表彰奖励、资金补助等方面予以倾斜。建立河长制工作述职制度，有关责任单位每个季度向总河长进行书面述职，汇报示范河湖建设履职情况。

3.4 加强信息化管理，创新河湖长制工作机制

充分运用云计算、大数据、物联网、移动互联、智能学习等新一代信息技术，以河长制工作管理、河长制六大任务智慧化监督管理、河长制会商决策等需求为引领，对流域智慧河长信息化平台进行提档升级，全面提升河长制工作的协同化，促进河湖管理工作的高效化，推进六大任务监督管理的精确化，实现执法监督工作的实时化，保障考核评价结果的准确化，保证河湖长制信息的公开化，助力河长制工作"管理有效、监督有力、决策有据"，为幸福河湖治理体系和治理能力现代化提供有力支撑和强力驱动。

3.5 加大宣传引导，集聚幸福河湖建设合力

通过河湖长制工作平台加强幸福河湖建设宣传引导，充分调动社会力量开展河湖管理和保护的积极性、参与度，加强企业、事业单位、学校和社区等的河流管护宣传教育，开展河长制工作进校园、进企业、进社区活动。加大幸福河流创建的新闻宣传和舆论引导力度，营造全社会关爱河湖、珍惜河湖、保护河湖的良好风尚。依托中国水日、世界水周、世界环境日、全国法制宣传日及"河小青"志愿服务组织，充分发挥社会公众在河湖治理保护方面的重要作用。推行"民间河长"制度，推动建立河湖长制村规民约，营造全社会齐抓共管的良好氛围。

3.6 落实资金来源，夯实幸福河湖建设保障

改革水利投融资体制，逐步形成多层次、多渠道、多元化的水利投入体制，对水利投入实行优惠的政策，调动各级各部门和个人投资积极性，建立稳定可靠的水利投入保障机制，保证水利建设有稳定的资金来源。进一步完善多元化、多渠道、多层次的投资体系，通过创新投融资模式，促进多元投

资，推进市场化改革，增强治水活力，根据项目不同类型，引入 PPP、EPC、PMC 等多种建设模式，广泛引入社会资本，发挥骨干技术企业的融资和技术引领作用。

4 结语

河湖长制是建设幸福河湖的重要抓手和重大举措，在社会主义现代化的新发展阶段的背景下和习近平生态文明思想新理念的指引下，必须进一步强化河湖长制建设，健全完善河湖长组织体系，不断创新河湖长工作方式方法，紧紧围绕建设幸福河湖的目标任务，压实工作责任，把增进人民福祉作为治理河湖的出发点和落脚点，实现河湖健康、人水和谐、环境保护与经济发展共赢，为建设健康美丽中国提供重要支撑保障。

参考文献

［1］郭东纪．谈河湖长制在幸福河湖建设中的作用［C］//适应新时代水利改革发展要求 推进幸福河湖建设论文集，2021：62-67.

［2］王冠军，郎劢贤，刘卓．强化河湖长制 推进河湖治理保护［J］．中国水利，2021（23）：2.

［3］孙继昌．全面落实河长制湖长制打造美丽幸福河湖［J］．中国水利，2020（8）：4.

［4］周波，张桂春，周瑶．江西省建设幸福河湖的成效及经验启示［J］．水利发展研究，2022（2）：35-39.

［5］牛军．甘肃省建设幸福河湖的思考与举措［J］．中国水利，2021：42-43.

［6］姚毅臣．以强化河湖长制为抓手推进幸福河湖建设［J］．水利发展研究，2021：48-50.

推进"两手发力"助力水利高质量发展

乔建华　袁　浩　张　栋　王天然　王　佳

（水利部规划计划司，北京　100053）

摘　要： 贯彻落实党中央、国务院关于"两手发力"的决策部署，深化水利投融资改革，对推动新阶段水利高质量发展具有重要意义。分析了我国水利投融资现状及面临形势，强调了推进水利领域"两手发力"工作的总体要求，提出了深化水利投融资改革的重点任务及落实措施，以期为加快构建现代化水利基础设施体系、推动新阶段水利高质量发展、提升国家水安全保障能力提供有力支撑。

关键词： 水利；高质量发展；两手发力；投融资

习近平总书记在"3·14"重要讲话中，提出"节水优先、空间均衡、系统治理、两手发力"的治水思路，强调要坚持政府作用和市场机制两只手协同发力。习近平总书记在2022年4月26日中央财经委员会第十一次会议上强调，要加强交通、能源、水利等网络型基础设施建设，要发挥政府和市场、中央和地方、国有资本和社会资本多方面作用，推动政府和社会资本合作模式规范发展、阳光运行。李克强总理多次主持国务院常务会部署加快水利工程建设、扩大有效投资，要求更多运用改革的办法解决建设资金问题。全国稳住经济大盘电视电话会议和国务院扎实稳住经济一揽子政策措施，要求加快推进一批论证成熟的水利工程项目，加大金融机构对水利基础设施建设和重大项目的支持力度。2022年5月，《国务院办公厅关于进一步盘活存量资产扩大有效投资的意见》（国办发〔2022〕19号）明确，将水利作为重点领域，提出一系列支持政策。贯彻落实党中央、国务院关于"两手发力"的决策部署，深化水利投融资改革，对推动新阶段水利高质量发展具有重要意义。

1　我国水利投融资现状及面临形势

1.1　我国水利建设投资完成情况及投资结构分析

2001年以来，我国水利投资规模呈持续上升趋势，由2001年的560.5亿元逐步提高到2020年的8181.7亿元。"十三五"时期，我国水利投融资机制改革取得积极进展，投融资规模再创新高，全国水利建设完成总投资达到3.47万亿元，年均投资6945.6亿元，是"十二五"年均投资的1.7倍。投资结构更趋合理，从投资方向来看，防洪工程投资占33.4%，水资源工程投资占39.1%，水土保持及生态治理工程投资占11.4%，其他工程投资占16.1%；从投资渠道来看，政府投资占77.2%，金融贷款占14.5%，社会资本占8.3%。

总的来看，近年来我国水利投资力度不断增加，基本保障了水利建设的需要，但水利投资来源比较单一，主要依靠中央、地方政府投入，通过市场机制融资与其他行业相比还有差距，例如铁路行业"十三五"期间市场机制融资规模占总投资比例达63%。水利基础设施公益性强，收益低，在吸引社会资本方面，主要引入国有企业参与工程建设运行，民间资本参与程度较低。

1.2　我国水利投融资面临形势

"十四五"规划对加强水利基础设施建设作出全面部署。水利部党组围绕新阶段水利高质量发展的总体目标提出了完善流域防洪工程体系、实施国家水网重大工程、复苏河湖生态环境、推进智慧水利建设、建立健全节水制度政策、强化体制机制法治管理六条实施路径。

作者简介： 乔建华（1966—），男，教授级高级工程师，长期从事水利发展规划、重大水利工程前期、水利改革等工作。

与全面加强水利基础设施建设的巨大需求相比，水利投资缺口十分巨大。2022 年全国水利建设投资完成要超过 8 000 亿元、争取达到 1 万亿元，而中央投资仅 1 500 亿元左右，6 500 亿元以上需要地方政府财政和其他融资渠道安排，目前地方财政比较紧张，迫切需要在加大政府投入的同时，落实"两手发力"要求，充分发挥市场机制作用，更多地吸引社会资本参与水利建设，多渠道筹集建设资金，满足大规模水利建设的资金需求。

2 推进"两手发力"的总体要求

2022 年 6 月 17 日，水利部召开了推进"两手发力"助力水利高质量发展工作会议，李国英部长讲话强调，要深入贯彻习近平总书记"十六字"治水思路和关于治水重要讲话指示批示精神，认真落实中央财经委员会第十一次会议精神和党中央、国务院近期作出的一系列决策部署，通过建构"一二三四"工作框架体系，推进水利领域"两手发力"工作。"一二三四"工作框架体系，即锚定"一个目标"，加快构建现代化水利基础设施体系，推动新阶段水利高质量发展，全面提升国家水安全保障能力；坚持"两手发力"，坚持政府作用和市场机制两只手协同发力；推进"三管齐下"，重点通过积极运用金融信贷资金、推进水利基础设施政府和社会资本合作（PPP）模式发展、推进水利基础设施投资信托基金（REITs）试点工作，拓宽水利基础设施建设长期资金筹措渠道；深化"四项改革"，深化水价形成机制改革、用水权市场化交易制度改革、节水产业支持政策改革、水利工程管理体制改革，通过改革协同，充分激发市场主体活力。

3 深化水利投融资改革的重点措施

3.1 用足用好地方政府专项债券

2022 年政府工作报告，明确安排地方政府专项债券 3.65 万亿元，重点用于交通基础设施、能源、农林水利等九大领域，并允许将专项债券作为符合条件的重大项目资本金来使用。2022 年 3 月，水利部印发《水利部关于进一步用好地方政府专项债券扩大水利有效投资的通知》（水规计〔2022〕128 号），全力指导各地抢抓政策机遇，并采取多项措施，用足用好地方政府专项债券。一是组织好项目。按照资金跟着项目走的要求，根据不同水利项目的特点和融资能力，加强项目策划，加快推进一批项目前期工作，做实项目收益与融资平衡方案。二是抓好项目落地。对已纳入地方政府专项债券项目储备库的水利项目，争取尽可能多地列入年度债券发行计划；建立债券项目详细台账，全面掌握项目前期工作、申报进度、审核入库、债券落实、建设进展、投资完成等情况，推动项目尽早落地。三是实施好项目。地方政府专项债券落实后，加强项目监管，督促项目责任单位统筹疫情防控和水利工程建设，在保证工程质量和安全的前提下，加快建设进度，强化资金使用管理。

2022 年 1—8 月，有 2 250 个水利项目已落实地方政府专项债券 1 876.6 亿元，较 2021 年同期增加 1 102.7 亿元，增长 142.5%。项目覆盖重大水利工程、病险水库（闸）除险加固、城乡供水、水生态保护治理等各种类型，有 14 个地区落实规模超过 50 亿元。

3.2 充分用好金融支持水利政策

银行贷款是水利建设项目市场融资的主要方式。2022 年 5 月以来，水利部与中国人民银行联合召开会议，部署推进金融支持水利基础设施建设工作，并分别与国家开发银行、中国农业发展银行、中国农业银行联合印发指导意见，签订协议，部署金融支持水利基础设施建设工作，聚焦水利基础设施建设重点领域，从延长贷款期限、降低贷款利率、降低资本金比例等方面明确了具体的信贷优惠政策。特别是中长期贷款支持政策，在贷款期限方面，由原来的 30 年左右进一步延长，国家重大水利工程最长可达 45 年；在贷款利率方面，进一步降低水利项目贷款利率，对重大项目执行优惠利率；在资本金比例方面，水利项目一般执行最低要求 20%，在此基础上，对符合条件的社会民生水利基础设施项目，再下调不超过 5 个百分点。为进一步用好金融支持水利政策，水利部采取了一系列措施推动政策落地见效。一是健全政银合作协调机制。加强各级水利部门与各层级银行的沟通协调、业务交流与信息共享，建立健全政银合作长效机制。二是及时梳理项目融资需求。根据"十四五"规划，抓紧项目前期工作，加快项目立项审批，科学测算信贷融资需求，提出项目融资需求清单并及时提交相关银行。三是推动金融支持措施落地。指导项目法人配合加快项目信贷评审工作，争取信贷资金更快落地。截至2022年7月月底，国家开发银行、中国农业发展银行、中国农业银行当年累计发放水利贷款2 347.59亿元。

2022年6月29日，国务院常务会议决定运用政策性开发性金融工具，通过发行金融债券等筹资，用于补充包括水利基础设施在内的重大项目资本金，或为专项债项目资本金搭桥，解决重大项目资本金到位难等问题。南水北调中线引江补汉工程、云南滇中引水二期配套工程等一批重大水利项目成功获得政策性开发性金融工具的支持，有效解决了制约项目建设的资本金缺口问题，为后续贷款融资配套支持奠定了基础。

3.3 推进水利基础设施 PPP 模式发展

2015年，国家发展和改革委员会、财政部、水利部联合印发了《关于鼓励和引导社会资本参与重大水利工程建设运营的实施意见》（发改农经〔2015〕488号），推动社会资本积极参与重大水利工程建设运营。同时，确定了12个项目作为第一批国家层面联系的社会资本参与重大水利工程建设运营试点项目。试点取得了积极进展，湖南莽山、重庆观景口、黑龙江奋斗水库、广东高陂、新疆大石峡、贵州马岭水利枢纽，以及四川大桥水库灌区二期等7个项目落地实施，共吸引社会资本117.5亿元，约占工程总投资的41.4%。在推进过程中也暴露出社会资本参与水利工程建设运营意愿不高、收益存在不确定性、缺少长期运营合作关系等问题。

为贯彻落实习近平总书记在中央财经委员会第十一次会议上的重要讲话精神，推动水利基础设施政府和社会资本合作模式规范发展、阳光运行，2022年5月，水利部制定出台了《关于推进水利基础设施政府和社会资本合作（PPP）模式发展的指导意见》（水规计〔2022〕239号），聚焦国家水网重大工程、水资源集约节约利用、农村供水工程建设、流域防洪工程体系建设、河湖生态保护修复、智慧水利建设等6大领域，采取投资补助、合理定价等有效措施，积极吸引社会资本参与水利基础设施建设运营，拓宽水利基础设施长期资金筹措渠道，并采取措施推进水利基础设施 PPP 模式更好更快发展。一是积极谋划合作项目。根据水利相关规划，及时梳理具有投融资对接意愿的水利项目，通过项目对接会、公开发布等多种方式，搭建好有利于各方沟通衔接的平台，向社会资本等投资机构推介重点项目，争取融资支持。二是引导社会资本参与。通过加大政策、资金等方面的支持力度，推动项目建立合理回报机制，吸引社会资本参与水利基础设施建设运营。三是强化项目服务监督。深化"放管服"改革，持续提升社会资本参与水利基础设施投资和建设的便利度。按照既要建成精品工程，又要搞好持续运营的原则，加强水利基础设施 PPP 项目全过程管理和水利工程全生命周期管理，强化政府和社会资本履约监管、项目建设运营质量安全监管，建立健全绩效评价制度。

截至2022年7月月底，财政部PPP项目库共有水利项目444个，其中准备阶段7个，采购阶段75个，执行阶段362个。湖南大兴寨水库、浙江开化水库等一批重大水利项目成功引入社会资本。

3.4 推进水利基础设施 REITs 试点工作

为贯彻落实党中央、国务院决策部署，盘活水利基础设施存量资产，2022年5月，水利部制定印发了《关于推进水利基础设施投资信托基金（REITs）试点工作的指导意见》（水规计〔2022〕230号），提出了推进水利基础设施 REITs 试点的总体要求、工作重点、支持措施、组织保障等，指导各地水利部门推进水利基础设施 REITs 试点工作。各地积极推进水利基础设施 REITs 试点工作，湖南、贵州等省正在开展试点项目申报工作。各地在实际推进过程中，也存在项目权属不清晰、资产范围不明确、项目运营不稳定、发起人（原始权益人）积极性不高等问题。

为做好水利基础设施 REITs 试点工作，水利部指导地方采取了一系列措施，推动试点工作。一是进一步梳理存量资产。按照 REITs 申报要求，进一步梳理和盘点水利基础设施资产，根据资产现状、规模、收益水平、相关企业意愿，提出意向项目。加强对意向项目的跟踪指导，推动项目开展前期论证。二是积极推动试点工作。对于具备一定条件的项目，在确保水利基础设施公益作用充分发挥的前提下，开展资产筛选、剥离、整合等工作，组织编制项目申报材料。加强与省发展改革、自然资源、国资监管等部门的沟通，协调解决项目在申报过程中遇到困难和问题，推动项目发行上市，落实好水利基础设施 REITs 相关支持政策。三是强化回收资金使用管理和存续项目稳定运营。对于发行上市的项目，要加强行业管理，督促基金管理人履行项目运营管理职责，处理好水利项目公益性和经营性关系，确保基金存续期间项目持续健康平稳运营，保障公共利益。同时，要引导督促发起人履行承诺，将净回收资金以资本金注入等方式投入在建或前期工作成熟的新建水利工程项目，形成良性投资循环。

4 协同推进水利四项改革

4.1 深化水价形成机制改革

落实《国家发展改革委关于"十四五"时期深化价格机制改革行动方案的通知》（发改价格〔2021〕689 号）等文件要求，推动《水利工程供水价格管理办法》《水利工程供水定价成本监审办法》修订，创新完善水利工程供水价格形成机制，建立健全有利于促进水资源节约和水利工程良性运行、与投融资体制相适应的水价形成机制。科学核定定价成本，合理确定盈利水平，动态调整水利工程供水价格。鼓励有条件的地区综合考虑工程类型、供水成本、水资源稀缺程度、市场供求状况等因素，实行供需双方协商定价。推动供需双方在项目前期工作阶段签订框架协议，约定意向价格。深入推进农业水价综合改革。

4.2 推进用水权市场化交易制度改革

2022 年 8 月，水利部、国家发展改革委、财政部联合印发了《关于推进用水权改革的指导意见》（水资管〔2022〕333 号），对当前和今后一个时期的用水权改革工作作出总体安排和部署。推进江河水量分配，严格取水许可管理，因地制宜推进灌区内灌溉用水户水权分配。推进全国统一的用水权交易市场建设，创新完善用水权交易机制，在条件具备的地区探索用水权有偿取得。支持社会资本通过参与节水供水工程建设运营，转让节约的水权获得合理收益。

4.3 完善节水产业支持政策

坚持政策激励和市场主导相结合，建立健全节水产业政策，完善节水管理服务产业链，规范节水服务行为，提升节水服务水平。推广合同节水管理，引导和推动公共机构、高耗水工业、高耗水服务业、园林绿化、供水管网漏损控制、农业灌溉、水环境治理等领域实施合同节水管理。建立财政、税收、金融等方面的激励政策。

4.4 深化水利工程管理体制改革

坚持产权明晰、责任明确、管护规范的原则，加快健全水利工程管理体制和良性运行机制，确保工程安全运行、效益充分发挥。加快国有水利企业市场化改革，推进水利投融资平台市场化改造，通过市场化模式参与水利工程建设管理，实现投建运管一体化，提高工程建设管理水平。

5 展望

下一步，深入贯彻落实党中央、国务院决策部署，完整、准确、全面贯彻新发展理念，按照水利部党组工作部署，健全推进"两手发力"的工作机制和责任体系，形成上下联动、左右协调、协同推进的工作格局，鼓励各地积极探索、先行先试，加强培训指导、政策宣传、项目对接，更好地引导和促进金融机构、社会资本参与水利基础设施建设运营，为加快构建现代化水利基础设施体系、推动新阶段水利高质量发展、提升国家水安全保障能力提供有力支撑。

参考文献

［1］李克强. 2022 年政府工作报告［R］. 2022-03-05.

［2］国务院办公厅. 国务院办公厅关于进一步盘活存量资产扩大有效投资的意见：国办发〔2022〕19 号［A］. 2022-05-19.

［3］李国英. 在水利部推进"两手发力"助力水利高质量发展工作会议上的讲话［R］. 2022-06-17.

山东省节水评价管理现状、问题、对策

徐丹丹　吴　振　田婵娟　常雅雯　张　欣　刘　丹

（山东省水利科学研究院，山东济南　250013）

摘　要：节水评价机制的建立和日益完善，为我国大力推进规划和建设项目节水评价工作，从源头上把好节水关口，促进水资源合理开发利用和提高水资源利用效率提供了有效监管手段，也为指导项目技术文件编制和审批提供了有力支撑。本文对山东省级规划和建设项目节水评价进行跟踪分析，主要介绍了山东省节水评价工作成效、创新举措，重点剖析了目前节水评价管理存在的主要问题，提出了针对性的改进对策和建议，旨在为强化水资源刚性约束、加强用水管控、优化水资源配置和节水型社会建设提供参考。

关键词：规划和建设项目；节水评价；主要问题；改进建议

1　山东省节水评价工作成效

1.1　山东省基本情况

山东省辖 16 个市、136 个县（市、区），为我国东部沿海的经济和人口大省，总面积 15.79 万 km²。多年平均水资源量 308.1 亿 m³，人均水资源量 315 m³，为全国人均占有量的 1/6，全世界人均占有量的 1/24。近年来，山东省经济社会快速发展、城市化水平逐步提高，区域性缺水、季节性缺水和生态性缺水、地下水超采、海水入侵等问题比较突出，水的问题一直是成为制约全省经济社会可持续发展的瓶颈之一。山东省历来高度重视节约用水管理工作，始终把水的问题摆在重要位置，连续多年将相关指标纳入对各市经济社会发展综合考核，在节约用水管理工作方面具有较扎实的基础，节水型社会建设工作取得显著成效。例如，2020 年万元 GDP 用水量较 2015 年下降 21.9%，万元工业增加值用水量较 2015 年下降 13.3%，农田灌溉水有效利用系数达到 0.646，节水灌溉面积实施 6 150.78 万亩，城市公共供水管网漏损率 7.95%。省级机关和省直属事业单位全部建成山东省节水型单位，16 个设区市全部达到国家节水型城市标准。

1.2　节水评价管理举措

节水评价作为节水工作的重要部分，山东省多措并举，积极推进和落实节水评价工作。基于山东省在各领域深度节水工作成效、节水评价制度推进等多元化节水投入格局，以山东省作为典型对节水评价工作进行分析总结，对于了解全国节水评价工作开展情况及存在问题也具有较好的代表性、典型性和先进性。

1.2.1　积极推进节水评价法制化

山东省自 2020 年启动《山东省节约用水条例》立法工作，2021 年山东省人大常委会法制工作委员会公布的《山东省节约用水条例》第十五条明确规定，水资源论证应当包括节水评价内容，同时规定了行政审批服务机构部门职责，保障了办理取水许可的非水利建设项目、需开展水资源论证的相关规划应在水资源论证阶段开展节水评价工作，有法可依。

1.2.2　制定《工业园区规划水资源论证技术导则》

山东省制定了《工业园区规划水资源论证技术导则》（DB37/T 3386—2018），为国内首个规划水

作者简介：徐丹丹（1991—），女，硕士研究生，研究方向为水文水资源与水资源管理。

资源论证地方标准，是在依据国家有关法律法规、管理规定和标准规范要求，并结合近年来山东省规划水资源论证工作开展实际编制而成。标准规定了工业园区规划分析阶段、水资源条件分析阶段和节水潜力分析等阶段的节水评价重点工作内容，并进一步规范了规划水资源程序和技术方法，为报告书的编制和审查提供了依据，对落实"以水定需"和提高水资源利用效率、提高节水意识具有积极的指导和推动作用。

1.2.3 印发《山东省水资源论证区域评估报告编制指南》

山东省积极开展水资源论证区域评估工作，并印发了《山东省水资源论证区域评估报告编制指南（试行）》（2020年），要求评估报告设立"节水评价章节"，包括现状节水水平评价、现状节水潜力、节水目标与指标、节水符合性评价、节水评价结论。要求报告内容对区域经济和水资源条件、现状节水水平和存在的问题进行分析，提出合适的节水目标和指标，并根据园区不同类型、属性和特点，开展园区用水、输配水环节、水资源配置等方面的节水符合性，评价节水测试方案的可行性，评价取用水方案的合理性。

1.2.4 规范节水评价登记评审技术要求

山东省水利厅印发了《关于进一步加强节水评价和计划用水管理工作的通知》（鲁水节函〔2020〕12号），要求各市严格节水评价登记制度，项目可行性研究报告、水资源论证报告、节水评价审查意见等节水评价信息应建档保存备查，建立省、市、县三级节水评价登记台账，同时台账信息真实、准确、完整。台账要求每半年报送一次，分别于每年7月15日前和次年1月5日前，报省节约用水办公室备案。

1.2.5 注重节水评价事后评估和监督管理

为推动节水评价工作落到实处，2020年，山东省水利厅印发了《山东省节约用水监督检查办法（试行）》，制订了年度节水监督检查方案，进行计划用水、节水评价等节约用水监督检查工作；明确了监督事项、检查范围、工作方式等内容，针对发现问题及时整改落实，有力推动了节水评价中的节水措施落地见效。

1.3 山东省节水评价实施效果分析

综上，山东省综合采取立法、建机制、出标准、设指标等措施，逐步铸牢和完善节水评价体制机制建设，较快理清并明确了需开展水资源论证的规划项目和办理取水许可的非水利建设项目，节水评价具体工作谁来做、谁负责，以及如何开展、如何管理和由谁监督等问题。此外，山东省立足本区域经济发展和水资源状况，逐步建立了覆盖较全面的节水评价标准体系、管理体系和考核体系，明确了节水评价不予通过的情形。目前，在水资源论证和取水许可审批管理，节水评价工作得到良好的开展，并取得了较好的成效，切实落实了以水而定、量水而行，能够把充分节水作为工程和项目建设的前提。

2 节水评价管理存在主要问题

2.1 节水评价法律支撑效力不足

目前，节水评价工作的政策依据为水利部门出台的规范性文件，节水评价上位法法定效力有限，在一定程度上影响了节水评价工作开展。目前，各地实际行政职能设置情况不同，规划和建设项目的立项、编制和审查，涉及规划、审批、市县两级等多部门，节水评价登记台账信息完善需要与多部门协调沟通。由于节水评价法律效力不足、工作目标主体责任不明确，导致在现有工作程序进程中，各部门的工作协调机制、现有审批管理程序等不能根据节水评价工作新要求进行快速的调整、衔接和推动。

2.2 节水评价监督管理薄弱

现行《规划和建设项目节水评价技术要求》已经在规划和建设项目的审批环节中明确了节水评价的相关要求，但是对节水评价的审查、审批和验收环节及主体责任要求不明确，节水措施方案的具体实施和落实情况缺少有效监管。如《邹平经济技术开发区区域水资源论证报告》中确定的节水措施包括降低管网漏损、加大非常规水资源利用，节水评价工作只是重点评估节水目标是否合理，节水措施是否可行，但是对于规划年节水目标具体如何实现，节水措施如何落地实施，求中未进行明确责任和监管单位。

2.3 节水评价章节内容有待规范

目前，水利部虽然出台了节水评价相关技术要求，但由于报告编制人员对相关技术要求理解不到位，节水评价报告编制出现深度不足问题。在节水评价审查过程中发现，《建设项目水资源论证导则》中水资源及其开发利用状况分析、水资源节约保护、需水预测、取用水合理性分析和节水评价技术要求内容有重叠，需根据节水评价要求进一步修订完善；部分水资源论证报告将这两个章节分别编制，但是内容重复较多；还有部分报告虽然有节水评价章节，但是编制深度明显不够。此外，在规划和建设项目节水评价技术审查中，也存在专家对节水评价技术审查的要点和要求、尺度不一致，节水评价专章评判的标准不一等问题，亟需进一步强化和规范节水评价章节的技术审查工作。

2.4 节水评价台账统计工作有待改进

目前的节水评价登记台账中，要求登记的项目审查结论以正式印发文件为准，但是随着深化"放管服"改革，在实际工作中，为了降低行政成本，提高工作效率，更好的为社会服务，很多单位以协商业主单位通过撤销申请的方式来对节水评价不通过的项目进行叫停，导致在节水台账上报时，部分叫停的项目无法统计。同时，节水评价台账登记工作在水利部门开展，但项目评审许可由行政审批部门来完成并向水利局备案，但仍存在备案不及时和不备案的情况。

2.5 规划类项目和水利工程项目覆盖不足

经统计，2019—2020年，山东省开展节水评价的规划类项目29个，水利项目122个，非水利项目687个，对规划类项目和水利工程项目的审查数量明显较少，而且存在部分规划类项目审批前虽由节水主管部门参与审批，但最后项目审批结果未送达水行政主管部门或节水主管部门，导致许多规划类项目审查后项目新增取用水量数据缺失。此外，延续类建设项目是否开展节水评价未明确。对于水利规划建设项目和水利工程项目，由于对各部门的职责缺少明确要求，水利部门参与或掌握不足，在工程规划、项目立项阶段两种类型项目节水评价开展或统计数量较少。

3 节水评价管理改进对策和建议

3.1 完善节水评价法规制度体系

国家层面，积极推动《中华人民共和国水法》《节约用水条例》等法律法规的制（修）订工作，将节约评价工作纳入法制化、规范化轨道，为实行节水评价机制奠定上位法律基础。建议国家部委联合发文，进一步明确在规划编制、可行性研究、水资源论证和取水许可等方面开展节水评价的责任主体、具体要求和节水指标。最大限度发挥行政手段作用，切实解决部门合作机制问题，真正严守水资源最大刚性约束政策的落地见效。

3.2 健全节水评价监督管理制度

充分依托水资源论证，在规划编制、项目立项、取水许可办理阶段，事前开展节水评价，从源头上把好节水审查关；加强事中、事后节水评估，对水资源论证和节水评价中确定的节水技术、节水措施落实情况及实施效果实施个跟踪评估，通过后续跟进监督管理，确保节水评价方案各项措施得到有效落实，只有事前、事中、事后全面衔接，节水评价机制才能真正发挥作用。

3.3 提高节水评价编制深度

针对不同类型、不同规模的规划和建设项目，提出不同的技术审查流程和规程规范，明确在不同阶段开展节水评价评审工作的重点；在总结节水评价实践经验的基础上，完善节水评价技术标准体系和节水评价技术要求。建立节水评价专家库，突出专职审查，需要节水专职人员从政策、法规、技术、工艺、设备等专职层面予以把关，解决部分节水评价编制深度不足的问题。

3.4 创新节水评价台账管理

进一步完善节水评价登记台账填写要求，科学统计各种情况，也便于水行政主管部门掌握各地开展节水评价工作的真实情况。建立分行业的节水评价登记表样表，便于统一管理要求。借鉴取水许可台账管理方式，减少节水评价台账报送频次，或依托水资源监控能力项目，实现自动报送和统计。

3.5 开展节水评价专题培训

节水评价工作专业性强、技术要求高，应加强节水评价技术人才队伍建设，加大指导、培训、宣贯和互相交流力度，提升节水评价工作者理论水平和实际业务能力。进一步加强节水评价技术培训教育，邀请参与具体审查工作的专家，利用典型案例重点剖析节水评价内容，分别针对节水评价报告编制、报告审查、管理、节水方案节水措施"三同时"制度制定和落实等内容开展详细解读，从而提高编制与审查节水评价篇章的质量，调动节水评价工作的积极性和主动性。

4 结论

开展节水评价工作，是落实水资源刚性约束制度的迫切要求，是落实"以水四定"原则的有效途径。但是当前节水评价管理仍然存在一些短板和不足，因此继续加强节水评价管理，提高对规划和建设项目的节水要求，突出节水在规划和建设项目前期工作中的优先地位，及时调整完善节水评价制度政策和有关工作部署，真正从源头上把好节水关，促进区域协调发展与水资源承载力相适应。

参考文献

[1] 节约用水 [J]. 中国水利，2020（24）：23.

[2] 冀辉，刘伟. 开展节水评价指标的探讨研究 [J]. 佛山陶瓷，2021，31（8）：28-32.

[3] 郑瀚，程军，侯新. 城市自来水厂供水区域节水评价实例分析 [J]. 节能与环保，2021（9）：83-85.

[4] 王晓波，袁锋臣. 节约用水监督检查发现的问题及对策建议 [J]. 治淮，2021（8）：66-67.

[5] 陆荣章. 开发区水资源论证区域评估的要素分析 [J]. 治淮，2021（7）：63-65.

[6] 赵春红，张程，张继群，等. 区域节水评价方法研究和实践 [J]. 水利发展研究，2021（5）：66-70.

[7] 张丹，王境，王艺璇，等. "以水定产"的经验、问题及建议 [J]. 水利经济，2021（2）：82-85.

引调水工程管理立法分析与启示

俞昊良 李 政

（水利部发展研究中心，北京 100038）

摘 要：引调水工程管理立法是保障工程有序运行、持续发挥效益的重要举措。本研究对 2000 年以后施行、现行有效的 9 部引调水工程专门立法进行了梳理，重点分析了相关立法在管理体制、工程管理与保护制度、水量调度制度、供用水管理制度、水质保护制度等方面形成的成熟共性设计和有亮点的特殊安排。在此基础上，结合相关政策要求和实践需求，总结提出了明晰引调水工程管理立法目的与思路、探索完善相关制度设计、在国家层面专门立法对引调水工程管理重大原则、关键措施予以制度化、规范化等加强引调水工程管理法治保障的启示。

关键词：引调水工程管理；立法分析；制度设计

实施引调水工程是优化水资源配置、推动实现空间均衡的重要措施。李国英部长在 2022 年全国水利工作会议上强调，要加快国家水网建设，加快推进滇中引水等引调水工程。已有研究显示，当前我国已建、在建各类大小引调水工程 400 余项，设计引水流量总计约 1 700 亿 m³[1]，业已成为基础设施网络的重要组成，为国民经济和社会发展提供了重要水支撑。在大规模开展建设的同时，也应当充分考虑通过立法加强引调水工程建成后管理，确保工程有序运行并持续发挥效益，维护好水安全、生态安全乃至经济社会安全。本文对 2000 年以后实施的引调水工程管理立法进行梳理，分析立法特点与亮点，为后续强化引调水工程管理法治保障提供参考。

1 引调水工程管理立法分析

1.1 相关立法总体情况

经梳理分析，2000 年以后施行的、现行有效的主要有 9 部引调水工程专门立法（见表 1）❶。从立法层级看，有 1 部行政法规、5 部地方性法规和 3 部地方政府规章。从立法名称看，除"××工程管理条例（办法）"这一基本命名方式外，部分立法强调工程保护或突出供用水管理。从施行时间看，多数立法在党的十八大之后正式实施。从立法的工程特点看，多数为跨水资源一级区或二级区、对调入区域生活、生产用水具有较大影响的引调水工程。

1.2 相关立法主要内容与特点

1.2.1 从章节设置上看

从章节设置上看，相关立法均采用了章节体例，设置 5~7 章，一般包括：总则、工程管理与保护、水量调度与用水管理、水质保护、法律责任和附则。部分立法根据工程特性对章节采取了特殊设置，如因工程建设与立法并行，《杭州市第二水源千岛湖配水供水工程管理条例》（简称《千岛湖条例》）单独设"工程建设"一章；又如因引江济淮工程包括菜子湖、兆西河线、江淮沟通段等现状航道，《安徽省引江济淮工程管理和保护条例》（简称《引江济淮条例》）专门就"航运管理"设专

---

❶ 需要说明的是，依据《南水北调供用水管理条例》，南水北调工程沿线省份还出台了《山东省南水北调条例》《北京市南水北调工程保护办法》《南水北调天津市配套工程管理办法》《河北省南水北调配套工程供用水管理规定》《河南省南水北调配套工程供用水和设施保护管理办法》《湖北省南水北调工程保护办法》等相关法规规章，考虑到相关地方立法均只针对区域内南水北区工程且制度设计趋同，本文不作为重点讨论。

作者简介：俞昊良（1987—），男，高级工程师，主要从事水利立法和水利政策研究工作。

章规定。

表 1　引调水工程管理立法情况

序号	工程名称	立法名称	施行时间	工程特点
1	南水北调东线一期工程，南水北调中线一期工程	南水北调工程供用水管理条例	2014 年 2 月	跨水资源一级区、设计年引水量总计 182.66 亿 m³，为生活、工业、灌溉、生态供水
2	引江济淮工程	安徽省引江济淮工程管理和保护条例	2021 年 12 月	跨水资源一级区，设计年引水量 43 亿 m³，为生活、工业、灌溉、生态供水
3	东水济辽工程	辽宁省东水济辽工程管理条例	2017 年 12 月	由北中南三线组成，建成后将新增供水能力 52.33 亿 m³，实现 9 个流域、42 座大中型水库、7 条主要江河连通联调，覆盖全省 14 个市
4	杭州市第二水源千岛湖配水工程	杭州市第二水源千岛湖配水供水工程管理条例	2016 年 2 月	设计年引水量 9.78 亿 m³，主要为杭州市提供生活用水
5	胶东地区引黄调水工程	山东省胶东调水条例	2012 年 5 月	跨水资源一级区，设计年调水总量 0.965 亿 m³，为生活、工业、生态供水
6	黑河引水工程	西安市黑河引水系统保护条例	2005 年 8 月	设计年引水量 3.77 亿 m³，为生活、工业、农业供水
7	东深供水工程	广东省东深供水工程管理办法	2014 年 3 月	跨省区，设计年引水量 24.23 亿 m³，为生活、工业供水
8	广州市西江引水工程	广东省西江广州引水工程管理办法	2013 年 2 月	跨水资源二级区，设计年引水量 12.77 亿 m³，为生活供水
9	引滦入津工程	天津市引滦工程管理办法	2004 年 7 月	跨水资源二级区，设计年引水量 10 亿 m³，为生活、工业、生态供水

1.2.2　从制度设计上看

现有立法在管理体制、工程管理与保护制度、水量调度制度、供用水管理制度、水质保护制度等方面形成了一些较为成熟的共性设计和有亮点的特殊安排。

第一，管理体制。合理的管理体制能够充分发挥政府和社会相关主体的共同责任和作用。在政府责任方面，现有立法均将水行政主管部门作为工程管理与保护的主要责任部门，同时规定发展改革、生态环境、自然资源、交通运输等部门按照各自职责做好相关工作。在此基础上，《引江济淮条例》《山东省胶东调水条例》（简称《胶东调水条例》）等立法进一步强调了政府职责，规定省级人民政府加强对工程管理工作的领导，协调解决有关重大问题；工程沿线设区的市、县级人民政府加强本行政区域内工程管理保护相关工作。此外，上述立法还在调水工程建立河长制体系方面进行了创设性规定，进一步落实地方党政领导河渠管理保护主体责任，如《引江济淮条例》规定"工程输水干线全面建立省、市、县、乡四级河长制体系。各级河长湖长负责组织领导河湖保护工作"，《胶东调水条例》规定"胶东调水工程沿线县级以上人民政府应当全面落实河湖长制"。在社会主体责任方面，多数立法明确专门设立工程管理单位（或称为建设运营单位），具体负责工程的运行和保护工作。为动员全社会参与工程保护，还规定任何单位和个人对危害工程安全等违法行为均有权进行劝阻和举报。《引江济淮条例》则明确鼓励社会资本投入工程建设、运营和维护。

第二，工程管理与保护制度。加强工程管理与保护是确保引调水工程安全并持续发挥效益的重要基础。相关立法在工程与保护制度建设方面取得了一些突破。一是关于工程管理和保护范围划定制度。《中华人民共和国水法》规定所有水工程应当按照国务院规定划定工程管理和保护范围。依据《中华人民共和国水法》，相关立法均对引调水工程管理范围和保护范围进行了细化规定。综合看，有关管理范围规定较为一致，但对于保护范围划定则存在明显区别，如对于暗涵、管道等地下输水工程的保护范围，《南水北调供用水管理条例》（简称《南水北调条例》）规定为"上方地面以及从其边线向外延伸至 50 m 以内的区域"，《引江济淮条例》规定为"延伸至 20 m"，《千岛湖条例》则规定为延伸 200 m。二是关于工程管理和保护范围内的禁止性和限制性行为。相关立法均对工程管理和保护范围内的禁止性行为作了细致规定，如禁止损毁设施、擅自取用水资源、实施从事影响水工程运行和危害水工程安全的爆破、打井、采石、取土等活动等。同时，考虑到引调水工程与交通、电力等其他设施在空间上容易产生冲突的特点，部分立法对其他设施的建设、维修等行为进行了限制，如《辽宁省东水济辽工程管理条例》（简称《东水济辽条例》）规定在工程管理和保护范围内修建和维修改造桥梁、公路等建设项目的，建设单位应当接受引调水工程管理单位的现场指导。三是关于工程安全保护。引调水工程安全事关重大。为强化工程安全保护，《南水北调条例》规定可派出武装警察部队守卫或者抢险救援工程重要水域和设施。《东水济辽条例》《胶东调水条例》规定公安机关应当加强工程沿线区域治安管理，在重要部位设置警务机构，加强人员配备。《广东省东深供水工程管理办法》（简称《东深供水办法》）专门规定深圳市公安局东深公安分局负责在工程管理和保护范围内调查和处理相关违法犯罪活动。此外，《西安市黑河引水系统保护条例》还规定由市人民政府批准实施黑河引水系统保护规划。

第三，水量调度制度。科学有效的水量调度制度是引调水工程发挥水资源配置功能的重要支撑。相关立法重点对调度原则、调度管理方式和应急调度等进行了规定。一是关于调度原则。水量调度是在时间和空间上对地表水资源进行调节、控制和分配的活动，属于水资源宏观配置管理手段，需处理好与微观取用水管理的关系。为此，《南水北调条例》《引江济淮条例》明确规定遵循先节水后调水、先治污后通水、先环保后用水的原则。另外，引调水工程水量调度还需处理好与江河流域水资源调度、电力调度、航运调度等的关系。为此，《引江济淮条例》规定工程综合调度运用应当遵循调水、航运服从防汛抗旱的原则。《东水济辽条例》规定与工程有关的水利水电设施的供水调度、发电用水等，应当服从工程供水调度。二是关于调度管理方式。针对不同工程的特性，《南水北调条例》构建了"水量调度方案+年度水量调度计划+月水量调度方案"的调度管理方式。《东水济辽条例》《千岛湖条例》则采用了更为简化的"调水计划""年度配水计划"方式。三是关于应急调度。现有立法均明确相关管理主体要制定调度应急预案，针对重大洪涝、干旱灾害、水污染、生态或工程破坏等突发事件，明确应急处置主体职责、程序措施等内容。

第四，供用水管理制度。供用水管理制度是实现引调水工程与终端用户有效联系、促进水资源合理利用的重要抓手。现有立法重点围绕水价与水费制度、地下水管控制度等进行了规定。一是关于水价与水费制度。多数立法按照保障工程正常运行和满足还贷需要的原则，明确实施两部制水价，并要求受水地区按照与供水管理单位签订的供用水协议或者合同，及时足额缴纳水费。具体到对于水价形成的规定，则存在不同思路：《南水北调条例》明确由国务院价格主管部门会同有关部门制定供水价格，采用的是综合水价的思路。而《引江济淮条例》规定生活用水和工业用水实行两部制水价，具体供水价格由省人民政府价格主管部门核定；农业用水价格由省人民政府另行确定；生态用水价格由供需双方协商确定，体现了分类计价的思路。二是关于地下水管控制度。部分立法针对工程所在区域实际，规定以工程供水替代超采的地下水，并对开采地下水予以限制。如《东水济辽条例》规定在工程供水能够满足需要的范围内，不得新建地下水取水工程和新增地下水取水指标，封闭可替代的地下水取水工程。另外，《南水北调条例》还创设了水量转让制度，明确受水区用水需求出现重大变化的，可以协商转让年度调度计划分配的水量，在利用市场机制优化水资源配置方面作出了有益探索。

第五，水质保护制度。水质优良是引调水工程管理的核心目标之一，因此需要对从水源到工程沿线的水质保护提供全方位的制度支撑。一是在水源水质保护制度方面，现有立法依据《中华人民共和国水法》《中华人民共和国水污染防治法》等法律法规，对水源保护区划定和保护要求等进行了规定。在此基础上，部分立法还规定对水源地实行生态保护补偿，如《千岛湖条例》规定通过财政转移支付、区域协作等方式，建立千岛湖水环境生态保护补偿机制。二是在工程沿线水质保护制度方面，《南水北调条例》规定水质保障实行县级以上地方人民政府目标责任制和考核评价制度，在东线工程调水沿线区域和中线工程水源地建立水污染物排放总量控制制度。《引江济淮条例》明确省级人民政府应当专门制定工程沿线生态保护规划，保障工程水质安全。《胶东调水条例》等规定建立水质监测和预警制度，并明确水质标准应当不低于地表水环境质量Ⅲ类。

2 对加强引调水工程管理法治保障的启示

2.1 基于引调水工程的战略定位，明晰工程管理立法目的与思路

当前，引调水工程在许多地区已经成为优化水资源配置、保障群众饮水安全、复苏河湖生态环境、畅通流域区域经济循环的生命线。随着《"十四五"水安全保障规划》和国家水网建设战略部署逐步实施，引调水工程建设将进一步"扩容提速"，建成后工程运行达效也将产生更为深远的影响。基于以上定位和形势，引调水工程管理立法应进一步明确立法目的与思路，即立法不仅仅是确保工程本身安全并发挥效益，更是要维护好区域水安全、生态安全乃至经济社会安全。在制度设计中不仅仅要建立起系统完备的、有利于工程本身有序运行的管理制度体系，更要处理好工程运行管理与流域区域水安全保障、生态文明建设、经济社会高质量发展的关系，形成更协调衔接的制度供给。

2.2 立足于引调水工程特点，探索完善相关制度设计

综合看，相关立法在形成了一些成熟有效的制度设计。加强引调水工程管理法治保障应当进一步考虑引调水工程的特点，对部分制度进行完善。一是在管理体制机制方面，充分考虑引调水工程跨流域区域、多水源、多目标的特点，进一步厘清河长制在调水工程管理中的地位和作用，做到与现有管理体制形成合力。探索建立利益相关方参与的协商协调机制，平衡好利益分配。二是在工程管理与保护制度方面，充分考虑引调水工程安全的极端重要性，在进一步巩固水行政执法与公安协作机制外，根据最高人民检察院、水利部《关于建立健全水行政执法与检察公益诉讼协作机制的意见》（高检发办字〔2022〕69号）精神，在工程安全保障方面形成行政和检察保护合力。三是在水量调度制度方面，充分考虑运用引调水工程富余水量、水库汛前弃水等开展临时生态补水的实践不断深入的情况，建立健全临时生态补水调度管理制度。四是在供用水管理制度方面，充分考虑发挥市场机制作用促进引调水工程水资源优化配置，根据《水利部 国家发展改革委 财政部关于推进用水权改革的指导意见》（水资管〔2022〕333号）精神，围绕"将调水工程相关批复文件规定的受水区可用水量，作为该区域取自该工程的用水权利边界"，建立健全引调水工程用水权初始分配和市场化交易机制制度。五是在水质保护制度方面，充分考虑引调水工程运行后对水源区的不利影响，健全完善生态保护补偿机制，明晰补偿原则、拓宽补偿渠道。探索建立专门的工程生态保护规划制度，加强水质保护规划引领。六是在其他制度方面，充分考虑引调水工程的多功能特性，如引江济淮工程既是水道，又是航道，且是重要的文化载体，因此《引江济淮条例》专门针对航道管理、工程沿线文化旅游进行了规定。应当结合工程实际，有针对性地完善制度体系。

2.3 适时推动在国家层面专门立法，对引调水工程管理重大原则、关键措施等予以制度化、规范化

当前国家层面尚无引调水工程管理的专门性法律法规，同时"一工程一立法"方式既不利于解决引调水工程跨行政区域管理保护可能出现的问题，又增加了立法成本。因此，有必要在国家层面专门立法，明晰重大原则，解决突出问题，规范关键措施，重点包括：一是明确引调水工程管理应当坚持先节水后调水、先治污后通水、先环保后用水的基本原则。二是依据《水资源调度管理办法》（水调管〔2021〕314号）等政策文件并结合实践经验，明确引调水工程水量调度服从江河流域水资源统

一调度，发电用水、航运调度与工程水量调度相适应相衔接。三是禁止擅自改变调水功能，打着生态调水的旗号调水冲污、调水造景等。四是确立引调水工程保护范围划定的基本原则与标准。五是建立健全具有适应性的水量调度管理方式。六是通过明晰管理责任、加强监管考核、提高处罚力度等措施，提高水价与水费制度、地下水管控制度、水质保护制度等的强制性和约束力。

参考文献

[1] 韩占峰，周曰农，安静泊. 我国调水工程概况及管理趋势浅析 [J]. 中国水利，2020 (21)：5-7.

探索农田水利工程设施使用权与农业初始水权统一的创新模式

刘 驰 吴 举 刘 影

（济宁市水利事业发展中心，山东济宁 272100）

摘 要：探究将农田水利工程设施使用权与农业初始水权赋予同一主体的创新模式，在泗河流域统筹的水资源用水总量控制下，探索以建设智慧灌区为切入点，完善水务感知体系，提升节水能力，盘活农村水利工程和农业经济。创建适应现代农村生产新模式，以农田水利工程使用权和农业用水初始权赋予统一体为入手，盘活农村经济，落实"四水四定"，促进地方经济，保障国家粮食安全，加快农业现代化进程。

关键词：农田水利工程设施；使用权；农业初始水权；统一

1 引言

习近平总书记强调要全方位贯彻"四水四定"原则，走好水安全有效保障、水资源高效利用、水生态明显改善的集约节约发展之路。我们要从实现中华民族伟大复兴和永续发展的战略高度，着眼长远、统揽全局，深入学习、全面贯彻，坚决落实以水定城、以水定地、以水定人、以水定产，坚决落实水资源最大刚性约束作用，以水资源的集约节约安全利用支撑经济社会的高质量发展。《中华人民共和国国民经济和社会发展第十四个五年规划和2035年远景目标纲要》提出了"构建智慧水利体系，以流域为单元提升水情测报和智能调度能力"的明确要求。泗河流域降水分布的年际变化和季节变化大，分布不均匀，要提高农业水资源利用率，结合"四水四定"探索改革的突破点，对流域内灌区进行智慧化改造，创新管理模式，助力农村经济高质量发展。

2020年济宁市常住人口835万，城市人口502万，农村人口333万，城镇化60%。山东省"十四五"规划中提到2025年山东省常住人口城镇化率将达68%，2035年城镇化将进一步提升到75%左右。同时，生育率过低，也意味着济宁到2035年人口总量不会增加太大，农村人口将减少到200万人左右，且农村人口年龄偏大，劳动力将极具匮乏，势必导致土地流转、农业大发展、高效农业、节水农业将会加速到来。

2020年济宁市可利用水资源总量30.2亿 m^3，其中地表水14亿 m^3、地下水16.2亿 m^3；用水总量约21.3亿 m^3，其中农业用水15.33亿 m^3，工业用水2.40亿 m^3，生活用水2.84亿 m^3，生态用水0.74亿 m^3。耕地灌溉面积713万亩（1亩＝1/15 hm^2）、节水灌溉面积492.8万亩。农业用水占用水总量的72%，由此可见，农业节水是实施最严格水资源管理、"四水四定"最关键一步。

因此，如何坚决落实水资源最大刚性约束作用，以水资源的集约节约安全利用支撑经济社会的高质量发展，关键看农业节水工作成效。农业是社会稳定的根基，要在确保粮食安全的前提下，探索以流域为单位，建设智慧灌区，进行农业水价改革，科学合理确定农业用水价格，创新农田水利设施新的管理模式，进一步激发农村经济，保障粮食安全，促进美丽乡村建设，引导农业生产新模式。

本文以泗河流域为例进行探索，进行水资源配置，控制用水总量，开展农业用水、管水创新，提

作者简介：刘驰（1978—），男，高级工程师，主要从事智慧水利、防洪抗旱研究工作。

升农业水权交易效益，促进当地农业高质量发展。

2 泗河流域概况

泗河干流长度 159 千米，流域面积 2 357 km²，多年平均降水量为 715 mm；干流共建有拦河闸坝 15 座，其中拦河闸 3 座、拦河坝 12 座，总拦蓄库容 5 004.96 万 m³；小型水库 154 座，总兴利库容 2 804 万 m³，总库容 5 291 万 m³；塘坝 758 座，总库容 762 万 m³；干流排水口 6 个，干流取水口 15 个。济宁市泗河流域现状拦截工程情况见表 1。

表 1 济宁市泗河流域现状拦截工程情况

拦蓄工程		数量	兴利库容/万 m³	总库容/万 m³
水库	大型	1	6 102	11 280
	中型	4	14 655.8	22 131
	小型	154	2 804	5 291
塘坝		758	762	762
拦河闸坝		15	5 004.96	5 004.96
合计		932	29 328.76	44 468.96

济宁市泗河流域范围包括泗水、曲阜的大部分，兖州、邹城、微山、任城区的一小部分。2018 年济宁市泗河流域总人口 135 万，城镇人口 51 万，城镇化率 37.7%；国内生产总值 478 亿元，其中第一产业 61 亿元、第二产业 217 亿元、第三产业 200 亿元。流域内耕地面积 187 万亩，粮食作物以小麦、玉米为主；经济作物以棉花、油料为主。

泗河流域多年平均合计分配水量 22 001 万 m³，总取水量 6 905 万 m³/a。其中兖州区内有 4 处，取水量 4 480 万 m³/a；泗水县内有 4 处，取水量 2 035 万 m³/a；曲阜市内有 7 处，取水量 390 万 m³/a。其中泗水大闸取水量 1 062 万 m³。各取水口名称及位置如图 1 所示。

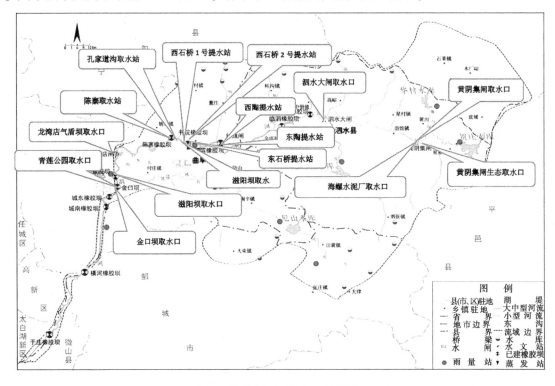

图 1 济宁市泗河取水口位置图

3 为建设节水农业提供法律保障

《山东省水资源条例》规定，开发、利用、节约和保护水资源，应当按照流域、区域统一制定综合规划和专业规划。《山东省农业水价综合改革实施方案》鼓励，将农田水利工程设施使用权与农业初始水权赋予同一主体，以便更好地发挥农村基层用水组织、新型农业经营主体建设农田灌溉工程、养护工程设施的优势和在用水管理、水费计收等方面的作用，提高农业用水管理水平和效益。《济宁市泗河保护管理条例》规定，沿河县（市、区），可以通过市水权交易平台对年度用水指标内节余的水量指标进行水权转让。这些以立法的形式固定下来，对下步农业节水新模式奠定了法律保障基础、指明了方向。

4 以泗河杨柳灌区为例进行智慧灌区改造

杨柳灌区 1964 年兴建，位于泗河北岸，在泗水大闸取水，灌溉范围主要包括杨柳镇及中册镇南部，灌区土地面积 86.5 km²，灌区设计灌溉面积 5.65 万亩，干渠设计流量为 4.5 m³/s。其中自流灌溉面积 3.84 万亩，提水泵站灌溉面积 1.81 万亩。现有效灌溉面积为 3.84 万亩。灌区涉及 64 个村庄，总户数 15 804 户，总人口 55 552，人均总收入 10 310 元。灌区内主要种植作物为冬小麦、夏玉米，其他作物包括蔬菜、果树等。综合复种指数为 170%，其中小麦 70%、玉米 70%、其他 30%。

灌区于 2020 年 5 月取得农业用水取水许可证，农业灌溉年取地表水量为 1 062.2 万 m³。

目前灌区存在的主要问题如下：

（1）农田水利工程年久失修。灌区渠道始建于 20 世纪 60 年代，渠道大部分为土渠，工程运行已 50 多年，大多渠道由于自然损坏和人为破坏而残缺不全，设施老化失修严重，砌石明渠大部分淤积和倒塌，渠系建筑物损坏，土渠淤积，尤其是渠道的下游淤积更严重，造成末端渠道高程大于渠首高程，加之渠系配套不完善，灌区内现有桥、涵、闸等建筑物，除渡槽损坏较少外，大部分闸门、启闭机损坏，桥稳定性不足，倒虹吸淤积等。大部分农田为大水漫灌，灌区不能发挥应有的效益，灌溉水利用系数仅为 0.45，实际灌溉面积不到 2.7 万亩，建筑物配套不完善，制约了整个工程应有效益的发挥。

（2）农村常住人口结构不合理，农业生产积极性不高。灌区涉及 5.5 万人，每人平均 1 亩左右土地，种植收入少，外出打工人员较多，常住人口约占一半，且年龄偏大，种植积极性不高，种植种类单一，管护较少，农业生产技术偏低，多为人工施肥、打药，产量难以提高。

（3）干支斗农等渠运管不统一、农业水价偏低。灌区负责主干渠道的供水配水、工程维修、征收水费；一般斗农渠和田间工程由镇和村人员管理、维修，负责本村的供水配水，征收水费。水费逐级按比例分成，用于各级管理人员工资及工程维修。终端水价为国有水利工程水价/末级渠道平均水利用系数+末级渠系水价，约 0.26 元/m³，水费计收根据灌区和农民用水户协会签订的供用水协议和实际供用水量计算。

（4）灌区无信息化设施。不能对用水量、土壤墒情等信息进行检查，不能满足现代化灌区建设管理需要及农业水价综合改革要求。

5 解决方案探讨

5.1 灌区改造工程

渠道工程，新建现浇混凝土矩形渠 5.47 km。建筑物工程，重建、新建渠系建筑物 3 座，其中重建分水闸 2 座；新建分水闸 1 座。管理工程，杨柳干渠衬砌段每 500 m 新建一处踏步，穿村庄段安装防护网 2 500 m，干渠沿线安装摄像头。信息化设施，包括土壤墒情、降雨等信息监测，灌溉用水、调水系统开发，远程闸门控制等。

主要工程量，开挖土方工程 10.45 万 m³、石方 2.76 m³，砌石工程 780.17 m³，砂工程 12.21 m³，混凝土工程 2.32 万 m³，钢筋 55.13 t，模板 1853.98 m²。

资金筹措及运行费，灌区节水改造项目工程估算总投资约 2 825 万元，其中中央财政补助资金 1 920 万元，省级资金 576 万元，地方配套 329 万元。衬砌渠道 5.470 km 约 2 089 万元，渠系建筑物工程约 27.67 万元，信息化工程约 44.77 万元，环境保护工程约 8.79 万元，水土保持工程约 8.99 万元。每年运行费包括管理费、综合维护费、清淤费及其他费用等约 1 017 万元。

5.2 探索灌区制度创新

引入大型农业公司进行灌区改造，工程省以上资金作为政府补助，地方配套和运行管理费由该企业承担。同时把农村水利工程使用权、农业初设水权和灌区耕地统一到该农业公司，使其承担农村水利工程运行管理和土地种植生产。企业拥有农业种植收入和节余水量。

（1）农田水利工程设施使用权与农业初始水权统一。尝试将农田水利工程设施使用权与农业初始水权赋予同一主体期限不能少于 30 年，农业水价改革同步实施。引入国内顶级农业公司即把灌区 5.65 万亩土地使用权和农田水利工程使用权进行同一，使水利工程从渠首到地头毛渠统一管理，并负责农业种植生产。做好备用水源储备，地下水源机井和上游华村、贺庄、龙湾套水库统一调配保障。

（2）设计好资本进入、退出模式。水利工程设使用权无偿使用或者评估后作为地方政府资金入股；土地流转以承包或者评估后作为地方政府资金入股。水利工程或耕地使用权评估主要按照产生收益量。土地产出及灌区国家补助或奖励资金，属于企业所有。退出时水利工程设施和耕地使用权进行评估。

（3）水价改革分档水价，对超出定额用水实行累进加价。定额内农业用水终端指导价格，按分类水价执行；超过定额 20%（含）以内的水量，按 1.1 倍水价执行；超过定额 20% 但不足 50%（含）的水量，按 1.2 倍水价执行；超过定额 50% 的水量，按 1.5 倍水价执行。

（4）打通农业节余水权与工业进行水权交易。出台农业节水量超过一定数量时，可与工业用水交易的政策，执行工业用水价格，鼓励规模化种植节水。

6 成效展望

6.1 将建成高效节水农业

改造后农业用水灌溉系统由 0.45 提高到 0.68，节水量约为 723 万 m³。还可调整种植结构，改种高附加值作物，改变灌溉模式推广漫灌、滴管、喷灌及水肥一体化，进一步节水。通过天气预报和土壤墒情监测情况匹配作物生长周期需水量，预测农业用水量，做到精准灌溉，进一步提高灌溉系数。

6.2 提高农业科技水平

随着大型农业企业引入，农业生产机械化，提高农业科技水平、促进农业现代化，更有利于工业反哺农业，提升我国大型农业企业实力，保障粮食安全。对于农产品可进行深加工，充分利用其已有的销售渠道或销售市场。

6.3 企业收入丰厚稳定

通过土地耕种过程中小田变大田，实际耕种面积将增加。按照 5.65 万亩计算，假如都种植冬小麦和夏玉米，除去人工、机械、种子、肥料、农药等开销，每亩净收入约 1 000 元左右，粮食纯收入共计约 5 650 万元，加上节水水权交易，农产品深加工增值，扣除水利工程每年运行管理费，每年纯利润约 4 000 万元左右。

6.4 促进当地经济发展，社会稳定

企业收入丰厚稳定，政府将依据入股数量获取收益。盘活整个灌区经济，农民就地转化为企业工人，促进农村劳动力就地就业，增加当地税收。企业承担地方政府节水改造资金，减少政府财政负担。

7 难点

土地流转遇到的阻力，农民恋土情结严重，虽然土地种植收入少，但担心一旦失去土地便没有长期收入来源。政府要积极鼓励土地流转，宣传好农业节水意思、农业用水改革与规模化农业发展趋势，充分利用极端气候频发、地球变暖、长期抗旱和"四水四定"要求做思想工作；可分批流转，通过村、镇或自流区先行流转，让先参与农民切实得到实惠，来带动其他人员参与；还要做好兜底工作，利用农田水利工程使用权或土地使用权的入股获得的企业盈余，做好无收入农民群众生活保障，确保实现企业增收，农民生活提高的良性循环。

8 结论

以济宁泗河流域杨柳灌区为例，探索适应现代农村生产新模式，以农田水利工程使用权和农业用水初始权赋予统一体为入手，盘活农村经济，壮大农业公司国际化竞争力，落实"四水四定"，促进地方经济发展，保障国家粮食安全，加快农业现代化进程。

水利 PPP 项目现状分析与信息平台优化建议

严婷婷[1]　罗　琳[1]　范小海[2]

（1. 水利部发展研究中心，北京　100038；
2. 中国人民大学财政金融学院，北京　100872）

摘　要： 水利是我国基础设施建设的重要领域，加快水利基础设施建设，必须坚持"两手发力"，大力推动水利 PPP 模式发展。本文从加强水利 PPP 项目管理的角度出发，基于全国性 PPP 信息平台相关资料，梳理了我国水利 PPP 项目现状，针对目前平台信息管理中的项目分类不准确、储备清单作用发挥不充分、管理库信息更新不及时、典型项目关键信息不便查等问题，提出健全完善水利 PPP 项目信息平台的建议，从深化部门协作、优化项目分类、强化项目储备和推介、总结发布项目成败经验等方面提出了具体对策，为推进水利 PPP 模式良性发展提供参考。

关键词： 水利；政府和社会资本合作；PPP；管理；平台

1　引言

水利是我国基础设施建设的重要领域，对于提升水安全保障能力、拉动经济增长具有重要作用。"十三五"期间，我国水利基础设施建设完成总投资达到 3.47 万亿元，其中金融贷款和社会资本占比达到 22.8%，较"十二五"时期提高了约 10 个百分点[1]。根据《"十四五"水安全保障规划》，预计"十四五"期间水利投资规模年均 8 000 亿元以上，总规模可达 4 万~5 万亿元。面对加快水利基础设施建设的要求，在新阶段新形势下要保障水利建设资金需求，就必须坚持"两手发力"，扩大水利投资来源渠道，进一步鼓励和引导社会资本参与水利工程建设运营，大力推动水利基础设施政府和社会资本合作（PPP）模式发展[2]。

我国的 PPP 模式从 2014 年发展至今，已建立起清晰的实施框架和路径，项目合规性审查、合作机制、绩效考核、信息公开等方面的制度也逐步健全[3]。特别是 2022 年以来，中央财经委员会第十一次会议强调，要"推动政府和社会资本合作模式规范发展、阳光运行"。2022 年 5 月，《水利部关于推进水利基础设施政府和社会资本合作（PPP）模式发展的指导意见》（水规计〔2022〕239 号）明确了，今后一段时期推进水利 PPP 模式发展的主要领域、合作方式、重点工作、政策支持、服务监督等。但是，与日渐完善的政策制度体系相比，水利 PPP 项目管理水平还有待提升，水行政主管部门对行业内 PPP 项目情况掌握不全面，管理缺乏有力抓手，不利于有效推动水利 PPP 模式发展。

本文根据全国性 PPP 信息平台资料，梳理水利 PPP 项目现状，分析目前水利行业在使用 PPP 信息平台中遇到的主要问题，提出健全完善水利 PPP 信息平台的对策建议，为提高水利 PPP 项目管理水平、推进水利 PPP 模式良性发展提供参考。

2　PPP 信息平台总体情况

信息平台是 PPP 项目管理的重要依托。目前，全国性的 PPP 信息平台主要有国家发展和改革委员会全国 PPP 项目信息监测服务平台（简称"国家发展改革委员会 PPP 平台"）和财政部全国 PPP 综合信息平台（简称"财政部 PPP 平台"）。截至 2021 年年底，国家发展改革委员会 PPP 平台录入

作者简介： 严婷婷（1984—），女，高级工程师，主要从事水利政策研究工作。

项目 7 810 个、投资额 10.98 万亿元[4]，财政部 PPP 平台累计入库项目 10 243 个、投资额 16.2 万亿元[5]。两个平台对比来看，国家发展和改革委员会 PPP 平台项目相对较少，水利项目被纳入"农林水利"行业分类中；财政部 PPP 平台中 PPP 项目数更多、投资额更大，并为水利项目单独设置了"水利建设"行业分类；两个平台在库项目重合度约 75%。因此，本文以财政部 PPP 平台水利建设类项目（简称"水利 PPP 项目"）数据为基础进行分析。

财政部 PPP 平台于 2016 年初正式启动运行，具有信息管理和发布功能，包括项目库、咨询机构库、专家库、资料库等部分。平台将全国拟采用和已采用 PPP 模式的项目纳入项目库，分为储备清单项目和管理库项目，实施全生命周期管理。同时，平台定期发布项目库管理报告，公布近期项目入库退库动态、在库项目统计等情况。因此，本文根据财政部 PPP 平台项目库情况，将水利 PPP 项目分为储备清单项目、管理库项目及退库项目三类，分别梳理各类水利 PPP 项目情况。

3 水利 PPP 项目现状

3.1 储备清单中水利 PPP 项目情况

目前（截至 2022 年 9 月月底，下同），财政部 PPP 平台储备清单项目共 3 693 个、投资额超 4 万亿元。其中，水利项目有 220 个、投资额 2 162 亿元，占比约为 6%。在所有省级行政区中，从项目个数来看，贵州和河南 PPP 项目数量最多，分别有 50 个和 36 个，两省项目数分别占水利 PPP 储备清单项目总数的 23% 和 16%；山东和湖北各有 16 个项目，陕西 15 个，新疆 14 个，四川 11 个；其他省份均在 10 个以下。从项目投资额来看，河南项目投资总额最高，约占水利 PPP 储备清单项目投资额的 18%；其次是贵州、浙江和陕西，各占 PPP 储备清单项目投资额的 10% 左右。其中，浙江省的高湖蓄滞洪区改造项目投资额最高，为 102 亿元。

3.2 管理库中水利 PPP 项目情况

目前，管理库中水利 PPP 项目共 436 个，占管理库项目总数的 4%；投资额 3 939 亿元，占入库项目总投资额的 2%；项均投资额为 9 亿元，约为管理库项目平均值的 56%。

从地区分布来看，在所有省级行政区中，河南和云南 PPP 项目数量最多，个数分别为 68 个和 67 个，两省项目数合计占水利 PPP 项目总数的 31%。河南项目投资总额最高，占水利 PPP 项目投资额的 20%；其次是云南、浙江和辽宁，分别占水利 PPP 项目投资额的 9%、7% 和 6%。天津市虽仅有于桥水库 1 个 PPP 项目，但该项目投资额是所有水利 PPP 项目中最高的，达到 125 亿元。

从投资领域来看，水利 PPP 项目分为防洪、水库、引水、灌溉、水利枢纽、水利建设以及其他等 7 种类型（二级行业分类）。其中，项目数量最多的是水库类项目（120 个、983 亿元），投资额最大的其他类项目（110 个、991 亿元），两者合计约占水利 PPP 项目的 50%。数量最少的是水利建设类和水利枢纽类项目，两者占比分别为 5% 和 3%。

从合作机制来看，水利 PPP 项目的运作方式主要有 BOT、TOT、ROT、BOO、TOT+BOT、BOT+EPC 等。其中，采用 BOT 方式的项目占 80%，远多于采用其他各种方式的项目数量；其次是 TOT 方式，约占 10%。水利 PPP 项目合作期限平均为 20 年，其中期限在 10～15 年、16～20 年及 21～30 年间的项目各占约 30%，期限为 35 年以上的项目仅有 4 个。新疆大石峡水利枢纽工程 PPP 项目合作期限最长，达到了 49 年。从回报机制来看，采用可行性缺口补助、政府付费、使用者付费的项目数比例约为 61：32：7，与全部在库项目比例基本一致。

从项目进展来看，436 个水利 PPP 项目中，处于准备阶段的 5 个、采购阶段 70 个、执行阶段 361 个，83% 的项目进入了执行阶段。在库水利 PPP 项目的发起时间大多是 2014 年以后，2015—2017 年间水利 PPP 项目快速发展，3 年合计项目发起数占总数的 65%，其中 2017 年最多，为 132 个。2018—2021 年，新发起项目数回落，年均发起项目数量约为 34 个，其中 2021 年最少，为 26 个。由于项目审核周期等原因，目前在库可查的 2022 年新发起项目仅有 4 个，其中规模最大的是江西省赣州市宁都县梅江灌区工程 PPP 项目，投资总额 37 亿元。

从社会资本方来看，进入执行阶段的 361 个水利 PPP 项目中，有 260 个项目更新了项目公司及股东相关信息。社会资本方企业性质为国有企业的占比约 80%；中国电力建设集团公司、中国葛洲坝集团股份有限公司、中国交通建设集团有限公司、中国铁建股份有限公司、中国中铁股份有限公司等中央企业，在水利 PPP 项目中参与度较高；同时，由于云南和河南水利 PPP 项目多，云南建设基础设施投资股份有限公司、河南水利投资集团有限公司等省属国企，成为当地水利 PPP 项目中社会资本方的主力军。同时，北京碧水源科技股份有限公司、大禹节水集团股份有限公司等民营企业也积极参与了约 20% 的水利 PPP 项目。

3.3 已退库水利 PPP 项目情况

本文收集整理了部分已退出管理库的水利 PPP 项目情况。按项目阶段来看，项目退库时处于准备阶段、采购阶段和已进入执行阶段的，约各占 1/3。不同阶段项目退库的原因涉及以下几个方面。在准备阶段，有的项目存在违规操作；有的因体制机制改革，项目不再由政府主导；有的因 PPP 项目流程长，而建设工期紧，无法继续采用 PPP 模式。在采购阶段，有的项目出现流标、废标，导致采购不成功；有的因政府与社会资本存在意见分歧，无法签订 PPP 项目合同。在执行阶段，有的项目政策或设计发生重大变化，资金全面减调；有的社会资本方经营不善，政府按照合同收回特许经营权；有的经审计发现，社会资本方存在资质不合格、相关手续不完善等问题。

4 水利 PPP 项目信息平台存在的问题

全国性 PPP 信息平台为了解和管理水利 PPP 项目提供了依据，但在实际操作中还存在以下几点问题。

4.1 项目分类不准确

首先，从一级行业分类来看，财政部 PPP 平台项目库将水利建设作为 19 个一级行业分类之一，为水利 PPP 项目管理提供了便利。但很多 PPP 项目为综合性项目，不仅有水利建设内容，还涉及环保、农业、市政等，当项目牵头部门不是水行政主管部门时，该项目可能被划分至生态建设和环境保护等其他行业之中，无法作为水利 PPP 项目进行查询和统计。其次，从水利建设类的二级行业分类来看，7 个二级分类中有与一级行业分类同名的"水利建设"类，且目前在库项目中"其他"类项目数量较多、投资总额最大，降低了二级行业各分类之间的区分度，不利于对水利 PPP 项目进行更为细化的分类管理。

4.2 储备清单作用发挥不充分

财政部 PPP 平台项目库设立储备清单的初衷，是对项目进行全生命周期管理。根据《政府和社会资本合作（PPP）综合信息平台信息公开管理办法》（简称《管理办法》），储备清单项目信息由行业主管部门（或政府指定的机关、事业单位）录入、更新，并经省级财政部门审核后公开。但是，平台对于项目是否纳入储备清单和信息公开，是推荐性的、而非强制性的，因此很多地方相关部门并未对储备清单项目及时更新。项目库中最近更新的储备清单项目发布时间为 2020 年年初，最新的水利项目发布时间为 2019 年年底。由于信息更新不及时或公开度不足，储备清单对于拟采用 PPP 模式实施的、处于识别阶段的水利项目的孵化、展示和推介作用，未能充分发挥。

4.3 管理库信息更新不及时

根据《管理办法》，处于准备、采购阶段的项目信息更新周期不得超过 6 个月，处于执行阶段的项目信息更新周期不得超过 12 个月。2022 年 6 月，财政部开展了 PPP 平台项目信息质量提升专项行动，督促各地对在库项目信息进行补充完善和更新。但仍有部分水利 PPP 项目未按要求开展相关工作，被平台自动打上了"更新停滞"的标签，使得项目只能展示部分基础信息，而具体信息不再公开可查。还有的项目已进入执行阶段较长时间但未公布项目公司等相关信息，绝大多数水利 PPP 项目未公布项目融资、绩效管理、中期评估等非必填信息，无法为其他拟采用 PPP 模式的水利项目提供有益参考。

4.4 典型项目关键信息不便查

在财政部PPP平台项目库中，既有效果较好的示范项目，也有已退出项目库、放弃PPP模式的项目，从成与败两个截然不同的角度树立了典型。但是，一方面，优质水利PPP项目的"示范性"不鲜明。目前，库中各级水利PPP示范项目59个，其中国家级示范项目42个、投资额458亿元。平台仅在项目信息中加注了示范标签，未相应展示项目好的做法与经验，不利于宣传推广。另一方面，已退库的水利PPP项目情况不清晰。财政部PPP平台对项目实行动态管理，项目可进可退。根据《管理办法》，退出管理库的项目将保留项目相关信息并显示处于已退库状态。但是从信息公开的角度，项目退库后，管理库中不再公开展示该项目的任何相关信息。2018—2021年间，平台也曾发布过退库项目清单，但目前已停止发布。退库项目信息查询的不便，不利于跟踪分析项目退库原因、总结提炼经验教训。

5 结论与建议

总体来看，根据财政部PPP平台项目库信息，水利建设项目投资规模和数量居19个一级行业中的第5、6位，项目模式以BOT为主，合作期限平均为20年，回报机制多为可行性缺口补助，2018年以来年均发起项目数20~30个，目前80%以上的项目已进入了执行阶段，大型施工央企以及云南、河南等PPP项目较多地区的省属国企作为社会资本方参与了较多的水利PPP项目。

目前，水利PPP项目管理多以全国性PPP信息平台为依托，但是在管理中存在项目分类不准确、储备清单作用发挥不充分、管理库信息更新不及时、典型项目关键信息不便查等问题。为有效推动水利PPP项目更加公开、规范、健康地发展，本文提出优化水利PPP项目信息平台的建议。

一是深化部门协作。与财政部、国家发展和改革委员会沟通协调，开展深度合作，在已有的全国性PPP平台的基础上，结合水利项目特点和各级水行政主管部门管理需求，进一步优化完善相应模块。用好现有平台对行业主管部门开放的用户权限，充分发挥水行政主管对于水利PPP项目的服务和监督管理作用，督促实施机构、社会资本等相关单位及时更新信息，接受社会监督。以多方合作、信息公开、数据共享为前提，择机建立由水行政主管部门牵头的水利行业PPP信息平台。

二是优化项目分类。按照水利高质量发展六条路径，从国家水网重大工程、水资源集约节约利用、农村供水工程建设、流域防洪工程体系建设、河湖生态保护修复、智慧水利建设等方面，细化水利PPP项目二级分类。同时，为涉及多项内容的综合性项目设置多个分类标签，丰富分类查询、统计功能，提升精细化管理水平。

三是强化项目储备和推介。充分重视项目储备等前期工作，精心做好水利PPP项目谋划，及时发布相关信息，推动项目孵化，真正实现项目全生命周期管理。借鉴农业农村等领域PPP项目推介经验，选择一批前期工作较为成熟、市场化程度相对较高的水利项目，通过信息平台进行宣传推介，促进水行政主管部门、实施机构、咨询机构、社会资本、金融机构等相关单位之间的高效对接。

四是总结发布项目成败经验。开展水利行业PPP示范项目评选，明确项目的评选标准和示范意义，在信息平台上重点展示示范项目成功经验和实施成效，大力宣传优质PPP项目在提升财政资金使用效益、提高水利项目运营水平等方面的重要作用。总结提炼水利PPP退库项目经验教训，定期公开相关信息，让实施中的PPP项目引以为戒，引导拟应用PPP模式的新项目规范发展。

参考文献

[1] 陈茂山，庞靖鹏，严婷婷，等. 完善水利投融资机制 助推水利高质量发展 [J]. 水利发展研究，2021，21（9）：

37-40.

［2］庞靖鹏，罗琳，严婷婷，等．学习贯彻习近平经济思想　发挥水利领域资本积极作用［J］．水利发展研究，2022，22（7）：4-7.

［3］李香云，罗琳，王亚杰．水利项目 PPP 模式实施现状、问题与对策建议［J］．水利经济，2019，37（5）：27-30.

［4］包兴安．PPP 项目融资需求强劲 推动资产证券化进程提速［N］．证券日报，2022-01-14.

［5］财政部政府和社会资本合作（PPP）中心．全国 PPP 综合信息平台管理库项目 2021 年报［EB/OL］.（2022-03-17）［2022-09-25］．https：//www.cpppc.org/jb/1001650.jhtml.

重大水利项目 PPP 试点实施跟踪及适应性分析

罗　琳[1]　严婷婷[1]　吴宇涵[2]　庞靖鹏[1]

(1. 水利部发展研究中心，北京　100038；
2. 中国人民大学财政金融学院，北京　100872)

摘　要：作为公共服务供给机制和投入方式的重大创新，我国政府和社会资本合作（PPP）模式经历了从探索试点转向普及发展等阶段，近年来展现出了很强活力，跟踪国家第一批重大水利工程项目PPP试点情况，总结成功项目形成的有益做法经验和未采用PPP模式项目不适应原因，分析存在的困难和问题，可为今后一个时期水利领域"两手发力"工作，新阶段水利基础设施PPP的高质量发展提供重要参考。

关键词：PPP模式；重大水利工程；政府和社会资本合作；适应性分析

1　引言

近年来，水利部门不断探索完善水利基础设施PPP路径和相关政策，特别是重大水利项目PPP模式，为深化水利投融资改革提供了有力支撑。2015年5月，国家发展和改革委员会、财政部、水利部研究确定黑龙江奋斗水库、广东韩江高陂水利枢纽等12项重大水利工程为第一批国家层面联系的PPP试点项目，探索重大水利工程建设PPP路径模式。试点启动7年来，试点地区政府和有关部门大力推进相关工作。截至2022年5月，调研跟踪了试点采用或未采用PPP模式的典型做法，分析存在的困难和问题，总结可复制可推广的经验，可为今后一个时期水利基础设施PPP的高质量发展提供重要参考。

2　试点项目情况跟踪

2.1　7个试点项目成功实施

目前，成功采用PPP模式的项目为湖南莽山、重庆观景口、黑龙江奋斗水库、广东高陂、新疆大石峡、贵州马岭水利枢纽，以及四川大桥水库灌区二期等7个试点，共吸引社会资本117.5亿元，约占7项工程总投资的41.4%，其中资本金及融资金额占比分别约为15%和26%，项目平均投资约40亿元，是财政部全国PPP综合信息平台项目库中水利领域项目平均投资额的4倍，奋斗水库等项目入选了全国示范项目。项目类型均为具有一定供水、发电收益的准公益性项目，以城镇供水、防洪、灌溉等功能为主，兼具引水、发电、航运等综合利用功能，通常为整体建设—运营—移交（BOT）模式或部分模块采用BOT等合作方式，多数项目回报方式采用使用者付费加可行性缺口补助；社会资本方主要为联合体和水务运营投资人，个别为施工类投资人；项目建设运营期限较长，合作期限在29.5~48.5年（含建设期），其中最长的为大石峡水利枢纽。

2.2　5个试点项目未采用 PPP 模式

项目推进中5个试点项目未采用PPP模式。其中，福建上白石水库由于引入社会资本将造成中央预算内投资支持力度降低、难以达到10%使用者付费的入库标准、项目实施机构对项目法人干涉较多等原因，存在着不适用PPP模式的情况，由于涉及乌岩岭国家级自然保护区调整、可研重新修

作者简介：罗琳（1987—），女，正高级工程师，主要从事水利政策研究工作。

编等原因，工程尚未完成前期工作；四川李家岩水库、甘肃引洮供水二期因"两评一案"、逐级报批申请入库、开展社会资本方招募等工作存在较大困难，环节多且周期长，难以满足建设工期等要求，已明确退出 PPP 试点；浙江舟山大陆引水三期项目考虑到工期要求、与一二期工程边界关系复杂、社会资本融资优势不明显等因素，已放弃 PPP 模式。安徽江巷水库在实施过程中，由于项目收益测算达不到社会投资方投资收益目标，同时担心社会资本的逐利性会影响水价民生等因素，有关地方未与社会资本方达成合作意向。

3 落地项目的主要做法和经验

3.1 高位推动、科学指导项目实施

各级政府和相关部门高度重视，一些省份成立专题工作小组高位推动项目实施，各级主管部门健全工作机制、通力合作，委托专业机构开展试点实施方案编制等工作。贵州省相关部门联合成立了 PPP 试点工作小组，以重大水利项目联席机制为抓手，推进项目前期等工作，明确各部门审查推动 PPP 实施方案、招标方案、特许经营协议等责任分工。湖南省委、省政府将莽山水库列入省重点项目，在国家发展和改革委员会还未落实解决初设阶段较可研阶段增加的资金计划时，先期安排了 1 亿元配套资金，成立了宜章县莽山水库工程建设指挥部，并从水利、国土、财政等部门抽调 22 名工作人员组建了指挥部办公室。

3.2 积极推介、择优选择社会资本方

试点省份依法公开披露 PPP 项目信息，宣传提升项目吸引力。如广东省政府、新疆水利厅等召开了项目推介会，重点推介试点项目。贵州省由省水投与黔西南州水资源开发投资有限公司组成联合招标人，依托贵州省公共资源交易中作为交易平台，面向全国公开招募。黑龙江省通过发改委、财政厅网站等多种渠积极宣传，吸取首次招标失败的经验，将奋斗水库工程和供水二期工程打捆运作，并通过原水加工处理，提高水产品附加值进而增收提效，显著提升奋斗水库吸引力，最终明确中标联合体。大桥水库灌区二期实施方案形成中，接洽了 30 多个潜在投资人征询，奠定工作基础。湖南省考虑到莽山水库项目法人由三家联合体组建，由政府组织招标监理单位及勘测设计单位。

3.3 合理确定合作模式与风险分担机制

结合工程实际，灵活选取合理拆分、打捆打包、资源匹配等模式，是提高项目吸引力的重要途径[1]。莽山水库包含公益性功能，收入难以覆盖成本，采取模块化设计方式（BOT 和 BT）差异化吸引社会资本参与水库和灌区工程，授予项目公司水库库区旅游同期特许经营权等。观景口水库项目采用"原水+售水"一体化的方式，配置水厂 40 年特许经营权提升社会资本吸引力，建立了"固定总价、风险包干"的风险分担和激励机制。为调动马岭水利枢纽所在地黔西南州的积极性和主动性，突破省级水利建设资金管理相关规定，将中央补助中的 3 亿资金作为黔西南州的入股项目公司资金，负责项目建设中征地移民安置等工作；明确因配套设施不能满足项目供水需要导致的损失，由黔西南州承担；在初设范围内工程建设费用超出中标总承包价的部分，由社会资本方承担[2]。

3.4 加大政策优惠和支持力度

加大政策支持，是鼓励和吸引社会资本参与建设、保障项目成功运营的重要措施。奋斗水库 PPP 合同约定，政府可进行财政补贴或按照物价调整的规定程序调整水价，以补偿供水价格与实际供水价格之间的偏差。马岭水利枢纽由政府承担了水价、水量、电价不到位等协议约定的政府购买服务，赋予社会资本投资方收益优先分配权，明确政府投资不参与项目收益不佳时的分红[2]，仅按出资比例分配内部收益率超出 8% 的部分利润，为提高项目收益保障度，明确项目公司在工程运行中可灵活调整水量分配方案。高陂水利枢纽由地方政府协调电网供水给予优先购买承诺，当上网电价达不到预期时，落实税收优惠政策等政策，探索水库移民征地生产安置的长期补助方式。重庆市在观景口水库供水能力未完全发挥之前，不审批新取水点和水厂。

3.5 实行项目全周期的投建运管

社会资本参与全周期管理可有效减轻财政压力、提高资源配置效率。观景口水库项目采用"BOT+EPC"模式，由总承包人作为项目建设实施主体负责全过程协调管理，并接受政府、项目公司的监管，有效减低建设成本、提高实施效率。高陂水利枢纽项目法人负责项目招标、PPP协议管理、征地移民、建设监管和运营监督等建设运管；同时政府负责承担政策性投资风险，并给予税收等优惠政策；财政每年安排的可行性缺口补贴金额依据每3年政府对项目运营中期评估情况进行调整。大石峡水利枢纽项目公司明确了各年度建设资金安排和年度社会资本方出资，推动各方按合同履约，葛洲坝集团发挥大兵团联合作战优势，抽调专业技术强、能打硬仗的队伍驻守一线，工程建设管理局代表塔管局在工地现场履行项目实施机构职能与政府监督职能。

4 试点项目PPP模式适应性分析

4.1 落地项目存在的问题分析

一是存在设计不够周全、实施不够规范问题。PPP模式的组织形式复杂，涉及多方合作，周期较长，对于设计建设运营等过程中利益与责任的划分易出现不同层次的分歧，一旦PPP项目获批，根据市场变化调整的成本较高，增加了项目实施难度。部分PPP项目忽视全过程绩效管理，社会资本方可能关注施工期利润而忽视工程长期运管，甚至放弃特许经营权限中途退出，增加了运营风险。由于试点项目推行较早，个别项目法人公司组建不规范，如高陂水利枢纽PPP项目公司是由中标单位成立的全资子公司，而非政府与中标单位共同成立，在职责、权利划分方面不够清晰，需项目法人与项目公司在实施过程中进一步总结和明确。

二是项目实施能力滞后于相关工作要求。习惯于传统模式的地方水利部门普遍缺乏相关专业人才、PPP项目实施经验，如湖南省莽山水库政府没有完全落实项目法人制，项目法人无法实行全过程负责，导致磨合期较长；同时，项目建设资金被挤占、地方配套资金到位不及时，社会资本放也未按约定注资，导致灌区工程工期实施滞后。个别项目公益性较强，联合体筹资困难，如奋斗水库供水工程仅完成5%的投资进度，政府与社会资本方在项目融资、特许经营协议补充协议部分条款内容变更等存在意见分歧，影响了工程推进。

三是回报机制不稳定影响项目落地实施。我国水利工程和城市供水价格、水电上网电价等由各级政府价格主管部门负责管理，存在最终价格不及方案预期的风险。如高陂水利枢纽上网电价尚未获批，可能无法达到实施方案批复时推荐的上网电价，将影响项目公司的运营及偿债能力。观景口水库PPP协议中采用严格总价的EPC总承包模式，未明确原水价格以及工程预期效益，也未设置调价空间，若施工期间物价波动导致预期亏损，承包单位建设热情将明显下降，加大工程后期扫尾和验收难度。

4.2 未成功实施项目不适用PPP模式的原因分析

一是项目普遍对社会资本的吸引力不足。部分项目缺少现金流、收益来源单一或政府存在违约风险。如江巷水库、引洮供水二期工程等项目收益无法达到社会投资方投资年收益率（6.5%）目标，终未形成合作。部分项目边界不清晰，增加了PPP模式应用难度，如引洮供水二期工程叶堡（秦安）供水管线项目为引洮供水二期工程的一部分，边界无法清晰界定，不能清晰核算运营过程中的运营收入成本和拟投入资本的经济回报；大陆引水三期工程与一期、二期共用泵站等设备，工程运行维护等成本费用难以分摊，若三期工程单体开展PPP模式融资，易引起社会资本方利益和引水工程整体效益间的矛盾，增加调配水难度。

二是部分项目采用PPP模式的优势不突出。当前支持水利建设的政策性贷款、专项债券等力度较大，如2016年12月安徽省国开行以2.8%的年利率向江巷水库工程提供5.25亿元国家重大工程建设投资基金，有效解决了项目资本金中的3.85亿元社会资本金问题。部分准经营性项目认为PPP模式融资额度和成本优势有限，为最大限度争取中央投资补助，在可研等报审阶段拒绝采用PPP等创新投融资模式,如福建上白石水库。据舟山市水务集团有限公司 2016 年底测算,若大陆引水三期采取 PPP 模式,引入社会资本建设投资成本高于自筹建设成本,该工程以市场报价利率上浮 5 个基点的利率,争取到 15 亿元国开行信贷支持,较社会资本方要求的综合投资回报率(8%)成本下降了36%。

三是项目实施中受了到相关政策制约。PPP 模式推行初期相关管理制度和标准尚不健全,随着 PPP 及相关政策变化,影响了部分项目推进。如上白石水库属于新上水利类 PPP 项目,难以达到使用者付费比例不低于 10%的入库标准。舟山大陆引水三期工程在被列为试点项目时,已完成了立项和可研报告编制等工作,若采用 PPP 模式,涉及前期各项工作调整,将制约项目审批进度。李家岩水库项目于 2016 年开展了"两评一案"的编制和逐级报审工作,并启动了社会资本方采购,但由于政策变化无法入库,继续推进 PPP 模式困难较大且难以满足建设工期要求,目前依法按照特许经营模式推进。

5 相关对策建议

5.1 加强项目顶层设计

水利 PPP 模式应充分发挥政府在综合协调方面的优势,"先建机制,后建工程",建立健全 PPP 工作的领导组织机制、联席机制,梳理项目储备库,及时发布项目规划、采购需求等信息,健全与社会资本投融资对接机制,积极引导社会责任感强、具备资金实力和丰富经验的企业参与。加强对项目识别筛选,在符合国家行业和 PPP 政策导向基础上,对于前期工作条件较成熟的项目,应尽早论证是否采用 PPP 方式,防止虚假论证强行打包等行为,优化项目模式设计、完善实施方案编制,推动纳入财政部 PPP 项目信息平台库,避免在投资、设计环节产生大幅度变更,减少了社会资本方因设计方案不确定性带来的投资风险,推动更多大项目好项目通过 PPP 模式落地。

5.2 优化项目回报机制

综合考虑项目收益、资源配置、财政负担等建立合理的水利项目投资回报机制,拓宽使用者付费来源渠道,既充分调动其积极性,也要防止不合理让利或利益输送。充分发挥价格机制的关键作用,推动科学核定定价成本、合理确定收益水平,鼓励有条件的地区实行供需双方协商定价,在项目前期阶段约定意向价格,项目合同设置调价空间,完善相关收费机制和保障措施。明确水利 PPP 项目适度的收益和超额利润共享机制,充分考虑社会投资人合理收益和风险分担比例。项目包装策划时,综合考虑沿岸资源整合和开发,考虑水利项目与生态保护、乡村振兴、文旅开发、绿色资源等结合,将综合治理要素资源化和产业化,提高项目综合收益。

5.3 完善项目运作模式

针对重大水利工程开发存在前期工作量大、投资规模大、实施周期长、收益率低等问题,按照水利项目经营性、准经营性等特点,明确项目边界条件,合理划分工程模块或关联打捆打包等方式,分类研究适宜的 PPP 合作模式,采取灵活融资模式,制定操作的规程,指导地方加大引入社会资本的力度。探索推进设计-建设-运营(DBO)、项目总承包(EPC)等模式,提高社会资本参与的效率和运行管理水平。丰富社会资本退出路径,引导社会资本通过股权转让、资产证券化、不动产投资信托基金(REITs)等方式退出,充分发挥资金的撬动作用,盘活存量,优化增量。

5.4 加大各级政策支持

重大水利工程公益性强,涉及上下游、左右岸利益协调及征地移民等工作,全部交由社会资本方开展难度较大。考虑项目综合效益,政府给予相关政策支持可提升项目吸引力。加强要素保障,在项目审批、资金、用地、生态红线等政策方面予以倾斜。出台新的 PPP 政策应以保证原合同的有效性和公平性为前提,尽量保持 PPP 政策前后的连贯性和统一性。采用 PPP 等引入社会资本模式的项目,明确是否会影响相关预算内资金申请,最大限度地提升社会资本融资额度。加强项目绩效评估运用,推动可行性缺口补助项目从"补建设"到"补建设和运营"的转变。鼓励支持头部企业通过创新金融手段满足项目投融资需求，进一步深化政银企合作。

5.5 加强项目规范管理

加强 PPP 项目全周期监管，建立项目参与各方权责清晰的管理机制与激励约束机制，健全纠纷解决和风险防范机制。进一步明确 PPP 招标流程，如在可研批复后开展，参与设计、咨询等前期工作的单位不能再参与后续 PPP 的关联投标等。合理选定政府出资代表，对于直接参与工程设计、施工、监理的社会资本方，要严格监督其资质、合同订立、工程价款等。规范合同体系，充分征求政府相关部门、法律咨询机构和社会资本意见，保障双方长期友好合作。为进一步提高项目建设运营质量，结合项目特点设置绩效评价指标和办法，并与相关政府补贴、绩效付费等挂钩。加强信用管理，国家层面加大政府和社会资本双方违约责任同等追究的力度。

参考文献

［1］罗琳，严婷婷．社会资本参与重大水利工程建设运营投资回报机制分析［J］．中国水利，2018（2）：1-4.

［2］庞靖鹏．重大水利项目 PPP 试点经验总结与形势研判［J］．水利发展研究，2017，17（11）：12-17.

宁波市水资源水务一体化改革特点及其创新实践

张松达[1]　　陈银羽[2]　　徐辉香[3]

（1. 宁波市河道管理中心，浙江宁波　31500；

2. 余姚市水利水电设计院，浙江宁波　31500；

3. 宁波市水利学会，浙江宁波　31500）

摘　要：本文总结分析了宁波市水资源水务管理体制改革的分阶段改革过程，梳理了在水资源体制改革过程中重要改革关系的处理，对改革的成效和特点进行了详细分析。宁波市作为我国沿海发达城市和计划单列市，水资源和水务改革的有益探索，对我国的水资源水务深化改革具有很好的借鉴作用。

关键词：水资源；水务；改革；特点

1　分阶段改革过程

宁波水资源管理体制改革伴随着水利投资体制改革和水务体制改革逐步推进和深入，形成统一配置、统一调度、水务一体、分质供水的新体制和机制，大致分为四个阶段。

1.1　第一阶段：建立水利投融资平台

1995 年 12 月，宁波市水利局成立水利事业性质的宁波市水利投资开发有限公司，主要任务是水利投融资，重点是水利防洪和水资源工程建设、开展为水利服务的实业投资。初始的作用是一个水利投融资平台。这一阶段主要承担宁波市城市防洪工程建设和融资。

1.2　第二阶段：成立原水集团，实质推进水资源管理"四统一"

2005 年 12 月，围绕宁波中心城区供水紧张矛盾和水资源分散管理的现状，宁波市人民政府决定在宁波市水利投资开发有限公司的基础上，增资扩股，成立宁波原水集团有限公司。明确经营范围为以水资源为主的资源综合投资、开发、经营、管理、技术咨询、技术服务、技术开发、信息咨询服务及房地产开发等，主要资产由"八库一江"组成，八库即为白溪水库、横山水库、周公宅水库、皎口水库、亭下水库、横溪水库、三溪浦水库和溪下水库；一江即为姚江水资源，以姚江大闸资产进入原水集团。主要任务有：搭建水利建设投融资平台，引入发行企业债券、股权融资、信托产品等融资手段，加大投入，建设水资源工程；建立有效的水资源配置和调度体系，打破水资源行政界线，在全市范围内实行分区分质供水，提高水资源利用率；引入政府主导的适应市场经济发展的水资源经营管理体系，推进水利工程管理体制改革和水价改革，促进水资源可持续利用，缓解宁波中心城区水资源供需矛盾。这一阶段是宁波水资源管理体制改革的核心，也是实现水资源统一配置、统一管理、统一调度、统一经营的重要时期。

1.3　第三阶段：成立供排水集团，实现供排水一体化管理经营

2012 年 12 月，宁波市人民政府制订印发《宁波市水务管理运营体制改革总方案》，组建宁波市供排水集团有限公司，明确整合城市供水、工业供水和城市排水等水务资产，与宁波原水集团有限公司实行上下游分级经营，上游原水由原水集团经营，下游供水、排水由供排水集团经营。实现水资源优化配置，上下游协调管理。促进水务事业健康发展。2013 年 12 月，宁波市自来水公司、宁波工业

作者简介：张松达（1960—），男，正高级工程师，特约研究员，主要从事水利建设管理工作。

供水有限公司、宁波市城市排水有限公司进行资产重组，2014年5月，宁波市供排水集团有限公司正式成立。这一阶段标志着宁波市供排水事业步入一体化管理、企业化运作、市场化经营、产业化发展的新阶段，也标志着宁波市水资源管理进入上下游分段管理、优化配置、协调发展的新阶段。

1.4 第四阶段：成立水务环境集团，建立原水、供水、排水上下游一体化综合开发运营平台

2019年3月，宁波市新一轮机构改革将城市管理部门承担的城市供水、排水、节水和内河管理等涉水职能划入水利局，基本实现市区涉水行政管理一体化。2020年4月，为进一步实现水务一体化管理，将原有上下游分段管理的宁波原水集团和市供排水集团合并改组，组建成立宁波市水务环境集团，其功能定为：通过开展水务与环境项目的投融资、开发建设与运维管理，做好市本级水资源统一规划，整体调控与优化配置。逐步推进全大市涉水产业一体化运营管理，打造宁波市水务资源与环境治理综合开发运营平台。主要职责：保障和改善民生服务，切实保障全市居民高品质饮用水安全，进一步稳定完善供水保障体系；提升企业融资水平，加强企业整合，做大资产规模，降低负债水平，进一步提升投融资水平，为水资源开发、水务水利建设提供资金支撑；推动产业转型升级，推动水务企业由单一传统的水务运营向水务与环境协调发展转型，做好全市污水治理、污泥处理、中水回用及水环境治理、水生态修复和水资源保护利用等相关延伸产业的规划，实现以水带动产业发展、以水带动环境治理、以水带动城市宜居。2020年7月，宁波市水务环境集团有限公司挂牌成立，正式投入运营。开启宁波水资源、水务产业城乡地域一体；原水、供水、排水行业一体；水资源开发、利用、配置、节约、保护管理一体；规划、建设、管理、政策、监督工作一体的"四位一体"新模式。

2 重要改革关系的处理

2.1 资产权属关系。

宁波原水集团所属的八大水库和姚江水资源，其资产分属于宁波市级和鄞州、奉化、宁海等地水利部门，入股原水集团时，经评估确定各水源工程的净资产，折合股份到原水集团，资产权属不变。其中，宁波市级以白溪水库、周公宅水库和姚江水源工程资产入股，占37.5%，奉化市以亭下水库、横山水库资产入股，占33.9%，鄞州区以皎口水库、横溪水库、三溪浦水库、溪下水库资产入股，占28.6%。

2.2 政府、事业、企业单位三者关系

宁波原水集团成立时，宁波市政府明确市和区县（市）两级财政继续扩大水利建设资金的投入，如水库除险加固和重大改造项目仍有市县两级财政负担。各级水利部门根据国家《水法》等相关法律、法规规定，依法行使水资源调度、防洪、灌溉等行政职能。原水集团从事全市机关涉水行业经营时，服从政府水行政主管部门调度，纳入原水集团的原为事业性质的水库管理局（处）等单位的机构性质、人员编制、财政资金、社保渠道等保持不变。原水集团侧重于水库的经营和考核，水库的原有组织管理、安全管理和运行管理根据权利一致和属地管理的原则，仍有地方政府和水利部门管理，实行一套班子二块牌子运行。水务环境集团成立后，其子公司宁波市原水有限公司的主要任务为相关水库资产管理，水库各项管理事项委托具有事业性质的水库管理机构进行日常管理，双方签订委托协议。

2.3 财政投入与企业融资关系

新建水源工程资本金由市级财政安排，其余由原水集团融资。水库除险加固改造工程的资金由市、县两级财政负担，市级财政以补助的形式，按水库除险加固改造项目的补助政策予以安排，项目由地方水利部门负责建设。日常维护运行项目资金，均由原水集团负责安排。

2.4 水费与水价

原水集团所属各水库的水费、电费及综合经营收入，均统一由原水集团收取。原水水价由原水集团按集团成本统一核算，由上级价格主管部门确定统一水价。2005年集团组建前原水水价0.16元/m³，组建后到2006年调整为0.41元/m³，2009年又提高到0.58元/m³，2010年调整到0.68

元/m³，原水水价随着水源工程成本的提高而提高。

3 改革成效

3.1 水资源管理实现"四统一"

宁波市的大中型水库都分散在南部各区县（市），水资源分布不均，浪费严重，且宁波中心城区水资源供应严重不足。组建原水集团后，突破行政界限，将分散的水库优质水资源实行统一规划、统一配置、统一调度、统一管理，使水资源得到充分利用，并使宁波中心城区供水水资源得到充分保障。

3.2 供水工程实现"四网合一"

宁波原水集团和供排水集团组建以来，投入 100 亿元，建成白溪等十座大中型水库组成的宁波市水库群联网联调工程，形成水库原水联网，水源供水能力达到 200 万 m³/d；建成以东钱湖等五座大型水厂为主体的供水环网工程，形成水厂清水联网，日制水能力达到 200 万 t/d；建成以姚江大工业供水水厂和供水专线组成的大工业供水工程，形成大工业供水专网，向临港大工业日供水 50 万 t；建成以曹娥江至慈溪引水工程、曹娥江至宁波引水工程和钦寸水库引水工程为主体的宁波市浙东引水工程，形成境外引水网，向宁波境外年引水 7 亿 m³ 以上。"四网合一"实现联网联调，互为联通，以调蓄水库、供水水厂为重要节点，优化配置，分质供水，应急互保的现代化用水新格局。

3.3 分质供水格局全面形成。

水库水优质水通过五大供水水厂直接向城市生活供水，改变了改革前水库水向生活和所有工业用水混用的局面，实现优水优用。优质水供水比例从原水集团组建前的 43%，提高到 2020 年年底的 100% 以上。供水规模已达 200 万 m³/d，让市民都喝到水库优质水。姚江河网水通过大工业水厂直接向位于北仑区、镇海区的临港大工业供水，向镇海炼化、LG、台塑等 16 家大工业企业供水，大工业水厂供水规模达到 50 万 m³/d。宁波浙东引水水源进入慈溪、余姚和宁波城区，向城市生态调水，通过清水环通，改善城区水环境。宁波市分质供水体系格局全面形成，真正实现了水库河网和生活工业分质供水，优水优用。

3.4 加快推进水源及配置工程

原水集团组建后，投资规模扩大，大型水源及配置工程相继建成。承担了境外钦寸水库和宁波市水库群联网联调西线工程等两项省重点工程建设任务，完成投资约 80 亿元。在钦寸水库境外建库、移民众多、投资巨大的困难情况下，在较短的时间内，完成总库容 2.44 亿 m³ 的钦寸水库建设，创建了宁波市与绍兴市合作建库、分担移民、定量供水、利益共享的境外引水模式，2020 年 6 月实现向宁波供水，年供优质水 1.26 亿 m³，为宁波城市供水提供大量优质水源。十库联网的水库群联网工程建成供水隧（管）道 269 km，通过优化配置和调度，增加水库可供水量 5 000 万 m³ 以上，较大幅度提高宁波城市水资源利用率。目前，向城市供应优质水规模已达 200 万 t/d。

3.5 全面提升应急互保能力。

水库群联网联调和供水环网互通，使所有供水水库的原水互联互通，所有供水水厂的清水互联互通，彻底改变了过去水库与水厂单一供水，水厂单一区域供水的独立分割局面，有效应对水源及输水工程突发性事件和局部区域水源不足困难，极大提高城市水资源供给安全保障能力和水平。城区已建成桃源水厂（50 万 t/d）、毛家坪水厂（50 万 t/d）、东钱湖水厂（50 万 t/d）、江东水厂（20 万 t/d）、北仑水厂（30 万 t/d）等五座供水水厂，并建成与各水厂互联互通的 DN2000 清水环网 47.3 km，形成水厂联供、统一调配、平衡水压、应急互保的供水运行模式。

4 改革特点

4.1 循序渐进，分步推进水资源水务改革

宁波市从 1995 年成立水利投资公司到 2005 年组建原水集团、2013 年组建供排水集团，再到

2020 年合并组建水务环境集团；从开始的单一水利投融资平台到后来的原水、供水、排水上下段经营，再到现在的水资源水务产业一体，原水、供水、排水一体化经营管理，总共用了 15 年时间，一步一个脚印，循序渐进，分步推进，解决了一个又一个困难和矛盾，形成了原水、供水、排水上下游一体的水资源水务管理和经营改革新模式。

4.2 水务改革与水利行业体制改革同步推进

面对水务一体化改革中的各个行业管理分割问题，宁波市在 2019 年的机构改革，确立了宁波市水利局作为供水、排水行业的主管部门，把原属于城管部门管理的城市供水、排水和节水职能划入水行政主管部门。新组建的市水利局新增全市供水、排水、节水的行业管理，以及对管网设施的维修、养护、监管，负责供排水特许经营管理，做好对供、排水企业的行业指导等，并承担宁波市水务环境集团的行业指导。在此基础上，逐步理顺市级与县（区、市）上下机构对应，鄞州、象山等区县水利部门在职能上也已建立水务一体管理的政府职能，其他县（区、市）也在逐步对应完善。

4.3 板块整合，全面推进县市两级水务运行一体化

2022 年开始，宁波市根据全市水务企业发展现状，正在进一步推进三大板块的整合，即市区供排水优质资源整合上市，整合全市水资源板块，整合县（市）供排水板块及区属非优质供排水资产。区属优质资产与市水务环境集团资产整合，完成股份制改造，逐步推进企业上市；区属水资源资产投资入股，完成全市供水水库及原水管网的资产整合；相关县（区、市）属地供排水企业优质资产整合到水务投资公司。三大板块的整合，必将进一步推进全市"大水网"建设和水务企业一体化改革，实现市县两级运行一体化、水务产业链一条龙，通过集团化、资产化运作，提升投融资能力，打造与市场经济相适应，与经济发展水平相匹配，与人民群众获得感、幸福感和安全感提升相协调的新时代水务企业一体化格局。

5 结语

宁波市是我国东部沿海经济发达城市，但又是缺水城市，如何保障水资源在城市经济社会发展中的可持续利用，是宁波市的一项重要任务。15 年来的水资源和水务体制改革，走出了一条原水、供水、排水上下游管理和经营一体、水利水务行业管理一体、市县两级运行一体的水资源水务一体化改革之路，创造性地建成了水库群原水联网、水厂群清水环网、大工业供水专网和境外引水专网等"四网合一"互联互通的供水网，实现了优化配置、科学调度、分质供水、应急互保的现代化用水新格局。

参考文献

[1] 陈家琦，王浩，杨小柳，等. 水资源学 [M]. 北京：科学出版社，2002.

[2] 华士乾. 水资源系统分析指南 [M]. 北京：水利电力出版社，1998.

[3] 张松达，夏国团，王士武，等. 水库群联合调度实用方法与应用 [M]. 杭州：浙江大学出版社，2013.

[4] 郭旭宁，何君，张海滨，等. 关于构建国家水网体系的若干考虑 [J]. 中国水利，2019（15）：1-4.

[5] 张松达，夏国团，苏飞. 水库原水及其管理战略问题探讨 [C] //流域水循环与水安全——第十一届中国水论坛论文集，北京：中国水利水电出版社. 2013.

高质量发展背景下水利工程精细化管理机制探讨
——来自于江都水利工程精细化管理的调查

袁汝华[1,2]　孙雨欣[1,2]　陈建明[1,2]　邓舒月[1,2]

(1. 河海大学商学院，江苏南京　211100；
2. 河海大学水利经济研究所，江苏南京　211100)

摘　要：在推动水利工程高质量发展的背景下，为给水利工程管理工作提供新的思考，本文根据江苏省江都水利工程管理的成功实践，总结了江苏省有关的先行实践与江都水利工程精细化管理模式与管理效果，分析了水利工程精细化管理机制，从前提条件、途径和保障措施三个方面对完善水利工程精细化管理机制提出建议，优化精细化管理在水利工程管理中的有效运用，为水利工程管理单位提供管理经验借鉴。

关键词：水利工程管理机制；精细化管理；江都水利工程

1　引言

"十四五"时期经济社会发展的主题是推动高质量发展，贯彻落实党的十九届五中全会精神，推动新阶段水利工程运行管理高质量发展，对水利工程管理提出新的更高要求，更为注重质量和效益，创新水利工程管理体制机制。为适应新时代治水理念和高质量发展的现实要求，突破传统管理机制，有效改变水利工程粗放的管理模式，江苏省水利厅运管处联合江都管理处，提出以精细化管理作为解决问题的切入点。随后，以江都管理处为精细化管理试点，探索精细化管理模式并取得一定成效。

2　江都水利工程精细化管理

被称作"江淮明珠"的江都水利枢纽工程，不仅是"江水北调"的龙头，也是"南水北调"东线工程的源头。工程不仅为北方缺水地区送去了汩汩清水，也为促进苏北地区经济社会发展作出了巨大贡献。江都水利工程管理处是全国水利行业标杆和窗口单位，获得"国家级水管单位"等50多项荣誉，并凭借"水利枢纽精细化"质量管理模式获得中国质量奖提名奖，充分肯定了推动精细化管理的成果。

2.1　水利工程精细化管理的含义及重要性

在管理标准细分与系统规范化的基础上，精细化管理采用信息系统化等手段，组织管理各单元精确、高效、协同和持续运行的管理模式[1]。同时也是全链条管理，从管理者到操作者，从精神层面到物质层面，从管理行为到管理方式，从制度建设到操作流程，全方位体现工程管理单位精益求精、务实高效的管理理念。精、准、严、细是精细化突出特征，即精确的工作目标、准确的工作流程、细致的工作任务与态度、严格的工作要求。

水利工程精细化管理的关键在于将精细化管理核心理念根植于水利工程管理整个过程，通过优化

基金项目：国家自然科学基金（71774048）。

作者简介：袁汝华（1962—），男，研究员，从事资源与环境经济理论、技术经济及管理、水利经济政策研究工作。

任务目标、健全管理规章制度、确立作业标准、规范操作流程、提升效能评估、构建服务平台等方式，完善水利工程管理工作，确保每一管理单元严格执行管理规则，实现高精度细节管理，充分体现水利工程管理工作的系统性、有效性与精确性，保障水利工程效益与安全运行[2-4]。

精细化是更高要求的管理，精细化管理体现了先进的管理理念。在推进水利高质量发展和现代化建设的新形势下，水利工程管理要进行与时俱进的创新与迭代升级。因此，探索精细化管理理论指导水利工程管理的新思路与新方式，构建符合水利现代化要求的精细化管理方式，能够加快水利工程转变管理模式，提高管理质量，充分发挥水利工程的综合功能，为水利高质量发展提供方向与思路。江苏水利工程管理的积极探索与实践成果，印证了精细化管理在现代水利工程管理中运用是有效可行的。

2.2　江苏水利工程精细化管理的先行实践

自 2015 年起，江苏省水利系统在规范管理基础上，创新管理模式，以精细化管理为理念，以安全运营为目标，进行水利工程精细化管理试点，突出主题，树立典型，积累经验，持续推进，不断完善创新，构成了较为成熟、完整的精细化管理理论和技术标准体系。同时，相继出台了《江苏省水利工程精细化管理实施意见》《江苏省水利工程精细化管理评价办法（试行）》和评判标准。针对精细化管路的目标与实施步骤，发布《江苏省水利工程管理考核办法》与配套的《江苏省水利工程精细化管理工作手册》，以此指导精细化管理工作实施，推动评价标准落实。2021 年编写了《江苏水利工程精细化管理丛书》，涵盖了泵站、水闸、水库以及堤防精细化管理，全面梳理了精细化管理的内容，从管理的任务、标准、制度、流程、考核及平台等六个方面，对精细化管理提出了明确具体要求，为水管单位精细化管理工作提供明确的指引，标志着江苏省水利工程精细化管理工作取得重要成果。

2.3　江都水利工程精细化管理模式

江都水利工程精细化管理模式[3] 从精细化管理理念、内容、探索实践、手段四个方面展开。

（1）引入精细化管理理念，搭建基础理论体系，创建水利工程精细化管理的原则、工作体系和实施方式，由易到难逐步探索，以点带面进行推广。

（2）精确工作目标任务，通过坚持目标导向，编制工作手册和任务清单，细化每一个单元工作，明确工作要求并出台《江都水利枢纽工程精细管理考核办法与标准》。

（3）健全管理制度体系，通过不断修订完善规章制度，明确管理工作标准，规范管理作业流程，实施全流程闭环式过程控制，落实工作岗位职责，形成较为完善且有效的管理制度体系。

（4）强化管理效能考核，通过组织多形式多层次的考核评价，制定完善考核标准与办法，量化考核细则，逐级细化责任落实，构建管理效能考核评价体系。将考核评价常态化，考核结果与评先评优、收入绩效等相关联，做到考核评价全过程控制，绩效奖惩透明化。

（5）创建信息管理平台，有益于提升工程管理水平，提高工程管理运行效率，精细化落地进度可视化。

（6）开展精细化管理模式研究，创建树立典型、以点带面、先易后难、循序渐进、逐步推进、持续创新改进的方法，将水利精细化管理模式用于全方位的管理。从精细化管理理念、精细化管理实践探索、精细化管理内容、精细化管理手段等方面分析总结精细化管理经验与模式，形成可复制、可推广的精细化管理模式，不断完善精细化管理模式，如图 1 所示。

2.4　江都水利精细化管理效果分析

江都水利工程管理处在水利工程精细化管理探索与实践方面展开了长期的探索和总结，目前已经在水闸泵站、财务及河湖管理等方面全面融入精细化管理思想。

运用层次分析法、SBE 美景度评判法等方法[4]，进行江苏省 2017—2020 年典型水利工程精细化管理成效分析，典型水利工程选取的是首批通过水利工程精细化管理评价验收的工程。从定量指标来

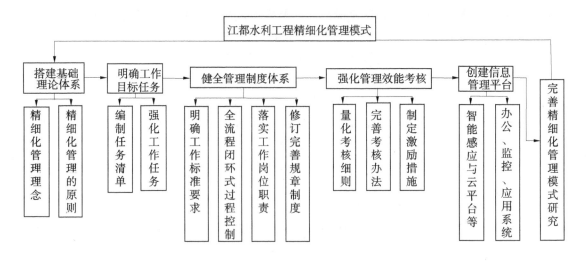

图 1　江都水利工程精细化管理模式

看，成效层面建筑物完好率、设备完好率、管道效率等 13 个指标，综合评价值大部分都是逐年增长，且与江苏省其他典型水利工程相比，江都水利工程领先。江都水利精细化管理效果分析结果肯定了精细化管理在工程状况、安全运行、精准调度、提升效能、提高水平等方面的管理效果，充分说明了推进水利工程精细化管理方向是正确的、方法是可行的、成效是显著的。

3　水利工程精细化管理机制分析

3.1　吸收先进管理理念，营造精细化管理氛围

精细化管理机制能很好地解决了现存的水利工程无法严格落实建设程序、工程运行管理与建设脱节等运行管理的问题[5]。

水利工程管理是当代管理理念，将精细化管理创新理念用于水利工程运行管理过程中，用精细化管理理论指导水利工程运行管理的实践，是水利工程运行管理向高质量发展转变的最好印证。水利工程管理单位担负着水资源管理、水生态改善等一系列重要职责，以安全效益为出发点，以创新管理为驱动，探索体现水利工程高质量发展的精细化管理模式，推动水利工程管理体系和管理能力现代化。

3.2　良好运行管理基础，构建精细化管理体系

精细化管理是在制度化、标准化、规范化管理基础上，对工程管理的更高目标的追求。例如完备的工程设施、较好的管理体制机制，高素质的管理人员等，外加现有先进的高科技技术，构建系统性信息化平台，为全面有效推进精细化管理提供有力的支撑。

3.3　探索完善管理模式，加快高质量发展步伐

2020 年年底，江苏省江都水利工程管理处、江苏省秦淮河水利工程管理处、江苏省洪泽湖水利工程管理处三河闸管理所率先通过精细化管理单位验收，为精细化管理在江苏省水管单位推广提供了典型示范。按照实践、总结、实践的思路，基于先期典型单位的探索经验，结合理论研究，从精细化管理理念、探索实践、管理内容、管理手段等方面分析总结精细化管理经验与模式，积极推广精细化管理模式，提高精细化管理成效，更好完成水利高质量发展的目标。

4　完善水利工程精细化管理机制的建议

4.1　精细化管理应用水利工程管理的条件

水利工程精细化管理，是为了打破固有的思维定式，开启水利工程运行管理的创新，达到提高水

利工程管理质量成效与水平的目标，因此首先立足当前管理基础，树立高远管理目标，坚持以精细化管理为发展方向，以管理创新为根本动力，对标对表，加强顶层设计，统筹规划，以工程管理精细化促进管理现代化。其次贯彻精细化管理理念，做到全过程全员参与闭环式管理，营造构建精细化管理模式的良好氛围，从而优化精细化管理模式。最后提高综合管理能力，健全人才管理制度，明确岗位责任，职责履行到位，提高推进精细化管理的能力水平。

4.2 实施水利工程精细化管理的途径

推广实施水利工程精细化管理的单位要充分认识应用精细化管理的价值，突破旧思想，在意识、方式和手段等方面进行创新，构建现代精细化管理理念，将其延伸至工作细分的每一个环节与责任个人。在管理单位内部应实行定员定岗定责、定考评、定奖罚的规则，推进管理体制深化改革，不断创新管理模式和内部奖惩激励机制，做到责任到岗到人，职能边界清晰，形成良性的管理体制和有效的激励机制。同时，严格落实考核制度，实行管理全过程闭环式动态化管理，保证动态化管理的科学性与合理性，提高运行管理的效能。

从管理外部环境来说：首先依托智能感应、云平台与人工智能等现代科技，推进工程监测、安全鉴定、工程维修、工程实时运行状况等信息化智能化建设，积极探索水利工程运行管理新业态，实现运管工作系统化、全过程、可追溯，提升管理效能，让管理工作落实更到位，调度控制更精准，过程管控更规范，信息掌握更及时，成效评价更科学。其次在已有的成就经验上，以点带面，拓展延伸，形成工作合力、整体效应，促进各项工作实现全面协调高质量发展。

4.3 水利工程精细化管理的保障措施

资源保障是精细化管理实施的基础。高质量发展离不开高质量人才，通过加强学习性组织建设，注重宣传培训教育，切实可行持续推进精细化管理，为推进水利工程高质量发展给予人才支撑。管理经费、工程运行维护费应及时落实，满足高阶管理要求，从而为精细化管理推进提供基础保障[6-7]。

考核制度是严格落实精细化管理的核心。应切实落实工作责任，细分目标任务，健全管理制度体系，做到各类规章制度的全覆盖，结合绩效分配机制改革，完善内部考核激励机制，推行定员、定岗、定考核、定奖惩，不断激发管理队伍干事创业的积极性、创造性，提高工作的执行力和时效性，更好地完成精细化管理目标。

推进精细化管理是促进水利工程管理高质量发展的重要手段。现阶段精细化管理在水利工程管理中的运用处在初始阶段，仅在江苏省内广泛推广且各地区单位之前发展程度不平衡，因此加大对推进精细化管理的宣传力度，使精细化管理更迅速地融入水利工程管理实践活动。

5 结语

近年来，江苏省水利厅坚持积极主动探索水利工程精细化管理，通过理论联系实际并指导实践，逐步探索形成了水利工程精细化管理新模式，促进了运行管理水平全面提档升级。推行精细化管理妥善解决了水利工程长时间疲劳运行和非设计工况运行出现的问题，工程状况明显改善。通过对水利工程精细化管理基础理论研究与江都水利工程的实践探索表明，精细化管理科学理论能够指导水利工程管理实践，对推动水利工程管理提档升级具有十分显著作用，具有推广应用价值。推动水利高质量发展，水利工程推广应用精细化管理模式势在必行。

参考文献

［1］汪中求，吴宏彪，刘兴旺．精细化管理［M］．北京：新华出版社，2005.

［2］周灿华，郭宁，魏强林，等．水利工程精细化管理模式及实践研究［J］．水利发展研究，2019，19（11）：39-

44，65.

[3] 袁汝华，王晓宇，夏方坤，等．江苏省典型水利工程精细化管理成效分析 [J]．水利经济，2021，39（6）：36-42，79.

[4] 陈建明，李美枫，袁汝华，等．水利工程精细化管理组合评价与实证分析 [J]．水利经济，2020，38（6）：37-42，82-83.

[5] 孟思翘．科学化的水利工程运营管理机制推行策略研究 [J]．内蒙古水利，2020（11）：76-77.

[6] 陈昌仁，周和平，陆美凝，等．关于水利工程精细化管理的几点思考 [J]．江苏水利，2020（4）：63-67.

[7] 韩记．水利工程管理现代化与精细化建设的思考 [J]．海河水利，2021（6）：68-69，76.

基于福建省河长制实践评价的能效提升路径分析

陈建明[1,2]   邓舒月[1,2]   袁汝华[1,2]   孙雨欣[1,2]

（1. 河海大学商学院，江苏南京   211100；

2. 河海大学水利经济研究所，江苏南京   211100）

摘　要： 依据福建省全面推行河长制的实践，以全面推行河长制总结评估体系为基础，构建基于熵权法的
全面推行河长制能效评价模型，评价表明福建省全面推行河长制能效为优秀。根据福建省河长制
实践的经验与评价结果，为实现河长制从"有名有实"到"有能有效"，提出了要基于长效提升
机制、持续提高治理质量与效率、满足社会公众利益的河长制能效提升路径。

关键词： 河长制；核查评估；福建省；熵权法；能效评价

1 引言

自 2014 年实施河长制以来，福建省落实"河长制"促进"河长治"，打造出了一幅河畅、水清、
岸绿的美好画卷。福建省连续三年获得国家资金奖励，中共中央办公厅、中共中央办公室也曾多次介
绍福建省六大组合拳、福州市城区水系综合治理、泉州市"六项机制"等河长制成功经验并向全国
推广。截至 2018 年年底，福建省共设河长办 1 182 个、河长 5 829 名、河道专员 13 231 名，河湖长制
创新引领始终走在前列，从"有名有实"逐渐向"有能有效"转变。

河长制"有名有实"是指河长制的建立与落实，"有能有效"是指河长制治理各层机制作用完
善、成果显著、效益斐然，衡量河长制是否"有名有实""有能有效"，可以进一步发现问题，为河
长制赋能增效[1-2]。全面调查福建省推行实践是否"有名有实""有能有效"，能为全国全面推行河
（湖）长制、提高流域治理能效，提供可复制推广的经验借鉴与参考思路。

2 福建省全面推行河长制的成效评估

2.1 全面推行河长制的总结评估

2018 年年底全面推行河长制湖长制的总结评估在全国 31 各省（自治区、直辖市）展开[3]。根据
《全面推行河长制湖长制总结评估技术大纲》中的要求与总结评估指标体系，将各项指标分类："河
长组织体系建设、河长制制度及机制建设情况、河长履职情况、工作组织推进情况"衡量河长制各
项措施工作是否有"有名有实"，"河湖治理保护及成效"衡量河长制度是否"有能有效"。

在此次核查中，对比全国其他省份全面推进河长制的情况，福建省评分最高，五个一级指标自评
100 分，核查 99.6 分，其中河（湖）长组织体系建设完善情况 25 分，河（湖）长制制度及机制建设
到位情况 15 分，河（湖）长履职尽责情况 12 分，工作组织推进情况 16 分，对标核查均满分；河湖
治理保护及成效情况总分 32 分，核查 31.6 分（现场核查发现两处问题扣分 0.4）。

总体来看，福建省河长制湖长制已实现"有名有实"，基本实现河湖治理保护工作"有能有效"，
各项指标处于国内领先水平。其他各省基本实现河长制的"有名有实"，但河长制实践真正实现"有
能有效"仍有所差距，部分省市在河长制"有名有实"层面还需进一步落实，见表 1。

作者简介： 陈建明（1966—），男，河海大学商学院副研究员，主要从事产业经济学、投资学、技术经济及管理等方
面的研究工作。

表 1 全国典型省份河长制核查评估得分

序号	省份	有名		有实		有能有效	总核查分 (100分)
		河（湖）长组织体系建设 （25分）	河（湖）长制制度及机制建设 （15分）	河（湖）长履职情况 （12分）	工作组织推进情况 （16分）	河湖治理保护及成效 （32分）	
1	福建省	25	15	12	16	31.6	99.6
2	山东省	24.99	14.91	11.89	15.93	31.4	99.12
3	浙江省	25	15	11.99	15.49	31.62	99.1
4	湖北省	25	15	12	16	29.88	97.88
5	安徽省	25	15	12	15.95	29.8	97.75
6	重庆市	25	15	12	16	29.67	97.67
7	青海省	24.99	15	11.92	15.95	28.95	96.81
8	河北省	25	14.55	10.99	16	30.13	96.67
9	江苏省	24.9	15	11.99	16	28.75	96.64

2.2 全面推行河长制能效评价

为进一步分析河长制推行是否"有能有效"，从河湖水质及城市集中式饮用水水源水质治理成效、地级及以上城市建成区黑臭水体整治成效、河湖水域岸线保护成效、河湖生态综合治理成效、公众满意度调查五个方面，构建全面推行河长制能效评价模型。统计全国已全面建立河长制的 31 个省（自治区、直辖市）全面推进河长制能效评估数据，分析各地区河长制治理能效，依据水利现代化指标体系等级和标准[4]，能效评价等级分为优秀（95~100 分）、良好（90~95）、合格（80~90）、不合格（<80）。

2.2.1 基于熵权法确定客观权重

依据 31 个省 2018 年各能效指标的数据，建立决策矩阵 $X = (x_{ij})_{mn}$，其中 m 为指标数量，n 为省市序号，本评价模型中各指标均为正向指标，将原数据标准化消除量纲影响：

$$r_{ij} = \frac{x_{ij} - x_{i\min}}{x_{i\max} - x_{i\min}} \tag{1}$$

式中：r_{ij} 为第 j 个地区第 i 个指标的标准化数据；x_{ij} 为第 j 个地区第 i 个指标的原始数据；$x_{i\max}$、$x_{i\min}$ 为各地区中指标 i 的最大值、最小值。

利用熵权法测算各指标的变异程度，即信息熵，并计算出第 i 项指标的权重：

$$H_i = -\sum_{j=1}^{n} f_{ij} \ln f_{ij} / \ln n \tag{2}$$

$$f_{ij} = (r_{ij} + 1) / \sum_{j=1}^{n} (r_{ij} + 1) \tag{3}$$

$$\omega_i = (1 - H_i) / \left(m - \sum_{i=1}^{m} H_i\right) \tag{4}$$

式中：H_i 为第 i 项指标的熵值；f_{ij} 为第 i 项指标第 j 个地区占该项指标的比重；ω_i 为第 i 项指标的熵权。

构建出全面推行河长制能效评价模型，详见图 1。根据信息熵及权重系数，信息熵越小指标权重越大，在各省市能效提升过程中，河湖水域岸线保护的熵最小，不确定性最大，权重为 28.19%，河湖生态综合治理次之，权重为 25.31%，该两项指标在能效评价体系中影响最大，未来能效提升中应首先加强对于河湖水域岸线的保护与河湖生态的综合治理。

		信息熵值 e	信息效用值 d	权重系数 ω
全面推行河长制能效评价体系	河湖水质及城市集中式饮用水水源水质过标情况	0.983 8	0.016 2	18.95%
	地级及以上城市建成区黑臭水体整治成效	0.989 8	0.010 2	11.92%
	河湖水域岸线保护成效	0.976 0	0.024 0	28.19%
	河湖生态综合治理成效	0.978 4	0.021 6	25.31%
	公众满意度	0.986 7	0.013 3	15.63%

图 1　全面推行河长制能效评价模型

2.2.2　全面推行河长制能效评价结果

利用构建的能效评价模型，计算 31 个省（自治区、直辖市）的能效评价结果，全面推行河长制能效评价为"优秀""良好"与"合格"的省份及评分见表 2，浙江省、福建省在"有能有效"上取得突出成绩，评价为优秀。

表 2　全面推行河长制能效"优秀""良好"与"合格"的省份

	水质达标情况	黑臭水体整治情况	岸线保护情况	生态综合治理情况	公众满意度调查	能效评价分值	能效评价等级
浙江	100	100	91.5	100	100	97.60	优秀
福建	100	100	100	84.4	100	96.06	优秀
山东	100	100	100	76.7	100	94.09	良好
四川	100	100	46.3	100	100	84.86	合格
河北	100	100	80.5	61.1	100	84.67	合格
宁夏	100	100	61.5	84.4	95.2	84.47	合格
西藏	100	100	44.1	98.4	100	83.84	合格
湖北	100	100	71.4	84.4	70.1	83.31	合格
江西	100	100	66.4	68.9	100	82.66	合格
新疆	100	100	72.3	61.1	100	82.33	合格
安徽	100	100	77.6	53.3	100	81.88	合格

2.3　福建省全面推行河长制成果分析

在全面推行河长制总结评估体系中，福建省河湖长制体系建设、制度及机制建设、履职情况、工作推进情况均为满分，福建省河长制湖长制工作开展深入，组织体系建设到位，各项制度及机制有序推进，省市县乡四级河（湖）长认真履职尽责，人民满意度大幅提升，已实现全面推行河长制"有名有实"，基本实现"有能有效"。

在全面推行河长制能效评价中，福建省河长制能效评价为优秀，全面推行河长制成效显著，是全国实现河长制从"有名有实"到"有能有效"的典型范例。但福建省对于河湖生态综合治理方面还需加强，在将福建省经验推广至全国的过程中，各地应结合当地特色专攻水岸线保护与生态治理的同时，也要注重水质的治理与公众满意度的提高。福建省河长制总结评估赋分见表3。

表3 福建省河长制总结评估赋分

序号	一级指标及分值	序号	二级指标	分值	各级核查分		
					省	市	县
一	河（湖）长组织体系建设（25分）	1	总河长设立和公告情况	4	1	1	2
		2	河（湖）长设立和公告情况	9	3	2	4
		3	河（湖）长制办公室建设情况	9	3.5	3	2.5
		4	河（湖）长公示牌设立情况	3	1	1	1
二	河（湖）长制制度及机制建设情况（15分）	5	省、市、县六项制度建立情况	4	2	1	1
		6	工作机制建设情况	8	4	2	2
		7	河湖管护责任主体落实情况	3	1	1	1
三	河（湖）长履职情况（12分）	8	重大问题处理	8	4	2	2
		9	日常工作开展	4	2	1	1
四	工作组织推进情况（16分）	10	督察与考核结果运用情况	6	2	2	2
		11	基础工作开展情况	6	5	0.5	0.5
		12	宣传与培训情况	4	2	1	1
五	河湖治理保护及成效（32分）	13	河湖水质及城市集中式饮用水水源水质达标情况	9	9	0	0
		14	地级及以上城市建成区黑臭水体整治成效	4	4	0	0
		15	河湖水域岸线保护成效	9	8	1	0
		16	河湖生态综合治理成效	4.6	4.6	0	0
		17	公众满意度调查	5	5	0	0
合计				99.6	61.1	18.5	20

3 基于福建省河长制实践经验的能效提升路径

福建省河长制治理以制度及机制建设为保障，明确了工作思路与方向，以福州市、三明市、泉州市、莆田市与南平市为代表，不断地实践探索为河长制从"有名有实"到"有能有效"积累了成功经验，总结出一条具有特色且可复制推广的河长制能效提升路径。

3.1 提升治理质量：新型管养分离模式

福建省范围内探索河长制度新型"管理+养护"模式——管养分离模式，形成"机制活、产业优、百姓富、生态美"的河长制治理机制。

（1）在管理方面，打造生态经济，如三明市大田县推进水土流失治理"五园"模式，保护河湖的同时，打造光伏发电、乡村休闲旅游、特色农业等项目；泰宁县"河长+渔业合作"模式，以合作社的方式享有河道养殖经营权，并承担对河流的清洁和管理；南平市《水美城市建设规划》编制，构筑"山、水、城、人"融合的水岸经济模式。

（2）在养护方面，着重加强水域岸线保护、生态治理，同时关注河湖、饮用水水质与黑臭水的治理。如泉州市建立水资源动态管理系统，强化重点巡查的具体位置与检查内容，通过对水资源优化调度和对重点排污企业、重点取用水户、重要河道、饮用水源地等进行实时监测、实时预警，提升水资源质量能级。

3.2 提升治理效率：智能技术+创新管理

利用先进智能技术，为河长科学决策与管理提供技术支持，提升精细化管理效率。例如在全国率先投入运行的福建三级河长制指挥管理系统，其中三明市河长制智慧管理平台为典型代表，覆盖全市10个县区、100多个乡镇，建立了以市党政领导为核心的河长制组织体系，通过市、县、乡、村四级河长（河段长）、三级河长办、河道专管员联合参与进行日常工作，形成动态式管理。福州市城区水系联排联调中心也同样运用了数字化技术，实现全程上千个河、湖、库、池等"厂网河"一体化管理，信息处理更便捷更高效。

3.3 提升公众满意度：三位一体治河理念与全民治水

福建省坚持系统治理与民众结合，突出治理旨在为民，提升公众满意度。

（1）首次提出"防洪保安、生态治理、文化景观"三位一体的系统治河理念，更能打造出公众满意的典型样本，其中以木兰溪样本为最为典型，莆田市牢记习近平总书记"变害为利、造福人民"的殷殷嘱托，大力推动木兰溪全流域系统治理，取得了显著成效。

（2）全民参与治理，也可使民众获得参与感，提升满意度。除较具特色的"河小禹"专项行动外，莆田积极引导各大宫庙董事会、妈祖义工队、老人协会等关心参与河湖管理保护，三明市大田县也成立了全国首个注册登记的河长协会，激发民众力量助推治理能效。

3.4 建立长效提升机制：治水管理创新机制

创新特色管理机制，以"河长制"实现"河长治"，促进治理能效持续提升。

（1）"执法+司法"结合，福建省各级积极探索将生态环境行政执法与刑事司法相结合，联合执法大队、检察联络室、法官工作室联合巡逻，遏制了对生态环境破坏的犯罪行为，为河长制增能提效。三明市大田县成立了全省首家生态综合执法局，漳州市推行河长制生态环境审判巡回法庭，取得了较好成效，成为生态综合执法升级版，推动河长制真正实现从有名有实到有能有效。

（2）以泉州市为典型先行先试的六项河长制创新管理机制：创立"红黄蓝"分区管控，根据用水总量、用水效率、限制纳污情况，对于红区、黄区、蓝区分别采取不同强度的管理手段；实行"上下游生态补偿"机制，开展跨境流域污染治理、小流域"赛水质"等活动；实施水污染治理和水生态修复等工程，山美水库水质提升到Ⅱ类；实施"七库连通"工程，沟通主要流域，确保了用水安全；建立水资源动态管理系统，实时监测、实时预警；开展流域综合治理，统筹解决流域治污、防洪、生态、景观等问题，打造了生命线、生态线和风景线。

4 结论与建议

根据总结评估与能效评价结果，全国全面推行河长制基本实现"有名有实"，达到"有能有效"还存在努力的空间。福建省作为河长制已实现"有名有实"且"有能有效"的优秀样本，基于其实践经验，总结出如下河长制能效提升路径：

（1）提升河长制治理质量，打造新型管养分离模式，着重加强水域岸线保护与生态治理，同时发展生态经济；

（2）提升河长制治理效率，引入先进智能技术，河长制信息处理更便捷更高效；

（3）提升公众满意度，坚持治理旨在为民的三位一体治河理念，突出全民治水的重要地位，激发民众力量；

（4）建立长效提升机制，通过"执法+司法""红黄蓝"管控体系"上下游生态补偿"等途径，以河长制创新管理机制实现河湖的长久治理与保护。

"善治国者必治水"，河长制作为我国流域治理的必要途径，是建设美丽中国的重要一环。为实现河长制在河流治理上的重要作用，必须找到一条将制度转换为能效的途径。公权力实践的能效提升的内在逻辑是"行政—效率—利益"[5]，因此基于长效提升机制、提高治理质量与效率、满足社会公众利益是持续提升河长制治理效能的可行路径。

参考文献

［1］李文蕾，邢友华，王保庆．第三方评估是全面推行河长制湖长制取得实效的重要举措——以济南市第三方参与河湖巡查管理评估为例［J］．环境与可持续发展，2019，44（6）：137-139. DOI：10.19758/j.cnki.issn1673-288x.201906137.

［2］九派观察．鞍山能效并重推进河长制有名有实［R/OL］．（2022-08-08）［2022-08-08］．https：//baijiahao.baidu.com/s？id=1740578512766968998&wfr=spider&for=pc.

［3］余晓彬，唐德善．基于AHP-EVM的江苏省全面推行河长制成效评价［J］．人民黄河，2020，42（11）：7.

［4］黄显峰，刘展志，方国华．基于云模型的水利现代化评价方法与应用［J］．水利水电科技进展，2017，37（6）：54-61.

［5］汪晓逸．数字技术提升基层监督效能的运作机制与内在逻辑研究——以S市为例［D］．浙江：浙江大学，2021.

［6］水利部：推动河长制从"有名"到"有实"转变［J］．海河水利．2018（5）.

［7］宋建晓．借鉴木兰溪治理经验，推进治水兴水［R/OL］．（2018-10-23）［2018-10-23］．https：//m.gmw.cn/baijia/2018-10/23/31803147.html.

［8］郑宗栖，颜全飚．文明之城 生态之城 幸福之城——大田县创建省级文明县城工作纪实［R/OL］．（2017-12-13）［2017-12-13］．http：//www.dtxww.cn/2017-12/13/content_188819.htm.

浅谈小清河流域立法

孙中峰　　鲁庆超　　刘小龙

（山东省海河淮河小清河流域水利管理服务中心，山东济南　250100）

摘　要： 2019 年，山东省投资 318 亿元进行小清河防洪综合治理工程和小清河通航工程。当前，两大工程相继建设完工，成效逐步显现。2021 年全国强化流域治理管理工作会议上，李国英部长给予高度评价，并作为全国小流域治理的典型进行推广。两个工程建成后，在管理体制、防洪调度、水资源调度、运维经费、行政执法等方面问题开始突显出来，急需相关法律法规进行支撑，因此要进行小清河立法工作。本文通过对小清河流域立法可行性和必要性进行论证，提出了小清河立法建议。

关键词： 小清河；流域立法

1　流域概况

1.1　自然地理概况

小清河流域位于山东省鲁北平原南部，东邻弥河，西薹玉符河，南依泰沂山脉，北以黄河、支脉河为界，地理坐标为东经 116°50′~118°45′，北纬 36°15′~37°20′，流域面积 10 433 km²，约占全省总面积的 1/15。小清河干流发源于济南市区四大泉群，现已上延至玉符河右堤的睦里闸，自西向东流经济南市的槐荫区、天桥区、历城区、高新区、章丘区，滨州市的邹平市、博兴县，淄博市的桓台县、高青县，东营市的广饶县、农高区，潍坊市的寿光市等 5 个市的 12 个县（市、区），汇集 20 个县（市、区）的来水，于寿光市羊口镇注入莱洲湾，全长 229 km。小清河是鲁中地区一条重要的排水河道，兼顾两岸农田灌溉、内河航运，具有海、河联运等多种功能的河道。

小清河流域地势南高北低，南部鲁山最高海拔 1 108 m，北部地面高程为 30~1.5 m。流域内地形复杂，既有山地丘陵，又有平原洼地。由于北部受黄河阻隔，干流南部流域面积较大，约占全流域的 97.5%。流域以胶济铁路为界，铁路以南多为山丘区，坡度较陡，平均坡降约 1/50，山丘区面积为 3 600 km²，占全流域的 35.4%；铁路以北多为平原和洼地，坡度平缓，坡降一般为 1/500~1/3 000，平原区面积 6 455 km²，占流域总面积的 63.4%；湖泊、洼地面积 124 km²，占流域总面积的 1.2%。

1.2　河流水系

小清河流域水系复杂，支流众多，一级支流 48 条，几乎全部由南岸注入干流，呈典型的单侧梳齿状分布，多系山洪河道，比降上陡下缓，暴雨期仅一条支流的洪水流量就将给干流造成较大的洪水压力。干流位于流域北部的低洼地带，流向大致与黄河平行，比降平缓，上游济南段为 1/1 000~1/6 000，中下游为 1/6 000~1/18 000，是典型的平原河道。

流域内现有分洪道 2 处，分别为腊山分洪道和干流分洪道。1 座大型水库（太河水库），8 座中型水库，总流域面积 2 207 km²。滞洪区 7 处，分别为上华山洼、小李家滞洪区、白云湖、芽庄湖、青纱湖、马踏湖（麻大湖）和巨淀湖。

1.3　水文气象

小清河流域属于华北暖温带半湿润季风型大陆性气候，年内四季分明，温差变化大，冬季寒冷干

作者简介：孙中峰（1979—），男，高级工程师，主要从事流域管理方面的工作。

燥，降水量稀少；夏季炎热，气温较高，暖空气活动较频繁，雨量较多。多年平均气温 12.6 ℃，极端最高气温 42.8 ℃，极端最低气温-25.1 ℃，历年最大风速 22 m/s，最大冻土深度为 55 cm，多年平均水面蒸发量为 1 000~1 200 mm，多年平均日照总时数达到 2 700 h 左右，无霜期在 200 d 以上。根据流域实测降水资料（1951—2018 年）统计分析，多年平均降雨量为 641.5 mm，主要集中于汛期（6~9 月），多年平均为 467.9 mm，占全年的 72.9%。降雨量年际之间变化较大，如丰水的 1964 年降雨量为 1 216.4 mm，枯水的 1989 年降雨量仅为 363.3 mm，丰枯比 3 倍以上。

1.4 社会经济情况

小清河上游为济南市，工业门类齐全，经济发达，是山东省政治、经济、文化中心；中部淄博市是新兴的工矿及石油化工城市，资源丰富，经济发展迅速，是全国屈指可数的石油化工基地；滨州市邹平县拥有世界五百强企业魏桥集团；下游羊口、广饶盐场是省重要的盐业生产基地；河口清河采油厂，年产原油 87 万 t，是胜利油田大型采油厂之一。同时，流域内蔬菜生产发展迅速，寿光市已成为全国最大的蔬菜集散地之一。小清河流域面积占全省的 1/15，GDP 约占全省的 1/7，是山东省政治、经济、科技、文化的重要地区，在全省国民经济和社会发展中占有重要地位。

2 立法的必要性

小清河流域位于山东省中部，具有防洪、除涝、灌溉、航运、水产养殖等多种功能，是山东省内唯一穿越省会直到海防线的河道，是全国五条战备航线之一。小清河在 2019 年"利奇马"台风影响后，省委、省政府高度重视小清河防洪综合治理工作，要求以"根治水患、防治干旱"为目标，对小清河流域防洪排涝能力进行整体提升，把小清河建设成一条集防洪、供水、航运、旅游于一体的综合性工程，打造成省内一流宜居、宜业、宜游的河道示范工程，再现小清河黄金水道、生态长廊的风采，小清河在全省经济社会发展中的作用将更加重要。

随着小清河综合治理的开展，投入的加大，管理薄弱的问题日益突出。虽然近些年我国相继出台了多部水事方面的法律法规，但对小清河来说，缺乏针对性。因为小清河缺乏专属流域法规，严重制约了小清河规范、长效管理体制的形成，使许多问题得不到有效解决，突出表现在以下几个方面：

一是没有专门管理机构且干支流管理职责不落实，现行管理体制不适应流域管理的需要。机构改革后，原小清河管理局并入省流域中心，省流域中心现有职责除了行使省级项目法人职责、管理直管工程、负责边界工程调度外，无对流域各市县管理、督导、协调的职能，各市、县管理职责也不明确，各市、县小清河管理机构设置、职责、人员经费投入不足且不均衡，影响着行政效率和协调力度，制约了小清河的综合效益发挥和长远发展。工程建成后，各项固定资产的归属以及综合工程运行管理主体没有进一步明确，建筑物、堤防和信息化工程的运行维护面临分级多头管理，也影响工程效益的发挥，也已成为小清河下一步运行管理面临的重大课题。

二是流域防洪工程尚未实现统一调度，不适应全流域防洪安全调度工作需求。小清河流域洪、涝、旱灾害频发，新中国成立以来，发生严重洪涝灾害有 1962 年"7·13"、1964 年暴雨、1987 年"8·26"、2007 年"7·18"、2018 年台风"温比亚"、2019 年台风"利奇马"等，造成大量的人员伤亡及经济损失。近年来，极端天气事件频发，防御难度加大，灾害防御形势非常严峻。小清河所处的自然地理位置特殊，支流多是山区河道，坡陡流急，暴雨期仅一条支流的洪水流量就给干流造成较大的洪水压力。而干流比降平缓，属典型平原河道，洪水下泄慢。小清河综合治理后，干支流防洪能力有效提升，但小清河流域防洪调度体系涉及干流、分洪道、主要支流、蓄滞洪区、水库、排涝泵站，并且与南水北调、胶东调水和航运调度相互影响。下一步小清河复航后，航运与防洪在水位调度上将存在目标分歧。目前，管理体制下，小清河流域防汛工作很难做到上下游协调，左右岸兼顾，干支流、蓄滞洪区、水库相互配合。要切实提高防汛减灾能力，处理好蓄与泄的关系，充分发挥水利工程作用，确保安全度汛，亟需强化统一指挥和统筹调度。

三是流域内水资源短缺且未能统一调度，不适应水生态保护、通航、灌溉等需求。小清河是以防洪为主的季节性河流，兼顾水生态保护、航运、灌溉等功能，水资源短缺的矛盾较为突出，已成为流域内经济社会发展的"瓶颈"制约。当前，小清河流域上下游、左右岸、市县间水资源开放利用还缺乏系统性管理，流域用水秩序尚不规范，水资源统筹调度相对滞后，特别是农业灌溉取水管理难度大。各市、县按水体所属行政区进行管理，地方政府出于对各自利益的保护，在进行流域管理决策的时候必然趋利避害。干旱季节，支流往往大量拦截水量，造成干流及下游水量剧减，甚至断流；水污染防治力度不均衡，上中下游或干支流之间及各部门各地区在水环境容量利用方面矛盾冲突时有发生。2018年，小清河在全省率先实行生态流量调度管理，加剧了水资源配置的难度。小清河复航后，若遇到干旱季节，小清河航运、灌溉、水生态保护、沿河农田盐碱等矛盾更加突出，亟需加强水资源精准、统一调度，确保河道的流量、水质满足各方面的需要。

四是流域水利工程运行管理维护经费投入严重不足，不适应工程规范化运行管理需要。从调研情况看，小清河沿河5市12县（市、区）仅济南市市市区段落实运行管理维护经费较为到位；济南市章丘区段、东营市段及潍坊段落实了部分重点工程看护经费；其他市、县（市、区）没有列支工程运行管理维护经费。目前，小清河综合治理工程管护资金数额和渠道尚不明确，难以保障小清河工程移交后的正常调度、安全运行和综合效益的发挥。亟需解决资金来源渠道，保障小清河工程的长效运行。

五是各项水事违法行为屡禁不止。小清河没有确权划界，蓄滞洪区、分洪道内的土地或被当地有关部门批给部分企事业单位使用，或属沿线村镇使用，依照现有的法律法规，在管理上出现盲点，难度较大，形成较多历史遗留问题。现行水法律法规缺乏对违法行为的有效强制措施，加大了执法的难度。

2018年和2019年连续受"温比亚"和"利奇马"台风影响，小清河流域发生严重洪涝灾害，干支流出现多处险情，严重威胁两岸人民群众的生命财产安全。为补齐水利工程短板，省委、省政府多次召开会议研究小清河治理问题，决定投资182亿元，对小清河干流和主要支流、蓄滞洪区实施全流域系统治理。同步实施的小清河复航工程投资136亿元。两大工程建成后，工程运行管理由谁承担？如何通过防洪工程调度协调上下游、左右岸、干支流的关系？如何协调与复航工程、水生态保护及胶东调水工程之间的关系？如何充分发挥工程综合效益？亟需制定小清河流域小清河管理办法，填补小清河流域立法的空白，从制度和体制上解决小清河管理中的盲点，使小清河更好的造福沿线人民群众，为我省经济社会事业发展做出更大贡献。

3 立法的可行性

（1）国家流域立法方面。近几年国家在长江和黄河流域立法方面也取得了很大的进展。作为我国首部流域立法的《长江保护法》已颁布实施一周年。该法实施以来，各地和各部门稳步推进流域协同立法，落实流域治理协调机制，完善长江流域环境司法机制，长江保护治理等方面取得了显著成效。作为第二部流域立法的《黄河保护法》也即将颁布实施。

（2）小清河立法准备方面。之前，山东省水利厅做了大量的小清河立法准备工作。2000年以前，早在1997年组织起草了《山东省小清河管理条例》，经过十易其稿，并在2000年被省人大列为当年一类立法项目，后来由于种种原因这项法规审议没有通过。2011年，又重新启动小清河立法工作。10多年过去了，小清河发生了很大的变化，在治理时积累了大量的经验，这些经验需要变成法规性的文件加以总结，小清河的治理成果也需要用法规性文件加以巩固，因此重新启动了小清河立法的程序。

（3）从2011启动到2019年小清河治理方案调整为止。2011年《山东省小清河管理办法》被列为省政府规章三类立法项目。2012年以山东省水利厅一类立法项目上报省政府，省政府批复列为二类立法项目，2013年，又被列入省政府三类立法项目；根据形势发展，2014—2016年被列入省政府规章二类立法项目；2017—2018年《山东省小清河管理办法》进一步修改完善。2017年10月，原小清河管理局和省水利科学研究院签订协议，委托水科院进行《山东省小清河管理办法》立法前期工作，原计划通过这几年的论证调研，在 2020 年出台，但受小清河综合治理工程和航运工程建设的影响，小清河的综合功能发生了很大变化，因此小清河立法时间也做了相对调整。

（4）2019 年以来。2019—2022 年被省政府规章二类立法项目。这几年，随着小清河综合治理工程和航运工程建设，结合小清河管理工作多年来的经验，通过不断的座谈和调研，已经拿出了《小清河管理办法》初稿，提出了规范小清河综合治理后，亟需解决的生态、供水、旅游、航运等重点和难点问题，结构更加合理，内容更加丰富。

4 立法建议

4.1 建议省人大出台小清河流域性地方性法规

对小清河管理体制、资金来源、水资源调度、洪水调度、行政执法等存在的突出问题提供法规层面的依据，效力更高。今年之前，《山东省小清河管理办法》一直按照省政府规章进行申报，但 2022 年《山东省人大常委会地方立法工作计划》中提出《小清河保护条例》作为启动前期工作并抓紧推动的立法事项进行准备。根据省人大的要求，建议将政府规章《山东省小清河管理办法》改为地方性法规《山东省小清河保护条例》进行申报。

4.2 建议小清河出台一部地方性法规

据了解，省交通部门也正在起草《小清河航运管理办法》，已被省人大列为调研项目。我们认为，在一条河上立两个部门法没有必要，也是立法资源的浪费，建议将两部法规合二为一，省司法厅牵头进行联合立法，共同制定一部小清河的地方性法规，来规范小清河的水利工程和航运行为。

4.3 建议航运正式运行后出台

小清河综合治理工程已经完成建设，2023 年年底完成验收；航运工程计划 2022 年年底完成建设，2023 年下半年正式通航。正式运行后，一些问题逐步会突显出来，待问题出现后再出台小清河地方性法规，有利于解决问题。建议《山东省小清河保护条例》在 2024 年后出台比较合适。